Industrial Engineer Energy Management

최근 **17년간** 과년도풀이

에너지관리산업기사 필기

서 상 희 저

1. 출제기준에 따른 과목별 핵심이론 정리
2. 2009년 이후 에너지관리산업기사 필기문제 수록
3. 과년도 문제 상세한 설명 및 풀이
4. 교재에 대한 질문 및 답변 카페 운영

동일출판사

책머리에

　산업이 발전하면서 에너지를 사용하는 산업시설이 많아지고 에너지 소비도 급격히 증가하고 있지만, 우리나라는 대부분의 에너지를 외국에서 수입하여 사용하는 해외 의존도가 세계 최고의 수준입니다. 이에 따라 에너지 절약 및 온실가스 배출을 감축시키는 것이 범국가적인 과제가 되었고, 관련 장치 및 설비분야가 급속히 발전하면서 에너지 분야에 대한 관심과 기술인력 수요가 증가하고 있습니다.
　이에 따라 에너지관리산업기사 자격증을 취득하려는 공학도와 관련 기술인이 증가하는 추세에 있고, 2014년부터 기존의 에너지관리산업기사와 보일러산업기사가 통합되어 년1회 시행하던 시험을 3회로 실시하고 있고, 2023년부터 새로운 출제기준이 적용되어 시행되고 있습니다.

　이에 저자는 수험생들의 효과적인 공부와 짧은 시간동안 필기시험 준비를 할 수 있도록 관련 자료를 준비하고 정리하여 에너지관리산업기사필기 과년도풀이 교재를 아래와 같은 부분에 중점을 두어 출간하게 되었습니다.

첫째. 새로운 출제기준에 맞추어 과목별 핵심적인 이론내용을 정리하였습니다.
둘째. 2009년부터 2020년 3회차까지 출제문제와 이후 CBT 복원문제를 수록하여 최근 출제문제를 파악하고 시험을 준비할 수 있도록 하였습니다.
셋째. 문제마다 상세한 해설 및 계산공식과 함께 풀이과정을 수록하여 과년도 문제를 공부하는 것으로 필기시험 준비를 마칠 수 있도록 하였습니다.
넷째. 저자가 직접 카페를 개설, 관리하여 온라인상으로 질의 및 답변과 함께 수험정보를 공유할 수 있는 공간을 마련하였습니다.

　끝으로 이 책으로 에너지관리산업기사 필기시험을 준비하는 수험생 여러분들께 합격의 영광이 함께 하기 바라며, 교재가 출판될 수 있도록 많은 도움과 지원을 주신 분들과 동일출판사에 감사를 드립니다.

저자 씀

| 저자 카페 | 네이버 – 자격증을 공부하는 모임(cafe.naver.com/gas21) |

에너지관리산업기사 필기시험 과목 변경 내용

구분	2013년까지		2014년부터 시행되는 통합 에너지관리산업기사	2023년부터 시행되는 출제기준
	에너지관리산업기사 (구 열관리산업기사)	보일러산업기사		
제1과목	연소공학	보일러설비 및 구조	열역학 및 연소관리	열 및 연소설비
제2과목	열역학	보일러시공 취급 및 안전관리	계측 및 에너지진단	열설비 설치
제3과목	계측방법	배관, 계측, 에너지진단 및 관련법규	열설비 구조 및 시공	열설비 운전
제4과목	열설비재료 및 설계		열설비 취급 및 안전관리	열설비 안전관리 및 검사기준

※ 2014년 보일러산업기사와 통합되기 전 에너지관리산업기사(구 열관리산업기사)는 응시자가 적어 2006년~2013년까지 연 1회 시행되었습니다. (단, 2008년은 연 2회 시행되었음)

※ 2023년부터 시행되는 출제기준에 따르면 과목 명칭이 변경되었지만 과목별 세부항목(내용)은 기존의 내용과 동일하므로 2022년까지 출제된 문제로 준비해도 이상이 없을 것으로 판단됩니다.

※ 필기시험 과목에 계측기기와 에너지 관련법규가 제외되었지만, 계측기기는 2과목 열설비 설치에, 관련법규는 4과목 열설비 안전관리 및 검사기준 세부항목에 포함되어 있습니다.

에너지관리산업기사 실기시험 변경 내용

변경 전	변경 후	적용시기
작업형 (동영상+배관작업형)	복합형 (배관작업형+필답형)	2023년 제2회 실기시험부터 적용

출제기준(필기)

Industrial Engineer Energy Management

직무분야	환경·에너지	중직무분야	에너지·기상	자격종목	에너지관리산업기사	적용기간	2026.1.1~2028.12.31.

○ 직무내용 : 에너지 관련 열설비에 대한 구조 및 원리를 이해하고 에너지 관련 설비를 시공, 보수·점검, 운영 관리하는 직무이다.

필기검정방법	객관식	문제수	80	시험시간	2시간

필기과목명	문제수	주요항목	세부항목	세세항목
열 및 연소설비	20	1. 열의 기초	1. 상태량 및 단위	1. 온도 2. 비체적, 비중량, 밀도 3. 압력 4. 단위계
			2. 열역학 법칙	1. 열역학 법칙의 정의 2. 일과 열 3. 내부에너지 4. 엔탈피 5. 엔트로피 6. 유효 및 무효에너지
			3. 이상기체	1. 상태방정식 2. 상태변화
			4. 증기 관리	1. 증기의 특성 2. 증기 선도 3. 증기사이클
			5. 열전달	1. 전도, 대류, 복사 2. 전열량 3. 열관류
		2. 보일러 연소설비 관리	1. 연소 일반	1. 연료의 종류 및 특성 2. 공기량 및 공기비 3. 연소가스량 4. 발열량 5. 연소온도 6. 연소효율
			2. 연료공급설비 관리	1. 연료공급설비의 특징 2. 연료공급설비의 점검 3. 화재 및 폭발
			3. 연소장치 관리	1. 연소장치의 종류 및 특징 2. 연소장치의 점검

필기 과목명	문제 수	주요항목	세부항목	세세항목
			4. 통풍장치 관리	1. 통풍장치의 종류 및 특징 2. 통풍장치의 점검
		3. 보일러 에너지 관리	1. 에너지원별 특성 파악	1. 에너지원의 종류 및 특성 2. 에너지원의 저장, 공급, 연소 방식
			2. 에너지효율 관리	1. 에너지 사용량 2. 열정산
			3. 에너지 원단위 관리	1. 에너지 원단위 산출 2. 에너지 원단위 비교 분석
		4. 냉동설비 운영	1. 냉동기 관리	1. 냉매의 구비조건 및 종류 2. 냉동능력, 냉동률, 성능계수 3. 냉동기의 종류 및 특징
열설비설치	20	1. 요로	1. 요로의 개요	1. 요로 일반 2. 요로내의 분위기 및 가스의 흐름
			2. 요로의 종류 및 특성	1. 철강용로의 구조 및 특징 2. 제강로의 구조 및 특징 3. 주물용해로의 구조 및 특징 4. 금속가열 열처리로의 구조 및 특징 5. 기타 요로 6. 축로의 방법 및 특징 7. 노재의 종류 및 특징
		2. 보일러 배관설비	1. 배관도면 파악	1. 열원 흐름도 2. 배관도면의 도시기호 3. 배관 이음
			2. 배관재료 준비	1. 배관 재료의 종류 및 용도
			3. 배관상태 점검	1. 배관의 부속기기 및 용도 2. 배관 방식 3. 배관 장애 및 점검
			4. 보온상태 점검	1. 보온·단열재의 종류 및 특성 2. 보온·단열효과 3. 보온상태 확인
		3. 보일러 부속설비	1. 보일러 급수장치 설치	1. 급수장치의 원리 2. 분출장치
			2. 보일러 환경설비	1. 보일러 환경설비의 종류 및 특징 2. 대기오염방지 장치 3. 슈트블로우 등
			3. 열회수장치	1. 열회수장치의 종류 및 특징 2. 열회수장치 점검
			4. 계측기기	1. 계측의 원리 2. 유체 측정(압력, 유량, 액면) 3. 온도 및 열량 측정 4. 계측기기 유지관리 5. 계측기기 점검

필기 과목명	문제수	주요항목	세부항목	세세항목
			4. 보일러 부대설비	
			1. 증기설비	1. 증기설비의 종류 및 특징 2. 증기밸브 3. 응축수 회수 장치
			2. 급수·급탕설비	1. 급수·급탕설비의 종류 및 특징 2. 급수·급탕설비의 점검
			3. 압력용기	1. 압력용기의 종류 및 특징 2. 압력용기의 점검
			4. 열교환장치	1. 열교환장치의 종류 및 특징 2. 열교환장치의 점검
			5. 펌프	1. 펌프의 종류 및 특징 2. 펌프의 점검
			6. 온수설비	1. 온수설비의 종류 및 특징 2. 온수설비의 점검
열설비운전	20	1. 보일러 설비운영	1. 보일러 관리	1. 보일러의 종류 및 특징 2. 보일러의 본체 및 연소장치, 부속장치 3. 보일러 열효율 4. 급탕탱크 관리 5. 보일러의 장애
			2. 보일러 고장시 조치	1. 수위 이상 점검 2. 불착화 점검 3. 전동기 과부하 점검 4. 과열정지 점검 5. 비상정지
		2. 보일러 운전	1. 보일러운전 준비	1. 보일러 및 부속·부대설비 가동 전 점검
			2. 보일러 운전	1. 보일러의 운전중 점검 2. 부속장치 정상 작동 확인 3. 연소상태 확인 4. 계측기 상태 확인 5. 고장 원인 파악 6. 보일러의 운전후 점검 7. 휴지 시 보존관리
			3. 흡수식 냉온수기 운전	1. 정상운전 확인 2. 고장 원인 파악
		3. 보일러 수질 관리	1. 수처리설비 운영	1. 급수의 성분 및 성질 2. 수처리설비의 기능 3. 수처리설비의 자동제어
			2. 보일러수 관리	1. 보일러수 관리 2. 수질관리 기준
		4. 보일러 자동제어 관리	1. 도면 파악	1. 설계도면 도시기호 2. 자동제어 시스템의 계통도 3. 자동제어 입출력 관제점

필기 과목명	문제 수	주요항목	세부항목	세세항목
열설비안전관리 및 검사기준	20		2. 자동제어기기 점검	1. 자동제어기기의 동작 특징 2. 자동제어기기의 고장 원인
			3. 제어설비상태 점검	1. 자동제어 정상상태 값 2. 검출기의 정상작동 점검
			4. 자동제어 운용관리	1. 자동제어설비 운용관리 항목 2. 자동제어설비 프로그램 운용
		1. 보일러 안전관리	1. 법정 안전검사	1. 안전관련 법규 2. 검사 대상 기기와 검사항목 3. 설치검사, 안전검사, 성능검사
			2. 보수공사 안전관리	1. 안전사고의 종류 및 대처 2. 안전관리교육 3. 안전사고 예방 4. 작업 및 공구 취급 시의 안전
		2. 보일러 안전장치 정비	1. 안전장치 정비	1. 안전장치의 종류 및 특징 2. 안전장치 점검
		3. 에너지 관계법규	1. 에너지법	1. 법, 시행령, 시행규칙
			2. 에너지이용 합리화법	1. 법, 시행령, 시행규칙
			3. 열사용기자재의 검사 및 검사면제에 관한 기준	1. 특정열사용기자재 2. 검사대상기기의 검사 등
			4. 보일러 설치시공 및 검사기준	1. 보일러 설치시공기준 2. 보일러 계속사용 검사기준 3. 보일러 개조검사기준 4. 보일러 설치장소변경 검사기준
			5. 기계설비법	1. 법, 시행령, 시행규칙

에너지관리산업기사 검정현황

연도	필기			실기		
	응시	합격	합격률(%)	응시	합격	합격률(%)
소 계	34,301	9,232	26.9%	15,038	5,067	33.7%
2024	3,204	914	28.5%	1,811	616	34%
2023	4,226	1,306	30.9%	2,126	683	32.1%
2022	4,313	1,371	31.8%	2,142	892	41.6%
2021	3,349	1,163	34.7%	1,373	540	39.3%
2020	1,685	540	32%	755	357	47.3%
2019	1,582	483	30.5%	644	269	41.8%
2018	1,190	357	30%	531	228	42.9%
2017	1,187	286	24.1%	487	188	38.6%
2016	1,322	379	28.7%	504	176	34.9%
2015	1,173	268	22.8%	579	197	34%
2014	1,020	158	15.5%	964	202	21%
2013	122	28	23%	40	17	42.5%
2012	142	42	29.6%	43	4	9.3%
2011	159	42	26.4%	46	0	0%
2010	142	31	21.8%	39	1	2.6%
2009	109	30	27.5%	40	5	12.5%
2008	210	62	29.5%	78	45	57.7%
2007	173	40	23.1%	79	29	36.7%
2006	188	58	30.9%	103	15	14.6%
1992~2005	8,805	1,674	19.01%	2,654	603	22.7%

차 례

01 핵심이론 정리

1과목 - 열 및 연소설비

1. 열의 기초 ··········· 3
   1-1 상태량 및 단위 ········· 3
       (1) 상태량 ········· 3
       (2) 온도(temperature) ········· 3
       (3) 압력(pressure) ········· 4
       (4) 비중, 밀도, 비체적 ········· 4
       (5) 동력 ········· 5
       (6) 단위계 ········· 5
   1-2 열역학 법칙 ········· 5
       (1) 일과 열 ········· 5
       (2) 내부에너지 ········· 6
       (3) 엔탈피 ········· 7
       (4) 엔트로피 ········· 7
       (5) 유효 및 무효에너지 ········· 8
       (6) 열역학 법칙 ········· 8
   1-3 이상기체 ········· 9
       (1) 상태방정식 ········· 9
       (2) 상태변화 ········· 10
   1-4 증기설비 관리 ········· 13
       (1) 증기의 특성 ········· 13
       (2) 증기표와 증기 선도 ········· 16
       (3) 증기 사이클 ········· 16
   1-5 열전달 ········· 18
       (1) 전도, 대류, 복사 ········· 18
       (2) 전열량 ········· 19
       (3) 열관류율 ········· 20

2. 보일러 연소설비 관리 ········· 21
   2-1 연소일반 ········· 21
       (1) 연료의 종류 및 특성 ········· 21
       (3) 공기량 및 공기비 ········· 23
       (3) 연소가스량 ········· 27
       (4) 발열량 ········· 30
       (5) 연소온도 ········· 30
       (6) 연소효율 ········· 31
   2-2 연소공급설비 관리 ········· 32
       (1) 연료공급설비의 특징 ········· 32
       (2) 연료공급설비의 점검 ········· 34
       (3) 화재 및 폭발 ········· 35
   2-3 연소장치 관리 ········· 36
       (1) 고체 연료 연소장치 ········· 36
       (2) 액체 연료 연소장치 ········· 37
       (3) 기체 연료 연소장치 ········· 38
   2-4 통풍장치 관리 ········· 39
       (1) 통풍방법 ········· 39
       (2) 통풍장치 ········· 40

3. 보일러 에너지 관리 ········· 41
   3-1 에너지효율 관리 ········· 41
       (1) 에너지 사용량 ········· 41
       (2) 열정산 ········· 41
   3-2 에너지 원단위 관리 ········· 44
       (1) 에너지 원단위 산출 ········· 44
       (2) 에너지 원단위 비교 분석 ········· 45

4. 냉동설비 운영 ········· 45
   4-1 냉동기 관리 ········· 45
       (1) 냉매 ········· 45
       (2) 냉동능력, 냉동률, 성능계수 ········· 46
       (3) 냉동기의 종류 및 특징 ········· 47

2과목 - 열설비 설치

1. 요로 ····· 48
1-1 요로의 개요 ····· 48
(1) 요로 일반 ····· 48
(2) 요(窯) 내의 분위기 및 가스의 흐름 ····· 48
1-2 요(窯)의 종류 및 특징 ····· 48
(1) 요의 분류 ····· 48
(2) 요(窯)의 종류 및 특징 ····· 49
1-3 로(爐)의 종류 및 특징 ····· 52
(1) 철강용로의 구조 및 특징 ····· 52
(2) 제강로의 구조 및 특징 ····· 52
(3) 주물용해로의 구조 및 특징 ····· 53
(4) 금속가열 열처리로의 구조 및 특징 ····· 53
(5) 축요의 방법 및 특징 ····· 54
(6) 노재의 종류 및 특징 ····· 54

2. 보일러 배관설비 ····· 60
2-1 배관도면 파악 ····· 60
(1) 배관도면의 도시기호 ····· 60
(2) 배관 이음 ····· 61
2-2 배관재료 ····· 62
(1) 배관재료 및 용도 ····· 62
(2) 신축이음 ····· 63
(3) 밸브의 종류 및 용도 ····· 64
(4) 관 지지구 ····· 65
(5) 패킹 ····· 66
2-3 단열재 및 보온재 ····· 67
(1) 단열재 ····· 67
(2) 보온재 ····· 68

3. 보일러 부속설비 ····· 71
3-1 보일러의 급수장치 설치 ····· 71
(1) 급수장치의 원리 ····· 71
(2) 분출장치 ····· 72
3-2 보일러 환경설비 ····· 73
(1) 공해 물질의 종류 ····· 73
(2) 보일러 환경설비의 종류 및 특징 ····· 73
(3) 슈트 블로워 ····· 75
3-3 열회수 장치 ····· 75
(1) 여열 회수장치 ····· 75
(2) 열교환기 ····· 75
3-4 계측기기 ····· 76
(1) 계측의 원리 ····· 76
(2) 유체 측정(압력, 유량, 액면, 가스) ····· 77
(3) 온도 및 열량 측정 ····· 82

4. 보일러 부대설비 ····· 84
4-1 증기설비 ····· 84
(1) 증기설비의 종류 및 특징 ····· 84
(2) 증기밸브 ····· 85
(3) 증기 축열기 및 응축수 회수 장치 ····· 86
4-2 급수·급탕설비 ····· 86
(1) 급수설비의 종류 및 특징 ····· 86
(2) 급탕설비의 종류 및 특징 ····· 86

3과목 - 열설비 운전

1. 보일러 설비운영 ····· 87
1-1 보일러 관리 ····· 87
(1) 보일러의 분류 ····· 87
(2) 보일러의 종류 및 특징 ····· 89
(3) 보일러 부속장치 ····· 95
(4) 보일러 열효율 ····· 98
(5) 보일러의 장애 ····· 100
1-2 보일러 운전 ····· 105
(1) 보일러 가동 전 점검 ····· 105
(2) 보일러의 운전 중 점검 ····· 106
(3) 증기 발생 시의 취급 ····· 107
(4) 보일러 정지시의 취급 ····· 108
1-3 보일러 청소 및 보존관리 ····· 109
(1) 보일러 청소 ····· 109
(2) 휴지 시 보존관리 ····· 111

2. 보일러 수질관리 ····· 112
2-1 수처리설비 운영 ····· 112
(1) 급수의 성분 및 성질 ····· 112
(2) 불순물의 형태 ····· 113
(3) 급수처리 ····· 114

2-2 보일러수 관리 ················ 116
   (1) 보일러수 관리기준 ··········· 116
   (2) 보일러수의 분출 ············· 117
3. 보일러 자동제어 관리 ············ 118
3-1 자동제어의 종류 및 특성 ······ 118
   (1) 자동제어의 종류 ············· 118
   (2) 제어동작의 특성 ············· 118
3-2 보일러 자동제어 운용관리 ···· 119
   (1) 인터록 ····················· 119
   (2) 보일러 자동제어 ············· 120
   (3) 연소제어장치 ················ 121
   (4) 연료차단장치 ················ 121
   (5) 경보장치 ··················· 121

4과목 - 열설비 안전관리 및 검사기준

1. 보일러 안전관리 ················ 123
1-1 보일러 손상과 방지대책 ······ 123
   (1) 보일러 손상의 종류와 특징 ··· 123
   (2) 보일러 손상 방지대책 ······· 124
1-2 보일러 사고와 방지대책 ······ 125
   (1) 보일러 사고의 종류와 특징 ··· 125
2. 에너지 관계법규 ················ 126
2-1 에너지법 ····················· 126
   (1) 에너지법, 시행령, 시행규칙 ··· 126
2-2 에너지이용 합리화법 ·········· 129
   (1) 법, 시행령, 시행규칙 ········ 129
2-3 열사용기자재 관련규정 ········ 135
   (1) 열사용기자재 ················ 135
   (2) 특정열사용기자재 ············ 137
   (3) 검사대상기기 ················ 138
   (4) 검사대상기기 관리자 ········ 140
2-4 기계설비법 ··················· 141
   (1) 총칙 ······················· 141
   (2) 기계설비 유지관리에 대한 점검 및 확인 ··· 144
   (3) 기계설비 유지관리자의 선임 등 ······ 144
   (4) 벌칙 ······················· 146

02 에너지관리산업기사 필기시험

2009년도 필기시험
   ■ 제1회 에너지관리산업기사 ········ 151
2010년도 필기시험
   ■ 제1회 에너지관리산업기사 ········ 166
2011년도 필기시험
   ■ 제1회 에너지관리산업기사 ········ 182
2012년도 필기시험
   ■ 제1회 에너지관리산업기사 ········ 197
2013년도 필기시험
   ■ 제1회 에너지관리산업기사 ········ 213
2014년도 필기시험
   ■ 제1회 에너지관리산업기사 ········ 229
   ■ 제2회 에너지관리산업기사 ········ 245
   ■ 제4회 에너지관리산업기사 ········ 260
2015년도 필기시험
   ■ 제1회 에너지관리산업기사 ········ 275
   ■ 제2회 에너지관리산업기사 ········ 290
   ■ 제4회 에너지관리산업기사 ········ 306
2016년도 필기시험
   ■ 제1회 에너지관리산업기사 ········ 322
   ■ 제2회 에너지관리산업기사 ········ 337
   ■ 제4회 에너지관리산업기사 ········ 354
2017년도 필기시험
   ■ 제1회 에너지관리산업기사 ········ 370
   ■ 제2회 에너지관리산업기사 ········ 386
   ■ 제4회 에너지관리산업기사 ········ 401
2018년도 필기시험
   ■ 제1회 에너지관리산업기사 ········ 417
   ■ 제2회 에너지관리산업기사 ········ 434
   ■ 제4회 에너지관리산업기사 ········ 450
2019년도 필기시험
   ■ 제1회 에너지관리산업기사 ········ 466
   ■ 제2회 에너지관리산업기사 ········ 482
   ■ 제4회 에너지관리산업기사 ········ 496
2020년도 필기시험
   ■ 제1,2회 에너지관리산업기사 필기시험 ·· 512
   ■ 제3회 에너지관리산업기사 필기시험 ····· 529

03 CBT 필기시험 복원문제

2021년도 에너지관리산업기사 CBT 필기시험 복원문제
- 2021년도 복원문제 01 ·············· 547
- 2021년도 복원문제 02 ·············· 563

2022년도 에너지관리산업기사 CBT 필기시험 복원문제
- 2022년도 복원문제 01 ·············· 580
- 2022년도 복원문제 02 ·············· 596

2023년도 에너지관리산업기사 CBT 필기시험 복원문제
- 2023년도 복원문제 01 ·············· 612
- 2023년도 복원문제 02 ·············· 628

2024년도 에너지관리산업기사 CBT 필기시험 복원문제
- 2024년도 복원문제 01 ·············· 644
- 2024년도 복원문제 02 ·············· 660

2025년도 에너지관리산업기사 CBT 필기시험 복원문제
- 2025년도 복원문제 01 ·············· 676
- 2025년도 복원문제 02 ·············· 692

memo

Part 01
핵심이론 정리

1과목 – 열 및 연소설비 / 3
2과목 – 열설비 설치 / 48
3과목 – 열설비 운전 / 87
4과목 – 열설비 안전관리 및 검사기준 / 123

제1과목 열 및 연소설비

Industrial Engineer Energy Management

1. 열의 기초

1-1 상태량 및 단위

(1) 상태량

① 상태 함수 : 계의 상태에 이르는 과정과 경로에 무관한 것으로 상태량이라 한다.
  ㈎ 강도성 상태량(상태함수) : 물질의 양(질량)에 관계없이 강도(세기)만을 고려한 것으로 압력, 온도, 전압, 높이, 점도 등으로 시강변수, 강도변수라 한다.
  ㈏ 용량성 상태량(상태함수) : 물질의 양(질량)에 비례하는 성질의 상태량으로 체적, 내부에너지, 엔탈피, 엔트로피, 전기저항 등으로 종량성 상태량, 시량성 성질이라 한다.
② 비상태 함수 : 상태가 변화할 때 과정과 경로에 따라 그 변화량이 변화하는 것으로 열량, 일량 등으로 경로함수, 도정함수라 한다.

(2) 온도(temperature)

① 섭씨온도 : 물의 어는점(氷點)을 0[℃], 끓는점(沸點)을 100[℃]로 정하고, 이 사이를 100등분하여 하나의 눈금을 1[℃]로 표시하는 온도
② 화씨온도 : 물의 어는점(氷點)을 32[°F], 끓는점(沸點)을 212[°F]로 정하고, 이 사이를 180등분하여 하나의 눈금을 1[°F]로 표시하는 온도
③ 섭씨온도와 화씨온도의 관계
  ㈎ $℃ = \dfrac{5}{9}(°F - 32)$
  ㈏ $°F = \dfrac{9}{5}℃ + 32$
④ 절대온도
  ㈎ 켈빈온도[K] = ℃ + 273 $K = \dfrac{t°F + 460}{1.8} = \dfrac{°R}{1.8}$
  ㈏ 랭킨온도[°R] = °F + 460 $°R = 1.8(t℃ + 273) = 1.8 \cdot K$

(3) 압력(pressure)

① 표준대기압(atmospheric) : 0[℃], 위도 45° 해수면, 중력가속도 9.80665[m/s^2]을 기준

    ○ 1atm = 760[mmHg] = 76[cmHg] = 0.76[mHg] = 29.9[inHg] = 760[torr]
            = 10332[kgf/m^2] = 1.0332[kgf/cm^2] = 10.332[mH$_2$O] = 10332[mmH$_2$O]
            = 101325[N/m^2] = 101325[Pa] = 101.325[kPa] = 0.101325[MPa]
            = 1.01325[bar] = 1013.25[mbar] = 14.7[lb/in^2] = 14.7[psi]

② 게이지압력 : 대기압을 기준으로 압력계에 지시된 압력
③ 진공압력 : 대기압을 기준으로 대기압 이하의 압력
④ 절대압력 : 절대진공(완전진공)을 기준으로 한 압력
    ※ 절대압력 = 대기압 + 게이지압력
               = 대기압 − 진공압력

> **참고**
>
> **공학단위와 SI단위의 관계**
>
> 1[MPa] = 10.1968 [kgf/cm^2] ≒ 10[kgf/cm^2]
> 1[kPa] = 101.968[mmH$_2$O] ≒ 100[mmH$_2$O]

(4) 비중, 밀도, 비체적

① 비중
  ㉮ 기체 비중 : 표준상태에서 공기와의 질량비

$$기체\ 비중 = \frac{기체\ 분자량(질량)}{공기의\ 평균분자량(29)}$$

  ㉯ 액체 비중 : 4℃ 물과의 밀도비

$$액체비중 = \frac{t℃의\ 물질의\ 밀도}{4℃\ 물의\ 밀도}$$

② 가스 밀도 : 단위 체적당 가스의 질량

$$가스\ 밀도[g/L,\ kg/m^3] = \frac{분자량}{22.4}$$

③ 가스 비체적 : 단위 질량당 가스의 체적 또는 밀도의 역수

$$가스\ 비체적[L/g,\ m^3/kg] = \frac{22.4}{분자량} = \frac{1}{밀도}$$

(5) 동력

① 동력 : 단위시간동안 한 일의 비율

② 단위
- ㈎ 1[PS] = 75 [kgf·m/s] = 632.3[kcal/h] = 0.735[kW] = 2646[kJ/h]
- ㈏ 1[kW] = 102[kgf·m/s] = 860[kcal/h] = 1.36[PS] = 3600[kJ/h]
- ㈐ 1[HP] = 76 [kgf·m/s] = 640.75[kcal/h] = 2682[kJ/h]

(6) 단위계

① 기본단위 : 물리량을 나타내는 기본적인 것으로 7가지로 구분된다.

기본량	길이	질량	시간	전류	물질량	온도	광도
기본단위	m	kg	s	A	mol	K	cd

② 절대단위와 공학단위(중력단위)
- ㈎ 절대단위 : 단위 기본량을 질량, 길이, 시간으로 하여 이들의 단위를 사용하여 유도된 단위
- ㈏ 공학단위(중력단위) : 질량 대신 중량을 사용한 단위(중력가속도가 작용하고 있는 상태)
- ㈐ SI 단위 : System International Unit의 약자로 국제단위계이다.

주요 물리량의 단위 비교

물리량	SI 단위	공학단위
힘	N (= kg·m/s^2)	kgf
압력	Pa (= N/m^2)	kgf/m^2
열량	J (= N·m)	kcal
일	J (= N·m)	kgf·m
에너지	J (= N·m)	kgf·m
동력	W (= J/s)	kgf·m/s

1-2 열역학 법칙

(1) 일과 열

① 일과 열
- ㈎ 일 : 힘을 물체에 작용시켜 이루어지는 것

  일(W) = 힘(F) × 거리(L)

(나) 열량의 단위

㉮ kcal : 물 1[kg]을 1[℃] 상승시키는데 소요되는 열량
㉯ BTU : 물 1[lb]를 1[℉] 상승시키는데 소요되는 열량
㉰ CHU : 물 1[lb]를 1[℃] 상승시키는데 소요되는 열량
※ 1[kcal]는 약 4.1868[kJ]에 해당되므로 단위를 변환할 때 적용한다.

② 비열 및 열용량

(가) 비열 : 물질 1[kg]을 온도 1[℃] 상승시키는데 소요되는 열량
㉮ 정압비열(C_p) : 압력이 항상 일정한 상태에서 측정된 비열
㉯ 정적비열(C_v) : 체적이 항상 일정한 상태에서 측정된 비열
※ 비열이 큰 물질은 온도를 상승시키기 어렵고, 반대로 상승된 온도는 잘 내려가지 않는다.

(나) 비열비 : 정압비열과 정적비열의 비

$$k = \frac{C_p}{C_v} > 1 \ (\because C_p > C_v \text{이기 때문에 비열비}(k)\text{는 항상 1보다 크다.})$$

③ 현열과 잠열

(가) 현열(감열) : 상태변화는 없이 온도변화에 소요된 열량

$Q = m \cdot C \cdot \Delta t$

여기서, Q : 현열[kJ]
 m : 물질의 질량[kg]
 C : 비열[kJ/kg·℃]
 Δt : 온도변화[℃]

(나) 잠열(숨은열) : 온도변화는 없이 상태변화에 총 소요된 열량

$Q = G \cdot \gamma$

여기서, Q : 잠열[kJ]
 m : 물질의 질량[kg]
 γ : 잠열량[kJ/kg]

㉮ 물의 증발잠열 : 2256.7[kJ/kg], 539[kcal/kgf]
㉯ 얼음의 융해잠열 : 333.6[kJ/kg], 79.68[kcal/kgf]

(2) 내부에너지

① 내부에너지 : 물체 내부에 저장되어 있는 열 에너지
② 내부에너지 계산식

열량(Q) = 내부에너지(U) + 외부에 행한 일(W)

(3) 엔탈피

① 엔탈피 : 내부 에너지와 유동 에너지의 합

 (가) SI 단위

  $h = U + P \cdot v$

  여기서, h : 엔탈피[kJ/kg]

     U : 내부에너지[kJ/kg]

     P : 압력[kPa]

     v : 비체적[m³/kg]

 (나) 공학단위

  $h = U + A \cdot P \cdot v$

  여기서, h : 엔탈피[kcal/kg] U : 내부에너지[kcal/kg]

     A : 일의 열당량$\left(\dfrac{1}{427}\,[\text{kcal/kgf} \cdot \text{m}]\right)$

     P : 압력[kgf/m²] v : 비체적[m³/kgf]

(4) 엔트로피

① 엔트로피(entropy) : 엔트로피는 온도와 같이 감각으로 느낄 수도 없고, 에너지와 같이 측정할 수도 없는 것으로 어떤 물질에 열을 가하면 엔트로피는 증가하고 냉각시키면 감소하는 물리학상의 상태량이다.

$$\Delta S = \int_{1}^{2} \frac{dQ}{T}\,[\text{kJ/kg} \cdot \text{K}]$$

※ 가역 단열변화는 엔트로피가 일정하고, 비가역 단열변화는 엔트로피가 증가한다.

② 완전가스의 엔트로피 상태변화

 (가) 정압 변화

$$\Delta S = C_p \ln \frac{T_2}{T_1} = C_p \ln \frac{v_2}{v_1}$$

 (나) 정적 변화

$$\Delta S = C_v \ln \frac{T_2}{T_1} = C_v \ln \frac{P_2}{P_1}$$

 (다) 정온 변화

$$\Delta S = R \ln \frac{v_2}{v_1} = R \ln \frac{P_1}{P_2}$$

 (라) 단열 변화 : 등엔트로피(엔트로피 불변)이다. (비가역 단열변화 : 엔트로피 증가)

(마) 폴리트로픽 변화

$$\Delta S = C_n \ln \frac{T_2}{T_1} = C_v(n-k)\ln \frac{v_1}{v_2} = C_v \frac{n-k}{n}\ln \frac{P_2}{P_1} = C_v \frac{n-k}{n-1}\ln \frac{T_2}{T_1}$$

③ 비가역과정에서의 엔트로피
  (가) 열이동 : 엔트로피가 증가한다.
  (나) 마찰 : 엔트로피는 0보다 크다.
  (다) 교축(throttling) : 교축과정에서는 온도와 압력이 감소하므로 엔트로피는 0보다 크다.

(5) 유효 및 무효에너지

온도 T_1인 고열원에서 열량 Q_1을 얻고, 온도 T_2인 저열원에 Q_2로 방출하여 일을 얻었을 때 이용할 수 있는 유효 열에너지는 $Q_a = Q_1 - Q_2$이다. 이 때 Q_a를 유효에너지, Q_2를 무효에너지라 한다.

(6) 열역학 법칙

① 열역학 제0법칙 : 열평형의 법칙

$$t_m = \frac{G_1 C_1 t_1 + G_2 C_2 t_2}{G_1 C_1 + G_2 C_2}$$

여기서, t_m : 열평형 온도[℃]
  G_1, G_2 각 물질의 질량[kg]
  C_1, C_2 : 각 물질의 비열[kJ/kg·℃]
  t_1, t_2 : 각 물질의 온도[℃]

② 열역학 제1법칙 : 에너지 보존의 법칙
  (가) SI 단위
    $Q = W$
  여기서, Q : 열량[kJ], W : 일량[kJ]
  ※ SI 단위에서는 열과 일은 같은 단위[kJ]를 사용한다.
  (나) 공학단위
    $Q = A \cdot W$, $W = J \cdot Q$
  여기서, Q : 열량(kcal), W : 일량(kgf·m)
    A : 일의 열당량($\frac{1}{427}$ kcal/kgf·m)
    J : 열의 일당량(427 kgf·m/kcal)

③ 열역학 제2법칙 : 에너지 변환의 방향성을 명시한 것으로 방향성의 법칙이라 한다.
④ 열역학 제3법칙 : 어느 열기관에서나 절대온도 0도를 만들 수 없다. 그러므로 100[%]의 열효율을 가진 기관은 불가능하다.

1-3 이상기체

(1) 상태방정식

① 보일-샤를의 법칙

(가) 보일의 법칙 : 일정온도 하에서 기체가 차지하는 부피는 압력에 반비례

$$P_1 \cdot V_1 = P_2 \cdot V_2$$

(나) 샤를의 법칙 : 일정압력 하에서 기체가 차지하는 부피는 절대온도에 비례

$$\frac{V_1}{T_1} = \frac{V_2}{T_2}$$

(다) 보일-샤를의 법칙 : 일정량의 기체가 차지하는 부피는 압력에 반비례하고, 절대온도에 비례

$$\frac{P_1 \cdot V_1}{T_1} = \frac{P_2 \cdot V_2}{T_2}$$

여기서, P_1, P_2 : 변하기 전·후의 절대압력
V_1, V_2 : 변하기 전·후의의 부피
T_1, T_2 : 변하기 전·후의의 절대온도

② 이상기체 상태 방정식

(가) 이상기체의 성질

㉮ 보일-샤를의 법칙을 만족한다.
㉯ 아보가드로의 법칙에 따른다.
㉰ 내부에너지는 온도만의 함수이다.
㉱ 온도에 관계없이 비열비는 일정하다.
㉲ 기체의 분자력과 크기도 무시되며 분자간의 충돌은 완전 탄성체이다.
㉳ 줄의 법칙이 성립한다.

(나) 이상기체 상태 방정식

㉮ 절대단위

$$PV = nRT, \quad PV = \frac{W}{M}RT, \quad PV = Z\frac{W}{M}RT$$

여기서, P : 압력[atm]　　　　V : 체적[L]
n : 몰[mol]수　　　　R : 기체상수(0.082[L·atm/mol·K])
M : 분자량[g]　　　　W : 질량[g]
T : 절대온도[K]　　　　Z : 압축계수

㈏ SI단위

$$PV = GRT$$

여기서, P : 압력(kpa·a)　　　　V : 체적(m^3)
G : 질량(kg)　　　　T : 절대온도(K)
R : 기체상수 ($\dfrac{8.314}{M}$[kJ/kg·K])

㈐ 공학단위

$$PV = GRT$$

여기서, P : 압력[kgf/m^2·a]　　　　V : 체적[m^3]
G : 중량[kgf]　　　　T : 절대온도[K]
R : 기체상수 ($\dfrac{848}{M}$[kgf·m/kg·K])

(2) 상태변화

① 정압변화(isobaric change : 등적변화)

㈎ P, v, T 상호관계($P_1 = P_2$)

$$\frac{v_1}{T_1} = \frac{v_2}{T_2}$$

㈏ 절대일(팽창일) : 밀폐계의 일[kJ/kg]

$$W_a = \int_1^2 Pdv = P(v_2 - v_1) = R(T_2 - T_1)$$

㈐ 공업일(압축일) : 개방계의 일[kJ/kg]

$$W_t = -\int_1^2 vdP = 0 \ (\because dP = 0)$$

㈑ 내부에너지 변화[kJ/kg]

$$du = u_2 - u_1 = C_v(T_2 - T_1)$$

㈒ 엔탈피 변화[kJ/kg]

$$dh = h_2 - h_1 = C_p(T_2 - T_1)$$

㈓ 열량[kJ/kg]

$$dq = h_2 - h_1 = C_p(T_2 - T_1)$$

※ 정압변화에서는 공업일은 없고, 계에 공급한 열량 전부가 엔탈피 변화로 나타난다.

② 정적변화(isometric change : 등적변화)

(가) P, v, T 상호관계($v_1 = v_2$)

$$\frac{P_1}{T_1} = \frac{P_2}{T_2}$$

(나) 절대일(팽창일) [kJ/kg]

$$W_a = \int_1^2 Pdv = 0 \ (\because dv = 0)$$

(다) 공업일(압축일) [kJ/kg]

$$W_t = -\int_1^2 vdP = -v(P_2 - P_1) = v(P_1 - P_2) = R(T_1 - T_2)$$

(라) 내부에너지 변화[kJ/kg]

$$du = u_2 - u_1 = C_v(T_2 - T_1)$$

(마) 엔탈피 변화[kJ/kg]

$$dh = C_p(T_2 - T_1)$$

(바) 열량[kJ/kg]

$$dq = du + Pdv = dh - vdP$$

$$\therefore {}_1q_2 = \Delta u = u_2 - u_1$$

※ 정적변화에서는 절대일량은 없고, 공급열량 전부가 내부에너지 변화로 표시된다.

③ 정온변화(isothermal change : 등온변화)

(가) P, v, T 상호관계($T_1 = T_2$)

$P_1 v_1 = P_2 v_2$

(나) 절대일(팽창일)[kJ/kg]

$$W_a = \int_1^2 Pdv = RT_1 \ln\frac{v_2}{v_1} = RT \ln\frac{P_1}{P_2} = P_1 v_1 \ln\frac{v_2}{v_1} = P_1 v_1 \ln\frac{P_1}{P_2}$$

(다) 공업일(압축일)[kJ/kg]

$$W_t = -\int_1^2 vdP = -P_1 v_1 \int_1^2 \frac{dP}{P} = -RT \ln\frac{P_2}{P_1} = -RT \ln\frac{v_1}{v_2}$$

$$= P_1 v_1 \ln\frac{v_2}{v_1} = P_1 v_1 \ln\frac{P_1}{P_2}$$

$$\therefore W_a = W_t = C$$

(라) 내부에너지 변화[kJ/kg]
$$du = u_2 - u_1 = \int_1^2 C_v dT = C_v(T_2 - T_1) = 0$$

(마) 엔탈피 변화[kJ/kg]
$$dh = h_2 - h_1 = \int_1^2 C_p dT = C_p(T_2 - T_1) = 0$$

(바) 열량[kJ/kg]
$$dq = RT\ln\frac{v_2}{v_1} = RT\ln\frac{P_1}{P_2} = P_1 v_1 \ln\frac{v_2}{v_1} = P_1 v_1 \ln\frac{P_1}{P_2}$$

($T_1 = T_2$이므로 온도 구분을 표시하지 않았음)

※ 정온변화에서는 공급한 열량 모두가 일로 변환이 가능하다.

④ 단열변화(adiabatic change)

(가) P, v, T 상호관계
$$\frac{T_2}{T_1} = \left(\frac{v_1}{v_2}\right)^{k-1} = \left(\frac{P_2}{P_1}\right)^{\frac{k-1}{k}}$$

(나) 절대일(팽창일)[kJ/kg]
$$W_a = \frac{1}{k-1}(P_1 v_1 - P_2 v_2) = \frac{P_1 v_1}{k-1}\left(1 - \frac{T_2}{T_1}\right)$$
$$= \frac{P_1 v_1}{k-1}\left\{1 - \left(\frac{v_1}{v_2}\right)^{k-1}\right\} = \frac{P_1 v_1}{k-1}\left\{1 - \left(\frac{P_2}{P_1}\right)^{\frac{k-1}{k}}\right\}$$

(다) 공업일(압축일)[kJ/kg]
$$W_t = \frac{k}{k-1} P_1 v_1 \left(1 - \frac{T_2}{T_1}\right)$$

∴ $W_t = k W_a$ (단열변화에서 공업일은 절대일에 비열비를 곱한 값과 같다.)

(라) 내부에너지 변화[kJ/kg]
$$du = C_v(T_2 - T_1) = -W_a$$

(마) 엔탈피 변화[kJ/kg]
$$dh = C_p(T_2 - T_1) = -W_t$$

(바) 열량[kJ/kg]

$dq = 0$ (단열변화에서는 열의 이동이 없다.)

⑤ 폴리트로픽 변화(polytropic change)

㈎ P, v, T 상호관계

$$\frac{T_2}{T_1} = \left(\frac{v_1}{v_2}\right)^{n-1} = \left(\frac{P_2}{P_1}\right)^{\frac{n-1}{n}}$$

㈏ 절대일(팽창일)[kJ/kg]

$$W_a = \frac{1}{n-1}(P_1 v_1 - P_2 v_2) = \frac{R}{n-1}(T_1 - T_2)$$

㈐ 공업일(압축일)[kJ/kg]

$$W_t = \frac{n}{n-1}(P_1 v_1 - P_2 v_2) = \frac{nR}{n-1}(T_1 - T_2) = n W_a$$

㈑ 내부에너지 변화[kJ/kg]

$$du = u_2 - u_1 = C_v(T_2 - T_1)$$

㈒ 엔탈피 변화[kJ/kg]

$$dh = h_2 - h_1 = C_p(T_2 - T_1)$$

㈓ 열량[kJ/kg]

$$dq = C_n(T_2 - T_1) = \frac{n-k}{n-1} C_v(T_2 - T_1)$$

⑥ 이상기체의 상태변화 선도

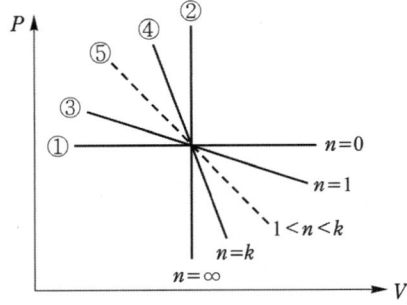

① 정압(등압) 변화
② 정적(등적) 변화
③ 정온(등온) 변화
④ 단열변화
⑤ 폴리트로픽 변화

1-4 증기설비 관리

(1) 증기의 특성

① 증기(steam) : 포화온도에 달한 포화수가 외부에서 열을 받아 증발하여 보일러 및 용기 내면에 작용하는 힘의 크기를 증기압력이라 한다. 증기압력이 높아지면 증기와 포화수 간의 비중량차가 작아져 증기 속에는 많은 수분이 포함된 습포화 증기가 되므로 이를 증기와 수분을 분리시키지 않으면 증기의 손실과 증기기관의 열효율이 낮게 된다.

② 임계점 : 포화수가 증발현상 없이 증기로 변화할 때의 상태점을 임계점이라고 하며, 이 때의 온도를 임계온도, 압력을 임계압력이라고 한다.
　㈎ 임계점의 특징
　　㉮ 증기와 포화수간의 비중량이 같다.
　　㉯ 증발현상이 없다.
　　㉰ 증발잠열은 0이 된다.
　㈏ 물의 임계온도, 임계압력
　　㉮ 임계온도 : 374.15[℃]
　　㉯ 임계압력 : 225.65[kgf/cm² · a] (약 22.09[MPa · a])
② 증기의 상태변화
　㈎ 포화온도 : 어느 압력에서 물을 가열할 때 온도가 오르지 않는 상태점에 도달할 때의 온도
　㈏ 포화수 : 포화온도에 도달해 있는 물
　㈐ 포화압력 : 포화온도에 대응하는 힘
　㈑ 비점 : 비등점이라 하며, 포화온도에 도달한 온도
　㈒ 포화증기 : 포화온도에 도달한 포화수가 증발하여 증기가 생성되는 것으로, 증기 속에 수분이 포함된 것이 습포화증기, 수분이 전혀 없는 것이 건포화증기이다.
　　㉮ 건조도 : 증기 속에 함유되어 있는 물방울의 혼용률(증기 1[kg] 안에 건조증기 x[kg] 있다고 할 때 나머지는 수분이므로 수분은 $(1 - x)$[kg]이 된다. 이때의 x를 건도 또는 건조도라 하고 $(1 - x)$를 습도라 한다.)
　　㉯ 건조도를 향상시키는 방법
　　　㉠ 기수분리기, 비수방지관을 설치한다.
　　　㉡ 증기관 내의 드레인을 제거한다.
　　　㉢ 고압의 증기를 저압으로 감압하여 사용한다.
　　　㉣ 증기 내에 있는 공기를 제거한다.
　　㉰ 증기 속의 수분의 영향
　　　㉠ 건조도(x) 저하　　㉡ 증기 손실 증가
　　　㉢ 배관 및 장치 부식 초래　㉣ 증기 엔탈피 감소
　　　㉤ 수격작용 발생　　㉥ 증기기관 열효율 저하
　㈓ 과열증기 : 습포화증기를 가열하여 건조증기가 된 건증기를 다시 가열할 때 압력은 오르지 않고 온도만 상승되는 증기이다.
　　㉮ 과열도 = 과열증기 온도 - 포화증기 온도
　　㉯ 과열증기의 특징
　　　㉠ 증기의 마찰손실이 적다.

ⓒ 같은 압력의 포화증기에 비해 보유열량이 많다.
ⓒ 증기 소비량이 적어도 된다.
ⓒ 과열증기로 피가열물을 가열할 경우 가열 표면의 온도가 불균일해 진다.(과열증기와 포화증기가 열전달을 하기 때문에)
ⓜ 가열장치에 큰 열응력이 발생한다.

㈐ 증기 압력이 상승할 때 나타나는 현상
ⓐ 포화수의 온도가 상승한다.　　　ⓑ 포화수의 부피가 증가한다.
ⓒ 포화수의 비중이 감소한다.
ⓓ 물의 현열이 증가하고, 증기의 잠열이 감소한다.
ⓔ 건포화증기 엔탈피가 증가한다.　　ⓕ 증기의 비체적이 증가한다.

③ 증기의 열적상태량
㈎ 포화증기 엔탈피 : $h'' = h' + \gamma$
㈏ 습포화증기 엔탈피 : $h_2 = h' + \gamma x = h' + (h'' - h')x$
㈐ 과열증기 엔탈피 : $h_3 = h'' + C(t_2 - t_1)$

여기서, h' : 포화수 엔탈피[kcal/kg]　　h'' : 포화증기 엔탈피[kcal/kg]
　　　　h_2 : 습포화증기 엔탈피[kcal/kg]　γ : 증발잠열[kcal/kg]
　　　　x : 건조도　　　　　　　　　　C : 과열증기 평균비열[kcal/kg·℃]
　　　　t_2 : 과열증기 온도[℃]　　　　t_1 : 포화증기 온도[℃]

④ 증기의 유동
㈎ 노즐(nozzle)은 단면적 변화로 유체가 통과할 때 팽창에 의하여 열에너지 또는 압력에너지를 운동에너지로 변경시키는 장치이다.
㈏ 노즐에서의 단열유동 : 노즐 출구의 유속계산
㈎ SI단위
$$w_2 = \sqrt{2(h_1 - h_2)}$$
여기서, w_2 : 노즐 출구에서 유속[m/s]
　　　　h_1 : 노즐 입구에서의 엔탈피[J/kg]
　　　　h_2 : 노즐 출구에서의 엔탈피[J/kg]

㈏ 공학단위
$$w_2 = \sqrt{2gJ(h_1 - h_2)}$$
여기서, w_2 : 노즐 출구에서 유속[m/s]
　　　　h_1 : 노즐 입구에서의 엔탈피[kcal/kg]
　　　　h_2 : 노즐 출구에서의 엔탈피[kcal/kg]
　　　　J : 열의 일당량(427[kgf·m/kcal])

(다) 마찰유동의 속도계수

$$\psi = \frac{w_2}{\sqrt{2(h_1 - h_2)}}$$

여기서, ϕ : 속도계수
w_2 : 노즐 출구에서 유속[m/s]
h_1 : 노즐 입구에서의 엔탈피[J/kg]
h_2 : 노즐 출구에서의 엔탈피[J/kg]

(2) 증기표와 증기 선도

① 증기표 : 포화증기표와 과열증기표로 나뉘어 지며 포화증기의 경우 온도와 압력(절대압력)을 기준으로 한 2종류가 있고, 과열증기의 경우 압력에 대한 온도를 기준으로 한다.

② 증기 선도 : 증기의 성질(P, v, T, h, s) 중에서 두 가지를 임의로 선택하여 좌표에 각 성질의 변화를 표시한 것이다.

(3) 증기 사이클

① 열기관의 열효율과 성적계수

(개) 열기관(heat engine) : 고열원(Q_1)으로부터 열을 공급받아 기계적인 일(W)로 변환시키는 기관

$$\eta(\%) = \frac{유효하게\ 사용된\ 열량}{공급열량} \times 100$$

$$= \frac{W}{Q_1} \times 100 = \frac{Q_1 - Q_2}{Q_1} \times 100 = \left(1 - \frac{Q_2}{Q_1}\right) \times 100$$

$$= \frac{T_1 - T_2}{T_1} \times 100 = \left(1 - \frac{T_2}{T_1}\right) \times 100$$

여기서, Q_1 : 공급열량 Q_2 : 방출열량
W : 유효하게 사용된 열량($Q_1 - Q_2$)
T_1 : 공급절대온도 T_2 : 방출절대온도

㈏ 냉동기(refrigerator) : 저열원의 열을 흡수 제거하는 것을 주목적으로 하는 기관

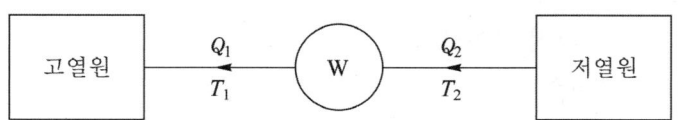

$$COP_R = \frac{\text{저열원으로부터 흡수하는 열량}}{\text{외부에서 공급받는 일의 열상당량}}$$

$$= \frac{Q_2}{W} = \frac{Q_2}{Q_1 - Q_2} = \frac{T_2}{T_1 - T_2}$$

여기서, Q_1 : 고열원으로부터 버리는 열량

Q_2 : 저열원으로부터 흡수하는 열량

W : 압축기 소요 열량($Q_1 - Q_2$)

㈐ 히트펌프(heat pump) : 고열원에 열을 공급하는 것이 주목적인 기관

$$COP_H = \frac{\text{고열원으로부터 방출하는 열량}}{\text{외부에서 공급받은 일의 열량}}$$

$$= \frac{Q_1}{W} = \frac{Q_1}{Q_1 - Q_2} = \frac{T_1}{T_1 - T_2} = 1 + COP_R$$

※ 동일조건에서 작동하는 히트펌프의 성적계수는 냉동기의 성적계수보다 항상 1만큼 크다.

② 카르노 사이클(Carnot cycle) : 가장 이상적인 열기관 사이클의 이론적 비교의 기준이 되는 것으로 2개의 정온과정과 2개의 단열과정으로 구성

㈎ 카르노 사이클의 작동순서

㉮ 카르노 사이클의 순서 : 정온팽창 → 단열팽창 → 정온압축 → 단열압축

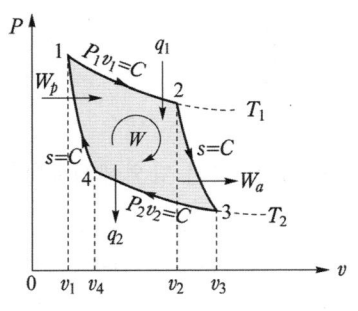

$P - v$ 선도

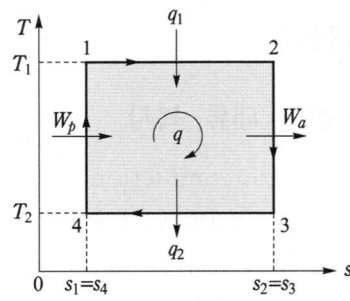

$T - s$ 선도

㈐ 역카르노 사이클 : 카르노 사이클과 반대방향으로 작용하는 것으로 저열원으로부터 Q_2의 열의 흡수하여 고열원에 Q_1의 열을 공급하는 것으로 냉동기의 이상적 사이클이다.

㈏ 열효율

$$\eta_c = \frac{W}{Q_1} = \frac{Q_1 - Q_2}{Q} = 1 - \frac{Q_2}{Q_1} = \frac{T_1 - T_2}{T_1} = 1 - \frac{T_2}{T_1}$$

③ 랭킨 사이클 : 2개의 정압변화와 2개의 단열변화로 구성된 증기원동소의 이상 사이클이다.

㈎ 순환과정 : 단열압축 – 정압가열 – 단열팽창 – 정압냉각

㈏ 이론 열효율

$$\eta = \frac{W}{Q_1} = \frac{W_T - W_P}{Q_1} = \frac{(h_3 - h_4) - (h_2 - h_1)}{h_3 - h_2}$$

여기서, W_T : 터빈이 하는 일[kJ] W_P : 펌프가 하는 일[kJ]
h_1 : 펌프 입구 엔탈피[kJ/kg] h_2 : 보일러 입구 엔탈피[kJ/kg]
h_3 : 터빈 입구 엔탈피[kJ/kg] h_4 : 응축기 입구 엔탈피[kJ/kg]

㈐ 이론 열효율은 초압 및 초온이 높을수록, 배압(터빈 배출압력)이 낮을수록 증가한다.

④ 재열사이클 : 증기의 초압을 높이면서 팽창 후의 증기 건조도가 낮아지지 않도록 한 것으로 효율증대보다는 터빈의 복수장해를 방지하여 수명연장에 주안점을 둔 사이클이다.

⑤ 재생사이클 : 팽창 도중의 증기를 터빈에서 추출하여 급수의 가열에 사용하는 사이클로 열효율이 랭킨사이클에 비해 증가한다.

1-5 열전달

(1) 전도, 대류, 복사

① 전도(conduction) : 고체를 매개체로 하여 열이 고온에서 저온으로 이동하는 현상으로 퓨리에의 법칙이 적용된다.

② 대류(convection) : 고체 벽이 온도가 다른 유체와 접촉하고 있을 때 유체에 유동이 생기면서 열이 유동하는 현상으로 뉴턴의 냉각법칙이 적용된다. 자연대류와 강제대류로 분류한다.

③ 복사(radiation) : 중간의 매개물 없이 한 물체(고온부)에서 다른 물체(저온부)로 열에너지가 이동하는 현상으로 스테판 볼츠만의 법칙이 성립한다.

(2) 전열량

① 열전도율과 열전달율

(가) 열전도율[kcal/m·h·℃] : 하나의 물체를 구성하고 있는 물질 부분을 차례로 열이 전해지는 경우 또는 직접 접촉하고 있는 2개의 물체 하나에서 다른 것으로 열이 전해지는 비율

(나) 열전달률[kcal/m²·h·℃] : 고체면과 유체와의 사이의 열의 이동하는 비율

② 전열량(열 이동량) 계산

(가) 평판의 전열량

$$Q = \frac{1}{\frac{b}{\lambda}} F(t_2 - t_1)$$

(나) 다층벽의 전열량

$$Q = \frac{1}{\frac{b_1}{\lambda_1} + \frac{b_2}{\lambda_2} + \frac{b_3}{\lambda_3}} F(t_2 - t_1)$$

여기서, Q : 전도 전열량[kcal/h] λ : 각 벽의 열전도율[kcal/m·h·℃]
b : 각 벽의 두께[m] F : 전열면적[m²]
t_2 : 고온[℃] t_1 : 저온[℃]

(다) 길이가 L인 원통을 통한 전열량 : 내면과 외면의 면적이 평면벽과 다르기 때문에 대수평균면적을 적용한다.

㉮ 대수평균면적

$$F_m = \frac{2\pi L(r_o - r_i)}{\ln\frac{r_o}{r_i}}$$

㉯ 전열량 : 바깥 반지름에서 안쪽 반지름을 뺀 값($r_o - r_i$)이 원통의 두께(b)에 해당된다.

$$Q = KF_m \Delta t = \frac{1}{\frac{b}{\lambda}} \frac{2\pi L(r_o - r_i)}{\ln\frac{r_o}{r_i}} (t_i - t_o) = \frac{2\pi L(t_i - t_o)}{\frac{1}{\lambda}\ln\frac{r_o}{r_i}}$$

여기서, Q : 전열량[kcal/h] K : 열관류율[kcal/m²·h·℃]
F_m : 대수평균면적[m²] L : 원통 길이[m]
λ : 열전도율[kcal/m·h·℃] b : 두께[m] ($b = r_o - r_i$)
t_i : 내부온도[℃] t_o : 외부온도[℃]
r_i : 안쪽 반지름[m] r_o : 바깥쪽 반지름[m]

㈑ 중공구(中空球 : 구형용기)를 통한 전열량

$$Q = \lambda \frac{4\pi (t_i - t_o)}{\dfrac{1}{r_i} - \dfrac{1}{r_o}}$$

여기서, Q : 전열량[kcal/h] λ : 열전도율[kcal/m·h·℃]
t_i : 내부온도[℃] t_o : 외부온도[℃]
r_i : 안쪽 반지름[m] r_o : 바깥쪽 반지름[m]

㈤ 복사 전열량

㉮ 복사 열전달율 계산

$$\alpha_R = \frac{C_b \cdot \epsilon \left\{ \left(\dfrac{T_1}{100}\right)^4 - \left(\dfrac{T_2}{100}\right)^4 \right\}}{T_1 - T_2}$$

㉯ 복사(방사)전열량 계산

$$Q = C_b \cdot \epsilon \left\{ \left(\dfrac{T_1}{100}\right)^4 - \left(\dfrac{T_2}{100}\right)^4 \right\} F$$

여기서, α_R : 복사 열전달률[kcal/m²·h·K]
Q : 복사 전열량[kcal/h]
C_b : 스테판-볼츠만 상수[4.88 kcal/m²·h·K]
ϵ : 방사율(복사율) T_1 : 방사체의 절대온도[K]
T_2 : 입사체의 절대온도[K] F : 복사전열면적[m²]

(3) 열관류율

① 열관류율 : 열전도율이 다른 여러 층의 매체를 대상으로 정상상태에서 고온측으로부터 저온측으로 열이 이동할 때 평균 열통과율을 의미하는 것으로 이 경우 전도, 대류, 복사의 작용이 이루어진다.

$$K = \frac{1}{R} = \frac{1}{\dfrac{1}{\alpha_1} + \dfrac{b}{\lambda} + \dfrac{1}{\alpha_2}}$$

여기서, K : 열관류율[kcal/m²·h·℃]
R : 열저항[m²·h·℃/kcal]
λ : 벽의 열전도율[kcal/m·h·℃])
b : 벽의 두께[m], F : 표면적[m²]
α_1 : 저온면 경막계수[kcal/m²·h·℃]
α_2 : 고온면 경막계수[kcal/m²·h·℃]

② 대수평균 온도차(LMTD : Δt_m)
　(가) 향류식 : Δt_1 = 고온 유체 입구온도 − 저온 유체 출구온도
　　　　　　　Δt_2 = 고온 유체 출구온도 − 저온 유체 입구온도
　(나) 병류식 : Δt_1 = 고온 유체 입구온도 − 저온 유체 입구온도
　　　　　　　Δt_2 = 고온 유체 출구온도 − 저온 유체 출구온도

$$\therefore \Delta t_m = \frac{\Delta t_1 - \Delta t_2}{\ln\left(\dfrac{\Delta t_1}{\Delta t_2}\right)}$$

2. 보일러 연소설비 관리

2-1 연소일반

(1) 연료의 종류 및 특성

① 연소(燃燒)의 정의 및 3요소
　(가) 연소의 정의 : 가연성 물질이 공기 중의 산소와 반응하여 빛과 열을 발생하는 화학반응
　(나) 연소의 3요소 : 가연성 물질, 산소 공급원, 점화원
　　㉮ 가연성 물질 ; 산화(연소)하기 쉬운 물질로서 일반적으로 연료로 사용하는 것
　　㉯ 산소 공급원 : 연소를 도와주거나 촉진시켜 주는 공기와 같은 조연성 물질
　　㉰ 점화원 : 가연물에 활성화 에너지를 주는 것으로 전기불꽃(아크), 정전기, 단열압축, 마찰 및 충격불꽃 등

② 연료의 종류 및 특성
　(가) 고체연료 : 목재, 석탄, 코크스, 목탄 등
　　㉮ 분류
　　　㉠ 1차 연료 : 무연탄, 역청탄, 갈탄, 목재 등
　　　㉡ 2차 연료 : 코크스, 미분탄, 목탄(숯) 등
　　㉯ 특징
　　　㉠ 장점
　　　　ⓐ 노천 야적이 가능하다.
　　　　ⓑ 저장 및 취급이 편리하다.
　　　　ⓒ 구입이 쉽고, 가격이 저렴하다.

ⓓ 연소장치가 간단하고, 특수목적에 이용된다.
ⓒ 단점
　ⓐ 완전연소가 곤란하다.
　ⓑ 연소효율이 낮고 고온을 얻기 곤란하다.
　ⓒ 회분이 많고 처리가 곤란하다.
　ⓓ 착화 및 소화가 어렵다.
　ⓔ 연소조절이 어렵다.
(나) 액체연료 : 석유류 제품(가솔린, 등유, 경유, 중유 등)
　㉮ 분류
　　㉠ 1차 연료 : 원유, 오일샌드, 유모혈암 등
　　㉡ 2차 연료 : 가솔린, 등유, 경유, 중유 등
　㉯ 특징
　　㉠ 장점
　　　ⓐ 완전연소가 가능하고 발열량이 높다.
　　　ⓑ 연소효율이 높고 고온을 얻기 쉽다.
　　　ⓒ 연소조절이 용이하고 회분이 적다.
　　　ⓓ 품질이 균일하고 저장, 취급이 편리하다.
　　　ⓔ 파이프라인을 통한 수송이 용이하다.
　　㉡ 단점
　　　ⓐ 연소온도가 높아 국부과열의 위험이 크다.
　　　ⓑ 화재, 역화의 위험성이 높다.
　　　ⓒ 일반적으로 황성분을 많이 함유하고 있다.
　　　ⓓ 버너의 종류에 따라 연소 시 소음이 발생한다.
(다) 기체연료
　㉮ 분류
　　㉠ 1차 연료 : 천연가스(NG)
　　㉡ 2차 연료 : LPG, LNG, 고로가스, 발생로 가스, 석탄가스, 수성가스 등
　㉯ 특징
　　㉠ 장점
　　　ⓐ 연소효율이 높고 연소제어가 용이하다.
　　　ⓑ 회분 및 황성분이 없어 전열면 오손이 없다.
　　　ⓒ 적은 공기비로 완전연소가 가능하다.
　　　ⓓ 저발열량의 연료로 고온을 얻을 수 있다.
　　　ⓔ 완전연소가 가능하여 공해문제가 없다.

　　　　　ⓛ 단점
　　　　　　　ⓐ 저장 및 수송이 어렵다.
　　　　　　　ⓑ 가격이 비싸고 시설비가 많이 소요된다.
　　　　　　　ⓒ 누설 시 화재, 폭발의 위험이 크다.
　　③ 연소의 형태 분류
　　　　㈎ 표면연소 : 목탄(숯), 코크스 등과 같이 열분해나 증발을 하지 않고 표면에서 산소와 반응하여 연소하는 것
　　　　㈏ 분해연소 : 휘발분이 있는 고체연료(종이, 석탄, 목재 등), 증발이 일어나기 어려운 액체연료(중유 등)가 가열분해에 의해 연소하는 것
　　　　㈐ 증발연소 : 가연성 액체의 표면에서 기화되는 가연성 증기가 착화되어 화염을 형성하며 연소하는 것으로 가솔린, 등유, 경유, 알코올, 양초 등이 이에 해당
　　　　㈑ 확산연소 : 가연성 기체를 대기 중에 분출 확산시켜 연소하는 것
　　　　㈒ 자기연소 : 공기 중의 산소를 필요로 하지 않고 그 자체의 산소로 연소하는 것으로 셀룰로이드류, 질산에스테르류, 히드라진 등 제5류 위험물이 이에 해당
　　④ 인화점 및 발화점
　　　　㈎ 인화점(인화온도) : 가연성 물질이 공기 중에서 점화원에 의하여 연소할 수 있는 최저의 온도
　　　　㈏ 발화점(발화온도) : 가연성 물질이 공기 중에서 온도를 상승시킬 때 점화원 없이 스스로 연소를 개시할 수 있는 최저의 온도로 착화점, 착화온도라 한다.

(3) 공기량 및 공기비

　　① 연소현상 이론
　　　　㈎ 연료 중 가연성분 : 탄소(C), 수소(H), 황(S)이 가연성분이며 불순물(불연성물질)로는 회분(A), 수분(W) 등이 포함되어 있다. 가연물질로는 탄소(C), 수소(H)가 해당되며 황(S) 성분은 연소 시 황화합물을 생성하여 악영향을 미치므로 제거한다.
　　　　㈏ 완전연소 반응식 : 완전연소 반응식은 표준상태(STP상태 : 0[℃], 1기압)에서 가연성 물질이 산소(공기)와 반응하여 완전연소 하는 것으로 가정하여 계산
　　② 이론산소량 계산
　　　　㈎ 고체 및 액체연료 이론산소량 계산
　　　　　㉠ 연료 1[kg]당 이론산소량(O_0) 계산
　　　　　　　㉠ $O_0[\text{산소 Nm}^3/\text{연료 kg}] = 1.867\text{C} + 5.6\left(\text{H} - \dfrac{\text{O}}{8}\right) + 0.7\text{S}$

　　　　　　　㉡ $O_0[\text{산소 kg}/\text{연료 kg}] = 2.67\text{C} + 8\left(\text{H} - \dfrac{\text{O}}{8}\right) + \text{S}$

④ 유효수소 : 연료 속에 산소가 함유되어 있을 경우에는 수소 중의 일부는 이 산소와 반응하여 결합수(H_2O)를 생성하므로 수소의 전부가 연소하지 않고 이 산소의 상당량만큼의 수소$\left(\frac{1}{8}O\right)$가 연소하지 않는다. 그러므로 실제로 연소할 수 있는 수소는 $\left(H - \frac{O}{8}\right)$에 해당되며 이것을 유효수소라 한다.

(나) 기체연료 이론산소량 계산

$$O_0[Nm^3/Nm^3] = 0.5H_2 + 0.5CO + 2CH_4 + 3C_2H_4 + 5C_3H_8 + \cdots\cdots$$
$$+ \left(m + \frac{n}{4}\right)C_mH_n - O_2$$

㉮ 프로판(C_3H_8) 1[kg]당 이론산소량[kg] 계산

$C_3H_8 + 5O_2 \rightarrow 3CO_2 + 4H_2O$

$44[kg] : 5 \times 32[kg] = 1[kg] : x(O_0)[kg]$

$\therefore x(O_0) = \dfrac{1 \times 5 \times 32}{44} = 3.636[kg/kg]$

㉯ 프로판(C_3H_8) 1[kg]당 이론산소량[Nm^3]

$C_3H_8 + 5O_2 \rightarrow 3CO_2 + 4H_2O$

$44[kg] : 5 \times 22.4[Nm^3] = 1[kg]1 : x(O_0)[Nm^3]$

$\therefore x(O_0) = \dfrac{1 \times 5 \times 22.4}{44} = 2.545[Nm^3/kg]$

㉰ 프로판(C_3H_8) 1[Nm^3]당 이론산소량[kg]

$C_3H_8 + 5O_2 \rightarrow 3CO_2 + 4H_2O$

$22.4[Nm^3] : 5 \times 32[kg] = 1[Nm^3] : x(O_0)[kg]$

$\therefore x(O_0)[kg/Nm^3] = \dfrac{1 \times 5 \times 32}{22.4} = 7.143[kg/Nm^3]$

㉱ 프로판(C_3H_8) 1[Nm^3]당 이론산소량[Nm^3]

$C_3H_8 + 5O_2 \rightarrow 3CO_2 + 4H_2O$

$22.4[Nm^3] : 5 \times 22.4[Nm^3] = 1[Nm^3] : x(O_0)[Nm^3]$

$\therefore x(O_0)[Nm^3/Nm^3] = \dfrac{1 \times 5 \times 22.4}{22.4} = 5[Nm^3/Nm^3]$

③ 이론공기량 계산 : 공기 중 산소는 체적[Nm^3]으로 21[%], 질량[kg]으로 23.2[%] 존재하므로 완전연소 반응식에서 이론산소량(O_0)에 체적 및 질량 비율로 나누어주면 이론공기량(A_0)이 계산된다.

(가) 고체 및 액체연료

㉮ $A_0[\text{공기 Nm}^3/\text{연료 kg}] = \dfrac{O_0}{0.21} = 8.89\,C + 26.67\left(H - \dfrac{O}{8}\right) + 3.33\,S$

㉯ $A_0[\text{공기 kg}/\text{연료 kg}] = \dfrac{O_0}{0.232} = 11.49\,C + 34.5\left(H - \dfrac{O}{8}\right) + 4.31\,S$

(나) 기체연료

$A_0[\text{Nm}^3/\text{Nm}^3] = 2.38(H_2 + CO) + 9.52\,CH_4 + 14.3\,C_2H_4 + 23.8\,C_3H_8 + \cdots - 4.76\,O_2$

㉮ 프로판(C_3H_8) 1[kg]당 이론공기량[kg] 계산

$C_3H_8 + 5O_2 \rightarrow 3CO_2 + 4H_2O$

$44\,[\text{kg}] : 5 \times 32\,[\text{kg}] = 1\,[\text{kg}] : x\,(O_0)\,[\text{kg}]$

$A_0[\text{kg/kg}] = \dfrac{O_0}{0.232} = \dfrac{1 \times 5 \times 32}{44 \times 0.232} = 15.672\,[\text{kg/kg}]$

㉯ 프로판(C_3H_8) 1[kg]당 이론공기량[Nm³] 계산

$C_3H_8 + 5O_2 \rightarrow 3CO_2 + 4H_2O$

$44\,[\text{kg}] : 5 \times 22.4\,[\text{Nm}^3] = 1\,[\text{kg}] : x\,(O_0)\,[\text{Nm}^3]$

$\therefore A_0[\text{Nm}^3/\text{kg}] = \dfrac{O_0}{0.21} = \dfrac{1 \times 5 \times 22.4}{44 \times 0.21} = 12.12\,[\text{Nm}^3/\text{kg}]$

㉰ 프로판(C_3H_8) 1[Nm³]당 이론공기량[kg] 계산

$C_3H_8 + 5O_2 \rightarrow 3CO_2 + 4H_2O$

$22.4\,[\text{Nm}^3] : 5 \times 32\,[\text{kg}] = 1\,[\text{Nm}^3] : x\,(O_0)\,[\text{kg}]$

$\therefore A_0[\text{kg/Nm}^3] = \dfrac{O_0}{0.232} = \dfrac{1 \times 5 \times 32}{22.4 \times 0.232} = 30.79\,[\text{kg/Nm}^3]$

㉱ 프로판(C_3H_8) 1[Nm³]당 이론공기량[Nm³] 계산

$C_3H_8 + 5O_2 \rightarrow 3CO_2 + 4H_2O$

$22.4\,[\text{Nm}^3] : 5 \times 22.4\,[\text{Nm}^3] = 1\,[\text{Nm}^3] : x\,(O_0)\,[\text{Nm}^3]$

$\therefore A_0[\text{Nm}^3/\text{Nm}^3] = \dfrac{O_0}{0.21} = \dfrac{1 \times 5 \times 22.4}{22.4 \times 0.21} = 23.81\,[\text{Nm}^3/\text{Nm}^3]$

④ 공기비 : 이론공기량(A_0)에 대한 실제공기량(A)의 비를 공기비(m) 또는 과잉공기계수라 한다.

$\therefore m = \dfrac{A}{A_0} = \dfrac{A_0 + B}{A_0} = 1 + \dfrac{B}{A_0}$

$\therefore A = m \cdot A_0$

여기서, m : 공기비(과잉공기계수) A : 실제공기량
         A_0 : 이론공기량 B : 과잉공기량

(가) 공기비와 관계된 사항
  ㉮ 공기비(m) : 이론공기량에 대한 실제공기량의 비
  $$m = \frac{A}{A_0} = \frac{A_0 + B}{A_0} = 1 + \frac{B}{A_0}$$
  ㉯ 과잉공기량(B) : 실제공기량과 이론공기량의 차
  $$B = A - A_0 = (m - 1)A_0$$
  ㉰ 과잉공기율[%] : 이론공기량에 대한 과잉공기량의 비율
  $$과잉공기율\,[\%] = \frac{B}{A_0} \times 100 = \frac{A - A_0}{A_0} \times 100 = (m - 1) \times 100$$
  ㉱ 과잉공기비 : 이론공기량에 대한 과잉공기량의 비
  $$과잉공기비 = \frac{B}{A_0} = \frac{A - A_0}{A_0} = (m - 1)$$
(나) 연료에 따른 공기비
  ㉮ 기체연료 : 1.1 ~ 1.3
  ㉯ 액체연료 : 1.2 ~ 1.4 (미분탄 포함)
  ㉰ 고체연료 : 1.5 ~ 2.0 (수분식), 1.4 ~ 1.7 (기계식)
(다) 배기가스 분석에 의한 공기비 계산
  ㉮ 산소 농도에 의한 계산
  $$m = \frac{21}{21 - O_2}$$
  ㉯ 배기가스 분석에 의한 방법
    ⓐ 완전연소의 경우 : 배기가스 중 일산화탄소(CO)가 포함되어 있지 않다.
    $$m = \frac{N_2}{N_2 - 3.76\,O_2}$$
    ⓑ 불완전연소의 경우 : 배기가스 중 일산화탄소(CO)가 포함되어 있다.
    $$m = \frac{N_2}{N_2 - 3.76\,(O_2 - 0.5\,CO)}$$
    여기서, N_2 : 배기가스 중 질소 함유율[%]
          O_2 : 배기가스 중 산소 함유율[%]
          CO : 배기가스 중 일산화탄소 함유율[%]
  ㉰ 배기가스 중 탄산가스 농도에 의한 방법
  $$m = \frac{[CO_2]_{max}\,[\%]}{CO_2\,[\%]}$$

(라) 공기비의 특성
   ㉮ 공기비가 클 경우
      ⓐ 연소실 내의 온도가 낮아진다.
      ⓑ 배기가스로 인한 열손실이 증가한다.
      ⓒ 연료 소비량이 증가한다.
      ⓓ 배기가스 중 질소화합물(NO_x)이 많아져 대기오염을 초래한다.
   ㉯ 공기비가 작을 경우
      ⓐ 불완전연소가 발생하기 쉽다.
      ⓑ 연소효율이 감소한다.
      ⓒ 열손실이 증가한다.
      ⓓ 미연소 가스로 인한 역화의 위험이 있다.
⑤ 실제 공기량 계산 : 실제연소에 있어서 연료를 완전연소 시키기 위해 실제적으로 공급하는 공기량을 실제공기량(A)이라 하며 이론공기량(A_0)에 과잉공기량(B)을 합한 것이다.

$$A = mA_0 = A_0 + B$$

⑥ 완전연소의 조건
   (가) 적절한 공기 공급과 혼합을 잘 시킬 것
   (나) 연소실 온도를 착화온도 이상으로 유지할 것
   (다) 연소실을 고온으로 유지할 것
   (라) 연소에 충분한 연소실과 시간을 유지할 것

(3) 연소가스량

① 이론 건연소 가스량(G_{0d}) : 이론공기량으로 연료를 완전연소할 때 발생하는 연소 가스 중 수증기가 포함되지 않은 가스량
   (가) 고체 및 액체연료
      ㉮ $G_{0d}[\text{Nm}^3/\text{kg}] = 8.89\text{C} + 21.1\left(\text{H} - \dfrac{\text{O}}{8}\right) + 3.33\text{S} + 0.8\text{N}$
         $= 0.79 A_0 + 1.867\text{C} + 0.7\text{S} + 0.8\text{N}$
         $= G_{0w} - 1.244(9\text{H} + \text{W})$
      ㉯ $G_{0d}[\text{kg}/\text{kg}] = 12.49\text{C} + 26.5\left(\text{H} - \dfrac{\text{O}}{8}\right) + 5.31\text{S} + 0.8\text{N}$
         $= (1 - 0.232)A_0 + 3.667\text{C} + 2\text{S} + \text{N}$
         $= G_{ow} - (9\text{H} + \text{W})$

(나) 기체연료

　㉮ 부피 조성에 의한 방법

$$\therefore G_{0d}(\mathrm{Nm^3/Nm^3}) = \mathrm{CO_2} + \mathrm{N_2} + 1.88\mathrm{H_2} + 2.88\mathrm{CO} + 8.52\mathrm{CH_4}$$
$$+ 13.3\mathrm{C_2H_4} - 3.76\mathrm{O_2}$$

　㉯ 단독성분 가스 계산 : 프로판(C_3H_8)의 경우

　　㉠ 프로판(C_3H_8) 1[kg]당 이론 건연소 가스량[Nm^3] 계산

$$C_3H_8 + 5O_2 + (N_2) \rightarrow 3CO_2 + 4H_2O + (N_2)$$

$44[\mathrm{kg}] : (3 \times 22.4 + 5 \times 22.4 \times 3.76)[\mathrm{Nm^3}] = 1[\mathrm{kg}] : x[\mathrm{Nm^3}]$

$$\therefore x = \frac{1 \times (3 \times 22.4 + 5 \times 22.4 \times 3.76)}{44} = 11.1[\mathrm{Nm^3/kg}]$$

　　㉡ 프로판(C_3H_8) 1[Nm^3]당 이론 건연소 가스량[Nm^3] 계산

$$C_3H_8 + 5O_2 + (N_2) \rightarrow 3CO_2 + 4H_2O + (N_2)$$

$22.4[\mathrm{Nm^3}] : (3 \times 22.4 + 5 \times 22.4 \times 3.76)[\mathrm{Nm^3}] = 1[\mathrm{Nm^3}] : x[\mathrm{Nm^3}]$

$$\therefore x = \frac{1 \times (3 \times 22.4 + 5 \times 22.4 \times 3.76)}{22.4} = 21.8[\mathrm{Nm^3/Nm^3}]$$

② 이론 습연소 가스량(G_{0w}) : 이론공기량으로 연료를 완전연소할 때 발생하는 연소 가스 중 수증기가 포함된 가스량

(가) 고체 및 액체 연료

　㉮ $G_{0w}[\mathrm{Nm^3/kg}] = 8.89\mathrm{C} + 32.3\mathrm{H} - 2.63\mathrm{O} + 3.33\mathrm{S} + 0.8\mathrm{N} + 1.244\mathrm{W}$
$$= 0.79 A_o + 1.867\mathrm{C} + 11.2\mathrm{H} + 0.7\mathrm{S} + 0.8\mathrm{N} + 1.244\mathrm{W}$$

　㉯ $G_{0w}[\mathrm{kg/kg}] = 12.49\mathrm{C} + 35.5\mathrm{H} - 3.31\mathrm{O} + 5.31\mathrm{S} + \mathrm{N} + \mathrm{W}$
$$= (1 - 0.232) A_0 + 3.667\mathrm{C} + 9\mathrm{H} + 2\mathrm{S} + \mathrm{N} + \mathrm{W}$$

(나) 기체연료

　㉮ 부피조성에 의한 방법

$$G_{0w}[\mathrm{Nm^3/Nm^3}] = \mathrm{CO_2} + \mathrm{N_2} + 2.88\,(\mathrm{H_2} + \mathrm{CO}) + 10.5\,\mathrm{CH_4}$$
$$+ 15.3\,\mathrm{C_2H_4} - 3.76\mathrm{O_2} + \mathrm{W}$$

　㉯ 단독성분 가스 계산법 : 프로판(C_3H_8)의 경우

　　㉠ 프로판(C_3H_8) 1[kg]당 이론 습연소 가스량[Nm^3] 계산

$$C_3H_8 + 5O_2 + (N_2) \rightarrow 3CO_2 + 4H_2O + (N_2)$$

$44[\mathrm{kg}] : (3 \times 22.4 + 4 \times 22.4 + 5 \times 22.4 \times 3.76)[\mathrm{Nm^3}] = 1[\mathrm{kg}] : x[\mathrm{Nm^3}]$

$$\therefore x = \frac{1 \times (3 \times 22.4 + 4 \times 22.4 + 5 \times 22.4 \times 3.76)}{44} = 13.13[\mathrm{Nm^3/kg}]$$

ⓒ 프로판(C_3H_8) 1[Nm^3]당 이론 습연소 가스량[Nm^3] 계산

$$C_3H_8 + 5O_2 + (N_2) \rightarrow 3CO_2 + 4H_2O + (N_2)$$

$$22.4[Nm^3] : (3\times22.4+4\times22.4+5\times22.4\times3.76)[Nm^3] = 1[Nm^3] : x[Nm^3]$$

$$\therefore x = \frac{1\times(3\times22.4+4\times22.4+5\times22.4\times3.76)}{22.4} = 25.8[Nm^3/Nm^3]$$

③ 실제 건연소 가스량(G_d) 계산 : 실제공기량으로 연료를 완전 연소할 때 발생하는 연소 가스량으로 이론 건연소가스량에 과잉공기량이 포함된 것이다.

 ㈎ 고체 및 액체 연료

  ㉮ $G_d[Nm^3/kg] = (m - 0.21)A_0 + 1.867C + 0.7S + 0.8N$
       $= m \cdot A_0 - 5.6H + 0.7O + 0.8N$
       $= G_w - (11.2H + 1.244W)$

  ㉯ $G_d[kg/kg] = (m - 0.232)A_0 + 3.667C + 2S + N$

 ㈏ 기체 연료

  $G_d[Nm^3/Nm^3] = G_{0d} + B = G_{0d} + \{(m-1)A_o\}$

④ 실제 습연소 가스량(G_w) 계산

 ㈎ 고체 및 액체 연료

  ㉮ $G_w[Nm^3/kg] = (m - 0.21)A_0 + 1.867C + 11.2H + 0.7S + 0.8N + 1.244W$
       $= mA_0 + 5.6H + 0.7O + 0.8N + 1.244W$

  ㉯ $G_w[kg/kg] = (m - 0.232)A_0 + 3.667C + 9H + 2S + N + W$

 ㈏ 기체 연료

  $G_w[Nm^3/Nm^3] = G_{ow} + B = G_{ow} + \{(m-1)A_o\}$

⑤ 최대 탄산가스율($[CO_2]_{max}$) 계산

 ㈎ 이론 건연소가스량에 대한 탄산가스량의 비율

$$[CO_2]_{max}[\%] Z = \frac{CO_2량}{G_{0d}} \times 100$$

$$= \frac{1.867C + 0.7S}{8.89C + 21.1H - 2.63O + 3.33S + 0.8N} \times 100$$

 ㈏ 배기가스 조성[%]으로부터 계산

  ㉮ 완전연소 시 $[CO_2]_{max} = \dfrac{21CO_2}{21 - O_2} = mCO_2$

  ㉯ 불완전연소 시 $[CO_2]_{max} = \dfrac{21(CO_2 + CO)}{21 - O_2 + 0.395CO}$

(4) 발열량

연료의 단위질량[kg] 또는 단위체적[m³]당 연료가 연소할 때 발생하는 열량을 말한다. 고위 발열량은 수증기의 증발잠열을 포함한 것이고, 저위 발열량은 수증기의 증발잠열을 제외한 것이다.

① 고체 및 액체 연료[kcal/kg]

   (가) 연료의 성분으로부터 계산(원소분석에 의한 방법)

      ㉮ 고위 발열량(총 발열량)

$$H_h = 8100\,C + 34000\left(H - \frac{O}{8}\right) + 2500\,S$$

      ㉯ 저위 발열량(진 발열량, 참 발열량)

$$H_l = 8100\,C + 28800\left(H - \frac{O}{8}\right) + 2500\,S - 600\,W$$

   (나) 간이식으로부터 계산

      ㉮ 고위 발열량(총 발열량)

$$H_h = H_l + 600\,(9H + W)$$

      ㉯ 저위 발열량(진 발열량, 참 발열량)

$$H_l = H_h - 600\,(9H + W)$$

② 기체연료 : 프로판(C_3H_8)의 발열량 계산

$$C_3H_8 + 5O_2 \rightarrow 3CO_2 + 4H_2O + 530\,[kcal/mol]$$

   (가) 1[Nm³]당 발열량 계산 : 프로판 1[kmol]의 체적은 22.4[Nm³]이다.

      22.4[Nm³] : 530×1000[kcal] = 1[Nm³] : x[kcal]

$$\therefore x = \frac{1 \times 530 \times 1000}{22.4} = 23660\,[kcal/Nm^3] ≒ 24000\,[kcal/Nm^3]$$

   (나) 1[kg]당 발열량 계산 : 프로판 1[kmol]의 질량은 44[kg]이다.

      44[kg] : 530×1000[kcal] = 1[kg] : x[kcal]

$$\therefore x = \frac{1 \times 530 \times 1000}{44} = 12045\,[kcal/kg] ≒ 12000\,[kcal/kg]$$

(5) 연소온도

① 이론 연소온도 계산 : 이론공기량만을 공급하여 연료를 완전 연소시킬 때의 최고온도

$$t = \frac{H_l}{G \times C_p}$$

여기서, t : 이론 연소온도[℃] H_l : 연료의 저위발열량[kcal]

         G : 이론 연소가스량[Nm³] C_p : 연소가스의 정압비열[kcal/Nm³·℃]

② 실제 연소온도 : 실제공기량으로 연료를 연소할 때의 최고 온도

$$t_2 = \frac{H_l + 공기\,현열 - 손실\,열량}{G_s \times C_p} + t_1$$

여기서, t_2 : 실제연소온도[℃]
G_s : 실제 연소가스량[Nm³]
C_p : 연소가스의 정압비열[kcal/Nm³·℃]
t_1 : 기준온도[℃]

③ 연소온도를 높이는 방법
　(가) 발열량이 높은 연료를 사용한다.
　(나) 연료를 완전 연소시킨다.
　(다) 가능한 한 적은 과잉공기를 사용한다.
　(라) 연료, 공기를 예열하여 사용한다.
　(마) 복사 전열을 감소시키기 위해 연소속도를 빨리 할 것

(6) 연소효율

① 열효율(η) : 공급된 열량(Q_f)에 대한 유효하게 이용된 열량(Q_s)과의 비율

$$\eta = \frac{Q_s}{Q_f} \times 100 = \left(1 - \frac{손실열}{입열}\right) \times 100 = \eta_c \times \eta_f$$

② 연소효율(η_c) : 연료가 완전 연소하였을 때 이론적으로 발생하는 열량(H_l)에 대한 실제로 발생한 열량(Q_r)과의 비율

$$\eta_c = \frac{Q_r}{H_l} \times 100$$

③ 전열효율(η_f) : 실제 발생한 열량(Q_r)에 대한 전열면을 통해 실제 이용된 열량(Q_e)과의 비율

$$\eta_f = \frac{Q_e}{Q_r} \times 100$$

④ 열효율을 높이는 방법
　(가) 손실열이 적게 발생하도록 한다.
　(나) 장치의 설계조건에 맞도록 운전한다.
　(다) 전열량을 증가시킬 수 있는 방법을 선택한다.
　(라) 연속적인 조업으로 장치를 연속 가동한다.

2-2 연소공급설비 관리

(1) 연료공급설비의 특징

① 연료의 저장방법

㈎ 고체연료(석탄)

㉮ 탄층의 높이는 옥외 저탄 시 4[m] 이하, 옥내 저탄 시 2[m] 이하로 한다.

㉯ 탄종류, 채탄시기, 인수시기, 입도별로 구분하여 쌓는다.

㉰ 바닥면을 1/100~1/150 구배(기울기)를 주어 배수를 용이하게 한다.

㉱ 풍화작용을 억제하기 위해 가급적 수분과 휘발분이 작고 입자가 큰 석탄을 선택한다.

㉲ 풍화작용은 외기온도 및 저장기간의 영향을 크게 받으므로 저장일은 30일 이내로 한다.

㉳ 지붕을 설치하여 한서(추위 및 한파)를 방지한다.

㉴ 자연발화를 방지하기 위하여 30[m2]마다 1개소 이상의 통기구를 마련하여 발열조치를 한다.

㉵ 탄층 1[m] 깊이의 온도를 60[℃] 이하가 되도록 한다.

㈏ 액체 연료

㉮ 저장방법 : 옥외, 옥내, 지하에 저장탱크를 설치하여 보관

㉯ 급유계통(이송순서) : 저장탱크(storage tank) → 여과기 → 연료 이송펌프 → 서비스 탱크(service tank) → 유수분리기 → 유예열기 → 급유펌프 → 급유 온도계 → 유량계 → 전자밸브 → 버너

㈐ 기체연료

㉮ LPG 저장방법 : 용기에 의한 저장, 횡형 원통형 탱크에 의한 저장, 구형 탱크에 의한 저장

㉯ 도시가스 저장방법 : 가스홀더(gas holder)에 저장

㉠ 가스홀더의 기능(역할)

ⓐ 가스수요의 시간적 변동에 대하여 공급가스량을 확보한다.

ⓑ 공급설비의 일시적 중단에 대하여 어느 정도 공급량을 확보한다.

ⓒ 공급가스의 성분, 열량, 연소성 등의 성질을 균일화 한다.

ⓓ 소비지역 근처에 설치하여 피크시의 공급, 수송효과를 얻는다.

㉡ 가스홀더의 종류 : 유수식, 무수식, 고압식(구형 가스홀더)

② 연료공급설비

㈎ 저장탱크 : 저장탱크를 지상 또는 지하에 설치하여 1~3주 정도 사용할 수 있는 양

을 저장

㈐ 서비스 탱크(service tank) : 최대 연료소비량의 2~3시간 정도의 연료를 저장할 수 있는 탱크로 보일러로부터 2[m] 이상, 버너 하단부에서 1.5[m] 이상 높이로 설치된다.

㈑ 급유펌프 : 연료의 이송, 분무압을 높이기 위하여 설치

㈒ 여과기(strainer) : 연료 중의 불순물을 제거하여 유량계, 펌프 등의 기기를 보호하고 분무효과를 높여 연소를 양호하게 한다.

㈓ 유예열기(oil preheater)

   ㉮ 열원에 의한 분류 : 증기 또는 온수식, 전기식, 전기 및 증기 혼합식

   ㉯ 사용목적(연료 예열 목적)

      ㉠ 점도를 낮춰 유동성을 높인다.

      ㉡ 무화(분무)를 양호하게 유지

      ㉢ 연료 이송을 양호하게 유지

      ㉣ 점화효율 및 연소효율 증대

   ㉰ 예열 온도 : 인화점보다 5[℃] 낮게(90±5[℃])

   ㉱ 예열온도에 따라 나타나는 현상

      ㉠ 높을 때 : 관 내부에서 기름의 분해 및 분무상태, 분사각도가 불량

      ㉡ 낮을 때 : 불길이 한 쪽으로 치우치고 그을음, 분진이 발생하고 무화상태가 불량

   ㉲ 전기식 유예열기 용량 계산식

$$\mathrm{kWh} = \frac{G_f \, C_f \, \Delta t}{860 \, \eta}$$

    여기서, G_f : 연료사용량[kg/h]

            C_f : 연료의 비열[kcal/kg·℃]

            Δt : 유예열기 입출구 온도차[℃]

            η : 유예열기 효율[%]

㈔ 급유펌프 : 연료의 이송, 분무압을 높이기 위하여 설치하며 종류는 기어펌프, 원심펌프, 스크루 펌프가 있다.

   ㉮ 연료 이송펌프 : 저장탱크에서 서비스 탱크까지 연료유를 공급하는 펌프이다.

   ㉯ 급유펌프(분연펌프) : 서비스 탱크에서 버너까지 연료유를 공급하는 것으로 버너 용량의 1.2~1.5배로 한다.

㈕ 전자밸브(solenoid valve) : 화염 검출기, 증기 압력제한기, 저수위 경보기, 송풍기와 연결하여 이상 감수, 실화 및 과부하 시 연료를 차단하여 안전사고를 방지한다.

③ 보염장치 : 연료와 공기와의 혼합을 양호하게 하고, 확실한 착화와 화염의 안정을 도모하기 위하여 설치하는 장치이다.
　(가) 보염장치의 설치 목적
　　　㉮ 화염의 형상 조절
　　　㉯ 안정된 착화도모
　　　㉰ 전열효율 촉진
　　　㉱ 공기와 연료의 혼합 촉진
　(나) 종류
　　　㉮ 윈드박스(wind box) : 압입통풍방식에서 버너를 장치하는 벽면에 설치되는 밀폐된 상자로서 풍도(風道)에서 공기를 흡입하여 동압의 대부분을 정압으로 노내에 유입시키는 역할을 하는 것으로 내부에 다수의 안내날개(guide vane)가 설치되어 있다.
　　　㉯ 보염기(保炎器) : 버너 팁 선단에 부착하여 착화를 원활하게 하고, 화염의 안정된 연소를 도모하는 장치로 선회기를 설치하여 연소용 공기에 선회운동을 주어 원추상으로 분사시켜 내측에 저압부분의 형성으로 저속영역을 만들어 착화를 쉽게 하는 것으로 선회기 방식, 스태빌라이저(stabilizer), 콤버스터(combuster)가 있다.
　　　㉰ 버너 타일(burner tile) : 노벽에 설치한 버너 슬롯을 구성하는 내화재로서 착화와 화염의 안정을 주는 역할을 하는 것이다.

(2) 연료공급설비의 점검

① 서비스 탱크
　(가) 외면 및 내면의 균열 및 부식 유무를 점검
　(나) 밸브, 배관 등에서 누설 유무를 점검
　(다) 탱크 밑바닥에 응축수, 슬러지 등의 퇴적 유무를 점검
　(라) 기초의 침하 및 균열 유무를 점검
　(마) 유면 조절기의 플로트 스위치 작동상태를 점검
　(바) 유면계의 작동상태를 점검
② 연료 가열장치
　(가) 온도조절기의 작동상태, 전기접점의 접촉불량 단락 및 절연불량 유무를 점검
　(나) 가열증기 조절밸브 작동상태를 점검
　(다) 스팀트랩의 응축수 배출상태를 점검
　(라) 밸브, 배관 등의 접합부의 손상이나 증기 및 연료의 누설 유무를 점검

③ 연료 펌프
  ㉮ 실(seal) 및 배관에서 누설 유무를 점검
  ㉯ 글랜드 패킹의 과열 유무를 점검
  ㉰ 베어링에서 진동, 과열 유무를 점검
  ㉱ 회전부에서 이상음 및 이상진동 유무를 점검
  ㉲ 펌프의 토출압력을 점검
④ 연료 여과기(여과망)
  ㉮ 손상 유무 및 막힘 여부를 점검
  ㉯ 기름의 누설 유무를 점검

(3) 화재 및 폭발

① 폭발범위 : 공기에 대한 가연성가스의 혼합농도의 체적비율[%]로 폭발범위 내에서만 폭발(연소)이 일어난다.
  ㉮ 구분
    ㉮ 폭발범위 상한계 : 폭발할 수 있는 가연성가스의 최고농도
    ㉯ 폭발범위 하한계 : 폭발할 수 있는 가연성가스의 최저농도
  ㉯ 폭발범위에 영향을 주는 요소
    ㉮ 온도 : 온도가 높아지면 폭발범위는 넓어진다.
    ㉯ 압력 : 압력이 상승하면 폭발범위는 넓어진다.
    ㉰ 불연성 기체 : 불연성 가스는 공기와 혼합하여 산소농도를 낮추어 폭발범위는 좁아진다.
    ㉱ 산소 : 공기 중에 산소농도나 분압이 증가하면 폭발범위는 넓어진다.
② 가연성 혼합기체의 폭발범위 계산 : 르샤틀리에 공식을 이용하여 계산한다.

$$\frac{100}{L} = \frac{V_1}{L_1} + \frac{V_2}{L_2} + \frac{V_3}{L_3} + \frac{V_4}{L_4} + \cdots$$

여기서, L : 혼합가스의 폭발한계치[%]
  V_1, V_2, V_3, V_4 : 각 성분 체적[%]
  L_1, L_2, L_3, L_4 : 각 성분 폭발한계치[%]

③ 위험도 : 폭발범위 상한값과 하한값의 차이를 폭발범위 하한값으로 나눈 값

$$H = \frac{U - L}{L}$$

여기서, H : 위험도 U : 폭발범위 상한 값
  L : 폭발범위 하한 값

④ 가스폭발
  ㉮ BLEVE(Boiling Liquid Expanding Vapor Explosion : 비등 액체 팽창 증기 폭발) : 가연성 액체 저장탱크 주변에서 화재가 발생하여 기상부의 탱크가 국부적으로 가열되면 그 부분이 강도가 약해져 탱크가 파열된다. 이때 내부의 액화가스가 급격히 유출 팽창되어 화구(fire ball)를 형성하여 폭발하는 형태
  ㉯ 증기운 폭발(UVCE : Unconfined Vapor Cloud Explosion) : 대기 중에 대량의 가연성가스나 인화성 액체가 유출시 다량의 증기가 대기 중의 공기와 혼합하여 폭발성의 증기운(vapor cloud)을 형성하고 이때 착화원에 의해 화구(fire ball)를 형성하여 폭발하는 형태
⑤ 폭굉(detonation)
  ㉮ 폭굉의 정의 : 가스 중의 음속보다도 화염 전파속도가 큰 경우로서 파면선단에 충격파라고 하는 압력파가 생겨 격렬한 파괴작용을 일으키는 현상
  ㉯ 폭굉 유도거리 : 최초의 완만한 연소가 격렬한 폭굉으로 발전될 때까지의 거리
  ㉰ 폭굉 유도거리가 짧아지는 경우
    ㉮ 정상 연소속도가 큰 혼합가스일수록
    ㉯ 관 속에 방해물이 있거나 관지름이 가늘수록
    ㉰ 압력이 높을수록
    ㉱ 점화원의 에너지가 클수록

2-3 연소장치 관리

(1) 고체 연료 연소장치

① 화격자 연소장치
  ㉮ 수분 : 다수의 틈이 있는 화격자 위에 고체연료를 고르게 깔고 연소용 공기를 불어 넣어 연소시키는 것으로 연료공급을 인력으로 하는 것이다.
  ㉯ 기계분 : 스토커(stoker) 연소장치라 하며 석탄의 공급과 재처리를 기계적으로 한 형태로서 화격자 면적을 크게 할 수 있으므로 대용량 보일러에 적당하다.
    ※ 스토커의 종류 : 살포식(상입식) 스토커, 쇄상식 스토커, 하입식 스토커, 계단식 스토커 등
② 미분탄 연소장치
  ㉮ 미분탄 버너의 종류
    ㉮ 편평류(扁平流) 버너 : 직류형과 교류형으로 구분되며 화염이 길게 형성되고 수관보일러에서 사용된다.

㈏ 선회류(旋回流) 버너 : 버너 선단에서 미분탄과 1차 공기가 선회류를 형성하며 혼합하고 2차 공기가 공급되면서 연소하는 것으로 중유와 병용해서 사용할 수 있다.

㈐ 연소방법

㉮ U자형 연소 : 편평류 버너를 사용하여 연소로의 상부로부터 2차 공기와 같이 분사, 연소한다.

㉯ L자형 연소 : 선회류 버너를 사용하여 연소로의 측벽에서 분사, 연소한다.

㉰ 모서리 버너 연소 : 장방형의 연소로 네 모퉁이에서 분사, 연소한다.

㉱ 특수 연소 : 슬래그 탭식, 클레이머식, 사이클론식

  ㉠ 슬래그 탭 연소 : 1차 연소로와 2차 연소로를 설치하여 연소한다.

  ㉡ 클레이머식 : 석탄을 연소로 상부에서 하부로 보내면서 연소가스의 일부를 예열공기로 유입시켜 석탄을 건조시키면서 하부의 충격 미분기로 석탄이 미분화되면서 연소시키는 것으로 구조가 간단하고 소요 동력이 적으며 수분이나 회분이 많은 연료도 사용할 수 있다.

③ 유동층 연소 : 화격자 연소와 미분탄 연소의 중간 형태

(2) 액체 연료 연소장치

① 기화 연소방식 : 경질유 등 휘발성이 높은 연료를 연소하는 방식

㈎ 포트식 : 등유, 경유 등 휘발성이 높은 연료를 유면을 일정하게 유지하고 연소열로 유면이 가열되면 발생되는 증기가 연소하는 형식

㈏ 심지식(wick type) : 연료를 심지로 빨아올려 대류나 복사열에 의하여 발생한 증기가 등심(심지)의 상부나 측면에서 연소하는 형식

㈐ 증발식(evaporating type) : 액체연료를 증발관 등에서 미리 증발시켜 기체연료와 같은 형태로 연소시키는 방법

② 무화(霧化) 연소 : 점도가 높은 중유(벙커-C유)를 노즐에서 고속으로 분출시켜 작은 입자상으로 미립화하여 표면적을 크게 하고, 공기와 혼합하기 쉽게 적당한 범위로 분산시켜 연소하는 방식

㈎ 무화의 목적

㉮ 단위 중량당 표면적을 크게 한다.

㉯ 주위 공기와 혼합을 양호하게 한다.

㉰ 연소효율을 향상시킨다.

㉱ 연소실을 고부하로 유지한다.

㈏ 무화 방법

㉮ 유압 무화식 : 연료 자체에 압력을 주어 무화시키는 방법
㉯ 이류체 무화식 : 증기, 공기를 이용하여 무화시키는 방법
㉰ 회전 이류체 무화식 : 원심력을 이용하여 무화시키는 방법
㉱ 충돌 무화식 : 연료끼리 혹은 금속판에 충돌시켜 무화시키는 방법
㉲ 진동 무화식 : 초음파에 의하여 무화시키는 방법
㉳ 정전기 무화식 : 고압 정전기를 이용하여 무화시키는 방법

③ 오일 버너의 종류 및 특징
㉮ 유압식 버너 : 연료유를 가압하여 노즐을 이용, 고속 분사하여 무화시키는 방식
㉯ 저압 기류식 : 저압의 공기를 이용하여 무화시키는 방식
㉰ 고압 기류식 : 고압의 공기, 증기를 이용하여 무화시키는 방식
㉱ 회전분무식(rotary type) : 분무컵을 고속으로 회전시켜 연료를 분출하고, 1차 공기를 이용하여 무화시키는 방식
㉲ 건타입(gun type) 버너 : 유압식과 공기분무식을 혼합한 것으로 소형으로 만들고 연소상태가 양호

(3) 기체 연료 연소장치

① 연소용 공기의 공급방식에 의한 분류
㉮ 유도혼합식 버너 : 가스분출에 의한 흡인력 및 연소가스와 외기와의 온도차에 의한 통풍력으로 연소용 공기가 공급되는 버너로 적화식, 분젠식, 전1차 공기식, 세미분젠식으로 분류
㉯ 강제혼합식 버너 : 송풍기에 의하여 연소용 공기가 압입되는 것으로 산업용 가스보일러용 버너로 사용되며 내부혼합식(고압버너, 표면연소버너, 리본(ribon) 버너), 외부혼합식(고속버너, 라디언드 튜브(radiant tube) 버너, 액중연소버너, 휘염버너, 혼소버너, 산업용 보일러버너), 부분 혼합식 버너 등으로 분류

② 확산연소방식(외부혼합식)
㉮ 종류
  ㉮ 포트형(port type) : 가스와 공기를 고온으로 예열할 수 있고 가스를 노즐을 통해 연소실내로 확산하면서 공기와 혼합하여 연소하는 형식이다.
  ㉯ 버너형(burner type) : 안내날개에 의해 가스와 공기를 혼합시켜 연소실로 확산시키는 버너로 선회 버너와 방사형 버너로 구분된다.
㉯ 특징
  ㉮ 조작범위가 넓으며 역화의 위험성이 없다.
  ㉯ 가스와 공기를 예열할 수 있고 화염이 길다.

㉰ 탄화수소가 적은 연료에 적당하다.
③ 예혼합 연소방식(내부혼합식)
　㈎ 특징
　　㉮ 가스와 공기의 사전 혼합형이다.
　　㉯ 화염이 짧으며, 고온의 화염을 얻을 수 있다.
　　㉰ 연소부하가 크고, 역화의 위험성이 크다.
　　㉱ 조작범위가 좁고, 조작이 어렵다.
　㈏ 부분 예혼합형 연소장치의 종류
　　㉮ 저압 버너 : 노즐로부터 가스를 분출시켜 주위의 공기를 1차 공기로 흡입하는 방식
　　㉯ 고압 버너 : LPG, 부탄가스 등과 공기를 혼합하여 사용하는 버너
　　㉰ 송풍 버너 : 연소용 공기를 가압하여 연소하는 형식의 버너
　㈐ 완전 예혼합형 연소장치의 종류 : 리텐션(retention) 가스버너, 링 리텐션(ring retention) 가스버너

2-4 통풍장치 관리

(1) 통풍방법

① 자연통풍 : 배기가스와 외부공기와의 비중량차에 의해서 통풍력이 발생
② 강제통풍 : 송풍기를 이용하는 것
　㈎ 압입 통풍 : 송풍기를 연소실 앞에 두고 연소용 공기를 대기압 이상의 압력으로 연소실에 밀어 넣는 방식
　㈏ 흡입 통풍 : 송풍기를 연도 중에 설치하여 연소 배기가스를 직접 흡입하여 강제로 배출시키는 방식
　㈐ 평형 통풍 : 압입통풍과 흡입통풍을 병행하는 방식
③ 통풍력 계산
　㈎ 이론통풍력 계산 : 배기가스와 대기의 비중량차에 의하여 계산

$$Z = H(\gamma_a - \gamma_g) = 273 H\left(\frac{\gamma_a}{T_a} - \frac{\gamma_g}{T_g}\right) = H\left(\frac{353}{T_a} - \frac{367}{T_g}\right)$$

여기서, Z : 이론 통풍력[mmH$_2$O]　　H : 연돌의 높이[m]
　　　　γ_a : 대기 비중량[kgf/m^3]　　γ_g : 배기가스 비중량[kgf/m^3]
　　　　T_a : 대기 절대온도[K]　　T_g : 배기가스 절대온도[K]

(나) 이론 통풍력 약식

⑦ 배기가스 비중량을 대기에 대한 비중량으로 주어지는 경우 : 대기(공기)의 비중량을 1로 놓고 배기가스 비중량을 대기의 몇 배 값으로 주어지는 경우

$$Z = 353 H \left(\frac{1}{T_a} - \frac{\gamma_g}{T_g} \right)$$

④ 표준상태(STP 상태 : 0[℃], 1기압)에서 대기의 비중량은 1.294[kgf/Nm³], 배기가스 비중량은 액체연료가 1.34[kgf/Nm³], 기체연료가 1.25[kgf/Nm³]가 된다. 여기서, 배기가스의 평균 비중량을 1.3[kgf/Nm³]으로 가정하면 1.3 × 273 = 355가 된다.

$$Z = 355 H \left(\frac{1}{T_a} - \frac{1}{T_g} \right)$$

④ 실제 통풍력은 이론 통풍력의 80[%] 정도이다.

(2) 통풍장치

① 송풍기의 종류 및 특징

(가) 원심식 송풍기 : 임펠러의 회전에 의한 원심력으로 공기를 공급하는 형식으로 터보형, 다익형(실리코형), 플레이트형으로 분류된다.

⑦ 터보형 : 후향 날개를 16~24개 정도 설치한 형식으로 고압 대용량에 적합하고 작은 동력으로도 운전할 수 있는 송풍기

④ 실로코형 : 전향날개의 대표적인 형태로 다익 송풍기라고도 하며 회전차의 지름이 작고 소형, 경량이다.

④ 플레이트형 : 방사형 날개를 6~12개 정도 설치한 형식

(나) 축류식 송풍기 : 프로펠러형으로 축 방향으로 공기가 유입되고, 송출되는 형식

(다) 소요동력 계산

$$\text{PS} = \frac{PQ}{75\eta}, \quad \text{kW} = \frac{PQ}{102\eta}$$

여기서, P : 풍압[mmAq, kgf/m²], Q : 풍량[m³/s], η : 송풍기 효율[%]

(라) 원심식 송풍기 상사의 법칙

⑦ 풍량 $Q_2 = Q_1 \times \left(\frac{N_2}{N_1} \right) \times \left(\frac{D_2}{D_1} \right)^3$

④ 풍압 $P_2 = P_1 \times \left(\frac{N_2}{N_1} \right)^2 \times \left(\frac{D_2}{D_1} \right)^2$

④ 동력 $L_2 = L_1 \times \left(\frac{N_2}{N_1} \right)^3 \times \left(\frac{D_2}{D_1} \right)^5$

여기서, Q_1, Q_2 : 변화 전후의 풍량[m^3/s]

P_1, P_2 : 변화 전후의 풍압[mmAq]

L_1, L_2 : 변화 전후의 동력[PS, kW]

② 댐퍼(damper)
  (가) 설치목적
    ㉮ 통풍력을 조절하여 연소효율을 상승시킨다.
    ㉯ 배기가스의 흐름을 조절한다.
    ㉰ 배기가스의 흐름방향을 전환한다.
  (나) 종류
    ㉮ 작동상태에 의한 분류 : 회전식 댐퍼, 승강식 댐퍼
    ㉯ 형상에 의한 분류 : 버터플라이 댐퍼, 다익 댐퍼, 스플릿 댐퍼

3. 보일러 에너지 관리

3-1 에너지효율 관리

(1) 에너지 사용량

※ 보일러 효율 계산식을 이용하여 구하는 방법

$$\eta = \frac{G_a(h_2 - h_1)}{G_f H_l} \times 100 = \frac{539 G_e}{G_f H_l} \times 100$$

에서 연료 사용량 G_f를 구하는 식을 유도한다.

$$\therefore G_f = \frac{G_a(h_2 - h_1)}{H_l \eta} = \frac{539 G_e}{H_l \eta}$$

여기서, G_a : 실제 증발량[kg/h] G_e : 상당 증발량[kg/h]

G_f : 연료소비량[kg/h] H_l : 연료의 저위발열량[kcal/kg]

h_2 : 포화증기 엔탈피[kcal/kg] h_1 : 급수 엔탈피[kcal/kg]

(2) 열정산

① 열정산 조건
  (가) 보일러의 열정산은 원칙적으로 정격부하 이상에서 정상상태로 적어도 2시간 이상의 운전 결과에 따라 한다. 다만, 액체 또는 기체 연료를 사용하는 소형 보일러에서

는 인수, 인도 당사자 간의 협정에 따라 시험시간을 1시간 이상으로 할 수 있다. 시험부하는 원칙적으로 정격부하 이상으로 하고, 필요에 따라 3/4, 2/4, 1/4 등의 부하로 한다. 최대 출열량을 시험할 경우에는 반드시 정격부하에서 시험을 한다. 측정결과의 정밀도를 유지하기 위하여 급수량과 증기 배출량을 조절하여 증발량과 연료의 공급량이 일정한 상태에서 시험을 하도록 최대한 노력하고 급수량과 연료 공급량의 변동이 불가피한 경우에는 가능한 한 그 변동량이 작은 상태에서 시험을 한다.

㈏ 보일러의 열정산 시험은 미리 보일러 각부를 점검하고, 연료, 증기 또는 물의 누설이 없는가를 확인하고, 시험 중 실제 사용상 지장이 없는 경우 블로다운(blow down), 그을음 불어내기(soot blowing) 등은 하지 않으며, 또한 안전밸브는 열지 않은 운전 상태에서 한다. 안전밸브가 열린 때는 시험을 다시 한다.

㈐ 시험은 시험 보일러를 다른 보일러와 무관한 상태로 하여 실시한다.

㈑ 열정산 시험시의 연료 단위량, 즉 고체 및 액체 연료의 경우 1[kg], 기체 연료의 경우는 표준상태(온도 0[℃], 압력 101.3[kPa])로 환산한 1[Nm³]에 대하여 열정산을 하는 것으로 하고, 단위 시간당 총 입열량(총 출열량, 총 손실 열량)에 대하여 열정산을 하는 경우에는 그 단위를 명확히 표시한다. 혼소(混燒) 보일러 및 폐열 보일러의 경우에는 단위시간당 총 입열량에 대하여 실시한다.

㈒ 발열량은 원칙적으로 사용시 연료의 고발열량(총 발열량)으로 한다. 저발열량(진발열량)을 사용하는 경우에는 기준 발열량을 분명하게 명기해야 한다.

㈓ 열정산의 기준온도는 시험시의 외기온도를 기준으로 하나, 필요에 따라 주위 온도 또는 압입 송풍기 출구 등의 공기 온도로 할 수 있다.

㈔ 열정산을 하는 보일러의 표준적인 범위는 과열기, 재열기, 급수예열기(절탄기) 및 공기예열기를 갖는 보일러는 이들을 그 보일러에 포함시킨다. 다만, 인수, 인도 당사자간의 협정에 의해 이 범위를 변경할 수 있다.

㈕ 이 표준에서 공기란 수증기를 포함하는 습공기로 하며, 또한 연소가스란 수증기를 포함하지 않은 건조 가스로 하는 경우와 연소에 의하여 발생한 수증기를 포함한 습가스로 하는 경우가 있다. 이들의 단위량은 어느 것이나 연료 1[kg](또는 [Nm³]) 당으로 한다.

㈖ 증기의 건도는 98[%] 이상인 경우에 시험함을 원칙으로 한다.(건도가 98[%] 이하인 경우에는 수위 및 부하를 조절하여 건도를 98[%] 이상으로 유지한다.)

㈗ 보일러 효율의 산정 방식은 다음의 방법에 따른다.

㉮ 입출열법

$$\eta_1 = \frac{Q_s}{H_h + Q} \times 100$$

　　㈏ 열손실법

$$\eta_2 = \left(1 - \frac{L_h}{H_h + Q}\right) \times 100$$

　　　여기서, η_1 : 입출열법에 따른 보일러 효율[%]

　　　　　　η_2 : 열손실법에 따른 보일러 효율[%]

　　　　　　Q_s : 유효 출열

　　　　　　L_h : 열손실 합계

　　　　　　$H_h + Q$: 입열 합계

　　㈐ 보일러의 효율 산정방식은 입출열법과 열손실법으로 실시하고, 이 두 방법에 의한 효율의 차가 과대한 경우에는 시험을 다시 실시한다. 다만, 입출열법과 열손실법 중 어느 하나의 방법에 의하여 효율을 측정할 수밖에 없는 경우에는 그 이유를 분명하게 명기한다.

　　㈑ 온수 보일러 및 열매체 보일러의 열정산은 증기 보일러의 경우에 준하여 실시하되, 불필요한 항목(예를 들면 증기의 건도 등)은 고려하지 않는다.

　　㈒ 폐열 보일러의 열정산은 증기 보일러의 경우에 준하여 실시하되, 입열량을 보일러에 들어오는 폐열과 보조 연료의 화학 에너지로 하고, 단위시간당 총 입열량(총 출열량, 총 손실 열량)에 대하여 실시한다.

　　㈓ 전기에너지는 1[kW]당 860[kcal/h]로 환산한다.

　　㈔ 증기 보일러 열출력 평가의 경우, 시험 압력은 보일러 설계 압력의 80[%] 이상에서 실시한다. 온수 보일러 및 열매체 보일러의 열출력 평가 시에는 보일러 입구 온도와 출구 온도의 차에 민감하기 때문에 설계 온도와의 차를 ±1[℃] 이하로 조절하고 시험을 실시한다. 이 조건을 만족하지 못하는 경우에는 그 이유를 명기한다.

② 입열(入熱) 항목

　　㈎ 연료의 발열량(연료의 연소열)

　　㈏ 연료의 현열

　　㈐ 공기의 현열

　　㈑ 노내 취입 증기 또는 온수에 의한 입열

③ 출열(出熱) 항목

　　㈎ 배기가스 보유열량　　　　㈏ 증기의 보유열량

　　㈐ 불완전연소에 의한 열손실　㈑ 미연분에 의한 열손실

　　㈒ 노벽의 흡수열량　　　　　㈓ 재의 현열

3-2 에너지 원단위 관리

(1) 에너지 원단위 산출

에너지 원단위 산출은 에너지법 시행규칙 별표에 규정된 에너지열량 환산기준을 이용한다.

구분	에너지원	단위	총발열량			순발열량		
			MJ	kcal	석유환산톤 (10^{-3}toe)	MJ	kcal	석유환산톤 (10^{-3}toe)
석유	원유	kg	45.0	10,750	1.075	42.2	10,080	1.008
	휘발유	L	32.7	7,810	0.781	30.4	7,260	0.726
	등유	L	36.7	8,770	0.877	34.2	8,170	0.817
	경유	L	37.8	9,030	0.903	35.2	8,410	0.841
	B-A유	L	39.0	9,310	0.931	36.4	8,690	0.869
	B-B유	L	40.5	9,670	0.967	38.0	9,080	0.908
	B-C유	L	41.7	9,960	0.996	39.2	9,360	0.936
	프로판(LPG1호)	kg	50.4	12,040	1.204	46.3	11,060	1.106
	부탄(LPG3호)	kg	49.5	11,820	1.182	45.7	10,920	1.092
	나프타	L	32.3	7,710	0.771	29.9	7,140	0.714
	용제	L	32.8	7,830	0.783	30.3	7,240	0.724
	항공유	L	36.5	8,720	0.872	33.9	8,100	0.810
	아스팔트	kg	41.4	9,890	0.989	39.2	9,360	0.936
	윤활유	L	40.0	9,550	0.955	37.3	8,910	0.891
	석유코크스	kg	35.0	8,360	0.836	34.2	8,170	0.817
	부생연료유1호	L	37.1	8,860	0.886	34.6	8,260	0.826
	부생연료유2호	L	39.9	9,530	0.953	37.7	9,000	0.900
가스	천연가스(LNG)	kg	54.7	13,060	1.306	49.4	11,800	1.180
	도시가스(LNG)	Nm³	43.1	10,290	1.029	38.9	9,290	0.929
	도시가스(LPG)	Nm³	63.6	15,190	1.519	58.4	13,950	1.395
석탄	국내무연탄	kg	19.8	4,730	0.473	19.4	4,630	0.463
	연료용 수입무연탄	kg	21.2	5,060	0.506	20.5	4,900	0.490
	원료용 수입무연탄	kg	25.2	6,020	0.602	24.7	5,900	0.590
	연료용 유연탄(역청탄)	kg	24.8	5,920	0.592	23.7	5,660	0.566
	원료용 유연탄(역청탄)	kg	29.2	6,970	0.697	28.0	6,690	0.669
	아역청탄	kg	21.4	5,110	0.511	19.9	4,750	0.475
	코크스	kg	29.0	6,930	0.693	28.9	6,900	0.690
전기 등	전기(발전기준)	kWh	8.9	2,130	0.213	8.9	2,130	0.213
	전기(소비기준)	kWh	9.6	2,290	0.229	9.6	2,290	0.229
	신탄	kg	18.8	4,500	0.450	-	-	-

(2) 에너지 원단위 비교 분석

① "총발열량"이란 연료의 연소과정에서 발생하는 수증기의 잠열을 포함한 발열량을 말한다.
② "순발열량"이란 연료의 연소과정에서 발생하는 수증기의 잠열을 제외한 발열량을 말한다.
③ "석유환산톤"(toe : ton of equivalent)이란 원유 1톤[t]이 갖는 열량으로 107[kcal]를 말한다.
④ 석탄의 발열량은 인수식(引受式)을 기준으로 한다. 다만, 코크스는 건식(乾式)을 기준으로 한다.
⑤ 최종 에너지사용자가 사용하는 전력량 값을 열량 값으로 환산할 경우에는 1[kWh]=860[kcal]를 적용한다.
⑥ 1[cal]=4.1868[J]이며, 도시가스 단위인 [Nm^3]은 0[℃], 1기압[atm] 상태의 부피 단위[m^3]를 말한다.
⑦ 에너지원별 발열량[MJ]은 소수점 아래 둘째 자리에서 반올림한 값이며, 발열량[kcal]은 발열량[kJ]으로부터 환산한 후 1의 자리에서 반올림한 값이다. 두 단위 간 상출될 경우 발열량[MJ]이 우선한다.

4. 냉동설비 운영

4-1 냉동기 관리

(1) 냉매

① 냉매의 종류
  ㈎ 1차 냉매(직접냉매) : 냉동장치를 순환하면서 상태변화에 의한 잠열에 의하여 열을 운반하는 냉매(암모니아(NH^3), 프레온 등)
  ㈏ 2차 냉매(간접냉매) : 브라인(brine)이라 하며 배관을 순환하면서 온도변화에 의한 감열상태로 열을 운반하는 것(염화나트륨(NaCl), 염화칼슘($CaCl_2$), 염화마그네슘($MgCl_2$), 물(H_2O) 등)
② 냉매의 구비조건
  ㈎ 물리적 조건
    ㉮ 대기압 이상, 상온에서 응축, 액화가 쉬울 것

㉯ 응고점이 낮고 임계온도가 높을 것
㉰ 증발잠열이 크고 기체의 비체적이 적을 것
㉱ 오일과 냉매가 작용하여 냉동장치에 악영향을 미치지 않을 것
㉲ 점도가 적고, 전열이 양호하고 표면장력이 적을 것
㉳ 누설 발견이 쉬울 것
㉴ 수분 함유 시에도 장치 내 악영향을 미치지 않을 것
㉵ 비열비가 적을 것
㉶ 전기적 절연내력이 크고, 전기적 절연물질을 침식시키지 말 것
㉷ 열화, 폭발성이 없을 것

(나) 화학적 조건
㉮ 화학적으로 결합이 양호하고 분해하지 말 것
㉯ 패킹재료에 악영향을 미치지 말 것
㉰ 금속에 대한 부식성이 없을 것
㉱ 인화 및 폭발성이 없을 것

(다) 생물학적 조건
㉮ 인체에 무해할 것
㉯ 누설 시 냉장품에 손상을 주지 말 것
㉰ 악취가 없을 것

(라) 기타
㉮ 경제적일 것(가격이 저렴할 것)
㉯ 자동운전이 쉬울 것

(2) 냉동능력, 냉동률, 성능계수

① 냉동능력

(가) 1 한국 냉동톤 : 0[℃] 물 1[톤]을 0[℃] 얼음으로 만드는데 1일 동안 제거하여야 할 열량

$$Q = G\gamma = 1000\,[\text{kgf/day}] \times 79.68\,[\text{kcal/kgf}] \times \frac{1\,[\text{day}]}{24\,[\text{h}]} = 3320\,[\text{kcal/h}]$$

(나) 1 미국 냉동톤 : 32[℉] 물 2000[lb]를 32[℉] 얼음으로 만드는데 1일 동안 제거하여야 할 열량

$$Q = G\gamma = 2000\,[\text{lb/day}] \times 144\,[\text{BTU/lb}] \times \frac{1\,[\text{day}]}{24\,[\text{h}]}$$

$$= 12000\,[\text{BTU/h}] \times \frac{1\,[\text{kcal}]}{3.968\,[\text{BTU}]} = 3024\,[\text{kcal/h}]$$

② 냉동률 : 1[PS]의 동력으로 1시간에 발생하는 이론 냉동능력

$$K = \frac{냉동효과\,(Q_2)}{이론지시마력\,(N_i)} = \frac{Q_2}{W}$$

③ 성능계수(COP_R) : 저온체에서 흡수 제거하는 열량(Q_2)과 공급된 일(W)과의 비

$$COP_R = \frac{Q_2}{W} = \frac{Q_2}{Q_1 - Q_2} = \frac{T_2}{T_1 - T_2}$$

(3) 냉동기의 종류 및 특징

① 증기 압축식 냉동장치
  ㈎ 4대 구성요소 : 압축기, 응축기, 팽창밸브, 증발기
  ㈏ 각 장치의 역할
    ㉮ 압축기 : 저온 저압의 냉매가스를 응축, 액화하기 쉽도록 압축하여(고온, 고압) 응축기로 보내는 역할을 한다.
    ㉯ 응축기 : 고온, 고압의 냉매가스를 공기나 물을 이용하여 응축, 액화시키는 역할을 한다.
    ㉰ 팽창밸브 : 고온, 고압의 냉매액을 증발기에서 증발하기 쉽도록 하기 위하여 저온, 저압의 액으로 교축팽창시키는 역할을 한다.
    ㉱ 증발기 : 팽창밸브에서 압력과 온도를 내린 저온, 저압의 액체 냉매가 피냉각 물체로부터 열을 흡수하여 증발함으로써 저온, 저압의 가스가 되어 냉동의 목적을 직접적으로 이루는 부분이다.

② 흡수식 냉동장치
  ㈎ 4대 구성요소 : 흡수기, 발생기, 응축기, 증발기
  ㈏ 냉매 및 흡수제의 종류

냉매	흡수제	냉매	흡수제
암모니아(NH^3)	물(H_2O)	염화메틸(CH_3Cl)	사염화에탄
물(H_2O)	리튬브로마이드(LiBr)	톨루엔	파라핀유

제 2 과목 열설비 설치

Industrial Engineer Energy Management

1. 요로

1-1 요로의 개요

(1) 요로 일반

① 요로(窯爐)의 정의 : 열을 이용하여 물체를 가열, 용융, 소성하는 장치로서 화학적 및 물리적 변화를 강제적으로 행하는 공업적 장치이다.
  ㈎ 요(窯, kiln) : 물체를 가열하여 소성하는 것을 목적으로 하는 것으로 가마라 한다.
  ㈏ 로(爐, furnace) : 물체를 가열하여 용융시키는 것을 목적으로 하는 것으로 주로 금속류를 취급한다.

(2) 요(窯) 내의 분위기 및 가스의 흐름

① 분위기 : 피열물에의 열의 이동, 가마 안의 온도 분포 및 분위기는 연료의 연소상태와 관계가 크다.
② 가스 흐름
  ㈎ 고온가스는 비중이 작고 관성력과 부력을 받아 가마 위쪽으로 흐른다.
  ㈏ 가마 내에서 가스를 순환시키는 경우 가마의 안쪽 벽면이나 가스를 유입, 유출시키는 위치와 속도에 영향을 받는다.
③ 가스 흐름 저항
  ㈎ 마찰저항 : 가스는 주위 벽과 마찰저항에 의하여 에너지가 손실된다.
  ㈏ 맴돌이 현상 : 가스통로의 굴곡, 단면 변화에 의한 맴돌이 발생으로 저항이 발생

1-2 요(窯)의 종류 및 특징

(1) 요의 분류

① 작업진행 방법 : 연속요, 반연속요, 불연속요

② 화염의 진행방향 : 승염식(오름 불꽃), 횡염식(옆 불꽃), 도염식(꺾임불꽃식)
③ 사용연료 : 장작, 석탄, 전기, 가스, 중유 등
④ 가열방법 : 직접 가열식(직화식), 간접 가열식(머플식), 반 머플식
⑤ 구조 및 형상 : 터널요, 회전요, 등요, 윤요, 원요, 각요, 견요, 반 터널요, 셔틀요, 연속식 가마
⑥ 소성목적 : 초벌구이, 참구이, 유약구이, 윗그림, 유리용융, 서냉 가마, 플릿 가마
⑦ 사용목적 : 용해로, 소둔로, 소성로, 균열로

(2) 요(窯)의 종류 및 특징

① 불연속식 요 : 불을 끄고 가마에서 냉각한 뒤에 가마 내기를 행하는 것으로 단가마라 함
  ㈎ 승염식 요(오름불꽃 가마) : 연소실 내의 화염이 소성실 내부를 상승하면서 피가열체를 소성
    ㉮ 구조가 간단하지만, 시설비, 보수비가 비싸다.
    ㉯ 소성실 온도가 불균일하고, 열 손실이 비교적 크다.
    ㉰ 2층 가마의 경우 바닥부근의 내화재 손상 우려가 있다.
    ㉱ 1층은 참구이실, 2층은 초벌구이실로 구분된다.
    ㉲ 도자기 제조용으로 사용된다.
  ㈏ 횡염식 요(옆 불꽃 가마) : 연소실 내의 화염이 옆으로 지나면서 피가열체를 소성
    ㉮ 소성실 내의 온도분포가 불균일하다.
    ㉯ 아궁이쪽과 연돌쪽의 가마 내 온도차가 크다.
    ㉰ 도자지 제조용으로 사용된다.
  ㈐ 도염식 요(꺾임 불꽃 가마) : 아궁이쪽에서 발생한 불꽃이 측벽과 화교사이를 거쳐 올라가서 소성실 천정에 부딪혀 가마바닥의 흡입공으로 빠지면서 피가열체를 소성
    ㉮ 가마 내의 온도분포가 균일하다.
    ㉯ 연료소비가 비교적 적은편이다.
    ㉰ 흡입공, 주연도, 가지연도, 화교 등이 있다.
    ㉱ 각 가마는 가마내기, 재임이 편리하다.
    ㉲ 도자기, 내화벽돌, 연삭지석 등을 소성한다.
  ㈑ 종 가마 : 종(bell) 모양으로 된 가마벽 1 개에 가마바닥 2개를 설치하여 소성작업과 가마내기 및 가마재임을 할 수 있도록 한 가마
② 반 연속식 요 : 한정된 구간까지는 연속적인 작업이 가능하지만 그 이후는 불연속과

같이 소성작업이 끝나면 불을 끄고 냉각 후 가마내기, 가마재임을 하는 가마
  ㈎ 셔틀요(shuttle kiln) : 1개 대차에서 소성작업을 한 후 냉각파가 생기지 않는 한 대차를 끌어내고, 다른 대차를 밀어 넣어 소성작업을 한다.
    ㉮ 가마 1개당 2대 이상의 대차가 있어야 한다.
    ㉯ 급냉파가 생기지 않을 정도의 고온에서 제품을 꺼낸다.
    ㉰ 가마의 보유열보다 대차의 보유열이 에너지 절약의 요인이 된다.
  ㈏ 등요(오름가마) : 경사도가 3/10~5/10 정도의 언덕에 소성실을 4~5개 정도를 인접시켜 설치하고 앞쪽 소성실의 폐가스와 고온가열물의 냉각공기가 보유한 열을 뒤쪽 소성실에서 소성에 이용하도록 한 가마
③ 연속식 요 : 작업을 연속적으로 할 수 있도록 만들어진 가마
  ㈎ 윤요(ring kiln) : 고리주위에 소성실을 12~18개 정도 설치하여, 건축재료를 소성하는데 사용하며, 고리가마라 한다.
    ㉮ 제품이 정지되어 있는 고정화상식이다.
    ㉯ 소성실 형태가 원형과 타원형으로 되어 있으며, 소성실은 14개 정도가 이상적이다.
    ㉰ 배기가스의 현열을 이용하여 제품을 예열한다.
    ㉱ 제품의 현열을 이용하여 연소용 공기를 예열한다.
    ㉲ 폐가스의 수증기나 아황산가스에 의한 제품의 손상우려가 있다.
    ㉳ 가지연도의 끝부분의 개폐밸브로 연소가스 흐름의 방향을 전환할 수 있다.
    ㉴ 단가마보다 65[%] 정도의 연료절감이 이루어진다.
  ㈏ 터널요(tunnel kiln) : 가마 내부에 레일이 설치된 터널 형태의 가마
    ㉮ 가열물체를 실은 대차가 레일 위를 지나면서 예열, 소성, 냉각이 연속으로 이루어져 제품이 완성된다.
    ㉯ 대차의 진행방향과 반대 방향으로 연소가스가 진행된다.
    ㉰ 소성이 균일하여 제품의 품질이 좋다.
    ㉱ 온도조절과 자동화가 용이하다.
    ㉲ 열효율이 좋아 연료비가 절감된다.
    ㉳ 배기가스 현열을 이용하여 제품을 예열한다.
    ㉴ 제품의 현열을 이용하여 연소용 공기를 예열한다.
    ㉵ 능력에 비해 설비면적이 작다.
    ㉶ 소성시간이 단축되며, 대량생산에 적합하다.
    ㉷ 능력에 비해 건설비가 비싸다.
    ㉸ 생산량 조정이 곤란하다.
    ㉹ 제품구성에 제한이 있고, 다종 소량생산에는 부적당하다.

㉕ 제품을 연속적으로 처리할 수 있는 시설이 있어야 한다.
④ 전기요(가마) : 전기의 열작용과 유도작용을 이용하여 제품을 소성하는 가마로 요업용과 야금용에 사용
  ㈎ 전기요의 종류
    ㉮ 저항 가마 : 발열체를 이용
    ㉯ 아크 가마(전호로) : 전기 아크열 이용
    ㉰ 유도 가마 : 전기의 유도 작용 이용
  ㈏ 특징
    ㉮ 전기를 이용하므로 연소용 공기가 불필요하다.
    ㉯ 소성실이 깨끗하고 설비가 간단하다.
    ㉰ 온도조절이 용이하고, 온도 분포가 균일하다.
    ㉱ 열효율이 좋고 인건비가 절약된다.
    ㉲ 설치 면적이 적고, 가마 재료의 손상이 적다.
    ㉳ 전력소비량이 많고, 유지비가 많이 소요된다.
    ㉴ 시설비가 비교적 많이 소요된다.
⑤ 유리제조용 가마
  ㈎ 용융 가마
    ㉮ 도가니 가마 : 광학 유리 용해, 석기 유리, 이화학 유리, 크리스탈 용해 등에 이용
    ㉯ 탱크 가마 : 직화식 구조로 유리 용해량이 수십[kg]에서 2000[톤] 정도로 대량생산 시 사용하는 것으로 용해부, 청정부, 작업부로 구성
  ㈏ 서냉 가마 : 성형한 유리를 서서히 냉각시키는 용도에 사용되는 가마
  ㈐ 도가니 예열 가마 : 1100~1300[℃] 정도로 예열하여 고온상태로 도가니 가마에 옮기기 위하여 사용되는 가마
⑥ 시멘트 제조용 가마
  ㈎ 회전가마(rotary kiln)
    ㉮ 시멘트, 석회석 등의 소성에 사용되는 연속요이다.
    ㉯ 100~160[m] 정도의 원통형으로 만들어지며, 가마의 경사는 5/100 정도이다.
    ㉰ 온도에 따라 소성대, 가소대, 예열대, 건조대 등으로 구분된다.
    ㉱ 원료와 연소가스는 서로 반대방향으로 이동함으로써 열교환이 일어난다.
    ㉲ 열효율이 불량하여 연소가스의 여열을 회수하는 장치의 설치가 필요하다.
  ㈏ 견요(堅窯)
    ㉮ 석회석 클링커 제조에 널리 사용된다.

㈏ 상부에서 연료를 장입하는 형식이다.
㈐ 제품의 예열을 이용하여 연소용 공기를 예열한다.
㈑ 이동화상식이며 연속요에 속한다.
㈒ 화염은 오름불꽃 형태이며, 직화식이다.
㈓ 선가마라고 한다.

1-3 로(爐)의 종류 및 특징

(1) 철강용로의 구조 및 특징

① 용광로 : 고로라 하며 철광석을 환원하여 선철을 제조하는 설비이다.
　㈎ 구조 : 노구(throat), 샤프트(shaft), 보시(bosh), 노상(hearth)으로 구성
　㈏ 제선원료 : 철광석, 코크스, 석회석, 망간 광석
　　㈎ 철광석의 종류 : 적철광, 자철광, 침철광, 능철광, 규산철광, 황화철광 등
　　㈏ 코크스의 역할
　　　ⓐ 선철을 제조하는 열원으로 사용
　　　ⓑ 연소 시 환원성 가스 생성에 의해서 광석을 가스 환원하는 동시에 직접 그 탄소에 의해서 광석을 환원
　　　ⓒ 일부 탄소는 가스 상태로 선철 중에 흡수되어 선철 성분이 된다.
　　㈐ 석회석의 역할 : 철과 불순물을 분리하여 염기성 슬래그(slag)를 조성한다.
　　㈑ 망간광석의 역할 : 탈황 및 탈산
② 배소로 : 광석을 용해되지 않을 정도로 가열하여 화학적, 물리적 변화를 일으키는데 사용되는 것으로 용광로 이전에 설치한다.
　㈎ 종류 : 유동 배소로, 다단상형 유화강 배소로
　㈏ 배소(roasting)의 목적
　　㈎ 화합수(化合水) 및 탄산염의 분해를 촉진
　　㈏ 산화도를 변화시켜 제련을 용이하게 함
　　㈐ 유해성분(S, P, As 등)을 제거
　　㈑ 균열 등 물리적인 변화

(2) 제강로의 구조 및 특징

① 평로 : 선철과 고철을 장입하고 연료의 연소열로 금속을 용융시켜 강을 제조하는 것으로 축열실이 설치되어 있는 일종의 반사로이다.

㉮ 축열실 : 연소온도를 높이고 연료 소비량을 절감하기 위하여 배기가스 현열을 흡수하여 공기나 연료가스 예열에 이용될 수 있도록 한 장치이다.
㉯ 특징
㉮ 대규모 설비이며, 대량생산에 적합하다.
㉯ 선철 및 고철을 원료로 강을 제조한다.
㉰ 가스 발생로에서 제조되는 가스나 중유를 사용한다.
㉱ 일반적인 제조방법에 사용되는 염기성법과 고급 재료를 사용하는 산성법이 있다.
② 전로(轉爐) : 용융 선철을 장입하고 고압의 공기나 산소를 취입하여 제련하는 것으로 산화열에 의해 불순물을 제거하므로 별도의 연료가 필요 없다.
③ 전기로(electric furnace) : 전열을 사용하여 선철과 고철을 용해하여 강을 만드는 것이다.

(3) 주물용해로의 구조 및 특징

① 용선로(cupola) : 주물을 용해하기 위한 것으로 강판으로 만든 원형 내부를 내화벽돌로 쌓고 내화 점토로 만든 직접형 노로 가장 많이 사용된다. 노내에 코크스, 선철, 석회석 순으로 장입하며, 코크스를 연소시켜 주물을 용해한다.
㉮ 대량의 쇳물을 얻을 수 있어 대량생산이 가능하다.
㉯ 다른 용해로에 비해 열효율이 좋고, 용해 시간이 빠르다.
㉰ 용해 특성상 용탕에 탄소, 황, 인 등의 불순물이 들어가기 쉽다.
㉱ 탄소, 황, 인 등의 불순물을 흡수하여 주물의 질이 저하된다.
② 반사로 : 천정을 낮게 하여 연소열과 천정의 복사열을 이용하여 가열하고 탕조는 얕은 구조로 되어 있다.
③ 비철금속 용해로
㉮ 도가니로 : 비철합금, 특수강 등을 도가니에 넣고 외부에서 가열하여 용융시키는 로(爐)이다.
㉯ 알루미늄 반사로 : 탕온도를 700~750[℃] 정도로 하여 알루미늄의 산화를 방지하며 용해하는데 사용한다.

(4) 금속가열 열처리로의 구조 및 특징

① 금속가열로
㉮ 가열로 : 압연 공장에서 압연작업에 적당한 온도로 가열하기 위하여 사용하는 것이다.

(나) 균열로 : 압연 공장과 연속 주조실 중간에서 일시적인 가열, 보온으로 불규칙한 수급 상태를 해결하기 위하여 사용하는 것이다.
② 열처리로 : 금속의 기계적 성질을 개선하기 위하여 열처리할 때 사용하는 것으로 풀림로, 불림로, 뜨임로, 담금질로, 침탄로, 염욕로 등으로 분류된다.

(5) 축요의 방법 및 특징

① 축요(築窯) 시 지반 선택 조건
  (가) 지하수가 생기지 않는 곳
  (나) 배수 및 하수 처리가 용이한 곳
  (다) 지반이 튼튼한 곳
  (라) 가마의 위치는 제조, 조립이 편리한 곳
② 지반(地盤) 적부 시험 항목
  (가) 지하 탐사
  (나) 토질 시험
  (다) 지내력 시험
③ 축요 순서 : 기초공사 → 벽돌쌓기 → 가마의 보강 → 굴뚝 시공

(6) 노재의 종류 및 특징

① 내화물의 일반적 성질
  (가) 내화재의 정의 : 고온에 사용되는 불연성, 난연성 재료로 용융온도 1580[℃] (SK26) 이상의 내화도를 가진 비금속 무기재료를 말한다.
  (나) 내화재의 구비조건
    ㉮ 고온에서 팽창, 수축이 적을 것
    ㉯ 사용온도에서 연화, 변형되지 않을 것
    ㉰ 상온, 사용온도에서 충분한 압축강도가 있을 것
    ㉱ 내마멸성, 내침식성이 우수할 것
    ㉲ 사용 용도에 맞는 열전도율을 가질 것
    ㉳ 스폴링(spalling) 현상이 작을 것
  (다) 내화재의 분류
    ㉮ 원료의 종류에 의한 분류 : 규석질, 반규석질, 샤모트질, 마그네시아질, 알루미나질
    ㉯ 광물 조성에 의한 분류 : 뮬라이트, 실미나이트질
    ㉰ 화학조성에 의한 분류 : 산성, 중성, 염기성

　　　㉠ 산성 내화물 : 규석질 내화물, 반규석질 내화물, 납석질 내화물, 샤모트질 내화물
　　　㉡ 염기성 내화물 : 마그네시아 내화물, 불소성 마그네시아 내화물, 개량 마그네시아 내화물, 포스테라이트 내화물, 마그크로질 내화물, 돌로마이트질 내화물
　　　㉢ 중성 내화물 : 고알루미나질 내화물, 탄화 규소질 내화물, 크롬질 내화물, 탄소질 내화물
　　　㉣ 부정형 내화물 : 캐스터블 내화물, 플라스틱 내화물, 레밍믹스, 내화 피복제, 내화 몰타르
　　　㉤ 특수 내화물 : 지르콘 내화물, 지르코니아질 내화물, 베릴리아 내화물, 토리아 내화물
　　㉮ 내화도에 의한 분류 : 저급(SK26~SK30), 중급(SK31~SK33), 고급(SK34 이상)
　　㉯ 용도에 의한 분류 : 전로용, 평로용, 전기로용, 천정용
　　㉰ 형상에 의한 분류 : 성형 내화물, 부정형 내화물
　　㉱ 가열 처리에 의한 분류 : 소성 내화물, 불소성 내화물, 용융 내화물
　(라) 내화재의 성질
　　㉮ 내화도(耐火度) : 용융(용도) 온도를 말하며 연화 변화되는 온도이다.
　　㉯ 표시방법
　　　㉠ SK cone : 제겔콘으로 측정한 것으로 SK26번(1580[℃]) 이상을 기준으로 한다.
　　　㉡ PCE cone : 오튼콘으로 측정한 것으로 PCE 15번(1430[℃]) 이상을 기준으로 한다.

SK번호에 따른 온도

SK No	온도[℃]	SK No	온도[℃]
26	1580	35	1770
27	1610	36	1790
28	1630	37	1825
29	1650	38	1850
30	1670	39	1880
31	1690	40	1920
32	1710	41	1960
33	1730	42	2000
34	1750		

㉢ 내화물의 열적 성질
  ㉠ 열팽창성
    ⓐ 일시적 팽창 : 열간 팽창율로 스폴링 현상과 관계가 깊다.
    ⓑ 영구 팽창 : 잔존 팽창 수축율로 소성 불충분에서 온다.
  ㉡ 스폴링(spalling) 현상 : 박락현상이라 하며 내화물이 사용하는 도중에 갈라지든지, 떨어져 나가는 현상을 말한다.
    ⓐ 열적 스폴링 : 온도 급변에 의한 열영향
    ⓑ 구조적 스폴링 : 구조적인 응력 불균형
    ⓒ 기계적 스폴링 : 조직 변화에 의한 영향
  ㉢ 하중연화점 : 내화물을 축요 하였을 때 일정한 하중을 받는 조건하에서 연화 변형하는 온도로 측정(시험방법)은 하중을 일정하게 하고 온도를 높이면서 그 하중에 견디지 못하고 변형하는 온도를 측정한다.
㉣ 화학적 성질 : 고열에 직접 접촉하고 내용물과 화학적인 변화를 일으켜 침식 및 마멸이 발생하여 수명이 단축되는 성질이다.
㉤ 기계적 성질 : 내화벽돌의 소결 정도를 표시
㉥ 기타 성질
  ㉠ 슬래킹(slacking) 현상 : 수증기를 흡수하여 체적변화를 일으켜 균열이 발생하거나 떨어져 나가는 현상
  ㉡ 버스팅(bursting) 현상 : 크롬 철광을 원료로 하는 내화물이 1600[℃] 이상에서 산화철을 흡수하여 표면이 부풀어 오르고 떨어져 나가는 현상으로 크롬질 내화물에서 발생한다.
㈑ 내화물의 제조 공정
  ㉮ 기본 공정 : 분쇄 → 혼련(混練) → 성형 → 건조 → 소성
  ㉯ 각 공정의 특징
    ㉠ 분쇄 : 표면적 증가, 이물질 분리, 균일한 혼합을 위하여 분쇄
    ㉡ 혼련 : 물이나 기타 첨가제를 배합하여 고루 분포가 되도록 잘 섞고 이기는 과정
    ㉢ 성형 : 혼련 된 배토를 일정한 형상을 가질 수 있도록 만드는 과정
    ㉣ 건조 : 수분을 제거하는 과정
    ㉤ 소성 : 원료에 열화학적 변화를 일으켜 내화물로서 필요한 모양과 강도를 가지게 하는 과정
② 내화물의 종류 및 특징
  ㈎ 산성 내화물의 종류 및 특징
    ㉮ 규석질 내화물 : SiO_2, 석영, 규석, 규사를 800~900[℃] 정도로 가열, 안정화

시키고 분쇄 후 결합체를 가하여 성형한다.
- ㉠ 내화도가 높고(SK31~34), 고온강도가 매우 크다.
- ㉡ 내마모성이 좋고 열전도율은 비교적 크다.
- ㉢ 하중연화점이 1750[℃] 정도로 높다.
- ㉣ 고온에서 팽창계수가 적고 안정하다.
- ㉤ 저온에서 스폴링이 발생되기 쉽다.
- ㉥ 산성 내화물이다.

④ 반규석질 내화물 : 규석과 샤모트로 만들며, SiO_2를 50~80[%] 함유하고 있다.
- ㉠ 산성 내화물로 규석질 내화물과 점토질 내화물의 절충형이다.
- ㉡ 수축 팽창이 적고, 저온에서 강도가 크다.
- ㉢ 내스폴링성이 크며, 가격이 저렴하다.
- ㉣ 내화도 SK28~30 정도이다.

㉰ 납석질 내화물 : 천연 납석($Al_2O_3-4SiO_2-H_2O$)을 분쇄하고, 질이 비슷한 점토를 10~20[%] 섞어 가소성을 부여한다.
- ㉠ 내화도가 SK26~34 정도이다.
- ㉡ 압축강도와 고온강도가 크다.
- ㉢ 슬래그나 용융 철강에 내침성이 우수하다.
- ㉣ 일산화탄소에 대한 안정도가 크다.
- ㉤ 열팽창, 열전도도, 잔존 수축이 적다.
- ㉥ 하중 연화점이 낮다.

㉱ 샤모트질 내화물 : 주성분이 카올리나이트($Al_2O_3-2SiO_2-2H_2O$)로 가소성이 없어 10~30[%] 정도의 생점토를 첨가한 것이다.
- ㉠ 소성온도 SK10~14, 내화도 SK28~34 이다.
- ㉡ 제작이 쉽고, 가격이 저렴하다.
- ㉢ 열팽창, 열전도도가 작다.
- ㉣ 내스폴링성이 크며, 고온 강도는 낮다.
- ㉤ 일반용 가마, 보일러 등에 사용된다.

(나) 염기성 내화물의 종류 및 특징
- ㉮ 마그네시아 내화물
  - ㉠ 마그네사이트 또는 수산화마그네슘을 주원료로 한다.
  - ㉡ 염기성 벽돌이며 내화도가 SK36 이상이다.
  - ㉢ 열팽창성이 크며 하중 연화점이 높다.
  - ㉣ 염기성 슬래그나 용융금속에 대하여 저항성이 크다.

ⓜ 1500[℃] 이상으로 가열하여 소성한다.
ⓑ 열전도율 및 내스폴링성이 작고, 슬래킹 현상이 발생한다.
※ 해수 마그네시아 침전 반응식 : $MgCO_3 + Ca(OH)_2 \rightarrow Mg(OH)_2 + CaCO_3$

㉯ 불소성 마그네시아 내화물 : 소성을 하지 않고 화학적 결합제를 사용하여 굳히는 방법이다.
ⓐ 가마가 필요 없고, 소성시간이 단축된다.
ⓑ 연료 및 생산비용이 인하되고 품질이 향상된다.
ⓒ 고온에서 체적변화가 적고, 경도 및 강도가 크다.
ⓓ 내침식성, 내스폴링성이 크다.

㉰ 개량 마그네시아 내화물 : 클링커를 분쇄하여 일정한 입자별로 배합하여 보크사이크를 2~6[%] 첨가하여 가압 성형한 것이다.

㉱ 폴스테라이트 내화물
ⓐ 사문석, 감람석이 주원료이며, 주성분은 폴스테라이트($2MgO \cdot SiO2$)이다.
ⓑ 내화도가 SK36 이상으로 높다.
ⓒ 염기성에 대한 저항성이 크다.
ⓓ 하중연화점이 높고, 내스폴링성이 있다.
ⓔ 고온에서 체적변화가 적고, 열전도율이 낮다.

㉲ 마그크로질 내화물 : 마그네시아 내화물과 크롬질 내화물의 장점을 이용하여 제조한 것이다.

㉳ 돌로마이트 내화물 : 염기성 내화물로 백운석을 주원료로 하여 1600[℃] 정도에서 소성하여 제조하는 것으로 탄산칼슘($CaCO_3$)과 탄산마그네슘($MgCO_3$)으로 구성되어 있다.

㈐ 중성 내화물의 종류 및 특징
㉮ 고알루미나질 내화물
ⓐ 알루미나 함유율이 50[%] 이상이다.
ⓑ SK35~38의 내화도가 높은 $Al_2O_3-SiO_2$계의 중성 내화물이다.
ⓒ 산성, 염기성 슬래그 용융물에 대한 내침식성이 크다.
ⓓ 고온에서 부피변화가 적고, 하중연화온도가 높다.

㉯ 탄화규소질 내화물
ⓐ 규소 65[%], 탄소 30[%] 및 알루미나, 산화 제2철, 석회로 구성되어 있다.
ⓑ 화학적으로 중성이고 열전도율이 크다.
ⓒ 고온에서 산화되기 쉽다.
ⓓ 내화도가 높고, 내스폴링성이 크다.

ⓜ 열팽창계수가 적고, 하중연화온도가 높다.
㉰ 크롬질 내화물 : 주원료 크롬 철광(Cr_2O_3-FeO)을 분쇄하여 내화점토 2~5[%] 정도를 점결제로 혼합하여 성형한 것이다.
　㉠ 내화도가 SK38로 높다.
　㉡ 하중 연화점이 낮고, 내스폴링성이 비교적 적다.
　㉢ 고온에서 버스팅현상이 발생되기 쉽다.
㉱ 탄소질 내화물 : 무정형 탄소, 결정형 흑연에 결합제로 탄소질(타르, 피치 등)이나 점토류를 사용하여 소성한 것이다.

㈐ 부정형 내화물의 종류 및 특징
　㉮ 캐스터블(castable) 내화물 : 치밀하게 소결시킨 내화성 골재에 수경성 알루미나 시멘트를 배합한 것으로 분말상태이다.
　　㉠ 부정형 내화물로 소성이 불필요하다.
　　㉡ 사용현장에서 필요한 형상이나 치수로 자유롭게 성형할 수 있다.
　　㉢ 접합부 없이 축요가 가능하고 시공 후 건조, 소성 시 수축이 적다.
　　㉣ 내스폴링성이 크다.
　　ⓜ 시공 후 약 24시간 후에 건조, 승온이 가능하고 경화제로 알루미나시멘트를 사용한다.
　　㉥ 점토질이 많이 사용되고 용도에 따라 고알루미나질이나 크롬질도 사용된다.
　㉯ 플라스틱 내화물 : 내화골재에 가소성 점토 및 물유리(규산나트륨) 또는 유기질 결합제를 가하여 반죽상태로 만든 것으로 가마의 응급보수, 보일러 버너 입구, 금속 용해로 등에 사용된다.
　　㉠ 시공할 때에는 해머로 두들겨 가며 한다.
　　㉡ 천정 등에는 금속물을 사용한다.
　　㉢ 소결성, 내식성 및 내마모성이 양호하다.
　　㉣ 캐스터블에 비교하여 고온에서 사용한다.
　　ⓜ 팽창 수축이 적고, 내스폴링성이 크다.
　　㉥ 하중 연화온도가 높다.
　　㉦ 내화도 SK35~37이다.
　㉰ 내화모르타르 : 내화 시멘트라 하며 내화 벽돌의 접합용(줄눈용)이나, 노벽이 손상되었을 때 보수용으로 사용하는 것으로 열경화성(열경성), 기경성, 수경성으로 분류된다.

㈑ 특수 내화물의 종류 및 특징
　㉮ 지르콘($ZrSiO_4$) 내화물 : 지르콘($ZrSiO_4$) 원광을 1800[℃] 정도에 SiO_2를 휘

발시키고 정제시켜 강하게 굽고 가루에 물, 유리, 기타 결합제를 가하여 성형 소성한 것이다.
  ㉠ 특수 내화물로 산화성 용재에 강하다.
  ㉡ 열팽창률이 작고, 내스폴링성이 크다.
  ㉢ 내화도는 일반적으로 SK37~38 정도이다.
  ㉣ 실험용 도가니, 연소관 등에 사용한다.
㈏ 지르코니아 내화물 : 천연 광석을 화학적으로 정제한 후 MgO를 소량 배합하여 강하게 구어 분쇄한 후 소량의 물과 유리를 가하여 소성한 것이다.
  ㉠ 용융점은 약 2710[℃] 정도로 높다.
  ㉡ 열팽창 계수가 적고, 고온에서 전기저항이 작다.
  ㉢ 내식성이 크고 열전도율은 적다.
  ㉣ 유리 용융 도가니 등 용융주조 내화물로 주로 사용된다.

2. 보일러 배관설비

2-1 배관도면 파악

(1) 배관도면의 도시기호

① 관의 높이 표시방법
  ㈎ EL(elevation line) 표시 : 배관의 높이를 기준선(그 지방의 해수면)을 설정하여 이 기준선으로부터의 높이를 표시하는 방법이다.
    ㉮ BOP(bottom of pipe) : 지름이 다른 관의 높이를 나타낼 때 적용되며 관 바깥지름의 아랫면을 기준으로 하여 표시한다.
    ㉯ TOP(top of pipe) : BOP와 같은 목적으로 이용되나 관의 윗면을 기준으로 하여 표시한다.
  ㈏ GL(ground line) : 포장된 지표면을 기준으로 하여 배관장치의 높이를 표시할 때 적용된다.
  ㈐ FL(floor line) : 1층 바닥면을 기준으로 하여 높이를 표시한다.
② 관의 표시 방법 : 관은 1개의 굵은 실선으로 나타내고, 같은 도면 내에서의 관의 실선 굵기는 같게 한다. 또 관의 교차 및 굽힘 방향을 나타낼 경우에는 다음과 같은 관의 접속 상태의 도시기호에 따른다.

관의 접속 상태 도시기호

접속상태	실제모양	도시기호	굽은상태	실제모양	도시기호
접속하지 않을 때		┼	파이프 A가 앞쪽으로 수직으로 구부러질 때		A ⊙
접속하고 있을 때		┼	파이프 B가 뒤쪽으로 수직으로 구부러질 때		B ○
분기하고 있을 때		┬	파이프 C가 뒤쪽으로 구부러져서 D에 접속될 때		C○─D

③ 유체의 종류, 상태, 목적 표시 : 공기, 가스, 기름 등 배관 내부에 흐르는 유체의 종류를 나타낼 때에는 유체의 문자기호를 사용하여 지시선을 그어 기입한다. 유체의 흐름

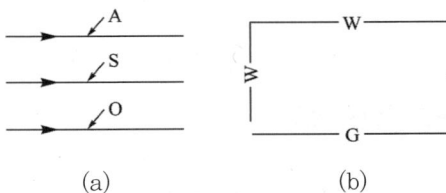

유체의 종류	문자기호	색상
공기	A	백색
가스	G	황색
기름	O	황적색
수증기	S	암적색
물	W	청색

(a)   (b)

유체의 종류와 도시방법

(2) 배관 이음

① 나사이음

㈎ 나사 절삭 : 수동 나사절삭기에 의한 방법과 동력나사절삭기에 의한 방법

주철제 나사 이음재에서 최소 물림 길이

배관호칭[A]	15	20	25	32	40	50
최소길이[mm]	11	13	15	17	18	20

㈏ 관의 조립 : 나사부에 패킹제를 감은 연결용 부속을 조립한다.

② 용접이음

㈎ 종류

㉮ 맞대기 용접 : 관 끝을 베벨 가공한 다음 루트 간격을 맞춘 후 이음

㉯ 슬리브 용접 : 슬리브 길이는 관지름의 1.2~1.7배로 한다.

(나) 나사이음과 비교한 특징
  ㉮ 장점
    ㉠ 이음부 강도가 크고, 하자 발생이 적다.
    ㉡ 이음부 관 두께가 일정하므로 마찰저항이 적다.
    ㉢ 배관의 보온, 피복 시공이 쉽다.
    ㉣ 시공기간을 단축할 수 있고 유지비, 보수비가 절약된다.
  ㉯ 단점
    ㉠ 재질의 변형이 일어나기 쉽다.
    ㉡ 용접부의 변형과 수축이 발생한다.
    ㉢ 용접부의 잔류응력이 현저하다.
③ 플랜지 이음 : 주로 호칭지름 65[A] 이상의 관에 시공하며 주요 기기의 보수 점검을 위하여 분해할 필요가 있는 경우에 사용한다. 플랜지 사이에 패킹재를 넣고 볼트와 너트를 이용하여 기밀을 유지하며 볼트 조립 시 대각선 방향으로 여러 번에 걸쳐 죄어준다.

2-2 배관재료

(1) 배관재료 및 용도

① 강관(steel pipe)
  (가) 특징
    ㉮ 인장강도가 크고, 내충격성이 크다.
    ㉯ 배관작업이 용이하다.
    ㉰ 비철금속관에 비하여 경제적이다.
    ㉱ 부식이 발생하기 쉽다.
    ㉲ 배관수명이 짧다.
  (나) 스케줄 번호(schedule number) : 사용압력(P)과 재료의 허용응력(S)과의 비에 의해서 파이프 두께의 체계를 표시하는 것

$$\text{Sch N0} = 10 \times \frac{P}{S}$$

여기서, P : 사용압력[kgf/cm^2]
S : 재료의 허용응력[kgf/mm^2]

※ 재료의 허용응력 $= \dfrac{\text{인장강도 [kgf/mm}^2\text{]}}{\text{안전율}}$ 이고 안전율은 주어지지 않으면 4를 적용한다.

> **참고**
>
> 압력(P) = [kgf/cm²], 허용응력(S), 인장강도 = [kgf/cm²]
>
> $Sch\,NO = 1000 \times \dfrac{P}{S}$
>
> → 단위 정리를 반영하여 공식을 만든 것이므로 별도로 단위를 맞출 필요가 없음

㈐ 강관의 표시기호 및 명칭

표시 기호	명 칭
SPP	일반배관용 탄소강관
SPPS	압력배관용 탄소강관
SPHT	고온배관용 탄소강관
SPLT	저온배관용 탄소강관
SPW	배관용 아크용접 탄소강관
SPA	배관용 합금강관
STS×T	배관용 스테인리스강관
STBH	보일러 열교환기용 탄소강관
STHA	보일러 열교환기용 합금강관
STS×TB	보일러 열교환기용 스테인리스강관
STLT	저온 열교환기용 강관

② 동관(copper pipe)

  ㈎ 장점

   ㉮ 담수(淡水)에 대한 내식성이 우수하다.

   ㉯ 열전도율이 좋고, 가공성이 좋아 배관시공이 용이하다.

   ㉰ 아세톤, 프레온 가스 등 유기약품에 침식되지 않는다.

   ㉱ 관 내부에서 마찰저항이 적다.

  ㈏ 단점

   ㉮ 연수(軟水)에는 부식된다.

   ㉯ 외부의 기계적 충격에 약하다.

   ㉰ 가격이 비싸다.

   ㉱ 암모니아(NH_3), 초산, 진한황산(H_2SO_4)에는 심하게 부식된다.

(2) 신축이음

① 슬리브형(sleeve type) : 신축에 의한 자체 응력이 발생되지 않고 설치장소가 필요하며 단식과 복식이 있다. 슬리브와 본체와의 사이에는 패킹을 다져 넣고 그랜드로 밀착

시켜 온수 또는 증기의 누설을 방지한다.

② 벨로즈형(bellows type) : 팩리스(packless)형이라 하며, 설치장소에 구애받지 않고 가스, 증기, 물 등 2[MPa], 450[℃]까지 축 방향 신축흡수에 사용되며 단식과 복식 2종류가 있다.

③ 루프형(loop type) : 곡관으로 만들어진 관의 가요성(可撓性)을 이용한 것으로 구조가 간단하고 내구성이 좋아 고온, 고압배관이나 옥외배관에 주로 사용한다. 곡률 반지름은 관지름의 6배 이상으로 한다.

④ 스위블형(swivel type) : 2개 이상의 엘보를 사용하여 관의 신축을 흡수하는 것으로 신축방향이 큰 배관에서는 누설의 우려가 있다. 주로 증기 및 온수 난방용 배관에 사용되며 지블이음, 지웰이음 또는 회전이음이라고도 한다.

⑤ 볼 조인트(ball joint) : 볼 조인트와 오프셋 배관을 이용해서 신축을 흡수하는 방법으로 설치공간이 적고, 평면상의 변위뿐만 아니라 입체적인 변위까지도 안전하게 흡수하므로 어떤 현상에 의한 신축에도 배관이 안전한 신축이음이다.

(3) 밸브의 종류 및 용도

① 글로브 밸브(globe valve) : 스톱 밸브(stop valve)라 하며 구조상 디스크와 시트가 원추상으로 접촉되어 폐쇄하는 밸브로서 유체는 디스크 부근에서 상하방향으로 평행하게 흐르므로 근소한 디스크의 리프트라도 예민하게 유량에 관계되므로 유량조절에 사용된다.

　(개) 앵글 밸브(angle valve) : 엘보와 글로브 밸브를 조합한 것으로 직각으로 굽어지는 장소에 사용하며, 유체의 압력손실이 많이 발생한다.

　(내) 니들 밸브(needle valve) : 밸브 디스크 모양을 원뿔 모양으로 만들어 유량조절을 정확히 할 목적으로 사용된다.

② 슬루스 밸브(sluice valve) : 게이트 밸브(gate valve), 사절밸브라 하며 유량조절용으로 부적합하나 구조상 퇴적물이 체류하지 않는 장점이 있고 유체의 차단을 주목적으로 사용된다. 밸브를 완전히 개방하면 배관 안지름과 같은 단면적이 되므로 유체의 압력손실이 적으나 유량조절용으로 사용하면 와류현상이 생겨 유체의 저항이 커지고, 밸브 디스크의 마모가 발생하므로 부적합하다. 현재 배관용으로 가장 많이 사용되고 있다.

③ 체크 밸브(check valve) : 역류방지밸브라 하며 유체를 한 방향으로만 흐르게 하고 역류를 방지하는 목적에 사용하는 밸브이다.

　(개) 스윙식(swing type) : 수평, 수직배관에 사용

　(내) 리프트식(lift type) : 수평배관에 사용

㈐ 풋 밸브(foot valve) : 펌프 흡입관 하부에 사용되는 체크 밸브의 일종으로 펌프 정지 시 흡입관 내부의 물이 빠져나가는 것을 방지하여 펌프를 보호하는 역할을 한다.

㈑ 해머리스 체크 밸브(hammerless check valve) : 스모렌스키 체크밸브라 하며 펌프 출구측의 체크 밸브용으로 사용되며, 워터해머(water hammer)의 방지와 바이패스 밸브의 기능을 함께 한다.

④ 볼 밸브(ball valve) : 콕(cock)이라 하며 핸들을 90° 회전시켜 유로를 급속히 개폐할 수 있으며, 유체의 저항이 적은 반면 기밀유지가 어렵다.

⑤ 버터 플라이 밸브(butterfly valve) : 원통형 몸체 속에 밸브 봉을 축으로 하여 원형 평판이 회전함으로써 개폐동작이 이루어지는 구조이다.

 ㈎ 특징
  ㉮ 저압의 액체 배관에 주로 사용된다.
  ㉯ 완전폐쇄가 어려워 고압에는 부적합하다.
  ㉰ 와류나 저항이 적게 발생된다.
  ㉱ 개폐동작을 신속히 할 수 있다.
 ㈏ 종류 : 록 레버식, 웜 기어식, 압축 조작식, 전동 조작식

⑥ 다이어프램밸브(diaphragm valve) : 산(酸) 등의 화학약품을 차단하는데 주로 사용하는 밸브로서 내약품성, 내열성의 고무로 만든 것을 밸브시트에 밀어붙여서 유량을 조절, 차단하는 용도로 사용된다.

(4) 관 지지구

① 행거(hanger) : 배관계 중량을 위에서 걸어 당겨 지지할 목적으로 사용
 ㈎ 리지드 행거(rigid hanger) : 수직방향의 변위가 없는 곳에 사용한다.
 ㈏ 스프링 행거(spring hanger) : 변위가 적은 곳에 사용하며 스프링식과 중추식이 있다.
 ㈐ 콘스턴트 행거(constant hanger) : 관의 상하 방향 이동을 허용하면서 변위가 큰 곳에 사용한다.

② 서포트(support) : 배관계 중량을 아래에서 위로 지지할 목적으로 사용
 ㈎ 스프링 서포트 : 상하 이동이 자유롭고 파이프의 하중을 스프링이 완충작용을 한다.
 ㈏ 롤러 서포트 : 배관의 신축을 자유롭게 하면서 롤러가 관을 받치면서 지지한다.
 ㈐ 파이프 슈 : 배관의 엘보 부분과 수평부분에 영구히 고정, 배관의 이동을 구속한다.

(라) 리지드 서포트 : H빔으로 만든 것으로 옥외 등에 종류가 다른 여러 배관을 한 번에 지지한다.
③ 리스트 레인트(restraint) : 배관의 신축으로 인한 배관의 상하, 좌우 이동을 제한하고 구속하는 목적에 사용
  (가) 앵커(anchor) : 이동 및 회전을 방지하기 위하여 지지부분에 완전히 고정하여 사용한다.
  (나) 스톱(stop) : 회전 및 배관 축과 직각방향의 이동을 구속하고 나머지 방향의 이동은 자유롭다.
  (다) 가이드(guide) : 신축이음(루프형, 슬리브형) 등에 설치하는 것으로 축과 직각방향의 이동은 구속하고, 축 방향의 이동은 허용 및 안내하는 역할을 한다.
④ 브레이스(brace) : 펌프, 압축기 등에서 발생하는 진동을 흡수하여 배관계통에 전달되는 것을 방지하는 역할을 한다.
  (가) 방진구 : 진동을 방지하거나 완화시키는 역할을 한다.
  (나) 완충기 : 배관 내의 수격작용, 안전밸브 분출반력 등 충격을 완화하는 역할을 한다.
⑤ 기타 지지물 : 이어(ears), 슈즈(shoes), 러그(lugs), 스커트(skirts) 등이 있다.

(5) 패킹

① 플랜지 패킹
  (가) 고무 패킹
    ㉮ 천연고무 : 탄성이 크고 우수하나 열과 기름에는 약하며 내산, 내알칼리성은 크지만 흡수성이 없다. 내열성(100[℃] 이상), 내한성(-55[℃])이 좋지 않기 때문에 일반적인 냉수, 배수 및 공기배관에 사용된다.
    ㉯ 합성고무(neoprene) : 내열도가 -46~121[℃]인 천연고무의 성질을 개선시킨 것으로 내산성, 내열성, 내유성이 좋고, 기계적 성질이 양호하다. 증기배관 외 물, 공기, 기름 및 냉매배관 등 광범위하게 사용된다.
  (나) 식물성 섬유제 : 한지를 여러 겹 붙여서 일정한 두께로 하여 내유 가공한 오일시트 패킹이 주로 쓰이며 내유성이 있으나 내열도가 작아 펌프, 기어박스, 유류배관 등 용도가 제한적이다.
  (다) 동물성 섬유제
    ㉮ 가죽 : 기계적 성질은 좋으나 내열도가 비교적 낮으며, 알칼리에 용해되고 내약품성이 약하다.
    ㉯ 펠트 : 가죽에 비해 거친 섬유제품으로 압축성이 큰 것으로 알칼리에는 용해되

고 내유성이 있어 유류배관에 사용된다.
- ㈐ 석면 조인트 시트
  - ㉮ 섬유가 미세하고 강인한 광물질로 된 패킹제이다.
  - ㉯ 450[℃]까지의 고온에서도 사용할 수 있다.
  - ㉰ 증기, 온수, 고온의 기름배관에 적합하다.
  - ㉱ 석면을 가공한 슈퍼 히트(super heat)가 많이 사용된다.
- ㈑ 합성수지 패킹 : 플랜지 패킹에 사용되는 것은 테프론으로서 내열 범위가 −260~260[℃]이며 기름에도 침식되지 않는다.
- ㈒ 금속 패킹 : 철, 구리, 알루미늄, 납, 모넬메탈(monel metal), 스테인리스 및 크롬강 등이 사용되고 압력만을 요구할 때에는 철, 구리, 알루미늄이 많이 사용되며 고온, 고압하에서 내식성을 필요로 하는 경우에는 스테인리스, 크롬강 및 모넬메탈이 사용된다.

② 나사용 패킹
- ㈎ 나사용 페인트 : 광명단을 혼합하여 사용하며, 고온의 기름배관을 제외하고는 모두 사용된다.
- ㈏ 일산화연 : 냉매배관에 사용하며 페인트에 소량의 일산화연을 첨가한 것이다.
- ㈐ 액상 합성수지 : 내유성이며 내열 범위가 −30~130[℃]이고 화학제품에 강하므로 약품, 증기, 기름배관에 사용된다.

③ 글랜드 패킹
- ㈎ 석면 각형 패킹 : 석면을 사각형으로 짜서 흑연과 윤활유를 침투시킨 것으로 내열성 및 내산성이 좋다. 석면 각형 패킹은 주로 대형 밸브의 글랜드에 사용된다.
- ㈏ 석면 얀 패킹 : 석면 각형 패킹과 같이 내열성, 내산성이 좋으며 석면사(石綿絲)를 꼬아서 만든 것으로 소형 밸브의 글랜드에 사용된다.
- ㈐ 몰드 패킹 : 석면, 흑연, 수지 등을 배합 성형한 것으로 밸브, 펌프의 글랜드에 주로 사용된다.
- ㈑ 아마존 패킹 : 면포와 내열고무, 컴파운드를 가공 성형한 것으로 압축기 등의 글랜드에 사용된다.

2-3 단열재 및 보온재

(1) 단열재

① 단열재의 정의 : 고온의 가마에서 열효율을 높이기 위하여 열전도율이 적은 물질을 이용하여 가마 밖으로 방산되는 열손실을 차단하는 것이다.

② 종류(사용온도에 의한 분류)
　㈎ 저온용 : 900~1200[℃]로 규조토질 단열 벽돌이 해당
　㈏ 고온용 : 1300~1500[℃]로 점토질 내화 단열 벽돌이 해당
③ 규조토 단열 벽돌
　㈎ 압축강도, 내마모성이 적다.
　㈏ 스폴링 현상이 발생한다.
　㈐ 재 가열, 수축율이 크다.
④ 점토질 내화 단열 벽돌 : 내화재와 단열재의 역할을 동시에 한다.

(2) 보온재

① 보온재의 분류
　㈎ 재질에 의한 분류
　　㉮ 유기질 보온재 : 펠트, 코르크, 기포성 수지
　　㉯ 무기질 보온재 : 석면, 암면, 규조토, 탄산마그네슘, 유리섬유
　　㉰ 금속질 보온재 : 알루미늄 박(泊)
　㈏ 안전 사용온도에 의한 분류
　　㉮ 저온용 : 유기질 보온재
　　㉯ 상온용 : 유리솜, 규조토, 석면, 암면, 탄산마그네슘
　　㉰ 고온용 : 규산칼슘, 펄라이트, 팽창질석
② 구비조건
　㈎ 열전도율이 작을 것
　㈏ 흡습, 흡수성이 작을 것
　㈐ 적당한 기계적 강도를 가질 것
　㈑ 시공성이 좋을 것
　㈒ 부피, 비중(밀도)이 작을 것
　㈓ 경제적일 것
③ 보온재의 열전도율에 영향을 미치는 요소
　㈎ 온도 : 온도가 상승하면 열전도율이 커진다.
　㈏ 밀도(비중) : 밀도가 커지면 열전도율이 커진다.
　㈐ 흡습성(흡수성) : 흡습성(흡수성)이 증가하면 열전도율이 커진다.
　㈑ 기공 : 기공의 크기가 작고 균일할수록 열전도율은 작아진다.
④ 보온재의 종류 및 특성
　㈎ 펠트(felt)

㉮ 양모 펠트와 우모 펠트가 있다.
㉯ 아스팔트를 방습한 것은 −60[℃]까지의 보냉용에 사용이 가능하다.
㉰ 곡면 시공에 편리하다.
㉱ 열전도율 : 0.046[kcal/m·h·℃]
㉲ 최고 안전 사용온도 : 100[℃]

(나) 탄화코르크(cork)
㉮ 액체 및 기체를 쉽게 침투시키지 않아 보랭, 보온재로 우수하다.
㉯ 냉수, 냉매배관, 냉각기, 펌프 등의 보냉용에 주로 사용한다.
㉰ 방수성을 향상시키기 위하여 아스팔트를 결합하는 것을 탄화 코르크라 한다.
㉱ 열전도율 : 0.045~0.05[kcal/m·h·℃]
㉲ 최고 안전 사용온도 : 130[℃]

(다) 기포성 수지
㉮ 합성수지 또는 고무질 재료를 사용하여 다공질 제품으로 만든 것이다.
㉯ 열전도율이 극히 낮고 가벼우며 흡수성은 좋지 않다.
㉰ 굽힘성이 풍부하며 불연소성이다.
㉱ 방로재, 보냉재로 우수하다.
㉲ 열전도율 : 0.035[kcal/m·h·℃]

(라) 텍스류
㉮ 톱밥, 목재, 펄프를 원료로 해서 압축판 모양으로 제작한 것이다.
㉯ 습기가 있으면 부식, 충해를 받을 우려가 있으므로 방습처리가 필요하다.
㉰ 열전도율 : 0.057~0.058[kcal/m·h·℃]
㉱ 최고 안전 사용온도 : 120[℃]

(마) 석면
㉮ 아스베스토질 섬유로 되어 있다.
㉯ 진동을 받는 장치의 보온재로 사용된다.
㉰ 400[℃] 이하의 관이나 탱크, 노벽 등의 보온재로 적합하다.
㉱ 800[℃]에서는 강도와 보온성을 상실할 수 있다.
㉲ 열전도율 : 0.045~0.055[kcal/m·h·℃]
㉳ 최고 안전 사용온도 : 550[℃]

(바) 암면(rock wool)
㉮ 안산암, 현무암, 석회석 등을 원료로 섬유상으로 제조한다.
㉯ 흡수성이 적고, 풍화 염려가 없다.
㉰ 가격이 저렴하고 섬유가 거칠며 꺾어지기 쉽다.
㉱ 알칼리에는 강하나, 강산에는 약하다.

㉮ 열전도율 : 0.045~0.065[kcal/m·h·℃]
㉯ 최고 안전 사용온도 : 600[℃]

(사) 규조토
  ㉮ 열전도율이 다른 보온재에 비해 크다.
  ㉯ 시공 후 건조시간이 길며 접착성이 좋다.
  ㉰ 500[℃] 이하의 파이프, 탱크, 노벽 등의 보온용으로 사용한다.
  ㉱ 진동이 있는 곳에서 사용이 부적합하다.
  ㉲ 열전도율 : 0.08~0.095[kcal/m·h·℃]
  ㉳ 최고 안전 사용온도 : 석면사용(500[℃]), 삼여물 사용(250[℃])

(아) 유리섬유(glass wool)
  ㉮ 용융 유리를 압축공기나 원심력을 이용하여 섬유형태로 제조한다.
  ㉯ 흡습성이 크기 때문에 방수처리를 하여야 한다.
  ㉰ 보온, 보냉재로 일반건축의 벽체, 덕트 등에 사용한다.
  ㉱ 열전도율 : 0.035~0.057[kcal/m·h·℃]
  ㉲ 최고 안전 사용온도 : 300[℃] (단, 방수처리 시 600[℃])

(자) 탄산마그네슘
  ㉮ 염기성 탄산마그네슘(85[%])과 석면(15[%])으로 이루어져 있다.
  ㉯ 석면 혼합비율에 따라 열전도율이 달라진다.
  ㉰ 물반죽 또는 보온판, 보온통 형태로 사용된다.
  ㉱ 열전도율 : 0.05~0.07[kcal/m·h·℃]
  ㉲ 최고 안전 사용온도 : 250[℃]

(차) 규산칼슘
  ㉮ 규산질, 석회질, 암면 등을 혼합하여 만든 결정체 보온재이다.
  ㉯ 압축강도가 크며 반영구적이다.
  ㉰ 내수성, 내구성이 우수하며 시공이 편리하다.
  ㉱ 고온 공업용에 가장 많이 사용된다.
  ㉲ 열전도율 : 0.055~0.07[kcal/m·h·℃]
  ㉳ 최고 안전 사용온도 : 650[℃]

(카) 펄라이트
  ㉮ 진주암, 흑석 등을 소성, 팽창시켜 다공질로 하여 접착제와 3~15[%]의 석면 등과 같은 무기질 섬유를 배합하여 판이나 통으로 성형한 것이다.
  ㉯ 수분 및 습기를 흡수하는 성질(흡수성)이 작다.
  ㉰ 경량이며 열전도율이 작고, 내열도는 높다.
  ㉱ 열전도율 : 0.055~0.065[kcal/m·h·℃]

㉯ 최고 안전 사용온도 : 650[℃]
㈉ 스티로폼(폴리스틸렌 폼)
  ㉮ 냉수, 온수배관 등에 가장 쉽게 시공할 수 있다.
  ㉯ 내수성이 우수하여 많이 사용한다.
  ㉰ 화기에 약하다.
  ㉱ 열전도율 : 0.03[kcal/m·h·℃]
  ㉲ 최고 안전 사용온도 : 70[℃]
㈊ 세라믹 파이버
  ㉮ 용융석영을 방사하여 만든 것으로 실리카 울이나 고석회질의 규산유리로 융점이 높고 내약품성이 우수하여 고온용 단열재로 사용한다.
  ㉯ 열전도율 : 0.05~0.24[kcal/m·h·℃]
  ㉰ 최고 안전 사용온도 : 1000~1300[℃]
㈋ 금속질 보온재 : 금속질 보온재로는 알루미늄 박(泊)이 주로 사용되며 보온효과는 복사열의 차단이 주목적이다.

3. 보일러 부속설비

3-1 보일러의 급수장치 설치

(1) 급수장치의 원리

① 보일러 급수펌프의 구비조건
  ㉮ 고온, 고압에 견딜 것
  ㉯ 작동이 확실하고 조작이 간단할 것
  ㉰ 부하변동에 대응할 수 있을 것
  ㉱ 저부하에도 효율이 좋을 것
  ㉲ 병렬운전에 지장이 없을 것
  ㉳ 회전식은 고속회전에 안전할 것
② 급수펌프의 종류
  ㉮ 원심펌프(centrifugal pump) : 임펠러를 케이싱 내에서 회전시켜 발생하는 원심력을 이용하여 액체를 이송하는 것으로 볼류트 펌프(volute pump)와 터빈 펌프(turbine pump)가 있다.

㈏ 왕복펌프 : 실린더 내의 피스톤, 플런저가 왕복 운동으로 액체에 압력을 가해 이송하는 펌프로 워싱턴 펌프, 플런저 펌프, 피스톤 펌프 등이 있다.
③ 인젝터 : 증기가 보유하고 있는 열에너지를 속도에너지로 전환시키고 다시 압력에너지로 바꾸어 급수하는 장치이다.
　㈎ 특징
　　㉮ 구조가 간단하고, 가격이 저렴하다.
　　㉯ 급수가 예열되고, 열효율이 좋아진다.
　　㉰ 설치 장소가 적게 필요하다.
　　㉱ 별도의 동력원이 필요 없다.
　　㉲ 흡입양정이 작고, 효율이 낮다.
　　㉳ 급수 온도가 높으면 급수 불량이 발생한다.
　　㉴ 증기압력이 너무 높거나 낮으면 급수 불량이 발생한다.
　　㉵ 급수량 조절이 어렵다.
　㈏ 작동불량(급수불량) 원인
　　㉮ 급수온도가 너무 높은 경우(50[℃] 이상)
　　㉯ 증기압력($2[kgf/cm^2]$ 이하)이 낮은 경우
　　㉰ 부품이 마모되어 있는 경우
　　㉱ 내부노즐에 이물질이 부착되어 있는 경우
　　㉲ 흡입관로 및 밸브로부터 공기유입이 있는 경우
　　㉳ 체크밸브가 고장 난 경우
　　㉴ 증기가 너무 건조하거나, 수분이 많은 경우
　　㉵ 인젝터 자체가 과열되었을 때
④ 급수내관(distributing pipe)
　㈎ 역할 : 급수 시 동판의 국부적 냉각으로 인한 부동팽창의 영향을 줄이기 위하여 동 내부에 설치하는 관
　㈏ 설치 목적
　　㉮ 온도차에 의한 부동팽창 방지
　　㉯ 보일러 급수의 예열
　　㉰ 관내온도의 급격한 변화 방지

(2) 분출장치

① 수면 분출장치(연속 분출장치) : 안전 저수위 선상에 설치하여 유지분, 부유물을 제거하여 프라이밍, 포밍 현상을 방지

② 수저 분출장치(단속 분출장치) : 동체 아래 부분에 있는 스케일이나 침전물, 농축된 물 등을 외부로 배출시켜 제거한다.

3-2 보일러 환경설비

(1) 공해 물질의 종류

① 대기오염 물질의 종류
　(개) 입자상 물질 : 매연, 그을음(soot) 등
　(내) 일산화탄소 및 탄화수소(HC)
　(대) 황산화물(SO_x)
　(라) 질소산화물(NO_x)

② 매연 발생원인
　(개) 통풍이 부족하거나 과대할 때　(내) 무리한 연소를 할 때
　(대) 연소실 온도가 낮을 때　(라) 연소실 용적이 적을 때
　(마) 연소장치와 연료가 맞지 않을 때　(바) 연소장치가 불량한 때
　(사) 공기비가 맞지 않을 때　(아) 취급자의 취급이 잘못되었을 때

③ 질소산화물의 생성을 억제하는 방법
　(개) 저공기비로 연소한다.　(내) 열부하를 감소시킨다.
　(대) 공기온도를 저하시킨다.　(라) 2단 연소법을 사용한다.
　(마) 배기가스를 재순환시킨다.　(바) 물이나 증기를 분사한다.
　(사) 저NO_x 버너를 사용한다.　(아) 연료를 전처리하여 사용한다.

④ 질소산화물을 경감시키는 방법
　(개) 연소온도를 낮게 유지한다.
　(내) 노내압을 낮게 유지한다.
　(대) 연소가스 중 산소농도를 저하시킨다.
　(라) 노내가스의 잔류시간을 감소시킨다.
　(마) 과잉공기량을 감소시킨다.
　(바) 질소성분 함유량이 적은 연료를 사용한다.

(2) 보일러 환경설비의 종류 및 특징

① 집진장치 선정 시 고려사항
　(개) 분진의 입도 및 분포

(나) 집진기의 처리효율
(다) 집진장치에 의한 압력손실
(라) 제거하여야 할 분진의 양
(마) 집진시설 관리 및 유지비
(바) 집진 후 폐기물의 처리문제

② 집진장치의 분류
  (가) 물의 사용여부에 의한 분류
    ㉮ 건식집진장치   ㉯ 습식집진장치
  (나) 집진방법에 의한 분류
    ㉮ 중력식   ㉯ 관성력식
    ㉰ 원심력식   ㉱ 여과식
    ㉲ 세정식   ㉳ 전기식

③ 건식 집진장치
  (가) 중력식 : 중력에 의하여 배기가스 중의 입자를 자연 침강에 의하여 분리, 포집하는 방식이다.
  (나) 관성력 집진장치 : 기류에 급격한 방향 전환을 주어 배기가스 중의 함진 입자의 관성력에 의하여 분리하는 방식이다.
  (다) 원심력 집진장치 : 함진가스에 선회운동을 주어 입자에 원심력을 작용시켜 입자를 분리하는 방식이다.
  (라) 여과 집진장치 : 함진가스를 여과재(filter)에 통과시켜 입자를 분리, 포집하는 방식이다.

④ 습식 집진장치
  (가) 세정식 : 분진이 포함된 배기가스를 세정액이나 액막 등에 충돌시키거나 접촉시켜 액체에 의해 포집하는 방식이다.
    ㉮ 유수식 : S형, 임펠러형, 회전형, 분수형 및 나선 가이드베인형
    ㉯ 가압수식 : 벤투리 스크러버, 제트 스크러버, 사이클론 스크러버, 충전탑(세정탑)
    ㉰ 회전식 : 타이젠 와셔, 충격식 스크러버
  (나) 가압수식 집진장치의 종류 및 특징
    ㉮ 벤투리 스크러버 : 함진가스를 벤투리관의 목부분에서 유속을 $60 \sim 90[m/s]$ 정도로 빠르게 하여 주변의 노즐을 통하여 물이 흡입, 분사되게 하여 액적과 입자가 충돌하여 포집한다.
    ㉯ 사이클론 스크러버 : 가압한 물을 원심력에 의해 노즐에 분무하여 함진가스 내로 통과시켜 집진하는 방식이다.

㉣ 제트 스크러버 : 이젝터(ejector)를 사용하여 물을 고압으로 분무시켜 먼지를 물방울 속에 접촉 포집하는 방식이다.

⑤ 전기 집진장치 : 양전극 사이에 코로나 방전이 일어나 방전극 주위의 기체는 이온화되고, (−)이온화된 가스입자는 강한 전장의 작용으로 (+)극을 향하여 운동하고, 그 사이를 흐르는 가스 속의 고체 분진은 (−)로 대전되어 집진극에 모여 표면에 퇴적한다.

(3) 슈트 블로워

① 슈트 블로워(soot blower)는 전열면 외측 또는 수관 주위의 그을음이나 재를 불어 제거하는 장치이다.

② 사용 시 주의사항
　㉮ 부하가 50[%] 이하일 때, 소화 후에는 사용을 금지한다.
　㉯ 댐퍼를 완전히 열고 통풍력을 크게 한다.
　㉰ 그을음 제거를 하기 전에 분출기 내부의 응축수를 제거한다.
　㉱ 그을음 불어내기 관을 동일 장소에서 오래 동안 작용시키지 않는다.
　㉲ 흡입통풍기가 있을 경우 흡입통풍을 늘려서 한다.

3-3 열회수 장치

(1) 여열 회수장치

① 과열기(super heater) : 보일러에서 발생한 습포화증기의 압력을 일정하게 유지하면서 온도만을 높여 과열증기를 만드는 장치이다.

② 재열기(reheater) : 고압 증기터빈에서 일정한 팽창을 하고 포화상태에 가까워진 증기를 모두 회수하여 재차 열을 가하여 과열증기로 만들어 저압 터빈에서 팽창하도록 하는 장치이다.

③ 급수예열기(economizer) : 보일러 급수를 연소가스 여열(餘熱)을 이용하여 예열시키는 장치로 절탄기(節炭器)라 한다. 급수예열기 출구의 급수온도는 그 급수의 포화온도 이하의 적당한 온도로 한다.

④ 공기예열기(air preheater) : 연소가스의 여열을 이용하여 연소실에 공급되는 2차 공기를 예열하는 장치이다.

(2) 열교환기

① 열교환기(heat exchange)의 역할 : 유체에 대한 냉각, 응축, 가열, 증발 및 폐열 회수

등에 사용되는 것으로 보일러에서는 가열장치에 사용하고 있으며 배기가스 여열회수 장치인 과열기, 급수예열기, 공기예열기와 중유가열기(oil preheater), 급탕탱크의 온수가열기 등이 해당된다.

② 구조별 분류

 ㈎ 다관식(쉘 앤 튜브식[shell and tube type]) : 둥그런 원통형의 쉘(shell) 안쪽에 튜브를 배치하고 쉘 내부에는(튜브 바깥쪽) 저온의 물질을, 튜브내부에는 고온물질을 통과시켜 열교환하는 형식으로 일반적으로 광범위하게 사용된다. 종류에는 고정관판형, 유동두형, U자관형, 케플형 등이 있다.

 ㈏ 단관식 : 하나의 관으로 이루어진 형식으로 트롬본형, 탱크형, 스파이럴형이 있다.

 ㈐ 이중관식 : 이중관으로 만들어 각각에 유체를 통과시켜 열교환하는 형식으로 구조가 간단하고 전열면적 증감이 용이하며, 고압용으로 제작이 가능하다.

 ㈑ 판형(plate type)형 : 얇은 판으로 만들어진 것을 조립하여 열교환하는 형식이다.

③ 열교환기 효율을 향상시키는 방법

 ㈎ 유체의 유속을 빠르게 한다.
 ㈏ 유체의 흐름 방향을 향류로 한다.
 ㈐ 열전도율이 높은 재료를 사용한다.
 ㈑ 두 유체의 온도차를 크게 한다.
 ㈒ 전열면적을 크게 한다.

3-4 계측기기

(1) 계측의 원리

① 측정의 종류

 ㈎ 직접 측정법 : 표준량에 측정량을 비교하여 그 측정값을 나타내는 방법
 ㈏ 간접 측정법 : 물리적 방법으로 측정하고자 하는 상태량을 환산하여 계산하는 방법

② 측정의 방식과 특성

 ㈎ 편위법 : 측정량과 관계있는 다른 양으로 변환시켜 측정하는 방법 → 부르동관압력계, 스프링 저울, 전류계 등
 ㈏ 영위법 : 기준량과 측정하고자 하는 상태량을 비교 평형 시켜 측정하는 방법 → 천칭을 이용하여 질량을 측정하는 것
 ㈐ 치환법 : 지시량과 미리 알고 있는 다른 양으로부터 측정량을 나타내는 방법 → 다

이얼게이지를 이용하여 두께를 측정하는 것

㈑ 보상법 : 측정량과 거의 같은 미리 알고 있는 양을 준비하여 측정량과 그 미리 알고 있는 양의 차이로써 측정량을 알아내는 방법

③ 측정의 오차

㈎ 오차 : 측정값과 참값과의 차이(오차 = 측정값 - 참값)

$$오차율[\%] = \frac{측정값 - 참값}{측정값} \times 100$$

$$\left(또는 \ 오차율[\%] = \frac{참값 - 측정값}{측정값} \times 100\right)$$

㈏ 오차의 종류

㉮ 과오에 의한 오차 : 원인을 알 수 있는 오차로 제거가 가능

㉯ 우연 오차 : 우연하고도 필연적으로 생기는 오차로서 원인을 모르기 때문에 보정이 불가능

㉰ 계통적 오차 : 측정값에 어떤 일정한 영향을 주는 원인에 의하여 생기는 오차

㉠ 계기오차 : 측정기가 불완전하거나 내부적 요인의 영향, 사용상의 제한 등으로 생기는 오차

㉡ 환경오차 : 온도, 압력, 습도 등 측정환경 변화에 의한 오차

㉢ 개인오차(판단오차) : 개인의 버릇에 의하여 발생하는 오차

㉣ 이론오차(방법오차) : 사용하는 공식, 계산 등으로 생기는 오차

⑤ 측정의 정도

㈎ 보정 : 측정값이 참값에 가깝게 하기 위해 수치적으로 가감하는 행위

(보정 = 참값 - 측정값)

㈏ 정도와 감도

㉮ 정도(精度) : 측정결과에 대한 신뢰도를 수량적으로 표시한 척도

㉯ 감도 : 계측기가 측정량의 변화에 민감한 정도를 나타내는 값으로 감도가 좋으면 측정시간이 길어지고, 측정범위는 좁아진다.

$$감도 = \frac{지시량의 \ 변화}{측정량의 \ 변화}$$

(2) 유체 측정(압력, 유량, 액면, 가스)

① 압력 측정

㈎ 1차 압력계

㉮ 액주식 압력계(manometer) : 유리관 액면의 높이차를 이용하여 압력을 구하는 것

㉠ 액주식 압력계용 액체의 구비조건
  ⓐ 점성이 적을 것
  ⓑ 열팽창계수가 적을 것
  ⓒ 밀도변화가 적을 것
  ⓓ 모세관 현상 및 표면장력이 적을 것
  ⓔ 화학적으로 안정할 것
  ⓕ 휘발성 및 흡수성이 적을 것
  ⓖ 항상 액면은 수평을 만들고 높이를 정확히 읽을 수 있을 것
㉡ 종류 : 호루단형, 단관식 압력계, U자관 압력계, 경사관식 압력계

㉯ 침종식 압력계 : 아르키메데스의 원리를 이용한 것으로 미소 차압의 측정이 가능하다. 단종형(측정범위 : 100[mmH$_2$O])과 복종형(측정범위 : 5~30[mmH$_2$O])으로 분류한다.

㉰ 링밸런스식 압력계 : 원형상의 관상부에 2개의 구멍에 측정압력과 대기압이 가해져 압력이 불균형해 지면 회전하는 회전각을 이용하여 압력차를 측정한다.

㉱ 분동식 압력계 : 측정하여야 할 압력은 오일(광유)에 의해 그 피스톤에 작용시키고 피스톤에 올려놓은 추와 평형이 되도록 한 후, 추와 피스톤 무게와 피스톤의 단면적에서 압력을 산출한다. 부유 피스톤형 압력계, 표준 분동식 압력계도 있다.

㈏ 2차 압력계

㉮ 탄성식 압력계 : 부르동관 압력계, 다이어프램식 압력계, 벨로즈식 압력계, 캡슐식

㉯ 전기식 압력계 : 전기저항 압력계, 피에조 전기 압력계(압전기식), 스트레인 게이지

② 유량 측정

㈎ 직접식 유량계 : 유체의 흐름에 따라 움직이는 운동체와 그 용적에 해당하는 일정한 부피를 갖는 공간을 만들어 그 속으로 유체를 연속으로 통과시키면서 체적유량을 적산(積算)하는 방법

㉮ 오벌 기어(oval gear)식 유량계 : 2개의 타원형 기어가 서로 맞물려 유체의 흐름에 의하여 회전하며 기어의 회전수가 유량에 비례하는 것을 이용한 것

㉯ 루츠(roots)형 유량계 : 오벌 기어식 유량계와 구조가 비슷하며 양회전자가 서로 굴림 접촉을 하지 않기 때문에 회전자에 기어가 없는 것이 다르다.

㉰ 로터리 피스톤식 유량계 : 입구에서 유입되는 유체에 의하여 회전자가 회전하며 유입측에 충만되어 있는 유체를 유출구로 밀어 보내며 그 회전속도에서 유량을 구하는 형식

- 라 회전 원판형 유량계 : 둥근 축을 갖는 원판이 유량실의 중심에 위치하고 원판의 회전에 의하여 유체의 통과량을 측정
- 마 가스미터 : 습식 및 건식 가스미터

(나) 간접식 유량계 : 연속의 방정식, 베르누이 방정식을 이용하여 유량을 구한다.
- ㉮ 차압식 유량계 : 측정 원리는 베르누이 방정식이다.
    - ㉠ 측정원리 : 베르누이 방정식
    - ㉡ 특징
        - ⓐ 관로에 오리피스, 플로 노즐, 벤투리 등이 설치되어 있다.
        - ⓑ 규격품이라 정도(精度)가 좋고, 측정범위가 넓다.
        - ⓒ 유량은 압력차의 평방근에 비례한다.
        - ⓓ 레이놀즈수가 10^5 이상에서 유량계수가 유지된다.
        - ⓔ 고온 고압의 액체, 기체를 측정할 수 있다.
        - ⓕ 유량계 전후의 동일한 지름의 직선관이 필요하다.
        - ⓖ 통과 유체는 동일한 유체이어야 하며, 압력손실이 크다.
    - ㉢ 종류 : 오리피스(orifice) 미터, 플로어 노즐(flow nozzle), 벤투리(venturi) 미터
        ※ 압력손실 순서 : 오리피스 > 플로노즐 > 벤투리
- ㉯ 면적식 유량계 : 조리개 전후의 차압을 일정하게 유지하도록 조리개 면적의 변화로부터 유량을 측정하는 것으로 부자식(플로트식)과 로터미터로 분류된다.
- ㉰ 유속식 유량계
    - ㉠ 피토관식 유량계 : 유체의 전압과 정압과의 차이인 동압을 측정하여 베르누이 방정식에 의해 속도수두에서 유속을 구하고 그 값에 관로 단면적을 곱하여 유량을 구한다.
        - ⓐ 구조가 간단하고 제작비가 저렴하며 부착이 쉽다.
        - ⓑ 피토관을 유체의 흐름방향과 평행하게 설치하여야 한다.
        - ⓒ 유속이 5[m/s] 이하인 유체에는 측정이 불가능하다.
        - ⓓ 불순물(슬러지, 분진 등)이 많은 유체에는 측정이 불가능하다.
        - ⓔ 노즐 부분에 마모현상이 있으면 오차가 발생한다.
        - ⓕ 피토관은 유체의 압력에 견딜 수 있는 충분한 강도를 가져야 한다.
        - ⓖ 유량 측정은 간단하지만 사용방법이 잘못되면 오차 발생이 크다.
        - ⓗ 비행기의 속도 측정, 수력 발전소의 수량 측정, 송풍기의 풍량 측정에 사용된다.
        - ⓘ 피토관 앞에는 관지름 20배 이상의 직관길이를 필요로 한다.
    - ㉡ 임펠러식 유량계 : 유속 변화에 따른 임펠러의 회전수를 이용하여 유량을

측정

ⓒ 열선식 유량계 : 관로에 전열선을 설치하여 유체의 유속변화에 따른 온도 변화로 순간유량을 측정하는 것으로 유체의 압력손실은 크지 않다. 미풍계, 토마스 유량계, 서멀(thermal) 유량계 등이 있다.

㉣ 전자식 유량계 : 패러데이 법칙(전자유도법칙)을 이용한 것으로 도전성 액체에서 발생하는 기전력을 이용하여 순간 유량을 측정

㉤ 와류식 유량계(vortex flow meter) : 와류(소용돌이)를 발생시켜 그 주파수의 특성이 유속과 비례관계를 유지하는 것을 이용한 것

㉥ 초음파 유량계 : 초음파의 유속과 유체 유속의 합이 비례한다는 도플러 효과를 이용한 것

③ 액면 측정

㈎ 직접식 액면계

㉠ 직관식(유리관식) 액면계 : 유리관을 탱크에 부착하여 액면을 직접 확인

㉡ 플로트식(부자식[浮子式]) 액면계 : 액면의 위치에 따라 움직이는 플로트의 위치를 확인하여 액면을 측정

㉢ 검척식 액면계 : 액면의 높이, 분립체의 높이를 직접 자로 측정

㈏ 간접식 액면계

㉠ 압력식 액면계 : 액체의 높이에 따라 변화하는 압력을 탱크외부에 설치된 압력계를 이용하여 측정하는 방법

㉡ 초음파식 액면계 : 초음파의 왕복하는 시간을 측정하여 액면의 높이를 측정

㉢ 정전 용량식 액면계 : 액중에 넣은 탐사침에 검출되는 물질의 유전율을 이용

㉣ 방사선 액면계 : 방사선원과 방사선 검출기를 설치하여 방사선의 세기와 변화를 이용

㉤ 차압식(햄프슨식) 액면계 : 저장조의 상·하부를 U자관에 연결하여 차압에 의하여 액면을 측정

㉥ 다이어프램식 액면계 : 액면의 변위에 따른 다이어프램으로 작용하는 유체의 압력을 이용하여 측정

㉦ 편위식 액면계 : 플로트의 부력(아르키메데스의 원리)으로 액면을 측정

㉧ 기포식 액면계 : 탱크 속에 삽입된 파이프에 보내지는 공기압을 측정하여 액면의 높이를 계산

㉨ 슬립 튜브식 액면계 : 지름이 작은 스테인리스관을 상하로 움직여 관내에서 분출하는 가스 상태와 액체 상태의 경계면을 찾아 액면을 측정

㉩ 저항 전극식 액면계 : 탱크 내 액면 변화에 의한 전극간 저항 변화를 이용하는 것으로 액면 지시보다는 경보용이나 제어용에 이용

④ 가스 분석
　㈎ 화학적 분석계
　　㉮ 흡수분석법 : 채취된 시료기체를 성분 흡수제에 흡수시켜 체적변화를 측정하는 방식
　　　㉠ 특징
　　　　ⓐ 구조가 간단하며 취급이 쉽다.
　　　　ⓑ 선택성이 좋고 정도가 높다.
　　　　ⓒ 수분은 분석할 수 없다.
　　　　ⓓ 분석순서가 바뀌면 오차가 발생한다.
　　　㉡ 오르사트(Orsat)법
　　　　ⓐ CO_2 : 수산화칼륨(KOH) 30[%] 수용액
　　　　ⓑ O_2 : 알칼리성 피로갈롤 용액
　　　　ⓒ CO : 암모니아성 염화제1구리($CuCl2$) 용액
　　　　ⓓ N_2 : 전부 흡수되고 남는 것을 질소로 계산한다.
　　　㉢ 헴펠(Hempel)법
　　　　ⓐ CO_2 : 수산화칼륨(KOH) 30[%] 수용액
　　　　ⓑ C_mH_n : 무수황산을 25[%] 포함한 발연황산
　　　　ⓒ O_2 : 알칼리성 피로갈롤 용액
　　　　ⓓ CO : 암모니아성 염화제1구리($CuCl2$) 용액
　　　㉣ 게겔(Gockel)법
　　　　ⓐ CO_2 : 33% KOH 수용액
　　　　ⓑ 아세틸렌 : 요오드수은(옥소수은) 칼륨 용액
　　　　ⓒ 프로필렌, $n-C_4H_8$: 87[%] H_2SO_4
　　　　ⓓ 에틸렌 : 취화수소(HBr) 수용액
　　　　ⓔ O_2 : 알칼리성 피로갈롤 용액
　　　　ⓕ CO : 암모니아성 염화 제1구리 용액
　　㉯ 자동화학식 CO_2계 : 오르사트 분석계를 자동화하여 CO_2를 측정
　　㉰ 연소식 O_2계(과잉공기계) : 측정대상 가스와 수소(H_2)를 혼합하고 연소를 시켜 산소농도에 따라 반응열이 변화하는 것을 이용하여 산소농도를 측정
　　㉱ 연소열법(미연소 가스계) : 미연소가스와 산소를 공급하고 백금 촉매로 연소시켜 온도 상승에 의한 저항 변화를 이용하여 CO와 H_2를 측정
　㈏ 물리적 분석계
　　㉮ 가스 크로마토그래피(gas chromatography)
　　　㉠ 측정원리 : 시료의 확산속도

ⓒ 장치 구성요소 : 캐리어가스, 압력조정기, 유량조절밸브, 압력계, 분리관 (컬럼), 검출기, 기록계 등

ⓒ 캐리어가스(전개제)의 종류 : 수소(H_2), 헬륨(He), 아르곤(Ar), 질소(N_2)

ⓔ 검출기의 종류 : 열전도형 검출기(TCD), 수소염 이온화 검출기(FID), 전자 포획 이온화 검출기(ECD), 염광 광도형 검출기(FPD), 알칼리성 이온화 검출기(FTD), 방전이온화 검출기(DID), 원자방출 검출기(AED), 열이온 검출기(TID)

㈏ 열전도형 CO_2계 : CO_2는 공기보다 열전도율이 낮다는 것을 이용하여 분석

㈐ 밀도식 CO_2계 : CO_2는 공기에 비하여 밀도가 크다는 것을 이용한 것

㈑ 자기식 O_2계 : O_2가 다른 가스에 비하여 강한 상자성체이기 때문에 자장에 대하여 흡입되는 특성을 이용한 것

㈒ 세라믹 O_2계(지르코니아식 O_2계) : 지르코니아(ZrO_2)를 주원료로 한 특수세라믹은 온도 850[℃] 이상에서 산소이온이 통과할 때 발생되는 기전력을 측정하여 산소농도를 측정

㈓ 적외선 가스 분석계 : 적외선 흡수 스펙트럼의 차이를 이용하여 분석

(3) 온도 및 열량 측정

① 온도 측정

㈎ 접촉식 온도계

㉮ 유리온도계

ⓐ 수은 온도계 : 모세관 내의 수은의 열팽창을 이용

ⓑ 알코올 온도계 : 모세관 내의 알코올의 열팽창을 이용

ⓒ 베크만 온도계 : 모세관에 남은 수은의 양을 조절하여 측정하며 미소한 범위(0.01~0.005[℃])의 온도 변화를 정밀하게 측정

ⓓ 유점 온도계 : 주로 체온계에 사용

ⓔ 유기성 액체 봉입 온도계 : 톨루엔, 펜탄 등을 사용한 것으로 주로 저온용에 사용

㉯ 바이메탈 온도계 : 선팽창계수(열팽창률)가 다른 2종류의 얇은 금속판을 결합시켜 온도변화에 따라 구부러지는 정도가 다른 점을 이용한 것

㉰ 압력식 온도계(아네로이드형 온도계) : 일정한 부피의 액체나 기체를 관속에 봉입하고 온도상승에 따라 체적이 팽창하면 압력상승으로 변환하는 것을 이용한 온도계

㉱ 저항 온도계 : 온도가 올라가면 금속제의 저항이 증가하는 원리를 이용

㉠ 측온 저항체의 종류 및 측정범위

종 류	측정범위
백금(Pt) 측온 저항체	-200~850[℃]
니켈(Ni) 측온 저항체	-50~150[℃]
동(Cu) 측온 저항체	0~120[℃]

㉡ 서미스터(thermistor) : 온도변화에 따라 저항값이 변하는(저항값 감소) 반도체를 이용

㉳ 열전대 온도계

㉠ 측정 원리 : 제백효과(Seebeck effect)

㉡ 열전대의 종류 및 사용금속 조성 비율

종류 및 약호	사용금속		측정범위
	+ 극	- 극	
R형[백금-백금로듐] (P-R)	Pt : 87%, Rh : 13%	Pt(백금)	0~1600[℃]
K형[크로멜-알루멜] (C-A)	크로멜 Ni : 90%, Cr : 10%	알루멜 Ni : 94%, Al : 3% Mn : 2%, Si : 1%	-20~1200[℃]
J형[철-콘스탄탄] (I-C)	순철(Fe)	콘스탄탄 Cu : 55%, Ni : 45%	-20~800[℃]
T형[동-콘스탄탄] (C-C)	순구리(Cu)	콘스탄탄	-180~350[℃]

㉴ 제겔콘(Seger cone) 온도계 : 점토, 규석질 등 내연성의 금속산화물로 만든 것으로 벽돌의 내화도 측정 등에 사용

㉵ 서모컬러(thermo color) : 피측정물의 표면에 도포하여 그 점의 온도 변화를 감시하는데 사용

㈏ 비접촉식 온도계

㉮ 광고온계 : 측정대상 물체에서 방사되는 빛과 표준전구에서 나오는 필라멘트의 휘도를 같게 하여 표준전구의 전류 또는 저항을 측정하여 온도를 측정

㉯ 광전관식 온도계 : 사람 눈 대신 광전지 혹은 광전관을 사용하여 자동으로 측정 (광고온도계를 자동화 시킨 것)

㉰ 방사 온도계 : 스테판-볼츠만 법칙을 이용한 것으로 측정대상 물체에서의 전 방사에너지(복사에너지)를 렌즈 또는 반사경으로 열전대와 측온접점에 모아 열기전력을 측정하여 온도를 측정

㉱ 색온도계 : 고온 물체로부터 방사되는 빛의 밝고 어두움을 이용

② 습도 측정

㈎ 건습구 습도계 : 2개의 수은 온도계를 사용하여 습도를 측정

㈐ 모발(毛髮) 습도계 : 모발(머리카락)을 상대습도계의 감습(感濕)소자로 사용
㈑ 전기 저항식 습도계 : 상대습도에 따라 저항치를 변화하는 것을 이용하여 습도를 측정
㈒ 광전관식 노점계 : 거울의 표면에 이슬 또는 서리가 부착되어 있는 상태를 광전관으로 받아 열전대 온도계로 온도를 측정하여 습도를 측정
㈓ 가열식 노점계(Dewcel 노점계) : 염화리듐의 포화 수용액의 수증기압이 포화 수증기압보다는 낮다는 것을 이용하여 습도를 측정

③ 열량 측정
㈎ 봄브(bomb)열량계 : 고체 및 고점도인 액체 연료의 발열량 측정에 사용되며 단열식과 비단열식으로 구분된다.
㈏ 융커스(Junker)식 열량계 : 기체 연료의 발열량 측정에 사용되며 시그마 열량계와 융커스식 유수형 열량계로 구분된다.

4. 보일러 부대설비

4-1 증기설비

(1) 증기설비의 종류 및 특징

① 건조 장치
㈎ 건조(乾燥 : drying) : 고체 또는 고체에 가까운 물질의 수분을 증발시켜 제거하는 조작
㈏ 건조속도에 영향을 미치는 요소
㉮ 공기의 속도
㉯ 온도 및 습도
㉰ 입자의 지름(입경) 및 두께
㉱ 형상
㈐ 종류
㉮ 직접 가열식
㉠ 회분식 : 상자형, 통기식
㉡ 연속식 : 터널형, 회전식, 회전루버형, 밴드형, 기류식, 분무식, 유동식, 시트식
㉯ 간접 가열식
㉠ 회분식 : 진공식, 동결식, 교반식
㉡ 연속식 : 회전식, 원통형, 드럼형

ⓒ 기타 : 적외선식, 고주파식
② 증발 장치
  ㈎ 증발(蒸發 : evapration) : 수용액으로부터 수분만을 증발시켜 용액을 농축하거나 결정을 분리하는 것이다.
  ㈏ 증발 장치에 수증기 사용 시 장점
    ㉮ 균일한 가열이 가능하다.   ㉯ 과열의 위험이 없다.
    ㉰ 온도제어가 용이하다.   ㉱ 다중효용관 증기압축법으로 조작이 가능하다.
    ㉲ 열원 쪽 열전달계수가 크다.
  ㈐ 종류
    ㉮ 직접 접촉식 : 수중 연소법, 농축탑형
    ㉯ 간접 가열식 : 자켓 가열식, 증기가열 다관식
③ 증류 장치
  ㈎ 증류(蒸溜) : 혼합 용액을 가열하여 비등시키면 비등점차이로 나오는 증기를 응축시켜 원액을 정제하는 조작이다.
  ㈏ 분류(分溜) : 원액이 2가지 이상의 혼합물인 경우 각 성분의 증기압차를 이용하여 증발시켜 이것을 응축하여서 원액을 각 성분으로 분리하는 조작이다.
  ㈐ 정류(精溜) : 저비점 성분의 농도가 낮은 액에서 짙은 액을 얻고자 할 때 하는 조작이다.

(2) 증기밸브

① 감압 밸브(pressure reducing valve) : 보일러에서 발생된 증기의 압력을 내리기 위하여 사용하는 밸브이다.
  ㈎ 설치 목적
    ㉮ 고압의 증기를 저압의 증기로 만들기 위하여
    ㉯ 부하측의 압력을 일정하게 유지하기 위하여
    ㉰ 부하 변동에 따른 증기의 소비량을 절감하기 위하여
  ㈏ 종류
    ㉮ 작동방법에 따른 분류 : 피스톤식, 다이어프램식, 벨로스식
    ㉯ 구조에 따른 분류 : 스프링식, 추식
    ㉰ 제어방식에 따른 분류 : 자력식(직동식과 파일럿 작동식으로 분류), 타력식
② 자동온도 조절밸브(automatic temperature valve) : 열매체를 이용하여 열교환기, 건조기, 온수탱크 등의 온도를 일정하게 유지시키는 밸브로서 직동식과 파일럿식이 있다.

(3) 증기 축열기 및 응축수 회수 장치

① 증기 축열기(steam accumulator) : 보일러에서 과잉 발생한 증기를 저장하고 부하가 증가하면 증기를 공급하여 증기 부족을 해소하는 장치이다.
　㈎ 변압식 : 고압 증기를 물에 통과시키고 응축시켜 저장하고, 부하가 증가하면 저압의 증기상태로 하여 이용하는 형식으로 증기측에 설치한다.
　㈏ 정압식 : 부하 감소시 여분의 관수나 증기로 급수를 예열하고 부하가 증가하면 급수하여 연소량은 일정한 상태가 유지되면서 다량의 고압증기를 얻는 방식으로 급수측에 설치한다.
② 응축수 회수 장치 : 고온의 응축수를 온도강하 없이 보일러에 급수할 수 있는 장치로서 연료절감, 수처리 비용절감, 급수용의 용수 절감 등의 효과를 얻을 수 있다.

4-2 급수·급탕설비

(1) 급수설비의 종류 및 특징

① 직결식
　㈎ 우물 직결식 : 우물에 펌프를 설치하여 물을 끌어 올린 후 급수하는 방법
　㈏ 상수도 직결식 : 수도 본관 수압을 이용하여 직접 건물에 급수하는 방법
② 고가 탱크(옥상 탱크)식 : 수돗물을 지하 수수탱크에 저장한 후 펌프로 옥상 탱크까지 올린 후 하향 급수관에 의하여 급수하는 방법
③ 압력 탱크식 : 고가 탱크를 설치하기 곤란한 경우 지상에 압력탱크를 설치하여 펌프로 물을 압입하면 탱크 속의 공기가 압축되며 이 압력으로 물을 급수하는 방법

(2) 급탕설비의 종류 및 특징

① 개별식 : 소규모 주택용 등으로 가스, 전기 등을 열원으로 사용하여 온수를 공급하는 방법으로 순간 온수기, 저탕형 온수기 등을 이용한다.
② 중앙식 : 건물의 지하실 등에 탕비 장치를 설치하여 배관으로 사용장소에 온수를 공급하는 방법이다.
　㈎ 직접 가열식 : 온수 보일러에서 만들어진 온수를 저탕조(storage tank)를 거쳐 공급하는 방법
　㈏ 간접 가열식 : 저탕조 내에 가열코일을 설치하고 여기에 증기를 통과시켜 간접적으로 물을 가열하여 공급하는 방법
　㈐ 기수 혼합식 : 저탕조 속에 증기를 직접 분사하여 물을 가열시켜 공급하는 방법

제3과목 열설비 운전

Industrial Engineer Energy Management

1. 보일러 설비운영

1-1 보일러 관리

(1) 보일러의 분류

① 보일러(boiler)의 정의 : 강철제 및 주철제로 만들어진 동체 내부에 물 또는 열매체를 공급하고, 연료의 연소열을 이용하여 대기압 이상의 증기 및 온수를 발생시켜 열 사용처에 공급하는 장치

② 보일러의 구성

㉮ 본체 : 연료의 연소열을 이용하여 일정압력의 증기 및 온수를 발생시키는 부분으로 동(drum) 내부의 2/3~4/5 정도 물이 채워지는 수부와 증기부로 구성된다.

㉯ 연소장치 : 연소실에 공급되는 연료를 연소시키기 위한 장치로써, 고체연료를 사용하는 보일러에서는 화격자, 액체 및 기체연료를 사용하는 보일러에서는 버너가 사용된다.

㉰ 부속장치 및 기기 : 보일러를 안전하고 경제적인 운전을 하기 위한 장치 및 기기이다.

　㉮ 안전장치 : 안전밸브, 저수위 경보기, 방폭문, 가용전, 화염검출기, 증기압력 제한기, 전자밸브 등

　㉯ 급수장치 : 급수펌프, 급수관, 급수밸브, 인젝터, 급수내관 등

　㉰ 분출장치 : 분출관, 분출 밸브 및 분출 콕 등

　㉱ 송기장치 : 증기내관, 비수방지관, 기수분리기, 주증기 밸브, 감압 밸브, 증기 헤더, 신축이음 등

　㉲ 폐열회수장치 : 과열기, 재열기, 절탄기, 공기예열기 등

　㉳ 통풍장치 : 송풍기, 댐퍼, 연도, 연돌, 통풍계통 등

　㉴ 자동제어 장치 : 부하에 따른 연료, 공기량 및 급수량을 제어하는 장치

　㉵ 기타 장치 : 급수처리 장치, 집진장치, 매연취출장치 등

③ 보일러의 분류
 ㉮ 사용 재질에 따른 종류
  ㉮ 강철제 보일러 : 보일러 재질을 탄소강재로 제작한 보일러
  ㉯ 주철제 보일러 : 주철로 제작한 보일러로 난방용의 저압 증기발생용, 온수보일러에 사용
 ㉯ 구조 및 형식에 따른 종류
  ㉮ 원통형 보일러 : 보일러 본체가 동(胴)으로 구성되어 있으며 이곳에서 증기를 발생시킨다.
   ㉠ 직립형 보일러 : 직립 횡관식 보일러, 직립 연관식 보일러, 코크란 보일러
   ㉡ 수평형 보일러 : 노통 보일러, 연관 보일러, 노통 연관 보일러
  ㉯ 수관식 보일러 : 자연 순환식 보일러, 강제 순환식 보일러, 관류 보일러
  ㉰ 특수 보일러 : 주철제 보일러, 특수 열매체 보일러, 폐열 보일러, 간접 가열식 보일러, 특수 연료 보일러
 ㉰ 연소실의 위치에 따른 종류
  ㉮ 내분식 보일러 : 연소실이 동체 내부에 위치한 형식으로 직립형 보일러, 코르니쉬 보일러
  ㉯ 외분식 보일러 : 연소실이 동체 밖에 있는 형식으로 수관식 보일러, 수평 연관 보일러
 ㉱ 사용매체에 따른 종류
  ㉮ 증기 보일러 : 증기(steam)를 발생시키는 것으로 대부분의 보일러가 여기에 해당된다.
  ㉯ 온수 보일러 : 온수를 발생시켜 난방 및 급탕용으로 사용되는 보일러
  ㉰ 열매체 보일러 : 포화온도가 높은 유기열매체를 이용한 것으로 고온에서 가열, 증류, 건조 등을 하는 공정에 사용
 ㉲ 사용연료에 따른 종류
  ㉮ 석탄 보일러 : 석탄(무연탄)을 연료로 사용하는 보일러
  ㉯ 유류 보일러 : 중유(B-C유), 경유, 등유 등 오일(기름)을 연료로 사용하는 보일러
  ㉰ 가스 보일러 : 도시가스, LNG 등 가스를 연료로 사용하는 보일러
  ㉱ 목재 보일러 : 폐목재 등 나무를 연료로 사용하는 보일러
  ㉲ 폐열 보일러 : 가열로, 용해로 등에서 배출되는 고온의 폐가스를 이용하는 보일러
  ㉳ 특수연료 보일러 : 산업 폐기물 등을 연료로 사용하는 보일러
 ㉳ 보일러 본체 구조에 따른 종류

㉮ 노통(爐筒) 보일러 : 동체 내에 노통만 있는 보일러로 코르니쉬, 랭커셔 보일러
㉯ 연관(燃管) 보일러 : 동체 내에 노통에 관계없이 여러 개의 연관으로 구성되는 보일러

(사) 증기의 사용처(용도)에 따른 종류
㉮ 동력용 보일러 : 발생 증기를 터빈 등의 동력발생장치용에 사용하는 보일러
㉯ 난방용 보일러 : 실내의 난방용 열원으로 사용하는 보일러
㉰ 가열용 보일러 : 발생 증기의 잠열을 이용하여 장치의 가열원으로 사용하는 보일러
㉱ 온수용 보일러 : 급탕용 온수를 만드는데 사용하는 보일러

(아) 순환방식에 따른 종류
㉮ 자연 순환식 보일러 : 포화수와 포화증기의 비중량차에 의하여 관수가 순환되는 보일러
㉯ 강제 순환식 보일러 : 펌프를 이용하여 관수를 강제로 순환시키는 보일러

(자) 사용 장소에 따른 종류
㉮ 육용(陸用) 보일러 : 육지에 설치하여 사용하는 보일러
㉯ 박용(舶用) 보일러 : 선박(船舶)에 설치하여 사용하는 보일러

(2) 보일러의 종류 및 특징

① 원통 보일러
  (가) 직립형(vertical type) 보일러 : 본체가 세워져 있고 연소실이 아래에 위치한 보일러
    ㉮ 특징
      ㉠ 설치면적이 적어 설치가 간단하다.
      ㉡ 전열면적이 작아 효율이 낮다.
      ㉢ 증기부가 적고, 건조증기를 얻기가 어렵다.
      ㉣ 내부청소 및 점검이 불편하다.
    ㉯ 종류
      ㉠ 직립 수평관식 보일러 : 연소실 천정부에 수평관(횡관)을 2~3 개 부착한 것
      ㉡ 직립 연관식 보일러 : 여러 개의 연관을 연소실 천장판과 상부 관판을 연결한 보일러
      ㉢ 코크란 보일러 : 여러 개의 수평 연관을 설치한 보일러로 선박용으로 사용

㈏ 수평형(horizontal type) 보일러
  ㉮ 노통(flue tube) 보일러 : 원통형 드럼과 양면을 막는 경판으로 구성되며 그 내부에 노통을 설치한 보일러이다. 노통을 한쪽 방향으로 기울어지게 설치하여 물의 순환을 양호하게 한다.
    ㉠ 특징
      ⓐ 구조가 간단하고, 제작 및 수리가 용이하다.
      ⓑ 내부청소, 점검이 간단하다.
      ⓒ 급수처리가 까다롭지 않다.
      ⓓ 증발이 늦고, 열효율이 낮다.
      ⓔ 보유수량이 많아 폭발시 피해가 크다.
      ⓕ 고압 대용량에 부적당하다.
    ㉡ 종류
      ⓐ 코르니쉬(Cornish) 보일러 : 노통이 1개
      ⓑ 랭커셔(Lancashire) 보일러 : 노통이 2개
    ㉢ 노통의 종류
      ⓐ 평형 노통 : 원통형 구조의 노통으로 저압 보일러에 적합하다.
      ⓑ 파형 노통 : 원통형의 노통 표면을 파형으로 제작하여 전열면적 증가와 노통의 신축을 흡수할 수 있다. 종류에는 모리슨형, 파브스(폭스)형, 브라운형이 있다.
    ㉣ 완충 폭(breathing space) : 고온에 의한 노통의 신축작용으로 응력이 발생하고 이로 인하여 평형 경판이 손상되는 것을 방지하기 위하여 가셋트 스테이(gusset stay) 하단부와 노통의 상단부와의 거리로 최소 230[mm] 이상을 유지한다.
    ㉤ 아담슨 조인트(Adamson joint) : 평형 노통을 일체형으로 제작하면 강도가 약해지는 결점을 보완하기 위하여 노통을 여러 개로 분할 제작하여 플랜지형으로 연결한 것으로 이 이음부를 아담슨 조인트라 한다.
    ㉥ 겔로웨이 관(galloway tube) : 노통에 직각으로 2~3개 정도 설치한 관으로 전열면적을 증가시키며 보일러 수(水)의 순환을 좋게 하고 노통을 보강하는 역할을 한다.
    ㉦ 버팀(stay) : 강도가 약한 부분(주로 경판)의 강도를 보강하기 위하여 사용되는 이음부분
      ⓐ 가셋트 버팀(gusset stay) : 보강판(gusset)을 동판과 경판을 연결하여 경판의 강도를 보강
      ⓑ 관 버팀(tube stay) : 연관 보일러에 사용되며 연관보다 두께가 두꺼운

관을 이용하여 연관 역할과 버팀 역할을 동시에 할 수 있는 것으로 관판(管板)을 보강
- ⓒ 경사 버팀(oblique stay) : 봉으로 된 것을 동판과 경판에 경사지게 부착시켜 경판, 화실 천장판의 강도를 보강
- ⓓ 나사 버팀(bolt stay) : 동판과 화실 측벽을 연결하여 화실벽 강도를 보강
- ⓔ 천장 버팀(girder stay) : 화실 천장판과 경판을 연결하여 화실 천장판의 강도를 보강
- ⓕ 봉 버팀(bar stay) : 관 버팀에서 사용하는 관 대신에 연강재 봉을 사용하는 방법
- ⓖ 도그 버팀(dog stay) : 맨홀, 소제구 등을 보강하는데 사용

㉯ 연관식(smoke tube type) 보일러 : 보일러 동 수부에 다수의 연관을 설치하여 연소가스를 통과시켜 전열면적을 증가시킨 것으로 수평식과 수직형, 연소실 위치에 따라 외분식과 내분식이 있다.

㉠ 특징
- ⓐ 전열면적이 크고, 노통 보일러보다 효율이 좋다.
- ⓑ 전열면적당 보유수량이 적어 증기발생 소요시간이 짧다.
- ⓒ 내부 구조가 복잡하여 청소, 검사, 수리가 어렵고 고장이 많다.
- ⓓ 외분식일 경우 연소실 설계가 자유롭고, 연료 선택범위가 넓다.

㉡ 종류 : 기관차 보일러, 케와니 보일러

㉢ 횡연관식 보일러 : 원통형 보일러 중 유일한 외분식 보일러로 동 내부에 다수의 연관을 설치한 것으로 스케일 부착이 많은 동 하부에 고온이 접촉하므로 과열의 우려가 있고, 외분식이라 연료의 선택 범위가 넓다.

㉰ 노통 연관(flue smoke tube) 보일러 : 보일러 동체에 노통과 연관을 혼합 설치한 것

㉠ 특징
- ⓐ 노통 보일러에 비하여 열효율이 높다.
- ⓑ 패키지 형태로 제작, 운반, 설치, 취급이 용이하다.
- ⓒ 구조가 복잡하여 청소, 검사, 수리가 어렵다.
- ⓓ 증발속도가 빨라 스케일이 부착되기 쉽다.
- ⓔ 양질의 급수를 요한다.
- ⓕ 구조상 고압, 대용량 제작이 어렵다.

㉡ 종류 : 스코치 보일러(선박용에 사용), 하우덴 존슨 보일러, 노통 연관 패키지형 보일러

② 수관보일러
    ㈎ 수관(water tube) 보일러의 개요
        ㉮ 구조 : 다수의 수관과 드럼으로 구성된 것으로 효율이 좋아 고압, 대용량에 사용된다.
        ㉯ 특징
            ㉠ 증기 발생시간이 빠르며, 고압 대용량에 적합하다.
            ㉡ 외분식이므로 연료 선택범위가 넓고, 연소상태가 양호하다.
            ㉢ 전열면적이 크고, 열효율이 높다.
            ㉣ 수관의 배열이 용이하고, 패키지형으로 제작이 가능하다.
            ㉤ 관수처리에 주의를 요한다.
            ㉥ 구조가 복잡하여 청소, 검사, 수리가 어렵고 스케일 부착이 쉽다.
            ㉦ 부하변동에 따른 압력 및 수위변동이 심하다.
        ㉰ 분류
            ㉠ 관수의 순환에 의한 분류 : 자연 순환식, 강제 순환식
            ㉡ 관의 배열 형태에 의한 분류 : 직관식, 곡관식
            ㉢ 관의 경사도에 의한 분류 : 수평관식, 경사관식, 수직관식
            ㉣ 동(drum)의 개수에 의한 분류 : 무동형, 단동형(1동형), 2동형, 3동형
        ㉱ 수관(water tube)의 종류
            ㉠ 강수관 : 상부에 설치된 기수(氣水) 드럼(drum)의 물이 하부의 수(水) 드럼(drum) 쪽으로 내려오는 관으로 직접 연소가스에 접촉되지 않도록 하여 가열을 피하여 관수 순환을 잘되도록 하며, 강수관을 승수관과 함께 2중관으로 이루어지도록 한다.
            ㉡ 승수관 : 하부의 수(水) 드럼(drum)에서 상부 기수 드럼으로 올라가는 관으로 직접 연소가스에 접촉하여 물이 가열되기 때문에 관내 물의 비중이 작게 되어 보일러수를 순환시킨다.
        ㉲ 수냉노벽의 설치 목적
            ㉠ 전열면적의 증가로 증발량이 많아진다.
            ㉡ 연소실 내의 복사열을 흡수한다.
            ㉢ 연소실 노벽을 보호한다.
            ㉣ 연소실 열부하를 높인다.
            ㉤ 노벽의 무게를 경감시키기 위하여
    ㈏ 자연순환식 수관 보일러 : 포화수와 포화증기의 비중량차에 의하여 관수가 자연 순환되는 보일러
        ㉮ 자연 순환이 양호하게 될 조건

㉠ 강수관이 가열되지 않도록 한다.
㉡ 큰 지름의 수관을 사용한다.
㉢ 수관의 배열을 수직으로 설치한다.

㈏ 종류
㉠ 바브콕(babcock) 보일러 : 수관을 15°로 배치
㉡ 다쿠마(dakuma) 보일러 : 수관을 45°로 경사지게 배열
㉢ 스털링(stirling) 보일러 : 기수드럼 2~3개와 수드럼 1~2개를 갖으며, 기수드럼과 수드럼이 거의 수직으로 설치
㉣ 스네기찌 보일러 : 수관의 경사는 30°로 경판에 부착
㉤ 야로우(yarrow) 보일러 : 기수드럼 1개와 수드럼 2개를 좌우 대칭형으로 설치하고 수관도 45° 정도 경사지게 배열
㉥ 2동 D형 보일러 : 수관 배열을 영문자 "D"자 모양으로 배열한 것으로 산업용으로 많이 사용

㈐ 강제순환식 수관 보일러 : 보일러의 압력이 임계압력에 가까워지면 관수와 증기의 비중량 차이가 감소하여 자연 순환이 어렵게 되므로 순환펌프를 설치하여 관수를 강제로 순환시키는 보일러

㈎ 특징
㉠ 동일한 증발량에 대해 소형 경량으로 제작할 수 있다.
㉡ 순환펌프를 사용하므로 열전달이 높고 기동이 빠르다.
㉢ 수관군의 배열에 신경 쓸 필요가 없으므로 자유로운 설계를 할 수 있다.
㉣ 자연순환에 비해 유속이 빠르므로 스케일 부착의 우려가 적다.
㉤ 취급이 어렵고, 급수처리를 철저히 하여야 한다.
㉥ 순환용 펌프가 있어야 하므로 설비비, 유지비가 많이 소요된다.
㉦ 수관의 과열방지를 위해서 각 수관에 물이 균일하게 흘러야 한다.

㈏ 순환비 : 발생 증기량에 대한 순환 수량과의 비이다.

$$순환비 = \frac{순환 수량}{발생 증기량}$$

㈐ 종류
㉠ 라몽트(lamont) 보일러 : 순환비를 4~10 정도로 하여 압력, 관 배열의 경사, 순서에 제한을 받지 않도록 한 것으로 강제순환식 수관보일러의 대표적인 보일러이다. 펌프의 소요동력을 보일러 출력의 1[%] 이하를 취하며 라몽트 노즐을 설치하여 송수량을 조절한다.
㉡ 벨록스(velox) 보일러 : 순환비가 10~15 정도로 가압연소(2.5~3[kgf/cm^2])에 의하여 연소가스의 유속을 200~300[m/s] 정도 유지시켜 열전달을 증가

시킨 것이다. 시동시간이 6~7분 정도로 짧고 효율이 90[%] 이상으로 높다.
- ㈐ 관류(단관식) 보일러 : 급수펌프에 의해 급수를 압입하여 하나로 된 관에서 가열, 증발, 과열시켜 과열증기를 얻는 보일러로 드럼이 없는 강제 순환식 보일러이다.
  - ㉮ 특징
    - ㉠ 전열면적에 비하여 보유수량이 적으므로 가동시간이 짧다.
    - ㉡ 고압 보일러에 적합하다.
    - ㉢ 관을 자유로이 배치할 수 있어 구조가 콤팩트하다.
    - ㉣ 완벽한 급수처리를 요한다.
    - ㉤ 정확한 자동제어 장치를 설치하여야 한다.
    - ㉥ 순환비가 1이므로 드럼이 필요 없다.
  - ㉯ 종류
    - ㉠ 벤슨(benson) 보일러 : 지름 20~30[mm] 정도의 수관을 병렬로 배열한 것으로 수관 내에 관수가 균일하게 흘러야 하며 복사 증발부에서 85[%] 정도 물이 증발한다.
    - ㉡ 슐쳐(sulzer) 보일러 : 원리는 벤슨 보일러와 비슷한 것으로 1개의 긴 연속관으로 이루어지며 증발부에서 95[%] 정도 물이 증발하고 증발부 끝 부분에 기수분리기가 설치되어 있다.
    - ㉢ 소형 관류 보일러 : 증발량 200~300[kg/h]에서 수 [t/h]에 이르기까지 사용되며 효율이 80~90[%] 정도로 높고 급수량, 연료량이 자동 조절되어 공장용, 난방용 등에 사용된다.

③ 주철제보일러
  - ㈎ 주철제 보일러 : 주물로 제작한 섹션(section)을 조립한 것으로 난방용이나 급탕용으로 사용
    - ㉮ 증기 보일러 : 최고사용압력 0.1[MPa] 이하
    - ㉯ 온수 보일러 : 최고사용 수두압 50[mmH2O] 이하, 온수온도 120[℃] 이하
  - ㈏ 특징
    - ㉮ 장점
      - ㉠ 주물로 제작하기 때문에 복잡한 구조도 제작이 가능하다.
      - ㉡ 전열면적이 크고, 효율이 좋다.
      - ㉢ 내식성, 내열성이 우수하다.
      - ㉣ 섹션의 증감으로 용량조절이 가능하다.
      - ㉤ 조립식이므로 반입 및 해체작업이 용이하다.
    - ㉯ 단점
      - ㉠ 내압강도가 떨어진다.

ⓛ 구조가 복잡하여 청소, 검사, 수리가 어렵다.
ⓒ 부동팽창이 발생하기 쉽다.
㉣ 대용량, 고압에는 부적합하다.

④ 특수보일러
　㈎ 폐열 보일러 : 용광로(고로), 제강로, 가열로 등에서 발생한 연소가스의 폐열을 이용한 보일러로 하이네 보일러, 리 보일러 등이 있다.
　㈏ 특수 연료 보일러
　　㉮ 버개스(bagasse) 보일러 : 사탕수수를 짠 찌꺼기 사용
　　㉯ 바크(bark) 보일러 : 펄프 등 나무껍질 사용
　　㉰ 흑액 : 펄프 폐액 사용
　㈐ 특수 열매체 보일러 : 특수한 열매체를 사용하여 낮은 압력에서 고온의 증기를 얻을 수 있도록 한 보일러로 석유공업, 화학공업 등에서 주로 사용되고 있다.
　　※ 열매체의 종류 : 다우섬(dowtherm), 수은, 서큐리티 53, 모빌섬, 카네크롤
　㈑ 간접가열 보일러 : 급수처리를 하지 않은 물을 사용하여도 스케일 부착에 의한 불순물 장해가 없도록 고안된 보일러로 슈미트 보일러, 레플러 보일러 등이 있다.
　㈒ 전기보일러 : 전기 축열식 보일러 등

(3) 보일러 부속장치

① 급수 장치
　㈎ 급수펌프
　　㉮ 원심펌프(centrifugal pump) : 임펠러를 케이싱 내에서 회전시켜 발생하는 원심력을 이용하여 액체를 이송하는 것으로 볼류트 펌프(volute pump)와 터빈 펌프(turbine pump)가 있다.
　　㉯ 왕복펌프 : 실린더 내의 피스톤, 플런저가 왕복 운동으로 액체에 압력을 가해 이송하는 펌프로 워싱턴 펌프, 플런저 펌프, 피스톤 펌프 등이 있다.
　㈏ 인젝터 : 증기가 보유하고 있는 열에너지를 속도에너지로 전환시키고 다시 압력에너지로 바꾸어 급수하는 장치이다.
　　㉮ 특징
　　　㉠ 구조가 간단하고, 가격이 저렴하다.
　　　㉡ 급수가 예열되고, 열효율이 좋아진다.
　　　㉢ 설치 장소가 적게 필요하다.
　　　㉣ 별도의 동력원이 필요 없다.
　　　㉤ 흡입양정이 작고, 효율이 낮다.

　　　　ⓑ 급수 온도가 높으면 급수 불량이 발생한다.
　　　　ⓢ 증기압력이 너무 높거나 낮으면 급수 불량이 발생한다.
　　　　ⓞ 급수량 조절이 어렵다.
　　㈏ 작동불량(급수불량) 원인
　　　　㉠ 급수온도가 너무 높은 경우(50[℃] 이상)
　　　　㉡ 증기압력(2[kgf/cm2] 이하)이 낮은 경우
　　　　㉢ 부품이 마모되어 있는 경우
　　　　㉣ 내부노즐에 이물질이 부착되어 있는 경우
　　　　㉤ 흡입관로 및 밸브로부터 공기유입이 있는 경우
　　　　㉥ 체크밸브가 고장 난 경우
　　　　㉦ 증기가 너무 건조하거나, 수분이 많은 경우
　　　　㉧ 인젝터 자체가 과열되었을 때
　㈐ 급수내관(distributing pipe)
　　㈎ 역할 : 급수 시 동판의 국부적 냉각으로 인한 부동팽창의 영향을 줄이기 위하여 동 내부에 설치하는 관
　　㈏ 설치목적
　　　　㉠ 온도차에 의한 부동팽창 방지
　　　　㉡ 보일러 급수의 예열
　　　　㉢ 관내 온도의 급격한 변화 방지
② 안전장치
　㈎ 안전밸브(safety valve) : 보일러의 증기압이 이상 상승 시 증기압을 외부로 분출하여 보일러 파열사고를 사전에 방지하기 위한 장치
　㈏ 방출밸브 : 압력 릴리프밸브라 하며 온수발생 보일러에서 압력이 보일러의 최고사용압력에 달하면 즉시 작동하는 안전밸브 대신 사용하는 것으로 반드시 방출관을 설치하여야 한다.
　㈐ 가용전(fusible plug) : 주석(Sn)과 납(Pb)의 합금으로 노통 또는 화실 천장부에 나사를 조립하여 관수의 이상감수 시 과열로 인한 동체의 파열사고를 방지한다.
　㈑ 방폭문(폭발문) : 연소실내의 미연소 가스의 폭발 및 역화 시 그 내부압력을 외부로 방출시켜 동체의 파열사고를 방지하는 장치로 개방식(스윙식)과 밀폐식(스프링식)이 있다.
　㈒ 화염 검출기 : 연소실내의 연소상태를 감시하여 실화 및 소화 시 연료 전자밸브를 차단하여 미연소 가스로 인한 폭발사고를 방지하기 위한 장치
　　㈎ 플레임 아이(flame eye) : 화염이 발광체임을 이용하여 화염의 유무를 검출
　　㈏ 플레임 로드(flame rod) : 화염의 이온화 현상에 의한 전기 전도성을 이용하여

화염의 유무를 검출.

　　　㉰ 스택 스위치(stack switch) : 화염의 발열 현상을 이용한 것으로 감온부는 연도에 바이메탈을 설치한 검출기이다.

③ 송기장치

　㈎ 증기밸브

　　㉮ 주증기 밸브 : 발생증기를 송기 및 정지하기 위하여 보일러 증기부 상단에 설치하는 것으로 글로브 밸브와 앵글밸브가 사용된다.

　　㉯ 감압밸브 : 보일러에서 발생된 증기의 압력을 내리기 위하여 사용하는 밸브

　㈏ 증기내관

　　㉮ 비수 방지관 : 원통형 보일러 내부의 증기 취출구에 설치하여 캐리오버 현상을 방지한다. 비수 방지관에 뚫린 구멍의 총면적은 증기 취출구 증기관 면적의 1.5배 이상으로 한다.

　　㉯ 기수 분리기 : 수관식 보일러의 기수드럼에 부착하여 승수관을 통하여 상승하는 증기 중에 혼입된 수분을 분리하기 위한 장치

　㈐ 증기트랩 : 증기 사용설비 및 배관내의 응축수를 제거하여 증기의 잠열을 유효하게 이용할 수 있도록 하고, 수격작용을 방지하는 역할을 한다.

작동원리에 의한 증기트랩의 분류

구 분	작 동 원 리	종 류
기계식 트랩	증기와 응축수의 비중차 이용(플로트 또는 버킷의 부력 이용)	상향 버킷식, 하향 버킷식, 레버 플로트식, 자유 플로트식
온도조절식 트랩	증기와 응축수의 온도차 이용(금속의 신축성을 이용)	바이메탈식, 벨로스식
열역학적 트랩	증기와 응축수의 열역학적, 유체역학적 특성차 이용	오리피스식, 디스크식

　㈑ 증기 축열기(steam accumulator) : 보일러에서 과잉 발생한 증기를 저장하고 부하가 증가하면 증기를 공급하여 증기 부족을 해소하는 장치

④ 폐열회수장치

　㈎ 과열기(super heater) : 보일러에서 발생한 습포화증기의 압력을 일정하게 유지하면서 온도만을 높여 과열증기를 만드는 장치

　㈏ 재열기(reheater) : 고압 증기터빈에서 일정한 팽창을 하고 포화상태에 가까워진 증기를 모두 회수하여 재차 열을 가하여 과열증기로 만들어 저압 터빈에서 팽창하도록 하는 장치

　㈐ 급수예열기(economizer) : 보일러 급수를 연소가스 여열(餘熱)을 이용하여 예열시키는 장치로 절탄기(節炭器)라 한다.

㈐ 공기예열기(air preheater) : 연소가스의 여열을 이용하여 연소실에 공급되는 2차 공기를 예열하는 장치

(4) 보일러 열효율

① 보일러 용량 : 정격 증발량(시간당 상당증발량)으로 나타낸다.
② 증발량
　㈎ 실제 증발량 : 압력과 온도에 관계없이 급수량에 정비례한 증발량
　㈏ 상당 증발량(환산 증발량) : 실제 증발량을 기준 증발량으로 환산하였을 때의 증발량으로 100[℃]의 포화수를 100[℃]의 건조포화증기로 발생시킬 수 있는 증발량

$$G_e = \frac{G_a(h_2 - h_1)}{539}$$

　　여기서, G_e : 상당 증발량[kg/h]
　　　　　G_a : 실제 증발량[kg/h]
　　　　　h_2 : 습포화증기 엔탈피[kcal/kg]
　　　　　h_1 : 급수 엔탈피[kcal/kg]

　　㉮ 물의 비열은 1[kcal/kg·℃]이므로 급수온도를 급수 엔탈피[kcal/kg]로 적용할 수 있다.
　　㉯ 1[kcal]는 약 4.1868[kJ]에 해당되므로 증발잠열 539[kcal/kg]에 곱하면 SI 단위로 변환된다.

③ 보일러 마력 : 1 보일러 마력이란 1시간에 15.65[kg]의 상당 증발량을 갖는 보일러의 동력으로 100[℃] 물 15.65[kg]을 1시간에 같은 온도의 증기로 변화시킬 수 있는 능력이며, 증기를 발생하는데 8435.35[kcal/h]의 열을 흡수하는 것이다.

$$보일러 마력 = \frac{G_e}{15.65} = \frac{G_a(h_2 - h_1)}{15.65 \times 539}$$

④ 전열면 증발률[kg/m²·h]
　㈎ 전열면 증발률 : 1시간 동안 보일러 전열면적 1[m²]에 대한 실제 발생 증기량과의 비

$$R_a = \frac{G_a}{F}$$

　㈏ 전열면 환산 증발률 : 1시간 동안 보일러 전열면적 1[m²]에 대한 상당 증발량과의 비

$$R_e = \frac{G_e}{F} = \frac{G_a(h_2 - h_1)}{539F}$$

여기서, G_e : 상당 증발량[kg/h] G_a : 실제 증발량[kg/h]
F : 전열면적[m²] h_2 : 습포화증기 엔탈피[kcal/kg]
h_1 : 급수 엔탈피[kcal/kg]

⑤ 전열면 열부하[kcal/m²·h] : 1시간 동안 보일러 전열면적 1[m²]에 대한 증기 발생에 소요된 열량과의 비

$$H_b = \frac{G_a(h_2 - h_1)}{F}$$

⑥ 매시 연료소비량[kg/h] : 1시간 동안 소비된 연료량

$$G_f = \frac{\text{전연료 소비량 [kg]}}{\text{시험 시간 [h]}}$$

⑦ 증발계수 : 상당 증발량과 실제 증발량의 비

$$\text{증발계수} = \frac{G_e}{G_a} = \frac{h_2 - h_1}{539}$$

⑧ 증발배수

㉮ 실제 증발배수 : 1시간 동안 실제 증발량(G_a)과 연료 소비량(G_f)의 비

$$\text{실제 증발배수} = \frac{G_a}{G_f}$$

㉯ 환산 증발배수 : 1시간 동안 환산 증발량(G_e : 상당증발량)과 연료 소비량(G_f)의 비

$$\text{환산 증발배수} = \frac{G_e}{G_f}$$

⑨ 보일러 부하율 : 1시간 동안 연료의 연소에 의해서 실제로 발생되는 증발량과 최대 연속 증발량과의 비율[%]

$$\text{보일러 부하율} = \frac{\text{실제 증발량}}{\text{최대 연속 증발량}} \times 100$$

⑩ 연소실 열부하(열발생률)[kcal/m³·h] : 1시간 동안 발생되는 열량과 연소실 체적[m³]의 비

$$\text{연소실 열부하} = \frac{G_f(H_l + Q_1 + Q_2)}{\text{연소실 체적}}$$

여기서, G_f : 시간당 연료사용량[kg/h]
H_l : 연료의 저위발열량[kcal/kg]
Q_1 : 연료의 현열[kcal/kg]
Q_2 : 공기의 현열[kcal/kg]

⑪ 증기보일러 효율

$$\eta = \frac{G_a(h_2 - h_1)}{G_f H_l} \times 100 = \frac{539\, G_e}{G_f H_l} \times 100 = 연소효율(\eta_c) \times 전열효율(\eta_f)$$

여기서, G_a : 실제 증발량[kg/h]
G_e : 상당 증발량[kg/h]
G_f : 연료소비량[kg/h]
H_l : 연료의 저위발열량[kcal/kg]
h_2 : 포화증기 엔탈피[kcal/kg]
h_1 : 급수 엔탈피[kcal/kg]

(5) 보일러의 장애

① 수질에 의한 장애
  (가) 스케일(scale) 생성 : 보일러 수중의 용해고형물로부터 생성되어 증발관, 관벽, 드럼, 기타 전열면에 부착해서 단단하게 굳어지는 관석이다.
    ㉮ 스케일의 피해
      ⊙ 전열면에 부착하여 전열을 방해한다.
      ⊙ 보일러 효율이 저하하고, 연료소비량이 증가한다.
      ⊙ 전열면의 국부과열로 인한 파열사고의 우려가 있다.
      ⊙ 보일러수의 순환을 방해하고, 수면계 등 연락관을 폐쇄시킨다.
    ㉯ 스케일 방지 대책
      ⊙ 급수 중의 염류, 불순물을 되도록 제거한다.
      ⊙ 보일러 수의 농축을 방지하기 위하여 적절히 분출시킨다.
      ⊙ 보일러 수에 약품을 넣어서 스케일 성분이 고착하지 않도록 한다.
      ⊙ 수질분석을 하여 급수 한계치를 유지하도록 한다.
  (나) 슬러지(sludge) 생성 : 부착되지 않고 드럼, 헤더 등의 밑바닥에 침적되어 있는 연질의 침전물로 보일러수의 순환을 방해하고 보일러 효율을 저하한다.
  (다) 부유물(현탁물) : 보일러 수중에 부유되어 있는 불용성의 현탁물로 캐리오버 발생의 원인이 된다.
  (라) 가성취화의 원인 : 보일러 수중에서 분해되어 생긴 가성소다(NaOH)가 과도하게 농축되면 수산이온(OH^-)이 많아져서 알칼리도가 높아진다. 이것이 강재와 작용해서 생기는 나트륨(Na)이 강재의 결정입계를 침해하여 재질을 열화시킨다.
  (마) 캐리오버 발생 : 관수 농축 시 프라이밍, 포밍현상을 일으켜 증기 중에 물방울이 섞여서 운반되는 현상의 발생 원인이 된다.

② 연소 장애
　㈎ 역화
　　㉮ 점화시의 역화 원인
　　　㉠ 프리퍼지의 불충분이나 실행하지 않은 경우
　　　㉡ 착화가 지연되거나 불착화를 발견하지 못하고 연료를 노내에 분무한 경우
　　　㉢ 점화원(점화봉, 점화용 전극 또는 점화용 버너 등)을 사용하지 않고 노의 잔열로 점화한 경우
　　　㉣ 연료 공급밸브를 필요 이상 급개하여 다량으로 분무한 경우
　　　㉤ 점화원을 가동하기 전에 연료를 분무해 버린 경우
　　㉯ 연소 조작 중 역화 원인
　　　㉠ 연도댐퍼의 개도를 너무 좁힌 경우
　　　㉡ 연도댐퍼가 고장이 나서 닫혀진 경우
　　　㉢ 연소량을 증가시키는 경우에 공기공급량을 증가시키고 나서 연료량을 증가시키고, 반대로 연소량을 감소시키는 경우에 우선 연료량을 감소시키고 나서 공급공기량을 감소시켜야 함에도 불구하고 그 반대로 조작한 경우
　　　㉣ 압입통풍이 너무 강한 경우
　　　㉤ 흡입통풍이 부족한 경우
　　　㉥ 평형통풍인 경우의 압입, 흡입의 두 통풍 밸런스가 유지되지 못하는 경우
　　　㉦ 불완전 연소의 상태가 두드러진 경우
　　　㉧ 무리한 연소(보일러 용량 이상으로 연소량을 증가시킨 것)를 한 경우
　　　㉨ 연료공급량 조절장치의 고장 등으로 인하여 분무량이 급격히 증가한 경우
　　　㉩ 연소 중에 수트블로워를 하는 경우 이를 급격히 하여 다량의 그을음이 한꺼번에 노내나 연도에 산란하거나 퇴적한 경우
　　㉰ 연도의 구성 결함 등으로 인한 역화 원인
　　　㉠ 연도의 굴곡이 심한 경우
　　　㉡ 연도가 너무 긴 경우
　　　㉢ 연도에 가스포켓이 있는 경우
　　　㉣ 연도가 지하수 등이 용출되기 쉬운 장소에 위치하고 있어 습기가 차기 쉬운 경우
　　㉱ 기타 역화 원인
　　　㉠ 중유의 인화점이 너무 낮은 경우
　　　㉡ 수분이나 협잡물의 함유비율이 높은 경우 또는 공기가 들어오는 경우
　　　㉢ 유압이 과대한 경우
　　　㉣ 분사공기(증기)의 압력이 불안정한 경우

(나) 불완전 연소 원인
  ㉮ 버너로부터의 분무불량(또는 분무입자가 큰 경우)
  ㉯ 연소용 공기의 부족
  ㉰ 분무연료와 연소용 공기와의 혼합불량
  ㉱ 연소속도가 적정하지 않은 경우
(다) 단속연소
  ㉮ 단속연소란 불이 활활 타다가 꺼졌다가 하는 불안정연소로 화염의 단절이라 한다.
  ㉯ 원인
    ㉠ 연료 속에 수분이 섞여있는 경우
    ㉡ 분무용 증기나 공기에 응축수를 함유하고 있는 경우
    ㉢ 연료 속에 슬러지 등 불순물이 섞여있는 경우
    ㉣ 중유의 가열온도가 너무 높아서 배관 내 및 가열기 내에서 중유가 가스화 되어 있는 경우
    ㉤ 유압이 너무 높은 경우
    ㉥ 공기공급량 특히 1차 공기의 심한 과부족이 있는 경우
    ㉦ 스트레이너가 막힌 경우
    ㉧ 예혼합이나 확산이 나쁜 경우
(라) 실화
  ㉮ 실화란 정상적인 연소 중에 불이 갑자기 꺼지는 현상
  ㉯ 원인
    ㉠ 버너의 분무구(팁, 노즐 등)가 생성부착 된 카본이나 소손 등으로 막혀 있다.
    ㉡ 연료 속에 수분이나 공기가 비교적 많이 섞여 있는 경우
    ㉢ 분사용 증기 또는 공기의 공급량이 연료량에 비해 과다 또는 과소하다.
    ㉣ 분사용 증기 또는 공기에 응축수가 비교적 많이 섞여 있는 경우
    ㉤ 중유를 과열하여 중유가 유관 내나 가열기 내에서 가스화하여 중유의 흐름이 중단된다.
    ㉥ 중유의 예열온도가 너무 낮아 분무상태가 불량하여 기름방울이 너무 크다.
    ㉦ 연료 배관 중에 스트레이너가 막혀 있을 때
    ㉧ 급유펌프의 고장 또는 이상이 발생하였을 때
(마) 맥동연소
  ㉮ 맥동연소는 연소 중의 보일러가 노내나 연도 내에 심한 소리를 내면서 연소하는 것으로 진동연소라 한다.

㈐ 원인
- ㉠ 연료 속에 수분이 많은 경우
- ㉡ 연소량이 고르지 못한 경우
- ㉢ 연료와 공기와의 혼합불량으로 연소속도가 느린 경우
- ㉣ 공급공기량에 심한 과부족이 생긴 경우
- ㉤ 무리한 연소를 하는 경우
- ㉥ 연도 단면의 변화가 큰 경우
- ㉦ 연소실이나 연도 등에 생긴 틈 사이에서 공기가 새는 경우
- ㉧ 2차 연소를 일으킨 경우
- ㉨ 송풍기의 서징 범위에서 연소하는 경우

③ 수위에서 오는 장애

㈎ 이상 고수위의 원인
- ㉮ 수면계의 고장이나 유리관의 심한 오손에 의한 보일러수위의 오인
- ㉯ 급수 펌프나 자동급수 제어장치 등의 고장

㈏ 이상 저수위의 원인
- ㉮ 급수장치의 고장이나 이상에 의한 급수능력의 저하 또는 급수불능이 된 경우
- ㉯ 분출장치의 분출밸브 고장 또는 죔의 불충분으로 보일러수가 누설되는 경우
- ㉰ 급수체크밸브의 고장으로 보일러수가 급수배관이나 급수탱크로 역류한 경우
- ㉱ 급수내관의 구멍이 스케일 등으로 막혀 급수불능 또는 급수량이 감소한 경우
- ㉲ 수면계 유리의 오손에 의하여 수위를 오인한 경우
- ㉳ 수면계의 막힘이나 고장 또는 각 밸브의 개폐 잘못으로 수면계에 정확한 수위가 나타나지 않은 경우
- ㉴ 자동급수 제어장치에 고장 또는 이상이 생겨 작동불량이나 작동불능이 된 경우
- ㉵ 증기취출량이 과대한 경우
- ㉶ 급수장치가 증발능력에 비해 과소한 경우
- ㉷ 캐리오버 등이 발생하여 보일러수가 수적의 상태에서 증기와 함께 취출되는 경우
- ㉸ 보일러의 연결부에서 누출이 되는 경우
- ㉹ 정전인 경우
- ㉺ 급수탱크 내 급수온도가 너무 높은 경우
- ㉻ 급수탱크 내 급수량이 부족한 경우

④ 이상증발 장애

㈎ 이상증발에 의하여 발생되는 현상 : 캐리오버, 포밍, 프라이밍
㈏ 보일러 운전방법에 의한 원인

㉮ 보일러수가 농축된 경우
㉯ 보일러수 중에 부유 고형 불순물이 많은 경우
㉰ 보일러수 중에 유지분이 많이 혼입된 경우
㉱ 송기 시에 증기밸브를 급개한 경우
㉲ 증기를 갑자기 발생시킨 경우(또는 연소량이 급격히 증대된 경우)
㉳ 증기의 소비량이 급격히 증가한 경우
㉴ 증기부하가 과대한 경우
㉵ 증기압력을 급격히 강하시킨 경우
㉶ 보일러 수위가 이상 고수위를 가져온 경우
㉷ 보일러 수위에 심한 약동이 있는 경우

㈐ 보일러 구조상 또는 설계상 원인
㉮ 보일러 증발능력에 비해 보일러 수면의 면적이 작은 경우
㉯ 표준수위와 증기배출구의 거리가 너무 가까운 경우
㉰ 보일러 용량에 비해 연소장치의 용량이 과대한 경우
㉱ 비수방지장치가 불완전 또는 불충분한 경우
㉲ 보일러수 순환이 불량한 경우

⑤ 기수공발(carry over) : 프라이밍(priming), 포밍(foaming)에 의하여 발생된 물방울이 증기 속에 섞여 관내를 흐르는 현상으로 비수현상이라 한다.

㈎ 프라이밍, 포밍 현상
㉮ 프라이밍 현상 : 급격한 증발현상으로 동수면에서 작은 입자의 물방울이 증기와 혼입하여 튀어 오르는 현상으로 물리적인 원인에 의하여 주로 발생한다.
㉯ 포밍 현상 : 동저부에서 작은 기포들이 수면상으로 오르면서 물거품이 발생하여 수면에 달걀 모양의 기포가 덮이는 현상으로 화학적인 원인에 의하여 주로 발생한다.

㈏ 발생원인
㉮ 보일러 관수의 농축
㉯ 유지분, 알칼리분, 부유물 함유
㉰ 주증기 밸브의 급격한 개방
㉱ 부하의 급격한 변화
㉲ 증기발생 속도가 빠를 때
㉳ 청관제 사용이 부적합
㉴ 보일러 수위가 높음

㈐ 피해
㉮ 수위 오인으로 저수위 사고
㉯ 계기류 연락관의 막힘
㉰ 송기되는 증기의 불순
㉱ 증기의 열량 감소
㉲ 배관의 부식 초래
㉳ 배관, 기관 내에서 수격작용 발생

(라) 방지방법
- ㉮ 비수 방지관을 설치한다.
- ㉯ 주증기 밸브를 서서히 연다.
- ㉰ 관수 중에 불순물, 농축수 제거
- ㉱ 수위를 고수위로 하지 않는다.

(마) 기수공발(carry over) 발생 시 조치
- ㉮ 연료를 차단(줄인다.)
- ㉯ 공기를 차단(줄인다.)
- ㉰ 주증기 밸브를 닫고, 수위를 안정시킴
- ㉱ 급수 및 분출작업 반복
- ㉲ 계기류 점검

1-2 보일러 운전

(1) 보일러 가동 전 점검

① 신설 보일러의 가동 전 점검
- (가) 플러싱 : 알칼리 세정과 소다 끓이기를 하기 전의 처리방법으로, 물이나 히드라진 100[ppm] 정도를 첨가한 세정수로 펌핑하는 것이다.
- (나) 소다 끓이기(soda boiling) : 제작 시에 내부에 부착된 유지분, 페인트류, 녹 등을 제거하기 위한 것으로 저압보일러에서는 0.2~0.3[MPa]의 압력을 유지하면서 2~3일간 끓인 다음 취출과 급수를 반복적으로 실시하면서 서서히 냉각시킨다. 완전히 냉각된 후 블로다운을 실시하면서 깨끗한 물로 내부를 충분히 세척한 후 정상수위까지 급수를 한다.

보일러수 1000[kg]에 대한 약품 사용량

사용약품	사용량[kg]
제3 인산나트륨(Na_3PO_4)	2~5
탄산나트륨(Na_2CO_3)	2
가성소다(NaOH)	2
계면활성제	0.1

② 사용 중인 보일러의 가동 전 점검
- (가) 수면계 수위를 점검한다.
- (나) 수면계, 압력계 및 각종 계기류와 자동제어장치를 점검한다.
- (다) 연료 계통 및 급수 계통을 점검한다.
- (라) 중유 연소의 경우 연료 펌프 및 유예열기를 작동시킨다.
- (마) 각 밸브의 개폐상태를 확인 점검한다.
- (바) 댐퍼를 완전히 개방하고 프리퍼지를 행한다.

(2) 보일러의 운전 중 점검

① 점화 전 점검
  ㈎ 급수계통의 점검
    ㉮ 보일러 수위 확인 및 조정
    ㉯ 급수장치의 점검
    ㉰ 분출장치의 점검
    ㉱ 공기빼기 밸브의 점검
  ㈏ 연소계통의 점검
    ㉮ 연소실 및 연도 내의 환기의 실시
    ㉯ 연소장치의 점검
  ㈐ 계측 및 제어장치의 점검
    ㉮ 압력계의 점검
    ㉯ 자동제어장치의 점검

② 기름 연소 보일러의 점화
  ㈎ 자동점화 : 보일러 제어반의 전화스위치를 자동(auto)으로 설정하고 기동 메인 스위치를 작동시키면 시퀀스 제어와 인터록에 의하여 자동적으로 착화가 된다.
    • 순서 : 송풍기 기동 → 연료펌프 기동 → 노내 환기(프리퍼지) → 노내압 조정 → 점화용 버너 착화 → 화염 검출 → 전자밸브 열림 → 주버너 착화 → 공기 댐퍼 작동 → 저연소 → 고연소
  ㈏ 수동 점화
    ㉮ 프리퍼지를 정확히 실시하여 연소실내의 미연소 가스를 배출한다.
    ㉯ 댐퍼 개도치를 낮추어 노내압을 조절한다.
    ㉰ 점화봉에 불을 붙여 연소실내 버너 끝의 전방하부 10㎝ 정도에 둔다.
    ㉱ 연료압력을 확인한다.
    ㉲ 버너의 기동 스위치를 넣는다.
    ㉳ 투시구로 점화상태를 확인하며, 연료밸브를 서서히 개방시킨다.
    ㉴ 공기 댐퍼 개도치를 증가 시킨 후 연료량을 증가시키는 방법으로 저연소에서 고연소로 조정해 나간다.

③ 가스 연소 보일러의 점화 : 가스보일러는 폭발의 위험성이 크므로 다음 사항을 주의하여야 한다.
  ㈎ 가스배관 계통에 누설유무를 비눗물을 이용하여 점검한다.
  ㈏ 연소실 내의 용적 4배 이상의 공기로 충분한 프리퍼지를 행한다. 이때 댐퍼는 완전히 개방하고 행하여야 한다.

㈐ 화력이 좋은 가스를 이용하여 점화는 1회로 착화될 수 있도록 한다.
㈑ 갑작스런 실화 시에는 연료 공급을 즉시 차단하고 원인을 조사한다.
㈒ 긴급차단밸브의 작동이 불량하면 점화시의 역화 또는 가스 폭발의 원인이 되므로 사전 점검을 철저히 한다.
㈓ 점화용 버너의 스파크는 정상인가 확인하며 이물질(카본) 부착 시에는 청소를 행한다.
㈔ 공급 가스압력이 적당한가를 확인한다.

(3) 증기 발생 시의 취급

① 연소 초기의 취급
  ㈎ 보일러에 불을 붙일 때는 어떠한 이유가 있어도 연소량을 급격히 증가시키지 않아야 한다.
  ㈏ 급격한 연소는 보일러 본체의 부동팽창을 일으켜 보일러와 벽돌 쌓은 접촉부에 틈을 증가시키고 벽돌사이에 벌어짐이 생길 수 있다.
  ㈐ 급격한 연소는 전열면의 부동팽창, 내화물의 스폴링 현상, 그루빙 및 균열의 원인이 된다. 특히 주철제 보일러는 급냉·급열 시에 쉽게 갈라질 수 있다.
  ㈑ 압력상승에 필요한 시간은 보일러 본체에 큰 온도차와 국부적 과열이 되지 않도록 충분한 시간을 갖고 연소시킨다.
  ㈒ 찬물을 가열할 경우에는 일반적으로 최저 1~2시간 정도로 서서히 가열하여 정상 압력에 도달하도록 한다.

② 증기압이 오르기 시작할 때의 취급
  ㈎ 공기빼기 밸브에서 증기가 나오기 시작하면 공기빼기 밸브를 닫는다.
  ㈏ 수면계, 압력계, 분출장치, 부속품 연결부에서 누설을 확인한 후 완벽하게 더 조인다.
  ㈐ 맨홀, 청소구, 검사구 등 뚜껑설치부분은 누설유무에 관계없이 완벽하게 더 조인다.
  ㈑ 압력계의 감시와 압력상승 정도에 따라 연소상태를 조정한다.
  ㈒ 보일러 수위가 정상수위를 유지하는지 확인한다.
  ㈓ 급수장치, 급수밸브, 급수체크밸브의 기능을 확인한다.
  ㈔ 분출장치의 기능을 확인한다.
  ㈕ 급수예열기, 공기예열기는 부연도를 이용한다.

③ 증기압이 올랐을 때의 취급
  ㈎ 증기압력이 75[%] 이상 될 때 안전밸브 분출 시험을 한다.
  ㈏ 보일러 수위를 일정하게 유지, 관리한다.

㈐ 보일러내의 압력을 일정하게 유지, 관리한다.
㈑ 연소상태를 확인하여 정상적인 연소가 이루어지도록 한다.
㈒ 분출밸브, 수면계, 드레인 밸브의 누설유무를 확인한다.
㈓ 자동제어 장치의 작동상태를 점검한다.

④ 송기시의 취급
㈎ 캐리오버, 수격작용이 발생하지 않도록 한다.
㈏ 송기하기 전 주증기 밸브 등의 드레인을 제거한다.
㈐ 주증기관 내에 소량의 증기를 보내어 관을 따뜻하게 예열한다.
㈑ 주증기 밸브는 3분 이상 단계적으로 서서히 개방하여 완전히 열었다가 다시 조금 되돌려 놓는다.
㈒ 항상 일정한 압력을 유지하고, 부하측의 압력이 정상적으로 유지되고 있는지 확인한다.
㈓ 연소상태를 확인하여 정상적인 연소가 이루어지도록 한다.

(4) 보일러 정지시의 취급

① 정상 정지시의 취급
㈎ 일반사항
　㉮ 증기 사용처에 확인을 하여 작업 종료 시까지 필요한 증기를 남기고 운전을 정지한다.
　㉯ 벽돌을 쌓은 부분이 많은 보일러는 벽돌에 남은 열로 인한 증기 압력 상승을 확인하고 주증기 밸브를 폐쇄한다.
　㉰ 노벽 및 전열면의 급냉을 방지할 수 있는 조치를 한다.
　㉱ 보일러의 압력을 급격히 내려가지 않도록 조치를 한다.
　㉲ 보일러 수위는 정상수위보다 약간 높게 급수시켜 놓는다. 급수 후에는 급수밸브, 주증기 밸브를 폐쇄하고 주증기관 및 증기 헤더에 설치된 드레인 밸브를 개방하여 놓는다.
　㉳ 다른 보일러와 증기관이 연결되어 있는 경우에는 그 연결밸브를 폐쇄하여 놓는다.
　㉴ 정지 후에는 노내 환기를 충분히 한 후 댐퍼를 닫는다.
㈏ 일반적인 운전정지 순서
　㉮ 연료 공급을 정지한다.
　㉯ 공기 공급을 정지한다.
　㉰ 급수를 행하고, 압력을 떨어뜨리며 급수밸브를 닫고 급수펌프를 정지시킨다.

㉣ 주증기 밸브를 닫고 드레인(배수) 밸브를 개방시킨다.
㉤ 댐퍼를 닫는다.
㈐ 정지 후의 조치사항
㉮ 버너 팁의 이물질을 제거한다.
㉯ 각종 밸브의 누설 유무를 점검한다.
㉰ 노벽의 열로 인한 압력 상승은 없는지 확인한다.
㉱ 보일러 수위를 확인하다.
㉲ 각종 배관의 누설 유무를 확인한다.
② 비상 정지시의 취급
㈎ 비상정지에 해당되는 사항
㉮ 보일러 수위에 이상 감수가 발생한 경우
㉯ 전열면에 과열이 발생한 경우
㉰ 정전이 발생한 경우
㉱ 지진 등 천재지변이 발생한 경우
㈏ 비상 정지 순서
㉮ 연료 공급을 정지한다.
㉯ 공기 공급을 정지한다.
㉰ 서서히 급수를 행한다.
㉱ 다른 보일러와 연락을 차단한다.
㉲ 자연적으로 냉각된 후 사고 원인을 조사한다.
㉳ 전열면을 확인하여 변형 유무를 조사한다.
㉴ 이상이 없으면 급수 후 재 점화하여 사용한다.

1-3 보일러 청소 및 보존관리

(1) 보일러 청소

① 보일러 청소의 목적
 ㈎ 전열효율 저하 방지   ㈏ 과열원인 제거 및 부식 방지
 ㈐ 관수 순환 저해 방지   ㈑ 보일러 수명 연장
 ㈒ 통풍 저항 방지   ㈓ 연료 절감 및 열효율 향상
② 내부 청소방법 : 보일러수(水) 및 증기가 접촉되는 부분의 스케일 등을 청소하는 방법
 ㈎ 기계적 청소법(mechanical cleaning method) : 청소용 공구를 사용하여 수(手) 작업으로 하는 방법과 튜브 클리너 등 기계를 사용하여 내면의 부착물을 제거하는

방법으로 분류
- (나) 화학적 세관법(chemical cleaning method) : 화학약품을 사용하여 부착물을 용해 제거하는 방법
  - ㉮ 산세관(acid cleaning) : 내면의 스케일과 산과의 화학반응에 의해 스케일을 용해 제거하는 방법
    - ㉠ 산(酸) 종류 : 염산(HCl), 황산(H_2SO_4), 인산(H_3PO_4), 설파민산(NH_2SO_3H)
    - ㉡ 보일러수의 온도 : $60 \pm 5[℃]$
    - ㉢ 중화 방청제 종류 : 가성소다(NaOH), 암모니아(NH_3), 탄산나트륨(Na_2CO_3), 인산나트륨(Na_3PO_4), 히드라진(N_2H_4)
    - ㉣ 처리공정 : 전처리 → 수세 → 산 세척 → 산액처리 → 수세 → 중화방청 처리
  - ㉯ 알칼리 세관 : 보일러 제조 후 내면의 유지류, 규산계 스케일(실리카) 제거에 사용하는 방법
    - ㉠ 알칼리 종류 : 가성소다(NaOH), 암모니아(NH_3), 탄산나트륨(Na_2CO_3), 인산나트륨(Na_3PO_4)
    - ㉡ 알칼리 농도 : $0.1 \sim 0.5[\%]$
    - ㉢ 보일러수의 온도 : 약 $70[℃]$
    - ㉣ 가성취화 방지제 : 질산나트륨($NaNO_3$), 인산나트륨(Na_3PO_4) 등을 첨가
  - ㉰ 유기산 세관 : 오스테나이트계 스테인리스강이나 동 및 동합금 세관에 사용
    - ㉠ 종류 : 구연산, 개미산
    - ㉡ 구연산의 농도 : $3[\%]$ 정도
    - ㉢ 보일러수의 온도 : $90 \pm 5[℃]$
  - ㉱ 부식억제제(inhibitor) : 산세관시에 산과 금속재료가 직접 접촉하여 부식의 발생 방지 및 억제하는 것
    - ㉠ 구비조건
      - ⓐ 부식억제 능력이 클 것
      - ⓑ 점식이 발생되지 않을 것
      - ⓒ 세관액의 온도, 농도에 대한 영향이 적을 것
      - ⓓ 물에 대한 용해도가 크고, 화학적으로 안정할 것
    - ㉡ 종류 : 수지계 물질, 알코올류, 알데히드류, 케톤류, 아민유도체, 함질소 유기화합물
    - ㉢ 부식억제제 농도 : $0.3 \sim 0.5[\%]$ 정도
- ③ 외부 청소방법 : 화염 및 연소가스가 접촉되는 노통이나 연관을 청소하는 방법
  - ㉮ 수공구 사용법 : 스크래퍼(scraper), 와이어 브러시(wire brush) 등 사용

(나) 그을음 불어내기(soot blower) : 전열면 외측, 수관 주위의 그을음이나 재를 제거하는 방법
  ㉮ 분무매체별 구별 : 증기분사식, 공기분사식
  ㉯ 종류 : 장발형(long retractable type) 슈트 블로어, 단발형(short retractable type) 슈트 블로어, 정치 회전형(로터리형), 에어히터 클리너, 건타입
  ㉰ 사용 시 주의사항
    ㉠ 부하가 50[%] 이하일 때, 소화 후에는 사용을 금지한다.
    ㉡ 댐퍼를 완전히 열고 통풍력을 크게 한다.
    ㉢ 그을음 제거를 하기 전 분출기 내부의 응축수를 제거한다.
    ㉣ 그을음 불어내기 관을 동일 장소에서 오래 동안 작용시키지 않는다.
    ㉤ 흡입통풍기가 있을 경우 흡입통풍을 늘려서 한다.
(다) 샌드 블라스트(sand blast) : 압축공기로 모래를 전열면의 그을음에 불어 날려서 제거하는 방법
(라) 스팀 소킹(steam soaking)법 : 증기로 그을음 층에 습기를 주어 제거하는 방법
(마) 워터 소킹(water soaking)법 : 분무수로 그을음 층에 뿌려서 물기를 포함시켜서 제거하는 방법
(바) 수세(washing)법 : pH8~9의 물을 대량으로 사용하는 방법
(사) 스틸 숏 클리닝(steel shot cleaning)법 : 강으로 된 구슬을 이용하는 방법

(2) 휴지 시 보존관리

① 보일러 보존 필요성 : 보일러 가동을 중지하고 일정기간 방치하면 내외부에서 부식이 발생되어 안전성 저하, 수명단축 등의 악영향을 미치는 것을 줄이기 위하여
② 보존 방법의 구분
  (가) 보존기간에 의한 구분
    ㉮ 장기 보존법 : 휴지기간이 2~3개월 이상 되는 경우로 석회밀폐건조법, 질소가스봉입법, 기화성 부식 억제제(VCI) 투입 보존법, 소다만수보존법이 있다.
    ㉯ 단기 보존법 : 휴지기간이 2주일에서 1개월 이내인 경우로 가열건조법과 보통만수보존법이 있다.
  (나) 보존휴지 중 보일러수의 유무에 의한 구분
    ㉮ 건조 보존법(건식 보존법) : 보일러 내부에 보일러수가 없는 상태로 보존하는 방식
    ㉯ 만수 보존법(습식 보존법) : 보일러 내부에 보일러수가 있는 상태로 보존하는 방식

③ 건조 보존법 : 보존 기간이 6개월 이상으로 보일러수를 완전히 배출한 후 동 내부를 완전히 건조시킨 후 흡습제, 산화방지제, 기화성 방청제 등을 넣고 밀폐시켜 보존하는 방법

   (가) 석회 밀폐건조법 : 보일러 내·외부를 청소한 다음 완전히 건조시킨 후 흡습제(건조제)를 내부에 넣은 후 밀폐시켜 보존하는 방법

      ㉮ 흡습제의 종류 : 생석회, 실리카겔, 염화칼슘, 활성알루미나, 오산화인 등

      ㉯ 보일러 내용적 1[m3] 당 흡습제의 양

          ㉠ 생석회 : 0.25[kg]

          ㉡ 실리카겔, 염화칼슘, 활성알루미나 : 1~1.3[kg]

   (나) 질소가스 봉입법 : 고압 대용량 보일러에 적합하며, 질소가스를 0.06[MPa] 정도로 압입하여 보일러 내부의 산소를 배제시켜 부식을 방지하는 방법

   (다) 기화성 부식 억제제(VCI : volatile corrosion inhibitor) 투입법 : 보일러 내부를 건조시킨 후 기화성 부식억제제를 투입하고 밀폐시켜 보존하는 방법

④ 만수(滿水) 보존법 : 보존 기간이 보통 2~3개월 정도인 경우에 적용하는 방법으로 보일러 구조상 건식 보존법이 곤란한 경우, 동결의 우려가 없는 경우에 보일러 내부에 관수를 충만시켜 보존하는 방법

   (가) 보통 만수 보존법 : 보일러 내부를 청소한 후 보일러수를 만수로 한 후에 압력이 약간 오를 정도로 관수를 비등시켜 공기와 탄산가스를 제거한 후 서서히 냉각시켜 보존시키는 방법

   (나) 소다 만수 보존법 : 관수를 배출한 후 보일러 내·외부를 청소한 후에 가성소다(NaOH), 아황산소다(Na_2SO_4) 등의 알칼리성 물로 채우고 보존시키는 방법

2. 보일러 수질관리

2-1 수처리설비 운영

(1) 급수의 성분 및 성질

① 수질에 관한 농도 단위

   (가) ppm(parts per million) : $\dfrac{1}{10^6}$ 함유량으로 [mg/L], [mg/kg]로 나타낸다.

   (나) ppb(parts per billion) : $\dfrac{1}{10^9}$ 함유량으로 [mg/m³]로 나타낸다.

㈐ epm(equivalents per million) : 물 1[L](또는 1[kg]) 중에 용존 되어 있는 물질의 [mg]당량수로 표시한다.

② 용어의 정의

㈎ pH(수소이온지수) : 수소이온(H^+)과 수산이온(OH^-)의 양에 따라 수용액이 산성인지, 알칼리성인지를 판단하는 기준으로 사용

㈏ 알칼리도 : 수중에 녹아 있는 염기성 물질을 중화시키는데 필요한 산의 양을 나타내는 것이다.

　㉮ P-알칼리도 : 수용액의 pH를 9.0 보다도 높게 하고 있는 물질의 농도

　㉯ M-알칼리도(전알칼리도) : 수용액의 pH를 4.8 보다도 높게 하고 있는 물질의 농도

㈐ 경도 : 수중에 용존되어 있는 칼슘(Ca) 및 마그네슘(Mg) 이온의 농도를 나타내는 것

　㉮ 탄산칼슘($CaCO_3$) 경도 : 수중의 칼슘(Ca)과 마그네슘(Mg)의 양을 탄산칼슘($CaCO_3$)으로 환산하여 [ppm] 단위로 나타낸다.

　㉯ 독일경도(dH) : 수중의 칼슘(Ca)과 마그네슘(Mg) 이온의 양을 산화칼슘(CaO)의 양으로 환산해서 나타내는 것으로 물 100[cc] 중 CaO가 1[mg] 포함된 것을 1[°dH]라고 한다.

㈑ 탁도 : 물의 흐린 정도를 나타내는 것으로 증류수 1[L] 중에 고령토(kaolin) 1[mg] 함유하는 것을 탁도 1도로 한다.

㈒ 색도 : 물의 착색정도를 나타내는 것으로 물 1[L] 중에 백금 1[mg], 코발트 0.5[mg]이 함유되었을 때를 색도 1도로 한다.

㈓ 경수, 적수 및 연수

　㉮ 경수 : 경도 10.5 이상의 센물로, 일시경수와 영구경수로 분류

　㉯ 적수 : 경도 9.5 이상 10.5 이하에 놓인 물

　㉰ 연수 : 경도 9.5 이하의 단물

(2) 불순물의 형태

① 용존가스 : 산소(O_2), 탄산가스(CO_2), 암모니아(NH_3) 등으로 점식의 원인

② 염류 : 칼슘(Ca), 마그네슘(Mg) 등 염류로 농축되어 스케일이나 슬러지 생성이 되고 부식의 발생 원인이 된다.

㈎ 중탄산칼슘[$Ca(HCO_3)_2$] : 급수 용존 염류 중 가장 일반적인 슬러지 성분으로 온도가 낮은 상태에서 발생

㈏ 중탄산마그네슘[$Mg(HCO_3)_2$] : 보일러수 중에 열분해되어 탄산마그네슘, 수산화

마그네슘 슬러지가 된다.

　　(다) 황산칼슘($CaSO_4$) : 고온에서 석출하므로 주로 증발관에서 스케일화 되는 것으로 보일러 내처리가 불충분한 경우에 생성되기 쉽고 대단히 악질 스케일이 된다.

　　(라) 황산마그네슘($MgSO_4$) : 용해도가 커서 그 자체로는 스케일 생성이 잘 안되나 탄산칼슘과 작용해서 황산칼슘과 수산화마그네슘의 경질 스케일이 발생한다.

　　(마) 염화마그네슘($MgCl_2$) : 보일러수가 적당한 pH로 유지되는 경우 가수분해에 의해 수산화마그네슘의 슬러지가 되며, 블로다운시에 배출시킬 수 있다.

　　(바) 기타 : 규산염($CaSiO_3$, $MgSiO_3$, $NaSiO_3$) 등이 스케일 생성의 원인이 된다.

③ 실리카(SiO_2)의 영향

　　(가) 칼슘 및 알루미늄 등과 결합하여 스케일을 형성한다.

　　(나) 저압 보일러에서는 알칼리도를 높여 스케일화를 방지할 수 있다.

　　(다) 보일러수에 실리카가 다량으로 용해되어 있으면 캐리오버 등으로 터빈날개 등을 부식한다.

　　(라) 실리카 함유량이 많은 스케일은 경질이기 때문에 기계적 및 화학적 방법으로 제거하기가 곤란하다.

④ 고형 협잡물 : 흙탕, 유지분 및 규산염 등으로 프라이밍, 포밍 발생의 원인

⑤ 기타 : 산분, 알칼리분, 유지분, 가스분 등

(3) 급수처리

① 급수처리의 목적

　　(가) 스케일, 슬러지가 고착되는 것을 방지하기 위하여

　　(나) 보일러수가 농축되는 것을 방지하기 위하여

　　(다) 보일러 부식을 방지하기 위하여

　　(라) 가성취화현상을 방지하기 위하여

　　(마) 캐리오버현상을 방지하기 위하여

② 급수 외처리(1차 처리) : 급수 중에 포함되어 있는 고체 협잡물, 용해 고형물, 용존가스 등을 보일러 외부에서 처리하는 방법

　　(가) 고체 협잡물 처리

　　　㉮ 침강법(침전법) : 물보다 비중이 크고 지름이 0.1[mm] 이상의 고형물이 혼합된 물을 침전지에서 일정기간 체류시키면 비중차에 의하여 고형물이 바닥에 침전, 분리시키는 방법으로 자연 침강법과 기계적 침강법이 있다.

　　　㉯ 여과법 : 모래, 자갈, 활성탄소 등으로 이루어진 여과제 층으로 급수를 통과시켜 불순물을 제거하는 방법

㉓ 응집법 : 침강법이나 여과법 등으로 분리가 되지 않는 미세한 입자를 응집제(황산알루미늄, 폴리 염화알루미늄)를 주입하여 불용성의 수산화알루미늄의 플록(floc)에 미세입자를 흡착 응집시켜 슬러리로 만들어 제거하는 방법
　(나) 용해 고형물 처리
　　㉮ 이온교환 수지법 : 이온교환수지를 이용하여 급수가 가지는 이온을 수지의 이온과 교환시켜 처리하는 방법으로 용해 고형물을 제거하는데 가장 효과적인 방법
　　㉯ 증류법 : 물을 가열하여 발생된 수증기를 냉각시켜 응축수로 만드는 방법
　　㉰ 약품처리법(약품첨가법) : 급수에 소석회[$Ca(OH)_2$], 가성소다(NaOH), 탄산소다(Na_2CO_3) 등을 첨가해서 칼슘(Ca), 마그네슘(Mg)과 같은 경도성분을 불용성 화합물로 만들어 침전시켜 제거하는 방법
　(다) 용존가스 처리
　　㉮ 기폭법(폭기법) : 급수 중에 포함되어 있는 탄산가스(CO_2), 황화수소(H_2S), 암모니아(NH_3) 등의 기체성분과 철(Fe), 망간(Mn) 등을 제거하는 방법으로 공기 중에서 물을 아래로 뿌려 내리는 강수방식과 급수 중에 공기를 흡입하는 방법이 있다.
　　㉯ 탈기법 : 탈기기(deaerator)를 이용하여 급수 중의 산소(O_2), 탄산가스(CO_2) 등의 용존가스를 제거하는 방법으로 진공 탈기법과 가열 탈기법이 있다.
③ 급수 내처리(2차 처리) : 내처리제(청관제)를 급수에 첨가하거나 보일러 드럼 내의 물에 첨가하여 보일러수 중에 포함되어 있는 불순물로 인한 장해를 방지하는 방법과 같이 보일러 내에서 행하여지는 방법을 총칭하는 것이다.
　(가) 청관제의 역할
　　㉮ 보일러수의 pH 조정　　㉯ 보일러수의 연화
　　㉰ 슬러지의 조정　　　　　㉱ 보일러수의 탈산소
　　㉲ 가성취화 방지　　　　　㉳ 포밍(forming) 방지
　(나) 내처리제의 종류와 작용
　　㉮ pH 및 알칼리 조정제 : 급수 및 보일러수의 pH 및 알칼리도를 조절하여 스케일 부착을 방지하고 부식을 방지
　　㉯ 연화제 : 보일러수 중의 경도성분을 불용성으로 침전시켜 슬러지로 하여 스케일 부착을 방지
　　㉰ 슬러지 조정제 : 슬러지가 보일러의 전열면에 부착하여 스케일로 되는 것을 방지하기 위하여 보일러수 중에 분산, 현탁시켜 분출에 의해 쉽게 배출할 수 있도록 하는 것
　　㉱ 탈산소제 : 급수 중의 용존산소를 제거하여 부식(점식)을 방지

㉮ 가성취화 방지제 : 가성취화 현상을 방지하기 위하여 사용

㉯ 기포방지제(포밍 방지제) : 포밍현상을 방지

내처리제(청관제)의 종류와 사용약품 종류

내처리제(청관제) 종류	사용약품의 종류
pH 및 알칼리 조정제	수산화나트륨(가성소다 : NaOH), 탄산나트륨(Na_2CO_3), 인산나트륨(Na_3PO_4), 인산(H_3PO_4), 암모니아(NH_3)
연화제	수산화나트륨(NaOH), 탄산나트륨(Na_2CO_3), 인산나트륨(Na_3PO_4)
슬러지 조정제	탄닌($C_{76}H_{52}O_{46}$), 리그린, 전분($C_6H_{10}O_5$)
탈산소제	아황산나트륨(Na_2SO_3), 히드라진(N_2H_4), 탄닌
가성취화 방지제	황산나트륨(Na_2SO_4), 인산나트륨(Na_3PO_4), 질산나트륨, 탄닌, 리그린
기포방지제(포밍 방지제)	고급 지방산 폴리아민, 고급 지방산 폴리알콜

2-2 보일러수 관리

(1) 보일러수 관리기준

① 급수

㈎ pH : 급수계통의 부식을 방지하는 것을 주목적으로 한다.
  ㉮ 원통형 보일러 : pH 7.0~9.0
  ㉯ 수관식 보일러 : 최고사용압력에 따라 다르게 적용 됨(최고사용압력이 1[MPa] 이하의 경우 연화수를 보급수로 사용하는 경우 pH 7.0~9.0 이다.)

㈏ 경도 : 스케일 생성 및 슬러지 침전을 방지하기 위하여 관리

㈐ 유지류 : 포밍의 원인이 되고, 전열면에 스케일 생성의 원인이 되기 때문에 관리

㈑ 용존산소 : 부식 중 공식의 원인이 되므로 급수단계에서 제한

㈒ 탈산소제 : 탈기기에서 누설되는 용존산소를 히드라진을 이용하여 제거하는 경우에 잔류하는 히드라진이 열분해하여 암모니아를 생성하여 동 및 동합금을 부식시키므로 급수 중의 히드라진 상한농도를 관리

② 보일러 수(水)

㈎ pH : 보일러 내부의 부식 방지 및 캐리오버를 방지하기 위하여 일정수준을 유지
  ㉮ 원통형 보일러 : pH11.0~11.8
  ㉯ 수관식 보일러 : 최고사용압력에 따라 다르게 적용 됨(최고사용압력이 1[MPa] 이하의 경우 알칼리 처리를 한 경우는 pH11.0~11.8이다.)

㈏ P-알칼리도 및 M-알칼리도 : P-알칼리도가 높으면 실리카 스케일 생성이 억제되고, 급수 중 M-알칼리도가 높으면 보일러수의 pH가 높게 되어 캐리오버가 억제된다.

㈐ 전 고형물(증발 잔류물) : 부식이 방지되고 캐리오버가 억제되므로 상한농도를 관리

㈑ 염화물 이온 : 부식 방지와 전 고형물 농도를 측정하기 위하여 상한농도를 관리

㈒ 인산 이온 : 보일러수 pH 조절과 스케일 방지를 위하여 조절, 관리

㈓ 실리카 이온 : 실리카 스케일 생성방지 및 캐리오버를 방지하기 위하여 농도를 관리

㈔ 아황산 이온 : 아황산염은 열분해하여 SO_2 가스를 발생시켜 응축수의 pH를 저하시킨다.

(2) 보일러수의 분출

① 분출장치종류

㈎ 수면 분출장치(연속 분출장치) : 안전 저수위 선상에 설치하여 유지분, 부유물을 제거하여 프라이밍, 포밍 현상을 방지

㈏ 수저 분출장치(단속 분출장치) : 동체 아래 부분에 있는 스케일이나 침전물, 농축된 물 등을 외부로 배출시켜 제거

② 설치 목적

㈎ 슬러지 생성 및 스케일 방지

㈏ 보일러수의 pH 조절

㈐ 프라이밍, 포밍 현상을 방지

㈑ 보일러수의 농축방지 및 순환을 양호하게 유지

㈒ 고수위 방지

㈓ 세관작업을 후 폐액을 배출시키기 위하여

③ 분출방법

㈎ 분출을 행하는 시기

㉮ 연속가동 시 부하가 가장 가벼울 때

㉯ 보일러 가동 직전

㉰ 프라이밍, 포밍 현상이 발생할 때

㉱ 고수위 일 때

㉲ 관수가 농축되어 있을 때

(나) 분출 방법 및 주의사항
  ㉮ 2인 1조가 되어 분출작업을 할 것
  ㉯ 분출량이 많아도 안전저수위 이하로 하지 않을 것
  ㉰ 2대의 보일러를 동시에 분출시키지 않을 것
  ㉱ 밸브 및 콕은 신속히 개방할 것
  ㉲ 분출량은 농도 측정에 의하여 결정할 것
  ㉳ 분출 도중 다른 작업을 하지 않을 것
③ 분출량 계산
  (가) 1일 분출량 $X = \dfrac{W(1-R)d}{\gamma - d}$
  (나) 응축수 회수율 $R = \dfrac{응축수\ 회수량}{실제\ 증발량} \times 100$
  (다) 분출률 [%] $= \dfrac{d}{\gamma - d} \times 100$

여기서, X : 1일 분출량[kg/day]　　W : 1일 급수량[kg/day]
　　　　R : 응축수 회수율[%]　　　d : 급수 중의 허용 고형분[ppm]
　　　　γ : 관수의 고형분[ppm]

3. 보일러 자동제어 관리

3-1 자동제어의 종류 및 특성

(1) 자동제어의 종류

① 피드백 제어(feed back control : 폐[閉]회로) : 제어량의 크기와 목표값을 비교하여 그 값이 일치하도록 되돌림 신호(피드백 신호)를 보내어 수정동작을 하는 제어방식
② 시퀀스 제어(sequence control : 개[開]회로) : 미리 순서에 입각해서 다음 동작이 연속 이루어지는 제어로 자동판매기, 보일러의 점화 등이다.

(2) 제어동작의 특성

① 연속동작
  (가) P동작(비례동작 : proportional action) : 동작신호에 대하여 조작량의 출력변화가 일정한 비례관계에 있는 제어동작

(나) I동작(적분동작 : integral action) : 제어량에 편차가 생겼을 때 편차의 적분차를 가감하여 조작단의 이동 속도가 비례하는 동작
(다) D 동작(미분동작 : derivative action) : 조작량이 동작신호의 미분치에 비례하는 동작
(라) PI 동작(비례 적분 동작) : 비례동작의 결점을 줄이기 위하여 비례동작과 적분동작을 합한 것
(마) PD 동작(비례 미분 동작) : 비례동작과 미분동작을 합한 것
(바) PID 동작(비례 적분 미분 동작) : 조절효과가 좋고 조절속도가 빨라 널리 이용

② 불연속 동작
(가) 2위치 동작(ON-OFF 동작) : 전자밸브(solenoid valve)와 같이 ON(개[開]) 또는 OFF(폐[閉])의 동작 중 하나로 동작시키는 것
(나) 다위치 동작 : 제어량이 변화했을 때 제어장치의 조작위치가 3위치 또는 그이상의 위치에 있어 제어하는 것
(다) 불연속 속도 동작(단속도 제어 동작) : 2위치 동작의 동작간격에 해당하는 중립대를 갖는 것

③ 시간응답 특성
(가) 지연시간(dead time) : 목표값의 50%에 도달하는데 소요되는 시간
(나) 상승시간(rising time) : 목표값의 10%에서 90%까지 도달하는데 소요되는 시간
(다) 오버슈트(over shoot) : 동작간격으로부터 벗어나 초과되는 오차, 반대로 나타나는 오차를 언더슈트(under shoot)라 한다.
(라) 시간정수(time constant) : 목표값의 63% 에 도달하기까지의 시간

※ 콘트롤러 난이도 = $\dfrac{낭비시간(L)}{시간정수(T)}$

→ L/T 값이 작을 경우(낭비시간[L]이 적고 시간정수[T]가 큰 경우) 오버슈트(over shoot)가 작아지므로 제어하기 쉬워진다. (큰 경우 낭비시간이 많고 시간정수가 작으므로 제어하기 어렵다.)

3-2 보일러 자동제어 운용관리

(1) 인터록

① 인터록(inter lock)의 역할(기능) : 어떤 일정한 조건이 충족되지 않으면 다음 단계의 동작이 작동하지 못하도록 저지하는 것으로 보일러의 안전한 운전을 위하여 반드시 필요한 것이다.

② 보일러 인터록의 종류
- (가) 압력초과 인터록 : 증기압력이 일정압력에 도달할 때 전자밸브를 닫아 보일러의 가동을 정지시키는 것으로 증기압력 제한기가 해당된다.
- (나) 저수위 인터록 : 보일러 수위가 안전 저수위에 도달할 때 전자밸브를 닫아 보일러 가동을 정지시키는 것으로 저수위 경보기가 해당된다.
- (다) 불착화 인터록 : 버너 착화 시 점화되지 않거나 운전 중 실화가 될 경우 전자밸브를 닫아 연료 공급을 중지하여 보일러 가동을 정지시키는 것으로 화염검출기가 해당된다.
- (라) 저연소 인터록 : 보일러 운전 중 연소상태가 불량하거나 저연소 상태로 유량조절 밸브가 조절되지 않으면 전자밸브를 닫아 보일러 가동을 정지시킨다.
- (마) 프리퍼지 인터록 : 점화 전 일정시간 동안 송풍기가 작동되지 않으면 전자밸브가 열리지 않아 점화가 되지 않는다.

(2) 보일러 자동제어

① 보일러 자동제어의 명칭
- (가) A·B·C(automatic boiler control) : 보일러 자동제어
- (나) A·C·C(automatic combustion control) : 자동 연소제어
- (다) F·W·C(feed water control) : 급수제어
- (라) S·T·C(steam temperature control) : 증기 온도제어

보일러 자동제어

명 칭	제어량	조작량
자동연소제어(ACC)	증기압력	공기량, 연료량
	노내압	연소가스량
급수제어(FWC)	보일러 수위	급수량
증기온도제어(STC)	증기온도	전열량
증기압력제어(SPC)	증기압력	연료공급량, 연소용 공기량

② 수위제어 장치 : 보일러 급수를 일정량씩 단속 또는 연속 공급하여 드럼 내의 수위를 항상 일정하게 유지하도록 하는 제어장치

급수제어방법의 종류 및 검출대상(요소)

명칭	검출대상
1요소식	수위
2요소식	수위, 증기량
3요소식	수위, 증기량, 급수유량

(3) 연소제어장치

① 공연비 제어장치 : 보일러 부하변동에 따라 공기와 연료량을 조절하여 적정공기비가 유지될 수 있도록 하는 장치

② 연소제어장치 : 발생증기의 압력에 따라 공급 연료의 양을 조절하고, 이와 함께 공연비제어도 함께 이루어지도록 한 장치

 ㈎ 제어방법
  ㉮ 위치제어 : 2위치 제어(on-off 제어), 3위치 제어(high-low-off)
  ㉯ 전자식 : 비례제어, PID제어, 피드포워드(feed forward) 제어

 ㈏ 모듈레이팅(modulating) 제어 : 공기와 연료비 조절기를 이용하여 적절한 공연비를 유지하는 시스템으로 연소용 공기 덕트에 설치된 유량계에 의해 유량을 측정한 후 부하변동에 맞추어 공기 조절기를 제어한다. 부하가 증가할 때 연료조절밸브는 공기량에 맞추어 연료량을 제어하며, 부하가 감소하면 반대로 연료량에 따라 공기량을 맞춘다.

(4) 연료차단장치

① 연료차단장치 역할(기능) : 버너 가까이에 설치된 밸브로 압력상승, 저수위, 불착화 및 실화 등 정상적인 상태가 유지되지 않을 때 밸브를 차단하여 사고를 사전에 방지하는 장치

② 종류
 ㈎ 전동식 밸브
 ㈏ 전자밸브(solenoid valve)

③ 연료차단장치가 작동되는 경우
 ㈎ 버너의 연소상태가 정상이 아닌 경우
 ㈏ 저수위 안전장치가 작동하였을 때
 ㈐ 증기압력제한기가 작동하였을 때
 ㈑ 액체연료의 공급압력이 낮을 때
 ㈒ 관류보일러, 가스용 보일러에서 급수가 부족한 경우
 ㈓ 송풍기가 작동되지 않을 때

(5) 경보장치

① 저수위 안전장치(저수위 경보장치) : 동내 수위가 안전저수위가 되기 전에 자동적으로 경보(연료차단 전 50 ~ 100초간)를 발하고, 연료 공급을 차단시켜 이상감수로 인

한 안전사고를 방지한다.
② 종류
 ㈎ 기계식 : 플로트(float)의 위치 변위를 이용하여 밸브를 작동시켜 경보가 울린다.
 ㈏ 전기식
  ㉮ 플로트식 : 플로트의 위치 변화에 따라 수은 스위치를 작동시키는 맥도널식과 플로트의 위치 변화에 따라 자석의 위치 변위로 수은 스위치를 작동시키는 마그네틱식이 있다.
  ㉯ 전극식 : 보일러 수(水)의 전기 전도성을 이용한 것이다.

제4과목 열설비 안전관리 및 검사기준

Industrial Engineer Energy Management

1. 보일러 안전관리

1-1 보일러 손상과 방지대책

(1) 보일러 손상의 종류와 특징

① 보일러 판의 손상

(가) 균열(crack) : 보일러는 증기압력과 온도에 의하여 수축과 팽창이 반복적으로 일어나며, 이와 같은 부분에는 반복응력이 지속적으로 발생하여 금이 발생하거나 갈라지는 현상

㉮ 균열이 발생하기 쉬운 부분 : 이음부분, 리벳의 구멍부분, 스테이를 갖고 있는 부분

㉯ 심 립스(seam lips) : 리벳이음에서 리벳구멍에서 다음 리벳구멍으로 연속해서 균열이 생기는 현상

(나) 라미네이션(lamination) 및 블리스터(blister) : 압연 강판이나 관의 두께 내부에 가스가 존재한 상태로 가공을 하였을 때 판이나 관이 2장의 층을 형성하며 분리되는 현상을 라미네이션(lamination)이라 하며 이 부분이 가열로 인하여 부풀어 오르는 현상을 블리스터(blister)라 한다.

(다) 가성취화 : 보일러 수중에서 분해되어 생긴 가성소다(NaOH)가 과도하게 농축되면 수산이온(OH^-)이 많아져서 알칼리도가 높아진다. 이것이 강재와 작용해서 생기는 나트륨(Na)이 강재의 결정입계를 침해하여 재질을 열화, 취화 시키는 것으로 보일러판의 국부 리벳 연결부 등에서 발생하며, 균열이 발생하는 것으로 알 수 있다.

② 팽출 및 압궤 : 370[℃] 이상 과열이 되었을 때 강도가 약해져 발생하는 현상

(가) 팽출(bulge) : 동체, 수관, 겔로웨이관 등과 같이 인장응력을 받는 부분이 압력에 견디지 못하고 바깥쪽으로 부풀어 나오는 현상

(나) 압궤(collapse) : 노통, 연소실, 연관, 관판 등과 같이 압축응력을 받는 부분이 압력에 견디지 못하고 안쪽으로 들어가는 현상

③ 부식
    (가) 외부 부식 종류
        ㉮ 고온부식(vanadium attack) : 중유를 연소하는 보일러에서 중유 중에 포함되어 있는 바나듐(V)이 연소용 공기 중의 산소와 반응하여 오산화바나듐(V_2O_5)을 생성하고, 이것이 고온의 전열면에 부착하여 부식작용을 일으키는 현상
        ㉯ 저온부식(sulfar attack) : 황성분이 많은 연료가 연소되어 아황산가스(SO_2)가 되고, 일부는 과잉공기와 반응하여 무수황산(SO_3)으로 된다. 이 무수황산은 다시 연소가스 중의 수증기(H_2O)와 반응하여 황산(H_2SO_4)이 되어 저온의 전열면 등에 응축되어 심한 부식을 일으키는 현상
        ㉰ 산화부식 : 보일러를 구성하는 금속재료와 연소가스가 반응하여 표면에 산화피막을 형성하는 것으로 금속재료의 표면온도가 높을수록, 금속재료의 표면이 거칠수록 크게 나타난다.
    (나) 내부 부식
        ㉮ 점식(點蝕 : pitting) : 보일러수가 접하는 내면에 좁쌀알, 쌀알, 콩알 크기의 점 상태(點狀)로 생기는 부식으로 공식 또는 점형부식이라 한다.
        ㉯ 국부부식(局部腐蝕) : 내면이나 외면에 얼룩 모양으로 생기는 국부적인 부식
        ㉰ 전면부식 : 표면적이 넓은 부분 전체에 같은 모양으로 발생하는 부식
        ㉱ 구상부식(grooving) : 구식이라 하며, 단면의 형상이 U자형, V자형으로 홈이 깊게 파인 것과 같이 선형으로 부식되는 현상으로 노통의 애덤슨 조인트의 플랜지 부분이나 평경판의 가셋트 스테이(gusset stay) 부분에 많이 발생한다.
        ㉲ 알칼리부식 : 보일러 급수 중에 알카리(NaOH)의 농도가 너무 높아지면 $Fe(OH)_2$가 용해되고 강은 알칼리에 의해서 부식되는 현상

(2) 보일러 손상 방지대책

① 균열의 방지대책
    (가) 급냉, 급열을 반복하는 운전을 하지 말 것
    (나) 과열이 발생하지 않도록 할 것
② 팽출, 압궤의 방지대책
    (가) 과열이 발생하지 않도록 할 것
    (나) 설계나 공작에 불량한 점이 있어서 사용압력에 못 견디는 경우에는 변형이 생기는 현상이 발생하므로 유심히 관찰한다.
    (다) 노통의 지름이 1[m] 이상이 되면 완전한 원으로 성형하기 어렵기 때문에 압궤가 발생할 가능성이 있다는 것을 염두에 둘 것

③ 부식 방지 대책
  ㈎ 고온부식 방지대책
    ㉮ 연료를 전처리하여 바나듐 성분을 제거할 것
    ㉯ 전열면의 온도가 높아지지 않도록 설계할 것
    ㉰ 전열면의 표면에 보호피막 형성 또는 내식성 재료를 사용한다.
    ㉱ 연료에 첨가제를 사용하여 바나듐의 융점을 높인다.
    ㉲ 부착물의 성상을 바꾸어 전열면에 부착하지 못하도록 한다.
  ㈏ 저온부식 방지 대책
    ㉮ 연료 중의 황분(S)을 제거한다.
    ㉯ 연료에 첨가제를 사용하여 황산 증기의 노점온도를 낮춘다.
    ㉰ 무수황산을 다른 생성물로 변경시킨다.
    ㉱ 배기가스의 온도를 노점온도 이상으로 유지한다.
    ㉲ 배기가스 온도가 황산증기의 노점까지 저하되기 전에 배출시킨다.
    ㉳ 연료가 완전 연소할 수 있도록 연소방법을 개선한다.
  ㈐ 내부부식 방지대책
    ㉮ 보일러수 중의 용존산소, 탄산가스를 제거한다.
    ㉯ 보일러 내면에 보호피막, 방청도장을 한다.
    ㉰ 보일러수 중에 아연판을 설치한다.
    ㉱ 약한 전류를 통전시킨다.

1-2 보일러 사고와 방지대책

(1) 보일러 사고의 종류와 특징

① 사고의 종류
  ㈎ 동체나 드럼의 폭발 및 파열
  ㈏ 노통, 연소실판, 수관, 연관 등의 파열이나 균열
  ㈐ 전열면의 팽출이나 압궤 또는 과열 소손
  ㈑ 부속장치 및 부속기기 등의 파열
  ㈒ 벽돌 쌓음의 붕괴 및 파손
  ㈓ 노내부 및 연도에서의 가스폭발
  ㈔ 역화(back fire)
② 사고의 원인
  ㈎ 제작상의 원인 : 재료불량, 강도부족, 설계불량, 구조불량, 부속기기 설비의 미비,

용접불량 등
- (나) 취급상의 원인 : 압력초과, 저수위, 급수처리불량, 부식, 과열, 미연소가스 폭발사고, 부속기기 정비불량 등

③ 취급상의 원인
- (가) 저수위로 인한 보일러의 과열
- (나) 보일러수의 농축이나 스케일 부착으로 인한 과열 또는 이상증발
- (다) 보일러수의 처리불량 등으로 인한 내부부식
- (라) 습기나 연소가스 속의 부식성 가스로 인한 외부부식
- (마) 급냉·급열의 반복 결과 과대한 응력에 의한 보일러재의 균열이나 구상부식의 발생
- (바) 최고사용압력 초과
- (사) 연소가스의 단락이나 2차 연소에 의한 국부과열 및 보일러수의 순환 불량
- (아) 안전장치, 자동제어장치의 기능불량이나 고장
- (자) 연소조작이나 운전조작의 불량 또는 오조작
- (차) 송기조작의 불량이나 오조작

2. 에너지 관계법규

2-1 에너지법

(1) 에너지법, 시행령, 시행규칙

① 목적 : 안정적이고 효율적이며 환경 친화적인 에너지 수급 구조를 실현하기 위한 에너지정책 및 에너지 관련 계획의 수립·시행에 관한 기본적인 사항을 정함으로써 국민경제의 지속가능한 발전과 국민의 복리향상에 이바지함을 목적으로 한다.

② 용어의 정의
- (가) 에너지 : 연료·열 및 전기를 말한다.
- (나) 연료 : 석유·가스·석탄 그 밖에 열을 발생하는 열원을 말한다. 다만, 제품의 원료로 사용되는 것을 제외한다.
- (다) 신·재생에너지 :「신에너지 및 재생에너지 개발·이용·보급촉진법」제2조 제1호의 규정에 따른 에너지를 말한다.
- (라) 에너지 사용시설 : 에너지를 사용하는 공장·사업장 등의 시설이나 에너지를 전환하여 사용하는 시설을 말한다.

(마) 에너지 사용자 : 에너지사용시설의 소유자 또는 관리자를 말한다.
(바) 에너지 공급설비 : 에너지를 생산·전환·수송 또는 저장하기 위하여 설치하는 설비를 말한다.
(사) 에너지 공급자 : 에너지를 생산·수입·전환·수송·저장 또는 판매하는 사업자를 말한다.
  ㉮ 에너지 이용권 : 저소득층 등 에너지 이용에서 소외되기 쉬운 계층의 사람이 에너지공급자에게 제시하여 냉방 및 난 등에 필요한 에너지를 공급받을 수 있도록 일정한 금액이 기재(전자적 또는 자기적 방법에 의한 기록을 포함한다)된 증표를 말한다.
(아) 에너지사용 기자재 : 열사용기자재 그 밖에 에너지를 사용하는 기자재를 말한다.
(자) 열사용기자재 : 연료 및 열을 사용하는 기기, 축열식 전기기기와 단열성 자재로서 산업통상자원부령이 정하는 것을 말한다.
(차) 온실가스 : 「기후위기 대응을 위한 탄소중립·녹색성장 기본법」에 따른 온실가스로서 적외선 복사열을 흡수하거나 재방출하여 온실효과를 유발하는 대기 중의 가스 상태의 물질로서 이산화탄소(CO_2), 메탄(CH_4), 아산화질소(N_2O), 수소불화탄소($HFCs$), 과불화탄소($PFCs$) 또는 육불화황(SF_6)을 말한다.

③ 지역 에너지계획의 수립
  (가) 수립 및 시행 : 특별시장, 광역시장, 도지사 또는 특별자치도지사(시·도지사)는 5년마다 5년 이상을 계획기간으로 하여 수립·시행
  (나) 지역계획에 포함되는 사항
    ㉮ 에너지수급의 추이와 전망에 관한 사항
    ㉯ 에너지의 안정적 공급을 위한 대책에 관한 사항
    ㉰ 신·재생에너지 등 환경 친화적 에너지 사용을 위한 대책에 관한 사항
    ㉱ 에너지 사용의 합리화와 이를 통한 온실가스의 배출감소를 위한 대책에 관한 사항
    ㉲ 집단에너지 공급대상지역의 집단에너지 공급을 위한 대책에 관한 사항
    ㉳ 미활용 에너지원의 개발·사용을 위한 대책에 관한 사항
    ㉴ 에너지시책 및 관련 사업을 위하여 시·도지사가 필요하다고 인정하는 사항

④ 비상시 에너지 수급계획의 수립 등
  (가) 비상계획 수립 : 산업통상자원부장관
  (나) 비상계획에 포함되는 사항
    ㉮ 국내외 에너지수급의 추이와 전망에 관한 사항
    ㉯ 비상시 에너지소비절감을 위한 대책에 관한 사항
    ㉰ 비상시 비축에너지의 활용에 관한 대책에 관한 사항

㉣ 비상시 에너지의 할당·배급 등 수급조정에 관한 대책에 관한 사항
㉤ 비상시 에너지수급안정을 위한 국제협력에 관한 대책에 관한 사항
㉥ 비상계획의 효율적 시행을 위한 행정계획에 관한 사항

⑤ 에너지기술개발 계획
　㈎ 계획기간 : 10년 이상
　㈏ 계획에 포함되는 사항
　　㉮ 에너지의 효율적 사용을 위한 기술개발에 관한 사항
　　㉯ 신·재생에너지 등 환경 친화적 에너지에 관련된 기술개발에 관한 사항
　　㉰ 에너지 사용에 따른 환경오염 저감을 위한 기술개발에 관한 사항
　　㉱ 온실가스 배출을 줄이기 위한 기술개발에 관한 사항
　　㉲ 개발된 에너지기술의 실용화의 촉진에 관한 사항
　　㉳ 국제에너지기술협력의 촉진에 관한 사항
　　㉴ 에너지기술에 관련된 인력·정보·시설 등 기술개발자원의 확대 및 효율적 활용에 관한 사항
　㈐ 연차별 실행계획 사항
　　㉮ 에너지기술 개발의 추진전략
　　㉯ 과제별 목표 및 필요 자금
　　㉰ 연차별 실행계획의 효과적인 시행을 위하여 산업통상자원부장관이 필요하다고 인정하는 사항

⑥ 에너지관련 통계의 관리, 공표
　㈎ 통계 작성, 분석, 관리 : 산업통상자원부장관
　㈏ 에너지수급에 관한 통계 : 에너지열량 환산기준을 적용
　㈐ 에너지 총조사 주기 : 3년
　㈑ 에너지 통계자료의 제출대상
　　㉮ 중앙행정기관, 지방자치단체 및 그 소속기관
　　㉯ 공공기관
　　㉰ 지방직영기업, 지방공사, 지방공단
　　㉱ 에너지공급자와 에너지공급자로 구성된 법인, 단체
　　㉲ 에너지다소비 사업자
　　㉳ 자가소비를 목적으로 에너지를 수입하거나 전환하는 에너지사용자

2-2 에너지이용 합리화법

(1) 법, 시행령, 시행규칙

① 목적 : 에너지의 수급을 안정시키고 에너지의 합리적이고 효율적인 이용을 증진하며 에너지소비로 인한 환경피해를 줄임으로써 국민경제의 건전한 발전 및 국민복지의 증진과 지구온난화의 최소화에 이바지함을 목적으로 한다.

② 정부와 에너지사용자, 공급자 등의 책무
　㈎ 정부는 에너지의 수급안정과 합리적이고 효율적인 이용을 도모하고 이를 통한 온실가스의 배출을 줄이기 위한 기본적이고 종합적인 시책을 강구하고 시행할 책무를 진다.
　㈏ 지방자치단체는 관할 지역의 특성을 고려하여 국가에너지정책의 효과적인 수행과 지역경제의 발전을 도모하기 위한 지역에너지시책을 강구하고 시행할 책무를 진다.
　㈐ 에너지사용자와 에너지공급자는 국가나 지방자치단체의 에너지시책에 적극 참여하고 협력하여야 하며, 에너지의 생산·전환·수송·저장·이용 등에서 그 효율을 극대화하고 온실가스의 배출을 줄이도록 노력하여야 한다.
　㈑ 에너지사용기자재와 에너지공급설비를 생산하는 제조업자는 그 기자재와 설비의 에너지효율을 높이고 온실가스의 배출을 줄이기 위한 기술의 개발과 도입을 위하여 노력하여야 한다.
　㈒ 모든 국민은 일상생활에서 에너지를 합리적으로 이용하여 온실가스의 배출을 줄이도록 노력하여야 한다.

③ 에너지이용 합리화 기본계획
　㈎ 기본계획에 포함되는 사항
　　㉮ 에너지절약형 경제구조로의 전환
　　㉯ 에너지이용효율의 증대
　　㉰ 에너지이용 합리화를 위한 기술개발
　　㉱ 에너지이용 합리화를 위한 홍보 및 교육
　　㉲ 에너지원간 대체(代替)
　　㉳ 열사용기자재의 안전관리
　　㉴ 에너지이용 합리화를 위한 가격예시제의 시행에 관한 사항
　　㉵ 에너지의 합리적인 이용을 통한 온실가스의 배출을 줄이기 위한 대책
　　㉶ 그 밖에 에너지이용 합리화를 추진하기 위하여 필요한 사항으로서 산업통상자원부령으로 정하는 사항

(나) 시·도지사는 매년 실시계획을 수립
　㉮ 제출 : 산업통상자원부장관에게 제출
　　㉠ 계획 : 해당 년도 1월 31일까지
　　㉡ 시행 결과 : 다음 연도 2월 말일까지
　㉯ 평가 및 통보 : 산업통상자원부장관
④ 수급안정을 위한 조치
　(가) 에너지저장의무 부과대상자
　　㉮ 전기사업법에 따른 전기사업자
　　㉯ 도시가스사업법에 따른 도시가스사업자
　　㉰ 석탄산업법에 따른 석탄가공업자
　　㉱ 집단에너지사업법에 따른 집단에너지사업자
　　㉲ 연간 2만 석유환산톤[TOE] 이상의 에너지를 사용하는 자
　(나) 조정, 명령 그 밖의 필요한 조치 : 에너지사용자, 에너지공급자 또는 에너지사용기자재의 소유자와 관리자
　　㉮ 지역별·주요 수급자별 에너지 할당
　　㉯ 에너지공급설비의 가동 및 조업
　　㉰ 에너지의 비축과 저장
　　㉱ 에너지의 도입·수출입 및 위탁가공
　　㉲ 에너지공급자 상호 간의 에너지의 교환 또는 분배 사용
　　㉳ 에너지의 유통시설과 그 사용 및 유통경로
　　㉴ 에너지의 배급
　　㉵ 에너지의 양도·양수의 제한 또는 금지
　　㉶ 에너지사용의 시기·방법 및 에너지사용기자재의 사용 제한 또는 금지 등 대통령령으로 정하는 사항
　　㉷ 그 밖에 에너지수급을 안정시키기 위하여 대통령령으로 정하는 사항
⑤ 효율관리 기자재의 지정
　(가) 효율관리 기자재 : 전기냉장고, 전기냉방기, 전기세탁기, 조명기기, 삼상유도전동기, 자동차, 그 밖에 산업통상자원부장관이 고시하는 기자재 및 설비
　(나) 효율관리시험기관 지정 : 산업통상자원부장관
⑥ 대기전력 저감대상 제품의 지정
　(가) 대기전력 : 외부의 전원과 연결만 되어 있고, 주기능을 수행하지 아니하거나 외부로부터 켜짐 신호를 기다리는 상태에서 소비되는 전력
　(나) 대기전력 저감대상 제품 : 복사기, 스캐너, 복합기, 자동절전제어장치, 비디오테이프레코더, 오디오, DVD플레이어, 라디오카세트, 전자레인지, 셋톱박스, 도어

폰, 유무선 전화기, 비데, 모뎀, 홈 게이트웨이, 손건조기, 서버, 디지털 컨버터
㈐ 대기전력 시험기관의 지정 신청
㉮ 제출 : 산업통상자원부장관
㉯ 신청서류
㉠ 시험설비 현황 : 시험설비의 목록 및 사진을 포함
㉡ 전문인력 현황 : 시험 담당자의 명단 및 재직증명서 포함
㉢ 국가표준기본법에 따른 시험·검사기관 인정서 사본
⑦ 고효율 에너지기자재의 인증
㈎ 대상 기자재 : 펌프, 산업건물용 보일러, 무정전 전원장치, 폐열회수형 환기장치, 발광다이오드(LED) 등 조명기기, 그 밖에 산업통상자원부장관이 고시하는 기자재 및 설비
㈏ 고효율 에너지기자재 인증 : 산업통상자원부장관
㈐ 고효율 시험기관의 지정 신청
㉮ 제출 : 산업통상자원부장관
㉯ 신청서류
㉠ 시험설비 현황 : 시험설비의 목록 및 사진을 포함
㉡ 전문인력 현황 : 시험 담당자의 명단 및 재직증명서 포함
㉢ 국가표준기본법에 따른 시험·검사기관 인정서 사본
⑧ 에너지절약 전문기업의 지원
㈎ 에너지절약 전문기업 : 제3자로부터 위탁을 받아 다음 어느 하나에 해당하는 사업을 하는 자로서 산업통상자원부장관에게 등록을 한자
㉮ 에너지사용시설의 에너지절약을 위한 관리·용역사업
㉯ 에너지절약형 시설투자에 관한 사업
㉰ 그 밖에 대통령령으로 정하는 에너지절약을 위한 사업
㈏ 등록신청서
㉮ 사업계획서
㉯ 보유장비 명세서 및 기술인력 명세서(자격증명서 사본을 포함)
㉰ 감정평가업자가 평가한 자산에 대한 감정평가서(개인인 경우만 해당)
㉱ 공인회계사 또는 세무사가 검증한 최근 1년 이내의 대차대조표(법인인 경우만 해당)
⑨ 에너지다소비 사업자의 신고
㈎ 에너지다소비 사업자 : 연료·열 및 전력의 연간 사용량의 합계(연간 에너지사용량 합계)가 2천 티오이[TOE] 이상인 자

㈏ 신고 등
　㉮ 매년 1월 31일 까지 시·도지사에게 신고
　㉯ 신고 사항
　　㉠ 전년도의 분기별 에너지사용량·제품 생산량
　　㉡ 해당 연도의 분기별 에너지사용 예정량·제품생산 예정량
　　㉢ 에너지사용 기자재의 현황
　　㉣ 전년도의 분기별 에너지이용 합리화 실적 및 해당연도의 분기별 계획
　　㉤ 신고사항에 관한 업무를 담당하는 자(에너지관리자)의 현황
⑩ 에너지진단 등
　㉮ 에너지진단 대상 : 에너지다소비 사업자
　㉯ 에너지진단 주기

연간 에너지사용량	에너지진단주기
20만 티오이[TOE] 이상	1. 전체진단 : 5년 2. 부분진단 : 3년
20만 티오이[TOE] 미만	5년

　㉰ 에너지진단 비용 지원 대상 : 다음 각 호의 요건을 모두 갖추어야 함
　　㉮ 중소기업기본법에 따른 중소기업
　　㉯ 연간 에너지사용량이 1만 티오이[TOE] 미만일 것
　㉱ 에너지진단 전문기관의 지정 절차 등
　　㉮ 진단기관 지정 : 산업통상자원부장관
　　㉯ 진단기관 지정 신청서
　　　㉠ 에너지진단업무 수행계획서
　　　㉡ 보유장비 명세서
　　　㉢ 기술인력 명세서 : 자격증 사본, 경력증명서, 재직증명서 포함
⑪ 냉난방온도 제한건물의 지정 등
　㉮ 냉난방온도 제한건물의 지정
　　㉮ 법 제8조 제1항(국가, 지방자치단체, 공공기관) 각 호에 해당하는 자가 업무용으로 사용하는 건물
　　㉯ 에너지다소비 사업자의 에너지사용시설 중 연간 에너지사용량이 2천 티오이(TOE) 이상인 건물
　㉯ 제한온도 기준
　　㉮ 냉방 : 26[℃] 이상(판매시설 및 공항의 경우 25[℃] 이상)
　　㉯ 난방 : 20[℃] 이하

⑫ 공단에 위탁된 업무
- ㈎ 에너지사용계획의 검토
- ㈏ 에너지사용계획 이행여부의 점검 및 실태파악
- ㈐ 효율관리기자재의 측정 결과 신고의 접수
- ㈑ 대기전력경고표지 대상제품의 측정 결과 신고의 접수
- ㈒ 대기전력저감대상제품의 측정 결과 신고의 접수
- ㈓ 고효율에너지기자재 인증 신청의 접수 및 인증
- ㈔ 고효율에너지기자재의 인증취소 또는 인증사용 정지명령
- ㈕ 에너지절약전문기업의 등록
- ㈖ 온실가스배출 감축실적의 등록 및 관리
- ㈗ 에너지다소비사업 신고의 접수
- ㈘ 진단기관의 관리, 감독
- ㈙ 에너지관리지도
- ㈚ 검사대상기기의 검사 및 검사증 발급
- ㈛ 냉난방온도의 유지·관리 여부에 대한 점검 및 실태 파악
- ㈜ 검사대상기기의 폐기, 사용 중지, 설치자 변경 및 검사의 전부 또는 일부가 면제된 검사대상기기의 설치에 대한 신고의 접수
- ㈝ 검사대상기기관리자의 선임, 해임 또는 퇴직신고의 접수

⑬ 벌칙
- ㈎ 2년 이하의 징역 또는 2천만원 이하의 벌금
  - ㉮ 에너지저장시설의 보유 또는 저장의무의 부과 시 정당한 이유 없이 이를 거부하거나 이행하지 아니한 자
  - ㉯ 산업통상자원부장관이 에너지수급 안정을 위하여 조정·명령 등의 조치를 위반한 자
  - ㉰ 공단의 임직원으로 근무하였던 사람이 직무상 알게 된 비밀을 누설하거나 도용한 자
- ㈏ 1년 이하의 징역 또는 1천만원 이하의 벌금
  - ㉮ 검사대상기기의 검사를 받지 아니한 자
  - ㉯ 검사에 합격하지 않은 검사대상기기를 사용한 자
  - ㉰ 검사에 합격하지 않은 검사대상기기를 수입한 자
- ㈐ 2천만 원 이하의 벌금 : 최저소비효율기준에 미달하는 효율관리기자재의 생산 또는 판매 금지명령을 위반한 자
- ㈑ 1천만 원 이하의 벌금 : 검사대상기기관리자를 선임하지 아니한 자
- ㈒ 500만 원 이하의 벌금

㉮ 효율관리기자재에 대한 에너지사용량의 측정결과를 신고하지 아니한 자
㉯ 대기전력경고표지대상제품에 대한 측정결과를 신고하지 아니한 자
㉰ 대기전력경고표지를 하지 아니한 자
㉱ 대기전력시험기관의 측정을 받지 않고 대기전력저감우수제품임을 표시하거나 거짓 표시를 한 자
㉲ 대기전력저감기준에 미달하는 경우 시정명령을 정당한 사유 없이 이행하지 아니한 자
㉳ 고효율에너지인증을 받지 아니한 자가 고효율에너지인증대상기자재에 고효율에너지기자재의 인증 표시를 한 자

⑻ 양벌규정
㉮ 법인의 대표자나 법인 또는 개인의 대리인, 사용인, 그 밖의 종업원이 그 법인 또는 개인의 업무에 관하여 제72조부터 제76조까지의 어느 하나에 해당하는 위반행위를 하면 그 행위자를 벌하는 외에 그 법인 또는 개인에게도 해당 조문의 벌금형을 과한다.
㉯ 법인 또는 개인이 그 위반행위를 방지하기 위하여 해당 업무에 관하여 상당한 주의와 감독을 게을리하지 아니한 경우에는 그러하지 아니하다.

⑼ 2천만 원 이하의 과태료를 부과
㉮ 효율관리기자재에 대한 에너지소비효율등급 또는 에너지소비효율을 표시하지 아니하거나 거짓으로 표시를 한 자
㉯ 에너지진단을 받지 아니한 에너지다소비사업자
㉰ 검사대상기기로 인하여 발생한 사고를 한국에너지공단에 사고의 일시·내용 등을 통보하지 아니하거나 거짓으로 통보한 자

⑽ 1천만 원 이하의 과태료를 부과
㉮ 에너지사용계획을 제출하지 아니하거나 변경하여 제출하지 아니한 자. 다만, 국가 또는 지방자치단체인 사업주관자는 제외한다.
㉯ 에너지손실요인의 개선명령을 정당한 사유 없이 이행하지 아니한 자
㉰ 법 제66조 제1항에 따른 검사를 거부·방해 또는 기피한 자

⑾ 500만 원 이하의 과태료를 부과 : 효율관리기자재 광고 시에 에너지소비효율 등급, 에너지소비효율이 광고 내용에 포함되지 아니한 광고를 한 자

⑿ 300만 원 이하의 과태료를 부과(㉱호부터 ㉳호까지, ⑽호 및 ⑾호의 경우에는 국가 또는 지방자치단체를 제외한다.)
㉮ 에너지사용의 제한 또는 금지에 관한 조정·명령, 그 밖에 필요한 조치를 위반한 자

㉯ 정당한 이유 없이 수요관리투자계획과 시행결과를 제출하지 아니한 자
㉰ 수요관리투자계획을 수정·보완하여 시행하지 아니한 자
㉱ 에너지사용계획의 보완, 보완 요청을 정당한 이유 없이 거부하거나 이행하지 아니한 공공사업주관자
㉲ 에너지사용계획을 검토할 때 관련 자료의 제출요청을 정당한 이유 없이 거부한 사업주관자
㉳ 에너지사용계획 또는 조정, 보완을 요청받거나 권고 받은 조치 이행 여부에 대한 점검이나 실태 파악을 정당한 이유 없이 거부·방해 또는 기피한 사업주관자
㉴ 에너지소비효율 산정에 필요하다고 인정되는 판매에 관한 자료와 효율측정에 관한 자료를 제출하지 아니하거나 거짓으로 자료를 제출한 자
㉵ 정당한 이유 없이 대기전력저감우수제품 또는 고효율에너지기자재를 우선적으로 구매하지 아니한 자
㉶ 에너지다소비사업자의 신고사항을 신고하지 아니하거나 거짓으로 신고한자
㉷ 냉난방온도의 유지·관리 여부에 대한 점검 및 실태 파악을 정당한 사유 없이 거부·방해 또는 기피한자
㉸ 냉난방온도를 제한온도에 적합하게 유지·관리하지 아니한 경우에 시정조치 명령을 정당한 사유없이 이해하지 아니한 자
㉹ 검사대상기기 설치자의 신고를 하지 아니하거나 거짓으로 신고를 한 자
㉺ 한국에너지공단 또는 이와 유사한 명칭을 사용한자
㉻ 에너지다소비사업자, 시공업자 및 검사대상기기설치자에 대한 교육을 받지 아니한 자 또는 교육을 받게 하지 아니한 자
㉮ 법 제66조 제1항에 따른 보고를 하지 아니하거나 거짓으로 보고를 한 자

2-3 열사용기자재 관련규정

(1) 열사용기자재

① 열사용기자재의 종류

구분	품목명	적용범위
보일러	강철제보일러 주철제보일러	다음 각 호의 어느 하나에 해당하는 것을 말한다. 1. 1종 관류보일러 : 강철제보일러 중 헤더의 안지름이 150[mm] 이하이고, 전열면적이 5[m^2] 초과 10[m^2] 이하이며, 최고사용압력이 1[mMPa] 이하인 관류보일러(기수분리기를 장치한 경우에는 기수분리기의 안지름이 300[mm] 이하이고, 그 내용적이 0.07[m^2] 이하인 것에 한한다)를 말한다.

구분	품목명	적용범위
		2. 2종 관류보일러 : 강철제보일러 중 헤더의 안지름이 150[mm] 이하이고, 전열면이 5[m²] 이하이며, 최고사용압력이 1[MPa] 이하인 관류보일러(기수분리기를 장치한 경우에는 기수분리기의 안지름이 200[mm] 이하이고, 그 내용적이 0.02[m³] 이하인 것에 한한다)를 말한다. 3. 제1호 및 제2호 외에 금속(주철을 포함한다)으로 만든 것. 다만, 소형온수보일러·구멍탄용온수보일러·축열식전기보일러 및 가정용 화목보일러는 제외한다.
	소형온수보일러	전열면적이 14[m²] 이하이며, 최고사용압력이 0.35[MPa] 이하의 온수를 발생하는 것. 다만, 구멍탄용 온수보일러·축열식 전기보일러·가정용 화목보일러 및 가스사용량이 17[kg/h](도시가스는 232.6[kW]) 이하인 가스용 온수보일러는 제외한다.
	구멍탄용 온수보일러	「석탄산업법 시행령」 제2조 제2호의 규정에 의한 연탄을 연료로 사용하여 온수를 발생시키는 것으로서 금속제만 해당한다.
	축열식 전기보일러	심야전력을 사용하여 온수를 발생시켜 축열조에 저장한 후 난방에 이용하는 것으로서 정격소비전력이 30[kW] 이하이고, 최고사용압력이 0.35[MPa] 이하인 것
	가정용 화목보일러	화목(火木) 등 목재연료를 사용하여 90[℃] 이하의 난방수 또는 65[℃] 이하의 온수를 발생하는 것으로서 표시 반방출력이 70[kW] 이하로서 옥외에 설치하는 것
태양열집열기		태양열집열기
압력용기	1종 압력용기	최고사용압력[MPa]과 내용적[m³]을 곱한 수치가 0.004를 초과하는 다음 각 호의 어느 하나에 해당하는 것 1. 증기 그 밖의 열매체를 받아들이거나 증기를 발생시켜 고체 또는 액체를 가열하는 기기로서 용기 안의 압력이 대기압을 넘는 것 2. 용기 안의 화학반응에 의하여 증기를 발생하는 용기로서 용기 안의 압력이 대기압을 넘는 것 3. 용기 안의 액체의 성분을 분리하기 위하여 해당 액체를 가열하거나 증기를 발생시키는 용기로서 용기 안의 압력이 대기압을 넘는 것 4. 용기 안의 액체의 온도가 대기압에서의 끓는점을 넘는 것
	2종 압력용기	최고사용압력이 0.2[MPa]를 초과하는 기체를 그 안에 보유하는 용기로서 다음 각 호의 어느 하나에 해당하는 것 1. 내용적이 0.04[m³] 이상인 것 2. 동체의 안지름이 200[mm] 이상(증기헤더의 경우에는 동체의 안지름이 300[mm] 초과)이고, 그 길이가 1천[mm] 이상인 것
요로(窯爐: 고온가열장치)	요업요로	연속식유리용융가마, 불연속식유리용융가마, 유리용융도가니가마, 터널가마, 도염식가마, 셔틀가마, 회전가마 및 석회용선가마
	금속요로	용선로, 비철금속용융로, 금속소둔로, 철금속가열로 및 금속균열로

② 제외대상

㉮ 「전기사업법」에 따른 전기사업자가 설치하는 발전소의 발전전용 보일러 및 압력용기. 다만, 「집단에너지사업법」을 적용받는 발전전용 보일러 및 압력용기와 「신에너지 및 재생에너지 개발·이용·보급 촉진법」에 따른 신·재생에너지를 발전에 이용하는 발전전용 보일러 및 압력용기는 열사용기자재에 포함된다.

㈏ 「철도사업법」에 따른 철도사업을 하기 위하여 설치하는 기관차 및 철도차량용 보일러
㈐ 「고압가스 안전관리법」 및 「액화석유가스의 안전관리 및 사업법」에 따라 검사를 받는 보일러(캐스케이드 보일러는 제외한다) 및 압력용기
㈑ 「선박안전법」에 따라 검사를 받는 선박용 보일러 및 압력용기
㈒ 「전기용품안전 관리법」 및 「약사법」의 적용을 받는 2종 압력용기
㈓ 이 규칙에 따라 관리하는 것이 부적합하다고 산업통상자원부장관이 인정하는 수출용 열사용기자재

(2) 특정열사용기자재

① 특정열사용기자재 : 열사용 기자재 중 제조, 설치, 시공 및 사용에서의 안전관리, 위해방지 또는 에너지이용의 효율관리가 특히 필요하다고 인정되는 것으로서 산업통상자원부령으로 정하는 열사용기자재

② 종류 및 설치, 시공범위

구분	품목명	설치, 시공 범위
보일러	강철제보일러 주철제보일러 온수보일러 구멍탄용 온수보일러 축열식 전기보일러 캐스케이드 보일러 가정용 화목보일러	해당 기기의 설치·배관 및 세관
태양열 집열기	태양열 집열기	해당 기기의 설치·배관 및 세관
압력용기	1종 압력용기 2종 압력용기	해당 기기의 설치·배관 및 세관
요업요로	연속식 유리용융가마 불연속식 유리용융가마 유리용융도가니가마 터널가마 도염식각가마 셔틀가마 회전가마 석회용선가마	해당 기기의 설치를 위한 시공
금속요로	용선로 비철금속용융로 금속소둔로 철금속가열로 금속균열로	해당 기기의 설치를 위한 시공

(3) 검사대상기기

① 검사를 받아야 할 검사대상기기

구분	검사대상기기명	적용범위
보일러	강철제보일러 주철제보일러	다음 각 호의 어느 하나에 해당하는 것은 제외한다. 1. 최고사용압력이 0.1[MPa] 이하이고, 동체의 안지름이 300[mm] 이하이며, 길이가 600[mm] 이하인 것 2. 최고사용압력이 0.1[MPa] 이하이고, 전열면적이 5[m^2] 이하인 것 3. 2종 관류보일러 4. 온수를 발생시키는 보일러로서 대기개방형인 것
	소형온수보일러	가스를 사용하는 것으로서 가스사용량이 17[kg/h] (도시가스는 232.6[kW])를 초과하는 것
압력용기	1종 압력용기 2종 압력용기	열사용기자재의 종류에 따른 압력용기의 적용범위에 따른다.
요로	철금속 가열로	정격용량이 0.58[MW]를 초과하는 것

② 검사의 종류 및 적용대상

검사의 종류		적용대상
제조 검사	용접검사	동체, 경판 및 이와 유사한 부분을 용접으로 제조하는 경우의 검사
	구조검사	강판, 관 또는 주물류를 용접·확대·조립·주조 등에 의하여 제조하는 경우의 검사
설치검사		신설한 경우의 검사(사용연료의 변경에 의하여 검사대상이 아닌 보일러가 검사대상으로 되는 경우의 검사를 포함한다)
개조검사		다음 각 호의 어느 하나에 해당하는 경우의 검사 1. 증기보일러를 온수보일러로 개조하는 경우 2. 보일러 섹션의 증감에 의하여 용량을 변경하는 경우 3. 동체·돔·노통·연소실·경판·천정판·관판·관모음 또는 스테이의 변경으로서 산업통상자원부장관이 정하여 고시하는 대수리의 경우 4. 연료 또는 연소방법을 변경하는 경우 5. 철금속가열로서 산업통상자원부장관이 정하여 고시하는 경우의 수리
설치장소 변경검사		설치장소를 변경한 경우의 검사. 다만, 이동식 검사대상기기를 제외한다.
재사용검사		사용중지 후 재사용하고자 하는 경우의 검사
계속 사용 검사	안전검사	설치검사·개조검사·설치장소변경검사 또는 재사용검사 후 안전부문에 대한 유효기간을 연장하고자 하는 경우의 검사
	운전성능 검사	다음 각 호의 어느 하나에 해당하는 기기에 대한 검사로서 설치검사 후 운전성능 부문에 대한 유효기간을 연장하고자 하는 경우의 검사 1. 용량이 1[t/h](난방용의 경우에는 5[t/h]) 이상인 강철제보일러 및 주철제보일러 2. 철금속가열로

㈎ 계속사용검사 신청
  ㉮ 계속사용검사 신청서를 검사유효기간 만료 10일 전까지 공단이사장에게 제출
  ㉯ 신청서에는 해당 검사대상기기 설치검사증 사본을 첨부
㈏ 계속사용검사의 연기
  ㉮ 계속사용검사는 검사유효기간의 만료일이 속하는 연도의 말까지 연기할 수 있다. 다만, 검사유효기간 만료일이 9월 1일 이후인 경우에는 4개월 이내에서 계속사용검사를 연기할 수 있다.
  ㉯ 검사대상기기 검사연기신청서는 공단 이사장에게 제출
③ 검사의 유효기간

검사의 종류		검사유효기간
설치검사		1. 보일러 : 1년. 다만, 운전성능 부문의 경우에는 3년 1개월로 한다. 2. 캐스케이드 보일러, 압력용기 및 철금속가열로 : 2년
개조검사		1. 보일러 : 1년 2. 캐스케이드 보일러, 압력용기 및 철금속가열로 : 2년
설치장소 변경검사		1. 보일러 : 1년 2. 캐스케이드 보일러, 압력용기 및 철금속가열로 : 2년
재사용검사		1. 보일러 : 1년 2. 캐스케이드 보일러, 압력용기 및 철금속가열로 : 2년
계속 사용 검사	안전검사	1. 보일러 : 1년 2. 캐스케이드 보일러, 압력용기 : 2년
	운전성능 검사	1. 보일러 : 1년 2. 철금속가열로 : 2년

[비고]
1. 보일러의 계속사용검사 중 운전성능검사에 대한 검사 유효기간은 해당 보일러가 산업통상자원부장관이 정하여 고시하는 기준에 적합한 경우에는 2년으로 한다.
2. 설치 후 3년이 지난 보일러로서 설치장소 변경검사 또는 재사용검사를 받은 보일러는 검사 후 1개월 이내에 운전성능검사를 받아야 한다.
3. 개조검사 중 연료 또는 연소방법의 변경에 따른 개조검사의 경우에는 검사 유효기간을 적용하지 않는다.
4. 다음 각 목의 구분에 따른 검사대상기기의 검사에 대한 검사유효기간은 각 목의 구분에 따른다. 다만, 계속사용검사 중 운전성능검사에 대한 검사유효기간은 제외한다.
   ①「고압가스 안전관리법」제13조의2제1항에 따른 안전성향상계획과「산업안전보건법」제44조제1항에 따른 공정안전보고서 모두를 작성하여야 하는 자의 검사대상기기(보일러의 경우에는 제품을 제조·가공하는 공정에만 사용되는 보일러만 해당한다. 이하②목에서 같다) : 4년. 다만, 산업통상자원부장관이 정하여 고시하는 바에 따라 8년의 범위에서 연장할 수 있다.
   ②「고압가스 안전관리법」제13조의2제1항에 따른 안전성향상계획과「산업안전보건법」제44조제1항에 따른 공정안전보고서 중 어느 하나를 작성하여야 하는 자의 검사대상기기 : 2년. 다만, 산업통상자원부장관이 정하여 고시하는 바에 따라 6년의 범위에서 연장할 수 있다.
   ③「의약품 등의 안전에 관한 규칙」별표 3에 따른 생물학적제제등을 제조하는 의약품제조업자로서 같은 표에 따른 제조 및 품질관리기준에 적합한 자의 압력용기 : 4년
5. 제31조의25제1항에 따라 설치신고를 하는 검사대상기기는 신고 후 2년이 지난날에 계속사용검사 중 안전검사(재사용검사를 포함한다)를 하며, 그 유효기간은 2년으로 한다.
6. 법 제32조제2항에 따라 에너지진단을 받은 운전성능검사대상기기가 제31조의9에 따른 검사기준에 적합한 경우에는 에너지진단 이후 최초로 받는 운전성능검사를 에너지진단으로 갈음한다(비고 4에 해당하는 경우는 제외한다).

(가) 검사대상기기의 폐기신고 등
  ㉮ 사용 중인 검사대상기기를 폐기한 경우에는 폐기한 날부터 15일 이내에 폐기신고서를 공단이사장에게 제출
  ㉯ 검사대상기기의 사용을 중지한 경우에는 중지한 날부터 15일 이내에 사용중지신고서를 공단 이사장에게 제출
  ㉰ 폐기 및 중지신고서에는 검사대상기기 설치검사증을 첨부하여야 한다.
(나) 검사대상기기의 설치자의 변경신고
  ㉮ 검사대상기기의 설치자가 변경된 경우 새로운 검사대상기기의 설치자는 그 변경일부터 15일 이내에 설치자 변경신고서를 공단이사장에게 제출
  ㉯ 신고서에 첨부하여야 할 서류
    ㉠ 법인 등기사항 증명서
    ㉡ 양도 또는 합병 계약서 사본
    ㉢ 상속인(지위승계인)임을 확인할 수 있는 서류 사본

(4) 검사대상기기 관리자

① 관리자의 자격 및 관리범위

관리자의 자격	관리범위
에너지관리기능장 또는 에너지관리기사	용량이 30[t/h]를 초과하는 보일러
에너지관리기능장, 에너지관리기사, 에너지관리산업기사	용량이 10[t/h]를 초과하고 30[t/h] 이하인 보일러
에너지관리기능장, 에너지관리기사, 에너지관리산업기사 또는 에너지관리기능사	용량이 10[t/h] 이하인 보일러
에너지관리기능장, 에너지관리기사, 에너지관리산업기사, 에너지관리기능사 또는 인정검사대상기기 관리자의 교육을 이수한 자	1. 증기보일러로서 최고사용압력이 1[MPa] 이하이고, 전열면적이 10[m^2] 이하인 것 2. 온수 발생 또는 열매체를 가열하는 보일러로서 출력이 581.5[kW] 이하인 것 3. 압력용기

[비고]
1. 온수발생 및 열매체를 가열하는 보일러의 용량은 697.8[kW]를 1[t/h]로 본다.
2. 제31조의27제2항에 따른 1구역에서 가스 연료를 사용하는 1종 관류보일러의 용량은 이를 구성하는 보일러의 개별 용량을 합산한 값으로 한다.
3. 계속사용검사 중 안전검사를 실시하지 않는 검사대상기기 또는 가스 외의 연료를 사용하는 1종 관류보일러의 경우에는 관리자의 자격에 제한을 두지 아니한다.
4. 가스를 연료로 사용하는 보일러의 검사대상기기 관리자의 자격은 위 표에 따른 자격을 가진 사람으로서 제31조의26제2항에 따라 산업통상자원부장관이 정하는 관련 교육을 이수한 사람 또는 「도시가스사업법 시행령」 별표 1에 따라 특정가스 사용시설의 안전관리 책임자의 자격을 가진 사람으로 한다.

② 선임기준
   ㈎ 검사대상기기 관리자의 선임기준은 1구역마다 1명이상으로 한다.
   ㈏ ㈎항에 따른 1구역은 검사대상기기 관리자가 한 시야로 볼 수 있는 범위 또는 중앙 통제·관리설비를 갖추어 검사대상기기 관리자 1명이 통제·관리할 수 있는 범위로 한다. 다만, 캐스케이드 보일러 또는 압력용기의 경우에는 검사대상기기 관리자 1명이 관리할 수 있는 범위로 한다.
③ 선임신고
   ㈎ 검사대상기기 관리자를 선임·해임하거나 퇴직한 경우에는 신고서를 공단이사장에게 제출하여야 한다.
   ㈏ ㈎항에 따른 신고는 신고 사유가 발생한 날부터 30일 이내에 하여야 한다.
   ㈐ 검사대상기기 관리자의 선임기한 연기 사유는 다음 각 호와 같다.
      ㉮ 검사대상기기 관리자가 천재지변 등 불의의 사고로 업무를 수행할 수 없게 되어 해임 또는 퇴직한 경우
      ㉯ 검사대상기기의 설치자가 선임을 위하여 필요한 조치를 하였으나 선임하지 못한 경우

2-4 기계설비법

(1) 총칙

① 목적 : 기계설비산업의 발전을 위한 기반을 조성하고 기계설비의 안전하고 효율적인 유지관리를 위하여 필요한 사항을 정함으로써 국가경제의 발전과 국민의 안전 및 공공복리 증진에 이바지함을 목적으로 한다.
② 용어의 정의 : 법 제2조
   ㈎ "기계설비"란 건축물, 시설물 등(이하 "건축물등"이라 한다)에 설치된 기계·기구·배관 및 그 밖에 건축물등의 성능을 유지하기 위한 설비로서 대통령령으로 정하는 설비를 말한다.

㉮ 기계설비의 범위 : 시행령 별표 1

구분	내용
열원설비	건축물등에서 에너지를 이용하여 열매체를 가열, 냉각하기 위하여 설치된 기계·기구·배관 및 그 밖에 성능을 유지하기 위한 설비
냉난방설비	건축물등에서 일정한 실내온도를 유지하기 위하여 설치된 기계·기구·배관 및 그 밖에 성능을 유지하기 위한 설비
공기조화·공기청정·환기설비	건축물등에서 온도, 습도, 청정도, 기류 등을 조절하기 위하여 설치된 기계·기구·배관 및 그 밖에 성능을 유지하기 위한 설비
위생기구·급수·급탕·오배수·통기설비	건축물등에서 위생과 냉수·온수 공급, 오배수(汚排水), 오배수관 통기(通氣) 등을 위하여 설치된 기계·기구·배관 및 그 밖에 성능을 유지하기 위한 설비
오수정화·물 재이용설비	건축물등에서 오수를 정화하여 배출하거나 정화된 물을 재이용하기 위하여 설치된 기계·기구·배관 및 그 밖에 성능을 유지하기 위한 설비
우수배수설비	건축물등에서 빗물을 외부로 배출하기 위하여 설치된 기계·기구·배관 및 그 밖에 성능을 유지하기 위한 설비
보온설비	건축물등에 설치된 기계·기구·배관 및 그 밖에 성능을 유지하기 위한 설비의 보온, 보냉, 결로 및 동결 방지 등을 위하여 설치된 설비
덕트(duct)설비	건축물등에 설치된 기계·기구·배관 및 그 밖에 성능을 유지하기 위한 설비의 풍량 등을 조절하고 급기(給氣)·배기 및 환기 등을 위하여 설치된 설비
자동제어설비	건축물등에 설치된 기계·기구·배관 및 그 밖에 성능을 유지하기 위한 설비의 감시, 제어·관리 및 통제 등을 위하여 설치된 설비
방음·방진·내진설비	건축물등에 설치된 기계·기구·배관 및 그 밖에 성능을 유지하기 위한 설비의 소음, 진동, 전도 및 탈락 등을 방지하기 위하여 설치된 설비
플랜트설비	건축물등에서 생산물의 제조·생산·이송 및 저장이나 오염물질의 제거 및 저장 등을 위하여 설치된 기계·기구·배관 및 그 밖에 성능을 유지하기 위한 설비
특수설비	가. 건축물등에서 냉동·냉장, 항온·항습(온도와 습도를 일정하게 유지시키는 것), 특수청정(세균 또는 먼지 등을 제거하는 것), 생활폐기물 집하 및 이송, 전자파 차단 등을 위하여 설치된 기계·기구·배관 및 그 밖에 성능을 유지하기 위한 설비 나. 청정실(실내공간의 오염물질 등을 없애거나 줄이기 위하여 공기정화시설 등의 설비가 설치된 방), 자동창고(물건이 나가고 들어오는 모든 일을 컴퓨터가 자동적으로 제어하고 관리하는 창고), 집진기(먼지를 모으는 기기), 무대기계장치, 기송관(氣送管 : 압축공기를 써서 물건을 운반하는 기계) 등의 설비와 그 설비를 위하여 설치된 기계·기구·배관 및 그 밖에 성능을 유지하기 위한 설비

㉯ "기계설비산업"이란 기계설비 관련 연구개발, 계획, 설계, 시공, 감리, 유지관리, 기술진단, 안전관리 등의 경제활동을 하는 산업을 말한다.

㉰ "기계설비사업"이란 기계설비 관련 활동을 수행하는 사업을 말한다.

㉱ "기계설비사업자"란 기계설비사업을 경영하는 자를 말한다.

㈃ "기계설비기술자"란 법령에 따라 기계설비 관련 분야의 기술자격을 취득하거나 기계설비에 관한 기술 또는 기능을 인정받은 사람을 말한다.
  ㉮ 기계설비기술자의 범위(시행령 별표 2) : 다음 각 목의 어느 하나에 해당하는 기계설비 관련 자격을 취득한 사람
   ㉠ 국가기술자격법 제9조 제1호에 따른 기술·기능 분야의 국가기술자격 중 다음 표의 구분에 따른 국가기술자격을 취득한 사람

등급	기술·기능 분야
기술사	건축기계설비·기계·건설기계·공조냉동기계·산업기계설비·용접·소음진동
기능장	배관·에너지관리·판금제관·용접
기사	일반기계·건축설비·건설기계설비·공조냉동기계·설비보전·메카트로닉스·용접·소음진동·에너지관리·신재생에너지발전설비(태양광)
산업기사	건축설비·배관·정밀측정·건설기계설비·공조냉동기계·생산자동화·판금제관·용접·소음진동·에너지관리·신재생에너지발전설비(태양광)
기능사	온수온돌·배관·전산응용기계제도·정밀측정·공조냉동기계·설비보전·생산자동화·판금제관·용접·특수용접·에너지관리·신재생에너지발전설비(태양광)

   ㉡ 건설기술 진흥법 시행령 별표 1에 따른 기계 직무분야의 건설기술인자격
   ㉢ 엔지니어링산업 진흥법 시행령 별표 1에 따른 설비부문의 설비 전문분야의 엔지니어링기술자 자격
   ㉣ 그 밖에 건설산업기본법 및 자격기본법에 따른 자격으로서 국토교통부장관이 정하여 고시하는 기계설비 관련 자격을 갖춘 사람
  ㉯ 다음 각 목의 어느 하나에 해당하게 된 후 별표 6에 따른 유지관리교육의 교육과정 중 신규교육 또는 보수교육을 이수한 사람
   ㉠ 고등교육법 제2조 각 호의 어느 하나에 해당하는 학교에서 국토교통부장관이 정하여 고시하는 기계설비 관련 학과의 전문학사, 학사, 석사 또는 박사 학위를 취득한 사람
   ㉡ 초·중등교육법 시행령 제90조에 따른 특수목적고등학교 또는 같은 영 제91조에 따른 특성화고등학교에서 국토교통부장관이 정하여 고시하는 기계설비 관련 교육과정이나 학과를 이수하거나 졸업한 사람
   ㉢ 그 밖에 관계 법령에 따라 국내 또는 외국에서 ㉠목과 같은 수준 이상의 학력이 있다고 인정되는 사람
㈄ "기계설비 유지관리자"란 기계설비 유지관리(기계설비의 점검 및 관리를 실시하고, 운전·운용하는 모든 행위를 말한다)를 수행하는 자를 말한다.

(2) 기계설비 유지관리에 대한 점검 및 확인

① 유지관리 점검 대상 건축물 : 시행령 제14조
　㈎ 건축법에 따라 구분된 용도별 건축물 중 연면적 1만 m^2 이상의 건축물(공동주택 및 창고시설은 제외한다)
　㈏ 건축법에 따른 공동주택 중 다음 각 목의 어느 하나에 해당하는 공동주택
　　㉮ 500세대 이상의 공동주택
　　㉯ 300세대 이상으로서 중앙집중식 난방방식(지역난방방식을 포함한다)의 공동주택
　㈐ 국토교통부장관이 정하여 고시하는 건축물등
　　㉮ 시설물의 안전 및 유지관리에 관한 특별법에 따른 시설물
　　㉯ 학교시설
　　㉰ 지하역사 및 지하도상가
　　㉱ 중앙행정기관의 장, 지방자치단체의 장 및 국토교통부장관이 정하는 자가 소유하거나 관리하는 건축물등
② 성능점검 기록 유지기간(시행령 제14조 제2항) : 10년

(3) 기계설비 유지관리자의 선임 등

① 선임, 해임 신고(법 제19조)
　㈎ 관리주체가 기계설비 유지관리자를 선임 또는 해임한 경우 : 특별자치시장·시장·군수·구청장에게 신고
　㈏ 기계설비 유지관리자의 해임신고를 한 자는 해임한 날부터 30일 이내에 기계설비 유지관리자를 새로 선임하여야 한다.
② 기계설비 유지관리자의 자격 및 등급 : 시행령 별표 5의2
　㈎ 일반기준
　　㉮ 기계설비·유지관리자는 책임 기계설비 유지관리자와 보조 기계설비 유지관리자로 구분하며, 책임 기계설비 유지관리자는 자격 및 경력 기준에 따라 특급·고급·중급·초급으로 구분한다. 이 경우 실무경력은 해당 자격의 취득 이전의 실무경력까지 포함한다.
　　㉯ ㉮목에도 불구하고 국토교통부장관은 기계설비의 안전하고 효율적인 유지관리를 위하여 책임 기계설비 유지관리자 및 보조 기계설비 유지관리자의 경력, 자격·학력 및 교육을 다음의 구분에 따른 점수 범위에서 종합평가하여 그 결과에 따라 등급을 특급·고급·중급·초급으로 조정하여 산정할 수 있다.

㉠ 실무경력 : 30점 이내
㉡ 보유자격·학력 : 30점 이내
㉢ 교육 : 40점 이내
㉰ 외국인 기계설비 유지관리자의 인정 범위 및 등급 : 외국인 기계설비 유지관리자는 해당 외국인의 국가와 우리나라 간의 상호인정협정 등에서 정하는 바에 따라 자격을 인정하되, 그 인정 범위 및 등급에 관하여는 ㈎목 및 ㈏목을 준용한다.
㉱ 그 밖에 기계설비 유지관리자의 실무경력 인정, 등급 산정 및 인정 범위 등에 필요한 방법 및 절차에 관한 세부기준은 국토교통부장관이 정하여 고시한다.

⑷ 세부기준

구분		자격 및 경력 기준		종합평가 결과에 따른 등급 산정
		보유자격	실무경력	
책임 기계설비 유지관리자	특급	기술사		㈎호 ㈐목에 따라 특급으로 산정된 기계설비 유지관리자
		기능장	10년 이상	
		기 사	10년 이상	
		산업기사	13년 이상	
		특급 건설기술인	10년 이상	
	고급	기능장	7년 이상	㈎호 ㈐목에 따라 고급으로 산정된 기계설비 유지관리자
		기 사	7년 이상	
		산업기사	10년 이상	
		고급 건설기술인	7년 이상	
	중급	기능장	4년 이상	㈎호 ㈐목에 따라 중급으로 산정된 기계설비 유지관리자
		기 사	4년 이상	
		산업기사	7년 이상	
		중급 건설기술인	4년 이상	
	초급	기능장		㈎호 ㈐목에 따라 초급으로 산정된 기계설비 유지관리자
		기 사		
		산업기사	3년 이상	
		초급 건설기술인		
보조 기계설비 유지관리자		기계설비기술자 중 기계설비 유지관리자에 필요한 자격을 갖추었다고 국토교통부장관이 정하여 고시하는 사람		

(다) 기계설비 유지관리자의 선임기준 : 시행규칙 별표 1

구 분	선임대상	선임자격	선임인원
영 제14조 제1항 제1호에 해당하는 용도별 건축물 : 건축법에 따라 구분된 용도별 건축물 중 연면적 1만[m²] 이상의 건축물 (공동주택 및 창고시설 제외)	연면적 6만[m²] 이상	특급 책임 기계설비 유지관리자	1
		보조 기계설비 유지관리자	1
	연면적 3만[m²] 이상 연면적 6만[m²] 미만	고급 책임 기계설비 유지관리자	1
		보조 기계설비 유지관리자	1
	연면적 1만 5천[m²] 이상 연면적 3만[m²] 미만	중급 책임 기계설비 유지관리자	1
	연면적 1만[m²] 이상 연면적 1만 5천[m²] 미만	초급 책임 기계설비 유지관리자	1
영 제14조 제1항 제2호에 해당하는 공동주택 : 500세대 이상의 공동주택, 300세대 이상으로서 중앙집중식 난방방식(지역난방방식을 포함)의 공동주택	3천세대 이상	특급 책임 기계설비 유지관리자	1
		보조 기계설비 유지관리자	1
	2천세대 이상 3천세대 미만	고급 책임 기계설비 유지관리자	1
		보조 기계설비 유지관리자	1
	1천세대 이상 2천세대 미만	중급 책임 기계설비 유지관리자	1
	500세대 이상 1천세대 미만	초급 책임 기계설비 유지관리자	1
	300세대 이상 500세대 미만으로서 중앙집중식 난방방식(지역난방방식을 포함한다)의 공동주택	초급 책임 기계설비 유지관리자	1
영 제14조 제1항 제3호에 해당하는 건축물등(같은 항 제1호 및 제2호에 해당하는 건축은 제외한다) : 시설물 유지관리 특별법에 따른 시설물, 학교시설, 지하역사, 중앙행정기관의 지방자치단체의 장이 소유하거나 관리하는 건축물등	영 제14조 제1항 제3호에 해당하는 건축물등(같은 항 제1호 및 제2호에 해당하는 건축물은 제외한다)	건축물의 용도, 면적, 특성 등을 고려하여 국토교통부장관이 정하여 고시하는 기준에 해당하는 초급 책임 기계설비 유지관리자 또는 보조 기계설비 유지관리자	1

(4) 벌칙

① 벌금

(가) 1년 이하의 징역 또는 1천만원 이하의 벌금 : 법 28조

㉮ 착공 전 확인을 받지 아니하고 기계설비공사를 발주한 자 또는 사용 전 검사를 받지 아니하고 기계설비를 사용한 자

㉯ 기계설비성능점검업 등록을 하지 아니하거나 변경등록을 하지 아니하고 기계설비 성능점검 업무를 수행한 자

㈐ 거짓이나 그 밖의 부정한 방법으로 기계설비성능점검업 등록을 하거나 변경등록을 한 자
㈑ 기계설비성능점검업 등록증을 다른 사람에게 빌려주거나, 빌리거나, 이러한 행위를 알선한 자
㈏ 양벌 규정(법 제29조) : 법인의 대표자나 법인 또는 개인의 대리인, 사용인, 그 밖의 종업원이 벌칙(벌금) 규정의 어느 하나에 해당하는 위반행위를 하면 그 행위자를 벌하는 외에 그 법인 또는 개인에게도 해당 조문의 벌금형을 과(科)한다.

② 과태료 : 법 제30조
㈎ 500만원 이하의 과태료
㉮ 유지관리기준을 준수하지 아니한 자
㉯ 점검기록을 작성하지 아니하거나 거짓으로 작성한 자
㉰ 점검기록을 보존하지 아니한 자
㉱ 기계설비 유지관리자를 선임하지 아니한 자
㈏ 100만원 이하의 과태료
㉮ 착공 전 확인과 사용 전 검사에 관한 자료를 특별자치시장·특별자치도지사·시장·군수·구청장에게 제출하지 아니한 자
㉯ 점검기록을 특별자치시장·특별자치도지사·시장·군수·구청장에게 제출하지 아니한 자
㉰ 유지관리교육을 받지 아니한 사람을 해임하지 아니한 자
㉱ 기계설비 유지관리자를 선임 또는 해임한 경우 신고를 하지 아니하거나 거짓으로 신고한 자
㉲ 선임된 기계설비 유지관리자가 유지관리교육을 받지 아니한 사람
㉳ 기계설비성능점검업자의 지위를 승계한 자가 30일 이내에 시·도지사에게 신고를 하지 아니하거나 거짓으로 신고한 자
㉴ 기계설비성능점검업자의 성능점검능력 평가를 신청하는 서류를 거짓으로 제출한 자

memo

Part 02
에너지관리산업기사 필기시험

※ 2014년 보일러산업기사와 통합되기 전 에너지관리산업기사는 응시자가 적어 2009년~2013년까지 연 1회 시행되었습니다.

2009년 필기시험 / 151
2010년 필기시험 / 166
2011년 필기시험 / 182
2012년 필기시험 / 197
2013년 필기시험 / 213
2014년 필기시험 / 229
2015년 필기시험 / 275
2016년 필기시험 / 322
2017년 필기시험 / 370
2018년 필기시험 / 417
2019년 필기시험 / 466
2020년 필기시험 / 512

2009년 3월 1일 제1회 에너지관리산업기사 필기시험

1과목 - 연소공학

01_ 공기가 75[L]의 밀폐 용기 속에 압력이 400[kPa], 온도 30[℃]인 상태로 들어 있다. 이 공기의 압력을 800[kPa]로 상승시키기 위해 열을 가하였을 때 가열 후 온도는 몇 [K]인가? (단, 공기의 비열비는 1.4이다.)

① 473
② 553
③ 606
④ 626

해설
$\dfrac{P_1 V_1}{T_1} = \dfrac{P_2 V_2}{T_2}$ 에서 $V_1 = V_2$ 이므로

$\therefore T_2 = \dfrac{P_2 T_1}{P_1} = \dfrac{800 \times (273+30)}{400} = 606\,K$

02_ 고위발열량과 저위발열량의 차이는?

① 수분의 증발잠열
② 연료의 증발잠열
③ 수분의 비열
④ 연료의 비열

해설 수분의 증발잠열이 포함된 것이 고위발열량, 수분의 증발잠열을 포함하지 않는 것이 저위발열량에 해당된다.

03_ 메탄(CH_4)을 이론 공기비로 연소시켰을 경우 생성물의 압력이 100[kPa]일 때 생성물 중 이산화탄소의 분압은 약 몇 [kPa]인가? (단, 메탄과 공기는 100[kPa], 25[℃]에서 공급되고 있다.)

① 71.5
② 18.7
③ 9.5
④ 6.2

해설
㉮ 이론공기량에 의한 메탄의 완전연소 반응식
$CH_4 + 2O_2 + (N_2) \rightarrow CO_2 + 2H_2O + (N_2)$
※ 질소의 양[mol수]은 산소량의 $\dfrac{79}{21} = 3.76$ 배이다.

㉯ 이산화탄소의 분압 계산

$\therefore 분압 = 전압 \times \dfrac{성분몰수}{전몰수}$

$= 100 \times \dfrac{1}{1 + 2 + (2 \times 3.76)} = 9.505\,[kPa]$

04_ 두바이유의 API 지수가 31.0일 때 비중은 약 얼마인가?

① 0.67
② 0.77
③ 0.87
④ 0.97

해설
API도 $= \dfrac{141.5}{비중\,(60°F/60°F)} - 131.5$ 에서

$\therefore 비중\,(60°F/60°F) = \dfrac{141.5}{API도 + 131.5}$

$= \dfrac{141.5}{31.0 + 131.5} = 0.87$

05_ 메탄 1[Nm^3]를 이론공기량으로 완전 연소시켰을 때의 습연소가스량은 몇 [Nm^3]인가?

① 6.5
② 8.5
③ 10.5
④ 12.5

해설
㉮ 이론공기량에 의한 메탄의 완전연소 반응식
$CH_4 + 2O_2 + (N_2) \rightarrow CO_2 + 2H_2O + (N_2)$
㉯ 습연소가스량 계산 : 메탄 1[Nm^3]를 완전 연소시켰을 때 발생되는 가스량[Nm^3]은 몰수와 같다.
$\therefore G_{0w} = 1 + 2 + (2 \times 3.76) = 10.52\,[Nm^3]$

정답 1.③ 2.① 3.③ 4.③ 5.③

06 C 87[%], H 12[%], S 1[%]의 조성을 가진 중유 1[kg]을 연소시키는 데 필요한 이론공기량 [Nm³/kg]은?

① 6.0　　② 8.5
③ 9.4　　④ 11.0

해설 $A_0 = 8.89C + 26.67\left(H - \dfrac{O}{8}\right) + 3.33S$

$= 8.89 \times 0.87 + 26.67 \times 0.12 + 3.33 \times 0.01$

$= 10.968 \, [\text{Nm}^3/\text{kg}]$

07 다음 중 기체연료의 저장방식이 아닌 것은?

① 유수식　　② 무수식
③ 고압식　　④ 가열식

해설 기체연료의 저장방식은 가스홀더를 지칭하는 것으로 가스홀더 종류에는 유수식, 무수식, 중·고압식(구형가스홀더) 등이 있다.

08 공기비(m)에 대한 설명으로 옳은 것은?

① 연료를 연소시킬 경우 이론공기량에 대한 실제공급공기량의 비이다.
② 연료를 연소시킬 경우 실제공급공기량에 대한 이론공기량의 비이다.
③ 연료를 연소시킬 경우 1차 공기량에 대한 2차 공기량의 비이다.
④ 연료를 연소시킬 경우 2차 공기량에 대한 1차 공기량의 비이다.

해설 공기비(m) : 이론공기량(A_0)에 대한 실제공기량(A)의 비로 과잉공기계수라 한다.

$\therefore m = \dfrac{A}{A_0} = \dfrac{A_0 + B}{A_0} = 1 + \dfrac{B}{A_0}$

09 공업분석법에 의한 석탄의 정량분석에서 회분 정량에 대한 조건으로 가장 옳은 것은?

① 105±10[℃]에서 10분 가열
② 105±10[℃]에서 1시간 가열
③ 815±10[℃]에서 10분 가열
④ 815±10[℃]에서 1시간 가열

해설 석탄의 공업분석법 항목
㉮ 수분 : 시료 1[g]을 107±2[℃]의 전기로 속에서 1시간 건조시켰을 때의 감량[%]
㉯ 휘발분 : 시료 1[g]을 뚜껑을 덮은 백금도가니에 넣고 900±20[℃]의 전기로 속에서 7분간 가열하였을 때 감량[%]에서 수분[%]을 뺀 값
㉰ 회분 : 시료 1[g]을 공기 중에서 815±10[℃]에서 1시간 가열하여 회화(灰化)했을 때의 잔류분[%]
㉱ 고정탄소 : 수분, 휘발분, 회분을 정량하고 계산에 의해 산정한다.
㉲ 발열량 : 시료 1[g]을 열량계 속에서 연소시켰을 때 발생하는 열량

10 보일러에서 사용되고 있는 연소방식으로 잘못된 것은?

① 기체연료 : 예혼합연소
② 기체연료 : 유동층연소
③ 액체연료 : 증발연소
④ 액체연료 : 무화연소

해설 유동층 연소는 고체연료(석탄)의 연소방법에 해당된다.

11 경유에 포함되는 탄화수소 중에서 세탄가가 높은 순서대로 옳게 나타낸 것은?

① 노말 파라핀 〉 이소 파라핀 〉 나프텐 〉 올레핀
② 이소 파라핀 〉 노말 파라핀 〉 나프텐 〉 올레핀
③ 노말 파라핀 〉 이소 파라핀 〉 올레핀 〉 나프텐
④ 이소 파라핀 〉 노말 파라핀 〉 올레핀 〉 나프텐

정답 6. ④　7. ④　8. ①　9. ④　10. ②　11. ①

해설 세탄가 : 경유의 자기착화성을 나타내는 지수로 세탄가가 높으면 착화하는 성질이 좋은 것으로 노말-파라핀계 탄화수소가 높고, 이소 파라핀계, 나프텐계, 올레핀계 탄화수소로 낮아진다.

12. 다음 통풍방식 중 굴뚝(stack)의 역할이 가장 큰 것은?
① 자연통풍 ② 압입통풍
③ 흡입통풍 ④ 평형통풍

해설 자연통풍 : 연돌에 의한 통풍방식으로 배기가스와 외부공기와의 비중량차(밀도차)에 의해서 통풍력이 발생되는 것으로 굴뚝 높이가 높을수록 통풍이 증가한다.

13. 다음 ( ) 안에 알맞은 것은?

"석탄의 공업분석은 수분, 휘발분, 회분을 정하고, ( )을[를] 산정한다."

① 고정탄소 ② 수소
③ 황 ④ 질소

해설 고정탄소[%] 산출식
∴ 고정탄소 = 100 − (수분[%] + 회분[%] + 휘발분[%])

14. 도시가스의 조성을 조사하니 H_2 30[v%], CO 6[v%], CH_4 40[v%], CO_2 24[v%]이었다. 이 도시가스를 연소하기 위한 이론산소량은 약 몇 [Nm^3/Nm^3]인가?
① 0.68 ② 0.78
③ 0.88 ④ 0.98

해설 $O_0 = 0.5H_2 + 0.5CO + 2CH_4$
$= (0.5 \times 0.3) + (0.5 \times 0.06) + (2 \times 0.4)$
$= 0.98 [Nm^3/Nm^3]$

15. 다음 기체 중 연소 시 위험성이 가장 큰 것은?
① 에탄 ② 아세틸렌
③ 수소 ④ 일산화탄소

해설 아세틸렌의 폭발범위는 2.5~81[%]로 가연성 기체 중 폭발범위가 가장 넓으므로 위험성이 가장 크다.

16. LPG의 특징에 대한 설명으로 틀린 것은?
① 상온, 상압에서는 액체로 존재한다.
② 주성분은 탄소수 3 및 4의 탄화수소이다.
③ 천연고무를 잘 용해시킨다.
④ 기체 상태는 공기보다 무겁다.

해설 LPG는 상온, 상압에서 기체로 존재한다.

17. 연소가스의 연돌 입구 및 출구온도가 각각 280[℃], 150[℃]이다. 연돌 내의 평균가스온도는 약 몇 [℃]인가?
① 199 ② 208
③ 215 ④ 221

해설 $t_m = \dfrac{t_1 - t_2}{\ln \dfrac{t_1}{t_2}} = \dfrac{280 - 150}{\ln \dfrac{280}{150}} = 208.28 [℃]$

18. 물질의 상변화를 일으키지 않고 온도만 상승시키는데 필요한 열을 무엇이라 하는가?
① 증발열 ② 융해열
③ 잠열 ④ 감열

해설 ㉮ 현열(감열) : 물질이 상태변화는 없이 온도변화에 총 소요된 열량
㉯ 잠열 : 물질이 온도변화는 없이 상태변화에 총 소요된 열량

정답 12. ① 13. ① 14. ④ 15. ② 16. ① 17. ② 18. ④

19_ 기체연료의 고위발열량[kcal/Nm³]이 높은 것에서 낮은 순서로 옳게 나열된 것은?

① 오일가스 〉 수성가스 〉 고로가스 〉 발생로가스 〉 LNG
② LNG 〉 오일가스 〉 수성가스 〉 발생로가스 〉 고로 가스
③ LNG 〉 발생로가스 〉 고로가스 〉 수성가스 〉 오일 가스
④ LNG 〉 오일가스 〉 발생로가스 〉 수성가스 〉 고로 가스

해설 기체연료의 고위발열량

구분	고위발열량[kcal/Nm³]
LNG	11000
오일가스	4710
수성가스	2500
발생로가스	1100
고로가스	900

20_ 다음 중 액체연료의 점도와 관련이 없는 것은?

① 캐논-펜스케
② 몰리에(Mollier)
③ 스톡스(Stokes)
④ 포이즈(Poise)

해설 액체연료의 점도
㉮ 캐논-펜스케 : 점도 측정기기
㉯ 스톡스(Stokes) : 점성계수를 밀도로 나눈 동점성계수를 나타내는 것으로 1St(Stokes)는 1[cm²/s] = 10⁻⁴ [m²/s]이다.
㉰ 포이즈(Poise) : 유체를 움직이지 않는 상태에서 측정한 점도(점성계수)를 나타내는 것으로 1포이즈(Poise)는 [g/cm·s]이다.

2과목 - 열역학

21_ 포화상태의 습증기에 대한 성질을 설명한 것으로 틀린 것은?

① 증기의 압력이 높아지면 포화액과 포화증기의 비체적 차이가 줄어든다.
② 증기의 압력이 높아지면 엔탈피가 증가한다.
③ 증기의 압력이 높아지면 포화온도가 증가된다.
④ 증기의 압력이 높아지면 증발잠열이 증가된다.

해설 증기 압력이 상승할 때 나타나는 현상
㉮ 포화수의 온도가 상승한다.
㉯ 포화수의 부피가 증가한다.
㉰ 포화수의 비중이 감소한다.
㉱ 물의 현열이 증가하고, 증기의 잠열이 감소한다.
㉲ 건포화증기 엔탈피가 증가한다.
㉳ 증기의 비체적이 증가한다.

22_ 그림의 디젤 사이클에서 차단비(cut-off ratio) σ를 옳게 나타낸 것은?

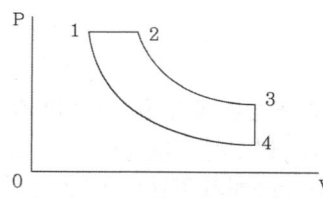

① $\sigma = \dfrac{V_3}{V_2}$ ② $\sigma = \dfrac{V_1}{V_3}$

③ $\sigma = \dfrac{V_2}{V_1}$ ④ $\sigma = \dfrac{V_3}{V_1}$

해설 차단비(cut-off ratio) : 디젤 사이클에서 연소과정에 해당되는 등압가열과정에서 온도 및 체적비를 의미하는 것으로 차단비, 체절비라 한다.
$$\therefore \sigma = \dfrac{T_2}{T_1} = \dfrac{V_2}{V_1}$$

정답 19. ② 20. ② 21. ④ 22. ③

23. $PV^n = C$의 거동을 하는 기체에서 등적과정 시 n의 값은? (단, C는 값이 일정한 상수이다.)

① 0 ② 1
③ ∞ ④ 1.4

해설 폴리트로픽 과정의 폴리트로픽 지수(n)
㉮ $n = 0$: 정압(등압)과정
㉯ $n = 1$: 정온(등온)과정
㉰ $1 < n < k$: 폴리트로픽과정
㉱ $n = k$: 단열과정(등엔트로피과정)
㉲ $n = ∞$: 정적(등적)과정

24. 에어컨이 실내에서 400[kJ]의 열을 흡수하여 실외로 500[kJ]을 방출할 때의 성능계수는?

① 0.8 ② 1.25
③ 2.0 ④ 4.0

해설 $COP_R = \dfrac{Q_2}{W} = \dfrac{Q_2}{Q_1 - Q_2}$

$= \dfrac{400}{500 - 400} = 4.0$

25. 이상기체의 특성이 아닌 것은?

① 이상기체 상태방정식을 만족한다.
② 엔탈피는 압력만의 함수이다.
③ 비열은 온도만의 함수이다.
④ $dU = C_v dT$ 식을 만족한다.

해설 이상기체의 특성 : ①, ③, ④ 외
㉮ 내부에너지는 온도만의 함수이다.
㉯ 비열비는 온도에 관계없이 일정하다.
㉰ 기체의 분자력과 크기도 무시되며, 분자간의 충돌은 완전탄성체이다.

26. 어떤 계가 한 상태에서 다른 상태로 변할 때 이 계의 엔트로피는?

① 항상 감소한다.
② 항상 증가한다.
③ 항상 증가하거나 불변이다.
④ 증가, 감소, 불변 모두 가능하다.

해설 가역과정일 경우 엔트로피변화는 없지만(불변), 물체에 열을 가하면 엔트로피는 증가하고 반대로 냉각하면 엔트로피는 감소한다.

27. 공기 1[kg]이 온도 27[℃]로부터 300[℃]까지 가열되며 이때 압력이 400[kPa]에서 300[kPa]로 내려가는 경우의 엔트로피 변화량은 약 몇 [kJ/kg·K]인가? (단, 공기의 정압비열은 1.005[kJ/kg·K]이며, 공기의 기체상수는 0.287[kJ/kg·K]이다.)

① 0.362 ② 0.533
③ 0.733 ④ 0.957

해설 $\Delta S = C_p \ln \dfrac{T_2}{T_1} - R \ln \dfrac{P_2}{P_1}$

$= 1.005 \times \ln \dfrac{273 + 300}{273 + 27} - 0.287 \times \ln \dfrac{300}{400}$

$= 0.7329 [kJ/kg \cdot K]$

28. 압력이 20[bar]인 증기를 교축과정(등엔탈피 변화)을 일으켜 압력이 1[bar], 온도가 150[℃]인 증기로 만들었다. 증기의 처음 건도는 약 얼마인가? (단, 압력 20[bar]인 포화액의 엔탈피는 908.59[kJ/kg], 포화증기의 엔탈피는 2797.2[kJ/kg]이며, 1[bar], 150[℃]인 증기의 엔탈피는 2776.3[kJ/kg]이다.)

① 0.81 ② 0.89
③ 0.92 ④ 0.99

정답 23. ③ 24. ④ 25. ② 26. ④ 27. ③ 28. ④

해설 ㉮ 교축과정은 등엔탈피 과정이므로 20[bar]인 증기의 엔탈피와 1[bar], 150[℃] 상태의 증기엔탈피는 같다.
㉯ 증기의 처음 건도 계산 : 포화증기 엔탈피 계산식
$h_2 = h' + x(h'' - h')$ 에서
$$\therefore x = \frac{h_2 - h'}{h'' - h'} = \frac{2776.3 - 908.59}{2797.2 - 908.59} = 0.9889$$

29. 공기표준 사이클에 대한 가정에 해당되지 않는 것은?

① 공기는 밀폐시스템을 이루거나 정상 상태유동에 의한 사이클로 구성한다.
② 공기는 이상기체이고 대부분의 경우 비열은 일정한 것으로 간주한다.
③ 연소과정은 고온 열원에서의 열전달과정이고, 배기과정은 저온열원으로의 열전달로 대치된다.
④ 각 과정은 비가역 과정이며 운동에너지와 위치에너지는 무시된다.

해설 각 과정은 가역과정으로 가정한다.

30. 다음 중 샤를의 법칙을 나타내는 것은?

① PV = 일정 ② $\frac{V}{T}$ = 일정
③ $\frac{RT}{PV}$ = 일정 ④ $\frac{PV}{T}$ = 일정

해설 샤를의 법칙 : 일정압력 하에서 일정량의 기체가 차지하는 부피는 절대온도에 비례한다.
$$\therefore \frac{V}{T} = 일정$$

31. 다음 사이클(cycle) 중 상변화를 동반하는 것은?

① 오토 사이클 ② 스털링 사이클
③ 랭킨 사이클 ④ 브레이턴 사이클

해설 랭킨 사이클 : 2개의 정압변화와 2개의 단열변화로 구성된 증기원동소의 이상 사이클로 보일러에서 물이 증발하여 발생되는 증기가 터빈에서 일을 한 후 복수기(condenser)에서 냉각 응축된 물이 다시 보일러 공급되는 사이클이다.

32. 다음의 열역학 관계식 중 틀린 것은?

① $\left(\frac{\partial T}{\partial V}\right)_S = \left(\frac{\partial P}{\partial S}\right)_V$
② $\left(\frac{\partial T}{\partial P}\right)_S = \left(\frac{\partial V}{\partial S}\right)_P$
③ $\left(\frac{\partial P}{\partial T}\right)_V = \left(\frac{\partial S}{\partial V}\right)_T$
④ $\left(\frac{\partial V}{\partial T}\right)_P = -\left(\frac{\partial S}{\partial P}\right)_T$

33. 건포화증기의 건도는 얼마인가?

① 0 ② 0.3
③ 0.5 ④ 1.0

해설 건조도[건도](x) : 증기 속에 함유되어 있는 물방울의 혼용률
㉮ 건조도(x)가 1인 경우 : 건포화증기
㉯ 건조도(x)가 0인 경우 : 포화수
㉰ 건조도(x)가 $0 < x < 1$인 경우 : 습증기

34. 부피가 일정한 용기에 온도 250[℃], 건도 30[%]의 습증기가 들어 있다. 이를 냉각하여 100[℃]가 될 때 건도는 약 몇 [%]인가? (단, 100[℃]에서 포화액의 비체적은 0.001044[m³/kg], 건포화증기의 비체적은 1.6729[m³/kg]이며, 250[℃]에서 포화액의 비체적은 0.001251[m³/kg], 건포화증기의 비체적은 0.05013[m³/kg]이다.)

① 0.4 ② 0.89
③ 1.1 ④ 2.1

정답 29. ④ 30. ② 31. ③ 32. ① 33. ④ 34. ②

해설 부피가 일정한 용기는 등적과정에 해당된다.

$$\therefore x_2 = \frac{v_1'' - v_1'}{v_2'' - v_2'} \times x_1 + \frac{v_1' - v_2'}{v_2'' - v_2'}$$

$$= \frac{0.05013 - 0.001251}{1.6729 - 0.001044} \times 0.3 + \frac{0.001251 - 0.001044}{1.6729 - 0.001044}$$

$$= 8.89 \times 10^{-3} = 0.89\%$$

35_ 열역학 제2법칙과 관련된 설명 중 틀린 것은?

① 열기관의 효율에 대한 이론적인 한계를 결정한다.
② 열은 스스로 저온도의 물체로부터 고온도의 물체로 이동하지 않는다.
③ 어떤 열원에서 열을 받아 이 전부를 계속적으로 일로 바꿀 수 있는 장치의 실현은 가능하다.
④ 이 법칙으로부터 엔트로피라는 새로운 상태량이 유도되었다.

해설 열역학 제2법칙에서는 어떤 열원에서 열을 받아 이 전부를 계속적으로 일로 바꿀 수 있는 장치의 실현은 불가능한 것으로 본다.

36_ 8[℃]의 이상기체를 단열압축하여 그 체적이 $\frac{1}{5}$로 되었을 때 온도는 몇 [℃]인가? (단, 이상기체의 비열비는 1.4이다.)

① 313 ② 295
③ 262 ④ 222

해설 $T_2 = T_1 \times \left(\frac{V_1}{V_2}\right)^{k-1} = (273 + 8) \times \left(\frac{1}{\frac{1}{5}}\right)^{1.4-1}$

$= 534.926[K] - 273 = 261.926[℃]$

37_ 다음 중 몰리에 선도로부터 파악하기 어려운 것은?

① 포화수의 엔탈피
② 과열증기의 과열도
③ 포화증기의 엔탈피
④ 과열증기의 단열팽창 후 상대습도

해설 증기의 몰리에 선도에서는 포화수의 온도 및 건도 0.7 이상의 포화증기와 과열증기의 엔탈피, 온도, 엔트로피만 알 수 있다. 포화수 엔탈피 및 과열증기의 단열팽창 후 상대습도는 알아내기 곤란하다.
※ 최종 답안은 ④번만 정답으로 처리되었음

38_ 고열원의 온도 800[K], 저열원의 온도 300[K]인 두 열원 사이에서 작동하는 이상적인 카르노 사이클이 있다. 고열원에서 사이클에 가해지는 열량이 120[kJ]이면 사이클 일은 몇 [kJ]인가?

① 60 ② 75
③ 85 ④ 120

해설 ㉮ 카르노 사이클의 효율 계산식

$$\therefore \eta = \frac{W}{Q_1} = \frac{Q_1 - Q_2}{Q_1} = \frac{T_1 - T_2}{T_2}$$

㉯ 카르노 사이클 효율 계산

$$\therefore \eta = \frac{T_1 - T_2}{T_1} = \frac{800 - 300}{800} = 0.625$$

㉰ 사이클 일 계산
$\therefore W = Q_1 \times \eta = 120 \times 0.625 = 75[kJ]$

39_ 실제 일을 생산하는 기기의 효율을 옳게 표시한 것은?

① $\frac{손실일}{이상일}$ ② $\frac{실제일}{이상일}$

③ $\frac{이상일}{실제일}$ ④ $\frac{손실일}{실제일}$

해설 효율 $= \frac{실제로한일}{이론적인일} = \frac{실제일}{이상일}$

정답 35. ③ 36. ③ 37. ④ 38. ② 39. ②

40. 어느 열역학적 계(system)가 외계(surroundings)로부터 10[kJ]의 열을 받고 7[kJ]의 일(work)을 하였다면, 이 계의 에너지 증가는?

① −17[kJ] ② +3[kJ]
③ −3[kJ] ④ +17[kJ]

해설 $\Delta U = Q - W = 10 - 7 = 3\,[\text{kJ}]$

3과목 - 계측방법

41. 다음 중 연돌가스의 압력측정에 가장 적당한 압력계는?

① 링밸런스식 압력계 ② 압전식 압력계
③ 분동식 압력계 ④ 부르동관식 압력계

해설 링밸런스식 압력계의 특징
㉮ 원형상의 관상부에 2개의 구멍을 뚫고 측정압력과 대기압의 도입관으로 하고 도입관에 의해 양면에 압력이 가해져 압력이 불균형해 지면 링이 회전하며, 그 회전각은 압력차에 비례한 것을 이용하여 압력차를 측정한다.
㉯ 회전력이 커서 기록이 용이하고, 원격 전송이 가능하다.
㉰ 평형추의 증감, 취부장치의 이동으로 측정 범위 변경이 가능하다.
㉱ 액체 압력측정은 곤란하고 기체 압력측정에 이용된다.
㉲ 저압 가스의 압력 및 통풍계(draft gauge)로 사용된다.

42. 다음 중 시정수에 대한 설명으로 올바른 것은?

① 2차 지연요소에서 출력이 최대 출력의 63[%]에 도달할 때까지의 시간이다.
② 1차 지연요소에서 출력이 최대 입력의 63[%]에 도달할 때까지의 시간이다.
③ 2차 지연요소에서 입력이 최대 출력의 63[%]에 도달할 때까지의 시간이다.
④ 1차 지연요소에서 출력이 최대 출력의 63[%]에 도달할 때까지의 시간이다.

해설 낭비시간(dead time) 및 시정수(time constant)
㉮ dead time(L) : 낭비시간, 지연시간으로 실내 난방의 경우 공조기가 가동되어도 일정시간이 경과 되어야만 실내온도가 상승되기 시작하는 시간이다.
㉯ time constant(T) : 시간정수라 하며 최종값의 63[%]에 도달하기까지 시간이다.

43. 열전대 온도계의 보호관 중 상용사용온도가 약 1000[℃]로서 급열, 급냉에 잘 견디고, 산에는 강하나 알칼리에 약한 비금속 온도계 보호관은?

① 자기관 ② 석영관
③ 황동관 ④ 카보런덤관

해설 비금속 보호관의 종류 및 특징
㉮ 석영관 : 급냉, 급열에 견디고, 알칼리에는 약하지만 산에는 강하다. 환원성 가스에는 기밀성이 다소 떨어진다. 상용사용온도는 1000[℃]이다.
㉯ 자기관 : 급냉, 급열에 특히 약하며, 알칼리, 용융금속, 연소가스에 강하고 기밀성이 좋다. 고알루미나(Al_2O_3) 99[%] 이상으로 만들어지는 경우 상용사용온도가 1600[℃], 알루미나(40[%])+프라이트(40[%])의 경우 1450[℃]이다.
㉰ 카보런덤관 : 다공질로서 급냉, 급열에 강하고 방사온도계의 단망관, 2중 보호관의 외관으로 사용된다. 상용사용온도는 1600[℃]이다.

44. 다음 중 온도 상승에 따라 저항이 감소하는 특징을 가진 온도계는?

① 알코올 온도계
② 서미스터저항 온도계
③ 백금저항 온도계
④ 광복사 온도계

해설 서미스터 온도계 특징
㉮ 감도가 크고 응답성이 빨라 온도변화가 작은 부분 측정에 적합하다.
㉯ 온도 상승에 따라 저항치가 감소한다.
㉰ 소형으로 협소한 장소의 측정에 유리하다.
㉱ 소자의 균일성 및 재현성이 없다.
㉲ 흡습에 의한 열화가 발생할 수 있다.
㉳ 측정범위는 −100~300[℃]이다.

정답 40. ② 41. ① 42. ④ 43. ② 44. ②

45. 탄성압력계의 일반 교정에 주로 사용되는 시험기는?

① 침종식 압력계
② 격막식 압력계
③ 정밀 압력계
④ 기준분동식 압력계

해설 ⑴ 분동식 압력계 : 탄성식 압력계의 교정에 사용되는 1차 압력계로 램, 실린더, 기름탱크, 가압펌프 등으로 구성되며 사용유체에 따라 측정범위가 다르게 적용된다.
⑵ 사용유체에 따른 측정범위
㉮ 경유 : 40~100[kgf/cm²]
㉯ 스핀들유, 피마자유 : 100~1000[kgf/cm²]
㉰ 모빌유 : 3000[kgf/cm²] 이상
㉱ 점도가 큰 오일을 사용하면 5000[kgf/cm²]까지도 측정이 가능하다.

46. 0[℃]에서의 저항이 100[Ω]이고, 저항온도계수가 0.005인 저항온도계를 어떤 로 안에 집어넣었을 때 저항이 200[Ω]이 되었다면 이 로 안의 온도는 몇 [℃]인가?

① 100
② 150
③ 200
④ 250

해설 $t = \dfrac{R - R_0}{R_0 \times \alpha} = \dfrac{200 - 100}{100 \times 0.005} = 200\,[℃]$

47. 차압식 유량계의 압력손실의 크기를 표시한 것으로 옳은 것은?

① 오리피스 > 플로노즐 > 벤투리관
② 플로노즐 > 오리피스 > 벤투리관
③ 벤투리관 > 플로노즐 > 오리피스
④ 오리피스 > 벤투리관 > 플로노즐

해설 차압식 유량계에서 압력손실이 가장 큰 것은 오리피스미터, 가장 작은 것은 벤투리미터이다.

48. 어느 보일러 냉각기의 진공도가 730[mmHg]일 때 절대압력으로 표시하면 약 몇 [kgf/cm²·a]인가?

① 0.02
② 0.04
③ 0.12
④ 0.18

해설 절대압력 = 대기압 − 진공압력
$= 1.0332 - \left(\dfrac{730}{760} \times 1.0332\right)$
$= 0.0407\,[kgf/cm² \cdot a]$

49. 다음 열전대 형식 중 구리와 콘스탄탄으로 구성되어 주로 저온의 실험용으로 사용되는 것은?

① T type
② E type
③ J type
④ K type

해설 열전대 온도계의 종류 및 측정온도 범위

열전대 종류	측정온도 범위
R형(백금-백금로듐)	0~1600[℃]
K형(크로멜-알루멜)	−20~1200[℃]
J형(철-콘스탄탄)	−20~800[℃]
T형(동-콘스탄탄)	−180~350[℃]

50. 대기 중에 있는 지름 20[cm]의 실린더에 300[kg]의 추를 올려놓았을 때 실린더 내의 절대압력은 몇 [kgf/cm²]인가? (단, 대기압은 750[mmHg]이다.)

① 0.97
② 1.27
③ 1.98
④ 2.77

해설 절대압력 = 대기압 + 게이지압력
$= 대기압 + \dfrac{W + W}{A}$
$= 1.0332 + \dfrac{300}{\dfrac{\pi}{4} \times 20^2}$
$= 1.9881\,[kgf/cm² \cdot a]$

정답 45. ④ 46. ③ 47. ① 48. ② 49. ① 50. ③

51. 액주식 압력계에서 압력측정에 사용되는 액체의 구비조건으로 틀린 것은?

① 점성이 클 것
② 열팽창계수가 작을 것
③ 모세관현상이 적을 것
④ 일정한 화학성분을 가질 것

해설 액주식 액체의 구비조건
㉮ 점성(점도)이 적을 것
㉯ 열팽창계수가 적을 것
㉰ 밀도 변화가 적을 것
㉱ 모세관 현상 및 표면장력이 적을 것
㉲ 화학적으로 안정할 것
㉳ 휘발성 및 흡수성이 적을 것
㉴ 항상 액면은 수평을 만들고 높이를 정확히 읽을 수 있을 것

52. 상온, 상압의 공기 유속을 피토관으로 측정하였더니 동압(P)으로 80[mmH$_2$O]이었다. 비중량(γ)이 1.3[kgf/m^3]일 때 유속은 약 몇 [m/s]인가?

① 3.20
② 12.3
③ 34.7
④ 50.5

해설
$$V = \sqrt{2g\frac{P}{\gamma}}$$
$$= \sqrt{2 \times 9.8 \times \frac{80}{1.3}} = 34.729 \, [\text{m/s}]$$

53. 오르사트 가스분석 장치에 사용되는 흡수제와 흡수되는 가스가 옳게 짝지어진 것은?

① 암모니아성 염화제1구리 용액 – CO_2
② 무수황산 30[%] 용액 – CO_2
③ 알칼리성 피로갈롤 용액 – O_2
④ KOH 30[%] 용액 – O_2

해설 오르사트(Orsat)식 분석 순서 및 흡수제

순서	분석가스	흡수제
1	CO_2	KOH 30[%] 수용액
2	O_2	알칼리성 피로갈롤용액
3	CO	암모니아성 염화 제1구리 용액
4	N_2	분석이 아닌 계산에 의함

54. 다음 중 편차의 크기와 지속시간에 비례하여 응답하는 제어동작은?

① P동작
② D동작
③ I동작
④ PID동작

해설 적분동작(I동작) : 제어량에 편차가 생겼을 때 편차의 적분차를 가감하여 조작단의 이동 속도가 비례하는 동작으로 잔류편차가 남지 않으며, 유량제어나 관로의 압력제어와 같은 경우에 적합하다.

55. 다음 중 탄성압력계가 아닌 것은?

① 부르동관 압력계
② 벨로즈 압력계
③ 다이어프램 압력계
④ 링밸런스 압력계

해설 탄성식 압력계의 종류 : 부르동관식, 다이어프램식, 벨로즈식, 캡슐식

56. 오르사트 가스분석계의 배기가스 분석 순서를 바르게 나열한 것은?

① $N_2 \rightarrow CO \rightarrow O_2 \rightarrow CO_2$
② $CO_2 \rightarrow CO \rightarrow O_2 \rightarrow N_2$
③ $N_2 \rightarrow O_2 \rightarrow CO \rightarrow CO_2$
④ $CO_2 \rightarrow O_2 \rightarrow CO \rightarrow N_2$

해설 53번 해설 참고

정답 51. ① 52. ③ 53. ③ 54. ③ 55. ④ 56. ④

57_ 다음 중 패러데이(Faraday)법칙을 이용한 유량계는?

① 전자유량계 ② 델타유량계
③ 스와르미터 ④ 초음파유량계

[해설] 전자 유량계의 특징
㉮ 측정원리는 패러데이 법칙(전자유도법칙)으로 도전성 액체에서 발생하는 기전력을 이용하여 순간 유량을 측정한다.
㉯ 측정관 내에 장애물이 없으며 압력손실이 거의 없다.
㉰ 액체의 온도, 압력, 밀도, 점도의 영향이 적으며 체적유량의 측정이 가능하다.
㉱ 유량계의 출력이 유량에 비례하며 응답이 매우 빠르다.
㉲ 관내에 적절한 라이닝 재질을 선정하면 슬러리나 부식성의 액체의 측정이 용이하다.
㉳ 가격이 고가이다.

58_ 다음 중 공업계측에서 고온 측정용으로 가장 적합한 온도계는?

① 금속저항온도계 ② 유리온도계
③ 압력온도계 ④ 열전대온도계

[해설] 열전대 온도계 : 제베크(Seebeck) 효과를 이용한 접촉식 온도계로 열전대, 보상도선, 측온접점(열접점, 감온접점), 기준접점(냉접점), 보호관 등으로 구성된다. P-R 열전대의 경우 1600[℃]까지 측정이 가능하여 고온 측정용으로 적합하다.

59_ 가스분석계인 자동화학식 CO_2 계에 대한 설명으로 틀린 것은?

① 오르사트(Orsat)식 가스 분석계와 같이 CO_2를 흡수액에 흡수시켜 이것에 의한 시료 가스 용액의 감소를 측정하고 CO_2 농도를 지시한다.
② 피스톤의 운동으로 일정한 용적의 시료 가스가 $CaCO_2$ 용액 중에 분출되며 CO_2는 여기서 용액에 흡수된다.
③ 조작은 모두 자동화되어 있다.
④ 흡수액에 따라서는 O_2 및 CO의 분석계로도 사용할 수 있다.

[해설] 자동화학식 CO_2계 : 오르사트(Orsat)식 가스 분석계와 같은 원리이며, 유리 실린더를 이용하여 시료가스를 연속적으로 흡인하여 흡수제에 흡수시켜 시료의 체적변화로 연속 측정하는 것으로 조작은 모두 자동화되어 있다. 흡수액 선정에 따라 O_2 및 CO의 분석계로도 사용할 수 있다.

60_ 2개의 제어계를 조립하여 제어량을 1차 조절계로 측정하고 그의 조작 출력으로 2차 조절계의 목표치를 설정하는 제어 방식은?

① 추종 제어
② 정치 제어
③ 캐스케이드 제어
④ 프로그램 제어

[해설] 캐스케이드 제어 : 두 개의 제어계를 조합하여 제어량의 1차 조절계를 측정하고 그 조작 출력으로 2차 조절계의 목표값을 설정하는 방법으로 단일 루프제어에 비해 외란의 영향을 줄이고 계 전체의 지연을 적게 하는 데 유효하기 때문에 출력 측에 낭비시간이나 지연이 큰 프로세스제어에 이용되는 제어이다.

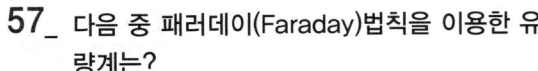
4과목 - 열설비재료 및 설계

61_ 관선의 지름을 바꿀 때 주로 사용되는 관 부속품은?

① 소켓(socket) ② 엘보(elbow)
③ 리듀서(reducer) ④ 플러그(plug)

[해설] 강관 이음쇠의 사용 용도에 의한 분류
㉮ 배관의 방향을 전환할 때 : 엘보(elbow), 벤드(bend)
㉯ 관을 도중에 분기할 때 : 티(tee), 와이(Y), 크로스(cross)
㉰ 동일 지름의 관을 연결할 때 : 소켓(socket), 니플(nipple), 유니언(union)
㉱ 이경관을 연결할 때 : 리듀서(reducer)부싱(bushing), 이경 엘보, 이경 티
㉲ 관 끝을 막을 때 : 플러그(plug), 캡(cap)

정답 57. ① 58. ④ 59. ② 60. ③ 61. ③

62_ 크롬이나 크롬-마그네시아 벽돌이 고온에서 산화철을 흡수하여 표면이 부풀어 오르거나 떨어져 나가는 현상을 의미하는 것은?

① 스폴링(spalling)   ② 열화
③ 슬래킹(slaking)   ④ 버스팅(bursting)

해설 내화물에서 나타나는 현상
㉮ 스폴링(spalling) 현상 : 박락현상이라 하며 내화물이 사용하는 도중에 갈라지든지, 떨어져 나가는 현상을 말한다.
㉯ 슬래킹(slacking) 현상 : 수증기를 흡수하여 체적변화를 일으켜 분화 떨어져 나가는 현상으로 염기성 내화물에서 공통적으로 일어난다.
㉰ 버스팅(bursting) 현상 : 크롬 철광을 원료로 하는 내화물이 1600[℃] 이상에서 산화철을 흡수하여 표면이 부풀어 오르고 떨어져 나가는 현상으로 크롬질 내화물에서 발생한다.

63_ 압력용기에서 원주방향 응력은 길이방향의 응력의 얼마 정도인가?

① $\frac{1}{4}$ ② $\frac{1}{2}$
③ 2배   ④ 4배

해설 ㉮ 원주(원둘레)방향 인장응력 : $\sigma_A = \frac{PD}{2t}$

㉯ 길이(축)방향 인장응력 : $\sigma_B = \frac{PD}{4t}$

∴ 원주(원둘레)방향 인장응력은 길이(축)방향 인장응력 2배이다.

64_ 용선로(cupola)에 대한 설명으로 틀린 것은?

① 규격은 매 시간당 용해할 수 있는 중량(ton)으로 표시한다.
② 코크스 속의 탄소, 인, 황 등의 불순물이 들어가 용탕의 질이 저하된다.
③ 열효율이 좋고 용해시간이 빠르다.
④ Al합금이나 가단주철 및 칠드 롤러(chilled roller)와 같은 대형 주물제조에 사용된다.

해설 용선로(cupola) : 주물을 용해하기 위한 것으로 강판으로 만든 원형 내부를 내화벽돌로 쌓고 내화 점토로 만든 직접형 노로 가장 많이 사용된다.

65_ 산성내화물의 중요 화학성분의 형태는? (단, R은 금속원소, O는 산소원소이다.)

① R_2O ② RO
③ RO_2 ④ R_2O_3

해설 내화물의 화학성분의 형
㉮ 산성 내화물 : RO_2형
㉯ 중성 내화물 : R_2O_3형
㉰ 염기성 내화물 : RO형

66_ 터널요(tunnel kiln)의 주요 구성 부분에 해당되지 않는 것은?

① 용융대   ② 예열대
③ 냉각대   ④ 소성대

해설 터널요(tunnel kiln)는 예열, 소성, 냉각이 연속적으로 이루어지며 대차의 진행방향과 반대 방향으로 연소가스가 진행된다.

67_ 노벽이 두께 24[cm]의 내화벽돌, 두께 10[cm]의 절연벽돌 및 두께 15[cm]의 적색벽돌로 만들어질 때 벽 안쪽과 바깥쪽 표면온도가 각각 900[℃], 90[℃]라면 열손실은 약 몇 [kcal/h·m²]인가? (단, 내화벽돌, 절연벽돌 및 적색벽돌의 열전도율은 각각 1.2[kcal/h·m·℃], 0.15[kcal/h·m·℃], 1.0[kcal/h·m·℃]이다.)

① 351   ② 797
③ 1501   ④ 4057

해설 벽면 1m² 당 열손실을 계산하는 것이므로

정답 62. ④ 63. ③ 64. ④ 65. ③ 66. ① 67. ②

$$\therefore Q = K \cdot \Delta t = \frac{1}{\frac{b_1}{\lambda_1} + \frac{b_2}{\lambda_2} + \frac{b_3}{\lambda_3}} \cdot \Delta t$$

$$= \frac{1}{\frac{0.24}{1.2} + \frac{0.1}{0.15} + \frac{0.15}{1.0}} \times (900-90)$$

$$= 796.721 [\text{kcal/h} \cdot \text{m}^2]$$

68. 내화질 벽돌 중 표준형의 길이는 몇 [mm]로 되어 있는가?

① 200[mm] ② 210[mm]
③ 230[mm] ④ 250[mm]

[해설] 내화벽돌의 치수 : 길이 230[mm], 폭 65[mm], 높이 114[mm]

69. 다음 중 중성내화물로 분류되는 것은?

① 샤모트질 ② 마그네시아질
③ 규석질   ④ 탄화규소질

[해설] 내화물의 분류 및 종류
㉮ 산성 내화물 : 규석질 내화물, 반규석질 내화물, 납석질 내화물, 샤모트질 내화물
㉯ 염기성 내화물 : 마그네시아 내화물, 불소성 마그네시아 내화물, 개량 마그네시아 내화물, 포스 체라이트 내화물, 마크로질 내화물, 돌로마이트질 내화물
㉰ 중성 내화물 : 고알루미나질 내화물, 탄화 규소질 내화물, 크롬질 내화물, 탄소질 내화물
㉱ 부정형 내화물 : 캐스터블 내화물, 플라스틱 내화물, 레밍믹스, 내화 피복제, 내화 몰타르
㉲ 특수 내화물 : 지르콘 내화물, 지르코니아질 내화물, 베릴리아 내화물, 토리아 내화물

70. 불연속식 가마로서 바닥은 직사각형이며 여러 개의 흡입공이 연도에 연결되어 있고 화교(bagwall)가 버너 포트(burner port)의 앞쪽에 설치되어 있는 것은?

① 도염식가마 ② 터널가마
③ 둥근가마   ④ 호프만 윤요

[해설] 도염식 가마(down draft kiln) : 꺽임 불꽃 가마로 아궁이쪽에서 발생한 불꽃이 측벽과 화교사이를 거쳐 올라가서 소성실 천정에 부딪혀 가마바닥의 흡입공으로 빠지면서 피가열체를 소성하는 요이다.

71. 보온재는 일반적으로 상온(20[℃])에서 열전도율이 몇 [kcal/m·h·℃] 이하인 것을 말하는가?

① 0.01 ② 0.05
③ 0.1   ④ 0.5

[해설] 보온재 및 단열재의 열전도율 :
상온(20[℃])에서 0.1[kcal/m·h·℃] 이하

72. 경판에 부착하는 가셋트 스테이와 노통 사이의 거리를 브레이징 스페이스(breathing space)라 한다. 이것의 최소 간격은 몇 [mm] 이상으로 하여야 하는가?

① 150 ② 200
③ 230 ④ 260

[해설] 노통 보일러의 완충 폭(breathing space)

경판의 두께	완충 폭
13[mm] 이하	230[mm] 이상
15[mm] 이하	260[mm] 이상
17[mm] 이하	280[mm] 이상
19[mm] 이하	300[mm] 이상
19[mm] 초과	320[mm] 이상

73. 열전도율이 0.8[kcal/m·h·℃]인 콘크리트 벽의 안쪽과 바깥쪽의 온도가 각각 25[℃]와 20[℃]이다. 벽의 두께가 5[cm]일 때 1[m²]당 매시간 전달되어 나가는 열량은 약 몇 [kcal]인가?

① 0.8 ② 8 ③ 80 ④ 800

정답 68. ③ 69. ④ 70. ① 71. ③ 72. ③ 73. ③

해설
$$Q = K \cdot F \cdot \Delta t = \frac{1}{\frac{b}{\lambda}} \cdot F \cdot \Delta t$$
$$= \frac{1}{\frac{0.05}{0.8}} \times 1 \times (25-20) = 80 [\text{kcal}]$$

74_ 온도 300[℃]의 평면벽에 열전달율 0.06 [kcal/m·h·℃]의 보온재가 두께 50[mm]로 시공되어 있다. 평면벽으로부터 외부공기로의 배출열량은 약 몇 [kcal/m²·h]인가? (단, 공기온도 20[℃], 보온재 표면과 공기와의 열전달계수는 8[kcal/m²·h·℃]이다.)
① 5 ② 57
③ 292 ④ 573

해설 평면벽 1m²당 열손실을 계산하는 것이므로
$$\therefore Q = \frac{1}{\frac{b}{\lambda}+\frac{1}{\alpha}} \cdot \Delta t = \frac{1}{\frac{0.05}{0.06}+\frac{1}{8}} \times (300-20)$$
$$= 292.173 [\text{kcal/m}^2 \cdot h]$$

75_ 간접 가열 매체로서 수증기를 이용하는 장점이 아닌 것은?
① 압력조절밸브를 사용하면 온도변화를 쉽게 조절할 수 있다.
② 물은 열전도도가 크므로 수증기의 열전달계수가 크다.
③ 가열이 균일하여 국부가열의 염려가 없다.
④ 수증기의 비열이 물보다 크기 때문에 증기화가 용이하다.

해설 물의 비열은 1[kcal/kg·℃], 수증기의 정압비열은 0.444 [kcal/kg·℃], 정적비열은 0.334[kcal/kg·℃]이다.

76_ 크롬-마그네시아 벽돌은 크롬철광을 몇 [%] 이상 함유하는 것을 말하는가?
① 20 ② 30
③ 40 ④ 50

해설 크롬-마그네시아 벽돌 : 크롬철광과 마그네시아 클링커를 원료로 하는 것으로 크롬철광이 50[%] 이상 함유하는 것을 크롬-마그네시아 벽돌, 크롬철광이 50[%] 미만 함유하는 것을 마그네시아-크롬 벽돌이라 한다.

77_ 층류와 난류의 유동상태 판단의 척도가 되는 무차원수는?
① 마하수 ② 프란틀수
③ 넛셀수 ④ 레이놀즈수

해설 (1) 레이놀즈수 : 층류와 난류를 구분하는 척도로 점성력과 관성력의 비이다.
$$Re = \frac{\rho DV}{\mu} = \frac{관성력}{점성력}$$
(2) 레이놀즈수(Re)에 의한 유체의 유동상태 구분
㉮ 층류 : Re 2100 이하
㉯ 난류 : Re 4000 이상
㉰ 천이구역 : 2100 〈 Re 〈 4000

78_ 내화 골재에 주로 규산나트륨을 섞어 만든 내화물로서 시공 시 해머 등으로 충분히 굳게 하여 시공하며 보일러의 수관벽 등에 사용되는 내화물은?
① 용융 내화물 ② 내화 모르타르
③ 플라스틱 내화물 ④ 캐스터블 내화물

해설 (1) 플라스틱 내화물 : 내화골재에 가소성 점토 및 물유리 (규산나트륨) 또는 유기질 결합제를 가하여 반죽상태로 만든 것으로 가마의 응급보수, 보일러 버너 입구, 금속 용해로 등에 사용된다.
(2) 플라스틱 내화물 특징
㉮ 시공할 때에는 해머로 두드려 가며 한다.
㉯ 천정 등에는 금속물을 사용한다.
㉰ 소결성, 내식성 및 내마모성이 양호하다.
㉱ 캐스터블에 비교하여 고온에서 사용한다.

정답 74. ③ 75. ④ 76. ④ 77. ④ 78. ③

㉮ 팽창 수축이 적고, 내스폴링성이 크다.
㉯ 하중 연화온도가 높다.
㉰ 내화도 SK35~37이다.

79. 보일러 내부의 전열면에 스케일이 부착되어 발생하는 현상이 아닌 것은?
① 전열면 온도 상승
② 증발량 저하
③ 수격현상(water hammering) 발생
④ 보일러수의 순환방해

[해설] 스케일 및 슬러지의 영향
㉮ 전열면에 부착하여 전열을 방해한다.
㉯ 보일러 효율이 저하하고, 연료소비량이 증가한다.
㉰ 전열면의 국부과열로 인한 파열사고의 우려가 있다.
㉱ 보일러수의 순환을 방해하고, 수면계 등 연락관을 폐쇄시킨다.

80. 보온재가 갖추어야 할 구비조건이 아닌 것은?
① 장시간 사용해도 사용온도에 견디어야 한다.
② 어느 정도의 기계적 강도를 가져야 한다.
③ 열전도율이 작아야 한다.
④ 부피 비중이 커야 한다.

[해설] 보온재의 구비조건(선정 시 고려사항)
㉮ 열전도율이 작을 것
㉯ 흡습, 흡수성이 작을 것
㉰ 적당한 기계적 강도를 가질 것
㉱ 시공성이 좋고, 경제적일 것
㉲ 부피, 비중(밀도)이 작을 것
㉳ 내열, 내약품성이 있을 것
㉴ 안전 사용온도 범위에 적합할 것

▶ 2009년 에너지관리산업기사 필기시험은 년 1회 시행되었습니다.

답 79. ③ 80. ④

2010년 3월 7일 제1회 에너지관리산업기사 필기시험

1과목 - 연소공학

01_ 중유에 대한 설명으로 틀린 것은?
① 정제과정에 따라 A, B 및 C급 중유로 분류된다.
② 착화점은 약 580[℃] 정도이다.
③ 비중은 약 0.79~0.82 정도이다.
④ 탄소성분은 약 85~87[%] 정도이다.

해설 중유의 성질
㉮ 중유(heavy oil)는 비점이 300[℃] 이상인 갈색 또는 암갈색의 액체로 탄소(C)가 가장 많이 함유하고 있다.
㉯ 정제과정에 의한 분류 : 직류 중유, 분해 중유
㉰ 점도에 의한 분류 : A중유 < B중유 < C중유
㉱ 유황분 함량에 의한 분류 : A급(1호, 2호), B급, C급(1호, 2호, 3호, 4호)의 7종으로 구분
㉲ 비중 : 0.856~1
㉳ 인화점 : 약 60~150[℃] 정도

02_ 연료가스 중의 전황분을 검출하는 방법은?
① DMS법 ② 더스트튜브법
③ 리비히법 ④ 세필드고온법

해설 연료가스의 특수 성분 분석방법
㉮ 전황분 정량 방법 : DMS법, 중량법
㉯ 황화수소 정량 방법 : 정량법, 반응시험법
㉰ 암모니아 정량법
㉱ 나프탈렌 정량법

『참고』 DMS(디메틸슬포나조)법
시료기체를 공기 중에서 완전히 연소시켜 생성된 유황산화물을 과산화수소에 흡수시켜서 황산으로 바꾸고 이것을 암모니아수로 pH를 조정한 다음 아세톤, 디메틸슬포나조 III 지시약을 가해서 염화바륨 표준액으로 적정하고 이 값에서 전유황을 표준상태의 건조가스 1[m³]에 대한 [g]수로 표시하는 방법이다.

03_ 다음 중 CH₄ 및 H₂를 주성분으로 한 기체연료는?
① 고로가스 ② 발생로가스
③ 수성가스 ④ 석탄가스

해설 석탄가스 : 석탄을 1000[℃] 내외로 건류할 때 얻어지는 가스로 메탄(CH_4)과 수소(H_2)가 주성분이며, 발열량이 5000[kcal/m³] 정도이다.

04_ 탄소 72.0[%], 수소 5.3[%], 황 0.4[%], 산소 8.9[%], 질소 1.5[%], 수분 0.9[%], 회분 11.0[%]의 조성을 갖는 석탄의 고위발열량은 약 몇 [kcal/kg]인가?
① 4990 ② 5890
③ 6990 ④ 7270

해설
$$H_h = 8100\,C + 34200\left(H - \frac{O}{8}\right) + 2500\,S$$
$$= 8100 \times 0.72 + 34200 \times \left(0.053 - \frac{0.089}{8}\right) + 2500 \times 0.004 = 7274.125\,[kcal/kg]$$

05_ 유(油)가열기에 대한 설명 중 틀린 것은?
① 유가열기에는 전기식과 증기식이 있지만, 대용량의 경우에는 전기식의 것을 사용한다.
② 증기식 가열기 중 가장 널리 이용되는 형식은 다관식 열교환기이다.
③ 유가열기는 버너에 가까운 기름배관에 설치한다.
④ 유가열기는 중유의 점도를 버너에 적합한 정도로 맞추기 위하여 사용한다.

P답 1.③ 2.① 3.④ 4.④ 5.①

해설 대용량의 경우에는 증기식의 것을 사용한다.

06_ 기체연료의 연소방식 중 예혼합 연소방식의 특징에 대한 설명으로 틀린 것은?

① 화염이 짧다.
② 고온의 화염을 얻을 수 있다.
③ 역화의 위험성이 매우 작다.
④ 가스와 공기의 혼합형이다.

해설 예혼합 연소방식(내부혼합식)의 특징
㉮ 가스와 공기의 사전 혼합형이다.
㉯ 화염이 짧으며, 고온의 화염을 얻을 수 있다.
㉰ 공기와 가스를 예열하여 사용할 수 없다.
㉱ 연소부하가 크고, 역화의 위험성이 크다.

07_ 메탄 1[Nm³]를 과잉공기계수 1.1의 공기량으로 완전연소 시켰을 때의 소요 공기량은 몇 [Nm³]인가?

① 5.8   ② 6.9
③ 8.8   ④ 10.5

해설 ㉮ 메탄(CH_4)의 완전연소 반응식
$CH_4 + 2O_2 \rightarrow CO_2 + 2H_2O$
㉯ 실제공기량 계산 : 메탄 1[m³]가 연소할 때 필요한 산소량은 연소반응식에서 산소몰[mol]수와 같다.
$$\therefore A = m \times A_0 = m \times \frac{O_0}{0.21}$$
$$= 1.1 \times \frac{2}{0.21} = 10.476 [Nm^3]$$

08_ 다음 중 연료의 발열량을 측정하는 방법으로서 가장 부적당한 것은?

① 연소가스에 의한 방법
② 열량계에 의한 방법
③ 원소분석치에 의한 방법
④ 공업분석치에 의한 방법

해설 연료의 발열량 측정 방법
㉮ 열량계에 의한 방법
㉯ 원소분석치에 의한 방법
㉰ 공업분석치에 의한 방법

09_ 연료로서 갖추어야 할 조건으로 옳지 않은 것은?

① 저장, 운반 등의 취급이 용이하고 안전성이 높아야 한다.
② 연소반응에서 공기와의 혼합범위를 넓게 조정할 수 있어야 한다.
③ 황 등의 가연성 물질이 포함되어 단위질량당 발열량을 높일 수 있어야 한다.
④ 가격이 경제적이고 공급이 안정적이어야 한다.

해설 가연성 원소 중 탄소(C)와 수소(H)의 함유량이 높아야 하지만 황(S)은 연소 후 황화합물(아황산가스[SO_2] 등)을 생성하여 연소장치 및 시설에 저온부식의 원인이 되므로 함유량이 낮아야 한다.

10_ 타이젠와셔(Theisen washer)에 대한 설명으로 옳은 것은?

① 습식 집진장치로 임펠러를 회전시켜 세정액을 분산하여 함진가스 중의 미분을 제거한다.
② 분무상의 원심력에 의해 가속하여 가스기류를 통과시켜 가스를 세정한다.
③ 분무한 물을 충전탑 상부에서 아래로 내려보내 함진가스와 향류접촉시켜 미분을 제거한다.
④ 함진가스를 고속으로 수중에 보내어 기포상으로 분산시켜 분진을 포집한다.

해설 타이젠와셔(Theisen washer) : 분진이 포함된 배기가스를 세정액이나 액막 등에 충돌시키거나 접촉시켜 액체에 의해 포집하는 세정식 집진장치 중 회전식에 해당된다.

정답 6. ③ 7. ④ 8. ① 9. ③ 10. ①

11_ 배연탈초(排煙脫硝)기술 중 건식법의 선택적 환원법에 사용되는 것은?

① 일산화탄소 ② 수소
③ 암모니아 ④ 탄화수소

해설 배연탈초(排煙脫硝)기술 : 연소 배기가스 중 질소화합물(NO_x)을 질소로 만들어 제거하는 기술로 암모니아를 사용하는 건식법과 알칼리를 사용하는 습식법이 있다.

12_ 다음 가스 연료 중 진발열량[kcal/Nm³]이 가장 큰 것은?

① 에탄 ② 메탄
③ 수소 ④ 일산화탄소

해설 각 가스의 저위발열량[kcal/m³]

연료 명칭	저위발열량[kcal/Nm³]
에탄(C_2H_6)	14430
메탄(CH_4)	10500
수소(H_2)	3050
일산화탄소(CO)	3035

13_ 탄소 0.87, 수소 0.1, 황 0.03의 조성을 가지는 연료가 있다. 이론 건배기가스량은 약 몇 [Nm³/kg]인가?

① 7.54 ② 8.84
③ 9.94 ④ 10.84

해설 ㉮ 이론습연소가스량 계산
$$\therefore G_{0w} = 8.89C + 32.3H - 2.63O + 3.33S + 0.8N + 1.244W$$
$$= 8.89 \times 0.87 + 32.3 \times 0.1 + 3.33 \times 0.03$$
$$= 11.0642 \, [Nm^3/kg]$$
㉯ 이론건연소(건배기)가스량 계산
$$\therefore G_{0d} = G_{0w} - 1.244(9H + W)$$
$$= 11.0642 - 1.244 \times 9 \times 0.1$$
$$= 9.9446 \, [Nm^3/kg]$$

14_ 다음 중 매연의 발생과 직접적인 관련이 적은 것은?

① 연료의 종류 ② 공기량
③ 연소방법 ④ 스모그

해설 매연 발생의 원인
㉮ 통풍력이 과대, 과소할 때
㉯ 무리한 연소를 할 때
㉰ 연소실의 온도가 낮을 때
㉱ 연소실의 크기가 작을 때
㉲ 연료의 조성이 맞지 않을 때
㉳ 연소장치가 불량할 때
㉴ 운전 기술이 미숙할 때

15_ 프로판 1[kg]이 완전연소 하는데 필요한 이론 공기량은 약 몇 [kg]인가?

① 5.00 ② 12.17
③ 15.81 ④ 23.87

해설 ㉮ 프로판(C_3H_8)의 완전연소 반응식
$$C_3H_8 + 5O_2 \rightarrow 3CO_2 + 4H_2O$$
㉯ 이론공기량(kg/kg) 계산
$$44[kg] : 5 \times 32[kg] = 1[kg] : x(O_0)[kg]$$
$$\therefore A_0 = \frac{O_0}{0.2315} = \frac{1 \times 5 \times 32}{44 \times 0.2315} = 15.707 \, [kg/kg]$$

16_ 당량비에 대하여 가장 바르게 나타낸 것은?

① 일정량의 공기에 대해 양론비의 몇 배의 연료가 공급되는가를 나타내는 양
② 일정량의 공기에 대해 몇 배의 연료가 공급되는가를 나타내는 양
③ 일정량의 연료에 대해 양론비의 몇 배의 공기가 공급되는가를 나타내는 양
④ 일정량의 연료에 대해 몇 배의 공기가 공급되는가를 나타내는 양

해설 ㉮ 당량비(equivalence ratio)는 실제 연공비와 이론연공비의 비

㉯ 연공비(fuel air ratio) : 가연혼합기 중 연료와 공기의 질량비

㉰ 공연비(air fuel ratio) : 가연혼합기 중 공기와 연료의 질량비

17_ 휘발유 100[리터]에서 발생하는 이산화탄소 배출량은 약 몇 [tCO$_2$]인가? (단, 휘발유의 석유환산계수는 0.740[TOE/kL]이며, 탄소배출계수는 0.783[TC/TOE]이다.)

① 0.06   ② 0.21
③ 0.3   ④ 0.7

해설 ㉮ 발생 탄소량 계산
∴ 탄소량 = 휘발유 사용량(kL) × 휘발유의 석유환산계수 × 휘발유의 탄소 배출계수
= 0.1 × 0.740 × 0.783 = 0.0579[TC]

㉯ 이산화탄소 배출량 계산
∴ 이산화탄소 배출량
= 발생탄소량 × $\dfrac{CO_2 \text{ 분자량}}{\text{탄소(C) 분자량}}$
= $0.0579 \times \dfrac{44}{12} = 0.2123$ [tCO$_2$]

18_ 2.0[MPa], 370[℃]의 수증기를 30[ton/h]로 발생하는 보일러가 있다. 이 보일러의 연료소비량이 5.5[ton/h]일 때 열효율은 약 몇 [%]인가? (단, 연료의 저위발열량은 20.9 [MJ/kg], 발생수증기의 비엔탈피는 3183[kJ/kg], 20[℃]의 급수의 비엔탈피는 84[kJ/kg]이다.)

① 61   ② 71
③ 81   ④ 91

해설 $\eta = \dfrac{G_a \times (h_2 - h_1)}{G_f \times H_l} \times 100$

$= \dfrac{30 \times 1000 \times (3183 - 84)}{5.5 \times 1000 \times 20.9 \times 1000} \times 100$

$= 80.878$ [%]

19_ 공업분석법에 따라 성분을 정량할 때 순서로 옳은 것은?

① 수분 → 휘발분 → 회분 → 고정탄소
② 수분 → 회분 → 휘발분 → 고정탄소
③ 휘발분 → 수분 → 고정탄소 → 회분
④ 수분 → 휘발분 → 고정탄소 → 회분

해설 공업분석 순서 및 방법
㉮ 수분 : 107±2[℃]에서 1시간 건조시켜 시료무게에 대한 건조감량의 비[%]로 표시
∴ 수분(%) = $\dfrac{\text{건조감량}}{\text{시료무게}} \times 100$

㉯ 회분 : 공기 중에서 800±10[℃] 가열 회화하여 시료무게에 대한 회량의 비[%]로 표시
∴ 회분(%) = $\dfrac{\text{회량}}{\text{시료무게}} \times 100$

㉰ 휘발분 : 925±20[℃]에서 7분간 가열하여 시료무게에 대한 가열감량의 비[%]를 구하고 여기에 정량한 수분[%]을 감한 것으로 표시
∴ 휘발분(%) = $\dfrac{\text{가열감량}}{\text{시료무게}} \times 100 -$ 수분[%]

㉱ 고정탄소 : 시료무게 100[%]에서 수분[%], 회분[%], 휘발분[%]을 제외한 값으로 표시
∴ 고정탄소[%] = 100 − (수분[%] + 회분[%] + 휘발분[%])

20_ 산소 117.6[kg]과 질소 98[kg]으로 혼합된 기체의 정압비열은 약 몇 [kJ/kg·K]인가? (단, 산소의 정압비열은 0.908[kJ/kg·K]이고, 질소의 정압비열은 1.005[kJ/kg·K]이다.)

① 0.823   ② 0.883
③ 0.912   ④ 0.952

해설 ㉮ 산소(O$_2$)와 질소(N$_2$)의 kmol수 계산
∴ $O_2 = \dfrac{W}{M} = \dfrac{117.6}{32} = 3.675$ [kmol]

∴ $N_2 = \dfrac{W}{M} = \dfrac{98}{28} = 3.5$ [kmol]

㉯ 혼합기체의 정압비열 계산
$C_p = (O_2 C_p \times \text{몰비율}) + (N_2 C_p \times \text{몰비율})$
$= \left(0.908 \times \dfrac{3.675}{3.675 + 3.5}\right) + \left(1.005 \times \dfrac{3.5}{3.675 + 3.5}\right)$
$= 9.553$ [kJ/kg·K]

정답 17. ② 18. ③ 19. ② 20. ④

2과목 - 열역학

21. 물의 임계점에 대한 설명 중 틀린 것은?

① 임계점에서 $\left(\dfrac{\partial P}{\partial V}\right)_T = 0$이다.

② 임계점에서의 온도와 압력은 약 374[℃], 22.1[MPa]이다.

③ 임계압력 이상에서 포화액과 포화증기는 공존한다.

④ 임계상태의 잠열은 0[kJ/kg]이다.

[해설] 임계점(임계압력, 임계온도) 이상에서는 물질의 액체상과 기체상의 구별이 없어지므로 포화액과 포화증기는 공존할 수 없다.

22. 열역학 제1법칙에 대한 설명으로 옳은 것은?

① 에너지 보존의 법칙이다.
② 반응이 일어나는 방향을 알려준다.
③ 온도 측정 원리를 제공한다.
④ 온도 0[K] 부근에서 엔트로피의 변화량을 나타낸다.

[해설] 열역학 제1법칙 : 에너지 보존의 법칙이라 하며 기계적 일이 열로 변하거나, 열이 기계적 일로 변할 때 이들의 비는 일정한 관계가 성립된다.

23. 카르노 사이클(Carnot cycle)이 고온 열원에서 1000[kJ]을 흡수하여 저온 열원에 400[kJ]을 방출하였다. 효율은 몇 [%]인가?

① 40   ② 50   ③ 60   ④ 70

[해설] $\eta = \dfrac{W}{Q_1} \times 100 = \dfrac{Q_1 - Q_2}{Q_1} \times 100$

$= \dfrac{1000 - 400}{1000} \times 100 = 60 [\%]$

24. 역카르노 사이클로 작동되는 냉동기가 25[kW]의 일을 받아 저온체로부터 100[kW]의 열을 흡수할 때 성능계수는?

① 0.25   ② 0.75
③ 1.33   ④ 4.0

[해설] $COP_R = \dfrac{Q_2}{W} = \dfrac{100}{25} = 4.0$

25. Mollier chart에서 종축과 횡축은 어떤 양으로 나타내는가?

① 압력 - 체적
② 온도 - 압력
③ 엔탈피 - 엔트로피
④ 온도 - 엔트로피

[해설] 증기의 Mollier chart(몰리엘 선도)는 종축에 엔탈피(h), 횡축에 엔트로피(s)의 양을 표시한다.

26. 이상기체 5[kg]의 온도를 500[℃]만큼 상승시키는 데 필요한 열량이 정압과 정적의 경우 600[kJ]의 차이가 있을 때 이 기체의 기체상수는 약 몇 [kJ/kg·K]인가?

① 1.21   ② 0.83
③ 0.36   ④ 0.24

[해설] ㉮ 정압비열(C_p) 계산 : 이상기체에서 정압비열이 정적비열보다 항상 크므로 정압과정의 필요 열량이 정적과정보다 600[kJ] 큰 것이 된다.

∴ $Q = m C_p \Delta t$에서

∴ $C_p = \dfrac{Q}{m \Delta T} = \dfrac{600}{5 \times 500} = 0.24 [\text{kJ/kg·K}]$

※ 500[℃] 온도차는 500[K] 차이와 같다.

㉯ 가스상수(R) 계산 : 정압비열과 정적비열의 차가 가스상수이므로 가열에 필요한 열량차를 이용하여 계산한 정압비열이 가스상수에 해당된다.

∴ 가스상수 R는 0.24[kJ/kg·K]이다.

정답 21. ③ 22. ① 23. ③ 24. ④ 25. ③ 26. ④

27. 질량유량이 m이고, 압축기 입·출구에서의 비내부에너지와 비엔탈피가 각각 u_1, h_1, u_2, h_2일 때 이상적으로 필요한 압축기의 동력의 크기는? (단, 위치에너지와 속도에너지는 무시한다.)

① $m(u_2 - u_1)$ ② $m(h_2 - h_1)$
③ $m(P_2 - P_1)$ ④ $m(V_2 - V_1)$

해설 압축기 입·출구에서의 비엔탈피 차이에 질량유량을 곱한 것이 압축기가 필요로 하는 동력의 크기가 된다.

28. 질량 500[kg]인 추를 10[m] 낙하시킬 때 하는 일이 모두 질량 5[kg], 비열 2[kJ/kg·℃]인 액체에 가해지면 이 액체의 온도는 몇 [℃] 상승되는가? (단, 마찰손실과 열손실은 없다.)

① 4.9   ② 45.9
③ 53.6   ④ 60.4

해설 ㉮ 500[kg]인 추가 낙하할 때 위치에너지 계산
∴ $E_p = G \times h = 500 \times 9.8 \times 10 \times 10^{-3} = 49$ [kJ]
㉯ 추의 위치에너지(E_p)와 액체의 온도변화에 소요된 열량은 같으므로 $Q = 49$ [kJ]이다.
∴ $Q = m \times C \times \Delta t$
∴ $\Delta t = \dfrac{Q}{m \times C} = \dfrac{49}{5 \times 2} = 4.9$ [℃]

29. 실제기체가 이상기체에 비슷하게 접근하는 조건으로 가장 적합한 것은?

① 압력, 온도가 높은 경우
② 압력, 온도가 낮은 경우
③ 압력이 높고, 온도가 낮은 경우
④ 압력이 낮고, 온도가 높은 경우

해설 실제기체가 이상기체에 가깝게 될 조건 : 온도는 높고, 압력은 낮아야 한다.(고온, 저압)

30. 어떤 용기에 채워져 있는 물질의 내부에너지가 U_1이다. 이 용기 내의 물질에 열을 q 만큼 전달해 주고, 일을 W 만큼 가해 주었을 때, 물질의 내부에너지 U_2는 어떻게 변하는가?

① $U_2 = U_1 + q + W$
② $U_2 = U_1 - q - W$
③ $U_2 = U_1 + q - W$
④ $U_2 = U_1$

해설 물질에 전달해준 열(q)과 일(W)은 물질의 내부에너지의 변화(U_2)에 사용된 것이다.
∴ $U_2 = U_1 + q + W$

31. 2[mol]의 이상기체가 등온상태에서 처음 부피의 3배로 팽창할 때 엔트로피 변화량은 약 몇 [J/K]인가? (단, 기체상수는 8.31[J/mol·K]이다.)

① 12.47   ② 18.26
③ 36.52   ④ 49.86

해설 $\Delta S = mR\ln\dfrac{V_2}{V_1}$
$= 2 \times 8.31 \times \ln\dfrac{3}{1} = 18.258$ [J/K]

32. 어떤 이상기체가 체적 V_1, 압력 P_1로부터 체적 V_2, 압력 P_2까지 등온팽창하였다. 이 과정 중에 일어난 내부에너지의 변화량 $\Delta U = U_2 - U_1$과 엔탈피 변화량 $\Delta H = H_2 - H_1$을 옳게 나타낸 것은?

① $\Delta U = 0, \Delta H = 0$
② $\Delta U < 0, \Delta H = 0$
③ $\Delta U = 0, \Delta H < 0$
④ $\Delta U > 0, \Delta H > 0$

해설 등온과정에서 내부에너지(ΔU)와 엔탈피(ΔH) 변화는 없다.

정답 27. ② 28. ① 29. ④ 30. ① 31. ② 32. ①

33. 다음 중 카르노 사이클에 포함되지 않는 과정은?

① 가역 단열팽창
② 가역 단열압축
③ 가역 등온압축
④ 가역 등압팽창

해설 카르노 사이클의 순환과정

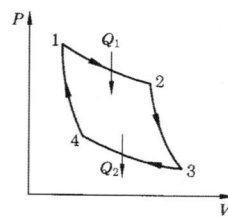

㉮ 1 → 2 과정 : 정온(등온)팽창과정(열공급)
㉯ 2 → 3 과정 : 단열팽창과정
㉰ 3 → 4 과정 : 정온(등온)압축과정(열방출)
㉱ 4 → 1 과정 : 단열압축과정

34. 이상기체 0.5[kg]을 압력이 일정한 과정으로 50[℃]에서 150[℃]로 가열할 때 필요한 열량은 몇 [kJ]인가? (단, 이 기체의 정적비열은 3[kJ/kg·K], 정압비열은 5[kJ/kg·K]이다.)

① 150
② 250
③ 400
④ 550

해설 $Q = G \cdot C_p \cdot \Delta T$
$= 0.5 \times 5 \times \{(273+150) - (273+50)\}$
$= 250 [kJ]$

35. 열역학 제2법칙과 관계가 가장 먼 것은?

① 열은 온도가 높은 곳에서 낮은 곳으로 흐른다.
② 전열선에 전기를 가하면 열이 나지만 전열선을 가열하면 전력을 얻을 수 없다.
③ 열기관의 성능(효율)에 대한 이론적인 한계를 결정한다.
④ 10[℃]의 물 1[kg]과 30[℃]의 물 1[kg]을 잘 섞어주면 온도는 약 20[℃]가 된다.

해설 열역학 법칙
㉮ 열역학 제0법칙 : 열평형의 법칙
㉯ 열역학 제1법칙 : 에너지보존의 법칙
㉰ 열역학 제2법칙 : 방향성의 법칙
㉱ 열역학 제3법칙 : 어떤 계 내에서 물체의 상태변화 없이 절대온도 0도에 이르게 할 수 없다.
※ ④항 : 열역학 제0법칙(열평형의 법칙) 설명

36. 카르노 사이클에 대한 설명으로 옳은 것은?

① 실제적인 수증기 사이클이다.
② 내연기관 사이클이다.
③ 이상적인 가역 사이클이다.
④ 실제적인 가스 사이클이다.

해설 카르노 사이클 : 2개의 단열과정과 2개의 등온과정으로 구성된 열기관의 이론적인 사이클이다.

37. 디젤 사이클의 이론 열효율을 표시하는 식에서 차단비(cut off ratio) σ는 다음 그림에서 어떻게 정의된 것인가?

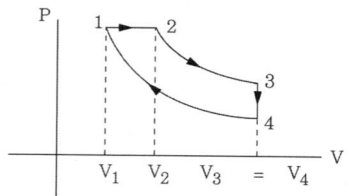

① $\sigma = \dfrac{V_1}{V_3}$
② $\sigma = \dfrac{V_3}{V_1}$
③ $\sigma = \dfrac{V_2}{V_1}$
④ $\sigma = \dfrac{V_1}{V_2}$

해설 디젤 사이클의 차단비(cut-off ratio) : 등압가열 후의 비체적과 단열압축 후의 비체적과의 비로 체절비, 단절비라 한다.

정답 33. ④ 34. ② 35. ④ 36. ③ 37. ③

38_ 어느 연료 1[kg]의 발열량이 35000[kJ]이다. 이 열의 50[%]가 일로 전환되고, 연료소비량이 60[kg/h]이면 발생하는 동력은 약 몇 [kW]인가?

① 280　　　② 292
③ 1167　　④ 10500

해설 ㉮ 1[kW] = 860[kcal/h] = 3600[kJ/h]이다.
㉯ 발생되는 동력 계산

$$\therefore kW = \frac{공급열량(kJ/h)}{1[kW]당 열량[kJ/h]}$$
$$= \frac{60 \times 35000 \times 0.5}{3600} = 291.666[kW]$$

39_ 그림은 증기원동소의 재열 cycle을 $T-s$ 선도상에 표시한 것이다. 재열과정에 해당하는 것은?

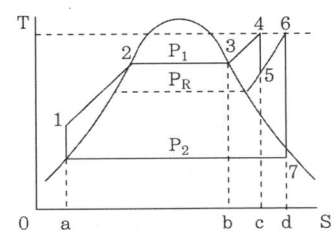

① 3 → 4　　② 5 → 6
③ 2 → 3　　④ 7 → 1

해설 재열 사이클 작동과정
㉮ 1 → 4 : 정압가열과정 – 보일러에서 증기발생 과정
㉯ 4 → 5 : 단열팽창과정 – 고압터빈에서 단열팽창
㉰ 5 → 6 : 정압가열과정 – 고압터빈에서 송출한 과열증기를 과열기에서 정압가열하여 과열도가 큰 과열증기가 된다.
㉱ 6 → 7 : 단열팽창과정 – 저압터빈에서 단열팽창
㉲ 7 → a : 정압냉각과정 – 복수기에서 정압냉각으로 포화수(응축수)가 된다.
㉳ a → 1 : 단열압축과정 – 펌프로 보일러에 급수

40_ 27[℃]에서 12[L]의 체적을 갖는 이상기체가 일정 압력 하에서 127[℃]까지 온도가 상승하였을 때 체적은 얼마인가?

① 12[L]　　② 16[L]
③ 27[L]　　④ 56.4[L]

해설 $\frac{P_1 V_1}{T_1} = \frac{P_2 V_2}{T_2}$ 에서 $P_1 = P_2$ 이므로

$$\therefore V_2 = \frac{V_1 T_2}{T_1} = \frac{12 \times (273+127)}{273+27} = 16[L]$$

3과목 - 계측방법

41_ 보일러 내의 온도를 측정하는데 부적당한 계기는?

① 열전대 온도계　② 압력 온도계
③ 저항 온도계　　④ 건습구 온도계

해설 건습구 온도계를 상대습도를 측정할 때 사용되는 온도계이다.

42_ 벨로즈 압력계에 대한 설명으로 틀린 것은?

① 정도는 ±1~2[%] 정도이다.
② 벨로즈 재질은 인청동이 사용된다.
③ 측정압력 범위는 1~2000[kgf/cm²] 정도이다.
④ 벨로즈 압력에 의한 신축을 이용한 것이다.

해설 벨로즈(bellows)식 압력계 : 얇은 금속판으로 만들어진 원형의 주름통(벨로즈)의 탄성을 이용하여 압력을 측정하는 탄성식 압력계로 벨로즈의 재질은 인청동, 스테인리스강을 사용한다. 압력 측정범위가 0.1~1000[kPa] 정도이고, 진공압 및 차압 측정용으로 주로 사용된다.

정답 38. ②　39. ②　40. ②　41. ④　42. ③

43_ 다이어프램 압력계에 대한 설명으로 틀린 것은?

① 연소로의 드래프트 게이지로 사용된다.
② 다이어프램의 재료로는 고무, 인청동, 스테인리스 등의 박판이 사용된다.
③ 측정이 가능한 범위는 공업용으로는 20~5000[mmH$_2$O] 정도이다.
④ 먼지를 함유한 액체나 점도가 높은 액체의 측정에는 부적당하다.

[해설] 다이어프램식 압력계의 특징
㉮ 응답속도가 빠르나 온도의 영향을 받는다.
㉯ 극히 미세한 압력 측정에 적당하다.
㉰ 부식성 유체의 측정이 가능하다.
㉱ 압력계가 파손되어도 위험이 적다.
㉲ 연소로의 통풍계(draft gauge)로 사용한다.
㉳ 측정범위는 20~5000[mmH$_2$O]이다.

44_ 1차 지연요소에서 시정수(time constant)란 최대출력의 몇 [%]에 이를 때까지의 시간인가?

① 50[%]　　② 63[%]
③ 95[%]　　④ 100[%]

[해설] ㉮ dead time(L) : 낭비시간, 지연시간으로 실내 난방의 경우 공조기가 가동되어도 일정시간이 경과 되어야만 실내온도가 상승되기 시작하는 시간이다.
㉯ time constant(T) : 시간정수라 하며 최종값의 63[%]에 도달하기까지 시간이다.

45_ 오리피스(Orifice)에 의한 유량 측정 시 관계있는 것은?

① 유로의 교축기구 전후의 압력차
② 유로의 교축기구 전후의 온도차
③ 유로의 교축기구 입구에 가해지는 압력
④ 유로의 교축기구 출구에 가해지는 압력

[해설] 차압식 유량계
㉮ 종류 : 오리피스미터, 플로 노즐, 벤투리미터
㉯ 측정원리 : 베르누이 방정식
㉰ 측정방법 : 조리개 전후에 연결된 액주계의 압력차를 이용하여 유량을 측정

46_ 다음 [보기]의 특징을 가지는 분석기기는?

[보기]
- 응답속도가 대체로 늦다.
- 여러 성분이 섞여 있는 시료가스 분석에 적당하다.
- 분리 능력과 선택성이 우수하다.
- 자동 sampling 장치 부착 시 자동분석이 가능하다.

① 가스크로마토그래피
② 적외선 가스분석계
③ 자기식 O$_2$계
④ 세라믹 O$_2$계

[해설] 가스크로마토그래피의 특징
㉮ 여러 종류의 가스분석이 가능하다.
㉯ 선택성이 좋고 고감도로 측정한다.
㉰ 미량성분의 분석이 가능하다.
㉱ 응답속도가 늦으나 분리 능력이 좋다.
㉲ 동일가스의 연속측정이 불가능하다.
㉳ 캐리어가스로 수소, 헬륨, 아르곤, 질소가 이용된다.

47_ 다음 중 구리-콘스탄탄 열전대의 표시기호는?

① T　　② K
③ E　　④ S

[해설] 열전대의 종류 및 사용금속

종류 및 약호	사용금속	
	+ 극	- 극
R형[백금-백금로듐](P-R)	백금로듐	Pt(백금)
K형[크로멜-알루멜](C-A)	크로멜	알루멜
J형[철-콘스탄탄](I-C)	순철(Fe)	콘스탄탄
T형[동-콘스탄탄](C-C)	순구리	콘스탄탄

정답 43. ④　44. ②　45. ①　46. ①　47. ①

48_ 감도 및 정확성이 높아 대기압차가 적은 미소 압력을 측정할 때 적당하며 보일러 연소가스의 통풍계로도 사용되는 것은?

① 분동식 압력계
② 다이어프램식 압력계
③ 벨로즈 압력계
④ 부르동관 압력계

해설 다이어프램식 압력계의 특징은 43번 설명 참고

49_ 방사온도계에 대한 설명으로 틀린 것은?

① 물체로부터 방사되는 모든 파장의 전 방사에 너지는 물체의 절대온도[K]의 4제곱에 비례한다는 원리를 이용한 것이다.
② 측정의 시간지연이 작고, 발신기를 이용하여 기록이나 제어가 가능하다.
③ 피측온체와의 사이에 흡수체로 작용하는 CO_2, 수증기, 연기 등의 영향을 받지 않는다.
④ 피측정물과 접촉하지 않기 때문에 측정조건을 지나치게 어지럽히지 않는다.

해설 방사온도계의 특징
㉮ 측정시간 지연이 적고, 연속 측정, 기록, 제어가 가능하다.
㉯ 측정거리 제한을 받고 오차가 발생되기 쉽다.
㉰ 광로에 먼지, 연기 등이 있으면 정확한 측정이 곤란하다.
㉱ 방사율에 의한 보정량이 크고 정확한 보정이 어렵다.
㉲ 수증기, 탄산가스의 흡수에 주의하여야 한다.
㉳ 측정 범위는 50~3000[℃] 정도이다.

50_ 피토관(Pitot tube)은 무엇을 측정하기 위한 기기인가?

① 유속계 ② 압력계
③ 액면계 ④ 온도계

해설 피토관식 유량계 : 배관중의 유체의 전압과 정압과의 차이인 동압을 측정하여 베르누이 방정식에 의해 속도수두에서 유속을 구하고 그 값에 관로 단면적을 곱하여 유량을 측정하는 것이다.

51_ 다음 중 잔류편차(offset)가 발생되는 결점을 제거하기 위한 제어동작으로 가장 적합한 것은?

① 비례동작
② 미분동작
③ 적분동작
④ On-off 동작

해설 적분동작(동작 : integral action) : 제어량에 편차가 생겼을 때 편차의 적분차를 가감하여 조작단의 이동 속도가 비례하는 동작으로 잔류편차가 남지 않는다. 진동하는 경향이 있어 제어의 안정성은 떨어진다. 유량제어나 관로의 압력제어와 같은 경우에 적합하다.

52_ 프로세스 제어의 난이정도를 표시하는 값으로 L(dead time)과 T(time constant)의 비, 즉 L/T가 사용되는데, 이 값이 작을 경우 어떠한가?

① P동작 조절기를 사용한다.
② PD동작 조절기를 사용한다.
③ 제어가 쉽다.
④ 제어가 어렵다.

해설 ㉮ dead time(L) : 낭비시간, 지연시간으로 실내 난방의 경우 공조기가 가동되어도 일정시간이 경과 되어야만 실내온도가 상승되기 시작하는 시간이다.
㉯ time constant(T) : 시간정수라 하며 최종값의 63[%]에 도달하기까지 시간이다.
㉰ L/T 값이 클 경우 응답속도가 느려지기 때문에 제어하기 어렵다. (반대로 작을수록 제어가 용이하다.)

53_ 다음 단위 중 압력에 대한 단위가 아닌 것은?
① Pa ② N/m²
③ J/s ④ kgf/cm²

[해설] ㉮ 압력의 단위 : 단위면적에 작용하는 힘의 합이다.
㉯ "J/s"는 동력의 단위인 와트[W]이다.

54_ 다음의 블록선도에서 피드백제어의 전달함수를 구하면?

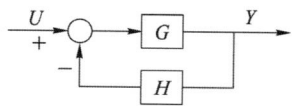

① $F = \dfrac{G}{1-H}$
② $F = \dfrac{G}{1+H}$
③ $F = \dfrac{G}{1-GH}$
④ $F = \dfrac{G}{1+GH}$

55_ 제어장치를 사용하여 어떤 프로세스(process)를 운전 시 자동제어가 잘 되고 있는지를 의논할 때 가장 일반적으로 고려되어야 할 사항이 아닌 것은?
① 잔류편차(offset)
② 속응성(quick response)
③ 외란(disturbance)
④ 안정성(stability)

[해설] 외란(disturbance) : 제어계의 상태를 혼란시키는 외적작용(잡음)로 자동제어가 잘 되고 있는지를 의논할 때 고려할 사항과는 관계가 없다.

56_ 적외선 가스분석계의 특징에 대한 설명으로 옳은 것은?
① 선택성이 뛰어나다.
② 대상 범위가 좁다.
③ 저농도의 분석에 적합하다.
④ 측정가스의 dust 방지나 탈습에 충분한 배려가 필요 없다.

[해설] 적외선 가스분석계의 특징
㉮ 선택성이 뛰어나다.
㉯ 측정농도의 범위가 넓다.
㉰ 저농도의 가스분석이 가능하다.
㉱ 연속 분석이 가능하다.
㉲ 대기오염을 측정하는 데 사용할 수 있다.
㉳ 적외선 흡수물질에 의한 오차가 발생한다.

57_ 섭씨 98[℃]를 화씨로 나타내면 몇 [°F]인가?
① 208.4 ② 210.4
③ 21.4   ④ 214.4

[해설] $°F = \dfrac{9}{5} \times ℃ + 32$
$= \dfrac{9}{5} \times 98 + 32 = 208.4 \, [°F]$

58_ 다음 액면계에 대한 설명 중 틀린 것은?
① 고압 밀폐 탱크의 액면제어용으로 가장 많이 사용하는 것은 부자식 액면계이다.
② 개방탱크나 저수조에 주로 사용하는 것은 검척식 액면계이다.
③ 공기압을 이용하여 액면을 측정하는 액면계는 퍼지식 액면계이다.
④ 관내의 공기압과 액압이 같아지는 압력을 측정하여 액면의 높이를 측정하는 것은 정전용량식 액면계이다.

정답 53. ③ 54. ④ 55. ③ 56. ① 57. ① 58. ④

[해설] 정전 용량식 액면계 : 정전 용량 검출 탐사침(probe)을 액 중에 넣어 검출되는 물질의 유전율을 이용하여 액면을 측정하는 것으로 온도에 따라 유전율이 변화되는 곳에서는 사용이 부적합하다.

59_ 다음 압력계 중 고압 측정에 가장 적당한 것은?

① 다이어프램식
② 벨로즈식
③ 부르동관식
④ 링밸런스식

[해설] 부르동관(bourdon tube) 압력계 : 2차 압력계중 대표적인 것으로 측정범위가 0~3000[kgf/cm²]으로 고압측정이 가능하지만, 정도는 ±1~3[%]로 낮다.

60_ 세라믹식 O_2계에 대한 설명으로 옳은 것은?

① 응답이 느리다.
② 온도조절용 전기로가 필요 없다.
③ 연속측정이 가능하며 측정범위가 좁다.
④ 측정가스 중에 가연성 가스가 존재하면 사용이 불가능하다.

[해설] 세라믹식 O_2 분석기(지르코니아식 O_2 분석기) : 지르코니아(ZrO_2)를 주원료로 한 특수세라믹은 온도 850[℃] 이상에서 산소이온만 통과시키는 특수한 성질을 이용한 것으로 산소이온이 통과할 때 발생되는 기전력을 측정하여 산소농도를 측정하는 것으로 특징은 다음과 같다.
㉮ 비교적 응답이 빠르며(5~30[초]) 측정가스의 유량이나 설치장소의 주위온도 변화에 의한 영향이 적다.
㉯ 연속측정이 가능하며, 측정 범위가 [ppm]으로부터 [%]까지 광범위하게 측정할 수 있다.
㉰ 측정부의 온도유지를 위하여 온도조절 전기로를 필요로 한다.
㉱ 기전력을 이용하여 산소의 농도를 측정한다.
㉲ 가연성 가스 혼입은 오차를 발생시킨다.
㉳ 자동제어장치와 연결하여 사용이 가능하다.

4과목 - 열설비재료 및 설계

61_ 고로에 대한 설명으로 틀린 것은?

① 광석을 제련상 유리한 상태로 변화시키는데 목적이 있다.
② 제철공장에서 선철을 제조하는 데 사용된다.
③ 용광로의 상부에 철광석과 환원제 그리고 원료로서 코크스를 투입한다.
④ 용광로의 하부에 배치된 우구(tuyere)로부터 고온의 열풍을 취입한다.

[해설] 고로 : 선철을 제조하는 것으로 용광로를 지칭하는 것이다.
※ ①항 : 배소로의 설명

62_ 보일러에서 발생할 수 있는 워터해머링(수격작용)의 원인으로 가장 거리가 먼 것은?

① 수위가 낮기 때문에
② 증기밸브를 급히 열었기 때문에
③ 보일러수가 농축되었기 때문에
④ 증기관이 보온되지 않아 냉각되었기 때문에

[해설] 수격작용 발생원인
㉮ 기수공발(carry over) 현상 발생 시
㉯ 주증기 밸브를 급개(急開)할 때
㉰ 배관에서의 손실열량이 과대할 때
㉱ 배관 구배(기울기) 선정이 잘못되었을 때
㉲ 부하변동이 심할 때

63_ 보일러수에 함유된 탄산가스는 주로 어떤 장애를 일으키는가?

① 물때   ② 절연
③ 점식   ④ 부하

[해설] 보일러수(水)에 함유된 유지류, 산류, 탄산가스, 염류 등은 내부부식의 원인이 된다.

정답 59. ③ 60. ④ 61. ① 62. ① 63. ③

64. 가마 바닥에 여러 개의 흡입공(吸入孔)이 마련되어 있는 가마는?
① 승염식 가마 ② 횡염식 가마
③ 도염식 가마 ④ 고리 가마

해설 도염식 가마(down draft kiln) : 꺾임 불꽃 가마로 아궁이쪽에서 발생한 불꽃이 측벽과 화교사이를 거쳐 올라가서 소성실 천정에 부딪혀 가마바닥의 흡입공으로 빠지면서 피가열체를 소성하는 것으로 가마 내의 온도분포가 균일하다.

65. 알루미늄 용해 조업에서 고온을 피하고 노온도를 700~750[℃]로 지정한 주된 이유는?
① 연료 절약
② 가스의 흡수 및 산화방지
③ 노재의 침식방지
④ 알루미늄의 증발방지

해설 알루미늄 용해용 반사로 등에서 알루미늄을 용해할 때 고온용해를 하면 가스 흡수와 산화가 일어나기 때문에 노온도를 700~750[℃]로 조절할 필요가 있다.

66. A, B, C 3종류 내화물의 열전도율[kcal/m·h·℃]이 각각 8, 1, 0.2이고 A 10[cm], B 20[cm], C 10[cm]의 3중 두께로 겹쳐 쓰는 노벽의 노 내가 1100[℃]이고, 노 표면이 60[℃]이면 접촉저항을 무시했을 때 노벽 1[m²]당 매시 손실되는 열량은?
① 113[kcal] ② 650[kcal]
③ 1460[kcal] ④ 1816[kcal]

해설
$$Q = K \times F \times \Delta t$$
$$= \frac{1}{\frac{b_A}{\lambda_A} + \frac{b_B}{\lambda_B} + \frac{b_C}{\lambda_C}} \times F \times \Delta t$$
$$= \frac{1}{\frac{0.1}{8} + \frac{0.2}{1} + \frac{0.1}{0.2}} \times 1 \times (1100 - 60)$$
$$= 1459.649 [kcal/h]$$

67. 판상 보온재를 사용하는 경우 소정의 두께 보온판을 철사로 묶어서 밀착시킨다. 보온재의 두께가 다음 중 어느 정도가 넘을 경우 가능한 한 2층으로 나누어 시공하는가?
① 10[mm] ② 25[mm]
③ 50[mm] ④ 75[mm]

해설 보온재 시공 방법
㉮ 물 반죽 시공을 할 경우 보호망을 25[mm]마다 설치하고, 70[%] 이상 건조되었을 때 2차 시공을 한다.
㉯ 관이나 판상의 보온재를 시공할 경우 75[mm]넘으면 2층으로 시공한다.
㉰ 고온에 접촉하는 부분에는 보온재를 2층으로 시공한다.
㉱ 고온부에는 내열성이 우수한 재료를 사용하고, 다음에는 보냉 효과가 우수한 보온재를 사용한다.

68. 요(窯)를 조업방법에 따라 분류할 때 불연속요는?
① 윤요 ② 터널요
③ 도염식요 ④ 셔틀요

해설 조업방법(작업진행 방법)에 의한 분류
㉮ 연속요 : 윤요, 연속식 가마, 터널가마, 반터널식 가마 등
㉯ 반연속요 : 등요, 셔틀가마 등
㉰ 불연속요 : 승염식요, 횡염식요, 도염식요, 종가마 등

69. 주로 점토 제품에 사용하는 연속식 가마를 Hoffman식 가마라고도 하며, 열효율은 좋지만 소성실 내의 온도분포가 균일하지 않은 것이 단점인 가마는?
① 고리 가마 ② 도염식 가마
③ 각 가마 ④ 터널 가마

해설 윤요(ring kiln)의 특징
㉮ 고리가마라 불리는 연속식 가마이다.

㉯ 소성실을 12~18개 정도 설치하며 종이 칸막이라 하는 칸막이를 옮겨가면서 일부는 소성가마내기, 재임 등을 연속적으로 행할 수 있다.
㉰ 배기가스의 현열을 이용하여 제품을 예열하고, 제품의 현열을 이용하여 연소용 2차 공기를 예열한다.
㉱ 단가마보다 열효율이 좋고, 연료 절약이 65[%]나 된다.
㉲ 벽돌, 기와 등의 건축 재료를 소성하는 데 사용한다.

70_ 중유 연소식 제강용 평로에서 연소용 공기를 예열하기 위한 방법은?

① 발열량이 큰 중유를 사용
② 질소가 함유되지 않은 순산소를 사용
③ 연소가스의 여열을 이용
④ 철, 탄소의 산화열을 이용

[해설] 연소가스의 여열을 이용하여 평로에 사용하는 연료가스 및 연소용 공기를 예열하는 장치를 축열기라 한다.

71_ 비동력 급수장치인 인젝터(injector) 사용상의 특징에 대한 설명 중 틀린 것은?

① 구조가 간단하다.
② 흡입양정이 낮다.
③ 급수량의 조절이 쉽다.
④ 증기와 물이 혼합되어 급수가 예열된다.

[해설] 인젝터의 특징
(1) 장점
 ㉮ 구조가 간단하고, 가격이 저렴하다.
 ㉯ 급수가 예열되고, 열효율이 좋아진다.
 ㉰ 설치 장소가 적게 필요하다.
 ㉱ 별도의 동력원이 필요 없다.
(2) 단점
 ㉮ 흡입양정이 작고, 효율이 낮다.
 ㉯ 급수 온도가 높으면 급수 불량이 발생한다.
 ㉰ 증기압력이 너무 높거나 낮으면 급수 불량이 발생한다.
 ㉱ 급수량 조절이 어렵다.

72_ 소성 고알루미나질 내화물의 특성에 대한 설명 중 틀린 것은?

① 내화도가 높다.
② 열전도율이 나쁘다.
③ 급열, 급냉에 대한 저항성이 크다.
④ 하중연화 온도가 높고, 고온에서 용적 변화가 작다.

[해설] 고 알루미나질 내화물의 특징 : ①, ③, ④ 외
㉮ 알루미나 함유율이 50[%] 이상이다.
㉯ SK35~38의 내화도가 높은 $Al_2O_3-SiO_2$ 계의 중성 내화물이다.
㉰ 산성, 염기성 슬래그 용융물에 대한 내침식성이 크다.
㉱ 고온에서 부피변화가 적다.

73_ 크롬 철광을 원료로 하는 내화물이 온도가 1600 [℃] 이상에서 산화철을 흡수하여, 표면이 부풀어 올라 떨어져 나가는 현상을 무엇이라고 하는가?

① 버스팅(bursting)
② 스폴링(spalling)
③ 라미네이션(lamination)
④ 블리스터(blister)

[해설] 내화물에서 나타나는 현상
㉮ 스폴링(spalling) 현상 : 박락현상이라 하며 내화물이 사용하는 도중에 갈라지든지, 떨어져 나가는 현상을 말한다.
㉯ 슬래킹(slacking) 현상 : 수증기를 흡수하여 체적변화를 일으켜 균열이 발생하거나 떨어져 나가는 현상으로 염기성 내화물에서 공통적으로 일어난다.
㉰ 버스팅(bursting) 현상 : 크롬 철광을 원료로 하는 내화물이 1600[℃] 이상에서 산화철을 흡수하여 표면이 부풀어 오르고 떨어져 나가는 현상으로 크롬질 내화물에서 발생한다.

74. 열팽창계수와 온도차 등이 포함되어 있어 자연대류에 대하여 가장 잘 표현할 수 있는 무차원수는?

① 레이놀즈수 ② 그라쇼프수
③ 프란틀수 ④ 넛셀수

해설: 그라쇼프(Grashof) 수 : 온도차에 의한 부력이 속도 및 온도분포에 미치는 영향을 나타내는 무차원수로 자연대류에 의한 열전달현상을 설명한다.

$$Gr = \frac{g\rho^2 \beta \Delta T L^3}{\mu^2}$$

여기서, g : 중력가속도 ρ : 유체의 밀도
β : 부피팽창계수 ΔT : 온도차
L : 대표길이 μ : 점도

75. 화염검출기의 종류가 아닌 것은?

① 플레임 아이(frame eye)
② 플레임 로드(frame rod)
③ 스택 스위치(stack switch)
④ 로드 바(laod bar)

해설: 화염 검출기의 종류
㉮ 플레임 아이(flame eye) : 화염이 발광체임을 이용하여 화염의 방사선을 감지하여 화염의 유무를 검출한다.
㉯ 플레임 로드(flame rod) : 화염의 이온화 현상에 의한 전기 전도성을 이용하여 화염의 유무를 검출한다.
㉰ 스택 스위치(stack switch) : 연도에 바이메탈을 설치하여 연소가스의 발열체를 이용하여 화염유무를 검출한다.

76. 맞대기 용접 이음에서 인장하중이 2000[kgf], 강판의 두께가 6[mm]라 할 때 용접 길이는 약 몇 [mm]인가? (단, 용접부의 허용인장응력은 7[kgf/mm²]이다.)

① 40 ② 44
③ 48 ④ 52

해설: $\sigma = \dfrac{W}{h \times l}$ 에서

$\therefore l = \dfrac{W}{\sigma \times h} = \dfrac{2000}{7 \times 6} = 47.619 \text{[mm]}$

77. 관의 내외에서 열을 주고받을 목적으로 보일러의 수관, 열교환기 등에 사용되는 강관은?

① SPW ② STH
③ SPS ④ STA

해설: 강관의 KS 표시 기호

KS 표시 기호	명칭
SPP	일반배관용 탄소강관
SPPS	압력배관용 탄소강관
SPHT	고온배관용 탄소강관
SPLT	저온배관용 탄소강관
SPW	배관용 아크용접 탄소강관
SPA	배관용 합금강관
STS×T	배관용 스테인리스강관
STBH	보일러 열교환기용 탄소강관
STHA	보일러 열교환기용 합금강관
STS×TB	보일러 열교환기용 스테인리스강관
STLT	저온 열교환기용 강관

※ 보일러 열교환기용 탄소강관의 기호를 STH 또는 STBH로 사용한다.

78. 카올린을 사용한 내화점토에 안정성을 크게 하기 위하여 하소하여 분쇄한 것을 무엇이라고 하는가?

① 클링커
② 샤모트
③ 폴스테라이트
④ 토리아

해설: 샤모트(chamotte) : 천연산 내화점토(kaolin)는 소성 시에 균열이 발생하므로 내화점토를 SK10~13정도로 하소하여 분쇄한 것을 일컫는다.

정답 74. ② 75. ④ 76. ③ 77. ② 78. ②

79. 다음 중 기계식 증기트랩에 속하지 않는 것은?

① 버킷형 트랩
② 프리볼 버킷형 트랩
③ 플로트 트랩
④ 디스크 트랩

해설 작동원리에 의한 증기트랩의 분류

구 분	작 동 원 리	종 류
기계식 트랩	증기와 응축수의 비중차 이용 (플로트 또는 버킷의 부력 이용)	상향 버킷식, 하향 버킷식, 레버 플로트식, 자유 플로트식
온도조절식 트랩	증기와 응축수의 온도차 이용 (금속의 신축성을 이용)	바이메탈식, 벨로스식, 열동식
열역학적 트랩	증기와 응축수의 열역학, 유체역학적 특성차 이용	오리피스식, 디스크식

80. 캐스터블 내화물의 구비조건이 아닌 것은?

① 내마모성이 적고, 가공이 용이하여야 한다.
② 적은 가수량에서도 충분한 유동성을 가져야 한다.
③ 가수혼련물은 입자들 간의 분리가 없어야 한다.
④ 시공성형체는 가능한 큰 강도를 가져야 한다.

해설 캐스터블 내화물의 구비조건 : ②, ③, ④ 외
㉮ 열팽창성 및 잔존 수축이 적어야 한다.
㉯ 내마모성 및 내스폴링성이 커야 한다.
㉰ 열전도율이 작아야 한다.

▶ 2010년 에너지관리산업기사 필기시험은 년 1회 시행되었습니다.

정답 79. ④ 80. ①

2011년 3월 20일
제1회 에너지관리산업기사 필기시험

1과목 - 연소공학

01. 중유를 연소시킬 때 그을음(soot)의 발생방지 대책으로 가장 옳은 것은?
① 공기비를 1.5 이상으로 한다.
② 무화입자를 작게 한다.
③ 노내압(爐內壓)을 높인다.
④ 황분이 많은 연료를 사용한다.

해설 중유를 연소시킬 때 발생하는 그을음(soot)은 미립탄소의 불완전연소 때문에 발생하는 입자상의 탄소로 중유를 무화시킬 때 무화입자를 작게 하여 완전연소가 될 수 있도록 하는 것이 발생방지 대책에서 가장 옳은 방법이다.

02. 다음 중 저온부식과 관련 있는 물질은?
① 황산화물 ② 바나듐
③ 나트륨 ④ 염소

해설 외부부식의 원인 성분
㉮ 고온부식 : 바나듐(V)
㉯ 저온부식 : 황(S) 및 황산화물

03. 연소가스를 송풍기로 빨아들여 연도 끝에서 배출하도록 하는 방식으로서 노내의 압력이 대기압 이하가 되는 통풍방식은?
① 압입통풍 ② 흡입통풍
③ 평형통풍 ④ 자유통풍

해설 흡입 통풍의 특징
㉮ 연소실 내의 압력이 부압으로 유지된다.
㉯ 연소용 공기를 예열하여 사용하기 부적당하다.
㉰ 송풍기의 수명이 짧고 점검 보수가 어렵다.
㉱ 송풍기 소요 동력이 크다.
㉲ 배기가스 유속은 8~10[m/s] 정도이다.

04. 목탄, 코크스 같은 연료가 고체 표면에서 산화반응을 일으키는 연소의 형태는?
① 증발연소 ② 표면연소
③ 혼합연소 ④ 확산연소

해설 연소의 형태 분류
㉮ 표면연소 : 목탄(숯), 코크스 등의 연소
㉯ 분해연소 : 휘발분이 있는 고체연료(종이, 석탄, 목재 등) 또는 증발이 일어나기 어려운 액체연료(중유 등)의 연소
㉰ 증발연소 : 가솔린, 등유, 경유, 알코올, 양초 등의 연소
㉱ 확산연소 : 기체연료의 연소
㉲ 자기연소 : 셀룰로이드류, 질산에스테르류, 히드라진 등 제5류 위험물의 연소

05. 대기압 0.1[MPa] 하에서 게이지 압력이 0.8[MPa]이었다. 이때 절대압력은 몇 [MPa]인가?
① 0.7 ② 0.8
③ 0.9 ④ 1.0

해설 절대압력 = 대기압 + 게이지압력
= 0.1 + 0.8 = 0.9[MPa]

정답 1.② 2.① 3.② 4.② 5.③

06. 어떤 굴뚝가스가 50mol[%] N_2, 20mol[%] CO_2, 10mol[%] O_2와 나머지가 H_2O인 조성을 가지고 있다. 이 기체 중 CO_2 가스의 건기준의 몰분율은?

① 0.125   ② 0.2
③ 0.25   ④ 0.55

해설 건기준 몰분율은 수분(H_2O)을 제외한 비율이다.

$$\therefore CO_2 \text{몰분율} = \frac{성분몰수}{전체몰수} = \frac{20}{50+20+10} = 0.25$$

07. 다음 중 공기 과잉율(과잉 공기율)을 나타내는 식은? (단, A는 실제공기량, A_0는 이론공기량이다.)

① $\dfrac{A_0}{A}$ ② $A_0 - A$

③ $\dfrac{A_0 - A}{A}$ ④ $\dfrac{A - A_0}{A_0}$

해설 과잉 공기율[%] : 과잉공기량(B)과 이론공기량(A_0)의 비율[%]

$$\therefore 과잉공기율[\%] = \frac{B}{A_0} \times 100$$
$$= \frac{A - A_0}{A_0} \times 100$$
$$= (m-1) \times 100$$

08. 다음 중 주로 공업용으로 사용되는 액체 연료의 연소방식은?

① 증발연소방식   ② 무화연소방식
③ 기화연소방식   ④ 표면연소방식

해설 액체연료를 공업적으로 가장 많이 사용하는 연소방식은 연료를 안개모양으로 무화시켜 연소시키는 분무연소방식(무화연소방식)이다.

09. 중유에 대한 설명으로 틀린 것은?

① 점도에 따라 A, B, C 등 3종류로 나눈다.
② 비중은 약 0.79~0.85이다.
③ 보일러용 연료로 사용된다.
④ 인화점은 약 60~150[℃] 정도이다.

해설 중유의 성질
㉮ 중유(heavy oil)는 비점이 300[℃] 이상인 갈색 또는 암갈색의 액체로 탄소(C)가 가장 많이 함유하고 있다.
㉯ 정제과정에 의한 분류 : 직류 중유, 분해 중유
㉰ 점도에 의한 분류 : A중유 < B중유 < C중유
㉱ 유황분 함량에 의한 분류 : A급(1호, 2호), B급, C급(1호, 2호, 3호, 4호)의 7종으로 구분
㉲ 비중 : 0.856~1
㉳ 인화점 : 약 60~150[℃] 정도

10. 대규모 저탄장에 석탄을 옥외저장 시 자연발화의 위험이나 풍화의 장해를 줄이기 위한 조치로 적절치 않은 것은?

① 완만한 경사로 가급적 낮게 층을 쌓는다.
② 내풍화성이 좋은 석탄을 선택한다.
③ 저탄면적이 넓은 경우 적절히 통기구를 설치한다.
④ 가급적 입자가 미세한 석탄을 선정하여 탄탄히 쌓는다.

해설 석탄의 저장방법
㉮ 탄층의 높이는 옥외 저탄 시 4[m] 이하, 옥내 저탄 시 2[m] 이하로 한다.
㉯ 탄 종류, 채탄시기, 인수시기, 입도별로 구분하여 쌓는다.
㉰ 바닥면을 1/100~1/150 구배를 주어 배수를 용이하게 한다.
㉱ 풍화작용을 억제하기 위해 가급적 수분과 휘발분이 작고 입자가 큰 석탄을 선택한다.
㉲ 풍화작용은 외기온도 및 저장기간의 영향을 크게 받으므로 저장일은 30일 이내로 한다.
㉳ 지붕을 설치하여 한서를 방지한다.
㉴ 자연발화를 방지하기 위하여 30[m²]마다 1개소 이상의 통기구를 마련하여 발열조치를 한다.
㉵ 탄층 1[m] 깊이의 온도를 60[℃] 이하가 되도록 한다.

정답 6. ③ 7. ④ 8. ② 9. ② 10. ④

11_ 회전 분무식 버너에 대한 설명으로 틀린 것은?
① 자동제어가 편리하다.
② 분무각도는 40~80° 정도이다.
③ 유량조절 범위는 1:5 정도로서 비교적 넓다.
④ 연료소비량 10[L/h] 이하에서 주로 사용된다.

해설 회전식(rotary type) 버너의 특징
㉮ 분무컵을 고속으로 회전시켜 연료를 분출하고, 1차 공기를 이용하여 무화시키는 방식이다.
㉯ 사용유압은 0.3~0.5[kgf/cm²] 정도이다.
㉰ 분무각은 30~80° 정도, 유량 조절범위는 1:5 정도이다.
㉱ 회전수는 직결식이 3000~3500[rpm], 벨트식이 7000~10000[rpm] 정도이다.
㉲ 설비가 간단하고 자동화가 쉽다.
㉳ 점도가 작을수록 분무상태가 좋아진다.
㉴ 고점도 연료는 예열이 필요하다.
㉵ 청소, 점검, 수리가 간편하다.

12_ 저위발열량이 9750[kcal/kg]인 중유를 연소시키는 10[ton/h]의 증기보일러에 적합한 버너의 용량은 몇 [L/h]인가? (단, 중유 비중은 0.915, 보일러 효율은 88[%]이다.)
① 530.3 ② 604.2
③ 628.2 ④ 686.6

해설 버너용량 = $\dfrac{\text{증기발생에 필요한 열량}}{\text{연료의 저위발열량} \times \text{보일러 효율}}$

$= \dfrac{539 \times 10 \times 10^3}{9750 \times 0.915 \times 0.88} = 686.562 \text{L/h}$

13_ 어떤 원소 $C_m H_n$ 1[Sm³]를 완전 연소시킬 때 발생되는 H_2O는 몇 [Sm³]인가? (단, m, n은 상수이다.)
① $2n$ ② n ③ $\dfrac{n}{2}$ ④ $\dfrac{n}{4}$

해설 탄화수소($C_m H_n$)의 완전연소 반응식
$C_m H_n + \left(m + \dfrac{n}{4}\right) O_2 \rightarrow m CO_2 + \dfrac{n}{2} H_2O$

14_ 다음 중 발생로 가스의 성분을 옳게 나타낸 것은?
① CH_4 85[%], C_2H_6 7.5[%], C_3H_8 5[%], C_4H_{10} 2[%]
② CO 6[%], H_2 18[%], CH_4 33[%], C_2H_4 22[%], C_3H_8 8[%], N_2 6[%]
③ CO 9[%], H_2 51[%], CH_4 29[%], C_2H_4 3[%], N_2 5[%]
④ CO 24[%], H_2 13[%], CH_4 3[%], N_2 55[%], CO_2 5[%]

해설 발생로가스 : 적열상태로 가열한 탄소분이 많은 고체연료에 공기나 산소를 공급하여 불완전연소로 얻은 가스로 발열량이 1100[kcal/m³] 정도이다. 성분은 CO 24[%], H_2 13[%], CH_4 3[%], N_2 55[%], CO_2 5[%]으로 질소함유량이 높다.

15_ 과잉공기량이 다소 많을 경우 발생되는 현상을 설명한 것으로 틀린 것은?
① 배기가스 중 CO_2[%]가 낮게 된다.
② 연소실 온도가 낮게 된다.
③ 배기가스에 의한 열손실이 증가한다.
④ 불완전연소를 일으키기 쉽다.

해설 과잉공기량이 많을 때 영향
㉮ 연소실 내의 온도가 낮아진다.
㉯ 배기가스로 인한 손실열이 증가한다.
㉰ 배기가스 중 질소산화물(NO_x)이 많아져 대기오염 및 저온부식을 초래한다.
㉱ 연료소비량이 증가한다.
㉲ 배기가스량이 많아져 배기가스 중 CO_2[%]가 낮게 된다.

16_ 옥탄(C_8H_{18}) 1[mol]을 이론공기비로 완전 연소 시 발생하는 생성물의 총 몰수는?
① 40 ② 46
③ 60 ④ 64

해설 ㉮ 옥탄(C_8H_{18})의 완전연소 반응식
$C_8H_{18} + 12.5 O_2 + (N_2) \rightarrow 8 CO_2 + 9 H_2O + (N_2)$
㉯ 연소 시 발생하는 생성물의 몰수 계산 : 공기 중에 포함

된 질소는 불연성기체로 배기가스로 그대로 배출되며, 질소량은 산소량의 3.76배 $\left(\dfrac{79}{21}\text{배}\right)$ 이다.

∴ 생성물 $= CO_2 + H_2O + N_2$
$= 8 + 9 + (12.5 \times 3.76) = 64$ [몰]

17. 중유의 비중이 크면 C/H 비가 커지며, 이 때 발열량은 어떻게 되겠는가?

① 적어진다. ② 커진다.
③ 관계없다. ④ 불규칙하게 변한다.

[해설] 탄수소비(C/H)가 증가하는 것은 탄소량이 많고 수소량이 적은 경우로 관계는 다음과 같다.

구 분	C/H 비 증가	C/H 비 감소
발열량	감소	증가
공기량	감소	증가
비중	증가	감소
화염방사율	증가	감소
배기가스량	감소	증가
인화점	높아진다.	낮아진다.
동점도	증가	감소

18. 액화석유가스(LPG)의 관리방법 중 틀린 것은?

① 찬 곳에 저장한다.
② 접속부분의 누출여부를 정기적으로 점검한다.
③ 용기주위에 체류가스가 없도록 통풍을 잘 시킨다.
④ 용기의 온도는 60[℃] 이하가 되도록 한다.

[해설] 용기의 온도는 40[℃] 이하로 유지한다.

19. 천연가스가 순수 메탄으로 구성되었다고 가정할 때, 1[kg]의 연료를 완전 연소시키는 데 필요한 이론공기량은 약 몇 [kg]인가?

① 2.0 ② 9.5
③ 17.3 ④ 27.2

[해설] ㉮ 메탄(CH_4)의 완전연소 반응식
$CH_4 + 2O_2 \rightarrow CO_2 + 2H_2O$
㉯ 이론공기량[kg/kg] 계산
16[kg] : 2×32[kg] = 1[kg] : x(O_0)[kg]
∴ $A_0 = \dfrac{O_0}{0.232} = \dfrac{1 \times 2 \times 32}{16 \times 0.232} = 17.241$ [kg/kg]

20. 역청탄의 참비중은 1.45, 겉보기 비중은 0.78이다. 이때의 기공률은 약 몇 [%]인가?

① 46.2[%] ② 61.5[%]
③ 66.7[%] ④ 78[%]

[해설] 기공률 $= \dfrac{\text{참비중} - \text{겉보기 비중}}{\text{참비중}} \times 100$
$= \dfrac{1.45 - 0.78}{1.45} \times 100 = 46.206$ [%]

2과목 - 열역학

21. 하나의 열원으로부터 열을 공급받아 이를 일로 계속적으로 바꾸는 영구기관은 어느 법칙에 위배되는가?

① 열역학 제0법칙
② 열역학 제1법칙
③ 열역학 제2법칙
④ 질량 보존의 법칙

[해설] 영구기관
㉮ 제1종 영구 운동기관 : 입력보다 출력이 더 큰 기관으로 효율이 100[%] 이상인 기관으로 열역학 제1법칙에 위배되며 실현 불가능한 기관이다.
㉯ 제2종 영구기관 : 입력과 출력이 같은 기관으로 효율이 100[%]인 것으로 열역학 제2법칙에 위배된다.

정답 17. ① 18. ④ 19. ③ 20. ① 21. ③

22. 이상기체에 관한 식으로 옳은 것은? (단, R[J/kg·K]은 기체상수, $\overline{R}$[J/mol·K]는 일반기체상수, N은 기체몰수, M은 기체의 분자량, ρ는 기체의 밀도이다.)

① $PN = \overline{R}T$ ② $PV = M\overline{R}T$
③ $PV = NRT$ ④ $P = \rho RT$

해설 이상기체 G[kg]에 대한 방정식은 $PV = GRT$이다.
∴ $P = \dfrac{GRT}{V} = \dfrac{G}{V}RT = \rho RT$
여기서 기체의 밀도 ρ[kg/m³]이다.

23. 어떤 냉동기에서 응축기용 냉각수 유량이 5000[kg/h]이고, 응축기 입구와 출구의 냉각수 온도는 각각 15[℃], 30[℃]이다. 냉각수의 평균 비열이 4.183[kJ/kg·K]이면 응축기를 거치면서 냉각수가 흡수한 열량은 약 몇 [kJ/h]인가?

① 2.715×10^5 ② 3.137×10^5
③ 3.792×10^5 ④ 4.185×10^5

해설 응축기의 냉각수가 흡수한 열량은 현열이다.
∴ $Q = G \times C \times \Delta T$
$= 5000 \times 4.183 \times \{(273+30) - (273+15)\}$
$= 313725$ [kJ/h] $= 3.137 \times 10^5$ [kJ/h]

24. 재생 랭킨 사이클을 사용하는 주된 목적으로 가장 타당한 것은?

① 펌프일의 감소
② 공급열량 감소
③ 터빈출구 건도 향상
④ 터빈일의 증가

해설 재생 사이클 : 팽창 도중의 증기를 터빈에서 추출하여 급수의 가열에 사용하는 사이클로 공급열량을 감소하여 열효율이 랭킨사이클에 비해 증가한다.0

25. 그림과 같은 $T-S$ 선도에서 빗금 친 부분의 면적 $abcd$는 무엇을 나타내는가?

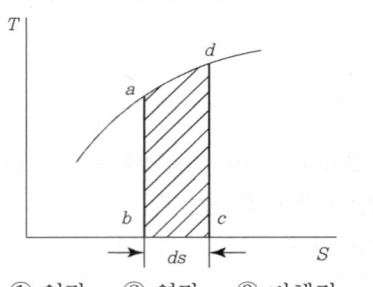

① 일량 ② 열량 ③ 비체적 ④ 압력

해설 $T-S$ 선도에서 빗금 친 부분의 면적은 계에 출입하는 열량을 나타낸다.

26. 그림과 같이 유체가 단면적이 변하는 관로를 흐르고 있을 때 B점에서의 유속이 A점에서의 유속의 2배라 할 때 A점과 B점에서의 엔탈피는 어떠한 관계가 있는가? (단, 관로는 단열재로 싸여 있다.)

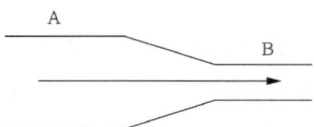

① A점의 엔탈피가 B점의 엔탈피보다 크다.
② A점의 엔탈피가 B점의 엔탈피보다 작다.
③ A점의 엔탈피와 B점의 엔탈피는 서로 같다.
④ A점의 엔탈피는 유체의 물리적 성질에 따라 B점의 엔탈피보다 클 수도 있고, 작을 수도 있다.

해설 열역학 제1법칙에 의하여 A점에 유입된 에너지와 B점에서 빠져나간 에너지는 같아야 하는데 B점의 유속이 A점의 2배가 되므로 속도에너지가 크므로 A점의 엔탈피 ($u_A + P_A v_A$)가 B점의 엔탈피($u_B + P_B v_B$)보다 커야 한다.
$e_A = u_A + P_A v_A + \dfrac{w_A^2}{2g} + z_A$

$$e_B = u_B + P_B v_B + \frac{w_B^2}{2g} + z_B \text{이고}$$
$$e_A = e_B \text{이므로}$$
$$\therefore u_A + P_A v_A + \frac{w_A^2}{2g} + z_A = u_B + P_B v_B + \frac{w_B^2}{2g} + z_B$$

27. 겨울에 주위로부터 열을 흡수하여 건물 내에 열을 방출함으로써 난방에 이용되는 기기를 무엇이라고 하는가?
 ① 에어컨 ② 히트파이프
 ③ 제습기 ④ 열펌프

해설 열펌프(heat pump) : 여름철에 사용되는 냉방기(에어컨)에서 냉매가 순환되는 과정을 변경시켜 실내에 설치된 실내기(증발기)가 응축기의 기능을 하여 난방에 이용되는 장치이다.

28. 압력 0.1[MPa], 온도 20[℃]의 공기가 6[m]×10[m]×4[m]인 실내에 존재할 때 공기의 질량은 몇 [kg]인가? (단, 공기의 기체상수 R은 0.287[kJ/kg·K]이다.)
 ① 270.7 ② 285.4
 ③ 299.1 ④ 303.6

해설 $PV = GRT$에서
$$\therefore G = \frac{PV}{RT}$$
$$= \frac{(0.1 \times 1000) \times (6 \times 10 \times 4)}{0.287 \times (273 + 20)} = 285.405 [\text{kg}]$$

29. 몰리엘 선도에서 직접적으로 알아내기가 가장 어려운 것은?
 ① 과열증기의 엔탈피
 ② 과열증기의 비열
 ③ 과열증기의 과열도
 ④ 건포화증기의 엔트로피

해설 증기의 몰리에 선도에서는 포화수의 온도 및 건도 0.7 이상의 포화증기와 과열증기의 엔탈피, 온도, 엔트로피만 알 수 있다. 과열증기의 비열은 알아내기 곤란하다.

30. 일정한 압력하에서 25[℃]의 공기에 의해 100[℃]의 포화수증기 1[kg]이 100[℃]의 포화액으로 변화되었다면 이 과정에 대한 전체 엔트로피 변화는 몇 [kJ/K]인가? (단, 100[℃]의 수증기에 대한 증발잠열(h_{fg})은 2257[kJ/kg]이고, 공기의 온도 변화는 없다.)
 ① 6.048 ② -6.048
 ③ 1.522 ④ 7.570

해설 100[℃] 포화수증기가 25[℃]의 공기에 의해 냉각되어 100[℃]의 포화액으로 변화된 것이므로 고열원(T_1)의 엔트로피는 감소되고, 저열원(T_2)의 엔트로피는 증가된다.
$$\therefore \Delta s = \frac{Q}{T_2} - \frac{Q}{T_1}$$
$$= \frac{2257}{273 + 25} - \frac{2257}{273 + 100} = 1.522 [\text{kJ/K}]$$

31. 가로, 세로, 높이가 각각 3[m], 4[m], 5[m]인 직육면체 상자에 들어 있는 어떤 이상기체의 질량이 80[kg]이다. 상자 안의 기체의 압력이 100[kPa]이면 온도는 몇 [℃]인가? (단, 기체상수 R은 250[J/kg·K]이다.)
 ① 27 ② 31
 ③ 34 ④ 44

해설 $PV = GRT$에서
$$\therefore T = \frac{PV}{GR}$$
$$= \frac{100 \times (3 \times 4 \times 5)}{80 \times 0.250} = 300 [\text{K}] - 273$$
$$= 27 [\text{℃}]$$

정답 27. ④ 28. ② 29. ② 30. ③ 31. ①

32. 체적이 6[m³]일 때 무게가 4800[kgf]인 유체의 비중은?

① 0.6 　　② 0.7
③ 0.8 　　④ 0.9

해설 $s = \dfrac{W}{V} = \dfrac{4800}{6 \times 1000} = 0.8$

33. 엔탈피는 내부에너지와 무엇을 더한 것인가?

① 에너지
② 엔트로피
③ 유동일(flow work)
④ 잠열(latent heat)

해설 엔탈피는 내부에너지와 외부에너지의 합이고, 외부에너지는 유동일(Pv)에 해당된다.
∴ $h = U + APv$

34. 이상기체의 등온변화에 대한 관계식으로 옳은 것은? (단, Q는 열량, k는 비열비, U는 내부에너지, H는 엔탈피이다.)

① $Q = \Delta H$ 　　② $\dfrac{V_2}{V_1} = \left(\dfrac{P_1}{P_2}\right)^{\frac{1}{k}}$
③ $dQ = dU$ 　　④ $\Delta H = 0$

해설 등온과정에서 내부에너지(U)와 엔탈피(H) 변화는 없다.

35. 냉매의 일반적인 구비조건이 아닌 것은?

① 증발잠열이 클 것
② 증발압력은 가급적 대기압보다 높을 것
③ 단위 냉동능력당 냉매 순환량이 적을 것
④ 액체의 비열은 크고, 기체의 비열은 작을 것

해설 냉매의 구비조건
㉮ 응고점이 낮고 임계온도가 높으며 응축, 액화가 쉬울 것
㉯ 증발잠열이 크고 기체의 비체적이 적을 것
㉰ 오일과 냉매가 작용하여 냉동장치에 악영향을 미치지 않을 것
㉱ 화학적으로 안정하고 분해하지 않을 것
㉲ 금속에 대한 부식성 및 패킹재료에 악영향이 없을 것
㉳ 인화 및 폭발성이 없을 것
㉴ 인체에 무해할 것(비독성가스일 것)
㉵ 액체의 비열은 작고, 기체의 비열은 클 것
㉶ 경제적일 것(가격이 저렴할 것)

36. 온도 100[℃], 압력 2[MPa]의 일정한 질량의 이상기체가 있다. 압력이 일정한 과정 하에서 체적이 원래 체적의 2배가 되었을 때 기체의 온도는 몇 [℃]인가?

① 173 　　② 273
③ 373 　　④ 473

해설 $\dfrac{P_1 V_1}{T_1} = \dfrac{P_2 V_2}{T_2}$ 에서 $P_1 = P_2$이므로
∴ $T_2 = \dfrac{T_1 V_2}{V_1}$
$= \dfrac{(273+100) \times 2V_1}{V_1} = 746[K] - 273$
$= 473[℃]$

37. 어떤 용기 내의 기체의 압력이 계기압력으로 P_g이다. 대기압을 P_a라고 할 때 기체의 절대압력은?

① $P_g - P_a$ 　　② $P_g + P_a$
③ P_g 　　④ P_a

해설 절대압력 = 대기압(P_a) + 계기압력(P_g)

38. $P-V$ 선도의 각 과정을 옳게 나타낸 것은? (단, k는 비열비, n은 폴리트로픽지수이다.)

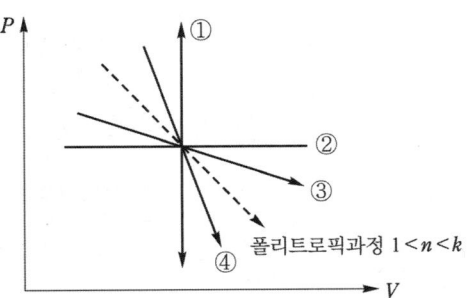

① ① – 단열과정　② ② – 정압과정
③ ③ – 정적과정　④ ④ – 등온과정

해설 폴리트로픽 과정의 폴리트로픽 지수(n)
㉮ 정적과정 : $n=\infty$
㉯ 정압과정 : $n=0$
㉰ 정온과정 : $n=1$
㉱ 단열과정(등엔트로피과정) : $n=k$
㉲ 폴리트로픽과정 : $1<n<k$

39. 절대압력 800[kPa]인 증기의 엔탈피를 측정하니 2724[kJ/kg]이었다. 이때 증기의 건도는 얼마인가? (단, 같은 압력 하에서의 건포화증기 엔탈피는 2765[kJ/kg]이고, 포화수 엔탈피는 718.3[kJ/kg]이다.)

① 0.92　② 0.94
③ 0.96　④ 0.98

해설 $h_2 = h' + x(h''-h')$에서
$\therefore x = \dfrac{h_2-h'}{h''-h'} = \dfrac{2724-718.3}{2765-718.3} = 0.97996$

40. 에어컨이 실내에서 400[kJ]의 열을 흡수하여 실외로 500[kJ]을 방출할 때의 성능계수는?

① 0.8　② 1.25
③ 2.0　④ 4.0

해설 $COP_R = \dfrac{Q_2}{W} = \dfrac{Q_2}{Q_1-Q_2} = \dfrac{400}{500-400} = 4.0$

3과목 - 계측방법

41. 열전대가 있는 보호관 속에 MgO, Al_2O_3를 넣고 다져서 길게 만든 것으로서 진동이 심하고 가소성이 있는 곳에 주로 사용되는 열전대는?
① 시스(sheath) 열전대
② CA(K형) 열전대
③ 서미스트
④ 석영관 열전대

해설 시스(sheath) 열전대 : 열전대 보호관이 유연성이 있는 것으로 열전대 소선과 측온저항체 사이(보호관 내부)에 무기절연물인 마그네시아(MgO)를 고압 충진한 형태로 진동이 심한 곳에서도 사용이 가능하다.

42. 유압식 신호전달 방식의 특징에 대한 설명으로 틀린 것은?
① 전달의 지연이 적고 조작량이 강하다.
② 주위 온도변화에 영향을 받지 않는다.
③ 인화의 위험성이 있다.
④ 비압축성이므로 조작속도 및 응답이 빠르다.

해설 유압식 신호전달 방식의 특징
㉮ 조작 속도가 크다.
㉯ 조작력이 강하다.
㉰ 희망특성의 것을 만들기 쉽다.
㉱ 녹이 발생하지 않는다.
㉲ 인화의 위험성이 따른다.
㉳ 주위온도 영향을 받는다.
㉴ 유압원을 필요로 한다.
㉵ 기름의 유동 저항을 고려하여야 한다.

정답 38. ② 39. ④ 40. ④ 41. ① 42. ②

43. 보일러에 사용하는 급수조절장치로 수위제어 방식에 적용되는 검출방식이 아닌 것은?
① 플로트식 ② 전극식
③ 전압식 ④ 열팽창식

해설 급수조절장치(수위제어 방식, 저수위경보장치) 종류 : 플로트식(부자식), 전극식, 열팽창식(열팽창관식)

44. 다음 중 액면 측정방법이 아닌 것은?
① 플로트식 ② 액압 측정식
③ 정전용량식 ④ 박막식

해설 액면계의 분류 및 종류
㉮ 직접법 : 직관식, 플로트식(부자식), 검척식
㉯ 간접법 : 압력식, 초음파식, 정전용량식, 방사선식, 차압식, 다이어프램식, 편위식, 기포식, 슬립 튜브식 등

45. 가스분석계의 측정법 중 전기적 성질을 이용한 것은?
① 세라믹법
② 자화율법
③ 오르사트(Orsat)법
④ 기체크로마토그래피(gaschromatography)법

해설 세라믹식 O_2 분석기(지르코니아식 O_2 분석기) : 지르코니아(ZrO_2)를 주원료로 한 특수세라믹은 온도 850[℃] 이상에서 산소이온만 통과시키는 특수한 성질을 이용한 것으로 산소이온이 통과할 때 발생되는 기전력을 측정하여 산소농도를 측정한다.

46. 최근 널리 보급되어 사용되고 있는 초음파 유량계에 대한 설명으로 틀린 것은?
① 고주파의 펄스를 이용하여 유체의 유속을 측정함으로써 유량을 측정하는 장치이다.
② 초음파가 유속을 진행할 때 유체의 속도에 따른 유체와 초음파의 공명현상을 이용한 것이다.
③ 싱어라운드법, 시간차법, 위상차법 등이 있다.
④ 주로 대유량의 측정에 적합하고, 측정에 따른 압력손실이 거의 없다.

해설 초음파 유량계 : 초음파의 유속과 유체 유속의 합이 비례한다는 도플러 효과를 이용한 유량계로 측정체가 유체와 접촉하지 않고, 정확도가 아주 높으며, 고온, 고압, 부식성 유체에도 사용이 가능하다.

47. 다음 중 차압식 유량계가 아닌 것은?
① 벤투리 유량계 ② 오리피스 유량계
③ 피스톤형 유량계 ④ 플로 노즐 유량계

해설 차압식 유량계 : 교축(throttle) 기구를 이용하여 유량을 측정하는 것으로 종류에는 오리피스미터, 플로노즐, 벤투리미터가 있다.

48. 다음 중 탄성식 압력계가 아닌 것은?
① 부르동관 압력계 ② 다이어프램 압력계
③ 벨로즈 압력계 ④ 환상천평식 압력계

해설 탄성식 압력계의 종류 : 부르동관식, 다이어프램식, 벨로즈식, 캡슐식

49. 2개의 제어계를 조합하여 1차 제어장치가 제어량을 측정하여 제어, 명령하고 2차 제어장치가 이 명령을 바탕으로 제어량을 조절하는 제어방식을 무엇이라 하는가?
① 비율 제어 ② 시퀀스 제어
③ 프로그램 제어 ④ 캐스케이드 제어

해설 캐스케이드 제어 : 두 개의 제어계를 조합하여 제어량의 1차 조절계를 측정하고 그 조작 출력으로 2차 조절계의 목표값을 설정하는 방법으로 단일 루프제어에 비해 외란의

정답 43. ③ 44. ④ 45. ① 46. ② 47. ③ 48. ④ 49. ④

영향을 줄이고 계 전체의 지연을 적게 하는데 유효하기 때문에 출력 측에 낭비시간이나 지연이 큰 프로세스제어에 이용되는 제어이다.

㉰ 소형으로 협소한 장소의 측정에 유리하다.
㉱ 소자의 균일성 및 재현성이 없다.
㉲ 흡습에 의한 열화가 발생할 수 있다.
㉳ 측정범위는 −100∼300[℃] 정도이다.

50_ 보일러 등 연소장치의 통풍력을 측정하는데 주로 사용되는 것은?
① 탄산가스미터 ② 파이로미터
③ 드래프트 게이지 ④ 부르동관 압력계

해설 드래프트 게이지(draft gauge) : 보일러 등 연소장치에서 연소에 필요한 통풍상태를 확인하기 위하여 연소실 내부(또는 연도 내부)와 외부와의 압력차를 측정하는 것으로 U자관 액주계, 링밸런스식, 다이어프램식 등을 사용한다.

53_ 유속 3[m/s]의 물속에 피토관을 설치할 때 수주의 높이는 약 몇 [m]인가?
① 0.46[m] ② 0.92[m]
③ 4.6[m] ④ 9.2[m]

해설 $h = \dfrac{V^2}{2g} = \dfrac{3^2}{2 \times 9.8} = 0.459 \, [\text{mH}_2\text{O}]$

51_ 일정량의 측정가스와 수소(H_2) 등 가연성가스를 혼합하고 이 혼합가스에 촉매를 넣고 연소시키는 분석계는?
① 연소식 O_2계 ② 자기식 O_2계
③ H_2 + CO계 ④ 자동화학 CO_2계

해설 연소식 O_2계 : 측정대상 가스와 수소(H_2) 등의 가연성가스를 혼합하고 촉매에 의한 연소를 시켜 산소농도에 따라 반응열이 변화하는 것을 이용하여 산소농도를 측정하는 분석계로, 가스의 유량이 변동하면 오차가 발생한다.

54_ 오리피스에 의한 유량측정에서 유량은 압력차와 어떤 관계인가?
① 압력차에 비례한다.
② 압력차에 반비례한다.
③ 압력차의 평방근에 비례한다.
④ 압력차의 평방근에 반비례한다.

해설 차압식 유량계의 유량계산식
$$Q = C \cdot A \sqrt{\dfrac{2g}{1-m^4} \times \dfrac{P_1 - P_2}{\gamma}}$$
※ 차압식 유량계에서 유량은 차압의 평방근에 비례한다.

52_ 서미스터(thermistor)에 대한 설명 중 틀린 것은?
① 응답이 빠르다.
② 온도 저항 특성이 비직선적이다.
③ 좁은 장소에서의 온도 측정에 적합하다.
④ 충격에 대한 기계적 강도가 양호하고, 흡습 등에 열화되지 않는다.

해설 서미스터 온도계 특징
㉮ 감도가 크고 응답성이 빨라 온도변화가 작은 부분 측정에 적합하다.
㉯ 온도 상승에 따라 저항치가 감소한다.(저항온도계수가 부특성(負特性)이다.)

55_ 다음 중 진공계의 종류가 아닌 것은?
① 맥라우드 진공계 ② 열전도형 진공계
③ 전리 진공계 ④ 음향식 진공계

해설 진공계의 종류 및 측정범위

명 칭		측정범위
맥로이드(Mcloed)형 진공계		10^{-4} [torr]
전리 진공계		10^{-10} [torr]
열전도형	피라니 진공계	$10 \sim 10^{-5}$ [torr]
	서미스터 진공계	−
	열전대 진공계	$1 \sim 10^{-3}$ [torr]

정답 50. ③ 51. ① 52. ④ 53. ① 54. ③ 55. ④

56_ 자동제어 장치에 대한 설명으로 틀린 것은?
① 증기압력제어는 공기량과 연료량을 제어하는 것이다.
② 연소제어는 증기의 압력 및 온도가 일정한 값이 되도록 연소의 양을 자동으로 제어하는 방식이다.
③ 신호를 전달하는 공기식은 파일럿 밸브식과 분사관식이 있다.
④ 수위제어의 3요소식은 수위, 급수량, 증기량을 검출해서 조작부로 신호를 전한다.

해설 공기식 신호전달 방법에는 파일럿 밸브식과 플래퍼 노즐식이 있다.

57_ 방사온도계의 방사에너지는 절대온도의 몇 승에 비례하는가?
① 2   ② 3
③ 4   ④ 5

해설 ㉮ 방사온도계의 측정원리 : 스테판-볼츠만법칙
㉯ 스테판-볼츠만 법칙 : 단위표면적당 복사되는 에너지는 절대온도의 4승(제곱)에 비례한다.

58_ 열전대 온도계는 어떤 현상을 이용한 온도계인가?
① 치수의 증대   ② 전기저항의 변화
③ 기전력의 발생 ④ 압력의 발생

해설 제백효과(Seebeck effect) : 2종류의 금속선을 접속하여 하나의 회로를 만들어 2개의 접점에 온도차를 부여하면 회로에 접점의 온도에 거의 비례한 전류(열기전력)가 흐르는 현상으로 열전대 온도계의 측정원리이다.

59_ 자기식 O_2계의 특징에 대한 설명으로 틀린 것은?
① 가동부분이 없다.
② 측정가스 중에 가연성 가스가 포함되면 사용할 수 없다.
③ 시료가스의 유량, 점성, 압력 등의 변화에 대하여 측정오차가 크게 발생한다.
④ 열선이 유리로 피복되어 있어서 측정가스 중의 가연성가스에 대한 백금의 촉매작용을 막아준다.

해설 자기식 O_2계(분석기) : 일반적인 가스는 반자성체에 속하지만 O_2는 자장에 흡입되는 강력한 상자성체인 것을 이용한 산소 분석기이다.
㉮ 가동부분이 없고 구조도 비교적 간단하며, 취급이 용이하다.
㉯ 측정가스 중에 가연성 가스가 포함되면 사용할 수 없다.
㉰ 가스의 유량, 압력, 점성의 변화에 대하여 지시오차가 거의 발생하지 않는다.
㉱ 열선은 유리로 피복되어 있어 측정가스 중의 가연성가스에 대한 백금의 촉매작용을 막아 준다.

60_ 광전관식 온도계의 특징에 대한 설명으로 옳은 것은?
① 응답속도가 느리다.
② 고정물체의 측정만 가능하다.
③ 구조가 다소 복잡하다.
④ 기록의 제어가 불가능하다.

해설 광전관식 온도계 : 사람 눈 대신 광전지 혹은 광전관을 사용하여 자동으로 측정(광고온도계를 자동화 시킨 것)하는 것이다.
㉮ 700[℃] 이하는 측정이 곤란하다.
  (측정 범위 : 700~3000[℃])
㉯ 측정온도의 자동기록, 자동제어가 가능하다.
㉰ 움직이는 물체의 온도 측정이 가능하고, 측온체의 온도를 변화시키지 않는다.
㉱ 광고온도계에 비해 응답시간이 빠르지만, 구조가 복잡하다.

정답 56. ③ 57. ③ 58. ③ 59. ③ 60. ③

4과목 - 열설비재료 및 설계

61. 최고사용압력이 0.7[MPa] 이상인 보일러의 증기 공급, 차단을 위하여 설치하는 밸브는?
① 스톱밸브 ② 게이트밸브
③ 감압밸브 ④ 체크밸브

해설 스톱밸브 설치 기준 (열사용기자재 검사기준 22.6.2)
(1) 스톱밸브의 개수
 ㉮ 증기의 각 분출구(안전밸브, 과열기의 분출구 및 재열기의 입구·출구를 제외한다)에는 스톱밸브를 갖추어야 한다.
 ㉯ 맨홀을 가진 보일러가 공통의 주 증기관에 연결될 때에는 각 보일러와 주증기관을 연결하는 증기관에는 2개 이상의 스톱밸브를 설치하여야 하며, 이들 밸브사이에는 충분히 큰 드레인 밸브를 설치하여야 한다.
(2) 스톱밸브
 ㉮ 스톱밸브의 호칭압력(KS규격에 최고사용압력을 별도로 규정한 것은 최고사용압력)은 보일러의 최고사용압력 이상이어야 하며 적어도 0.7[MPa] 이상이어야 한다.
 ㉯ 65[mm] 이상의 증기스톱밸브는 바깥나사형의 구조 또는 특수한 구조로 하고 밸브 몸체의 개폐를 한눈에 알 수 있는 것이어야 한다.
(3) 밸브의 물 빼기 : 물이 고이는 위치에 스톱밸브가 설치될 때에는 물 빼기를 설치하여야 한다.

62. 고온·고압 보일러에서 발생하는 가성취화를 방지하기 위한 억제제가 아닌 것은?
① 인산나트륨 ② 탄닌
③ 폴리아미드 ④ 리그린

해설 가성취화 방지제 종류 : 황산나트륨(Na_2SO_4), 인산나트륨(Na_3PO_4), 질산나트륨, 탄닌, 리그린

63. 용광로에 장입하는 코크스의 역할이 아닌 것은?
① 열원 ② SiO_2, P의 환원
③ 광석의 환원 ④ 선철에 흡수

해설 코크스의 역할
㉮ 선철을 제조하는 열원으로 사용
㉯ 연소 시 환원성 가스 생성에 의해서 광석을 가스환원하는 동시에 직접 그 탄소에 의해서 광석을 환원 → 흡탄작용
㉰ 일부 탄소는 가스 상태로 선철 중에 흡수되어 선철 성분이 된다.

64. 장치 내의 전수량이 2000[L]의 온수보일러에 8[℃]의 물을 넣고 96[℃]로 가열하였다면 온수의 팽창량은 약 몇 [L]인가? (단, 8[℃]의 물의 밀도는 0.99988[kg/L], 96[℃]의 물의 밀도는 0.96122[kg/L]이다.)
① 70.8 ② 80.5
③ 90.5 ④ 100.6

해설
$$\Delta V = \left(\frac{1}{\rho_h} - \frac{1}{\rho_c}\right) \times V$$
$$= \left(\frac{1}{0.96122} - \frac{1}{0.99988}\right) \times 2000 = 80.449 [L]$$

65. 다음 중 시멘트 소성로의 종류가 아닌 것은?
① 보일러 장치 건식로(dry with waste heat boiler)
② 서스펜션 프리히터 장치 킬른(suspension preheater kiln)
③ 롤러 하스 킬른(roller hearth kiln)
④ 뉴서스펜션 프리히터 장치 킬른(new suspension preheater kiln)

해설 시멘트 소성로의 종류
㉮ 보일러 장치 건식로(dry with waste heat boiler)
㉯ 서스펜션 프리히터 장치 킬른(suspension preheater kiln) : 부유 예열기를 사용한 회전식요
㉰ 뉴서스펜션 프리히터 장치 킬른(NSP : new suspension preheater kiln) : 새로운 SP 가마
※ 롤러 하스 킬른(roller hearth kiln) : 건축 재료로 쓰이는 타일이나 주방의 도자기, 위생식기 등을 소성하는 데 사용하는 요이다.

정답 61. ① 62. ③ 63. ② 64. ② 65. ③

66. Q_1을 미보온 상태에서 표면으로부터의 방산열량, Q_2를 보온 시공 상태에서 표면으로부터의 방산열량이라고 할 때 보온효율을 바르게 나타낸 것은?

① $\eta = \dfrac{Q_1}{Q_2}$ ② $\eta = \dfrac{Q_1 - Q_2}{Q_1}$

③ $\eta = \dfrac{Q_1}{Q_1 + Q_2}$ ④ $\eta = \dfrac{Q_2}{Q_1 + Q_2}$

[해설] 보온효율 : 보온으로 차단되는 열량과 나관(裸管)으로부터 방열량의 비율이다.

$\therefore \eta [\%] = \dfrac{Q_1 - Q_2}{Q_1} \times 100 = \left(1 - \dfrac{Q_2}{Q_1}\right) \times 100$

67. 주증기관에 설치하는 익스펜션 조인트의 설치 목적은?

① 증기의 통과를 원활하게 하기 위하여
② 증기 속의 복수를 제거하기 위하여
③ 열팽창에 의한 관의 고장을 막기 위하여
④ 증기 속의 수분을 제거하기 위하여

[해설] 보일러 주증기관에 익스펜션 조인트(신축이음)를 설치하는 이유는 증기의 온도에 의한 열팽창을 허용하여 관의 고장을 방지하기 위해서이다.

68. 배관의 열팽창을 흡수할 수 있는 이음의 종류가 아닌 것은?

① 슬리브형 이음   ② 스프링식 이음
③ 루프형 이음   ④ 오프셋 배관

[해설] 신축이음쇠의 종류
㉮ 슬리브형(sleeve type) : 신축에 의한 자체 응력이 발생되지 않고 설치장소가 필요하며 단식과 복식이 있다. 슬리브와 본체와의 사이에는 패킹을 다져 넣고 그랜드로 밀착시켜 온수 또는 증기의 누설을 방지한다. 50[A] 이하의 배관에는 나사식, 65[A] 이상은 플랜지식을 사용한다.
㉯ 벨로즈형(bellows type) : 팩리스(packless)형이라 하며, 설치장소에 구애받지 않고 가스, 증기, 물 등 2[MPa], 450[℃]까지 축 방향 신축흡수에 사용되며 단식과 복식 2종류가 있다.
㉰ 루프형(loop type) : 곡관으로 만들어진 관의 가요성(可撓性)을 이용한 것으로 구조가 간단하고 내구성이 좋아 고온, 고압배관이나 옥외배관에 주로 사용한다. 곡률 반지름은 관지름의 6배 이상으로 한다.
㉱ 스위블형(swivel type) : 지웰이음, 지블이음, 회전이음이라 하며, 2개 이상의 엘보를 사용하여 관의 신축을 흡수하는 것으로 신축방향이 큰 배관에서는 누설의 우려가 있다.
㉲ 볼 조인트(ball joint) : 볼 조인트와 오프셋 배관을 이용해서 신축을 흡수하는 방법으로 설치공간이 적고, 평면상의 변위뿐만 아니라 입체적인 변위까지도 안전하게 흡수하므로 어떤 현상에 의한 신축에도 배관이 안전한 신축이음이다.

69. 돌로마이트(dolomite)의 주요 화학성분은?

① SiO_2
② SiO_2, Al_2O_3
③ $CaCO_3$, $MgCO_3$
④ Al_2O_3

[해설] 돌로마이트 벽돌(내화물) : 염기성 내화물로 백운석을 주원료로 하여 1600[℃] 정도에서 소성하여 제조하는 것으로 탄산칼슘($CaCO_3$)과 탄산마그네슘($MgCO_3$)으로 구성되어 있다. 주요 화학성분은 산화칼슘(CaO)과 산화마그네슘(MgO)이다.

70. 예비급수용으로 사용되는 인젝터(injector)에 대한 설명으로 옳은 것은?

① 보일러에서 발생되는 압력으로 열에너지를 이용하는 장치이다.
② 급수의 온도가 일정온도이면 사용이 불가능하다.
③ 별도의 소요동력이 필요하여 장치가 크다.
④ 급수량의 조절이 용이하고 급수시간이 적게 걸린다.

[해설] 인젝터의 특징
(1) 장점
㉮ 구조가 간단하고, 가격이 저렴하다.

정답 66. ② 67. ③ 68. ② 69. ③ 70. ②

㉯ 급수가 예열되고, 열효율이 좋아진다.
㉰ 설치 장소가 적게 필요하다.
㉱ 별도의 동력원이 필요 없다.
(2) 단점
㉮ 흡입양정이 작고, 효율이 낮다.
㉯ 급수 온도가 높으면 급수 불량이 발생한다.
㉰ 증기압력이 너무 높거나 낮으면 급수 불량이 발생한다.
㉱ 급수량 조절이 어렵다.

71_ 관류보일러의 일반적인 특징에 대한 설명으로 옳은 것은?

① 수면계가 필요하다.
② 급수의 압력이 매우 느리다.
③ 증기발생속도가 매우 느리다.
④ 기수분리기가 필요하다.

해설 관류보일러의 특징
㉮ 전열면적에 비하여 보유수량이 적으므로 가동시간이 짧다.
㉯ 고압 보일러에 적합하다.
㉰ 관을 자유로이 배치할 수 있어 구조가 콤팩트하다.
㉱ 완벽한 급수처리를 요한다.
㉲ 정확한 자동제어 장치를 설치하여야 한다.
㉳ 순환비가 1이므로 드럼이 필요 없다.
㉴ 발생증기 중에 포함된 수분을 분리하기 위하여 기수분리기를 설치한다.

72_ 단조용 가열로 중 산화스케일(scale)이 가장 많이 발생하는 방식은?

① 직화식
② 반간접식
③ 무산화 가열방식
④ 급속 가열방식

해설 단조용 가열로 중 직화식(直火式)은 가열실 내에서 연소를 하는 방식으로 신속히 가열이 되어 연료소비량이 적어도 되지만 산화스케일이 가장 많이 발생할 수 있다.

73_ 고온용 요로의 벽 구조로서 가장 합리적인 것은?

① 내화벽돌만으로 쌓은 것
② 고온부는 내화벽돌로 하고, 저온부는 보통 벽돌로 한 것
③ 고온부는 내화벽돌로 쌓고, 저온부분은 보통벽돌로 하되 그 사이에 단열벽돌을 쌓은 것
④ 저온부는 보통벽돌로, 고온부는 단열벽돌로 한 것

해설 고온용 요로의 벽 구조는 고온부는 고온에 견딜 수 있는 내화벽돌로 쌓고, 저온부분은 보통벽돌로 하며 그 사이에 단열벽돌을 쌓아 열손실을 적게 한다.

74_ 머플로(muffle furnace)에 대한 설명으로 옳은 것은?

① 직화식이 아닌 간접 전열방식의 가마이다.
② 불꽃의 진행방향이 도염식인 가마이다.
③ 석탄을 연료로 하는 직화식 가마이다.
④ 철광석을 용융하는 가마이며 축열실을 갖춘 가마이다.

해설 머플(muffle)로 : 가스로 중 주로 내열강재의 용기를 내부에서 가열하고 그 용기 속에 열처리 제품을 잠입하여 간접 가열하는 노이다.

75_ 조업방식에 따른 요의 분류 시 불연속 요에 해당되지 않는 것은?

① 횡염식 요   ② 터널식 요
③ 승염식 요   ④ 도염식 요

해설 조업방법(작업진행 방법)에 의한 분류
㉮ 연속요 : 윤요, 연속식 가마, 터널가마, 반터널식 가마 등
㉯ 반연속요 : 등요, 셔틀가마 등
㉰ 불연속요 : 승염식요, 횡염식요, 도염식요, 종가마 등

정답 71. ④ 72. ① 73. ③ 74. ① 75. ②

76. 다음 중 주물 용해로가 아닌 것은?
① 반사로 ② 큐폴라
③ 회전로 ④ 불림로

해설 주물 용해로 : 주물을 용해하기 위한 것으로 큐폴라(용선로), 반사로, 회전로 등이 사용된다.

77. 전기 저항로의 발열체에서 1[kWh]의 전력량으로 발생되는 열량은?
① 0.24[kcal] ② 550[kcal]
③ 780[kcal]   ④ 860[kcal]

해설 1[kW] = 860[kcal/h] = 3600[kJ/h]이다.

78. 다음 보온재 중 가장 높은 온도에서 사용이 가능한 것은?
① 유리섬유 ② 규산칼슘
③ 규조토   ④ 폼글라스

해설 각 보온재의 안전사용온도

구분	보온재 종류	안전사용온도
유기질	펠트	100[℃] 이하
	코르크	130[℃] 이하
	텍스류	120[℃] 이하
무기질	석면	350~550[℃]
	암면	400~600[℃]
	규조토	석면사용(500[℃]) 삼여물사용(250[℃])
	유리섬유	350[℃] 이하
	탄산마그네슘	250[℃] 이하
	규산칼슘	650[℃]
	스티로폼	85[℃]
	실리카 파이버	1100[℃]
	세라믹 파이버	1300[℃]

79. 전기로나 시멘트 소성용 회전가마의 소성대 내벽에 사용하기 가장 적합한 내화물은?
① 내화점토질 내화물
② 마그-크롬 내화물
③ 고알루미나 내화물
④ 규석질 내화물

해설 마그-크롬 내화물 : 크롬철광과 마그네시아 클링커를 원료로 한 것으로(마그네시아 50[%] 이상 함유) 염기성 평로, 전기로, 금속제련로 및 반사로의 천정, 측벽, 시멘트 소성용 회전가마의 소성대 내벽에 사용된다.

80. 판두께가 12[mm], 용접길이가 30[cm]인 판을 맞대기 용접했을 때 4500[kgf]의 인장하중이 작용한다면 인장응력은 약 몇 [kgf/cm²]인가?
① 125 ② 155
③ 185 ④ 195

해설 $\sigma = \dfrac{W}{h \times l} = \dfrac{4500}{1.2 \times 30} = 125 [\text{kgf/cm}^2]$

▶ 2011년 에너지관리산업기사 필기시험은 년 1회 시행되었습니다.

정답 76. ④ 77. ④ 78. ② 79. ② 80. ①

2012년 3월 4일 제1회 에너지관리산업기사 필기시험

1과목 - 연소공학

01_ 다음 연소반응식 중 발열량[kcal/kg-mol]이 가장 큰 것은?

① $C + \frac{1}{2}O_2 = CO$
② $CO + \frac{1}{2}O_2 = CO_2$
③ $C + O_2 = CO_2$
④ $S + O_2 = SO_2$

해설 각 항목의 발열량
① 29200[kcal/kg-mol] ② 68000[kcal/kg-mol]
③ 97200[kcal/kg-mol] ④ 80000[kcal/kg-mol]

02_ 일반적으로 고체연료는 액체연료에 비하여 어떠한가?

① H의 함량이 많고, O의 함량이 적다.
② N의 함량이 많고, O의 함량이 적다.
③ O의 함량이 많고, N의 함량이 적다.
④ O의 함량이 많고, H의 함량이 적다.

해설 연료의 일반적인 원소 조성[%]

구분	C(탄소)	H(수소)	산소 및 기타	C/H
고체	95~50	6~3	44~2	15~20
액체	87~85	15~13	2~0	5~10
기체	75~0	100~0	57~0	1~3

03_ 다음 중 BLEVE(Boiling Liquid Expanding Vapour Explosion)현상을 가장 올바르게 설명한 것은?

① 물이 점성의 뜨거운 기름 표면 아래서 끓을 때 연소를 동반하지 않고 over flow되는 현상
② 물이 연소유(oil)의 뜨거운 표면에 들어갈 때 발생되는 over flow되는 현상
③ 탱크 바닥에 물과 기름의 에멀전이 섞여 있을 때 물의 비등으로 인하여 급격하게 over flow되는 현상
④ 과열 상태의 탱크에서 내부의 액화 가스가 분출하여 기화되어 착화되었을 때 폭발하는 현상

해설 BLEVE 현상 : 가연성 액체 저장탱크 주변에서 화재가 발생하여 기상부의 탱크가 국부적으로 가열되면 그 부분이 강도가 약해져 탱크가 파열된다. 이때 내부의 액화가스가 급격히 유출 팽창되어 화구(fire ball)를 형성하여 폭발하는 형태를 말한다.

04_ 다음 중 유량조절 범위가 가장 큰 오일 버너는?

① 환류식 압력분무식
② 비환류식 압력분무식
③ 고압기류식
④ 저압기류식

정답 1. ③ 2. ④ 3. ④ 4. ③

해설 유류(oil) 버너의 유량조절 범위

버너의 종류	유량조절 범위
유압식	환류식(1:3), 비환류식(1:6)
저압공기식	1:5~1:6
고압기류식	1:10
회전분무식	1:5
건타입	-
증발식	1:4

05_ 수소의 연소하한계는 4[v%]이고, 연소상한계는 75[v%]이다. 수소 가스의 위험도는 얼마인가?
① 15.75 ② 16.75
③ 17.75 ④ 18.75

해설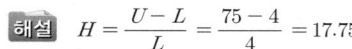

06_ 연도의 끝이나 연돌하부에 송풍기를 설치하여 연소가스를 빨아내는 방법으로 로 안이 항상 부(-)압이 되는 통풍 방법은?
① 자연통풍 ② 압입통풍
③ 평형통풍 ④ 유인통풍

해설 유인통풍(흡출통풍, 흡인통풍)의 특징
㉮ 연도의 끝이나 연돌하부에 송풍기를 설치한다.
㉯ 로 안이나 연도내의 압력은 대기압보다 낮은 부압으로 유지된다.
㉰ 연소용 공기를 예열할 수 있다.
㉱ 매연이나 부식성이 강한 배기가스가 통과하므로 송풍기의 고장이 자주 발생한다.
㉲ 송풍기의 수명이 짧고 점검 보수가 어렵다.
㉳ 송풍기 소요 동력이 크다.
㉴ 배기가스 유속은 8~10[m/s] 정도이다.

07_ CH_4 45[%], H_2 30[%], CO_2 10[%], O_2 8[%], N_2 7[%]로 구성된 혼합기체연료 1[Nm^3]이 있을 때 이 혼합가스를 6[Nm^3]의 공기로 연소시킨다면 공기비는 약 얼마인가?
① 1.2 ② 1.3
③ 1.4 ④ 3.0

해설 ㉮ 혼합기체의 이론공기량 계산[Nm^3/Nm^3]
$$\therefore A_0 = 2.38(H_2+CO) + 9.52CH_4 - 4.76O_2$$
$$= 2.38 \times 0.3 + 9.52 \times 0.45 - 4.76 \times 0.08$$
$$= 4.617[Nm^3/Nm^3]$$
㉯ 공기비 계산 : 실제공기량(A)이 6[Nm^3]이므로
$$\therefore m = \frac{A}{A_0} = \frac{6}{4.617} = 1.299$$

08_ 액체연료를 분석한 결과 그 성분이 다음과 같았다. 이 연료의 연소에 필요한 이론공기량[Nm^3/kg]은?

탄소 : 80[%], 수소 : 15[%], 산소 : 5[%]

① 10.9 ② 12.3
③ 13.3 ④ 14.3

해설 $A_0 = 8.89C + 26.67\left(H - \frac{O}{8}\right) + 3.33S$
$$= 8.89 \times 0.8 + 26.67 \times \left(0.15 - \frac{0.05}{8}\right)$$
$$= 10.945[Nm^3/kg]$$

09_ 연돌입구의 온도가 200[℃], 출구온도가 30[℃]일 때 배출가스의 평균온도는 약 몇 [℃]인가?
① 85[℃] ② 90[℃]
③ 100[℃] ④ 115[℃]

해설 $t_{g_m} = \dfrac{t_1 - t_2}{\ln\dfrac{t_1}{t_2}} = \dfrac{200-30}{\ln\dfrac{200}{30}} = 89.609[℃]$

정답 5.③ 6.④ 7.② 8.① 9.②

10_ 다음 연료 중 발열량이 가장 큰 것은?
① 아세틸렌 ② 프로판
③ 메탄   ④ 코크스로가스

해설 각 연료의 고발열량

구분	발열량[kcal/Nm³]
아세틸렌(C_2H_2)	2420
프로판(C_3H_8)	23660
메탄(CH_4)	11000
코크스로가스	약6000

11_ 수소 1[kg]을 완전 연소시키는 데 필요한 이론 산소량은 몇 [Nm³]인가?
① 1.86   ② 2
③ 5.6   ④ 26.7

해설 ㉮ 수소(H_2)의 완전연소 반응식
$$H_2 + \frac{1}{2}O_2 \rightarrow H_2O$$
㉯ 이론산소량 계산
$$2[kg] : \frac{1}{2} \times 22.4[Nm^3] = 1[kg] : x(O_0)[Nm^3]$$
$$\therefore x = \frac{1 \times \frac{1}{2} \times 22.4}{2} = 5.6[Nm^3]$$

12_ 중유의 분무연소에 있어서 가장 적당한 기름방울의 평균입경[μm]은?
① 1000~2000   ② 500~1000
③ 50~100   ④ 10~50

해설 중유의 무화입경 : 50~100μm

13_ 연료의 불완전연소에서 발생되는 그을음(soot, 검댕)에 대한 설명으로 옳은 것은?
① 연료 탄소와 수소의 비(C/H)가 작을수록 그을음이 발생하기 쉽다.
② 기체연료의 확산연소는 예혼합연소에 비해 그을음이 발생하기 어렵다.
③ 탈수소 반응이나 방향족 생성반응 등이 일어나기 쉬운 탄화수소일수록 그을음 발생이 어렵다.
④ 분해나 산화하기 쉬운 탄화수소는 그을음을 적게 발생시킨다.

해설 그을음(soot)은 미립탄소의 불완전연소 때문에 발생하는 입자상의 탄소로 불완전연소에 의하여 발생하는 것으로 주성분은 탄소(C)이다. 완전연소가 가능한 기체연료보다는 중유와 같은 액체연료일 때 발생량이 크다.

14_ 공기와 혼합 시 폭발범위가 가장 넓은 것은?
① 메탄   ② 프로판
③ 일산화탄소 ④ 메틸알코올

해설 각 가스의 공기 중 폭발범위

명칭	폭발범위
메탄(CH_4)	5~15[%]
프로판(C_3H_8)	2.2~9.5[%]
일산화탄소(CO)	12.5~74[%]
메틸알코올(CH_3OH)	7.3~36[%]

15_ 고체연료를 사용하는 어느 열기관의 출력이 2800[kW]이고 연료소비율이 매시간 1300[kg]일 때 이 열기관의 열효율은 약 몇 [%]인가? (단, 이 고체연료의 저위발열량은 28[MJ]이다.)
① 28   ② 32
③ 36   ④ 40

해설 1[kW]는 3600[kJ/h]이므로 3.6[MJ/h]에 해당된다.
$$\therefore \eta = \frac{유효하게 사용된 열량}{공급열량} \times 100$$
$$= \frac{2800 \times 3.6}{1300 \times 28} \times 100 = 27.692[\%]$$

정답 10. ② 11. ③ 12. ③ 13. ④ 14. ③ 15. ①

16_ 연료를 연소시키는 경우의 공기비에 대한 설명 중 옳지 않은 것은?

① 공기비가 클 경우 연소실 내의 온도가 올라 간다.
② 공기비가 적을 경우 역화의 위험성이 있다.
③ 공기비는 배기가스 중의 산소 [%]가 최저가 되도록 하는 것이 좋다.
④ 공기비는 이론공기량에 대한 실제공기량의 비를 의미한다.

해설 공기비가 클 경우 배기가스량이 많아져 손실열량이 증가 하므로 연소실 내의 온도는 낮아진다.

17_ 고체연료가 갖는 장점에 대한 설명으로 옳은 것은?

① 설비비 및 유지비가 저렴하다.
② 공연비 조절이 용이해 부하변동에 쉽게 대처 할 수 있다.
③ 발열량이 크고 완전연소가 가능하다.
④ 연소용 공기를 예열하므로 연소효율이 높다.

해설 고체연료의 특징
(1) 장점
  ㉮ 노천 야적이 가능하다.
  ㉯ 저장 및 취급이 편리하다.
  ㉰ 구입이 쉽고, 가격이 저렴하다.
  ㉱ 연소장치가 간단하고, 특수목적에 이용된다.
(2) 단점
  ㉮ 완전연소가 곤란하다.
  ㉯ 연소효율이 낮고 고온을 얻기 곤란하다.
  ㉰ 회분이 많고 처리가 곤란하다.
  ㉱ 점화 및 소화가 어렵다.
  ㉲ 연소조절이 어렵다.

18_ B-C유 100리터에서 발생하는 이산화탄소배 출량은 약 몇 [t_{CO_2}]인가? (단, B-C유의 석유 환산계수는 0.935[TOE/kL]이며, 중유의 탄소 배출계수는 0.875[TC/TOE]이다.)

① 0.08181
② 0.0989
③ 0.3
④ 0.5

해설 ㉮ 발생 탄소량 계산
∴ 탄소량 = B-C유 사용량(kL) × B-C유 석유환산 계수 × 중유의 탄소 배출계수
= 0.1 × 0.935 × 0.875 = 0.0818[TC]
㉯ 이산화탄소 배출량 계산
∴ 이산화탄소 배출량
$= 발생탄소량 \times \dfrac{CO_2 \text{ 분자량}}{\text{탄소(C) 분자량}}$
$= 0.0818 \times \dfrac{44}{12} = 0.2999 ≒ 0.3[tCO_2]$

19_ 연료유에는 여러 목적 때문에 각종 첨가제를 가한다. 다음 중 연료유 첨가제의 종류와 약제 가 옳지 않게 짝지어진 것은?

① 산화방지제 - 페놀류, 방향족아민화합물
② 세탄가 향상제 - 요오드화합물
③ 빙결방지제 - 계면활성제
④ 회분개질제 - 마그네슘화합물

해설 세탄가 향상제 : 유기 질산염(아밀 질산), 에틸-헥실-질산 (EHN:Ethyl-Hexyl-Nitrate)
※ 세탄가 : 경유의 자기착화성을 나타내는 지수로 세탄가 가 높으면 착화하는 성질이 좋은 것으로 n-파라핀계 탄 화수소가 높고, 나프텐계, 올레핀계 탄화수소로 낮아진 다.

20_ 어떤 보일러의 효율을 산출하기 위한 측정 결 과가 다음과 같았다. 이 경우의 효율은 약 몇 [%]인가?

매시간당 석탄소비량 200[kg/h](발열량 5300 [kcal/kg], 증기압력 8[kgf/cm²], 발생증기 의 전열량 662[kcal/kg], 급수온도 15[℃], 매시간당 증발량 1000[kg/h]

① 50
② 61
③ 72
④ 83

정답 16. ① 17. ① 18. ③ 19. ② 20. ②

해설
$$\eta = \frac{G_a \times (h_2 - h_1)}{G_f \times H_l} \times 100$$
$$= \frac{1000 \times (662 - 15)}{200 \times 5300} \times 100 = 61.037\,[\%]$$

2과목 - 열역학

21_ 다음 중 건도가 0일 때의 상태로 적합한 것은?
① 습증기 ② 건포화증기
③ 과열증기 ④ 포화액체

해설 건조도[건도](x) : 증기 속에 함유되어 있는 물방울의 혼용률
㉮ 건조도(x)가 1인 경우 : 건포화증기
㉯ 건조도(x)가 0인 경우 : 포화수(포화액체)
㉰ 건조도(x)가 $0 < x < 1$ 인 경우 : 습증기

22_ 열기관의 실제 사이클이 이상 사이클보다 낮은 열효율을 가지는 이유에 대한 설명 중 틀린 것은?
① 과정이 가역적으로 이루어진다.
② 유체의 마찰손실이 있다.
③ 유한한 온도 차이에서 열전달이 이루어진다.
④ 엔트로피가 생성된다.

해설 실제 사이클은 과정이 비가역적으로 이루어진다.

23_ 증기터빈에 36[kg/s]의 증기를 공급하고 있다. 터빈의 출력이 3×10^4[kW]이면 터빈의 증기 소비율은 몇 [kg/kW·h]인가?
① 3.00 ② 4.32
③ 6.25 ④ 7.18

해설 증기 소비율 $= \dfrac{\text{시간당 공급증기량}}{\text{터빈의 출력}}$
$= \dfrac{36 \times 3600}{3 \times 10^4} = 4.32\,[\text{kg/kW·h}]$

24_ "일을 열로 바꾸는 것도 이것의 역도 가능하다."는 것과 가장 관계가 깊은 법칙은?
① 열역학 제1법칙
② 열역학 제2법칙
③ 줄(Joule)의 법칙
④ 푸리에(Fourier)의 법칙

해설 열역학 법칙
㉮ 열역학 제0법칙 : 열평형의 법칙
㉯ 열역학 제1법칙 : 에너지보존의 법칙
㉰ 열역학 제2법칙 : 방향성의 법칙
㉱ 열역학 제3법칙 : 어떤 계 내에서 물체의 상태변화 없이 절대온도 0도에 이르게 할 수 없다.

25_ 보일의 법칙을 나타내는 식으로 옳은 것은? (단, C는 일정한 상수를 나타낸다.)
① $\dfrac{T}{V} = C$ ② $\dfrac{V}{T} = C$
③ $PV = C$ ④ $\dfrac{PV}{T} = C$

해설 보일의 법칙 : 일정온도 하에서 일정량의 기체가 차지하는 부피는 압력에 반비례한다.
$\therefore PV = C$
$\therefore P_1 \cdot V_1 = P_2 \cdot V_2$

26_ 디젤기관의 열효율은 압축비 ϵ, 차단비(또는 단절비) σ와 어떤 관계가 있는가?
① ϵ와 σ가 증가할수록 열효율이 커진다.
② ϵ와 σ가 감소할수록 열효율이 커진다.
③ ϵ가 감소하고, σ가 증가할수록 열효율이 커진다.
④ ϵ가 증가하고, σ가 감소할수록 열효율이 커진다.

정답 21. ④ 22. ① 23. ② 24. ① 25. ③ 26. ④

[해설] 디젤 사이클(디젤기관) 열효율 계산식

$$\therefore \eta_d = \left\{1 - \left(\frac{1}{\epsilon}\right)^{k-1} \times \left(\frac{\sigma^k - 1}{k(\sigma - 1)}\right)\right\}$$

∴ 디젤 사이클에서 효율은 압축비(ϵ)와 차단비(σ)의 함수이므로 압축비(ϵ)가 증가하고, 차단비(σ)가 감소할수록 열효율이 증가한다.

27. 부피가 일정한 공간 내에서 공기 10[kg]을 온도 20[℃]에서 100[℃]까지 가열하는 경우 내부에너지 변화량은 몇 [kJ]인가? (단, 공기의 정적비열은 0.71[kJ/kg·K]이고, 정압비열은 1.0[kJ/kg·K]이다.)

① 514　　② 568
③ 800　　④ 932

[해설]
$$dU = G \cdot C_v \cdot dT$$
$$= 10 \times 0.71 \times \{(273+100) - (273+20)\}$$
$$= 568 \text{ kJ}$$

28. 진공압력 740[mmHg]는 절대압력으로 약 몇 [kPa]인가?

① 1.89　　② 2.67
③ 74.0　　④ 98.7

[해설] 절대압력 = 대기압 − 진공압력
$$= 101.325 - \left(\frac{740}{760} \times 101.325\right)$$
$$= 2.666 \text{ [kPa]}$$

29. 탱크 내에 900[kPa]의 공기 20[kg]이 충전되어 있다. 공기 1[kg]을 뺄 때 탱크 내 공기온도가 일정하다면 탱크 내 공기압력은 몇 [kPa]이 되는가?

① 655　　② 755
③ 855　　④ 900

[해설] ㉮ 현재 충전된 상태로 탱크 내용적 계산 : 탱크 내 온도는 일정한 상태이므로 0[℃]를 기준으로 계산하고 공기의 분자량은 29이므로
$PV = GRT$에서

$$\therefore V = \frac{GRT}{P} = \frac{20 \times \frac{8.314}{29} \times 273}{900}$$
$$= 1.739 \text{ [m}^3\text{]}$$

㉯ 공기 1[kg]을 뺄 때 탱크 내 압력 계산

$$\therefore P = \frac{GRT}{V} = \frac{19 \times \frac{8.314}{29} \times 273}{1.739}$$
$$= 855.123 \text{ [kPa]}$$

30. 430[K]에서 500[kJ]의 열을 공급받아 300[K]에서 방열시키는 카르노 사이클의 열효율과 일량을 옳게 나타낸 것은?

① 30.2[%], 349[kJ]
② 30.2[%], 151[kJ]
③ 69.8[%], 151[kJ]
④ 69.8[%], 349[kJ]

[해설] ㉮ 열효율 계산

$$\therefore \eta = \frac{W}{Q_1} \times 100 = \frac{T_1 - T_2}{T_1} \times 100$$
$$= \frac{430 - 300}{430} \times 100 = 30.232 \text{ [\%]}$$

㉯ 일량 계산 : 열효율 계산식에서
$$\therefore W = Q_1 \times \eta = 500 \times 0.30232 = 151.16 \text{ [kJ]}$$

31. 다음 중 이상기체의 등온과정에 대하여 항상 성립하는 것은? (단, W는 일, Q는 열, U는 내부에너지를 나타낸다.)

① $W = 0$　　② $Q = 0$
③ $|Q| \neq |W|$　　④ $\Delta U = 0$

[해설] 등온과정의 상태량
㉮ 내부에너지 변화량 : 내부에너지 변화량이 없다.
㉯ 엔탈피 변화량 : 엔탈피 변화량이 없다.
㉰ 엔트로피 변화량 : $\Delta S > 0$

정답 27. ②　28. ②　29. ③　30. ②　31. ④

32. 압력 700[kPa], 온도 250[℃]인 공기가 축소-확대 노즐에서 가역단열팽창할 때 노즐 목(throat)에서의 공기속도는 약 몇 [m/s]인가? (단, 노즐 출구에서는 초음속이며 공기의 비열비는 1.4이고, 기체상수는 0.287[kJ/kg·K]이다.)

① 463　② 452　③ 430　④ 418

해설 ㉮ 공기의 비체적(v_1) 계산
$PV = GRT$에서
$$\therefore v_1 = \frac{V}{G} = \frac{RT}{P}$$
$$= \frac{0.287 \times (273 + 250)}{700}$$
$$= 0.214 \,[\text{m}^3/\text{kg}]$$

㉯ 공기속도 계산
$$\therefore w_2 = \sqrt{2 \times \frac{k}{k+1} \times P_1 \times v_1}$$
$$= \sqrt{2 \times \frac{1.4}{1.4+1} \times 700 \times 10^3 \times 0.214}$$
$$= 418.051 \,[\text{m/s}]$$

33. 증기 사이클의 효율을 올리기 위한 방법이 아닌 것은?

① 유입되는 증기의 온도를 높인다.
② 배출되는 증기의 온도를 높인다.
③ 배출증기의 압력을 낮춘다.
④ 유입증기의 압력을 높인다.

해설 증기 사이클(랭킨 사이클)의 이론 열효율은 초압 및 초온이 높을수록, 배압(터빈 배출압력)이 낮을수록 증가한다.

34. 클라우지우스(Clausius)의 부등식을 옳게 나타낸 것은?

① $\oint \frac{\delta Q}{T} \geq 0$　② $\oint \delta Q \geq 0$
③ $\oint \delta Q \leq 0$　④ $\oint \frac{\delta Q}{T} \leq 0$

해설 클라우지우스(Clausius)의 사이클 간 적분에서 가역과정 $\oint \frac{\delta Q}{T} = 0$, 비가역과정 $\oint \frac{\delta Q}{T} < 0$이므로 이상 및 실제 사이클 과정에서 항상 성립하는 것은 $\oint \frac{\delta Q}{T} \leq 0$

35. 어떤 이상기체를 가역단열과정으로 압축하여 압력이 P_1에서 P_2로 변하였다. 압축 후의 온도를 구하는 식은? (단, 1은 초기상태, 2는 최종상태, k는 비열비를 나타낸다.)

① $T_2 = T_1 \left(\frac{P_2}{P_1}\right)^{\frac{k-1}{k}}$

② $T_2 = T_1 \left(\frac{P_2}{P_1}\right)^{\frac{1-k}{k}}$

③ $T_2 = T_1 \left(\frac{P_2}{P_1}\right)^{\frac{k}{k-1}}$

④ $T_2 = T_1 \left(\frac{P_2}{P_1}\right)^{\frac{k}{1-k}}$

해설 가역단열과정의 P, V, T 관계
$$\frac{T_2}{T_1} = \left(\frac{P_2}{P_1}\right)^{\frac{k-1}{k}} = \left(\frac{V_1}{V_2}\right)^{k-1}$$
$$\therefore T_2 = T_1 \times \left(\frac{P_2}{P_1}\right)^{\frac{k-1}{k}} = T_1 \times \left(\frac{V_1}{V_2}\right)^{k-1}$$

36. 압력을 일정하게 유지하면서 200[kg]의 이상기체를 300[K]에서 600[K]까지 가열한다면 엔트로피 변화량은 약 몇 [kJ/K]인가? (단, 이 기체의 정압비열은 1.0035[kJ/kg·K]이다.)

① 117.2　② 139.1　③ 227.3　④ 240.1

정답 32. ④　33. ②　34. ④　35. ①　36. ②

해설
$$\Delta S = G \times C_p \times \ln\left(\frac{T_2}{T_1}\right)$$
$$= 200 \times 1.0035 \times \ln\left(\frac{600}{300}\right)$$
$$= 139.114 [\text{kJ/K}]$$

37. 가솔린 기관의 이론 표준 사이클인 오토 사이클(Otto cycle)의 4가지 기본 과정에 포함되지 않는 것은?
① 정압가열 과정 ② 단열팽창 과정
③ 단열압축 과정 ④ 정적방열 과정

해설 오토 사이클(Otto cycle) : 전기점화기관(가솔린 기관)의 이상 사이클로 일정체적 상태에서 열공급과 방출이 이루어지는 동력 사이클로 각 과정의 순서는 "단열압축과정 → 정적가열과정(폭발) → 단열팽창과정(동력발생) → 정적방열과정"으로 이루어진다.

38. 압력 500[kPa], 온도 320[℃]의 공기 3[kg]을 일정 압력으로 체적을 $\frac{1}{2}$까지 압축시키면 방출된 열량은 약 몇 [kJ]인가? (단, 공기의 기체상수는 0.287[kJ/kg·K]이고, 정압비열은 1.0[kJ/kg·K]이다.)
① 217 ② 445
③ 634 ④ 890

해설 ㉮ 압축 후의 온도 계산
$$\frac{P_1 V_1}{T_1} = \frac{P_2 V_2}{T_2} \text{에서 } P_1 = P_2 \text{이므로}$$
$$\therefore T_1 = \frac{T_2 V_1}{V_2} = \frac{(273 + 320) \times \frac{1}{2}}{1} = 296.5 [\text{K}]$$
㉯ 방출열량 계산
$$\therefore Q = G C_p (T_2 - T_1)$$
$$= 3 \times 1.0 \times (593 - 296.5) = 889.5 [\text{kJ}]$$

39. 과열증기에 대한 설명으로 옳은 것은?
① 대기압력보다 압력이 높은 증기
② 동일한 압력에서 건포화증기의 온도보다 높은 온도를 갖는 증기
③ 건포화증기와 습포화증기를 혼합한 증기
④ 동일한 온도에서 건포화증기에 압력을 가한 증기

해설 과열증기 : 습포화증기를 가열하여 건조증기가 된 건증기를 다시 가열할 때 압력은 오르지 않고 온도만 상승되는 증기이다.

40. 랭킨사이클의 효율을 높이기 위한 방법으로 옳은 것은?
① 보일러의 가열 온도를 높인다.
② 응축기의 응축 온도를 높인다.
③ 펌프 소요 일을 증대시킨다.
④ 터빈의 출력을 줄인다.

해설 랭킨 사이클의 이론 열효율은 초압 및 초온이 높을수록, 배압(터빈 배출압력)이 낮을수록 증가한다.

3과목 - 계측방법

41. 큐폴라 상부의 배기가스 온도를 측정하고자 한다. 어떤 온도계가 가장 적당한가?
① 광고온계 ② 열전대온도계
③ 색온도계 ④ 수은온도계

해설 열전대 온도계 : 제베크(Seebeck) 효과를 이용한 접촉식 온도계로 P-R(백금-백금로듐)열전대의 경우 측정범위가 0~1600[℃]로 큐폴라 상부의 배기가스 온도를 측정하는 데 적당하다.

정답 37. ① 38. ④ 39. ② 40. ① 41. ②

42. 링밸런스식 압력계에 대한 설명 중 옳은 것은?

① 압력원에 가깝도록 계기를 설치한다.
② 부식성 가스나 습기가 많은 곳에는 다른 압력계보다 정도가 높다.
③ 도압관은 될 수 있는 한 가늘고 긴 것이 좋다.
④ 측정 대상 유체는 주로 액체이다.

해설 링밸런스식(환상천평식) 압력계의 특징
㉮ 원형상의 관상부에 2개의 구멍을 뚫고 측정압력과 대기압의 도입관으로 하고 도입관에 의해 양면에 압력이 가해져 압력이 불균형해 지면 링이 회전하며, 그 회전각은 압력차에 비례한 것을 이용하여 압력차를 측정한다.
㉯ 회전력이 커서 기록이 용이하고, 원격 전송이 가능하다.
㉰ 평형추의 증감, 취부장치의 이동으로 측정 범위 변경이 가능하다.
㉱ 액체 압력측정은 곤란하고 기체 압력측정에 이용된다.
㉲ 저압 가스의 압력 및 통풍계(draft gauge)로 사용된다.

43. 열기전력에 의한 제벡(Seebeck)효과를 이용한 온도계는?

① 서미스터   ② 열전대온도계
③ 백금저항온도계   ④ 니켈저항온도계

해설 제벡효과(Seebeck effect) : 2종류의 금속선을 접속하여 하나의 회로를 만들어 2개의 접점에 온도차를 부여하면 회로에 접점의 온도에 거의 비례한 전류(열기전력)가 흐르는 현상으로 열전대 온도계의 측정원리이다.

44. [그림]에서와 같이 탱크에 물이 들어있다. 탱크 하부에서의 압력은 얼마인가? (단, 물의 비중은 1.0이다.)

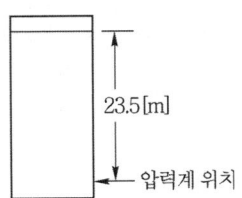

① $2.35[kgf/cm^2]$ ② $23.5[kgf/cm^2]$
③ $23.5[mmH_2O]$ ④ $23.5[Pa]$

해설 $P = \gamma \times h$
$= 1000 \times 23.5 \times 10^{-4} = 2.35[kgf/cm^2]$

45. 온도측정에 대한 하나의 방법으로 색(色)을 이용하는 비교측정 방법이 사용되고 있는데 눈부신 황백색이라면 이에 대한 온도로서 가장 적합한 것은?

① 1000[℃]   ② 1200[℃]
③ 1500[℃]   ④ 2000[℃]

해설 색과 온도와의 관계

색	온도[℃]
어두운색	600
붉은색	800
오렌지색	1000
황색	1200
눈부신 황백색	1500
매우 눈부신 흰색	2000
푸른기가 있는 흰백색	2500

46. 부르동관 압력계는 어떤 압력을 측정하는가?

① 절대압력   ② 게이지압력
③ 진공압   ④ 대기압

해설 부르동관 압력계는 장치나 기기에 부착하여 대기압이상의 장치 압력을 측정하는 것이므로 게이지압력을 측정하는 것이다.

47. 전자유량계는 어떤 유체의 유량을 측정하는데 주로 사용되는가?

① 순수한 물   ② 과열된 증기
③ 도전성 유체   ④ 비전도성 유체

정답 42. ① 43. ② 44. ① 45. ③ 46. ② 47. ③

해설 전자 유량계 : 측정원리는 패러데이 법칙(전자유도법칙)으로 도전성 액체에서 발생하는 기전력을 이용하여 순간 유량을 측정한다.

48. 관로의 유속을 피토관으로 측정할 때 마노미터 수주의 높이가 1[m]이었다. 이 때 유속은 약 몇 [m/s]인가?

① 0.44 ② 0.89
③ 4.43 ④ 8.86

해설 $V = \sqrt{2gh} = \sqrt{2 \times 9.8 \times 1} = 4.427 \, \text{m/s}$

49. 보일러의 자동제어에서 제어량 대상이 아닌 것은?

① 증기압력 ② 보일러수위
③ 증기온도 ④ 급수온도

해설 보일러 자동제어(A·B·C)의 종류

명 칭	제 어 량	조 작 량
자동연소제어 (ACC)	증기압력	공기량, 연료량
	노내압	연소가스량
급수제어(FWC)	보일러 수위	급수량
증기온도제어 (STC)	증기온도	전열량
증기압력제어 (SPC)	증기압력	연료공급량, 연소용 공기량

50. 니켈, 망간, 코발트 등의 금속 산화물 분말을 혼합, 소결시켜 만든 반도체로서 전기저항이 온도에 따라 크게 변화하므로 응답이 빠른 감열소자로 이용할 수 있는 온도계는?

① 광온도계 ② 서미스터
③ 열전대온도계 ④ 서모컬러

해설 서미스터 온도계 특징
㉮ 감도가 크고 응답성이 빨라 온도변화가 작은 부분 측정에 적합하다.
㉯ 온도 상승에 따라 저항치가 감소한다.(저항온도계수가 부특성(負特性)이다.)
㉰ 소형으로 협소한 장소의 측정에 유리하다.
㉱ 소자의 균일성 및 재현성이 없다.
㉲ 흡습에 의한 열화가 발생할 수 있다.
㉳ 측정범위 : -100~300[℃]

51. 연소가스 중의 O_2의 양을 측정하는 방법이 아닌 것은?

① 자기식 ② 밀도식
③ 연소열식 ④ 세라믹식

해설 밀도식 : CO_2를 분석하는 분석기로 CO_2는 공기에 비하여 밀도가 크다는 것을 이용한 것으로 비중식 CO_2계라 한다.

52. 면적식 유량계의 특징에 대한 설명으로 틀린 것은?

① 유체의 밀도를 미리 알고 측정하여야 한다.
② 정도가 아주 높아 정밀측정이 가능하다.
③ 슬러리나 부식성 액체의 측정이 가능하다.
④ 압력손실이 적고 균등한 유량 눈금을 얻을 수 있다.

해설 면적식 유량계의 특징
㉮ 유량에 따라 직선 눈금이 얻어진다.
㉯ 유량계수는 레이놀즈수가 낮은 범위까지 일정하다.
㉰ 고점도 유체나 작은 유체에 대해서도 측정할 수 있다.
㉱ 차압이 일정하면 오차의 발생이 적다.
㉲ 측정하려는 유체의 밀도를 미리 알아야 한다.
㉳ 압력손실이 적고 균등 유량을 얻을 수 있다.
㉴ 슬러리나 부식성 액체의 측정이 가능하다.
㉵ 정도는 ±1~2[%], 용량범위는 100~5000[m³/h]이다.

정답 48. ③ 49. ④ 50. ② 51. ② 52. ②

53. 부자식 액면계에 대한 설명 중 틀린 것은?
① 기구가 간단하고 고장이 적다.
② 측정범위가 넓다.
③ 액면이 심하게 움직이는 곳에서는 사용하기가 곤란하다.
④ 습기가 있거나 전극에 피측정체를 부착하는 곳에서는 사용하기가 부적당하다.

[해설] 부자(float)식 액면계는 액면 위에 떠 있는 부자(float)의 움직이는 변위를 이용하여 액면을 측정하는 것이므로 습기가 있는 곳에서도 사용할 수 있다.

54. 프로세스 계 내에 시간지연이 크거나 외란이 심할 경우 조절계를 이용하여 설정점을 작동시키게 하는 제어방식은?
① 프로그램 제어   ② 캐스케이드 제어
③ 피드백 제어   ④ 시퀀스 제어

[해설] 캐스케이드 제어 : 두 개의 제어계를 조합하여 제어량의 1차 조절계를 측정하고 그 조작 출력으로 2차 조절계의 목표값을 설정하는 방법으로 단일 루프제어에 비해 외란의 영향을 줄이고 계 전체의 지연을 적게 하는데 유효하기 때문에 출력 측에 낭비시간이나 지연이 큰 프로세스제어에 이용되는 제어이다.

55. 액주식 압력계(manometer)에 사용하는 액체의 구비조건으로 틀린 것은?
① 화학적으로 안정할 것
② 점도가 클 것
③ 팽창계수가 적을 것
④ 모세관 현상이 적을 것

[해설] 액주식 액체의 구비조건
㉮ 점성(점도)이 적을 것
㉯ 열팽창계수가 적을 것
㉰ 밀도변화가 적을 것
㉱ 모세관 현상 및 표면장력이 적을 것
㉲ 화학적으로 안정할 것

㉳ 휘발성 및 흡수성이 적을 것
㉴ 항상 액면은 수평을 만들고 높이를 정확히 읽을 수 있을 것

56. 적외선 분광 분석계에서 고유 흡수스펙트럼을 가지지 못하기 때문에 분석이 불가능한 것은?
① CH_4 ② CO ③ CO_2 ④ O_2

[해설] 적외선 가스분석계(적외선 분광 분석법) : He, Ne, Ar 등 단원자 분자 및 H_2, O_2, N_2, Cl_2 등 대칭 2원자 분자는 적외선을 흡수하지 않으므로 분석할 수 없다.

57. 모세관의 상부에 보조 구부를 설치하고 사용온도에 따라 수은의 양을 조절하여 미세한 온도차를 측정할 수 있는 온도계는?
① 액체팽창식 온도계   ② 열전대 온도계
③ 가스압력 온도계   ④ 베크만 온도계

[해설] 베크만 온도계 : 모세관에 남은 수은의 양을 조절하여 측정하며 미소한 범위의 온도 변화를 정밀하게 측정할 수 있다.

58. [그림]과 같은 경사압력계에서 $P_1 - P_2$는 어떻게 표시되는가? (단, 유체의 밀도는 ρ, 중력가속도는 g로 표시된다.)

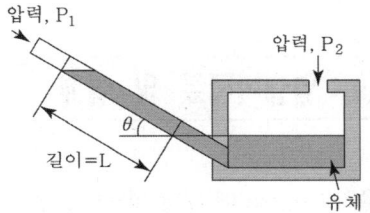

① $P_1 - P_2 = \rho g L$
② $P_1 - P_2 = -\rho g L$
③ $P_1 - P_2 = \rho g L \sin\theta$
④ $P_1 - P_2 = -\rho g L \sin\theta$

정답 53. ④ 54. ② 55. ② 56. ④ 57. ④ 58. ④

해설 [그림]의 경사압력계에서 P_1보다는 P_2의 압력이 높으므로 $P_2 - P_1 = \rho \times g \times L \times \sin\theta$이다.
∴ $P_1 - P_2 = -\rho \times g \times L \times \sin\theta$

59. 다음 중 가스의 비중을 이용하는 가스 분석계는?
① 도전율식 CO_2계
② 열전도율식 CO_2계
③ 지르코니아식 O_2계
④ 밀도식 CO_2계

해설 밀도식 CO_2계 : CO_2는 공기에 비하여 밀도가 크다는 것을 이용한 것으로 비중식 CO_2계라 한다. 취급 및 보수가 비교적 용이하고, 측정실과 비교실 내의 온도와 압력을 같도록 하여야 하며, 가스 및 공기는 항상 동일 습도로 유지하여야 한다.

60. 다음 중 와류식 유량계가 아닌 것은?
① 칼만식 유량계 ② 델타식 유량계
③ 스왈미터 유량계 ④ 전자 유량계

해설 와류식 유량계(vortex flow meter) : 와류(소용돌이)를 발생시켜 그 주파수의 특성이 유속과 비례관계를 유지하는 것을 이용한 것으로 델타 유량계, 스왈 유량계, 칼만 유량계 등이 있다.

4과목 - 열설비재료 및 설계

61. 큐폴라(Cupola)에 대한 설명으로 옳은 것은?
① 열효율이 나쁘다.
② 용해시간이 느리다.
③ 제강로의 한 형태이다.
④ 대량의 쇳물을 얻을 수 있다.

해설 큐폴라(cupola) : 용선로라 하며 주물을 용해하기 위한 것으로 강판으로 만든 원형 내부를 내화벽돌로 쌓고 내화 점토로 만든 직접형 노로 가장 많이 사용된다.
㉮ 대량의 쇳물을 얻을 수 있다.
㉯ 다른 용해로 보다 열효율이 좋다.
㉰ 용해 시간이 빠르다.
㉱ 주철이 탄소(C), 황(S), 인(P)의 성분을 흡수하면 품질이 저하된다.
㉲ 용량은 1시간당 용해량을 톤[ton]으로 표시한다.

62. 보일러수에 관계되는 탄산염 경도에 대한 설명으로 틀린 것은?
① 물의 경도 중 칼슘, 마그네슘의 중탄산염에 의한 경도이다.
② 탄산염 경도는 물속의 Ca^{2+}, Mg^{2+}량을 나타내는 지수이다.
③ 탄산염 경도는 계속해서 끓이면 침전을 생성하므로 일시경도라고도 한다.
④ 탄산염 경도값에서 비탄산염 경도 값을 뺀 값을 경도라고 하며 그 값이 높을수록 보일러수에 적합하다.

해설 경도 : 수중에 용존되어 있는 칼슘(Ca) 및 마그네슘(Mg) 이온의 농도를 나타내는 것으로 탄산칼슘($CaCO_3$) 경도와 독일경도(dH)로 구분되며 그 값이 높을수록 보일러수에 부적합하다.

63. 보일러 급수의 탈기법 중 물리적인 방법에 대한 설명이 아닌 것은?
① 아황산나트륨을 보일러 급수에 첨가하면 탈산소가 이루어진다.
② 진공으로 하면 기체의 분압이 낮게 되고, 물의 용해도가 감소하여 탈기된다.
③ 증기로 가열시키면 기체의 용해도는 감소하고 다시 교반, 비등에 의한 탈기가 용이하게 된다.
④ 물을 진공의 용기 속에 작은 물방울로 하는 방법과 증기를 물속에 불어넣어 물을 교반, 비등시키는 방법을 병용한 보일러 급수의 탈기법이 있다.

정답 59. ④ 60. ④ 61. ④ 62. ④ 63. ①

[해설] 탈기법 : 탈기기(deaerator)를 이용하여 급수 중의 산소(O_2), 탄산가스(CO_2) 등의 용존가스를 제거하는 방법으로 진공 탈기법과 가열 탈기법 및 2가지를 병용한 방법이 있다.

※ 아황산나트륨(Na_2SO_3)은 급수 중의 용존산소를 제거하는 탈산소제로 화학적인 방법(내처리제)에 해당된다.

64_ 내벽은 내화벽돌로 두께 220[mm], 열전도율 1.1[kcal/m·h·℃], 중간벽은 단열벽돌로 두께 9[cm], 열전도율 0.12[kcal/m·h·℃], 외벽은 붉은 벽돌로 두께 20[cm], 열전도율 0.8[kcal/m·h·℃]로 되어 있는 노벽이 있다. 내벽표면의 온도가 1000[℃]일 때 외벽의 표면온도는 약 몇 [℃]인가? (단, 외벽 주위온도는 20[℃], 외벽표면의 열전달율은 7[kcal/m²·h·℃]로 한다.)

① 104℃ ② 124℃
③ 141℃ ④ 267℃

[해설] ㉮ 벽면 1m² 당 1시간 동안 손실열량 계산

$$\therefore Q = K(t_2 - t_1)$$
$$= \left(\frac{1}{\frac{b_1}{\lambda_1} + \frac{b_2}{\lambda_2} + \frac{b_3}{\lambda_3} + \frac{1}{\alpha_o}} \right) \times (t_2 - t_1)$$
$$= \left(\frac{1}{\frac{0.22}{1.1} + \frac{0.09}{0.12} + \frac{0.2}{0.8} + \frac{1}{7}} \right) \times (1000 - 20)$$
$$= 729.787 [kcal/m^2 \cdot h]$$

㉯ 외벽 표면의 온도 계산

$$\therefore t_0 = t_2 - \left\{ Q \times \left(\frac{b_1}{\lambda_1} + \frac{b_2}{\lambda_2} + \frac{b_3}{\lambda_3} \right) \right\}$$
$$= 1000 - \left\{ 729.787 \times \left(\frac{0.22}{1.1} + \frac{0.09}{0.12} + \frac{0.2}{0.8} \right) \right\}$$
$$= 124.255 [℃]$$

65_ 보일러 부속장치에 대한 설명으로 틀린 것은?
① 공기예열기란 연소배가스의 폐열로 공급 공기를 가열시키는 장치이다.
② 절탄기란 연료공급을 적당히 분배하여 완전 연소를 위한 장치이다.
③ 과열기란 포화증기를 가열시키는 장치이다.
④ 재열기란 원동기(증기터빈)에서 팽창한 증기를 재가열시키는 장치이다.

[해설] 절탄기(節炭器) : 보일러 급수를 연소가스 여열(餘熱) 등을 이용하여 예열시키는 장치로 급수가열기(economizer)라 한다.

66_ 다음 중 급수 중의 불순물이 직접 보일러 과열의 원인이 되는 물질은?
① 탄산가스   ② 수산화나트륨
③ 히드라진   ④ 유지

[해설] 급수 중 유지류의 영향 : 포밍과 전열면에 스케일 생성의 원인이 되며, 스케일 생성은 전열을 방해하여 과열의 원인이 된다.

『참고』 과열의 원인
㉮ 이상 감수 현상이 발생하였을 때
㉯ 동 내면에 스케일이 생성되어 전열이 불량한 경우
㉰ 보일러 수가 농축되어 순환이 불량한 때
㉱ 전열면에 국부적으로 심한 열을 받았을 때
㉲ 연소실 열부하가 지나치게 큰 경우

67_ 염기성 제강로의 용강이나 광재가 접촉되는 부분에 사용하는 내화물로 가장 적합한 것은?
① 규석질 내화물
② 마그네시아질 내화물
③ 고알루미나질 내화물
④ 샤모트질 내화물

[해설] 마그네시아 내화물(벽돌)의 특징
㉮ 마그네사이트 또는 수산화마그네슘을 주원료로 한다.

○답 64. ② 65. ② 66. ④ 67. ②

㉮ 염기성 벽돌이며 내화도가 SK36 이상이다.
㉯ 열팽창성이 크며 하중 연화점이 높다.
㉰ 염기성 슬래그나 용융금속에 대하여 저항성이 크다.
㉱ 1500[℃] 이상으로 가열하여 소성한다.
㉲ 열전도율 및 내스폴링성이 작고, 슬래킹 현상이 발생한다.

해설 $\sigma_A = \dfrac{PD}{200t} = \dfrac{8 \times 600}{200 \times 10} = 2.4 [\text{kgf/mm}^2]$

『참고』 응력의 단위가 [kgf/cm²]이면 $\sigma_A = \dfrac{PD}{2t}$ 이다.

68. 두께 10[mm], 인장강도 40[kgf/mm²]의 연강판으로 8[kgf/cm²]의 내압을 받는 원통을 만들려고 한다. 이 때 안전율을 4로 한다면 원통의 내경은 몇 [mm]로 하여야 하는가?

① 1500 ② 2000
③ 2500 ④ 3000

해설 $t = \dfrac{PD}{200S}$ 에서

$\therefore D = \dfrac{200tS}{P} = \dfrac{200 \times 10 \times \dfrac{40}{4}}{8} = 2500 [\text{mm}]$

71. 금속 공업로의 에너지 절감대책으로 가장 거리가 먼 것은?

① 처리 재료 보유열을 유효하게 이용한다.
② 연소용 공기의 여열을 곧 바로 방열시킨다.
③ 배열을 유효하게 이용하고 방사열량의 저감 대책을 마련한다.
④ 공연비의 개선 및 노 설비의 유기적 결합에 의한 배열의 효율적인 이용을 기한다.

해설 연소용 공기는 배열 등을 이용하여 예열시켜 공급한다.

72. 허용인장응력 10[kgf/mm²], 두께 12[mm]의 강판을 160[mm] V홈 맞대기 용접이음을 할 경우 그 효율이 80[%]라면 용접두께 t는 얼마로 하여야 하는가? (단, 용접부의 허용응력 σ는 8[kgf/mm²]이다.)

① 6[mm] ② 8[mm]
③ 10[mm] ④ 12[mm]

해설 $\sigma_t = \dfrac{W}{t \cdot L}$ 에서

$\therefore t = \dfrac{W}{\sigma_t \cdot L} = \dfrac{10 \times 160 \times 12}{10 \times 160} = 12 [\text{mm}]$

69. 다음 대차(kiln car)를 쓸 수 있는 가마는?

① 등요(up hil kiln)
② 선가마(shaft kiln)
③ 회전요(rotary kiln)
④ 셔틀가마(shuttle kiln)

해설 셔틀요(shuttle kiln) : 단가마의 단점을 줄이기 위하여 이용되는 것으로 가마 1개당 2대 이상의 대차를 준비하여 1개 대차에서 소성작업을 한 후 냉각파가 생기지 않는 한 대차를 끌어내고, 다른 대차를 밀어 넣고 소성작업을 한다.

70. 내경 600[mm], 압력 8[kgf/cm²], 두께 10[mm]의 얇은 두께의 원통 실린더에 가스가 들어 있다면 원주응력은 약 몇 [kgf/mm²]인가?

① 2.4 ② 3.2
③ 4.8 ④ 8.8

73. 터널가마의 레일과 바퀴부분이 연소가스에 의해서 부식되지 않도록 하는 부분은?

① 샌드 실(sand seal)
② 에어커튼(air curtain)
③ 내화갑
④ 칸막이

정답 68. ③ 69. ④ 70. ① 71. ② 72. ④ 73. ①

해설 샌드 실(sand seal) : 터널가마에서 고온부의 열이 레일과 바퀴부분의 저온부로 이동하지 못하도록 하여 연소가스에 의한 부식을 방지하는 역할을 한다.

74_ 방열유체의 전열유니트수(NTUh)가 3.2이고 온도차가 96[℃]인 열교환기의 전열효율을 1로 할 때 LMTD는 몇 [℃]인가?
① 0.03[℃] ② 3.2[℃]
③ 30[℃] ④ 307.2[℃]

해설 $LMTD(\Delta t_m) = \dfrac{\Delta t}{NTU_h} = \dfrac{96}{3.2} = 30\,[℃]$

75_ 축열식 반사로를 사용하여 선철을 용해, 정련하는 방법으로 시멘스마틴법(siemens-martins process)이라고도 하는 것은?
① 불림로 ② 용선로
③ 평로 ④ 전로

해설 평로 : 선철과 고철을 장입하고 연료의 연소열로 금속을 용융시켜 강을 만드는 것으로 좌우 양쪽에 축열실을 가진 반사로이다.

76_ 보일러수 중 알칼리 용액의 농도가 높을 때 응력이 큰 금속표면에 미세한 균열이 일어나는 것을 무엇이라고 하는가?
① 피팅(pitting) ② 가성취화
③ 그루빙(grooving) ④ 포밍(foaming)

해설 가성취화 : 보일러 수중에서 분해되어 생긴 가성소다(NaOH)가 과도하게 농축되면 수산이온(OH⁻)이 많아져서 알칼리도가 높아진다. 이것이 강재와 작용해서 생기는 나트륨(Na)이 강재의 결정입계를 침해하여 재질을 열화, 취화 시키는 것으로 보일러판의 국부 리벳 연결부 등에서 발생하며, 균열이 발생하는 것으로 알 수 있다.

77_ 증기보일러에는 원칙적으로 2개 이상의 안전밸브를 설치하여야 한다. 1개만 설치해도 되는 전열면적의 기준은?
① 10[m²] 이하 ② 30[m²] 이하
③ 50[m²] 이하 ④ 100[m²] 이하

해설 안전밸브의 개수
㉮ 증기보일러에는 2개 이상의 안전밸브를 설치하여야 한다. 다만, 전열면적 50[m²] 이하의 증기보일러에서는 1개 이상으로 한다.
㉯ 관류보일러에서 보일러와 압력방출장치와의 사이에 체크밸브를 설치할 경우 압력방출장치는 2개 이상이어야 한다.

78_ 배관 도면상에 그림과 같은 표시는 어떤 종류의 밸브를 의미하는가?

① 앵글밸브(angle valve)
② 체크밸브(check valve)
③ 게이트밸브(gate valve)
④ 자동밸브(automatic valve)

해설 밸브 도시기호

밸브 명칭	도시기호
앵글밸브(angle valve)	
체크밸브(check valve)	
게이트밸브(gate valve)	
글로브밸브(globe valve)	
자동밸브(automatic valve)	

정답 74. ③ 75. ③ 76. ② 77. ③ 78. ②

79. 온도의 급격한 변화, 불균일한 가열냉각 등에 의해 로재(내화물)에 열응력이 생겨 균열이 생기거나 표면이 갈라지는 현상을 의미하는 것은?

① 스폴링(spalling)
② 슬래킹(slaking)
③ 버스팅(bursting)
④ 하중연화현상

해설 스폴링(spalling) 현상 : 박락현상이라 하며 내화물이 사용하는 도중에 갈라지든지, 떨어져 나가는 현상으로 스폴링(spalling) 현상의 종류 및 발생 원인은 다음과 같다.
㉮ 열적 스폴링 : 온도 급변에 의한 열응력
㉯ 기계적 스폴링 : 기계적 압력 등이 고르지 않아 구조의 불균형
㉰ 조직적 스폴링 : 화학적 슬래그 등에 의한 침식 및 열적인 변질을 말한다.

80. 다음 중 터널요(tunnel kiln)의 장점이 아닌 것은?

① 다품종 소량생산에 적합하다.
② 열효율이 높아 연료가 절약된다.
③ 노 내의 분위기나 온도조절이 쉽다.
④ 소성이 균일하여 제품의 품질이 좋다.

해설 터널요(tunnel kiln)의 특징
㉮ 예열, 소성, 냉각이 연속적으로 이루어지며 대차의 진행방향과 반대 방향으로 연소가스가 진행된다.
㉯ 소성이 균일하여 제품의 품질이 좋다.
㉰ 온도조절과 자동화가 용이하다.
㉱ 열효율이 좋아 연료비가 절감된다.
㉲ 배기가스 현열을 이용하여 제품을 예열한다.
㉳ 제품의 현열을 이용하여 연소용 공기를 예열한다.
㉴ 능력에 비해 설비면적이 작다.
㉵ 소성시간이 단축되며, 대량생산에 적합하다.
㉶ 능력에 비해 건설비가 비싸다.
㉷ 생산량 조정이 곤란하다.
㉸ 제품구성에 제한이 있고, 다종 소량생산에는 부적당하다.
㉹ 제품을 연속적으로 처리할 수 있는 시설이 있어야 한다.

▶ 2012년 에너지관리산업기사 필기시험은 년 1회 시행되었습니다.

정답 79. ① 80. ①

2013년 3월 10일 제1회 에너지관리산업기사 필기시험

1과목 - 연소공학

01_ 부하변동에 따른 연료량의 조절범위가 가장 큰 버너의 형식은?

① 유압식 버너
② 회전식 버너
③ 고압공기 분무식 버너
④ 저압증기 분무식 버너

해설 버너 형식에 따른 연료량 조절범위

버너 형식	조절범위
유압식	1:3~1:6
회전식	1:5
고압공기 분무식	1:10
저압증기 분무식	1:5~1:6

02_ 수소 31.9[%], 일산화탄소 6.3[%], 메탄 22.3[%], 에틸렌 3.9[%], 이산화탄소 3.8[%], 질소 31.8[%]의 조성을 갖는 가스 연료의 고위발열량은 약 몇 [MJ/Sm³]인가?

① 10.5 ② 11.3
③ 14.2 ④ 16.3

해설
$H_h = 12.68\,CO + 12.75\,H_2 + 39.84\,CH_4 + 63.87\,C_2H_4$
$= 12.68 \times 0.063 + 12.75 \times 0.319 + 39.84 \times 0.223 + 63.87 \times 0.039 = 16.241\,[\text{MJ/Sm}^3]$

03_ 거리의 제한이 없고 주위 환경오차가 적으나 연돌 상부의 지름 크기에 따라 측정오차가 큰 매연 측정 방법은?

① 바카라 스모그 테스터
② 망원경식 매연 농도계
③ 광전관식 매연 농도계
④ 링겔만 매연 농도계

해설 망원경식 매연 농도계 : 망원경 내부에 조립된 농도가 다른 농도판(필터)과 비교해서 매연을 측정하는 기기이다. 측정 거리의 제한이 없고 주위 환경에 따른 측정오차가 적지만 연돌 상부의 지름에 따라 측정오차가 발생할 수 있다.

04_ 연소의 3요소에 해당하지 않는 것은?

① 가연물   ② 인화점
③ 산소공급원 ④ 점화원

해설 연소의 3요소 : 가연물, 산소공급원, 점화원

05_ 기체연료의 일반적인 특징에 대한 설명으로 가장 거리가 먼 것은?

① 저장하기 쉽다.
② 열효율이 높다.
③ 점화 및 소화가 간단하다.
④ 연소용 공기 예열에 의해 저발열량이라도 전열효율을 높일 수 있다.

해설 기체연료의 특징
(1) 장점
  ㉮ 연소효율이 높고 연소제어가 용이하다.
  ㉯ 회분 및 황성분이 없어 전열면 오손이 없다.

정답 1.③ 2.④ 3.② 4.② 5.①

㉢ 적은 공기비로 완전연소가 가능하다.
㉣ 저발열량의 연료로 고온을 얻을 수 있다.
㉤ 완전연소가 가능하여 공해문제가 없다.
(2) 단점
㉮ 저장 및 수송이 어렵다.
㉯ 가격이 비싸고 시설비가 많이 소요된다.
㉰ 누설 시 화재, 폭발의 위험이 크다.

해설 기체연료의 고위발열량(MJ/Sm³)

기체연료 명칭	고위발열량(MJ/Sm³)
고로가스	0.21
천연가스	44.2
석탄가스	1.2
수성가스	0.64

06_ 기체연료의 연소에는 층류 확산연소, 난류 확산연소 및 예혼합연소가 있다. 이 중 가장 고부하 연소가 가능한 연소방식은?

① 층류 확산연소
② 난류 확산연소
③ 예혼합연소
④ 모두 가능하다.

해설 예혼합연소(내부혼합식)의 특징
㉮ 가스와 공기의 사전 혼합형이다.
㉯ 화염이 짧으며, 고온의 화염을 얻을 수 있다.
㉰ 공기와 가스를 예열하여 사용할 수 없다.
㉱ 연소부하가 크고, 역화의 위험성이 크다.

07_ 질량 조성비가 탄소 0.87, 수소 0.1, 황 0.03인 연료가 있다. 이론공기량[Sm³/kg]은?

① 7.2
② 8.3
③ 9.4
④ 10.5

해설 $A_0 = 8.89C + 26.67\left(H - \dfrac{O}{8}\right) + 3.33S$
$= 8.89 \times 0.87 + 26.67 \times 0.1 + 3.33 \times 0.03$
$= 10.501 \, [Sm^3/kg]$

08_ 다음 기체연료 중 고위발열량[MJ/Sm³]이 가장 큰 것은?

① 고로가스
② 천연가스
③ 석탄가스
④ 수성가스

09_ 입경이 작아질수록 석탄의 착화온도의 변화를 나타내는 것으로 옳은 것은?

① 착화온도가 높아진다.
② 착화온도가 낮아진다.
③ 입경의 크기와 무관하다.
④ 착화온도의 차이가 없다.

해설 석탄의 입경(입자지름)이 작아질수록 공기 중의 산소와 접촉이 잘 되므로 착화온도는 낮아진다.

10_ 일반적인 중유의 인화점 범위로서 가장 옳은 것은?

① 60~150[℃]
② 300~350[℃]
③ 520~580[℃]
④ 730~780[℃]

해설 중유의 인화점 : 60~150[℃] 정도

11_ 석탄을 공업분석 하였더니 수분이 3.35[%], 휘발분이 2.65[%], 회분이 25.50[%]이었다. 고정탄소분은 몇 [%]인가?

① 37.69
② 49.48
③ 59.87
④ 68.50

해설 고정탄소 = 100 − (수분 + 회분 + 휘발분)
= 100 − (3.35 + 25.5 + 2.65) = 68.50[%]

정답 6. ③ 7. ④ 8. ② 9. ② 10. ① 11. ④

12. 다음 조성의 수성가스 연소 시 필요한 공기량은 약 몇 [Sm³/Sm³]인가? (단, 공기비는 1.25, 사용공기는 건조공기이다.)

[조성비]
CO_2 : 45[%], CO : 45[%], N_2 : 11.7[%], O_2 : 0.8[%], H_2 : 38[%]

① 0.97 ② 1.22
③ 2.42 ④ 3.07

해설
$A = mA_0 = m\{2.38(H_2 + CO) - 4.76O_2\}$
$= 1.25 \times \{2.38 \times (0.38 + 0.45) - 4.76 \times 0.008\}$
$= 2.421 [Sm^3/Sm^3]$

13. 다음 중 풍화의 영향이 크지 않은 것은?
① 석탄의 휘발분 ② 석탄의 고정탄소
③ 석탄의 회분   ④ 석탄의 수분

해설
(1) 석탄의 풍화작용 : 연료 중의 휘발분이 공기 중의 산소와 화합하여 탄의 질이 저하되는 현상
(2) 풍화작용에 의하여 나타나는 현상
   ㉮ 휘발분이 감소한다.
   ㉯ 발열량이 감소한다.
   ㉰ 석탄 표면이 변색된다.
   ㉱ 석탄의 질이 저하되며, 분탄이 되기 쉽다.

14. 다음 중 매연의 방지조치로서 옳지 않은 것은?
① 공기비를 최소화하여 연소한다.
② 보일러에 적합한 연료를 선택한다.
③ 연료가 연소하는데 충분한 시간을 준다.
④ 연소실 내의 온도가 내려가지 않도록 공기를 적정하게 보낸다.

해설 매연의 방지조치
㉮ 통풍력을 적절히 조절할 것
㉯ 무리한 연소를 하지 않을 것
㉰ 연소장치, 연소실을 개선시킬 것
㉱ 품질이 좋은 연료를 선택할 것

㉲ 연소실의 온도를 적절히 유지할 것
㉳ 집진장치를 설치하여 매연을 제거할 것

15. 고체연료인 석탄, 장작 등이 불꽃을 내면서 타는 형태의 연소로서 가장 옳은 것은?
① 확산연소 ② 증발연소
③ 분해연소 ④ 표면연소

해설 연소의 형태 분류
㉮ 표면연소 : 목탄(숯), 코크스 등의 연소
㉯ 분해연소 : 휘발분이 있는 고체연료(종이, 석탄, 목재 등) 또는 증발이 일어나기 어려운 액체연료(중유 등)의 연소
㉰ 증발연소 : 가솔린, 등유, 경유, 알코올, 양초 등의 연소
㉱ 확산연소 : 기체연료의 연소
㉲ 자기연소 : 셀룰로이드류, 질산에스테르류, 히드라진 등 제5류 위험물의 연소

16. 회분이 연소에 미치는 영향에 대한 설명으로 옳지 않은 것은?
① 연소실의 온도를 높인다.
② 통풍에 지장을 주어 연소효율을 저하시킨다.
③ 보일러 벽이나 내화벽돌에 부착되어 장치를 손상시킨다.
④ 용융온도가 낮은 회분은 클링커를 작용시켜 통풍을 방해한다.

해설 연료 중에 회분(灰分)이 많을 경우 연소 후 재발생이 많아지고 재가 연화, 용융되어 발생하는 클링커로 인해 통풍을 방해한다.

17. 탄소 84.0[%], 수소 13.0[%], 황 2.0[%], 질소 1.0[%]인 중유 1[kg]을 15[Sm³]의 공기로 완전 연소시켰을 때의 습연소 배기가스 중의 SO_2는 약 몇 [ppm]인가? (단, 황은 연소하여 모두 SO_2로 되었다.)
① 700   ② 740
③ 890   ④ 1000

정답 12. ③ 13. ③ 14. ① 15. ③ 16. ① 17. ③

해설 ㉮ 중유 1[kg] 연소 시 이론공기량(A_0) 계산
∴ $A_0 = 8.89C + 26.67\left(H - \dfrac{O}{8}\right) + 3.33S$
$= 8.89 \times 0.84 + 26.67 \times 0.13 + 3.33 \times 0.02$
$= 11.00 \,[\text{Sm}^3/\text{kg}]$

㉯ 공기비(m) 계산
∴ $m = \dfrac{A}{A_0} = \dfrac{15}{11.6} = 1.293 ≒ 1.29$

㉰ 실제 습연소가스량(G_w) 계산
∴ $G_w = (m - 0.21)A_0 + 1.867C + 11.2H + 0.7S$
$\quad + 0.8N + 1.244W$
$= (1.29 - 0.21) \times 11.0 + 1.867 \times 0.84 + 11.2$
$\quad \times 0.13 + 0.7 \times 0.02 + 0.8 \times 0.01$
$= 14.926 \,[\text{Sm}^3/\text{kg}]$

㉱ 황(S) 1[kg]이 이론공기량으로 연소할 때 발생되는 SO_2 계산 : 중유 1[kg] 중 황성분이 2.0[%] 함유하고 있으므로
∴ $S + O_2 + (N_2) \rightarrow SO_2 + (N_2)$
32[kg] : 22.4[Nm³] = 1×0.02[kg] : $x(SO_2)$[Nm³]
∴ $x = \dfrac{1 \times 0.02 \times 22.4}{32} = 0.014 \,[\text{Nm}^3]$

㉲ 습연소 배기가스 중 SO_2의 [ppm] 계산 : 1[ppm]은 $\dfrac{1}{10^6}$의 농도에 해당하는 것이므로 배기가스 중의 비율에 10^6을 곱하면 된다.
∴ $SO_2[\text{ppm}] = \dfrac{SO_2 량}{습연소\ 배기가스} \times 10^6$
$= \dfrac{0.014}{14.926} \times 10^6 = 937.96 \,[\text{ppm}]$
※ 공개된 답안은 ③번 890[ppm]으로 처리되었음

18_ 다음 중 이론공기량에 대하여 가장 올바르게 나타낸 것은?
① 완전 연소에 필요한 1차 공기량
② 완전 연소에 필요한 2차 공기량
③ 완전 연소에 필요한 최소 공기량
④ 완전 연소에 필요한 최대 공기량

해설 이론공기량 : 단위량의 연료가 완전 연소할 때 필요로 하는 최소공기량이다.

19_ 다음 중 보염장치(保炎裝置)가 아닌 것은?
① 에어레지스터   ② 버너타일
③ 컴버스터   ④ 크레이머

해설 보염장치의 종류
㉮ 윈드박스(wind box) : 풍도(風道)에서 공기를 흡입하여 동압의 대부분을 정압으로 노내에 유입시키는 역할을 하는 것이다.
㉯ 보염기(stabilizer) : 버너 팁 선단에 부착하여 착화를 원활하게 하고, 화염의 안정된 연소를 도모하는 장치로 선회기를 설치하여 연소용 공기에 선회운동을 주어 원추상으로 분사시켜 내측에 저압부분의 형성으로 저속영역을 만들어 착화를 쉽게 하는 것으로 선회기 방식, 스태빌라이저(stabilizer), 콤버스터(combuster)가 있다.
㉰ 버너타일(burner tile) : 연료와 공기를 노내에 분사하기 위하여 노벽에 설치한 목(burner throat)을 구성하는 내화재로 착화와 화염이 안정되도록 한다.
※ 크레이머 : 특수 미분탄 연소장치

20_ 프로판 1[Sm³]을 이론공기량으로 완전 연소 시 건연소가스량은?
① 3.81[Sm³]   ② 18.81[Sm³]
③ 21.81[Sm³]   ④ 25.81[Sm³]

해설 ㉮ 공기 중 프로판의 완전연소 반응식
$C_3H_8 + 5O_2 + (N_2) \rightarrow 3CO_2 + 4H_2O + (N_2)$
㉯ 건연소 가스량 계산 : 연소가스 중 수분(H_2O)을 포함하지 않은 가스량이고, 질소는 산소량의 $3.76\left(\dfrac{79}{21}\right)$배이 므로
∴ $G_{0d} = 3 + (5 \times 3.76) = 21.8 \,[\text{Sm}^3]$

2과목 - 열역학

21_ 공기 냉동 cycle은 어느 cycle의 역 cycle인가?
① Otto   ② Diesel
③ Sabathe   ④ Brayton

정답 18. ③ 19. ④ 20. ③ 21. ④

해설 역브레이턴 사이클(Brayton cycle) : 가스 터빈의 이론 사이클인 브레이턴 사이클을 반대방향으로 작동되도록 한 것으로 공기압축 냉동 사이클에 적용된다.

22. 오토 사이클에 대한 설명으로 틀린 것은?
① 등엔트로피 압축과정이 있다.
② 일정한 압력에서 열방출을 한다.
③ 압축비가 클수록 이론적인 열효율은 증가한다.
④ 효율은 압축비의 함수이다.

해설 오토 사이클(Otto cycle) : 전기점화기관(가솔린 기관)의 이상 사이클로 가열과정(폭발)은 정적 하에서, 동력이 발생되는 팽창과정은 단열상태에서 이루어진다. 압축비가 클수록 열효율은 증가하므로 열효율은 압축비의 함수이다. 일정한 체적(정적)에서 열방출을 한다.

23. 냉동 사이클의 작업 유체(working fluid)인 냉매(refrigerant)의 구비조건으로 가장 거리가 먼 것은?
① 증발잠열이 클 것
② 임계온도가 낮을 것
③ 응축압력이 낮을 것
④ 열전달 특성이 좋을 것

해설 냉매의 구비조건
㉮ 응고점이 낮고 임계온도가 높으며 응축, 액화가 쉬울 것
㉯ 증발잠열이 크고 기체의 비체적이 적을 것
㉰ 오일과 냉매가 작용하여 냉동장치에 악영향을 미치지 않을 것
㉱ 화학적으로 안정하고 분해하지 않을 것
㉲ 금속에 대한 부식성 및 패킹재료에 악영향이 없을 것
㉳ 인화 및 폭발성이 없을 것
㉴ 인체에 무해할 것(비독성가스 일 것)
㉵ 액체의 비열은 작고, 기체의 비열은 클 것
㉶ 경제적일 것(가격이 저렴할 것)

24. 체적 20[m³]의 용기 내에 공기가 채워져 있으며, 이 때 온도는 25[℃]이고, 압력은 200[kPa]이다. 용기 내의 공기온도를 65[℃]까지 가열시키는 경우에 소요 일량은 약 몇 [kJ]인가? (단, $R = 0.287[kJ/kg \cdot K]$, $C_v = 0.71[kJ/kg \cdot K]$이다.)
① 240　　② 330
③ 1330　④ 2840

해설 ㉮ 20[m³]의 용기 속의 공기 무게 계산
$PV = GRT$에서
$$\therefore G = \frac{PV}{RT} = \frac{200 \times 20}{0.287 \times (273 + 25)} = 46.769[kg]$$
㉯ 가열량 계산
$$\therefore Q_a = m C_v (T_2 - T_1)$$
$$= 46.769 \times 0.71 \times \{(273+65) - (273+25)\}$$
$$= 1328.239[kJ]$$

25. 엔트로피에 대한 설명 중 틀린 것은?
① 엔트로피는 열역학적 상태량이다.
② 계의 엔트로피 변화는 가역 및 비가역 과정에서 경로와 무관하다.
③ 엔트로피는 모든 과정에 대하여 전달 열량을 온도로 나눈 것으로 정의된다.
④ 몰리에 선도는 엔탈피와 엔트로피 관계를 나타내는 선도이다.

26. 압력 0.2[MPa], 온도 200[℃]의 어떤 기체(이상기체) 2[kg]이 가역단열과정으로 팽창하여 압력이 0.1[MPa]로 변한다. 이 기체의 최종온도는 약 몇 [℃]인가? (단, 이 기체의 비열비는 1.4이다.)
① 92　　② 115
③ 365　④ 388

정답 22. ② 23. ② 24. ③ 25. ③ 26. ②

해설) $\dfrac{T_2}{T_1} = \left(\dfrac{P_2}{P_1}\right)^{\frac{k-1}{k}}$ 에서

$\therefore T_2 = T_1 \times \left(\dfrac{P_2}{P_1}\right)^{\frac{k-1}{k}}$

$= (273+200) \times \left(\dfrac{0.1}{0.2}\right)^{\frac{1.4-1}{1.4}}$

$= 388.018[\text{K}] - 273 = 115.018[℃]$

27_ 다음은 물의 압력-온도 선도를 나타낸 것이다. 임계점은 어디를 말하는가?

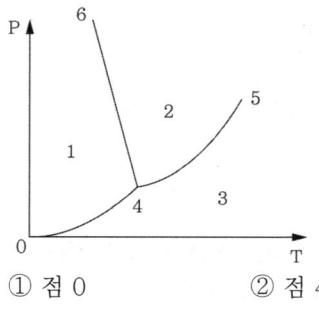

① 점 0 ② 점 4
③ 점 5 ④ 점 6

해설) 물의 압력-온도 선도
㉮ 영역 1 : 고체 ㉯ 영역 2 : 액체
㉰ 영역 3 : 증기 ㉱ 점 4 : 삼중점
㉲ 점 5 : 임계점 ㉳ 선 4-6 : 용해곡선
㉴ 선 0-4 : 승화곡선
㉵ 선 4-5 : 증발곡선

28_ 압력 2.5[MPa]일 때 포화수 엔탈피는 960 [kJ/kg], 포화수증기의 엔탈피는 2800 [kJ/kg] 이다. 이때 동일 압력 하에서 습증기 5[kg]의 엔탈피는 10000[kJ]이다. 이 습증기의 건도는?

① 0.27 ② 0.37
③ 0.47 ④ 0.57

해설) $h_2 = h' + x(h'' - h')$ 에서

$\therefore x = \dfrac{h_2 - h'}{h'' - h'} = \dfrac{\dfrac{10000}{5} - 960}{2800 - 960} = 0.565$

29_ 다음 중 같은 액체에 대한 표현이 아닌 것은?

① 밀도가 800[kg/m³]이다.
② 0.2[m³]의 질량이 160[kg]이다.
③ 비중량이 800[N/m³]이다.
④ 비체적이 0.00125[m³/kg]이다.

해설) ㉮ 밀도가 800[kg/m³]인 액체는 1[m³]의 질량이 800[kg] 이므로 0.2[m³]의 질량이 160[kg]이 된다. 비체적은 밀도의 역수이므로 0.00125[m³/kg]이 된다.
㉯ 밀도가 800[kg/m3]인 액체의 비중량 계산
$\therefore \gamma = \rho \times g = 800[\text{kg/m}^3] \times 9.8[\text{m/s}^2]$
$= 7840[\text{kg} \cdot \text{m/m}^3 \cdot \text{s}^2] = 7840[\text{N/m}^3]$

30_ 고열원의 온도 800[K], 저열원의 온도 300[K] 인 두 열원 사이에서 작동하는 이상적인 카르노 사이클이 있다. 고열원에서 사이클에 가해지는 열량이 120[kJ]이면 사이클 일은 몇 [kJ]인가?

① 60 ② 75
③ 85 ④ 120

해설) $\eta = \dfrac{W}{Q_1} = \left(1 - \dfrac{T_2}{T_1}\right)$ 에서 일량(W)은

$\therefore W = Q_1 \times \left(1 - \dfrac{T_2}{T_1}\right) = 120 \times \left(1 - \dfrac{300}{800}\right) = 75[\text{kJ}]$

31_ 발열량이 47300[kJ/kg]인 휘발유를 시간당 40[kg]씩 연소시키는 기관의 열효율이 30[%] 라면 이 기관의 발생동력은 몇 [kW]인가?

① 158 ② 527
③ 1548 ④ 1752

해설 ㉮ 1[kW] = 860[kcal/h] = 3600[kJ/h]이다.
㉯ 발생되는 동력 계산
$$\therefore kW = \frac{공급열량[kJ/h]}{1[kW]당 열량[kJ/h]}$$
$$= \frac{40 \times 47300 \times 0.3}{3600} = 157.666[kW]$$

32_ 그림은 초기 체적이 V_i 상태에 있는 피스톤이 외부로 일을 하여 최종적으로 체적이 V_f 인 상태로 된 것을 나타낸다. 외부로 가장 많은 일을 한 과정은?

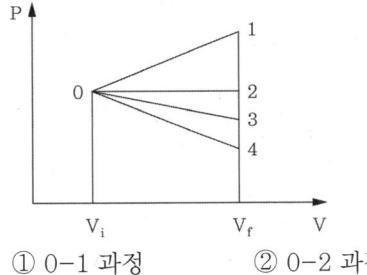

① 0-1 과정　　② 0-2 과정
③ 0-3 과정　　④ 0-4 과정

해설 피스톤의 팽창일 $W_a = P \cdot dV$ 이므로 0-1 과정이 외부로 가장 많은 일을 한 과정이다.

33_ 보일러에서 포화증기의 압력을 올리면 증기의 잠열은 어떻게 변하는가?
① 증가한다.
② 변하지 않는다.
③ 감소한다.
④ 상황에 따라 다르다.

해설 증기 압력이 상승할 때 나타나는 현상
㉮ 포화수의 온도가 상승한다.
㉯ 포화수의 부피가 증가한다.
㉰ 포화수의 비중이 감소한다.
㉱ 물의 현열이 증가하고, 증기의 잠열이 감소한다.
㉲ 건포화증기 엔탈피가 증가한다.
㉳ 증기의 비체적이 감소한다.

34_ 압력이 300[kPa], 체적이 0.5[m³]인 공기가 일정한 압력에서 체적이 0.7[m³]으로 팽창했다. 이 팽창 중에 내부에너지가 50[kJ] 증가하였다면 팽창에 필요한 열량은 몇 [kJ]인가?
① 50　　② 60
③ 100　　④ 110

해설 ㉮ 정압과정의 팽창일 계산
$$\therefore W_a = P(V_2 - V_1) = 300 \times (0.7 - 0.5) = 60[kJ]$$
㉯ 필요 열량 = 내부에너지 증가량 + 팽창일
$$= 50 + 60 = 110[kJ]$$

35_ 관로에서 외부에 대한 열의 출입이 없고 외에 대한 일과 유입속도를 무시할 때, 유출속도 W_2에 대한 식으로 옳은 것은? (단, i는 단위질량당 엔탈피이며 1, 2는 각각 입구와 출구를 의미한다.)

① $W_2 = \sqrt{2(i_1 - i_2)}$
② $W_2 = \sqrt{2(i_1 + i_2)}$
③ $W_2 = 2\sqrt{(i_1 - i_2)}$
④ $W_2 = 2\sqrt{(i_1 + i_2)}$

해설 단열유동에서의 증기 유출속도 계산식
㉮ 공학단위
$$W_2 = \sqrt{\frac{2g}{A}(i_1 - i_2)} = \sqrt{2gJ(i_1 - i_2)}$$
W_2 : 노즐 출구에서 유속[m/s]
g : 중력가속도[9.8m/s²]
A : 일의 열당량[kcal/kgf·m]
J : 열의 일당량[kgf·m/kcal]
i_1 : 노즐 입구에서의 엔탈피(kcal/kgf)
i_2 : 노즐 출구에서의 엔탈피(kcal/kgf)
㉯ SI단위
$$W_2 = \sqrt{2(i_1 - i_2)}$$
W_2 : 노즐 출구에서 유속(m/s)
i_1 : 노즐 입구에서의 엔탈피(J/kg)
i_2 : 노즐 출구에서의 엔탈피(J/kg)

정답 32. ① 33. ③ 34. ④ 35. ①

36_ 이상기체에 대한 설명으로 가장 거리가 먼 것은?

① 기체분자 간의 인력을 무시할 수 있고, 이상기체의 상태방정식을 만족하는 기체
② Boyle-Charles의 법칙($PV/T = const$)을 만족하는 기체
③ 분자 간에 완전 탄성충돌을 하는 기체
④ 일상생활에서 실제로 존재하는 기체

해설 일상생활에서 실제로 존재하는 기체를 실제기체라 한다.

37_ 습증기의 건도를 잘 설명한 것은?

① 습증기 1[kg] 중에 포함되어 있는 액체의 양을 습증기 1[kg] 중에 포함된 건포화증기 양으로 나눈 값
② 습증기 1[kg] 중에 포함되어 있는 건포화증기 양을 습증기 1[kg] 중에 포함된 액체의 양으로 나눈 값
③ 습증기 1[kg] 중에 포함되어 있는 액체의 양을 습증기 1[kg]으로 나눈 값
④ 습증기 1[kg] 중에 포함되어 있는 건포화증기의 양을 습증기 1[kg]으로 나눈 값

해설 건조도[건도](x) : 증기 속에 함유되어 있는 물방울의 혼용률로 습증기 1[kg] 중에 포함되어 있는 건포화증기의 양을 습증기 1[kg]으로 나눈 값이다.
㉮ 건조도(x)가 1인 경우 : 건포화증기
㉯ 건조도(x)가 0인 경우 : 포화수
㉰ 건조도(x)가 $0 < x < 1$인 경우 : 습증기

38_ 물에 대한 임계점에서의 온도와 압력을 옳게 표현한 것은?

① 273.16[℃], 0.61[kPa]
② 273.16[℃], 221[bar]
③ 374.15[℃], 0.61[kPa]
④ 374.15[℃], 221[bar]

해설 물의 임계온도, 임계압력
㉮ 임계온도 : 374.15[℃]
㉯ 임계압력 : 225.65[kgf/cm² · a]
    22.09[MPa]
    221.29[bar]

39_ 폴리트로픽(Polytropic) 과정에서 폴리트로픽 지수가 무한히 큰 수($n = \infty$)인 경우는 다음 중 어느 과정에 가장 가까운가?

① 정압(constant pressure) 과정
② 정적(constant volume) 과정
③ 등온(constant temperature) 과정
④ 단열(adiabatic) 과정

해설 폴리트로픽 과정의 폴리트로픽 지수(n)
㉮ $n = 0$: 정압과정
㉯ $n = 1$: 정온과정
㉰ $1 < n < k$: 폴리트로픽과정
㉱ $n = k$: 단열과정(등엔트로피과정)
㉲ $n = \infty$: 정적과정

40_ 물의 기화열은 1기압에서 2257[kJ/kg]이다. 1기압 하에서 포화수 1[kg]을 포화수증기로 만들 때 물의 엔트로피의 변화는 몇 [kJ/K]인가?

① 0
② 6.05
③ 539
④ 2257

해설 물이 1기압(대기압) 상태에서 기화되는 온도는 100[℃]이다.
$$\therefore \Delta s = \frac{dQ}{T} = \frac{2257}{273 + 100} = 6.05 \, [kJ/K]$$

정답 36. ④ 37. ④ 38. ④ 39. ② 40. ②

3과목 - 계측방법

41. 피토관을 사용하여 해수의 유속을 측정하였더니 마노미터의 차가 10[cm]이었다. 이때 유속은 약 몇 [m/s]인가?
① 1.4   ② 1.96
③ 14   ④ 18.6

해설 $V = \sqrt{2gh} = \sqrt{2 \times 9.8 \times 0.1} = 1.4[m/s]$

42. 프로세스 제어의 난이 정도를 표시하는 낭비시간(dead time : L)과 시정수(T)와의 비$\left(\dfrac{L}{T}\right)$는 어떤 성질을 갖는가?
① 작을수록 제어가 용이하다.
② 클수록 제어가 용이하다.
③ 조작정도에 따라 다르다.
④ 비에 관계없이 일정하다.

해설 ㉮ dead time(L) : 낭비시간, 지연시간으로 실내 난방의 경우 공조기가 가동되어도 일정시간이 경과 되어야만 실내온도가 상승되기 시작하는 시간이다.
㉯ time constant(T) : 시간정수라 하며 최종값의 63%에 도달하기까지 시간이다.
㉰ L/T 값이 클 경우 응답속도가 느려지기 때문에 제어하기 어렵다. (반대로 작을수록 제어가 용이하다.)

43. 휘도를 표준온도의 고온 물체와 비교하여 온도를 측정하는 온도계는?
① 액주온도계   ② 광고온계
③ 열전대온도계 ④ 기체팽창온도계

해설 광고온계 : 측정대상 물체에서 방사되는 빛과 표준전구에서 나오는 필라멘트의 휘도를 같게 하여 표준전구의 전류 또는 저항을 측정하여 온도를 측정하는 것으로 비접촉식 온도계이다.

44. 지름이 200[mm]인 관에 비중이 0.9인 기름이 평균속도 5[m/s]로 흐를 때 유량은 약 몇 [kg/s]인가?
① 14   ② 15.7
③ 141.3 ④ 157

해설 $M = \rho A V = 0.9 \times 1000 \times \dfrac{\pi}{4} \times 0.2^2 \times 5$
$= 141.371 [kg/s]$

45. 다음 중 화학적 가스분석계가 아닌 것은?
① 오르사트식   ② 연소식
③ 자동화학식 CO_2계   ④ 밀도식

해설 가스 분석계의 분류 및 종류
(1) 화학적 가스 분석계
  ㉮ 연소열을 이용한 것
  ㉯ 용액흡수제를 이용한 것
  ㉰ 고체 흡수제를 이용한 것
(2) 물리적 가스 분석계
  ㉮ 가스의 열전도율을 이용한 것
  ㉯ 가스의 밀도, 점도차를 이용한 것
  ㉰ 가스의 광학적 성질(빛의 간섭)을 이용한 것
  ㉱ 전기전도도를 이용한 것
  ㉲ 가스의 자기적 성질을 이용한 것
  ㉳ 가스의 반응성을 이용한 것
  ㉴ 적외선 흡수를 이용한 것
※ 밀도식은 물리적 가스분석계에 해당된다.

46. 자동제어에 대한 설명으로 틀린 것은?
① 블록선도(block diagram)란 자동제어계의 각 요소의 명칭이나 특성을 각 블록 내에 기입하고, 신호의 흐름을 표시한 계통도이다.
② 제어량은 출력이라고도 하며, 제어하고자 하는 양으로서 목표치와 같은 종류의 양이다.
③ 비교부란 검출한 제어량과 조작량을 비교하는 부분으로 그 오차를 제어편차라 한다.
④ 외란이란 제어계의 상태를 혼란케 하는 외적 작용이다.

정답 41. ① 42. ① 43. ② 44. ③ 45. ④ 46. ③

해설 비교부는 기준입력과 주피드백량과의 차를 구하는 부분으로서 제어량의 현재값이 목표치와 얼마만큼 차이가 나는가를 판단하는 기구이다.

47_ "CO + H₂" 분석계란 어떤 가스를 분석하는 계기인가?
① 과잉공기계　　② CO₂ 계
③ 미연가스계　　④ N₂ 계

해설 미연가스계 : 연소식 O₂계의 원리와 비슷한 것으로 미연소 가스와 산소를 공급하고 백금 촉매로 연소시켜 온도 상승에 의한 휘스톤 브리지 회로의 저항선 저항 변화를 이용하여 CO와 H₂를 측정한다.

48_ 밀폐 고압탱크나 부식성 탱크의 액면 측정에 가장 적절한 액면계는?
① 차압식　　② 플로트(float)식
③ 노즐식　　④ 감마(γ)선식

해설 방사선 액면계 : 액면에 띄운 플로트(float)에 방사선원을 붙이고 탱크 천장 외부에 방사선 검출기를 설치하여 방사선의 세기와 변화를 이용한 것으로 조사식, 투과식, 가반식이 있으며 특징은 다음과 같다.
㉮ 방사선원으로 코발트(Co), 세슘(Cs)의 γ선을 이용한다.
㉯ 측정범위는 25m 정도이고 측정범위를 크게 하기 위하여 2조 이상 사용한다.
㉰ 액체에 접촉하지 않고 측정할 수 있으며, 측정이 곤란한 장소에서도 측정이 가능하다.
㉱ 고온, 고압의 액체나 부식성 액체 탱크에 적합하다.
㉲ 설치비가 고가이고, 방사선으로 인한 인체에 해가 있다.

49_ 전기저항 온도계에서 측온저항체의 구비조건으로 틀린 것은?
① 물리·화학적으로 안정하고 동일 특성을 갖는 재료이어야 한다.
② 일정 온도에서 일정한 저항을 가져야 한다.
③ 저항온도계수가 적고 규칙적이어야 한다.
④ 내열성이 있어야 한다.

해설 측온 저항체의 구비조건
㉮ 온도에 의한 저항 온도계수가 클 것
㉯ 기계적, 물리적, 화학적으로 안정할 것
㉰ 교환하여 쓸 수 있는 저항요소가 많을 것
㉱ 온도저항 곡선이 연속적으로 되어 있을 것
㉲ 구입하기 쉽고, 내식성이 클 것

50_ 액주식 압력계에 사용하는 액체에 필요한 특성이 아닌 것은?
① 점성이 클 것
② 열팽창계수가 작을 것
③ 모세관 현상이 작을 것
④ 일정한 화학성분을 가질 것

해설 액주식 액체의 구비조건
㉮ 점성(점도)이 적을 것
㉯ 열팽창계수가 적을 것
㉰ 밀도변화가 적을 것
㉱ 모세관 현상 및 표면장력이 적을 것
㉲ 화학적으로 안정할 것
㉳ 휘발성 및 흡습성이 적을 것
㉴ 항상 액면은 수평을 만들고 높이를 정확히 읽을 수 있을 것

51_ 차압식 유량계의 압력손실의 크기를 바르게 표기한 것은?
① flow-nozzle 〉 Venturi 〉 Orifice
② Venturi 〉 flow-nozzle 〉 Orifice
③ Orifice 〉 Venturi 〉 flow-nozzle
④ Orifice 〉 flow-nozzle 〉 Venturi

해설 차압식 유량계에서 압력손실이 가장 큰 것은 오리피스미터, 가장 작은 것은 벤투리미터이다.

정답 47. ③　48. ④　49. ③　50. ①　51. ④

52_ 0[℃]에서 수은주의 높이가 760[mm]에 상당하는 압력을 1표준기압 또는 대기압이라 할 때 다음 중 1[atm]과 다른 것은?

① 1013[mbar]
② 101.3[Pa]
③ 1.033[kgf/cm²]
④ 10.332[mH₂O]

해설 1[atm] = 760[mmHg] = 76[cmHg]
= 0.76[mHg] = 29.9[inHg] = 760[torr]
= 10332[kgf/m²] = 1.0332[kgf/cm²]
= 10.332[mH₂O] = 10332[mmH₂O]
= 101325[N/m²] = 101325[Pa]
= 101.325[kPa] = 0.101325[MPa]
= 1013250[dyne/cm²] = 1.01325[bar]
= 1013.25[mbar] = 14.7[lb/in²] = 14.7[psi]
※ [mH₂O]와 [mAq]는 동일한 단위임

53_ 다음 중 온도를 높여주면 산소 이온만을 통과시키는 성질을 이용한 가스분석계는?

① 세라믹 O₂계
② 갈바닉 전자식 O₂계
③ 자기식 O₂계
④ 적외선 가스분석계

해설 세라믹식 O₂ 분석기(지르코니아식 O₂ 분석기) : 지르코니아(ZrO₂)를 주원료로 한 특수세라믹은 온도 850℃ 이상에서 산소이온만 통과시키는 특수한 성질을 이용한 것으로 산소이온이 통과할 때 발생되는 기전력을 측정하여 산소 농도를 측정한다.

54_ 통풍력의 단위로 사용하기에 가장 적합한 것은?

① 수은주[mmHg]   ② 수주[mmH₂O]
③ 수주[mH₂O]   ④ kgf/cm²

해설 통풍력의 단위로는 수주[mmH₂O], SI단위로 [Pa], [kPa]을 사용한다.

55_ 다음 중 보일러의 화염온도를 측정하는 데 가장 적합한 온도계는?

① 알코올 온도계   ② 광고온계
③ 수은유리온도계   ④ 표면온도계

해설 보일러의 화염온도는 고온이므로 광고온계 등 비접촉식이나 열전대 온도계 등이 측정하는 데 적합하다.

56_ 다음 중 구조상 보상도선을 반드시 사용하여야 하는 온도계는?

① 열전대식 온도계   ② 광고온계
③ 방사온도계   ④ 전기식 온도계

해설 열전대식 온도계 : 제베크(Seebeck) 효과를 이용한 것으로 열전대, 보상도선, 측온접점(열접점), 기준접점(냉접점), 보호관 등으로 구성된다.

57_ 다음과 같은 압력측정 장치에서 용기압력은 어떻게 표시되는가? (단, 유체의 밀도 ρ, 중력가속도 g로 표시한다.)

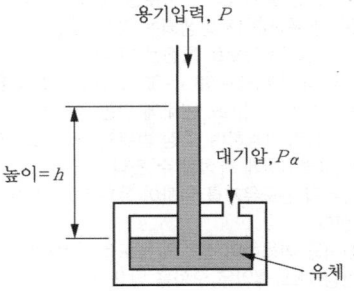

① $P = P_a$
② $P = \rho g h$
③ $P = P_a + \dfrac{1}{2}\rho g h$
④ $P = P_a + \rho g h$

해설 절대압력(P) = 대기압(P_a) + 게이지압력($\rho g h$)

58. 방사온도계로 금속의 온도를 측정하였더니 970[℃]이었다. 전방사율이 0.84일 때의 진온도는 약 몇 [℃]인가?

① 815   ② 970
③ 1025   ④ 1298

[해설] $T = \dfrac{E}{(\sqrt[4]{Et})} = \dfrac{273+970}{(\sqrt[4]{0.84})}$
$= 1298.378[K] - 273 = 1025.378[℃]$

59. 보일러 출구의 배기가스를 측정하는 세라믹 O_2 계의 특징이 아닌 것은?

① 응답이 신속하다.
② 연속측정이 가능하다.
③ 측정부의 온도유지를 위하여 온도조절용 히터가 필요하다.
④ 분석하고자 하는 가스를 흡수 용액에 흡수시켜, 전극으로 그 용액에서의 굴절률 변화를 이용하여 O_2 농도를 측정한다.

[해설] 세라믹식 O_2 분석기(지르코니아식 O_2 분석기) : 지르코니아(ZrO_2)를 주원료로 한 특수세라믹은 온도 850℃ 이상에서 산소이온만 통과시키는 특수한 성질을 이용한 것으로 산소이온이 통과할 때 발생되는 기전력을 측정하여 산소농도를 측정하는 것으로 특징은 다음과 같다.
㉮ 비교적 응답이 빠르며(5~30초) 측정가스의 유량이나 설치장소의 주위온도 변화에 의한 영향이 적다.
㉯ 연속측정이 가능하며, 측정 범위가 [ppm]으로부터 [%]까지 광범위하게 측정할 수 있다.
㉰ 측정부의 온도유지를 위하여 온도조절 전기로를 필요로 한다.
㉱ 기전력을 이용하여 산소의 농도를 측정한다.
㉲ 가연성 가스 혼입은 오차를 발생시킨다.
㉳ 자동제어장치와 연결하여 사용이 가능하다.

60. 다음 중 서보(servo)기구의 제어량은?

① 압력   ② 유량
③ 온도   ④ 물체의 방향

[해설] 서보(servo)기구 : 물체의 기계적 변위인 위치, 방위(방향), 자세 등을 제어량으로 하는 제어계로서 아날로그 공작기계 등에 적용한다.

4과목 – 열설비재료 및 설계

61. 다음 중 큐폴라의 구성품이 아닌 것은?

① 코크스 배드(cokes bad)
② 트란이언(trunnion)
③ 우구(tuyere)
④ 윈드박스(wind box)

[해설] (1) 큐폴라(cupola) : 용선로라 하며 주물을 용해하기 위한 것으로 강판으로 만든 원형 내부를 내화벽돌로 쌓고 내화 점토로 만든 직접형 노로 가장 많이 사용된다.
(2) 구성
  ㉮ 코크스 배드(cokes bad) : 노 바닥에서부터 일정높이까지 연료용 코크스를 장입하는 부분
  ㉯ 우구(tuyere) : 풍공(風孔)이라하며 내부에 공기가 유입될 수 있는 공간
  ㉰ 윈드박스(wind box) : 연료용 코크스를 연소시키기 위한 연소용 공기가 유입되는 바람상자(風口)
  ㉱ 장입구 : 연료용 코크스, 선철, 석회석 등 원료를 집어넣는 부분

62. 전형적으로 흑운모의 변질작용으로 생성되는 광물로서 급열처리에 의하여 겉보기 비중과 열전도율이 낮아 단열재로 주로 사용되는 광물은?

① 질석(vermiculite)
② 펄라이트(perlite)
③ 팽창혈암(expanded shale)
④ 팽창점토(expanded clay)

정답 58. ③   59. ④   60. ④   61. ②   62. ①

해설 질석(vermiculite): 팽창질석이라 하며 질석을 1000[℃] 정도로 갑자기 가열하여 체적을 팽창시켜, 다공질로 만든 것이다. 열전도율이 0.1~0.2[kcal/m·h·℃], 안전사용 온도는 650[℃] 정도이다.

63_ 어떤 내화벽돌의 열전도율이 0.8[kcal/m·h·℃]인 재질의 평면벽 양쪽 온도가 800[℃]와 200[℃]이며 이 벽을 통한 열전달율이 1500[kcal/m²·h·℃]일 때 벽의 두께는 약 몇 [cm]인가?

① 25　　② 32
③ 43　　④ 49

해설 단위면적 1[m²]당 전열량 $Q = \dfrac{1}{\frac{b}{\lambda}} \times \Delta t$ 에서

$\dfrac{b}{\lambda} = \dfrac{\Delta t}{Q}$ 이므로

$\therefore b = \dfrac{\lambda \Delta t}{Q} = \dfrac{0.8 \times (800 - 200)}{1500} \times 100 = 32 [\text{cm}]$

64_ 2개 이상의 엘보(elbow)로 나사의 회전을 이용하여 온수 또는 저압증기용 배관에 사용하는 신축이음방식은?

① 루프형(loop type)
② 벨로스형(bellows type)
③ 슬리브형(sleeve type)
④ 스위블형(swivel type)

해설 스위블형(swivel type): 지블이음, 지웰이음 또는 회전이음이라고도 하며, 2개 이상의 엘보를 사용하여 관의 신축을 흡수하는 것으로 신축방향이 큰 배관에서는 누설의 우려가 있다. 주로 증기 및 온수난방용 배관에 사용된다.

65_ 단열벽돌을 요로에 사용할 때의 특징에 대한 설명으로 틀린 것은?

① 축열 손실이 적어진다.
② 전열 손실이 적어진다.
③ 노내 온도가 균일해지고, 내화물의 배면에 사용하면 내화물의 내구력이 커진다.
④ 효과적인 면도 적지 않으나 가격이 비싸므로 경제적인 이익은 없다.

해설 단열벽돌을 요로에 사용할 때의 특징: ①, ②, ③항 외
㉮ 내화재의 내구력을 증가시킬 수 있다.
㉯ 열손실을 방지하여 연료사용량을 줄일 수 있다.
㉰ 노벽의 온도구배를 줄여 스폴링현상을 방지한다.

66_ 내화 몰탈의 종류가 아닌 것은?

① 열경성 몰탈　　② 기경성 몰탈
③ 압경성 몰탈　　④ 수경성 몰탈

해설 내화 몰탈(모르타르): 내화 시멘트라 하며 내화 벽돌의 접합용(줄눈용)이나, 노벽이 손상되었을 때 보수용으로 사용하는 것으로 열경화성(열경성), 기경성, 수경성으로 분류된다.

67_ 열전도에 대한 설명 중 옳지 않은 것은?

① 전도에 의한 열전달 속도는 전열면적에 비례한다.
② 열전도율은 온도의 함수이다.
③ 열전도율은 물질 특유의 상수로 코사인 법칙이라고 한다.
④ 전도에 의한 열전달 속도는 온도구배에 비례한다.

해설 전도(conduction): 고체를 매개체로 하여 열이 고온에서 저온으로 이동하는 현상으로 퓨리에(Fourier)의 법칙이 적용된다.

정답 63. ②　64. ④　65. ④　66. ③　67. ③

68. 열유체의 물성을 표시하는 무차원인 Prandtl 수는? (단, ρ는 유체의 밀도, C는 유체의 비열, μ는 점성계수, λ는 열전도율이다.)

① $\dfrac{\mu\lambda}{C}$ ② $\dfrac{C\lambda}{\rho}$

③ $\dfrac{C\rho}{\lambda}$ ④ $\dfrac{C\mu}{\lambda}$

해설   Prandtl(Pr) 수 : 열대류에 관한 무차원수이다.

69. 탄화규소질 내화물에 대한 설명으로 옳은 것은?

① 알칼리 조건에서 사용이 제한된다.
② 소결성이다.
③ 고온에서 부피 변화가 적다.
④ 하중연화온도가 낮다.

해설   탄화 규소질 내화물의 특징
㉮ 규소 65[%], 탄소 30[%] 및 알루미나, 산화 제2철, 석회로 구성되어 있다.
㉯ 화학적으로 중성이고 열전도율이 크다.
㉰ 고온에서 산화되기 쉽다.
㉱ 내화도가 높고, 내스폴링성이 크다.
㉲ 열팽창계수가 적고, 하중연화온도가 높다.

70. 다음 중 보온재의 보온효과에 가장 큰 영향을 미치는 것은?

① 보온재의 화학성분
② 보온재의 조직
③ 보온재의 광물조성
④ 보온재의 내화도

해설   보온재의 비중(밀도), 보온재에 포함된 공기포나 그 층의 크기와 분포 등이 열전도율에 영향을 주므로 보온효과에 가장 큰 영향을 주는 것은 보온재의 조직이다.

71. 도시가스 연소식 노통연관보일러에 설치하는 증기압력계의 적정한 눈금은 어느 범위에 있어야 하는가?

① 사용압력의 1.5~3배
② 최고사용압력의 1.5~3배
③ 사용압력의 2~3배
④ 최고사용압력의 2~3배

해설   보일러용 압력계의 눈금 : 압력계의 최고눈금은 보일러의 최고사용압력의 3배 이하로 하되 1.5배보다 작아서는 안 된다.

72. 공기예열기의 효과에 대한 설명 중 틀린 것은?

① 수분이 많은 저질탄의 연소에 유효하다.
② 폐열을 이용하므로 열손실이 적게 된다.
③ 노내온도를 높이고, 노내의 열전도를 좋게 한다.
④ 공기의 온도가 높게 되므로 통풍저항이 감소한다.

해설   공기예열기 사용 시 특징(효과)
(1) 장점
㉮ 전열효율, 연소효율 향상
㉯ 예열공기의 공급으로 불완전 연소가 감소된다.
㉰ 보일러 열효율 향상
㉱ 품질이 낮은 연료도 사용할 수 있다.
(2) 단점
㉮ 통풍저항 증가
㉯ 연돌의 통풍력 저하
㉰ 저온부식의 원인
㉱ 연도의 청소, 검사, 점검 곤란

73. 가마 내의 온도를 비교적 균일하게 할 수 있어 도자기, 내화벽돌의 소성에 적합한 가마는?

① 직염식 가마
② 승염식 가마
③ 횡염식 가마
④ 도염식 가마

정답   68. ④   69. ③   70. ②   71. ②   72. ④   73. ④

해설 도염식 가마(down draft kiln) : 꺾임 불꽃 가마로 아궁이쪽에서 발생한 불꽃이 측벽과 교와 사이를 거쳐 올라가서 소성실 천정에 부딪혀 가마바닥의 흡입공으로 빠지면서 피가열체를 소성하는 것으로 가마 내의 온도분포가 균일하다.

74_ 길이 방향으로 배치된 관 구멍부의 효율(η)은 피치가 같을 경우 어떤 식으로 나타낼 수 있는가? (단, P는 관 구멍의 피치[mm], d는 관 구멍의 지름[mm]이다.)

① $\eta = \dfrac{d-P}{P}$ ② $\eta = \dfrac{P}{d-P}$

③ $\eta = \dfrac{P-d}{P}$ ④ $\eta = \dfrac{P}{P-d}$

해설 길이 방향으로 배치된 관 구멍부의 효율 계산식 : 열사용기자재 검사기준 4.7

$$\therefore \eta = \dfrac{P-d}{P}$$

75_ 다음 중 주철관의 접합방법으로 사용되지 않는 것은?

① 소켓 접합 ② 플랜지 접합
③ 기계식 접합 ④ 용접 접합

해설 주철관 접합법 종류 : 소켓 접합, 기계식 접합, 타이톤 접합, 빅토리 접합, 플랜지 접합
※ 주철관은 용접에 의한 접합은 부적당하다.

76_ 유리를 연속적으로 대량 용융하여 규모가 큰 판유리 등의 대량 생산용에 가장 적당한 가마는?

① 회전가마 ② 탱크가마
③ 터널가마 ④ 도가니가마

해설 탱크 가마(요) : 직화식 구조로 유리 용해량이 수십[kg]에서 2000[톤] 정도로 대량 생산 시 사용하는 것으로 용해부, 청정부, 작업부로 구성되어 있다.

77_ 재생식 공기예열기로서 일반 대형보일러에 주로 사용되는 것은?

① 엘레멘트 조립식 공기예열기
② 융그스트롬식 공기예열기
③ 판형 공기예열기
④ 관형 공기예열기

해설 공기예열기의 종류
㉮ 증기식 : 연소가스 대신 증기를 이용하여 2차 공기를 예열하는 것으로 부식의 우려가 없다.
㉯ 전열식 : 열교환기를 이용한 것으로 관형(管形) 공기예열기와 판형(板形) 공기예열기가 있다.
㉰ 재생식 : 축열식이라 불리며 연소가스를 통과 시켜 열을 축적한 후 이곳에 2차 공기를 통과시켜 공기를 예열하는 방식으로 회전식, 고정식, 이동식으로 분류되며 대형 보일러에 사용되는 것을 융그스트롬식이라 한다.
㉱ 히트파이프식 : 배관 표면에 알루미늄 핀튜브를 부착시키고 진공으로 된 배관 내부에 열매체인 증류수를 넣어 봉입한 것을 경사지게 설치한 것이다. 히트파이프 내의 증류수는 배기가스의 열을 흡수하여 증발되어 경사면을 따라 응축부로 이동되고 송풍기에서 공급되는 연소용 공기와 열교환하여 응축되어 증발부로 되돌아오는 과정을 반복하여 배기가스 온도를 낮추고 연소용 공기를 예열하는 장치이다.

78_ 돌로마이트질 내화물의 주요 화학 성분은?

① SiO_2 ② SiO_2, Al_2O_3
③ Al_2O_3 ④ CaO, MgO

해설 돌로마이트 벽돌(내화물) : 염기성 내화물로 백운석을 주원료로 하여 1600[℃] 정도에서 소성하여 제조하는 것으로 탄산칼슘($CaCO_3$)과 탄산마그네슘($MgCO_3$)으로 구성되어 있다. 주요 화학성분은 산화칼슘(CaO)과 산화마그네슘(MgO)이다.

정답 74. ③ 75. ④ 76. ② 77. ② 78. ④

79. 크롬질 벽돌의 특징에 대한 설명으로 옳지 않은 것은?

① 내화도가 높고 하중연화점이 낮다.
② 마모에 대한 저항성이 크다.
③ 온도 급변에 잘 견딘다.
④ 고온에서 산화철을 흡수하여 팽창한다.

해설 크롬질 벽돌(내화물) : 크롬철광($FeO \cdot Cr_2O_3$)을 원료로 하여 2~5[%] 정도의 내화점토를 점결제로 사용하여 소성한 중성 내화물이다. 내화도가 높지만, 하중연화점이 낮다. 내스폴링성이 적고, 고온에서 버스팅 현상이 발생되기 쉽다.

80. 노벽이 두께 24[cm]의 내화벽돌, 두께 10[cm]의 절연벽돌 및 두께 15[cm]의 적색벽돌로 만들어질 때 벽 안쪽과 바깥쪽 표면 온도가 각각 900[℃], 90[℃]라면 열손실은 약 몇 [kcal/h·m^2]인가? (단, 내화벽돌, 절연벽돌 및 적색벽돌의 열전도율은 각각 1.2, 0.15, 1.0[kcal/h·m·℃]이다.)

① 351 ② 797
③ 1501 ④ 4057

해설 1[m^2] 당 손실열량 계산

$$\therefore Q = K \times \Delta t = \frac{1}{\frac{b_1}{\lambda_1} + \frac{b_2}{\lambda_2} + \frac{b_3}{\lambda_3}} \times \Delta t$$

$$= \frac{1}{\frac{0.24}{1.2} + \frac{0.1}{0.15} + \frac{0.15}{1.0}} \times (900 - 90)$$

$$= 796.721 [\text{kcal/h} \cdot \text{m}^2]$$

▶ 2013년 에너지관리산업기사 필기시험은 년 1회 시행되었습니다.

정답 79. ③ 80. ②

2014년 3월 2일 제1회 에너지관리산업기사 필기시험

1과목 - 열역학 및 연소관리

01 천연가스는 약 몇 [℃]에서 액화되는가?
① -122[℃] ② -132[℃]
③ -152[℃] ④ -162[℃]

해설 천연가스(또는 LNG)의 주성분은 메탄(CH_4)이고 메탄의 비등점은 대기압상태에서 -161.5[℃]이므로 비등점 이하로 냉각하면 액화된다.

02 이상기체의 가역단열 변화를 가장 바르게 표시하는 식은? (단, P : 절대압력, V : 체적, k : 비열비, C : 상수이다.)
① $P^k V = C$ ② $P^{k-1} V^n = C$
③ $PV^k = C$ ④ $PV^{k-1} = C$

해설 이상기체의 변화
㉮ $n=0$일 때 $PV^0 = P = C$ 이므로 등압변화
㉯ $n=1$일 때 $PV = C$ 이므로 등온변화
㉰ $n=\infty$일 때 $V=C$ 이므로 등적변화
㉱ $n=k$일 때 $PV^k = C$ 이므로 단열변화

03 압축비가 5인 오토사이클에서의 이론 열효율은? (단, 비열비[k]는 1.3으로 한다.)
① 32.8[%] ② 38.3[%]
③ 41.6[%] ④ 43.8[%]

해설 $\eta = 1 - \left(\dfrac{1}{\gamma}\right)^{k-1} = 1 - \left(\dfrac{1}{5}\right)^{1.3-1}$
$= 0.3829 = 38.29\%$

04 다음 [보기]의 특징을 가지는 고체연료 연소방법은?

[보기]
- 미분쇄할 필요가 없다.
- 부하변동에 따른 적응력이 좋지 않다.
- 도시쓰레기 및 오물의 소각로로서 많이 사용된다.

① 유동층 연소 ② 화격자 연소
③ 미분탄 연소 ④ 스토커식 연소

해설 유동층 연소 : 화격자 연소와 미분탄 연소방식을 혼합한 형식으로 화격자 하부에서 강한 공기를 송풍기로 불어넣어 화격자 위의 탄층을 유동층에 가까운 상태로 형성하면서 700~900[℃] 정도의 저온에서 연소시키는 방법이다.
㉮ 광범위한 연료에 적용할 수 있다.
㉯ 연소 시 화염층이 작아진다.
㉰ 클링커 장해를 경감할 수 있다.
㉱ 연소온도가 낮아 질소산화물의 발생량이 적다.
㉲ 화격자 단위면적당 열 부하를 크게 얻을 수 있다.
㉳ 부하변동에 따른 적응력이 떨어진다.

05 다음 [그림]은 물의 압력-온도 선도를 나타낸 것이다. 액체와 기체의 혼합물은 어디에 존재하는가?

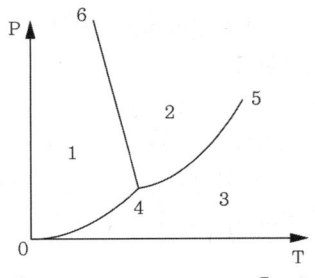

① 영역 1 ② 선 4-6
③ 선 0-4 ④ 선 4-5

정답 1. ④ 2. ③ 3. ② 4. ① 5. ④

해설 물의 압력-온도 선도
㉮ 영역 1 : 고체 ㉯ 영역 2 : 액체
㉰ 영역 3 : 증기 ㉱ 점 4 : 삼중점
㉲ 점 5 : 임계점 ㉳ 선 4 – 6 : 용해곡선
㉴ 선 0 – 4 : 승화곡선
㉵ 선 4 – 5 : 증발곡선
∴ 액체와 기체의 혼합물은 증발곡선에 해당하는 곳이다.

06_ 프로판가스 1[Sm^3]를 공기과잉계수 1.1의 공기로 완전 연소시켰을 때의 습연소 가스량은 약 몇 [Sm^3]인가?
① 14.5   ② 25.8
③ 28.2   ④ 33.9

해설 ㉮ 실제공기량에 의한 프로판(C_3H_8)의 완전연소 반응식 :
$C_3H_8 + 5O_2 + (N_2) + B \rightarrow 3CO_2 + 4H_2O + (N_2) + B$
㉯ 실제 습연소 가스량 계산
∴ $G_w = G_{0w} + B$
$= CO_2 + H_2O + N_2 + \left\{(m-1) \times \dfrac{O_0}{0.21}\right\}$
$= 3 + 4 + (5 \times 3.76) + \left\{(1.1-1) \times \dfrac{5}{0.21}\right\}$
$= 28.18 [Sm^3/Sm^3]$

07_ 보일러 연소안전장치에서 화염의 방사선을 전기신호로 바꾸어 화염 유무를 검출하는 플레임 아이에 대한 설명으로 옳은 것은?
① PbS셀, CdS셀 등은 자외선 파장의 영역에서 감지한다.
② 가스화염은 방사선이 작으므로 자외선 광전관을 사용한다.
③ 광전관은 100℃ 이상 고온에서 기능이 파괴되므로 주의하여 사용한다.
④ 플레임아이는 가열된 적색 노벽에 직시하도록 설치하여 사용한다.

해설 (1) 플레임아이(flame eye) 검출소자 종류
㉮ 황화카드뮴(CdS) 셀 : 경유 버너에 사용
㉯ 황화납(PbS) 셀 : 오일, 가스에 사용
㉰ 적외선 광전관 : 적외선을 이용
㉱ 자외선 광전관 : 오일, 가스에 사용
(2) 플레임아이 설치 시 주의사항
㉮ PbS셀, CdS셀 등은 가시광선에서 적외선의 파장영역에서 감지한다.
㉯ 광전관은 고온이 되면 기능이 파괴되므로 장치의 주위온도는 50℃ 이상이 되지 않게 한다.
㉰ 광전식은 유리나 렌즈를 매주 1회 이상 청소하고 감도 유지에 유의한다.
㉱ 플레임 아이는 발광체를 이용하여 화염을 검출하므로 불꽃에서 직사광이 들어오도록 불꽃의 중심을 향하도록 설치하여야 한다.
㉲ 플레임아이는 가열된 적색 노벽에서 화염과 같이 적외선을 방출하여 오동작이 되므로 직시(直視)하지 않도록 설치한다.

08_ 질량 m[kg]의 어떤 기체로 구성된 밀폐계가 Q[kJ]의 열을 받아 일을 하고, 이 기체의 온도가 ΔT[℃] 상승하였다면 이 계가 한 일은 몇 [kJ]인가? (단, 이 기체의 정적비열은 C_v[kJ/kg · K], 정압비열은 C_p[kJ/kg · K]이다.)
① $Q - m C_v \Delta T$ ② $m C_v \Delta T - Q$
③ $Q - m C_p \Delta T$ ④ $m C_p \Delta T - Q$

해설 밀폐계에서 한 일은 공급받은 열량(Q)에서 기체의 온도변화에 소요된 열량의 차이에 해당된다.
∴ $W = Q - m C_v \Delta T$

09_ 수증기의 내부에너지 및 엔탈피가 터빈 입구에서 각각 u_1[kJ/kg], h_1[kJ/kg]이고 터빈 출구에서 u_2[kJ/kg], h_2[kJ/kg]이다. 터빈의 출력은 몇 [kW]인가? (단, 발생되는 수증기의 질량유량은 m[kg/s]이다.)
① $(u_1 - u_2)$ ② $m(u_1 - u_2)$
③ $(h_1 - h_2)$ ④ $m(h_1 - h_2)$

해설 터빈이 한 일량(출력)은 터빈입구와 출구의 엔탈피차에 수증기 질량을 곱한 값과 같다.

$$\therefore W_T [\text{kW}] = \frac{m(h_1 - h_2)}{3600}$$

(1[kW] = 3600[kJ/h]이다.)

10. 메탄(CH_4)의 가스상수는 몇 [J/kg·K]인가?

① 29.3 ② 53
③ 287 ④ 519.6

해설 메탄(CH_4)의 분자량은 16에 해당된다.

$$\therefore R = \frac{8.314}{M} = \frac{8.314}{16}$$
$$= 0.519625 [\text{kJ/kg·K}] = 519.625 [\text{J/kg·K}]$$

11. 탄소 0.87, 수소 0.1, 황 0.03의 연료가 있다. 과잉공기 50[%]를 공급할 경우 실제 건배기가스량(Sm^3/kg)은?

① 8.89 ② 9.94
③ 10.5 ④ 15.19

해설 ㉮ 이론공기량 계산

$$\therefore A_0 = 8.89\,C + 26.67\left(H - \frac{O}{8}\right) + 3.33\,S$$
$$= 8.89 \times 0.87 + 26.67 \times 0.1 + 3.33 \times 0.03$$
$$= 10.501 [\text{Sm}^3/\text{kg}]$$

㉯ 이론 건연소가스량 계산

$$\therefore G_{0d} = 8.89\,C + 21.1\,H - 2.63\,O + 3.33\,S + 0.8\,N$$
$$= 8.89 \times 0.87 + 21.1 \times 0.1 + 3.33 \times 0.03$$
$$= 9.944 [\text{Sm}^3/\text{kg}]$$

㉰ 실제 건연소가스량 계산

$$\therefore G_d = G_{0d} + B = G_{0d} + (m-1)A_0$$
$$= 9.944 + (1.5 - 1) \times 10.501$$
$$= 15.194 [\text{Sm}^3/\text{kg}]$$

12. 증기 동력사이클의 기본 사이클인 랭킨 사이클(Rankine cycle)에서 작동 유체(물, 수증기)의 흐름을 옳게 나타낸 것은?

① 펌프 → 응축기 → 보일러 → 터빈 → 펌프
② 펌프 → 보일러 → 응축기 → 터빈 → 펌프
③ 펌프 → 보일러 → 터빈 → 응축기 → 펌프
④ 펌프 → 터빈 → 보일러 → 응축기 → 펌프

해설 ㉮ 랭킨 사이클 : 2개의 정압변화와 2개의 단열변화로 구성된 증기원동소의 이상 사이클로 보일러에서 발생된 증기를 증기터빈에서 단열팽창하면서 외부에 일을 한 후 복수기(condenser)에서 냉각되어 포화액이 된다.
㉯ 작동유체의 흐름 :
펌프 → 보일러 → 터빈 → 응축기 → 펌프

13. 수증기의 증발잠열에 대한 설명으로 옳은 것은?

① 포화온도가 감소하면 감소한다.
② 포화압력이 증가하면 증가한다.
③ 건포화증기와 포화액의 엔탈피 차이다.
④ 약 540[kcal/kg](2257[kJ/kg])으로 항상 일정하다.

해설 수증기의 증발잠열
㉮ 포화온도가 감소하면 증가한다.
㉯ 포화압력이 증가하면 감소한다.
㉰ 건포화증기와 포화액의 엔탈피 차이다.
㉱ 습포화증기와 포화액의 내부에너지 차이다.
㉲ 온도와 압력에 따라 증발잠열은 다르다. (1기압, 100[℃]의 증발잠열이 539[kcal/kg](약2257[kJ/kg])이다.)

14. 열역학 제1법칙은?

① 질량 불변의 법칙
② 에너지 보존의 법칙
③ 엔트로피 보존의 법칙
④ 작용, 반작용의 법칙

해설 열역학 제1법칙 : 에너지 보존의 법칙이라 하며 기계적 일이 열로 변하거나, 열이 기계적 일로 변할 때 이들의 비는 일정한 관계가 성립된다.

정답 10. ④ 11. ④ 12. ③ 13. ③ 14. ②

15_ 폴리트로픽지수 n의 값이 특정 값을 가질 때 상태변화가 된다. 다음 중 옳은 것은?

① $n = 0$일 때 등온변화
② $n = 1$일 때 정압변화
③ $n = \infty$일 때 정적변화
④ $n = 0.5$일 때 단열변화

해설 폴리트로픽 과정의 폴리트로픽 지수(n)
㉮ $n = 0$: 정압과정
㉯ $n = 1$: 정온과정
㉰ $1 < n < k$: 폴리트로픽과정
㉱ $n = k$: 단열과정(등엔트로피과정)
㉲ $n = \infty$: 정적과정

16_ 잠열변화 과정에 해당하는 것은?

① $-20[℃]$의 얼음을 $0[℃]$의 얼음으로 변화시켰다.
② $0[℃]$의 얼음을 $0[℃]$의 물로 변화시켰다.
③ $0[℃]$의 물을 $100[℃]$의 물로 변화시켰다.
④ $100[℃]$의 증기를 $110[℃]$의 증기로 변화시켰다.

해설 현열과 잠열
㉮ 현열(감열) : 물질이 상태변화는 없이 온도변화에 총 소요된 열량
㉯ 잠열 : 물질이 온도변화는 없이 상태변화에 총 소요된 열량으로 증발열, 융해열, 승화열이 해당된다.

17_ 오토 사이클에 대한 설명으로 틀린 것은?

① 등엔트로피 압축, 정적 가열, 등엔트로피 팽창, 정적 방열 과정으로 구성된다.
② 작동유체의 비열비가 클수록 열효율이 높아진다.
③ 압축비가 높을수록 열효율이 높아진다.
④ 저속 디젤기관에 주로 적용된다.

해설 오토 사이클(Otto cycle) : 전기점화기관(가솔린 기관)의 이상 사이클로 가열과정(폭발)은 정적 하에서, 동력이 발생되는 팽창과정은 단열상태에서 이루어진다. 압축비가 클수록 열효율은 증가하므로 열효율은 압축비의 함수이다. 일정한 체적(정적)에서 열방출을 한다.

18_ 1[mol]의 프로판이 이론 공기량으로 완전 연소되면 연소가스는 몇 [mol]이 생성되는가?

① 6   ② 18.8
③ 23.8 ④ 25.8

해설 ㉮ 이론공기량에 의한 프로판(C_3H_8)의 완전연소반응식
$C_3H_8 + 5O_2 + (N_2) \rightarrow 3CO_2 + 4H_2O + (N_2)$
㉯ 연소가스 몰[mol]수 계산 : 질소량은 산소량의 3.76배이다.
∴ 연소가스 몰 수 = $CO_2 + H_2O + N_2$
= $3 + 4 + (5 \times 3.76)$
= 25.8[mol]

19_ 어떤 압력하에서 포화수의 엔탈피를 h, 물의 증발잠열을 γ, 건도를 x라 할 때, 습포화증기의 엔탈피 h''를 구하는 식은?

① $h'' = h + \gamma x$ ② $h'' = h - \gamma$
③ $h'' = h - \gamma x$ ④ $h'' = h - \gamma$

해설 습포화증기 엔탈피(h'')
= 포화수 엔탈피(h) + 증발잠열(γ) × 건도(x)
= 포화수 엔탈피(h) + 건도(x)
× (건조포화증기 엔탈피(h') - 포화수 엔탈피(h))
∴ $h'' = h + \gamma x = h + x(h' - h)$

20_ 다음 중 열역학 제2법칙과 가장 직접적인 관련이 있는 물리량은?

① 엔트로피   ② 엔탈피
③ 열량   ④ 내부에너지

해설 열역학 제2법칙을 방향성의 법칙이라 하며, 가역과정일 경우 엔트로피변화는 없지만 자유팽창 종류가 다른 가스의 혼합, 액체 내의 분자의 확산 등의 비가역과정일 때는 엔트로피가 증가한다.

정답 15. ③ 16. ② 17. ④ 18. ④ 19. ① 20. ①

2과목 - 계측 및 에너지진단

21_ 열전온도계의 열전대 종류 중 사용온도가 가장 높은 것은?

① K형 : 크로멜-알루멜
② R형 : 백금-백금로듐
③ J형 : 철-콘스탄탄
④ T형 : 구리-콘스탄탄

해설 열전대 온도계의 종류 및 측정온도 범위

열전대 종류	측정온도 범위
R형(백금-백금로듐)	0 ~ 1600 ℃
K형(크로멜-알루멜)	-20 ~ 1200 ℃
J형(철-콘스탄탄)	-20 ~ 800 ℃
T형(동-콘스탄탄)	-180 ~ 350 ℃

22_ 냉각식 노점계를 자동화시킨 습도계로서 저습도의 측정은 가능하지만 기구가 다소 복잡한 것은?

① 듀셀 노점계
② 광전관식 노점습도계
③ 모발 습도계
④ 냉각식 노점계

해설 광전관식 노점계 : 거울의 표면에 이슬 또는 서리가 부착되어 있는 상태를 거울에서의 반사광을 광전관으로 받아서 검출하고 거울의 온도를 조절해서 노점의 상태를 유지하여 열전대 온도계로 온도를 측정하여 습도를 측정한다.
㉮ 저습도의 측정이 가능하다.
㉯ 상온 또는 저온에서는 상점의 정도가 좋다.
㉰ 연속기록, 원격측정, 자동제어에 이용된다.
㉱ 노점과 상점의 육안 판정이 필요하다.
㉲ 기구가 복잡하다.
㉳ 냉각장치가 필요하다.

23_ 다음 [그림]과 같은 조작량의 변화는?

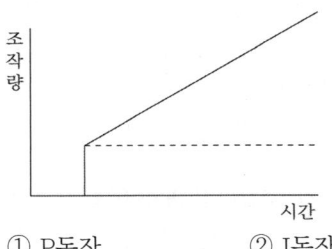

① P동작
② I동작
③ PI동작
④ PID동작

해설 PI 동작(비례 적분 동작) : 비례동작의 결점을 줄이기 위하여 비례동작과 적분동작을 합한 것이다.

24_ 운전 조건에 따른 보일러 효율에 대한 설명으로 틀린 것은?

① 전부하 운전에 비하여 부분부하 운전 시 효율이 좋다.
② 전부하 운전에 비하여 과부하 운전에서는 효율이 낮아진다.
③ 보일러의 배기가스온도가 높아지면 열손실이 커진다.
④ 보일러의 운전효율을 최대로 유지하려면 효율-부하곡선이 평탄한 것이 좋다.

해설 전부하 운전에 비하여 부분부하 운전 시 효율이 낮아진다.

25_ 다음 중 비접촉식 온도계가 아닌 것은?

① 광고온계
② 방사온도계
③ 열전온도계
④ 색온도계

해설 온도계의 분류 및 종류
㉮ 접촉식 온도계 : 유리제 봉입식 온도계, 바이메탈 온도계, 압력식 온도계, 열전대 온도계, 저항 온도계, 서미스터, 제겔콘, 서머컬러
㉯ 비접촉식 온도계 : 광고온도계, 광전관 온도계, 색온도계, 방사온도계

정답 21. ② 22. ② 23. ③ 24. ① 25. ③

26. 보일러 실제증발량에 증발계수를 곱한 값은?

① 상당증발량
② 단위 시간당 연료소모량
③ 연소실 열부하
④ 전열면 열부하

해설 증발계수 : 상당증발량(G_e)과 실제증발량(G_a)의 비

∴ 증발계수 $= \dfrac{G_e}{G_a} = \dfrac{h_2 - h_1}{539}$ 에서

∴ $G_e = G_a ×$ 증발계수

27. 다음 중 다이어프램의 재질로서 옳지 않은 것은?

① 고무
② 양은
③ 탄소강
④ 스테인리스강

해설 다이어프램의 재료로는 고무, 인청동, 양은, 스테인리스 등의 박판이 사용된다.

28. 제어동작 중 비례 적분 미분 동작을 나타내는 기호는?

① PID
② PI
③ P
④ ON-OFF

해설 PID 동작(비례 적분 미분 동작) : 조절효과가 좋고 조절속도가 빨라 널리 이용된다. 반응속도가 느리거나 빠름, 쓸모 없는 시간이나 전달느림이 있는 경우에 적용되며, 제어계의 난이도가 큰 경우에 적합한 제어동작이다.

29. 다음 중 측정제어 방식이 아닌 것은?

① 캐스케이드 제어
② 비율 제어
③ 시퀀스 제어
④ 프로그램 제어

해설 ㉮ 목표값에 따른 자동제어의 종류 : 정치제어, 추치제어(추종제어, 비율제어, 프로그램제어), 캐스케이드 제어

㉯ 시퀀스 제어(sequence control) : 미리 순서에 입각해서 다음 동작이 연속 이루어지는 제어로 자동판매기, 보일러의 점화 등이 있다.

30. 다음 중 아르키메데스의 원리를 이용한 압력계는?

① 플로트식
② 침종식
③ 단관식
④ 링밸런스식

해설 침종식 압력계의 특징
㉮ 액체 중의 침종의 상하 이동으로 압력을 측정하는 것으로 아르키메데스의 원리를 이용한 것이다.
㉯ 진동이나 충격의 영향이 비교적 적다.
㉰ 미소 차압의 측정이 가능하다.
㉱ 압력이 낮은 기체 압력을 측정하는 데 사용된다.
㉲ 측정범위는 단종식이 100mmH$_2$O, 복종식이 5~30 mmH$_2$O이다.

31. Bomb 열량계에서 수당량을 계산하는 식은

$W = \dfrac{(H × m) + e_1 + e_2}{\Delta t}$ [cal/℃]이다.

여기서 e_1이 나타내는 것은 무엇인가?

① NO의 생성열
② NO의 연소열
③ CO_2의 생성열
④ CO_2의 연소열

해설 수당량 : 발열량 측정 시 발생열의 일부가 장치 자체에 흡수되는데 장치의 열용량에 상당하는 물의 양을 수당량이라 한다.

$W = \dfrac{(H × m) + e_1 + e_2}{\Delta t}$ [cal/℃]

여기서, W : 수당량[cal/℃]
H : 표준샘플 열량[cal/g]
m : 샘플의 질량[g]
e_1 : 질산의 열량[cal]
e_2 : 황산의 열량[cal]
Δt : 상승 온도[℃]

정답 26. ① 27. ③ 28. ① 29. ③ 30. ② 31. ①

32_ 물속에 피토관을 설치하였더니 전압이 12[mH₂O], 정압이 6[mmH₂O]이었다. 이때 유속은 약 몇 [m/s]인가?

① 12.4 ② 10.8
③ 9.8   ④ 7.6

해설
$$V = \sqrt{2g\frac{P_t - P_s}{\gamma}}$$
$$= \sqrt{2 \times 9.8 \times \frac{(12 \times 10^3) - 6}{1000}} = 15.33 [m/s]$$

『참고』 문제에서 정압이 6[mmH₂O]가 6[mH₂O]로 주어지면 ②항 10.8[m/s]로 계산됨

$$\therefore V = \sqrt{2g\frac{P_t - P_s}{\gamma}}$$
$$= \sqrt{2 \times 9.8 \times \frac{12 \times 10^3 - 6 \times 10^3}{1000}} = 10.844 [m/s]$$

33_ 보일러 열정산에서 입열 항목에 해당하는 것은?

① 발생증기의 흡수열량
② 배기가스의 열량
③ 연소 잔재물이 갖고 있는 열량
④ 연소용 공기의 열량

해설 열정산 시 입·출열 항목
(1) 입열(入熱) 항목
  ㉮ 연료의 발열량(연료의 연소열)
  ㉯ 연료의 현열
  ㉰ 공기의 현열
  ㉱ 노내 취입 증기 또는 온수에 의한 입열
(2) 출열(出熱) 항목
  ㉮ 배기가스 보유열량
  ㉯ 증기의 보유열량
  ㉰ 불완전연소에 의한 열손실
  ㉱ 미연분에 의한 열손실
  ㉲ 노벽의 흡수열량
  ㉳ 재의 현열

34_ 내경 25.4[mm]인 관도에서 물의 평균유속이 1[m/s]일 때 중량 유량은 약 몇 [kgf/s]인가?

① 0.51 ② 1.67
③ 2.34 ④ 2.87

해설
$$G = \gamma A V$$
$$= 1000 \times \frac{\pi}{4} \times 0.0254^2 \times 1 = 0.506 [kgf/s]$$

35_ 장치 내에 공급된 열량 중에서 그 열을 유효하게 이용한 열량과의 비율을 나타낸 것은?

① 열정산 ② 발열량
③ 유효출열 ④ 열효율

해설 열효율 : 장치 및 기기에 공급된 총 열량에 대한 실제로 장치 및 기기에 유효하게 이용한 열량과의 비율이다.

$$\therefore \eta = \frac{유효하게\ 이용한\ 열량}{공급된\ 열량} \times 100$$

36_ 다음 중 1[N](뉴턴)에 대한 설명으로 옳은 것은?

① 질량 1[kg]의 물체에 가속도 1[m/s²]이 작용하여 생기게 하는 힘이다.
② 질량 1[g]의 물체에 가속도 1[cm/s²]이 작용하여 생기게 하는 힘이다.
③ 면적 1[cm²]에 1[kg]의 무게가 작용할 때의 응력이다.
④ 면적 1[cm²]에 1[g]의 무게가 작용할 때의 응력이다.

해설 SI단위 힘
㉮ 1[N](뉴턴) : 질량 1[kg]의 물체에 가속도 1[m/s²]이 작용하여 생기게 하는 힘이다.
㉯ 1[dyne](다인) : 질량 1[g]의 물체에 가속도 1[cm/s²]이 작용하여 생기게 하는 힘이다.

『참고』 주요 물리량의 단위

물리량	SI 단위	공학단위
힘	N (= kg · m/s²)	kgf
압력	Pa (= N/m²)	kgf/m²
열량	J (= N · m)	kcal
일	J (= N · m)	kgf · m
에너지	J (= N · m)	kgf · m
동력	W (= J/s)	kgf · m/s

정답 32. 정답없음 33. ④ 34. ① 35. ④ 36. ①

37_ SI 단위계의 기본단위에 해당 되지 않는 것은?
① 길이 ② 질량
③ 압력 ④ 시간

해설 기본단위의 종류

기본량	길이	질량	시간	전류	물질량	온도	광도
기본단위	m	kg	s	A	mol	K	cd

38_ 보일러 열정산 시 측정할 필요가 없는 것은?
① 급수량 및 급수온도
② 연소용 공기의 온도
③ 배기가스의 압력
④ 과열기의 전열면적

해설 보일러 열정산 시 측정 항목
㉮ 기준온도
㉯ 연료 사용량
㉰ 급수량 및 급수온도
㉱ 연소용 공기량, 예열 공기의 온도, 공기의 습도
㉲ 연료 가열용 또는 노 내 취입 증기
㉳ 발생증기량, 증기압력, 포화증기 건도
㉴ 배기가스의 온도, 성분분석, 공기비, 배기가스 중의 응축수량
㉵ 송풍압, 배기가스 압력
㉶ 연소 잔재물의 양, 온도
㉷ 소요 전력
㉸ 소음

39_ 보일러 자동제어인 연소제어(A.C.C)에서 조작량에 해당되지 않는 것은?
① 연료량 ② 연소가스량
③ 공기량 ④ 전열량

해설 보일러 자동제어(A·B·C)의 종류

명 칭	제 어 량	조 작 량
자동연소제어(ACC)	증기압력	공기량, 연료량
	노내압	연소가스량
급수제어(FWC)	보일러 수위	급수량
증기온도제어(STC)	증기온도	전열량
증기압력제어(SPC)	증기압력	연료공급량, 연소용 공기량

40_ 계측기의 보전관리 사항에 해당되지 않는 것은?
① 정기 점검과 일상 점검
② 정기적인 계측기의 교체
③ 보전 요원의 교육
④ 계측기의 시험 및 교정

해설 계측기기의 보전관리 사항
㉮ 정기점검 및 일상점검
㉯ 검사 및 수리
㉰ 시험 및 교정
㉱ 예비부품, 예비 계측기기의 상비
㉲ 보전요원의 교육
㉳ 관련 자료의 기록, 유지

3과목 - 열설비구조 및 시공

41_ 직경 200[mm] 배관을 이용하여 매분 2500[L]의 물을 흘려보낼 때 배관 내의 유속은 약 몇 [m/s]인가?
① 1.1 ② 1.3
③ 1.5 ④ 1.8

해설 $Q = A \times V = \dfrac{\pi}{4} \times D^2 \times V$ 에서

$\therefore V = \dfrac{4Q}{\pi \times D^2} = \dfrac{4 \times 2.5}{\pi \times 0.2^2 \times 60} = 1.326 [m/s]$

42_ 소용량 강철제보일러의 규격을 옳게 나타낸 것은?
① 강철제보일러 중 전열면적이 1[m^2] 이하이고 최고사용압력이 0.35[MPa] 이하인 것
② 강철제보일러 중 전열면적이 5[m^2] 이하이고 최고사용압력이 0.35[MPa] 이하인 것
③ 강철제보일러 중 전열면적이 10[m^2] 이하이고 최고사용압력이 0.1[MPa] 이하인 것
④ 강철제보일러 중 전열면적이 15[m^2] 이하이고 최고사용압력이 0.1[MPa] 이하인 것

정답 37. ③ 38. ④ 39. ④ 40. ② 41. ② 42. ②

해설 보일러 부문 용어 : 열사용기자재 검사기준집
(1) 보일러 : 화염, 연소가스, 그 밖의 고온가스(이하 연소가스 등이라 한다.)에 의하여 증기, 온수 또는 고온의 열매를 발생시키는 장치
  ㉮ 소용량 강철제 보일러 : 강철제 보일러 중 전열면적이 5[m²] 이하이고 최고사용압력이 0.35[MPa] 이하인 것
  ㉯ 1종 관류보일러 : 강철제 보일러 중 헤더의 안지름이 150[mm] 이하이고 전열면적이 5[m²] 초과 10[m²] 이하이며 최고사용압력이 1[MPa] 이하인 관류보일러. 다만, 그 중 기수분리기를 장치한 것은 기수분리기의 안지름이 300[mm] 이하이고 그 내용적이 0.07[m³] 이하인 것에 한한다.
  ㉰ 소용량 주철제 보일러 : 주철제 보일러 중 전열면적이 5[m²] 이하이고 최고사용압력이 0.1[MPa] 이하인 것

43. 코크스로용 내화물로 사용되는 규석벽돌의 특징이 아닌 것은?
① 열전도율이 비교적 크다.
② 이상팽창을 한다.
③ 고온강도가 크다.
④ 내식성, 내마모성이 크다.

해설 규석질 벽돌의 특징
㉮ 내화도가 높고, 고온강도가 매우 크다.
㉯ 내마모성이 좋고 열전도율은 비교적 크다.
㉰ 하중연화점이 1750℃ 정도로 높다.
㉱ 고온에서 팽창계수가 적고 안정하다.
㉲ 저온에서 스폴링이 발생되기 쉽다.
㉳ 산성 내화물이다.

44. 돌로마이트(dolomite) 내화물에 대한 설명으로 틀린 것은?
① 염기성 슬래그에 대한 저항이 크다.
② 소화성이 크다.
③ 내화도는 SK26~30 정도이다.
④ 내스폴링성이 크다.

해설 돌로마이트 벽돌(내화물) : 염기성 내화물로 백운석을 주원료로 하여 1600[℃] 정도에서 소성하여 제조하는 것으로 탄산칼슘(CaCO₃)과 탄산마그네슘(MgCO₃)으로 구성되어 있다. 주요 화학성분은 산화칼슘(CaO)과 산화마그네슘(MgO)이다. 내화도는 SK36~39 정도이다.

45. 검사대상기기인 보일러의 연료 또는 연소방법을 변경한 경우 받아야 하는 검사는?
① 구조검사
② 개조검사
③ 계속사용 성능검사
④ 설치검사

해설 개조검사 대상 : 에너지이용 합리화법 시행규칙 제31조의 7, 별표3의4
㉮ 증기보일러를 온수보일러로 개조하는 경우
㉯ 보일러 섹션의 증감에 의하여 용량을 변경하는 경우
㉰ 동체, 돔, 노통, 연소실, 경판, 천정판, 관판, 관모음 또는 스테이의 변경으로서 산업통상자원부장관이 정하여 고시하는 대수리의 경우
㉱ 연료 또는 연소방법을 변경하는 경우
㉲ 철금속 가열로로서 산업통상자원부장관이 정하여 고시하는 경우의 수리

46. 분말 철광석을 괴상화하는 데 적합한 로는?
① 소결로   ② 저항로
③ 가열로   ④ 도가니로

해설 분상(粉狀) 철광석을 용광로에 장입하면 용광로의 능률에 악영향을 크게 미치므로 분상철광석을 소결, 페레타이징 등의 방법으로 괴상화(塊狀化)하여 사용하며 괴상화하는 데 사용하는 로가 소결로이다.

47. 용광로의 종류가 아닌 것은?
① 전로식   ② 철피식
③ 철대식   ④ 절충식

해설 용광로(고로)의 종류
㉮ 철피식 : 노외부를 철피로 보강한 것으로 6~8개의 지주로 지탱한다.

㉮ 철대식 : 노상층부의 하중의 철탑으로 지지하고, 노흥부는 철대를 두르고 6~8개의 지주로 지탱한다.
㉯ 절충식 : 노상층부 하중은 철탑으로 지지하고, 노흥부 하중은 철피로 지지한다.

48. 도시가스 공급설비인 정압기의 기능을 바르게 설명한 것은?

① 1차 압력을 일정하게 유지
② 2차 압력을 일정하게 유지
③ 1차 압력과 2차 압력을 모두 일정하게 유지
④ 1차 압력과 2차 압력의 합을 일정하게 유지

해설 정압기의 기능 : 도시가스 압력을 사용처에 맞게 낮추는 감압기능, 2차 측의 압력을 허용범위 내의 압력으로 유지하는 정압기능 및 가스의 흐름이 없을 때는 밸브를 완전히 폐쇄하여 압력상승을 방지하는 폐쇄기능을 가진 것이다.

49. $5[kgf/cm^2 \cdot g]$의 응축수열을 회수하여 재사용하기 위하여 설치한 다음 [조건]의 Flash tank의 재증발 증기량[kg/h]은 약 얼마인가?

[조건]
- 응축수량 : 3[t/h]
- 응축수 엔탈피 : 162[kcal/kg]
- Flash tank에서의 재증발 증기엔탈피 : 645[kcal/kg]
- Flash tank 배출 응축수 엔탈피 : 120[kcal/kg]

① 1050 ② 360
③ 240   ④ 195.3

해설 재증발 증기량 = $\dfrac{응축수량 \times 응축수\ 엔탈피\ 차}{증발잠열}$
$= \dfrac{3000 \times (162-120)}{645-120} = 240[kg/h]$

50. 신축이음 중 온수 혹은 저압증기의 배관분기관 등에 사용되는 것으로 2개 이상의 엘보를 사용하여 나사맞춤부의 작용에 의하여 신축을 흡수하는 것은?

① 벨로즈 이음(bellows expansion joint)
② 슬리브 이음(sleeve joint)
③ 스위블 이음(swivel joint)
④ 신축곡관(expansion loop bend)

해설 스위블형(swivel type) : 지블이음, 지웰이음 또는 회전이음이라고도 하며, 2개 이상의 엘보를 사용하여 관의 신축을 흡수하는 것으로 신축방향이 큰 배관에서는 누설의 우려가 있다. 주로 증기 및 온수난방용 배관에 사용된다.

51. 증기와 응축수의 온도 차이를 이용한 증기트랩은?

① 단노즐식   ② 상향 버켓식
③ 플로트식   ④ 바이메탈식

해설 작동원리에 의한 증기트랩의 분류

구 분	작 동 원 리	종 류
기계식 트랩	증기와 응축수의 비중차 이용(플로트 또는 버킷의 부력 이용)	상향 버킷식, 하향 버킷식, 레버 플로트식, 자유 플로트식
온도조절식 트랩	증기와 응축수의 온도차 이용(금속의 신축성을 이용)	바이메탈식, 벨로스식, 열동식
열역학적 트랩	증기와 응축수의 열역학적, 유체역학적 특성차 이용	오리피스식, 디스크식

52. 보일러를 본체의 구조에 따라 분류한 방법으로 가장 올바른 것은?

① 연관보일러, 원통보일러, 수관보일러
② 원통보일러, 수관보일러, 특수보일러
③ 노통보일러, 수관보일러, 관류보일러
④ 연관보일러, 수관보일러, 관류보일러

오답 48. ② 49. ③ 50. ③ 51. ④ 52. ②

해설 구조 및 형식에 따른 분류
(1) 원통형 보일러 : 보일러 본체가 동(胴)으로 구성되어 있으며 이곳에서 증기를 발생시킨다.
  ㉮ 직립형 보일러 : 직립 횡관식 보일러, 직립 연관식 보일러, 코크란 보일러
  ㉯ 수평형 보일러 : 노통 보일러, 연관 보일러, 노통 연관 보일러
(2) 수관식 보일러 : 자연 순환식 보일러, 강제 순환식 보일러, 관류 보일러
(3) 특수 보일러 : 주철제 보일러, 특수 열매체 보일러, 폐열 보일러, 간접 가열식 보일러, 특수 연료 보일러

53_ 다음 A, B 에 들어갈 안지름 크기로 맞는 것은?

> 압력계와 연결된 증기관은 최고사용압력에 견디는 것으로서 그 크기는 황동관 또는 동관을 사용할 때는 안지름이 (A)[mm] 이상, 강관을 사용할 때는 (B)[mm] 이상 이어야 한다.

① A = 6.5, B = 12.7
② A = 8.5, B = 13.7
③ A = 5.5, B = 11.8
④ A = 4.8, B = 10.7

해설 증기 보일러 압력계 부착기준 : 압력계와 연결된 증기관은 최고사용압력에 견디는 것으로서 그 크기는 황동관 또는 동관을 사용할 때는 안지름 6.5[mm] 이상, 강관을 사용할 때는 12.7[mm] 이상이어야 하며, 증기온도가 483[K](210[℃])를 초과할 때에는 황동관 또는 동관을 사용하여서는 안 된다.

54_ 알루미늄 용해 조업에서 고온을 피하고 노온도를 700~750[℃]로 지정한 주된 이유는?

① 연료 절약
② 가스의 흡수 및 산화방지
③ 노재의 침식 방지
④ 알루미늄의 증발방지

해설 알루미늄 용해용 반사로 등에서 알루미늄을 용해할 때 고온용해를 하면 가스 흡수와 산화가 일어나기 때문에 노 온도를 700~750[℃]로 조절할 필요가 있다.

55_ 보일러의 응축수를 회수하여 재사용하는 이유로서 가장 거리가 먼 것은?

① 용수비용 절감
② 보일러효율 향상
③ 절탄기 사용 억제
④ 보일러 급수질 향상

해설 보일러 응축수 재사용 시 장점
㉮ 용수비용 절감
㉯ 보일러효율 향상
㉰ 보일러 급수질 향상
㉱ 내처리제 비용 절감

56_ 특수 유체보일러에 사용되는 열매체의 종류가 아닌 것은?

① 다우삼   ② 모빌섬
③ 바아크   ④ 카네크롤

해설 열매체 보일러(특수 유체보일러)의 특징
㉮ 열매체의 종류에는 다우삼, 모빌섬, 카네크롤 등이 해당한다.
㉯ 저압에서 고온의 증기를 얻기 위하여 사용되는 보일러이다.
㉰ 타 보일러에 비해 부식의 정도가 적다.
㉱ 겨울철에도 동결의 우려가 적다.
㉲ 인화성증기를 발생하는 열매체 보일러에서는 안전밸브를 밀폐식구조로 하든가 또는 안전밸브로부터의 배기를 보일러실 밖의 안전한 장소에 방출시키도록 한다.

57_ 신·재생에너지설비 중 수소에너지 설비에 대하여 바르게 나타낸 것은?

① 물이나 그 밖에 연료를 변환시켜 수소를 생산하거나 이용하는 설비
② 물의 유동에너지를 변환시켜 전기를 생산하는 설비
③ 수소와 산소의 전기화학 반응을 통하여 전기 또는 열을 생산하는 설비
④ 물, 지하수 및 지하의 열 등의 온도차를 변환시켜 에너지를 생산하는 설비

정답 53. ① 54. ② 55. ③ 56. ③ 57. ①

해설 신·재생에너지설비 : 신에너지 및 재생에너지 개발 이용 보급 촉진법 시행규칙 제2조
㉮ 수소에너지 설비 ㉯ 수력설비
㉰ 연료전지 설비 ㉱ 지열에너지 설비

관판의 바깥지름[mm]	최소두께[mm]
1350 이하	10
1350 초과 1850 이하	12
1850 초과	14

㉯ 연관의 바깥지름이 38~102[mm]인 경우 다음 식의 값 이상이어야 한다.

$t = 5 + \dfrac{d}{10}$

58_ 다음 중 무기질 보온재에 속하는 것은?
① 펠트 ② 콜크
③ 규조토 ④ 우레탄 폼

해설 재질에 의한 보온재 분류
㉮ 유기질 보온재 : 펠트, 코르크, 기포성 수지(우레탄폼)
㉯ 무기질 보온재 : 석면, 암면, 규조토, 탄산마그네슘, 유리섬유
㉰ 금속질 보온재 : 알루미늄 박(泊)

4과목 - 열설비취급 및 안전관리

61_ 방열기의 전 응축수량이 5000[kg/h]일 때 응축수 펌프의 양수량은?
① 83[kg/min] ② 150[kg/min]
③ 200[kg/min] ④ 250[kg/min]

해설 응축수 펌프의 용량은 발생 응축수의 3배로 한다.
$\therefore Q_p = \dfrac{Q_c}{60} \times 3 = \dfrac{5000}{60} \times 3 = 250 [kg/min]$

59_ 보일러에서 보염장치를 설치하는 목적이 아닌 것은?
① 연소 화염을 안정시킨다.
② 안정된 착화를 도모한다.
③ 연소가스 체류 시간을 짧게 해 준다.
④ 저공기비 연소를 가능하게 한다.

해설 보염장치의 설치 목적
㉮ 화염의 형상 조절
㉯ 안정된 착화도모
㉰ 전열효율 촉진
㉱ 공기와 연료의 혼합 촉진

62_ 보일러수 이온교환 처리 시 주의사항으로 틀린 것은?
① 이온교환 처리에 앞서 현탁물, 유리염소 등을 제거하여야 한다.
② 강산성 양이온 교환수지의 경우는 수지를 보충할 필요가 없다.
③ 원수에 대하여 수질 감시를 하여야 한다.
④ 처리수의 수질과 수량을 감시하여야 한다.

해설 강산성 양이온 교환수지의 경우는 수지를 보충해 주어야 한다.

60_ 육용강재 보일러에서 관판의 롤 확관 부착부는 완전한 고리형을 이룬 접촉면의 두께가 몇 [mm] 이상이어야 하는가?
① 7[mm] ② 10[mm]
③ 13[mm] ④ 16[mm]

해설 연관보일러 관판의 최소두께(열사용기자재 검사기준 6.2)
㉮ 연관보일러 관판의 최소두께

63_ 보일러 급수 중 철염이 함유되어 있는 경우 처리하는 방법으로 가장 적합한 것은?
① 기폭법 ② 탈기법
③ 가열법 ④ 이온교환법

정답 58. ③ 59. ③ 60. ② 61. ④ 62. ② 63. ①

해설 용존가스 처리법
㉮ 기폭법(폭기법) : 헨리의 법칙을 이용한 것으로 급수 중에 포함되어 있는 탄산가스(CO_2), 황화수소(H_2S), 암모니아(NH_3) 등의 기체성분과 철(Fe), 망간(Mn) 등을 제거하는 방법으로 공기 중에서 물을 아래로 뿌려 내리는 강수방식과 급수 중에 공기를 흡입하는 방법이 있다.
㉯ 탈기법 : 탈기기(deaerator)를 이용하여 급수 중의 산소(O_2), 탄산가스(CO_2) 등의 용존가스를 제거하는 방법으로 진공 탈기법과 가열 탈기법이 있다.

64. 사용 중인 보일러의 점화전 점검 또는 준비사항이 아닌 것은?
① 수위와 압력 확인
② 노벽 및 내화물 건조
③ 노 내의 환기, 송풍 확인
④ 부속장치 확인

해설 사용 중인 보일러 점화전 준비사항
㉮ 수면계 수위를 점검한다.
㉯ 수면계, 압력계 및 각종 계기류와 자동제어장치를 점검한다.
㉰ 연료 계통 및 급수 계통을 점검한다.
㉱ 중유 연소의 경우 연료 펌프 및 유예열기를 작동시킨다.
㉲ 각 밸브의 개폐상태를 확인 점검한다.
㉳ 댐퍼를 완전히 개방하고 프리퍼지를 행한다.
※ 노벽 및 내화물 건조는 신설보일러 가동 전 준비사항이다.

65. 보일러 본체가 과열되는 원인이 아닌 것은?
① 보일러 동 내부에 스케일이 부착한 경우
② 안전수위 이상으로 급수한 경우
③ 국부적으로 심하게 복사열을 받는 경우
④ 보일러수의 순환이 좋지 않은 경우

해설 과열의 원인
㉮ 이상 감수 현상이 발생하였을 때
㉯ 동 내면에 스케일이 생성되어 전열이 불량한 경우
㉰ 보일러수가 농축되어 순환이 불량한 때
㉱ 전열면에 국부적으로 심한 열을 받았을 때
㉲ 연소실 열부하가 지나치게 큰 경우

66. 보일러 운전이 끝난 후 노내 및 연도에 체류하고 있는 가연성가스를 취출시키는 작업은?
① 분출작업
② 댐퍼 작동
③ 프리퍼지
④ 포스트퍼지

해설 가스 배출작업
㉮ 프리 퍼지(pre-purge) : 보일러를 가동하기 전에 노 내와 연도에 체류하고 있는 가연성 가스를 배출시키는 작업
㉯ 포스트 퍼지(post-purge) : 보일러 운전이 끝난 후, 노 내와 연도에 체류하고 있는 가연성 가스를 배출시키는 작업

67. 급수용으로 사용되는 표준대기압에서 물의 일반적 성질 중 맞지 않는 것은?
① 응고점은 100[℃]이다.
② 임계압력은 22[MPa]이다.
③ 임계온도는 374[℃]이다.
④ 증발잠열은 539[kcal/kg]이다.

해설 물의 응고점은 0[℃]이고, 비등점이 100[℃]이다.

68. 보일러의 동판에 점식(pitting)이 발생하는 가장 큰 원인은?
① 급수 중에 포함되어 있는 산소 때문
② 급수 중에 포함되어 있는 탄산칼슘 때문
③ 급수 중에 포함되어 있는 인산마그네슘 때문
④ 급수 중에 포함되어 있는 수산화나트륨 때문

해설 공식(pitting) : 보일러수가 접하는 내면에 좁쌀알, 쌀알, 콩알 크기의 점 상태(點狀)로 생기는 부식으로 점식(點蝕) 또는 점형부식이라 한다. 부식의 진행속도가 빨라 위험성이 크며, 급수 중에 포함되어 있는 용존산소 때문에 발생한다.

정답 64. ② 65. ② 66. ④ 67. ① 68. ①

69_ 검사대상기기 관리자의 선임에 대한 설명으로 틀린 것은?
① 에너지관리기사 소지자는 모든 검사대상기기를 관리할 수 있다.
② 최고사용압력이 1[MPa] 이하이고, 전열면적이 10[m²] 이하인 증기보일러는 인정검사대상기기 관리자가 관리할 수 있다.
③ 1구역 당 1인 이상의 관리자를 채용하여야 한다.
④ 관리자를 선임치 아니한 경우 2천만 원 이하의 벌금에 처할 수 있다.

해설 검사대상기기 관리자를 정당한 사유 없이 선임하지 아니한 자는 1천만 원 이하의 벌금형에 해당된다.

70_ 산세관 시 부식 발생방지를 위한 대책이 아닌 것은?
① 산화성이온에 의한 부식방지
② 농도차 및 온도차에 의한 부식방지
③ 금속조직의 변화에 의한 부식방지
④ 세관액의 처리조건에 의한 부식방지

해설 세관액의 처리조건과 부식 발생방지와는 관계가 없는 사항이다.

71_ 보일러 청관제 중 슬러지 조정제가 아닌 것은?
① 탄닌　　　　　② 리그린
③ 전분　　　　　④ 수산화나트륨

해설 슬러리 조정제 : 슬러리가 보일러의 전열면에 부착하여 스케일로 되는 것을 방지하기 위하여 보일러수 중에 분산, 현탁시켜 분출에 의해 쉽게 배출할 수 있도록 하는 것으로 종류에는 탄닌($C_{76}H_{52}O_{46}$), 리그린, 전분($C_6H_{10}O_5$) 등이 있다.

72_ 관류보일러에서 보일러와 압력방출장치와의 사이에 체크밸브가 설치되어 있다. 압력방출장치는 안전을 위하여 규정상 몇 개 이상 설치되어 있는가?
① 1개　　　　　② 2개
③ 3개　　　　　④ 4개

해설 안전밸브의 개수
㉮ 증기보일러에는 2개 이상의 안전밸브를 설치하여야 한다. 다만, 전열면적 50[m²] 이하의 증기보일러에서는 1개 이상으로 한다.
㉯ 관류보일러에서 보일러와 압력방출장치와의 사이에 체크밸브를 설치할 경우 압력방출장치는 2개 이상이어야 한다.

73_ 버킷 트랩을 사용하여 응축수를 위로 배출시키려면 트랩 출구에 어떤 밸브를 설치하는가?
① 앵글 밸브　　　② 게이트 밸브
③ 글로브 밸브　　④ 체크 밸브

해설 응축수가 역류하지 않도록 체크밸브를 설치하여야 한다.

74_ 증기보일러의 과열(소손) 방지대책이 아닌 것은?
① 보일러 수위를 이상 저하시키지 말 것
② 보일러수를 과도하게 농축시키지 말 것
③ 보일러수 중에 유지를 혼입시키지 말 것
④ 화염을 국부적으로 집중시킬 것

해설 과열방지 대책
㉮ 적정 보일러수위를 유지한다.
㉯ 동 내면에 스케일 생성을 방지하고 고착되지 않도록 한다.
㉰ 보일러 수가 농축되지 않도록 하고, 순환을 교란시키지 않도록 한다.
㉱ 전열면에 국부적인 과열을 방지한다.
㉲ 연소실 열부하가 너무 높지 않도록 한다.

정답 69. ④　70. ④　71. ④　72. ②　73. ④　74. ④

75. 자발적 협약에 포함하여야 할 내용이 아닌 것은?

① 협약 체결 전년도 에너지소비 현황
② 에너지이용 효율향상 목표
③ 온실가스배출 감축 목표
④ 고효율기자재의 생산 목표

해설 자발적협약 이행계획에 포함될 사항 : 에너지이용 합리화법 시행규칙 제26조
㉮ 협약 체결 전년도의 에너지소비 현황
㉯ 에너지를 사용하여 만드는 제품, 부가가치 등의 단위당 에너지이용효율 향상목표 또는 온실가스배출 감축목표("효율향상목표 등"이라 한다.) 및 그 이행 방법
㉰ 에너지관리체제 및 에너지관리방법
㉱ 효율향상목표 등의 이행을 위한 투자계획
㉲ 그 밖에 효율향상목표 등을 이행하기 위하여 필요한 사항

76. 보일러 관수처리가 부적당할 때 나타나는 현상으로 가장 거리가 먼 것은?

① 잦은 분출로 열손실이 증대된다.
② 프라이밍이나 포밍이 발생한다.
③ 보일러수가 농축되는 것을 방지한다.
④ 보일러 판과 관에 부식을 일으킨다.

해설 보일러 관수처리가 부적당할 때 나타나는 현상 : ①, ②, ④ 외
㉮ 보일러수가 농축되어 스케일, 슬러지 발생이 증가한다.
㉯ 가성취화현상이 발생한다.

77. 에너지법에서 정한 에너지 공급설비가 아닌 것은?

① 전환설비　　② 수송설비
③ 개발설비　　④ 생산설비

해설 에너지 공급설비(에너지법 제2조) : 에너지를 생산, 전환, 수송 또는 저장하기 위하여 설치하는 설비를 말한다.

78. 에너지 사용계획을 수립하여 산업통상자원부 장관에게 제출하여야 하는 자는?

① 민간사업 주관자로 연간 5천 티오이 이상의 연료 및 열을 사용하는 시설
② 공공사업 주관자로 연간 2천 티오이 이상의 연료 및 열을 사용하는 시설
③ 민간사업 주관자로 연간 1천만 킬로와트시 이상의 전력을 사용하는 시설
④ 공공사업 주관자로 연간 2백만 킬로와트시 이상의 전력을 사용하는 시설

해설 에너지사용계획 제출대상사업 ; 에너지이용 합리화법 시행령 제20조
(1) 공공사업주관자
　㉮ 연간 2천5백 티오이 이상의 연료 및 열을 사용하는 시설
　㉯ 연간 1천만[kWh] 이상의 전력을 사용하는 시설
(2) 민간사업주관자
　㉮ 연간 5천 티오이 이상의 연료 및 열을 사용하는 시설
　㉯ 연간 2천만[kWh] 이상의 전력을 사용하는 시설

79. 보통 가연성 물질의 위험성은 무엇을 기준으로 하는가?

① 착화점　　② 연소점
③ 산화점　　④ 인화점

해설 인화점 및 발화점(착화점)
㉮ 인화점(인화온도) : 가연물질이 공기 중에서 점화원에 의하여 연소를 시작하는 최저 온도로 가연성 물질의 위험성을 판단하는 기준이다.
㉯ 발화점(발화온도) : 가연물질이 공기 중에서 온도를 상승시킬 때 점화원 없이 스스로 연소를 시작하는 최저 온도로 착화점, 착화온도라 한다.

정답 75. ④　76. ③　77. ③　78. ①　79. ④

80. 보일러에서 증기를 송기할 때의 조작방법으로 틀린 것은?

① 증기헤더의 드레인 밸브를 열어 응축수를 배출한다.
② 주증기관 내에 관을 따뜻하게 하기 위해 다량의 증기를 급격히 보낸다.
③ 주증기 밸브의 열림 정도를 단계적으로 한다.
④ 주증기 밸브를 완전히 연 다음 약간 되돌려 놓는다.

해설 증기를 송기할 때 주의사항
㉮ 캐리오버, 수격작용이 발생하지 않도록 한다.
㉯ 송기하기 전 주증기 밸브 등의 드레인을 제거한다.
㉰ 주증기관 내에 소량의 증기를 보내어 관을 따뜻하게 예열한다.
㉱ 주증기 밸브는 3분 이상 단계적으로 서서히 개방하여 완전히 열었다가 다시 조금 되돌려 놓는다.
㉲ 항상 일정한 압력을 유지하고, 부하측의 압력이 정상적으로 유지되고 있는지 확인한다.
㉳ 연소상태를 확인하여 정상적인 연소가 이루어지도록 한다.

정답 80. ②

2014년 5월 25일
제2회 에너지관리산업기사 필기시험

1과목 - 열역학 및 연소관리

01_ 열펌프의 성능계수를 나타낸 식은? (단, Q_1은 고열원의 열량, Q_2는 저열원의 열량이다.)

① $\dfrac{Q_1}{Q_1 - Q_2}$ ② $\dfrac{Q_2}{Q_1 - Q_2}$

③ $\dfrac{Q_1 - Q_2}{Q_1}$ ④ $\dfrac{Q_1 - Q_2}{Q_2}$

해설 열 펌프(heat pump)는 고열원에 열을 공급하는 것이 주목적인 기관이다.

$\therefore COP_H = \dfrac{\text{고열원으로부터 방출하는 열량}}{\text{외부에서 공급받은 일의 열상당량}}$

$= \dfrac{Q_1}{W} = \dfrac{Q_1}{Q_1 - Q_2} = \dfrac{T_1}{T_1 - T_2} = 1 + COP_R$

02_ −10[℃]의 얼음 1[kg]에 일정한 비율로 열을 가할 때 시간과 온도의 관계를 바르게 나타낸 것은? (단, 압력은 일정하다.)

① 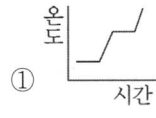 ②

③ 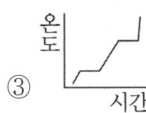 ④

해설 −10[℃]의 얼음이 열을 받아 0[℃] 얼음이 된 후 시간이 지나면서 얼음이 녹아 0[℃]물이 되고, 시간이 지나면서 온도가 상승되어 100[℃] 물이 되어 끓고, 시간이 지나면서 100[℃] 수증기가 된다. 이후 계속하여 가열하면 시간이 지나면서 100[℃] 이상의 과열증기가 된다.

03_ 열역학 제1법칙을 가장 잘 설명한 것은?

① 열에너지가 기계적 에너지보다 고급의 에너지 형태이다.
② 열은 일과 같이 에너지의 이동 형태의 하나로 일과 열은 서로 변환될 수 있다.
③ 제1종의 영구기관은 에너지의 공급 없이 영구히 일할 수 있는 기관으로 실현 가능하다.
④ 시스템과 주위의 총 엔트로피는 계속 증가한다.

해설 열역학 제1법칙 : 에너지보존의 법칙으로 열에너지는 다른 에너지로, 다른 에너지는 열에너지로 전환이 가능(열과 일은 서로 전환이 가능)한 것으로 설명되는 것이다.
※ 제1종 영구 운동기관 : 입력보다 출력이 더 큰 기관으로 효율이 100[%] 이상인 기관으로 열역학 제1법칙에 위배되며 실현 불가능한 기관이다.

04_ 기체가 가역 단열팽창할 때와 가역 등온팽창할 때 내부에너지의 감소량은?

① 같다. (변화가 없다)
② 알 수 없다.
③ 등온팽창 때가 크다.
④ 단열팽창 때가 크다.

해설 가역 등온과정의 상태량
㉮ 내부에너지 변화량 : 내부에너지 변화량이 없다.
㉯ 엔탈피 변화량 : 엔탈피 변화량이 없다.
㉰ 엔트로피 변화량 : $\Delta S > 0$

정답 1. ① 2. ③ 3. ② 4. ④

05. 몰리에 선도로부터 파악하기 어려운 것은?

① 포화수의 엔탈피
② 과열증기의 과열도
③ 포화증기의 엔탈피
④ 과열증기의 단열팽창 후 상대습도

해설 증기의 몰리에 선도에서는 포화수의 온도 및 건도 0.7 이상의 포화증기와 과열증기의 엔탈피, 온도, 엔트로피만 알 수 있다. 포화수 엔탈피 및 과열증기의 단열팽창 후 상대습도는 알아내기 곤란하다.
※ 최종 답안은 ④번만 정답으로 처리되었음

06. 1[kg]의 공기가 일정온도 200[℃]에서 팽창하여 처음 체적의 6배가 되었다. 전달된 열량은 약 몇 [kJ]인가? (단, 공기의 기체상수는 0.287 [kJ/kg · K]이다.)

① 243
② 321
③ 413
④ 582

해설
$$Q_a = mRT\ln\frac{V_2}{V_1}$$
$$= 1 \times 0.287 \times (273 + 200) \times \ln\left(\frac{6}{1}\right)$$
$$= 243.233 \, [kJ]$$

07. 증기 동력사이클에서 열효율을 높이기 위하여 사용하는 방식으로 가장 적합한 것은?

① 재열 – 팽창 사이클
② 재생 – 흡열 사이클
③ 재생 – 재열 사이클
④ 재열 – 방열 사이클

해설 재열-재생 사이클 : 증기의 초압을 높이면서 팽창 후의 증기 건조도가 낮아지지 않도록 한 것으로 효율증대보다는 터빈의 복수장해를 방지하여 수명연장에 주안점을 둔 재열사이클과 배기의 열을 급수의 예열에 재생시켜서 열효율을 개선하는 재생 사이클을 조합하여 효율을 향상시킨 사이클이다. 선도에서 상단의 경우가 1단의 재열 사이클이고, 하단의 경우가 3단의 재생 사이클이다.

08. 15[℃]인 공기 4[kg]이 일정한 체적을 유지하며 400[kJ]의 열을 받는 경우 엔트로피 증가량은 약 몇 [kJ/K]인가? (단, 공기의 정적비열은 0.71[kJ/kg · K]이다.)

① 1.13
② 26.7
③ 100
④ 400

해설 ㉮ 400[kJ]의 열의 받았을 때 온도 계산
$$Q = m \times C_v \times (T_2 - T_1) \text{에서}$$
$$\therefore T_2 = \frac{Q}{m \times C_v} + T_1 = \frac{400}{4 \times 0.71} + (273 + 15)$$
$$= 428.845 [K]$$
㉯ 정적과정의 엔트로피 변화량 계산
$$\therefore \Delta S = mC_v \ln\frac{T_2}{T_1} = 4 \times 0.71 \times \ln\frac{428.845}{273 + 15}$$
$$= 1.1307 [kJ/K]$$

09. 다음 중 Mollier 선도를 이용하여 증기의 상태를 해석할 경우 가장 편리한 계산은?

① 터빈효율 계산
② 엔탈피 변화 계산
③ 사이클에서 압축비 계산
④ 증발시의 체적 증가량 계산

해설 증기의 몰리에 선도는 종축에 엔탈피(h), 횡축에 엔트로피(s)의 양을 표시한 것으로 증기의 엔탈피 변화를 계산하는데 편리하다.

10. 절대온도 T, 압력 P로 표시되는 가역 단열과정에 대한 식으로 올바른 것은? (단, 비열비 $k = C_p/C_v$이다.)

① $TP^{k-1} = C$
② $TP^k = C$
③ $TP^{\frac{k+1}{k}} = C$
④ $TP^{\frac{1-k}{k}} = C$

해설 단열과정은 등엔트로피과정이므로 T, P, v의 관계는
$Pv^k = C$(일정), $Tv^{k-1} = C$(일정), $TP^{\frac{1-k}{k}} = C$(일정)
이 된다.

정답 5. ④ 6. ① 7. ③ 8. ① 9. ② 10. ④

11_ 증기를 터빈 내부에서 팽창하는 도중에 몇 단으로 나누어 그중 일부를 빼내어 급수의 가열에 사용하는 증기 사이클은?

① 랭킨 사이클(Rankine cycle)
② 재열 사이클(Reheating cycle)
③ 재생 사이클(Regenerative cycle)
④ 추가 사이클(Supplement cycle)

[해설] 재생 사이클 : 팽창 도중의 증기를 터빈에서 추출하여 급수의 가열에 사용하는 사이클로 공급열량이 감소하여 열효율이 랭킨사이클에 비해 증가한다.

12_ "어떤 물체의 온도를 1[℃] 높이는 데 필요한 열량"으로 정의되는 것은?

① 열관류량
② 열전도율
③ 열전달률
④ 열용량

[해설] 열용량 : 어떤 물체의 온도를 1[℃] 상승시키는 데 소요되는 열량을 말하며, 단위는 [kcal/℃], [cal/℃]로 표시된다.

13_ 화력발전소에서 저위발열량 27500[kJ/kg]인 유연탄을 시간당 170[ton]을 사용하여 500000[kW]의 전기를 생산하고 있다. 이 화력발전소의 효율[%]은 얼마인가?

① 34
② 38
③ 42
④ 46

[해설] ㉮ 1[kW] = 860[kcal/h] = 3600[kJ/h]이다.
㉯ 화력발전소의 효율 계산
$$\therefore \eta = \frac{실제소요동력}{공급열량} \times 100$$
$$= \frac{500000 \times 3600}{170 \times 1000 \times 27500} \times 100$$
$$= 38.502[\%]$$

14_ 압력 0.4[MPa], 체적 0.8[m³]인 용기에 습증기 2[kg]이 들어 있다. 액체의 질량은 약 몇 [kg]인가? (단, 0.4[MPa]에서 비체적은 포화액이 0.001[m³/kg], 건포화증기가 0.46[m³/kg]이다.)

① 0.131
② 0.262
③ 0.869
④ 1.738

[해설] ㉮ 습포화증기의 건조도 계산
$v = v_1 + x(v_g - v_1)$에서
$$\therefore x = \frac{v - v_1}{v_g - v_1} = \frac{\frac{0.8}{2} - 0.001}{0.46 - 0.001} = 0.869$$
㉯ 액체의 질량 계산 : 건조도 0.869에 해당되는 것이 건포화증기이고 나머지 $(1-x)$가 액체이다.
$\therefore m = $ 습증기 질량 $\times (1-x)$
$= 2 \times (1 - 0.869) = 0.262[kg]$

15_ "2개의 물체가 또 다른 물체와 서로 열평형을 이루고 있으면 그들 상호 간에도 서로 열평형 상태에 있다."라는 것은 열역학 몇 법칙인가?

① 열역학 제0법칙
② 열역학 제1법칙
③ 열역학 제2법칙
④ 열역학 제3법칙

[해설] 열역학 제0법칙 : 온도가 서로 다른 물질이 접촉하면 고온은 저온이 되고, 저온은 고온이 되어서 결국 시간이 흐르면 두 물질의 온도는 같게 된다. 이것을 열평형이 되었다고 하며, 열평형의 법칙이라 한다.

16_ 여과 집진장치를 설명한 것으로 틀린 것은?

① 건식 집진장치의 한 종류이다.
② 외형상의 여과속도가 느릴수록 미세한 입자를 포집할 수 있다.
③ 100[℃] 이상의 고온가스, 습가스의 처리에 적합하다.
④ 집진효율이 좋고, 설비비용이 적게 든다.

[답] 11. ③ 12. ④ 13. ② 14. ② 15. ① 16. ③

해설 여과 집진장치 : 함진가스를 여과재(filter)에 통과시켜 분진입자를 분리, 포착시키는 집진장치로 백필터(bag filter)가 대표적이다. 집진효율이 양호하지만 고온가스, 습가스 처리에는 부적합하다.

17_ 1[kg]의 메탄을 20[kg]의 공기와 연소시킬 때 과잉공기율은 약 몇 [%]인가?

① 5[%]   ② 14[%]
③ 17[%] ④ 21[%]

해설
㉮ 메탄(CH_4) 1[kg] 연소 시 이론공기량 계산
$CH_4 + 2O_2 \rightarrow CO_2 + 2H_2O$
16[kg] : 2 × 32[kg] = 1[kg] : $x(O_0)$[kg]
$\therefore A_0 = \frac{O_0}{0.232} = \frac{1 \times 2 \times 32}{16 \times 0.232} = 17.2$[kg]

㉯ 과잉공기율 계산
$\therefore 과잉공기율 = \frac{A - A_0}{A_0} \times 100$
$= \frac{20 - 17.2}{17.2} \times 100 = 16.279$[%]

18_ 다음 연료의 이론공기량[Sm^3/Sm^3]의 개략치가 가장 큰 것은?

① 오일가스   ② 석탄가스
③ 천연가스   ④ 액화석유가스

해설 각 연료의 완전 연소반응식
㉮ 오일가스 : 일반적으로 석유의 열분해에 의해 얻어지는 가스로 에틸렌(C_2H_4) 등 저급탄화수소가 주성분이다.
 - 에틸렌(C_2H_4) : $C_2H_4 + 3O_2 \rightarrow 2CO_2 + 2H_2O$
㉯ 석탄가스 : 석탄을 1000[℃] 내외로 건류할 때 얻어지는 가스로 메탄(CH_4)과 수소(H_2)가 주성분이다.
 - 메탄(CH_4) : $CH_4 + 2O_2 \rightarrow CO_2 + 2H_2O$
 - 수소(H_2) : $H_2 + \frac{1}{2}O_2 \rightarrow H_2O$
㉰ 천연가스 : 메탄(CH_4)이 주성분이다.
㉱ 액화석유가스(C_3H_8) : $C_3H_8 + 5O_2 \rightarrow 3CO_2 + 4H_2O$
∴ 완전 연소반응식에서 산소 몰수가 많은 것이 이론공기량을 많이 필요로 하는 것이다.

19_ 500[℃]와 0[℃] 사이에서 운전되는 카르노 기관의 열효율은?

① 49.9[%]   ② 64.7[%]
③ 85.6[%]   ④ 100[%]

해설 $\eta = \left(1 - \frac{T_2}{T_1}\right) \times 100 = \left(1 - \frac{273 + 0}{273 + 500}\right) \times 100$
$= 64.683$[%]

20_ 메탄 1[Sm^3]의 연소에 소요되는 이론공기량[Sm^3]은?

① 8.9   ② 9.5
③ 11.1   ④ 13.2

해설
㉮ 메탄(CH_4)의 완전연소 반응식
$CH_4 + 2O_2 \rightarrow CO_2 + 2H_2O$
㉯ 메탄 1[Sm^3]당 이론공기량[Sm^3] 계산
22.4[Sm^3] : 2 × 22.4[Sm^3] = 1[Sm^3] : $x(O_0)$[Sm^3]
$\therefore A_0 = \frac{O_0}{0.21} = \frac{1 \times 2 \times 22.4}{22.4 \times 0.21} = 9.523$[$Sm^3$]

2과목 - 계측 및 에너지진단

21_ 시료가스를 채취할 때의 주의사항으로 틀린 것은?

① 채취구로부터 공기 침입이 없어야 한다.
② 시료가스의 배관은 가급적 짧게 한다.
③ 드레인 배출장치 설치 여부와는 무관하다.
④ 가스성분과 화학성분을 발생시키는 부품을 사용하지 않아야 한다.

해설 가스 채취 장치 취급 주의사항
㉮ 시료가스 채취구 위치에 주의해야 한다.
㉯ 공기 유입방지 및 연도 중심부의 시료 채취가 필요하다.
㉰ 가스성분과 반응하는 배관은 사용을 금지해야 한다.

정답 17. ③ 18. ④ 19. ② 20. ② 21. ③

㉣ 장치 내에서 시료가스의 시간지연을 적게 하고 배관은 짧게 한다.
㉤ 배관에는 경사를 두고 최하단에는 드레인 장치가 필요하다.
㉥ 보수가 용이한 장소에 설치해야 한다.

22_ 검출기에서 검출한 신호를 증폭하거나 다른 신호로 변환시켜 전달시키는 제어기기를 무엇이라 하는가?
① 조작부　　② 조절기
③ 증폭기　　④ 전송기

해설 제어장치의 기능
㉮ 조절기 : 제어량과 목표치의 차에 해당하는 편차 신호에 적당한 연산을 하여 제어량이 목표치에 신속하고 정확하게 일치하도록 조작부서 신호를 가하는 계기
㉯ 전송기 : 검출기에서 검출한 신호를 증폭하거나 다른 신호로 변환시켜 전송하여 주는 기기
㉰ 조작부 : 조절기에서 나오는 신호를 조작량으로 변환시켜 제어 대상에 조작을 가하는 부분

23_ 열전대의 접점온도가 T_1, T_3일 때 열기전력은 접점온도가 T_1, T_2일 때와 T_2, T_3일 때의 열기전력을 합한 것과 같다. 이는 다음 열전대 원리에 해당하는가?
① 재백(Seebeck) 효과
② 톰슨(Thomson) 효과
③ 중간금속의 법칙
④ 중간온도의 법칙

해설 중간온도의 법칙 : 열기전력은 회로 중간의 온도에 영향을 받지 않는다는 것으로 열전대의 접점온도가 T_1, T_3일 때 열기전력은 접점온도가 T_1, T_2일 때와 T_2, T_3일 때의 열기전력을 합한 것과 같다.

24_ 압력계 선택 시 유의하여야 할 사항으로 틀린 것은?
① 진동이나 충격 등을 고려하여 필요한 부속품을 준비하여야 한다.
② 사용목적에 따라 크기, 등급, 정도를 결정한다.
③ 사용압력에 따라 압력계의 범위를 결정한다.
④ 사용 용도는 고려하지 않아도 된다.

해설 압력계 선택 시 사용용도 등은 고려하여야 한다.

25_ 수소(H_2)가 연소되면 증기를 발생시킨다. 이 증기를 복수시키면 증발열이 발생한다. 만약 수소 1[kg]을 연소시켜 증기를 완전 복수시키면 얼마의 증발열을 얻을 수 있는가?
① 600[kcal]　　② 1800[kcal]
③ 5400[kcal]　　④ 10800[kcal]

해설 수소의 고위발열량은 68300[kcal/kmol] = 34150[kcal/kg]이고, 저위발열량은 57600[kcal/kmol] = 28800[kcal/kg]이다. 고위발열량과 저위발열량은 물의 증발잠열(또는 수증기의 응축잠열) 차이에 해당된다.
∴ 수증기의 증발열 = 34150 − 28800 = 5350[kcal/kg]

26_ 보일러 열정산에서 출열 항목인 것은?
① 사용 시 연료의 발열량
② 연료의 현열
③ 공기의 현열
④ 배기가스의 보유열

해설 열정산 시 입·출열 항목
(1) 입열(入熱) 항목
㉮ 연료의 발열량(연료의 연소열)
㉯ 연료의 현열
㉰ 공기의 현열
㉱ 노내 취입 증기 또는 온수에 의한 입열

(2) 출열(出熱) 항목
㉮ 배기가스 보유열량
㉯ 증기의 보유열량
㉰ 불완전연소에 의한 열손실
㉱ 미연분에 의한 열손실
㉲ 노벽의 흡수열량
㉳ 재의 현열

해설
1[atm] = 760[mmHg] = 76[cmHg]
= 0.76[mHg] = 29.9[inHg] = 760[torr]
= 10332[kgf/m²] = 1.0332[kgf/cm²] = 10.332[mH₂O]
= 10332[mmH₂O] = 101325[N/m²] = 101325[Pa]
= 1013.25[hPa] = 101.325[kPa] = 0.101325[MPa]
= 1013250[dyne/cm²] = 1.01325[bar] = 1013.25[mbar]
= 14.7[lb/in²] = 14.7[psi]

27. 무게를 기준으로 한 단위로 힘(F), 길이(L), 시간(T)을 기준으로 하는 단위계는?
① 절대단위
② 중력단위
③ 국제단위
④ 실용단위

해설 단위계 기준
㉮ 중력단위 : 힘(F), 길이(L), 시간(T)
㉯ 절대단위 : 질량(M), 길이(L), 시간(T)

28. 증기보일러의 용량표시 방법으로 일반적으로 가장 많이 사용되는 것으로 일명 정격용량이라고도 하는 것은?
① 상당증발량
② 최고사용압력
③ 상당방열면적
④ 시간당 발열량

해설 보일러 용량 표시방법
㉮ 시간당 최대증발량 : [kg/h], [ton/h]
㉯ 상당(환산) 증발량 : [kg/h]
㉰ 최고 사용압력 : [kgf/cm²], [MPa]
㉱ 보일러 마력
㉲ 전열면적 : [m²]
㉳ 과열증기온도 : [℃]
※ 상당 증발량(환산 증발량) : 실제 증발량을 기준 증발량으로 환산하였을 때의 증발량. 즉, 100[℃]의 포화수를 100[℃]의 건조포화증기로 발생시킬 수 있는 증발량으로 단위는 [kg/h]이다.

29. 다음 압력값 중 그 크기가 다른 것은?
① 760[mmHg]
② 1[kgf/cm²]
③ 1[atm]
④ 14.7[psi]

30. 매시간 1600[kg]의 연료를 연소시켜서 11200[kg/h]의 증기를 발생시키는 보일러의 효율은? (단, 석탄의 저위발열량은 6040[kcal/kg], 발생증기의 엔탈피는 742[kcal/kg], 급수온도는 23[℃]이다.)
① 73.3[%]
② 83.3[%]
③ 93.3[%]
④ 98.6[%]

해설
$$\eta = \frac{G_a(h_2 - h_1)}{G_f H_l} \times 100$$
$$= \frac{11200 \times (742 - 23)}{1600 \times 6040} \times 100$$
$$= 83.327[\%]$$

31. 다음 중 액면 측정방법이 아닌 것은?
① 퍼지식
② 부자식
③ 정전 용량식
④ 박막식

해설 액면계의 분류 및 종류
㉮ 직접법 : 직관식, 플로트식(부자식), 검척식
㉯ 간접법 : 압력식, 초음파식, 정전용량식, 방사선식, 차압식, 다이어프램식, 편위식, 기포식(퍼지식), 슬립 튜브식 등

32. 다음 중 보일러 배기가스 중의 O_2 농도 제어를 통해 연소 공기량을 미세하게 제어하는 시스템은?
① O_2 트리밍
② O_2 분석기
③ O_2 컨트롤러
④ O_2 센서

정답 27. ② 28. ① 29. ② 30. ② 31. ④ 32. ①

해설 O_2 트리밍(Trimming) 제어 방식 : 배기가스 중의 산소농도를 연속적으로 분석하여 어떤 원인에 의해서 적정공기비가 유지되지 못할 경우도 이를 판단하여 적정공기비가 유지되도록 연소용 공기량을 자동 조절하는 방식이다.

33_ 다음 중 물리적 가스 분석계에 해당하는 것은?
① 오르사트 가스분석계
② 연소식 O_2계
③ 미연소가스계
④ 열전도율형 CO_2계

해설 가스분석 측정법 종류
㉮ 화학적 분석계 : 흡수분석법(오르사트법, 헴펠법, 게겔법), 자동화학식 CO_2계, 연소식(연소열식) O_2계, 연소열법(미연소 가스계)
㉯ 물리적 분석계 : 가스크로마토그래피법, 열전도형(전기식) CO_2계, 밀도식 CO_2계, 자기식 O_2계, 세라믹 O_2계, 적외선 가스 분석계(적외선 흡수법)

34_ 실제 증발량 1300[kg/h], 급수온도 35[℃], 전열면적 50[m²]인 노통연관식 보일러의 전열면 열부하는 약 몇 [kcal/m²·h]인가? (단, 발생증기 엔탈피는 660[kcal/kg]이다.)
① 13580
② 16250
③ 18675
④ 20458

해설 $H_b = \dfrac{G_a(h_2 - h_1)}{F} = \dfrac{1300 \times (660 - 35)}{50}$
$= 16250 \,[\text{kcal/m}^2 \cdot \text{h}]$

35_ 보일러 열정산 시의 측정사항이 아닌 것은?
① 배기가스 온도
② 급수 압력
③ 연료사용량 및 발열량
④ 외기온도 및 기압

해설 보일러 열정산 시 측정 항목
㉮ 기준온도
㉯ 연료 사용량
㉰ 급수량 및 급수온도
㉱ 연소용 공기량, 예열 공기의 온도, 공기의 습도
㉲ 연료 가열용 또는 노 내 취입 증기
㉳ 발생증기량, 증기압력, 포화증기 건도
㉴ 배기가스의 온도, 성분분석, 공기비, 배기가스 중의 응축수량
㉵ 송풍압, 배기가스 압력
㉶ 연소 잔재물의 양, 온도
㉷ 소요 전력
㉸ 소음

36_ 방사된 열에너지의 성질과 양을 이용하여 온도를 측정하는 계기가 아닌 것은?
① 압력식 온도계
② 광고 온도계
③ 광전관식 온도계
④ 방사 온도계

해설 ㉮ 압력식 온도계 : 일정한 부피의 액체나 기체가 온도상승에 의해 체적이 팽창할 때 압력상승을 이용하여 온도를 측정하는 것으로 일명 아네로이드형 온도계라고 하며 액체압력식, 기체압력식, 증기압력식이 있다.
㉯ 광고 온도계, 광전관식 온도계, 방사 온도계 : 간접식 온도계로 방사되는 열에너지의 성질과 양을 이용하여 온도를 측정한다.

37_ 고온 측정용으로 가장 적합한 온도계는?
① 금속저항 온도계
② 유리 온도계
③ 열전대 온도계
④ 압력 온도계

해설 각 온도계의 측정범위

온도계	측정범위
금속저항 온도계(백금저항온도계)	-200~500[℃]
유리제 온도계(수은온도계)	-60℃~350[℃]
열전대 온도계(PR열전대)	0~1600[℃]
압력식 온도계(수은)	-30~600[℃]

정답 33. ④ 34. ② 35. ② 36. ① 37. ③

38. 여러 가지 주파수의 정현파(sin파)를 입력신호로 하여 출력의 진폭과 위상각의 지연으로부터 계의 동특성을 규명하는 방법은?

① 시정수　　② 프로그램제어
③ 주파수 응답　　④ 비례제어

해설　주파수 응답 : 사인파 상의 입력에 대한 자동제어계 또는 그 요소의 정상응답을 주파수의 함수로 나타낸 것이다.

39. 노 내의 온도 측정이나 벽돌의 내화도 측정용으로 사용되는 온도계는?

① 제겔콘　　② 바이메탈 온도계
③ 색온도계　　④ 서미스터 온도계

해설　제겔콘(Seger cone) 온도계 : 점토, 규석질 등 내연성의 금속산화물로 만든 것으로 벽돌의 내화도 측정 등에 사용한다.

40. 보일러 냉각기의 진공도가 730[mmHg]일 때 절대압력으로 표시하면 약 몇 [kgf/cm²·a]인가?

① 0.02　　② 0.04
③ 0.12　　④ 0.18

해설　절대압력 = 대기압 − 진공압력
$= 1.0332 - \left(\dfrac{730}{760} \times 1.0332\right)$
$= 0.0407 \,[\text{kgf/cm}^2 \cdot a]$

3과목 - 열설비구조 및 시공

41. 보일러의 계속사용 안전검사 유효기간은?

① 1년　　② 2년
③ 3년　　④ 없음

해설　검사의 유효기간 : 에너지이용 합리화법 시행규칙 제31조의8, 별표3의5

검사의 종류		검사유효기간
설치검사		− 보일러 : 1년(운전성능부문의 경우 3년 1개월로 한다.) − 캐스케이드 보일러, 압력용기 및 철금속가열로 : 2년
개조검사		− 보일러 : 1년 − 캐스케이드 보일러, 압력용기 및 철금속가열로 : 2년
설치장소 변경검사		− 보일러 : 1년 − 캐스케이드 보일러, 압력용기 및 철금속가열로 : 2년
재사용검사		− 보일러 : 1년 − 캐스케이드 보일러, 압력용기 및 철금속가열로 : 2년
계속 사용 검사	안전 검사	− 보일러 : 1년 − 캐스케이드 보일러, 압력용기 : 2년
	운전 성능 검사	− 보일러 : 1년 − 철금속가열로 : 2년

42. 에너지이용 합리화법 시행규칙상 인정검사대상기기 관리자의 교육을 이수한 자의 관리범위가 아닌 것은?

① 용량이 10[t/h] 이하인 보일러
② 압력용기
③ 증기보일러로서 최고사용압력이 1[MPa] 이하이고, 전열면적이 10[m²] 이하인 것
④ 열매체를 가열하는 보일러로서 용량이 581.5[kW] 이하인 것

해설　인정검사 대상기기 관리자의 교육을 이수한 자의 관리범위 : 에너지이용 합리화법 시행규칙 제31조의26, 별표3의9
㉮ 증기보일러로서 최고사용압력이 1[MPa] 이하이고, 전열면적이 10[m²] 이하인 것
㉯ 온수 발생 또는 열매체를 가열하는 보일러로서 출력이 581.5[kW] 이하인 것
㉰ 압력용기

43. 입형 보일러의 특징에 대한 설명으로 틀린 것은?

① 설치면적이 작다.
② 설치가 간편하다.
③ 전열면적이 작다.
④ 열효율이 좋고 부하능력이 크다.

정답　38. ③　39. ①　40. ②　41. ①　42. ①　43. ④

해설 입형(vertical type) 보일러의 특징
㉮ 구조가 간단하고 설치면적이 적어 설치가 간단하다.
㉯ 전열면적이 작아 효율이 낮다.
㉰ 소용량, 저압용으로 사용된다.
㉱ 수면이 좁고 증기부가 적어 습증기가 발생할 수 있다.
㉲ 내부청소 및 점검이 불편하다.

44. 복사열에 대한 반사 특성을 이용하여 보온효과를 얻는 보온재 중 가장 효과가 큰 것은?
① 실리카 화이버
② 염화비닐 강판
③ 마스틱(mastic)
④ 알루미늄 판

해설 알루미늄 판은 복사열에 대한 반사특성을 이용한 것으로 금속재 보온재에 해당된다.

45. 여러 용도에 쓰이는 물질과 그 물질을 구분하는 기준온도에 대한 설명으로 틀린 것은?
① 내화물이란 SK26 이상 물질을 말한다.
② 단열재는 800~1200[℃] 및 단열효과가 있는 재료를 말한다.
③ 무기질 보온재는 500~800[℃]에 견디어 보온하는 재료를 말한다.
④ 내화단열재는 SK20 이상 및 단열효과가 있는 재료를 말한다.

해설 내화재, 단열재, 보온재 및 보냉재의 구분

구분	온도범위
내화재	내화도가 SK26(1580[℃]) 이상에서 사용
내화단열재	내화재와 단열재의 중간으로 SK10(1300[℃]) 이상에 견디는 것
단열재	내화벽과 외벽의 사이에 끼워 단열효과를 얻는 것으로 800~1200[℃]에 견디는 것
무기질 보온재	300~800[℃] 정도까지 사용
유기질 보온재	100~300[℃] 정도까지 사용
보냉재	100[℃] 이하에서 보냉을 목적으로 사용

46. 검사대상 증기보일러의 안전밸브로 사용하는 것은?
① 스프링식 안전밸브
② 지렛대식 안전밸브
③ 중추식 안전밸브
④ 복합식 안전밸브

해설 스프링식 안전밸브 : 스프링의 탄성에 의하여 내부의 압력을 분출하고 차단하는 것으로 일반적으로 가장 많이 사용되고 있다.

47. 연료전지 중 작동온도가 높고 고효율이며 유연성이 좋으나 전지부품의 고온부식이 일어나는 단점이 있는 것은?
① 용융탄산염 연료전지
② 재생형 연료전지
③ 고분자전해질 연료전지
④ 인산형 연료전지

해설 연료전지 : 수소와 산소의 화학반응으로 생기는 화학에너지를 직접 전기에너지로 변환시키는 기술로 고분자 전해질 연료전지(PEMFC), 인산형 연료전지(PAFC), 용융탄산염 연료전지(MCFC), 고체산화물 연료전지(SOFC), 직접메탄올 연료전지(DMFC) 등이 있다.

48. 가마를 사용하는 데 있어 내용수명(耐用壽命)과의 관계가 가장 먼 것은?
① 열처리 온도
② 가마 내의 부착물(휘발분 및 연료의 재)
③ 온도의 급변
④ 피열물의 열용량

해설 내용수명(耐用壽命) : 고정 자산의 수명으로 건물, 기계, 장치 등의 유형자산에 대해서 자산을 취득했을 때부터 폐기할 때까지의 기간으로 나타낸다. 가마의 수명을 지배하는 요소로는 열처리 온도, 가마 내의 부착물(휘발분 및 연료의 재), 온도의 급변 등이 해당된다.

정답 44. ④ 45. ④ 46. ① 47. ① 48. ④

49_ 에너지이용 합리화법 상 검사대상기기의 설치자가 그 사용 중인 검사대상기기를 폐기한 때에는 그 폐기한 날로부터 며칠 이내에 신고하여야 하는가?

① 15일   ② 20일
③ 30일   ④ 60일

해설 검사대상기기의 폐기신고(에너지이용 합리화법 시행규칙 제31조의23) : 검사대상기기의 설치자가 사용 중인 검사대상기기를 폐기한 경우에는 폐기한 날부터 15일 이내에 폐기신고서를 공단이사장에게 제출하여야 한다.

50_ 관의 안지름을 D[cm], 평균유속을 V[m/s]라 하면 평균 유량 Q[m³/s]를 구하는 식은?

① $Q = DV$
② $Q = \pi D^2 V$
③ $Q = \dfrac{\pi}{4}\left(\dfrac{D}{100}\right)^2 V$
④ $Q = \left(\dfrac{V}{100}\right)^2 D$

해설 ㉮ 체적 유량[m³/s] 계산식
∴ $Q[\text{m}^3/\text{s}] = A[\text{m}^2] \times V[\text{m/s}]$
$= \left(\dfrac{\pi}{4} \times (D[\text{m}])^2\right) \times V[\text{m/s}]$

㉯ 관의 안지름을 미터[m]로 환산하는 것을 적용하여 공식을 정리 : 1[cm]는 $\dfrac{1}{100}$[m]에 해당된다.
∴ $Q[\text{m}^3/\text{s}] = A[\text{m}^2] \times V[\text{m/s}]$
$= \left(\dfrac{\pi}{4} \times (D[\text{m}])^2\right) \times V[\text{m/s}]$
$= \left\{\dfrac{\pi}{4} \times \left(\dfrac{D}{100}[\text{m}]\right)^2\right\} \times V[\text{m/s}]$

51_ 파이프 바이스의 크기는?

① 레버의 크기
② 고정 가능한 관경의 치수
③ 죠를 최대로 벌려 놓은 전체 길이
④ 프레임(frame)의 가로 및 세로 길이

해설 파이프 바이스의 크기 : 최대로 고정할 수 있는 관지름의 크기(치수)로 표시

52_ 에너지이용 합리화법 시행규칙에서 정한 특정 열사용기자재 및 그 설치·시공범위의 구분에서 품목명에 포함되지 않는 것은?

① 용선로
② 태양열 집열기
③ 1종 압력용기
④ 구멍탄용 온수보일러

해설 특정열사용기자재 및 설치·시공범위 : 에너지이용 합리화법 시행규칙 제31조의5, 별표3의2

구분	품목명	설치, 시공범위
보일러 (기관)	강철제보일러, 주철제보일러, 온수보일러, 구멍탄용 온수보일러, 축열식 전기보일러, 캐스케이드 보일러, 가정용 화목보일러	해당기기의 설치, 배관 및 세관
태양열 집열기	태양열 집열기	해당기기의 설치, 배관 및 세관
압력 용기	1종 압력용기, 2종 압력용기	해당기기의 설치, 배관 및 세관
요업 요로	연속식 유리용융가마, 불연속식 유리용융가마, 유리용융도가니가마, 터널가마, 도염식 가마, 셔틀가마, 회전가마, 석회용선가마	해당기기의 설치를 위한 시공
금속 요로	용선로, 비철금속용융로, 금속 소둔로, 철금속가열로, 금속균열로	해당기기의 설치를 위한 시공

정답 49. ① 50. ③ 51. ② 52. 무

53. 증기보일러의 전열면에서 벽의 두께는 22[mm], 열전도율은 50[kcal/m·h·℃]이고 열전달률은 열가스 측이 18[kcal/m²·h·℃], 물 측이 5200[kcal/m²·h·℃]이다. 물 측에 평균두께 3[mm]의 물 때(열전도율 1.8[kcal/m·h·℃])와 가스 측에 평균두께 1[mm]의 그을음(열전도율 0.1[kcal/m·h·℃])이 부착되어 있는 경우 열관류율은 약 몇 [kcal/m²·h·℃]인가? (단, 전열면은 평면이다.)

① 11.7　　② 14.7
③ 25.3　　④ 28.7

해설
$$K = \cfrac{1}{\cfrac{1}{\alpha_1} + \cfrac{b_1}{\lambda_1} + \cfrac{b_2}{\lambda_2} + \cfrac{b_3}{\lambda_3} + \cfrac{1}{\alpha_2}}$$
$$= \cfrac{1}{\cfrac{1}{18} + \cfrac{0.001}{0.1} + \cfrac{0.022}{50} + \cfrac{0.003}{1.8} + \cfrac{1}{5200}}$$
$$= 14.737 \, [\text{kcal/m}^2 \cdot h \cdot ℃]$$

54. 에너지이용 합리화법 시행규칙에 따라 가스를 사용하는 소형 온수보일러 중 검사대상기기에 해당되는 것은 가스사용량이 몇 [kg/h]를 초과하는 경우인가?

① 10[kg/h]　　② 13[kg/h]
③ 17[kg/h]　　④ 15[kg/h]

해설 검사대상기기 중 소형 온수보일러(에너지이용 합리화법 시행규칙 제31조의6, 별표3의3) : 가스를 사용하는 것으로서 가스사용량이 17[kg/h](도시가스는 232.6[kW])를 초과하는 것

55. 보온재 선정 시 고려하여야 할 조건 중 틀린 것은?

① 부피비중이 적어야 한다.
② 열전도율이 가능한 높아야 한다.
③ 흡수성이 적고, 가공이 용이하여야 한다.
④ 불연성이고 화재 시 유독가스를 발생하지 않아야 한다.

해설 보온재의 구비조건(선정 시 고려사항)
㉮ 열전도율이 작을 것
㉯ 흡습, 흡수성이 작을 것
㉰ 적당한 기계적 강도를 가질 것
㉱ 시공성이 좋고, 경제적일 것
㉲ 부피, 비중(밀도)이 작을 것
㉳ 내열, 내약품성이 있을 것
㉴ 안전 사용온도 범위에 적합할 것

56. 2개의 증기드럼 하부에 하나의 물드럼을 배치하고 삼각형 순환도를 형성하는 급경사 곡관형 보일러는?

① 가르베 보일러
② 야로우 보일러
③ 스털링 보일러
④ 타쿠마 보일러

해설 스털링(stirling) 보일러 : 자연순환식 수관보일러로 기수드럼 2~3개와 수(水)드럼 1~2개를 갖고 있으며, 곡관이므로 열팽창에 대한 신축이 자유롭고 기수드럼과 수(水)드럼이 거의 수직으로 설치되는 보일러로 물의 순환이 양호하다.

57. 다음 중 관류보일러로 맞는 것은?

① 슬처(Sulzer) 보일러
② 라몬트(Lamont) 보일러
③ 벨록스(Velox) 보일러
④ 타쿠마(Takuma) 보일러

해설 관류 보일러의 종류 : 벤슨(benson) 보일러, 슬처(sulzer) 보일러, 소형 관류 보일러 등

정답 53. ②　54. ③　55. ②　56. ③　57. ①

58_ 피열물을 부압의 가마 내에서 가열 시 피열물이 받는 영향은?

① 환원되기 쉽다.
② 내부 열이 유출된다.
③ 산화되기 쉽다.
④ 중성이 유지된다.

해설 가마 내의 압력이 부압(외부보다 낮은 압력)으로 유지될 경우 피열물이 환원되기 쉬워진다.

59_ 다음 중 노재가 갖추어야 할 조건이 아닌 것은?

① 사용 온도에서 연화 및 변형이 되지 않을 것
② 팽창 및 수축이 잘 될 것
③ 온도 급변에 의한 파손이 적을 것
④ 사용목적에 따른 열전도율을 가질 것

해설 내화물(노재)의 구비조건
㉮ 상온 및 사용온도에서 충분한 압축강도를 가질 것
㉯ 고온에서 수축, 팽창이 적을 것
㉰ 사용 용도에 맞는 열전도율을 가질 것
㉱ 스폴링(spalling) 현상이 적을 것
㉲ 온도 급변에서도 충분히 견딜 것
㉳ 내마모성 및 내침식성을 가질 것
㉴ 재가열 시 수축이 적을 것
㉵ 사용온도에서 연화변형하지 않을 것
㉶ 화학적으로 침식되지 않을 것

60_ 증기 엔탈피가 2800[kJ/kg]이고, 급수 엔탈피가 125[kJ/kg]일 때 증발계수는 약 얼마인가? (단, 100[℃] 포화수가 증발하여 100[℃]의 건포화증기로 되는 데 필요한 열량은 2256.9[kJ/kg]이다.)

① 1.0
② 1.2
③ 1.4
④ 1.6

해설 증발계수 $= \dfrac{G_e}{G_a} = \dfrac{h_2 - h_1}{2256.9} = \dfrac{2800 - 125}{2256.9} = 1.185$

4과목 - 열설비취급 및 안전관리

61_ 보일러 외부 청소법 중 수관보일러에 대한 가장 적합한 기구는?

① 슈트 블로어   ② 워터 쇼킹
③ 스크랩퍼   ④ 샌드 블라스트

해설 그을음 불어내기(soot blow) : 전열면 외측 또는 수관 주위의 그을음이나 재를 불어 제거하는 장치로 수관보일러의 외부 청소법 중 가장 적합하다.

62_ 보일러의 급수처리 방법에 해당되지 않는 것은?

① 이온교환법   ② 증류법
③ 희석법   ④ 여과법

해설 급수처리방법 중 외처리 방법의 종류
㉮ 고체협잡물 처리 : 침강법(침전법), 여과법, 응집법
㉯ 용해 고형물 처리 : 이온교환 수지법, 증류법, 약품처리법(약품첨가법)
㉰ 용존 가스 처리 : 기폭법(폭기법), 탈기법

63_ 보일러의 고온부식 방지대책으로 틀린 것은?

① 회분 개질제를 첨가하여 바나듐의 융점을 낮춘다.
② 연료 중의 바나듐 성분을 제거한다.
③ 고온가스가 접촉되는 부분에 보호피막을 한다.
④ 연소가스 온도를 바나듐의 융점온도 이하로 유지한다.

해설 고온부식 방지대책
㉮ 연료를 전처리하여 바나듐 성분을 제거할 것
㉯ 전열면의 온도가 높아지지 않도록 설계할 것
㉰ 전열면의 표면에 보호피막 형성 또는 내식성 재료를 사용한다.

정답 58. ① 59. ② 60. ② 61. ① 62. ③ 63. ①

㉣ 연료에 첨가제를 사용하여 바나듐의 융점을 높인다.
㉤ 부착물의 성상을 바꾸어 전열면에 부착하지 못하도록 한다.

64_ 다음 중 저온부식의 원인이 되는 성분은?
① 휘발성분　　② 회분
③ 탄소분　　　④ 황분

해설 외부부식의 원인 성분
㉮ 고온부식 : 바나듐(V)
㉯ 저온부식 : 황(S) 및 황산화물

65_ 에너지 다소비사업자는 연료·열 및 전력의 연간 사용량의 합계가 몇 티오이 이상인 자를 말하는가?
① 500　　② 1000
③ 1500　　④ 2000

해설 에너지다소비사업자(에너지이용 합리화법 시행령 제35조) : 연료, 열 및 전력의 연간 사용량의 합계가 2천 TOE 이상인 자를 에너지다소비사업자라 한다.

66_ 다음 반응 중 경질 스케일 반응식으로 옳은 것은?
① $Ca(HCO_3) + 열 \rightarrow CaCO_3 + H_2O + CO_2$
② $3CaSO_4 + 2Na_3PO_4$
　　$\rightarrow Ca_3(PO_4)_3 + 3Na_2SO_4$
③ $MgSO_4 + CaCO_3 + H_2O$
　　$\rightarrow CaSO_4 + Mg(OH)_2 + CO_2$
④ $MgCO_3 + H_2O \rightarrow Mg(OH)_2 + CO_2$

해설 황산마그네슘($MgSO_4$)은 용해도가 크기 때문에 그 자체만으로는 스케일 생성이 잘 안되지만, 탄산칼슘($CaCO_3$)과 작용하여 황산칼슘($CaSO_4$)과 수산화마그네슘($Mg(OH)_2$)으로 되는 경질의 스케일을 생성한다.
※ 반응식 : $MgSO_4 + CaCO_3 + H_2O$
　　$\rightarrow CaSO_4 + Mg(OH)_2 + CO_2$

67_ 보일러에서 습증기의 발생으로 증기수송관의 방열손실로 이어지는 원인이 아닌 것은?
① 저수위 운전
② 피크(peak) 부하 발생
③ 보일러의 저압운전
④ 보일러수 내에 고형물 과다

해설 보일러에서 습증기가 발생하는 경우는 저수위 운전보다는 이상 고수위로 운전되는 경우이다.

68_ 환수관이 고장을 일으켰을 때 보일러의 물이 유출하는 것을 막기 위하여 하는 배관방법은?
① 피프트 이음 배관법
② 하트 포드 연결법
③ 이경관 접속법
④ 증기 주관 관말 트랩 배관법

해설 하트 포드(hartford) 연결법 : 저압증기 난방에서 환수관을 보일러에 직접 연결할 경우 보일러 수의 역류현상을 방지하기 위해서 사용하는 방식으로 증기관과 환수관사이에 밸런스관(균형관)을 설치하여 안전저수면 보다 높은 위치에 환수관을 접속하는 배관방법을 말한다. 환수주관과 균형관(balance pipe)의 연결 위치는 보일러 사용수위(표준수위)에서 50[mm] 아래에 위치한다.

69_ 에너지이용합리화 기본계획을 수립하는 기관의 장은?
① 행정안전부장관
② 국토교통부장관
③ 산업통상자원부장관
④ 고용노동부장관

해설 에너지이용 합리화 기본계획(에너지이용 합리화법 제4조) : 산업통상자원부장관은 에너지를 합리적으로 이용하기 위하여 에너지이용 합리화에 관한 기본계획(이하 "기본계획"이라 한다.)을 수립하여야 한다.

정답 64. ④　65. ④　66. ③　67. ①　68. ②　69. ③

70. 에너지사용량의 신고 대상인 자가 매년 1월 31일까지 신고해야 할 사항이 아닌 것은?
① 전년도의 수지계산서
② 전년도의 분기별 에너지이용 합리화 실적
③ 해당 연도의 분기별 에너지사용 예정량
④ 에너지사용기자재의 현황

해설 에너지다소비사업자의 신고 사항(에너지이용 합리화법 제31조)〈개정 2014. 1. 21〉: 매년 1월 31일까지 시도지사에 신고
㉮ 전년도의 분기별 에너지 사용량, 제품 생산량
㉯ 해당 연도의 분기별 에너지사용 예정량, 제품생산 예정량
㉰ 에너지사용기자재의 현황
㉱ 전년도의 분기별 에너지이용 합리화 실적 및 해당 연도의 계획
㉲ 에너지관리자의 현황

71. 보일러가 급수 부족으로 과열되었을 때의 조치로 가장 적합한 것은?
① 급속히 급수하여 냉각시킨다.
② 연도 댐퍼를 닫고, 증기를 취출한다.
③ 연소를 중지하고, 서서히 냉각시킨다.
④ 소량의 연료 및 연소용 공기를 계속 공급한다.

해설 급수 부족에 의한 저수위로 인하여 보일러가 과열되었을 때 연소를 중지하고, 서서히 냉각시킨다.

72. 보일러실 내의 유류화재 시 소화설비로 가장 적합한 것은?
① 스프링클러 설비   ② 분말소화 설비
③ 연결살수 설비   ④ 옥내소화전 설비

해설 유류화재 소화설비(약제) : 분말, 포말, CO_2, 할로겐 화합물 등이 사용된다.

73. 에너지사용계획을 수립하여 산업통상자원부장관에게 제출하여야 하는 사업주관자에 해당되지 않는 사업은?
① 에너지 개발사업
② 관광단지 개발사업
③ 철도 건설사업
④ 주택 개발사업

해설 에너지사용계획 수립 사업주관자 대상사업 : 에너지이용 합리화법 시행령 제20조
㉮ 도시개발사업
㉯ 산업단지개발사업
㉰ 에너지개발사업
㉱ 항만건설사업
㉲ 철도건설사업
㉳ 공항건설사업
㉴ 관광단지개발사업
㉵ 개발촉진지구개발사업 또는 지역종합개발사업

74. 다음 ( ) 안에 각각 들어갈 말은?

> 산업통상자원부장관은 효율관리기자재가 (㉠)에 미달하거나 (㉡)를[을] 초과하는 경우에는 생산 또는 판매금지를 명할 수 있다.

① ㉠ 최대소비효율기준, ㉡ 최저사용량기준
② ㉠ 적정소비효율기준, ㉡ 적정사용량기준
③ ㉠ 최저소비효율기준, ㉡ 최대사용량기준
④ ㉠ 최대사용량기준, ㉡ 저소비효율기준

해설 효율관리기자재의 사후관리(에너지이용 합리화법 제16조) : 산업통상자원부장관은 효율관리기자재가 최저소비효율기준에 미달하거나 최대사용량기준을 초과하는 경우에는 해당 효율관리기자재의 제조업자, 수입업자 또는 판매업자에게 그 생산이나 판매의 금지를 명할 수 있다.

정답 70. ① 71. ③ 72. ② 73. ④ 74. ③

75. 보일러 안전밸브에서 증기의 누설 원인으로 틀린 것은?

① 밸브와 밸브 시트 사이에 이물질이 존재한다.
② 밸브 입구의 직경이 증기압력에 비해서 너무 작다.
③ 밸브 시트가 오염되어 있다.
④ 밸브가 밸브 시트를 균일하게 누르지 못한다.

해설 안전밸브 누설원인
㉮ 작동압력이 낮게 조정되었을 때
㉯ 스프링의 장력이 약할 때
㉰ 밸브 디스크와 밸브 시트에 이물질이 있을 때
㉱ 밸브 시트가 불량 또는 오염되어 있을 때
㉲ 밸브 축이 이완되었을 때

76. 보일러의 만수보존을 실시하고자 할 때 사용되는 약제가 아닌 것은?

① 가성소다   ② 생석회
③ 히드라진   ④ 아황산소다

해설 만수(滿水) 보존법 : 보존 기간이 보통 2~3개월 정도인 경우에 적용하는 방법으로 보일러 구조상 건식 보존법이 곤란한 경우, 동결의 우려가 없는 경우에 보일러 내부에 관수를 충만시켜 보존하는 방법으로 가성소다(NaOH), 아황산소다(Na_2SO_4), 히드라진 등의 알칼리성 약제를 사용한다.

77. 증기난방의 응축수 환수방법 중 증기의 순환속도가 가장 빠른 환수방식은?

① 진공 환수식   ② 기계 환수식
③ 중력 환수식   ④ 강제 환수식

해설 진공환수식의 특징
㉮ 다른 방법과 비교하여 증기의 순환이 빠르다.
㉯ 방열기 설치장소에 제한을 받지 않는다.
㉰ 환수관의 지름을 작게 할 수 있다.
㉱ 방열기 방열량 조절을 광범위하게 할 수 있다.
㉲ 배관 기울기(구배)에 큰 제한이 없다.

78. 어떤 보일러수의 불순물 허용농도가 500[ppm]이고, 급수량이 1일 50[톤]이며, 급수 중의 고형물 농도가 20[ppm]일 때 분출률은 약 얼마인가?

① 2.4[%]   ② 3.2[%]
③ 4.2[%]   ④ 5.4[%]

해설 분출률 $= \dfrac{d}{\gamma - d} \times 100$
$= \dfrac{20}{500 - 20} \times 100 = 4.166 [\%]$

79. 보일러 내처리제 중 가성취화 방지에 사용되는 약제는?

① 히드라진   ② 염산
③ 암모니아   ④ 인산나트륨

해설 가성취화 방지제 종류 : 황산나트륨(Na_2SO_4), 인산나트륨(Na_3PO_4), 질산나트륨, 탄닌, 리그린

80. 다음 중 2년 이하의 징역 또는 2000만원 이하의 벌금에 처하는 경우는?

① 에너지 저장의무를 이행하지 아니한 경우
② 검사대상기기 관리자를 선임하지 아니한 경우
③ 검사대상기기의 사용정지 명령에 위반한 경우
④ 검사대상기기를 설치하고 검사를 받지 아니하고 사용한 경우

해설 2년 이하의 징역 또는 2000만 원 이하의 벌금 : 에너지이용 합리화법 제72조
㉮ 에너지저장시설의 보유 또는 저장의무의 부과 시 정당한 이유 없이 이를 거부하거나 이행하지 아니한 자
㉯ 수급안정을 위한 조치에 따른 조정, 명령 등의 조치(법 제7조 2항)를 위반한 자
㉰ 법 제63조에 따른 공단의 임직원으로 근무하거나 근무하였던 사람이 그 직무상 알게 된 비밀을 누설하거나 도용하였을 때

2014년 9월 20일
제4회 에너지관리산업기사 필기시험

1과목 - 열역학 및 연소관리

01_ 다음 중 사이클 상태변화 과정이 틀린 것은?
 ① 오토 사이클 : 단열압축 → 등적가열 → 단열팽창 → 등적방열
 ② 디젤 사이클 : 단열압축 → 등압가열 → 단열팽창 → 등적방열
 ③ 사바테 사이클 : 단열압축 → 등압가열 → 등적가열 → 단열팽창
 ④ 브레이톤 사이클 : 단열압축 → 등압가열 → 단열팽창 → 등압방열

해설 사바테 사이클(Sabathe cycle) : 2개의 단열과정과 2개의 정적과정 및 1개의 정압과정으로 이루어진 사이클로 고속 디젤기관(무기분사:無氣噴射)의 기본 사이클이다. 상태변화 과정은 단열압축과정 → 정적가열과정 → 정압가열과정 → 단열팽창과정 → 정적방열과정으로 이루어진다.

02_ 카르노 사이클로 작동되는 효율 28[%]인 기관이 고온체에서 100[kJ]의 열을 받아들일 때 방출열량은 몇 [kJ]인가?
 ① 17 ② 28
 ③ 44 ④ 72

해설 $\eta = \dfrac{W}{Q_1} = \dfrac{Q_1 - Q_2}{Q_1} = 1 - \dfrac{Q_2}{Q_1}$ 에서
∴ $Q_2 = (1 - \eta) \times Q_1$
$= (1 - 0.28) \times 100 = 72 [kJ]$

03_ 전기식 집진장치의 특징 설명으로 틀린 것은?
 ① 집진효율이 90~99.5[%] 정도로 높다.
 ② 고전압장치 및 정전설비가 필요하다.
 ③ 미세입자 처리도 가능하다.
 ④ 압력손실이 크다.

해설 전기식 집진장치 특징
 ㉮ 집진효율이 90~99.9[%]로서 가장 높다.
 ㉯ 압력손실이 적고, 미세한 입자 제거에 용이하다.
 ㉰ 대량의 가스를 취급할 수 있다.
 ㉱ 보수비, 운전비가 적다.
 ㉲ 설치 소요면적이 크고, 설비비가 많이 소요된다.
 ㉳ 부하변동에 적응이 어렵다.
 ㉴ 포집입자의 지름은 0.05~20[μm] 정도이다.

04_ 냉매가 갖추어야 하는 조건으로 거리가 먼 것은?
 ① 증발잠열이 작아야 한다.
 ② 임계온도가 높아야 한다.
 ③ 화학적으로 안정되어야 한다.
 ④ 증발온도에서 압력이 대기압보다 높아야 한다.

해설 냉매의 구비조건
 ㉮ 응고점이 낮고 임계온도가 높으며 응축, 액화가 쉬울 것
 ㉯ 증발잠열이 크고 기체의 비체적이 적을 것
 ㉰ 오일과 냉매가 작용하여 냉동장치에 악영향을 미치지 않을 것
 ㉱ 화학적으로 안정하고 분해하지 않을 것
 ㉲ 금속에 대한 부식성 및 패킹재료에 악영향이 없을 것
 ㉳ 인화 및 폭발성이 없을 것
 ㉴ 인체에 무해할 것(비독성가스 일 것)
 ㉵ 액체의 비열은 작고, 기체의 비열은 클 것
 ㉶ 경제적일 것(가격이 저렴할 것)

정답 1. ③ 2. ④ 3. ④ 4. ①

05. 보일러 절탄기 등에서 발생할 수 있는 저온부식의 원인이 되는 물질은?
① 질소 가스 ② 아황산 가스
③ 바나듐   ④ 수소 가스

해설 외부부식의 원인 성분
㉮ 고온부식 : 바나듐(V)
㉯ 저온부식 : 황(S) 및 황산화물(아황산가스)

06. 다음 중 가장 높은 온도는?
① 20[℃]   ② 295[K]
③ 530[°R]   ④ 68[°F]

해설 각 온도를 섭씨온도(℃)로 환산하여 비교
㉮ 20[℃]
㉯ ℃ = K − 273 = 295[K] − 273 = 22[℃]
㉰ ℃ = K − 273 = $\frac{°R}{1.8}$ − 273
  = $\frac{530}{1.8}$ − 273 = 21.44[℃]
㉱ ℃ = $\frac{5}{9}$ × (°F − 32) = $\frac{5}{9}$ × (68 − 32) = 20[℃]

07. 어떤 가역 열기관이 400[℃]에서 1000[kJ]을 흡수하여 일을 생산하고 100[℃]에서 열을 방출한다. 이 과정에서 전체 엔트로피 변화는 약 몇 [kJ/K]인가?
① 0   ② 2.5
③ 3.3 ④ 4

해설 가역과정에서는 엔트로피는 불변이므로 엔트로피의 변화는 0이 된다.

08. 비열 1.3[kJ/kg · ℃], 온도 30[℃]인 어떤 물질 10[kg]을 온도 520[℃]까지 가열하는 데 필요한 열량[kcal]은? (단, 가열과정에서 물질의 상(相) 변화는 없다.)

① 5147 ② 6370
③ 4490 ④ 4900

해설 $Q = GC\Delta t$
= 10 × 1.3 × (520 − 30) = 6370[kJ]

※ 문제에서 가열하는 데 필요한 열량의 단위가 [kcal]가 아닌 [kJ]로 주어져야 옳은 내용임

09. 다음 연료 중 단위 중량당 발열량이 가장 큰 것은?
① C   ② H_2
③ CO   ④ S

해설 각 연료의 단위 중량당 발열량

연료 명칭	발열량[kcal/kg]
탄소(C)	8100
수소(H_2)	34150
일산화탄소(CO)	2428
황(S)	2500

10. 1[Sm^3]의 메탄(CH_4)가스를 공기와 같이 연소시킬 경우 이론공기량[Sm^3]은?
① 2.52 ② 4.52
③ 7.52 ④ 9.52

해설 ㉮ 메탄(CH_4)의 완전연소 반응식
  $CH_4 + 2O_2 \rightarrow CO_2 + 2H_2O$
㉯ 메탄 1[Sm^3]당 이론공기량[Sm^3] 계산
  22.4[Sm^3] : 2×22.4[Sm^3] = 1[Sm^3] : x(O_0)[Sm^3]
  ∴ $A_0 = \frac{O_0}{0.21} = \frac{1 \times 2 \times 22.4}{22.4 \times 0.21} = 9.523$[$Sm^3$]

11. 공기 중에서 수소의 연소반응식이 $H_2 + \frac{1}{2}O_2 \rightleftarrows H_2O$일 때 건연소 가스량[$Sm^3/Sm^3$]은?
① 1.88 ② 2.38
③ 2.88 ④ 3.33

정답 5. ② 6. ② 7. ① 8. ② 9. ② 10. ④ 11. ①

해설 ㉮ 이론공기량에 의한 완전연소 반응식
$$H_2 + \frac{1}{2}O_2 + (N_2) \rightarrow H_2O + (N_2)$$
㉯ 건연소 가스량[Sm³] 계산 : 수분이 포함되지 않은 것으로 공기 중의 질소성분이 해당되며, 질소량은 산소량의 $\frac{79}{21}$ 배가 된다.

$$\therefore 22.4[Sm^3] : \frac{1}{2} \times 22.4 \times \frac{79}{21}[Sm^3]$$
$$= 1[Sm^3] : x[Sm^3]$$
$$\therefore x = \frac{1 \times \frac{1}{2} \times 22.4 \times \frac{79}{21}}{22.4} = 1.88[Sm^3]$$

12_ 27[℃]에서 12[L]의 체적을 갖는 이상기체가 일정 압력에서 127[℃]까지 온도가 상승하였을 때 체적은 얼마인가?
① 12[L] ② 16[L]
③ 27[L] ④ 56.4[L]

해설 $\frac{P_1 V_1}{T_1} = \frac{P_2 V_2}{T_2}$ 에서 $P_1 = P_2$ 이므로
$$\therefore V_2 = \frac{V_1 T_2}{T_1} = \frac{12 \times (273 + 127)}{273 + 27} = 16L$$

13_ 다음 연소장치 중 연소부하율이 가장 높은 것은?
① 마플로
② 가스터빈
③ 중유 연소 보일러
④ 미분탄 연소 보일러

14_ 보일러의 부속장치 중 원심력을 이용한 집진장치는?
① 루버식 집진장치
② 코로나식 집진장치
③ 사이클론식 집진장치
④ 백 필터식 집진장치

해설 원심력식 집진장치 : 함진가스에 선회운동을 주어 입자에 원심력을 작용시켜 입자를 분리하는 방식으로 사이클론식과 멀티클론식이 있다.

15_ 이상기체의 성질에 대한 표현으로 틀린 것은? (단, u는 내부에너지, h는 엔탈피, k는 비열비, C_v는 정적비열, C_p는 정압비열, R은 기체상수, T는 온도이다.)
① $h = u + RT$
② $\frac{dh}{dT} - \frac{du}{dT} = R$
③ $C_v = \frac{1}{k-1}R$
④ $C_p = \frac{k}{k-1}C_v$

해설 이상기체의 정압비열, 정적비열의 관계식
㉮ 정압비열, 정적비열, 기체상수 : $C_p - C_v = R$
㉯ 정압비열 : $C_p = \frac{k}{k-1}R$
㉰ 정적비열 : $C_v = \frac{1}{k-1}R$

16_ 일반 기체상수의 단위를 바르게 나타낸 것은?
① kJ/K
② kJ/kg
③ kJ/kmol
④ kJ/kmol·K

해설 일반 기체상수 단위
㉮ 공학단위 : kgf·m/kg·K
㉯ SI단위 : kJ/kg·K, kJ/kmol·K

17_ 탄소(C) 1[kg]을 완전 연소시킬 때 생성되는 CO_2의 양은 약 얼마인가?
① 1.67[kg]
② 2.67[kg]
③ 3.67[kg]
④ 6.34[kg]

해설 ㉮ 탄소의 완전 연소반응식
$C + O_2 \rightarrow CO_2$
㉯ 이산화탄소(CO_2)의 양[kg/kg] 계산

정답 12. ② 13. ② 14. ③ 15. ④ 16. ④ 17. ③

$$12[kg] : 44[kg] = 1[kg] : x[kg]$$
$$\therefore x = \frac{1 \times 44}{12} = 3.666[kg]$$

18. 보일러 연소가스 폭발의 가장 큰 원인은?
① 중유가 불완전 연소할 때
② 저수위로 보일러를 운전할 때
③ 증기의 압력이 지나치게 높을 때
④ 연소실 내에 미연소가스가 차 있을 때

해설 노내 가스폭발의 원인
㉮ 불완전 연소로 연소실 내에 미연소가스가 차 있는 경우
㉯ 연소정지 중에 연료가 노내에 유입된 경우
㉰ 연도의 굴곡이 심한 경우 및 너무 긴 경우
㉱ 점화조작에 실패한 경우
㉲ 연소 중에 실화가 되었을 때
㉳ 노내에 다량의 그을음이 쌓여 있는 경우
㉴ 연도가 낮아서 습기가 잘 생기는 경우

19. 물 1[kmol]이 100[℃], 1기압에서 증발할 때 엔트로피 변화는 몇 [kJ/K]인가? (단, 물의 기화열은 2257[kJ/kg]이다.)
① 22.57   ② 100
③ 109   ④ 139

해설 물 1[kmol]은 18[kg]에 해당되며 물 1[kg]당 기화열이 2257[kJ/kg]이다.
$$\therefore \Delta s = \frac{dQ}{T} = \frac{2257 \times 18}{273 + 100} = 108.916[kJ/K]$$

20. 이상기체의 특성이 아닌 것은?
① $dU = C_v dT$ 식을 만족한다.
② 비열은 온도만의 함수이다.
③ 엔탈피는 압력만의 함수이다.
④ 이상기체 상태방정식을 만족한다.

해설 엔탈피는 내부에너지와 외부에너지의 합이고, 외부에너지는 유동일(Pv)에 해당된다.

2과목 - 계측 및 에너지진단

21. 열전대 온도계의 원리로 맞는 것은?
① 전기적으로 온도를 측정한다.
② 두 물체의 열기전력을 이용한다.
③ 히스테리시스의 원리를 이용한다.
④ 물체의 열전도율이 큰 것을 이용한다.

해설 열전대 온도계 : 2종류의 금속선을 접속하여 하나의 회로를 만들어 2개의 접점에 온도차를 부여하면 회로에 접점의 온도에 거의 비례한 전류(열기전력)가 흐르는 현상인 제백효과(Seebeck effect)를 이용한 것으로 열기전력은 전위차계를 이용하여 측정한다.

22. 배가스 중 산소농도를 검출하여 적정 공기비를 제어하는 방식을 무엇이라 하는가?
① O_2 Trimming 제어
② 배가스량 제어
③ 배가스 온도 제어
④ CO 제어

해설 O_2 트리밍(Trimming) 제어 방식 : 배기가스 중의 산소농도를 연속적으로 분석하여 어떤 원인에 의해서 적정공기비가 유지되지 못할 경우도 이를 판단하여 적정공기비가 유지되도록 연소용 공기량을 자동 조절하는 방식이다.

23. 압력의 차원을 절대단위계로 바르게 나타낸 것은?
① MLT^{-2} ② $ML^{-1}T^{-1}$
③ $ML^{-1}T^{-2}$ ④ $ML^{-2}T^{-2}$

해설 압력의 단위 및 차원
㉮ 공학단위 : $kgf/m^2 = FL^{-2}$
㉯ 절대단위 : $kg/m^2 \times m/s^2 = kg/m \cdot s^2 = ML^{-1}T^{-2}$

정답 18. ④ 19. ③ 20. ③ 21. ② 22. ① 23. ③

24. 비접촉식 온도계에 해당하는 것은?
① 유리 온도계 ② 저항 온도계
③ 압력 온도계 ④ 광고 온도계

해설 온도계의 분류 및 종류
㉮ 접촉식 온도계 : 유리제 봉입식 온도계, 바이메탈 온도계, 압력식 온도계, 열전대 온도계, 저항 온도계, 서미스터, 제겔콘, 서머컬러
㉯ 비접촉식 온도계 : 광고온도계(광고온계), 광전관 온도계, 색온도계, 방사온도계

25. 연료가 보유하고 있는 열량으로부터 실제 유효하게 이용된 열량과 각종 손실에 의한 열량 등을 조사하여 열량의 출입을 계산하는 것은?
① 열정산 ② 보일러효율
③ 전열면부하 ④ 상당증발량

해설 열정산 : 설비 또는 계통에 실제로 공급된 열량과 소비된 열량 및 손실에 의한 열량을 조사하여 열량의 출입을 계산한 것이다.

26. 오차의 종류로서 계통오차에 해당되지 않는 것은?
① 고유오차 ② 개인오차
③ 우연오차 ④ 이론오차

해설 (1) 계통오차(systematic error) : 측정값에 어떤 일정한 영향을 주는 원인에 의하여 생기는 오차로 원인을 알 수 있기 때문에 제거할 수 있다.
(2) 계통오차(systematic error)의 종류
㉮ 계기오차(고유오차) : 측정기가 불완전하거나 내부적 요인의 영향, 사용상의 제한 등으로 생기는 오차
㉯ 환경오차 : 온도, 압력, 습도 등에 의한 오차
㉰ 개인오차 : 개인의 버릇에 의한 오차
㉱ 이론오차 : 공식, 계산 등으로 생기는 오차
(3) 우연오차 : 오차의 원인을 모르기 때문에 보정이 불가능하며, 여러 번 측정하여 통계적으로 처리한다.

27. 다음 유량계 중 용적식 유량계가 아닌 것은?
① 오벌식 유량계
② 로터미터
③ 루츠식 유량계
④ 로터리 피스톤식 유량계

해설 유량계의 구분 및 종류
㉮ 용적식 : 오벌기어식, 루트(roots)식, 로터리 피스톤식, 회전 원판식, 로터리 베인식, 습식가스미터, 막식 가스미터 등
㉯ 간접식 : 차압식, 유속식, 면적식, 전자식, 와류식 등
※ 로터미터는 면적식 유량계에 해당된다.

28. 보일러의 자동제어와 관련된 약호가 틀린 것은?
① FWC : 급수제어
② ACC : 자동연소제어
③ ABC : 보일러 자동제어
④ STC : 증기압력제어

해설 보일러 자동제어(A·B·C)의 종류

명 칭	제어량	조 작 량
자동연소제어(ACC)	증기압력	공기량, 연료량
	노내압	연소가스량
급수제어(FWC)	보일러 수위	급수량
증기온도제어(STC)	증기온도	전열량
증기압력제어(SPC)	증기압력	연료공급량, 연소용 공기량

29. 증기보일러의 상당증발량(G_e)에 대한 표기로 옳은 것은? (단, 실제증발량 : G_a, 발생증기 엔탈피 : h_2, 급수엔탈피 : h_1이다.)
① $\dfrac{G_a(h_2+h_1)}{450}$ ② $\dfrac{G_a(h_2-h_1)}{450}$
③ $\dfrac{G_a(h_2+h_1)}{539}$ ④ $\dfrac{G_a(h_2-h_1)}{539}$

정답 24. ④ 25. ① 26. ③ 27. ② 28. ④ 29. ④

[해설] 상당 증발량(환산 증발량) : 실제 증발량을 기준 증발량으로 환산하였을 때의 증발량. 즉, 100[℃]의 포화수를 100[℃]의 건조포화증기로 발생시킬 수 있는 증발량으로 단위는 [kg/h]이다.

$$\therefore G_e = \frac{G_a(h_2 - h_1)}{539}$$

30. 보일러의 열정산을 하는 목적이 아닌 것은?
① 열의 분포 상태를 알 수 있다.
② 보일러 조업 방법을 개선하는데 이용할 수 있다.
③ 노의 개축, 축로의 자료로 이용할 수 있다.
④ 시험부하는 원칙적으로 정격부하로 한다.

[해설] 보일러 열정산 목적
㉮ 열의 이동 상태를 파악하기 위하여
㉯ 열의 손실을 파악하기 위하여
㉰ 열설비의 성능을 파악하기 위하여
㉱ 보일러의 성능 개선 자료를 얻기 위하여
㉲ 보일러의 효율을 파악하기 위하여
㉳ 조업 방법을 개선하기 위하여
※ 시험부하는 원칙적으로 정격부하 이상으로 하고, 필요에 따라 $\frac{3}{4}$, $\frac{2}{4}$, $\frac{1}{4}$ 등의 부하로 하는 것은 열정산 방식에 해당되는 내용이다.

31. 오르사트(Orsat)법에 의한 가스분석법에서 가스성분에 따른 흡수제의 연결이 바르게 된 것은?
① CH_4 : 가성소다 수용액
② CO : 알칼리성 피로카롤 용액
③ CO_2 : 30[%] 수산화칼륨 수용액
④ O_2 : 암모니아성 염화제1구리 용액

[해설] 오르사트식 분석 순서 및 흡수제
㉮ CO_2 : 수산화칼륨(KOH) 30% 수용액
㉯ O_2 : 알칼리성 피로갈롤 용액
㉰ CO : 암모니아성 염화제1구리($CuCl_2$) 용액
㉱ N_2 : 전부 흡수되고 남는 것을 질소로 계산한다.

32. 원리 및 구조가 간단하고, 고온, 고압에도 사용할 수 있으므로 공업적으로 가장 많이 사용되는 액면 측정 방식은?
① 부자식   ② 기포식
③ 차압식   ④ 음향식

[해설] 부자(float)식 액면계는 액면 위에 떠 있는 부자(float)의 움직이는 변위를 이용하여 액면을 측정하는 것이다.

33. 잔류 편차를 남기기 때문에 단독으로 사용하지 않고 다른 동작과 결합시켜 사용되는 것은?
① D 동작   ② P 동작
③ I 동작   ④ PI 동작

[해설] 비례동작(P 동작) : 동작신호에 대하여 조작량의 출력변화가 일정한 비례관계에 있는 제어로 잔류편차(off set, 정상편차)가 생긴다.

34. 스테판-볼츠만의 법칙에서 완전 흑체표면에서의 복사열 전달열과 절대온도의 관계로 옳은 것은?
① 절대온도에 비례한다.
② 절대온도의 제곱에 비례한다.
③ 절대온도의 3제곱에 비례한다.
④ 절대온도의 4제곱에 비례한다.

[해설] ㉮ 복사온도계의 측정원리 : 스테판-볼츠만법칙
㉯ 스테판-볼츠만 법칙 : 단위표면적당 복사되는 에너지는 절대온도의 4제곱에 비례한다.

35. 액면계의 측정방법에 대한 설명으로 틀린 것은?
① 직접 측정 방법으로 직관식이 있다.
② 직접 측정 방법으로 다이어프램식이 있다.
③ 간접 측정 방법으로 초음파식이 있다.
④ 간접 측정 방법으로 방사선식이 있다.

해설 액면계의 분류 및 종류
㉮ 직접법 : 직관식, 플로트식(부자식), 검척식
㉯ 간접법 : 압력식, 초음파식, 정전용량식, 방사선식, 차압식, 다이어프램식, 편위식, 기포식, 슬립 튜브식 등

36. 저항식 습도계에 대한 설명이 바르게 된 것은?
① 직류전압에 의한 저항치를 측정하여 비교습도를 표시
② 직류전압에 의한 저항치를 측정하여 상대습도를 표시
③ 교류전압에 의한 저항치를 측정하여 비교습도를 표시
④ 교류전압에 의한 저항치를 측정하여 상대습도를 표시

해설 저항식 습도계 : 염화리듐(LiCl₂) 용액을 절연판 위에 바르고 전기(교류)를 통하면 상대습도에 따라 저항치를 변화하는 것을 이용하여 습도를 측정하는 것이다.
(1) 장점
㉮ 상대습도와 저온도의 측정이 가능하다.
㉯ 감도가 크며, 응답이 빠르다.
㉰ 연속 기록, 원격 측정, 자동제어에 이용된다.
㉱ 전기 저항의 변화가 쉽게 측정된다.
(2) 단점
㉮ 고습도 중에 장시간 방치하면 감습막(感濕膜)이 유동한다.
㉯ 다소의 경년변화가 있어 온도계수가 비교적 크다.

37. 증기발생을 위해 쓰인 열량과 보일러에 공급된 열량(입열량)과의 비를 무엇이라고 하는가?
① 전열면 열부하
② 보일러 효율
③ 증발계수
④ 전열면의 증발율

해설 보일러 효율 : 증기 발생에 이용된 열량과 보일러에 공급한 연료가 완전 연소할 때의 열량과의 비
$$\therefore \eta = \frac{\text{유효하게 사용된 열량}}{\text{공급된 열량}} \times 100$$

38. 보일러 열정산 시 입열 항목에 해당되지 않는 것은?
① 방산에 의한 열손실
② 연료의 연소열
③ 연료의 현열
④ 공기의 현열

해설 열정산 시 입·출열 항목
(1) 입열(入熱) 항목
㉮ 연료의 발열량(연료의 연소열)
㉯ 연료의 현열
㉰ 공기의 현열
㉱ 노내 취입 증기 또는 온수에 의한 입열
(2) 출열(出熱) 항목
㉮ 배기가스 보유열량
㉯ 증기의 보유열량
㉰ 불완전연소에 의한 열손실
㉱ 미연분에 의한 열손실
㉲ 노벽의 흡수열량
㉳ 재의 현열

39. 오리피스 유량계의 교축기구 바로 직전과 직후에 차압을 추출하는 방식의 탭으로서 정압분포가 편중되어도 환상실에 의하여 평균된 차압을 추출할 수 있는 것은?
① 베나탭
② 코너탭
③ 니플탭
④ 플랜지탭

해설 차압을 취출하는 방법
㉮ 베나탭(vena tap) : 유입은 배관 안지름 만큼의 거리, 유출측은 가장 낮은 압력이 걸리는 부분거리(0.2~0.8D)
㉯ 플랜지탭(flange tap) : 교축기구 25.4[mm] 전후 거리로 75[mm] 이하의 관에 사용한다.
㉰ 코너탭(corner tap) : 교축기구 직전, 직후에 설치

40. 어떠한 조건이 충족되지 않으면 다음 동작을 저지하는 제어방법은?
① 인터록제어
② 피드백제어
③ 자동연소제어
④ 시퀀스제어

정답 36. ④ 37. ② 38. ① 39. ② 40. ①

[해설] 인터록(inter lock) : 어떤 일정한 조건이 충족되지 않으면 다음 단계의 동작이 작동하지 못하도록 저지하는 것으로 보일러의 안전한 운전을 위하여 반드시 필요한 것이다.

3과목 - 열설비구조 및 시공

41. 검사대상기기의 설치자의 변경신고 사항으로 옳은 것은?
① 기존 설치자가 15일 이내에 신고
② 기존 설치자가 30일 이내에 신고
③ 새로운 설치자가 15일 이내에 신고
④ 새로운 설치자가 30일 이내에 신고

[해설] 검사대상기기의 설치자 변경신고(에너지이용 합리화법 시행규칙 제31조의24) : 검사대상기기의 설치자가 변경된 경우 새로운 검사대상기기의 설치자는 그 변경일부터 15일 이내에 검사대상기기 설치자 변경신고서를 공단 이사장에게 제출하여야 한다.

42. 20[℃] 상온에서 재료의 열전도율[kcal/m·h·℃]이 큰 순서대로 나열된 것으로 옳은 것은?
① 구리 – 알루미늄 – 철 – 물 – 고무
② 구리 – 알루미늄 – 철 – 고무 – 물
③ 알루미늄 – 구리 – 철 – 물 – 고무
④ 알루미늄 – 철 – 구리 – 고무 – 물

[해설] 각 물질의 열전도율[kcal/m·h·℃]

명칭	열전도율
구리	332
알루미늄	175
철	41
물	0.51
고무	0.137

43. 유리용융용 탱크가마의 구성요소 중 브릿지 벽(bridge wall)의 역할은?
① 2차 공기를 취입한다.
② 청진(淸塵)된 유리액을 내보낸다.
③ 연소가스(gas)가 조업부로 넘어가는 것을 막아준다.
④ 미청진(未淸塵)유리액이 조업부로 넘어가는 것을 막아준다.

[해설] 브릿지 벽(bridge wall)의 역할 : 1400℃ 정도의 고온으로 용해한 유리액 중의 부유물을 제거하여 조업부로 넘어가는 것을 방지한다.

44. 동관의 경납 용접 시의 특징을 설명한 것으로 틀린 것은?
① 용접온도는 200~300[℃] 정도이다.
② 용접재는 인동납이나 은납이 사용된다.
③ 연납 용접보다 이음부의 강도가 높다.
④ 연납 용접보다 사용압력이 높은 곳에 적용한다.

[해설] 경납용접(brazing)의 특징
㉮ 용접온도 : 700~850[℃]
㉯ 가열방법 : 산소 + 아세틸렌 불꽃
㉰ 용접재 : 인동납(BCuP), 은납(BAg)
㉱ 고온 및 사용압력이 높은 곳에 사용한다.
㉲ 과열되면 관의 손상 우려가 있다.
㉳ 용접부 강도가 강하다.

45. 태양에너지이용 기술재료 중 에너지 교환재료가 아닌 것은?
① 집열재료   ② 열매(熱媒)재료
③ 반사재료   ④ 투과재료

정답 41. ③ 42. ① 43. ④ 44. ① 45. ②

46. LD 전로법을 평로법에 비교한 것으로 틀린 것은?
① 평로법보다 생산 능률이 높다.
② 평로법보다 공장 건설비가 싸다.
③ 평로법보다 작업비, 관리비가 싸다.
④ 평로법보다 고철의 배합량이 많다.

해설 LD 전로법(상취전로[上吹轉爐])의 특징
㉮ 평로보다 건설비가 저렴하다.
㉯ 평로보다 생산능률이 높다.
㉰ 작업비, 관리비가 저렴하다.
㉱ 집진장치가 필요하다.

47. 열전도율이 0.8[kcal/m·h·℃]인 콘크리트 벽의 안쪽과 바깥쪽의 온도가 각각 25[℃]와 20[℃]이다. 벽의 두께가 5[cm]일 때 1[m²]당 매시간 전달되어 나가는 열량은 약 몇 [kcal]인가?
① 0.8   ② 8
③ 80   ④ 800

해설 $Q = K \times F \times \Delta t = \dfrac{1}{\dfrac{b}{\lambda}} \times F \times \Delta t$ 에서

벽면(F) 1[m²]당 손실열량을 구하는 것이므로

$\therefore Q = \dfrac{1}{\dfrac{b}{\lambda}} \times \Delta t = \dfrac{1}{\dfrac{0.05}{0.8}} \times (25-20)$

$= 80 [\text{kcal}/\text{m}^2 \cdot \text{h}]$

48. 보일러 보급수 펌프의 양수량이 500[L/min], 양정 100[m], 펌프효율 45[%], 안전율 5[%]일 때 펌프의 축동력[kW]은 약 얼마인가?
① 19.0   ② 20.9
③ 22.7   ④ 25.1

해설 $kW = \dfrac{\gamma \cdot Q \cdot H}{102\eta}$

$= \dfrac{1000 \times 0.5 \times 100}{102 \times 0.45 \times 60} \times 1.05 = 19.063 [kW]$

49. 보일러에 진동이 있거나 충격이 가하여져도 안전하게 작동하는 안전밸브는?
① 추식 안전밸브   ② 레버식 안전밸브
③ 지레식 안전밸브   ④ 스프링식 안전밸브

해설 스프링식 안전밸브 : 스프링의 탄성에 의하여 내부의 압력을 분출하고 차단하는 것으로 일반적으로 가장 많이 사용되고 있다.

50. 검사대상기기인 보일러의 계속사용검사 중 운전성능검사의 유효기간은?
① 6개월   ② 1년
③ 2년   ④ 3년

해설 검사의 유효기간 : 에너지이용 합리화법 시행규칙 제31조의8, 별표3의5

검사의 종류		검사유효기간
설치검사		– 보일러 : 1년(운전성능부문의 경우 3년 1개월로 한다.) – 캐스케이드 보일러, 압력용기 및 철금속가열로 : 2년
개조검사		– 보일러 : 1년 – 캐스케이드 보일러, 압력용기 및 철금속가열로 : 2년
설치장소 변경검사		– 보일러 : 1년 – 캐스케이드 보일러, 압력용기 및 철금속가열로 : 2년
재사용검사		– 보일러 : 1년 – 캐스케이드 보일러, 압력용기 및 철금속가열로 : 2년
계속 사용 검사	안전 검사	– 보일러 : 1년 – 캐스케이드 보일러, 압력용기 : 2년
	운전 성능 검사	– 보일러 : 1년 – 철금속가열로 : 2년

51. 가열로의 내벽온도를 1200[℃], 외벽온도를 200[℃]로 유지하고 매시간당 1[m²]에 대한 열손실을 400[kcal]로 설계할 때 필요한 노벽의 두께[cm]는 약 얼마인가? (단, 노벽 재료의 열전도율은 0.1[kcal/m·h·℃]이다.)
① 10   ② 15
③ 20   ④ 25

정답 46. ④ 47. ③ 48. ① 49. ④ 50. ② 51. ④

해설 단위면적 1[m²]당 전열량 $Q = \dfrac{1}{\dfrac{b}{\lambda}} \times \Delta t$ 에서

$\dfrac{b}{\lambda} = \dfrac{\Delta t}{Q}$ 이므로

$\therefore b = \dfrac{\lambda \Delta t}{Q} = \dfrac{0.1 \times (1200-200)}{400} \times 100 = 25 \,[\text{cm}]$

52_ 내화재의 스폴링(spalling)에 대한 설명 중 맞는 것은?
① 온도의 급격한 변화로 인하여 균열이 생기는 현상
② 내화재료의 자기 변태점
③ 내화재료 표면에 헤어크랙(hair crack)이 생기는 현상
④ 어떤 면을 경계로 하여 대칭이 되는 것

해설 스폴링(spalling) 현상 : 박락현상이라 하며 내화물이 사용하는 도중에 갈라지든지, 떨어져 나가는 현상으로 스폴링(spalling) 현상의 종류 및 발생 원인은 다음과 같다.
㉮ 열적 스폴링 : 온도 급변에 의한 열응력
㉯ 기계적 스폴링 : 기계적 압력 등이 고르지 않아 구조의 불균형
㉰ 조직적 스폴링 : 화학적 슬래그 등에 의한 침식 및 열적인 변질을 말한다.

53_ 내열범위가 -260~260[℃] 정도이고 탄성이 부족하고 기름에 침해되지 않는 패킹재는?
① 오일 실 패킹
② 합성수지 패킹
③ 네오프렌
④ 석면 조인트 시트

해설 합성수지 패킹 : 플랜지 패킹에 사용되는 것은 테프론으로서 내열 범위가 -260~260[℃]이며 기름에도 침식되지 않는다.

54_ 에너지이용 합리화법에서의 검사대상기기 계속사용검사에 관한 내용으로 틀린 것은?
① 계속사용검사신청서는 유효기간 만료 10일 전까지 제출하여야 한다.
② 유효기간 만료일이 9월 1일 이후인 경우에는 5개월 이내에서 계속사용검사를 연기할 수 있다.
③ 검사대상기기 검사연기신청서는 공단이사장에게 제출하여야 한다.
④ 계속사용검사신청서에는 해당 검사기기의 설치검사증 사본을 첨부하여야 한다.

해설 계속사용검사의 신청(에너지이용 합리화법 시행규칙 제31조의19) 및 계속사용검사의 연기(시행규칙 제31조의20) : 계속사용검사는 검사유효기간의 만료일이 속하는 연의 말까지 연기할 수 있다. 다만, 검사유효기간 만료일이 9월 1일 이후인 경우에는 4개월 이내에서 계속사용검사를 연기할 수 있다.

55_ 검사대상기기 관리자의 선임기준에 관한 설명으로 틀린 것은?
① 1구역마다 1인 이상을 선임하여야 한다.
② 에너지관리기사 자격증 소지자는 모든 검사대상기기 관리자로 선임될 수 있다.
③ 압력용기의 경우 한 시야로 볼 수 있는 범위마다 2인 이상의 관리자를 선임하여야 한다.
④ 중앙통제, 관리설비를 갖춘 경우는 1인이 통제, 관리할 수 있는 범위마다 1인 이상을 선임하여야 한다.

해설 검사대상기기 관리자의 선임기준(에너지이용 합리화법 시행규칙 제31조의27)
㉮ 검사대상기기 관리자의 선임기준은 1구역마다 1명 이상으로 한다.
㉯ 1구역은 검사대상기기 관리자가 한 시야로 볼 수 있는 범위 또는 중앙통제, 관리설비를 갖추어 검사대상기기 관리자 1명이 통제, 관리할 수 있는 범위로 한다. 다만, 압력용기의 경우에는 검사대상기기 관리자 1명이 관리할 수 있는 범위로 한다.

정답 52. ① 53. ② 54. ② 55. ③

56_ 보온재 중 무기질의 보온재가 아닌 것은?
① 석면
② 탄산마그네슘
③ 규조토
④ 펠트

해설 재질에 의한 보온재 분류
㉮ 유기질 보온재 : 펠트, 코르크, 기포성 수지(우레탄폼)
㉯ 무기질 보온재 : 석면, 암면, 규조토, 탄산마그네슘, 유리섬유
㉰ 금속질 보온재 : 알루미늄 박(泊)

57_ 급수처리에 연관되는 설명으로 틀린 것은?
① 보일러수는 연수보다는 경수가 좋다.
② 수질이 불량하면 각종 용기나 배관계에 관석이 발생한다.
③ 수질이 불량하면 보일러 수명과 열효율에 영향을 줄 수 있다.
④ 관류보일러는 반드시 급수처리를 하여 수질이 좋아야 한다.

해설 보일러수는 경수보다는 연수가 좋다.

58_ 다음 오일버너 중 유량 조절범위가 가장 큰 것은?
① 유압식
② 회전식
③ 저압기류식
④ 고압기류식

해설 유류(oil) 버너의 유량조절 범위

버너의 종류	유량조절 범위
유압식	환류식(1:3), 비환류식(1:6)
저압공기식	1:5~1:6
고압기류식	1:10
회전분무식	1:5
건타입	-
증발식	1:4

59_ 다음 중 관류보일러에 해당되는 것은?
① 슐쳐 보일러
② 레플러 보일러
③ 열매체 보일러
④ 슈미트-하르트만 보일러

해설 수관식 보일러의 종류
㉮ 자연 순환식 보일러 : 바브콕(babcock) 보일러, 다쿠마(dakuma) 보일러, 스털링(stirling) 보일러, 스네기찌 보일러, 야로우(yarrow) 보일러, 2동 D형 보일러 등
㉯ 강제 순환식 보일러 : 라몽트(lamont) 보일러, 벨록스(velox) 보일러 등
㉰ 관류 보일러 : 벤슨(benson) 보일러, 슐쳐(sulzer) 보일러, 소형 관류 보일러 등

60_ 스코치(scotch) 보일러에서 화실 천장판의 강도보강에 사용되는 스테이(stay)의 종류는?
① 볼트 스테이(bolt stay)
② 튜브 스테이(tube stay)
③ 거셋 스테이(gusset stay)
④ 가이드 스테이(guide stay)

해설 버팀(stay) : 강도가 약한 부분(주로 경판)의 강도를 보강하기 위하여 사용되는 이음부분으로 다음의 종류가 있다.
㉮ 가셋 버팀(gusset stay) : 보강판(gusset)을 동판과 경판을 연결하여 경판의 강도를 보강한다.
㉯ 관 버팀(tube stay) : 연관을 설치한 보일러에 사용되며 연관보다 두께가 두꺼운 관을 이용하여 연관 역할과 버팀 역할을 동시에 할 수 있는 것으로 관판(管板)을 보강한다.
㉰ 경사 버팀(oblique stay) : 봉으로 된 것을 동판과 경판에 경사지게 부착시켜 경판, 화실 천장판의 강도를 보강한다.
㉱ 나사 버팀(bolt stay) : 동판과 화실 측벽을 연결하여 화실벽 강도를 보강하는 것으로 기관차형 보일러 등에서 사용한다.
㉲ 천장 버팀(girder stay) : 직립형 보일러 등에서 화실 천장판과 경판을 연결하여 화실 천장판의 강도를 보강한다.
㉳ 봉 버팀(bar stay) : 관 버팀에서 사용하는 관 대신에 연강재 봉을 사용하는 방법이다.
㉴ 도그 버팀(dog stay) : 맨홀, 소제구 등을 보강하는데 사용된다.
㉵ 시렁 버팀(guide stay) : 스코치 보일러에서 화실 천장판의 강도를 보강하는 데 사용된다.

정답 56. ④ 57. ① 58. ④ 59. ① 60. ④

4과목 - 열설비 취급 및 안전관리

61. 보일러가 과열되는 경우와 가장 거리가 먼 것은?

① 보일러수가 농축되었을 때
② 보일러수의 순환이 빠를 때
③ 보일러의 수위가 너무 저하되었을 때
④ 전열면에 관석(scale)이 부착되었을 때

[해설] 과열의 원인
㉮ 이상 감수 현상이 발생하였을 때
㉯ 동 내면에 스케일이 생성되어 전열이 불량한 경우
㉰ 보일러 수가 농축되어 순환이 불량한 때
㉱ 전열면에 국부적으로 심한 열을 받았을 때
㉲ 연소실 열부하가 지나치게 큰 경우

62. 다음 증기난방법 중에서 응축수 환수법이 아닌 것은?

① 중력환수식   ② 건식환수관식
③ 기계환수식   ④ 진공환수식

[해설] 응축수 환수방법에 의한 분류
㉮ 중력 환수식 : 환수관 내의 응축수를 중력에 의해 환수시키는 방식으로 저압 보일러에 사용한다.
㉯ 기계 환수식 : 응축수를 일단 탱크에 모아서 펌프로 보일러에 보내는 방식
㉰ 진공 환수식 : 환수관내 유속이 타 방식에 비하여 빠르고 방열기 내의 공기도 배제할 수 있을 뿐만 아니라 방열량을 광범위하게 조절할 수 있어서 대규모 난방에 많이 채택되는 방식이다.
※ 환수관의 배관방식에 의한 분류 : 건식 환수관식, 습식 환수관식

63. 화학세관에서 사용하는 유기산에 해당되지 않는 것은?

① 인산   ② 초산
③ 구연산   ④ 포름알데히드

[해설] 유기산 세관 : 오스테나이트계 스테인리스강이나 동 및 동합금 세관에 사용하며 유기산은 유기물이므로 보일러 운전 시 고온에서 분해하여 산이 남아 있어도 부식될 가능성이 희박하다.
㉮ 종류 : 구연산, 개미산
㉯ 구연산의 농도 : 3% 정도
㉰ 보일러수의 온도 : 90±5[℃]

64. 산업재해 발생의 원인으로 볼 수 없는 것은?

① 과실   ② 숙련부족
③ 장기근속   ④ 신체적인 결함

65. 제3자로부터 위탁을 받아 에너지사용시설의 에너지절약을 위한 관리, 용역과 에너지절약형 시설투자에 관한 사업을 하는 기업은?

① 에너지관리공단
② 수요관리전문기관
③ 에너지절약전문기업
④ 에너지관리진단기업

[해설] 에너지절약 전문기업(에너지이용 합리화법 제25조)의 사업
㉮ 에너지사용시설의 에너지절약을 위한 관리, 용역사업
㉯ 에너지절약형 시설투자에 관한 사업
㉰ 대통령령으로 정하는 에너지절약을 위한 사업

66. 보일러를 건조보존 방법으로 보존할 때의 설명으로 틀린 것은?

① 모든 뚜껑, 밸브, 콕 등은 전부 개방하여 둔다.
② 습기를 제거하기 위하여 생석회를 보일러 안에 둔다.
③ 연도는 습기가 없게 항상 건조한 상태가 되도록 한다.
④ 보일러수를 전부 빼고 스케일 제거 후 보일러 내에 열풍을 통과시켜 완전 건조 시킨다.

[정답] 61. ② 62. ② 63. ① 64. ③ 65. ③ 66. ①

해설 건조 보존법 : 보존 기간이 6개월 이상으로 보일러수를 완전히 배출한 후 동 내부를 완전히 건조시킨 후 흡습제, 산화방지제, 기화성 방청제 등을 넣고 밀폐시켜 보존하는 방법이다.

67. 보일러 급수에 포함되는 불순물 중 경질 스케일을 만드는 물질은?

① 황산칼슘($CaSO_4$)
② 탄산칼슘($CaCO_3$)
③ 탄산마그네슘($MgCO_3$)
④ 수산화칼슘($Ca(OH)_2$)

해설 스케일의 분류 및 원인 성분
㉮ 연질스케일 : 탄산칼슘, 탄산마그네슘, 산화철 등
㉯ 경질스케일 : 황산칼슘, 황산마그네슘, 규산칼슘, 실리카 등
※ 일반적으로 탄산염은 연질스케일, 황산염, 규산염은 경질스케일이 된다.

68. 에너지이용 합리화법에 의한 검사대상기기의 검사에 관한 설명으로 틀린 것은?

① 검사대상기기를 개조하는 경우에는 시·도지사의 검사를 받아야 한다.
② 검사대상기기는 유효기간 만료일 전에 검사 신청을 하여야 한다.
③ 검사대상기기의 설치장소를 변경한 경우에는 시·도지사의 검사를 받아야 한다.
④ 검사대상기기를 설치하는 경우에는 설치계획을 산업통상자원부장관의 검사를 받아야 한다.

해설 ㉮ 검사대상기기의 검사 : 에너지이용 합리화법 제39조
㉯ 검사대상기기 설치검사 신청(에너지이용 합리화법 시행규칙 제31조의17) : 검사대상기기의 설치검사를 받으려는 자는 설치검사신청서를 공단이사장에게 제출하여야 한다.

69. 보일러를 사용하지 않고 장기간 보존할 경우 가장 적합한 보존법은?

① 만수 보존법
② 건조 보존법
③ 밀폐 만수 보존법
④ 청관제 만수 보존법

해설 보일러 휴지 보존법 분류
㉮ 단기보존법 : 가열건조법, 보통 만수보존법
㉯ 장기보존법 : 석회밀폐건조법, 질소가스봉입법, 소다만수보존법, 기화성 부식억제제(VCI) 투입법

70. 증기사용 중 유의사항에 해당되지 않는 것은?

① 수면계 수위가 항상 상용수위가 되도록 한다.
② 과잉공기를 많게 하여 완전연소가 되도록 한다.
③ 배기가스 온도가 갑자기 올라가는지를 확인한다.
④ 일정압력을 유지할 수 있도록 연소량을 가감한다.

해설 과잉공기를 많이 사용하면 배기가스량이 많아져 열손실이 발생하므로 바람직하지 않다.

71. 보일러 내 스케일(scale) 부착 방지대책으로 잘못된 것은?

① 청관제를 적절히 사용한다.
② 급수 처리된 용수를 사용한다.
③ 관수 분출 작업을 적절히 행한다.
④ 응축수를 보일러 급수로 재사용치 않는다.

해설 스케일 방지 대책
㉮ 급수 중의 염류, 불순물을 되도록 제거한다.
㉯ 보일러 수의 농축을 방지하기 위하여 적절히 분출시킨다.
㉰ 보일러 수에 약품을 넣어서 스케일 성분이 고착하지 않도록 한다.
㉱ 수질분석을 하여 급수 한계치를 유지하도록 한다.

정답 67. ① 68. ④ 69. ② 70. ② 71. ④

72_ 실외와 접촉하는 북향의 벽체의 면적이 40[m²]이고, 실외온도는 −10[℃], 실내온도는 24[℃]일 때 난방부하는 약 몇 [kcal/h]인가? (단, 방위계수는 1.15, 열관류율은 0.47[kcal/m² · h · ℃]이다.)

① 628.1　② 735.1
③ 745.4　④ 828.3

해설
$H = K \cdot F \cdot \Delta t \cdot Z$
$= 0.47 \times 40 \times (24 + 10) \times 1.15 = 735.08 [kcal/h]$

73_ 에너지이용 합리화법상 국내외 에너지사정의 변동으로 에너지수급에 중대한 차질이 발생하거나 발생할 우려가 있다고 인정될 경우 에너지수급의 안정을 위한 조치 사항에 해당 되지 않는 것은?

① 에너지의 배급
② 에너지의 비축과 저장
③ 에너지 판매시설의 확충
④ 에너지사용기자재의 사용 제한

해설 수급안정을 위한 조치 사항(에너지이용 합리화법 제7조)
㉮ 지역별, 주요 수급자별 에너지 할당
㉯ 에너지 공급설비의 가동 및 조업
㉰ 에너지의 비축과 저장
㉱ 에너지의 도입, 수출입 및 위탁가공
㉲ 에너지공급자 상호 간의 에너지의 교환 또는 분배 사용
㉳ 에너지의 유통시설과 그 사용 및 유통경로
㉴ 에너지의 배급
㉵ 에너지의 양도, 양수의 제한 또는 금지
㉶ 에너지사용의 시기, 방법 및 에너지사용 기자재의 사용 제한 또는 금지 등 대통령령으로 정하는 사항
㉷ 그 밖에 에너지수급을 안정시키기 위하여 대통령령으로 정하는 사항

74_ 에너지사용의 제한 또는 금지에 관한 조정, 명령, 그 밖에 필요한 조치를 위반한 자에 대한 벌칙은?

① 3백만 원 이하의 벌금
② 1천만 원 이하의 벌금
③ 3백만 원 이하의 과태료
④ 1천만 원 이하의 과태료

해설 과태료 : 에너지이용 합리화법 제78조 제4항

75_ 연간 에너지 사용량이 대통령령으로 정하는 기준량 이상이면 누구에게 신고하여야 하는가?

① 시·도지사
② 산업통상자원부장관
③ 한국난방시공협회장
④ 에너지관리공단이사장

해설 에너지다소비사업자의 신고(에너지이용 합리화법 제31조) : 매년 1월 31일까지 시·도지사에게 신고

76_ 포밍과 프라이밍이 발생하였을 때 나타나는 현상이 아닌 것은?

① 캐리오버 현상이 발생한다.
② 수격작용이 발생할 수 있다.
③ 수면계의 수위 확인이 곤란하다.
④ 수위가 급히 올라가고 고수위 사고의 위험이 있다.

해설 포밍과 프라이밍 발생 시 피해
㉮ 수위 오인으로 저수위 사고
㉯ 계기류 연락관의 막힘
㉰ 송기되는 증기의 불순
㉱ 증기의 열량 감소
㉲ 배관의 부식 초래
㉳ 배관, 기관 내에서 수격작용 발생

77. 증기난방의 응축수 환수방법 중 증기의 순환이 가장 빠른 것은?

① 기계환수식
② 진공환수식
③ 단관식 중력환수식
④ 복관식 중력환수식

해설 진공환수식의 특징
㉮ 다른 방법과 비교하여 증기의 순환이 빠르다.
㉯ 방열기 설치장소에 제한을 받지 않는다.
㉰ 환수관의 지름을 작게 할 수 있다.
㉱ 방열기 방열량 조절을 광범위하게 할 수 있다.
㉲ 배관 기울기(구배)에 큰 제한이 없다.

78. 보일러를 점화하기 전에 역화와 폭발을 방지하기 위하여 다음 중 가장 먼저 취해야 할 조치는?

① 포스트퍼지를 실시한다.
② 화력의 상승속도를 빠르게 한다.
③ 댐퍼를 열고 체류가스를 배출시킨다.
④ 연료의 점화가 빨리 그리고 신속하게 전파되도록 한다.

해설 보일러 점화 전에 댐퍼를 열고 노내와 연도에 체류하는 미연소가스를 배출하는 프리퍼지를 행한다.

79. 연료의 연소 시 고온부식의 주된 원인이 되는 성분은?

① 황   ② 질소
③ 탄소   ④ 바나듐

해설 외부부식의 원인 성분
㉮ 고온부식 : 바나듐(V)
㉯ 저온부식 : 황(S) 및 황산화물

80. 보일러 내에 스케일이 다량으로 생성되었을 때의 장해에 해당되지 않는 것은?

① 연료손실이 크고 효율이 나빠진다.
② 수관이 과열되고 팽출과 파열이 발생할 수 있다.
③ 국부적인 과열이 발생하고 전열효율이 나빠진다.
④ 보일러 연소가스의 통풍저항이 증가한다.

해설 스케일 및 슬러지의 영향(장해)
㉮ 전열면에 부착하여 전열을 방해한다.
㉯ 보일러 효율이 저하하고, 연료 소비량이 증가한다.
㉰ 전열면의 국부과열로 인한 파열사고의 우려가 있다.
㉱ 보일러수의 순환을 방해하고, 수면계 등 연락관을 폐쇄시킨다.

정답 77. ② 78. ③ 79. ④ 80. ④

2015년 3월 8일 제1회 에너지관리산업기사 필기시험

1과목 - 열역학 및 연소관리

01. 교축과정(throttling process)을 거친 기체는 다음 중 어느 양이 일정하게 유지되는가?
① 압력 ② 엔탈피
③ 체적 ④ 엔트로피

해설 교축과정(throttling process)동안 온도와 압력은 감소하고, 엔탈피는 일정하고, 엔트로피는 증가한다.

02. 축소 노즐에서 가역 단열팽창할 때 일어나는 현상은?
① 압력 감소 ② 엔트로피 감소
③ 온도 증가 ④ 엔탈피 증가

해설 축소 노즐에서 가역 단열팽창하면 압력이 감소한다.

03. 상태량이 아닌 것은?
① U(내부 에너지) ② H(엔탈피)
③ Q(열) ④ G(깁스 자유에너지)

해설 (1) 상태함수 : 상태량이라 하며 계의 상태에 이르는 과정과 경로에 무관한 물성치를 말한다.
  ㉮ 강도성 상태함수 : 물질의 크기(질량)에 관계없이 강도(세기)만을 고려한 물성치로 압력, 온도, 전압, 높이, 점도 등이 해당된다.
  ㉯ 용량성 상태함수 : 물질의 크기(질량)에 비례하는 성질의 상태량으로 체적, 내부에너지, 엔탈피, 엔트로피, 전기저항 등이 해당된다.
(2) 비상태함수 : 상태가 변화할 때 과정과 경로에 따라 그 변화량이 변화하는 변수로 열량, 일량 등이 해당된다.

04. 압축비에 대한 설명으로 틀린 것은?
① 오토사이클의 효율은 압축비의 함수이다.
② 압축비가 감소하면 일반적으로 오토사이클의 효율은 증가한다.
③ 디젤사이클의 효율은 압축비와 차단비(cut-off ratio)의 함수이다.
④ 동일한 압축비에서는 디젤 사이클의 효율이 오토사이클의 효율보다 낮다.

해설 압축비가 증가하면 일반적으로 오토사이클의 효율은 증가한다.
$$\therefore \eta_o = 1 - \left(\frac{1}{\epsilon}\right)^{k-1}$$

05. 이상기체의 온도가 T_1에서 T_2로 변하고 압력이 P_1에서 P_2로 변하였다. 이 때 비체적은 v_1에서 v_2로 변하였다고 하면, 엔트로피의 변화는 어떻게 표시되는가? (단, C_v는 정적비열, C_p는 정압비열이며, R은 기체상수다.)

① $\Delta s = C_p \ln \dfrac{T_2}{T_1} + R \ln \dfrac{P_2}{P_1}$

② $\Delta s = C_v \ln \dfrac{T_2}{T_1} - R \ln \dfrac{v_2}{v_1}$

③ $\Delta s = C_p \ln \dfrac{T_2}{T_1}$

④ $\Delta s = C_v \ln \dfrac{P_2}{P_1} + C_p \ln \dfrac{v_2}{v_1}$

해설 P와 v의 함수에서 엔트로피 계산
$$\therefore \Delta s = s_2 - s_1 = C_p \ln \dfrac{T_2}{T_1} - R \ln \dfrac{P_2}{P_1}$$

정답 1.② 2.① 3.③ 4.② 5.④

$$= C_p \ln \frac{T_2}{T_1} - (C_p - C_v) \ln \frac{P_2}{P_1}$$

$$= C_p \ln \frac{T_2}{T_1} \times \frac{P_1}{P_2} + C_v \ln \frac{P_2}{P_1}$$

$$= C_p \ln \frac{v_2}{v_1} + C_v \ln \frac{P_2}{P_1}$$

06 탱크 내에 900[kPa]의 공기 20[kg]이 충전되어 있다. 공기 1[kg]을 뺄 때 탱크 내 공기온도가 일정하다면 탱크 내 공기압력은?

① 655[kPa]　　② 755[kPa]
③ 855[kPa]　　④ 900[kPa]

해설 ㉮ 현재 충전된 상태로 탱크 내용적 계산 : 탱크 내 온도는 일정한 상태이므로 0[℃]를 기준으로 계산하고 공기의 분자량은 29이므로
$PV = GRT$ 에서

$$\therefore V = \frac{GRT}{P} = \frac{20 \times \frac{8.314}{29} \times 273}{900} = 1.739 [\text{m}^3]$$

㉯ 공기 1[kg]을 뺄 때 탱크 내 압력 계산

$$\therefore P = \frac{GRT}{V} = \frac{19 \times \frac{8.314}{29} \times 273}{1.739} = 855.123 [\text{kPa}]$$

07 기체 동력 사이클과 관계가 없는 것은?

① 증기원동소　　② 가스터빈
③ 디젤기관　　　④ 불꽃점화 자동차기관

해설 증기원동소는 증기를 이용한 랭킨 사이클이다.

08 그림과 같은 관로에 펌프를 설치하여 계속 가동시키면 관로를 움직이는 유체의 온도는 어떻게 변하는가? (단, 관로에 외부로부터의 열 출입은 없는 것으로 가정한다.)

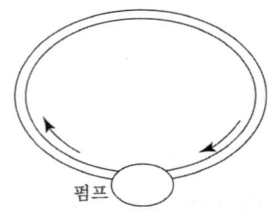

① 온도가 일단 낮아진 후 원래의 온도로 된다.
② 상승한다.
③ 하강한다.
④ 변화가 없다.

해설 관로에 외부로부터 열출입이 없어도 관로를 움직이는 유체의 마찰에 의하여 유체의 온도는 상승한다.

09 카르노 열기관의 효율(η)을 열역학적 온도(θ)로 표시한 것은? (단, $\theta_1 > \theta_2$)

① $\eta = 1 - \dfrac{\theta_2}{\theta_1}$　　② $\eta = \dfrac{\theta_2 - \theta_1}{\theta_2}$

③ $\eta = \dfrac{\theta_1 - \theta_2}{\theta_2}$　　④ $\eta = \dfrac{\theta_1}{\theta_2}$

해설 카르노(Carnot) 사이클의 열효율 계산식

$$\therefore \eta = \frac{W}{Q_1} = \frac{Q_1 - Q_2}{Q_1} = 1 - \frac{Q_2}{Q_1} = 1 - \frac{\theta_2}{\theta_1}$$

$$= \frac{T_1 - T_2}{T_1} = 1 - \frac{T_2}{T_1}$$

10 표준대기압 상태에서 진공도 90[%]에 해당하는 압력은?

① 0.92988 [ata]　　② 0.10332 [ata]
③ 684 [mmHg]　　④ 1.013 [bar]

해설 ㉮ 진공도에서 진공압력 계산

$$\therefore 진공도[\%] = \frac{진공압력}{대기압} \times 100$$

$$\therefore 진공압력 = 대기압 \times 진공도$$

정답 6. ③　7. ①　8. ②　9. ①　10. ②

㉯ 절대압력 = 대기압 − 진공압력
= 대기압 − (대기압 × 진공도)
= 1.0332 − (1.0332 × 0.9)
= 0.10332[ata]

11. 섭씨와 화씨의 온도 눈금이 같은 경우는 몇 도인가?

① 20[℃]　　② 0[℃]
③ −20[℃]　④ −40[℃]

해설 °F = $\frac{9}{5}$℃ + 32에서 °F와 ℃가 같으므로 x로 놓으면

$x = \frac{9}{5}x + 32$가 된다.

∴ $x - \frac{9}{5}x = 32$, $x(1 - \frac{9}{5}) = 32$

∴ $x = \frac{32}{1 - \frac{9}{5}} = -40$

12. 압력 400[kPa], 체적 2[m³]인 공기가 가역 단열 팽창하여 100[kPa]로 되었다. 이 때 외부에 대한 절대일(absolute work)은 얼마인가? (단, 공기의 비열비는 1.4이다.)

① 262[kJ]　② 600[kJ]
③ 655[kJ]　④ 832[kJ]

해설 $W_a = \frac{1}{k-1} P_1 V_1 \left\{ 1 - \left(\frac{P_2}{P_1}\right)^{\frac{k-1}{k}} \right\}$

$= \frac{1}{1.4-1} \times 400 \times 2 \times \left\{ 1 - \left(\frac{100}{400}\right)^{\frac{1.4-1}{1.4}} \right\}$

$= 654.099$[kJ]

13. 댐퍼에서 형상에 따른 분류가 아닌 것은?

① 터보형 댐퍼　② 버터플라이 댐퍼
③ 시로코형 댐퍼　④ 스플리트 댐퍼

해설 (1) 연도에 댐퍼(damper)를 설치하는 목적
　㉮ 통풍력조절로 연소효율 증대
　㉯ 배기가스 흐름을 조절
　㉰ 주연도, 부연도의 가스흐름 전환
(2) 종류
　㉮ 작동상태에 의한 분류 : 회전식 댐퍼, 승강식 댐퍼
　㉯ 형상에 의한 분류 : 버터플라이 댐퍼, 다익(시로코형) 댐퍼, 스플릿 댐퍼

14. 어떤 이상기체를 가역단열과정으로 압축하여 압력이 P_1에서 P_2로 변하였다. 압축 후의 온도를 구하는 식은?(단, 1은 초기상태, 2는 최종상태, k는 비열비를 나타낸다.)

① $T_2 = T_1 \left(\frac{P_2}{P_1}\right)^{\frac{k-1}{k}}$

② $T_2 = T_1 \left(\frac{P_2}{P_1}\right)^{\frac{1-k}{k}}$

③ $T_2 = T_1 \left(\frac{P_2}{P_1}\right)^{\frac{k}{k-1}}$

④ $T_2 = T_1 \left(\frac{P_2}{P_1}\right)^{\frac{k}{1-k}}$

해설 가역단열과정의 P, V, T 관계

$\frac{T_2}{T_1} = \left(\frac{P_2}{P_1}\right)^{\frac{k-1}{k}} = \left(\frac{V_1}{V_2}\right)^{k-1}$

∴ $T_2 = T_1 \times \left(\frac{P_2}{P_1}\right)^{\frac{k-1}{k}} = T_1 \times \left(\frac{V_1}{V_2}\right)^{k-1}$

15. 단열처리된 밀폐용기 내에 물이 0.09[m³] 채워져 있을 때 800[℃]의 철 3[kg]을 넣어 평형온도 20[℃]로 되었다면 이때 물의 온도 상승은 약 얼마인가? (단, 철의 비열은 0.46[kJ/kg·℃]이며, 물의 비열은 4.2[kJ/kg·℃]이다.)

① 2.85[℃]　② 19.61[℃]
③ 27.65[℃]　④ 47.36[℃]

정답 11. ④　12. ③　13. ①　14. ①　15. ①

해설 ㉮ 처음 상태 물의 온도 계산 : 물 0.09[m³]는 90[L]이며, 물의 비중은 1이므로 90[kg]에 해당된다.

$$t_m = \frac{G_1 C_1 t_1 + G_2 C_2 t_2}{G_1 C_1 + G_2 C_2}$$ 에서

$$\therefore t_1 = \frac{\{t_m(G_1 C_1 + G_2 C_2)\} - G_2 C_2 t_2}{G_1 C_1}$$

$$= \frac{\{20 \times (90 \times 4.2 + 3 \times 0.46)\} - 3 \times 0.46 \times 800}{90 \times 4.2}$$

$$= 17.152[℃]$$

㉯ 물의 온도 상승 계산
∴ 상승온도 = 평형온도 − 처음상태의 온도
= 20 − 17.152 = 2.848[℃]

16. 어떠한 계의 초기상태를 i, 최종상태를 f, 중간경로를 p라 할 때 이 계에 의해 행해진 일은?
① i와 f에만 관계가 있다.
② i와 p에만 관계가 있다.
③ i와 p에만 관계가 있다.
④ i와 f와 p 모두와 관계가 있다.

해설 어떤 계에 행해진 일의 양은 초기상태와 중간경로 및 최종상태와 관계가 있다.

17. 중유 5[kg]을 완전 연소시켰을 때 총 저위발열량은? (단, 중유의 고위발열량은 41860[kJ/kg]이고, 중유 1[kg] 속에는 수소 0.2[kg], 수분 0.1[kg]이 함유되어 있다.)
① 185.4[MJ]   ② 172.1[MJ]
③ 165.2[MJ]   ④ 161.3[MJ]

해설 중유 1kg에 수소(H) 0.2kg, 수증기(W) 0.1kg 함유되어 있는 것은 20%, 10%와 같고,
41860[kJ/kg] = 41.860[MJ/kg]이며
중유 5kg에 대한 저위발열량을 계산하는 것이다.
∴ $H_l = H_h - 2.5(9H + W)$
= {41.860 − 2.5 × (9 × 0.2 + 0.1)} × 5
= 185.55[MJ]

18. 이상기체 0.5[kg]을 압력이 일정한 과정으로 50[℃]에서 150[℃]로 가열할 때 필요한 열량은? (단, 이 기체의 정적비열은 3[kJ/kg·K], 정압비열은 5[kJ/kg·K]이다.)
① 150[kJ]   ② 250[kJ]
③ 400[kJ]   ④ 550[kJ]

해설 $Q = G \cdot C_p \cdot \Delta T$
= 0.5 × 5 × {(273 + 150) − (273 + 50)}
= 250[kJ]

19. 황의 연소 반응식이 $S + O_2 \rightarrow SO_2$일 때, 이론 공기량은?
① 1.88[Nm³/kg]   ② 2.38[Nm³/kg]
③ 2.88[Nm³/kg]   ④ 3.33[Nm³/kg]

해설 황의 연소반응식에서 계산
32[kg] : 22.4[Nm³] = 1[kg] : $x(O_0)$[Nm³]
∴ $A_0 = \frac{O_0}{0.21} = \frac{1 \times 22.4}{32 \times 0.21} = 3.333[Nm^3/kg]$

20. 공기보다 비중이 커서 누설이 되면 낮은 곳에 고여 인화폭발의 원인이 되는 가스는?
① 수소   ② 메탄
③ 일산화탄소   ④ 프로판

해설 각 기체의 분자량

명칭	분자량
수소(H_2)	2
메탄(CH_4)	16
일산화탄소(CO)	28
프로판(C_3H_8)	44

※ 분자량이 공기의 평균분자량 29보다 큰 가스가 공기보다 비중이 커서 누설이 되면 낮은 곳에 체류한다.

정답 16. ④ 17. ① 18. ② 19. ④ 20. ④

2과목 - 계측 및 에너지진단

21. 방사온도계에 대한 설명으로 틀린 것은?
① 방사율에 의한 보정량이 적다.
② 계기에 따라 거리계수가 정해지므로 측정거리에 제한이 있다.
③ 측온체와의 사이에 있는 수증기, CO_2 등의 영향을 받는다.
④ 물체표면에서 방출하는 방사열을 이용하여 온도를 측정한다.

해설 방사온도계의 특징
㉮ 측정시간 지연이 적고, 연속 측정, 기록, 제어가 가능하다.
㉯ 측정거리 제한을 받고 오차가 발생되기 쉽다.
㉰ 광로에 먼지, 연기 등이 있으면 정확한 측정이 곤란하다.
㉱ 방사율에 의한 보정량이 크고 정확한 보정이 어렵다.
㉲ 수증기, 탄산가스의 흡수에 주의하여야 한다.
㉳ 측정 범위는 50~3000[℃] 정도이다.

22. 열정산 시 연료의 입열량에 가장 큰 영향을 미치는 물질은?
① 물과 질소 ② 탄소와 수소
③ 수소와 산소 ④ 질소와 수소

해설 열정산 시 입열(入熱) 항목
㉮ 연료의 발열량(연료의 연소열)
㉯ 연료의 현열
㉰ 공기의 현열
㉱ 노내 취입 증기 또는 온수에 의한 입열
※ 입열 항목 중 가장 큰 것은 연료의 발열량이며, 발열량에 가장 큰 영향을 미치는 것은 가연성분인 탄소(C)와 수소(H)가 된다.

23. 배기가스 분석방법 중 현저히 낮은 열전도율을 이용한 가스 분석계는?
① 미연가스계 ② 적외선식 가스분석계
③ 전기식 CO_2계 ④ 가스크로마토그래피

해설 전기식(열전도형) CO_2계 : CO_2는 공기보다 열전도율이 낮다는 것을 이용하여 분석하는 물리적 분석계이다.

24. 배관시공 시 적당한 온도계의 설치 높이는 약 몇 [m]인가?
① 4.5 ② 3.5
③ 2.5 ④ 1.5

해설 배관에 온도계 설치 높이는 1.5[m] 정도이며 삽입 또는 빼내기를 쉽게 할 수 있는 장소에 설치한다.

25. 계측기의 구비조건으로 틀린 것은?
① 취급과 보수가 용이해야 한다.
② 견고하고 신뢰성이 높아야 한다.
③ 설치되는 장소의 주위 조건에 대하여 내구성이 있어야 한다.
④ 구조가 복잡하고, 전문가가 아니면 취급할 수 없어야 한다.

해설 계측기기의 구비조건
㉮ 경년 변화가 적고, 내구성이 있을 것
㉯ 견고하고 신뢰성이 있을 것
㉰ 정도가 높고 경제적일 것
㉱ 구조가 간단하고 취급, 보수가 쉬울 것
㉲ 원격 지시 및 기록이 가능할 것
㉳ 연속측정이 가능할 것

26. 보일러 수위 검출 및 조절을 위해 사용되는 장치 중 코프식이 적용되는 방식은?
① 전극식 ② 차압식
③ 열팽창식 ④ 부자(float)식

해설 열팽창관식 : 금속관 온도의 변화에 의한 신축(열팽창)을 이용한 것으로 코프스식 자동급수 조절장치가 있으며, 전기 등 동력을 사용하지 않아 자력식 제어장치라 한다.

정답 21. ① 22. ② 23. ③ 24. ④ 25. ④ 26. ③

27. 계측기의 특성이 시간적 변화가 작은 정도를 나타내는 것은?
① 안정성 ② 신뢰도
③ 내구성 ④ 내산성

해설 안정성 : 계측기의 특성 중 시간적 변화가 작은 정도를 나타내는 것이다.

28. 자동제어장치에서 입력을 정현파상의 여러 가지 주파수로 진동시켜서 계나 요소의 특성을 알아내는 방법은?
① 주파수 응답
② 시정수(time constant)
③ 비례동작
④ 프로그램제어

해설 주파수 응답 : 사인파 상의 입력에 대한 자동제어계 또는 그 요소의 정상응답을 주파수의 함수로 나타낸 것이다.

29. 비열 0.3[kcal/m³·℃]인 배기가스의 유량 및 온도가 각각 2000[m³/h], 210[℃]이고 외기 온도가 −10[℃]라고 할 때, 이와 같은 배기가스로 인한 손실열량은?
① 125000[kcal/h] ② 132000[kcal/h]
③ 140000[kcal/h] ④ 147000[kcal/h]

해설 $Q = GC\Delta t$
$= 2000 \times 0.3 \times (210+10) = 132000[\text{kcal/h}]$

30. 차압식 유량계로 유량을 측정 시 차압이 2500 [mmH₂O]일 때 유량이 300[m³/h]라면, 차압이 900[mmH₂O]일 때의 유량은?
① 108[m³/h] ② 150[m³/h]
③ 180[m³/h] ④ 200[m³/h]

해설 차압식 유량계에서 유량은 차압의 평방근에 비례한다.
$$\therefore Q_2 = \sqrt{\frac{\Delta P_2}{\Delta P_1}} \times Q_1 = \sqrt{\frac{900}{2500}} \times 300 = 180[\text{m}^3/\text{h}]$$

31. 자동제어장치에서 조절계의 입력신호 전송방법에 따른 분류로 가장 거리가 먼 것은?
① 공기식 ② 유압식
③ 전기식 ④ 수압식

해설 신호전송 방식의 종류 : 공기압식, 유압식, 전기식

32. 보일러의 용량 표시방법과 관계가 없는 것은?
① 상당증발량 ② 전열면적
③ 보일러마력 ④ 연료소비량

해설 보일러 용량 표시방법
㉮ 시간당 최대증발량 : [kg/h], [ton/h]
㉯ 상당(환산) 증발량 : [kg/h]
㉰ 최고 사용압력 : [kgf/cm²], [MPa]
㉱ 보일러 마력
㉲ 전열면적 : [m²]
㉳ 과열증기온도 : [℃]

33. 보일러 열정산 시 보일러 최종 출구에서 측정하는 값은?
① 급수온도 ② 예열공기온도
③ 과열증기온도 ④ 배기가스온도

해설 배기가스 온도의 측정은 보일러의 최종 가열기 출구에서 측정한다. 가스온도는 각 통로 단면의 평균온도를 구하도록 한다.

34. 열팽창계수가 서로 다른 박판을 사용하여 온도 변화에 따라 휘어지는 정도를 이용한 온도계는?
① 제겔콘 온도계 ② 바이메탈 온도계
③ 알코올 온도계 ④ 수은 온도계

정답 27. ① 28. ① 29. ② 30. ③ 31. ④ 32. ④ 33. ④ 34. ②

해설 바이메탈 온도계 : 선팽창계수(열팽창률)가 다른 2종류의 얇은 금속판을 결합시켜 온도변화에 따라 구부러지는 정도가 다른 점을 이용한 것이다.

35. 출력이 일정한 값에 도달한 이후의 제어계의 특성을 무엇이라고 하는가?
① 과도특성 ② 스텝특성
③ 정상특성 ④ 주파수 응답

해설 정상특성 : 자동제어계의 요소가 완전히 정상 상태로 이루어 졌을 때 제어계의 응답으로 정상응답(ordinary response)이라고 한다.

36. 보일러의 능력에 대한 표기인 보일러 마력이란 어떤 값인가? (단, 실제증발량 및 상당증발량 단위는 [kgf/h]이다.)
① 실제증발량/15.65
② 상당증발량/15.65
③ 실제증발량/539
④ 상당증발량/539

해설 보일러 마력 : 1 보일러 마력이란 1시간에 15.65[kg]의 상당 증발량을 갖는 보일러의 동력. 즉, 100[℃] 물 15.65[kg]을 1시간에 같은 온도의 증기로 변화시킬 수 있는 능력이며, 약 8435[kcal/h] 열을 흡수하여 증기를 발생할 수 있는 능력이다.

$$\therefore 보일러마력 = \frac{G_e}{15.65} = \frac{G_a(h_2-h_1)}{539 \times 15.65}$$

37. 모세관의 상부에 보조 구부를 설치하고 사용온도에 따라 수은의 양을 조절하여 미세한 온도차를 측정할 수 있는 온도계는?
① 액체팽창식 온도계
② 열전대 온도계
③ 가스압력 온도계
④ 베크만 온도계

해설 베크만 온도계 : 모세관에 남은 수은의 양을 조절하여 측정하며 미소한 범위의 온도 변화를 정밀하게 측정할 수 있다.

38. 안지름 10[cm]인 관에 물이 흐를 때 피토관으로 측정한 유속이 3[m/s]이면 유량은?
① 13.5[kg/s] ② 23.5[kg/s]
③ 33.5[kg/s] ④ 53.5[kg/s]

해설 질량유량 계산 : 물의 밀도에 대한 언급이 없으므로 1000[kg/m³]으로 적용하여 계산한다.
$$\therefore m = \rho \cdot A \cdot V$$
$$= 1000 \times \frac{\pi}{4} \times 0.1^2 \times 3 = 23.561 [kg/s]$$

39. 헴펠 분석법에서 가스가 흡수되는 순서로 옳은 것은?
① $CO_2 \rightarrow O_2 \rightarrow CO \rightarrow C_mH_n \rightarrow H_2 \rightarrow CH_4$
② $CO_2 \rightarrow C_mH_n \rightarrow O_2 \rightarrow CO \rightarrow H_2 \rightarrow CH_4$
③ $CO_2 \rightarrow CO \rightarrow O_2 \rightarrow H_2 \rightarrow C_mH_n \rightarrow CH_4$
④ $CO_2 \rightarrow O_2 \rightarrow CO \rightarrow H_2 \rightarrow CH_4 \rightarrow C_mH_n$

해설 헴펠(Hempel)법 분석순서 및 흡수제
㉮ CO_2 : 수산화칼륨(KOH) 30% 수용액
㉯ C_mH_n : 무수황산을 25% 포함한 발연황산
㉰ O_2 : 알칼리성 피로갈롤 용액
㉱ CO : 암모니아성 염화제1구리($CuCl_2$) 용액
㉲ H_2 및 CH_4 : 연소 후의 체적변화 및 생성 탄산가스로부터 수소 및 메탄을 정량한다.
㉳ 질소성분은 계산에 의한다.

40. 다음 중 탄성식 압력계로써 가장 높은 압력 측정에 사용되는 것은?
① 다이어프램식 ② 벨로스식
③ 부르동관식   ④ 링밸런스식

해설 부르동관(bourdon tube) 압력계 : 2차 압력계중 대표적인 것으로 측정범위가 0 ~ 3000[kgf/cm²]으로 고압측정이 가능하지만, 정도는 ±1 ~ 3[%]로 낮다.

정답 35. ③ 36. ② 37. ④ 38. ② 39. ② 40. ③

3과목 - 열설비구조 및 시공

41. 액체연료 연소장치 중 고압기류식 버너의 선단부에 혼합실을 설치하고 공기, 기름 등을 혼합시킨 후 노즐에서 분사하여 무화하는 방식은?
① 내부 혼합식
② 외부 혼합식
③ 무화 혼합식
④ 내・외부 혼합식

[해설] 고압기류식 버너의 종류 : 분무매체와 기름의 혼합방식에 따른 분류
㉮ 내부혼합식 버너 : 버너 내부에 설치된 혼합실에서 기름과 분무매체를 혼합시킨 후 노즐에서 분무시키는 형식
㉯ 외부혼합식 버너 : 버너의 노즐 외부에서 연료와 분무매체를 충돌하여 기름을 분사시키는 형식
㉰ 중간혼합식 버너 : 분무매체의 소비량이 다른 형식의 고압기류식 버너에 비해 작기 때문에 널리 사용되는 형식으로 증기량은 연료량의 3~10[%] 정도이고 노즐을 교체하여 분무각도를 변화시켜 화염의 형상을 변화시킬 수 있다.

42. 두께 50[mm]인 보온재로 시공한 기기의 방열량이 160[kcal/h]일 때, 보온재의 열전도율은? (단, 보온판의 내・외부 온도는 각각 300[℃], 100[℃]이고, 단면적은 1[m²]이다.)
① 0.02[kcal/m・h・℃]
② 0.04[kcal/m・h・℃]
③ 0.05[kcal/m・h・℃]
④ 0.08[kcal/m・h・℃]

[해설] 단위면적 1[m²] 당 전열량 $Q = \dfrac{1}{\frac{b}{\lambda}} \times \Delta t$ 에서

$\dfrac{b}{\lambda} = \dfrac{\Delta t}{Q}$ 이다.

$\therefore \lambda = \dfrac{Q \times b}{\Delta t}$

$= \dfrac{160 \times 0.05}{(300-100)} = 0.04 [kcal/m \cdot h \cdot ℃]$

43. 청동 또는 스테인리스강을 파형으로 주름을 잡아서 아코디언과 같이 만들고, 이 주름의 신축으로 온도 변화에 따른 배관의 길이 방향 신축을 흡수하는 이음은?
① 루프형
② 스위블형
③ 슬리브형
④ 벨로즈형

[해설] 벨로즈형(bellows type) : 팩리스(packless)형이라 하며, 관의 신축에 따라 파형의 주름통이 함께 신축하는 것으로, 설치장소에 구애받지 않고 가스, 증기, 물 등 2[MPa], 450[℃]까지 축 방향 신축흡수에 사용되며 단식과 복식 2종류가 있다.

44. 열교환기의 열전달 성능을 직접적으로 향상시키는 방법으로 가장 거리가 먼 것은?
① 유체의 유속을 빠르게 한다.
② 유체의 흐르는 방향을 향류로 한다.
③ 열교환기의 입출구 높이 차를 크게 한다.
④ 열전도율이 높은 재료를 사용한다.

[해설] 열교환기의 열전달 성능을 향상시키는 방법(열교환기 효율을 향상시키는 방법)
㉮ 유체의 유속을 빠르게 한다.
㉯ 유체의 흐름 방향을 향류로 한다.
㉰ 열전도율이 높은 재료를 사용한다.
㉱ 두 유체의 온도차를 크게 한다.
㉲ 전열면적을 크게 한다.

45. 크롬이나 크롬-마그네시아 벽돌이 고온에서 산화철을 흡수하여 표면이 부풀어 오르거나 떨어져 나가는 현상을 의미하는 것은?
① 열화
② 스폴링(spalling)
③ 슬래킹(slaking)
④ 버스팅(bursting)

정답 41. ① 42. ② 43. ④ 44. ③ 45. ④

[해설] 내화물에서 나타나는 현상
㉮ 스폴링(spalling) 현상 : 박락현상이라 하며 내화물이 사용하는 도중에 갈라지든지, 떨어져 나가는 현상을 말한다.
㉯ 슬래킹(slacking) 현상 : 수증기를 흡수하여 체적변화를 일으켜 균열이 발생하거나 떨어져 나가는 현상으로 염기성 내화물에서 공통적으로 일어난다.
㉰ 버스팅(bursting) 현상 : 크롬 철광을 원료로 하는 내화물이 1600[℃] 이상에서 산화철을 흡수하여 표면이 부풀어 오르고 떨어져 나가는 현상으로 크롬질 내화물에서 발생한다.

46_ 수관식 보일러의 특징이 아닌 것은?
① 부하변동에 따른 압력변화가 적다.
② 전열면적이 크나 보유수량이 적어서 증기발생 시간이 단축된다.
③ 증발량이 많아서 수위변동이 심하므로 급수 조절에 유의해야 한다.
④ 고압, 대용량에 적합하다.

[해설] 수관식 보일러의 특징
㉮ 보유수량이 적어 증기 발생시간이 빠르며, 고압 대용량에 적합하다.
㉯ 외분식이므로 연료 선택범위가 넓고, 연소상태가 양호하다.
㉰ 전열면적이 크고, 열효율이 높다.
㉱ 수관의 배열이 용이하고, 패키지형으로 제작이 가능하다.
㉲ 관수처리에 주의에 요한다.
㉳ 구조가 복잡하여 청소, 검사, 수리가 어렵고 스케일 부착이 쉽다.
㉴ 부하변동에 따른 압력 및 수위변동이 심하다.
㉵ 증기 중에 혼입된 수분을 분리하기 위한 기수분리기를 설치한다.

47_ 증기보일러의 부속장치에 해당되지 않는 것은?
① 급수장치 ② 송기장치
③ 통풍장치 ④ 팽창장치

[해설] ㉮ 보일러 구성 : 본체, 연소장치, 부속장치 및 기기
㉯ 부속장치 종류 : 안전장치, 급수장치, 분출장치, 송기장치, 폐열회수장치, 통풍장치, 자동제어장치, 기타장치(급수처리장치, 집진장치, 매연취출장치) 등

48_ 관류 보일러 설계에서 순환비란?
① 순환수량과 포화수량의 비
② 포화수량과 발생증기량의 비
③ 순환수량과 발생증기량의 비
④ 순환수량과 포화증기량의 비

[해설] 강제순환 수관보일러(관류 보일러)에서 순환비는 순환수량과 발생증기량의 비로 나타내는 것이다.
$$\therefore 순환비 = \frac{순환수량}{발생증기량}$$

49_ 검사를 받아야 하는 검사대상기기의 종류에 포함되지 않는 것은?
① 강철제 보일러 ② 태양열 집열기
③ 주철제 보일러 ④ 2종 압력용기

[해설] 검사대상기기 : 에너지이용 합리화법 시행규칙 제31조의6, 별표3의3

구분	검사대상기기 명	적용범위
보일러	강철제보일러 주철제보일러	다음 각호의 어느 하나에 해당하는 것을 제외한다. 1. 최고사용압력이 0.1[MPa] 이하이고, 동체의 안지름이 300[mm] 이하이며, 길이가 600[mm] 이하인 것 2. 최고사용압력이 0.1[MPa] 이하이고, 전열면적이 5[m²] 이하인 것 3. 2종 관류보일러 4. 온수를 발생시키는 보일러로서 대기개방형인 것
	소형온수보일러	가스를 사용하는 것으로서 가스사용량이 17[kg/h](도시가스는 232.6[kW])를 초과하는 것
압력용기	1종 압력용기 2종 압력용기	별표1의 규정에 의한 압력용기의 적용범위에 의한다.
요로	철금속가열로	정격용량이 0.58[MW]를 초과하는 것

50_ 유리섬유(glass wool)보온재의 최고 안전사용 온도는?
① 200[℃] ② 300[℃]
③ 400[℃] ④ 500[℃]

[정답] 46. ① 47. ④ 48. ③ 49. ② 50. ②

[해설] 유리섬유(glass wool)의 특징
㉮ 용융 유리를 압축공기나 원심력을 이용하여 섬유형태로 제조한다.
㉯ 흡습성이 크기 때문에 방수처리를 하여야 한다.
㉰ 보온, 보냉재로 일반건축의 벽체, 덕트 등에 사용한다.
㉱ 열전도율 : 0.036~0.057[kcal/h·m·℃]
㉲ 안전 사용온도 : 350[℃] 이하
(단, 방수처리 시 600[℃])

51_ 보일러수에 포함된 성분 중 포밍(foaming)발생 원인과 가장 거리가 먼 것은?
① 나트륨(Na)   ② 칼륨(K)
③ 칼슘(Ca)   ④ 산소(O_2)

[해설] (1) 포밍(foaming) 현상 : 동저부에서 작은 기포들이 수면상으로 오르면서 물거품이 발생하여 수면에 달걀 모양의 기포가 덮이는 현상
(2) 포밍 발생원인
㉮ 보일러 관수의 농축
㉯ 유지분, 알칼리분, 부유물 함유
㉰ 주증기 밸브의 급격한 개방
㉱ 부하의 급격한 변화
㉲ 증기발생 속도가 빠를 때
㉳ 청관제 사용이 부적합
㉴ 보일러 수위가 높음

52_ 검사대상기기의 설치자가 그 검사대상기기의 사용을 중지한 경우에는 중지한 날부터 며칠 이내에 사용중지 신고서를 에너지관리공단 이사장에게 제출하여야 하는가?
① 15일   ② 20일
③ 25일   ④ 30일

[해설] 검사대상기기 사용중지 신고(에너지이용 합리화법 시행규칙 제31조의23) : 검사대상기기 설치자가 그 검사대상기기의 사용을 중지한 경우에는 중지한 날부터 15일 이내에 검사대상기기 사용중지신고서를 공단이사장에게 제출하여야 한다.

53_ 특수보일러에 해당하지 않는 것은?
① 벤슨 보일러
② 다우섬 보일러
③ 레플러 보일러
④ 슈미트-하르트만 보일러

[해설] 특수보일러의 종류
㉮ 특수열매체 보일러 : 수은, 다우섬, 카네크롤액 서큐리티 53, 모빌섬
㉯ 특수연료 보일러 : 버개스 보일러, 흑액, 바크 보일러
㉰ 폐열 보일러 : 리 보일러, 하이네 보일러
㉱ 간접가열 보일러 : 슈미트 보일러, 레플러 보일러

54_ 주철관의 소켓 접합 시 얀(yarn)을 삽입하는 주된 이유는?
① 누수 방지   ② 외압의 완화
③ 납의 이탈 방지 ④ 납의 강도 증가

[해설] 소켓이음(socket joint) : 연납이음이라고도 하며 주철관의 허브쪽에 스피킷(spigot)이 있는 쪽을 넣어 맞춘 다음 얀(yarn, 麻)을 단단히 꼬아 감고 정으로 박아 넣고 용융납을 부어 넣어 다진 것으로 주로 건축물의 배수배관 등에 많이 사용되는 이음방법이다. 얀은 누수방지용, 납은 얀의 이탈방지 역할을 한다.

55_ 대표적인 연속식 가마로 조업이 쉽고 인건비, 유지비가 적게 들며, 열효율이 좋고 열손실이 적은 가마는?
① 등요(Up hill kiln)
② 셔틀요(Shuttle kiln)
③ 터널요(Tunnel kiln)
④ 승염식요(Up draft kiln)

[해설] 터널요(tunnel kiln)의 특징
㉮ 예열, 소성, 냉각이 연속적으로 이루어지며 대차의 진행방향과 반대 방향으로 연소가스가 진행된다.
㉯ 소성이 균일하여 제품의 품질이 좋다.
㉰ 온도조절과 자동화가 용이하다.
㉱ 열효율이 좋아 연료비가 절감된다.

정답 51. ④ 52. ① 53. ① 54. ① 55. ③

㉣ 배기가스 현열을 이용하여 제품을 예열한다.
㉤ 제품의 현열을 이용하여 연소용 공기를 예열한다.
㉥ 능력에 비해 설비면적이 작다.
㉦ 소성시간이 단축되며, 대량생산에 적합하다.
㉧ 능력에 비해 건설비가 비싸다.
㉨ 생산량 조정이 곤란하다.
㉩ 제품구성에 제한이 있고, 다종 소량생산에는 부적당하다.
㉪ 제품을 연속적으로 처리할 수 있는 시설이 있어야 한다.

56_ 에너지이용 합리화법 시행규칙에서 검사의 종류 중 개조검사 대상이 아닌 것은?

① 보일러의 설치장소를 변경하는 경우
② 연료 또는 연소방법을 변경하는 경우
③ 증기보일러를 온수보일러로 개조하는 경우
④ 보일러섹션의 증감에 의하여 용량을 변경하는 경우

[해설] 개조검사 대상 : 에너지이용 합리화법 시행규칙 제31조의 7, 별표3의4
㉮ 증기보일러를 온수보일러로 개조하는 경우
㉯ 보일러 섹션의 증감에 의하여 용량을 변경하는 경우
㉰ 동체, 돔, 노통, 연소실, 경판, 천정판, 관판, 관모음 또는 스테이의 변경으로서 산업통상자원부장관이 정하여 고시하는 대수리의 경우
㉱ 연료 또는 연소방법을 변경하는 경우
㉲ 철금속가열로로서 산업통상자원부장관이 정하여 고시하는 경우의 수리

57_ 규석질 벽돌의 특징에 대한 설명이 틀린 것은?

① 내화도가 높으며 내마모성이 좋다.
② 열전도율이 샤모트질 벽돌보다 작다.
③ 저온에서 스폴링이 발생되기 쉽다.
④ 용융점 부근까지 하중에 견딘다.

[해설] 규석질 벽돌의 특징
㉮ 내화도가 높고, 고온강도가 매우 크다.
㉯ 내마모성이 좋고 열전도율은 비교적 크다.
㉰ 하중연화점이 1750℃ 정도로 높다.
㉱ 고온에서 팽창계수가 적고 안정하다.
㉲ 저온에서 스폴링이 발생되기 쉽다.
㉳ 산성 내화물이다.

58_ 배관지지 장치 중 열팽창에 의한 이동을 구속하기 위한 리스트레인트(restraint)에 해당되지 않는 것은?

① 앵커(anchor)   ② 스토퍼(stopper)
③ 가이드(guide) ④ 브레이스(brace)

[해설] 리스트레인트(restraint)의 종류 및 역할
㉮ 앵커(anchor) : 이동 및 회전을 방지하기 위하여 지지 부분에 완전히 고정하여 사용한다.
㉯ 스톱(stop, stoper) : 회전 및 배관 축과 직각방향의 이동을 구속하고 나머지 방향의 이동은 자유롭다.
㉰ 가이드(guide) : 신축이음(루프형, 슬리브형) 등에 설치하는 것으로 축과 직각방향의 이동은 구속하고, 축 방향의 이동은 허용 및 안내하는 역할을 한다.
※ 브레이스(brace) : 펌프, 압축기 등에서 발생하는 진동을 흡수하여 배관계통에 전달되는 것을 방지하는 역할을 하는 것으로 방진구와 완충기가 있다.

59_ 에너지이용 합리화법 시행규칙에서 검사의 종류 중 계속사용검사에 포함되는 것은?

① 설치검사   ② 개조검사
③ 안전검사   ④ 재사용검사

[해설] 검사의 종류 : 에너지이용 합리화법 시행규칙 31조의7, 별표3의4
㉮ 제조검사 : 용접검사, 구조검사
㉯ 설치검사
㉰ 개조검사
㉱ 설치장소 변경검사
㉲ 재사용검사
㉳ 계속사용검사 : 안전검사, 운전성능검사

60_ 보일러 절탄기(economizer)에 대한 설명으로 옳은 것은?

① 보일러의 연소량을 일정하게 하고 과잉열량을 물에 저장하여 과부하시 증기 방출하여 증기 부족을 보충시키는 장치
② 연소가스의 여열을 이용하여 보일러 급수를 예열하는 장치이다.

정답 56. ① 57. ② 58. ④ 59. ③ 60. ②

③ 연도로 흐르는 연소가스의 여열을 이용하여 연소실에 공급되는 연소공기를 예열시키는 장치이다.
④ 보일러에서 발생한 습포화증기를 압력은 일정하게 유지하면서 온도면 높여 과열증기로 바꾸어 주는 장치이다.

[해설] 급수예열기(economizer) : 보일러 급수를 연소가스 여열(餘熱)을 이용하여 예열시키는 장치로 절탄기(節炭器)라 한다. 급수예열기 출구의 급수온도는 그 급수의 포화온도 이하의 적당한 온도로 한다.
※ ①번 항목 : 증기축열기(steam accumulator)에 대한 설명
②번 항목 : 절탄기(급수예열기)에 대한 설명
③번 항목 : 공기예열기에 대한 설명
④번 항목 : 과열기에 대한 설명

4과목 - 열설비취급 및 안전관리

61_ 보일러 내면의 상당히 넓은 범위에 걸쳐 거의 똑같이 생기는 상태의 부식으로 가장 적합한 것은?
① 국부부식
② 응력부식
③ 틈부식
④ 전면부식

[해설] 전면부식 : 표면적이 넓은 부분 전체에 같은 모양으로 발생하는 부식을 말한다.

62_ 보일러수의 이상증발 예방대책이 아닌 것은?
① 송기에 있어서 증기밸브를 빠르게 연다.
② 보일러수의 블로우 다운을 적절히 하여 보일러수의 농축을 막는다.
③ 보일러의 수위를 너무 높이지 않고 표준수위를 유지하도록 제어한다.
④ 보일러수의 유지분이나 불순물을 제거하고 청관제를 넣어 보일러수 처리를 한다.

[해설] 보일러수의 이상증발 예방대책
㉮ 증기밸브를 급개하지 않는다.
㉯ 보일러수의 블로다운을 적절히 한다.
㉰ 보일러수의 급수처리를 엄격히 한다.
㉱ 보일러의 수위를 표준수위를 유지한다.

63_ 보일러 사고에 관한 내용으로 틀린 것은?
① 압궤는 고온의 화염을 받는 전열면이 과열이 지나쳐서 견디지 못하고 안쪽으로 눌리어 오목하게 들어간 현상이다.
② 팽출은 전열면의 과열이 지나쳐 내압력 작용에 견디지 못하고 밖으로 부풀어 나오는 현상이다.
③ 라미네이션은 기포 및 가스구멍이 혼재된 강괴를 압연할 경우 강판 및 강관이 기포에 의해 내부에서 두장으로 분리되는 현상이다.
④ 블리스터는 라미네이션 상태에서 가열이 지나쳐 내부로 오목하게 들어간 현상이다.

[해설] 블리스터(blister) : 라미네이션 부분이 가열로 인하여 부풀어 오르는 현상이다.

64_ 보일러 시공 작업장의 환경 조건에 관한 설명으로 틀린 것은?
① 작업장의 조명은 작업면과 바닥 등에 너무 짙은 그림자가 생기지 않아야 한다.
② 보일러실은 통풍이 양호하고 배수가 잘 되어야 한다.
③ 소음이 심한 작업을 할 경우에는 귀마개 등의 보호구를 착용한다.
④ 작업장에서 발생하는 분진의 허용기준은 탄산칼슘($CaCO_3$)의 함량에 따라 좌우한다.

정답 61. ④ 62. ① 63. ④ 64. ④

65. 보일러나 배관 내에서 온수의 온도 상승으로 인한 물의 팽창에 따른 위험을 방지하기 위해 설치하는 탱크는?
① 순환탱크
② 팽창탱크
③ 압력탱크
④ 서지탱크

해설 팽창탱크 설치목적(팽창탱크 역할)
㉮ 운전 중 장치내의 온도상승에 의한 체적팽창 및 그 압력을 흡수한다.
㉯ 팽창된 온수의 넘침을 방지하여 열손실을 방지한다.
㉰ 운전 중 장치내의 압력을 소정의 압력으로 유지하고, 온수온도를 유지한다.
㉱ 장치 내 보충수 공급 및 공기침입을 방지한다.

66. 방열기의 방열량이 700[kcal/m²·h]이고, 난방부하가 5000[kcal/h]일 때 5-650주철방열기(방열면적 a = 0.26[m²/쪽])을 설치하고자 한다. 소요되는 쪽수는?
① 24쪽
② 28쪽
③ 32쪽
④ 36쪽

해설 $N = \dfrac{H_1}{방열기 방열량 \times a}$
$= \dfrac{5000}{700 \times 0.26} = 27.47 ≒ 28쪽$

67. 에너지기본계획의 효율적인 달성과 지역경제의 발전을 위한 지역에너지계획기간은?
① 1년 이상
② 3년 이상
③ 5년 이상
④ 10년 이상

해설 지역에너지계획의 수립(에너지법 제7조) : 특별시장, 광역시장, 도지사 또는 특별자치도지사는 관할 구역의 지역적 특성을 고려하여 에너지기본계획의 효율적인 달성과 지역경제의 발전을 위한 지역에너지계획을 5년마다 5년 이상을 계획기간으로 하여 수립, 시행하여야 한다.

68. 산업통상자원부장관이 냉·난방온도를 제한 온도에 적합하게 유지관리하지 않은 기관에 시정조치를 명할 때 포함되지 않는 사항은?
① 시정조치 명령의 대상 건물 및 대상자
② 시정결과 조치 내용 통지 사항
③ 시정조치 명령의 사유 및 내용
④ 시정기한

해설 시정조치 명령의 방법(에너지이용 합리화법 시행령 제42조의3) : 시정조치 명령은 다음 각 호의 사항을 구체적으로 밝힌 서면으로 한다.
㉮ 지정조치 명령의 대상 건물 및 대상자
㉯ 시정조치 명령의 사유 및 내용
㉰ 시정기한

69. 산업통상자원부장관은 에너지의 이용효율을 높이기 위하여 에너지를 사용하여 만드는 제품 또는 건축물의 무엇을 정하여 고시하여야 하는가?
① 제품의 단위당 에너지 생산 목표량
② 제품의 단위당 에너지 절감 목표량
③ 건축물의 단위면적당 에너지 사용 목표량
④ 건축물의 단위면적당 에너지 저장 목표량

해설 목표에너지원단위(에너지이용 합리화법 제35조) : 에너지를 사용하여 만드는 제품의 단위당 에너지사용목표량 또는 건축물의 단위면적당 에너지사용 목표량

70. 보일러 수면계 유리관의 파손 원인으로 가장 거리가 먼 것은?
① 프라이밍 또는 포밍 현상이 발생할 때
② 수면계의 너트를 너무 무리하게 조인 경우
③ 유리관의 재질이 불량한 경우
④ 외부에서 충격을 받았을 때

해설 수면계의 파손 원인
㉮ 상하 조임 너트를 무리하게 조였을 때

㉰ 외부로부터 충격을 받았을 때
㉱ 장기간 사용으로 노후 되었을 때
㉲ 상하의 바탕쇠 중심선이 일치하지 않았을 때
㉳ 유리관의 재질이 불량할 때

[해설] 개선명령의 요건(에너지이용 합리화법 시행령 제40조 1항) : 산업통상자원부장관이 에너지다소비사업자에게 개선명령을 할 수 있는 경우는 에너지관리지도 결과 10[%] 이상의 에너지효율 개선이 기대되고 효율 개선을 위한 투자의 경제성이 있다고 인정되는 경우로 한다.

71_ 에너지이용 합리화법 시행규칙에서 정한 효율관리기자재가 아닌 것은?
① 보일러　　　② 자동차
③ 조명기기　　④ 전기냉장고

[해설] 효율관리 기자재의 종류(에너지이용 합리화법 시행규칙 제7조) : 전기냉장고, 전기냉방기, 전기세탁기, 조명기기, 삼상유도전동기, 자동차, 그 밖에 산업통상자원부장관이 그 효율의 향상이 특히 필요하다고 인정하여 고시하는 기자재 및 설비

74_ 가스폭발의 방지대책으로 틀린 것은?
① 버너까지의 전 연료배관 속의 공기는 완전히 빼 둘 것
② 연료속의 수분이나 슬러지 등을 충분히 배출할 것
③ 점화시의 분무량은 당해 버너의 고연소율 상태의 양으로 할 것
④ 연소량을 증가시킬 경우에는 먼저 공기 공급량을 증가시킨 후에 연료량을 증가시킬 것

[해설] 점화시의 분무량은 당해 버너의 저연소율 상태의 양으로 할 것

72_ 효율관리기자재의 제조업자가 광고매체를 이용하여 효율관리기자재의 광고를 하는 경우 광고내용에 포함되어야 할 사항은?
① 에너지의 절감량
② 에너지의 효율등급기준
③ 에너지의 사용량
④ 에너지의 소비효율

[해설] 효율관리기자재의 광고내용(에너지이용 합리화법 제15조 4항) : 효율관리기자재의 제조업자, 수입업자 또는 판매업자가 하는 광고내용에는 에너지소비효율등급 또는 에너지소비효율을 포함하여야 한다.

75_ 보일러 사고 중 취급상의 원인으로 가장 거리가 먼 것은?
① 압력초과　　② 재료불량
③ 수위감소　　④ 과열

[해설] 사고의 원인
㉮ 제작상의 원인 : 재료불량, 강도부족, 설계불량, 구조불량, 부속기기 설비의 미비, 용접불량 등
㉯ 취급상의 원인 : 압력초과, 저수위, 급수처리 불량, 부식, 과열, 미연소가스 폭발사고, 부속기기 정비 불량 등

73_ 산업통상자원부장관이 에너지다소비사업자에게 개선명령을 할 수 있는 경우는 에너지관리지도 결과 몇 퍼센트 이상의 에너지효율개선이 기대되는 경우인가?
① 5[%]　　　② 10[%]
③ 15[%]　　④ 20[%]

76_ 권한의 위임 또는 업무의 위탁사항으로 에너지관리공단이 행하지 않는 것은?
① 에너지절약전문기업의 등록
② 진단기관의 관리, 감독
③ 과태료의 부과 및 징수
④ 검사대상기기의 검사

정답 71. ① 72. ④ 73. ② 74. ③ 75. ② 76. ③

해설 공단에 위탁된 업무 : 에너지이용 합리화법 시행령 51조
ⓐ 에너지사용계획의 검토
ⓑ 에너지사용계획 이행여부의 점검 및 실태파악
ⓒ 효율관리기자재의 측정 결과 신고의 접수
ⓓ 대기전력경고표지 대상제품의 측정 결과 신고의 접수
ⓔ 대기전력저감대상제품의 측정 결과 신고의 접수
ⓕ 고효율에너지기자재 인증 신청의 접수 및 인증
ⓖ 고효율에너지기자재의 인증취소 또는 인증사용 정지명령
ⓗ 에너지절약전문기업의 등록
ⓘ 온실가스배출 감축실적의 등록 및 관리
ⓙ 에너지다소비사업 신고의 접수
ⓚ 진단기관의 관리, 감독
ⓛ 에너지관리지도
ⓜ 검사대상기기의 검사
ⓝ 검사증의 발급
ⓞ 검사대상기기의 폐기, 사용 중지, 설치자 변경 및 검사의 전부 또는 일부가 면제된 검사대상기기의 설치에 대한 신고의 접수
ⓟ 검사대상기기관리자의 선임, 해임 또는 퇴직신고의 접수

77. 보일러수를 분출하는 목적으로 틀린 것은?
① 저수위 운전 방지
② 관수의 농축 방지
③ 관수의 pH 조절
④ 전열면에 스케일 생성 방지

해설 보일러 수(水)의 분출의 목적
㉮ 슬러지 생성 및 스케일 방지
㉯ 보일러수의 pH 조절
㉰ 프라이밍, 포밍 현상을 방지
㉱ 보일러수의 농축방지 및 순환을 양호하게 유지
㉲ 고수위 방지
㉳ 세관작업 후 폐액을 배출시키기 위하여

78. 에너지이용합리화법에서 티오이(T.O.E)란?
① 에너지탄성치
② 전력경제성
③ 에너지소비효율
④ 석유환산톤

해설 석유환산톤(T.O.E : ton of oil equivalent) : 원유 1톤이 갖는 열량으로 10^7[kcal]를 말한다.

79. 바나듐어택이란 바나듐 산화물에 의한 어떤 부식을 말하는가?
① 산화부식
② 저온부식
③ 고온부식
④ 알칼리부식

해설 외부부식의 원인 성분
㉮ 고온부식 : 바나듐(V)
㉯ 저온부식 : 황(S) 및 황산화물

80. 다음 중 보일러 내부를 청소할 때 사용하는 물질로 가장 적절한 것은?
① 염화나트륨
② 질소
③ 수산화나트륨
④ 유황

해설 제작 시에 내부에 부착된 유지분, 페인트류, 녹 등을 제거하기 위하여 소다 끓이기(soda boiling)를 하며 이때 사용하는 약액으로는 제3인산나트륨(Na_3PO_4), 탄산나트륨(Na_2CO_3), 수산화나트륨(NaOH 가성소다)을 사용한다.

정답 77. ① 78. ④ 79. ③ 80. ③

2015년 5월 31일
제2회 에너지관리산업기사 필기시험

1과목 - 열역학 및 연소관리

01. 탄소 1[kg]을 완전 연소시키는데 필요한 산소량은 약 몇 [kg]인가?
① 1.67   ② 1.87
③ 2.67   ④ 3.67

해설
㉮ 탄소(C)의 완전연소 반응식
$C + O_2 \rightarrow CO_2$
㉯ 이론산소량 계산
12[kg] : 32[kg] = 1[kg] : $x(O_0)$[kg]
$\therefore x = \dfrac{1 \times 32}{12} = 2.667$[kg]

02. 기체의 가역 단열 압축에서 엔트로피는 어떻게 되는가?
① 감소한다.   ② 증가한다.
③ 변하지 않는다.   ④ 증가하다 감소한다.

해설 가역 단열과정에서 엔트로피는 변화가 없다. (등엔트로피 과정)

03. 동일한 고온열원과 저온열원에서 작동할 때, 다음 사이클 중 효율이 가장 높은 것은?
① 정적(Otto) 사이클
② 카르노(Carnot) 사이클
③ 정압(Diesel) 사이클
④ 랭킨(Rankine) 사이클

해설 동일한 조건에서 작동되는 사이클 중 최대의 효율을 갖는 것은 이상적인 사이클인 카르노 사이클이다.

04. 압력이 200[kPa]인 이상기체 200[kg]이 있다. 온도를 일정하게 유지하면서 압력을 40[kPa]로 변화시켰다면 엔트로피 변화량은? (단, 기체상수는 0.287[kJ/kg·K]이다.)
① 40.1[kJ/K]   ② 52.8[kJ/K]
③ 73.1[kJ/K]   ④ 92.4[kJ/K]

해설 정온과정의 엔트로피 변화 계산
$$\therefore \Delta S = GR \ln \dfrac{P_1}{P_2}$$
$$= 200 \times 0.287 \times \ln \dfrac{200}{40} = 92.381 \text{[kJ/K]}$$

05. 통풍기를 크게 원심식과 축류식으로 구분할 때 축류식에서 주로 사용하는 풍향 조절 방식은?
① 회전수를 변화시켜 풍향을 조절한다.
② 댐퍼를 조절하여 풍향을 조절한다.
③ 흡입 베인의 개도에 의해 풍향을 조절한다.
④ 날개를 동익가변시켜 풍향을 조절한다.

해설 축류식 통풍기(송풍기)의 풍향 조절 방식은 날개(임펠러)를 움직여 날개의 각도를 변화시켜 풍향을 조절한다.

『참고』 터보형(원심식) 송풍기의 풍향(풍량) 조절법
㉮ 회전수 제어에 의한 방법
㉯ 토출 베인 각도조절에 의한 방법
㉰ 흡입 베인 각도조절에 의한 방법
㉱ 베인 컨트롤에 의한 방법
㉲ 바이패스에 의한 방법

06. 카르노 사이클로 작동되는 기관이 250[℃]에서 300[kJ]의 열을 공급받아 25[℃]에서 방열했을 때의 일은 얼마인가?
① 30[kJ]   ② 129[kJ]
③ 171[kJ]   ④ 225[kJ]

정답 1.③ 2.③ 3.② 4.④ 5.④ 6.②

해설 $\eta = \dfrac{W}{Q_1} = \left(1 - \dfrac{T_2}{T_1}\right)$ 에서 일량(W)은

$$\therefore W = Q_1 \times \left(1 - \dfrac{T_2}{T_1}\right)$$
$$= 300 \times \left(1 - \dfrac{273+25}{273+250}\right) = 129.063 [kJ]$$

07_ 430[K]에서 500[kJ]의 열을 공급받아 300[K]에서 방열시키는 카르노사이클의 열효율과 일량으로 옳은 것은?

① 30.2[%], 349[kJ]
② 30.2[%], 151[kJ]
③ 69.8[%], 151[kJ]
④ 69.8[%], 349[kJ]

해설 ㉮ 열효율[%] 계산
$$\therefore \eta = \dfrac{W}{Q_1} \times 100 = \dfrac{T_1 - T_2}{T_1} \times 100$$
$$= \dfrac{430-300}{430} \times 100 = 30.232[\%]$$
㉯ 일량[kJ] 계산
$$\therefore W = Q_1 \times \eta = 500 \times 0.30232 = 151.116[kJ]$$

08_ 내부에너지와 엔탈피에 대한 설명으로 틀린 것은?

① 내부에너지 변화량은 공급열량에서 외부로 한 일을 차감한 것이다.
② 엔탈피는 유체가 가지는 에너지로서 내부에너지와 유동에너지의 합을 말한다.
③ 내부에너지는 시스템의 분자구조 및 분자의 운동과 관련된 운동에너지이다.
④ 내부에너지는 물체를 구성하는 분자운동의 강도와는 관련이 없다.

해설 내부에너지는 물체를 구성하는 분자의 운동과 관련된 운동에너지로 분자운동의 강도와 관련이 있다.

09_ 검출된 증기압력이 설정된 압력에 이르면 연료 공급을 차단하는 신호를 발생하는 발신기는?

① 압력 경보기   ② 압력 발신기
③ 압력 설정기   ④ 압력 제한기

해설 압력 제한기 : 증기 압력이 일정압력(최고사용압력) 도달 시 전기적 신호를 보내어 전자밸브를 작동시켜 연료를 차단하여 보일러를 보호하는 장치로서 증기 압력 조절기와 연동시켜 사용한다.

10_ 물 1[kg]이 대기압에서 증발할 때 엔트로피의 증가량은? (단, 대기압에서 물의 증발잠열은 2260 [kJ/kg]이다.)

① 1.41[kJ/K]   ② 6.05[kJ/K]
③ 10.32[kJ/K]   ④ 22.63[kJ/K]

해설 물이 대기압상태에서 기화되는 온도는 100[℃]이다.
$$\therefore \Delta s = \dfrac{dQ}{T} = \dfrac{2260}{273+100} = 6.058 [kJ/K]$$

11_ 압력을 나타내는 관계식으로 잘못된 것은?

① 1[Pa] = 1[N/m^2]
② 1[bar] = 10^3[Pa]
③ 1[atm] = 1.01325[bar]
④ 절대압력 = 대기압력 + 게이지압력

해설 1[atm] = 760[mmHg] = 76[cmHg]
= 0.76[mHg] = 29.9[inHg] = 760[torr]
= 10332[kgf/m^2] = 1.0332[kgf/cm^2]
= 10.332[mH$_2$O] = 10332[mmH$_2$O]
= 101325[N/m^2] = 101325[Pa] = 101.325[kPa]
= 0.101325[MPa] = 1013250[dyne/cm^2]
= 1.01325[bar] = 1013.25[mbar] = 14.7[lb/in^2]
= 14.7[psi]
※ 1.01325[bar] = 101325[Pa] 이므로 1[bar] = 10^5[Pa]에 해당된다.

정답 7. ② 8. ④ 9. ④ 10. ② 11. ②

12_ 어떤 이상기체가 체적 V_1, 압력 P_1으로부터 체적 V_2, 압력 P_2까지 등온팽창 하였다. 이 과정 중에 일어난 내부 에너지의 변화량($\Delta U = U_2 - U_1$)과 엔탈피의 변화량($\Delta H = H_2 - H_1$)을 옳게 나타낸 것은?

① $\Delta U = 0$, $\Delta H = 0$
② $\Delta U < 0$, $\Delta H = 0$
③ $\Delta U = 0$, $\Delta H < 0$
④ $\Delta U > 0$, $\Delta H > 0$

해설 등온과정에서 내부에너지(ΔU)와 엔탈피(ΔH) 변화는 없다.

13_ 프로판 1[kg]의 연소 시 저발열량을 계산하면 약 얼마인가? (단, $C + O_2 \rightarrow CO_2 + 406.9[MJ]$, $H_2 + \frac{1}{2}O_2 \rightarrow H_2O + 284.65[MJ]$)

① 43.6[MJ/kg]   ② 53.6[MJ/kg]
③ 63.6[MJ/kg]   ④ 73.6[MJ/kg]

해설 ㉮ 프로판(C_3H_8)의 완전연소 반응식
  $C_3H_8 + 5O_2 \rightarrow 3CO_2 + 4H_2O$
㉯ C_3H_8은 탄소(C) 원소가 3개, 수소(H) 원소가 8개로 이루어진 혼합물이며, C_3H_8 1몰이 완전연소 시 H_2O가 4몰이 발생한다.
$$\therefore H_l = \frac{탄소 발열량 + 수소 발열량}{프로판\ 1kmol\ 분자량}$$
$$= \frac{(3 \times 406.9) + (\frac{8}{2} \times 284.65)}{44} = 53.62[MJ/kg]$$

14_ 다음의 압력-엔탈피 선도에 나타낸 냉동 사이클에서 압축과정을 나타내는 구간은?

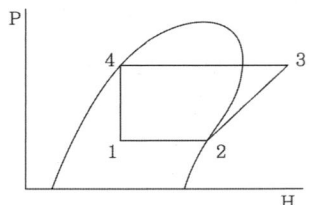

① 1 → 2   ② 2 → 3
③ 3 → 4   ④ 4 → 1

해설 증기압축 냉동사이클의 순환과정
㉮ 1 → 2 : 증발과정
㉯ 2 → 3 : 압축과정
㉰ 3 → 4 : 응축과정
㉱ 4 → 1 : 팽창과정

15_ 집진장치의 선택을 위한 고려사항으로 거리가 먼 것은?
① 분진의 색상
② 설치장소
③ 예상 집진효율
④ 분진의 입자크기

해설 집진장치 선정 시 고려사항
㉮ 분진의 입도 및 분포
㉯ 집진기의 처리효율
㉰ 집진장치에 의한 압력손실
㉱ 제거하여야 할 분진의 양
㉲ 집진시설 설치장소 및 관리 유지비
㉳ 집진 후 폐기물의 처리문제

16_ 다음 연소반응식 중 발열량[kcal/kg-mol]이 가장 큰 것은?

① $C + \frac{1}{2}O_2 = CO$
② $CO + \frac{1}{2}O_2 = CO_2$
③ $C + O_2 = CO_2$
④ $S + O_2 = SO_2$

해설 각 항목의 발열량
㉮ 29200[kcal/kg-mol]
㉯ 68000[kcal/kg-mol]
㉰ 97200[kcal/kg-mol]
㉱ 80000[kcal/kg-mol]

정답 12. ① 13. ② 14. ② 15. ① 16. ③

17. 피스톤-실린더 안에 있는 압력 300[kPa], 온도 400[K]의 일정 질량의 이상기체가 등엔트로피 과정을 통하여 압력이 100[kPa]으로 변화한 후 평형을 이루었다. 비열비가 1.4이면 최종온도는?

① 275[K]   ② 283[K]
③ 292[K]   ④ 301[K]

해설 등엔트로피과정은 단열과정이고,

$$\frac{T_2}{T_1} = \left(\frac{P_2}{P_1}\right)^{\frac{k-1}{k}} \text{에서}$$

$$\therefore T_2 = T_1 \times \left(\frac{P_2}{P_1}\right)^{\frac{k-1}{k}}$$

$$= 400 \times \left(\frac{100}{300}\right)^{\frac{1.4-1}{1.4}} = 292.239[K]$$

18. 공기비(m)에 대한 설명으로 옳은 것은?

① 공기비가 크면 연소실 내의 연소온도는 높아진다.
② 공기비가 적으면 불완전연소의 가능성이 있어서 매연이 발생할 수 있다.
③ 공기비가 크면 SO_2, NO_2 등의 함량이 감소하여 장치의 부식이 줄어든다.
④ 연료의 이론연소에 필요한 공기량을 실제연소에 사용한 공기량으로 나눈 값이다.

해설 공기비의 영향
(1) 공기비가 클 경우(과잉공기량이 많을 때) 영향
   ㉮ 연소실내의 온도가 낮아진다.
   ㉯ 배기가스로 인한 손실열이 증가한다.
   ㉰ 배기가스 중 질소산화물(NO_x)이 많아져 대기오염 및 저온부식을 초래한다.
   ㉱ 연료소비량이 증가한다.
(2) 공기비가 작을 경우
   ㉮ 불완전연소가 발생하기 쉽다.
   ㉯ 연소효율이 감소한다.
   ㉰ 열손실이 증가한다.
   ㉱ 미연소 가스로 인한 역화의 위험이 있다.

19. 이상기체의 상태방정식은?

① $Pv = RT$ ② $PvT = R$
③ $Tv = RP$ ④ $PT = Rv$

해설 이상기체의 상태방정식 : 압력 P, 비체적 v, 절대온도 T, 기체상수 R[kJ/kg·K]일 때 $Pv = RT$이다.

20. 기체 연료의 고위발열량[kcal/Nm³]이 높은 것에서 낮은 순서로 바르게 나열된 것은?

① 오일가스 > 수성가스 > 고로가스 > 발생로가스 > LNG
② LNG > 발생로가스 > 고로가스 > 수성가스 > 오일가스
③ LNG > 오일가스 > 수성가스 > 발생로가스 > 고로가스
④ LNG > 오일가스 > 발생로가스 > 수성가스 > 고로가스

해설 각 연료의 고발열량

구분	고위발열량[kcal/Nm³]
LNG	10550
오일가스	3000 ~ 10000
수성가스	2800
발생로가스	1100
고로가스	900

2과목 - 계측 및 에너지진단

21. SI단위(국제단위)계의 기본단위가 아닌 것은?

① cd   ② A
③ V   ④ K

해설 기본단위의 종류

기본량	길이	질량	시간	전류	물질량	온도	광도
기본단위	m	kg	s	A	mol	K	cd

정답 17. ③ 18. ② 19. ① 20. ③ 21. ③

22. 면적식 유량계 중 로터미터에 대한 설명으로 틀린 것은?

① 부식성 유체나 슬러리 유체 측정이 가능하다.
② 고점도 유체나 소유량에 대한 측정도 가능하다.
③ 진동이 적고 수직으로 설치해야 한다.
④ 압력손실이 크며 가격이 저렴하다.

[해설] 면적식 유량계 중 로터미터의 특징
㉮ 유량에 따라 직선 눈금이 얻어진다.
㉯ 유량계수는 레이놀즈수가 낮은 범위까지 일정하다.
㉰ 고점도 유체나 작은 유체에 대해서도 측정할 수 있다.
㉱ 차압이 일정하면 오차의 발생이 적다.
㉲ 측정하려는 유체의 밀도를 미리 알아야 한다.
㉳ 압력손실이 적고 균등 유량을 얻을 수 있다.
㉴ 슬러리나 부식성 액체의 측정이 가능하다.

23. 보일러의 열정산의 조건으로 가장 거리가 먼 것은?

① 측정시간은 3시간으로 한다.
② 발열량은 연료의 총발열량으로 한다.
③ 기준온도는 시험 시의 외기온도를 기준으로 한다.
④ 증기의 건도는 0.98 이상으로 한다.

[해설] 보일러의 열정산은 원칙적으로 정격부하 이상에서 정상상태로 적어도 2시간 이상의 운전 결과에 따라 한다. 다만, 액체 또는 기체 연료를 사용하는 소형 보일러에서는 인수, 인도 당사자 간의 협정에 따라 시험시간을 1시간 이상으로 할 수 있다.

24. 전열면 열부하를 가장 바르게 나타낸 것은?

① 보일러 연소실 용적 1[m^3]당 연료를 소비시켜 발생한 총열량[$kcal/m^3 \cdot h$]
② 보일러 전열면적 1[m^2]당 1시간 동안의 보일러 열출력[$kcal/m^2 \cdot h$]
③ 보일러 전열면적 1[m^2]당 1시간 동안의 실제 증발량[$kg/m^2 \cdot h$]
④ 화격자 면적 1[m^2]당 1시간 동안 연소시키는 석탄의 양[$kg/m^2 \cdot h$]

[해설] 전열면 열부하[$kcal/m^2 \cdot h$] : 1시간 동안 보일러 전열면적 1[m^2]당 증기 발생에 소요된 열량과의 비

$$\therefore H_b = \frac{G_a(h_2 - h_1)}{F}$$

여기서, G_a : 실제 증발량[kg/h]
F : 전열면적[m^2]
h_2 : 습포화증기 엔탈피[kcal/kg]
h_1 : 급수 엔탈피[kcal/kg]

25. 열전대 온도계의 보호관 중 상용 사용온도가 약 1000[℃]로서 급열, 급냉에 잘 견디고, 산에는 강하나 알칼리에는 약한 비금속 온도계 보호관은?

① 자기관
② 석영관
③ 황동관
④ 카보런덤관

[해설] 비금속 보호관의 종류 및 특징
㉮ 석영관 : 급냉, 급열에 견디고, 알칼리에는 약하지만 산에는 강하다. 환원성 가스에는 기밀성이 다소 떨어진다. 상용사용온도는 1000[℃]이다.
㉯ 자기관 : 급냉, 급열에 특히 약하며, 알칼리, 용융금속, 연소가스에 강하고 기밀성이 좋다. 고알루미나(Al_2O_3) 99[%] 이상으로 만들어지는 경우 상용사용온도가 1600[℃], 알루미나(40[%])+프라이트(40[%])의 경우 1450[℃]이다.
㉰ 카보런덤관 : 다공질로서 급냉, 급열에 강하고 방사온도계의 단망관, 2중 보호관의 외관으로 사용된다. 상용 사용온도는 1600[℃]이다.

26. 보일러 효율 계산과 관계없는 것은?

① 급수량
② 고위발열량
③ 연료 반입량
④ 배기가스온도

[해설] 보일러 효율 : 증기 발생에 이용된 열량과 보일러에 공급한 연료가 완전 연소할 때의 열량과의 비

정답 22. ④ 23. ① 24. ② 25. ② 26. ③

$$\therefore \eta = \frac{\text{유효하게 사용된 열량}}{\text{공급된 열량}} \times 100$$

※ 공급된 열량은 "연료 사용량에 연료의 고위발열량"을 곱한 값과 같다.

27_ T형 열전대의 (-)측 재료로 사용되는 것은?

① 구리(copper)
② 알루멜(alummel)
③ 크로멜(crommel)
④ 콘스탄탄(constantan)

[해설] 열전대의 종류 및 사용금속

종류 및 약호	사용금속	
	+ 극	- 극
R형[백금-백금로듐](P-R)	백금로듐	Pt(백금)
K형[크로멜-알루멜](C-A)	크로멜	알루멜
J형[철-콘스탄탄](I-C)	순철(Fe)	콘스탄탄
T형[동-콘스탄탄](C-C)	순구리	콘스탄탄

28_ 보일러에서 열전달 형태에 대한 설명으로 옳은 것은?

① 복사만으로 된다.
② 전도만으로 된다.
③ 대류만으로 된다.
④ 전도, 대류, 복사가 동시에 일어난다.

[해설] 보일러에서 열전달 형태는 전도, 대류, 복사가 동시에 일어난다.

29_ 측온 저항체로 사용할 수 없는 것은?

① 백금   ② 콘스탄탄
③ 고순도 니켈 ④ 구리

[해설] 측온 저항체의 종류 및 측정범위

종류	측정범위
백금(Pt) 측온 저항체	-200~500℃
니켈(Ni) 측온 저항체	-50~150℃
동(Cu) 측온 저항체	0~120℃

30_ 제어대상과 그 제어장치를 짝지은 것 중 틀린 것은?

① 증기압력제어 : 압력조절기
② 공기·연료제어 : 모튜트럴모터
③ 연소제어 : 맥도널
④ 노내압 조절 : 배기댐퍼조절장치

[해설] 연소제어장치 : 발생증기의 압력에 따라 공급 연료의 양을 조절하고, 이와 함께 공연비제어도 함께 이루어지도록 한 장치이다. 모듈레이팅(modulating) 제어 장치 등이 해당된다.
※ 맥도널은 수위검출기 중 플로트식에 해당된다.

31_ 극저온 가스저장탱크의 액면 측정에 주로 사용되는 것은?

① 로터리식   ② 슬립튜브식
③ 다이어프램식 ④ 햄프슨식

[해설] 햄프슨식 액면계 : 액화산소와 같은 극저온의 저장탱크의 상·하부를 U자관에 연결하여 차압에 의하여 액면을 측정하는 방식으로 차압식 액면계라 한다.

32_ 개방형 마노미터로 측정한 용기의 압력이 2000 [mmH₂O]일 때, 용기의 절대압력은 약 몇 [MPa]인가?

① 0.12   ② 1.21
③ 12.07   ④ 30.03

[정답] 27. ④ 28. ④ 29. ② 30. ③ 31. ④ 32. ①

해설 ㉮ 물의 비중량은 1000[kgf/m³]에 해당되고, 대기압은 0.101325[MPa]이다.
㉯ 절대압력 계산
∴ 절대압력 = 대기압 + 게이지압력($\gamma \times h$)
$= 0.101325 + \left(\dfrac{1000 \times 2}{10332} \times 0.101325\right)$
$= 0.1209$[MPa]

33. 목표값이 시간에 따라 미리 결정된 일정한 제어는?
① 추종제어　　② 비율제어
③ 프로그램제어　④ 캐스케이드제어

해설 프로그램 제어 : 목표값이 미리 정해진 계측에 따라 시간적 변화를 할 경우 목표값에 따라 변화하도록 하는 제어로 추치제어에 해당된다.

34. 중력을 이용한 압력 측정기기는?
① 액주계　　② 부르동관
③ 벨로즈　　④ 다이어프램

해설 액주계(manometer) : 유리관에 수은, 물, 기름 등의 액체를 넣어 압력차(중력)로 인하여 발생하는 액면의 높이차를 이용하여 압력을 측정하는 것으로 단관식, U자관식, 경사관식 등이 해당된다.

35. 상당증발량(G_e)과 보일러 효율(η)과의 관계가 옳은 것은? (단, 연료 소비량은 G, 연료의 저위발열량은 H_L이다.)
① $539 \cdot G_e = G \cdot H_L \cdot \eta$
② $539 \cdot H_L = G_e \cdot G \cdot \eta$
③ $539 \cdot G = H_L \cdot G_e \cdot \eta$
④ $539 \cdot \eta = G \cdot G_e \cdot H_L$

해설 ㉮ 상당 증발량(환산 증발량) : 실제 증발량을 기준 증발량으로 환산하였을 때의 증발량. 즉, 100[℃]의 포화수를 100[℃]의 건조포화증기로 발생시킬 수 있는 증발량으로 단위는 [kg/h]이다.
∴ $G_e = \dfrac{G_a(h_2 - h_1)}{539}$ 는
$539 G_e = G_a(h_2 - h_1)$ 이다.
㉯ 보일러 효율 계산식
∴ $\eta = \dfrac{G_a(h_2 - h_1)}{GH_L}$ 는 $G_a(h_2 - h_1) = GH_L \eta$ 이다.
이 식을 ㉮번 식에 대입하면
∴ $539 \cdot G_e = G \cdot H_L \cdot \eta$

36. 광전관식 온도계의 측정온도 범위로 옳은 것은?
① 700 ~ 3000[℃]　② -20 ~ 350[℃]
③ -50 ~ 650[℃]　　④ -260 ~ 1000[℃]

해설 광전관식 온도계 : 사람 눈 대신 광전지 혹은 광전관을 사용하여 자동으로 측정(광고온도계를 자동화 시킨 것)하는 것으로 측정 범위는 700 ~ 3000[℃]이다.

37. 원인을 알 수 없는 오차로서 측정 때마다 측정치가 일정하지 않고 산포에 의하여 일어나는 오차는?
① 과오에 의한 오차
② 우연 오차
③ 계통적 오차
④ 계기 오차

해설 우연오차 : 오차의 원인을 모르기 때문에 보정이 불가능하며, 여러 번 측정하여 통계적으로 처리한다.

38. 프로세스 계 내에 시간지연이 크거나 외란이 심할 경우 조절계를 이용하여 설정점을 작동시키게 하는 제어방식은?
① 프로그램 제어
② 캐스케이드 제어
③ 피드백 제어
④ 시퀀스 제어

정답 33. ③　34. ①　35. ①　36. ①　37. ②　38. ②

해설 캐스케이드 제어 : 두 개의 제어계를 조합하여 제어량의 1차 조절계를 측정하고 그 조작 출력으로 2차 조절계의 목표값을 설정하는 방법으로 단일 루프제어에 비해 외란의 영향을 줄이고 계 전체의 지연을 적게 하는데 유효하기 때문에 출력 측에 낭비시간이나 지연이 큰 프로세스제어에 이용되는 제어이다.

39. 자동제어에 대한 설명으로 틀린 것은?
① 제어장치의 전기식 조절기의 전류신호는 보통 약 4 ~ 20[mA]이다.
② 검출계에서 측정한 양 또는 조건을 측정변수라고 한다.
③ 조작부는 조절기에서 나오는 신호를 조작량으로 변환시켜 제어대상에 조작을 가하는 부분이다.
④ 플래퍼 노즐은 변위를 공기압으로 바꾸는 일반적인 기구이다.

해설 측정변수 : 측정기를 통해 직접 관측이 가능한 변수이다.

40. 미터 자체의 오차 또는 계측기가 가지고 있는 고유의 오차이며 제작 당시 가지고 있는 계통적인 오차는?
① 감차   ② 공차
③ 기차   ④ 정차

해설 기차(器差) : 계측기가 제작 당시부터 어쩔 수 없이 가지고 있는 고유의 오차이다.
$$\therefore E = \frac{I-Q}{I} \times 100$$
여기서, E : 기차[%]
　　　　I : 시험용 미터의 지시량
　　　　Q : 기준 미터의 지시량

3과목 - 열설비구조 및 시공

41. 신재생에너지 설비 설치전문기업의 설비 설치 대상이 되는 에너지원이 두 종류 이상인 경우 기술인력에 대한 신고기준으로 옳은 것은?
① 국가기술자격법에 따른 기계·전기·토목·건축·에너지·환경 분야 등의 기능사 2명 이상
② 국가기술자격법에 따른 기계·전기·토목·건축·에너지·환경 분야 등의 기사 2명 이상
③ 국가기술자격법에 따른 기계·전기·토목·건축·에너지·환경 분야 등의 기능사 3명 이상
④ 국가기술자격법에 따른 기계·전기·토목·건축·에너지·환경 분야 등의 기사 3명 이상

해설 신·재생에너지 전문기업의 신고기준(신에너지 및 재생에너지 개발, 이용, 보급 촉진법 시행령 제25조, 별표7) : 에너지원이 두 종류 이상인 경우 자본금 및 기술인력
㉮ 자본금 또는 자산평가액 1억 원 이상
㉯ 국가기술자격법에 따른 건설, 기계, 재료, 화학, 전기·전자, 안전관리, 환경·에너지 분야의 기사 3명 이상. 다만, 안전관리 분야는 가스기사만 해당한다.

42. 보일러의 형식을 원통형, 수관식, 특수식 보일러로 구분할 때 원통형 보일러로만 구성되어 있는 것은?
① 코르니시 보일러, 베록스 보일러, 슈미트 보일러
② 코르니시 보일러, 코크란 보일러, 케와니 보일러
③ 스코치 보일러, 벤슨 보일러, 슐져 보일러
④ 베록스 보일러, 라몬트 보일러, 슈미트 보일러

정답 39. ② 40. ③ 41. ④ 42. ②

해설 원통형 보일러의 종류
(1) 직립형 보일러 : 직립 수평관식 보일러, 직립 연관식 보일러, 코크란 보일러 등
(2) 수평형 보일러
  ㉮ 노통 보일러 : 코르니쉬 보일러, 랭커셔 보일러
  ㉯ 연관 보일러 : 기관차 보일러, 케와니 보일러
  ㉰ 노통 연관 보일러 : 스코치 보일러, 하우덴 존슨 보일러, 노통 연관 패키지형 보일러

43_ 증기 축열기에 대한 설명으로 틀린 것은?
① 열을 저장하는 매체는 증기이다.
② 변압식은 보일러 출구 증기 측에 설치한다.
③ 저부하시 잉여증기의 열량을 저장한다.
④ 정압식은 보일러 입구 급수 측에 설치한다.

해설 증기 축열기(steam accumulator) : 보일러에서 연소량을 일정하게 하고 과잉열량을 축열기 내의 물에 저장하고 부하가 증가하면 증기를 공급하여 증기 부족을 해소하는 장치로 변압식과 정압식이 있다.
  ㉮ 변압식 : 고압 증기를 물에 통과시키고 응축시켜 저장하고, 부하가 증가하면 저압의 증기상태로 하여 이용하는 형식으로 증기측에 설치한다.
  ㉯ 정압식 : 부하 감소 시 여분의 관수나 증기로 급수를 예열하고 부하가 증가하면 급수하여 연소량은 일정한 상태가 유지되면서 다량의 고압증기를 얻는 방식으로 급수측에 설치한다.

44_ 열관류율 $K = 2[W/m^2 \cdot K]$인 벽체를 사이에 두고 실내온도와 외기온도가 각각 20[℃]와 −10[℃]라고 한다. 실내표면 열전달계수 $\alpha_r = 8.34[W/m^2 \cdot K]$라고 할 때, 실내 측 벽면온도는?
① 11.3[℃]   ② 11.8[℃]
③ 12.3[℃]   ④ 12.8[℃]

해설 ㉮ 벽면 1[m²]당 1시간 동안 손실열량 계산 : 열관류율과 실내표면 열전달계수 단위 [W/m²·K]는 [W/m²·℃]와 같은 것이므로 섭씨온도로 계산
$\therefore Q = K(t_2 - t_1)$
$= 2 \times (20+10) = 60[kcal/m^2 \cdot h]$

㉯ 실내측 벽면온도(t_0) 계산
$Q = \alpha_r \times (t_2 - t_0)$ 에서
$\therefore t_0 = t_2 - \left(Q \times \dfrac{1}{\alpha_r}\right)$
$= 20 - \left(60 \times \dfrac{1}{8.34}\right) = 12.805[℃]$

45_ 다음 내화물 중 내화도가 가장 낮은 것은?
① 샤모트질 벽돌
② 고알루미나질 벽돌
③ 크롬질 벽돌
④ 크롬-마그네시아 벽돌

해설 각 내화물의 내화도

종류	내화도
샤모트질	SK28 ~ 34
고알루미나질	SK35 ~ 38
크롬질	SK38
크롬-마그네시아	SK42

46_ 배관의 식별표시 중 물질의 종류와 식별 색이 틀린 것은?
① 산, 알칼리 : 회보라색
② 기름 : 어두운 주황
③ 공기 : 흰색
④ 증기 : 어두운 파랑

해설 유체의 종류 및 표시

유체의 종류	문자기호	색상
공기	A	백색
가스	G	황색
기름	O	황적색
수증기	S	암적색
물	W	청색
산, 알칼리		회보라색

정답 43. ① 44. ④ 45. ① 46. ④

47_ 두께 200[mm]인 콘크리트(열전도도 k = 1.6 [W/m·K])에 두께 10[mm]인 석고판(열전도도 k = 0.2[W/m·K])을 부착하였다. 실내측 표면열전달계수 α_r = 8.4[W/m²·K], 실외측 표면열전달계수 α_0 = 23.2[W/m²·K]라고 하면 열관류율은?

① 2.37[W/m²·K]
② 2.57[W/m²·K]
③ 2.77[W/m²·K]
④ 2.97[W/m²·K]

해설
$$K = \dfrac{1}{\dfrac{1}{\alpha_r} + \dfrac{b_1}{\lambda_1} + \dfrac{b_2}{\lambda_2} + \dfrac{1}{\alpha_o}}$$
$$= \dfrac{1}{\dfrac{1}{8.4} + \dfrac{0.2}{1.6} + \dfrac{0.01}{0.2} + \dfrac{1}{23.2}}$$
$$= 2.966 [W/m^2 \cdot K]$$

48_ 동관의 끝 부분을 확관하는 데 사용하는 공구는?

① 익스팬더
② 사이징 툴
③ 튜브 벤더
④ 티 뽑기

해설 동관 작업용 공구
㉮ 튜브 커터(tube cutter) : 동관을 절단할 때 사용
㉯ 튜브 벤더(tube bender) : 동관의 구부릴 때 사용
㉰ 플레어링 공구 : 압축이음하기 위하여 관끝을 나팔관 모양으로 넓힐 때 사용
㉱ 리머(reamer) : 관 내면의 거스러미를 제거하는 데 사용
㉲ 사이징 툴(sizing tools) : 동관 끝부분을 원형으로 교정할 때 사용
㉳ 확관기(expander) : 관 끝을 넓혀 소켓으로 만들 때 사용
㉴ 티 뽑기(extractor) : 직관에서 분기관 성형 시 사용

49_ 과열기 설치 형식에서 대향류의 특징을 설명한 것으로 옳은 것은?

① 과열관은 고온가스에 의한 소손율이 적다.
② 가스와 증기의 평균 온도차가 적다.
③ 열전달량이 다른 배열에 비해 적다.
④ 열전달이 양호하고 고온에서 배열관의 손상이 크다.

해설 과열기 중에서 증기와 연소가스의 흐름이 반대방향인 대향류는 고온의 연소가스와 고온의 증기가 접촉하게 배열되기 때문에 열효율은 양호하지만 고온에서 배열관의 손상이 크다.

50_ 다음과 같이 도면에 표기된 방열기의 방열량은 약 얼마인가? (단, 표준방열량 : 756[W/m²], 방열량보정계수 : 0.948, 1쪽당 방열면적 : 0.26[m²]이다.)

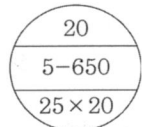

① 3546[W]
② 3627[W]
③ 3727[W]
④ 4147[W]

해설
㉮ 도면에 표기된 방열기 도시기호에서 방열기 쪽수는 20쪽이다.
㉯ 방열기 방열량 계산
∴ Q_r = 방열량보정계수 × 방열기쪽수 × 1쪽당 방열면적 × 표준방열량
= 0.948 × 20 × 0.26 × 756 = 3726.777[W]

51_ 현장에서 많이 사용되며 상온에서 수동식은 50[A], 동력식은 100[A]까지의 관을 벤딩할 수 있는 특징을 지닌 파이프 벤딩기는?

① 로터리식
② 다이헤드식
③ 램식
④ 호브식

해설 램식 벤딩 머신(ram type pipe bending machine) : 상온에서 배관을 90°까지 구부리는데 사용하며 배관공사 현장에서 지름이 작은 관을 구부리는데 편리하다. 수동식은 50[A]까지, 동력식은 100[A]까지 작업이 가능하다.

정답 47. ④ 48. ① 49. ④ 50. ③ 51. ③

52. 일정량의 연료를 연소시킬 때 보일러의 전열량을 많게 하는 방법으로 틀린 것은?
① 연소가스의 유동을 빠르게 하고, 관수순환을 느리게 한다.
② 전열면에 부착된 스케일 등을 제거한다.
③ 연소율을 증가시키기 위해 양질의 연료를 사용한다.
④ 적당한 양의 공기로 연료를 완전 연소시킨다.

해설 연소가스의 유동을 느리게 하고, 관수순환을 빠르게 한다.

53. 터널요(tunnel kiln)의 구성요소가 아닌 것은?
① 예열대   ② 소성대
③ 냉각대   ④ 건조대

해설 터널요(tunnel kiln)는 예열, 소성, 냉각이 연속적으로 이루어지며 대차의 진행방향과 반대 방향으로 연소가스가 진행된다.

54. 관류보일러의 특징에 대한 설명으로 틀린 것은?
① 수관군의 배치가 자유롭다.
② 전열면적당 보유수량이 적어 시동시간이 적다.
③ 부하변동에 따른 압력변화가 적다.
④ 드럼이 없어 순환비가 1이다.

해설 관류보일러의 특징
㉮ 전열면적에 비하여 보유수량이 적으므로 가동시간이 짧다.
㉯ 고압 보일러에 적합하다.
㉰ 관을 자유로이 배치할 수 있어 구조가 콤팩트하다.
㉱ 완벽한 급수처리를 요한다.
㉲ 정확한 자동제어 장치를 설치하여야 한다.
㉳ 순환비가 1이므로 드럼이 필요 없다.
㉴ 발생증기 중에 포함된 수분을 분리하기 위하여 기수분리기를 설치한다.
㉵ 부하변동에 대한 적응력이 적어 압력변화가 크다.

55. 보일러 급수펌프의 구비조건으로 틀린 것은?
① 고온, 고압에 견딜 것
② 저부하에서도 효율이 좋을 것
③ 병렬운전을 할 수 없을 것
④ 작동이 간단하고 취급이 용이할 것

해설 보일러 급수펌프의 구비조건
㉮ 고온, 고압에 견딜 것
㉯ 작동이 확실하고 조작이 간단할 것
㉰ 부하변동에 대응할 수 있을 것
㉱ 저부하에도 효율이 좋을 것
㉲ 병렬운전에 지장이 없을 것
㉳ 회전식은 고속회전에 안전할 것

56. 검사대상기기 설치자는 검사대상기기 관리자를 해임하거나 관리자가 퇴직하는 경우 다른 검사대상기기 관리자를 언제까지 선임해야 하는가?
① 해임 또는 퇴직 후 5일 이내
② 해임 또는 퇴직 후 10일 이내
③ 해임 또는 퇴직 후 20일 이내
④ 해임 또는 퇴직 이전

해설 검사대상기기 관리자의 선임(에너지이용 합리화법 제40조 4항) : 검사대상기기 설치자는 검사대상기기 관리자를 해임하거나 검사대상기기 관리자가 퇴직하는 경우에는 해임이나 퇴직 이전에 다른 검사대상기기 관리자를 선임하여야 한다.

57. 부정형 내화물이 아닌 것은?
① 내화 모르타르
② 플라스틱 내화물
③ 세라믹 화이버
④ 캐스터블 내화물

해설 부정형 내화물의 종류 : 캐스터블 내화물, 플라스틱 내화물, 레밍믹스, 내화 피복제, 내화 모르타르

정답 52. ① 53. ④ 54. ③ 55. ③ 56. ④ 57. ③

58. 다음 중 무기질 보온재가 아닌 것은?
① 석면   ② 암면
③ 코르크   ④ 규조토

[해설] 재질에 의한 보온재 분류
㉮ 유기질 보온재 : 펠트, 코르크, 기포성 수지(우레탄폼)
㉯ 무기질 보온재 : 석면, 암면, 규조토, 탄산마그네슘, 유리섬유
㉰ 금속질 보온재 : 알루미늄 박(泊)

59. 내화 모르타르의 구비조건으로 틀린 것은?
① 필요한 내화도를 가질 것
② 건조, 소성에 의한 수축, 팽창이 적을 것
③ 화학 조성이 사용 벽돌과 같지 않을 것
④ 시공성이 좋을 것

[해설] 내화 모르타르의 구비조건
㉮ 필요한 내화도를 가질 것
㉯ 화학 조성이 사용 내화물(벽돌)과 동질일 것
㉰ 건조 및 소성에 의한 수축, 팽창이 적을 것
㉱ 시공성이 좋을 것
㉲ 접착성이 양호할 것

60. 증기트랩 불량으로 인한 증기 누출 원인으로 가장 거리가 먼 것은?
① 간헐적 작동
② 밸브개폐 불량
③ 오리피스의 고장
④ 트랩 작동부의 고장

[해설] 증기트랩 불량으로 인한 증기 누출 원인
㉮ 밸브 개폐 불량
㉯ 오리피스의 고장
㉰ 트랩 작동부의 고장
㉱ 배압 허용한계 초과
㉲ 밸브시트에 이물질 부착

4과목 - 열설비취급 및 안전관리

61. 보일러 사고 중 취급상의 원인으로 가장 거리가 먼 것은?
① 공작시공 및 사용재료의 불량
② 저수위로 인한 보일러의 과열
③ 보일러수의 처리 불량 등으로 인한 내부 부식
④ 보일러수의 농축이나 스케일 부착으로 인한 과열

[해설] 사고의 원인
㉮ 제작상의 원인 : 재료불량, 강도부족, 설계불량, 구조불량, 부속기기 설비의 미비, 용접불량 등
㉯ 취급상의 원인 : 압력초과, 저수위, 급수처리 불량, 부식, 과열, 미연소가스 폭발사고, 부속기기 정비 불량 등

62. 다음의 방열기 중 대류작용으로만 열이동을 시키는 것은?
① 길드 방열기   ② 주형 방열기
③ 벽걸이형 방열기   ④ 컨벡터

[해설] 대류형 방열기 : 강판제 케이싱 속에 튜브 등의 가열기를 설치한 것으로 공기는 하부로 유입되어 가열되고, 상부로 토출되어 자연 대류에 의해 난방하는 방열기로 일반적으로 콘벡터(convector)라 하며, 특별히 바닥에 낮게 설치된 것을 베이스 보드 히터(base board heater)라 한다.

63. 산업통상자원부장관이 에너지관리지도결과 에너지다소비사업자에게 개선명령을 할 수 있는 경우는?
① 3[%] 이상의 효율개선이 기대되고 투자경제성이 인정되는 경우
② 5[%] 이상의 효율개선이 기대되고 투자경제성이 인정되는 경우

정답 58. ③ 59. ③ 60. ① 61. ① 62. ④ 63. ④

③ 7[%] 이상의 효율개선이 기대되고 투자경제성이 인정되는 경우
④ 10[%] 이상의 효율개선이 기대되고 투자경제성이 인정되는 경우

해설 개선명령의 요건(에너지이용 합리화법 시행령 제40조 1항) : 산업통상자원부장관이 에너지다소비사업자에게 개선명령을 할 수 있는 경우는 에너지관리지도 결과 10[%] 이상의 에너지효율 개선이 기대되고 효율 개선을 위한 투자의 경제성이 있다고 인정되는 경우로 한다.

64_ 보일러 수처리에서 이온교환체와 관계가 있는 것은?
① 천연산 제오라이트
② 탄산소다
③ 히드라진
④ 황산마그네슘

해설 이온교환법 : 경수를 연수로 만드는 방법으로 고체의 이온교환체 입자층에 처리하여야 할 급수를 통하게 하여 이온교환체의 특정이온과 처리하여야 할 급수 중의 이온과 교환하는 방법으로 이온 교환체는 천연산 제오라이트(zeolite)나 합성수지를 사용한다.

65_ 보일러의 용수처리는 관내처리와 관외처리로 분류되는데 다음 중 관내처리에 해당되는 것은?
① pH조절
② 이온교환
③ 진공탈기
④ 침강분리

해설 급수처리방법 분류
(1) 외처리 방법
㉮ 물리적 방법 : 여과법, 침강법, 기폭법, 탈기법, 증류법, 가열연화법
㉯ 화학적 방법 : 약제 첨가법, 이온교환법, 응집법
(2) 내처리 방법 : 청관제
㉮ pH 및 알칼리 조정제
㉯ 연화제
㉰ 슬러지 조정제
㉱ 탈산소제
㉲ 가성취화 방지제
㉳ 기포방지제

66_ 보일러 수격작용의 방지법이 틀린 것은?
① 응축수가 고이는 곳에 트랩을 설치한다.
② 증기관을 경사지게 설치한다.
③ 증기관의 보온을 잘 한다.
④ 주증기밸브를 열 때는 신속히 개방한다.

해설 수격작용(water hammer) 방지법
㉮ 기수공발(carry over) 현상 발생을 방지할 것
㉯ 주증기 밸브를 서서히 개방할 것
㉰ 증기배관의 보온을 철저히 할 것
㉱ 응축수가 체류하는 곳에 증기트랩을 설치할 것
㉲ 드레인 빼기를 철저히 할 것
㉳ 송기 전에 소량의 증기로 배관을 예열할 것 → 난관(暖管)조작

67_ 온수난방에서 방열기의 입구온도가 90[℃], 출구온도가 75[℃], 방열계수가 6.8[kcal/m²·h·℃]이고, 실내온도가 18[℃]일 때 방열기의 방열량은?
① 352.7[kcal/m²·h]
② 364.2[kcal/m²·h]
③ 392.8[kcal/m²·h]
④ 438.6[kcal/m²·h]

해설 $Q_r = K \times \Delta t_m$
$= K \times \left(\dfrac{\text{방열기 입구온도} + \text{출구온도}}{2} - \text{실내온도}\right)$
$= 6.8 \times \left(\dfrac{90+75}{2} - 18\right) = 438.6[\text{kcal/m}^2 \cdot \text{h}]$

68_ 보일러 급수 중의 용해 고형물을 제거하기 위한 방법이 아닌 것은?
① 약품 처리법
② 이온교환법
③ 탈기법
④ 증류법

해설 용해 고형물 처리법 : 이온교환 수지법, 증류법, 약품처리법(약품첨가법)

정답 64. ① 65. ① 66. ④ 67. ④ 68. ③

69. 가마울림 현상의 방지 대책이 아닌 것은?
① 2차 공기의 가열, 통풍 조절을 개선한다.
② 연소실과 연도를 개조한다.
③ 수분이 많은 연료를 사용한다.
④ 연소실 내에서 완전연소 시킨다.

해설 가마울림 현상 방지 대책
㉮ 연료 속에 함유된 수분이나 공기는 제거한다.
㉯ 연료량과 공급되는 공기량의 밸런스를 맞춘다.
㉰ 무리한 연소와 연소량의 급격한 변동은 피한다.
㉱ 연도의 단면이 급격히 변화하지 않도록 한다.
㉲ 노 내와 연도 내에 불필요한 공기가 누입되지 않도록 한다.
㉳ 2차 연소를 방지한다.
㉴ 2차 공기를 가열하여 통풍조절을 적정하게 한다.
㉵ 연소실내에서 완전 연소시킨다.
㉶ 연소실이나 연도를 연소가스가 원활하게 흐르도록 개량한다.

70. 다관 원통형 열교환기에서 U자 관형열교환기의 특징으로 옳은 것은?
① 구조가 복잡하다.
② 제작비가 비싸다.
③ 열팽창에 대해 자유롭다.
④ 고압유체에는 부적합하다.

해설 U자 관형열교환기 : 원통형의 쉘(shell) 내부에 U자형의 코일을 삽입시킨 것으로 구조 및 제작이 간편하고, 제작비가 저렴하고, 열팽창에 자유롭지만 기계적 청소가 어렵다.

71. 보일러 급수처리의 목적을 설명한 것으로 틀린 것은?
① 전열면의 스케일의 생성을 방지하기 위하여
② 점식 등의 내면부식을 방지하기 위하여
③ 보일러 수의 농축을 방지하기 위하여
④ 라미네이션 현상을 방지하기 위하여

해설 급수처리의 목적
㉮ 스케일, 슬러지가 고착되는 것을 방지하기 위하여
㉯ 보일러수가 농축되는 것을 방지하기 위하여
㉰ 보일러 부식을 방지하기 위하여
㉱ 가성취화현상을 방지하기 위하여
㉲ 캐리오버현상을 방지하기 위하여

72. 가스용 보일러의 연료배관에 대한 설명으로 틀린 것은?
① 배관은 외부에 노출하여 시공해야 한다.
② 배관이음부와 절연전선과의 거리는 5[cm] 이상 유지해야 한다.
③ 배관이음부와 전기접속기와의 거리는 30[cm] 이상 유지해야 한다.
④ 배관이음부와 전기계량기와의 거리는 60[cm] 이상 유지해야 한다.

해설 배관의 이음부와 유지거리 : 용접이음매 제외
㉮ 전기계량기, 전기개폐기 : 60[cm] 이상
㉯ 단열조치를 하지 않은 굴뚝, 전기점멸기, 전기접속기, 절연조치를 하지 않은 전선 : 30[cm] 이상
㉰ 절연전선 : 10[cm] 이상

73. 에너지다소비사업자가 에너지 손실요인의 개선 명령을 받은 때는 개선 명령일로부터 며칠 이내에 개선 계획을 수립하여 제출하여야 하는가?
① 20일   ② 30일
③ 50일   ④ 60일

해설 개선 계획 수립(에너지이용 합리화법 시행령 제40조3항) : 에너지다소비사업자는 개선 명령을 받은 경우에는 개선 명령일로부터 60일 이내에 개선 계획을 수립하여 산업통상자원부장관에게 제출하여야 하며, 그 결과를 개선 기간 만료일부터 15일 이내에 산업통상자원부장관에게 통보하여야 한다.

정답 69. ③ 70. ③ 71. ④ 72. ② 73. ④

74_ 에너지법상 지역에너지계획은 5년마다 수립하여야 한다. 이 지역에너지계획에 포함되어야 할 사항은?

① 국내외 에너지수요와 공급추이 및 전망에 관한 사항
② 에너지의 안전관리를 위한 대책에 관한 사항
③ 에너지 관련 전문인력의 양성 등에 관한 사항
④ 에너지의 안정적 공급을 위한 대책에 관한 사항

해설 지역에너지계획에 포함되어야 할 사항 : 에너지법 제7조 2항
㉮ 에너지 수급의 추이와 전망에 관한 사항
㉯ 에너지의 안정적 공급을 위한 대책에 관한 사항
㉰ 신·재생에너지 등 환경친화적 에너지 사용을 위한 대책에 관한 사항
㉱ 에너지 사용의 합리화와 이를 통한 온실가스의 배출감소를 위한 대책에 관한 사항
㉲ 집단에너지공급대상지역으로 지정된 지역의 경우 그 지역의 집단에너지 공급을 위한 대책에 관한 사항
㉳ 미활용 에너지원의 개발·사용을 위한 대책에 관한 사항
㉴ 그 밖에 에너지시책 및 관련 사업을 위하여 시·도지사가 필요하다고 인정하는 사항
※ 문제 예제에 주어진 ㉮, ㉯, ㉰항의 내용은 "에너지법 제6조"에 규정된 국가에너지 기본계획의 수립에 포함되어야 할 내용으로 제6조 규정은 2010년 1월 13일자로 삭제된 조항으로 공개된 최종답안은 ④번으로 처리되었음

75_ 관로 속을 흐르는 물 등의 유체속도를 급격히 변화시킬 때 생기는 압력변화로 밸브를 급격히 개폐 시 발생하는 이상 현상은?

① 수격작용 ② 캐비테이션
③ 맥동현상 ④ 포밍

해설 수격작용(water hammering) : 펌프에서 물을 압송하고 있을 때 정전 등으로 펌프가 급히 멈춘 경우 관내의 유속이 급변하면 물에 심한 압력변화가 생기는 현상이다.

76_ 증기보일러에서 안전밸브는 2개 이상 설치하여야 하지만 전열면적이 몇 [m²] 이하이면 1개 이상으로 해도 되는가?

① 10[m²] 이하 ② 30[m²] 이하
③ 50[m²] 이하 ④ 100[m²] 이하

해설 안전밸브의 개수
㉮ 증기보일러에는 2개 이상의 안전밸브를 설치하여야 한다. 다만, 전열면적 50[m²] 이하의 증기보일러에서는 1개 이상으로 한다.
㉯ 관류보일러에서 보일러와 압력방출장치와의 사이에 체크밸브를 설치할 경우 압력방출장치는 2개 이상이어야 한다.

77_ 검사대상기기의 검사를 받지 아니하고 사용한 자에 대한 벌칙으로 옳은 것은?

① 오백만원 이하의 벌금
② 이천만원 이하의 벌금
③ 2년 이하의 징역
④ 일천만원 이하의 벌금

해설 1년 이하의 징역 또는 1천만원 이하의 벌금 : 에너지이용 합리화법 제73조
㉮ 검사대상기기의 검사를 받지 아니한 자
㉯ 검사에 불합격된 검사대상기기를 사용한 자

78_ 에너지이용 합리화법에 따라 에너지사용계획을 수립하여 제출하여야 하는 대상사업이 아닌 것은?

① 도시개발사업
② 공항건설사업
③ 철도건설사업
④ 개발제한지구 개발사업

해설 에너지사용계획의 수립 대상사업 : 에너지이용 합리화법 시행령 제20조
㉮ 도시개발사업
㉯ 산업단지개발사업

정답 74. 정답 없음 75. ① 76. ③ 77. ④ 78. ④

㉰ 에너지개발사업
㉱ 항만건설사업
㉲ 철도건설사업
㉳ 공항건설사업
㉴ 관광단지개발사업
㉵ 개발촉진지구개발사업 또는 지역종합개발사업

79. 에너지이용 합리화법에 따라 제3자로부터 에너지 절약형 시설투자에 관한 사업을 위탁받아 수행하는 자를 무엇이라고 하는가?

① 에너지진단기업
② 수요관리투자기업
③ 에너지절약전문기업
④ 에너지기술개발전담기업

[해설] 에너지절약전문기업(에너지이용 합리화법 제25조) : 정부는 제3자로부터 위탁을 받아 다음 각 호의 어느 하나에 해당하는 사업을 하는 자로서 산업통상자원부장관에게 등록을 한 자
㉮ 에너지사용시설의 에너지절약을 위한 관리, 용역사업
㉯ 에너지절약형 시설투자에 관한 사업
㉰ 에너지절약을 위한 사업

80. 보일러 관수의 pH 값이 산성인 것은?

① 4   ② 7
③ 9   ④ 12

[해설] pH(수소이온농도지수 : pH1 ~ pH14)값이 작을수록 강산성의 물질이고, 클수록 강알칼리성을 갖는다.(pH7이 중성, pH7 미만이 산성, pH7 초과가 알칼리성이다.)

2015년 9월 19일
제4회 에너지관리산업기사 필기시험

1과목 - 열역학 및 연소관리

01_ 작동 유체에 상(phase)의 변화가 있는 사이클은?
① 랭킨 사이클 ② 오토 사이클
③ 스터링 사이클 ④ 브레이턴 사이클

해설 랭킨 사이클 : 2개의 정압변화와 2개의 단열변화로 구성된 증기원동소의 이상 사이클로 보일러에서 발생된 증기를 증기터빈에서 단열팽창하면서 외부에 일을 한 후 복수기(condenser)에서 냉각되어 포화액이 된다.

02_ 보일러 연소실 내 미연가스의 폭발을 대비하여 설치하는 안전장치는?
① 방폭문 ② 안전밸브
③ 가용전 ④ 화염검출기

해설 방폭문(폭발문) : 연소실 내의 미연소 가스의 폭발 및 역화 시 그 내부압력을 외부로 방출시켜 동체의 파열사고를 방지하는 장치로 개방식(스윙식)과 밀폐식(스프링식)이 있다.

03_ 습증기 영역에 대한 표현 중 옳은 것은? (단, x는 건도이다.)
① $x = 0$ ② $0 < x < 1$
③ $x = 1$ ④ $x > 1$

해설 건조도[건도](x) : 증기 속에 함유되어 있는 물방울의 혼용률
㉮ 건조도(x)가 1인 경우 : 건포화증기
㉯ 건조도(x)가 0인 경우 : 포화수(포화액체)
㉰ 건조도(x)가 0 < x < 1인 경우 : 습증기

04_ 과열증기에 대한 설명으로 옳은 것은?
① 건포화증기를 가열하여 압력과 온도를 상승시킨 증기이다.
② 건포화증기를 온도의 변동 없이 압력을 상승시킨 증기이다.
③ 건포화증기를 압축하여 온도와 압력을 상승시킨 증기이다.
④ 건포화증기를 가열하여 압력의 변동 없이 온도를 상승시킨 증기이다.

해설 과열증기 : 습포화증기를 가열하여 건조증기가 된 건증기를 다시 가열할 때 압력은 오르지 않고 온도만 상승되는 증기이다.

05_ 급수의 비탄산염 경도가 크고 보일러 내처리를 행하지 않거나 행하여도 pH조정제의 투입이 불충분하여 보일러수의 pH가 상승되지 않는 경우에 주로 생성되는 스케일의 종류는?
① 황산칼슘 ② 규산칼슘
③ 탄산칼슘 ④ 염화칼슘

해설 염류의 종류 및 영향
㉮ 중탄산칼슘[$Ca(HCO_3)_2$] : 급수 용존 염류 중 가장 일반적인 슬러지 성분으로 온도가 낮은 상태에서 발생한다.
㉯ 중탄산마그네슘[$Mg(HCO_3)_2$] : 보일러수 중에 열분해되어 탄산마그네슘, 수산화마그네슘 슬러지가 된다.
㉰ 황산칼슘($CaSO_4$) : 고온에서 석출하므로 주로 증발관에서 스케일화 되는 것으로 보일러 내처리가 불충분한 경우에 생성되기 쉽고 대단히 악질 스케일이 된다.
㉱ 황산마그네슘($MgSO_4$) : 용해도가 커서 그 자체로는 스케일 생성이 잘 안되나 탄산칼슘과 작용해서 황산칼슘과 수산화마그네슘의 경질 스케일이 발생한다.
㉲ 염화마그네슘($MgCl_2$) : 보일러수가 적당한 pH로 유지되는 경우 가수분해에 의해 수산화마그네슘의 슬러지가 되며, 블로다운 시에 배출시킬 수 있다.

우답 1. ① 2. ① 3. ② 4. ④ 5. ①

① 565[kJ] ② 1210[kJ]
③ 1290[kJ] ④ 2503[kJ]

06_ 25[℃], 1기압에서 10[L]의 산소를 100[L]까지 등온팽창시킬 경우, 단위 질량당 엔트로피 변화는? (단, 기체상수 $R = 0.26$[kJ/kg·K]이다.)

① 0.2[kJ/kg·K] ② 0.6[kJ/kg·K]
③ 23.4[kJ/kg·K] ④ 90.8[kJ/kg·K]

해설
$\Delta S = R\ln\left(\dfrac{V_2}{V_1}\right)$
$= 0.26 \times \ln\left(\dfrac{100}{10}\right) = 0.598$ [kJ/kg·K]

해설 (1) 정압(일정 압력)상태에서의 전열량 계산
㉮ 정압상태에서 팽창시킨 온도계산
$\dfrac{P_1 V_1}{T_1} = \dfrac{P_2 V_2}{T_2}$ 에서 $P_1 = P_2$이므로
$\therefore T_2 = \dfrac{V_2 T_1}{V_1} = \dfrac{2V_1 \times (273+50)}{V_1}$
$= 646$ [K]
㉯ 전열량 계산
$\therefore Q_1 = GC_p\Delta T$
$= 5 \times 0.75 \times \{646 - (273+50)\}$
$= 1211.25$ [kJ]
(2) 정적(일정 부피)상태에서의 전열량 계산
㉮ 정적상태에서 가열한 후 온도 계산 : 정압상태에서 팽창시킨 후 온도(646K)가 처음상태의 온도가 된다.
$\dfrac{P_1 V_1}{T_1} = \dfrac{P_2 V_2}{T_2}$ 에서 $V_1 = V_2$이므로
$\therefore T_2 = \dfrac{P_2 T_1}{P_1} = \dfrac{2P_1 \times 646}{P_1} = 1292$ [K]
㉯ 비열비 계산
$C_p - C_v = R$에서
$\therefore C_v = C_p - R = 0.75 - 0.35 = 0.4$ [kJ/kg·K]
$\therefore k = \dfrac{C_p}{C_v} = \dfrac{0.75}{0.4} = 1.875$
㉰ 전열량 계산
$\therefore Q_2 = \dfrac{1}{k-1}mR(T_2 - T_1)$
$= \dfrac{1}{1.875-1} \times 5 \times 0.35 \times (1292-646)$
$= 1292$ [kJ]
(3) 합계 전열량 계산
$\therefore Q_a = Q_1 + Q_2 = 1211.25 + 1292$
$= 2503.25$ [kJ]

07_ 음속에 대한 설명으로 옳은 것은?
① 분자량이 클수록 음속은 증가한다.
② 기체상수가 클수록 음속은 증가한다.
③ 압력이 높을수록 음속은 감소한다.
④ 온도가 낮을수록 음속은 증가한다.

해설 $C = \sqrt{kgRT}$ 이므로 음속은
㉮ 온도(T)가 낮을수록 음속은 감소한다.(절대온도의 평방근에 비례한다.)
㉯ 가스상수(R)가 클수록 음속은 증가한다.
㉰ 분자량(M)이 클수록 가스상수(R)는 작아지므로 음속은 감소한다.
㉱ 압력(P)이 높을수록 기체상수(R)가 커지므로 음속은 증가한다.

08_ 계 내에 이상기체(기체상수 0.35[kJ/kg·K], 정압비열 0.75[kJ/kg·K])가 초기상태 75[kPa], 50[℃]인 조건에서 5[kg]이 들어 있다. 이 기체를 일정 압력 하에서 부피가 2배가 될 때까지 팽창시킨 다음 일정 부피에서 압력이 2배가 될 때까지 가열하였다면 전 과정에서 이 기체에 전달된 열량은?

09_ 물 120[kg]을 20[℃]에서 80[℃]까지 가열하는데 필요한 열량은? (단, 물의 비열은 4.2[kJ/kg·℃]이다.)

① 252[kJ] ② 3600[kJ]
③ 7200[kJ] ④ 30240[kJ]

정답 6. ② 7. ② 8. ④ 9. ④

[해설] $Q = G \cdot C_p \cdot \Delta t$
$= 120 \times 4.2 \times (80 - 20) = 30240 \,[\text{kJ}]$

10. 그림은 증기원동소의 재열사이클을 $T-S$ 선도상에 표시한 것이다. 재열과정에 해당하는 것은?

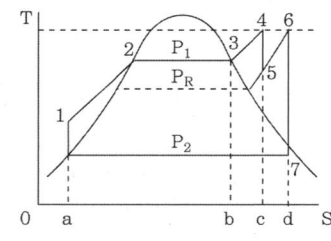

① $3 \to 4$ ② $5 \to 6$
③ $2 \to 3$ ④ $7 \to 1$

[해설] 재열 사이클 작동과정
㉮ $1 \to 4$: 정압가열과정 – 보일러에서 증기발생 과정
㉯ $4 \to 5$: 단열팽창과정 – 고압터빈에서 단열팽창
㉰ $5 \to 6$: 정압가열과정 – 고압터빈에서 송출한 과열증기를 과열기에서 정압가열하여 과열도가 큰 과열증기가 된다.
㉱ $6 \to 7$: 단열팽창과정 – 저압터빈에서 단열팽창
㉲ $7 \to a$: 정압냉각과정 – 복수기에서 정압냉각으로 포화수(응축수)가 된다.
㉳ $a \to 1$: 단열압축과정 – 펌프로 보일러에 급수

11. 탄소(C) 20[kg]을 완전히 연소시키는데 요구되는 이론공기량은 약 몇 [Nm³]인가?
① 178 ② 155
③ 47   ④ 37

[해설] ㉮ 탄소의 완전 연소반응식
$C + O_2 \to CO_2$
㉯ 이론공기량[Nm³] 계산
$12[\text{kg}] : 22.4[\text{Nm}^3] = 20[\text{kg}] : x(O_0)[\text{Nm}^3]$
$\therefore A_0 = \dfrac{O_0}{0.21} = \dfrac{20 \times 22.4}{0.21 \times 12} = 177.777[\text{Nm}^3]$

12. 배기가스의 회전운동으로 원심력에 의하여 매진(煤塵)을 분리하는 장치는?
① 전기집진장치   ② 사이클론집진장치
③ 세정집진장치   ④ 여과집진장치

[해설] 원심력 집진장치 : 함진가스에 선회운동을 주어 입자에 원심력을 작용시켜 입자를 분리하는 방식으로 사이클론식과 멀티클론식이 있다.

13. 지름 3[m]인 완전한 구(sphere)형의 풍선 안에 6[kg]의 기체가 있다. 기체의 비체적 [m³/kg]은?
① $\dfrac{\pi}{4}$ ② $\dfrac{\pi}{2}$
③ $\dfrac{3\pi}{4}$ ④ π

[해설] ㉮ 비체적[m³/kg]은 단위질량[kg]에 대한 체적[m³]이다.
㉯ 구형의 풍선 체적 계산
$\therefore V = \dfrac{\pi}{6} \times D^3 = \dfrac{\pi}{6} \times 3^3 = \dfrac{27\pi}{6}$
㉰ 비체적 계산
$\therefore v = \dfrac{V}{m} = \dfrac{\frac{27\pi}{6}}{6} = \dfrac{27\pi}{6 \times 6} = \dfrac{27\pi}{36} = \dfrac{3\pi}{4}$

14. 기체연료의 특징에 대한 설명으로 틀린 것은?
① 화염온도의 상승이 비교적 용이하다.
② 연소장치의 온도 및 온도분포의 조절이 어렵다.
③ 다량으로 사용하는 경우 수송 및 저장 등이 불편하다.
④ 연소 후에 유해성분의 잔류가 거의 없다.

[해설] 기체연료의 특징
(1) 장점
 ㉮ 연소효율이 높고 연소제어가 용이하다.
 ㉯ 회분 및 황성분이 없어 전열면 오손이 없다.

정답 10. ② 11. ① 12. ② 13. ③ 14. ②

㉰ 적은 공기비로 완전연소가 가능하다.
㉱ 저발열량의 연료로 고온을 얻을 수 있다.
㉲ 완전연소가 가능하여 공해문제가 없다.
(2) 단점
㉮ 저장 및 수송이 어렵다.
㉯ 가격이 비싸고 시설비가 많이 소요된다.
㉰ 누설 시 화재, 폭발의 위험이 크다.

15. 0.4[kmol]의 CO_2가 온도 150[℃], 압력 80[kPa]일 때의 체적은? (단, 기체상수 $\overline{R}$은 8.314 [kJ/kmol·K]이다.)

① 2.7[m³] ② 17.5[m³]
③ 20.7[m³] ④ 30.5[m³]

해설 $PV = G\overline{R}T$에서

$$\therefore V = \frac{G\overline{R}T}{P}$$

$$= \frac{0.4 \times 8.314 \times (273 + 150)}{80} = 17.584 [m^3]$$

16. 기체연료와 그 제조방법에 대한 설명 중 옳은 것은?

① 액화천연가스 : 석유정제과정에서 생성되는 프로판, 부탄을 주체로 하는 가스를 압축 액화한다.
② 액화석유가스 : 석유의 경질유분을 ICI식, CRG식, 사이클링식 등의 개질장치로 분해한다.
③ 나프타분해가스 : 알라스카, 중동 등지에서 생산되는 가스를 그대로 액화시킨다.
④ 대체천연가스 : 납사 등을 특수조건하에서 분해하여 천연가스와 동등한 특성을 가진 가스로 제조한다.

해설 기체연료와 제조방법
㉮ 액화석유가스(LPG)의 설명
㉯ 나프타분해가스의 설명
㉰ 액화천연가스(LNG)의 설명

17. 기체연료 연소장치인 가스버너의 특징에 대한 설명으로 틀린 것은?

① 연소 성능이 좋고 고부하 연소가 가능하다.
② 연소조절이 용이하며 속도가 빠르다.
③ 연소의 조절범위가 좁고 보수가 어렵다.
④ 매연이 적어 공해 대책에 유리하다.

해설 가스버너의 특징
㉮ 연소성능이 좋고, 고부하 연소가 가능하다.
㉯ 연소량 조절이 간단하고, 그 범위가 넓다.
㉰ 정확한 온도제어가 가능하다.
㉱ 버너 구조가 간단하며, 보수가 용이하다.
㉲ 배기가스 중 유해물질이 적어 공해 대책에 유리하다.

18. 석탄의 공업분석 시 필수적으로 측정하는 항이 아닌 것은?

① 수분 ② 황분
③ 휘발분 ④ 회분

해설 석탄의 공업분석 시 측정항목
㉮ 수분 : 107±2[℃]에서 1시간 건조시켜 시료무게에 대한 건조감량의 비[%]로 표시

$$\therefore 수분(\%) = \frac{건조감량}{시료무게} \times 100$$

㉯ 회분 : 공기 중에서 800±10[℃] 가열 회화하여 시료 무게에 대한 회량의 비[%]로 표시

$$\therefore 회분(\%) = \frac{회량}{시료무게} \times 100$$

㉰ 휘발분 : 925±20[℃]에서 7분간 가열하여 시료무게에 대한 가열감량의 비[%]를 구하고 여기에 정량한 수분[%]을 감한 것으로 표시

$$\therefore 휘발분(\%) = \frac{가열감량}{시료무게} \times 100 - 수분[\%]$$

19. 기체연료를 1[m³]씩 완전 연소시켰을 때 연소가스가 가장 많이 발생하는 것은?

① 일산화탄소 ② 프로판
③ 수소 ④ 부탄

정답 15. ② 16. ④ 17. ③ 18. ② 19. ④

해설 각 가스의 완전연소 반응식
㉮ 일산화탄소 : $CO + \frac{1}{2}O_2 \rightarrow CO_2$
㉯ 프로판 : $C_3H_8 + 5O_2 \rightarrow 3CO_2 + 4H_2O$
㉰ 수소 : $H_2 + \frac{1}{2}O_2 \rightarrow H_2O$
㉱ 부탄 : $C_4H_{10} + 6.5O_2 \rightarrow 4CO_2 + 5H_2O$
※ 연소반응 후 몰수가 많은 것이 연소가스가 많이 발생되는 것이다.

20 열은 일로, 일은 열로 전환시킬 수 있다는 것은 열역학 제 몇 법칙에 해당되는가?
① 0법칙　② 1법칙
③ 2법칙　④ 3법칙

해설 열역학 법칙
㉮ 열역학 제0법칙 : 열평형의 법칙
㉯ 열역학 제1법칙 : 에너지보존의 법칙
㉰ 열역학 제2법칙 : 방향성의 법칙
㉱ 열역학 제3법칙 : 어떤 계 내에서 물체의 상태변화 없이 절대온도 0도에 이르게 할 수 없다.

2과목 - 계측 및 에너지진단

21 아래 자동제어계에 대한 블록선도로부터 ⓐ, ⓑ, ⓒ를 옳게 표기한 것은?

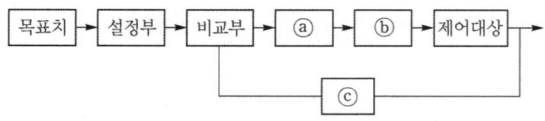

① ⓐ : 조작부, ⓑ : 조절부, ⓒ : 검출부
② ⓐ : 조절부, ⓑ : 조작부, ⓒ : 검출부
③ ⓐ : 조작부, ⓑ : 검출부, ⓒ : 조작부
④ ⓐ : 조작부, ⓑ : 검출부, ⓒ : 조절부

해설 피드백 제어(feed back control : 폐[閉]회로)의 블록선도

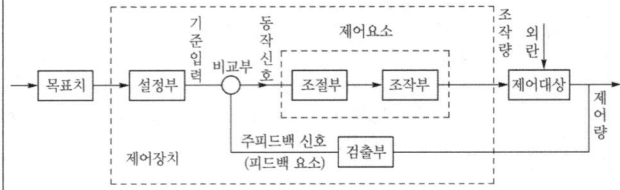

22 저항온도계의 종류가 아닌 것은?
① 서미스터 온도계　② 백금 저항온도계
③ 니켈 저항온도계　④ CA 저항온도계

해설 저항온도계의 종류 및 측정범위

종 류	측정범위
백금(Pt) 저항온도계	$-200\sim500[℃]$
니켈(Ni) 저항온도계	$-50\sim150[℃]$
동(Cu) 저항온도계	$0\sim120[℃]$
서미스터(thermistor)	$-100\sim300[℃]$

23 상당증발량에 대한 정의로 옳은 것은?
① 보일러 발생열량을 이용하여 표준대기압 하에서 100[℃]의 포화증기를 100[℃]의 포화수로 만들 수 있는 증기량을 말한다.
② 보일러 발생열량을 이용하여 표준대기압 하에서 80[℃]의 환수를 100[℃]의 포화증기로 만들 수 있는 증기량을 말한다.
③ 보일러 발생열량을 이용하여 표준대기압 하에서 100[℃]의 포화수를 100[℃]의 포화증기로 만들 수 있는 증기량을 말한다.
④ 보일러 발생열량을 이용하여 표준대기압 하에서 0[℃]의 물을 100[℃]의 포화증기로 만들 수 있는 증기량을 말한다.

해설 상당 증발량(환산 증발량) : 실제 증발량을 기준 증발량으로 환산하였을 때의 증발량. 즉, 100[℃]의 포화수를 100[℃]의 건조포화증기로 발생시킬 수 있는 증발량으로 단위는 [kg/h]이다.

$$\therefore G_e = \frac{G_a(h_2 - h_1)}{539}$$

24. 여러 성분의 가스를 분석할 수 있으며 분리성능이 매우 좋고 선택성이 뛰어나 기체 및 비점 300[℃] 이하의 액체시료 분석에 사용되는 분석기는?

① 오르자트 분석기
② 적외선 가스분석기
③ 가스크로마토그래피
④ 도전율식 가스분석기

[해설] 기체크로마토그래피의 특징
㉮ 여러 종류의 가스분석이 가능하다.
㉯ 선택성이 좋고 고감도로 측정한다.
㉰ 미량성분의 분석이 가능하다.
㉱ 응답속도가 늦으나 분리 능력이 좋다.
㉲ 동일가스의 연속측정이 불가능하다.
㉳ 캐리어가스의 종류 : 수소, 헬륨, 아르곤, 질소

25. 유체의 정의에 대한 설명으로 틀린 것은?

① 유체는 그것을 담은 용기에 따라 형상이 달라진다.
② 유체는 정지 상태에 있을 때에는 전단력을 받지 않는다.
③ 유체는 분자상호간의 거리와 운동범위가 고체보다 적다.
④ 아무리 작은 전단력을 받더라도 저항하지 못하고 연속적으로 변형한다.

[해설] 유체는 분자 상호간의 거리와 운동범위가 고체보다 크다.

26. 다음 중 접촉식 온도계가 아닌 것은?

① 바이메탈 온도계   ② 백금저항 온도계
③ 열전대 온도계   ④ 광고온계

[해설] 온도계의 분류 및 종류
㉮ 접촉식 온도계 : 유리제 봉입식 온도계, 바이메탈 온도계, 압력식 온도계, 열전대 온도계, 저항 온도계, 서미스터, 제겔콘, 서머컬러
㉯ 비접촉식 온도계 : 광고온도계(광고온계), 광전관 온도계, 색온도계, 방사온도계

27. 펌프로 물을 양수할 때, 흡입관의 압력이 진공 압력계로 50[mmHg]일 때 절대압력은? (단, 대기압은 750[mmHg]으로 가정한다.)

① 0.13[MPa]   ② 0.09[MPa]
③ 0.03[MPa]   ④ 0.01[MPa]

[해설] 1[atm] = 760[mmHg] = 76[cmHg]
= 0.76[mHg] = 29.9[inHg] = 760[torr]
= 10332[kgf/m²] = 1.0332[kgf/cm²]
= 10.332[mH₂O] = 10332[mmH₂O]
= 101325[N/m²] = 101325[Pa] = 101.325[kPa]
= 0.101325[MPa]
∴ 절대압력 = 대기압 − 진공압력
$= \left(\frac{750}{760} \times 0.101325\right) - \left(\frac{50}{760} \times 0.101325\right)$
= 0.093 [MPa]

28. 보일러 수위 제어용으로 액면에서 부자가 상하로 움직이며 수위를 측정하는 방식은?

① 직관식   ② 플로트식
③ 압력식   ④ 방사선식

[해설] 부자식(플로트식) : 부자실(float chamber) 상부는 증기부에, 하부는 수부에 연결하고 부자가 보일러 수위의 상승, 하강에 따라 상, 하로 움직여 수은 스위치를 작동시켜 수위를 감시, 조절하며 맥도널식, 자석식 등이 있다.

29. 동일 측정 조건하에서 어떤 일정한 영향을 주는 원인에 의하여 생기는 오차를 무슨 오차라고 하는가?

① 우연오차   ② 계통오차
③ 과실오차   ④ 필연오차

정답 24. ③ 25. ③ 26. ④ 27. ② 28. ② 29. ②

해설
(1) 계통오차(systematic error) : 측정값에 어떤 일정한 영향을 주는 원인에 의하여 생기는 오차로 원인을 알 수 있기 때문에 제거할 수 있다.
(2) 계통오차(systematic error)의 종류
 ㉮ 계기오차(고유오차) : 측정기가 불완전하거나 내부적 요인의 영향, 사용상의 제한 등으로 생기는 오차
 ㉯ 환경오차 : 온도, 압력, 습도 등에 의한 오차
 ㉰ 개인오차 : 개인의 버릇에 의한 오차
 ㉱ 이론오차 : 공식, 계산 등으로 생기는 오차

30. 자동제어의 특징으로 가장 거리가 먼 것은?
① 생산성이 향상되어 원가 절감이 가능하다.
② 제품의 균일화 등 품질향상을 기할 수 있다.
③ 사람이 할 수 없는 곤란한 작업도 가능하다.
④ 자동화에 의한 안전성 저해와 인건비 증가를 수반한다.

해설 자동제어의 특성
 ㉮ 작업능률 향상
 ㉯ 인건비 감소 및 작업시간의 절약
 ㉰ 생산원가의 절감 및 제품의 균일성
 ㉱ 작업에 따른 위험 부담 감소

31. 미세한 압력 측정용으로 가장 적절한 압력계는?
① 부르동관식   ② 벨로즈식
③ 경사관식   ④ 분동식

해설 경사관식 액주압력계 : 수직관을 각도 θ만큼 경사지게 부착하여 작은 압력을 정확하게 측정할 수 있어 실험실 등에서 사용한다.

32. 부르동관식 압력계에서 부르동관의 재료로 가장 거리가 먼 것은?
① 납   ② 인청동
③ 스테인리스강   ④ 황동

해설 부르동관의 재질
 ㉮ 저압용 : 황동, 인청동, 청동
 ㉯ 고압용 : 니켈강, 스테인리스강

33. 보일러 열정산에서 출열 항목에 속하는 것은?
① 연료의 현열
② 연소용 공기의 현열
③ 노내 분입 증기의 보유열량
④ 미연분에 의한 손실열

해설 열정산 시 입·출열 항목
(1) 입열(入熱) 항목
 ㉮ 연료의 발열량(연료의 연소열)
 ㉯ 연료의 현열
 ㉰ 공기의 현열
 ㉱ 노내 취입 증기 또는 온수에 의한 입열
(2) 출열(出熱) 항목
 ㉮ 배기가스 보유열량
 ㉯ 증기의 보유열량
 ㉰ 불완전연소에 의한 열손실
 ㉱ 미연분에 의한 열손실
 ㉲ 노벽의 흡수열량
 ㉳ 재의 현열

34. 다음 그림은 증기압력 제어에서 병렬제어 방식의 구성을 표시한 것이다. ( )에 적당한 용어는?

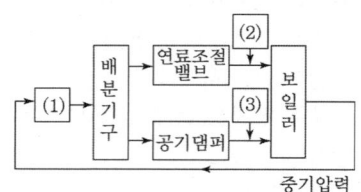

① 1 : 압력조절기, 2 : 목표치, 3 : 제어량
② 1 : 조작량, 2 : 설정신호, 3 : 공기량
③ 1 : 압력조절기, 2 : 연료공급량, 3 : 공기량
④ 1 : 연료공급량, 2 : 공기량, 3 : 압력조절기

해설 증기압력 제어의 병렬제어 방식 : 증기압력에 따라 압력 조절기가 제어동작을 하여 그 출력신호를 배분기구(모츄럴 모터)에 의하여 연료 조절밸브 및 공기댐퍼에 분배하여 두 부분의 개도치를 동시에 조절하여 연료 공급량과 공기량을 조절하는 방식이다.

정답 30. ④ 31. ③ 32. ① 33. ④ 34. ③

35. 보일러에서 3요소식 수위제어장치의 검출대상은?

① 수위, 급수량, 증기량
② 수위, 급수량, 연소량
③ 급수량, 연소량, 증기량
④ 급수량, 증기량, 공기량

해설 급수제어방법의 종류 및 검출대상(요소)

명칭	검출대상
1요소식	수위
2요소식	수위, 증기량
3요소식	수위, 증기량, 급수유량

36. 국제단위계(SI)의 유도단위에 속하는 것은?

① 미터[m]   ② 켈빈[K]
③ 칸델라[cd]   ④ 라디안[rad]

해설 유도단위 : 기본단위의 조합 또는 기본단위 및 다른 유도단위의 조합에 의하여 형성된 단위로 힘[N], 에너지[J], 동력[W], 압력[Pa], 평면각[rad] 등으로 구분된다.

37. 아래 그림과 같은 피드백(feed-back)제어계의 등가 합성 전달 함수는?

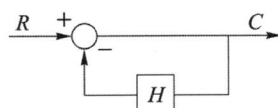

① $\dfrac{1}{H}$ ② $1+H$
③ H ④ $\dfrac{1}{1+H}$

38. 접촉식 온도계로서 내화물의 내화도 측정에 주로 사용되는 온도계는?

① 제겔콘(segercone)
② 백금저항 온도계
③ 기체식 압력온도계
④ 백금-백금·로듐 열전대 온도계

해설 제겔콘(Seger cone) 온도계 : 점토, 규석질 등 내연성의 금속산화물로 만든 것으로 벽돌의 내화도 측정 등에 사용한다.

39. 초음파 유량계의 원리는 무엇을 응용한 것인가?

① 제벡 효과   ② 도플러 효과
③ 바이메탈 효과   ④ 펠티어 효과

해설 초음파 유량계 : 초음파의 유속과 유체 유속의 합이 비례한다는 도플러 효과를 이용한 유량계로 측정체가 유체와 접촉하지 않고, 정확도가 아주 높으며, 고온, 고압, 부식성 유체에도 사용이 가능하다.

40. 제어계의 동작을 위한 기구요소에 대한 설명으로 틀린 것은?

① 스프링(spring) : 노즐의 변위를 압력으로 변화시킨다.
② 파일럿 밸브(pilot valve) : 변위량을 증폭시키는데 이용된다.
③ 벨로즈(bellows) : 일종의 주름통이며 단독보다는 스프링과 조합하여 사용하며 압력제한기나 압력조절기 등이 이에 속한다.
④ 다이어프램(diaphragm) : 얇은 박판으로서 외압의 변화로 격막판이 팽창이나 수축을 하면서 압력변화를 위치변화로 전환한다.

해설 제어계의 동작을 위한 기구요소 :②, ③, ④ 외
㉮ 스프링 : 스프링 변위에 의하여 그 비례한 힘을 발생한다.
㉯ 플래퍼 : 노즐의 변위를 압력으로 변화시킨다.
㉰ 피스톤 : 유입되는 유체의 압력이나 유량에 의하여 변위되는 것으로 다이어프램이나 벨로즈와는 달리 큰 압력이나 유량에 대하여 적분요소로 이용된다.
㉱ 분사관 : 파일럿 밸브와 같이 변위량을 증폭시키는 데 이용된다.
㉲ 대시포트 : 피스톤의 양쪽에 점성이 큰 유체를 주입하고 그것을 좁은 통로로 연결한 것으로 미분요소로 이용된다.

3과목 - 열설비구조 및 시공

41. 아래 벽체구조의 열관류율[kcal/h·m²·℃] 값은? (단, 이때 내측 열저항 값은 0.05[m²·h·℃/kcal], 외측 열저항 값은 0.13[m²·h·℃/kcal]이다.)

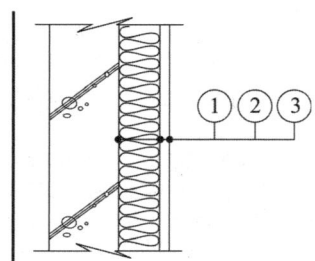

재료	두께[mm]	열전도율[kcal/h·m·℃]
내측		
① 콘크리트	250	1.4
② 글라스울	100	0.031
③ 석고보드	20	0.20
외측		

① 0.27 ② 0.37
③ 0.47 ④ 0.57

해설
$$K = \frac{1}{R_1 + \frac{b_1}{\lambda_1} + \frac{b_2}{\lambda_2} + \frac{b_3}{\lambda_3} + R_2}$$
$$= \frac{1}{0.05 + \frac{0.25}{1.4} + \frac{0.1}{0.031} + \frac{0.02}{0.20} + 0.13}$$
$$= 0.271 \, [\text{kcal/m}^2 \cdot \text{h} \cdot ℃]$$

42. 보일러 분출장치의 설치 목적으로 가장 거리가 먼 것은?
① 보일러수의 농축을 방지한다.
② 전열면에 스케일 생성을 방지한다.
③ 보일러의 저수위 운전을 방지한다.
④ 프라이밍이나 포밍의 발생을 방지한다.

해설 보일러 분출장치의 설치 목적
㉮ 슬러지 생성 및 스케일 방지
㉯ 보일러수의 pH 조절
㉰ 프라이밍, 포밍 현상을 방지
㉱ 보일러수의 농축방지 및 순환을 양호하게 유지
㉲ 보일러 고수위 방지
㉳ 세관작업 후 폐액을 배출시키기 위하여

43. 인젝터의 특징에 관한 설명으로 틀린 것은?
① 구조가 간단하고 소형이다.
② 별도의 소요 동력이 필요하다.
③ 설치장소를 적게 차지한다.
④ 시동과 정지가 용이하다.

해설 인젝터의 특징
(1) 장점
  ㉮ 구조가 간단하고, 가격이 저렴하다.
  ㉯ 급수가 예열되고, 열효율이 좋아진다.
  ㉰ 설치 장소가 적게 필요하다.
  ㉱ 별도의 동력원이 필요 없다.
(2) 단점
  ㉮ 흡입양정이 작고, 효율이 낮다.
  ㉯ 급수 온도가 높으면 급수 불량이 발생한다.
  ㉰ 증기압력이 너무 높거나 낮으면 급수 불량이 발생한다.
  ㉱ 급수량 조절이 어렵다.

44. 다음 중 가마 내의 부력을 계산하는 식은? (단, 가스의 밀도[kg/m³] : ρ, 가마의 높이[m] : H, 외기의 온도[K] : T_o, 가스의 평균온도[K] : T_c 이다.)

① $355 \times \rho \times H\left(\dfrac{1}{T_o} - \dfrac{1}{T_c}\right)$ [mmHg]

② $355 \times \rho \left(\dfrac{1}{T_o} - \dfrac{1}{T_c}\right)$ [mmHg]

③ $273 \times \rho \times H\left(\dfrac{1}{T_o} - \dfrac{1}{T_c}\right)$ [mmHg]

④ $273 \times H\left(\dfrac{1}{T_o} - \dfrac{1}{T_c}\right)$ [mmHg]

정답 41. ① 42. ③ 43. ② 44. ③

해설 가마 내의 부력은 연소가스가 배출되는 통풍력과 같은 의미이다.
∴ $Z = H \times (\rho_o - \rho_c)$
$= 273 \times \rho \times H \times \left(\dfrac{1}{T_o} - \dfrac{1}{T_c} \right)$ [mmAq]
※ 문제에서 단위가 [mmAq]로 주어져야 함.

45. 연속식 요에서 터널요의 구성요소가 아닌 것은?
① 건조대　② 예열대
③ 소성대　④ 냉각대

해설 터널요(tunnel kiln)는 예열, 소성, 냉각이 연속적으로 이루어지며 대차의 진행방향과 반대 방향으로 연소가스가 진행된다.

46. 내화물이 구비하여야 할 물리적, 화학적 성질이 아닌 것은?
① 팽창 또는 수축이 적을 것
② 사용온도에서 연화 또는 변화하지 않을 것
③ 온도의 급격한 변화에 의한 파손이 적을 것
④ 상온에서는 압축강도가 작아도 좋으나 사용온도에서는 커야 함

해설 내화물의 구비조건(물리적, 화학적 성질)
㉮ 상온 및 사용온도에서 충분한 압축강도를 가질 것
㉯ 고온에서 수축, 팽창이 적을 것
㉰ 사용 용도에 맞는 열전도율을 가질 것
㉱ 스폴링(spalling) 현상이 적을 것
㉲ 온도급변에서도 충분히 견딜 것
㉳ 내마모성 및 내침식성을 가질 것
㉴ 재가열 시 수축이 적을 것
㉵ 사용온도에서 연화변형하지 않을 것
㉶ 화학적으로 침식되지 않을 것

47. 노통 보일러에서 노통에 직각으로 설치한 것으로 전열면적을 증가시키고 물의 순환도 좋게 하며, 노통을 보강하는 역할도 하는 것은?
① 파형노통
② 아담슨 조인트(Adamson joint)
③ 겔로웨이관(galloway tube)
④ 거싯 스테이(gusset stay)

해설 겔로웨이 관(galloway tube) : 노통에 직각으로 2~3개 정도 설치한 관으로 전열면적을 증가시키며 보일러 수(水)의 순환을 좋게 하고 노통을 보강하는 역할을 한다.

48. 머플(Muffle)로에 대한 설명 중 틀린 것은?
① 간접 가열로이다.
② 열원은 주로 가스가 사용된다.
③ 로 내는 높은 진공분위기가 된다.
④ 소형품의 담금질과 뜨임가열에 이용된다.

해설 머플 가마(muffle kiln) : 단가마의 일종으로 직화식이 아닌 간접가열식 가마이다.

49. 플레어 접합은 일반적으로 관경 몇 [mm] 이하의 동관에 대하여 적용하는가?
① 10[mm]　② 20[mm]
③ 30[mm]　④ 40[mm]

해설 플레어 접합(flare joint) : 용접이음이 곤란한 곳이나, 분리결합이 요구될 때 동관의 끝부분을 접시모양으로 가공하여 이음 하는 방식으로 압축이음이라 한다. 일반적으로 관경 20[mm] 이하의 동관에 대하여 적용한다.

50. 다음 중 산성내화물이 아닌 것은?
① 샤모트질 내화물
② 반규석질 내화물
③ 돌로마이트질 내화물
④ 납석질 내화물

해설 내화물의 분류 및 종류
㉮ 산성 내화물 : 규석질 내화물, 반규석질 내화물, 납석질 내화물, 샤모트질 내화물
㉯ 염기성 내화물 : 마그네시아 내화물, 불소성 마그네시아 내화물, 개량 마그네시아 내화물, 포스 체라이트 내화물, 마그크로질 내화물, 돌로마이트질 내화물

정답 45. ①　46. ④　47. ③　48. ③　49. ②　50. ③

㉰ 중성 내화물 : 고알루미나질 내화물, 탄화 규소질 내화물, 크롬질 내화물, 탄소질 내화물
㉱ 부정형 내화물 : 캐스터블 내화물, 플라스틱 내화물, 레밍믹스, 내화 피복제, 내화 몰타르
㉲ 특수 내화물 : 지르콘 내화물, 지르코니아질 내화물, 베릴리아 내화물, 토리아 내화물

51. 착화를 원활하게 하는 보염기(stabilizer)의 종류가 아닌 것은?

① 축류식 선회기 ② 반경류식 선회기
③ 대류식 선회기 ④ 혼류식 선회기

[해설] 보염기(stabilizer) : 버너 팁 선단에 부착하여 착화를 원활하게 하고, 화염의 안정된 연소를 도모하는 장치로 선회기를 설치하여 연소용 공기에 선회운동을 주어 원추상으로 분사시켜 내측에 저압부분의 형성으로 저속영역을 만들어 착화를 쉽게 하는 것으로 선회기 방식, 보염판 방식으로 구별되며 선회기 방식은 축류식, 반경류식, 혼류식으로 분류된다.

52. 입형 보일러의 특징에 대한 설명으로 틀린 것은?

① 내분식 보일러이다.
② 설치면적을 작게 할 수 있다.
③ 대용량, 고압용으로 사용된다.
④ 내부청소 및 검사가 곤란하다.

[해설] 입형(vertical type) 보일러의 특징
㉮ 구조가 간단하고 설치면적이 적어 설치가 간단하다.
㉯ 전열면적이 작아 효율이 낮다.
㉰ 소용량, 저압용으로 사용된다.
㉱ 수면이 좁고 증기부가 적어 습증기가 발생할 수 있다.
㉲ 내부청소 및 점검이 불편하다.

53. 배관의 이음법 중 폴리에틸렌관의 이음법에 해당하지 않는 것은?

① 융착 슬리브 이음 ② 테이퍼 조인트 이음
③ 인서트 이음 ④ 콤포 이음

[해설] 폴리에틸렌관의 이음 종류
㉮ 용착 슬리브 접합 : 관 끝의 바깥쪽과 이음관의 안쪽을 동시에 가열하여 용융이음 하는 방법이다.
㉯ 테이퍼 접합 : 50[mm] 이하의 관에 폴리에틸렌 전용의 포금제 테이퍼 조인트를 사용하여 접합하는 방법이다.
㉰ 인서트 접합 : 50[mm] 이하의 폴리에틸렌관 접합용으로 가열 연화한 인서트를 끼우고 물로 냉각하여 클램프로 조여 접합하는 방법이다.
㉱ 기타 이음 방법 : 용접법, 플랜지 이음법, 나사 이음

『참고』 콤포 이음
콘크리트관의 이음법으로 철근 콘크리트로 만든 특수 칼라와 특수 몰타의 일종인 콤포(compo)로서 이음 하는 방법으로 칼라이음 이라 한다. 콤포는 시멘트와 모래의 비율을 1:1로 하고 여기에 물의 양을 약 17[%]로 하여 잘 반죽한 것이다.

54. 층류와 난류의 유동상태 판단의 척도가 되는 무차원수는?

① 마하수 ② 프란틀수
③ 넛셀수 ④ 레이놀즈수

[해설] 레이놀즈수와 유체 흐름의 구분
(1) 레이놀즈수(Reynolds number) : 실제유체의 유동에서 관성력과 점성력의 비로 나타내는 무차원수이다.
(2) 레이놀즈수(Re)에 의한 유체의 유동상태 구분
㉮ 층류 : Re < 2100 (또는 2300, 2320)
㉯ 난류 : Re > 4000
㉰ 천이구역 : 2100 < Re < 4000
㉱ 임계 레이놀즈수 : 2320

55. 노통연관 보일러의 특징에 대한 설명으로 틀린 것은?

① 전열면적이 넓어서 노통보일러보다 효율이 좋다.
② 패키지형으로 설치공사의 시간과 비용을 절약할 수 있다.
③ 노통에 의한 내분식이므로 열손실이 적다.
④ 증발량이 많아 증기발생 소요시간이 길다.

정답 51. ③ 52. ③ 53. ④ 54. ④ 55. ④

해설 노통연관식 보일러의 특징
㉮ 노통 보일러에 비하여 열효율(80~90[%])이 높다.
㉯ 패키지 형태로 제작, 운반, 설치, 취급이 용이하다.
㉰ 구조가 복잡하여 청소, 검사, 수리가 어렵다.
㉱ 증발속도가 빨라 스케일이 부착되기 쉽다.
㉲ 양질의 급수를 요한다.
㉳ 구조상 고압, 대용량 제작이 어렵다.

56. 열역학적 트랩의 종류로 옳은 것은?
① 디스크 트랩   ② 플로트 트랩
③ 버킷 트랩   ④ 바이메탈 트랩

해설 작동원리에 의한 증기트랩의 분류

구 분	작 동 원 리	종 류
기계식 트랩	증기와 응축수의 비중차 이용(플로트 또는 버킷의 부력 이용)	상향 버킷식, 하향 버킷식, 레버 플로트식, 자유 플로트식
온도조절식 트랩	증기와 응축수의 온도차 이용(금속의 신축성 이용)	바이메탈식, 벨로스식, 열동식
열역학적 트랩	증기와 응축수의 열역학, 유체역학적 특성차 이용	오리피스식, 디스크식

57. 탄산마그네슘 보온재에 관한 설명으로 틀린 것은?
① 물 반죽을 하여 사용한다.
② 안전사용 온도는 약 250[℃] 이하이다.
③ 석면 85[%], 탄산마그네슘 15[%]를 배합한 것이다.
④ 방습 가공한 것은 습기가 많은 곳의 옥외 배관에 적합하다.

해설 탄산마그네슘 보온재 특징
㉮ 염기성 탄산마그네슘(85[%])과 석면(15[%])으로 이루어져 있다.
㉯ 석면 혼합비율에 따라 열전도율이 달라진다.
㉰ 물반죽 또는 보온판, 보온통으로 사용된다.
㉱ 열전도율 : 0.05 ~ 0.07[kcal/h·m·℃]
㉲ 안전 사용온도 : 250[℃] 이하

58. 보일러 설비에 관한 설명으로 틀린 것은?
① 보일러 본체는 온수 또는 증기를 발생시키는 부분이다.
② 절탄기, 공기예열기 등은 보일러 열효율 증대장치이다.
③ 연소열을 보일러수에 전달하는 면을 전열면이라 한다.
④ 관 속에 물이 흐르고 외부의 연소가스에 의해 가열되는 관은 연관이다.

해설 연관 및 수관
㉮ 연관 : 관의 내부에는 연소가스가 흐르고 외부로는 물이 차있는 관
㉯ 수관 : 관 내부의 물이 외부의 연소가스에 의해 가열되는 관

59. 증기의 압력에너지를 이용하여 피스톤을 작동시켜 급수를 행하는 비동력 펌프는?
① 볼류트 펌프   ② 터빈 펌프
③ 워싱턴 펌프   ④ 프로펠러 펌프

해설 워싱턴 펌프(worthington pump) : 보일러 증기압을 이용하여 증기 피스톤을 작동시켜 물쪽 실린더의 피스톤을 왕복 운동시켜 급수하는 비동력 펌프로 왕복펌프에 해당된다.

60. 벽돌을 105[℃]~120[℃] 사이에서 건조시킨 무게를 W, 이것을 물속에서 3시간 끓인 후 물속에서 유지시킨 무게를 W_1, 물속에서 꺼내어 표면수분을 닦은 무게를 W_2라고 할 때 겉보기 비중을 구하는 식은?

① $\dfrac{W}{W-W_1}$ ② $\dfrac{W}{W-W_2}$

③ $\dfrac{W}{W_2-W_1}$ ④ $\dfrac{W-W_2}{W_2-W_1}$

정답 56. ① 57. ③ 58. ④ 59. ③ 60. ①

[해설]
㉮ 겉보기 비중 계산식 : $\dfrac{W}{W-W_1}$

㉯ 부피비중 계산식 : $\dfrac{W}{W_2-W_1}$

㉰ 흡수율[%] 계산식 : $\dfrac{W_2-W}{W}\times 100$

4과목 - 열설비취급 및 안전관리

61. 보일러 운전 중 연소장치 이상에 따른 소화현상의 발생 사고에 대한 원인으로 틀린 것은?

① 연소장치의 기계적 고장의 경우
② 통풍장치의 고장으로 공기량이 부족한 경우
③ 수분의 혼입이나 통풍에 의한 통풍교란의 경우
④ 스트레이너가 막혀서 펌프흡입구에서 급유 온도가 상승하여 압력이 갑자기 올라갈 경우

[해설] 소화현상(실화)의 원인 : ①, ②, ③ 외
㉮ 중유를 과열하여 중유가 배관이나 가열기 내에서 가스화하여 중유의 흐름이 중단된 경우
㉯ 중유의 예열온도가 너무 낮아 분무상태가 불량한 경우
㉰ 연료 배관 중의 스트레이너가 막혀 있을 경우
㉱ 급유펌프의 고장 또는 이상이 발생한 경우

62. 에너지이용 합리화법에 따라 국가, 지방자치단체 등이 추진하여야 하는 에너지의 효율적 이용과 온실가스의 배출 저감을 위하여 필요한 조치의 구체적인 내용은 무엇으로 정하는가?

① 산업통상자원부령
② 고용노동부령
③ 대통령령
④ 환경부령

[해설] 국가, 지방자치단체 등의 에너지이용효율화 조치(에너지이용 합리화법 제8조) : 국가, 지방자치단체 등이 추진하여야 하는 에너지의 효율적 이용과 온실가스의 배출 저감을 위하여 필요한 조치의 구체적인 내용은 대통령령으로 정한다.

63. 보일러의 정상 정지 시 유의사항으로 틀린 것은

① 남은 열로 인한 증기 압력 상승을 확인한다.
② 노벽 및 전열면의 급랭을 방지할 수 있는 조치를 한다.
③ 작업종료 시까지 필요한 증기를 남겨 놓고 운전을 정지한다.
④ 상용수위보다 낮게 급수한 후 드레인 밸브를 연다.

[해설] 보일러 정상수위보다 높게 급수를 한 후 급수밸브, 주증기 밸브를 닫고 주증기관 및 헤더의 드레인 밸브를 열어 놓는다.

64. 신설 보일러의 소다끓이기(soda boiling) 작업 시 사용할 수 있는 약품으로 가장 거리가 먼 것은?

① 염화나트륨
② 탄산나트륨
③ 수산화나트륨
④ 제3인산나트륨

[해설] 소다 끓이기(soda boiling) 약액 :
제3 인산나트륨(Na_3PO_4), 탄산나트륨(Na_2CO_3), 수산화나트륨(NaOH 가성소다)

『참고』 소다 끓이기(soda boiling)
제작 시에 내부에 부착된 유지분, 페인트류, 녹 등을 제거하기 위한 것으로 저압보일러에서는 0.2~0.3[MPa]의 압력을 유지하면서 2~3일 간 끓인 다음 취출과 급수를 반복적으로 실시하면서 서서히 냉각시킨다. 완전히 냉각된 후 블로다운을 실시하면서 깨끗한 물로 내부를 충분히 세척한 후 정상수위까지 급수를 한다.

정답 61. ④ 62. ③ 63. ④ 64. ①

65. 중유보일러의 연소가스 중 부식을 일으키는 성분은?
① 공기　② 황화수소
③ 아황산가스　④ 이산화탄소

[해설] 외부부식의 원인 성분
㉮ 고온부식 : 바나듐(V)
㉯ 저온부식 : 황(S) 및 황산화물(아황산가스)

66. 에너지법에서 에너지공급자가 아닌 자는?
① 에너지 수입사업자
② 에너지 저장사업자
③ 에너지 전환사업자
④ 에너지사용시설의 소유자

[해설] 용어의 정의(에너지법 제2조) : 에너지공급자라 함은 에너지를 생산, 수입, 전환, 수송, 저장, 판매하는 사업자를 말한다.

67. 보일러 수처리에서 용해 고형물의 불순물을 처리하는 순환기 외처리 방법은?
① 여과　② 응집침전
③ 전염탈염　④ 침강분리

[해설] 전염탈염 : 용해고형물을 제거하는 이온교환 수지법에서 순환기 외처리법에 해당된다.

68. 증기의 건도(x)가 "0"이면 무엇을 말하는가?
① 포화수　② 습증기
③ 과열증기　④ 건포화증기

[해설] 건조도[건도](x) : 증기 속에 함유되어 있는 물방울의 혼용률
㉮ 건조도(x)가 1인 경우 : 건포화증기
㉯ 건조도(x)가 0인 경우 : 포화수(포화액체)
㉰ 건조도(x)가 $0<x<1$인 경우 : 습증기

69. 보일러의 외부 청소방법이 아닌 것은?
① 산세법　② 수세법
③ 스팀 소킹법　④ 워터 소킹법

[해설] 외부청소방법의 종류
㉮ 수공구 사용법
㉯ 그을음 불어내기(soot blower)
㉰ 샌드 블라스트(sand blast) 또는 에어소킹법
㉱ 스팀 소킹법(steam soaking)
㉲ 워터 소킹법(water soaking)
㉳ 수세(washing)법
㉴ 스틸 숏 클리링법

『참고』 산세법(acid cleaning)
보일러 내부청소방법 중 화학적 세관법으로 내면의 스케일과 산과의 화학반응에 의해 스케일을 용해 제거하는 방법으로 일반적으로 5~10[%] 염산 수용액을 사용한다. 부식을 방지하기 위해 부식억제제(inhibiter)를 적당량(0.2~0.6[%]) 첨가한다.

70. 부식의 종류 중 균열을 동반하는 부식에 속하는 것은?
① 점식　② 틈새부식
③ 수소취화　④ 탈성분부식

[해설] 수소취화 : 수소에 의하여 재료가 취화되어 균열이 발생하는 현상으로 인장응력이 작용하면 응력부식균열로 나타난다.

71. 보일러 급수 중의 불순물이 용해되어 전열면 벽에 고착하지 않고 동체 저부(低部)에 침전되는 것은?
① 스케일　② 부유물
③ 슬러지　④ 슬래그

[해설] 불순물에 의한 장애
㉮ 스케일(scale) : 보일러 수중의 용해고형물로부터 생성되어 증발관, 관벽, 드럼, 기타 전열면에 부착해서 단단하게 굳어지는 관석이다.
㉯ 슬러지(sludge) : 부착되지 않고 드럼, 헤더 등의 밑바닥에 침적되어 있는 연질의 침전물로 보일러수의 순환

정답 65. ③　66. ④　67. ③　68. ①　69. ①　70. ③　71. ③

을 방해하고 보일러 효율을 저하한다.
㉰ 부유물(현탁물) : 보일러 수중에 부유되어 있는 불용성의 현탁물로 캐리오버 발생의 원인이 된다.

72_ 보일러 운전 중 역화방지 대책에 대한 설명으로 옳은 것은?
① 점화 시 착화는 천천히 한다.
② 노 내에 연료를 우선 공급한 후 공기를 공급한다.
③ 점화 시 댐퍼를 닫고 미연소가스를 배출시킨 뒤 점화한다.
④ 실화 시 재점화 할 때는 노 내를 충분히 환기시킨 후 점화한다.

해설 역화방지 대책
㉮ 프리퍼지, 포스트 퍼지를 충분히 한다.
㉯ 점화 시 착화시간이 지연되지 않게 한다.
㉰ 연도 댐퍼를 연다.
㉱ 공기보다 연료가 먼저 공급되지 않게 한다.
㉲ 1차 공기압력을 적절히 유지한다.
㉳ 유압이 높지 않게 유지한다.

73_ 증발관과 같이 열 부하가 높은 관의 집중과열점 부근에서 수산화나트륨의 농도가 대단히 높아져 pH의 상승으로 부식이 심하게 일어나는 것을 무엇에 의한 부식이라고 하는가?
① 알칼리에 의한 부식
② 염화마그네슘에 의한 부식
③ 증기분해에 의한 부식
④ 산세척에 의한 부식

해설 알칼리부식 : 수산화나트륨(NaOH) 성분이 증발관 등에 농축되어 있을 때 국부적인 과열이 발생하는 경우 pH의 상승으로 부식이 심하게 발생하는 현상이다.

74_ 백색분말로 흡습성은 없으나, 승화와 강의 부식 억제성을 가지고 있는 약품은?
① 생석회
② VCI(Volatile Corrosion Inhibitor)
③ 실리카겔
④ 활성알루미나

해설 VCI(Volatile Corrosion Inhibitor) : 기화성 부식 억제제로 휴지보일러의 건조보존법에 사용한다. 종류에는 양극 부식 억제제, 음극 부식 억제제, 혼합 부식 억제제가 있다.

75_ 에너지이용 합리화법상 에너지의 이용효율을 높이기 위하여 관계 행정기관의 장과 협의하여 건축물의 단위 면적당 에너지사용 목표량을 정하여 고시하여야 하는 자는?
① 산업통상자원부장관
② 환경부장관
③ 시·도지사
④ 국무총리

해설 목표에너지원단위의 설정(에너지이용 합리화법 제35조) : 산업통상자원부장관이 정하여 고시

76_ 수질이 산성인지 알칼리성인지를 판단할 수 있는 값을 나타내는 기호는?
① °dH
② pH
③ ppm
④ ppb

해설 pH(수소이온농도지수) : pH1~pH14로 나타내며 값이 작을수록 강산성의 물질이고, 클수록 강알칼리성을 갖는다. (pH7이 중성, pH7 미만이 산성, pH7 초과가 알칼리성이다.)

77_ 에너지이용 합리화법에서 정한 에너지관리자에 대한 교육기간은?
① 1일
② 2일
③ 3일
④ 5일

정답 72. ④ 73. ① 74. ② 75. ① 76. ② 77. ①

[해설] 에너지이용 합리화법 시행규칙 제32조, 별표4

78. 산업통상자원부장관은 에너지이용 합리화를 위하여 에너지를 소비하는 에너지사용기자재 중 산업통상자원부령이 정하는 기자재에 대하여 고시할 수 있는 사항이 아닌 것은?
① 에너지의 소비효율 또는 사용량의 표시
② 에너지의 소비효율 등급기준 및 등급표시
③ 에너지의 소비효율 또는 생산량의 측정방법
④ 에너지의 최저소비효율 또는 최대사용량의 기준

[해설] 효율관리기자재의 고시 사항 : 에너지이용 합리화법 제15조
㉮ 에너지의 목표소비효율 또는 목표사용량의 기준
㉯ 에너지의 최저소비효율 또는 최대사용량의 기준
㉰ 에너지의 소비효율 또는 사용량의 표시
㉱ 에너지의 소비효율 등급기준 및 등급표시
㉲ 에너지의 소비효율 또는 사용량의 측정방법
㉳ 그 밖에 효율관리기자재의 관리에 필요한 사항으로서 산업통상자원부령으로 정하는 사항

79. 보일러의 설계에 있어 고려해야 할 사항으로 틀린 것은?
① 보일러는 최대 사용량에 대하여 충분한 증발과 표면적을 갖도록 설계되어야 하며 모든 관군에서 순환이 잘 되어야 한다.
② 보일러와 부속기기는 운전 및 보수, 청소 등이 용이하게 설계되어야 하며 수시 점검을 위한 검사구 및 맨홀 등을 갖추어야 한다.
③ 보일러 노벽은 서냉이 되도록 하고 연소실은 완전 연소가 이루어지도록 충분한 체적이 되게 한다.
④ 연소실은 공기가 잘 통하도록 하여야 하며 물청소를 할 수 없는 구조로 설계한다.

80. 에너지법에서 사용하는 용어에 대한 설명으로 틀린 것은?
① "에너지"란 연료, 열 및 전기를 말한다.
② "에너지 사용자"란 에너지시설의 판매자 또는 공급자를 말한다.
③ "에너지사용 기자재"란 열사용기자재나 그 밖에 에너지를 사용하는 기자재를 말한다.
④ "에너지사용시설"이란 에너지를 사용하는 공장, 사업장 등의 시설이나 에너지를 전환하여 사용하는 시설을 말한다.

[해설] 에너지 사용자(에너지법 제2조) : 에너지사용시설의 소유자 또는 관리자를 말한다.

정답 78. ③ 79. ④ 80. ②

2016년 3월 6일 제1회 에너지관리산업기사 필기시험

1과목 - 열역학 및 연소관리

01_ 기체연료 연소 장치 중 가스버너의 특징으로 틀린 것은?

① 공기비 제어가 불가능하다.
② 정확한 온도제어가 가능하다.
③ 연소상태가 좋아 고부하 연소가 용이하다.
④ 버너의 구조가 간단하고 보수가 용이하다.

해설 가스버너의 특징
㉮ 연소성능이 좋고, 고부하 연소가 가능하다.
㉯ 연소량 조절이 간단하고, 그 범위가 넓다.
㉰ 정확한 온도제어가 가능하다.
㉱ 버너 구조가 간단하며, 보수가 용이하다.
㉲ 배기가스 중 유해물질이 적어 공해 대책에 유리하다.

02_ 고열원 300[℃]와 저열원 30[℃]의 사이클로 작동되는 열기관의 최고 효율은?

① 0.47 ② 0.52
③ 1.38 ④ 2.13

해설 $\eta = \dfrac{W}{Q_1} = \dfrac{T_1 - T_2}{T_1} = 1 - \dfrac{T_2}{T_1}$

$= 1 - \dfrac{(273+30)}{(273+300)} = 0.471$

03_ 공기 1[kg]을 15[℃]로부터 80[℃]로 가열하여 체적이 0.8[m³]에서 0.95[m³]로 되는 과정에서의 엔트로피 변화량은? (단, 밀폐계로 가정하며, 공기의 정압비열은 1.004[kJ/kg·K]이며, 기체상수는 0.287[kJ/kg·K]이다.)

① 0.2[kJ/K] ② 1.3[kJ/K]
③ 3.8[kJ/K] ④ 6.5[kJ/K]

해설 정압과정의 엔트로피 변화량 계산

$\therefore \Delta S = G \times C_p \times \ln\left(\dfrac{T_2}{T_1}\right)$

$= 1 \times 1.004 \times \ln\left(\dfrac{273+80}{273+15}\right) = 0.204[kJ/K]$

04_ 열역학 제2법칙에 대한 설명으로 옳은 것은?

① 음식으로 섭취한 화학에너지는 운동에너지로 변한다.
② 0[℃]의 물과 0[℃]의 얼음은 열적 평형상태를 이루고 있다.
③ 증기 기관의 운동에너지는 연료로부터 나온 에너지이다.
④ 효율이 100[%]인 열기관은 만들 수 없다.

해설 열효율이 100[%]인 열기관은 제작이 불가능하다는 것이 열역학 제2법칙에 해당된다.

05_ 안전밸브의 크기에 대한 선정원칙은?

① 증발량과 증기압력에 비례한다.
② 증발량과 증기압력에 반비례한다.
③ 증발량에 반비례하고, 증기압력에 비례한다.
④ 증발량에 비례하고, 증기압력에 반비례한다.

해설 안전밸브의 크기(목부분 단면적)는 증발량(E)에 비례하고 증기압력(P)에 반비례한다.

정답 1.① 2.① 3.① 4.④ 5.④

※ 스프링식 안전밸브 저양정식 단면적 계산식
$$A = \frac{22E}{1.03P+1}$$

06_ 폴리트로픽 지수가 무한대($n=\infty$)인 변화는?
 ① 정온(등온)변화
 ② 정적(등적)변화
 ③ 정압(등압)변화
 ④ 단열변화

해설 폴리트로픽 과정의 폴리트로픽 지수(n)
 ㉮ $n=0$: 정압과정
 ㉯ $n=1$: 정온과정
 ㉰ $1<n<k$: 폴리트로픽과정
 ㉱ $n=k$: 단열과정(등엔트로피과정)
 ㉲ $n=\infty$: 정적과정

07_ 가솔린 기관의 이론 표준 사이클인 오토 사이클(Otto cycle)의 4가지 기본 과정에 포함되지 않는 것은?
 ① 정압가열
 ② 단열팽창
 ③ 단열압축
 ④ 정적방열

해설 오토 사이클(Otto cycle) : 전기점화기관(가솔린 기관)의 이상 사이클로 일정체적 상태에서 열 공급과 방출이 이루어지는 동력 사이클로 각 과정의 순서는 "단열압축과정 → 정적가열과정(폭발) → 단열팽창과정(동력발생) → 정적방열과정"으로 이루어진다.

08_ 기름 5[kg]을 15[℃]에서 115[℃]까지 가열하는데 필요한 열량은? (단, 기름의 평균 비열은 0.65[kcal/kg·℃]이다.)
 ① 325[kcal]
 ② 422[kcal]
 ③ 510[kcal]
 ④ 525[kcal]

해설 $Q = GC\Delta t$
    $= 5 \times 0.65 \times (115-15) = 325\,[\text{kcal}]$

09_ 탄소 72.0[%], 수소 5.3[%], 황 0.4[%], 산소 8.9[%], 질소 1.5[%], 수분 0.9[%], 회분 11.0[%]의 조성을 갖는 석탄의 고위 발열량은?
 ① 4990[kcal/kg]
 ② 5890[kcal/kg]
 ③ 6990[kcal/kg]
 ④ 7266[kcal/kg]

해설 $H_h = 8100C + 34000\left(H - \dfrac{O}{8}\right) + 2500S$
  $= 8100 \times 0.72 + 34000 \times \left(0.053 - \dfrac{0.089}{8}\right)$
  $\quad + 2500 \times 0.004 = 7265.75\,[\text{kcal/kg}]$

10_ 증발잠열이 0[kcal/kg]이고, 액체와 기체의 구별이 없어지는 지점을 무엇이라고 하는가?
 ① 포화점
 ② 임계점
 ③ 비등점
 ④ 기화점

해설 임계점의 특징
 ㉮ 증기와 포화수 간의 비중량이 같다.
 ㉯ 증발현상이 없다.
 ㉰ 증발잠열은 0이 된다.

11_ 표준대기압하에서 메탄(CH_4), 공기의 가연성 혼합기체를 완전 연소시킬 때 메탄 1[kg]을 연소시키기 위해서 필요한 공기량은? (단, 공기 중의 산소는 23.15[wt%]이다.)
 ① 4.4[kg]
 ② 17.3[kg]
 ③ 21.1[kg]
 ④ 28.8[kg]

해설 ㉮ 메탄(CH_4)의 완전연소 반응식
   $CH_4 + 2O_2 \rightarrow CO_2 + 2H_2O$
 ㉯ 이론공기량[kg/kg] 계산
   16[kg] : 2×32[kg] = 1[kg] : $x(O_0)$[kg]
   $\therefore A_0 = \dfrac{O_0}{0.2315} = \dfrac{1 \times 2 \times 32}{16 \times 0.2315} = 17.278\,[\text{kg/kg}]$

12_ C중유 1[kg]을 연소시켰을 때 생성되는 수증기 양은? (단, C중유의 수소함량은 11[%]로 하고, 기타 수분은 없는 것으로 가정한다.)

① 0.52[Nm³/kg]
② 0.75[Nm³/kg]
③ 1.00[Nm³/kg]
④ 1.23[Nm³/kg]

해설
$W_g = 1.244(9H + W)$
$= 1.244 \times 9 \times 0.11 = 1.231 \, [\text{Nm}^3/\text{kg}]$

13_ 과열증기에 대한 설명으로 가장 적합한 것은?

① 보일러에서 처음 발생한 증기이다.
② 습포화증기의 압력과 온도를 높인 것이다.
③ 건포화증기를 가열하여 온도를 높인 것이다.
④ 액체의 증발이 끝난 상태로 수분이 전혀 함유되지 않는 증기이다.

해설 과열증기 : 습포화증기를 가열하여 건조증기가 된 건증기를 다시 가열할 때 압력은 오르지 않고 온도만 상승되는 증기이다.

14_ 공기비(m)에 대한 설명으로 옳은 것은?

① 공기비는 이론공기량을 실제공기량으로 나눈 값이다.
② 어떠한 연료든 연료를 연소시킬 경우 이론 공기량보다 더 적은 공기량으로 완전연소가 가능하다.
③ 일반적으로 연료를 완전연소 시키기 위해 실제 공기량이 적을수록 좋으며 열효율도 증대된다.
④ 실제 공기비는 연료의 종류에 따라 다르며, 연료와 공기의 접촉면적 비율이 작을수록 커진다.

해설 각 항목의 옳은 설명
㉮ 공기비는 실제공기량을 이론공기량으로 나눈 값이다.
$\therefore m = \dfrac{\text{실제공기량}(A)}{\text{이론공기량}(A_0)} = \dfrac{A_0 + B}{A_0}$
㉯ 어떠한 연료든 연료를 연소시킬 경우 이론 공기량보다 더 많은 공기량일 때 완전연소가 가능하다.
㉰ 일반적으로 연료를 완전연소 시키기 위해 실제 공기량이 적당 할수록 좋으며 열효율도 증대된다.

15_ 다음 랭킨 사이클에서 1-2과정은 보일러 및 과열기에서의 열 흡수, 2-3은 터빈에서의 일, 3-4는 응축기에서의 열 방출, 4-1은 펌프의 일을 표시할 때, 열효율을 나타내는 식은? (단, h_1, h_2, h_3, h_4는 각 지점에서의 엔탈피를 나타낸다.)

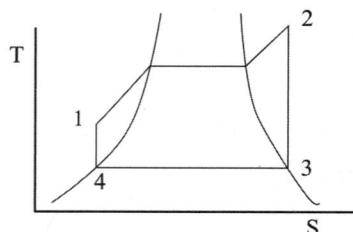

① $\dfrac{h_3 - h_4}{h_2 - h_1}$
② $1 - \dfrac{h_3 - h_4}{h_2 - h_1}$
③ $1 - \dfrac{h_2 - h_3}{h_2 - h_1}$
④ $\dfrac{h_1 - h_4}{h_2 - h_1}$

해설
$\eta = \dfrac{W}{Q_1} = \dfrac{W_T - W_P}{Q_1}$
$= \dfrac{(h_2 - h_3) - (h_1 - h_4)}{h_2 - h_1}$
$= \dfrac{(h_2 - h_1) - (h_3 - h_4)}{h_2 - h_1} = 1 - \dfrac{h_3 - h_4}{h_2 - h_1}$
$\therefore Q_1 = h_2 - h_1, \, Q_2 = h_3 - h_4$에 해당된다.

정답 12. ④ 13. ③ 14. ④ 15. ②

16. 다음 과정 중 등온과정에 가장 가까운 것으로 가정할 수 있는 것은?
① 공기가 500rpm으로 작동되는 압축기에서 압축되고 있다.
② 압축공기를 이용하여 공기압 이용 공구를 구동한다.
③ 압축공기 탱크에서 공기가 작은 구멍을 통해 누설된다.
④ 2단 공기압축기에서 중간냉각기 없이 대기압에서 500kPa까지 압축한다.

해설 압축공기가 작은 구멍을 통해 누설될 때 엔탈피변화가 없고, 엔탈피변화가 없는 과정이 등온과정에 해당된다.

17. 공급열량과 압축비가 일정한 경우에 다음 중 효율이 가장 좋은 것은?
① 오토 사이클
② 디젤 사이클
③ 사바테 사이클
④ 브레이튼 사이클

해설 각 사이클의 효율 비교
㉮ 최저온도 및 압력, 공급열량과 압축비가 같은 경우 : 오토사이클 > 사바테사이클 > 디젤사이클
㉯ 최저온도 및 압력, 공급열량과 최고압력이 같은 경우 : 디젤사이클 > 사바테사이클 > 오토사이클

18. 물질의 상변화와 관계있는 열량을 무엇이라 하는가?
① 잠열   ② 비열
③ 현열   ④ 반응열

해설 현열과 잠열
㉮ 현열(감열) : 물질이 상태변화는 없이 온도변화에 총 소요된 열량
㉯ 잠열 : 물질이 온도변화는 없이 상태변화에 총 소요된 열량으로 증발열, 융해열, 승화열이 해당된다.

19. 어떤 계가 한 상태에서 다른 상태로 변할 때, 이 계의 엔트로피의 변화는?
① 항상 감소한다.
② 항상 증가한다.
③ 항상 증가하거나 불변이다.
④ 증가, 감소, 불변 모두 가능하다.

해설 어떤 계가 한 상태에서 다른 상태로 변할 때, 이 계의 엔트로피의 변화는 증가, 감소, 불변 모두 가능하다.

20. 어떤 증기의 건도가 0보다 크고 1보다 작으면 어떤 상태의 증기인가?
① 포화수   ② 습증기
③ 포화증기   ④ 과열증기

해설 건조도[건도](x) : 증기 속에 함유되어 있는 물방울의 혼용률
㉮ 건조도(x)가 1인 경우 : 건포화증기
㉯ 건조도(x)가 0인 경우 : 포화수(포화액체)
㉰ 건조도(x)가 $0 < x < 1$인 경우 : 습증기

2과목 - 계측 및 에너지진단

21. 아르키메데스의 원리를 이용하여 측정하는 액면계는?
① 액압측정식 액면계
② 전극식 액면계
③ 편위식 액면계
④ 기포식 액면계

해설 편위식 액면계 : 측정액 중에 잠겨 있는 플로트의 부력으로 액면을 측정하는 것으로 아르키메데스의 원리를 이용한 것이다.

정답 16. ③ 17. ① 18. ① 19. ④ 20. ② 21. ③

22_ 증기보일러에서 부하율을 올바르게 설명한 것은?

① 최대연속증발량[kg/h]을 실제증발량[kg/h]으로 나눈 값의 백분율이다.
② 실제증발량[kg/h]을 상당증발량[kg/h]으로 나눈 값의 백분율이다.
③ 실제증발량[kg/h]을 최대연속증발량[kg/h]으로 나눈 값의 백분율이다.
④ 상당증발량[kg/h]을 실제증발량[kg/h]으로 나눈 값의 백분율이다.

해설 보일러 부하율 : 1시간 동안 연료의 연소에 의해서 실제로 발생되는 증발량[kg/h]과 최대 연속 증발량[kg/h]과의 비

∴ 보일러 부하율(%) = $\dfrac{\text{실제 증발량}}{\text{최대 연속 증발량}} \times 100$

23_ 보일러 자동제어의 장점으로 가장 거리가 먼 것은?

① 효율적인 운전으로 연료비가 절감된다.
② 보일러 설비의 수명이 길어진다.
③ 보일러 운전을 안전하게 한다.
④ 급수처리 비용이 증가한다.

해설 보일러 자동제어 목적(장점)
㉮ 경제적인 열매체를 얻을 수 있다.
㉯ 보일러의 운전을 안전하게 할 수 있다.
㉰ 효율적인 운전으로 연료비를 감소시킨다.
㉱ 인원 절감의 효과와 인건비가 절약이 된다.
㉲ 일정기준의 증기를 공급할 수 있다.
㉳ 보일러 설비의 수명이 길어진다.

24_ 자동제어계에서 제어량의 성질에 의한 분류에 해당되지 않는 것은?

① 서보기구   ② 다수변제어
③ 프로세스제어 ④ 정치제어

해설 제어량의 성질에 의한 자동제어 분류
㉮ 프로세스제어 : 공장 등에서 온도, 압력, 유량, 농도, 습도 등과 같은 상태량에 대한 제어방법이다.
㉯ 다수변제어(다변수제어) : 보일러에서 연료의 공급량, 공기 공급량, 증기압력, 급수량 등을 자동으로 제어할 때 발생증기량을 부하변동에 따라 항상 일정하게 유지시켜야 하며 이때 각 제어 사이에 매우 복잡한 자동제어가 발생하는 경우이다.
㉰ 서보기구 : 물체의 기계적 변위인 위치, 방위(방향), 자세 등을 제어량으로 하는 제어계로서 아날로그 공작기계 등에 적용한다.

25_ 직각으로 굽힌 유리관의 한쪽을 수면 바로 밑에 넣고 다른 쪽은 연직으로 세워 수평 방향으로 설치하였다. 수면위로 상승된 높이가 13[mm]일 때 유속은?

① 0.1[m/s]   ② 0.3[m/s]
③ 0.5[m/s]   ④ 0.7[m/s]

해설 $V = \sqrt{2gh}$

$= \sqrt{2 \times 9.8 \times 13 \times 10^{-3}} = 0.504 \,[\text{m/s}]$

26_ 다음 화염검출기 중 가장 높은 온도에서 사용할 수 있는 것은?

① 프레임 로드
② 황화카드뮴 셀
③ 광전관 검출기
④ 자외선 검출기

해설 프레임 로드(flame rod) : 화염의 이온화 현상에 의한 전기 전도성을 이용하여 화염의 유무를 검출하는 것으로 화염검출기 중 가장 높은 온도에서 사용할 수 있다.

정답 22. ③ 23. ④ 24. ④ 25. ③ 26. ①

27. 보일러의 점화, 운전, 소화를 자동적으로 행하는 장치에 관한 설명으로 틀린 것은?
① 긴급연료차단 밸브 : 버너에 연료 공급을 차단시키는 전자밸브
② 유량조절 밸브 : 버너에서의 분사량 조절
③ 스택스위치 : 풍압이 낮아진 경우 연료의 차단신호를 송출
④ 전자개폐기 : 연료 펌프, 송풍기 등의 가동・정지

해설 스택 스위치(stack switch) : 연도에 바이메탈을 설치하여 연소가스의 발열체를 이용하여 화염유무를 검출하는 화염 검출기이다.

28. 지르코니아식 O_2 측정기의 특징에 대한 설명 중 틀린 것은?
① 응답속도가 빠르다.
② 측정범위가 넓다.
③ 설치장소 주위의 온도변화에 영향이 적다.
④ 온도 유지를 위한 전기로가 필요 없다.

해설 세라믹식 O_2 분석기(지르코니아식 O_2 분석기) : 지르코니아(ZrO_2)를 주원료로 한 특수세라믹은 온도 850[℃] 이상에서 산소이온만 통과시키는 특수한 성질을 이용한 것으로 산소이온이 통과할 때 발생되는 기전력을 측정하여 산소농도를 측정하는 것으로 특징은 다음과 같다.
㉮ 비교적 응답이 빠르며(5~30초) 측정가스의 유량이나 설치장소의 주위온도 변화에 의한 영향이 적다.
㉯ 연속측정이 가능하며, 측정 범위가 [ppm]으로부터 [%]까지 광범위하게 측정할 수 있다.
㉰ 측정부의 온도유지를 위하여 온도조절 전기로를 필요로 한다.
㉱ 기전력을 이용하여 산소의 농도를 측정한다.
㉲ 가연성 가스 혼입은 오차를 발생시킨다.
㉳ 자동제어장치와 연결하여 사용이 가능하다.

29. 0[℃]에서의 저항이 100[Ω]인 저항온도계를 로안에서 측정 시 저항이 200[Ω]이 되었다면, 이 로 안의 온도는? (단, 저항계수는 0.005이다.)
① 100[℃] ② 150[℃]
③ 200[℃] ④ 250[℃]

해설 $t = \dfrac{R - R_0}{R_0 \times \alpha} = \dfrac{200 - 100}{100 \times 0.005} = 200\,[℃]$

30. 서로 다른 금속의 열팽창계수 차이를 이용하여 온도를 측정하는 것은?
① 열전대 온도계
② 바이메탈 온도계
③ 측온저항체 온도계
④ 서미스터

해설 바이메탈 온도계 : 선팽창계수(열팽창률)가 다른 2종류의 얇은 금속판을 결합시켜 온도변화에 따라 구부러지는 정도가 다른 점을 이용한 것이다.

31. 보일러 연도에서 가스를 채취하여 분석할 때 분석계 입구에서 2차 필터로 주로 사용되는 것은?
① 아런덤 ② 유리솜
③ 소결금속 ④ 카보런덤

해설 여과제의 종류
㉮ 1차 필터용(고온 접촉부) : 소결금속, 카보런덤
㉯ 2차 필터용(분석계 입구) : 유리솜, 솜

32. 탄성식 압력계가 아닌 것은?
① 부르동관 압력계
② 벨로즈 압력계
③ 다이어프램 압력계
④ 경사관식 압력계

해설 탄성식 압력계의 종류 : 부르동관식, 다이어프램식, 벨로즈식, 캡슐식

33_ 다음 중 차압식 유량계가 아닌 것은?
① 벤투리 유량계
② 오리피스 유량계
③ 피스톤형 유량계
④ 플로우 노즐 유량계

해설 차압식 유량계
㉮ 측정원리 : 베르누이 방정식
㉯ 종류 : 오리피스미터, 플로 노즐, 벤투리미터
㉰ 측정방법 : 조리개 전후에 연결된 액주계의 압력차를 이용하여 유량을 측정

34_ 1[ppm]이란 용액 몇 [kgf]의 용질 1[mg]이 녹아 있는 경우인가?
① 1[kgf]
② 10[kgf]
③ 100[kgf]
④ 1000[kgf]

해설 ppm(parts per million) : $\frac{1}{10^6}$ 함유량으로 [mg/L], [mg/kg], [g/ton]으로 나타낸다.

35_ 다음 중 패러데이(Faraday)법칙을 이용한 유량계는?
① 전자유량계
② 델타유량계
③ 스와르미터
④ 초음파유량계

해설 전자 유량계 : 측정원리는 패러데이 법칙(전자유도법칙)으로 도전성 액체에서 발생하는 기전력을 이용하여 순간 유량을 측정한다.

36_ 보일러 5마력의 상당증발량은?
① 55.65[kg/h]
② 78.25[kg/h]
③ 86.45[kg/h]
④ 98.35[kg/h]

해설 보일러 1마력의 상당증발량은 15.65[kg/h]이다.
∴ 5 × 15.65 = 78.25[kg/h]

37_ 용적식 유량계의 특징에 대한 설명으로 틀린 것은?
① 맥동의 영향이 적다.
② 직관부는 필요 없으며, 압력손실이 크다.
③ 유량계 전단에 스트레이너가 필요하다.
④ 점도가 높은 경우에도 측정이 가능하다.

해설 용적식 유량계의 일반적인 특징
㉮ 정도가 ±0.2~0.5[%]로 높아 상거래용으로 사용한다.
㉯ 고점도의 유체나 점도 변화가 있는 유체의 측정에 적합하다.
㉰ 맥동현상과 압력손실이 적다.
㉱ 이물질의 혼입을 차단하기 위하여 입구에 스트레이너(strainer)를 설치한다.

38_ 다음의 블록선도에서 피드백제어의 전달함수를 구하면?

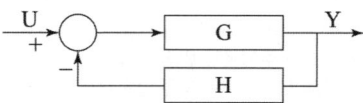

① $F = \dfrac{G}{1-H}$
② $F = \dfrac{G}{1+H}$
③ $F = \dfrac{G}{1-GH}$
④ $F = \dfrac{G}{1+GH}$

정답 33. ③ 34. ① 35. ① 36. ② 37. ② 38. ④

39_ 한 시간 동안 연도로 배기되는 가스량이 300[kg], 배기가스 온도 240[℃], 가스의 평균비열이 0.32[kcal/kg·℃]이고, 외기 온도가 −10[℃]일 때 배기가스에 의한 손실열량은?

① 14100[kcal/h] ② 24000[kcal/h]
③ 32500[kcal/h] ④ 38400[kcal/h]

해설 $Q = GC\Delta t$
$= 300 \times 0.32 \times (240 + 10) = 24000 \, [\text{kcal/h}]$

40_ 다음 공업 계측기기 중 고온측정용으로 가장 적합한 온도계는?

① 유리 온도계 ② 압력 온도계
③ 방사 온도계 ④ 열전대 온도계

해설 열전대 온도계 : 제베크(Seebeck) 효과를 이용한 접촉식 온도계로 P-R(백금-백금로듐)열전대의 경우 측정범위가 0~1600[℃]로 공업적으로 고온 측정에 적합하다.

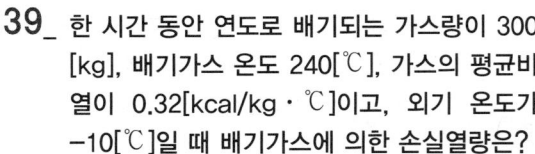

41_ 마그네시아를 원료로 하는 내화물이 수증기의 작용을 받아 Mg(OH)₂을 생성하는데 이 때 큰 비중변화에 의한 체적변화를 일으켜 노벽에 균열이 발생하는 현상은?

① 슬래킹(slaking)
② 스폴링(spalling)
③ 버스팅(bursting)
④ 해밍(hamming)

해설 내화물에서 나타나는 현상
㉮ 스폴링(spalling) 현상 : 박락현상이라 하며 내화물이 사용하는 도중에 갈라지든지, 떨어져 나가는 현상을 말한다.
㉯ 슬래킹(slacking) 현상 : 수증기를 흡수하여 체적변화를 일으켜 균열이 발생하거나 떨어져 나가는 현상으로 염기성 내화물에서 공통적으로 일어난다.
㉰ 버스팅(bursting) 현상 : 크롬 철광을 원료로 하는 내화물이 1600℃ 이상에서 산화철을 흡수하여 표면이 부풀어 오르고 떨어져 나가는 현상으로 크롬질 내화물에서 발생한다.

42_ 보일러 관석(scale)에 대한 설명 중 틀린 것은?

① 관석이 부착하면 열전도율이 상승한다.
② 수관 내에 관석이 부착하면 관수 순환을 방해한다.
③ 관석이 부착하면 국부적인 과열로 산화, 팽창 파열의 원인이 된다.
④ 관석의 주성분은 크게 나누어 황산칼슘, 규산칼슘, 탄산칼슘 등이 있다.

해설 스케일의 영향 : ②, ③, ④ 외
㉮ 전열면에 부착하여 전열을 방해한다.
㉯ 보일러 효율이 저하하고, 연료소비량이 증가한다.
㉰ 전열면의 국부과열로 인한 파열사고의 우려가 있다.
㉱ 보일러수의 순환을 방해하고, 수면계 등 연락관을 폐쇄시킨다.

43_ 큐폴라에 대한 설명으로 틀린 것은?

① 규격은 매 시간당 용해할 수 있는 중량[ton]으로 표시한다.
② 코크스 속의 탄소, 인, 황 등의 불순물이 들어가 용탕의 질이 저하된다.
③ 열효율이 좋고 용해시간이 빠르다.
④ Al합금이나 가단주철 및 칠드 롤러(chilled roller)와 같은 대형 주물제조에 사용된다.

해설 큐폴라(cupola)의 특징
㉮ 대량의 쇳물을 얻을 수 있다.
㉯ 다른 용해로 보다 열효율이 좋다.
㉰ 용해 시간이 빠르다.
㉱ 주철이 탄소(C), 황(S), 인(P)의 성분을 흡수하면 품질이 저하된다.
㉲ 용량은 1시간당 용해량을 톤[ton]으로 표시한다.

정답 39. ② 40. ④ 41. ① 42. ① 43. ④

44. 산소를 로(爐)속에 공급하여 불순물을 제거하고 강철을 제조하는 로(爐)는?
① 큐폴라　② 반사로
③ 전로　④ 고로

[해설] 전로 : 용융 선철을 장입하고 고압의 공기나 산소를 취입하여 제련하는 것으로 산화열에 의해 불순물을 제거하므로 별도의 연료가 필요 없다.

45. 매 초당 20[L]의 물을 송출시킬 수 있는 급수 펌프에서 양정이 7.5[m], 펌프효율이 75[%]일 때, 펌프의 소요 동력은?
① 4.34[kW]　② 2.67[kW]
③ 1.96[kW]　④ 0.27[kW]

[해설] $kW = \dfrac{\gamma QH}{102\eta}$
$= \dfrac{1000 \times (20 \times 10^{-3}) \times 7.5}{102 \times 0.75} = 1.96 \,[kW]$

46. 검사대상기기의 계속사용검사 중 산업통상자원부령으로 정하는 항목의 검사에 불합격한 경우 일정 기간 내 그 검사에 합격할 것을 조건으로 계속 사용을 허용한다. 그 기간은 몇 개월 이내 인가? (단, 철금속 가열로는 제외한다.)
① 6개월　② 7개월
③ 8개월　④ 10개월

[해설] 검사대상기기의 검사(에너지이용 합리화법 제39조 제5항, 시행규칙 제31조의21) : 검사대상기기의 계속사용검사 중 산업통상자원부령으로 정하는 항목의 검사에 불합격한 경우 검사에 불합격한 날부터 6개월(철금속 가열로는 1년) 기간 내에 그 검사에 합격할 것을 조건으로 계속 사용할 수 있다.

47. 강판의 두께가 12[mm]이고 리벳의 직경이 20[mm]이며, 피치가 48[mm]의 1줄 겹치기 리벳 조인트가 있다. 이 강판의 효율은?
① 25.9[%]　② 41.7[%]
③ 58.3[%]　④ 75.8[%]

[해설] $\eta_1 = \left(1 - \dfrac{d}{P}\right) \times 100$
$= \left(1 - \dfrac{20}{48}\right) \times 100 = 58.333\,[\%]$

48. 다음 중 수관식 보일러에 속하는 것은?
① 노통 보일러　② 기관차형 보일러
③ 바브콕 보일러　④ 횡연관식 보일러

[해설] 수관식 보일러의 종류
㉮ 자연 순환식 보일러 : 바브콕(babcock) 보일러, 다쿠마(dakuma) 보일러, 스털링(stirling) 보일러, 스네기찌 보일러, 야로우(yarrow) 보일러, 2동 D형 보일러 등
㉯ 강제 순환식 보일러 : 라몽트(lamont) 보일러, 벨록스(velox) 보일러 등
㉰ 관류 보일러 : 벤슨(benson) 보일러, 슐쳐(sulzer) 보일러, 소형 관류 보일러 등

49. 다음 중 산성 내화물의 주요 화학 성분은?
① SiO_2　② MgO
③ FeO　④ SiC

[해설] 산성 내화물의 주요 성분은 산화규소(SiO_2)로 규석질 내화물, 반규석질 내화물, 납석질 내화물, 샤모트질 내화물 등이 있다.

50. 증기배관에서 감압밸브 설치 시 주의점에 대한 설명으로 가장 거리가 먼 것은?
① 감압밸브는 부하설비에 가깝게 설치한다.
② 감압밸브 앞에는 스트레이너를 설치하여야 한다.
③ 감압밸브 1차측의 관 축소 시 동심레듀셔를 설치하여야 한다.
④ 감압밸브 앞에는 기수분리기나 트랩을 설치하여 응축수를 제거한다.

정답　44. ③　45. ③　46. ①　47. ③　48. ③　49. ①　50. ③

[해설] 감압밸브 2차 측에는 편심 리듀서가 설치되어야 한다.

51_ 수관보일러와 비교하여 원통보일러의 특징으로 틀린 것은?
① 형상에 비해서 전열면적이 적고, 열효율은 수관보일러보다 낮다.
② 전열면적당 수부의 크기는 수관보일러에 비해 크다.
③ 구조가 간단하므로 취급이 쉽다.
④ 구조상 고압용 및 대용량에 적합하다.

[해설] 원통형 보일러의 특징 : ①, ②, ③ 외
㉮ 구조가 간단하고 취급 및 청소, 검사가 용이하다.
㉯ 설비비가 저렴하다.
㉰ 고압이나 대용량에는 부적합하다.
㉱ 기동으로부터 증기 발생까지는 시간이 걸리지만 부하의 변동에 따른 압력변동이 적다.
㉲ 보유수량이 많으며 파열의 경우 피해가 크다.

52_ 관류보일러의 특징으로 틀린 것은?
① 관(管)으로만 구성되어 기수드럼이 필요하지 않기 때문에 간단한 구조이다.
② 전열 면적당 보유수량이 많기 때문에 증기 발생까지의 시간이 많이 소요된다.
③ 부하변동에 의해 압력변동이 생기기 쉽기 때문에 급수량 및 연료량의 자동제어 장치가 필요하다.
④ 충분히 수 처리된 급수를 사용하여야 한다.

[해설] 관류보일러의 특징
㉮ 전열면적에 비하여 보유수량이 적으므로 가동시간이 짧다.
㉯ 고압 보일러에 적합하다.
㉰ 관을 자유로이 배치할 수 있어 구조가 콤팩트하다.
㉱ 완벽한 급수처리를 요한다.
㉲ 정확한 자동제어 장치를 설치하여야 한다.
㉳ 순환비가 1이므로 드럼이 필요 없다.

53_ 검사대상기기의 검사종류 중 제조검사에 해당되는 것은?
① 구조검사
② 개조검사
③ 설치검사
④ 계속사용검사

[해설] 검사의 종류 : 에너지이용 합리화법 시행규칙 31조의7, 별표3의4
㉮ 제조검사 : 용접검사, 구조검사
㉯ 설치검사
㉰ 개조검사
㉱ 설치장소 변경검사
㉲ 재사용검사
㉳ 계속사용검사 : 안전검사, 운전성능검사

54_ 큐폴라(cupola)의 다른 명칭은?
① 용광로
② 반사로
③ 용선로
④ 평로

[해설] 큐폴라(cupola) : 용선로라 하며 주물을 용해하기 위한 것으로 강판으로 만든 원형 내부를 내화벽돌로 쌓고 내화 점토로 만든 직접형 노로 가장 많이 사용된다.

55_ 오르사트(Orsat) 가스분석기로 측정할 수 있는 성분이 아닌 것은?
① 산소(O_2)
② 일산화탄소(CO)
③ 이산화탄소(CO_2)
④ 수소(H_2)

[해설] 오르사트식 가스분석 순서 및 흡수제

순서	분석가스	흡수제
1	CO_2	KOH 30% 수용액
2	O_2	알칼리성 피로갈롤용액
3	CO	암모니아성 염화 제1구리 용액

정답 51. ④ 52. ② 53. ① 54. ③ 55. ④

56_ 어느 대향류 열교환기에서 가열유체는 80[℃]로 들어가서 30[℃]로 나오고 수열유체는 20[℃]로 들어가서 30[℃]로 나온다. 이 열교환기의 대수 평균온도차는?

① 25[℃]
② 30[℃]
③ 35[℃]
④ 40[℃]

해설 ㉮ 향류이므로 고온유체와 저온유체의 흐름이 반대 방향이 된다.
∴ Δt_1 = 가열유체 입구온도 − 수열유체 출구온도
= 80 − 30 = 50 [℃]
∴ Δt_2 = 가열유체 출구온도 − 수열유체 입구온도
= 30 − 20 = 10 [℃]
㉯ 평균온도차 계산
∴ $\Delta t_m = \dfrac{\Delta t_1 - \Delta t_2}{\ln\left(\dfrac{\Delta t_1}{\Delta t_2}\right)} = \dfrac{50 - 10}{\ln\left(\dfrac{50}{10}\right)} = 24.853$ [℃]

57_ 단열벽돌을 요로에 사용 시 특징에 대한 설명으로 틀린 것은?

① 축열 손실이 적어진다.
② 전열 손실이 적어진다.
③ 노내 온도가 균일해지고, 내화물의 배면에 사용하면 내화물의 내구력이 커진다.
④ 효과적인 면도 적지 않으나 가격이 비싸므로 경제적인 이익은 없다.

해설 단열벽돌을 요로에 사용할 때의 특징 : ①, ②, ③항 외
㉮ 내화재의 내구력을 증가시킬 수 있다.
㉯ 열손실을 방지하여 연료사용량을 줄일 수 있다.
㉰ 노벽의 온도구배를 줄여 스폴링현상을 방지한다.

58_ 다음 중 박스 트랩(box trap) 중 하나로 주로 아파트 및 건물의 발코니 등의 바닥 배수에 사용하여 상층의 배수 침투 및 악취 분출 방지역할을 하는 트랩은?

① 벨 트랩
② S 트랩
③ 관 트랩
④ 그리스 트랩

해설 배수 트랩 중 박스트랩의 종류
㉮ 드럼트랩 : 요리장의 개숫물 속의 찌꺼기를 트랩 바닥에 모이게 하고 찌꺼기가 하수관으로 흐르지 않게 방지하는 트랩
㉯ 벨 트랩 : 바닥면의 배수에 사용하는 트랩으로 벨(bell)을 씌우지 않고 사용하면 트랩 작용이 안 된다.
㉰ 가솔린 트랩 : 자동차의 차고나 공장 등의 바닥 배수에 사용되는 것으로 배수 중의 가솔린, 기계유, 모래 등을 분리해서 모래는 주철제의 버킷 밑에 침전시키고 기름 등은 수면위에 띄워서 제거할 수 있도록 한 것이다.
㉱ 그리스 트랩 : 유입되는 배수의 유속이 트랩 속에서 감소하므로 배수 중에 섞여 있는 지방이 식어서 트랩위에 떠오르도록 한 구조로 호텔, 식당 등 요리장에서 사용한다.

59_ 보일러 검사를 받는 자에게는 그 검사의 종류에 따라 필요한 사항에 대한 조치를 하게 할 수 있다. 그 조치에 해당되지 않는 것은?

① 비파괴검사의 준비
② 수압시험의 준비
③ 운전성능 측정의 준비
④ 보온단열재의 열전도 시험 준비

해설 검사에 필요한 조치 등(에너지이용 합리화법 시행규칙 제31조의22)
㉮ 기계적 시험의 준비
㉯ 비파괴검사의 준비
㉰ 검사대상기기의 정비
㉱ 수압시험의 준비
㉲ 안전밸브 및 수면측정장치의 분해, 정비
㉳ 검사대상기기의 피복물 제거
㉴ 조립식인 검사대상기기의 조립 해체
㉵ 운전성능 측정의 준비

60_ 열사용기자재 중 검사대상기기에 해당되는 것은?

① 태양열 집열기
② 구멍탄용 가스보일러
③ 제2종 압력용기
④ 축열식 전기보일러

정답 56. ① 57. ④ 58. ① 59. ④ 60. ③

해설 검사대상기기 : 에너지이용 합리화법 시행규칙 제31조의 6, 별표3의3

구분	검사대상기기명	적용범위
보일러	강철제보일러 주철제보일러	다음 각 호의 어느 하나에 해당하는 것을 제외한다. 1. 최고사용압력이 0.1[MPa] 이하이고, 동체의 안지름이 300[mm] 이하이며, 길이가 600[mm] 이하인 것 2. 최고사용압력이 0.1[MPa] 이하이고, 전열면적이 5[m²] 이하인 것 3. 2종 관류보일러 4. 온수를 발생시키는 보일러로서 대기 개방형인 것
	소형온수보일러	가스를 사용하는 것으로서 가스사용량이 17[kg/h] (도시가스는 232.6 [kW])를 초과하는 것
압력용기	1종압력용기 2종압력용기	별표1의 규정에 의한 압력용기의 적용범위에 의한다.
요로	철금속가열로	정격용량이 0.58[MW]를 초과하는 것

4과목 - 열설비취급 및 안전관리

61_ 강철제 보일러의 최고 사용압력이 1.6[MPa]일 때 수압시험 압력은 최고 사용압력의 몇 배로 계산하는가?

① 최고 사용압력의 1.3배
② 최고 사용압력의 1.5배
③ 최고 사용압력의 2배
④ 최고 사용압력의 3배

해설 강철제 보일러의 수압시험 압력
㉮ 보일러의 최고사용압력이 0.43[MPa] 이하일 때에는 그 최고사용압력의 2배의 압력으로 한다. 다만, 그 시험압력이 0.2[MPa] 미만인 경우에는 0.2[MPa]로 한다.
㉯ 보일러의 최고 사용압력이 0.43[MPa] 초과 1.5[MPa] 이하일 때에는 그 최고사용압력의 1.3배에 0.3[MPa]를 더한 압력으로 한다.
㉰ 보일러의 최고사용압력이 1.5[MPa]를 초과할 때에는 그 최고사용압력의 1.5배의 압력으로 한다.

62_ 일반적으로 보일러를 정지시키기 위한 순서로 옳은 것은?

① 연료차단 → 공기차단 → 주증기밸브 폐쇄 → 댐퍼 폐쇄
② 연료차단 → 공기차단 → 주증기밸브 폐쇄 → 댐퍼 개방
③ 공기차단 → 연료차단 → 주증기밸브 폐쇄 → 댐퍼 폐쇄
④ 주증기밸브 폐쇄 → 공기차단 → 연료차단 → 댐퍼 개방

해설 일반적인 보일러 운전정지 순서
㉮ 연료 공급을 정지한다.
㉯ 공기 공급을 정지한다.
㉰ 급수를 행하고, 압력을 떨어뜨리며 급수밸브를 닫고 급수펌프를 정지시킨다.
㉱ 주증기 밸브를 닫고 드레인(배수) 밸브를 개방시킨다.
㉲ 댐퍼를 닫는다.

63_ 증기보일러 가동 중 과부하 상태가 될 때 나타나는 현상으로 틀린 것은?

① 프라이밍(priming)발생이 적어진다.
② 단위연료당 증발량이 작아진다.
③ 전열면 증발률은 증가한다.
④ 보일러 효율이 떨어진다.

해설 프라이밍(priming) 현상 : 급격한 증발현상으로 동수면에서 작은 입자의 물방울이 증기와 혼입하여 튀어 오르는 현상으로 부하의 급격한 변화(과부하 상태)가 있을 때 발생한다.

64_ pH가 높으면 보일러 수중의 경도 성분인 (㉠), (㉡) 등의 화합물의 용해도가 감소되기 때문에 스케일 부착이 어렵게 된다. ㉠, ㉡에 들어갈 적당한 용어는?

① ㉠ : 망간, ㉡ : 나트륨
② ㉠ : 인산, ㉡ : 나트륨
③ ㉠ : 탄닌, ㉡ : 마그네슘
④ ㉠ : 칼슘, ㉡ : 마그네슘

정답 61. ② 62. ① 63. ① 64. ④

해설 pH 및 알칼리 조정제 일반사항
㉮ 부식을 방지하고, 보일러 수중의 경도성분을 불용성으로 만들어 스케일 부착을 방지하기 위해서는 보일러수의 pH는 적당히 높은 값으로 유지되어야 한다.
㉯ pH가 높으면 보일러 수중의 경도성분인 칼슘, 마그네슘 등의 화합물의 용해도가 감소되기 때문에 스케일 부착이 어렵게 된다.
㉰ 보일러 수중의 실리카를 가용성의 규산나트륨으로 만들어 존재시키기 위해서도, pH는 다른 장해가 발생되지 않는 높은 값으로 유지하는 편이 좋다.
㉱ 알칼리 조정제에는 알칼리농도 상승제와 억제제가 있다. 상승제로는 주로 수산화나트륨, 탄산나트륨 등이 저압보일러 등에 사용되고, 고압보일러에는 수산화나트륨, 제3인산나트륨, 암모니아 등이 사용된다.

65_ 보일러 가동 중 연료소비의 과대 원인으로 가장 거리가 먼 것은?
① 연료의 발열량이 낮을 경우
② 연료의 예열온도가 높을 경우
③ 연료 내 물이나 협잡물이 포함된 경우
④ 연소용 공기가 부족한 경우

해설 연료의 예열온도가 낮을 경우에 해당된다.

66_ 압력 0.1[kgf/cm²]의 증기를 이용하여 난방을 하는 경우 방열기 내의 증기 응축량은? (단, 0.1[kgf/cm²]에서의 증발잠열은 538[kcal/kg]이다.)
① 13.5[kg/m² · h]
② 12.1[kg/m² · h]
③ 1.35[kg/m² · h]
④ 1.21[kg/m² · h]

해설 증기난방일 때 방열기 방열량은 650[kcal/m² · h]이다.
∴ $Q_c = \dfrac{Q_r}{\gamma} = \dfrac{650}{538} = 1.208 \,[\text{kg/m}^2 \cdot \text{h}]$

67_ 다음 소형 온수보일러 중 에너지이용 합리화법에 의한 검사대상기기는?
① 전기 및 유류겸용 소형온수보일러
② 유류를 연료로 쓰는 가정용 소형온수보일러
③ 도시가스 사용량이 20만 [kcal/h] 이하인 소형온수보일러
④ 가스 사용량이 17[kg/h]를 초과하는 소형온수보일러

해설 검사대상기기 중 소형 온수보일러(에너지이용 합리화법 시행규칙 제31조의6, 별표3의3) : 가스를 사용하는 것으로서 가스사용량이 17[kg/h](도시가스는 232.6[kW])를 초과하는 것

68_ 에너지이용 합리화법에 따라 다음 중 효율관리 기자재가 아닌 것은?
① 자동차   ② 컴퓨터
③ 조명기기   ④ 전기세탁기

해설 효율관리 기자재의 종류(에너지이용 합리화법 시행규칙 제7조) : 전기냉장고, 전기냉방기, 전기세탁기, 조명기기, 삼상유도전동기, 자동차, 그 밖에 산업통상자원부장관이 그 효율의 향상이 특히 필요하다고 인정하여 고시하는 기자재 및 설비

69_ 보일러에서 압력계에 연결하는 증기관(최고 사용압력에 견디는 것)을 강관으로 하는 경우 안지름은 최소 몇 [mm] 이상으로 하여야 하는가?
① 6.5[mm]   ② 12.7[mm]
③ 15.6[mm]   ④ 17.5[mm]

해설 증기 보일러 압력계 부착기준 : 압력계와 연결된 증기관은 최고사용압력에 견디는 것으로서 그 크기는 황동관 또는 동관을 사용할 때는 안지름 6.5[mm] 이상, 강관을 사용할 때는 12.7[mm] 이상이어야 하며, 증기온도가 483[K](210[℃])를 초과할 때에는 황동관 또는 동관을 사용하여서는 안 된다.

정답 65. ② 66. ④ 67. ④ 68. ② 69. ②

70. 에너지이용 합리화법에 따른 한국에너지공단의 사업이 아닌 것은?
① 열사용기자재의 안전관리
② 도시가스 기술의 개발 및 도입
③ 신에너지 및 재생에너지 개발사업의 촉진
④ 에너지이용 합리화를 및 이를 통한 온실가스의 배출을 줄이기 위한 사업과 국제협력

해설 한국에너지공단의 사업 : 에너지이용 합리화법 제57조
㉮ 에너지이용 합리화 및 이를 통한 온실가스의 배출을 줄이기 위한 사업
㉯ 에너지기술의 개발, 도입, 지도 및 보급
㉰ 에너지이용 합리화, 신에너지 및 재생에너지의 개발과 보급, 집단에너지 공급사업을 위한 자금의 융자 및 지원
㉱ 법 제25조 제1항 각 호의 사업
㉲ 에너지진단 및 에너지관리지도
㉳ 신에너지 및 재생에너지 개발사업의 촉진
㉴ 에너지관리에 관한 조사, 연구, 교육 및 홍보
㉵ 에너지이용 합리화사업을 위한 토지, 건물 및 시설 등의 취득, 설치, 운영, 대여 및 양도
㉶ 집단에너지사업의 촉진을 위한 지원 및 관리
㉷ 에너지사용 기자재의 효율관리 및 열사용기자재의 안전관리
㉸ ㉮호부터 ㉷호까지의 사업에 딸린 사업
㉹ ㉮호부터 ㉷호까지의 사업 외에 산업통상자원부장관, 시·도지사, 그 밖의 기관 등이 위탁하는 에너지이용의 합리화와 온실가스의 배출을 줄이기 위한 사업

71. 보일러설비 계획 시 연소장치의 버너를 선정할 때 검토해야 할 사항으로 가장 거리가 먼 것은?
① 연료의 종류
② 안전밸브 여부
③ 유량조절 및 공기조절
④ 연소실의 분위기(압력, 온도조절)

해설 오일 버너 선정 시 고려(검토)해야 할 사항
㉮ 연료의 종류에 적합할 것
㉯ 버너 용량이 보일러 용량에 적합할 것
㉰ 부하변동에 대한 유량 조절범위를 고려할 것
㉱ 자동제어 방식에 적합한 버너형식을 고려할 것
㉲ 가열조건과 연소실 구조에 적합할 것

72. 신설 보일러의 가동 전 준비사항에 대한 설명으로 틀린 것은?
① 공구나 기타 물건이 동체 내부에 남아 있는지 반드시 확인한다.
② 기수분리기나 부속품의 부착상태를 확인한다.
③ 신설 보일러에 대해서는 가급적 가열건조를 시키지 않고 자연건조(1주 이상)를 시킨다.
④ 제작 시 내부에 부착한 페인트, 유지, 녹 등을 제거하기 위해 내면을 소다 끓이기 등을 통하여 제거한다.

해설 노벽 및 내화재 건조 상태 점검 : 자연건조 시에는 10~15일 정도, 화염에 의한 건조 시에는 약한 불로 72시간 정도 건조시킨다.

73. 보일러에서 저수위로 인한 사고의 원인으로 가장 거리가 먼 것은?
① 저수위 제어장치의 고장
② 보일러 급수장치의 고장
③ 증기 발생량의 부족
④ 분출장치의 누수

해설 이상 저수위 원인
㉮ 급수장치의 능력 및 기능저하
㉯ 급수 탱크 내 수량이 부족한 경우 및 급수온도가 너무 높은 경우
㉰ 수면계의 지시 불량으로 수위를 오판한 경우
㉱ 수위제어장치의 기능 불량
㉲ 분출장치 및 보일러 연결부에서 누출이 되는 경우
㉳ 급수밸브나 급수 체크밸브의 고장 등으로 보일러 수가 역류한 경우
㉴ 증기 취출량이 과대한 경우
㉵ 캐리오버 등으로 보일러수가 증기와 함께 취출되는 경우

74. 보일러에서 압력차단(제한)스위치의 작동압력은 어떻게 조정하여야 하는가?
① 사용압력과 같게 조정한다.
② 안전밸브 작동압력과 같게 조정한다.
③ 안전밸브 작동압력보다 약간 낮게 조정한다.
④ 안전밸브 작동압력보다 약간 높게 조정한다.

정답 70. ② 71. ② 72. ③ 73. ③ 74. ③

해설 압력차단(제한)스위치의 작동압력 : 안전밸브 작동압력보다 약간 낮게 조정한다.

75. 에너지관리자에 대한 교육을 실시하는 기관은?
① 시·도
② 한국에너지공단
③ 안전보건공단
④ 한국산업인력공단

해설 에너지관리자에 대한 교육 : 에너지이용 합리화법 시행규칙 제32조제1항, 별표4
㉮ 교육과정 : 에너지관리자 기본교육과정
㉯ 교육기간 : 1일
㉰ 교육대상자 : 법 제31조제1항 제1호부터 제4호까지의 사항에 관한 업무를 담당하는 사람으로 신고된 사람
㉱ 교육기관 : 한국에너지공단

76. 다음 석탄재의 조성 중 많을수록 석탄재의 융점을 낮아지게 하는 성분이 아닌 것은?
① Fe_2O_3
② CaO
③ SiO_2
④ MgO

해설 석탄재의 융점을 낮아지게 하는 성분 : Fe_2O_3, CaO, MgO

77. 감압밸브 설치 시 배관시공법에 대한 설명으로 틀린 것은?
① 감압밸브는 가급적 사용처에 근접시공 한다.
② 감압밸브 앞에는 여과기를 설치해야 한다.
③ 감압 후 배관은 1차측 보다 확관되어야 한다.
④ 감압장치의 안전을 위하여 밸브 앞에 안전밸브를 설치한다.

해설 감압장치의 안전을 위하여 밸브 다음(2차측)에 안전밸브를 설치한다.

78. 에너지이용 합리화법에 의한 에너지 사용시설이 아닌 것은?
① 발전소
② 에너지를 사용하는 공장
③ 에너지를 사용하는 사업장
④ 경유 등을 사용하는 가정

해설 에너지 사용시설(에너지법 제2조) : 에너지를 사용하는 공장, 사업자 등의 시설이나 에너지를 전환하여 사용하는 시설을 말한다.

79. 에너지법에 의하면 에너지 수급에 차질이 발생할 경우를 대비하여 비상 시 에너지수급 계획을 수립하여야 하는 자는?
① 대통령
② 국방부장관
③ 산업통상자원부장관
④ 한국에너지공단이사장

해설 비상 시 에너지수급계획의 수립(에너지법 제8조) : 산업통상자원부장관은 에너지 수급에 중대한 차질이 발생할 경우에 대비하여 비상 시 에너지수급계획(비상계획)을 수립하여야 한다.

80. 온수보일러에서 물의 온도가 393[K](120[℃])를 초과하는 온수보일러에 안전장치로 설치하는 것은?
① 안전밸브
② 압력계
③ 방출밸브
④ 수면계

해설 온도 393[K](120[℃])를 초과하는 온수발생보일러에는 안전밸브를 설치하여야 하며, 그 크기는 호칭지름 20[mm] 이상으로 한다.

정답 75. ② 76. ③ 77. ④ 78. ④ 79. ③ 80. ①

2016년 5월 8일 제2회 에너지관리산업기사 필기시험

1과목 - 열역학 및 연소관리

01_ 다음 중 연료품질평가 시 세탄가를 사용하는 연료는?

① 중유　　② 등유
③ 경유　　④ 가솔린

해설 세탄가 : 경유의 자기착화성을 나타내는 지수로 세탄가가 높으면 착화하는 성질이 좋은 것으로 n-파라핀계 탄화수소가 높고, 나프텐계, 올레핀계 탄화수소로 낮아진다.

02_ 다음 열기관 사이클 중 가장 이상적인 사이클은?

① 랭킨 사이클　　② 재열 사이클
③ 재생 사이클　　④ 카르노 사이클

해설 카르노 사이클(Carnot cycle) : 2개의 단열과정과 2개의 등온과정으로 구성된 열기관의 이론적인 사이클이다.

03_ 보일러의 수면이 위험수위보다 낮아지면 신호를 발신하여 버너를 정지시켜주는 장치는?

① 노내압 조절장치
② 저수위 차단장치
③ 압력 조절장치
④ 증기트랩

해설 저수위 차단장치 : 보일러 수위가 안전 저수위에 도달할 때 전자밸브를 닫아 보일러 가동을 정지시키는 것으로 저수위 경보기가 해당된다.

04_ 어떤 냉동기의 냉각수, 냉수의 온도 및 유량을 측정하였더니 다음 표와 같이 나타났다. 이 냉동기의 성능계수(COP)는?

항목	유량 [ton/h]	입구온도 [℃]	출구온도 [℃]
냉수	30	12	7
냉각수	47	29	33

① 3.65　　② 3.95
③ 4.25　　④ 4.55

해설 냉동기에서 흡수제거하여야 할 열량(Q_2)은 냉수가 순환되는 현열량과 같고, 고온부에 방출되는 열량(Q_1)은 냉각수가 순환되는 현열량과 같다.

$$\therefore COP_R = \frac{Q_2}{W} = \frac{Q_2}{Q_1 - Q_2}$$

$$= \frac{30 \times 10^3 \times 1 \times (12-7)}{\{47 \times 10^3 \times 1 \times (33-29)\} - \{30 \times 10^3 \times 1 \times (12-7)\}}$$

$$= 3.947$$

05_ 보일러 송풍기의 형식 중 원심식 송풍기가 아닌 것은?

① 다익형　　② 리버스형
③ 프로펠러형　　④ 터보형

해설 원심식 송풍기의 종류
㉮ 터보형 : 후향 날개를 16~24개 정도 설치한 형식
㉯ 다익형(실로코형) : 전향날개를 많이 설치한 형식
㉰ 플레이트형 : 방사형 날개를 6~12개 정도 설치한 형식
※ 리버스형은 원심식 송풍기의 한 종류로 날개 모양이 S자형의 반전한 원호로 이루어져 있다. 프로펠러형은 축류식에 해당된다.

정답 1.③　2.④　3.②　4.②　5.③

06_ "일과 열은 서로 변환될 수 있다"는 것과 가장 관계가 깊은 법칙은?

① 열역학 제1법칙
② 열역학 제2법칙
③ 줄(Joule)의 법칙
④ 푸리에(Fourier)의 법칙

해설 열역학 제1법칙 : 에너지 보존의 법칙이라 하며 기계적 일이 열로 변하거나, 열이 기계적 일로 변할 때 이들의 비는 일정한 관계가 성립된다.

07_ 보일러의 부속장치 중 안전장치가 아닌 것은?

① 화염검출기
② 가용전
③ 증기압력제한기
④ 증기 축열기

해설 안전장치의 종류 : 안전밸브, 저수위 경보기, 방폭문, 가용전, 화염검출기, 증기압력 제한기, 전자밸브 등

08_ 프로판(C_3H_8) 20vol[%], 부탄(C_4H_{10}) 80vol[%]의 혼합가스 1[L]를 완전 연소하는데 50[%]의 과잉공기를 사용하였다면 실제 공급된 공기량은? (단, 공기 중 산소는 21vol[%]로 가정한다.)

① 27[L]   ② 34[L]
③ 44[L]   ④ 51[L]

해설
㉮ 프로판(C_3H_8)과 부탄(C_4H_{10})의 완전연소 반응식
$C_3H_8 + 5O_2 \rightarrow 3CO_2 + 4H_2O$
$C_4H_{10} + 6.5O_2 \rightarrow 4CO_2 + 5H_2O$
㉯ 실제공기량 계산 : 혼합가스 1[L]가 연소할 때 필요한 산소량[L]은 연소반응식에서 산소몰(mol)수에 체적비를 곱한 값과 같고 과잉공기 50[%]는 공기비 1.5와 같다.

$$\therefore A = m \times A_0 = m \times \frac{O_0}{0.21}$$
$$= 1.5 \times \frac{(5 \times 0.2) + (6.5 \times 0.8)}{0.21}$$
$$= 44.285 [L]$$

09_ 대기압이 750[mmHg]일 때, 탱크의 압력계가 9.5[kgf/cm²]를 지시한다면 이 탱크의 절대압력은?

① 7.26[kgf/cm²]
② 10.52[kgf/cm²]
③ 14.27[kgf/cm²]
④ 18.45[kgf/cm²]

해설 절대압력 = 대기압 + 게이지압력
$$= \left(\frac{750}{760} \times 1.0332\right) + 9.5$$
$$= 10.519 [kgf/cm^2 \cdot a]$$

10_ 가역 및 비가역 과정에 대한 설명으로 틀린 것은?

① 가역과정은 실제로 얻어질 수 없으나 거의 근접할 수 있다.
② 비가역과정의 인자로는 마찰, 점성력, 열전달 등이 있다.
③ 가역과정은 이상적인 과정으로 최대의 열효율을 갖는 과정이다.
④ 가역과정은 고열원, 저열원 사이의 온도차와 작동 물질에 따라 열효율이 달라진다.

해설 과정 : 계 내의 물질이 한 상태에서 다른 상태로 변할 때 연속된 상태 변화의 경로(path)를 뜻한다.
㉮ 가역과정 : 과정을 여러 번 진행해도 결과가 동일하며 자연계에 아무런 변화도 남기지 않는 것(카르노 사이클, 노즐에서의 팽창, 마찰이 없는 관내 흐름)
㉯ 비 가역과정 : 계의 경계를 통하여 이동할 때 자연계에 변화를 남기는 것(온도차로 생기는 열전달, 압축 및 자유팽창, 혼합 및 화학반응, 전기적 저항, 마찰, 확산 및 삼투압 현상)

정답 6. ① 7. ④ 8. ③ 9. ② 10. ④

11_ 500[L]의 탱크에 압력 1[atm], 온도 0[℃]인 산소가 채워져 있다. 이 산소를 100[℃]까지 가열하고자 할 때 소요열량은? (단, 산소의 정적비열은 0.65[kJ/kg·K]이며, 가스상수는 26.5[kgf·m/kg·K]이다.)

① 20.8[kJ]
② 46.4[kJ]
③ 68.2[kJ]
④ 100.6[kJ]

[해설] ㉮ 0[℃] 상태의 산소의 무게[kg] 계산
$PV = GRT$에서
$\therefore G = \dfrac{PV}{RT} = \dfrac{10332 \times 0.5}{26.5 \times 273} = 0.714 \,[\text{kg}]$
㉯ 소요열량 계산
$\therefore Q = GC_v \Delta T$
$= 0.714 \times 0.65 \times \{(273+100) - 273\}$
$= 46.41 \,[\text{kJ}]$

12_ 압력(유압)분무식 버너에 대한 설명으로 틀린 것은?

① 유지 및 보수가 간단하다.
② 고점도의 연료도 무화가 양호하다.
③ 압력이 낮으면 무화가 불량하게 된다.
④ 분출 유량은 유압의 평방근에 비례한다.

[해설] 유압분무식 버너 : 연료유를 가압하여 노즐을 이용, 고속 분사하여 무화시키는 방식이다.
㉮ 구조가 비교적 간단하다.
㉯ 부하변동에 적응성이 적다.
㉰ 무화매체가 필요 없고, 대용량에 적합하다.
㉱ 유량은 유압의 평방근에 비례한다.
㉲ 소음발생이 거의 없지만, 무화특성이 좋지 않다.
㉳ 종류에는 환류식과 비환류식이 있다.
㉴ 분사각도 : 40~90°
㉵ 사용유압 : 5~20[kgf/cm²]
㉶ 유량 조절범위가 좁다. : 환류식(1 : 3), 비환류식(1 : 6)

13_ 저위발열량이 27000[kJ/kg]인 연료를 시간당 20[kg]씩 연소시킬 때 발생하는 열을 전부 활용할 수 있는 열기관의 동력은?

① 150[kW]   ② 900[kW]
③ 9000[kW]   ④ 540000[kW]

[해설] ㉮ 1[kW] = 860[kcal/h] = 3600[kJ/h]이다.
㉯ 발생되는 동력 계산
$\therefore \text{kW} = \dfrac{\text{공급열량}[\text{kJ/h}]}{1[\text{kW}]\text{당 열량}[\text{kJ/h}]}$
$= \dfrac{20 \times 27000}{3600} = 150 \,[\text{kW}]$

14_ 100[℃] 건포화증기 2[kg]이 온도 30[℃]인 주위로 열을 방출하여 100[℃] 포화액으로 변했다. 증기의 엔트로피 변화는? (단, 100[℃]에서의 증발잠열은 2257[kJ/kg]이다.)

① -14.9[kJ/K]
② -12.1[kJ/K]
③ -11.3[kJ/K]
④ -10.2[kJ/K]

[해설] 100[℃] 건포화증기가 30[℃]인 주위로 열을 방출하여(냉각되어) 100[℃]의 포화액으로 변화된 것이므로 고열원(T_1)의 엔트로피는 감소되고, 저열원(T_2)의 엔트로피는 증가된다.
$\therefore \Delta s = \dfrac{Q}{T_2} - \dfrac{Q}{T_1}$ 에서 2[kg]의 증기에 대한 엔트로피 변화를 계산하면
$\therefore \Delta s = -\dfrac{Q}{T_1}$
$= -\dfrac{2 \times 2257}{273 + 100} = -12.101 \,[\text{kJ/K}]$

15_ 다음 연료 중 단위중량당 고위발열량이 가장 큰 것은?

① 탄소   ② 황
③ 수소   ④ 일산화탄소

[정답] 11. ② 12. ② 13. ① 14. ② 15. ③

해설 각 연료의 단위 중량당 발열량

연료 명칭	발열량[kcal/kg]
탄소(C)	8100
황(S)	2500
수소(H_2)	34150
일산화탄소(CO)	2428

16. 프로판(C_3H_8) 5[Nm^3]을 이론산소량으로 완전 연소시켰을 때 건연소가스량은?

① 10[Nm^3] ② 15[Nm^3]
③ 20[Nm^3] ④ 25[Nm^3]

해설 ㉮ 프로판의 완전연소 반응식
$C_3H_8 + 5O_2 \rightarrow 3CO_2 + 4H_2O$
㉯ 건연소 가스량 계산 : 연소가스 중 수분(H_2O)을 포함하지 않은 CO_2 가스량이므로
22.4[Nm^3] : 3×22.4[Nm^3] = 5[Nm^3] : x(G_{od})[Nm^3]
$\therefore G_{0d} = \frac{5 \times 3 \times 22.4}{22.4} = 15$ [Nm^3]

17. 가로, 세로, 높이가 각각 3[m], 4[m], 5[m]인 직육면체 상자에 들어있는 이상기체의 질량이 80[kg]일 때, 상자 안의 기체의 압력이 100[kPa]이면 온도는? (단, 기체상수는 250[J/kg·K]이다.)

① 27[℃] ② 31[℃]
③ 34[℃] ④ 44[℃]

해설 $PV = GRT$에서
$\therefore T = \frac{PV}{GR}$
$= \frac{100 \times (3 \times 4 \times 5)}{80 \times 0.250}$
$= 300[K] - 273 = 27[℃]$

18. 압력이 300[kPa]인 공기가 가역단열 변화를 거쳐 체적이 처음 체적의 5배로 증가하는 경우의 최종 압력은? (단, 공기의 비열비는 1.4이다.)

① 23[kPa] ② 32[kPa]
③ 143[kPa] ④ 276[kPa]

해설 ㉮ 가역단열과정의 P, V, T 관계
$\frac{T_2}{T_1} = \left(\frac{V_1}{V_2}\right)^{k-1} = \left(\frac{P_2}{P_1}\right)^{\frac{k-1}{k}}$ 에서
$\therefore \left(\frac{V_1}{V_2}\right)^{k-1} = \left(\frac{1}{5}\right)^{1.4-1} = 0.5253$
$\therefore \left(\frac{P_2}{P_1}\right)^{\frac{k-1}{k}} = \left(\frac{P_2}{P_1}\right)^{\frac{1.4-1}{1.4}} = \left(\frac{P_2}{P_1}\right)^{0.2857}$
㉯ 최종압력 계산
$\left(\frac{V_1}{V_2}\right)^{k-1} = \left(\frac{P_2}{P_1}\right)^{\frac{k-1}{k}}$ 에서 $0.5253 = \left(\frac{P_2}{P_1}\right)^{0.2857}$
$\therefore \frac{P_2}{P_1} = {}^{0.2857}\sqrt{0.2523}$
$\therefore P_2 = P_1 \times {}^{0.2857}\sqrt{0.2523}$
$= 300 \times {}^{0.2857}\sqrt{0.5253} = 31.513$ [kPa]

19. 랭킨 사이클의 효율을 올리기 위한 방법이 아닌 것은?

① 유입되는 증기의 온도를 높인다.
② 배출되는 증기의 온도를 높인다.
③ 배출되는 증기의 압력을 낮춘다.
④ 유입되는 증기의 압력을 높인다.

해설 증기 사이클(랭킨 사이클)의 이론 열효율은 초압 및 초온이 높을수록, 배압(터빈 배출압력)이 낮을수록 증가한다.

20. 기체의 C_p(정압비열)와 C_v(정적비열)의 관계식으로 옳은 것은?

① $C_p = C_v$ ② $C_p \leq C_v$
③ $C_p < C_v$ ④ $C_p > C_v$

정답 16. ② 17. ① 18. ② 19. ② 20. ④

해설 비열비
㉮ 비열비 : 정압비열과 정적비열의 비로 항상 1보다 크다.
∴ $k = \dfrac{C_p}{C_v} > 1$
㉯ 정압비열은 정적비열보다 항상 크다. (정적비열은 정압비열보다 항상 적다.)

2과목 - 계측 및 에너지진단

21. 용적식 유량계의 특징에 관한 설명으로 틀린 것은?
① 고점도 유체의 유량 측정이 가능하다.
② 입구측에 여과기를 설치해야 한다.
③ 구조가 간단하여 적산용으로 부적합하다.
④ 유체의 맥동에 대한 영향이 적다.

해설 용적식 유량계의 일반적인 특징
㉮ 정도가 높아 상거래용(적산용)으로 사용된다.
㉯ 유체의 물성치(온도, 압력 등)에 의한 영향을 거의 받지 않는다.
㉰ 외부 에너지의 공급이 없어도 측정할 수 있다.
㉱ 고점도의 유체나 점도변화가 있는 유체에 적합하다.
㉲ 맥동의 영향을 적게 받고, 압력손실도 적다.
㉳ 이물질 유입을 차단하기 위하여 입구에 여과기(strainer)를 설치하여야 한다.

22. 아래와 같은 경사압력계에서 $P_1 - P_2$는 어떻게 표시되는가? (단, 유체의 밀도는 ρ, 중력가속도는 g로 표시된다.)

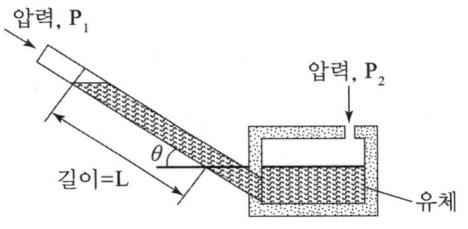

① $P_1 - P_2 = \rho g L$
② $P_1 - P_2 = -\rho g L$
③ $P_1 - P_2 = \rho g L \sin\theta$
④ $P_1 - P_2 = -\rho g L \sin\theta$

해설 [그림]의 경사압력계에서 P_1보다는 P_2의 압력이 높으므로 $P_2 - P_1 = \rho \times g \times L \times \sin\theta$ 이다.
∴ $P_1 - P_2 = -\rho \times g \times L \times \sin\theta$

23. 계측기기 측정법의 종류가 아닌 것은?
① 적산법
② 영위법
③ 치환법
④ 보상법

해설 측정방법
㉮ 편위법 : 부르동관 압력계와 같이 측정량과 관계있는 다른 양으로 변환시켜 측정하는 방법으로 정도는 낮지만 측정이 간단하다.
㉯ 영위법 : 기준량과 측정하고자 하는 상태량을 비교 평형 시켜 측정하는 것으로 천칭을 이용하여 질량을 측정하는 것이 해당된다.
㉰ 치환법 : 지시량과 미리 알고 있는 다른 양으로부터 측정량을 나타내는 방법으로 다이얼게이지를 이용하여 두께를 측정하는 것이 해당된다.
㉱ 보상법 : 측정량과 거의 같은 미리 알고 있는 양을 준비하여 측정량과 그 미리 알고 있는 양의 차이로써 측정량을 알아내는 방법이다.

24. 잔류편차(off-set)가 있는 제어는?
① P 제어
② I 제어
③ PI 제어
④ PID 제어

해설 비례동작(P 동작) : 동작신호에 대하여 조작량의 출력변화가 일정한 비례관계에 있는 제어로 잔류편차(off set)가 생긴다.

정답 21. ③ 22. ④ 23. ① 24. ①

25. 액면계를 측정방법에 따라 분류할 때 간접법을 이용한 액면계가 아닌 것은?
① 게이지 글라스 액면계
② 초음파식 액면계
③ 방사선식 액면계
④ 압력식 액면계

해설 액면계의 분류 및 종류
㉮ 직접법 : 직관식, 플로트식(부자식), 검척식
㉯ 간접법 : 압력식, 초음파식, 정전용량식, 방사선식, 차압식, 다이어프램식, 편위식, 기포식, 슬립 튜브식 등

26. 2개의 제어계를 조합하여 1차 제어장치가 제어량을 측정하여 제어 명령을 하면 2차 제어장치가 이 명령을 바탕으로 제어량을 조절하는 제어방식은?
① 비율 제어
② on-off 제어
③ 프로그램 제어
④ 캐스케이드 제어

해설 캐스케이드 제어 : 두 개의 제어계를 조합하여 제어량의 1차 조절계를 측정하고 그 조작 출력으로 2차 조절계의 목표값을 설정하는 방법으로 단일 루프제어에 비해 외란의 영향을 줄이고 계 전체의 지연을 적게 하는데 유효하기 때문에 출력 측에 낭비시간이나 지연이 큰 프로세스제어에 이용되는 제어이다.

27. 압력 12[kgf/cm²]로 공급되는 어떤 수증기의 건도가 0.95이다. 이 수증기 1[kg]당 엔탈피는? (단, 압력 12[kgf/cm²]에서 포화수의 엔탈피는 189.8[kcal/kg], 포화증기 엔탈피는 664.5[kcal/kg]이다.)
① 474.7kcal/kg
② 531.3kcal/kg
③ 640.8kcal/kg
④ 854.3kcal/kg

해설 $h_2 = h' + x(h'' - h')$
$= 189.8 + 0.95 \times (664.5 - 189.8)$
$= 640.765 \, [\text{kcal/kg}]$

28. 보일러의 상당증발량이란 1시간 동안의 실제 증발량을 몇 기압, 몇 [℃]의 포화수를 같은 온도의 포화증기로 만드는 증기량으로 환산하여 표시한 것인가?
① 1기압, 0[℃]
② 1기압, 100[℃]
③ 3기압, 85[℃]
④ 10기압, 100[℃]

해설 상당 증발량(환산 증발량) : 실제 증발량을 기준 증발량으로 환산하였을 때의 증발량. 즉, 표준대기압(1기압) 하에서 100[℃]의 포화수를 100[℃]의 건조포화증기로 발생시킬 수 있는 증발량으로 단위는 [kg/h]이다.
$$\therefore G_e = \frac{G_a(h_2 - h_1)}{539}$$

29. 전자밸브를 이용하여 온도를 제어하려 할 때 전자밸브에 온도신호를 보내기 위해 필요한 장치는?
① 압력센서
② 플로트 스위치
③ 스톱 밸브
④ 서모스탯

해설 서모스탯(thermostat) : 간접가열방식의 급탕탱크 내의 온수온도를 감지하여 증기와 같은 열매체의 양을 조절하여 급탕탱크의 온도를 일정하게 유지하는 자동 온도 조절기이다.

30. 보일러의 열손실에 해당되지 않는 것은?
① 굴뚝으로 배출되는 배기가스 열량의 손실
② 미보온에 의한 방열손실
③ 연료 중의 수소나 수분에 의한 손실
④ 연료의 불완전연소에 의한 손실

정답 25. ① 26. ④ 27. ③ 28. ② 29. ④ 30. ③

해설 보일러의 열손실 항목
㉮ 배기가스 배출로 인한 열손실
㉯ 불완전연소에 의한 열손실
㉰ 미보온에 의한 방열손실

31_ 저항온도계의 일종으로 온도변화에 따라 저항치가 변화하는 반도체의 성질을 이용, 온도계수가 크고 응답속도가 빠르며, 국부적인 온도 측정이 가능한 온도계는?
① 연전대 온도계   ② 서미스터 온도계
③ 베크만 온도계   ④ 바이메탈 온도계

해설 서미스터 온도계 특징
㉮ 감도가 크고 응답성이 빨라 온도변화가 작은 부분 측정에 적합하다.
㉯ 온도 상승에 따라 저항치가 감소한다.(저항온도계수가 부특성(負特性)이다.)
㉰ 소형으로 협소한 장소의 측정에 유리하다.
㉱ 소자의 균일성 및 재현성이 없다.
㉲ 흡습에 의한 열화가 발생할 수 있다.
㉳ 측정범위는 −100~300[℃] 정도이다.

32_ 0[℃]에서 수은주의 높이가 760[mm]에 상당하는 압력을 1표준기압 또는 대기압이라 할 때 다음 중 1[atm]과 다른 것은?
① 1013[mbar]
② 101.3[Pa]
③ 1.033[kgf/cm²]
④ 10.332[mH₂O]

해설 1[atm] = 760[mmHg] = 76[cmHg]
= 0.76[mHg] = 29.9[inHg] = 760[torr]
= 10332[kgf/m²] = 1.0332[kgf/cm²] = 10.332[mH₂O]
= 10332[mmH₂O] = 101325[N/m²] = 101325[Pa]
= 101.325[kPa] = 0.101325[MPa]
= 1013250[dyne/cm²] = 1.01325[bar]
= 1013.25[mbar]
= 14.7[lb/in²] = 14.7[psi]
※ [mH₂O]와 [mAq]는 동일한 단위임

33_ 물이 들어 있는 저장탱크의 수면에서 5[m] 깊이에 노즐이 있다. 이 노즐의 속도계수(C_v)가 0.95일 때, 실제 유속[m/s]은?

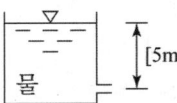

① 9.4   ② 11.3
③ 14.5   ④ 17.7

해설 $V = C_v \sqrt{2gh}$
$= 0.95 \times \sqrt{2 \times 9.8 \times 5} = 9.404 \,[\text{m/s}]$

34_ 보일러 드럼(drum)수위를 제어하기 위하여 활용되고 있는 수위제어 검출방식이 아닌 것은?
① 전극식   ② 차압식
③ 플로트식   ④ 공기식

해설 급수조절장치(수위제어 방식, 저수위경보장치) 종류 : 플로트식(부자식), 전극식, 열팽창식(열팽창관식)

35_ 급수온도 15[℃]에서 압력 10[kgf/cm²], 온도 183.2[℃]의 증기를 2000[kg/h] 발생시키는 경우, 이 보일러의 상당증발량은? (단, 증기엔탈피는 715[kcal/kg]로 한다.)
① 2003[kg/h]   ② 2473[kg/h]
③ 2597[kg/h]   ④ 2950[kg/h]

해설 $G_e = \dfrac{G_a(h_2 - h_1)}{539}$
$= \dfrac{2000 \times (715 - 15)}{539}$
$= 2597.402 \,[\text{kg/h}]$

36. 다음 중 구조상 보상도선을 반드시 사용하여야 하는 온도계는?
① 열전대식 온도계
② 광고온계
③ 방사온도계
④ 전기식 온도계

해설 열전대식 온도계 : 제베크(Seebeck) 효과를 이용한 것으로 열전대, 보상도선, 측온접점(열접점), 기준접점(냉접점), 보호관 등으로 구성된다.

37. 오차에 대한 설명으로 틀린 것은?
① 계통오차는 발생 원인을 알고 보정에 의해 측정값을 바르게 할 수 있다.
② 계측상태의 미소변화에 의한 것은 우연오차이다.
③ 표준편차는 측정값에서 평균값을 더한 값의 제곱의 산술평균의 제곱근이다.
④ 우연오차는 정확한 원인을 찾을 수 없어 완전한 제거가 불가능하다.

해설 표준편차 : 측정값과 평균값과의 차이의 제곱합을 측정치 수로 나눈 평균치를 분산이라 하며, 이 분산의 제곱근을 표준편차라 한다. 표준편차의 값이 0이면 관측값 전체가 동일하다는 것으로 표준편차가 클수록 평균에서 떨어진 값이 많다는 것이다.

38. 다음 중 오르사트(Orsat) 가스분석기에서 분석하는 가스가 아닌 것은?
① CO_2 ② O_2
③ CO ④ N_2

해설 오르사트식 분석 순서 및 흡수제
㉠ CO_2 : 수산화칼륨(KOH) 30[%] 수용액
㉡ O_2 : 알칼리성 피로갈롤 용액
㉢ CO : 암모니아성 염화제1구리($CuCl_2$) 용액
㉣ N_2 : 전부 흡수되고 남는 것을 질소로 계산한다.

39. 다음 중 유체의 흐름 중에 프로펠러 등의 회전자를 설치하여 이것의 회전수로 유량을 측정하는 유량계의 종류는?
① 유속식   ② 전자식
③ 용적식   ④ 피토관식

해설 유속식 유량계 : 유체가 흐르는 관로에 프로펠러 등의 회전자를 설치하고 유속 변화에 따른 동압변화로 회전자를 회전시키며 회전수를 측정하여 유량을 측정한다.

40. 열전대 온도계에서 냉접점(기준접점)이란?
① 측온 개소에 두는 + 측의 열전대 선단
② 기준온도(통상 0[℃])로 유지되는 열전대 선단
③ 측온 접점에 보상도선이 접속되는 위치
④ 피측정 물체와 접촉하는 열전대의 접점

해설
㉠ 냉접점 : 기준접점이라 하며 열전대와 도선 또는 보상도선과 접합점을 얼음통 속에 넣어 항상 0[℃]로 유지한 점이다.
㉡ 열접점 : 측온접점이라 하며 열전대의 소선을 접합한 점으로 온도를 측정할 위치에 놓는다.

3과목 - 열설비구조 및 시공

41. 다음 중 대차(kiln car)를 쓸 수 있는 가마는?
① 등요(up hill kiln)
② 선가마(shaft kiln)
③ 회전요(rotary kiln)
④ 셔틀가마(shuttle kiln)

해설 셔틀가마(shuttle kiln) : 단가마의 단점을 줄이기 위하여 이용되는 것으로 가마 1개당 2대 이상의 대차를 준비하여 1개 대차에서 소성작업을 한 후 냉각파가 생기지 않는 한 대차를 끌어내고, 다른 대차를 밀어 넣어 소성작업을 한다.

정답 36. ① 37. ③ 38. ④ 39. ① 40. ② 41. ④

42. 대형 보일러 설비 중 절탄기(economizer)란?
① 석탄을 연소시키는 장치
② 석탄을 분쇄하기 위한 장치
③ 보일러 급수를 예열하는 장치
④ 연소가스로 공기를 예열하는 장치

해설 절탄기(節炭器) : 보일러 급수를 연소가스 여열(餘熱) 등을 이용하여 예열시키는 장치로 급수가열기(economizer)라 한다.

43. 배관용 탄소강관 접합 방식이 아닌 것은?
① 나사접합   ② 용접접합
③ 플랜지접합 ④ 압축접합

해설 강관의 이음방법 : 나사이음, 용접이음, 플랜지이음, 턱걸이 이음
※ 압축접합(flare joint) : 용접이음이 곤란한 곳이나, 분리 결합이 요구될 때 동관의 끝부분을 접시모양으로 가공하여 이음 하는 방식으로 압축이음이라 한다.

44. KS 규격에 일정 이상의 내화도를 가진 재료를 규정하는데 공업요로, 요업요로에 사용되는 내화물의 규정 기준은?
① SK19(1520[℃]) 이상
② SK20(1530[℃]) 이상
③ SK26(1580[℃]) 이상
④ SK27(1610[℃]) 이상

해설 내화물의 정의 : 고온방법에 사용되는 불연성, 난연성 재료로 용융온도 1580[℃](SK 26) 이상의 내화도를 가진 비금속 무기재료이다.

45. 신·재생에너지 설비 중 지하수 및 지하의 열 등의 온도차를 변환시켜 에너지를 생산하는 설비는?
① 지열에너지 설비
② 해양에너지 설비
③ 연료전지 설비
④ 수력에너지 설비

해설 신·재생에너지 설비 : 신에너지 및 재생에너지 개발·이용·보급 촉진법 시행규칙 제2조
㉮ 태양에너지 설비
  ㉠ 태양열 설비 : 태양의 열에너지를 변환시켜 전기를 생산하거나 에너지원으로 이용하는 설비
  ㉡ 태양광 설비 : 태양의 빛에너지를 변환시켜 전기를 생산하거나 채광에 이용하는 설비
㉯ 바이오에너지 설비 : 바이오에너지를 생산하거나 이를 에너지원으로 이용하는 설비
㉰ 풍력 설비 : 바람의 에너지를 변환시켜 전기를 생산하는 설비
㉱ 수력 설비 : 물의 유동 에너지를 변환시켜 전기를 생산하는 설비
㉲ 연료전지 설비 : 수소와 산소의 전기화학 반응을 통하여 전기 또는 열을 생산하는 설비
㉳ 석탄을 액화·가스화한 에너지 및 중질잔사유를 가스화한 에너지설비 : 석탄 및 중질잔사유의 저급 연료를 액화 또는 가스화시켜 전기 또는 열을 생산하는 설비
㉴ 해양에너지 설비 : 해양의 조수, 파도, 해류, 온도차 등을 변환시켜 전기 또는 열을 생산하는 설비
㉵ 폐기물에너지 설비 : 폐기물을 변환시켜 연료 및 에너지를 생산하는 설비
㉶ 지열에너지 설비 : 물, 지하수 및 지하의 열 등의 온도차를 변환시켜 에너지를 생산하는 설비
㉷ 수소에너지 설비 : 물이나 그 밖에 연료를 변환시켜 수소를 생산하거나 이용하는 설비

46. 단열 벽돌을 요로에 사용하였을 때 나타나는 효과가 아닌 것은?
① 노내 온도가 균일해진다.
② 열전도도가 작아진다.
③ 요로의 열용량이 커진다.
④ 내화 벽돌을 배면에 사용하면 내화벽돌의 스폴링을 방지한다.

해설 단열벽돌 사용 시 효과
㉮ 축열 손실이 적어진다.
㉯ 전열 손실이 적어진다.
㉰ 노내 온도가 균일해진다.

정답 42. ③ 43. ④ 44. ③ 45. ① 46. ③

㉱ 내화물의 배면에 사용하면 내화물의 내구력이 커진다.
㉲ 내화재의 내구력을 증가시킬 수 있다.
㉳ 열손실을 방지하여 연료사용량을 줄일 수 있다.
㉴ 노벽의 온도구배를 줄여 스폴링현상을 방지한다.
※ 단열재는 열전도율이 적은 재료를 사용하여 가마 밖으로 방산되는 열손실을 방지하는 것이므로 요로의 열용량은 작아질 수 있다.

47_ 전기전도도 및 열전도도가 비교적 크고, 내식성과 굴곡성이 풍부하여 전기단자, 압력계관, 급수관, 냉난방관에 사용되는 관은?

① 강관
② 동관
③ 스테인리스강관
④ PVC관

해설 동관의 특징
㉮ 담수(淡水)에 대한 내식성이 우수하다.
㉯ 열전도율이 좋고, 가공성이 좋아 배관시공이 용이하다.
㉰ 아세톤, 프레온 가스 등 유기약품에 침식되지 않는다.
㉱ 관 내부에서 마찰저항이 적다.
㉲ 연수(軟水)에는 부식된다.
㉳ 외부의 기계적 충격에 약하다.
㉴ 가격이 비싸다.
㉵ 암모니아(NH_3), 초산, 진한황산(H_2SO_4)에는 심하게 부식된다.

48_ 열확산계수에 대한 운동량확산계수의 비에 해당하는 무차원수는?

① 프란틀(Prandtl)수
② 레이놀즈(Reynolds)수
③ 그라쇼프(Grashoff)수
④ 누셀(Nusselt)수

해설 프란틀(Prandtl) 수 : 열대류에 관한 무차원수이다.

$$\therefore P_r = \frac{C\mu}{\lambda}$$

여기서, C는 유체의 비열
μ는 점성계수
λ는 열전도율

49_ 주철제 보일러의 특징에 관한 설명으로 틀린 것은?

① 내식성, 내열성이 좋다.
② 구조가 간단하고, 충격이나 열응력에 강하다.
③ 내부 청소가 어렵다.
④ 저압으로 운전되므로 파열 시 피해가 적다.

해설 주철제 보일러의 특징
㉮ 주물로 제작하기 때문에 복잡한 구조도 제작이 가능하다.
㉯ 전열면적이 크고, 효율이 좋다.
㉰ 내식성, 내열성이 우수하다.
㉱ 섹션의 증감으로 용량조절이 가능하다.
㉲ 조립식이므로 반입 및 해체작업이 용이하다.
㉳ 내압강도가 떨어진다.
㉴ 구조가 복잡하여 청소, 검사, 수리가 어렵다.
㉵ 부동팽창이 발생하기 쉽다.
㉶ 대용량, 고압에는 부적합하다.

50_ 수관보일러의 특징으로 틀린 것은?

① 보일러 효율이 높다.
② 고압 대용량에 적합하다.
③ 전열면적당 보유수량이 적어 가동시간이 짧다.
④ 구조가 간단하여 취급, 청소, 수리가 용이하다.

해설 수관식 보일러의 특징
㉮ 보유수량이 적어 증기 발생시간이 빠르며, 고압 대용량에 적합하다.
㉯ 외분식이므로 연료 선택범위가 넓고, 연소상태가 양호하다.
㉰ 전열면적이 크고, 열효율이 높다.
㉱ 수관의 배열이 용이하고, 패키지형으로 제작이 가능하다.
㉲ 관수처리에 주의에 요한다.
㉳ 구조가 복잡하여 청소, 검사, 수리가 어렵고 스케일 부착이 쉽다.
㉴ 부하변동에 따른 압력 및 수위변동이 심하다.

정답 47. ② 48. ① 49. ② 50. ④

51. 두께 25.4[mm]인 노벽의 안쪽 온도가 352.7[K]이고 바깥쪽 온도는 297.1[K]이며 이 노벽의 열전도도가 0.048[W/m·K]일 때, 손실되는 열량은?

① 75[W/m²] ② 80[W/m²]
③ 98[W/m²] ④ 105[W/m²]

해설
$Q = K \times F \times \Delta T = \dfrac{1}{\dfrac{b}{\lambda}} \times F \times \Delta T$ 에서

벽면(F) 1[m²]당 손실열량을 구하는 것이므로

$\therefore Q = \dfrac{1}{\dfrac{b}{\lambda}} \times \Delta T$

$= \dfrac{1}{\dfrac{0.0254}{0.048}} \times (352.7 - 297.1)$

$= 105.070 \, [\text{W}/\text{m}^2]$

52. 증발량 3500[kg/h]인 보일러의 증기엔탈피가 640[kcal/kg]이며, 급수엔탈피는 20[kcal/kg]이다. 이 보일러의 상당증발량은?

① 4155[kg/h] ② 4026[kg/h]
③ 3500[kg/h] ④ 3085[kg/h]

해설
$G_e = \dfrac{G_a(h_2 - h_1)}{539}$

$= \dfrac{3500 \times (640 - 20)}{539}$

$= 4025.974 \, [\text{kg/h}]$

53. 증기 보일러에 압력계를 설치할 때 압력계와 보일러를 연결시키는 관은?

① 냉각관 ② 통기관
③ 사이폰관 ④ 오버플로우관

해설 사이폰관(siphon tube) : 압력계를 보호하기 위하여 안지름 6.5mm 이상의 관을 한바퀴 돌려 가공된 것으로 관내부에 물을 투입하여 고온증기가 부르동관에 영향을 미치지 않도록 한다.

54. 입형보일러의 특징에 관한 설명으로 틀린 것은?

① 설치면적이 비교적 작은 곳에 유리하다.
② 전열면적을 크게 할 수 있으므로 열효율이 크다.
③ 증기발생이 빠르고 설비비가 적게 든다.
④ 보일러 통을 수직으로 세워 설치한 것이다.

해설 입형(vertical type) 보일러의 특징
㉮ 구조가 간단하고 설치면적이 적어 설치가 간단하다.
㉯ 전열면적이 작아 효율이 낮다.
㉰ 소용량, 저압용으로 사용된다.
㉱ 수면이 좁고 증기부가 적어 습증기가 발생할 수 있다.
㉲ 내부청소 및 점검이 불편하다.

55. 안전밸브의 증기누설이나 작동불능의 원인으로 가장 거리가 먼 것은?

① 밸브 구경이 사용압력에 비해 클 때
② 밸브 축이 이완될 때
③ 스프링의 장력이 감소될 때
④ 밸브 시트 사이에 이물질이 부착될 때

해설 안전밸브 누설원인
㉮ 작동압력이 낮게 조정되었을 때
㉯ 스프링의 장력이 약할 때
㉰ 밸브 디스크와 밸브 시트에 이물질이 있을 때
㉱ 밸브 시트가 불량일 때
㉲ 밸브 축이 이완되었을 때

56. 아래에서 설명하는 밸브의 명칭은?

- 직선배관에 주로 설치한다.
- 유입방향과 유출방향이 동일하다.
- 유체에 대한 저항이 크다.
- 개폐가 쉽고 유량 조절이 용이하다.

① 슬루스 밸브 ② 글로브 밸브
③ 플로트 밸브 ④ 버터플라이 밸브

정답 51. ④ 52. ② 53. ③ 54. ② 55. ① 56. ②

해설 글로브 밸브(globe valve)의 특징
㉮ 유체의 흐름에 따라 마찰손실(저항)이 크다.
㉯ 주로 유량 조절용으로 사용된다.
㉰ 유체의 흐름 방향과 평행하게 밸브가 개폐된다.
㉱ 밸브의 디스크 모양은 평면형, 반구형, 원뿔형 등의 형상이 있다.
㉲ 슬루스밸브에 비하여 가볍고 가격이 저렴하다.

57_ 동일 지름의 안전밸브를 설치할 경우 다음 중 분출량이 가장 많은 형식은?
① 저양정식   ② 온양정식
③ 전량식   ④ 고양정식

해설 스프링식 안전밸브 분출용량 계산식
㉮ 저양정식 : $W = \dfrac{1.03P+1}{22} \cdot A \cdot C$
㉯ 고양정식 : $W = \dfrac{1.03P+1}{10} \cdot A \cdot C$
㉰ 전양정식 : $W = \dfrac{1.03P+1}{5} \cdot A \cdot C$
㉱ 전량식 : $W = \dfrac{1.03P+1}{2.5} \cdot S \cdot C$

58_ 증기 어큐뮬레이터(accumulator)를 설치할 때의 장점이 아닌 것은?
① 증기의 과부족을 해소시킨다.
② 보일러의 연소량을 일정하게 할 수 있다.
③ 부하변동에 대한 보일러의 압력 변화가 적다.
④ 증기 속에 포함된 수분을 제거한다.

해설 증기 축열기(steam accumulator) : 보일러에서 연소량을 일정하게 하고 과잉열량을 축열기 내의 물에 저장하고 부하가 증가하면 증기를 공급하여 증기 부족을 해소하는 장치로 변압식과 정압식이 있다.

59_ 배관재료에 대한 설명으로 틀린 것은?
① 주철관은 용접이 용이하고 인장강도가 크기 때문에 고압용 배관에 사용된다.
② 탄소강 강관은 인장강도가 크고, 접합작업이 용이하여 일반배관, 고온고압의 증기 배관으로 사용된다.
③ 동관은 내식성, 굴곡성이 우수하고 전기열의 양도체로서 열교환기용, 압력계용으로 사용된다.
④ 알루미늄관은 열전도도가 좋으며, 가공이 용이하여 전기기기, 광학기기, 열교환기 등에 사용된다.

해설 주철관은 강관에 비하여 내식성, 내구성이 뛰어나지만 용접이 어렵고 인장강도가 낮기 때문에 수도용 급수관, 화학공업용 배관, 건축물의 오배수관 등에 사용된다.

60_ 강관의 두께를 나타내는 번호인 스케줄 번호를 나타내는 식은? (단, 허용응력 : S, 사용최고압력 : P)
① $10 \times \dfrac{S}{P}$ ② $10 \times \dfrac{P}{S}$
③ $10 \times \dfrac{P}{\sqrt{S}}$ ④ $10 \times \dfrac{S}{\sqrt{P}}$

해설 스케줄 넘버(schedule number) : 사용압력과 배관재료의 허용응력과의 비에 의하여 배관 두께의 체계를 표시한 것이다.
∴ 스케줄 번호 $= 10 \times \dfrac{\text{사용압력}[\text{kgf/cm}^2]}{\text{허용응력}[\text{kgf/mm}^2]}$
※ 허용응력 $= \dfrac{\text{인장강도}[\text{kgf/mm}^2]}{\text{안전율}(4)}$

정답 57. ③ 58. ④ 59. ① 60. ②

4과목 - 열설비취급 및 안전관리

61. 다음 중 보일러 급수에 함유된 성분 중 전열면 내면 점식의 주원인이 되는 것은?
① O_2 ② N_2
③ $CaSO_4$ ④ $NaSO_4$

해설 공식(pitting) : 보일러수가 접하는 내면에 좁쌀알, 쌀알, 콩알 크기의 점 상태(點狀)로 생기는 부식으로 점식(點蝕) 또는 점형부식이라 한다. 부식의 진행속도가 빨라 위험성이 크며, 급수 중에 포함되어 있는 용존산소 때문에 발생한다.

62. 보일러의 분출사고 시 긴급조치 사항으로 틀린 것은?
① 보일러 부근에 있는 사람들을 우선 안전한 곳으로 긴급히 대피시켜야 한다.
② 연소를 정지시키고 압입통풍기를 정지시킨다.
③ 다른 보일러와 증기관이 연결되어 있는 경우에는 증기밸브를 닫고 증기관 연결을 끊는다.
④ 급수를 정지하여 수위 저하를 막고 보일러의 수위유지에 노력한다.

해설 분출사고 시 긴급조치사항
㉮ 보일러 부근에 있는 사람들을 안전한 곳으로 긴급히 대피시킨다.
㉯ 연도 댐퍼를 전개하고, 압입송풍기를 정지시킨다.
㉰ 다른 보일러와 증기관이 연결되어 있을 경우 증기밸브를 닫고 증기관의 연결을 차단한다.
㉱ 급수를 계속하여 보일러의 수위를 유지하며, 수위저하를 차단한다.
㉲ 노내나 보일러가 자연 냉각된 후 원인을 조사해서 사후대책을 마련한다.
㉳ 파손된 부위가 커서 분출하는 기수로 인하여 인명사고의 위험이 예상되는 경우에는 급수를 정지하는 동시에 동체 하부의 분출밸브를 열어 보일러수를 배출시킨다.

63. 보일러 산세관 시 사용하는 부식억제제의 구비 조건으로 틀린 것은?
① 점식 발생이 없을 것
② 부식 억제능력이 클 것
③ 물에 대한 용해도가 작을 것
④ 세관액의 온도, 농도에 대한 영향이 적을 것

해설 부식억제제의 구비조건
㉮ 부식억제 능력이 클 것
㉯ 점식이 발생되지 않을 것
㉰ 세관액의 온도, 농도에 대한 영향이 적을 것
㉱ 물에 대한 용해도가 클 것
㉲ 화학적으로 안정할 것

64. 보일러의 성능을 향상시키기 위하여 지켜야 할 사항이 아닌 것은?
① 과잉공기를 가급적 많게 한다.
② 외부 공기의 누입을 방지한다.
③ 증기나 온수의 누출을 방지한다.
④ 전열면의 그을음 등을 주기적으로 제거한다.

해설 과잉공기는 가급적 적게 하여 배기가스로 인한 손실열을 감소시킨다.

65. 에너지이용 합리화법에 따라 다음 중 벌칙기준이 가장 무거운 것은?
① 해당 법에 따른 검사대상기기의 검사를 받지 아니한 자
② 해당 법에 따른 검사대상기기관리자를 선임하지 아니한 자
③ 해당 법에 따른 에너지저장시설의 보유 또는 저장의무의 부과 시 정당한 이유 없이 이를 거부하거나 이행하지 아니한 자
④ 해당 법에 따른 효율관리기자재에 대한 에너지 사용량의 측정결과를 신고하지 아니한 자

정답 61. ① 62. ④ 63. ③ 64. ① 65. ③

해설 　각 항목의 벌칙사항 : 에너지이용 합리화법
① 1년 이하의 징역 또는 1천만 원 이하의 벌금(제73조)
② 1천만 원 이하의 벌금(제75조)
③ 2년 이하의 징역 또는 2천만 원 이하의 벌금(제72조)
④ 500만 원 이하의 벌금(제76조)

해설 　수면계의 기능시험 시기
㉮ 보일러를 가동하기 전과 압력이 상승하기 시작했을 때
㉯ 2개의 수면계의 수위에 차이가 발생할 때
㉰ 수위의 움직임이 없고, 수위 지시가 정확하지 않다고 판단될 때
㉱ 보일러 운전 중에 포밍, 프라이밍 현상이 발생하는 때

66_ 시공업자 단체에 관하여 에너지이용 합리화법에 규정한 것을 제외하고 어느 법의 사단법인에 관한 규정을 준용하는가?
① 상법
② 행정법
③ 민법
④ 집단에너지사업법

해설 　시공업자단체에 관하여 에너지이용 합리화법에 규정한 것 외에는 민법 중 사단법인에 관한 규정을 준용한다.(에너지이용 합리화법 제44조)

67_ 보일러 급수 중에 용해되어 있는 칼슘염, 규산염 및 마그네슘염이 농축되었을 때 보일러에 영향을 미치는 것으로 가장 적절한 것은?
① 슬러지 생성의 원인이 된다.
② 보일러의 효율을 향상시킨다.
③ 가성취화와 부식의 원인이 된다.
④ 스케일 생성과 국부적 과열의 원인이 된다.

해설 　스케일(scale) : 보일러 수중의 용해고형물로부터 생성되어 증발관, 관벽, 드럼, 기타 전열면에 부착해서 단단하게 굳어지는 관석이다. 스케일 생성 성분으로는 칼슘염, 규산염 및 마그네슘염 등이 해당된다.

68_ 보일러 수면계의 기능시험의 시기가 아닌 것은?
① 수면계를 보수 교체했을 때
② 2개 수면계의 수위가 서로 다를 때
③ 수면계 수위의 움직임이 민첩할 때
④ 포밍이나 프라이밍 현상이 발생할 때

69_ 보일러 스케일 발생의 방지대책과 가장 거리가 먼 것은?
① 보일러수에 약품을 넣어 스케일 성분이 고착되지 않게 한다.
② 물에 용해도가 큰 규산 및 유지분 등을 이용하여 세관 작업을 실시한다.
③ 보일러수의 농축을 막기 위하여 분출을 적절히 실시한다.
④ 급수 중의 염류 불순물을 될 수 있는 한 제거한다.

해설 　스케일 방지 대책
㉮ 급수 중의 염류, 불순물을 되도록 제거한다.
㉯ 보일러 수의 농축을 방지하기 위하여 적절히 분출시킨다.
㉰ 보일러 수에 약품을 넣어서 스케일 성분이 고착하지 않도록 한다.
㉱ 수질분석을 하여 급수 한계치를 유지하도록 한다.

70_ 보일러 설치검사 기준에서 정한 압력방출장치 및 안전밸브에 대한 설명으로 틀린 것은?
① 증기보일러에는 2개 이상 안전밸브를 설치하여야 한다.
② 전열면적이 50[m²] 이하의 증기보일러에서는 안전밸브를 1개 이상으로 한다.
③ 관류보일러에서 보일러와 압력방출장치와의 사이에 체크밸브를 설치할 경우 압력방출장치는 2개 이상으로 한다.
④ 안전밸브는 쉽게 검사할 수 있는 장소에 밸브 축을 수평으로 하여 가능한 한 보일러 동체에 간접 부착한다.

정답 66. ③ 67. ④ 68. ③ 69. ② 70. ④

해설 안전밸브의 부착 : 안전밸브는 쉽게 검사할 수 있는 장소에 밸브 축을 수직으로 하여 가능한 한 보일러의 동체에 직접 부착시켜야 하며, 안전밸브와 안전밸브가 부착된 보일러 동체 등의 사이에는 어떠한 차단밸브도 있어서는 안 된다.

71. 에너지이용 합리화법에서 정한 효율관리기자재에 속하지 않는 것은?

① 전기냉장고   ② 자동차
③ 조명기기   ④ 텔레비전

해설 효율관리 기자재의 종류(에너지이용 합리화법 시행규칙 제7조) : 전기냉장고, 전기냉방기, 전기세탁기, 조명기기, 삼상유도전동기, 자동차, 그 밖에 산업통상자원부장관이 그 효율의 향상이 특히 필요하다고 인정하여 고시하는 기자재 및 설비

72. 유류 보일러에서 연료유의 예열온도가 낮을 때 발생될 수 있는 현상이 아닌 것은?

① 화염이 편류된다.
② 무화가 불량하게 된다.
③ 기름의 분해가 발생한다.
④ 그을음이나 분진이 발생한다.

해설 연료유(중유)의 예열온도 영향
(1) 예열온도가 너무 높을 때
  ㉮ 배관 내에서 중유가 열분해를 일으킬 수 있다.
  ㉯ 분무상태가 고르지 못할 수 있다.
  ㉰ 카본(탄화물) 생성의 원인이 될 수 있다.
  ㉱ 분사각도가 흐트러져 분무상태가 고르지 못할 수 있다.
  ㉲ 역화의 원인이 될 수 있다.
(2) 예열온도가 너무 낮을 때
  ㉮ 무화 불량의 원인이 된다.
  ㉯ 그을음 생성 및 분진이 발생할 수 있다.
  ㉰ 불길이 한 쪽으로 흐른다.(화염이 편류된다.)
  ㉱ 유동성이 좋지 못하다.

73. 보일러 설치 시 옥내설치 방법에 대한 설명으로 틀린 것은?

① 소용량 보일러는 반격벽으로 구분된 장소에 설치할 수 있다.
② 보일러 동체 최상부로부터 보일러실의 천장까지의 거리에는 제한이 없다.
③ 연료를 저장할 때는 보일러 외측으로부터 2[m] 이상 거리를 둔다.
④ 보일러는 불연성물질의 격벽으로 구분된 장소에 설치하여야 한다.

해설 보일러 동체 최상부로부터(보일러의 검사 및 취급에 지장이 없도록 작업대를 설치한 경우에는 작업대로부터) 천장, 배관 등 보일러 상부에 있는 구조물까지의 거리는 1.2[m] 이상이어야 한다. 다만, 소형보일러 및 주철제 보일러의 경우에는 0.6[m] 이상으로 할 수 있다.

74. 난방면적(바닥면적)이 45[m²], 벽체 면적(창문, 문 포함)은 50[m²], 외기온도는 -5[℃], 실내온도 23[℃], 벽체의 열관류율이 5[kcal/m²·h·℃]일 때 방위계수가 1.1이라면 이때의 난방부하는? (단, 천장면적은 바닥면적과 동일한 것으로 본다.)

① 7700[kcal/h]
② 19600[kcal/h]
③ 21560[kcal/h]
④ 23100[kcal/h]

해설 $H = K \cdot F \cdot \Delta t \cdot Z$
$= 5 \times (45 + 50 + 45) \times (23 + 5) \times 1.1$
$= 21560 \, [\text{kcal/h}]$

정답 71. ④ 72. ③ 73. ② 74. ③

75_ 사용 중인 보일러의 점화 전 준비사항과 가장 거리가 먼 것은?

① 수면계의 수위를 확인한다.
② 압력계의 지시압력 감시 등 증기압력을 관리한다.
③ 미연소가스의 배출을 위해 댐퍼를 완전히 열고 노와 연도 내를 충분히 통풍시킨다.
④ 연료, 연소장치를 점검한다.

해설 사용 중인 보일러 점화전 준비사항
㉮ 수면계 수위를 점검한다.
㉯ 수면계, 압력계 및 각종 계기류와 자동제어장치를 점검한다.
㉰ 연료 계통 및 급수 계통을 점검한다.
㉱ 중유 연소의 경우 연료 펌프 및 유예열기를 작동시킨다.
㉲ 각 밸브의 개폐상태를 확인 점검한다.
㉳ 댐퍼를 완전히 개방하고 프리퍼지를 행한다.

76_ 보일러 이상연소 중 불완전연소의 원인이 아닌 것은?

① 연소용 공기량이 부족할 경우
② 연소속도가 적정하지 않을 경우
③ 버너로부터의 분무입자가 작을 경우
④ 분무연료와 연소용 공기와의 혼합이 불량할 경우

해설 불완전연소의 원인
㉮ 연소용 공기량이 부족할 경우
㉯ 연료유와 연소용 공기의 혼합이 불량할 경우
㉰ 연료유의 분무 입자가 클 경우
㉱ 연소속도가 적정하지 않을 경우

77_ 에너지이용 합리화법에 따라 에너지저장의무 부과대상자로 가장 거리가 먼 것은?

① 전기사업자　　② 석탄가공업자
③ 도시가스사업자　④ 원자력사업자

해설 에너지저장의무 부과 대상자 : 에너지이용 합리화법 시행령 제12조 1항
㉮ 전기사업법에 따른 전기사업자
㉯ 도시가스사업법에 따른 도시가스사업자
㉰ 석탄산업법에 따른 석탄가공업자
㉱ 집단에너지법에 따른 집단에너지사업자
㉲ 연간 2만 석유환산톤(TOE) 이상의 에너지를 사용하는 자

78_ 보일러 사용 중 수시로 점검해야 할 사항으로만 구성된 것은?

① 압력계, 수면계
② 배기가스 성분, 댐퍼
③ 안전밸브, 스톱밸브, 맨홀
④ 연료의 성상, 급수의 수질

해설 보일러 가동 중에 압력계, 수면계, 온도계 등 계측기를 수시로 점검하여 정상 가동될 수 있도록 관리한다.

79_ 에너지이용 합리화법에서 효율관리기자재의 지정 등 산업통상자원부령으로 정하는 기자재에 대한 고시기준이 아닌 것은?

① 에너지의 목표소비효율
② 에너지의 목표사용량
③ 에너지의 최저소비효율
④ 에너지의 최저사용량

해설 효율관리기자재의 고시 사항 : 에너지이용 합리화법 제15조
㉮ 에너지의 목표소비효율 또는 목표사용량의 기준
㉯ 에너지의 최저소비효율 또는 최대사용량의 기준
㉰ 에너지의 소비효율 또는 사용량의 표시
㉱ 에너지의 소비효율 등급기준 및 등급표시
㉲ 에너지의 소비효율 또는 사용량의 측정방법
㉳ 그 밖에 효율관리기자재의 관리에 필요한 사항으로서 산업통상자원부령으로 정하는 사항

정답 75. ②　76. ③　77. ④　78. ①　79. ④

80. 에너지이용 합리화법에 따라 보일러 사용자와 보험계약을 체결한 보험사업자가 15일 이내에 시·도지사에게 알려야 하는 경우가 아닌 것은?

① 보험계약담당자가 변경된 경우
② 보험계약에 따른 보증기간이 만료한 경우
③ 보험계약이 해지된 경우
④ 사용자에게 보험금을 지급한 경우

해설 보험사업자가 시도지사에게 알려야 할 사항 : 에너지이용 합리화법 시행규칙 제31조의13 제4항
㉮ 제조업자 또는 사용자에게 보험금을 지급한 경우
㉯ 보험계약에 따른 보증기간이 만료한 경우
㉰ 보험계약이 해지된 경우
㉱ 그 밖에 보험계약의 효력이 상실된 경우

정답 80. ①

2016년 10월 1일
제4회 에너지관리산업기사 필기시험

1과목 - 열역학 및 연소관리

01_ 0[℃]의 얼음 100[g]을 50[℃]의 물 400[g]에 넣으면 몇 [℃]가 되는가? (단, 얼음의 융해잠열 80[kcal/kg]이고, 물의 비열은 1[kcal/kg · ℃]로 가정한다.)

① 8.4[℃] ② 13.5[℃]
③ 26.7[℃] ④ 38.8[℃]

해설 물(G_2)이 잃은 열량과 얼음(G_1)이 얻은 열량은 같으며, 0℃ 얼음은 녹아서 0℃ 물이 된 후 평균온도(t_m)까지 상승한다.

$$\therefore G_1 \cdot \gamma + G_1 \cdot C_1 \cdot (t_m - t_1) = G_2 \cdot C_2 \cdot (t_2 - t_m)$$

$$\therefore t_m = \frac{G_1 \cdot C_1 \cdot t_1 + G_2 \cdot C_2 \cdot t_2 - G \cdot \gamma}{G_1 \cdot C_1 + G_2 \cdot C_2}$$

$$= \frac{0.1 \times 1 \times 0 + 0.4 \times 1 \times 50 - 0.1 \times 80}{0.1 \times 1 + 0.4 \times 1}$$

$$= 24[℃]$$

※ 공개된 답안은 ③번으로 처리되었다.

02_ 프로판가스 1[Nm³]를 완전 연소시키는데 필요한 이론공기량은? (단, 공기 중 산소는 21[%]이다.)

① 21.92[Nm³] ② 22.61[Nm³]
③ 23.81[Nm³] ④ 24.62[Nm³]

해설 ㉮ 프로판(C_3H_8)의 완전연소 반응식
$C_3H_8 + 5O_2 \rightarrow 3CO_2 + 4H_2O$
㉯ 이론공기량 계산
22.4[Nm³] : 5×22.4[Nm³] = 1[Nm³] : $x(O_0)$[Nm³]

$$\therefore A_0 = \frac{O_0}{0.21} = \frac{1 \times 5 \times 22.4}{22.4 \times 0.21} = 23.809 [\text{Nm}^3]$$

03_ 온도 27[℃], 최초 압력 100[kPa]인 공기 3[kg]을 가역단열적으로 1000[kPa]까지 압축하고자 할 때 압축일의 값은? (단, 공기의 비열비 및 기체상수는 각각 $k=1.4$, $R=0.287$[kJ/kg · K]이다.)

① 200[kJ] ② 300[kJ]
③ 500[kJ] ④ 600[kJ]

해설 ㉮ 단열압축 후 온도계산
$$\frac{T_2}{T_1} = \left(\frac{P_2}{P_1}\right)^{\frac{k-1}{k}} \text{에서}$$

$$\therefore T_2 = T_1 \times \left(\frac{P_2}{P_1}\right)^{\frac{k-1}{k}}$$

$$= (273+27) \times \left(\frac{1000}{100}\right)^{\frac{1.4-1}{1.4}} = 579.209 \text{K}$$

㉯ 압축일 계산
$$\therefore W_t = \frac{1}{k-1} GR(T_1 - T_2)$$

$$= \frac{1}{1.4-1} \times 3 \times 0.287 \times (300 - 579.209)$$

$$= -600.997[\text{kJ}]$$

※ "-"부호는 압축을 의미한다.

04_ 다음 중 열관류율의 단위로 옳은 것은?

① kcal/m² · h · ℃
② kcal/m · h · ℃
③ kcal/h
④ kcal/m² · h

해설 열관류율 : 1시간 동안에 온도차 1[℃](또는 1[K]), 면적 1[m²]를 통과하는 열량으로 단위가 [kcal/m² · h · K], [kcal/m² · h · ℃], [kJ/m² · h · K], [kJ/m² · h · ℃]로 표시된다.

정답 1. ③ 2. ③ 3. ④ 4. ①

05_ 기체연료 저장설비인 가스홀더의 종류가 아닌 것은?

① 유수식 가스홀더
② 무수식 가스홀더
③ 고압 가스홀더
④ 저압 가스홀더

해설 기체연료의 저장방식(가스홀더의 종류) : 유수식, 무수식, 고압식(구형 가스홀더)
※ 유수식, 무수식 가스홀더를 '저압 가스홀더'로 지칭함

06_ 물 1[kg]이 100[℃]에서 증발할 때 엔트로피의 증가량은? (단, 이 때 증발열은 2257[kJ/kg]이다.)

① 0.01[kJ/kg·K]
② 1.4[kJ/kg·K]
③ 6.1[kJ/kg·K]
④ 22.5[kJ/kg·K]

해설 $\therefore \Delta s = \dfrac{dQ}{T} = \dfrac{2257}{273+100} = 6.05\,[\text{kJ/K}]$

07_ 오토 사이클에서 압축비가 7일 때 열효율은? (단, 비열비 $k = 1.4$이다.)

① 0.13   ② 0.38
③ 0.54   ④ 0.76

해설 $\eta = 1 - \left(\dfrac{1}{\gamma}\right)^{k-1} = 1 - \left(\dfrac{1}{7}\right)^{1.4-1} = 0.5408$

08_ 정적과정, 정압과정 및 단열과정으로 구성된 사이클은?

① 카르노 사이클   ② 디젤 사이클
③ 브레이턴 사이클   ④ 오토 사이클

해설 디젤 사이클(diesel cycle) : 압축착화기관인 저속디젤기관의 기본 사이클로 정적과정 1개, 정압과정 1개, 단열과정 2개로 이루어진 사이클이다.

09_ 공기 과잉계수(공기비)를 옳게 나타낸 것은?

① 실제연소 공기량 ÷ 이론공기량
② 이론공기량 ÷ 실제연소 공기량
③ 실제연소 공기량 − 이론공기량
④ 공급공기량 − 이론공기량

해설 공기 과잉계수(공기비) : 실제공기량(A)과 이론공기량(A_0)의 비

$\therefore m = \dfrac{\text{실제공기량}(A)}{\text{이론공기량}(A_0)} = \dfrac{A_0 + B}{A_0}$

10_ 어떤 기체가 압력 300[kPa], 체적 2[m³]의 상태로부터 압력 500[kPa], 체적 3[m³]의 상태로 변화하였다. 이 과정 중에 내부에너지의 변화가 없다고 하면 엔탈피의 변화량은?

① 570[kJ]   ② 870[kJ]
③ 900[kJ]   ④ 975[kJ]

해설 엔탈피(dh) = 내부에너지(U) + 외부에너지(PV)에서 내부에너지 변화가 없다.
$\therefore dh = P_2 V_2 - P_1 V_1$
$= 500 \times 3 - 300 \times 2 = 900\,[\text{kJ}]$

11_ 대기압 하에서 건도가 0.9인 증기 1[kg]이 가지고 있는 증발잠열은?

① 53.9[kcal]   ② 100.3[kcal]
③ 485.1[kcal]   ④ 539.2[kcal]

해설 대기압 하에서 증발잠열은 539[kcal/kg]이다.
∴ 증발잠열 = 대기압 상태의 증발잠열 × 건도
= 539 × 0.9 = 485.1[kcal]

정답 5. 무 6. ③ 7. ③ 8. ② 9. ① 10. ③ 11. ③

12_ 5[kcal]의 열을 전부 일로 변환하면 몇 [kgf·m]인가?

① 50[kgf·m]   ② 100[kgf·m]
③ 327[kgf·m]   ④ 2135[kgf·m]

해설 $W = J \cdot Q = 427 \times 5 = 2135 \, [\text{kgf} \cdot \text{m}]$

13_ 압력 0.2[MPa], 온도 200[℃]의 이상기체 2[kg]이 가역단열과정으로 팽창하여 압력이 0.1[MPa]로 변화하였다. 이 기체의 최종온도는? (단, 이 기체의 비열비는 1.4이다.)

① 92[℃]   ② 115[℃]
③ 365[℃]   ④ 388[℃]

해설 $\dfrac{T_2}{T_1} = \left(\dfrac{P_2}{P_1}\right)^{\frac{k-1}{k}}$ 에서

$\therefore T_2 = T_1 \times \left(\dfrac{P_2}{P_1}\right)^{\frac{k-1}{k}}$

$= (273 + 200) \times \left(\dfrac{0.1}{0.2}\right)^{\frac{1.4-1}{1.4}}$

$= 388.018 \,[K] - 273 = 115.018 \,[℃]$

14_ 회분이 연소에 미치는 영향에 대한 설명으로 틀린 것은?

① 연소실의 온도를 높인다.
② 통풍에 지장을 주어 연소효율을 저하시킨다.
③ 보일러 벽이나 내화벽돌에 부착되어 장치를 손상시킨다.
④ 용융 온도가 낮은 회분은 클린커(clinker)를 작용시켜 통풍을 방해한다.

해설 연료 중에 회분(灰分)이 많을 경우 연소 후 재발생이 많아지고 재가 연화, 용융되어 발생하는 클링커로 인해 통풍을 방해한다.

15_ 다음 연료 중 이론공기량(Nm^3/Nm^3)을 가장 많이 필요로 하는 것은? (단, 동일 조건으로 기준 한다.)

① 메탄   ② 수소
③ 아세틸렌 ④ 이산화탄소

해설 각 연료의 분자기호
㉮ 메탄 : CH_4
㉯ 수소 : H_2
㉰ 아세틸렌 : C_2H_2
㉱ 이산화탄소 : CO_2 → 불연성가스로 연소가 이루어지지 않기 때문에 이론공기량이 필요 없다.
※ 가연성분인 탄소(C)와 수소(H)가 많은 것이 이론공기량이 많다.

16_ 기체연료의 연소 형태로서 가장 옳은 것은?

① 확산연소   ② 증발연소
③ 표면연소   ④ 분해연소

해설 연소의 형태 분류
㉮ 표면연소 : 목탄(숯), 코크스 등의 연소
㉯ 분해연소 : 휘발분이 있는 고체연료(종이, 석탄, 목재 등) 또는 증발이 일어나기 어려운 액체연료(중유 등)의 연소
㉰ 증발연소 : 가솔린, 등유, 경유, 알코올, 양초 등의 연소
㉱ 확산연소 : 기체연료의 연소
㉲ 자기연소 : 셀룰로이드류, 질산에스테르류, 히드라진 등 제5류 위험물의 연소

17_ 습증기의 건도에 관한 설명으로 옳은 것은?

① 습증기 1[kg] 중에 포함되어 있는 액체의 양을 습증기 1[kg] 중에 포함된 건포화증기의 양으로 나눈 값
② 습증기 1[kg] 중에 포함되어 있는 건포화 증기의 양을 습증기 1[kg] 중에 포함된 액체의 양으로 나눈 값
③ 습증기 1[kg] 중에 포함되어 있는 액체의 양을 습증기 1[kg]으로 나눈 값
④ 습증기 1[kg] 중에 포함되어 있는 건포화 증기의 양을 습증기 1[kg]으로 나눈 값

정답 12. ④ 13. ② 14. ① 15. ③ 16. ① 17. ④

해설 건조도[건도](x) : 증기 속에 함유되어 있는 물방울의 혼용률로 습증기 1[kg] 중에 포함되어 있는 건포화증기의 양을 습증기 1[kg]으로 나눈 값이다.
㉮ 건조도(x)가 1인 경우 : 건포화증기
㉯ 건조도(x)가 0인 경우 : 포화수
㉰ 건조도(x)가 $0 < x < 1$ 인 경우 : 습증기

18_ 압력에 관한 설명으로 옳은 것은?
① 압력은 단위면적에 작용하는 수직성분과 수평성분의 모든 힘으로 나타낸다.
② 1[Pa]는 1[m²]에 1[kg]의 힘이 작용하는 압력이다.
③ 절대압력은 대기압과 게이지압력의 합으로 나타낸다.
④ A, B, C 기체의 압력을 각각 P_a, P_b, P_c 라고 표현할 때 혼합기체의 압력은 평균값인 $\dfrac{P_a + P_b + P_c}{3}$ 이다.

해설 압력은 단위면적에 작용하는 힘으로 1[Pa]는 1[m²]에 1[N]의 힘이 작용하는 압력이다.

19_ 액체 연료 연소방식에서 연료를 무화시키는 목적으로 틀린 것은?
① 연소효율을 높이기 위하여
② 연소실의 열부하를 낮게 하기 위하여
③ 연료와 연소용 공기의 혼합을 고르게 하기 위하여
④ 연료 단위 중량당 표면적을 크게 하기 위하여

해설 무화의 목적
㉮ 단위 중량당 표면적을 크게 한다.
㉯ 주위 공기와 혼합을 양호하게 한다.
㉰ 연소효율을 향상시킨다.
㉱ 연소실을 고부하로 유지한다.

20_ 디젤 사이클의 이론열효율을 표시하는 식에서 차단비(cut off ratio) σ를 나타내는 식으로 옳은 것은?

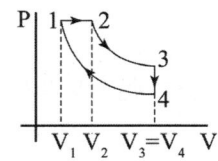

① $\sigma = \dfrac{V_1}{V_3}$ ② $\sigma = \dfrac{V_3}{V_1}$

③ $\sigma = \dfrac{V_2}{V_1}$ ④ $\sigma = \dfrac{V_1}{V_2}$

해설 디젤 사이클의 차단비(cut-off ratio) : 등압가열 후의 비체적과 단열압축 후의 비체적과의 비로 체절비, 단절비라 한다.

2과목 - 계측 및 에너지진단

21_ 열전달에 대한 설명으로 틀린 것은?
① 유체의 밀도차에 의한 유동에 의해 열이 전달되는 형태는 전도이다.
② 대류 전열에는 자연대류와 강제대류 방식이 있다.
③ 중간 열매체를 통하지 않고 열이 이동되는 형태는 복사이다.
④ 열전달에는 전도, 대류, 복사의 3방식이 있다.

해설 전도(conduction) : 고체를 매개체로 하여 열이 고온에서 저온으로 이동하는 현상으로 퓨리에(Fourier)의 법칙이 적용된다.

22_ 측정기의 우연오차와 가장 관련이 깊은 것은?
① 감도   ② 부주의
③ 보정   ④ 산포

정답 18. ③ 19. ② 20. ③ 21. ① 22. ④

해설 우연오차 : 원인을 알 수 없기 때문에 보정이 불가능한 오차로서 측정 때마다 측정치가 일정하지 않고 산포에 의해 일어나며, 여러 번 측정하여 통계적으로 처리한다.

23_ 다음 중 열량의 계량단위가 아닌 것은?
① J ② kWh
③ Ws ④ kg

해설 kg : 질량의 단위

24_ 적외선 가스분석계의 특징에 대한 설명으로 옳은 것은?
① 선택성이 뛰어나다.
② 대상 범위가 좁다.
③ 저농도의 분석에 부적합하다.
④ 측정가스의 더스트 방지나 탈습에 충분한 주의가 필요 없다.

해설 적외선 가스분석계의 특징
㉮ 선택성이 뛰어나다.
㉯ 측정농도의 범위가 넓다.
㉰ 저농도의 가스분석이 가능하다.
㉱ 연속 분석이 가능하다.
㉲ 대기오염을 측정하는 데 사용할 수 있다.
㉳ 적외선 흡수물질에 의한 오차가 발생한다.

25_ 다음 중 온-오프 동작(on-off action)은?
① 2위치 동작 ② 적분 동작
③ 속도 동작 ④ 비례 동작

해설 ON-OFF 동작(2위치 동작) : 제어량이 설정치에서 벗어났을 때 조작부를 ON(개[開]) 또는 OFF(폐[閉])의 동작 중 하나로 동작시키는 것으로 조작신호가 최대, 최소가 되며 전자밸브(solenoid valve)의 동작이 대표적이다.

26_ 1차 제어장치가 제어명령을 하고 2차 제어장치가 1차 명령을 바탕으로 제어량을 조절하는 측정제어는?
① 캐스케이드제어 ② 추종제어
③ 프로그램제어 ④ 비율제어

해설 캐스케이드 제어 : 두 개의 제어계를 조합하여 제어량의 1차 조절계를 측정하고 그 조작 출력으로 2차 조절계의 목표값을 설정하는 방법으로 단일 루프제어에 비해 외란의 영향을 줄이고 계 전체의 지연을 적게 하는데 유효하기 때문에 출력 측에 낭비시간이나 지연이 큰 프로세스제어에 이용되는 제어이다.

27_ 지름이 200[mm]인 관에 비중이 0.9인 기름이 평균속도 5[m/s]로 흐를 때 유량은?
① 14.7[kg/s] ② 15.7[kg/s]
③ 141.4[kg/s] ④ 157.1[kg/s]

해설 $M = \rho A V = 0.9 \times 1000 \times \dfrac{\pi}{4} \times 0.2^2 \times 5$
$= 141.371 \,[\text{kg/s}]$
※ 밀도값(ρ) 대신에 문제에서 주어진 비중을 이용하여 비중량(γ)을 적용하여 계산하였다.

28_ 압력계 선택 시 유의하여야 할 사항으로 틀린 것은?
① 진동이나 충격 등을 고려하여 필요한 부속품을 준비하여야 한다.
② 사용목적에 따라 크기, 등급, 정도를 결정한다.
③ 사용압력에 따라 압력계의 범위를 결정한다.
④ 사용 용도는 고려하지 않아도 된다.

해설 압력계 선택 시 사용용도 등은 고려하여야 한다.

정답 23 ④ 24 ① 25 ① 26 ① 27 ③ 28 ④

29. 수위제어방식이 아닌 것은?
① 1요소식
② 2요소식
③ 3요소식
④ 4요소식

해설 보일러 수위제어방식(급수제어방식) : 1요소식, 2요소식, 3요소식

해설 수위제어방식의 종류 및 검출대상(요소)

명칭	검출대상
1요소식	수위
2요소식	수위, 증기량
3요소식	수위, 증기량, 급수유량

30. 압력식 온도계가 아닌 것은?
① 액체압력식 온도계
② 증기압력식 온도계
③ 열전 온도계
④ 기체압력식 온도계

해설 압력식 온도계 : 일정한 부피의 액체나 기체가 온도상승에 의해 체적이 팽창할 때 압력상승을 이용하여 온도를 측정하는 것으로 일명 아네로이드형 온도계라고 하며 액체압력식(액체팽창식), 기체압력식, 증기압력식이 있다.

31. 다음 중 온도를 높여주면 산소 이온만을 통과시키는 성질을 이용한 가스분석계는?
① 세라믹 O_2계
② 갈바닉 전자식 O_2계
③ 자기식 O_2계
④ 적외선 가스분석계

해설 세라믹식 O_2 분석기(지르코니아식 O_2 분석기) : 지르코니아(ZrO_2)를 주원료로 한 특수세라믹은 온도 850[℃] 이상에서 산소이온만 통과시키는 특수한 성질을 이용한 것으로 산소이온이 통과할 때 발생되는 기전력을 측정하여 산소농도를 측정한다.

32. 보일러 자동제어의 수위제어방식 3요소식에서 검출하지 않는 것은?
① 수위
② 노내압
③ 증기유량
④ 급수유량

33. 다음 중 탄성식 압력계가 아닌 것은?
① 부르동관식 압력계
② 링 밸런스식 압력계
③ 벨로즈식 압력계
④ 다이어프램식 압력계

해설 탄성식 압력계의 종류 : 부르동관식, 다이어프램식, 벨로즈식, 캡슐식

34. 열전대 온도계의 특징이 아닌 것은?
① 냉접점이 있다.
② 접촉식으로 가장 높은 온도를 측정한다.
③ 전원이 필요하다.
④ 자동제어, 자동기록이 가능하다.

해설 열전대 온도계 : 2종류의 금속선을 접속하여 하나의 회로를 만들어 2개의 접점에 온도차를 부여하면 회로에 접점의 온도에 거의 비례한 전류(열기전력)가 흐르는 현상인 제백효과(Seebeck effect)를 이용한 것으로 열기전력은 전위차계를 이용하여 측정한다. 열기전력을 이용하므로 전원이 필요 없다.

35. 제어동작 중 제어량에 편차가 생겼을 때 편차의 적분차를 가감하여 조작단의 이동 속도가 비례하는 동작으로 잔류편차가 남지 않으나 제어의 안정성이 떨어지는 동작은?
① 2위치 동작
② 비례 동작
③ 미분 동작
④ 적분 동작

정답 29 ④ 30 ③ 31 ① 32 ② 33 ② 34 ③ 35 ④

해설 적분동작(I동작 : integral action) : 제어량에 편차가 생겼을 때 편차의 적분차를 가감하여 조작단의 이동 속도가 비례하는 동작으로 잔류편차가 남지 않는다. 진동하는 경향이 있어 제어의 안정성은 떨어진다. 유량제어나 관로의 압력제어와 같은 경우에 적합하다.

36_ 다음 중 저압가스의 압력측정에 사용되며, 연돌가스의 압력측정에 가장 적당한 압력계는?
① 링밸런스식 압력계
② 압전식 압력계
③ 분동식 압력계
④ 부르동관식 압력계

해설 링밸런스식(환상천평식) 압력계의 특징
㉮ 원형상의 관상부에 2개의 구멍을 뚫고 측정압력과 대기압의 도입관으로 하고 도입관에 의해 양면에 압력이 가해져 압력이 불균형해 지면 링이 회전하며, 그 회전각은 압력차에 비례한 것을 이용하여 압력차를 측정한다.
㉯ 회전력이 커서 기록이 용이하고, 원격 전송이 가능하다.
㉰ 평형추의 증감, 취부장치의 이동으로 측정 범위 변경이 가능하다.
㉱ 액체 압력측정은 곤란하고 기체 압력측정에 이용된다.
㉲ 저압 가스의 압력 및 통풍계(draft gauge)로 사용된다.

37_ 저항식 습도계의 특징에 관한 설명으로 틀린 것은?
① 연속기록이 가능하다.
② 응답이 느리다.
③ 자동제어가 용이하다.
④ 상대습도 측정이 쉽다.

해설 저항식 습도계 : 염화리듐(LiCl₂) 용액을 절연판 위에 바르고 전기(교류)를 통하면 상대습도에 따라 저항치를 변화하는 것을 이용하여 습도를 측정하는 것이다.
(1) 장점
  ㉮ 상대습도와 저온도의 측정이 가능하다.
  ㉯ 감도가 크며, 응답이 빠르다.
  ㉰ 연속 기록, 원격 측정, 자동제어에 이용된다.
  ㉱ 전기 저항의 변화가 쉽게 측정된다.
(2) 단점
  ㉮ 고습도 중에 장시간 방치하면 감습막(感濕膜)이 유동한다.
  ㉯ 다소의 경년변화가 있어 온도계수가 비교적 크다.

38_ 다음 중 유량을 나타내는 단위가 아닌 것은?
① m^3/h
② kg/min
③ L/s
④ kg/cm^2

해설 유량의 단위는 단위시간당 통과한 유체의 양을 나타내는 것이므로 체적유량([m^3/h], [L/s] 등)과 질량유량([kg/min], [g/s] 등)으로 나타낼 수 있다.

39_ 가스분석계인 자동화학식 CO_2계에 대한 설명으로 틀린 것은?
① 오르사트(Orsat)식 가스분석계와 같이 CO_2를 흡수액에 흡수시켜 이것에 의한 시료 가스 용액의 감소를 측정하고 CO_2 농도를 지시한다.
② 피스톤의 운동으로 일정한 용적의 시료 가스가 $CaCO_3$ 용액 중에 분출되며 CO_2는 여기서 용액에 흡수된다.
③ 조작은 모두 자동화되어 있다.
④ 흡수액에 따라 O_2 및 CO의 분석계로도 사용할 수 있다.

해설 자동화학식 CO_2계는 오르사트식의 원리와 같은 방법으로 측정하는 것으로 유리 실린더를 이용하여 시료가스를 연속적으로 흡수제에 흡수시켜 시료가스의 체적변화로부터 연속적으로 측정할 수 있다.

40_ 다음 Ⓐ, Ⓑ에 들어갈 내용으로 적절한 것은?

유체 관로에 설치된 오리피스(Orifice) 전후의 압력차는 (Ⓐ)에 (Ⓑ) 한다.

① Ⓐ 유량의 제곱, Ⓑ 비례
② Ⓐ 유량의 평방근, Ⓑ 비례
③ Ⓐ 유량, Ⓑ 반비례
④ Ⓐ 유량의 평방근, Ⓑ 반비례

해설 차압식 유량계의 유량계산식

$$Q = C \cdot A \sqrt{\frac{2g}{1-m^4} \times \frac{P_1 - P_2}{\gamma}}$$

∴ 차압식 유량계에서 유량은 차압(압력차)의 평방근에 비례하므로 압력차는 유량의 제곱에 비례한다.

3과목 - 열설비구조 및 시공

41. 증기 보일러에서 안전밸브 부착에 대한 설명으로 옳은 것은?

① 보일러 몸체에 직접 부착시키지 않는다.
② 밸브 축을 수직으로 하여 부착한다.
③ 안전밸브는 항상 3개 이상 부착해야 한다.
④ 안전을 고려하여 쉽게 보이는 곳에 설치하지 않는다.

해설 증기보일러 안전밸브(과압방지 안전장치) 설치
㉮ 증기보일러에는 2개 이상의 안전밸브를 설치하여야 한다. 다만, 전열면적 50m² 이하의 증기보일러에서는 1개 이상으로 한다.
㉯ 안전밸브는 쉽게 검사할 수 있는 장소에 밸브축을 수직으로 하여 가능한 한 보일러의 동체에 직접 부착시켜야 한다.
㉰ 안전밸브의 부착은 플랜지, 용접 또는 나사 접합식으로 한다.
㉱ 안전밸브의 분출용량은 보일러 최대증발량을 분출하도록 그 크기와 수를 결정하여야 한다.

42. 방청용 도료 중 연단을 아마인유와 혼합하여 만들며, 녹스는 것을 방지하기 위하여 널리 사용되는 것은?

① 광명단 도료   ② 합성수지 도료
③ 산화철 도료   ④ 알루미늄 도료

해설 광명단 : 연단에 아마인유를 배합한 것으로 밀착력이 강하고 막이 굳어서 풍화에 대하여도 강하므로, 다른 착색도료의 밑칠용으로 사용하기에 가장 적합하다.

43. 검사대상기기인 보일러의 사용연료 또는 연소방법을 변경한 경우에 받아야 하는 검사는?

① 구조검사   ② 설치검사
③ 개조검사   ④ 용접검사

해설 개조검사 대상 : 에너지이용 합리화법 시행규칙 제31조의7, 별표3의4
㉮ 증기보일러를 온수보일러로 개조하는 경우
㉯ 보일러 섹션의 증감에 의하여 용량을 변경하는 경우
㉰ 동체, 돔, 노통, 연소실, 경판, 천정판, 관판, 관모음 또는 스테이의 변경으로서 산업통상자원부장관이 정하여 고시하는 대수리의 경우
㉱ 연료 또는 연소방법을 변경하는 경우
㉲ 철금속 가열로로서 산업통상자원부장관이 정하여 고시하는 경우의 수리

44. 두께 25[mm], 넓이 1[m²]의 철판의 전열량이 매시간 1000[kcal]가 되려면 양면의 온도차는 얼마 이어야 하는가? (단, 열전도계수 K = 50[kcal/m·h·℃]이다.)

① 0.5[℃]   ② 1[℃]
③ 1.5[℃]   ④ 2[℃]

해설 $Q = W \cdot F \cdot \Delta t = \dfrac{1}{\frac{b}{K}} \cdot F \cdot \Delta t$ 에서

∴ $\Delta t = \dfrac{Q}{\frac{K}{b} \times F} = \dfrac{1000}{\frac{50}{0.025} \times 1} = 0.5[℃]$

45. 비동력 급수장치인 인젝터(injector)의 특징에 관한 설명으로 틀린 것은?

① 구조가 간단하다.
② 흡입양정이 낮다.
③ 급수량의 조절이 쉽다.
④ 증기와 물이 혼합되어 급수가 예열된다.

해설 인젝터의 특징
(1) 장점
  ㉮ 구조가 간단하고, 가격이 저렴하다.

정답 41. ② 42. ① 43. ③ 44. ① 45. ③

㉯ 급수가 예열되고, 열효율이 좋아진다.
㉰ 설치 장소가 적게 필요하다.
㉱ 별도의 동력원이 필요 없다.
(2) 단점
㉮ 흡입양정이 작고, 효율이 낮다.
㉯ 급수 온도가 높으면 급수 불량이 발생한다.
㉰ 증기압력이 너무 높거나 낮으면 급수 불량이 발생한다.
㉱ 급수량 조절이 어렵다.

46_ 아래 팽창탱크 구조 도시에서 ㉠으로 지시된 관의 명칭은?

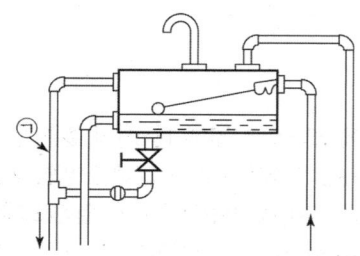

① 통기관 ② 안전관
③ 배수관 ④ 오버플로관

[해설] 개방식 팽창탱크의 구조 및 각부 명칭

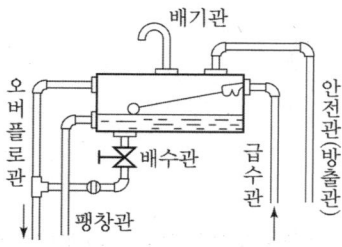

47_ 보일러 과열기에 대한 설명으로 틀린 것은?

① 과열기를 설치함으로써 보일러 열효율을 증대시킬 수 있다.
② 과열기 내의 증기와 연소가스의 흐름 방향에 따라 병향류식, 대향류식, 혼류식으로 구분할 수 있다.

③ 전열방식에 따라 방사형, 대류형, 방사대류형이 있다.
④ 과열기 외부는 황(S)에 의한 저온 부식이 발생한다.

[해설] 과열기(super heater)의 역할 : 보일러에서 발생한 습포화증기를 연소가스 여열(餘熱) 등을 이용하여 압력을 일정하게 유지하면서 온도만을 높여 과열증기를 만드는 장치로 열기 표면에 고온부식이 발생할 가능성이 있다.

48_ 노벽을 통하여 전열이 일어난다. 노벽의 두께 200[mm], 평균 열전도도 3.3[kcal/m·h·℃], 노벽 내부온도 400[℃], 외벽온도는 50[℃]라면 10시간 동안 손실되는 열량은?

① 5775[kcal/m^2]
② 11550[kcal/m^2]
③ 57750[kcal/m^2]
④ 66000[kcal/m^2]

[해설] ㉮ 노벽 1[m^2] 당 손실열량 계산

$$\therefore Q = K \cdot F \cdot \Delta t = \frac{1}{\frac{b}{\lambda}} \cdot F \cdot \Delta t$$

$$= \frac{1}{\frac{0.2}{3.3}} \times (400 - 50) = 5775 \, [kcal/m^2 \cdot h]$$

㉯ 10시간 동안 손실열량 계산
∴ 5775[kcal/m^2·h] × 10[h] = 57750 [kcal/m^2]

49_ 폐열가스를 이용하여 본체로 보내는 급수를 예열하는 장치는?

① 절탄기 ② 급유예열기
③ 공기예열기 ④ 과열기

[해설] 절탄기(economizer) : 보일러 급수를 연소가스 여열(餘熱) 등을 이용하여 예열시키는 장치로 급수가열기라 한다. 급수예열기 출구의 급수온도는 그 급수의 포화온도 이하의 적당한 온도로 한다.

정답 46 ④ 47 ④ 48 ③ 49 ①

50. 검사대상기기의 용접검사를 받으려 할 경우 용접검사 신청서와 함께 검사기관의 장에게 몇 가지 서류를 제출해야 하는데 다음 중 그 서류에 해당하지 않는 것은?
① 용접 부위도
② 연간 판매 실적
③ 검사대상기기의 설계도면
④ 검사대상기기의 강도계산서

[해설] 용접검사 신청 서류(에너지이용 합리화법 시행규칙 제31조의14) : 검사대상기기의 용접검사를 받으려는 자는 다음 각 호의 서류를 첨부하여야 한다.
㉮ 용접 부위도 1부
㉯ 검사대상기기의 설계도면 2부
㉰ 검사대상기기의 강도계산서 1부

51. 압력용기 및 철금속가열로의 설치검사에 대한 검사의 유효기간은?
① 1년   ② 2년
③ 3년   ④ 4년

[해설] 검사의 유효기간 : 에너지이용 합리화법 시행규칙 제31조의8, 별표3의5

검사의 종류		검사유효기간
설치검사		– 보일러 : 1년(운전성능부문의 경우 3년 1개월로 한다.) – 캐스케이드 보일러, 압력용기 및 철금속가열로 : 2년
개조검사		– 보일러 : 1년 – 캐스케이드 보일러, 압력용기 및 철금속가열로 : 2년
설치장소 변경검사		– 보일러 : 1년 – 캐스케이드 보일러, 압력용기 및 철금속가열로 : 2년
재사용검사		– 보일러 : 1년 – 캐스케이드 보일러, 압력용기 및 철금속가열로 : 2년
계속 사용 검사	안전 검사	– 보일러 : 1년 – 캐스케이드 보일러, 압력용기 : 2년
	운전 성능 검사	– 보일러 : 1년 – 철금속가열로 : 2년

52. 다음 중 보일러 분출 작업의 목적이 아닌 것은?
① 관수의 불순물 농도를 한계치 이하로 유지한다.
② 프라이밍 및 캐리오버를 촉진한다.
③ 슬러지분을 배출하고 스케일 부착을 방지한다.
④ 관수의 순환을 용이하게 한다.

[해설] 보일러 수(水)의 분출의 목적
㉮ 슬러지 생성 및 스케일 방지
㉯ 보일러수의 pH 조절
㉰ 프라이밍, 포밍 현상을 방지
㉱ 보일러수의 농축방지 및 순환을 양호하게 유지
㉲ 고수위 방지
㉳ 세관작업 후 폐액을 배출시키기 위하여

53. 허용인장응력 10[kgf/cm²], 두께 12[mm]의 강판을 160[mm] V홈 맞대기 용접이음을 할 경우 그 효율이 80[%]라면 용접두께는 얼마로 하여야 하는가? (단, 용접부의 허용응력은 8[kgf/mm²]이다.)
① 6[mm]   ② 8[mm]
③ 10[mm] ④ 12[mm]

[해설] $\sigma_t = \dfrac{W}{t \cdot L}$ 에서
$\therefore t = \dfrac{W}{\sigma_t \cdot L} = \dfrac{10 \times 160 \times 12}{10 \times 160} = 12[\text{mm}]$

54. 보일러 안지름이 1850[mm]를 초과하는 것은 동체의 최소 두께를 얼마 이상으로 하여야 하는가?
① 6[mm]   ② 8[mm]
③ 10[mm] ④ 12[mm]

[해설] 동체의 최소 두께 기준 : 열사용기자재 검사기준 4.1
㉮ 안지름 900[mm] 이하인 것은 6[mm] 다만, 스테이를 부착하는 경우는 8[mm]

㉯ 안지름 900[mm]를 초과하고 1350[mm] 이하인 것은 8[mm]
㉰ 안지름 1350[mm]를 초과하고 1850[mm] 이하인 것은 10[mm]
㉱ 안지름 1850[mm]를 초과하는 것은 12[mm]

55_ 증기트랩을 설치할 경우 나타나는 장점이 아닌 것은?
① 응축수로 인한 관 내의 부식을 방지할 수 있다.
② 응축수를 배출할 수 있어서 수격작용을 방지할 수 있다.
③ 관 내 유체의 흐름에 대한 마찰 저항을 줄일 수 있다.
④ 관 내의 불순물을 제거할 수 있다.

해설 증기트랩의 설치목적(장점)
㉮ 증기관의 부식 방지
㉯ 수격작용 발생 억제
㉰ 유체 흐름에 대한 마찰저항 감소
㉱ 증기 건조도 저하 방지
㉲ 열설비의 가열효과가 저해되는 것을 방지

56_ 크롬질 벽돌의 특징에 대한 설명으로 틀린 것은?
① 내화도가 높고 하중연화점이 낮다.
② 마모에 대한 저항성이 크다.
③ 온도 급변에 잘 견딘다.
④ 고온에서 산화철을 흡수하여 팽창한다.

해설 크롬질 벽돌(내화물) : 크롬철광($FeO \cdot Cr_2O_3$)을 원료로 하여 2~5[%] 정도의 내화점토를 점결제로 사용하여 소성한 중성 내화물이다. 내화도가 높지만, 하중연화점이 낮다. 내스폴링성이 적고, 고온에서 버스팅 현상이 발생되기 쉽다.

57_ 다음 중 알루미나 시멘트를 원료로 사용하는 것은?
① 캐스터블 내화물
② 플라스틱 내화물
③ 내화모르타르
④ 고알루미나질 내화물

해설 캐스터블(castable) 내화물 : 치밀하게 소결시킨 내화성 골재에 수경성 알루미나 시멘트를 배합한 것으로 분말상태이다.

58_ 복사증발기에 수십 개의 수관을 병렬로 배치시키고 그 양단에 헤더를 설치하여 물의 합류와 분류를 되풀이하는 구조로 된 보일러는?
① 간접가열 보일러
② 강제순환 보일러
③ 관류 보일러
④ 바브콕 보일러

해설 관류(단관식) 보일러 : 급수펌프에 의해 급수를 압입하여 하나로 된 관에서 가열, 증발, 과열시켜 과열증기를 얻는 보일러로 드럼이 없는 강제 순환식 보일러이다.

59_ 노통보일러에서 노통에 갤로웨이 관(gallowy tube)을 설치하는 장점으로 틀린 것은?
① 물의 순환 증가
② 연소가스 유동저항 감소
③ 전열면적의 증가
④ 노통의 보강

해설 갤로웨이 관(galloway tube) : 노통에 직각으로 2~3개 정도 설치한 관으로 전열면적을 증가시키며 보일러 수(水)의 순환을 좋게 하고 노통을 보강하는 역할을 한다.

정답 55 ④ 56 ③ 57 ① 58 ③ 59 ②

60_ 강제순환식 수관보일러의 강제순환 시 각 수관 내의 유속을 일정하게 설계한 보일러는?

① 라몽트 보일러
② 베록스 보일러
③ 레플러 보일러
④ 벤슨 보일러

해설 라몽트(lamont) 보일러 : 순환비를 4~10 정도로 하여 압력, 관 배열의 경사, 순서에 제한을 받지 않도록 하고 각 수관마다 동일한 유속을 얻도록 라몽트 노즐을 설치한 강제순환식 수관보일러의 대표적인 보일러이다. 펌프의 소요동력을 보일러 출력의 1[%] 이하를 취한다.

4과목 - 열설비취급 및 안전관리

61_ 보일러 점화 시 역화(逆火)의 원인으로 가장 거리가 먼 것은?

① 프리퍼지가 부족했다.
② 연료 중에 물 또는 협잡물이 섞여 있었다.
③ 연도 댐퍼가 열려 있었다.
④ 유압이 과대했다.

해설 보일러 유류 연소장치 역화의 원인
㉮ 프리퍼지가 불충분한 경우
㉯ 점화 시 착화시간이 지연된 경우
㉰ 댐퍼의 개도가 너무 적은 경우
㉱ 공기보다 연료가 먼저 공급된 경우
㉲ 연료의 인화점이 낮은 경우
㉳ 통풍압력이 부적합한 경우(압입통풍의 경우 너무 강한 경우, 흡입통풍의 경우 부족한 경우)
㉴ 유압이 과대하게 공급되는 경우
㉵ 연료에 수분 등 불순물이 많은 경우 및 공기가 포함되어 있는 경우

62_ 보일러의 고온부식 방지대책으로 틀린 것은?

① 회분 개질제를 첨가하여 바나듐의 융점을 낮춘다.
② 연료 중의 바나듐 성분을 제거한다.
③ 고온가스가 접촉되는 부분에 보호피막을 한다.
④ 연소가스 온도를 바나듐의 융점온도 이하로 유지한다.

해설 고온부식 방지대책
㉮ 연료를 전처리하여 바나듐 성분을 제거할 것
㉯ 전열면의 온도가 높아지지 않도록 설계할 것
㉰ 전열면의 표면에 보호피막 형성 또는 내식성 재료를 사용한다.
㉱ 연료에 첨가제를 사용하여 바나듐의 융점을 높인다.
㉲ 부착물의 성상을 바꾸어 전열면에 부착하지 못하도록 한다.

『참고』 연료(중유) 첨가제의 종류 및 역할
㉮ 연소 촉진제 : 분무를 양호하게 하여 연소를 촉진시킨다.
㉯ 안정제(슬러지 분산제) : 슬러지 생성을 방지한다.
㉰ 탈수제 : 연료속의 수분을 분리 제거한다.
㉱ 회분 개질제 : 재(회분)의 융점을 높여 고온부식을 방지한다.
㉲ 유동점 강하제 : 유동점을 낮추어 저온에서도 유동성을 양호하게 한다.

63_ 에너지이용 합리화법에 따라 검사에 불합격한 검사대상기기를 사용한 자에 대한 벌칙기준은?

① 1년 이하의 징역 또는 1천만 이하의 벌금
② 1천만 원 이하의 벌금
③ 2년 이하의 징역 또는 2천만 원 이하의 벌금
④ 500만 원 이하의 벌금

해설 1년 이하의 징역 또는 1천만원 이하의 벌금 : 에너지이용 합리화법 제73조
㉮ 검사대상기기의 검사를 받지 아니한 자
㉯ 검사에 불합격된 검사대상기기를 사용한 자

64_ 보일러가 과열되는 경우로 가장 거리가 먼 것은?
① 보일러에 스케일이 퇴적될 때
② 이상저수위 상태로 가동할 때
③ 화염이 국부적으로 전열면에 충돌할 때
④ 황(S)분이 많은 연료를 사용할 때

해설 과열의 원인
㉮ 이상 감수 현상이 발생하였을 때
㉯ 동 내면에 스케일이 생성되어 전열이 불량한 경우
㉰ 보일러 수가 농축되어 순환이 불량한 때
㉱ 전열면에 국부적으로 심한 열을 받았을 때
㉲ 연소실 열부하가 지나치게 큰 경우

65_ 에너지법에서 정한 에너지공급설비가 아닌 것은?
① 전환설비 ② 수송설비
③ 개발설비 ④ 생산설비

해설 에너지 공급설비(에너지법 제2조) : 에너지를 생산, 전환, 수송 또는 저장하기 위하여 설치하는 설비를 말한다.

66_ 에너지이용 합리화법에 따라 에너지절약전문기업으로 등록을 하려는 자는 등록신청서를 누구에게 제출하여야 하는가?
① 한국에너지공단이사장
② 시·도지사
③ 산업통상자원부장관
④ 시공업자단체의 장

해설 ㉮ 에너지절약전문기업 등록(에너지이용 합리화법 제25조) : 에너지절약전문기업으로 등록하려는 자는 대통령령으로 정하는 바에 따라 장비, 자산 및 기술인력 등의 등록기준을 갖추어 산업통상자원부장관에게 등록을 신청하여야 한다.
㉯ 권한의 위임, 위탁(동법 제69조 제3항 8호) : 산업통상자원부장관 또는 시·도지사는 대통령령으로 정하는 바에 따라 다음 각 호의 업무를 공단, 시공업자단체 또는 대통령령으로 정하는 기관에 위탁할 수 있다. → 8호 : 제25조 제1항에 따른 에너지절약전문기업의 등록

67_ 에너지이용 합리화법에 따라 검사대상기기관리자를 선임하지 아니한 자에 대한 벌칙기준은?
① 1천만 원 이하의 벌금
② 2천만 원 이하의 벌금
③ 5백만 원 이하의 벌금
④ 1년 이하의 징역

해설 벌칙(에너지이용 합리화법 제75조) : 검사대상기기 관리자를 선임하지 아니한 자는 1천만 원 이하의 벌금에 처한다.

68_ 에너지이용 합리화법에 따라 검사대상기기 설치자는 검사대상기기관리자가 해임되거나 퇴직하는 경우 다른 검사대상기기 관리자를 언제 선임해야 하는가?
① 해임 또는 퇴직 이전
② 해임 또는 퇴직 후 10일 이내
③ 해임 또는 퇴직 후 30일 이내
④ 해임 또는 퇴직 후 3개월 이내

해설 검사대사기기 관리자 선임(에너지이용 합리화법 제40조 제4항) : 검사대상기기 설치자는 검사대상기기 관리자를 해임하거나 퇴직하는 경우에는 해임이나 퇴직 이전에 다른 검사대상기기 관리자를 선임하여야 한다. 다만, 산업통상자원부령으로 정하는 사유에 해당하는 경우에는 시·도지사의 승인을 받아 다른 검사대상기기 관리자의 선임을 연기할 수 있다.

69_ 다음 중 보일러에 점화하기 전 가장 우선적으로 점검해야 할 사항은?
① 과열기 점검
② 증기압력 점검
③ 수위 확인 및 급수 계통 점검
④ 매연 CO_2 농도 점검

정답 64 ④ 65 ③ 66 ① 67 ① 68 ① 69 ③

해설 사용 중인 보일러 점화전 준비사항
㉮ 수면계 수위를 점검한다.
㉯ 수면계, 압력계 및 각종 계기류와 자동제어장치를 점검한다.
㉰ 연료 계통 및 급수 계통을 점검한다.
㉱ 중유 연소의 경우 연료 펌프 및 유예열기를 작동시킨다.
㉲ 각 밸브의 개폐상태를 확인 점검한다.
㉳ 댐퍼를 완전히 개방하고 프리퍼지를 행한다.

70. 증기보일러의 압력계 부착 시 강관을 사용할 때 압력계와 연결된 증기관 안지름의 크기는 얼마이어야 하는가?
① 6.5[mm] 이하
② 6.5[mm] 이상
③ 12.7[mm] 이하
④ 12.7[mm] 이상

해설 증기 보일러 압력계 부착기준 : 압력계와 연결된 증기관은 최고사용압력에 견디는 것으로서 그 크기는 황동관 또는 동관을 사용할 때는 안지름 6.5[mm] 이상, 강관을 사용할 때는 12.7[mm] 이상이어야 하며, 증기온도가 483[K] (210[℃])를 초과할 때에는 황동관 또는 동관을 사용하여서는 안 된다.

71. 증기난방의 분류 방법이 아닌 것은?
① 증기관의 배관 방식에 의한 분류
② 응축수의 환수 방식에 의한 분류
③ 증기압력에 의한 분류
④ 급기 배관 방식에 의한 분류

해설 증기난방의 분류
㉮ 증기압력에 의한 분류 : 저압식, 고압식
㉯ 증기관의 배관방식에 의한 분류 : 단관식, 복관식
㉰ 공급방식에 의한 분류 : 상향 공급식, 하향 공급식
㉱ 환수관의 배관방식에 의한 분류 : 건식 환수관식, 습식 환수관식
㉲ 응축수 환수방식에 의한 분류 : 중력 환수식, 기계 환수식, 진공 환수관식

72. 기름연소장치의 점화에 있어서 점화불량의 원인으로 가장 거리가 먼 것은?
① 연료 배관 속에 물이나 슬러지가 들어갔다.
② 점화용 트랜스의 전기 스파크가 일어나지 않는다.
③ 송풍기 풍압이 낮고 공연비가 부적당하다.
④ 연도가 너무 습하거나 건조하다.

해설 점화 불량의 원인
㉮ 연료가 분사되지 않는 경우
㉯ 배관 속에 물, 슬러지가 유입된 경우
㉰ 댐퍼 작동 불량 및 공기비 조정 불량
㉱ 연료의 온도가 너무 높거나 낮은 경우
㉲ 연료의 점도가 너무 높은 경우
㉳ 버너 유압이 맞지 않는 경우
㉴ 버너 노즐이 폐쇄된 경우
㉵ 1차 공기압력이 과대한 경우
㉶ 점화 전극의 클리어런스가 맞지 않을 때
㉷ 점화용 트랜스의 전기 스파크 불량

73. 가스용 보일러의 보일러 실내 연료 배관 외부에 반드시 표시해야 하는 항목이 아닌 것은?
① 사용 가스명
② 최고 사용압력
③ 가스 흐름방향
④ 최고 사용온도

해설 가스용 보일러의 연료 배관 표시 : 배관 외부에 사용 가스명, 최고 사용압력 및 가스 흐름방향을 표시하여야 한다. 다만, 지하에 매설하는 배관의 경우에는 흐름방향을 표시하지 아니할 수 있다.

74. 보일러의 안전저수위란 무엇인가?
① 사용 중 유지해야 할 최저의 수위
② 사용 중 유지해야 할 최고의 수위
③ 최고사용압력에 상응하는 적정수위
④ 최대증발량에 상응하는 적정수위

해설 보일러의 안전저수위 : 보일러의 보안상, 운전 중에 유지해야 하는 보일러 드럼내 최저 수면의 위치

『참고』 보일러의 종류별 안전저수위

보일러의 종류	안 전 저 수 위
직립형 보일러	연소실 천장판 최고부위 75[mm] 상방
직립 연관 보일러	연소실 천장판 최고부위에서 연관길이의 1/3 지점
수평 연관 보일러	연관 최고부위 75[mm] 상방
노통 보일러	노통 최고부위 100[mm] 상방
노통 연관 보일러	• 연관이 노통보다 높을 경우 : 연관 최고부위 75[mm] 상방 • 노통이 연관보다 높을 경우 : 노통 최고부위 100[mm] 상방

75. 캐리오버의 방지책으로 가장 거리가 먼 것은?

① 부유물이나 유지분 등이 함유된 물을 급수하지 않는다.
② 압력을 규정압력으로 유지해야 한다.
③ 염소이온을 높게 유지해야 한다.
④ 부하를 급격히 증가시키지 않는다.

[해설] 캐리오버(carry-over) 방지 대책 : ①, ②, ④ 외
㉮ 비수 방지관을 설치한다.
㉯ 주증기 밸브를 서서히 연다.
㉰ 관수 중에 불순물, 농축수를 제거한다.
㉱ 수위를 고수위로 하지 않는다.(정상 수위로 운전할 것)
㉲ 급격한 과연소를 하지 않을 것

76. 보일러 점화조작 시 주의사항으로 틀린 것은?

① 연료가스의 유출속도가 너무 늦으면 실화 등이 일어나고 너무 빠르면 역화가 발생한다.
② 연소실의 온도가 낮으면 연료의 확산이 불량해지며 착화가 잘 안 된다.
③ 연료의 예열온도가 너무 낮으면 무화불량의 원인이 된다.
④ 유압이 낮으면 점화 및 분사가 불량하고 높으면 그을음이 축적된다.

[해설] 보일러 점화조작 시 주의사항 : ②, ③, ④ 외
㉮ 연료가스의 유출속도가 너무 빠르면 실화 등이 일어나고, 너무 늦으면 역화가 발생한다.
㉯ 연료의 예열온도가 너무 높으면 기름이 분해되고, 분사각도가 흐트러져 분무상태가 불량해지며, 탄화물이 생성된다.
㉰ 무화용 매체가 과다하면 연소실 온도가 떨어지고 점화가 불량해지고 과소일 경우는 불꽃이 발생하고 역화 발생의 원인이 된다.
㉱ 프리퍼지 시간(30초~3분 정도)이 너무 길면 연소실의 냉각을 초래하고 너무 짧으면 역화를 일으킨다.

77. 에너지이용 합리화법에 따라 효율관리기자재의 제조업자는 해당 효율관리기자재의 에너지 사용량을 어느 기관으로부터 측정받아야 하는가?

① 검사기관   ② 시험기관
③ 확인기관   ④ 진단기관

[해설] 효율관리기자재 에너지 사용량 측정(에너지이용 합리화법 제15조 제2항) : 효율관리기자재의 제조업자 또는 수입업자는 산업통상자원부장관이 지정하는 시험기관에서 해당 효율관리기자재의 에너지 사용량을 측정 받아 에너지소비효율등급 또는 에너지소비효율을 해당 효율관리기자재에 표시하여야 한다.

78. 증기난방의 응축수 환수방법 중 증기의 순환속도가 제일 빠른 환수방식은?

① 진공 환수식   ② 기계 환수식
③ 중력 환수식   ④ 강제 환수식

[해설] 진공 환수식의 특징
㉮ 다른 방법과 비교하여 증기의 순환이 빠르다.
㉯ 방열기 설치장소에 제한을 받지 않는다.
㉰ 환수관의 지름을 작게 할 수 있다.
㉱ 방열기 방열량 조절을 광범위하게 할 수 있다.
㉲ 배관 기울기(구배)에 큰 제한이 없다.

79_ 보일러의 설치시공기준에서 옥내에 보일러를 설치할 경우 다음 중 불연성 물질의 반격벽으로 구분된 장소에 설치할 수 있는 보일러가 아닌 것은?

① 노통 보일러
② 가스용 온수 보일러
③ 소형 관류 보일러
④ 소용량 주철제 보일러

해설 보일러 옥내 설치 기준 : 보일러는 불연성물질의 격벽으로 구분된 장소에 설치하여 한다. 다만, 소용량 강철제보일러, 소용량 주철제보일러, 가스용 온수보일러, 1종 관류보일러(이하 '소형보일러'라 한다)는 반격벽으로 구분된 장소에 설치할 수 있다.

80_ 다음 통풍의 종류 중 노 내 압력이 가장 높은 것은?

① 자연통풍　　② 압입통풍
③ 흡입통풍　　④ 평형통풍

해설 압입(가압)통풍의 특징
㉮ 연소실 내의 압력이 정압으로 유지된다.
㉯ 연소용 공기를 예열할 수 있다.
㉰ 송풍기 고장이 적고, 점검 및 보수가 쉽다.
㉱ 동력소비가 흡입 통풍식보다 적다.
㉲ 배기가스 유속은 8[m/s] 이하이다.

정답 79 ① 80 ②

2017년 3월 5일
제1회 에너지관리산업기사 필기시험

1과목 - 열역학 및 연소관리

01_ 표준 대기압하에서 실린더 직경이 5[cm]인 피스톤 위에 질량 100[kg]의 추를 놓았다. 실린더 내 가스의 절대압력은 약 몇 [kPa]인가? (단, 피스톤 중량은 무시한다.)

① 501 ② 601
③ 1000 ④ 1100

해설

㉮ 게이지압력 계산

$$\therefore P_g = \frac{W}{A} = \frac{100}{\frac{\pi}{4} \times 0.05^2} [kg/m^2] \times 9.8 [m/s^2]$$

$= 499109.901 [kg \cdot m/m^2 \cdot s^2]$
$= 499109.901 [N/m^2] = 499109.901 [Pa]$
$= 499.109901 [kPa] ≒ 499.11 [kPa]$

㉯ 절대압력 계산
∴ 절대압력 = 대기압 + 게이지압력
$= 101.325 + 499.11 = 600.435 [kPa]$

02_ 공기비(m)에 대한 설명으로 옳은 것은?

① 연료를 연소시킬 경우 이론 공기량에 대한 실제공급 공기량의 비이다.
② 연료를 연소시킬 경우 실제공급 공기량에 대한 이론 공기량의 비이다.
③ 연료를 연소시킬 경우 1차 공기량에 대한 2차 공기량의 비이다.
④ 연료를 연소시킬 경우 2차 공기량에 대한 1차 공기량의 비이다.

해설 공기비는 이론 공기량에 대한 실제공급 공기량의 비이다.

$$\therefore m = \frac{실제공기량(A)}{이론공기량(A_0)} = \frac{A_0 + B}{A_0}$$

03_ 어떤 기압 하에서 포화수의 현열이 185.6[kcal/kg]이고, 같은 온도에서 증기 잠열이 414.4[kcal/kg]인 경우, 증기의 전열량은? (단, 건조도는 1이다.)

① 228.8[kcal/kg]
② 650.0[kcal/kg]
③ 879.3[kcal/kg]
④ 600.0[kcal/kg]

해설 증기의 전열량 = 포화수 현열 + 증기 잠열
$= 185.6 + 414.4$
$= 600.0 [kcal/kg]$

04_ 기체연료의 특징에 관한 설명으로 틀린 것은?

① 유황이나 회분이 거의 없다.
② 화재, 폭발의 위험이 크다.
③ 액체연료에 비해 체적당 보유 발열량이 크다.
④ 고부하 연소가 가능하고 연소실 용적을 작게 할 수 있다.

해설 기체연료의 특징
(1) 장점
 ㉮ 연소효율이 높고 연소제어가 용이하다.
 ㉯ 회분 및 황성분이 없어 전열면 오손이 없다.
 ㉰ 적은 공기비로 완전연소가 가능하다.
 ㉱ 저발열량의 연료로 고온을 얻을 수 있다.
 ㉲ 완전연소가 가능하여 공해문제가 없다.
(2) 단점
 ㉮ 저장 및 수송이 어렵다.
 ㉯ 가격이 비싸고 시설비가 많이 소요된다.
 ㉰ 누설 시 화재, 폭발의 위험이 크다.

9답 1. ② 2. ① 3. ④ 4. ③

05. 실제연소가스량(G)에 대한 식으로 옳은 것은? (단, 이론연소가스량 : G_0, 과잉공기비 : m, 이론공기량 : A_0이다.)

① $G = G_0 + (m-1)A_0$
② $G = G_0 - (m-1)A_0$
③ $G = G_0 + (m-1)A_0$
④ $G = G_0 - (m+1)A_0$

해설 배기가스량 = 이론배기가스량 + 과잉공기량
= 이론배기가스량 + (공기비 − 1)×이론공기량

06. 온도 150[℃]의 공기 1[kg]이 초기 체적 0.248[m³]에서 0.496[m³]으로 될 때까지 단열 팽창하였다. 내부에너지의 변화는 약 몇 [kJ/kg]인가? (단, 정적비열(C_v)은 0.72[kJ/kg·℃], 비열비(k)는 1.4이다.)

① −25   ② −74
③ 110   ④ 532

해설 ㉮ 단열팽창 후 온도 계산
$$\frac{T_2}{T_1} = \left(\frac{P_2}{P_1}\right)^{\frac{k-1}{k}} = \left(\frac{V_1}{V_2}\right)^{k-1} \text{에서}$$
$$\therefore T_2 = T_1 \times \left(\frac{V_1}{V_2}\right)^{k-1}$$
$$= (273+150) \times \left(\frac{0.248}{0.496}\right)^{1.4-1} = 320.574 [\text{K}]$$
㉯ 내부에너지 변화량 계산
$$\therefore \Delta u = C_v (T_2 - T_1)$$
$$= 0.72 \times \{320.574 - (273+150)\}$$
$$= -73.746 [\text{kcal/kg}]$$

07. 엔트로피의 변화가 없는 상태변화는?

① 가역 단열 변화   ② 가역 등온 변화
③ 가역 등압 변화   ④ 가역 등적 변화

해설 가역 단열 변화 과정에서 엔트로피는 변화가 없다. (등엔트로피 과정)

08. 다음 중 액체연료의 점도와 관련이 없는 것은?

① 캐논-펜스케(Cannon-Fenske)
② 몰리에(Mollier)
③ 스토크스(Stokes)
④ 푸아즈(Poise)

해설 액체 연료의 점도와 관련이 있는 것
㉮ 푸아즈(Poise) : 절대점도(μ)를 나타내는 것으로 단위는 [g/cm·s]이다.
㉯ 스토크스(Stokes) : 동점도(ν)를 나타내는 것으로 단위는 [cm²/s]이다.
㉰ 캐논 − 펜스케 : 점도측정

09. 탄소(C) 1[kg]을 완전 연소시킬 때 생성되는 CO_2의 양은 약 얼마인가?

① 1.67[kg]   ② 2.67[kg]
③ 3.67[kg]   ④ 6.34[kg]

해설 ㉮ 탄소의 완전 연소반응식
$C + O_2 \rightarrow CO_2$
㉯ 이산화탄소(CO_2)의 양[kg/kg] 계산
12[kg] : 44[kg] = 1[kg] : x[kg]
$$\therefore x = \frac{1 \times 44}{12} = 3.666 [\text{kg}]$$

10. 다음은 물의 압력-온도 선도를 나타낸다. 임계점은 어디를 말하는가?

① 점 0
② 점 4
③ 점 5
④ 점 6

해설 물의 압력-온도 선도
㉮ 영역 1 : 고체   ㉯ 영역 2 : 액체
㉰ 영역 3 : 증기   ㉱ 점 4 : 삼중점
㉲ 점 5 : 임계점
㉳ 선 4 − 6 : 용해곡선
㉴ 선 0 − 4 : 승화곡선
㉵ 선 4 − 5 : 증발곡선

정답 5. ③ 6. ② 7. ① 8. ② 9. ③ 10. ③

11. 보일러 굴뚝의 통풍력을 발생시키는 방법이 아닌 것은?
① 연도에서 연소가스와 외부공기의 밀도차에 의해서 생기는 압력차를 이용하는 방법
② 벤투리관을 이용하여 배기가스를 흡입하는 방법
③ 압입 송풍기를 사용하는 방법
④ 흡입 송풍기를 사용하는 방법

해설 통풍력을 발생시키는 방법
(1) 자연통풍 : 연돌에 의한 통풍방식으로 배기가스와 외부공기와의 비중량차(밀도차)에 의해서 통풍력이 발생되는 것
(2) 강제통풍 : 송풍기를 이용하는 것
  ㉮ 압입 통풍 : 송풍기를 연소실 앞에 두고 연소용 공기를 대기압 이상의 압력으로 연소실에 밀어 넣는 방식
  ㉯ 흡입 통풍 : 송풍기를 연도 중에 설치하여 연소 배기가스를 직접 흡입하여 강제로 배출시키는 방법
  ㉰ 평형 통풍 : 압입통풍과 흡입통풍을 병행하는 방식

12. 어떤 가역 열기관이 400[℃]에서 1000[kJ]을 흡수하여 일을 생산하고 100[℃]에서 열을 방출한다. 이 과정에서 전체 엔트로피 변화는 약 몇 [kJ/K]인가?
① 0   ② 2.5
③ 3.3 ④ 4

해설 가역과정에서는 엔트로피는 불변이므로 엔트로피의 변화는 0이 된다.

13. 이상기체의 단열변화 과정에 대한 식으로 맞는 것은? (단, k는 비열비이다.)
① $PV = const$ ② $P^k V = const$
③ $PV^k = const$ ④ $PV^{\frac{1}{k}} = const$

해설 단열변화 과정은 등엔트로피과정이므로 T, P, V의 관계는 $PV^k = const$(일정), $TV^{k-1} = const$(일정), $TP^{\frac{1-k}{k}} = const$(일정)이 된다.

14. −10[℃]의 얼음 1[kg]에 일정한 비율로 열을 가할 때 시간과 온도의 관계를 바르게 나타낸 그림은? (단, 압력은 일정하다.)

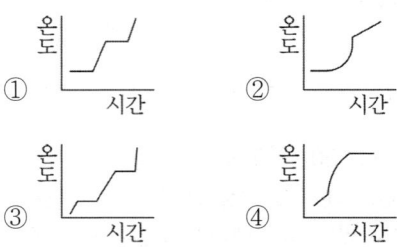

해설 −10[℃]의 얼음이 열을 받아 0[℃] 얼음이 된 후 시간이 지나면서 얼음이 녹아 0[℃]물이 되고, 시간이 지나면서 온도가 상승되어 100[℃] 물이 되어 끓고, 시간이 지나면서 100[℃] 수증기가 된다. 이후 계속하여 가열하면 시간이 지나면서 100[℃] 이상의 과열증기가 된다.

15. 다음 ( ) 안에 들어갈 내용으로 옳은 것은?

> 잠열은 물체의 (㉠)변화는 일으키지 않고, (㉡)변화만을 일으키는데 필요한 열량이며, 표준 대기압하에서 물 1[kg]의 증발잠열은 (㉢)[kcal/kg]이고, 얼음 1[kg]의 융해잠열은 (㉣)[kcal/kg]이다.

① ㉠ 상(phase), ㉡ 온도, ㉢ 539, ㉣ 80
② ㉠ 체적, ㉡ 상(phase), ㉢ 739, ㉣ 90
③ ㉠ 비열, ㉡ 상(phase), ㉢ 439, ㉣ 90
④ ㉠ 온도, ㉡ 상(phase), ㉢ 539, ㉣ 80

해설 현열과 잠열
㉮ 현열(감열) : 물질이 상태변화는 없이 온도변화에 총 소요된 열량
㉯ 잠열 : 물질이 온도변화는 없이 상태변화에 총 소요된 열량으로 증발열, 융해열, 승화열이 해당된다.

정답 11. ② 12. ① 13. ③ 14. ③ 15. ④

- 물의 증발잠열 : 539[kcal/kg]
- 얼음의 융해잠열 : 79.68[kcal/kg]

16_ 압력이 300[kPa], 체적이 0.5[m³]인 공기가 일정한 압력에서 체적이 0.7[m³]으로 팽창했다. 이 팽창 중에 내부에너지가 50[kJ] 증가하였다면 팽창에 필요한 열량은 몇 [kJ]인가?

① 50
② 60
③ 100
④ 110

해설 ㉮ 정압과정의 팽창일 계산
∴ $W_a = P(V_2 - V_1)$
$= 300 \times (0.7 - 0.5) = 60[kJ]$
㉯ 필요 열량 = 내부에너지 증가량 + 팽창일
$= 50 + 60 = 110[kJ]$

17_ 기체의 분자량이 2배로 증가하면 기체상수는 어떻게 되는가?

① 2 배
② 4 배
③ 1/2 배
④ 불변

해설 이상기체 상태방정식 $PV = GRT$에서
기체상수 $R = \dfrac{8.314}{M}$ [kJ/kg·K]이다.
그러므로 기체상수(R)는 분자량(M)에 반비례하므로 기체의 분자량이 2배 증가하면 기체상수는 1/2배로 된다.

18_ 연소의 3요소에 해당하지 않는 것은?

① 가연물
② 인화점
③ 산소 공급원
④ 점화원

해설 연소의 3요소 : 가연물, 산소공급원, 점화원

19_ 물 1[kmol]이 100[℃], 1기압에서 증발할 때 엔트로피 변화는 몇 [kJ/K]인가? (단, 물의 기화열은 2257[kJ/kg]이다.)

① 22.57
② 100
③ 109
④ 139

해설 물 1[kmol]은 18[kg]에 해당되며 물 1[kg]당 기화열이 2257[kJ/kg]이다.
∴ $\Delta s = \dfrac{dQ}{T} = \dfrac{2257 \times 18}{273 + 100} = 108.916 \, [kJ/K]$

20_ 27[℃]에서 12[L]의 체적을 갖는 이상기체가 일정 압력에서 127[℃]까지 온도가 상승하였을 때 체적은 약 얼마인가?

① 12[L]
② 16[L]
③ 27[L]
④ 56[L]

해설 $\dfrac{P_1 V_1}{T_1} = \dfrac{P_2 V_2}{T_2}$에서 $P_1 = P_2$이다.
∴ $V_2 = \dfrac{V_1 T_2}{T_1} = \dfrac{12 \times (273 + 127)}{273 + 27} = 16 \, [L]$

2과목 - 계측 및 에너지진단

21_ 증기 보일러에서 압력계 부착 시 증기가 압력계에 직접 들어가지 않도록 부착하는 장치는?

① 부압관
② 사이폰관
③ 맥동댐퍼관
④ 플렉시블관

해설 사이폰관(siphon tube) : 압력계를 보호하기 위하여 안지름 6.5[mm] 이상의 관을 한바퀴 돌려 가공된 것으로 관내부에 물을 투입하여 고온증기가 부르동관에 영향을 미치지 않도록 한다.

정답 16. ④ 17. ③ 18. ② 19. ③ 20. ② 21. ②

22. 열 설비에서 사용되는 자동제어 계의 동작순서로 옳은 것은?

① 조작 – 검출 – 판단(조절) – 비교 – 측정
② 비교 – 판단(조절) – 조작 – 검출
③ 검출 – 비교 – 판단(조절) – 조작
④ 판단 – 비교(조절) – 검출 – 조작

해설 자동제어계의 동작 순서
㉮ 검출 : 제어대상을 계측기를 사용하여 측정하는 부분
㉯ 비교 : 목표값(기준입력)과 주피드백량과의 차를 구하는 부분
㉰ 판단 : 제어량의 현재값이 목표치와 얼마만큼 차이가 나는가를 판단하는 부분
㉱ 조작 : 판단된 조작량을 제어하여 제어량을 목표값과 같도록 유지하는 부분

23. 오르사트 분석 장치에서 암모니아성 염화 제1동 용액으로 측정할 수 있는 것은?

① CO_2 ② CO
③ N_2 ④ O_2

해설 오르사트식 가스분석 순서 및 흡수제

순서	분석가스	흡수제
1	CO_2	KOH 30% 수용액
2	O_2	알칼리성 피로갈롤용액
3	CO	암모니아성 염화 제1구리 용액

24. 증기부와 수부의 굴절률 차를 이용한 것으로 증기는 적색, 수부는 녹색으로 보이도록 한 것으로 고압의 대용량이나, 발전용 보일러에 사용되는 수면계는?

① 2색식 수면계
② 유리관 수면계
③ 평형투시식 수면계
④ 평형반사식 수면계

해설 수면계의 종류
㉮ 원형 유리수면계 : 최고사용압력 10[kgf/cm²] 이하에 사용
㉯ 평형 반사식 수면계 : 최고사용압력 25[kgf/cm²] 이하에 사용
㉰ 평형 투시식 수면계 : 최고사용압력 45[kgf/cm²]용, 75[kgf/cm²]용이 있고 원형과 타원형이 있다.
㉱ 2색식 수면계 : 평형 투시식과 같으며 증기부는 적색, 수부는 녹색을 나타낸다.
㉲ 멀티 포트식 : 210[kgf/cm²]까지의 초고압용에 사용

25. 보일러에서 아래 식은 무엇을 나타내는가?
(단, G : 매시간당 증발량[kg/h], G_f : 매시간당 연료소비량[kg/h], H_l : 연료의 저위발열량[kcal/kg], i_2 : 증기의 엔탈피[kcal/kg], i_1 : 급수의 엔탈피[kcal/kg])

$$\frac{G(i_2 - i_1)}{H_l \cdot G_f} \times 100$$

① 보일러 마력   ② 보일러 효율
③ 상당 증발량   ④ 연소 효율

해설 보일러 효율 : 증기 발생에 이용된 열량과 보일러에 공급한 연료가 완전 연소할 때의 열량과의 비

$$\therefore \eta = \frac{유효하게 사용된 열량}{공급된 열량} \times 100$$
$$= \frac{G(i_2 - i_1)}{H_l \cdot G_f} \times 100$$

26. 보일러 실제증발량에 증발계수를 곱한 값은?

① 상당 증발량
② 연소실 열부하
③ 전열면 열부하
④ 단위 시간당 연료 소모량

해설 ㉮ 상당 증발량(환산 증발량) : 실제 증발량을 기준 증발량으로 환산하였을 때의 증발량. 즉, 표준대기압(1기압)하에서 100[℃]의 포화수를 100[℃]의 건조포화증기로 발생시킬 수 있는 증발량으로 단위는 [kg/h]이다.

$$\therefore G_e = \frac{G_a(h_2 - h_1)}{539} = G_a \times 증발계수$$

㉯ 증발계수 : 상당증발량(G_e)과 실제증발량(G_a)의 비

$$\therefore 증발계수 = \frac{G_e}{G_a} = \frac{h_2 - h_1}{539}$$

정답 22. ③ 23. ② 24. ① 25. ② 26. ①

27. 액면계에서 액면측정 방식에 대한 분류로 틀린 것은?
① 부자식 ② 차압식
③ 편위식 ④ 분동식

해설 액면계의 분류 및 종류
㉮ 직접법 : 직관식, 플로트식(부자식), 검척식
㉯ 간접법 : 압력식, 초음파식, 정전용량식, 방사선식, 차압식, 다이어프램식, 편위식, 기포식, 슬립 튜브식 등

28. 증기 건도를 향상시키기 위한 방법과 관계가 없는 것은?
① 저압의 증기를 고압의 증기로 증압시킨다.
② 증기주관에서 효율적인 드레인 처리를 한다.
③ 기수분리기를 설치하여 증기의 건도를 높인다.
④ 포밍, 프라이밍 현상을 방지하여 캐리오버 현상이 일어나지 않도록 한다.

해설 고압의 증기를 저압의 증기로 감압시킨다.

29. 정해진 순서에 따라 순차적으로 제어하는 방식은?
① 피드백 제어 ② 추종 제어
③ 시퀀스 제어 ④ 프로그램 제어

해설 시퀀스 제어(sequence control : 개[開]회로) : 미리 순서에 입각해서 다음 동작이 연속 이루어지는 제어로 보일러의 점화, 자동판매기 등이 해당된다.

30. SI 단위표시에서 압력단위 표시방법으로 옳은 것은?
① $mmHg/cm^2$ ② cm^2/kg
③ kg/at ④ N/m^2

해설 압력의 정의 및 단위
㉮ 압력의 정의 : 단위면적에 작용하는 힘의 합이다.
㉯ SI단위 : N/m^2 = Pa
㉰ 공학단위 : kgf/m^2

31. 다음 중 연소실내의 온도를 측정할 때 가장 적합한 온도계는?
① 알코올 온도계 ② 금속 온도계
③ 수은 온도계 ④ 열전대 온도계

해설 열전대 온도계 : 제베크(Seebeck) 효과를 이용한 접촉식 온도계로 P-R(백금-백금로듐)열전대의 경우 측정범위가 0~1600[℃]로 연소실 내의 온도를 관리할 때 적합한 온도계이다.

32. 다음 그림과 같은 액주계 설치 상태에서 비중량이 γ, γ_1 이고, 액주 높이차가 h일 때 관로압 P_x는 얼마인가?

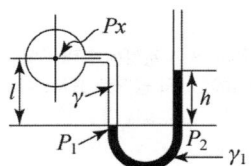

① $P_x = \gamma_1 h + \gamma l$ ② $P_x = \gamma_1 h - \gamma l$
③ $P_x = \gamma_1 l - \gamma h$ ④ $P_x = \gamma_1 l + \gamma h$

해설 $P_1 = P_2$ 이므로 $P_x + \gamma \cdot l = \gamma_1 \cdot h$ 이다.
∴ $P_x = \gamma_1 \cdot h - \gamma \cdot l$

33. 공기압 신호 전송에 대한 설명으로 틀린 것은?
① 조작부의 동특성이 우수하다.
② 제진, 제습 공기를 사용하여야 한다.
③ 공기압이 통일되어 있어 취급이 편리하다.
④ 전송 거리가 길어도 전송 지연이 발생되지 않는다.

[해설] 공기압식의 특징
㉮ 조작부의 동특성이 우수하다.
㉯ 제진, 제습 공기를 사용하여야 한다.
㉰ 공기압이 통일되어 있어 취급이 편리하다.
㉱ 배관과 보수가 비교적 용이하다.
㉲ 공기를 사용함으로 위험성이 없다.
㉳ 자동제어에 용이하다.
㉴ 관로 저항으로 전송이 지연된다.
㉵ 내열성이 우수하나 압축성이므로 신호전달에 지연이 된다.
㉶ 희망특성을 살리기 어렵다.
㉷ 신호 전송거리가 100~150[m] 정도이다.

34. 유체주에 해당하는 압력의 정확한 표현식은? (단, 유체주의 높이 h, 압력 P, 밀도 ρ, 비중량 γ, 중력 가속도 g라 하고, 중력 가속도는 지면에 따라 거의 일정하다고 가정한다.)

① $P = h\rho$
② $P = hg$
③ $P = \rho g h$
④ $P = \gamma g$

[해설] 유체주(액주계)에 작용하는 압력(P)은 유체의 비중량(γ)과 액주의 높이(h)의 곱으로 표시한다.
∴ $P = \gamma \times h = (\rho \times g) \times h$

35. 물체의 탄성 변위량을 이용한 압력계가 아닌 것은?

① 다이어프램 압력계
② 경사관식 압력계
③ 부르동관 압력계
④ 벨로즈 압력계

[해설] 탄성식 압력계의 종류 : 부르동관식, 다이어프램식, 벨로즈식, 캡슐식

36. 계량 계측기의 교정을 나타내는 말은?

① 지시값과 표준기의 지시값 차이를 계산하는 것
② 지시값과 참값을 일치하도록 수정하는 것
③ 지시값과 오차값의 차이를 계산하는 것
④ 지시값과 참값의 차이를 계산하는 것

[해설] 교정 : 측정기의 지시값과 표준기의 지시값 차이를 계산하는 것

37. 융커스식 열량계의 특징에 관한 설명으로 틀린 것은?

① 가스의 발열량 측정에 가장 많이 사용된다.
② 열량측정 시 시료가스 온도 및 압력을 측정한다.
③ 구성 요소로는 가스 계량기, 압력 조정기, 기압계, 온도계, 저울 등이 있다.
④ 열량측정 시 가스 열량계의 배기 온도는 측정하지 않는다.

[해설] 융커스(Junker)식 열량계 : 기체 연료의 발열량 측정에 사용되며 시그마 열량계와 융커스식 유수형 열량계로 구분된다. 열량 측정 시 가스 열량계의 배기온도도 측정한다.

38. 2차 지연요소에 대한 설명으로 옳은 것은?

① 1차 지연요소 2개를 직렬로 연결한 것으로 1차 지연요소보다 응답속도가 더 늦어진다.
② 1차 지연요소 2개를 직렬로 연결한 것으로 1차 지연요소보다 응답속도가 더 빨라진다.
③ 1차 지연요소 2개를 병렬로 연결한 것으로 1차 지연요소보다 응답속도가 더 늦어진다.
④ 1차 지연요소 2개를 병렬로 연결한 것으로 1차 지연요소보다 응답속도가 더 빨라진다.

[해설] 2차 지연요소 : 2개의 용량으로 인한 지연으로 1차 지연요소 2개를 직렬로 연결한 것으로 1차 지연요소보다 응답속도가 더 늦어진다.

정답 34. ③ 35. ② 36. ① 37. ④ 38. ①

39. 보일러 열정산에 있어서 출열 항목이 아닌 것은?

① 불완전 연소 가스에 의한 손실 열량
② 복사열에 의한 손실 열량
③ 발생증기의 흡수 열량
④ 공기의 현열에 의한 열량

[해설] 열정산 시 입·출열 항목
(1) 입열(入熱) 항목
  ㉮ 연료의 발열량(연료의 연소열)
  ㉯ 연료의 현열
  ㉰ 공기의 현열
  ㉱ 노내 취입 증기 또는 온수에 의한 입열
(2) 출열(出熱) 항목
  ㉮ 배기가스 보유열량
  ㉯ 증기의 보유열량
  ㉰ 불완전연소에 의한 열손실
  ㉱ 미연분에 의한 열손실
  ㉲ 노벽의 흡수열량
  ㉳ 재의 현열

40. SI 단위계의 기본단위에 해당 되지 않는 것은?

① 길이 ② 질량 ③ 압력 ④ 시간

[해설] 기본단위의 종류

기본량	길이	질량	시간	전류	물질량	온도	광도
기본단위	m	kg	s	A	mol	K	cd

3과목 - 열설비구조 및 시공

41. 보온재 중 무기질 보온재가 아닌 것은?

① 석면 ② 탄산마그네슘
③ 규조토 ④ 펠트

[해설] 재질에 의한 보온재 분류
㉮ 유기질 보온재 : 펠트, 코르크, 기포성 수지(우레탄폼)
㉯ 무기질 보온재 : 석면, 암면, 규조토, 탄산마그네슘, 유리섬유
㉰ 금속질 보온재 : 알루미늄 박(泊)

42. 배관을 아래에서 위로 떠 받쳐 지지하는 장치 중의 하나로 배관의 굽힘부 등에 관으로 영구히 고정시키는 것은?

① 앵커 ② 파이프 슈
③ 스토퍼 ④ 가이드

[해설] 서포트(support) : 배관계 중량을 아래에서 위로 지지할 목적으로 사용한다.
㉮ 스프링 서포트 : 상하 이동이 자유롭고 파이프의 하중을 스프링이 완충작용을 한다.
㉯ 롤러 서포트 : 배관의 신축을 자유롭게 하면서 롤러가 관을 받치면서 지지한다.
㉰ 파이프 슈 : 배관의 엘보 부분과 수평부분에 영구히 고정, 배관의 이동을 구속한다.
㉱ 리지드 서포트 : H빔으로 만든 것으로 옥외 등에 종류가 다른 여러 배관을 한 번에 지지한다.

43. 수관보일러에 대한 설명으로 틀린 것은?

① 수관 내에 흐르는 물을 연소가스로 가열하여 증기를 발생시키는 구조이다.
② 수관에서 나오는 기포를 물과 분리하기 위하여 증기드럼이 필요하다.
③ 일반적으로 제작비용이 커 대용량 보일러에 적용이 많으나 중소형에도 적용이 가능하다.
④ 노통내면 및 동체 수부의 면을 고온가스로 가열하게 되어 비교적 열손실이 적다.

[해설] 수관식 보일러의 특징
㉮ 보유수량이 적어 증기 발생시간이 빠르며, 고압 대용량에 적합하다.
㉯ 외분식이므로 연료 선택범위가 넓고, 연소상태가 양호하다.
㉰ 전열면적이 크고, 열효율이 높다.
㉱ 수관의 배열이 용이하고, 패키지형으로 제작이 가능하다.
㉲ 관수처리에 주의에 요한다.
㉳ 구조가 복잡하여 청소, 검사, 수리가 어렵고 스케일 부착이 쉽다.
㉴ 부하변동에 따른 압력 및 수위변동이 심하다.

정답 39. ④ 40. ③ 41. ④ 42. ② 43. ④

44_ 다음 중 수관보일러는 어느 것인가?
① 관류 보일러 ② 케와니 보일러
③ 입형 보일러 ④ 스코치 보일러

[해설] 수관식 보일러의 종류
㉮ 자연 순환식 보일러 : 바브콕(babcock) 보일러, 다쿠마(dakuma) 보일러, 스털링(stirling) 보일러, 스네기찌 보일러, 야로우(yarrow) 보일러, 2동 D형 보일러 등
㉯ 강제 순환식 보일러 : 라몬트(lamont) 보일러, 벨룩스(velox) 보일러 등
㉰ 관류 보일러 : 벤슨(benson) 보일러, 슐쳐(sulzer) 보일러, 소형 관류 보일러 등

45_ 보일러의 종류에서 랭커셔 보일러는 무슨 보일러에 해당하는가?
① 수직 보일러 ② 연관 보일러
③ 노통 보일러 ④ 노통연관 보일러

[해설] 노통 보일러의 종류
㉮ 코르니쉬(Cornish) 보일러 : 노통이 1개
㉯ 랭커셔(Lancashire) 보일러 : 노통이 2개

46_ 조업방식에 따른 요의 분류 시 불연속식 요에 해당되지 않는 것은?
① 횡염식 요 ② 터널식 요
③ 승염식 요 ④ 도염식 요

[해설] 조업방법(작업진행 방법)에 의한 분류
㉮ 연속요 : 윤요, 연속식 가마, 터널가마, 반터널식 가마 등
㉯ 반연속요 : 등요, 셔틀가마 등
㉰ 불연속요 : 승염식요, 횡염식요, 도염식요, 종가마 등

47_ 호칭지름 15[A]의 강관을 반지름 90[mm]로 90도 각도로 구부릴 때 곡선부의 길이는?
① 130[mm] ② 141[mm]
③ 182[mm] ④ 280[mm]

[해설] $L = \dfrac{90}{360} \times \pi \times D$
$= \dfrac{90}{360} \times \pi \times (2 \times 90) = 141.371 \text{ [mm]}$

48_ 평로법과 비교하여 LD전로법에 관한 설명으로 틀린 것은?
① 평로법보다 생산 능률이 높다.
② 평로법보다 공장 건설비가 싸다.
③ 평로법보다 작업비, 관리비가 싸다.
④ 평로법보다 고철의 배합량이 많다.

[해설] LD 전로법(상취전로[上吹轉爐])의 특징
㉮ 평로보다 건설비가 저렴하다.
㉯ 평로보다 생산능률이 높다.
㉰ 작업비, 관리비가 저렴하다.
㉱ 집진장치가 필요하다.

49_ 수관보일러에서 수관의 배열을 마름모(지그재그)형으로 배열시키는 주된 이유는?
① 연소가스 접촉에 의한 전열을 양호하게 하기 위하여
② 보일러수의 순환을 양호하게 하기 위하여
③ 수관의 스케일 생성을 막기 위하여
④ 연소가스의 흐름을 원활히 하기 위하여

[해설] 수관을 마름모꼴(다이어몬드형)로 배열하여 연소가스 접촉에 의한 전열을 양호하게 한다.

50_ 보온벽의 온도가 안쪽 20[℃], 바깥쪽 0[℃]이다. 벽 두께가 20[cm], 벽 재료의 열전도율이 0.2[kcal/m·h·℃]일 때, 벽 1[m²]당, 매 시간의 열손실량은?
① 0.2[kcal/h] ② 0.4[kcal/h]
③ 20[kcal/h] ④ 50[kcal/h]

정답 44. ① 45. ③ 46. ② 47. ② 48. ④ 49. ① 50. ③

해설
$$Q = KF\Delta t = \frac{1}{\frac{b}{\lambda}} F\Delta t$$
$$= \frac{1}{\frac{0.2}{0.2}} \times 1 \times (20-0) = 20[\text{kcal/h}]$$

51_ 다음 보온재 중 안전사용 온도가 가장 높은 것은?
① 석면
② 암면
③ 규조토
④ 펄라이트

해설 각 보온재의 안전사용온도

명칭	안전사용온도
석면	350~550[℃]
암면	400~600[℃]
규조토	석면사용(500[℃]) 삼여물 사용(250[℃])
펄라이트	600[℃]

52_ 에너지이용 합리화법에 따른 보일러의 제조검사에 해당되는 것은?
① 용접검사
② 설치검사
③ 개조검사
④ 설치장소 변경검사

해설 검사의 종류 : 에너지이용 합리화법 시행규칙 31조의7, 별표3의4
㉮ 제조검사 : 용접검사, 구조검사
㉯ 설치검사
㉰ 개조검사
㉱ 설치장소 변경검사
㉲ 재사용검사
㉳ 계속사용검사 : 안전검사, 운전성능검사

53_ 증기난방 배관용으로 쓰이는 증기트랩에 관한 설명으로 옳은 것은?
① 방열기의 송수구 또는 배관의 윗부분에 증기가 모이는 곳에 설치한다.
② 증기트랩을 설치하는 주목적은 고압의 증기와 공기를 배출하는 것이다.
③ 방열기나 증기관 속에 생긴 응축수를 환수관으로 배출한다.
④ 증기트랩은 마찰 저항이 커야 하며 내마모성 및 내식성 등이 작아야 한다.

해설 증기트랩(steam trap)의 기능 : 증기 사용설비(방열기) 및 배관내의 응축수를 제거하여 증기의 잠열을 유효하게 이용할 수 있도록 하고, 수격작용을 방지하는 역할을 한다.

54_ 12[m]의 높이에 0.1[m³/s]의 물의 퍼 올리는데 필요한 펌프의 축 마력은? (단, 펌프의 효율은 80[%]이다.)
① 15[PS]
② 20[PS]
③ 30[PS]
④ 38[PS]

해설
$$PS = \frac{\gamma QH}{75\eta}$$
$$= \frac{1000 \times 0.1 \times 12}{75 \times 0.8} = 20[\text{PS}]$$

55_ 돌로마이트(dolomite)의 주요 화학성분은?
① SiO_2
② SiO_2, Al_2O_3
③ $CaCO$, $MgCO$
④ Al_2O_3

해설 돌로마이트 벽돌(내화물) : 염기성 내화물로 백운석을 주원료로 하여 1600[℃] 정도에서 소성하여 제조하는 것으로 탄산칼슘($CaCO_3$)과 탄산마그네슘($MgCO_3$)으로 구성되어 있다. 주요 화학성분은 산화칼슘(CaO)과 산화마그네슘(MgO)이다.

정답 51. ④ 52. ① 53. ③ 54. ② 55. ③

56_ 에너지이용 합리화법에 의한 검사대상기기 관리자의 선임, 해임 또는 퇴직에 관한 신고는 신고 사유가 발생한 날부터 며칠 이내에 해야 하는가?

① 15일 ② 30일
③ 20일 ④ 2개월

해설 검사대상기기 관리자의 선임신고는 신고 사유가 발생한 날로부터 30일 이내에 하여야 한다. : 에너지이용 합리화법 시행규칙 제31조의28 2항

57_ 증기과열기의 종류를 열가스의 흐름 방향에 따라 분류할 때 해당되지 않는 것은?

① 병류형 ② 직류형
③ 향류형 ④ 혼류형

해설 과열기의 분류
㉮ 열가스 접촉에 의한 분류(전열방식, 설치장소) : 접촉 과열기(대류형), 복사 과열기(방사형), 복사 접촉 과열기(방사 대류형)
㉯ 증기와 열가스의 흐름에 의한 분류 : 병류식, 향류식, 혼류식

58_ 그림과 같은 고체 벽면에 의하여 열이 전달될 때 전달 열량을 계산하는 식은? (단, λ : 열전도율, S : 전열면적, τ : 시간, δ : 두께이다.)

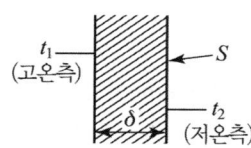

① $Q = \dfrac{\delta \cdot S(t_1 - t_2) \cdot \tau}{\lambda}$

② $Q = \dfrac{\lambda \cdot (t_1 - t_2) \cdot \tau}{\delta \cdot S}$

③ $Q = \dfrac{S \cdot (t_1 - t_2) \cdot \tau}{\lambda \cdot \delta}$

④ $Q = \dfrac{\lambda \cdot S(t_1 - t_2) \cdot \tau}{\delta}$

해설 τ시간 동안 전달 열량 계산식

$$\therefore Q = (K \cdot S \cdot \Delta t) \cdot \tau = \left\{ \dfrac{1}{\dfrac{\delta}{\lambda}} \cdot S \cdot (t_1 - t_2) \right\} \cdot \tau$$

$$= \left\{ \dfrac{\lambda \cdot S \cdot (t_1 - t_2)}{\delta} \right\} \cdot \tau = \dfrac{\lambda \cdot S \cdot (t_1 - t_2) \cdot \tau}{\delta}$$

59_ 보일러수 중 알칼리 용액의 농도가 높을 때 응력이 큰 금속표면에 미세한 균열이 일어나는 것을 무엇이라 하는가?

① 피팅(pitting)
② 가성취화
③ 그루빙(grooving)
④ 포밍(foaming)

해설 가성취화 : 보일러 수중에서 분해되어 생긴 가성소다(NaOH)가 과도하게 농축되면 수산이온(OH⁻)이 많아져서 알칼리도가 높아진다. 이것이 강재와 작용해서 생기는 나트륨(Na)이 강재의 결정입계를 침해하여 재질을 열화, 취화 시키는 것으로 보일러판의 국부 리벳 연결부 등에서 발생하며, 균열이 발생하는 것으로 알 수 있다.

60_ 재생식 공기 예열기로서 일반 대형 보일러에 주로 사용되는 것은?

① 엘레멘트 조립식
② 융그스트룸식
③ 판형식
④ 관형식

해설 공기예열기의 종류
㉮ 증기식 : 연소가스 대신 증기를 이용하여 2차 공기를 예열하는 것으로 부식의 우려가 없다.
㉯ 전열 : 열교환기를 이용한 것으로 관형(管形) 공기예열기와 판형(板形) 공기예열기가 있다.
㉰ 재생 : 축열식이라 불리며 연소가스를 통과 시켜 열을 축적한 후 이곳에 2차 공기를 통과시켜 공기를 예열하는 방식으로 회전식, 고정식, 이동식으로 분류되며 대형 보일러에 사용되는 것을 융그스트롬(Liungstrom)식이라 한다.

정답 56. ② 57. ② 58. ④ 59. ② 60. ②

㉣ 히트파이프식 : 배관 표면에 알루미늄 핀튜브를 부착시키고 진공으로 된 배관 내부에 열매체인 증류수를 넣어 봉입한 것을 경사지게 설치한 것이다. 히트파이프 내의 증류수는 배기가스의 열을 흡수하여 증발되어 경사면을 따라 응축부로 이동되고 송풍기에서 공급되는 연소용 공기와 열교환하여 응축되어 증발부로 되돌아오는 과정을 반복하여 배기가스 온도를 낮추고 연소용 공기를 예열하는 장치이다.

4과목 - 열설비취급 및 안전관리

61. 보일러의 건식 보존법에서 보일러 내부에 넣어두는 건조 약품으로 가장 적합한 것은?

① 탄산칼슘 ② 실리카겔
③ 염화나트륨 ④ 염화수소

[해설] 건조 보존법 : 보존 기간이 6개월 이상으로 보일러수를 완전히 배출한 후 동 내부를 완전히 건조시킨 후 흡습제(실리카겔), 산화방지제, 기화성 방청제 등을 넣고 밀폐시켜 보존하는 방법이다.

62. 건식 환수관에서 증기관 내의 응축수를 환수관에 배출할 때는 응축수가 체류하기 쉬운 곳에 무엇을 설치하여야 하는가?

① 안전밸브
② 드레인 포켓
③ 릴리프 밸브
④ 공기빼기 밸브

[해설] 드레인 포켓(drain pocket) : 증기 주관(공급관) 마지막 부분에서 응축수를 건식 환수관에 배출하는 관말트랩 연결배관 중에 아래로 150[mm] 이상 연장해서 응축수가 배출되지 않은 응축수가 체류할 수 있는 배관이다.

63. 스프링식 안전밸브에 속하지 않는 것은?

① 전량식 안전밸브
② 고양정식 안전밸브
③ 전양정식 안전밸브
④ 기체용식 안전밸브

[해설] 스프링식 안전밸브의 종류 : 저양정식, 고양정식, 전양정식, 전량식

64. 송수주관을 상향구배로 하고 방열면을 보일러 설치 기준면 보다 높게 하여 온수를 순환시키는 배관방식은?

① 단관식 ② 복관식
③ 상향순환식 ④ 하향순환식

[해설] (1) 온수의 공급 방법에 의한 분류
 ㉮ 상향 순환식 : 송수주관을 방열기 아래쪽에 배관하고 여기서 상향 기울기로 배관하는 방식이다.
 ㉯ 하향 순환식 : 송수주관을 최상부층까지 입상 배관하여 주관을 방열기보다 높은 쪽에 오게 하여 온수를 하향으로 공급하는 방식이다.
(2) 배관 방식에 의한 분류
 ㉮ 단관식 : 송수관과 환수관이 하나의 관으로 이루어지는 방식이다.
 ㉯ 복관식 : 송수관과 환수관이 각각인 방식으로 운전이 확실하고 온도변화의 불확실성이 없다.

65. 보일러의 급수처리에 있어서 용해 고형물(경도성분)을 침전시켜 연화할 목적으로 사용되는 약제는?

① H_2SO_4 ② $NaOH$
③ Na_2CO_3 ④ $MgCl_2$

[해설] 연화제 : 보일러수 중의 경도성분을 불용성으로 침전시켜 슬러지로 하여 스케일 부착을 방지한다. 종류에는 수산화나트륨(NaOH), 탄산나트륨(Na_2CO_3), 인산나트륨(Na_3PO_4) 등이 있다.
※ 공개된 답안은 ③번만 정답으로 처리되었음.

정답 61. ② 62. ② 63. ④ 64. ③ 65. ③

66. 보일러 운전 중 취급상의 사고에 해당되지 않는 것은?
① 압력초과
② 저수위 사고
③ 급수처리 불량
④ 부속장치 미비

[해설] 사고의 원인
㉮ 제작상의 원인 : 재료불량, 강도부족, 설계불량, 구조불량, 부속기기 설비의 미비, 용접불량 등
㉯ 취급상의 원인 : 압력초과, 저수위, 급수처리 불량, 부식, 과열, 미연소가스 폭발사고, 부속기기 정비불량 등

67. 보일러에 사용되는 탈산소제의 종류로 옳은 것은?
① 황산
② 염화나트륨
③ 하이드라진
④ 수산화나트륨

[해설] 탈산소제 : 급수 중의 용존산소를 제거하여 부식(점식)을 방지하기 위한 것으로 종류에는 아황산나트륨(Na_2SO_3), 하이드라진(N_2H_4), 탄닌 등이 있다.

68. 에너지이용 합리화법에서 검사대상기기 관리자의 선임·해임 또는 퇴직신고의 접수는 누구에게 하는가?
① 국토교통부장관
② 환경부장관
③ 한국에너지공단이사장
④ 한국열관리시공협회

[해설] 검사대상기기 관리자의 선임신고(에너지이용 합리화법 시행규칙 31조의28) : 검사대상기기 관리자가 선임·해임 또는 퇴직신고는 신고서에 자격증수첩과 검사증을 첨부하여 한국에너지공단이사장에게 제출하여야 한다.

69. 보일러 안전밸브의 작동시험 방법으로 틀린 것은?
① 안전밸브가 2개 이상인 경우 그 중 1개는 최고사용압력 이하, 기타는 최고사용압력의 1.3배 이하이어야 한다.
② 과열기의 안전밸브 분출압력은 증발부 안전밸브 분출압력 이하이어야 한다.
③ 안전밸브가 1개인 경우 분출압력은 최고사용압력 이하이어야 한다.
④ 재열기 및 독립과열기에 있어서는 안전밸브가 1개인 경우 분출압력은 최고사용압력 이하이어야 한다.

[해설] 안전밸브 작동시험
㉮ 안전밸브 분출압력은 1개일 경우 최고사용압력 이하, 안전밸브가 2개 이상인 경우 그중 1개는 최고사용압력 이하 기타는 최고사용압력의 1.03배 이하일 것
㉯ 발전용 보일러에 부착하는 안전밸브의 분출정지 압력은 분출압력의 0.93배 이상이어야 한다.
㉰ 과열기의 안전밸브 분출압력은 증발부 안전밸브 분출압력 이하이어야 한다.
㉱ 재열기 및 독립과열기에 있어서는 안전밸브가 1개인 경우 분출압력은 최고사용압력 이하이어야 한다.

70. 다음 중 보일러 수의 슬러지 조정제로 사용되는 청관제는?
① 전분
② 가성소다
③ 탄산소다
④ 아황산소다

[해설] 슬러리 조정제 : 슬러리가 보일러의 전열면에 부착하여 스케일로 되는 것을 방지하기 위하여 보일러수 중에 분산, 현탁시켜 분출에 의해 쉽게 배출할 수 있도록 하는 것으로 종류에는 탄닌($C_{76}H_{52}O_{46}$), 리그린, 전분($C_6H_{10}O_5$) 등이 있다.

71. 에너지이용 합리화법에 따른 개조검사에 해당되지 않는 것은?
① 온수보일러를 증기보일러로 개조
② 보일러 섹션의 증감에 의한 용량의 변경
③ 연료 또는 연소 방법의 변경
④ 철금속가열로로서 산업통상자원부장관이 정하여 고시하는 경우의 수리

정답 66. ④ 67. ③ 68. ③ 69. ① 70. ① 71. ①

해설 개조검사 대상 : 에너지이용 합리화법 시행규칙 제31조의 7, 별표3의4
㉮ 증기보일러를 온수보일러로 개조하는 경우
㉯ 보일러 섹션의 증감에 의하여 용량을 변경하는 경우
㉰ 동체, 돔, 노통, 연소실, 경판, 천정판, 관판, 관모음 또는 스테이의 변경으로서 산업통상자원부장관이 정하여 고시하는 대수리의 경우
㉱ 연료 또는 연소방법을 변경하는 경우
㉲ 철금속 가열로로서 산업통상자원부장관이 정하여 고시하는 경우의 수리

72. 에너지이용 합리화법에 따라 검사대상기기 관리자는 중·대형 보일러 관리자 교육 과정이나 소형보일러·압력용기 관리자 교유 과정을 받아야 하는데, 여기서 중·대형 보일러 관리자 교육 과정을 받아야 하는 기준으로 옳은 것은?

① 검사대상기기 관리자 중 용량이 1[t/h](난방용의 경우에는 5[t/h])를 초과하는 강철제 보일러 및 주철제 보일러의 관리자
② 검사대상기기 관리자 중 용량이 3[t/h](난방용의 경우에는 5[t/h])를 초과하는 강철제 보일러 및 주철제 보일러의 관리자
③ 검사대상기기 관리자 중 용량이 1[t/h](난방용의 경우에는 10[t/h])를 초과하는 강철제 보일러 및 주철제 보일러의 관리자
④ 검사대상기기 관리자 중 용량이 3[t/h](난방용의 경우에는 10[t/h])를 초과하는 강철제 보일러 및 주철제 보일러의 관리자

해설 검사대상기기관리자 교육과정 및 교육대상자 : 에너지이용 합리화법 시행규칙 제32조의2 제1항, 별표4의2
㉮ 중·대형 보일러 관리자 과정 : 검사대상기기 관리자로 선임된 사람으로서 용량이 1[t/h](난방용의 경우에는 5[t/h])를 초과하는 강철제 보일러 및 주철제 보일러의 관리자
㉯ 소형보일러·압력용기 관리자 과정 : 검사대상기기관리자로 선임된 사람으로서 중·대형 보일러 관리자 과정의 대상이 되는 보일러 외의 보일러 및 압력용기 관리자

73. 열역학적 트랩으로 수격현상에 강하고 과열증기에도 사용할 수 있으며, 구조가 간단하여 유지보수가 용이한 증기트랩은?
① 버킷 트랩
② 디스크 트랩
③ 벨로즈 트랩
④ 바이메탈식 트랩

해설 디스크식 트랩(disc type trap)의 특징
㉮ 증기와 포화수와의 열역학적 특성차를 이용하는 열역학적 트랩이다.
㉯ 가동 시 공기배출이 필요 없다.
㉰ 구조가 간단하여 유지보수가 용이하다.
㉱ 작동확률이 높고 소형이며 수격현상(water hammering)에 강하다.
㉲ 고압용에는 부적당하나 과열증기 사용에는 적합하다.
㉳ 작동이 빈번하여 내구성이 낮다.

74. 사무실에서 증기난방을 할 때 필요한 전체 방열량이 20000[kcal/h]이라면 5세주 650[mm] 주철제 방열기로 난방을 할 때 필요한 방열기의 쪽수는? (단, 5세주 650[mm] 주철제 방열기의 쪽당 방열면적은 0.26[m²]이다.)
① 119쪽
② 129쪽
③ 139쪽
④ 150쪽

해설 $N_s = \dfrac{H_1}{650 \times a} = \dfrac{20000}{650 \times 0.26} = 118.343 ≒ 119$쪽

75. 보일러에서 증기를 송기할 때의 조작방법으로 틀린 것은?
① 증기헤더의 드레인 밸브를 열어 응축수를 배출한다.
② 주증기관 내에 관을 따뜻하게 하기 위해 다량의 증기를 급격히 보낸다.
③ 주증기 밸브의 열림 정도를 단계적으로 한다.
④ 주증기 밸브를 완전히 연 다음 약간 되돌려 놓는다.

정답 72. ① 73. ② 74. ① 75. ②

해설 증기를 송기할 때의 주의사항(조작방법)
㉮ 캐리오버, 수격작용이 발생하지 않도록 한다.
㉯ 송기하기 전 주증기 밸브 등의 드레인을 제거한다.
㉰ 주증기관 내에 소량의 증기를 보내어 관을 따뜻하게 예열한다.
㉱ 주증기 밸브는 3분 이상 단계적으로 서서히 개방하여 완전히 열었다가 다시 조금 되돌려 놓는다.
㉲ 항상 일정한 압력을 유지하고, 부하측의 압력이 정상적으로 유지되고 있는지 확인한다.
㉳ 연소상태를 확인하여 정상적인 연소가 이루어지도록 한다.

76. 에너지이용 합리화법에 관한 내용으로 다음 ( ) 안에 각각 들어갈 용어로 옳은 것은?

> 산업통상자원부장관은 효율관리기자재가 (㉠)에 미달하거나 (㉡)을 초과하는 경우에는 해당 효율관리기자재의 제조업자 또는 판매업자에게 그 생산이나 판매의 금지를 명할 수 있다.

① ㉠ 최대소비효율기준 ㉡ 최저사용량기준
② ㉠ 적정소비효율기준 ㉡ 적정사용량기준
③ ㉠ 최저소비효율기준 ㉡ 최대사용량기준
④ ㉠ 최대사용량기준 ㉡ 최저소비효율기준

해설 효율관리기자재의 사후관리(에너지이용 합리화법 제16조) : 산업통상자원부장관은 효율관리기자재가 최저소비효율기준에 미달하거나 최대사용량기준을 초과하는 경우에는 해당 효율관리기자재의 제조업자, 수입업자 또는 판매업자에게 그 생산이나 판매의 금지를 명할 수 있다.

77. 하트포드 배관에서 환수주관과 균형관(balance pipe)의 연결 위치는 보일러 사용수위(표준수위)에서 몇 [mm] 아래 위치하는가?

① 30 ② 50
③ 70 ④ 100

해설 하트포드(hartford) 접속법 : 저압증기 난방에서 환수관을 보일러에 직접 연결할 경우 보일러 수의 역류현상을 방지하기 위해서 사용하는 방식으로 증기관과 환수관 사이에 밸런스관(균형관)을 설치하여 안전저수면 보다 높은 위치에 환수관을 접속하는 배관방법을 말한다. 환수주관과 균형관(balance pipe)의 연결 위치는 보일러 사용수위(표준수위)에서 50[mm] 아래에 위치한다.

78. 증기의 순환이 가장 빠르며, 방열기 설치장소에 제한을 받지 않는 환수방식으로 증기와 응축수를 진공펌프로 흡입 순환시키는 난방법은?

① 중력환수식 ② 기계환수식
③ 진공환수식 ④ 자연순환식

해설 진공환수식의 특징
㉮ 다른 방법과 비교하여 증기의 순환이 빠르다.
㉯ 방열기 설치장소에 제한을 받지 않는다.
㉰ 환수관의 지름을 작게 할 수 있다.
㉱ 방열기 방열량 조절을 광범위하게 할 수 있다.
㉲ 배관 기울기(구배)에 큰 제한이 없다.

79. 에너지이용 합리화법에 따라 국내외 에너지사정의 변동으로 에너지수급에 중대한 차질이 발생하거나 발생할 우려가 있다고 인정될 경우, 에너지수급의 안정을 위한 조치 사항에 해당되지 않는 것은?

① 에너지의 배급
② 에너지의 비축과 저장
③ 에너지 판매시설의 확충
④ 에너지사용기자재의 사용 제한

해설 수급안정을 위한 조치 사항(에너지이용 합리화법 제7조)
㉮ 지역별, 주요 수급자별 에너지 할당
㉯ 에너지 공급설비의 가동 및 조업
㉰ 에너지의 비축과 저장
㉱ 에너지의 도입, 수출입 및 위탁가공
㉲ 에너지공급자 상호 간의 에너지의 교환 또는 분배 사용
㉳ 에너지의 유통시설과 그 사용 및 유통경로
㉴ 에너지의 배급
㉵ 에너지의 양도, 양수의 제한 또는 금지

정답 76. ③ 77. ② 78. ③ 79. ③

㉓ 에너지사용의 시기, 방법 및 에너지사용 기자재의 사용 제한 또는 금지 등 대통령령으로 정하는 사항
㉔ 그 밖에 에너지수급을 안정시키기 위하여 대통령령으로 정하는 사항

80. 다음 중 보일러의 보존방법이 아닌 것은?
① 건식보존법 ② 소다 보일링법
③ 만수보존법 ④ 질소봉입법

해설 보일러 휴지 보존법 분류
㉮ 단기보존법 : 가열건조법, 보통 만수보존법
㉯ 장기보존법 : 석회밀폐건조법, 질소가스봉입법, 소다 만수보존법, 기화성 부식억제제(VCI) 투입법

정답 80. ②

2017년 5월 7일
제2회 에너지관리산업기사 필기시험

1과목 - 열역학 및 연소관리

01 비열에 대한 설명으로 틀린 것은?
① 비열은 1[℃]의 온도를 변화시키는데 필요한 단위질량당의 열량이다.
② 정압비열은 압력이 일정할 때 기체 1[kg]을 1[℃] 높이는데 필요한 열량이다.
③ 기체의 정압비열과 정적비열은 일반적으로 같지 않다.
④ 정압비열은 정적비열보다 클 수도, 작을 수도 있다.

해설 정압비열은 정적비열보다 항상 크다.

02 보일러의 자연통풍에서 통풍력을 크게 하기 위한 방법이 아닌 것은?
① 연돌의 높이를 높인다.
② 배기가스 온도를 높인다.
③ 연돌 상부 단면적을 작게 한다.
④ 연도의 굴곡부를 줄인다.

해설 연돌의 통풍력이 증가되는 경우
㉮ 연돌의 높이가 높을수록
㉯ 연돌의 단면적이 클수록
㉰ 연돌의 굴곡부가 적을수록
㉱ 배기가스 온도가 높을수록
㉲ 외기온도가 낮을수록
㉳ 습도가 낮을수록
㉴ 연도의 길이가 짧을수록
㉵ 배기가스의 비중량이 작을수록, 외기의 비중량이 클수록

03 두 개의 단열과정과 두 개의 등온과정으로 이루어진 사이클은?
① 오토 사이클 ② 디젤 사이클
③ 카르노 사이클 ④ 브레이턴 사이클

해설 카르노 사이클 : 2개의 단열과정과 2개의 등온과정으로 구성된 열기관의 이론적인 사이클이다.

04 엔트로피(entropy)에 대한 설명으로 옳은 것은?
① 열역학 제2법칙과 관련된 것으로서 비가역 사이클에서는 항상 엔트로피가 증가한다.
② 열역학 제1법칙과 관련된 것으로 가역사이클이 비가역 사이클보다 엔트로피의 증가가 뚜렷하다.
③ 열역학 제2법칙으로 정의된 엔트로피는 과정의 진행방향과는 아무런 관련이 없다.
④ 엔트로피의 단위는 [K/kJ]이다.

해설 엔트로피(entropy) : 엔트로피는 온도와 같이 감각으로 느낄 수도 없고, 에너지와 같이 측정할 수도 없는 것으로 어떤 물질에 열을 가하면 엔트로피는 증가하고 냉각시키면 감소하는 물리학상의 상태량이다. 열역학 제2법칙과 관련된 것으로서 가역과정일 경우 엔트로피변화는 없지만, 자유팽창, 종류가 다른 가스의 혼합, 액체 내의 분자의 확산 등의 비가역과정일 때는 엔트로피가 증가한다.
단위는 [kJ/kg·K]를 사용한다.

05 어떤 용기 내의 기체의 압력이 계기압력으로 P_g이다. 대기압을 P_a라고 할 때, 기체의 절대압력은?
① $P_g - P_a$ ② $P_g + P_a$
③ $P_g \times P_a$ ④ P_g / P_a

정답 1.④ 2.③ 3.③ 4.① 5.②

해설 절대압력 = 대기압(P_a) + 계기압력(P_g)

해설 탄소 1[kmol]의 질량은 12[kg]이다.
$$\therefore H = \frac{97200 [\text{kcal/kmol}]}{12 [\text{kg/kmol}]} = 8100 [\text{kcal/kg}]$$

06_ 증기터빈에 36[kg/s]의 증기를 공급하고 있다. 터빈의 출력이 3×10^4[kW]이면 터빈의 증기 소비율은 몇 [kg/kW·h]인가?
① 3.08 ② 4.32
③ 6.25 ④ 7.18

해설 증기 소비율 = $\frac{\text{시간당 공급증기량}}{\text{터빈의 출력}}$
$= \frac{36 \times 3600}{3 \times 10^4} = 4.32 [\text{kg/kW·h}]$

09_ 연소장치의 선회방식 보염기가 아닌 것은?
① 평행류식 ② 축류식
③ 반경류식 ④ 혼류식

해설 보염기(stabilizer) : 버너 팁 선단에 부착하여 착화를 원활하게 하고, 화염의 안정된 연소를 도모하는 장치로 선회기를 설치하여 연소용 공기에 선회운동을 주어 원추상으로 분사시켜 내측에 저압부분의 형성으로 저속영역을 만들어 착화를 쉽게 하는 것으로 선회기 방식, 보염판 방식으로 구별되며 선회기 방식은 축류식, 반경류식, 혼류식으로 분류된다.

07_ 통풍압력을 2배로 높이려면 원심형 송풍기의 회전수를 몇 배로 높여야 하는가? (단, 다른 조건은 동일하다고 본다.)
① 1 ② $\sqrt{2}$
③ 2 ④ 4

해설 터보형(원심식) 송풍기 상사의 법칙에서
풍압 $P_2 = P_1 \times \left(\frac{N_2}{N_1}\right)^2$ 이다.
$\therefore \left(\frac{N_2}{N_1}\right)^2 = \frac{P_2}{P_1}$ 에서 P_2는 처음압력(P_1)의 2배에 해당되므로 $P_2 = 2P_1$으로 할 수 있다.
$\therefore \frac{N_2}{N_1} = \sqrt{\frac{P_2}{P_1}} = \sqrt{\frac{2P_1}{P_1}} = \sqrt{2}$
∴ 원심 송풍기에서 통풍압력을 2배로 높이려면 회전수는 $\sqrt{2}$ 배로 증가시키면 된다.

10_ 연돌의 입구 온도가 200[℃], 출구 온도가 30[℃]일 때, 배출가스의 평균온도는 약 몇 [℃]인가?
① 85[℃] ② 90[℃]
③ 109[℃] ④ 115[℃]

해설 ㉮ 대수평균온도 계산
$$\therefore t_{g_m} = \frac{t_1 - t_2}{\ln\frac{t_1}{t_2}} = \frac{200 - 30}{\ln\frac{200}{30}} = 89.609 [\text{℃}]$$
㉯ 산술평균온도 계산
$$\therefore t_{g_m} = \frac{t_1 + t_2}{2} = \frac{200 + 30}{2} = 115 [\text{℃}]$$

08_ 탄소를 완전 연소시키면 다음 반응식과 같이 탄산가스와 함께 높은 열이 발생한다. 이를 참고하여 탄소(C) 1[kg]을 완전 연소시켰을 때 발생하는 열량은?

| $C + O_2 = CO_2 + 97200$[kcal/kmol] |

① 2550[kcal/kg] ② 8100[kcal/kg]
③ 12720[kcal/kg] ④ 16200[kcal/kg]

11_ 보일러 집진장치 중 매진을 액막이나 액방울에 충돌시키거나 접촉시켜 분리하는 것은?
① 여과식 ② 세정식
③ 전기식 ④ 관성 분리식

정답 6. ② 7. ② 8. ② 9. ① 10. ② 11. ②

해설 세정식 집진장치
(1) 원리 : 분진이 포함된 배기가스를 세정액이나 액막 등에 충돌시키거나 접촉시켜 액체에 의해 포집하는 방식이다.
(2) 종류
  ㉮ 유수식 : S형, 임펠러형, 회전형, 분수형 및 나선 가이드베인형
  ㉯ 가압수식 : 벤투리 스크레버, 제트 스크레버, 사이클론 스크레버, 충전탑(세정탑)
  ㉰ 회전식 : 타이젠 와셔, 충격식 스크레버

12_ 기체연료의 특징에 관한 설명으로 틀린 것은?
① 회분발생이 많고 수송이나 저장이 편리하다.
② 노 내의 온도분포를 쉽게 조절할 수 있다.
③ 연소조절, 점화, 소화가 용이하다.
④ 연소효율이 높고 약간의 과잉공기로 완전연소가 가능하다.

해설 기체연료의 특징
(1) 장점
  ㉮ 연소효율이 높고 연소제어가 용이하다.
  ㉯ 회분 및 황성분이 없어 전열면 오손이 없다.
  ㉰ 적은 공기비로 완전연소가 가능하다.
  ㉱ 저발열량의 연료로 고온을 얻을 수 있다.
  ㉲ 완전연소가 가능하여 공해문제가 없다.
(2) 단점
  ㉮ 저장 및 수송이 어렵다.
  ㉯ 가격이 비싸고 시설비가 많이 소요된다.
  ㉰ 누설 시 화재, 폭발의 위험이 크다.

13_ 고체 연료가 가열되어 외부에서 점화하지 않아도 연소가 일어나는 최저 온도를 무엇이라고 하는가?
① 착화온도   ② 최적온도
③ 연소온도   ④ 기화온도

해설 착화온도(착화점) : 가연물질이 공기 중에서 온도를 상승시킬 때 점화원 없이 스스로 연소를 시작하는 최저 온도로 발화점, 발화온도라 한다.

14_ 이상기체 5[kg]이 350[℃]에서 150[℃]까지 "$PV^{1.3}$ = 상수"에 따라 변화하였다. 엔트로피의 변화는? (단, 가스의 정적비열은 0.653[kJ/kg·K]이고, 비열비(k)는 1.4이다.)
① 1.69[kJ/K]
② 1.52[kJ/K]
③ 0.85[kJ/K]
④ 0.42[kJ/K]

해설 "$PV^{1.3}$ = 상수는" 폴리트로픽 과정이므로
$$\therefore \Delta s = GC_v \frac{n-k}{n-1} \ln \frac{T_2}{T_1}$$
$$= 5 \times 0.653 \times \frac{1.3-1.4}{1.3-1} \times \ln \frac{273+150}{273+350}$$
$$= 0.4213 \,[\text{kJ/K}]$$

15_ 가스연료 연소 시 발생하는 현상 중 엘로우 팁(yellow tip)을 바르게 설명한 것은?
① 버너에서 부상하여 일정한 거리에서 연소하는 불꽃의 모양
② 불꽃의 색상이 적황색으로 1차 공기가 부족한 경우 발생하는 불꽃의 모양
③ 가스연소 시 공기량이 과다하여 발생하는 불꽃의 모양
④ 불꽃이 염공을 따라 거꾸로 들어가는 현상

해설 옐로 팁(yellow tip) : 불꽃의 끝이 적황색으로 되어 연소하는 현상으로 연소반응이 충분한 속도로 진행되지 않을 때, 1차 공기량이 부족하여 불완전연소가 될 때 발생한다.

16_ 탄소 0.87, 수소 0.1, 황 0.03의 조성을 가지는 연료가 있다. 이론 건배기가스량은 약 몇 [Nm³/kg]인가?
① 7.54   ② 8.84
③ 9.94   ④ 10.84

정답 12. ① 13. ① 14. ④ 15. ② 16. ③

해설 ㉮ 이론습연소가스량 계산
∴ $G_{0w} = 8.89C + 32.3H - 2.63O + 3.33S$
$+ 0.8N + 1.244W$
$= 8.89 \times 0.87 + 32.3 \times 0.1 + 3.33 \times 0.03$
$= 11.0642 [\text{Nm}^3/\text{kg}]$
㉯ 이론건연소(건배기)가스량 계산
∴ $G_{0d} = G_{0w} - 1.244(9H + W)$
$= 11.0642 - 1.244 \times 9 \times 0.1$
$= 9.9446 [\text{Nm}^3/\text{kg}]$

17_ 압력 200[kPa], 체적 0.4[m³]인 공기를 압력이 일정한 상태에서 체적을 0.6[m³]로 팽창시켰다. 팽창 중에 내부에너지가 80[kJ] 증가하였으면 팽창에 필요한 열량은?

① 40[kJ]　　② 60[kJ]
③ 80[kJ]　　④ 120[kJ]

해설 ㉮ 정압과정의 팽창일 계산
∴ $W_a = P(V_2 - V_1)$
$= 200 \times (0.6 - 0.4) = 40[\text{kJ}]$
㉯ 필요 열량 = 내부에너지 증가량 + 팽창일
$= 80 + 40 = 120[\text{kJ}]$

18_ 증기의 압력이 높아질 때 나타나는 현상에 관한 설명으로 틀린 것은?

① 포화온도가 높아진다.
② 증발잠열이 증대한다.
③ 증기의 엔탈피가 증가한다.
④ 포화수 엔탈피가 증가한다.

해설 증기 압력이 상승할 때 나타나는 현상
㉮ 포화수의 온도가 상승한다.
㉯ 포화수의 부피가 증가한다.
㉰ 포화수의 비중이 감소한다.
㉱ 물의 현열이 증가하고, 증기의 잠열이 감소한다.
㉲ 건포화증기 엔탈피가 증가한다.
㉳ 증기의 비체적이 감소한다.

19_ 15[℃]의 물 1[kg]을 100[℃]의 포화수로 변화시킬 때 엔트로피 변화량은? (단, 물의 평균 비열은 4.2[kJ/kg·K]이다.)

① 1.1[kJ/K]　　② 8.0[kJ/K]
③ 6.7[kJ/K]　　④ 85.0[kJ/K]

해설 $\Delta S = GC \ln \dfrac{T_2}{T_1}$
$= 1 \times 4.2 \times \ln \dfrac{273 + 100}{273 + 15}$
$= 1.086 [\text{kJ/K}]$

20_ 석탄을 공업 분석하였더니 수분이 3.35[%], 휘발분이 2.65[%], 회분이 25.5[%]이었다. 고정탄소분은 몇 [%]인가?

① 37.6　　② 49.4
③ 59.8　　④ 68.5

해설 고정탄소 = 100 - (수분 + 회분 + 휘발분)
$= 100 - (3.35 + 25.5 + 2.65) = 68.50[\%]$

2과목 - 계측 및 에너지진단

21_ 다음 중 액주계를 읽는 정확한 위치는?

① 1
② 2
③ 3
④ 아무 곳이든 괜찮다.

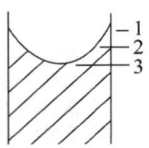

해설 그림과 같은 액주계의 높이는 3의 위치를 읽는다.

『참고』 수은이 들어있는 액주계의 경우

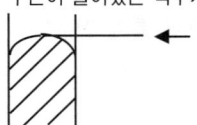

22. 보일러 열정산시 입열항목에 해당되지 않는 것은?
① 방산에 의한 손실열
② 연료의 연소열
③ 연료의 현열
④ 공기의 현열

해설 열정산 시 입·출열 항목
(1) 입열(入熱) 항목
  ㉮ 연료의 발열량(연료의 연소열)
  ㉯ 연료의 현열
  ㉰ 공기의 현열
  ㉱ 노내 취입 증기 또는 온수에 의한 입열
(2) 출열(出熱) 항목
  ㉮ 배기가스 보유열량
  ㉯ 증기의 보유열량
  ㉰ 불완전연소에 의한 열손실
  ㉱ 미연분에 의한 열손실
  ㉲ 노벽의 흡수열량
  ㉳ 재의 현열

23. 반도체 측온저항체의 일종으로 니켈, 코발트, 망간 등 금속산화물을 소결시켜 만든 것으로 온도계수가 부(-)특성을 지닌 것은?
① 서미스터 측온체
② 백금 측온체
③ 니켈 측온체
④ 동 측온체

해설 서미스터 온도계 특징
㉮ 감도가 크고 응답성이 빨라 온도변화가 작은 부분 측정에 적합하다.
㉯ 온도 상승에 따라 저항치가 감소한다.(저항온도계수가 부특성(負特性)이다.)
㉰ 소형으로 협소한 장소의 측정에 유리하다.
㉱ 소자의 균일성 및 재현성이 없다.
㉲ 흡습에 의한 열화가 발생할 수 있다.
㉳ 측정범위는 -100~300[℃] 정도이다.

24. 열전대에 관한 설명으로 틀린 것은?
① 열전대의 접점은 용접하여 만들어도 무방하다.
② 열전대의 기본 현상을 발견한 사람은 Seebeck이다.
③ 열전대를 통한 열의 흐름은 온도의 측정에 영향을 미치지 않는다.
④ 열전대의 구비조건으로 전기저항, 저항온도계수 및 열전도율이 작아야 한다.

해설 열전대를 통한 열의 흐름은 온도의 측정에 영향을 미친다.

25. 면적식 유량계의 특징에 대한 설명으로 틀린 것은?
① 고점도 액체의 측정이 가능하다.
② 부식액의 측정에 적합하다.
③ 적산용 유량계로 사용된다.
④ 유량 눈금이 균등하다.

해설 면적식 유량계의 특징
㉮ 유량에 따라 직선 눈금이 얻어진다.
㉯ 유량계는 레이놀즈수가 낮은 범위까지 일정하다.
㉰ 고점도 유체나 작은 유체에 대해서도 측정할 수 있다.
㉱ 차압이 일정하면 오차의 발생이 적다.
㉲ 측정하려는 유체의 밀도를 미리 알아야 한다.
㉳ 압력손실이 적고 균등 유량을 얻을 수 있다.
㉴ 슬러리나 부식성 액체의 측정이 가능하다.
㉵ 정도는 ±1~2[%] 정도로 정밀측정에는 부적당하다.

26. 보일러 1마력은 몇 [kgf]의 상당증발량에 해당하는가? (단, 100[℃]의 물을 1시간 동안 같은 온도의 증기로 변화시킬 수 있는 능력이다.)
① 10.65
② 12.68
③ 15.65
④ 17.64

해설 보일러 마력 : 1 보일러 마력이란 1시간에 15.65[kg]의 상당 증발량을 갖는 보일러의 동력. 즉, 100[℃] 물 15.65[kg]을 1시간에 같은 온도의 증기로 변화시킬 수 있는 능력이며, 약 8435[kcal/h] 열을 흡수하여 증기를 발생할 수 있는 능력이다.

$$\therefore 보일러\ 마력 = \frac{G_e}{15.65} = \frac{G_a(h_2 - h_1)}{539 \times 15.65}$$

정답 22. ① 23. ① 24. ③ 25. ③ 26. ③

27. 다음 중 질량의 보조단위가 아닌 것은?
① L/min
② g/s
③ t/s
④ g/h

해설 [L/min] 체적유량의 단위이다.

28. 보일러의 노내압을 제어하기 위한 조작으로 적절하지 않은 것은?
① 연소가스 배출량의 조작
② 공기량의 조작
③ 댐퍼의 조작
④ 급수량 조작

해설 노내압을 제어하기 위해서는 조작량이 연소가스량이기 때문에 공기량, 연소가스 배출량, 댐퍼의 조작이 해당된다.

29. 탄성식 압력계의 일종으로 보일러의 증기압 측정 등 공업용으로 많이 사용되는 압력계는?
① 링 밸런스식 압력계
② 부르동관식 압력계
③ 벨로스식 압력계
④ 피스톤식 압력계

해설 부르동관(bourdon tube) 압력계 : 2차 압력계중 대표적인 것으로 측정범위가 0~3000[kgf/cm²]으로 고압측정이 가능하지만, 정도는 ±1~3[%]로 낮다.

30. 다이어프램 압력계에 대한 설명으로 틀린 것은?
① 연소로의 드래프트 게이지로 사용된다.
② 먼지를 함유한 액체나 점도가 높은 액체의 측정에는 부적당하다.
③ 측정이 가능한 범위는 공업용으로는 20~5000[mmH₂O] 정도이다.
④ 다이어프램의 재료로는 고무, 인청동, 스테인리스 등의 박판이 사용된다.

해설 다이어프램식 압력계의 특징
㉮ 응답속도가 빠르나 온도의 영향을 받는다.
㉯ 극히 미세한 압력 측정에 적당하다.
㉰ 부식성 유체의 측정이 가능하다.
㉱ 압력계가 파손되어도 위험이 적다.
㉲ 연소로의 통풍계(draft gauge)로 사용한다.
㉳ 측정범위는 20~5000mmH₂O이다.

31. 다음 중 O₂계로 사용되지 않는 것은?
① 연소식
② 자기식
③ 적외선식
④ 세라믹식

해설 적외선식(적외선 분광 분석법) : He, Ne, Ar 등 단원자 분자 및 H₂, O₂, N₂, Cl₂ 등 대칭 2원자 분자는 적외선을 흡수하지 않으므로 분석할 수 없다.

32. 다음 중 SI 기본단위가 아닌 것은?
① 물질량[mol]
② 광도[cd]
③ 전류[A]
④ 힘[N]

해설 기본단위의 종류

기본량	길이	질량	시간	전류	물질량	온도	광도
기본단위	m	kg	s	A	mol	K	cd

33. 두께가 15[cm]이며 열전도율이 40[kcal/m·h·℃], 내부온도가 230[℃], 외부온도가 65[℃]일 때, 전열면적 1[m²]당 1시간 동안에 전열되는 열량은 몇 [kcal/h]인가?
① 40000
② 42000
③ 44000
④ 46000

해설 $Q = K \times F \times \Delta t = \dfrac{1}{\dfrac{b}{\lambda}} \times F \times \Delta t$

$= \dfrac{1}{\dfrac{0.15}{40}} \times 1 \times (230-65)$

$= 44000 [kcal/h]$

정답 27. ① 28. ④ 29. ② 30. ② 31. ③ 32. ④ 33. ③

34_ 다음 중 보일러의 자동제어가 아닌 것은?

① 온도제어 ② 급수제어
③ 연소제어 ④ 위치제어

해설 보일러 자동제어(A·B·C)의 종류

명 칭	제어량	조작량
자동연소제어 (ACC)	증기압력	공기량, 연료량
	노내압	연소가스량
급수제어(FWC)	보일러 수위	급수량
증기온도제어 (STC)	증기온도	전열량
증기압력제어 (SPC)	증기압력	연료공급량, 연소용 공기량

35_ 다음 중 비접촉식 온도계에 해당하는 것은?

① 유리온도계 ② 저항온도계
③ 압력온도계 ④ 광고온도계

해설 온도계의 분류 및 종류
㉮ 접촉식 온도계 : 유리제 봉입식 온도계, 바이메탈 온도계, 압력식 온도계, 열전대 온도계, 저항 온도계, 서미스터, 제겔콘, 서머컬러
㉯ 비접촉식 온도계 : 광고온도계(광고온계), 광전관 온도계, 색온도계, 방사온도계

36_ 유압식 신호전달 방식의 특징에 대한 설명으로 틀린 것은?

① 비압축성이므로 조작속도 및 응답이 빠르다.
② 주위의 온도변화에 영향을 받지 않는다.
③ 전달의 지연이 적고 조작량이 강하다.
④ 인화의 위험성이 있다.

해설 유압식 신호전달 방식의 특징
㉮ 조작 속도가 크다.
㉯ 조작력이 강하다.
㉰ 희망특성의 것을 만들기 쉽다.
㉱ 녹이 발생하지 않는다.
㉲ 인화의 위험성이 따른다.
㉳ 주위온도 영향을 받는다.
㉴ 유압원을 필요로 한다.
㉵ 기름의 유동 저항을 고려하여야 한다.

37_ 조절기가 50~100[°F] 범위에서 온도를 비례제어하고 있을 때 측정온도가 66[°F]와 70[°F]에 대응할 때의 비례대는 몇 [%]인가?

① 8 ② 10
③ 12 ④ 14

해설 비례대 $= \dfrac{측정\ 온도차}{조절\ 온도차} \times 100$

$= \dfrac{70-66}{100-50} \times 100 = 8[\%]$

38_ 열정산 기준에서 보일러 범위에 포함되지 않는 열은?

① 입열 ② 출열
③ 손실열 ④ 외부열원

해설 열정산 기준 중 보일러 범위에 포함되는 열 : 입열, 출열, 손실열

39_ 다음 중 압력을 표시하는 단위가 아닌 것은?

① kPa ② N/m²
③ bar ④ kgf

해설 압력의 단위 : [mmHg], [cmHg], [mHg], [mmAq], [mAq], [kgf/m²], [kgf/cm²], [N/m²], [Pa], [kPa], [MPa], [bar], [mbar], [psi]
※ [kgf]는 공학단위 힘의 단위에 해당된다.

40_ 액면에 부자를 띄워 부자가 상하로 움직이는 위치로 액면을 측정하는 것으로서 주로 저장탱크, 개방 탱크 및 고압 밀폐탱크 등의 액위 측정에 사용되는 액면계는?

① 직관식 액면계 ② 플로트식 액면계
③ 방사성 액면계 ④ 압력식 액면계

정답 34. ④ 35. ④ 36. ② 37. ① 38. ④ 39. ④ 40. ②

해설 부자(float)식 액면계는 액면 위에 떠 있는 부자(float)의 움직이는 변위를 이용하여 액면을 측정하는 것이다.

해설 동력용 나사절삭기 종류 : 오스터식, 호브식, 다이헤드식

3과목 - 열설비구조 및 시공

41. 전기로나 시멘트 소성용 회전가마의 소성대 내벽에 사용하기 가장 적합한 내화물은?
 ① 내화점토질 내화물
 ② 크롬-마그네시아 내화물
 ③ 고알루미나질 내화물
 ④ 규석질 내화물

해설 크롬-마그네시아(chrome-magnesia) 내화물 : 크롬철광과 마그네시아 클링커를 원료로 한 것으로 마그네시아를 50[%] 미만 함유한 것이다.
 ㉮ 비중이 크고 염기성 슬래그에 대한 저항이 크다.
 ㉯ 내화도 및 하중연화점이 높다.
 ㉰ 내스폴링성이 크다.
 ㉱ 불소성품을 사용할 때는 메탈케이스나, 접합부를 철판으로 한다.

42. 다음 중 사용압력이 비교적 낮은 곳의 배관에 사용하는 "배관용 탄소 강관"의 기호로 맞는 것은?
 ① SPPH   ② SPP
 ③ SPPS   ④ SPA

해설 SPP(배관용 탄소강관) : 사용압력이 비교적 낮은 10[kgf/cm²] 이하의 증기, 물, 기름, 가스 및 공기의 배관용으로 사용되며 백관과 흑관이 있다. 호칭지름 6~500[A]까지 있다.

43. 배관에 나사 가공을 하는 동력 나사 절삭기의 형식이 아닌 것은?
 ① 오스터식   ② 호브식
 ③ 로터리식   ④ 다이헤드식

44. 가열로의 내벽온도를 1200[℃], 외벽온도를 200[℃]로 유지하고 매시간당 1[m]에 대한 열손실을 400[kcal]로 설계할 때 필요한 노벽의 두께는? (단, 노벽 재료의 열전도율은 0.1[kcal/m·h·℃]이다.)
 ① 10[cm]   ② 15[cm]
 ③ 20[cm]   ④ 25[cm]

해설 단위면적 1[m²]당
 전열량 $Q = \dfrac{1}{\dfrac{b}{\lambda}} \times \Delta t$ 에서 $\dfrac{b}{\lambda} = \dfrac{\Delta t}{Q}$ 이다.
 $\therefore b = \dfrac{\lambda \Delta t}{Q} = \dfrac{0.1 \times (1200 - 200)}{400} \times 100 = 25 \, [\text{cm}]$

45. 배관시공 시 보온재로 사용되는 석면에 대한 설명으로 옳은 것은?
 ① 유기질 보온재로서 진동이 있는 장치의 보온재로 많이 쓰인다.
 ② 약 400[℃] 이하의 파이프나 탱크, 노벽 등의 보온재로 적합하며, 약 400[℃]를 초과하면 탈수 분해된다.
 ③ 열전도율이 작고 300~320[℃]에서 열분해되며, 방습 가공한 것은 습기가 많은 곳의 옥외배관에 사용한다.
 ④ 석회석을 주원료로 사용하며 화학적으로 결합시켜 만든 것으로 사용온도는 650[℃]까지이다.

해설 석면의 특징
 ㉮ 무기질 보온재로 아스베스토질 섬유로 되어 있다.
 ㉯ 진동을 받는 장치의 보온재로 사용된다.
 ㉰ 400[℃] 이하의 관이나 탱크, 노벽 등의 보온재로 적합하다.
 ㉱ 800[℃]에서는 강도와 보온성을 상실할 수 있다.

정답 41. ② 42. ② 43. ③ 44. ④ 45. ②

㉺ 열전도율이 0.048~0.065[kcal/h·m·℃]이다.
㉻ 안전 사용온도는 350~550[℃] (최고 안전사용 온도 : 600[℃])이다.

㉰ 저온부식의 원인
㉱ 연도의 청소, 검사, 점검 곤란

46. 보일러에서 사용하는 분출관 및 분출밸브 등에 대한 설명으로 틀린 것은?

① 보일러 아랫부분에는 분출관과 분출밸브 또는 분출코크를 설치해야 한다. (관류보일러는 제외)
② 일반적으로 2개 이상의 보일러를 같이 사용할 경우 분출관은 공동으로 사용해야 한다.
③ 분출밸브의 크기는 호칭지름 25[mm] 이상의 것이어야 한다. (전열면적 10[m²] 이하의 보일러는 호칭지름 20[mm] 이상 가능)
④ 최고사용압력 0.7[MPa] 이상의 보일러의 분출관에는 분출밸브 2개 또는 분출밸브와 분출코크를 직렬로 갖추어야 한다.

[해설] 2개 이상의 보일러에서 분출관을 공동으로 하여서는 안 된다. 다만, 개별보일러마다 분출관에 체크밸브를 설치할 경우에는 예외로 한다.

47. 보일러에 공기예열기를 설치했을 때의 특징에 관한 설명으로 틀린 것은?

① 보일러의 열효율이 증가된다.
② 노 내의 연소속도가 빨라진다.
③ 연소상태가 좋아진다.
④ 질이 나쁜 연료는 연소가 불가능하다.

[해설] 공기예열기 사용 시 특징
(1) 장점
  ㉮ 전열효율, 연소효율 향상
  ㉯ 예열공기의 공급으로 불완전 연소가 감소된다.
  ㉰ 보일러 열효율 향상
  ㉱ 품질이 낮은 연료도 사용할 수 있다.
(2) 단점
  ㉮ 통풍저항 증가
  ㉯ 연돌의 통풍력 저하

48. 탄성이 부족하기 때문에 석면, 고무, 파형 금속판 등으로 표면 처리하여 사용하는 합성수지류의 패킹에 속하는 것은?

① 네오프렌   ② 펠트
③ 유리섬유   ④ 테프론

[해설] 합성수지 패킹 : 플랜지 패킹에 사용되는 것은 테프론으로서 내열 범위가 −260~260[℃]이며 기름에도 침식되지 않는다.

49. 증기 엔탈피가 2800[kJ/kg]이고 급수 엔탈피가 125[kJ/kg]일 때 증발계수는 약 얼마인가? (단, 100[℃] 포화수가 증발하여 100[℃]의 건포화증기로 되는데 필요한 열량은 2256.9 [kJ/kg]이다.)

① 1.08   ② 1.19
③ 1.44   ④ 1.62

[해설] 증발계수 $= \dfrac{G_e}{G_a} = \dfrac{h_2 - h_1}{2256.9} = \dfrac{2800 - 125}{2256.9} = 1.185$

50. 터널가마의 레일과 바퀴부분이 연소가스에 의해서 부식되지 않도록 하는 시공법은?

① 샌드실(sand seal)
② 에어커튼(air curtain)
③ 내화갑
④ 칸막이

[해설] 샌드실(sand seal) : 터널가마에서 고온부의 열이 레일과 바퀴부분의 저온부로 이동하지 못하도록 하여 연소가스에 의한 부식을 방지하는 역할을 한다.

정답 46. ② 47. ④ 48. ④ 49. ② 50. ①

51. 에너지이용 합리화법에 따라 발전용 보일러에 부착되는 안전밸브의 분출정지 압력은 분출압력의 얼마 이상이어야 하는가?

① 분출압력의 0.93배 이상
② 분출압력의 0.95배 이상
③ 분출압력의 0.98배 이상
④ 분출압력의 1.0배 이상

해설 안전밸브 작동시험
㉮ 안전밸브 분출압력은 1개일 경우 최고사용압력 이하, 안전밸브가 2개 이상인 경우 그중 1개는 최고사용압력 이하 기타는 최고사용압력의 1.03배 이하일 것
㉯ 과열기의 안전밸브 분출압력은 증발부 안전밸브의 분출압력 이하일 것
㉰ 재열기 및 독립과열기의 경우 안전밸브가 하나인 경우 최고사용압력 이하, 2개인 경우 하나는 최고사용압력 이하이고 다른 하나는 최고사용압력의 1.03배 이하에서 분출하여야 한다. 다만, 출구에 설치하는 안전밸브의 분출압력은 입구에 설치하는 안전밸브의 설정압력보다 낮게 조정되어야 한다.
㉱ 발전용 보일러에 부착하는 안전밸브의 분출정지 압력은 분출압력의 0.93배 이상이어야 한다.

52. 보일러 연소 시 배기가스 성분 중 완전연소에 가까울수록 줄어드는 성분은?

① CO_2
② H_2O
③ CO
④ N_2

해설 연료가 완전 연소에 가까울수록 미연소가스인 일산화탄소(CO), 수소(H_2)의 발생량은 적어진다.

53. 다음 중 에너지이용 합리화법에 따라 소형 온수보일러에 해당하는 것은?

① 전열면적이 14[m^2] 이하이고 최고사용압력이 0.35[MPa] 이하의 온수를 발생하는 것
② 전열면적이 24[m^2] 이하이고 최고사용압력이 0.5[MPa] 이상의 온수를 발생하는 것
③ 전열면적이 24[m^2] 이하이고 최고사용압력이 0.35[MPa] 이하의 온수를 발생하는 것
④ 전열면적이 14[m^2] 이하이고 최고사용압력이 0.5[MPa] 이상의 온수를 발생하는 것

해설 소형온수보일러의 적용범위(에너지이용 합리화법 시행규칙 제1조의2, 별표1) : 전열면적이 14[m^2] 이하이며, 최고사용압력이 0.35[MPa] 이하의 온수를 발생하는 것. 다만, 구멍탄용 온수보일러, 축열식 전기보일러 및 가스사용량이 17[kg/h](도시가스는 232.6[kW]) 이하인 가스용 온수보일러를 제외한다.

54. 관류 보일러의 특징에 관한 설명으로 틀린 것은?

① 대형관류 보일러에는 벤슨 보일러, 슬저 보일러 등이 있다.
② 초임계 압력 하에서 증기를 얻을 수 있다.
③ 드럼이 필요 없다.
④ 부하 변동에 대한 적응력이 크다.

해설 관류보일러의 특징
㉮ 전열면적에 비하여 보유수량이 적으므로 가동시간이 짧다.
㉯ 고압 보일러에 적합하다.
㉰ 관을 자유로이 배치할 수 있어 구조가 콤팩트하다.
㉱ 완벽한 급수처리를 요한다.
㉲ 정확한 자동제어 장치를 설치하여야 한다.
㉳ 순환비가 1이므로 드럼이 필요 없다.
㉴ 발생증기 중에 포함된 수분을 분리하기 위하여 기수분리기를 설치한다.
㉵ 부하변동에 대한 적응력이 적어 압력변화가 크다.
㉶ 관류 보일러 종류는 벤슨(benson) 보일러, 슬저(sulzer) 보일러, 소형 관류 보일러 등이다.

55. 내화물의 구비조건으로 틀린 것은?

① 상온 및 사용온도에서 압축강도가 클 것
② 사용목적에 따라 적당한 열전도율을 가질 것
③ 팽창은 크고 수축이 작을 것
④ 온도변화에 의한 파손이 작을 것

P답 51. ① 52. ③ 53. ① 54. ④ 55. ③

해설 내화물의 구비조건
㉮ 상온 및 사용온도에서 충분한 압축강도를 가질 것
㉯ 고온에서 수축, 팽창이 적을 것
㉰ 사용 용도에 맞는 열전도율을 가질 것
㉱ 스폴링(spalling) 현상이 적을 것
㉲ 온도급변에서도 충분히 견딜 것
㉳ 내마모성 및 내침식성을 가질 것
㉴ 재가열 시 수축이 적을 것
㉵ 사용온도에서 연화변형하지 않을 것
㉶ 화학적으로 침식되지 않을 것

56_ 관의 안지름이 D[cm], 평균유속이 V[m/s]일 때, 평균 유량 Q[m³/s]을 구하는 식은?

① $Q = DV$
② $Q = \dfrac{\pi}{4} D^2 V$
③ $Q = \dfrac{\pi}{4} \left(\dfrac{D}{100}\right)^2 V$
④ $Q = \left(\dfrac{V}{100}\right)^2 D$

해설 $Q = A \times V = \dfrac{\pi}{4} \times D^2 \times V$에서 관 안지름 단위 센티미터[cm]를 미터[m]단위로 환산하여야 한다.
∴ $Q = \dfrac{\pi}{4} D^2 V = \dfrac{\pi}{4} \left(\dfrac{D}{100}\right)^2 V$

57_ 에너지이용 합리화법에 따라 검사대상기기의 설치자가 그 사용 중인 검사대상기기를 폐기한 때에는 그 폐기한 날로부터 며칠 이내에 폐기신고서를 제출하여야 하는가?

① 15일 ② 20일
③ 30일 ④ 60일

해설 검사대상기기의 폐기신고(에너지이용 합리화법 시행규칙 제31조의23) : 검사대상기기의 설치자가 사용 중인 검사대상기기를 폐기한 경우에는 폐기한 날부터 15일 이내에 폐기신고서를 공단이사장에게 제출하여야 한다.

58_ 에너지이용 합리화법에 따라 증기보일러에 설치되는 안전밸브가 2개 이상인 경우 각각의 작동시험 기준은?

① 최고사용압력의 0.97배 이하, 1.0배 이하
② 최고사용압력의 0.98배 이하, 1.03배 이하
③ 최고사용압력의 1.0배 이하, 1.0배 이하
④ 최고사용압력의 1.0배 이하, 1.03배 이하

해설 안전밸브 작동압력 : 안전밸브 분출압력은 1개일 경우 최고사용압력 이하, 안전밸브가 2개 이상인 경우 중 1개는 최고사용압력 이하 기타는 최고사용압력의 1.03배 이하일 것
※ 안전밸브 작동압력 기준은 51번 해설을 참고하기 바랍니다.

59_ 갤로웨이 관(galloway tube)을 설치함으로써 얻을 수 있는 이점으로 틀린 것은?

① 화실 내벽의 강도 보강
② 전열면적 증가
③ 관수의 대류 순환을 촉진
④ 열로 인한 신축변화의 흡수 용이

해설 갤로웨이 관(galloway tube) : 노통에 직각으로 2~3개 정도 설치한 관으로 전열면적을 증가시키며 보일러 수(水)의 순환을 좋게 하고 노통을 보강하는 역할을 한다.

60_ 기수분리기 설치시의 장점이 아닌 것은?

① 습증기의 발생률을 높인다.
② 마찰손실을 작게 한다.
③ 관내의 부식을 방지한다.
④ 수격작용을 방지한다.

해설 기수분리기 설치 시 장점
㉮ 건조증기 공급
㉯ 수격작용(water hammer) 방지
㉰ 캐리오버(carry over) 방지
㉱ 관내 부식 방지
㉲ 열손실 방지
㉳ 마찰저항 감소

정답 56. ③ 57. ① 58. ④ 59. ④ 60. ①

4과목 - 열설비취급 및 안전관리

61. 염산 등을 사용하여 보일러 내의 스케일을 용해시켜 제거하는 방법에 대한 설명으로 틀린 것은?
① 스케일의 시료를 채취하여 분석하고, 용해시험을 통하여 세정방법을 결정하여야 한다.
② 본체에 부착되어 있는 안전밸브, 수면계, 밸브류 등은 분리하지 않는다.
③ 수소가 발생하여 폭발의 우려가 있으므로 통풍이 잘 되는 장소에서 세정하여야 한다.
④ 화학세정이 끝난 다음에는 반드시 물로 충분하게 세척하여 사용한 약액의 영향이 미치지 않도록 주의한다.

해설 본체에 직접 부착되어 있는 부속품(안전밸브, 공기빼기용 스톱밸브, 수면계, 압력계, 수위검출기 등)을 산세관 작업 중에 산에 의해서 부식되는 것을 방지하기 위하여 분리한다. 분출밸브는 분리하여 가설용 분출밸브로 교체한다.

62. 증기보일러 압력계와 연결되는 증기관을 황동관 또는 동관으로 하는 경우 안지름은 최소 몇 [mm] 이상이어야 하는가?
① 3.5[mm]   ② 5.5[mm]
③ 6.5[mm]   ④ 12.7[mm]

해설 증기 보일러 압력계 부착기준 : 압력계와 연결된 증기관은 최고사용압력에 견디는 것으로서 그 크기는 황동관 또는 동관을 사용할 때는 안지름 6.5[mm] 이상, 강관을 사용할 때는 12.7[mm] 이상이어야 하며, 증기온도가 483[K](210[℃])를 초과할 때에는 황동관 또는 동관을 사용하여서는 안 된다.

63. 보일러의 과열 원인으로 가장 거리가 먼 것은?
① 물의 순환이 나쁠 때
② 고온의 가스가 고속으로 전열면에 마찰할 때
③ 관석이 많이 퇴적한 부분이 가열되어 열전달이 높아질 때
④ 보일러의 이상 저수위에 의하여 빈 보일러를 운전하였을 때

해설 과열의 원인
㉮ 보일러 내에 스케일이 부착한 경우
㉯ 보일러 내에 유지분이 부착한 경우
㉰ 보일러 수의 순환이 좋지 않은 경우
㉱ 다량의 불순물로 인한 보일러수의 농축
㉲ 국부적으로 심하게 복사열을 받는 경우
㉳ 보일러수위의 이상저수위
㉴ 증기 기포의 이탈이 나쁜 곳이 있는 경우

64. 트랩이나 스트레이너 등의 고장, 수리, 교환 등에 대비하여 설치하는 것은?
① 바이패스 배관   ② 드레인 포켓
③ 냉각 레그   ④ 체크 밸브

해설 바이패스관 : 트랩이나 자동 또는 수동제어 밸브가 고장이 발생되어 수리나 교체할 경우를 대비하여 설치하는 우회배관이고, 여기에 설치되는 밸브를 바이패스 밸브라고 불려진다.

65. 보일러를 사용하지 않고 장기간 보존할 경우 가장 적합한 보존법은?
① 만수 보존법
② 건조 보존법
③ 밀폐 만수 보존법
④ 청관제 만수 보존법

해설 건조 보존법 : 보존 기간이 6개월 이상으로 보일러수를 완전히 배출한 후 동 내부를 완전히 건조시킨 후 흡습제(실리카겔), 산화방지제, 기화성 방청제 등을 넣고 밀폐시켜 보존하는 방법이다.

정답 61. ② 62. ③ 63. ③ 64. ① 65. ②

66 에너지이용 합리화법에 따라 에너지사용계획을 수립하여 산업통상자원부장관에게 제출하여야 하는 자는?

① 민간사업주관자로 연간 5천 티오이 이상의 연료 및 열을 사용하는 시설을 설치하려는 자
② 공공사업주관자로 연간 2천 티오이 이상의 연료 및 열을 사용하는 시설을 설치하려는 자
③ 민간사업주관자로 연간 1천만 킬로와트시 이상의 전력을 사용하는 시설을 설치하려는 자
④ 공공사업주관자로 연간 2백만 킬로와트시 이상의 전력을 사용하는 시설을 설치하려는 자

해설 에너지사용계획 제출대상사업 ; 에너지이용 합리화법 시행령 제20조
(1) 공공사업주관자
  ㉮ 연간 2천5백 티오이 이상의 연료 및 열을 사용하는 시설
  ㉯ 연간 1천만[kWh] 이상의 전력을 사용하는 시설
(2) 민간사업주관자
  ㉮ 연간 5천 티오이 이상의 연료 및 열을 사용하는 시설
  ㉯ 연간 2천만[kWh] 이상의 전력을 사용하는 시설

67 보일러에서 가연성가스와 미연소가스가 노 내에 발생하는 경우가 아닌 것은?

① 연도가 너무 짧은 경우
② 점화조작에 실패한 경우
③ 노 내에 다량의 그을림이 쌓여 있는 경우
④ 연소정지 중에 연료가 노 내에 스며든 경우

해설 가연성가스와 미연소가스가 노 내에 발생하는 경우
  ㉮ 심한 불완전연소가 되는 경우
  ㉯ 점화조작에 실패한 경우
  ㉰ 연소 중에 갑자기 실화가 되었을 때 즉시 연료공급을 중단하지 않은 경우
  ㉱ 연소정지 중에 연료가 노 내에 스며든 경우
  ㉲ 노 내에 다량의 그을음이 쌓여 있는 경우
  ㉳ 소정의 안전 저연소율보다 부하를 낮추어서 연소시킨 경우

68 보일러를 건조보존 방법으로 보존할 때의 유의사항으로 틀린 것은?

① 모든 뚜껑, 밸브, 콕 등은 전부 개방하여 둔다.
② 습기를 제거하기 위하여 생석회를 보일러 안에 둔다.
③ 연도는 습기가 없게 항상 건조한 상태가 되도록 한다.
④ 보일러 수를 전부 빼고 스케일 제거 후 보일러 내에 열풍을 통과시켜 완전 건조시킨다.

해설 건조보존 방법 시 유의사항 : ②, ③, ④ 외
  ㉮ 보일러 내에 다른 보일러로부터 증기나 물이 스며들지 않도록 증기관이나 급수관 또는 분출관 등 관의 연결을 완전히 차단한다.
  ㉯ 휴지기간이 장기적인 경우 보일러 내면에는 페인트도장을, 외면에는 적당한 방법으로 방청도장을 한다.
  ㉰ 맨홀 등을 완전히 덮어서 보일러 내를 밀폐한다.

69 다음 중 보일러의 인터록의 종류가 아닌 것은?

① 고수위   ② 저연소
③ 불착화   ④ 프리퍼지

해설 보일러 인터록의 종류
  ㉮ 압력초과 인터록 : 증기압력이 일정압력에 도달할 때 전자밸브를 닫아 보일러의 가동을 정지시키는 것으로 증기압력 제한기가 해당된다.
  ㉯ 저수위 인터록 : 보일러 수위가 안전 저수위에 도달할 때 전자밸브를 닫아 보일러 가동을 정지시키는 것으로 저수위 경보기가 해당된다.
  ㉰ 불착화 인터록 : 버너 착화 시 점화되지 않거나 운전 중 실화가 될 경우 전자밸브를 닫아 연료 공급을 중지하여 보일러 가동을 정지시키는 것으로 화염검출기가 해당된다.
  ㉱ 저연소 인터록 : 보일러 운전 중 연소상태가 불량하거나 저연소 상태로 유량조절밸브가 조절되지 않으면 전자밸브를 닫아 보일러 가동을 정지시킨다.
  ㉲ 프리퍼지 인터록 : 점화 전 일정시간 동안 송풍기가 작동되지 않으면 전자밸브가 열리지 않아 점화가 되지 않는다.

정답 66. ① 67. ① 68. ① 69. ①

70. 에너지이용 합리화법에 따라 특정열사용기자재 시공업은 누구에게 등록을 하여야 하는가?
① 국토국토부장관
② 산업통상자원부장관
③ 시·도지사
④ 한국에너지공단이사장

해설 특정열사용기자재 시공업 등록(에너지이용 합리화법 제37조) : 열사용기자재 중 제조, 설치, 시공 및 사용에서의 안전관리, 위해방지 또는 에너지이용의 효율관리가 특히 필요하다고 인정되는 것으로서 산업통상자원부령으로 정하는 열사용기자재(특정열사용기자재라 한다)의 설치, 시공이나 세관을 업으로 하는 자는 건설산업기본법에 따라 시·도지사에게 등록하여야 한다.

71. 옥내 보일러실에 연료를 저장하는 경우 보일러 외측으로부터 얼마 이상 거리를 두고 저장해야 하는가? (단, 소형 보일러는 제외한다.)
① 0.6[m] 이상
② 1[m] 이상
③ 1.2[m] 이상
④ 2[m] 이상

해설 옥내 보일러실에 연료를 저장할 때에는 보일러 외측으로부터 2[m] 이상 거리를 두거나 방화격벽을 설치하여야 한다. 다만, 소형보일러의 경우에는 1[m] 이상 거리를 두거나 반격벽으로 할 수 있다.

72. 다음 반응 중 경질 스케일 반응식으로 옳은 것은?
① $Ca(HCO_3) + 열 \rightarrow CaCO_3 + H_2O + CO_2$
② $3CaSO_4 + 2Na_3PO_4 \rightarrow Ca_3(PO_4)_3 + 3Na_2SO_4$
③ $MgSO_4 + CaCO_3 + H_2O \rightarrow CaSO_4 + Mg(OH)_2 + CO_2$
④ $MgCO_3 + H_2O \rightarrow Mg(OH)_2 + CO_2$

해설 황산마그네슘($MgSO_4$)은 용해도가 크기 때문에 그 자체만으로는 스케일 생성이 잘 안되지만, 탄산칼슘($CaCO_3$)과 작용하여 황산칼슘($CaSO_4$)과 수산화마그네슘($Mg(OH)_2$)으로 되는 경질의 스케일을 생성한다.
※ 반응식 : $MgSO_4 + CaCO_3 + H_2O \rightarrow CaSO_4 + Mg(OH)_2 + CO_2$

73. 보일러의 파열사고 원인 중 구조물의 강도 부족에 의한 원인이 아닌 것은?
① 재료의 불량
② 용접 불량
③ 용수관리의 불량
④ 동체의 구조 불량

해설 사고의 원인
㉮ 제작상의 원인 : 재료불량, 강도부족, 설계불량, 구조불량, 부속기기 설비의 미비, 용접불량 등
㉯ 취급상의 원인 : 압력초과, 저수위, 급수처리 불량, 부식, 과열, 미연소가스 폭발사고, 부속기기 정비불량 등
※ 구조물의 강도 부족은 제작상의 원인에 해당된다.

74. 증기보일러에서 포밍, 프라이밍이 발생하는 원인으로 틀린 것은?
① 주 증기 밸브를 천천히 개방 했을 때
② 증기 부하가 과대할 때
③ 보일러 수가 농축되었을 때
④ 보일러수 중에 불순물이 많이 포함되었을 때

해설 포밍, 프라이밍 현상의 발생원인
㉮ 보일러 관수의 농축
㉯ 유지분, 알칼리분, 부유물 함유
㉰ 주증기 밸브의 급격한 개방
㉱ 부하의 급격한 변화
㉲ 증기발생 속도가 빠를 때
㉳ 청관제 사용이 부적합
㉴ 보일러 수위가 높음

75. 매시 발생증기량이 2000[kg/h], 급수의 엔탈피는 10[kcal/kg], 발생증기의 엔탈피가 549[kcal/kg]일 때, 이 보일러의 매시 환산증발량은?
① 1250[kg/h]
② 1500[kg/h]
③ 2000[kg/h]
④ 2540[kg/h]

해설 $G_e = \dfrac{G_a(h_2 - h_1)}{539} = \dfrac{2000 \times (549 - 10)}{539}$
$= 2000 \, [kg/h]$

정답 70. ③ 71. ④ 72. ③ 73. ③ 74. ① 75. ③

76. 보일러의 외부부식 원인이 아닌 것은?
① 빗물, 지하수 등에 의한 습기나 수분에 의한 경우
② 증기나 보일러수 등의 누출로 인한 습기나 수분에 의한 경우
③ 재나 회분 속에 함유된 부식성 물질(바나듐 등)에 의한 경우
④ 강재 속에 함유된 유황분이나 인분이 온도상승과 더불어 산화되거나 또는 이외의 원인으로 녹이 생긴 경우

해설 외부부식 원인
㉮ 연소가스 속의 부식성 가스(아황산가스) 및 수증기에 의한 경우
㉯ 증기나 보일러수 등의 누출로 인한 습기나 수분에 의한 경우
㉰ 재나 회분 속에 있는 부식성 물질(바나듐)에 의한 경우
㉱ 빗물, 지하수 등에 의한 습기나 수분에 의한 경우

77. 증기 난방법의 종류를 중력, 기계, 진공 환수방식으로 구분한다면 무엇에 따른 분류인가?
① 응축수 환수 방식
② 환수관 배관 방식
③ 증기 공급 방식
④ 증기 압력 방식

해설 증기난방의 분류
㉮ 증기압에 의한 분류 : 저압식, 고압식
㉯ 증기관의 배관방식에 의한 분류 : 단관식, 복관식
㉰ 공급방식에 의한 분류 : 상향 공급식, 하향 공급식
㉱ 환수관의 배관방식에 의한 분류 : 건식 환수관식, 습식 환수관식
㉲ 응축수 환수방식에 의한 분류 : 중력 환수식, 기계 환수식, 진공 환수관식

78. 보일러 압력계의 검사를 해야 하는 시기로 가장 거리가 먼 것은?
① 2개가 설치된 경우 지시도가 다를 때
② 비수현상이 일어난 때
③ 신설보일러의 경우 압력이 오르기 시작했을 때
④ 부르동관이 높은 열을 받았을 때

해설 압력계 검사 시기
㉮ 2개의 압력계가 서로 다르게 지시될 때
㉯ 보일러 운전 중에 포밍, 프라이밍 현상이 발생하는 때
㉰ 압력계의 지시가 정확하지 않다고 판단될 때
㉱ 점화전이나 압력계 교체 후
㉲ 신설 보일러인 경우 압력이 상승하기 전에
㉳ 부르동관이 높은 열을 받았을 때

79. 에너지이용 합리화법에 따라 대통령령으로 정하는 에너지공급자가 해당 에너지의 효율향상과 수요절감을 위해 연차별로 수립해야하는 것은?
① 비상 시 에너지수급방안
② 에너지기술개발계획
③ 수요관리투자계획
④ 장기에너지수급계획

해설 에너지공급자의 수요관리투자계획(에너지이용 합리화법 제9조) : 에너지공급자 중 대통령령으로 정하는 에너지공급자는 해당 에너지의 생산, 전환, 수송, 저장 및 이용상의 효율향상, 수요의 절감 및 온실가스배출의 감축 등을 도모하기 위한 연차별 수요관리투자계획을 수립, 시행하여야 하며 그 계획과 시행결과를 산업통상자원부장관에게 제출하여야 한다.

80. 에너지이용 합리화법에 의한 검사대상기기 관리자를 선임하지 아니 한 자에 대한 벌칙 기준은?
① 3백만원 이하의 과태료
② 5백만원 이하의 벌금
③ 1천만원 이하의 벌금
④ 1년 이하의 징역 또는 2천만원 이하의 벌금

해설 벌칙(에너지이용 합리화법 제75조) : 검사대상기기 관리자를 선임하지 아니한 자는 1천만원 이하의 벌금에 처한다.

2017년 9월 23일
제4회 에너지관리산업기사 필기시험

1과목 - 열역학 및 연소관리

01_ 탄화도를 기준으로 석탄을 분류할 때 탄화도 증가에 따라 석탄의 일반적인 성질 변화로 옳은 것은?

① 휘발성이 증가한다.
② 고정탄소량이 감소한다.
③ 수분이 감소한다.
④ 착화온도가 낮아진다.

해설 탄화도 증가에 따라 나타나는 특성
㉮ 발열량이 증가한다.
㉯ 연료비가 증가한다.
㉰ 열전도율이 증가한다.
㉱ 비열이 감소한다.
㉲ 연소속도가 늦어진다.
㉳ 수분, 휘발분이 감소한다.
㉴ 인화점, 착화온도가 높아진다.

02_ 다음 중 건식 집진형식이 아닌 것은?

① 백필터식
② 사이크론식
③ 멀티크론식
④ 벤투리 스크레버식

해설 집진장치의 분류 및 종류
㉮ 건식 집진장치 : 중력식 집진장치, 관성력식 집진장치, 원심력식 집진장치, 여과 집진장치 등
㉯ 습식집진장치 : 벤투리 스크레버, 제트 스크레버, 사이크론 스크레버, 충전탑(세정탑) 등
㉰ 전기식 집진장치 : 코트렐 집진기

03_ 이론 습연소가스량(G_{0w})과 이론 건연소가스량(G_{0d})과의 관계를 옳게 나타낸 것은? (단, 단위는 [Nm³/kg]이다.)

① $G_{0w} = G_{0d} + (9H + W)$
② $G_{0d} = G_{0w} + (9H + W)$
③ $G_{0w} = G_{0d} + 1.25(9H + W)$
④ $G_{0d} = G_{0w} + 1.25(9H + W)$

해설 이론 습연소가스량(G_{0w})은 이론 건연소가스량(G_{0d})에 수증기 생성량($1.25(9H+W)$)을 포함한 것이다.
∴ $G_{0w} = G_{0d} + 1.25(9H + W)$

04_ 어느 열기관이 외부로부터 Q의 열을 받아서 외부에 100[kJ]의 일을 하고 내부 에너지가 200[kJ] 증가하였다면 받은 열(Q)은 얼마인가?

① 100[kJ]   ② 200[kJ]
③ 300[kJ]   ④ 400[kJ]

해설 계가 받은 열량(계에 가한 열량) 계산
∴ $Q = U + W$
  $= 200 + 100 = 300$[kJ]

05_ 대기압에서 물의 증발잠열은 약 얼마인가?

① 334[kJ/kg]   ② 539[kJ/kg]
③ 1000[kJ/kg] ④ 2264[kJ/kg]

해설 대기압, 100[℃] 물의 증발잠열 : 539[kcal/kg] (약2264[kJ/kg])

정답 1.③ 2.④ 3.③ 4.③ 5.④

06. 공기 2[kg]이 압력 400[kPa], 온도 10[℃]인 상태로부터 정압하에서 온도가 200[℃]로 변화할 때 엔트로피 변화량은? (단, 정압비열은 1.003[kJ/kg·K], 정적비열은 0.716[kJ/kg·K]이다.)

① 0.51[kJ/K] ② 1.03[kJ/K]
③ 136.12[kJ/K] ④ 190.63[kJ/K]

해설 정압과정의 엔트로피 변화량 계산

$$\therefore \Delta S = G \times C_p \times \ln\left(\frac{T_2}{T_1}\right)$$
$$= 2 \times 1.003 \times \ln\left(\frac{273+200}{273+10}\right) = 1.0303 \,[\text{kJ/K}]$$

07. 연소안전장치 중 화염이 발광체임을 이용하여 화염을 검출하는 것으로 광전관, PbS 셀(cell), CdS 셀 등을 사용하는 것은?

① 플레임 아이 ② 플레임 로드
③ 스택 스위치 ④ 연료차단 밸브

해설 화염 검출기의 종류
㉮ 플레임 아이(flame eye) : 화염이 발광체임을 이용하여 화염의 방사선을 감지하여 화염의 유무를 검출한다.
㉯ 플레임 로드(flame rod) : 화염의 이온화 현상에 의한 전기 전도성을 이용하여 화염의 유무를 검출한다.
㉰ 스택 스위치(stack switch) : 연도에 바이메탈을 설치하여 연소가스의 발열체를 이용하여 화염유무를 검출한다.

『참고』 플레임아이(flame eye) 검출소자 종류
㉮ 황화카드뮴(CdS) 셀 : 경유 버너에 사용
㉯ 황화납(PbS) 셀 : 오일, 가스에 사용
㉰ 적외선 광전관 : 적외선 이용
㉱ 자외선 광전관 : 오일, 가스에 사용

08. 보일러의 안전장치 중 보일러 내부 증기 압력이 스프링 조정압력보다 높을 경우 내부의 벨로즈가 신축하여 수은 등 스위치를 작동하게 하여 전자밸브로 하여금 자동으로 연료공급을 중단하게 함으로써 압력초과로 인한 보일러 파열사고를 방지해 주는 안전장치는?

① 안전밸브 ② 압력제한기
③ 방폭문   ④ 가용전

해설 압력 제한기 : 증기 압력이 일정압력(최고사용압력) 도달 시 전기적 신호를 보내어 전자밸브를 작동시켜 연료를 차단하여 보일러를 보호하는 장치로서 증기 압력 조절기와 연동시켜 사용한다.

09. 탄소 1[kg]을 연소시키기 위해서 필요한 이론적인 산소량은?

① 1[Nm³]   ② 1.867[Nm³]
③ 2.667[Nm³] ④ 22.4[Nm³]

해설 ㉮ 탄소(C)의 완전연소 반응식
$C + O_2 \rightarrow CO_2$
㉯ 이론산소량 계산
12[kg] : 22.4[Nm³] = 1[kg] : $x\,(O_0)$[Nm³]
$\therefore x = \dfrac{1 \times 22.4}{12} = 1.867\,[\text{Nm}^3]$

10. 1[kg]의 공기가 일정온도 200[℃]에서 팽창하여 처음 체적의 6배가 되었다. 전달된 열량[kJ]은? (단, 공기의 기체상수는 0.287[kJ/kg·K]이다.)

① 243 ② 321
③ 413 ④ 582

해설 $Q_a = mRT\ln\dfrac{V_2}{V_1}$
$= 1 \times 0.287 \times (273 + 200) \times \ln\left(\dfrac{6}{1}\right)$
$= 243.233\,[\text{kJ}]$

11. 공기보다 비중이 커서 누설이 되면 낮은 곳에 고여 인화폭발의 원인이 되는 가스는?

① 수소   ② 메탄
③ 일산화탄소 ④ 프로판

정답 6. ② 7. ① 8. ② 9. ② 10. ① 11. ④

해설 각 기체의 분자량

명칭	분자량
수소(H_2)	2
메탄(CH_4)	16
일산화탄소(CO)	28
프로판(C_3H_8)	44

※ 분자량이 공기의 평균분자량 29보다 큰 가스가 공기보다 비중이 커서 누설이 되면 낮은 곳에 체류한다.

12_ 압축비가 5, 차단비가 1.6, 비열비가 1.4인 가솔린 기관의 이론열효율은?

① 34.6[%]   ② 37.9[%]
③ 47.5[%]   ④ 53.9[%]

해설 $\eta = \left\{1 - \left(\dfrac{1}{\gamma}\right)^{k-1}\right\} \times 100 = \left\{1 - \left(\dfrac{1}{5}\right)^{1.4-1}\right\} \times 100$
$= 47.469[\%]$

13_ 절대온도 1[K] 만큼의 온도차는 섭씨온도로 몇 [℃]의 온도차와 같은가?

① 1[℃]   ② $\dfrac{5}{9}$[℃]
③ 273[℃]   ④ 274[℃]

해설 절대온도 1[K] 만큼의 온도차는 섭씨온도로 1[℃]의 온도차와 같다. (섭씨온도로 1[℃] 만큼의 온도차는 절대온도로 1[K]의 온도차와 같다.)

14_ 연도가스 분석에서 CO가 전혀 검출되지 않았고, 산소와 질소가 각각 (O_2)[Nm³/kg 연료], (N_2) [Nm³/kg 연료]일 때 공기비(과잉공기율)는 어떻게 표시되는가?

① $m = \dfrac{0.21}{0.21 - 0.79\,(O_2)/(N_2)}$

② $m = \dfrac{0.79}{0.79 - 0.21\,(O_2)/(N_2)}$

③ $m = \dfrac{1}{1 - 0.79\,(N_2)/(O_2)}$

④ $m = \dfrac{1}{1 - 0.21\,(O_2)/(N_2)}$

해설 완전연소 시 배기가스에 의한 공기비 계산
$m = \dfrac{0.21}{0.21 - 0.79\left(\dfrac{O_2}{N_2}\right)}$ 또는 $m = \dfrac{N_2}{N_2 - 3.76 O_2}$

15_ 기체연료의 연소방식 중 예혼합 연소방식의 특징에 대한 설명으로 틀린 것은?

① 화염이 짧다.
② 부하에 따른 조작범위가 좁다.
③ 역화의 위험성이 매우 작다.
④ 내부 혼합형이다.

해설 예혼합 연소방식(내부혼합식)의 특징
㉮ 가스와 공기의 사전 혼합형이다.
㉯ 화염이 짧으며, 고온의 화염을 얻을 수 있다.
㉰ 공기와 가스를 예열하여 사용할 수 없다.
㉱ 연소부하가 크고, 역화의 위험성이 크다.

16_ 프로판 가스(LPG)에 대한 설명으로 틀린 것은?

① 황분이 적고 유독성분 함량이 많다.
② 질식의 우려가 있다.
③ 가스 비중이 공기보다 크다.
④ 누설 시 인화 폭발성이 있다.

해설 액화석유가스(LPG, LP가스)의 일반특징
㉮ LP가스는 공기보다 무겁다.
㉯ 액상의 LP가스는 물보다 가볍다.
㉰ 액화, 기화가 쉽다.
㉱ 기화하면 체적이 커진다.
㉲ 기화열(증발잠열)이 크다.
㉳ 물에는 잘 녹지 않으며 무색, 무취, 무미하다.
㉴ 천연고무, 윤활유, 구리스 등에 용해성이 있다.
㉵ 정전기 발생이 쉽다.
※ 프로판 가스(LPG)는 비독성에 해당된다.

정답 12. ③ 13. ① 14. ① 15. ③ 16. ①

17. 열역학 제2법칙에 관한 설명으로 틀린 것은?
① 과정의 방향성을 제시한 비가역 법칙이다.
② 엔트로피 증가 법칙을 의미한다.
③ 열은 고온으로부터 저온으로 자동적으로 이동한다.
④ 열이 주위와 계에 아무런 변화를 주지 않고 운동 에너지로 변화할 수 있다.

해설 열역학 제2법칙 : 열은 고온도의 물질로부터 저온도의 물질로 옮겨질 수 있지만, 그 자체는 저온도의 물질로부터 고온도의 물질로 옮겨갈 수 없다. 또 일이 열로 바뀌는 것은 쉽지만 반대로 열이 일로 바뀌는 것은 힘을 빌리지 않는 한 불가능한 일이다. 이와 같이 열역학 제2법칙은 에너지 변환의 방향성을 명시한 것으로 방향성의 법칙이라 한다.

18. 25[℃]의 철(Fe) 35[kg]을 온도 76[℃]로 올리는데 소요열량이 675[kcal]이다. 이 철의 비열(a)과 열용량(b)은?
① a : 0.38[kcal/kg · ℃], b : 13.2[kcal/℃]
② a : 2.64[kcal/kg · ℃], b : 9.25[kcal/℃]
③ a : 0.38[kcal/kg · ℃], b : 9.25[kcal/℃]
④ a : 0.26[kcal/kg · ℃], b : 13.2[kcal/℃]

해설 ㉮ 철의 비열 계산 : 현열식 $Q = G \times C \times \Delta t$에서
$$\therefore C = \frac{Q}{G \times \Delta t}$$
$$= \frac{675}{35 \times (76-25)}$$
$$= 0.378 ≒ 0.38 [kcal/kg \cdot ℃]$$
㉯ 철의 열용량 계산
$\therefore$ 열용량 = $G \times C$ = $35 \times 0.378 = 13.23 [kcal/℃]$
※ 열용량 : 어떤 물체의 온도를 1[℃] 상승시키는 데 소요되는 열량을 말하며, 단위는 [kcal/℃], [cal/℃]로 표시된다.

19. 공기압축기가 100[kPa], 20[℃], 0.8[m³]인 1[kg]의 공기를 1[MPa]까지 가역 등온과정으로 압축할 때 압축기의 소요일[kJ]은?
① 184
② 232
③ 287
④ 324

해설 $W_t = mP_1V_1 \ln\frac{P_1}{P_2} = 1 \times 100 \times 0.8 \times \ln\left(\frac{100}{1000}\right)$
$= -184.206 [kJ]$
※ "−"부호는 등온과정이므로 압축 시 발생하는 열을 제거하는 것을 표시한 것이다.

20. 습증기 영역에서 건도에 관한 설명으로 틀린 것은?
① 건도가 1에 가까워질수록 건포화증기 상태에 가깝다.
② 건도가 0에 가까워질수록 포화수 상태에 가깝다.
③ 건도가 x일 때 습도는 $x - 1$이다.
④ 건도가 1에 가까울수록 갖고 있는 열량이 크다.

해설 건조도[건도](x) : 증기 속에 함유되어 있는 물방울의 혼용률
㉮ 건조도(x)가 1인 경우 : 건포화증기
㉯ 건조도(x)가 0인 경우 : 포화수(포화액체)
㉰ 건조도(x)가 $0 < x < 1$인 경우 : 습증기
※ 건도가 x일 때 습도는 $1 - x$가 된다.

2과목 - 계측 및 에너지진단

21. 편위식 액면계는 어떤 원리를 이용한 것인가?
① 아르키메데스의 부력 원리
② 토리첼리의 법칙
③ 달톤의 분압법칙
④ 도플러의 원리

해설 편위식 액면계 : 측정액 중에 잠겨 있는 플로트의 부력으로 액면을 측정하는 것으로 아르키메데스의 부력 원리를 이용한 것이다.

정답 17. ④ 18. ① 19. ① 20. ③ 21. ①

22. 서미스터(thermistor)에 대한 설명으로 틀린 것은?

① 응답이 빠르다.
② 전기저항체 온도계이다.
③ 좁은 장소에서의 온도 측정에 적합하다.
④ 충격에 대한 기계적 강도가 양호하고, 흡습 등에 열화되지 않는다.

[해설] 서미스터 온도계 특징
㉮ 감도가 크고 응답성이 빨라 온도변화가 작은 부분 측정에 적합하다.
㉯ 온도 상승에 따라 저항치가 감소한다.(저항온도계수가 부특성(負特性)이다.)
㉰ 소형으로 협소한 장소의 측정에 유리하다.
㉱ 소자의 균일성 및 재현성이 없다.
㉲ 흡습에 의한 열화가 발생할 수 있다.
㉳ 측정범위는 −100∼300[℃] 정도이다.

23. 자유 피스톤식 압력계에서 추와 피스톤의 무게 합이 30[kg]이고 피스톤 직경이 3[cm]일 때 절대압력은 몇 [kgf/cm²]인가? (단, 대기압은 1 [kgf/cm²]으로 한다.)

① 4.244
② 5.244
③ 6.244
④ 7.244

[해설] ㉮ 게이지 압력 계산 : 자유 피스톤식 압력계의 압력에 해당
$$\therefore P_g = \frac{W+W'}{A} = \frac{30}{\frac{\pi}{4} \times 3^2} = 4.244 \, [\text{kgf/cm}^2]$$
㉯ 절대압력 계산
∴ 절대압력 = 대기압 + 게이지압력
= 1 + 4.244 = 5.244[kgf/cm² · a]

24. 노내압을 제어하는데 필요하지 않은 조작은?

① 급수량 조작
② 공기량 조작
③ 댐퍼의 조작
④ 연소가스 배출량 조작

[해설] 노내압을 제어하기 위해서는 조작량이 연소가스량이기 때문에 공기량, 연소가스 배출량, 댐퍼의 조작이 해당된다.

25. 보일러 열정산 시의 측정사항이 아닌 것은?

① 외기온도
② 급수 압력
③ 배기가스 온도
④ 연료사용량 및 발열량

[해설] 보일러 열정산 시 측정 항목
㉮ 기준온도
㉯ 연료 사용량
㉰ 급수량 및 급수온도
㉱ 연소용 공기량, 예열 공기의 온도, 공기의 습도
㉲ 연료 가열용 또는 노 내 취입 증기
㉳ 발생증기량, 증기압력, 포화증기 건도
㉴ 배기가스의 온도, 성분분석, 공기비, 배기가스 중의 응축수량
㉵ 송풍압, 배기가스 압력
㉶ 연소 잔재물의 양, 온도
㉷ 소요 전력
㉮ 소음

26. 방사율이 0.8, 물체의 표면온도가 300[℃], 물체 벽면체 온도가 25[℃]일 때 공간에 방출하는 단위 면적당 방사에너지는 약 몇 [W/m²]인가?

① 2300
② 3781
③ 4550
④ 5760

[해설] 스테판–볼츠만 상수(C_b)
4.88[kcal/h · m² · K⁴] = 5.693 [W/m² · K⁴]을 적용하고 면적 1[m²]에 대하여 계산
$$\therefore Q = \epsilon\, C_b \left\{ \left(\frac{T_1}{100}\right)^4 - \left(\frac{T_2}{100}\right)^4 \right\}$$
$$= 0.8 \times 5.693 \times \left\{ \left(\frac{273+300}{100}\right)^4 - \left(\frac{273+25}{100}\right)^4 \right\}$$
$$= 4550.473 \, [\text{W/m}^2]$$

정답 22. ④ 23. ② 24. ① 25. ② 26. ③

27. 다음 중 전기식 제어방식의 특징으로 가장 거리가 먼 것은?
① 고온 다습한 주위환경에 사용하기 용이하다.
② 전송거리가 길고 전송지연이 생기지 않는다.
③ 신호처리나 컴퓨터 등과의 접속이 용이하다.
④ 배선이 용이하고 복잡한 신호에 적합하다.

해설 전기식 제어방식의 특징
㉮ 전송에 시간지연이 없다.
㉯ 컴퓨터와 같은 자동제어장치와 조합이 용이하다.
㉰ 조작력이 크게 요구될 때 사용된다.
㉱ 배선이 용이하고, 복잡한 신호에 적합하다.
㉲ 전송거리가 수 10[km]까지 가능하고, 무선 통신을 할 수 있다.
㉳ 폭발성 가연성 가스를 사용하는 곳에서는 방폭구조로 하여야 한다.
㉴ 고온, 다습한 주위환경에 사용하기 곤란하다.
㉵ 조절밸브 모터의 동작에 관성이 크게 작용한다.
㉶ 보수 및 취급에 기술을 요한다.
㉷ 조작속도가 빠른 비례 조작부를 만들기가 곤란하다.

28. 다음 중 연속동작이 아닌 것은?
① 비례동작 ② 미분동작
③ 적분동작 ④ ON-OFF 동작

해설 제어동작에 의한 분류
㉮ 연속동작 : 비례동작, 적분동작, 미분동작, 비례 적분동작, 비례 미분동작, 비례 적분 미분 동작
㉯ 불연속 동작 : 2위치 동작(on-off 동작, 뱅뱅동작), 다위치 동작, 불연속 속도 동작(단속도 제어 동작)

29. 다음 중 물리적 가스분석계가 아닌 것은?
① 전기식 CO_2계 ② 연소열식 O_2계
③ 세라믹식 O_2계 ④ 자기식 O_2계

해설 가스분석 측정법 종류
㉮ 화학적 분석계 : 흡수분석법(오르사트법, 헴펠법, 게겔법), 자동화학식 CO_2계, 연소식(연소열식) O_2계, 연소열법(미연소 가스계)
㉯ 물리적 분석계 : 가스크로마토그래피법, 열전도형(전기식) CO_2계, 밀도식 CO_2계, 자기식 O_2계, 세라믹 O_2계, 적외선 가스 분석계(적외선 흡수법)

30. 저항온도계의 측온 저항체로 쓰이지 않는 것은?
① Fe ② Ni
③ Pt ④ Cu

해설 측온 저항체의 종류 및 측정범위

종 류	측정범위
백금(Pt) 측온 저항체	-200~500[℃]
니켈(Ni) 측온 저항체	-50~150[℃]
동(Cu) 측온 저항체	0~120[℃]

31. 열정산에서 출열 항목에 해당하는 것은?
① 공기의 현열 ② 연료의 현열
③ 연료의 발열량 ④ 배기가스의 현열

해설 열정산 시 입·출열 항목
(1) 입열(入熱) 항목
㉮ 연료의 발열량(연료의 연소열)
㉯ 연료의 현열
㉰ 공기의 현열
㉱ 노내 취입 증기 또는 온수에 의한 입열
(2) 출열(出熱) 항목
㉮ 배기가스 보유열량
㉯ 증기의 보유열량
㉰ 불완전연소에 의한 열손실
㉱ 미연분에 의한 열손실
㉲ 노벽의 흡수열량
㉳ 재의 현열

32. 다음 단위 중에서 에너지의 차원을 가지고 있는 것은?
① $kg \cdot m/s^2$ ② $kg \cdot m^2/s^2$
③ $kg \cdot m^2/s^3$ ④ $kg \cdot m^2/s$

해설 에너지의 단위(차원)
㉮ 절대단위 : $[J] = [N \cdot m]$
→ $[kg \cdot m/s^2] \times [m] = [kg \cdot m^2/s^2]$
㉯ 공학단위 : $[kgf \cdot m]$

정답 27. ① 28. ④ 29. ② 30. ① 31. ④ 32. ②

33. 광전관식 온도계의 특징에 대한 설명으로 옳은 것은?
① 응답속도가 느리다.
② 구조가 다소 복잡하다.
③ 기록의 제어가 불가능하다.
④ 고정물체의 측정만 가능하다.

[해설] 광전관식 온도계 : 사람 눈 대신 광전지 혹은 광전관을 사용하여 자동으로 측정(광고온도계를 자동화 시킨 것)하는 것이다.
㉮ 700[℃] 이하는 측정이 곤란하다. (측정 범위 : 700~3000[℃])
㉯ 측정온도의 자동기록, 자동제어가 가능하다.
㉰ 움직이는 물체의 온도 측정이 가능하고, 측온체의 온도를 변화시키지 않는다.
㉱ 광고온도계에 비해 응답시간이 빠르지만, 구조가 복잡하다.

34. 보일러의 자동제어와 관련된 약호가 틀린 것은?
① FWC : 급수제어
② ACC : 자동연소제어
③ ABC : 보일러 자동제어
④ STC : 증기압력제어

[해설] 보일러 자동제어(A·B·C)의 종류

명 칭	제 어 량	조 작 량
자동연소제어 (ACC)	증기압력	공기량, 연료량
	노내압	연소가스량
급수제어(FWC)	보일러 수위	급수량
증기온도제어 (STC)	증기온도	전열량
증기압력제어 (SPC)	증기압력	연료공급량, 연소용 공기량

35. 부력과 중력의 평형을 이용하여 액면을 측정하는 것은?
① 초음파식 액면계
② 정전용량식 액면계
③ 플로트식 액면계
④ 차압식 액면계

[해설] 부자(float)식 액면계는 액면 위에 떠 있는 부자(float)의 움직이는 변위를 이용하여 액면을 측정하는 것이다.

36. 연료가 보유하고 있는 열량으로부터 실제 유효하게 이용된 열량과 각종 손실에 의한 열량 등을 조사하여 열량의 출입을 계산한 것은?
① 열정산
② 보일러효율
③ 전열면부하
④ 상당증발량

[해설] 열정산 : 설비 또는 계통에 실제로 공급된 열량과 소비된 열량 및 손실에 의한 열량을 조사하여 열량의 출입을 계산한 것이다.

37. 가정용 수도미터에 사용되는 유량계는?
① 플로우 노즐 유량계
② 오벌 유량계
③ 월트만 유량계
④ 플로트 유량계

[해설] 월트만(waltman)식 유량계 : 유속식 유량계 중 터빈식에 해당되며 일반적으로 가정용 수도미터에 사용한다.

38. 각 물리량에 대한 SI 기본단위의 명칭이 아닌 것은?
① 전류 – 암페어[A]
② 온도 – 섭씨[℃]
③ 광도 – 칸델라[cd]
④ 물질의 양 – 몰[mol]

[해설] 기본단위의 종류

기본량	길이	질량	시간	전류	물질량	온도	광도
기본단위	m	kg	s	A	mol	K	cd

정답 33. ② 34. ④ 35. ③ 36. ① 37. ③ 38. ②

39_ 다음 중 열량의 단위가 아닌 것은?
① 줄[J]
② 중량 킬로그램미터[kg·m]
③ 왓트시간[Wh]
④ 입방미터매초[m^3/s]

해설 입방미터매초[m^3/s] : 체적유량의 단위

40_ 다음 상당증발량을 구하는 식에서 i_2가 뜻하는 것은?

$$상당증발량 = \frac{G(i_2 - i_1)}{538.8} [kg/h]$$

① 증기발생량
② 급수의 엔탈피
③ 발생 증기의 엔탈피
④ 대기압 하에서 발생하는 포화증기의 엔탈피

해설 상당증발량 계산식의 각 기호 의미
G : 실제 증발량[kg/h]
i_2 : 발생증기 엔탈피[kcal/kg]
i_1 : 급수 엔탈피[kcal/kg]

3과목 - 열설비구조 및 시공

41_ 섹션이라고 불리는 여러 개의 물집들을 연결하고 하부로 급수하여 상부로 증기 또는 온수를 방출하는 구조로 되어 있으며, 압력에 약해서 0.3[MPa] 이하에서 주로 사용하는 보일러는?
① 노통연관식 보일러
② 관류 보일러
③ 수관식 보일러
④ 주철제 보일러

해설 주철제 보일러의 특징
㉮ 주물로 제작하기 때문에 복잡한 구조도 제작이 가능하다.
㉯ 전열면적이 크고, 효율이 좋다.
㉰ 내식성, 내열성이 우수하다.
㉱ 섹션의 증감으로 용량조절이 가능하다.
㉲ 조립식이므로 반입 및 해체작업이 용이하다.
㉳ 내압강도가 떨어진다.
㉴ 구조가 복잡하여 청소, 검사, 수리가 어렵다.
㉵ 부동팽창이 발생하기 쉽다.
㉶ 대용량, 고압에는 부적합하다.

42_ 보온 시공상의 주의사항으로 틀린 것은?
① 보온재와 보온재의 틈새는 되도록 적게 한다.
② 냉·온수 수평배관의 현수벤드는 보온을 내부에서 한다.
③ 증기관 등이 벽·바닥 등을 관통할 대는 벽면에서 25[mm] 이내는 보온하지 않는다.
④ 보온의 끝 단면은 사용하는 보온재 및 보온 목적에 따라 필요한 보호를 한다.

해설 냉·온수 수평배관의 현수벤드는 보온을 외부에서 한다.

43_ 동관의 압축이음 시 동관의 끝을 나팔형으로 만드는데 사용되는 공구는?
① 사이징 툴   ② 플레어링 툴
③ 튜브 벤더   ④ 익스팬더

해설 동관 작업용 공구
㉮ 튜브 커터(tube cutter) : 동관을 절단할 때 사용
㉯ 튜브 벤더(tube bender) : 동관의 구부릴 때 사용
㉰ 플레어링 툴 : 압축이음하기 위하여 관끝을 나팔관 모양으로 넓힐 때 사용
㉱ 리머(reamer) : 관 내면의 거스러미를 제거하는 데 사용
㉲ 사이징 툴(sizing tools) : 동관 끝부분을 원형으로 교정할 때 사용
㉳ 확관기(expander) : 관 끝을 넓혀 소켓으로 만들 때 사용
㉴ 티 뽑기(extractor) : 직관에서 분기관 성형 시 사용

정답 39. ④ 40. ③ 41. ④ 42. ② 43. ②

44. 보온재에서 열전도율이 작아지는 요인이 아닌 것은?

① 기공이 작을수록
② 재질의 밀도가 클수록
③ 재질 내의 수분이 적을수록
④ 재료의 두께가 두꺼울수록

해설 보온재의 열전도율이 작아지는 요인
㉮ 기공이 작을수록
㉯ 재질의 밀도가 작을수록
㉰ 재질 내의 수분이 적을수록
㉱ 재질의 두께가 두꺼울수록

45. 다음 중 유기질 보온재가 아닌 것은?

① 펠트   ② 기포성 수지
③ 코르크   ④ 암면

해설 재질에 의한 보온재 분류
㉮ 유기질 보온재 : 펠트, 코르크, 기포성 수지(우레탄폼)
㉯ 무기질 보온재 : 석면, 암면, 규조토, 탄산마그네슘, 유리섬유
㉰ 금속질 보온재 : 알루미늄 박(泊)

46. 열전도율 30[kcal/m·h·℃], 두께 10[mm]인 강판의 양면 온도차가 2[℃]이다. 이 강판 1[m²] 당 전열량[kcal/h]은?

① 60000   ② 15000
③ 6000   ④ 1500

해설 $Q = K \times F \times \Delta t = \dfrac{1}{\frac{b}{\lambda}} \times F \times \Delta t$

$= \dfrac{1}{\frac{0.01}{30}} \times 1 \times 2 = 6000 \,[\text{kcal/h}]$

47. 보일러 노통 안에 갤로웨이관(galloway tube)을 2~4개 설치하는 이유로 가장 적합한 것은?

① 전열면적을 증대시키기 위함
② 스케일의 부착방지를 위함
③ 소형으로 제작하기 위함
④ 증기가 새는 것을 방지하기 위함

해설 갤로웨이 관(galloway tube) : 노통에 직각으로 2~4개 설치한 관으로 전열면적을 증가시키며 보일러 수(水)의 순환을 좋게 하고 노통을 보강하는 역할을 한다.

48. 보일러 통풍기의 회전수(N)와 풍량(Q), 풍압(P), 동력(L)에 대한 관계식 중 틀린 것은?

① $Q_2 = P_1 \left(\dfrac{N_2}{N_1}\right)^{\frac{1}{2}}$ ② $Q_2 = Q_1 \left(\dfrac{N_2}{N_1}\right)$

③ $P_2 = P_1 \left(\dfrac{N_2}{N_1}\right)^2$ ④ $L_2 = L_1 \left(\dfrac{N_2}{N_1}\right)^3$

해설 터보형(원심식) 송풍기 상사의 법칙
㉮ 풍량 $Q_2 = Q_1 \times \left(\dfrac{N_2}{N_1}\right) \times \left(\dfrac{D_2}{D_1}\right)^3$
㉯ 풍압 $P_2 = P_1 \times \left(\dfrac{N_2}{N_1}\right)^2 \times \left(\dfrac{D_2}{D_1}\right)^2$
㉰ 동력 $L_2 = L_1 \times \left(\dfrac{N_2}{N_1}\right)^3 \times \left(\dfrac{D_2}{D_1}\right)^5$

49. 절탄기(economizer)에 관한 설명으로 틀린 것은?

① 보일러 드럼 내의 열응력을 경감시킨다.
② 배기가스의 폐열을 이용하여 연소용 공기를 예열하는 장치이다.
③ 보일러의 효율이 증대된다.
④ 일반적으로 연도의 입구에 설치된다.

해설 절탄기(economizer) : 보일러 급수를 연소가스 여열(餘熱) 등을 이용하여 예열시키는 장치로 급수가열기라 한다.

정답 44. ② 45. ④ 46. ③ 47. ① 48. ① 49. ②

급수예기 출구의 급수온도는 그 급수의 포화온도 이하의 적당한 온도로 한다.

50. 글로브 밸브의 디스크 형상 종류에 속하지 않는 것은?
① 스윙형　② 반구형
③ 원뿔형　④ 반원형

[해설] 글로브 밸브(globe valve) : 구조상 디스크와 시트가 원추상으로 접촉되어 폐쇄하는 밸브로서 유체는 디스크 부근에서 상하방향으로 평행하게 흐르므로 근소한 디스크의 리프트라도 예민하게 유량에 관계되므로 침 밸브로서 유량조절에 사용되는 밸브이다. 디스크 형상에 따라 반구형, 원뿔형, 반원형으로 분류한다.

51. 다음 중 관류식 보일러에 해당되는 것은?
① 슐쳐 보일러
② 레플러 보일러
③ 열매체 보일러
④ 슈미드-하트만 보일러

[해설] 관류 보일러의 종류 : 벤슨(benson) 보일러, 슐쳐(sulzer) 보일러, 소형 관류 보일러 등

52. 증기트랩의 구비 조건이 아닌 것은?
① 마찰저항이 적을 것
② 내구력이 있을 것
③ 공기를 뺄 수 있는 구조로 할 것
④ 보일러 정지와 함께 작동이 멈출 것

[해설] 증기트랩의 구비조건
㉮ 마찰저항이 적을 것
㉯ 내식성, 내구성이 좋을 것
㉰ 공기를 빼내기 좋을 것
㉱ 응축수의 연속 배출이 용이할 것
㉲ 압력과 유량에 따른 작동이 확실할 것

53. 과열증기 사용 시 장점에 대한 설명으로 틀린 것은?
① 이론상의 열효율이 좋아진다.
② 고온부식이 발생하지 않는다.
③ 증기의 마찰저항이 감소된다.
④ 수격작용이 방지된다.

[해설] 과열증기 사용 시 장점
㉮ 증기의 마찰저항이 감소된다.
㉯ 수격작용이 방지된다.
㉰ 같은 압력의 포화증기에 비해 보유열량이 많으므로 증기 소비량이 적어도 된다.
㉱ 이론상 열효율이 좋아진다.

『참고』 과열증기 사용 시 단점
㉮ 피가열물의 온도분포가 달라져 제품의 질이 저하된다.
㉯ 장치의 온도분포가 일정하지 않아 큰 열응력이 발생할 수 있다.
㉰ 대기나 공간에 분사가 이루어지면 과열증기가 잠열을 방출하기 전에 대기로 달아나므로 증기의 열손실이 발생할 수 있다.

54. 패킹 재료 중 합성수지류로서 탄성은 부족하나 약품, 기름에도 침식이 적어 많이 사용되며, 내열성이 양호한 것은?
① 테프론　② 네오프렌
③ 콜크　④ 우레탄

[해설] 테프론 : 합성수지 패킹으로 내열 범위가 −260~260[℃]로 내열성이 양호하고 탄성은 부족하나 약품, 기름에도 침식이 적어 많이 사용된다.

55. 다음 중 내화 점토질 벽돌에 속하지 않는 것은?
① 납석질 벽돌
② 샤모트질 벽돌
③ 고알루미나 벽돌
④ 반규석질 벽돌

[해설] 점토질 내화물의 종류 : 샤모트질, 납석질, 반규석질

정답 50. ① 51. ① 52. ④ 53. ② 54. ① 55. ③

56. 다음 중 노재가 갖추어야 할 조건이 아닌 것은?
① 사용 온도에서 연화 및 변형이 되지 않을 것
② 팽창 및 수축이 잘 될 것
③ 온도급변에 의한 파손이 적을 것
④ 사용목적에 따른 열전도율을 가질 것

해설 노재(내화물)가 갖추어야 할 조건
㉮ 상온 및 사용온도에서 충분한 압축강도를 가질 것
㉯ 고온에서 수축, 팽창이 적을 것
㉰ 사용 용도에 맞는 열전도율을 가질 것
㉱ 스폴링(spalling) 현상이 적을 것
㉲ 온도급변에서도 충분히 견딜 것
㉳ 내마모성 및 내침식성을 가질 것
㉴ 재가열 시 수축이 적을 것
㉵ 사용온도에서 연화변형하지 않을 것
㉶ 화학적으로 침식되지 않을 것

57. 증기보일러에는 원칙적으로 2개 이상의 안전밸브를 설치하여야 하지만, 1개를 설치할 수 있는 최대 전열면적 기준은?
① $10[m^2]$ 이하
② $30[m^2]$ 이하
③ $50[m^2]$ 이하
④ $100[m^2]$ 이하

해설 안전밸브의 개수
㉮ 증기보일러에는 2개 이상의 안전밸브를 설치하여야 한다. 다만, 전열면적 $50[m^2]$ 이하의 증기보일러에서는 1개 이상으로 한다.
㉯ 관류보일러에서 보일러와 압력방출장치와의 사이에 체크밸브를 설치할 경우 압력방출장치는 2개 이상이어야 한다.

58. 노통보일러의 특징에 관한 설명으로 틀린 것은?
① 구조가 간단하고 제작이 쉽다.
② 급수처리가 비교적 복잡하다.
③ 전열면적이 다른 형식에 비해 적어 효율이 낮다.
④ 수부가 커서 부하변동에 영향을 적게 받는다.

해설 노통 보일러의 특징
㉮ 구조가 간단하고, 제작 및 수리가 용이하다.
㉯ 내부청소, 점검이 간단하다.
㉰ 급수처리가 까다롭지 않다.
㉱ 부하변동에 대한 압력 변화가 적다.
㉲ 전열면적이 작아서 증발이 늦고, 열효율이 낮다.
㉳ 보유수량이 많아 폭발 시 피해가 크다.
㉴ 고압 대용량에 부적당하다.

59. 직경 500[mm], 압력 $12[kgf/cm^2]$의 내압을 받는 보일러 강판의 최소두께는 몇 [mm]로 하여야 하는가? (단, 강판의 인장응력은 $30[kgf/mm^2]$, 안전율은 4.5이고, 이음효율은 0.58로 가정하며 부식여유는 1[mm]이다.)
① 8.8[mm]
② 7.8[mm]
③ 7.0[mm]
④ 6.3[mm]

해설 $t = \dfrac{PD_i}{200 \times \sigma_a \times \eta - 2P(1-k)} + \alpha$

$= \dfrac{12 \times 500}{200 \times \left(30 \times \dfrac{1}{4.5}\right) \times 0.58 - 2 \times 12} + 1$

$= 9.007[mm]$

여기서, 동체의 증기온도에 대응하는 값(k)은 주어지지 않았으므로 무시하고, 허용인장응력

$\sigma_a [kgf/mm^2] = \dfrac{\text{인장강도}[kgf/mm^2]}{\text{안전율}}$ 이다.

※ 공개된 최종답안은 ①번으로 처리되었음.

60. 원심펌프의 소요동력이 15[kW]이고, 양수량이 $4.5[m^3/min]$일 때, 이 펌프의 전양정은? (단, 펌프의 효율은 70[%]이며, 유체의 비중량은 $1000[kgf/m^3]$이다.)
① 10.5[m]
② 14.28[m]
③ 20.4[m]
④ 28.56[m]

해설 $kW = \dfrac{\gamma QH}{102\eta}$ 에서

$\therefore H = \dfrac{102\eta kW}{\gamma Q} = \dfrac{102 \times 0.7 \times 15 \times 60}{1000 \times 4.5} = 14.28[m]$

정답 56. ② 57. ③ 58. ② 59. ① 60. ②

4과목 - 열설비취급 및 안전관리

61_ 에너지이용 합리화법에 의한 검사대상기기의 개조검사 대상이 아닌 것은?
① 보일러 섹션의 증감에 의하여 용량을 변경하는 경우
② 증기보일러를 온수보일러로 개조하는 경우
③ 연료 또는 연소방법을 변경하는 경우
④ 보일러의 증설 또는 개체하는 경우

해설 개조검사 대상 : 에너지이용 합리화법 시행규칙 제31조의 7, 별표3의4
㉮ 증기보일러를 온수보일러로 개조하는 경우
㉯ 보일러 섹션의 증감에 의하여 용량을 변경하는 경우
㉰ 동체, 돔, 노통, 연소실, 경판, 천정판, 관판, 관모음 또는 스테이의 변경으로서 산업통상자원부장관이 정하여 고시하는 대수리의 경우
㉱ 연료 또는 연소방법을 변경하는 경우
㉲ 철금속 가열로서 산업통상자원부장관이 정하여 고시하는 경우의 수리

62_ 에너지이용 합리화법상 특정열사용기자재 중 요업요로에 해당하는 것은?
① 용선로   ② 금속소둔로
③ 철금속가열로   ④ 회전가마

해설 특정열사용기자재 종류 : 에너지이용 합리화법 시행규칙 제31조의5, 별표3의2

구분	품목명
보일러 (기관)	강철제보일러, 주철제보일러, 온수보일러, 구멍탄용 온수보일러, 축열식 전기보일러, 캐스케이드 보일러, 가정용 화목보일러
태양열 집열기	태양열 집열기
압력용기	1종 압력용기, 2종 압력용기
요업요로	연속식 유리용융가마, 불연속식 유리용융가마, 유리용융도가니가마, 터널가마, 도염식 가마, 셔틀가마, 회전가마, 석회용선가마
금속요로	용선로, 비철금속용융로, 금속 소둔로, 철금속가열로, 금속균열로

63_ 다음은 보일러 수압시험 압력에 관한 설명이다. ㉠~㉣에 해당하는 숫자로 알맞은 것은?

[보기]
강철제 보일러의 수압시험은 최고사용압력이 (㉠) 이하일 때는 그 최고사용압력의 (㉡)배의 압력으로 한다. 다만, 그 시험압력이 (㉢) 미만인 경우에는 (㉣)로 한다.

① ㉠ 4.3[MPa] ㉡ 1.5 ㉢ 0.2[MPa] ㉣ 0.2[MPa]
② ㉠ 4.3[MPa] ㉡ 2 ㉢ 2[MPa] ㉣ 2[MPa]
③ ㉠ 0.43[MPa] ㉡ 2 ㉢ 0.2[MPa] ㉣ 0.2[MPa]
④ ㉠ 0.43[MPa] ㉡ 1.5 ㉢ 0.2[MPa] ㉣ 2[MPa]

해설 강철제 보일러의 수압시험 압력
㉮ 보일러의 최고사용압력이 0.43[MPa] 이하일 때에는 그 최고사용압력의 2배의 압력으로 한다. 다만, 그 시험압력이 0.2[MPa] 미만인 경우에는 0.2[MPa]로 한다.
㉯ 보일러의 최고 사용압력이 0.43[MPa] 초과 1.5[MPa] 이하일 때에는 그 최고사용압력의 1.3배에 0.3[MPa]를 더한 압력으로 한다.
㉰ 보일러의 최고사용압력이 1.5[MPa]를 초과할 때에는 그 최고사용압력의 1.5배의 압력으로 한다.

64_ 보일러를 2~3개월 이상 장기간 휴지하는 경우 가장 적합한 보존방법은?
① 건식 보존법
② 습식 보존법
③ 단기 만수 보존법
④ 상기 만수 보존법

해설 건식(건조) 보존법 : 보일러를 장기간 휴지하는 경우 보일러수를 완전히 배출한 후 동 내부를 완전히 건조시킨 후 흡습제(실리카겔), 산화방지제, 기화성 방청제 등을 넣고 밀폐시켜 보존하는 방법이다.

정답 61. ④ 62. ④ 63. ③ 64. ①

65_ 보일러 급수처리법 중 내처리 방법은?

① 여과법 ② 폭기법
③ 이온교환법 ④ 청관제의 사용

해설 급수처리방법 분류
(1) 외처리 방법
  ㉮ 물리적 방법 : 여과법, 침강법, 기폭법, 탈기법, 증류법, 가열연화법
  ㉯ 화학적 방법 : 약제 첨가법, 이온교환법, 응집법
(2) 내처리 방법 : 청관제를 사용하는 방법

66_ 주형방열기에 온수를 흐르게 할 경우, 상당 방열면적(EDR)당 발생되는 표준방열량[kW/m²]은?

① 0.232 ② 0.523
③ 0.755 ④ 0.899

해설 방열기 표준방열량

구분	표준방열량
증기 방열기	650[kcal/m²·h] (0.756[kW/m²])
온수 방열기	450[kcal/m²·h] (0.523[kW/m²])

67_ 보일러 내의 스케일 발생방지 대책으로 틀린 것은?

① 보일러 수에 약품을 넣어 스케일 성분이 고착되지 않게 한다.
② 기수분리기를 설치하여 경도 성분을 제거한다.
③ 보일러수의 농축을 막기 위하여 관수 분출작업을 적절히 한다.
④ 급수 중의 염류 등 스케일 생성 성분을 제거한다.

해설 스케일 방지 대책
  ㉮ 급수 중의 염류, 불순물을 되도록 제거한다.
  ㉯ 보일러 수의 농축을 방지하기 위하여 적절히 분출시킨다.
  ㉰ 보일러 수에 약품을 넣어서 스케일 성분이 고착하지 않도록 한다.
  ㉱ 수질분석을 하여 급수 한계치를 유지하도록 한다.

68_ 에너지이용 합리화법에 따라 특정열사용기자재의 안전관리를 위해 산업통상자원부장관이 실시하는 교육의 대상자가 아닌 자는?

① 에너지관리자
② 시공업의 기술인력
③ 검사대상기기 관리자
④ 효율관리기자재 제조자

해설 교육(에너지이용 합리화법 제65조) : 산업통상자원부장관은 에너지관리의 효율적인 수행과 특정열사용기자재의 안전관리를 위하여 에너지관리자, 시공업의 기술인력 및 검사대상기기 관리자에 대하여 교육을 실시하여야 한다.

69_ 에너지이용 합리화법에 따라 에너지이용 합리화 기본계획 사항에 포함되지 않는 것은?

① 에너지 소비형 산업구조로의 전환
② 에너지원간 대체(代替)
③ 열사용기자재의 안전관리
④ 에너지의 합리적인 이용을 통한 온실가스의 배출을 줄이기 위한 대책

해설 에너지이용 합리화 기본계획 포함 사항 : 에너지이용 합리화법 제4조 2항
  ㉮ 에너지절약형 경제구조로의 전환
  ㉯ 에너지이용효율의 증대
  ㉰ 에너지이용 합리화를 위한 기술개발
  ㉱ 에너지이용 합리화를 위한 홍보 및 교육
  ㉲ 에너지원간 대체(代替)
  ㉳ 열사용기자재의 안전관리
  ㉴ 에너지이용합리화를 위한 가격예시제의 시행에 관한 사항
  ㉵ 에너지의 합리적인 이용을 통한 온실가스의 배출을 줄이기 위한 대책
  ㉶ 그 밖에 에너지이용 합리화를 추진하기 위하여 필요한 사항으로서 산업통상자원부령으로 정하는 사항

정답 65. ④ 66. ② 67. ② 68. ④ 69. ①

70_ 보일러 관수의 분출 작업 목적이 아닌 것은?
① 스케일 부착 방지
② 저수위 운전 방지
③ 포밍, 프라이밍 현상을 방지
④ 슬러지 취출

해설 보일러 관수(水)의 분출의 목적
㉮ 슬러지 생성 및 스케일 방지
㉯ 보일러수의 pH 조절 및 가성취화를 방지한다.
㉰ 프라이밍, 포밍 현상을 방지
㉱ 보일러수의 농축방지 및 순환을 양호하게 유지
㉲ 고수위 방지
㉳ 세관작업 후 폐액을 배출시키기 위하여

71_ 보일러 운전 정지 시 주의사항으로 틀린 것은?
① 작업종료 시까지 증기의 필요량을 남긴 채 운전을 정지한다.
② 벽돌 쌓은 부분이 많은 보일러는 압력 상승 방지를 위해 급히 증기밸브를 닫는다.
③ 보일러의 압력을 급히 내리거나 벽돌 등을 급냉시키지 않는다.
④ 보일러 수는 정상수위보다 약간 높게 급수하고, 급수 후 증기밸브를 닫고, 증기관의 드레인 밸브를 열어 놓는다.

해설 보일러 운전 정지 시 주의사항
㉮ 증기의 사용처와 미리 연락을 하여 작업종료 시까지 필요한 증기를 남겨놓고 운전을 정지한다.
㉯ 벽돌 쌓은 부분이 많은 보일러는 벽돌의 여열로 압력이 상승하는 경우가 없는지 확인하고 주증기 밸브를 닫는다.
㉰ 보일러의 압력을 급히 내리거나 벽돌 등을 급냉시키지 않는다.
㉱ 보일러의 정상수위보다 높게 급수를 해 놓는다. 급수 후에는 급수밸브, 주증기 밸브를 닫고 주증기관 및 헤더의 드레인 밸브를 확실히 열어 놓는다.
㉲ 다른 보일러와 증기관이 연결되어 있는 경우에는 그 연결 밸브를 닫는다.

72_ 에너지이용 합리화법에 따라 에너지다소비 업자가 매년 1월 31일까지 신고해야 할 사항이 아닌 것은?
① 전년도의 수지계산서
② 전년도의 분기별 에너지이용 합리화 실적
③ 해당 연도의 분기별 에너지사용 예정량
④ 에너지사용기자재의 현황

해설 에너지다소비사업자의 신고 사항(에너지이용 합리화법 제31조) : 매년 1월 31일까지 시도지사에 신고
㉮ 전년도의 분기별 에너지 사용량, 제품 생산량
㉯ 해당 연도의 분기별 에너지사용 예정량, 제품생산 예정량
㉰ 에너지사용기자재의 현황
㉱ 전년도의 분기별 에너지이용 합리화 실적 및 해당 연도의 계획
㉲ 에너지관리자의 현황

73_ 중유를 A급, B급, C급의 3종류로 나눌 때, 이것을 분류하는 기준은 무엇인가?
① 점도에 의한 분류
② 비중에 따라 분류
③ 발열량에 따라 분류
④ 황의 함유율에 따라 분류

해설 중유의 분류 기준
㉮ 점도에 의한 분류 : A중유 〈 B중유 〈 C중유
㉯ 유황분 함량에 의한 분류 : A급(1호, 2호), B급, C급(1호, 2호, 3호, 4호)의 7종으로 구분

74_ 에너지이용 합리화법에 따라 검사에 합격되지 아니 한 검사대상기기를 사용한 자에 대한 벌칙 기준은?
① 2년 이하의 징역 또는 2천만 원 이하의 벌금
② 1년 이하의 징역 또는 1천만 원 이하의 벌금
③ 3천만 원 이하의 벌금
④ 5백만 원 이하의 벌금

해설 1년 이하의 징역 또는 1천만 원 이하의 벌금 : 에너지이용 합리화법 제73조

정답 70. ② 71. ② 72. ① 73. ① 74. ②

㉮ 검사대상기기의 검사를 받지 아니한 자
㉯ 검사에 불합격된 검사대상기기를 사용한 자

75. 다음 중 원수로부터 탄산가스나 철, 망간 등을 제거하기 위한 수처리 방식은?
① 탈기법 ② 기폭법
③ 응집법 ④ 이온교환법

해설 용존가스 처리법
㉮ 기폭법(폭기법) : 헨리의 법칙을 이용한 것으로 급수 중에 포함되어 있는 탄산가스(CO_2), 황화수소(H_2S), 암모니아(NH_3) 등의 기체성분과 철(Fe), 망간(Mn) 등을 제거하는 방법으로 공기 중에서 물을 아래로 뿌려 내리는 강수방식과 급수 중에 공기를 흡입하는 방법이 있다.
㉯ 탈기법 : 탈기기(deaerator)를 이용하여 급수 중의 산소(O_2), 탄산가스(CO_2) 등의 용존가스를 제거하는 방법으로 진공 탈기법과 가열 탈기법이 있다.

76. 진공환수식 증기 난방법에서 방열기 밸브로 사용하는 것은?
① 콕 밸브 ② 팩리스 밸브
③ 바이패스 밸브 ④ 솔레노이드 밸브

해설 팩리스 밸브(packless valve) : 열동식 트랩이라 하며 본체 속에 청동 또는 스테인리스강의 얇은 판으로 만든 원통에 주름을 많이 잡은 벨로즈(bellows)를 넣고 그 내부에 휘발성이 큰 에테르를 봉입한 것으로 진공환수식 증기 방열기 출구측에 설치하여 응축수나 공기가 자동적으로 환수관으로 배출된다.

77. 다음 중 보일러를 점화하기 전에 역화와 폭발을 방지하기 위하여 가장 먼저 취해야 할 조치는?
① 포스트 퍼지를 실시한다.
② 화력의 상승속도를 빠르게 한다.
③ 댐퍼를 열고 체류가스를 배출시킨다.
④ 연료의 점화가 신속하게 이루어지도록 한다.

해설 연소실 및 연도 내의 잔류가스를 배출하기 위하여 연도의 각 댐퍼를 전부 개방하고 체류가스를 배출시키는 프리퍼지를 행한다.

78. 연소 조절 시 주의사항에 관한 설명으로 틀린 것은?
① 보일러를 무리하게 가동하지 않아야 한다.
② 연소량을 급격하게 증감하지 말아야 한다.
③ 불필요한 공기의 연소실내 침입을 방지하고, 연소실 내를 저온으로 유지한다.
④ 연소량을 증가시킬 경우에는 먼저 통풍량을 증가시킨 후에 연료량을 증가시킨다.

해설 불필요한 공기의 연소실내 침입을 방지하고, 연소실 내를 고온으로 유지한다.

79. 다음 [조건]과 같은 사무실의 난방부하[kW]는?

[조건]
- 바닥 및 천정 난방면적 : 48[m^2]
- 벽체의 열관류율 : 5[$kcal/m^2 \cdot h \cdot ℃$]
- 실내온도 : 18[℃]
- 외기온도 : 영하 5[℃]
- 방위에 따른 부가 계수 : 1.1
- 벽체의 전면적 : 70[m^2]

① 24 ② 20
③ 18 ④ 13

해설 ㉮ 난방부하를 [kcal/h]로 계산
$\therefore H = K \cdot F \cdot \Delta t \cdot Z$
$= 5 \times (48+48+70) \times (18+5) \times 1.1$
$= 20999$[kcal/h]
㉯ 난방부하를 [kW]로 계산 : 1[kW] = 860[kcal/h]이다.
$\therefore H' = \dfrac{H[kcal/h]}{860} = \dfrac{20999}{860} = 24.417$[kW]

※ 바닥 및 천정의 면적을 각각 48[m^2]로 계산하였음

80. 보일러 사용이 끝난 후 다음 사용을 위하여 조치해야 할 주의사항으로 틀린 것은?

① 석탄연료의 경우 재를 꺼내고 청소한다.
② 자동 보일러의 경우 스위치를 전부 정상 위치에 둔다.
③ 예열용 기름을 노 내에 약간 넣어둔다.
④ 유류 사용 보일러의 경우 연료계통의 스톱밸브를 닫고 버너를 청소하고 노 내에 기름이 들어가지 않도록 한다.

해설 노 내에 기름이 유입되지 않도록 조치하여야 한다.

정답 80. ③

2018년 3월 4일
제1회 에너지관리산업기사 필기시험

1과목 - 열역학 및 연소관리

01. 연소실 내에 연소 생성물(CO_2, N_2, H_2O 등)의 농도가 높아지면 연소속도는 어떻게 되는가?
① 연소속도와 관계없다.
② 연소속도가 저하된다.
③ 연소속도가 빨라진다.
④ 초기에는 느려지나 나중에는 빨라진다.

해설 연소 생성물(CO_2, N_2, H_2O 등)은 불연성 기체로 농도가 높아지면 상대적으로 산소농도가 낮아지므로 연소속도는 저하된다.

02. 외부로부터 열을 받지도 않고 외부로 열을 방출하지도 않는 상태에서 가스를 압축 또는 팽창시켰을 때의 변화를 무엇이라고 하는가?
① 정압변화   ② 정적변화
③ 단열변화   ④ 폴리트로픽변화

해설 이상기체의 상태변화의 종류
㉮ 정온(등온)변화 : 온도가 일정한 상태에서의 변화
㉯ 정압(등압)변화 : 압력이 일정한 상태에서의 변화
㉰ 정적(등적)변화 : 체적이 일정한 상태에서의 변화
㉱ 단열변화(등엔트로피 변화) : 열 출입이 없는 상태에서의 변화
㉲ 폴리트로픽 변화 : 변화 중의 압력과 비체적이 $Pv^n = C$(일정)한 상태의 변화

03. 체적 300[L]의 탱크 안에 350[℃]의 습포화증기가 60[kg]이 들어있다. 건조도[%]는 얼마인가? (단, 350[℃] 포화수 및 포화증기의 비체적은 각각 0.0017468[m³/kg], 0.008811[m³/kg]이다.)
① 32   ② 46   ③ 54   ④ 68

해설 ㉮ 현재의 습증기 비체적 계산
$$\therefore v = \frac{V}{G} = \frac{0.3}{60} = 0.005 \, [\text{m}^3/\text{kg}]$$
㉯ 증기의 건조도 계산
$v = v' + x(v'' - v')$에서
$$\therefore x = \frac{v - v'}{v'' - v'} \times 100$$
$$= \frac{0.005 - 0.0017468}{0.008811 - 0.0017468} \times 100 = 46.051 [\%]$$

04. 고열원 온도 800[K], 저열원의 온도 300[K]인 두 열원 사이에서 작동하는 이상적인 카르노 사이클이 있다. 고열원에서 사이클에 가해지는 열량이 120[kJ]이라면, 사이클의 일[kJ]은 얼마인가?
① 60   ② 75
③ 85   ④ 120

해설 $\eta = \frac{W}{Q_1} = \left(1 - \frac{T_2}{T_1}\right)$에서 일량($W$)은
$$\therefore W = Q_1 \times \left(1 - \frac{T_2}{T_1}\right)$$
$$= 120 \times \left(1 - \frac{300}{800}\right) = 75 [\text{kJ}]$$

05. 과열증기에 대한 설명으로 옳은 것은?
① 건조도가 1인 상태의 증기
② 주어진 온도에서 증발이 일어났을 때의 증기
③ 온도는 일정하고 압력만이 증가된 상태의 증기
④ 압력이 일정할 때 온도가 포화온도 이상으로 증가된 상태의 증기

정답 1.② 2.③ 3.② 4.② 5.④

해설 과열증기 : 습포화증기를 가열하여 건조증기가 된 건증기를 다시 가열할 때 압력은 오르지 않고 온도만 상승되는 증기이다.

06_ 증기의 압력이 높아졌을 때 나타나는 현상으로 틀린 것은?
① 현열이 증대한다.
② 습증기 발생이 높아진다.
③ 포화온도가 높아진다.
④ 증발잠열이 증대한다.

해설 증기 압력이 상승할 때 나타나는 현상
㉮ 포화수의 온도가 상승한다.
㉯ 포화수의 부피가 증가한다.
㉰ 포화수의 비중이 감소한다.
㉱ 물의 현열이 증가하고, 증기의 잠열이 감소한다.
㉲ 건포화증기 엔탈피가 감소한다.
㉳ 증기의 비체적이 감소한다.

07_ 압력 90[kPa]에서 공기 1[L]의 질량이 1[g]이었다면 이때의 온도[K]는? (단, 기체상수(R)은 0.287[kJ/kg·K]이며, 공기는 이상기체이다.)
① 273.7   ② 313.5
③ 430.2   ④ 446.3

해설 $PV = GRT$ 에서
$$\therefore T = \frac{PV}{GR} = \frac{90 \times 0.001}{0.001 \times 0.287} = 313.588 [K]$$

08_ 중유의 비중이 크면 탄화수소비(C/H 비)가 커지는데 이 때 발열량은 어떻게 되는가?
① 커진다.
② 관계없다.
③ 작아진다.
④ 불규칙하게 변한다.

해설 탄화수소비(C/H)가 증가하는 것은 탄소량이 많고 수소량이 적은 경우로 관계는 다음과 같다.

구 분	C/H 비 증가	C/H 비 감소
발열량	감소	증가
공기량	감소	증가
비중	증가	감소
화염방사율	증가	감소
배기가스량	감소	증가
인화점	높아진다.	낮아진다.
동점도	증가	감소

09_ 다음 중 1기압 상온상태에서 이상기체로 취급하기에 가장 부적당한 것은?
① N_2 ② He
③ 공기   ④ H_2O

해설 원자수가 1 또는 2인 가스(He, H_2, O_2, N_2, CO 등)와 공기는 이상기체로 취급하고, 원자수가 3 이상의 가스(H_2O, NH_3, CH_4, CO_2 등)는 이상기체로 취급하기 곤란하며, 과열도가 증가하면 이상기체에 가까운 성질을 나타낸다.

10_ 액체연료를 분석한 결과 그 성분이 다음과 같았다. 이 연료의 연소에 필요한 이론공기량 [Nm^3/kg]은?

탄소 : 80[%], 수소 : 15[%], 산소 : 5[%]

① 10.9   ② 12.3
③ 13.3   ④ 14.3

해설
$$A_0 = 8.89C + 26.67\left(H - \frac{O}{8}\right) + 3.33S$$
$$= 8.89 \times 0.8 + 26.67 \times \left(0.15 - \frac{0.05}{8}\right)$$
$$= 10.945 [Nm^3/kg]$$

정답 6. ④ 7. ② 8. ③ 9. ④ 10. ①

11. 재생 가스터빈 사이클에 대한 설명으로 틀린 것은?
① 가스터빈 사이클에 재생기를 사용하여 압축기 출구온도를 상승시킨 사이클이다.
② 효율은 사이클 내 최대 온도에 대한 최저 온도의 비와 압력비의 함수이다.
③ 효율과 일량은 압력비가 최대일 때 최대치가 나타난다.
④ 사이클 효율은 압력비가 증가함에 따라 감소한다.

[해설] 재생 사이클 : 팽창 도중의 증기를 터빈에서 추출하여 급수의 가열에 사용하는 사이클로 공급열량을 감소하여 열효율이 랭킨사이클에 비해 증가한다. 압력비가 증가함에 따라 사이클 효율은 감소한다.

12. 고위발열량과 저위발열량의 차이는 무엇인가?
① 연료의 증발잠열
② 연료의 비열
③ 수분의 증발잠열
④ 수분의 비열

[해설] 고위발열량과 저위발열량의 차이는 연소 시 생성된 물의 증발잠열에 의한 것이고, 물의 증발잠열이 포함된 것이 고위발열량, 포함되지 않은 것이 저위발열량이다.

13. 연료의 원소분석법 중 탄소의 분석법은?
① 에쉬카법
② 리비히법
③ 켈달법
④ 보턴법

[해설] 연료(석탄)의 원소분석 방법
㉮ 탄소, 수소 : 세필드법, 리비히법
㉯ 질소 : 켈달법
㉰ 전황분 : 에슈카법, 연소 용량법, 산소 봄브법
㉱ 불연성 황분 : 연소 중량법, 연소용량법

14. 같은 온도 범위에서 작동되는 다음 사이클 중 가장 효율이 높은 사이클은?
① 랭킨 사이클
② 디젤 사이클
③ 카르노 사이클
④ 브레이튼 사이클

[해설] 동일한 조건에서 작동되는 사이클 중 최대의 효율을 갖는 것은 이상적인 사이클인 카르노 사이클이다.

15. 보일러의 연료로 사용되는 LNG의 일반적인 특징에 대한 설명으로 틀린 것은?
① 메탄을 주성분으로 한다.
② 유독성 물질이 적다.
③ 비중이 공기보다 가벼워서 누출되어도 가스폭발의 위험이 적다.
④ 연소범위가 넓어서 특별한 연소기구가 필요치 않다.

[해설] 공기 중에서의 연소범위(폭발범위)가 5~15[%]로 좁다.

16. 가연성가스의 용기와 도색 색상의 연결이 틀린 것은?
① 아세틸렌 – 황색
② 액화염소 – 갈색
③ 수소 – 주황색
④ 액화암모니아 – 회색

[해설] 가스 종류별 용기 도색

가 스 종 류	용기도색	
	공업용	의료용
산 소(O_2)	녹 색	백 색
수 소(H_2)	주황색	–
액화탄산가스(CO_2)	청 색	회 색
액화석유가스	밝은 회색	–
아세틸렌(C_2H_2)	황 색	–
암모니아(NH_3)	백 색	–
액화염소(Cl_2)	갈 색	–
질 소(N_2)	회 색	흑 색
아산화질소(N_2O)	회 색	청 색
헬 륨(He)	회 색	갈 색
에 틸 렌(C_2H_4)	회 색	자 색
사이클로 프로판	회 색	주황색
기타의 가스	회 색	

정답 11. ③ 12. ③ 13. ② 14. ③ 15. ④ 16. ④

17. 보일의 법칙에 따라 가스의 상태변화에 대해 일정한 온도에서 압력을 상승시키면 체적은 어떻게 변화하는가?
① 압력에 비례하여 증가한다.
② 변화 없다.
③ 압력에 반비례하여 감소한다.
④ 압력의 자승에 비례하여 증가한다.

[해설] 보일(boyle)의 법칙 : 일정온도 하에서 일정량의 기체가 차지하는 부피는 압력에 반비례한다.

18. 온도-엔트로피($T-S$)선도 상에서 상태변화를 표시하는 곡선과 S축(엔트로피 축) 사이의 면적은 무엇을 나타내는가?
① 일량 ② 열량
③ 압력 ④ 비체적

[해설] 증기선도의 종류
㉠ 압력-비체적($P-v$) 선도 : 지압선도(indicator diagram)라 하며 일은 이 선도 상의 면적으로 나타낸다.
㉡ 온도-엔트로피($T-S$) 선도 : 증기가 상태변화를 하는 동안 주고 받은 열량을 면적으로 나타낸다.
㉢ 엔탈피-엔트로피($h-S$) 선도 : 몰리에르(Mollier) 선도라 하며 증기의 등엔탈피, 등엔트로피 변화와 터빈의 작동유체의 상태변화(등엔트로피 변화), 교축변화의 해석에 사용된다.
㉣ 압력-엔탈피($P-h$) 선도 : 냉동 사이클을 해석하는 데 사용된다.

19. 고체 및 액체연료의 이론산소량[Nm³/kg]에 대한 식을 바르게 표기한 것은? (단, C는 탄소, H는 수소, O는 산소, S는 황이다.)
① $1.87C + 5.6(H - O/8) + 0.7S$
② $2.67C + 8(H - O/8) + S$
③ $8.89C + 26.7H - 3.33(O - S)$
④ $11.49C + 34.5H - 4.31(O - S)$

[해설] ①번 항목 : 이론산소량[Nm³/kg] 계산식
②번 항목 : 이론산소량[kg/kg] 계산식
③번 항목 : 이론공기량[Nm³/kg] 계산식
④번 항목 : 이론공기량[kg/kg] 계산식

20. 중유의 종류 중 저점도로서 예열을 하지 않고도 송유나 무화가 가장 양호한 것은?
① A급 중유 ② B급 중유
③ C급 중유 ④ D급 중유

[해설] A급 중유는 점도가 낮아 예열 없이 이송(송유)이나 버너에서 무화가 가능하다.

2과목 - 계측 및 에너지진단

21. 다음 전기식 조절기에 대한 설명으로 옳지 않은 것은?
① 배관을 설치하기 힘들다.
② 신호의 전달 지연이 거의 없다.
③ 계기를 움직이는 곳에 배선을 한다.
④ 신호의 취급 및 변수 간의 계산이 용이하다.

[해설] 전기식 제어방식의 특징
㉠ 전송에 시간지연이 없다.
㉡ 컴퓨터와 같은 자동제어장치와 조합이 용이하다.
㉢ 조작력이 크게 요구될 때 사용된다.
㉣ 배선이 용이하고, 복잡한 신호에 적합하다.
㉤ 전송거리가 수 10[km]까지 가능하고, 무선 통신을 할 수 있다.
㉥ 폭발성 가연성 가스를 사용하는 곳에서는 방폭구조로 하여야 한다.
㉦ 고온, 다습한 주위환경에 사용하기 곤란하다.
㉧ 조절밸브 모터의 동작에 관성이 크게 작용한다.
㉨ 보수 및 취급에 기술을 요한다.
㉩ 조작속도가 빠른 비례 조작부를 만들기가 곤란하다.

정답 17. ③ 18. ② 19. ① 20. ① 21. ①

22. 다음 중 탄성식 압력계의 종류가 아닌 것은?
① 부르동관식 압력계
② 다이어프램식 압력계
③ 환상천평식 압력계
④ 벨로즈식 압력계

해설 탄성식 압력계의 종류 : 부르동관식, 다이어프램식, 벨로즈식, 캡슐식

23. 발열량이 40000[kJ/kg]인 중유 40[kg]을 연소해서 실제로 보일러에 흡수된 열량이 1400000[kJ]일 때 이 보일러의 효율은 몇 [%]인가?
① 84.6
② 87.5
③ 89.3
④ 92.4

해설 $\eta = \dfrac{\text{사용열량}}{\text{공급열량}(G_f \times H_l)} \times 100$
$= \dfrac{1400000}{40 \times 40000} \times 100 = 87.5[\%]$

24. 화씨온도 68[°F]는 섭씨온도로 몇 [℃]인가?
① 15
② 20
③ 36
④ 68

해설 $[℃] = \dfrac{5}{9} \times ([°F] - 32)$
$= \dfrac{5}{9} \times (68 - 32) = -20[℃]$

25. 열전대 온도계가 갖추어야 할 특성으로 옳은 것은?
① 열기전력과 전기저항은 작고 열도율은 커야 한다.
② 열기전력과 전기저항은 크고 열도율은 작아야 한다.
③ 전기저항과 열도율은 작고 열기전력은 커야 한다.
④ 전기저항과 열도율은 크고 열기전력은 작아야 한다.

해설 열전대의 구비조건
㉮ 열기전력이 크고, 온도상승에 따라 연속적으로 상승할 것
㉯ 열기전력의 특성이 안정되고 장시간 사용해도 변형이 없을 것
㉰ 기계적 강도가 크고 내열성, 내식성이 있을 것
㉱ 재생도가 크고 가공이 용이할 것
㉲ 전기저항 온도계수와 열도율이 낮을 것
㉳ 재료의 구입이 쉽고(경제적이고) 내구성이 있을 것

26. 다음 열전대 종류 중 사용온도가 가장 높은 것은?
① K형 : 크로멜-알루멜
② R형 : 백금-백금·로듐
③ J형 : 철-콘스탄탄
④ T형 : 구리-콘스탄탄

해설 열전대 온도계의 종류 및 측정온도 범위

열전대 종류	측정온도 범위
R형[백금-백금로듐](P-R)	0~1600[℃]
K형[크로멜-알루멜](C-A)	-20~1200[℃]
J형[철-콘스탄탄](I-C)	-20~800[℃]
T형[동-콘스탄탄](C-C)	-180~350[℃]

27. 다음 액면계의 종류 중 보일러 드럼의 수위 경보용에 주로 사용되며, 액면에 부자를 띄워 그것이 상하로 움직이는 위치에 따라 액면을 측정하는 방식은?
① 플로트식
② 차압식
③ 초음파식
④ 정전용량식

정답 22. ③ 23. ② 24. ② 25. ③ 26. ② 27. ①

해설 부자(float)식 액면계는 액면 위에 떠 있는 부자(float)의 움직이는 변위를 이용하여 액면을 측정하는 것이다.

28. 다음의 연소가스 측정방법 중 선택성이 가장 우수한 것은?
① 열전도율식 ② 연소열식
③ 밀도식 ④ 자기식

해설 자기식 : 일반적인 가스는 반자성체에 속하지만 산소(O_2)는 자장에 흡입되는 강력한 상자성(常磁性)체인 것을 이용한 산소 분석기로 선택 반응을 나타내는 특성인 선택성이 우수하다.

29. 다음 국제단위계(SI)에서 사용되는 접두어 중 가장 작은 값은?
① n ② p
③ d ④ μ

해설 국제단위계의 접두어 : 국가표준기본법 시행령 제10조, 별표4

인자	접두어	기호	인자	접두어	기호
10^1	데카	da	10^{-1}	데시	d
10^2	헥토	h	10^{-2}	센티	c
10^3	킬로	k	10^{-3}	밀리	m
10^6	메가	M	10^{-6}	마이크로	μ
10^9	기가	G	10^{-9}	나노	n
10^{12}	테라	T	10^{-12}	피코	p

30. 보일러 열정산에서 입열 항목에 해당하는 것은?
① 연소 잔재물이 갖고 있는 열량
② 발생증기의 흡수열량
③ 연소용 공기의 열량
④ 배기가스의 열량

해설 열정산 시 입·출열 항목
(1) 입열(入熱) 항목
  ㉮ 연료의 발열량(연료의 연소열)
  ㉯ 연료의 현열
  ㉰ 공기의 현열
  ㉱ 노내 취입 증기 또는 온수에 의한 입열
(2) 출열(出熱) 항목
  ㉮ 배기가스 보유열량
  ㉯ 증기의 보유열량
  ㉰ 불완전연소에 의한 열손실
  ㉱ 미연분에 의한 열손실
  ㉲ 노벽의 흡수열량
  ㉳ 재의 현열

31. 보일러 열정산 시 보일러 최종 출구에서 측정하는 값은?
① 급수온도 ② 예열공기온도
③ 배기가스온도 ④ 과열증기온도

해설 각 항목의 측정위치
㉮ 급수온도 : 절탄기 입구(절탄기가 없는 경우 보일러 몸체의 입구)
㉯ 예열공기온도 : 공기예열기의 입구 및 출구
㉰ 배기가스온도 : 보일러의 최종 가열기 출구
㉱ 과열증기온도 : 과열기 출구에 근접한 위치

32. 다음 계측기의 구비조건으로 적절하지 않은 것은?
① 취급과 보수가 용이해야 한다.
② 견고하고 신뢰성이 높아야 한다.
③ 설치되는 장소의 주위 조건에 대하여 내구성이 있어야 한다.
④ 구조가 복잡하고, 전문가가 아니면 취급할 수 없어야 한다.

해설 계측기기의 구비조건
㉮ 경년 변화가 적고, 내구성이 있을 것
㉯ 견고하고 신뢰성이 있을 것
㉰ 정도가 높고 경제적일 것
㉱ 구조가 간단하고 취급, 보수가 쉬울 것
㉲ 원격 지시 및 기록이 가능할 것
㉳ 연속측정이 가능할 것

정답 28. ④ 29. ② 30. ③ 31. ③ 32. ④

33_ 다음 중 접촉식 온도계가 아닌 것은?
① 유리 온도계　② 방사 온도계
③ 열전 온도계　④ 바이메탈 온도계

해설 온도계의 분류 및 종류
㉮ 접촉식 온도계 : 유리제 봉입식 온도계, 바이메탈 온도계, 압력식 온도계, 열전대 온도계, 저항 온도계, 서미스터, 제겔콘, 서머컬러
㉯ 비접촉식 온도계 : 광고온도계, 광전관 온도계, 색온도계, 방사온도계

34_ 압력을 나타내는 단위가 아닌 것은?
① N/m^2　② bar
③ Pa　④ $N \cdot s/m^2$

해설 압력의 정의 및 단위
㉮ 압력의 정의 : 단위면적에 작용하는 힘의 합이다.
㉯ 절대(SI)단위 : N/m^2, Pa, bar 등
㉰ 공학단위 : kgf/m^2, mmH_2O, mmHg, psi 등

35_ 다음 중 측정제어 방식이 아닌 것은?
① 캐스케이드 제어　② 프로그램 제어
③ 시퀀스 제어　④ 비율 제어

해설 ㉮ 목표값에 따른 자동제어의 종류 : 정치제어, 추치제어(추종제어, 비율제어, 프로그램제어), 캐스케이드 제어
㉯ 시퀀스 제어(sequence control) : 미리 순서에 입각해서 다음 동작이 연속 이루어지는 제어로 자동판매기, 보일러의 점화 등이 있다.

36_ 링밸런스식 압력계에 대한 설명 중 옳은 것은?
① 압력원에 가깝도록 계기를 설치한다.
② 부식성 가스나 습기가 많은 곳에서는 다른 압력계보다 정도가 높다.
③ 도압관은 될 수 있는 한 가늘고 긴 것이 좋다.
④ 측정 대상 유체는 주로 액체이다.

해설 링밸런스식 압력계의 특징
㉮ 원형상의 관상부에 2개의 구멍을 뚫고 측정압력과 대기압의 도입관으로 하고 도입관에 의해 양면에 압력이 가해져 압력이 불균형해 지면 링이 회전하며, 그 회전각은 압력차에 비례한 것을 이용하여 압력차를 측정한다.
㉯ 도압관은 될 수 있는 한 짧게 하고 압력원에 가깝도록 계기를 설치한다.
㉰ 회전력이 커서 기록이 용이하고, 원격 전송이 가능하다.
㉱ 평형추의 증감, 취부장치의 이동으로 측정 범위 변경이 가능하다.
㉲ 액체 압력측정은 곤란하고 기체 압력측정에 이용된다.
㉳ 저압 가스의 압력 및 통풍계(draft gauge)로 사용된다.

37_ 액주식 압력계에서 사용되는 액체의 구비조건 중 틀린 것은?
① 항상 액면은 수평을 만들 것
② 온도 변화에 의한 밀도 변화가 클 것
③ 점도, 팽창계수가 적을 것
④ 모세관 현상이 적을 것

해설 액주식 액체의 구비조건
㉮ 점성(점도)이 적을 것
㉯ 열팽창계수가 적을 것
㉰ 밀도변화가 적을 것
㉱ 모세관 현상 및 표면장력이 적을 것
㉲ 화학적으로 안정할 것
㉳ 휘발성 및 흡수성이 적을 것
㉴ 항상 액면은 수평을 만들고 높이를 정확히 읽을 수 있을 것

38_ 어떠한 조건이 충족되지 않으면 다음 동작을 저지하는 제어방법은?
① 인터록 제어　② 피드백 제어
③ 자동연소 제어　④ 시퀀스 제어

해설 인터록(inter lock) : 어떤 일정한 조건이 충족되지 않으면 다음 단계의 동작이 작동하지 못하도록 저지하는 것으로 보일러의 안전한 운전을 위하여 반드시 필요한 것이다.

정답 33. ②　34. ④　35. ③　36. ①　37. ②　38. ①

39_ 보일러 자동제어인 연소제어(A.C.C)에서 조작량에 해당되지 않는 것은?

① 연소가스량　② 연료량
③ 공기량　　　④ 전열량

해설 보일러 자동제어(A · B · C)의 종류

명 칭	제 어 량	조 작 량
자동연소제어 (ACC)	증기압력	공기량, 연료량
	노내압	연소가스량
급수제어(FWC)	보일러 수위	급수량
증기온도제어 (STC)	증기온도	전열량
증기압력제어 (SPC)	증기압력	연료공급량, 연소용 공기량

40_ 보일러 내의 포화수 상태에서 습증기 상태로 가열하는 경우 압력과 온도 변화로 옳은 것은?

① 압력증가, 온도일정
② 압력일정, 온도감소
③ 압력일정, 온도증가
④ 압력일정, 온도일정

해설 보일러 내의 포화수($x=0$) 상태에서 습포화증기($0<x<1$) 상태로 가열하면 압력은 일정하고, 온도도 일정한 상태로 유지된다. 즉, 대기압 상태에서 끓는 물 100[℃]에 열을 공급하면 100[℃] 수증기가 발생하는 현상이다.

3과목 - 열설비구조 및 시공

41_ 강관의 접합 방법으로 부적합한 것은?

① 나사 이음　② 플랜지 이음
③ 압축 이음　④ 용접 이음

해설 강관의 이음방법 : 나사 이음, 용접 이음, 플랜지 이음, 턱걸이 이음

※ 압축이음(flare joint) : 용접이음이 곤란한 곳이나, 분리 결합이 요구될 때 동관의 끝부분을 접시모양으로 가공하여 이음하는 방식으로 압축이음이라 한다.

42_ 에너지이용 합리화법에 따라 검사대상기기의 계속사용검사를 받으려는 자는 계속사용검사 신청서를 검사유효기간 만료 며칠 전까지 제출하여야 하는가?

① 3일　② 5일
③ 10일　④ 30일

해설 계속사용검사신청(에너지이용 합리화법 시행규칙 제31조의19) : 검사대상기기의 계속사용검사를 받으려는 자는 검사대상기기 계속사용검사 신청서를 검사유효기간 만료 10일 전까지 공단이사장에게 제출하여야 한다.

43_ 다음 온수 보일러의 부속품 중 증기 보일러의 압력계와 기능이 동일한 것은?

① 액면계　② 압력조절기
③ 수고계　④ 수면계

해설 수고계 : 온수 보일러의 온수압력을 측정하는 계기로 증기 보일러의 압력계에 해당한다. 수고계는 보일러의 압력을 나타냄과 동시에 수위도 지시하게 되어 있어 수고계를 부착한 온수 보일러에는 별도로 유리수면계를 부착하지 않는다.

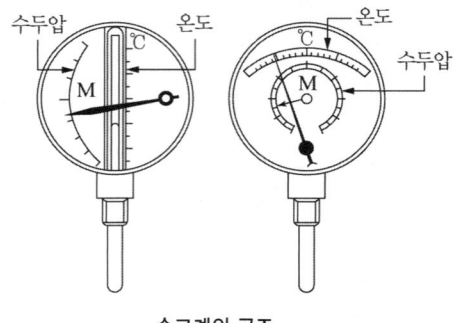

수고계의 구조

정답 39. ④　40. ④　41. ③　42. ③　43. ③

44. 내화 골재에 주로 알루미나 시멘트를 섞어 만든 부정형 내화물은?
① 내화 모르타르
② 돌로마이트
③ 캐스터블 내화물
④ 플라스틱 내화물

해설 캐스터블(castable) 내화물 : 치밀하게 소결시킨 내화성 골재에 수경성 알루미나 시멘트를 배합한 것으로 분말상태이다.

45. 시로코형 송풍기를 사용하는 보일러에서 출구 압력이 42[mmAq], 효율 65[%], 풍량이 850[m³/min]일 때 송풍기 축동력은?
① 0.01[PS]
② 12.2[PS]
③ 476[PS]
④ 732.3[PS]

해설 $PS = \dfrac{PQ}{75\eta} = \dfrac{42 \times 850}{75 \times 0.65 \times 60} = 12.205\,[PS]$

46. 초임계압력 이상의 고압증기를 얻을 수 있으며 증기드럼을 없애고 긴 관으로만 이루어진 수관식 보일러는?
① 노통 보일러
② 연관 보일러
③ 열매체 보일러
④ 관류 보일러

해설 관류 보일러 : 급수펌프에 의해 급수를 압입하여 하나로 된 관에서 가열, 증발, 과열시켜 과열증기를 얻는 보일러로 드럼이 없는 강제 순환식 수관식 보일러이다.

47. 보일러 부속기기 중 발생 증기량에 비해 소비량이 적을 때 남은 잉여증기를 저장하였다가, 과부하시 긴급히 사용하는 잉여증기의 저장장치는?
① 병향류식 과열기
② 재열기
③ 방사대류형 과열기
④ 증기 축열기

해설 증기 축열기(steam accumulator) : 보일러에서 과잉 발생한 증기를 저장하고 부하가 증가하면 증기를 공급하여 증기 부족을 해소하는 장치로 변압식과 정압식이 있다.

48. 찬물이 한 곳으로 인입되면 보일러가 국부적으로 냉각되어 부동팽창에 의한 악영향을 방지하기 위해 설치하는 장치는?
① 체크 밸브
② 급수 내관
③ 기수 분리기
④ 주증기 정지판

해설
㉮ 급수내관(distributing pipe)의 역할 : 보일러 급수 시 동판의 국부적 냉각으로 인한 부동팽창의 영향을 줄이기 위하여 동 내부에 설치하는 관이다.
㉯ 설치위치 : 안전저수위 50[mm] 아래

49. 주철제 보일러의 일반적인 특징에 관한 설명으로 틀린 것은?
① 조립 및 분해나 운반이 편리하다.
② 쪽수의 증감에 따라 용량 조절에 유리하다.
③ 내부구조가 간단하여 청소가 쉽다.
④ 고압용 보일러로는 적합하지 않다.

해설 주철제 보일러의 특징
㉮ 주물로 제작하기 때문에 복잡한 구조도 제작이 가능하다.
㉯ 전열면적이 크고, 효율이 좋다.
㉰ 내식성, 내열성이 우수하다.
㉱ 섹션의 증감으로 용량조절이 가능하다.
㉲ 조립식이므로 반입 및 해체작업이 용이하다.
㉳ 내압강도가 떨어진다.
㉴ 구조가 복잡하여 청소, 검사, 수리가 어렵다.
㉵ 부동팽창이 발생하기 쉽다.
㉶ 대용량, 고압에는 부적합하다.

정답 44. ③ 45. ② 46. ④ 47. ④ 48. ② 49. ③

50_ 관류보일러의 일반적인 특징에 관한 설명으로 옳은 것은?

① 증기압력이 고압이므로 급수펌프가 필요 없다.
② 전열면적에 대한 보유수량이 많아 가동시간이 길다.
③ 보일러 드럼이 필요 없고 지름이 작은 전열관을 사용하여 증발속도가 빠르다.
④ 열용량이 크기 때문에 추종성이 느리다.

해설 관류보일러의 특징
㉮ 전열면적에 비하여 보유수량이 적으므로 가동시간이 짧다.
㉯ 고압 보일러에 적합하다.
㉰ 관을 자유로이 배치할 수 있어 구조가 콤팩트하다.
㉱ 완벽한 급수처리를 요한다.
㉲ 정확한 자동제어 장치를 설치하여야 한다.
㉳ 순환비가 1이므로 드럼이 필요 없다.
㉴ 발생증기 중에 포함된 수분을 분리하기 위하여 기수분리기를 설치한다.
㉵ 부하변동에 대한 적응력이 적어 압력변화가 크다.
㉶ 관류 보일러 종류는 벤슨(benson) 보일러, 슬저(sulzer) 보일러, 소형 관류 보일러 등이다.

51_ 탄화규소질 내화물에 관한 특성으로 틀린 것은?

① 탄화규소를 주원료로 한다.
② 내열성이 대단히 우수하다.
③ 내마모성 및 내스폴링성이 크다.
④ 화학적 침식이 잘 일어난다.

해설 탄화 규소질 내화물의 특징
㉮ 규소 65[%], 탄소 30[%] 및 알루미나, 산화 제2철, 석회로 구성되어 있다.
㉯ 화학적으로 중성이고 열전도율이 크다.
㉰ 고온에서 산화되기 쉽다.
㉱ 내화도가 높고, 내스폴링성이 크다.
㉲ 열팽창계수가 적고, 하중연화온도가 높다.

52_ 평행류 열교환기에서 가열 유체가 80[℃]로 들어가 50[℃]로 나오고, 가스는 10[℃]에서 40[℃]로 가열된다. 열관류율이 25[kcal/m² · h · ℃]일 때, 시간당 7200[kcal]의 열교환율을 위한 열교환 면적은?

① $1.4[m^2]$ ② $3.5[m^2]$
③ $6.7[m^2]$ ④ $9.3[m^2]$

해설 ㉮ 온도차 계산
∴ $\Delta t_1 = 80 - 10 = 70[℃]$
∴ $\Delta t_2 = 50 - 40 = 10[℃]$
㉯ 대수평균온도 계산
∴ $\Delta t_m = \dfrac{\Delta t_1 - \Delta t_2}{\ln\dfrac{\Delta t_1}{\Delta t_2}} = \dfrac{70 - 10}{\ln\dfrac{70}{10}} = 30.927[℃]$
㉰ 전열면적 계산
$Q = KF\Delta t_m$에서
∴ $F = \dfrac{Q}{K\Delta t_m} = \dfrac{7200}{25 \times 30.927} = 9.312[m^2]$

53_ 강도와 유연성이 커서 곡률반경에 대해 관경의 8배까지 굽힘이 가능하고 내한 내열성이 강한 배관재료는?

① 염화비닐관   ② 폴리부틸렌관
③ 폴리에틸렌관   ④ XL관

해설 폴리부틸렌관(PB관)의 특징
㉮ 가볍고 시공이 간편하며 재사용이 가능하다.
㉯ 강한 충격, 강도, 유연성, 온도, 화학작용 등에 대한 저항성이 크다.
㉰ 유해물질의 용출이나 적녹, 청녹의 발생에 의한 수질오염이 없어 위생적이다.
㉱ 사용가능 온도로는 −30~110[℃] 정도로 내한성과 내열성이 우수하며 고온에서도 강도가 유지된다.
㉲ 나사 및 용접이음을 하지 않고 관을 연결구에 삽입하여 그라프링과 오링에 의한 에이콘이음으로 한다.
㉳ 온수온돌의 난방배관, 음용수 및 온수배관, 농업 및 원예용 배관, 화학배관 등에 사용된다.
㉴ 강도와 유연성이 커서 곡률반경에 대해 관경의 8배까지 굽힘이 가능하다.
㉵ 관의 굽힘 시 굽힘 거리는 80[cm], 최소 굽힘 지름은 20[cm] 이상으로 하여야 한다.

정답 50. ③ 51. ④ 52. ④ 53. ②

54. 열매체 보일러에서 사용하는 유체 중 온도에 따른 물과 다우섬 사용에 관한 비교 설명으로 옳은 것은?

① 100[℃] 온도에서 물과 다우섬 모두 증발이 일어난다.
② 100[℃] 온도에서 물은 증발되며 다우섬은 증발이 일어나지 않는다.
③ 물은 300[℃] 온도에서 액체만 순환된다.
④ 다우섬은 300[℃] 온도에서 액체만 순환된다.

해설 물과 다우섬의 비교

온도	물	다우섬	비고
0[℃]	동결	동결 안 됨	동파의 위험이 없음
100[℃]	증발	증발 안 됨	액순환이 가능
300[℃]	압력 7 [kgf/cm²]	압력 2 [kgf/cm²]	증기와 액체순환
360[℃]	압력 190 [kgf/cm²]	압력 2 [kgf/cm²]	증기와 액체순환

55. 관의 안지름을 D[cm], 1초간의 평균유속을 V[m/s]라 하면 1초간의 평균유량 Q[m³/s]을 구하는 식은?

① $Q = DV$
② $Q = \pi D^2 V$
③ $Q = \dfrac{\pi}{4}\left(\dfrac{D}{100}\right)^2 V$
④ $Q = \left(\dfrac{V}{100}\right)^2 D$

해설 $Q = A \times V = \dfrac{\pi}{4} \times D^2 \times V$에서 관 안지름 단위 센티미터[cm]를 미터[m]단위로 환산하여야 한다.

∴ $Q = \dfrac{\pi}{4} D^2 V = \dfrac{\pi}{4}\left(\dfrac{D}{100}\right)^2 V$

56. 불에 타지 않고 고온에 견디는 성질을 의미하는 것으로 제게르콘(Segercone) 번호(SK)로 표시하는 것은?

① 내화도 ② 감온성
③ 크리프계수 ④ 점도지수

해설 내화도(耐火度) : 불에 타지 않고 고온에 견디는 성질을 의미하는 것으로 제게르콘(Segercone) 번호(SK)로 SK 26번부터 SK 42번까지 표시한다.

57. 20[℃] 상온에서 재료의 열전도율[kcal/m·h·℃]이 큰 것부터 낮은 순서대로 바르게 나열한 것은?

① 구리 〉 알루미늄 〉 철 〉 물 〉 고무
② 구리 〉 알루미늄 〉 철 〉 고무 〉 물
③ 알루미늄 〉 구리 〉 철 〉 물 〉 고무
④ 알루미늄 〉 철 〉 구리 〉 고무 〉 물

해설 각 물질의 열전도율[kcal/m·h·℃]

명칭	열전도율
구리	332
알루미늄	175
철	41
물	0.51
고무	0.137

58. 공기예열기는 전열식과 재생식으로 나뉜다. 다음 중 재생식 공기예열기에 해당되는 것은?

① 관형식 ② 강판형식
③ 판형식 ④ 융그스트롬식

해설 공기예열기의 종류
㉮ 증기식 : 연소가스 대신 증기를 이용하여 2차 공기를 예열하는 것으로 부식의 우려가 없다.
㉯ 전열식 : 열교환기를 이용한 것으로 관형(管形) 공기예열기와 판형(板形) 공기예열기가 있다.

정답 54. ② 55. ③ 56. ① 57. ① 58. ④

㉰ 재생식 : 축열식이라 불리며 연소가스를 통과시켜 열을 축적한 후 이곳에 2차 공기를 통과시켜 공기를 예열하는 방식으로 회전식, 고정식, 이동식으로 분류되며 대형 보일러에 사용되는 것을 융그스트롬(Liungstrom)식이라 한다.

㉱ 히트파이프식 : 배관 표면에 알루미늄 핀튜브를 부착시키고 진공으로 된 배관 내부에 열매체인 증류수를 넣어 봉입한 것을 경사지게 설치한 것이다. 히트파이프 내의 증류수는 배기가스의 열을 흡수하여 증발되어 경사면을 따라 응축부로 이동되고 송풍기에서 공급되는 연소용 공기와 열교환하여 응축되어 증발부로 되돌아오는 과정을 반복하여 배기가스 온도를 낮추고 연소용 공기를 예열하는 장치이다.

59. 보일러의 증기 공급, 차단을 위하여 설치하는 밸브는?
① 스톱밸브　② 게이트밸브
③ 감압밸브　④ 체크밸브

[해설] 주증기 밸브 : 발생증기를 송기 및 정지하기 위하여 보일러 증기부 상단에 설치하는 것으로 일반적으로 글로브밸브(스톱밸브)와 앵글밸브가 사용된다.

60. 에너지이용 합리화법에 의한 검사대상기기인 보일러의 연료 또는 연소방법을 변경한 경우 받아야 하는 검사는?
① 구조검사
② 개조검사
③ 계속사용 성능검사
④ 설치검사

[해설] 개조검사 대상 : 에너지이용 합리화법 시행규칙 제31조의 7, 별표3의4
㉮ 증기보일러를 온수보일러로 개조하는 경우
㉯ 보일러 섹션의 증감에 의하여 용량을 변경하는 경우
㉰ 동체, 돔, 노통, 연소실, 경판, 천정판, 관판, 관모음 또는 스테이의 변경으로서 산업통상자원부장관이 정하여 고시하는 대수리의 경우
㉱ 연료 또는 연소방법을 변경하는 경우

㉲ 철금속가열로로서 산업통상자원부장관이 정하여 고시하는 경우의 수리

4과목 - 열설비취급 및 안전관리

61. 보일러 저수위 사고 방지 대책으로 틀린 것은?
① 수면계의 수위를 수시로 점검한다.
② 급수관에는 체크밸브를 부착한다.
③ 관수 분출작업은 부하가 적을 때 행한다.
④ 저수위가 되면 연도 댐퍼를 닫고 즉시 급수한다.

[해설] 보일러 수위가 이상 저수위라는 것을 발견한 즉시 연소를 정지시키고 동시에 급수도 정지시켜 보일러를 자연 냉각시키는 조치를 취하고, 연도 댐퍼나 연소실 입구의 공기 공급댐퍼를 전개해서 포스트 퍼지를 해한다.

62. 보일러 급수의 스케일(관석) 생성 성분 중 경질 스케일을 생성하는 물질은?
① 탄산마그네슘
② 탄산칼슘
③ 수산화칼슘
④ 황산칼슘

[해설] 스케일의 분류 및 원인 성분
㉮ 연질스케일 : 탄산칼슘, 탄산마그네슘, 산화철 등
㉯ 경질스케일 : 황산칼슘, 황산마그네슘, 규산칼슘, 실리카 등
※ 일반적으로 탄산염은 연질스케일, 황산염, 규산염은 경질스케일이 된다.

정답 59. ① 60. ② 61. ④ 62. ④

63. 보일러의 보존을 위한 보일러 청소에 관한 설명으로 틀린 것은?

① 보일러 청소의 목적은 사용 수명을 연장하고 사고를 방지하며 열효율을 향상시키기 위함이다.
② 보일러 청소 횟수를 결정하는 요소에는 보일러 부하, 보일러의 종류, 급수의 성질 등을 들 수 있다.
③ 외부 청소법의 종류에는 증기 청소법, 워터 소킹법, 샌드블라스트법, 스틸쇼트 세정법 등을 들 수 있다.
④ 내부 청소법은 수세법과 물리적 방법으로 나뉘어 진다.

해설 청소 방법의 분류
㉮ 내부 청소방법 : 보일러수 및 증기가 접촉되는 부분의 스케일 등을 청소하는 방법으로 기계적인 방법과 화학적인 방법이 있다.
㉯ 외부 청소방법 : 화염 및 연소가스가 접촉되는 노통이나 연관을 청소하는 방법이다.

64. 수면계의 시험회수 및 점검시기로 틀린 것은?

① 1일 1회 이상 실시한다.
② 2개의 수면계 수위가 다를 때 실시한다.
③ 안전밸브가 작동한 다음에 실시한다.
④ 수면계 수위가 의심스러울 때 실시한다.

해설 수면계의 시험횟수 및 점검시기
㉮ 수면계 점검은 1일 1회 이상 실시한다.
㉯ 보일러를 가동하기 전과 압력이 상승하기 시작했을 때
㉰ 2개의 수면계의 수위에 차이가 발생할 때
㉱ 수위의 움직임이 없고, 수위 지시가 정확하지 않다고 판단될 때
㉲ 보일러 운전 중에 포밍, 프라이밍 현상이 발생하는 때

65. 복사 난방의 특징에 대한 설명으로 틀린 것은?

① 실내의 온도분포가 거의 균등하다.
② 난방의 쾌감도가 좋다.
③ 실내에 방열기가 없으므로 바닥의 이용도가 높다.
④ 열용량이 크므로 외기온도가 급변할 경우 방열량 조절이 쉽다.

해설 복사난방의 특징
(1) 장점
　㉮ 실내온도 분포가 균등하여 쾌감도가 높다.
　㉯ 바닥의 이용도가 높다.
　㉰ 방열기가 필요하지 않다.
　㉱ 방이 개방상태에서도 난방효과가 있다.
　㉲ 손실열량이 비교적 적다.
　㉳ 공기대류가 적으므로 바닥면 먼지 상승이 없다.
(2) 단점
　㉮ 외기온도 급변에 따른 방열량 조절이 어렵다.
　㉯ 초기 시설비가 많이 소요된다.
　㉰ 시공, 수리, 방의 모양을 변경하기가 어렵다.
　㉱ 고장(누수 등)을 발견하기가 어렵다.
　㉲ 열손실을 차단하기 위한 단열층이 필요하다.

66. 스케일의 종류와 성질에 대한 설명으로 틀린 것은?

① 중탄산칼슘은 급수에 용존되어 있는 염류 중에 슬러지를 생성하는 주된 성분이다.
② 중탄산칼슘의 용해도는 온도가 올라갈수록 떨어지기 때문에 높은 온도에서 석출된다.
③ 황산칼슘은 주로 증발관에서 스케일화 되기 쉽다.
④ 중탄산마그네슘은 보일러수 중에서 열분해하여 탄산마그네슘으로 된다.

해설 중탄산칼슘의 용해도는 온도가 올라갈수록 증가하기 때문에 온도가 낮은 부분에서 석출된다.

67. 방열기의 방열량이 700[kcal/m²·h]이고, 난방부하가 5000[kcal/h]일 때 5-650 주철방열기(방열면적 $a = 0.26$[m²/쪽])를 설치하고자 한다. 소요되는 쪽수는?

① 24쪽　　② 28쪽
③ 32쪽　　④ 36쪽

정답 63. ④　64. ③　65. ④　66. ②　67. ②

해설 $N = \dfrac{H_1}{\text{방열기 방열량} \times a} = \dfrac{5000}{700 \times 0.26}$
= 27.472 ≒ 28쪽

68_ 강철제 보일러 수압시험압력에 대한 설명으로 틀린 것은?

① 보일러 최고사용압력이 0.43[MPa] 이하일 때는 그 최고사용압력의 2배의 압력으로 한다.
② 시험압력이 0.2[MPa] 미만일 때는 0.2[MPa]의 압력으로 한다.
③ 보일러 최고사용압력이 0.43[MPa] 초과 1.5[MPa]이하일 때는 그 최고사용압력의 1.3배의 압력으로 한다.
④ 보일러 최고사용압력이 1.5[MPa]를 초과할 때는 그 최고사용압력의 1.5배의 압력으로 한다.

해설 강철제 보일러의 수압시험 압력
㉮ 보일러의 최고사용압력이 0.43[MPa] 이하일 때에는 그 최고사용압력의 2배의 압력으로 한다. 다만, 그 시험압력이 0.2[MPa] 미만인 경우에는 0.2[MPa]로 한다.
㉯ 보일러의 최고 사용압력이 0.43[MPa]_과 1.5[MPa] 이하일 때에는 그 최고사용압력의 1.3배에 0.3[MPa]를 더한 압력으로 한다.
㉰ 보일러의 최고사용압력이 1.5[MPa]를 초과할 때에는 그 최고사용압력의 1.5배의 압력으로 한다.

69_ 에너지이용 합리화법에 따라 에너지사용량이 대통령령으로 정하는 기준량 이상인 자는 매년 언제까지 신고해야 하는가?

① 1월 31일 ② 3월 31일
③ 6월 30일 ④ 12월 31일

해설 에너지다소비사업자의 신고(에너지이용 합리화법 제31조) : 매년 1월 31일까지 시·도지사에 신고

70_ 회전차(impeller)의 둘레에 안내깃을 달고 이 것에 의해 물의 속도를 압력으로 변화시켜 급수하는 펌프는?

① 인젝터펌프 ② 분사펌프
③ 원심펌프 ④ 피스톤펌프

해설 원심펌프(centrifugal pump) : 한 개 또는 여러 개의 임펠러를 밀폐된 케이싱 내에서 회전시켜 발생하는 원심력을 이용하여 액체를 이송하거나 압력을 상승시켜 축과 직각 방향으로 토출된다. 용량에 비하여 소형이고 설치면적이 작으며, 기동 시 펌프내부에 유체를 충분히 채워야 한다. (프라이밍 작업) 볼류트 펌프(volute pump)와 터빈 펌프(turbine pump)가 있다.

71_ 에너지이용 합리화법에 따라 에너지다소비사업자가 매년 그 에너지사용시설이 있는 지역을 관할하는 시·도지사에게 신고하여야 하는 사항이 아닌 것은?

① 전년도의 분기별 에너지사용량
② 해당 연도의 분기별 에너지이용 합리화 실적
③ 에너지관리자의 현황
④ 해당 연도의 분기별 제품생산예정량

해설 에너지다소비사업자의 신고 사항 : 에너지이용 합리화법 제31조
㉮ 전년도의 분기별 에너지 사용량, 제품 생산량
㉯ 해당 연도의 분기별 에너지사용 예정량, 제품생산 예정량
㉰ 에너지사용기자재의 현황
㉱ 전년도의 분기별 에너지이용 합리화 실적 및 해당 연도의 계획
㉲ 에너지관리자의 현황

72_ 프라이밍, 포밍의 발생 원인으로 틀린 것은?

① 보일러수에 유지분이 다량 포함되어 있다.
② 증기부하가 급변하고 고수위로 운전하였다.
③ 보일러수가 과도하게 농축되었다.
④ 송기밸브를 천천히 열어 송기했다.

정답 68. ③ 69. ① 70. ③ 71. ② 72. ④

| 해설 | 포밍, 프라이밍 현상의 발생원인
㉮ 보일러 관수의 농축
㉯ 유지분, 알칼리분, 부유물 함유
㉰ 주증기 밸브의 급격한 개방
㉱ 부하의 급격한 변화
㉲ 증기발생 속도가 빠를 때
㉳ 청관제 사용이 부적합
㉴ 보일러 수위가 높음

| 해설 | 2년 이하의 징역 또는 2000만원 이하의 벌금 : 에너지이용 합리화법 제72조
㉮ 에너지저장시설의 보유 또는 저장의무의 부과 시 정당한 이유 없이 이를 거부하거나 이행하지 아니한 자
㉯ 수급안정을 위한 조치에 따른 조정, 명령 등의 조치(법 제7조 2항)를 위반한 자
㉰ 법 제63조에 따른 공단의 임직원으로 근무하거나 근무하였던 사람이 그 직무상 알게 된 비밀을 누설하거나 도용하였을 때

73_ 보일러의 증기 배관에서 수격작용의 발생을 방지하는 방법으로 틀린 것은?

① 환수관 등의 배관 구배를 작게 한다.
② 배관 관경을 크게 한다.
③ 송기를 급격히 하지 않는다.
④ 증기관의 드레인 빼기장치로 관내의 드레인을 완전히 배출한다.

| 해설 | 수격작용(water hammer) 방지법
㉮ 기수공발(carry over) 현상 발생을 방지할 것
㉯ 주증기 밸브를 서서히 개방할 것
㉰ 증기배관의 보온을 철저히 할 것
㉱ 응축수가 체류하는 곳에 증기트랩을 설치할 것
㉲ 드레인 빼기를 철저히 할 것
㉳ 송기 전에 소량의 증기로 배관을 예열할 것 → 난관(暖管)조작
㉴ 증기관은 증기가 흐르는 방향으로 경사가 지도록 한다.

74_ 다음 중 에너지이용 합리화법에 따라 2년 이하의 징역 또는 2000만원 이하의 벌금 기준에 해당하는 것은?

① 에너지 저장의무를 이행하지 아니한 경우
② 검사대상기기 관리자를 선임하지 아니한 경우
③ 검사대상기기의 사용정지 명령에 위반한 경우
④ 검사대상기기를 설치하고 검사를 받지 아니하고 사용한 경우

75_ 보일러수의 이상증발 예방대책이 아닌 것은?

① 송기에 있어서 증기밸브를 빠르게 연다.
② 보일러수의 블로우 다운을 적절히 하여 보일러수의 농축을 막는다.
③ 보일러의 수위를 너무 높이지 않고 표준수위를 유지하도록 제어한다.
④ 보일러수의 유지분이나 불순물을 제거하고 청관제를 넣어 보일러수 처리를 한다.

| 해설 | 보일러수의 이상증발 예방대책
㉮ 증기밸브를 급개하지 않는다.
㉯ 보일러수의 블로다운을 적절히 한다.
㉰ 보일러수의 급수처리를 엄격히 한다.
㉱ 보일러의 수위를 표준수위로 유지한다.

76_ 노통연관 보일러의 유지해야 할 최저수위 위치로 옳은 것은? (단, 연관이 노통보다 30[mm] 높은 경우이다.)

① 연관 최상면에서 100[mm] 상부에 오도록 한다.
② 연관 최상면에서 75[mm] 상부에 오도록 한다.
③ 노통 상면에서 100[mm] 상부에 오도록 한다.
④ 노통 상면에서 75[mm] 상부에 오도록 한다.

오답 73. ① 74. ① 75. ① 76. ②

해설 보일러의 안전저수위

보일러의 종류	안 전 저 수 위
입형 보일러	연소실 천정판 최고부위 75[mm] 상부
직립 연관 보일러	연소실 천정판 최고부위에서 연관길이의 1/3 지점
횡연관 보일러	연관 최고부위 75[mm] 상부
노통 보일러	노통 최고부위 100[mm] 상부
노통 연관 보일러	- 연관이 노통보다 높을 경우 : 연관 최고부위 75[mm] 상부 - 노통이 연관보다 높을 경우 : 노통 최고부위 100[mm] 상부

구분	품 목 명	설치, 시공범위
보일러 (기관)	강철제보일러, 주철제보일러, 온수보일러, 구멍탄용 온수보일러, 축열식 전기보일러, 캐스케이드 보일러, 가정용 화목보일러	해당기기의 설치, 배관 및 세관
태양열 집열기	태양열 집열기	해당기기의 설치, 배관 및 세관
압력 용기	1종 압력용기, 2종 압력용기	해당기기의 설치, 배관 및 세관
요업 요로	연속식 유리용융가마, 불연속식 유리용융가마, 유리용융도가니가마, 터널가마, 도염식 가마, 셔틀가마, 회전가마, 석회용선가마	해당기기의 설치를 위한 시공
금속 요로	용선로, 비철금속용융로, 금속 소둔로, 철금속가열로, 금속균열로	해당기기의 설치를 위한 시공

77. 온수난방에서 각 방열기에 공급되는 유량분배를 균등히 하여 전후방 방열기의 온도차를 최소화 시키는 방식으로 환수배관의 길이가 길어지는 단점이 있는 배관 방식은?

① 하트포드 배관법
② 역환수식 배관법
③ 콜드 드래프트 배관법
④ 직접 환수식 배관법

해설 역환수식 배관법(reversed return system) : 역귀환 환수 방식이라 하며 각 방열기에 공급되는 온수의 양을 일정하게 배분하기 위하여 공급 및 환수관의 길이가 같도록 배관하는 방식으로 방열기 전, 후 온도차를 최소화시킬 수 있지만 환수관의 길이가 길어지는 단점이 있다.

78. 에너지이용 합리화법에 따라 특정열사용기자재 시공업을 할 경우에는 시·도지사에게 등록하여야 한다. 이때 특정열사용기자재 시공업의 범주에 포함되지 않는 것은?

① 기자재의 설치
② 기자재의 제조
③ 기자재의 시공
④ 기자재의 세관

해설 특정열사용기자재 및 설치·시공범위 : 에너지이용 합리화법 시행규칙 제31조의5, 별표3의2

79. 에너지이용 합리화법에 따라 강철제 보일러 및 주철제 보일러에서 계속사용검사의 면제대상 범위에 해당되지 않는 것은?

① 전열면적 5[m^2] 이하의 증기보일러로서 대기에 개방된 안지름이 25[mm] 이상이 증기관이 부착된 것
② 전열면적 5[m^2] 이하의 증기보일러로서 수두압이 5[m] 이하이며 안지름이 25[mm] 이상인 대기에 개방된 U자형 입관이 보일러의 증기부에 부착된 것
③ 온수보일러로서 유류·가스 외의 연료를 사용하는 것으로 전열면적이 30[m^2] 이상인 것
④ 온수보일러로서 가스 외의 연료를 사용하는 주철제 보일러

해설 강철제 보일러 및 주철제 보일러의 계속사용검사의 면제대상 범위 : 에너지이용 합리화법 시행규칙 제31조의13, 별표3의6
(1) 전열면적 5[m^2] 이하의 증기보일러로서 다음 어느 하나에 해당되는 것
㉮ 대기에 개방된 안지름이 25[mm] 이상인 증기관이 부착된 것

정답 77. ② 78. ② 79. ③

㉯ 수두압이 5[m] 이하이며 안지름이 25[mm] 이상인 대기에 개방된 U자형 입관이 보일러의 증기부에 부착된 것

(2) 온수보일러로서 다음 어느 하나에 해당하는 것
㉮ 유류, 가스 외의 연료를 사용하는 것으로서 전열면적이 30[m²] 이하인 것
㉯ 가스 외의 연료를 사용하는 주철제 보일러

80. 에너지이용 합리화법에 따라 산업통상자원부장관은 에너지관리지도 결과, 에너지가 손실되는 요인을 줄이기 위하여 필요하다고 인정하는 경우에 에너지다소비사업자에게 어떤 조치를 할 수 있는가?

① 에너지손실 요인의 개선을 명할 수 있다.
② 벌금을 부과할 수 있다.
③ 시공업의 등록을 말소시킬 수 있다.
④ 에너지사용정지를 명할 수 있다.

[해설] 개선명령(에너지이용 합리화법 제34조) : 산업통상자원부장관은 에너지관리지도 결과, 에너지가 손실되는 요인을 줄이기 위하여 필요하다고 인정되면 에너지다소비사업자에게 에너지손실요인의 개선을 명할 수 있다.

정답 80. ①

2018년 4월 28일
제2회 에너지관리산업기사 필기시험

1과목 - 열역학 및 연소관리

01. 전기식 집진장치의 특징에 관한 설명으로 틀린 것은?

① 집진효율이 90~99.5[%] 정도로 높다.
② 고전압장치 및 정전설비가 필요하다.
③ 미세입자 처리도 가능하다.
④ 압력손실이 크다.

해설 전기식 집진장치 특징
㉮ 집진효율이 90~99.9[%]로서 가장 높다.
㉯ 압력손실이 적고, 미세한 입자 제거에 용이하다.
㉰ 대량의 가스를 취급할 수 있다.
㉱ 보수비, 운전비가 적다.
㉲ 설치 소요면적이 크고, 설비비가 많이 소요된다.
㉳ 부하변동에 적응이 어렵다.
㉴ 포집입자의 지름은 0.05~20[μm] 정도이다.

02. 사이클론식 집진기는 어떤 성질을 이용한 것인가?

① 관성력   ② 부력
③ 원심력   ④ 중력

해설 원심력 집진장치 : 함진가스에 선회운동을 주어 입자에 원심력을 작용시켜 입자를 분리하는 방식으로 사이클론식과 멀티클론식이 있다.

03. 냉동기에서의 성능계수 COP_R과 열펌프에서의 성능계수 COP_H와의 관계식으로 옳은 것은?

① $COP_R = COP_H$
② $COP_R = COP_H + 1$
③ $COP_R = COP_H - 1$
④ $COP_R = 1 - COP_H$

해설 ㉮ 냉동기의 성능계수 $COP_R = \dfrac{Q_2}{W}$ 와

열펌프의 성능계수 $COP_H = \dfrac{Q_1}{W}$ 에서

$W = Q_1 - Q_2$ 이므로 $Q_2 = Q_1 - W$ 이다.

㉯ 냉동기 성능계수 식 Q_2에 $Q_1 - W$를 대입하면

$\therefore COP_R = \dfrac{Q_2}{W} = \dfrac{Q_1 - W}{W} = \dfrac{Q_1}{W} - \dfrac{W}{W}$

$= \dfrac{Q_1}{W} - 1 = COP_H - 1$

04. 그림은 $P-T$(압력-온도) 선도상에서의 물의 상태도이다. 다음 설명 중 틀린 것은?

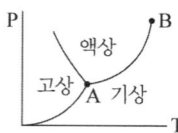

① A점을 삼중점이라 한다.
② B점을 임계점이라 한다.
③ B점을 온도의 기준점으로 사용된다.
④ 곡선 AB는 증발곡선을 표시한다.

해설 임계점의 특징
㉮ 증기와 포화수간의 비중량이 같다.
㉯ 증발현상이 없다.
㉰ 증발잠열은 0이 된다.

정답 1. ④ 2. ③ 3. ③ 4. ③

05. 가스가 40[kJ]의 열량을 받음과 동시에 외부에 30[kJ]의 일을 했다. 이 때 이 가스의 내부에너지 변화량은?

① 10[kJ] 증가 ② 10[kJ] 감소
③ 70[kJ] 증가 ④ 70[kJ] 감소

해설 $dq = du + dW$이므로
∴ $du = dq - dW = 40 - 30 = 10$ [kJ]
∴ 내부에너지는 10[kJ] 증가한다.

06. 산소를 일정 체적하에서 온도를 27[℃]로부터 −3[℃]로 강하시켰을 경우 산소의 엔트로피 [kJ/kg·K]의 변화는 얼마인가? (단, 산소의 정적비열은 0.654[kJ/kg·K]이다.)

① −0.0689 ② 0.0689
③ −0.0582 ④ 0.0582

해설 $\Delta S = C_v \ln \dfrac{T_2}{T_1} = 0.654 \times \ln \dfrac{273-3}{273+27}$
$= -0.0689$ [kJ/kg·K]

07. 열역학 제1법칙과 가장 밀접한 관련이 있는 것은?

① 시스템의 에너지 보존
② 시스템의 열역학적 반응속도
③ 시스템의 반응방향
④ 시스템의 온도효과

해설 열역학 법칙
㉮ 열역학 제0법칙 : 열평형의 법칙
㉯ 열역학 제1법칙 : 에너지보존의 법칙
㉰ 열역학 제2법칙 : 방향성의 법칙
㉱ 열역학 제3법칙 : 어떤 계 내에서 물체의 상태변화 없이 절대온도 0도에 이르게 할 수 없다.

08. 86보일러 마력에 60[℃]의 물을 공급하여 686.48[kPa]의 포화수증기를 제조한다. 보일러 효율이 72[%]이고, 연료 소비량이 100[kg/h]이라고 할 때, 이 연료의 저위 발열량[MJ/kg]은? (단, 686.48[kPa] 포화수증기의 엔탈피는 2.763 [MJ/kg]이다.)

① 31.31 ② 36.57
③ 42.18 ④ 45.39

해설 ㉮ 1보일러 마력의 상당증발량(G_e)은 15.65[kg/h] 이고, 1[kcal]는 4.185[kJ/kg]이므로, 물의 증발잠열 539 [kcal/kg]은 2256[kJ/kg]에 해당된다.
㉯ 연료의 저위발열량 계산
$\eta = \dfrac{G_a(h_2 - h_1)}{G_f H_l} \times 100 = \dfrac{2256 G_e}{G_f H_l} \times 100$ 이다.
∴ $H_l = \dfrac{2256 G_e}{G_f \eta} = \dfrac{2256 \times (86 \times 15.65)}{100 \times 0.72}$
$= 42171.533$ [kJ/kg] $= 42.171$ [MJ/kg]

09. 급수 중 용존하고 있는 O₂, CO₂ 등의 용존 기체를 분리 제거하는 것을 무엇이라고 하는가?

① 폭기법 ② 기폭법
③ 탈기법 ④ 이온교환법

해설 용존가스 처리법
㉮ 기폭법(폭기법) : 헨리의 법칙을 이용한 것으로 급수 중에 포함되어 있는 탄산가스(CO₂), 황화수소(H₂S), 암모니아(NH₃) 등의 기체성분과 철(Fe), 망간(Mn) 등을 제거하는 방법으로 공기 중에서 물을 아래로 뿌려 내리는 강수방식과 급수 중에 공기를 흡입하는 방법이 있다.
㉯ 탈기법 : 탈기기(deaerator)를 이용하여 급수 중의 산소(O₂), 탄산가스(CO₂) 등의 용존가스를 제거하는 방법으로 진공 탈기법과 가열 탈기법이 있다.

10. 탄소 0.87, 수소 0.1, 황 0.03의 연료가 있다. 과잉공기 50[%]를 공급할 경우 실제 건배기가스량[Nm³/kg]은?

① 8.89 ② 9.94
③ 10.5 ④ 15.19

정답 5. ① 6. ① 7. ① 8. ③ 9. ③ 10. ④

해설 ㉮ 이론공기량 계산
$$\therefore A_0 = 8.89C + 26.67\left(H - \frac{O}{8}\right) + 3.33S$$
$$= 8.89 \times 0.87 + 26.67 \times 0.1 + 3.33 \times 0.03$$
$$= 10.501 [\text{Nm}^3/\text{kg}]$$
㉯ 이론 건연소가스량 계산
$$\therefore G_{0d} = 8.89C + 21.1H - 2.63O + 3.33S + 0.8N$$
$$= 8.89 \times 0.87 + 21.1 \times 0.1 + 3.33 \times 0.03$$
$$= 9.944 [\text{Nm}^3/\text{kg}]$$
㉰ 실제 건연소가스량 계산
$$\therefore G_d = G_{0d} + B = G_{0d} + (m-1)A_0$$
$$= 9.944 + (1.5 - 1) \times 10.501$$
$$= 15.194 [\text{Nm}^3/\text{kg}]$$

11. 고체나 유체에서 서로 접하고 있는 물질의 구성분자 간에 정지 상태에서 열에너지가 고온의 분자로부터 저온의 분자로 이동하는 현상을 무엇이라 하는가?

① 열전도   ② 열관류
③ 열발생   ④ 열전달

해설 열전도(conduction) : 고체를 매개체로 하여 열이 고온에서 저온으로 이동하는 현상으로 푸리에(Fourier)의 법칙이 적용된다.

12. 어떤 온수보일러의 수두압이 30[m]일 때, 이 보일러에 가해지는 압력[kgf/cm²]은?

① 0.3   ② 3
③ 3000   ④ 30000

해설 $P = \gamma \times h = 1000 \times 30 \times 10^{-4} = 3 [\text{kgf/cm}^2]$

13. 다음 중 기체 연료의 장점이 아닌 것은?

① 연소가 균일하고 연소조절이 용이하다.
② 회분이나 매연이 없어 청결하다.
③ 저장이 용이하고 설비비가 저가이다.
④ 연소효율이 높고 점화소화가 용이하다.

해설 기체연료의 특징
(1) 장점
 ㉮ 연소효율이 높고 연소제어가 용이하다.
 ㉯ 회분 및 황성분이 없어 전열면 오손이 없다.
 ㉰ 적은 공기비로 완전연소가 가능하다.
 ㉱ 저발열량의 연료로 고온을 얻을 수 있다.
 ㉲ 완전연소가 가능하여 공해문제가 없다.
(2) 단점
 ㉮ 저장 및 수송이 어렵다.
 ㉯ 가격이 비싸고 시설비가 많이 소요된다.
 ㉰ 누설 시 화재, 폭발의 위험이 크다.

14. 열과 일에 대한 설명으로 틀린 것은?

① 모두 경계를 통해 일어나는 현상이다.
② 모두 경로함수 이다.
③ 모두 불완전 미분형을 갖는다.
④ 모두 양수의 값을 갖는다.

해설 열역학 제1법칙에서 열과 일은 서로 전환이 가능한 것으로 모두 양수의 값을 갖지 않는다.

15. 오일 버너 중 유량 조절범위가 1 : 10 정도로 크며, 가동 시 소음이 큰 버너는?

① 유압 분무식   ② 회전 분무식
③ 저압 공기식   ④ 고압 기류식

해설 고압 기류식 분무버너(고압공기 분무식) 특징
㉮ 종류 : 증기분무식, 내부혼합식, 외부혼합식, 중간혼합식
㉯ 분무매체 : 공기, 증기(2~7[kgf/cm²])
㉰ 연료유압 : 0.3~6[kgf/cm²]
㉱ 분무각도 : 30°
㉲ 유량 조절범위 1 : 10이다.
㉳ 고점도 연료도 무화가 가능하다.
㉴ 연소 시 소음발생이 심하다.
㉵ 부하변동이 큰 곳에 적당하다.
㉶ 분무용 공기량은 이론공기량의 7~12[%] 정도 소요된다.

정답 11. ① 12. ② 13. ③ 14. ④ 15. ④

16. 디젤기관의 열효율은 압축비 ϵ, 차단비(또는 단절비) σ와 어떤 관계가 있는가?

① ϵ와 σ가 증가할수록 열효율이 커진다.
② ϵ와 σ가 감소할수록 열효율이 커진다.
③ ϵ가 감소하고, σ가 증가할수록 열효율이 커진다.
④ ϵ가 증가하고, σ가 감소할수록 열효율이 커진다.

해설 디젤 사이클 효율 계산식

$$\therefore \eta_d = \frac{W}{q_1} = 1 - \frac{q_2}{q_1} = 1 - \frac{1}{k} \times \frac{T_3 - T_4}{T_2 - T_1}$$

$$= \left\{ 1 - \left(\frac{1}{\epsilon}\right)^{k-1} \times \left(\frac{\sigma^k - 1}{k(\sigma - 1)}\right) \right\}$$

∴ 디젤 사이클에서 효율은 압축비(ϵ)와 차단비(σ)의 함수이므로 압축비가 크고 차단비(체절비)가 작을수록 효율이 증가한다.

17. 다음 중 석탄의 원소분석 방법이 아닌 것은?
① 리비히법 ② 에쉬카법
③ 라이트법 ④ 켈달법

해설 석탄의 원소분석 방법
㉮ 탄소, 수소 : 세필드법, 리비히법
㉯ 질소 : 켈달법
㉰ 전황분 : 에쉬카법, 연소 용량법, 산소 봄브법
㉱ 불연성 황분 : 연소 중량법, 연소용량법

18. 체적이 5.5[m³]인 기름의 무게가 4500[kgf]일 때 이 기름의 비중은?
① 1.82 ② 0.82
③ 0.63 ④ 0.55

해설 $s = \dfrac{W}{V} = \dfrac{4500}{5.5 \times 1000} = 0.818$

19. 다음 중 열의 단위 1[kcal]와 다른 값은?
① 426.8[kgf·m] ② 1[kWh]
③ 0.00158[PSh] ④ 4.1855[kJ]

해설 1[kcal] : 순수한 물 1[kg] 온도를 14.5[℃]의 상태에서 15.5[℃]로 상승시키는 데 소요되는 열량이다.
※ 1[kcal] = 426.8[kgf·m] = 4.1855[kJ]
     = 0.00158[PSh] = 0.00116[kWh]이다.
※ 1[kWh] = 860[kcal/h]이다.

20. 보일러의 연소 온도에 직접적으로 영향을 미치는 인자로 가장 거리가 먼 것은?
① 산소의 농도
② 연료의 발열량
③ 공기비
④ 연료의 단위 중량

해설 연소온도에 영향을 주는 요소
㉮ 연소용 공기 중의 산소농도
㉯ 연료의 저위발열량
㉰ 연소용 공기의 공기비
㉱ 연소효율
※ 연료의 저위발열량은 연소온도에 영향을 주지만 변화는 적은 편이다.

2과목 - 계측 및 에너지진단

21. 다음 중 보일러 부하율[%]을 바르게 나타낸 것은?

① $\dfrac{\text{최대 연속 증기발생량}}{\text{상당증기발생량}} \times 100$

② $\dfrac{\text{상당증기발생량}}{\text{최대 연속 증기발생량}} \times 100$

③ $\dfrac{\text{실제증기발생량}}{\text{최대 연속 증기발생량}} \times 100$

④ $\dfrac{\text{최대 연속 증기발생량}}{\text{실제증기발생량}} \times 100$

해설 보일러 부하율 : 1시간 동안 연료의 연소에 의해서 실제로 발생되는 증발량과 최대 연속 증발량과의 비이다.

$$\therefore 보일러 부하율[\%] = \dfrac{\text{실제 증발량}}{\text{최대 연속 증발량}} \times 100$$

정답 16. ④ 17. ③ 18. ② 19. ② 20. ④ 21. ③

22_ 상당증발량(G_e[kg/h])을 구하는 공식으로 맞는 것은? (단, G는 실제 증발량[kg/h], h_2는 발생증기의 엔탈피[kJ/kg], h_1는 급수의 엔탈피[kJ/kg]이다.)

① $G_e = \dfrac{G(h_1 - h_2)}{2256}$

② $G_e = \dfrac{G(h_2 - h_1)}{2256}$

③ $G_e = \dfrac{G(h_1 - h_2)}{226}$

④ $G_e = \dfrac{G(h_2 - h_1)}{226}$

해설 상당 증발량(환산 증발량) : 실제 증발량을 기준 증발량으로 환산하였을 때의 증발량. 즉, 100[℃]의 포화수를 100[℃]의 건조포화증기로 발생시킬 수 있는 증발량으로 단위는 [kg/h]이다.
㉮ 공학단위 : $G_e = \dfrac{G_a(h_2 - h_1)}{539}$
㉯ SI단위 : $G_e = \dfrac{G(h_2 - h_1)}{2256}$

23_ 절대단위계 및 중력 단위계에 대한 설명으로 옳은 것은?
① MKS단위계는 길이[m], 질량[kg], 시간[s]을 기준으로 한다.
② 절대단위계는 질량(F), 길이(L), 시간(T)을 기준으로 한다.
③ 중력단위계는 힘(F), 길이(k), 시간(s)을 기준으로 한다.
④ 기계공학 분야에는 중력단위를 사용해서는 안 된다.

해설 절대단위계와 중력단위계
㉮ 절대단위계 : 질량(M), 길이(L), 시간(T)을 기준으로 하는 단위로 MKS 단위계에서는 길이[m], 질량[kg], 시간[s]을, CGS 단위계에서는 길이[cm], 질량[g], 시간[s]을 기준으로 한다.

㉯ 공학단위계 : 힘(F), 길이(L), 시간(T)을 기준으로 하는 단위로 MKS 단위계에서는 길이[m], 중량[kgf], 시간[s]을, CGS 단위계에서는 길이[cm], 중량[gf], 시간[s]을 기준으로 한다.

24_ 아스팔트유, 윤활유, 절삭유 등 인화점 80[℃] 이상의 석유제품의 인화점 측정에 사용하는 시험기는?
① 타그 밀폐식
② 타그 개방방식
③ 클리블랜드 개방식
④ 아벨펜스키 밀폐식

해설 인화점 시험방법의 종류

	구 분	인화점
개방식	클리블랜드식	80[℃] 이상
	타그법	80[℃] 이하
밀폐식	타그법	80[℃] 이하
	아벨펜스키식	50[℃] 이하
	펜스키마텐스식	50[℃] 이상

※ 태그 개방식은 휘발성 가연물질에 해당

25_ 다음 중 보일러 자동제어 장치의 종류로 가장 거리가 먼 것은?
① 연소제어
② 급수제어
③ 급유제어
④ 증기온도제어

해설 보일러 자동제어(A·B·C)의 종류

명 칭	제어량	조작량
자동연소제어 (ACC)	증기압력	공기량, 연료량
	노내압	연소가스량
급수제어(FWC)	보일러 수위	급수량
증기온도제어 (STC)	증기온도	전열량
증기압력제어 (SPC)	증기압력	연료공급량, 연소용 공기량

정답 22. ② 23. ① 24. ③ 25. ③

26. 오르사트 분석계에서 채취한 시료량 50[cc] 중 수산화칼륨 30[%] 용액에 흡수되고 남은 양이 41.8[cc]이었다면, 흡수된 가스의 원소와 그 비율은?

① O_2, 16.4[%] ② CO_2, 16.4[%]
③ O_2, 8.2[%]   ④ CO_2, 8.2[%]

[해설]
(1) 오르사트식 분석 순서 및 흡수제
  ㉮ CO_2 : 수산화칼륨(KOH) 30% 수용액
  ㉯ O_2 : 알칼리성 피로갈롤 용액
  ㉰ CO : 암모니아성 염화제1구리($CuCl_2$) 용액
(2) 성분 비율 계산

$$\therefore 성분 비율[\%] = \frac{체적감량}{시료가스량} \times 100$$
$$= \frac{현재부피 - 남은양}{시료량} \times 100$$
$$= \frac{50 - 41.8}{50} \times 100 = 16.4[\%]$$

※ 수산화칼륨(KOH)에 흡수된 가스는 이산화탄소(CO_2)이며 그 비율은 16.4[%]이다.

27. 상자성체이므로 자력을 이용하여 자기풍을 발생시켜 농도를 측정할 수 있는 기체는?

① 산소   ② 수소
③ 이산화 탄소 ④ 메탄가스

[해설] 자기식 O_2계(분석기) : 일반적인 가스는 반자성체에 속하지만 산소(O_2)는 자장에 흡입되는 강력한 상자성(常磁性)체인 것을 이용한 산소 분석기이다.

28. 열전 온도계에 사용되는 보상도선에 대한 설명으로 옳은 것은?

① 열전대의 보호관 단자에서 냉접점 단자까지 상용하는 도선이다.
② 열전대를 기계적으로나 화학적으로 보호하기 위해서 사용한다.
③ 열전대와 다른 특성을 가진 전선이다.
④ 주로 백금과 마그네슘의 합금으로 만든다.

[해설] 보상도선(補償導線)은 열전대의 단자 부분이 온도변화에 따라 생기는 오차를 보상하기 위하여 사용되는 선으로 구리(Cu), 니켈(Ni) 합금의 저항선으로 사용된다.

29. P동작의 비례이득이 4일 경우 비례대는 몇 [%]인가?

① 20 ② 25 ③ 30 ④ 40

[해설]
$$비례대 = \frac{1}{비례이득(비례감도)} \times 100$$
$$= \frac{1}{4} \times 100 = 25[\%]$$

30. 다음 중 용적식 유량계가 아닌 것은?

① 벤투리식   ② 오벌기어식
③ 로터리피스톤식 ④ 루트식

[해설] 유량계의 구분 및 종류
㉮ 용적식 : 오벌기어식, 루트(roots)식, 로터리 피스톤식, 로터리 베인식, 습식가스미터, 막식 가스미터 등
㉯ 간접식 : 차압식, 유속식, 면적식, 전자식, 와류식 등

31. 출력이 일정한 값에 도달한 이후의 제어계의 특성을 무엇이라고 하는가?

① 과도특성 ② 스텝특성
③ 정상특성 ④ 주파수응답

[해설] 정상특성 : 자동제어계의 요소가 완전히 정상 상태로 이루어졌을 때 제어계의 응답으로 정상응답(ordinary response)이라고 한다.

32. 다음 중 제어 계기의 공기압 신호의 압력범위는 일반적으로 몇 [kg/cm²]인가?

① 0.01~0.05 ② 0.06~0.1
③ 0.2~1.0   ④ 2.0~5.0

정답 26. ② 27. ① 28. ① 29. ② 30. ① 31. ③ 32. ③

해설 공기압식의 압력 및 전송거리
㉮ 압력 : 0.2~1.0[kgf/cm²]
㉯ 전송거리 : 100~150[m]

33. 열정산에서 입열에 해당되는 것은?
① 공기의 현열
② 발생증기의 흡수열
③ 배기가스의 손실열
④ 방산에 의한 손실열

해설 열정산 시 입·출열 항목
(1) 입열(入熱) 항목
  ㉮ 연료의 발열량(연료의 연소열)
  ㉯ 연료의 현열
  ㉰ 공기의 현열
  ㉱ 노내 취입 증기 또는 온수에 의한 입열
(2) 출열(出熱) 항목
  ㉮ 배기가스 보유열량
  ㉯ 증기의 보유열량
  ㉰ 불완전연소에 의한 열손실
  ㉱ 미연분에 의한 열손실
  ㉲ 노벽의 흡수열량
  ㉳ 재의 현열

34. 다음 압력계 중 가장 높은 압력을 측정할 수 있는 것은?
① 다이어프램식 압력계
② 벨로스식 압력계
③ 부르동관식 압력계
④ U자관식 압력계

해설 부르동관(bourdon tube) 압력계 : 2차 압력계중 대표적인 것으로 측정범위가 0~3000[kgf/cm²]으로 고압측정이 가능하다.

35. 다음 액면계에 대한 설명 중 옳지 않은 것은?
① 공기압을 이용하여 액면을 측정하는 액면계는 퍼지식 액면계이다.
② 고압 밀폐 탱크의 액면제어용으로 가장 많이 사용하는 것은 부자식 액면계이다.
③ 기준 수위에서 압력과 측정액면에서의 압력차를 비교하여 액위를 측정하는 것은 차압식 액면계이다.
④ 관내의 공기압과 액압이 같아지는 압력을 측정하여 액면의 높이를 측정하는 것은 정전 용량식 액면계이다.

해설 정전 용량식 액면계 : 정전 용량 검출 탐사침(probe)을 액중에 넣어 검출되는 물질의 유전율을 이용하여 액면을 측정하는 것으로 온도에 따라 유전율이 변화되는 곳에서는 사용이 부적합하다.

36. 다음 서미스터 저항온도계에 사용되는 서미스터 재질 중 가장 적절하지 않은 것은?
① 코발트   ② 망간
③ 니켈   ④ 크롬

해설 서미스터(thermistor)의 재질 : 금속산화물을 사용하여 압축, 소결시켜 만든 것으로 사용원료는 니켈(Ni), 코발트(Co), 망간(Mn), 철(Fe), 구리(Cu) 등을 사용한다.

37. 대유량의 측정에 적합하고, 비전도성 액체라도 유량 측정이 가능하며 도플러효과를 이용한 유량계는?
① 플로노즐유량계
② 벤투리유량계
③ 임펠러유량계
④ 초음파유량계

해설 초음파 유량계 : 초음파의 유속과 유체 유속의 합이 비례한다는 도플러 효과를 이용한 유량계로 측정체가 유체와 접촉하지 않고, 정확도가 아주 높으며, 고온, 고압, 부식성 유체에도 사용이 가능하다.

정답 33. ① 34. ③ 35. ④ 36. ④ 37. ④

38. 다음 출열 항목 중 열손실이 가장 큰 것은?
① 방산에 의한 손실
② 배기가스에 의한 손실
③ 불완전 연소에 의한 손실
④ 노 내 분입 증기에 의한 손실

해설 배기가스에 의한 손실이 보일러 출열 항목 중 가장 큰 비중을 차지한다.

39. 다음 중 열량의 계량 단위가 아닌 것은?
① 주울[J]
② 와트[W]
③ 와트초[WS]
④ 칼로리[kcal]

해설 와트[W] : 동력의 SI단위로 1[W]는 1[J/s]에 해당된다.
※ 열량의 단위 : 공학단위 – 칼로리[kcal], SI단위 – 줄[J], 와트초[WS]

40. 다음 중 화학적 가스 분석계의 종류로 옳은 것은?
① 열전도율법 ② 연소열법
③ 도전율법 ④ 밀도법

해설 가스 분석계의 분류 및 종류
(1) 화학적 가스 분석계
  ㉮ 연소열을 이용한 것
  ㉯ 용액흡수제를 이용한 것
  ㉰ 고체 흡수제를 이용한 것
(2) 물리적 가스 분석계
  ㉮ 가스의 열전도율을 이용한 것
  ㉯ 가스의 밀도, 점도차를 이용한 것
  ㉰ 가스의 광학적 성질(빛의 간섭)을 이용한 것
  ㉱ 전기전도도를 이용한 것
  ㉲ 가스의 자기적 성질을 이용한 것
  ㉳ 가스의 반응성을 이용한 것
  ㉴ 적외선 흡수를 이용한 것

3과목 - 열설비구조 및 시공

41. 축열기(steam accumulator)를 설치했을 경우에 대한 설명으로 틀린 것은?
① 보일러 증기측에 설치하는 변압식과 보일러 급수측에 설치하는 정압식이 있다.
② 보일러 용량 부족으로 인한 증기의 과부족을 해소할 수 있다.
③ 연료 소비량을 감소시킨다.
④ 부하변동에 대한 압력변동이 발생한다.

해설 증기 축열기(steam accumulator) : 보일러에서 연소량을 일정하게 하고 과잉열량을 축열기 내의 물에 저장하고 부하가 증가하면 증기를 공급하여 증기 부족을 해소하는 장치로 변압식과 정압식이 있다.
㉮ 변압식 : 고압 증기를 물에 통과시키고 응축시켜 저장하고, 부하가 증가하면 저압의 증기상태로 하여 이용하는 형식으로 증기측에 설치한다.
㉯ 정압식 : 부하 감소 시 여분의 관수나 증기로 급수를 예열하고 부하가 증가하면 급수하여 연소량은 일정한 상태가 유지되면서 다량의 고압증기를 얻는 방식으로 급수측에 설치한다.

42. 다음 중 무기질 보온재에 속하는 것은?
① 규산칼슘 보온재
② 양모 펠트 보온재
③ 탄화 코르크 보온재
④ 기포성 수지 보온재

해설 재질에 의한 보온재 분류
㉮ 유기질 보온재 : 펠트, 코르크, 기포성 수지(우레탄폼)
㉯ 무기질 보온재 : 석면, 암면, 규조토, 탄산마그네슘, 유리섬유
㉰ 금속질 보온재 : 알루미늄 박(泊)

정답 38. ② 39. ② 40. ② 41. ④ 42. ①

43_ T형 필릿 용접이음에서 모재의 두께를 h[mm], 하중을 W[kg], 용접길이를 l[mm]이라 할 때 인장응력[kg/mm²]을 계산하는 식은?

① $\sigma = \dfrac{W}{0.707hl}$ ② $\sigma = \dfrac{Wl}{0.707h}$

③ $\sigma = \dfrac{W}{hl}$ ④ $\sigma = \dfrac{0.707\,W}{hl}$

해설 T형 필릿 용접이음 인장응력 계산식 : $\sigma = \dfrac{0.707\,W}{hl}$

44_ 에너지이용 합리화법에 따른 인정검사대상기기 관리자의 교육을 이수한 자의 관리범위가 아닌 것은?

① 용량이 10[t/h] 이하인 보일러
② 압력용기
③ 증기보일러로서 최고사용압력이 1[MPa] 이하이고, 전열면적이 10[m²] 이하인 것
④ 열매체를 가열하는 보일러로서 용량이 581.5[kW] 이하인 것

해설 인정검사 대상기기 관리자의 교육을 이수한 자의 관리범위 : 에너지이용 합리화법 시행규칙 제31조의26, 별표3의9
㉮ 증기보일러로서 최고사용압력이 1[MPa] 이하이고, 전열면적이 10[m²] 이하인 것
㉯ 온수 발생 또는 열매체를 가열하는 보일러로서 출력이 581.5[kW] 이하인 것
㉰ 압력용기

45_ 보일러에서 보염장치를 설치하는 목적으로 가장 거리가 먼 것은?

① 연소 화염을 안정시킨다.
② 안정된 착화를 도모한다.
③ 저공기비 연소를 가능하게 한다.
④ 연소가스 체류 시간을 짧게 해 준다.

해설 보염장치의 설치 목적
㉮ 화염의 형상 조절
㉯ 안정된 착화도모
㉰ 전열효율 촉진
㉱ 공기와 연료의 혼합 촉진

46_ 가마를 사용하는 데 있어 내용수명과의 관계가 가장 거리가 먼 것은?

① 가마 내의 부착물(휘발분 및 연료의 재)
② 피열물의 열용량
③ 열처리 온도
④ 온도의 급변

해설 내용수명(耐用壽命) : 고정 자산의 수명으로 건물, 기계, 장치 등의 유형자산에 대해서 자산을 취득했을 때부터 폐기할 때까지의 기간으로 나타낸다. 가마의 수명을 지배하는 요소로는 열처리 온도, 가마 내의 부착물(휘발분 및 연료의 재), 온도의 급변 등이 해당된다.

47_ 강관 50[A]의 방향 전환을 위해 맞대기 용접식 롱 엘보 이음쇠를 사용하고자 한다. 강관 50[A]의 용접식 이음쇠인 롱 엘보의 곡률반경은? (단, 강관 50[A]의 호칭지름은 60[mm]로 한다.)

① 50[mm] ② 60[mm]
③ 90[mm] ④ 100[mm]

해설 맞대기 용접용 엘보의 곡률 반지름
㉮ 롱 엘보(long elbow) : 강관 호칭지름의 1.5배
㉯ 숏 엘보(short elbow) : 강관의 호칭지름
∴ 60 × 1.5 = 90[mm]

48_ 보일러의 가용전(가용마개)에 사용되는 금속의 성분은?

① 납과 알루미늄의 합금
② 구리와 아연의 합금
③ 납과 주석의 합금
④ 구리와 주석의 합금

정답 43. ④ 44. ① 45. ④ 46. ② 47. ③ 48. ③

해설 　가용전(fusible plug) : 주석(Sn)과 납(Pb)의 합금으로 노통 또는 화실 천장부에 나사를 조립하여 관수의 이상감수 시 과열로 인한 동체의 파열사고를 방지한다.

49_ 영국에서 개발된 최초의 관류보일러로 수십개의 수관을 병렬로 배치시킨 고압용 대용량 보일러는?

① 라몬트　　　② 스털링
③ 벤슨　　　　④ 슐져

해설 　벤슨(benson) 보일러 : 관류식 보일러로 슬래그탭 연소를 할 수 있으며, 지름 20~30[mm] 정도의 수관을 병렬로 배열한 것으로 수관 내에 관수가 균일하게 흘러야 하며 복사 증발부에서 85[%] 정도 물이 증발한다.

50_ 다음 중 급수 중의 보일러 과열의 직접적인 원인이 될 수 있는 물질은?

① 탄산가스
② 수산화나트륨
③ 히드라진
④ 유지

해설 　급수 중 유지류의 영향 : 포밍과 전열면에 스케일 생성의 원인이 되며, 스케일 생성은 전열을 방해하여 과열의 원인이 된다.

51_ 간접가열용 열매체 보일러 중 다우섬액을 사용하는 보일러 형식은?

① 레플러 보일러
② 슈미트-하트만 보일러
③ 슐져 보일러
④ 라몬트 보일러

해설 　슈미트-하트만 보일러 : 슈미트(Schmidt)가 발명하여 하트만(Hartman)에 의하여 완성된 보일러로 다우섬액을 사용하는 간접가열용 열매체 보일러이다.

52_ 신축이음 중 온수 혹은 저압증기의 배관분기관 등에 사용되는 것으로 2개 이상의 엘보를 사용하여 나사맞춤부의 작용에 의하여 신축을 흡수하는 것은?

① 벨로스 이음　　② 슬리브 이음
③ 스위블 이음　　④ 신축곡관

해설 　스위블형(swivel type) : 지블이음, 지웰이음 또는 회전이음이라고도 하며, 2개 이상의 엘보를 사용하여 관의 신축을 흡수하는 것으로 신축방향이 큰 배관에서는 누설의 우려가 있다. 주로 증기 및 온수난방용 배관에 사용된다.

53_ 압력배관용 강관의 인장강도가 24[kgf/mm^2], 스케줄 번호가 120일 때 이 강관의 사용압력 [kgf/cm^2]은? (단, 안전율은 4로 한다.)

① 96　　　② 72
③ 60　　　④ 24

해설 　$Sch\ No = 10 \times \dfrac{P}{S}$ 에서

P : 사용압력[kgf/cm^2], S : 허용응력[kgf/mm^2],

허용응력 = $\dfrac{인장강도[kgf/mm^2]}{안전율(4)}$ 이다.

$\therefore P = \dfrac{Sch\ No \times S}{10} = \dfrac{120 \times \dfrac{24}{4}}{10} = 72[kgf/cm^2]$

54_ 에너지이용 합리화법에 따라 검사면제를 위한 보험을 제조안전보험과 사용안전보험으로 구분할 때 제조안전보험의 요건이 아닌 것은?

① 검사대상기기의 설치와 관련된 위험을 담보할 것
② 연 1회 이상 검사기준에 따른 위험관리 서비스를 실시할 것
③ 검사대상기기의 계속사용에 따른 재물 종합위험 및 기계위험을 담보할 것
④ 검사대상기기의 제조상 하자와 관련된 제3자의 법률상 손해배상책임을 담보할 것

해설 검사면제보험의 요건 : 에너지이용 합리화법 시행규칙 제31조의13, 별표3의7
(1) 제조안전보험
  ㉮ 검사대상기기의 제조상 하자와 관련된 제3자의 법률상 손해배상책임을 담보할 것
  ㉯ 검사대상기기의 설치와 관련된 위험을 담보할 것
  ㉰ 연 1회 이상 제31조의9에 따른 검사기준에 따라 위험관리 서비스를 실시할 것
(2) 사용안전보험
  ㉮ 검사대상기기의 계속사용에 따른 재물종합위험 및 기계위험을 담보할 것
  ㉯ 검사대상기기의 계속사용에 따른 사고로 인한 제3자의 법률상 손해배상책임을 담보할 것
  ㉰ 연 1회 이상 제31조의9에 따른 검사기준에 따라 위험관리 서비스를 실시할 것

55_ 다음 중 보일러의 급수설비에 속하지 않는 것은?
① 급수내관 ② 응축수 탱크
③ 인젝터 ④ 취출밸브

해설 급수설비의 종류 : 급수펌프, 인젝터, 급수관, 급수밸브, 급수내관, 응축수 탱크 등

56_ 화염의 이온화를 이용한 전기전도성으로 화염의 유무를 검출하는 화염검출기는?
① 플레임 로드 ② 플레임 아이
③ 자외선 광전관 ④ 스택 스위치

해설 화염 검출기의 종류
㉮ 플레임 아이(flame eye) : 화염이 발광체임을 이용하여 화염의 방사선을 감지하여 화염의 유무를 검출한다.
㉯ 플레임 로드(flame rod) : 화염의 이온화 현상에 의한 전기 전도성을 이용하여 화염의 유무를 검출한다.
㉰ 스택 스위치(stack switch) : 연도에 바이메탈을 설치하여 연소가스의 발열체를 이용하여 화염유무를 검출한다.

57_ 증발량 2000[kg/h]인 보일러의 상당증발량 [kg/h]은? (단, 증기의 엔탈피는 600[kcal/kg], 급수의 엔탈피는 30[kcal/kg]이다.)
① 1560[kg/h] ② 2115[kg/h]
③ 2565[kg/h] ④ 2890[kg/h]

해설 $G_e = \dfrac{G_a(h_2-h_1)}{539} = \dfrac{2000 \times (600-30)}{539}$
$= 2115.027 \,[\text{kg/h}]$

58_ 축열식 반사로를 사용하여 선철을 용해, 정련하는 방법으로 시멘스-마틴법(siemens-martins process)이라고도 하는 것은?
① 불림로 ② 용선로
③ 평로 ④ 전로

해설 평로 : 선철과 고철을 장입하고 연료의 연소열로 금속을 용융시켜 강을 만드는 것으로 좌우 양쪽에 축열실을 가진 반사로이다.

59_ 보일러 그을음 제거 장치인 슈트블로워의 분사형식이 아닌 것은?
① 모래분사 ② 물분사
③ 공기분사 ④ 증기분사

해설 슈트블로워의 분사형식 : 증기분사식, 공기분사식, 물분사식

60_ 에너지이용 합리화법에서의 검사대상기기 계속사용검사에 관한 내용으로 틀린 것은?
① 검사대상기기 계속사용검사신청서는 검사유효기간 만료 10일전까지 제출하여야 한다.
② 검사유효기간 만료일이 9월 1일 이후인 경우에는 3개월 이내에서 계속사용검사를 연기할 수 있다.
③ 검사대상기기 검사연기신청서는 한국에너지공단이사장에게 제출하여야 한다.
④ 검사대상기기 계속사용검사신청서는 해당 검사기기 설치검사증 사본을 첨부하여야 한다.

해설 계속사용검사의 신청(에너지이용 합리화법 시행규칙 제31조의19) 및 계속사용검사의 연기(시행규칙 제31조의

정답 55. ④ 56. ① 57. ② 58. ③ 59. ① 60. ②

20) : 계속사용검사는 검사유효기간의 만료일이 속하는 년의 말까지 연기할 수 있다. 다만, 검사유효기간 만료일이 9월 1일 이후인 경우에는 4개월 이내에서 계속사용검사를 연기할 수 있다.

4과목 - 열설비취급 및 안전관리

61. 에너지이용 합리화법에 따라 에너지다소비사업자란 연간 에너지사용량이 얼마 이상인 자를 말하는가?

① 5백 티오이 ② 1천 티오이
③ 1천 5백 티오이 ④ 2천 티오이

[해설] 에너지다소비사업자(에너지이용 합리화법 시행령 제35조) : 연료, 열 및 전력의 연간 사용량의 합계가 2천 TOE 이상인 자를 에너지다소비사업자라 한다.

62. 다음 중 보일러의 인터록 제어에 속하지 않는 것은?

① 저수위 인터록 ② 미분 인터록
③ 불착화 인터록 ④ 프리퍼지 인터록

[해설] 보일러 인터록의 종류
㉮ 압력초과 인터록 : 증기압력이 일정압력에 도달할 때 전자밸브를 닫아 보일러의 가동을 정지시키는 것으로 증기압력 제한기가 해당된다.
㉯ 저수위 인터록 : 보일러 수위가 안전 저수위에 도달할 때 전자밸브를 닫아 보일러 가동을 정지시키는 것으로 저수위 경보기가 해당된다.
㉰ 불착화 인터록 : 버너 착화 시 점화되지 않거나 운전 중 실화가 될 경우 전자밸브를 닫아 연료 공급을 중지하여 보일러 가동을 정지시키는 것으로 화염검출기가 해당된다.
㉱ 저연소 인터록 : 보일러 운전 중 연소상태가 불량하거나 저연소 상태로 유량조절밸브가 조절되지 않으면 전자밸브를 닫아 보일러 가동을 정지시킨다.
㉲ 프리퍼지 인터록 : 점화 전 일정시간 동안 송풍기가 작동되지 않으면 전자밸브가 열리지 않아 점화가 되지 않는다.

63. 기계장치에서 발생하는 소음 중 주로 기계의 진동과 관련되는 소음은?

① 고체음 ② 공명음
③ 기류음 ④ 공기전파음

[해설] 고체음 : 외력에 의해 구조물 내에서 생성되는 음으로 종파, 횡파, 굽힘파 등으로 분류할 수 있다. 고체음은 구조물의 진동은 물론 구조물과 접해 있는 유체의 운동을 유발시켜 방사 음장을 형성하기 때문에 주 소음원으로 작용한다.

64. 보일러에서 그을음 불어내기(슈트 블로우) 작업을 할 때의 주의사항으로 틀린 것은?

① 댐퍼의 개도를 줄이고 통풍력을 적게 한다.
② 한 장소에 장시간 불어대지 않도록 한다.
③ 슈트 블로우를 하기 전에 충분히 드레인을 실시한다.
④ 소화한 직후의 고온 연소실 내에서는 하여서는 안 된다.

[해설] 슈트 블로우 사용 시 주의사항
㉮ 부하가 50[%] 이하일 때, 소화 후에는 사용을 금지한다.
㉯ 댐퍼를 완전히 열고 통풍력을 크게 한다.
㉰ 그을음 제거를 하기 전에 분출기 내부의 응축수(드레인)를 제거한다.
㉱ 그을음 불어내기 관을 동일 장소에서 오래 동안 작용시키지 않는다.
㉲ 흡입(유인)통풍기가 있을 경우 흡입(유인)통풍을 늘려서 한다.

65. 증기트랩의 설치에 관한 설명으로 옳은 것은?

① 응축수와 증기를 배출하기 위하여 설치하는 중요한 부품이다.
② 응축수량이 많이 발생하는 증기관에는 열동식 트랩이 주로 사용된다.
③ 냉각 레그(cooling leg)는 1.5[m] 이상 설치하며 증기 공급관의 관말부에 설치한다.
④ 증기트랩의 주위에는 바이패스관을 설치할 필요가 없다.

[정답] 61. ④ 62. ② 63. ① 64. ① 65. ③

해설 각 항목의 옳은 설명
① 증기트랩은 증기 중의 응축수를 배출하기 위하여 설치하는 기기(부품)이다.
② 응축수량이 많이 발생하는 증기관에는 기계식 트랩을 사용한다.
④ 증기트랩 주위에는 고장에 대비하여 바이패스관을 설치하여야 한다.

『참고』 냉각 레그 설치
방열기에서 열교환후 발생된 응축수를 배출하기 위하여 설치되는 것으로 증기 공급관의 마지막 부분에서 분기된 이후부터 트랩에 이르는 배관에는 여분의 증기가 충분히 냉각되어 응축수가 될 수 있도록 보온을 하지 않는 냉각레그(cooling leg)를 1.5[m] 이상 설치하여야 한다.

66. 에너지이용 합리화법에 따라 검사대상기기의 설치자가 사용 중인 검사대상기기를 폐기한 경우에는 폐기한 날부터 며칠 이내에 폐기신고서를 제출해야 하는가?
① 10일 ② 15일
③ 20일 ④ 30일

해설 검사대상기기의 폐기신고(에너지이용 합리화법 시행규칙 제31조의23) : 검사대상기기의 설치자가 사용 중인 검사대상기기를 폐기한 경우에는 폐기한 날부터 15일 이내에 폐기신고서를 공단이사장에게 제출하여야 한다.

67. 강철제 보일러의 수압시험 방법에 관한 설명으로 틀린 것은?
① 수압시험 중 또는 시험 후에도 물이 얼지 않도록 해야 한다.
② 물을 채운 후 천천히 압력을 가한다.
③ 규정된 시험수압에 도달된 후 30분이 경과된 뒤에 검사를 실시한다.
④ 시험수압은 규정된 압력의 10[%] 이상을 초과하지 않도록 적절한 제어를 마련한다.

해설 수압시험 방법 : 열사용기자재 검사기준 18.2
㉮ 규정된 시험수압에 도달된 후 30분 경과한 후 검사
㉯ 검정수압시험 압력으로 시험하는 경우 다이얼게이지를 이용하여 압력 및 변형을 측정한다.

㉰ 수압시험에는 2개 이상의 압력계를 사용
㉱ 수압시험은 규정된 압력의 6[%] 이상 초과하지 않도록 조치

68. 다음 증기난방의 응축수 환수방법 중 응축수의 환수 및 증기의 회전이 가장 빠른 방식은?
① 중력 환수식 ② 기계 환수식
③ 진공 환수식 ④ 자연 환수식

해설 진공환수식의 특징
㉮ 다른 방법과 비교하여 증기의 순환이 빠르다.
㉯ 방열기 설치장소에 제한을 받지 않는다.
㉰ 환수관의 지름을 작게 할 수 있다.
㉱ 방열기 방열량 조절을 광범위하게 할 수 있다.
㉲ 배관 기울기(구배)에 큰 제한이 없다.

69. 보일러 관수의 pH 및 알칼리도 조정제로 사용되는 약품이 아닌 것은?
① 탄닌 ② 인산나트륨
③ 탄산나트륨 ④ 수산화나트륨

해설 pH 및 알칼리 조정제의 종류 : 수산화나트륨(가성소다 : $NaOH$), 탄산나트륨(Na_2CO_3), 제1인산소다(NaH_2PO_4), 인산나트륨(Na_3PO_4 : 제3인산소다), 인산(H_3PO_4), 암모니아(NH_3)
※ 탄닌은 슬러지 조정제, 탈산소제, 가성취화 방지제로 사용된다.

70. 가스용 보일러의 연료 배관 외부에 표시해야 하는 항목이 아닌 것은?
① 사용 가스명 ② 가스의 제조일자
③ 최고 사용압력 ④ 가스 흐름방향

해설 가스용 보일러의 연료 배관 표시 : 배관 외부에 사용 가스명, 최고 사용압력 및 가스 흐름방향을 표시하여야 한다. 다만, 지하에 매설하는 배관의 경우에는 흐름방향을 표시하지 아니할 수 있다.

정답 66. ② 67. ④ 68. ③ 69. ① 70. ②

71. 보일러 내부부식 중의 하나인 가성취화의 특징에 관한 설명으로 틀린 것은?

① 균열의 방향이 불규칙적이다.
② 주로 인장응력을 받는 이음부에 발생한다.
③ 반드시 수면 위쪽에서 발생한다.
④ 농알칼리 용액의 작용에 의하여 발생한다.

해설 가성취화의 특징
㉮ 균열의 방향이 불규칙적인 방사상 형태를 하고 있다.
㉯ 고압보일러에서 보일러수의 알칼리 농도가 높은 경우에도 발생한다.
㉰ 주로 인장응력을 받는 이음부에서 발생한다.
㉱ 발생하는 장소는 반드시 수면아래의 리벳부(용접부의 경우 틈이 있는 경우)에서 발생한다.
㉲ 관 구멍 등 응력이 집중되는 곳의 틈이 많은 곳에서 발생한다.
㉳ 외견상 부식성이 없다.

72. 보일러 설치 시 안전밸브 작동시험에 관한 설명으로 틀린 것은?

① 안전밸브의 분출압력은 안전밸브가 1개인 경우 최고사용압력 이하이어야 한다.
② 안전밸브의 분출압력은 안전밸브가 2개 이상인 경우 그 중 1개는 최고사용압력 이하, 기타는 최고사용압력의 1.03배 이하이어야 한다.
③ 발전용 보일러에 부착하는 안전밸브의 분출정지 압력은 분출압력의 1.07배 이상 이어야 한다.
④ 재열기 및 독립과열기에 있어서 안전밸브가 하나인 경우 최고사용압력 이하에서 분출하여야 한다.

해설 안전밸브 작동시험
㉮ 안전밸브 분출압력은 1개일 경우 최고사용압력 이하, 안전밸브가 2 이상인 경우 그중 1개는 최고사용압력 이하 기타는 최고사용압력의 1.03배 이하일 것
㉯ 과열기의 안전밸브 분출압력은 증발부 안전밸브의 분출압력 이하일 것
㉰ 재열기 및 독립과열기의 경우 안전밸브가 하나인 경우 최고사용압력 이하, 2개인 경우 하나는 최고사용압력 이하이고 다른 하나는 최고사용압력의 1.03배 이하에서 분출하여야 한다. 다만, 출구에 설치하는 안전밸브의 분출압력은 입구에 설치하는 안전밸브의 설정압력보다 낮게 조정되어야 한다.
㉱ 발전용 보일러에 부착하는 안전밸브의 분출정지 압력은 분출압력의 0.93배 이상이어야 한다.

73. 환수관이 고장을 일으켰을 때 보일러의 물이 유출하는 것을 막기 위하여 하는 배관방법은?

① 리프트 이음 배관법
② 하트포드 연결법
③ 이경관 접속법
④ 증기 주관 관말 트랩 배관법

해설 하트 포드(hartford) 연결법 : 저압증기 난방에서 환수관을 보일러에 직접 연결할 경우 보일러 수의 역류현상을 방지하기 위해서 사용하는 방식으로 증기관과 환수관사이에 밸런스관(균형관)을 설치하여 안전저수면 보다 높은 위치에 환수관을 접속하는 배관방법을 말한다. 환수주관과 균형관(balance pipe)의 연결 위치는 보일러 사용수위(표준수위)에서 50[mm] 아래에 위치한다.

74. 보일러 점화 시 역화의 원인에 해당되지 않는 것은?

① 프리퍼지가 불충분 하였을 경우
② 착화가 지연되거나 혹은 불착화를 발견하지 못하고 연료를 노내에 분무한 경우
③ 점화원(점화봉, 점화용 전극)을 사용하였을 경우
④ 연료의 공급밸브를 필요이상 급개 하였을 경우

해설 점화 시의 역화의 원인
㉮ 프리퍼지의 불충분이나 잊어버린 경우
㉯ 착화가 지연되거나 혹은 불착화를 발견하지 못하고 연료를 노내에 분무한 경우
㉰ 점화원(점화봉, 점화용 전극 또는 점화용 버너)을 사용하지 않고 노의 잔열로 점화한 경우
㉱ 연료 공급밸브를 필요 이상 급개하여 다량으로 분무한 경우
㉲ 점화원을 가동하기 전에 연료를 분무해 버린 경우

정답 71. ③ 72. ③ 73. ② 74. ③

75. 다음 중 보일러 급수 내 장해가 되는 철염이 함유되어 있는 경우, 이를 제거하기 위한 방법으로 가장 적합한 것은?

① 폭기법　　② 탈기법
③ 가열법　　④ 이온교환법

해설 용존가스 처리법
㉮ 기폭법(폭기법) : 헨리의 법칙을 이용한 것으로 급수 중에 포함되어 있는 탄산가스(CO_2), 황화수소(H_2S), 암모니아(NH_3) 등의 기체성분과 철(Fe), 망간(Mn) 등을 제거하는 방법으로 공기 중에서 물을 아래로 뿌려 내리는 강수방식과 급수 중에 공기를 흡입하는 방법이 있다.
㉯ 탈기법 : 탈기기(deaerator)를 이용하여 급수 중의 산소(O_2), 탄산가스(CO_2) 등의 용존가스를 제거하는 방법으로 진공 탈기법과 가열 탈기법이 있다.

76. 건물의 난방면적이 85[m²]이고, 배관부하가 14[%], 온수사용량이 20[kg/h], 열손실지수가 140[kcal/m²·h]일 때 난방부하[kcal/h]는?

① 8500　　② 9500
③ 11900　　④ 12900

해설 $H_1 = u \cdot A_h = 85 \times 140 = 11900 [\text{kcal/h}]$

77. 보일러 스케일로 인한 영향이 아닌 것은?

① 배기가스 온도 저하
② 전열면 국부 과열
③ 보일러 효율 저하
④ 관수 순환 악화

해설 스케일의 영향
① 전열면에 부착하여 전열을 방해한다.
② 보일러 효율이 저하한다.
③ 연료소비량이 증가한다.
④ 전열면의 국부과열로 인한 파열사고의 우려가 있다.
⑤ 보일러수의 순환을 방해하고, 수면계 연락관을 폐쇄시킨다.
⑥ 스케일의 주성분은 규산칼슘, 황산칼슘이다.

78. 가동 중인 보일러를 정지시키고자 하는 경우 가장 먼저 조치해야 할 안전사항은?

① 급수를 사용 수위보다 약간 높게 한다.
② 송풍기를 정지시키고 댐퍼를 닫는다.
③ 연료의 공급을 차단한다.
④ 주증기 밸브를 닫는다.

해설 일반적인 보일러 운전정지 순서
㉮ 연료 공급을 정지한다.
㉯ 공기 공급을 정지한다.
㉰ 급수를 행하고, 압력을 떨어뜨리며 급수밸브를 닫고 급수펌프를 정지시킨다.
㉱ 주증기 밸브를 닫고 드레인(배수) 밸브를 개방시킨다.
㉲ 댐퍼를 닫는다.

79. 에너지이용 합리화법에 따라 등록이 취소된 에너지절약전문기업은 등록 취소일로부터 몇 년이 경과해야 다시 등록을 할 수 있는가?

① 1년　　② 2년
③ 3년　　④ 5년

해설 에너지절약전문기업의 등록제한(에너지이용 합리화법 제27조) : 등록이 취소된 에너지절약 전문기업은 등록 취소일부터 2년이 지나지 아니하면 등록을 할 수 없다.

80. 보일러의 고온부식 방지대책에 해당되지 않는 것은?

① 바나듐(V)이 적은 연료를 사용한다.
② 실리카 분말과 같은 첨가제를 사용한다.
③ 고온의 전열면에 내식재료를 사용하거나 보호피막을 입힌다.
④ 돌로마이트, 마그네시아 등의 첨가제를 중유에 첨가해서 부착물의 성상을 바꾸어 전열면에 부착되지 못하도록 한다.

정답 75. ①　76. ③　77. ①　78. ③　79. ②　80. ②

해설 고온부식 방지대책
㉮ 연료를 전처리하여 바나듐 성분을 제거할 것
㉯ 전열면의 온도가 높아지지 않도록 설계할 것
㉰ 전열면의 표면에 보호피막 형성 또는 내식성 재료를 사용한다.
㉱ 연료에 첨가제를 사용하여 바나듐의 융점을 높인다.
㉲ 부착물의 성상을 바꾸어 전열면에 부착하지 못하도록 한다.

2018년 9월 15일 제4회 에너지관리산업기사 필기시험

1과목 - 열역학 및 연소관리

01. 고체연료의 일반적인 연소방법이 아닌 것은?
① 화격자 연소   ② 미분탄 연소
③ 유동층 연소   ④ 예혼합 연소

해설 고체연료(석탄)의 연소방법 : 화격자 연소, 미분탄 연소, 유동층 연소
※ 예혼합 연소는 기체연료의 연소방법이다.

02. 전체 일(W)을 면적으로 나타낼 수 있는 선도로서 가장 적합한 것은?
① $P-T$(압력-온도) 선도
② $P-V$(압력-체적) 선도
③ $h-s$(엔탈피-엔트로피) 선도
④ $T-V$(온도-체적) 선도

해설 $P-V$ 선도
세로축에 압력(P)을, 가로축에 비체적(V)을 표시하여 유체가 팽창 및 압축할 때의 상태량을 표시하는 선도이다.

03. 기체연료 연소 장치 중 가스버너의 특징으로 틀린 것은?
① 공기비 제어가 불가능하다.
② 정확한 온도제어가 가능하다.
③ 연소상태가 좋아 고부하 연소가 용이하다.
④ 버너의 구조가 간단하고 보수가 용이하다.

해설 가스버너의 특징
㉮ 연소성능이 좋고, 고부하 연소가 가능하다.
㉯ 연소량 조절이 간단하고, 그 범위가 넓다.
㉰ 정확한 온도제어가 가능하다.
㉱ 버너 구조가 간단하며, 보수가 용이하다.
㉲ 배기가스 중 유해물질이 적어 공해 대책에 유리하다.

04. 고열원 227[℃], 저열원 17[℃]의 온도범위에서 작동하는 카르노 사이클의 열효율은?
① 7.5[%]   ② 42[%]
③ 58[%]   ④ 92.5[%]

해설 $\eta = \dfrac{T_1 - T_2}{T_1} \times 100 = \left(1 - \dfrac{T_2}{T_1}\right) \times 100$
$= \left(1 - \dfrac{273+17}{273+227}\right) \times 100 = 42[\%]$

05. 랭킨 사이클에의 열효율 증대 방안이 아닌 것은?
① 응축기 압력을 낮춘다.
② 증기를 고온으로 가열한다.
③ 보일러 압력을 높인다.
④ 응축기 온도를 높인다.

해설 랭킨 사이클(증기 사이클)의 이론 열효율은 초압 및 초온이 높을수록, 배압(터빈 배출압력)이 낮을수록 증가한다.
※ 응축기의 온도를 낮추어야 열효율이 증가한다.

06. 온도측정과 연관된 열역학의 기본 법칙으로서 열적평형과 관련된 법칙은?
① 열역학 제0법칙   ② 열역학 제1법칙
③ 열역학 제2법칙   ④ 열역학 제3법칙

해설 열역학 법칙
㉮ 열역학 제0법칙 : 열평형의 법칙

정답 1.④ 2.② 3.① 4.② 5.④ 6.①

㉯ 열역학 제1법칙 : 에너지보존의 법칙
㉰ 열역학 제2법칙 : 방향성의 법칙
㉱ 열역학 제3법칙 : 어떤 계 내에서 물체의 상태변화 없이 절대온도 0도에 이르게 할 수 없다.

[해설] 여과 집진장치
함진가스를 여과재(filter)에 통과시켜 분진입자를 분리, 포착시키는 집진장치로 백필터(bag filter)가 대표적이다. 집진효율이 양호하지만 고온가스, 습가스 처리에는 부적합하다.

07_ 중유연소의 취급에 대한 설명으로 틀린 것은?
① 중유를 적당히 예열한다.
② 과잉공기량을 가급적 많이 하여 연소시킨다.
③ 연소용 공기는 적절히 예열하여 공급한다.
④ 2차 공기의 송입을 적절히 조절한다.

[해설] 과잉공기량이 많게 하여 연소시키면 배기가스량이 많아져 손실열량이 증가하므로 적정량의 과잉공기량을 유지한다.

10_ 매연의 발생 방지방법으로 틀린 것은?
① 공기비를 최소화하여 연소한다.
② 보일러에 적합한 연료를 선택한다.
③ 연료가 연소하는 데 충분한 시간을 준다.
④ 연소실 내의 온도가 내려가지 않도록 공기를 적정하게 보낸다.

[해설] 매연의 방지조치
㉮ 통풍력을 적절히 조절할 것
㉯ 무리한 연소를 하지 않을 것
㉰ 연소장치, 연소실을 개선시킬 것
㉱ 품질이 좋은 연료를 선택할 것
㉲ 연소실의 온도를 적절히 유지할 것
㉳ 집진장치를 설치하여 매연을 제거할 것

08_ 증기 동력 사이클의 기본 사이클인 랭킨 사이클에서 작동 유체의 흐름을 바르게 나타낸 것은?
① 펌프 → 응축기 → 보일러 → 터빈
② 펌프 → 보일러 → 응축기 → 터빈
③ 펌프 → 보일러 → 터빈 → 응축기
④ 펌프 → 터빈 → 보일러 → 응축기

[해설] ㉮ 랭킨 사이클 : 2개의 정압변화와 2개의 단열변화로 구성된 증기원동소의 이상 사이클로 보일러에서 발생된 증기를 증기터빈에서 단열팽창하면서 외부에 일을 한 후 복수기(condenser)에서 냉각되어 포화액이 된다.
㉯ 작동유체의 흐름 : 펌프 → 보일러 → 터빈 → 응축기

11_ 이상기체에 대한 설명으로 틀린 것은?
① 기체분자 간의 인력을 무시할 수 있고 이상기체의상태방정식을 만족하는 기체
② 보일-샤를의 법칙 $\left(\dfrac{Pv}{T} = \text{const}\right)$을 만족하는 기체
③ 분자 간에 완전 탄성충돌을 하는 기체
④ 일상생활에서 실제로 존재하는 기체

[해설] 이상기체의 성질
㉮ 보일-샤를의 법칙을 만족한다.
㉯ 아보가드로의 법칙에 따른다.
㉰ 내부에너지는 온도만의 함수이다.
㉱ 온도에 관계없이 비열비는 일정하다.
㉲ 기체의 분자력과 크기도 무시되며 분자간의 충돌은 완전 탄성체이다.
㉳ 분자와 분자 사이의 거리가 매우 멀다.
㉴ 분자 사이의 인력이 없다.
㉵ 압축성 인자가 1이다.
※ 일상생활에서 실제로 존재하는 기체를 실제기체라 한다.

09_ 다음 중 집진효율이 가장 좋은 집진장치는 무엇인가?
① 중력식 집진장치
② 관성력식 집진장치
③ 여과식 집진장치
④ 원심력식 집진장치

정답 7. ② 8. ③ 9. ③ 10. ① 11. ④

12_ 다음 사이클에 대한 설명으로 옳은 것은?
① 오토 사이클은 정압 사이클이다.
② 디젤 사이클은 정적 사이클이다.
③ 사바테 사이클의 압력상승비(α)가 1인 상태가 디젤 사이클이다.
④ 오토 사이클의 효율은 압축비의 증가에 따라 감소한다.

해설 각 항목의 옳은 설명
㉮ 오토 사이클(Otto cycle)은 전기점화기관의 이상 사이클로 일정체적 상태에서 열 공급과 방출이 이루어지는 동력 사이클이다.
㉯ 디젤 사이클(diesel cycle)은 압축착화기관인 저속디젤 기관의 기본 사이클로 정적과정 1개, 정압과정 2개, 단열과정 1개로 이루어진 사이클이다.
㉰ 오토 사이클의 효율은 압축비의 증가에 따라 증가한다.
$$\therefore \eta = 1 - \left(\frac{1}{\gamma}\right)^{k-1}$$
※ 사바테 사이클(Sabathe cycle)
2개의 단열과정과 2개의 정적과정 및 1개의 정압과정으로 이루어진 사이클로 고속 디젤기관(무기분사 : 無氣噴射)의 기본 사이클이다. 가열과정은 정적가열과정(연소과정)과 정압가열과정에 해당된다.

13_ 노내의 압력이 부압이 될 수 없는 통풍방식은?
① 흡입통풍   ② 압입통풍
③ 평형통풍   ④ 자연통풍

해설 통풍방법의 분류
(1) 자연통풍 : 연돌에 의한 통풍방식으로 배기가스와 외부공기와의 비중량차(밀도차)에 의해서 통풍력이 발생되는 것
(2) 강제통풍 : 송풍기를 이용하는 것
㉮ 압입 통풍 : 송풍기를 연소실 앞에 두고 연소용 공기를 대기압 이상의 압력으로 연소실에 밀어 넣는 방식으로 노내 압력은 정압상태를 유지한다.
㉯ 흡입 통풍 : 송풍기를 연도 중에 설치하여 연소 배기가스를 직접 흡입하여 강제로 배출시키는 방법으로 노내 압력은 부압상태를 유지한다.
㉰ 평형 통풍 : 압입통풍과 흡입통풍을 병행하는 방식으로 노내 압력은 정압, 부압 또는 평형상태를 유지한다.

14_ 포화수의 증발 현상이 없고 액체와 기체의 구분이 없어지는 지점을 무엇이라 하는가?
① 삼중점   ② 포화점
③ 임계점   ④ 비점

해설 임계점의 특징
㉮ 증기와 포화수 간의 비중량이 같다.
㉯ 증발현상이 없다.
㉰ 증발잠열은 0이 된다.

15_ 보일러 절탄기 등에서 발생할 수 있는 저온부식의 원인이 되는 물질은?
① 질소 가스   ② 아황산가스
③ 바나듐   ④ 수소 가스

해설 외부 부식의 원인 성분
㉮ 고온부식 : 바나듐(V)
㉯ 저온부식 : 황(S) 및 황산화물(아황산가스)

16_ 1[kg]의 물이 0[℃]에서 100[℃]까지 가열될 때 엔트로피의 변화량[kJ/K]은? (단, 물의 평균비열은 4.184[kJ/kg·K]이다.)
① 0.3   ② 1
③ 1.3   ④ 100

해설
$$\Delta S = GC\ln\frac{T_2}{T_1}$$
$$= 1 \times 4.184 \times \ln\frac{273+100}{273}$$
$$= 1.305 \, [kJ/K]$$

17_ 다음 중 공기와 혼합 시 폭발범위가 가장 넓은 것은?
① 메탄   ② 프로판
③ 일산화탄소   ④ 메틸알코올

정답 12. ③ 13. ② 14. ③ 15. ② 16. ③ 17. ③

해설 각 가스의 공기 중 폭발범위

명 칭	폭발범위
메탄(CH_4)	5~15[%]
프로판(C_3H_8)	2.2~9.5[%]
일산화탄소(CO)	12.5~74[%]
메틸알코올(CH_3OH)	7.3~36[%]

18_ 다음 ( ) 안에 들어갈 경판의 두께 기준에 대한 설명으로 바르게 짝지어진 것은?

> 경판의 최소두께는 전반구형인 것을 제외하고 계산상 필요한 이음매 없는 동체판의 두께 이상이어야 한다. 다만, 어떠한 경우도 (ⓐ) 이상으로 하고, 스테이를 부착하는 경우에는 (ⓑ) 이상으로 한다.

① ⓐ : 6[mm], ⓑ : 10[mm]
② ⓐ : 4[mm], ⓑ : 8[mm]
③ ⓐ : 4[mm], ⓑ : 10[mm]
④ ⓐ : 6[mm], ⓑ : 8[mm]

해설 경판의 두께 제한(열사용기자재 검사기준 5.1)
경판의 최소두께는 전반구형인 것을 제외하고 계산상 필요한 이음매 없는 동체판의 두께 이상이어야 한다. 다만, 어떠한 경우도 6[mm] 이상으로 하고, 스테이를 부착하는 경우에는 8[mm] 이상으로 한다.

19_ 연료 1[kg]을 연소시키는 데 이론적으로 2.5 [Nm^3]의 산소가 소요된다. 이 연료 1[kg]을 공기비 1.2로 연소시킬 때 필요한 실제 공기량 [Nm^3/kg]은?

① 11.9 ② 14.3
③ 18.5 ④ 24.4

해설 $A = m \times A_0 = m \times \dfrac{O_0}{0.21}$
$= 1.2 \times \dfrac{2.5}{0.21} = 14.285 [Nm^3/kg]$

20_ 보일러 연료의 완전연소 시 공기비(m)의 일반적인 값은?

① $m > 1$ ② $m = 1$
③ $m < 1$ ④ $m = 0$

해설 (1) 연료가 완전연소 시 공기비(m)는 1보다 커야 한다.
(2) 연료에 따른 공기비(공기과잉계수)
㉮ 기체연료 : 1.1~1.3
㉯ 액체연료 : 1.2~1.4 (미분탄 포함)
㉰ 고체연료 : 1.5~2.0(수분식), 1.4~1.7(기계식)

2과목 - 계측 및 에너지진단

21_ 열전대의 종류 중 환원성이 강하지만 산화의 분위기에는 약하고 가격이 저렴하며 IC 열전대라고 부르는 것은?

① 동 – 콘스탄탄
② 철 – 콘스탄탄
③ 백금 – 백금로듐
④ 크로멜 – 알루멜

해설 철 – 콘스탄탄(IC : J형) 특징
㉮ 가격이 저렴하고 열기전력이 크다.
㉯ 환원성 분위기에 강하지만, 산화성 분위기에 약하다.
㉰ 호환성이 좋지 않다.
㉱ 선의 지름이 큰 것을 사용하면 800[℃]까지 측정할 수 있다.

22_ 미량성분의 양을 표시하는 단위인 ppm은?

① 1만분의 1단위
② 10만분의 1단위
③ 100만분의 1단위
④ 10억분의 1단위

해설 ppm(parts per million)
$\dfrac{1}{10^6}$ 함유량으로 [mg/L], [mg/kg], [g/ton]으로 나타낸다.

정답 18. ④ 19. ② 20. ① 21. ② 22. ③

『참고』 농도 표시 단위
  ㉮ ppm : part per million(백만분의 1)
  ㉯ pphm : part per hundred million(일억분의 1)
  ㉰ ppb : part per billion(십억분의 1)
  ㉱ ppt : part per trillion(일조분의 1)

23. 액면계의 특징에 대한 설명으로 옳지 않은 것은?
① 방사선식 액면계는 밀폐고압탱크나 부식성 탱크의 액면측정에 용이하다.
② 부자식 액면계는 초대형 지하탱크의 액면을 측정하기에 적합하다.
③ 박막식 액면계는 저압밀폐탱크와 고농도액체 저장탱크의 액면측정에 용이하다.
④ 유리관식 액면계는 지상탱크에 적합하며 직접적인 자동제어가 불가능하다.

[해설] 박막식은 액면계와는 관계없는 명칭이다.

24. 다음 중 SI 기본 단위에 속하지 않는 것은?
① 길이   ② 시간
③ 열량   ④ 광도

[해설] 기본단위의 종류

기본량	길이	질량	시간	전류	물질량	온도	광도
기본단위	m	kg	s	A	mol	K	cd

25. 보일러 전열량을 크게 하는 방법으로 틀린 것은?
① 보일러의 전열면적을 작게 하고 열가스의 유동을 느리게 한다.
② 전열면에 부착된 스케일을 제거한다.
③ 보일러수의 순환을 잘 시킨다.
④ 연소율을 높인다.

[해설] 보일러 전열량을 크게 하는 방법
㉮ 보일러의 전열면적을 크게 한다.
㉯ 연소가스(열가스)의 유동을 느리게 한다.
㉰ 전열면에 부착된 스케일을 제거한다.
㉱ 보일러수의 순환을 잘 시킨다(관수 순환을 빠르게 한다).
㉲ 연소효율을 높인다.

26. 오차에 대한 설명으로 틀린 것은?
① 계측기 고유오차의 최대허용한도를 공차라 한다.
② 과실오차는 계통오차가 아니다.
③ 오차는 "측정값 − 참값"이다.
④ 오차율은 "$\dfrac{참값}{오차}$"이다.

[해설] 오차율 [%] $= \dfrac{오차}{참값} \times 100$
$= \dfrac{측정값 - 참값}{참값} \times 100$

27. 물탱크에서 $h = 10$[m], 오리피스의 지름이 5[cm]일 때 오리피스의 유량은 약 몇 [m³/s]인가?
① 0.0275   ② 0.1099
③ 0.14   ④ 14

[해설] $Q = A \times V = \dfrac{\pi}{4} \times D^2 \times \sqrt{2 \times g \times h}$
$= \dfrac{\pi}{4} \times 0.05^2 \times \sqrt{2 \times 9.8 \times 10} = 0.02748$ [m³/s]

28. 보일러의 1마력은 한 시간에 몇 [kg]의 상당증발량을 나타낼 수 있는 능력인가?
① 15.65   ② 30.0
③ 34.5   ④ 40.56

정답 23. ③ 24. ③ 25. ① 26. ④ 27. ① 28. ①

해설 보일러 마력
1 보일러 마력이란 1시간에 15.65[kg]의 상당 증발량을 갖는 보일러의 동력, 즉 100[℃] 물 15.65[kg]을 1시간에 같은 온도의 증기로 변화시킬 수 있는 능력이며, 8435.35 [kcal/h]의 열을 흡수하여 증기를 발생할 수 있는 능력이다.

$$\therefore \text{보일러 마력} = \frac{G_e}{15.65} = \frac{G_a(h_2 - h_1)}{539 \times 15.65}$$

29_ 보일러의 자동제어에서 제어량의 대상이 아닌 것은?

① 증기압력　② 보일러 수위
③ 증기온도　④ 급수온도

해설 보일러 자동제어(A·B·C)의 종류

명 칭	제어량	조작량
자동연소제어 (ACC)	증기압력	공기량, 연료량
	노내압	연소가스량
급수제어(FWC)	보일러 수위	급수량
증기온도제어 (STC)	증기온도	전열량
증기압력제어 (SPC)	증기압력	연료공급량, 연소용 공기량

30_ 다음 중 부르동관(Bourdon tube) 압력계에서 측정된 압력은?

① 절대압력　② 게이지 압력
③ 진공압　④ 대기압

해설 부르동관 압력계 등에서 측정된 압력은 대기압을 기준으로 한 게이지압력이다.

31_ 자동제어 장치에서 조절계의 종류에 속하지 않는 것은?

① 공기압식　② 전기식
③ 유압식　④ 증기식

해설 조절계의 종류
공기압식, 전기식, 유압식

32_ 열전대가 있는 보호관 속에 MgO, Al$_2$O$_3$를 넣고 길게 만든 것으로서 진동이 심하고 가소성이 있는 곳에 주로 사용되는 열전대는?

① 시이드(sheath) 열전대
② CA(K형) 열전대
③ 서미스트 열전대
④ 석영관 열전대

해설 시이드(sheath) 열전대
열전대 보호관이 유연성이 있는 것으로 열전대 소선과 측온저항체 사이(보호관 내부)에 무기절연물인 마그네시아(MgO)를 고압 충진한 형태로 진동이 심한 곳에서도 사용이 가능하다.

33_ 그림과 같은 경사관 압력계에서 P_1의 압력을 나타내는 식으로 옳은 것은? (단, γ는 액체의 비중량이다.)

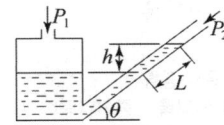

① $P_1 = \dfrac{P_2}{\gamma \times L}$

② $P_1 = P_2 \times \gamma \times L \times \cos\theta$

③ $P_1 = P_2 + \gamma \times L \times \tan\theta$

④ $P_1 = P_2 + \gamma \times L \times \sin\theta$

해설 $P_1 = P_2 + \gamma \times h$
$\quad\quad = P_2 + \gamma \times L \times \sin\theta$

정답 29. ④　30. ②　31. ④　32. ①　33. ④

34. 보일러 열정산 시 측정할 필요가 없는 것은?

① 급수량 및 급수온도
② 연소용 공기의 온도
③ 과열기의 전열면적
④ 배기가스의 압력

해설 보일러 열정산 시 측정 항목
㉮ 기준온도
㉯ 연료 사용량
㉰ 급수량 및 급수온도
㉱ 연소용 공기량, 예열 공기의 온도, 공기의 습도
㉲ 연료 가열용 또는 노 내 취입 증기
㉳ 발생증기량, 증기압력, 포화증기 건도
㉴ 배기가스의 온도, 성분분석, 공기비, 배기가스 중의 응축수량
㉵ 송풍압, 배기가스 압력
㉶ 연소 잔재물의 양, 온도
㉷ 소요 전력
㉸ 소음

35. 보일러에 대한 인터록이 아닌 것은?

① 압력초과 인터록
② 온도초과 인터록
③ 저수위 인터록
④ 저연소 인터록

해설 보일러 인터록의 종류
㉮ 압력초과 인터록 : 증기압력이 일정압력에 도달할 때 전자밸브를 닫아 보일러의 가동을 정지시키는 것으로 증기압력 제한기가 해당된다.
㉯ 저수위 인터록 : 보일러 수위가 안전 저수위에 도달할 때 전자밸브를 닫아 보일러 가동을 정지시키는 것으로 저수위 경보기가 해당된다.
㉰ 불착화 인터록 : 버너 착화 시 점화되지 않거나 운전 중 실화가 될 경우 전자밸브를 닫아 연료 공급을 중지하여 보일러 가동을 정지시키는 것으로 화염검출기가 해당된다.
㉱ 저연소 인터록 : 보일러 운전 중 연소상태가 불량하거나 저연소 상태로 유량조절밸브가 조절되지 않으면 전자밸브를 닫아 보일러 가동을 정지시킨다.
㉲ 프리퍼지 인터록 : 점화 전 일정시간 동안 송풍기가 작동되지 않으면 전자밸브가 열리지 않아 점화가 되지 않는다.

36. 다음 중 보일러 열정산을 하는 목적으로 가장 거리가 먼 것은?

① 연료의 성분을 알 수 있다.
② 열의 행방을 파악할 수 있다.
③ 열 설비 성능을 파악할 수 있다.
④ 열의 손실을 파악하여 조업 방법을 개선할 수 있다.

해설 보일러 열정산 목적
㉮ 열의 이동 상태를 파악하기 위하여
㉯ 열의 손실을 파악하기 위하여
㉰ 열 설비의 성능을 파악하기 위하여
㉱ 보일러의 성능 개선 자료를 얻기 위하여
㉲ 보일러의 효율을 파악하기 위하여
㉳ 조업 방법을 개선하기 위하여

37. 다음 중 열전대 온도계의 비금속 보호관이 아닌 것은?

① 석영관
② 자기관
③ 황동관
④ 카보런덤관

해설 비금속 보호관의 종류 및 특징
㉮ 석영관 : 급냉, 급열에 견디고, 알칼리에는 약하지만 산에는 강하다. 환원성 가스에는 기밀성이 다소 떨어진다. 상용 사용온도는 1000[℃]이다.
㉯ 자기관 : 급냉, 급열에 특히 약하며, 알칼리, 용융금속, 연소가스에 강하고 기밀성이 좋다. 고알루미나(Al_2O_3) 99[%] 이상으로 만들어지는 경우 상용사용온도가 1600[℃], 알루미나(40[%]) + 프라이트(40[%])의 경우 1450[℃]이다.
㉰ 카보런덤관 : 다공질로서 급냉, 급열에 강하고 방사온도계의 단망관, 2중 보호관의 외관으로 사용된다. 상용 사용온도는 1600[℃]이다.

38. 다음 보일러 자동제어 중 증기온도 제어는?

① ABC
② ACC
③ FWC
④ STC

해설 보일러 자동제어의 명칭
㉮ A·B·C(automatic boiler control) : 보일러 자동제어
㉯ A·C·C(automatic combustion control) : 자동 연소 제어

정답 34. ③ 35. ② 36. ① 37. ③ 38. ④

㉢ F·W·C(feed water control) : 급수제어
㉣ S·T·C(steam temperature control) : 증기 온도제어
㉤ S·P·C(steam pressure control) : 증기 압력제어

3과목 - 열설비구조 및 시공

39. 액주식 압력계의 액체로서 구비조건이 아닌 것은?
① 항상 액면은 수평으로 만들 것
② 온도변화에 의한 밀도의 변화가 적을 것
③ 화학적으로 안정적이고 휘발성 및 흡수성이 클 것
④ 모세관 현상이 적을 것

해설 액주식 액체의 구비조건
㉮ 점성(점도)이 적을 것
㉯ 열팽창계수가 적을 것
㉰ 밀도변화가 적을 것
㉱ 모세관 현상 및 표면장력이 적을 것
㉲ 화학적으로 안정할 것
㉳ 휘발성 및 흡수성이 적을 것
㉴ 항상 액면은 수평을 만들고 높이를 정확히 읽을 수 있을 것

40. 다음 중 광학적 성질을 이용한 가스분석법은?
① 가스 크로마토그래피법
② 적외선 흡수법
③ 오르자트법
④ 세라믹법

해설 적외선 흡수법(적외선 분광 분석법)
각 가스마다 적외선 흡수 스펙트럼의 차이를 이용하여 분석하는 것으로 헬륨(He), 네온(Ne), 아르곤(Ar) 등 단원자 분자 및 수소(H_2), 산소(O_2), 질소(N_2), 염소(Cl_2) 등 대칭 2원자 분자는 적외선을 흡수하지 않으므로 분석할 수 없다.

41. 다음 중 아담슨 조인트, 갤로웨이 관과 관련이 있는 원통보일러는?
① 노통 보일러
② 연관 보일러
③ 입형 보일러
④ 특수 보일러

해설 노통 보일러와 관련 있는 것
㉮ 아담슨 조인트(Adamson joint) : 평형 노통을 일체형으로 제작하면 강도가 약해지는 결점을 보완하기 위하여 노통을 여러 개로 분할 제작하여 플랜지형으로 연결한 것으로 이 이음부를 아담슨 조인트라 한다.
㉯ 갤로웨이 관(galloway tube) : 노통에 직각으로 2~3개 설치한 관으로 전열면적을 증가시키며 보일러 수(水)의 순환을 좋게 하고 노통을 보강하는 역할을 한다.

42. 에너지이용 합리화법에 따라 특정열사용기자재 중 온수보일러를 설치하는 경우 제 몇 종 난방시공업자가 시공할 수 있는가?
① 제1종
② 제2종
③ 제3종
④ 제4종

해설 난방시공업자의 시공 범위 : 건설산업기본법 시행령 제7조, 별표1

난방시공업	시공할 수 있는 열사용기자재 품목
제1종	• 강철제보일러, 주철제보일러, 온수보일러, 구멍탄용 온수보일러, 축열식 전기보일러, 태양열 집열기, 1종 압력용기, 2종 압력용기의 설치와 이에 부대되는 배관, 세관공사 • 공사예정금액 2천만 원 이하의 온돌설치공사
제2종	• 태양열 집열기, 용량 5만[kcal/h] 이하의 온수보일러, 구멍탄용 온수보일러의 설치 및 이에 부대되는 배관, 세관공사 • 공사예정금액 2천만 원 이하의 온돌설치공사
제3종	요업요로, 금속요로의 설치공사

정답 39. ③ 40. ② 41. ① 42. ①

43. 에너지이용 합리화법에 따라 검사의 전부 또는 일부를 면제할 수 있다. 다음 중 용접검사가 면제되는 경우에 해당되는 것은?

① 강철제보일러 중 전열면적이 5[m²]이고 최고 사용압력이 3.5[MPa]인 것
② 강철제보일러 중 헤더의 안지름이 200[mm]이고 전열면적이 10[m²]이며 최고 사용압력이 0.35[MPa]인 관류보일러
③ 압력용기 중 동체의 두께가 6[mm]이고 최고 사용압력[MPa]과 내용적[m³]을 곱한 수치가 0.2 이하인 것
④ 온수보일러로서 전열면적이 15[m²]이고 최고 사용압력이 0.35[MPa]인 것

해설 용접검사의 면제 대상 범위 : 에너지이용 합리화법 시행규칙 31조의13, 별표3의6
(1) 강철제 보일러, 주철제 보일러
  ㉮ 강철제 보일러 중 전열면적이 5[m²] 이하이고, 최고 사용압력이 0.35[MPa] 이하인 것
  ㉯ 주철제 보일러
  ㉰ 1종 관류보일러
  ㉱ 온수보일러 중 전열면적이 18[m²] 이하이고, 최고사용압력이 0.35[MPa] 이하인 것
(2) 1종 압력용기, 2종 압력용기
  ㉮ 용접이음(동체와 플랜지와의 용접이음은 제외)이 없는 강관을 동체로 한 헤더
  ㉯ 압력용기 중 동체의 두께가 6[mm] 미만인 것으로서 최고사용압력[MPa]과 내부 부피[m³]를 곱한 수치가 0.02 이하(난방용의 경우에는 0.05 이하)인 것
  ㉰ 전열교환식인 것으로서 최고사용압력이 0.35[MPa] 이하이고, 동체의 안지름이 600[mm] 이하인 것

44. 용광로에 장입하는 코크스의 역할로 가장 거리가 먼 것은?

① 열원으로 사용
② SiO_2, P의 환원
③ 광석의 환원
④ 선철에 흡수

해설 코크스의 역할
㉮ 선철을 제조하는 열원으로 사용
㉯ 연소 시 환원성 가스 생성에 의해서 광석을 가스환원하는 동시에 직접 그 탄소에 의해서 광석을 환원 → 흡탄 작용
㉰ 일부 탄소는 가스 상태로 선철 중에 흡수되어 선철 성분이 된다.

45. 기수분리기에 대한 설명으로 옳은 것은?

① 보일러에 투입되는 연소용 공기 중에서 수분을 제거하는 장치
② 보일러 급수 중에 포함되어 있는 공기를 제거하는 장치
③ 증기 사용처에 증기사용 후 물과 증기를 분리하는 장치
④ 보일러에서 발생한 증기 중에 남아있는 물방울을 제거하는 장치

해설 기수 분리기
수관식 보일러의 기수드럼에 부착하여 승수관을 통하여 상승하는 증기 중에 혼입된 수분을 분리하기 위한 장치로 다음의 종류가 있다.
㉮ 사이클론형 : 원심 분리기를 사용
㉯ 스크레버형 : 파형의 다수 강판을 조합한 것
㉰ 건조 스크린형 : 금속망판을 이용한 것
㉱ 배플형 : 급격한 방향 전환을 이용한 것

46. 보일러의 부대장치에 대한 설명으로 옳은 것은?

① 윈드박스는 흡입통풍의 경우에 풍도에서의 정압을 동압으로 바꾸어 노 내에 유입시킨다.
② 보염기는 보일러 운전을 정지할 때 진화를 원활하게 한다.
③ 플레임 아이는 연소 중에 발생하는 화염 빛을 감지부에서 전기적 신호로 바꾸어 화염의 유무를 검출한다.
④ 플레임 로드는 연소온도에 의하여 화염의 유무를 검출한다.

해설 각 항목의 옳은 내용
① 윈드박스(wind box)는 풍도(風道)에서 공기를 흡입하여 동압의 대부분을 정압으로 노내에 유입시키는 역할을 한다.

정답 43. ④　44. ②　45. ④　46. ③

② 보염기(stabilizer)는 버너 팁 선단에 부착하여 착화를 원활하게 하고, 화염의 안정된 연소를 도모하는 장치이다.
④ 플레임 로드(flame rod)는 화염의 이온화 현상에 의한 전기 전도성을 이용하여 화염의 유무를 검출한다.

47 특수 열매체 보일러에서 사용하는 특수 열매체로 적합하지 않은 것은?

① 다우섬 ② 카네크롤
③ 수은   ④ 암모니아

해설 열매체의 종류
다우섬(dowtherm), 수은, 모빌섬, 카네크롤 등

48 배관용 연결부속 중 관의 수리, 점검, 교체가 필요한 곳에 사용되는 것은?

① 플러그 ② 니플
③ 소켓   ④ 유니언

해설 사용 용도에 의한 강관 이음재 분류
㉮ 배관의 방향을 전환할 때 : 엘보(elbow), 벤드(bend), 리턴 벤드
㉯ 관을 도중에 분기할 때 : 티(tee), 와이(Y), 크로스(cross)
㉰ 동일 지름의 관을 연결할 때 : 소켓(socket), 니플(nipple), 유니언(union), 플랜지(flange)
㉱ 지름이 다른 관(이경관)을 연결할 때 : 리듀서(reducer), 부싱(bushing), 이경 엘보, 이경 티
㉲ 관 끝을 막을 때 : 플러그(plug), 캡(cap)
㉳ 관의 분해, 수리가 필요할 때 : 유니언, 플랜지

49 다음 중 에너지이용 합리화법에 따라 검사대상 기기인 보일러의 검사유효기간이 1년이 아닌 검사는?

① 설치장소 변경검사
② 개조검사
③ 계속사용 안전검사
④ 용접검사

해설 검사의 유효기간 : 에너지이용 합리화법 시행규칙 제31조의8, 별표3의5

검사의 종류		검사유효기간
설치검사		– 보일러 : 1년(운전성능부문의 경우 3년 1개월로 한다.) – 압력용기 및 철금속 가열로 : 2년
개조검사		– 보일러 : 1년 – 압력용기 및 철금속 가열로 : 2년
설치장소 변경검사		– 보일러 : 1년 – 압력용기 및 철금속 가열로 : 2년
재사용검사		– 보일러 : 1년 – 압력용기 및 철금속 가열로 : 2년
계속 사용 검사	안전검사	– 보일러 : 1년 – 압력용기 : 2년
	운전성능 검사	– 보일러 : 1년 – 철금속 가열로 : 2년

※ 용접검사는 제조검사로 검사유효기간 대상에 해당되지 않는다.

50 보온재의 보온효율을 바르게 나타낸 것은? (단, Q_0 : 보온을 하지 않았을 때 표면으로부터의 방열량, Q : 보온을 하였을 때 표면으로부터의 방열량이다.)

① $\dfrac{Q_0}{Q}$ ② $\dfrac{Q}{Q_0}$

③ $\dfrac{Q_0 - Q}{Q}$ ④ $\dfrac{Q_0 - Q}{Q_0}$

해설 보온효율
보온으로 차단되는 열량($Q_0 - Q$)과 보온 전 나관(裸管)에서 방산열량(Q_0)의 비율이다.
$\therefore \eta\,[\%] = \dfrac{Q_0 - Q}{Q_0} \times 100 = \left(1 - \dfrac{Q}{Q_0}\right) \times 100$

51 원심형 송풍기의 회전수가 2500[rpm]일 때 송풍량이 150[m³/min]이었다. 회전수를 3000[rpm]으로 증가시키면 송풍량[m³/min]은?

① 259 ② 216
③ 180 ④ 125

정답 47. ④ 48. ④ 49. ④ 50. ④ 51. ③

해설 $Q_2 = Q_1 \times \left(\dfrac{N_2}{N_1}\right)$

$= 150 \times \left(\dfrac{3000}{2500}\right) = 180 [m^3/min]$

52. 돌로마이트 내화물에 대한 설명으로 틀린 것은?
① 염기성 슬래그에 대한 저항이 크다.
② 소화성이 크다.
③ 내화도는 SK26~30 정도이다.
④ 내스폴링성이 크다.

해설 돌로마이트 벽돌(내화물)
염기성 내화물로 백운석을 주원료로 하여 1600[℃] 정도에서 소성하여 제조하는 것으로 탄산칼슘($CaCO_3$)과 탄산마그네슘($MgCO_3$)으로 구성되어 있다. 주요 화학성분은 산화칼슘(CaO)과 산화마그네슘(MgO)이다. 내화도는 SK36~39 정도이다.

53. 구조가 간단하여 취급이 용이하고 수리가 간편하며, 수부가 크므로 열의 비축량이 크고 사용증기량의 변동에 따른 발생증기의 압력변동이 작은 이점이 있으나 폭발 시 재해가 큰 보일러는?
① 원통형 보일러   ② 수관식 보일러
③ 관류 보일러   ④ 열매체 보일러

해설 원통형 보일러의 특징
㉮ 구조가 간단하고 취급 및 청소, 검사가 용이하다.
㉯ 설비비가 저렴하다.
㉰ 고압이나 대용량에는 부적합하다.
㉱ 기동으로부터 증기 발생까지는 시간이 걸리지만 부하의 변동에 따른 압력변동이 적다.
㉲ 보유수량이 많으며 파열의 경우 피해가 크다.

54. 내화벽돌이나 단열벽돌을 쌓을 때 유의사항으로 틀린 것은?
① 열의 이동을 막기 위하여 불꽃이 접촉하는 부분에 단열벽돌을 쌓고 그 다음에 내화벽돌을 쌓는다.
② 물기가 없는 건조한 것과 불순물을 제거한 것을 쌓는다.
③ 내화 모르타르는 화학조성이 사용 내화벽돌과 비슷한 것을 사용한다.
④ 내화벽돌과 단열벽돌 사이에는 내화모르타르를 사용한다.

해설 열의 이동을 막기 위하여 불꽃이 접촉하는 부분에 내화벽돌을 쌓고 그 다음에 단열벽돌을 쌓는다.

55. 관을 구부렸다가 힘을 제거하면 탄성이 작용하여 다시 펴지는 현상을 무엇이라 하는가?
① 스프링백   ② 브레이스
③ 플렉시블   ④ 벨로즈

해설 스프링 백(spring back)
강관의 탄성 때문에 관을 벤딩(bending) 후에 힘을 제거하면 벤딩이 약간 펴지는 현상이 발생한다. 이를 고려하여 굽힘 각도 보다 조금 더 구부려 작업을 한다.

56. 불연속식 가마로서 바닥은 직사각형이며 여러 개의 흡입구멍이 연도에 연결되어 있고 화교가 버너 포트의 앞쪽에 설치되어 있는 것은?
① 도염식 가마   ② 터널 가마
③ 둥근 가마   ④ 호프만 가마

해설 도염식 가마(down draft kiln)
꺾임 불꽃 가마로 아궁이쪽에서 발생한 불꽃이 측벽과 화교사이를 거쳐 올라가서 소성실 천정에 부딪혀 가마바닥의 흡입공으로 빠지면서 피가열체를 소성하는 것으로 가마 내의 온도분포가 균일하다.

57. 에너지이용 합리화법에 따라 검사대상기기 설치자가 변경된 경우 새로운 검사대상기기의 설치자는 그 변경일로부터 며칠 이내에 신고서를 공단 이사장에게 제출해야 하는가?
① 7일   ② 10일
③ 15일   ④ 30일

정답 52. ③ 53. ① 54. ① 55. ① 56. ① 57. ③

해설 검사대상기기의 설치자 변경신고(에너지이용 합리화법 시행규칙 제31조의24) : 검사대상기기의 설치자가 변경된 경우 새로운 검사대상기기의 설치자는 그 변경 일부터 15일 이내에 검사대상기기 설치자 변경신고서를 공단 이사장에게 제출하여야 한다.

58_ 검사대상 증기보일러에서 사용해야 하는 안전밸브는?

① 스프링식 안전밸브
② 지렛대식 안전밸브
③ 중추식 안전밸브
④ 복합식 안전밸브

해설 스프링식 안전밸브
스프링의 탄성에 의하여 내부의 압력을 분출하고 차단하는 것으로 일반적으로 가장 많이 사용되고 있다.

59_ 에너지이용 합리화법에 따라 검사대상기기의 계속사용검사 중 산업통상자원부령으로 정하는 항목의 검사에 불합격한 경우 일정기간 내 그 검사에 합격할 것을 조건으로 계속 사용을 허용한다. 그 기간은 불합격한 날부터 몇 개월 이내인가? (단, 철금속 가열로는 제외한다.)

① 6개월   ② 7개월
③ 8개월   ④ 10개월

해설 검사대상기기의 검사(에너지이용 합리화법 제39조 제5항, 시행규칙 제31조의21) : 검사대상기기의 계속사용검사 중 산업통상자원부령으로 정하는 항목의 검사에 불합격한 경우 검사에 불합격한 날부터 6개월(철금속 가열로는 1년) 기간 내에 그 검사에 합격할 것을 조건으로 계속 사용할 수 있다.

60_ 발열량이 5500[kcal/kg]인 석탄을 연소시키는 보일러에서 배기가스 온도가 400[℃]일 때 보일러의 열효율은[%]은?
(단, 연소가스량은 10[Nm³/kg], 연소가스의 비열은 0.33[kcal/Nm³·℃], 실온과 외기온도는 0[℃]이며, 미연분에 의한 손실과 방사에 의한 열손실은 무시한다.)

① 64   ② 70
③ 76   ④ 80

해설 ㉮ 배기가스에 의한 손실열 계산
$$\therefore Q = GC\Delta t = 10 \times 0.33 \times (400 - 0) = 1320 [kcal]$$
㉯ 보일러 열효율 계산
$$\therefore \eta = \left(1 - \frac{손실열}{입열}\right) \times 100 = \left(1 - \frac{1320}{5,500}\right) \times 100 = [\%]$$

4과목 - 열설비취급 및 안전관리

61_ 저압 증기 난방장치의 하트포드 배관방식에서 균형관에 접속하는 환수주관의 분기 위치는 보일러 표준수면에서 약 몇 [mm] 아래가 적정한가?

① 30   ② 50
③ 80   ④ 100

해설 하트포드(hartford) 접속법
저압증기 난방에서 환수관을 보일러에 직접 연결할 경우 보일러 수의 역류현상을 방지하기 위해서 사용하는 방식으로 증기관과 환수관사이에 밸런스관(균형관)을 설치하여 안전저수면 보다 높은 위치에 환수관을 접속하는 배관 방법을 말한다. 환수주관과 균형관(balance pipe)의 연결 위치는 보일러 사용수위(표준수위)에서 50[mm] 아래에 위치한다.

62_ 보일러 수면계 유리관의 파손 원인으로 가장 거리가 먼 것은?

① 프라이밍 또는 포밍 현상이 발생한 때
② 수면계의 너트를 너무 무리하게 조인 경우
③ 유리관의 재질이 불량한 경우
④ 외부에서 충격을 받았을 때

[해설] 수면계의 파손 원인
㉮ 상하 조임 너트를 무리하게 조였을 때
㉯ 외부로부터 충격을 받았을 때
㉰ 장기간 사용으로 노후 되었을 때
㉱ 상하의 바탕쇠 중심선이 일치하지 않았을 때
㉲ 유리관의 재질이 불량할 때

63. 이온교환수지의 이온교환 능력이 소진되었을 때 재생 처리를 하는데, 이온교환처리장치의 운전공정 순서로 옳은 것은?

| ㉠ 압출 ㉡ 부하 ㉢ 역세 ㉣ 수세 ㉤ 통약 |

① ㉠ → ㉤ → ㉢ → ㉡ → ㉣
② ㉢ → ㉡ → ㉠ → ㉤ → ㉣
③ ㉠ → ㉡ → ㉢ → ㉣ → ㉤
④ ㉢ → ㉤ → ㉠ → ㉣ → ㉡

[해설] 이온교환처리장치의 운전공정 순서(수지의 재생 공정) : 역세 → 통약(재생) → 압출 → 수세 → 부하(통수)

『참고』 이온교환처리장치 운전공정
㉮ 역세 : 수지탑의 아래에서 위로 물을 흐르게 하여 압축된 수지를 느슨하게 해주고 수지층에 괴여있는 현탁물을 제거하여 주는 공정
㉯ 통약 : 부하공정에서 흡착된 흡착이온을 용출시키고 부하목에 맞는 이온을 흡착시키기 위하여 재생액을 수지탑의 위에서 아래로 흘러내리는 공정으로 좁은 의미의 재생이라 함
㉰ 압출(치환) : 통약 후 수지층에 남아 있는 재생액을 통약공정과 같은 방향으로 천천히 압출시키는 공정
㉱ 수세(세정) : 수지층에 남아 있는 재생제를 완전히 씻어내리는 공정
㉲ 부하 : 재생탑에 원수를 통과시켜 수중의 일부 또는 전부의 이온을 이온교환 또는 제거시키는 공정

64. 보일러 성능검사 시 증기 건도 측정이 불가능한 경우, 강철제 증기보일러의 증기건도는 몇 [%]로 하는가?

① 90   ② 93   ③ 95   ④ 98

[해설] 보일러 성능검사 시 증기건도는 다음에 따르되 실측이 가능한 경우 실측치에 따른다.
㉮ 강철제 보일러 : 0.98
㉯ 주철제 보일러 : 0.97

65. 보일러 급수의 외처리 방법 중 기폭법과 탈기법으로 공통으로 제거할 수 있는 가스는?

① 수소   ② 질소
③ 탄산가스   ④ 황화질소

[해설] 용존가스 처리법
㉮ 기폭법(폭기법) : 헨리의 법칙을 이용한 것으로 급수 중에 포함되어 있는 탄산가스(CO_2), 황화수소(H_2S), 암모니아(NH_3) 등의 기체성분과 철(Fe), 망간(Mn) 등을 제거하는 방법으로 공기 중에서 물을 아래로 뿌려 내리는 강수방식과 급수 중에 공기를 흡입하는 방법이 있다.
㉯ 탈기법 : 탈기기(deaerator)를 이용하여 급수 중의 산소(O_2), 탄산가스(CO_2) 등의 용존가스를 제거하는 방법으로 진공 탈기법과 가열 탈기법이 있다.

66. 온수난방 배관에서 원칙적으로 배관 중 밸브류를 설치해서는 안 되는 곳은?

① 송수주관   ② 환수주관
③ 방출관   ④ 팽창관

[해설] 온수난방 배관에서 팽창탱크와 연결되는 팽창관에는 물의 흐름을 차단하는 장치(밸브, 체크밸브)를 설치해서는 안 된다.

67. 에너지이용 합리화법에 의한 검사대상기기의 검사에 관한 설명으로 틀린 것은?

① 검사대상기기를 개조하여 사용하려는 자는 시·도지사의 검사를 받아야 한다.
② 검사대상기기의 계속사용검사를 받으려는 자는 유효기간 만료 전에 검사신청서를 제출하여야 한다.
③ 검사대상기기의 설치장소를 변경한 경우에는 시·도지사의 검사를 받아야 한다.
④ 검사대상기기를 사용 중지하는 경우에는 별도의 신고가 필요 없다.

63. ④ 64. ④ 65. ③ 66. ④ 67. ④

해설 검사대상기기 사용중지 신고(에너지이용 합리화법 시행규칙 제31조의23) : 검사대상기기 설치자가 그 검사대상기기의 사용을 중지한 경우에는 중지한 날부터 15일 이내에 검사대상기기 사용중지신고서를 공단이사장에게 제출하여야 한다.
※ 검사대상기기의 개조검사, 설치장소 변경검사, 사용중지한 후 재사용하려는 자의 검사는 시·도지사에서 에너지이용 합리화법 제69조에 의하여 공단·시공업자단체에 위탁된 사항임

68. 공급되는 1차 고온수를 감압하여 직결하는데, 여기에 귀환하는 2차 고온수 일부를 바이패스시켜 합류시킴으로써 고온수의 온도를 낮추어 시스템에 공급하도록 하는 고온수 난방방식을 무엇이라고 하는가?
① 고온수 직결방식
② 블리드인 방식
③ 열 교환방식
④ 캐스케이드 방식

해설 블리드인(bleed-in) 방식 : 고온수 난방법에서 장치 내를 일정 압력 이상으로 유지하기 위한 방법 중에 2차 측과 연결 방법에 의하여 분류되는 하나의 것으로 공급되는 1차 고온수를 감압하여 직결하는데, 여기에 귀환하는 2차 고온수 일부를 바이패스 시켜 합류시킴으로서 고온수의 온도를 낮추어 시스템에 공급하도록 하는 방식이다.

69. 에너지법에 따라 에너지 수급에 중대한 차질이 발생할 경우를 대비하여 비상 시 에너지수급계획을 수립하여야 하는 자는?
① 대통령
② 국토교통부장관
③ 산업통상자원부장관
④ 한국에너지공단이사장

해설 비상 시 에너지수급계획의 수립(에너지법 제8조)
산업통상자원부장관은 에너지 수급에 중대한 차질이 발생할 경우에 대비하여 비상 시 에너지수급계획(비상계획)을 수립하여야 한다.

70. 에너지법에서 사용하는 용어의 정의로 옳은 것은?
① 에너지는 연료, 열 및 전기를 말한다.
② 연료는 석유, 석탄 및 핵연료를 말한다.
③ 에너지공급자는 에너지를 개발, 판매하는 사업자를 말한다.
④ 에너지사용자는 에너지공급시설의 소유자 또는 관리자를 말한다.

해설 용어의 정의 : 에너지법 제2조
㉮ "에너지"란 연료, 열 및 전기를 말한다.
㉯ "연료"란 석유, 가스, 석탄 그 밖에 열을 발생하는 열원을 말한다. 다만, 제품의 원료로 사용하는 것을 제외한다.
㉰ "에너지사용시설"이란 에너지를 사용하는 공장, 사업장 등의 시설이나 에너지를 전환하여 사용하는 시설을 말한다.
㉱ "에너지사용자"란 에너지사용시설의 소유자 또는 관리자를 말한다.
㉲ "에너지공급설비"란 에너지를 생산, 전환, 수송 또는 저장하기 위하여 설치하는 설비를 말한다.
㉳ "에너지공급자"란 에너지를 생산, 수입, 전환, 수송, 저장 또는 판매하는 사업자를 말한다.
㉴ "에너지사용기자재"란 열사용기자재나 그 밖에 에너지를 사용하는 기자재를 말한다.
㉵ "열사용기자재"란 연료 및 열을 사용하는 기기, 축열식 전기기기와 단열성 자재로서 산업통상자원부령으로 정하는 것을 말한다.

71. 보일러 수의 불순물 농도가 400[ppm]이고, 1일 급수량이 5000[L]일 때, 이 보일러의 1일 분출량[L/day]은 얼마인가? (단, 급수 중의 불순물 농도는 50[ppm]이고, 응축수는 회수하지 않는다.)
① 688
② 714
③ 785
④ 828

해설 응축수는 회수하지 않으므로 응축수 회수율(R)은 0이다.
$$\therefore X = \frac{W(1-R)d}{r-d}$$
$$= \frac{5000 \times (1-0.0) \times 50}{400 - 50} = 714.285 \,[\text{L/day}]$$

정답 68. ② 69. ③ 70. ① 71. ②

72. 보일러의 외부 청소방법이 아닌 것은?

① 산세관법 ② 수세법
③ 스팀 소킹법 ④ 워터 소킹법

해설 외부청소방법의 종류
㉮ 수공구 사용법
㉯ 그을음 불어내기(soot blower)
㉰ 샌드 블라스트(sand blast) 또는 에어소킹법
㉱ 스팀 소킹법(steam soaking)
㉲ 워터 소킹법(water soaking)
㉳ 수세(washing)법
㉴ 스틸 숏 클리닝법

『참고』 산세법(acid cleaning)
보일러 내부청소방법 중 화학적 세관법으로 내면의 스케일과 산과의 화학반응에 의해 스케일을 용해 제거하는 방법으로 일반적으로 5~10[%] 염산 수용액을 사용한다. 부식을 방지하기 위해 부식 억제제(inhibiter)를 적당량(0.2~0.6[%]) 첨가한다.

73. 보일러의 점식을 일으키는 요인 중 국부전지가 유지되는 주요 원인으로 가장 밀접한 것은?

① 실리카 생성
② 염화마그네슘 생성
③ pH 상승
④ 용존산소 존재

해설 공식(pitting)
보일러수가 접하는 내면에 좁쌀알, 쌀알, 콩알 크기의 점 상태(點狀)로 생기는 부식으로 점식(點蝕) 또는 점형부식이라 한다. 부식의 진행속도가 빨라 위험성이 크며, 급수 중에 포함되어 있는 용존산소 때문에 발생한다.

74. 보일러에서 압력차단(제한)스위치의 작동압력은 어느 정도로 조정하여야 하는가?

① 사용압력과 같게 조정한다.
② 안전밸브 작동압력과 같게 조정한다.
③ 안전밸브 작동압력보다 약간 낮게 조정한다.
④ 안전밸브 작동압력보다 약간 높게 조정한다.

해설 압력차단(제한)스위치의 작동압력 : 안전밸브 작동압력보다 약간 낮게 조정한다.

75. 표준대기압에서 급수용으로 사용되는 물의 일반적 성질에 관한 설명으로 틀린 것은?

① 물의 비중이 가장 높은 온도는 약 1[℃]이다.
② 임계압력은 약 22[MPa]이다.
③ 임계온도는 약 374[℃]이다.
④ 증발잠열은 약 2256[kJ/kg]이다.

해설 물의 비중이 가장 높은 온도는 약 4[℃]이다.

76. 온수발생 보일러는 온수 온도가 얼마 이하일 때, 방출밸브를 설치하여야 하는가?

① 100[℃] ② 120[℃]
③ 130[℃] ④ 150[℃]

해설 방출밸브 또는 안전밸브 크기
㉮ 액상식 열매체 보일러 및 온도 393[K](120[℃]) 이하의 온수발생보일러에는 방출밸브를 설치하여야 하며 그 지름은 20[mm] 이상으로 하고 보일러의 압력이 최고사용압력에 10[%](그 값이 0.35[MPa] 미만인 경우에는 0.35[MPa]로 한다)를 더한 값을 초과하지 않도록 지름과 개수를 정하여야 한다.
㉯ 온도 393[K](120[℃])를 초과하는 온수발생 보일러에는 안전밸브를 설치하여야 하며, 그 크기는 호칭지름 20[mm] 이상으로 한다.

77. 에너지이용 합리화법에 따라 산업통상자원부 장관이 효율관리기자재에 대하여 고시하여야 하는 사항에 해당되지 않는 것은?

① 에너지의 소비효율 또는 사용량의 표시
② 에너지의 소비효율 등급기준 및 등급표시
③ 에너지의 소비효율 또는 생산량의 측정방법
④ 에너지의 최저소비효율 또는 최대사용량의 기준

정답 72. ① 73. ④ 74. ③ 75. ① 76. ② 77. ③

해설 효율관리기자재의 고시 사항 : 에너지이용 합리화법 제15조
㉮ 에너지의 목표소비효율 또는 목표사용량의 기준
㉯ 에너지의 최저소비효율 또는 최대사용량의 기준
㉰ 에너지의 소비효율 또는 사용량의 표시
㉱ 에너지의 소비효율 등급기준 및 등급표시
㉲ 에너지의 소비효율 또는 사용량의 측정방법
㉳ 그 밖에 효율관리기자재의 관리에 필요한 사항으로서 산업통상자원부령으로 정하는 사항

78. 다음 중 에너지이용 합리화법에 따라 특정열사용기자재가 아닌 것은?

① 온수보일러   ② 1종 압력용기
③ 터널가마   ④ 태양열온수기

해설 특정 열사용 기자재 종류 : 에너지이용 합리화법 시행규칙 제31조의5, 별표3의2

구분	품목명
보일러 (기관)	강철제보일러, 주철제보일러, 온수보일러, 구멍탄용 온수보일러, 축열식 전기보일러, 캐스케이드 보일러, 가정용 화목보일러
태양열 집열기	태양열 집열기
압력용기	1종 압력용기, 2종 압력용기
요업요로	연속식 유리용융 가마, 불연속식 유리용융 가마, 유리용융 도가니 가마, 터널 가마, 도염식 가마, 셔틀 가마, 회전 가마, 석회용선 가마
금속요로	용선로, 비철금속용융로, 금속 소둔로, 철금속가열로, 금속균열로

79. 보일러 내부부식의 발생을 방지하는 방법으로 틀린 것은?

① 급수나 관수 중의 불순물을 제거한다.
② 급열, 급냉을 피하여 열응력 작용을 방지한다.
③ 보일러 수의 pH를 약산성으로 유지한다.
④ 분출을 적당히 하여 농축수를 제거한다.

해설 철(Fe)의 경우 보일러 수의 pH가 증가와 함께 부식은 감소하므로 약알칼리로 유지한다.

『참고』 내부부식의 원인
㉮ 급수 중에 유지류, 산류, 탄산가스, 염류 등의 불순물을 함유하는 경우
㉯ 일반 전기배선에서의 누전으로 인하여 전류가 장시간 흐르는 경우
㉰ 강재의 수측 표면에 녹이 생겨서 국부적으로 전위차가 발생하여 전류가 흐르는 경우
㉱ 강재 속에 함유된 유황(S) 성분이나 인(P) 성분이 온도 상승과 함께 산화되거나 녹이 생긴 경우
㉲ 국부적으로 전위차가 발생하여 전류가 흐르는 경우
㉳ 보일러 재료에 부분적인 온도차로 고열부가 양극이 되어 열전류가 발생하는 경우
㉴ 급수의 수질처리가 잘 되어 있지 않을 때
㉵ 보일러수의 순환불량으로 국부적 과열을 일으킬 때
㉶ 보일러 휴지 중 보존법이 좋지 않을 때

80. 신설 보일러에 행하는 소다 끓임에 대한 설명으로 옳은 것은?

① 보일러 내부에 부착된 철분, 유지분 등을 제거하는 작업
② 보일러 본체의 누수 여부를 확인하는 작업
③ 보일러 부속장치의 누수 여부를 확인하는 작업
④ 보일러수의 순환상태 및 증발력을 점검하는 작업

해설 소다 끓이기(soda boiling)
제작 시에 내부에 부착된 유지분, 페인트류, 녹 등을 제거하기 위한 것으로 저압보일러에서는 0.2~0.3[MPa]의 압력을 유지하면서 2~3일간 끓인 다음 취출과 급수를 반복적으로 실시하면서 서서히 냉각시킨다. 완전히 냉각된 후 블로다운을 실시하면서 깨끗한 물로 내부를 충분히 세척한 후 정상수위까지 급수를 한다.

정답 78. ④ 79. ③ 80. ①

2019년 3월 3일 제1회 에너지관리산업기사 필기시험

1과목 - 열역학 및 연소관리

01. 다음 중 에너지 보존과 가장 관련이 있는 열역학의 법칙은?
① 제0법칙 ② 제1법칙
③ 제2법칙 ④ 제3법칙

해설 열역학 법칙
㉮ 열역학 제0법칙 : 열평형의 법칙
㉯ 열역학 제1법칙 : 에너지보존의 법칙
㉰ 열역학 제2법칙 : 방향성의 법칙
㉱ 열역학 제3법칙 : 어떤 계 내에서 물체의 상태변화 없이 절대온도 0도에 이르게 할 수 없다.

02. 이상기체에 대하여 C_p와 C_v의 관계식으로 옳은 것은? (단, C_p는 정압비열, C_v는 정적비열, R은 기체상수이다.)
① $C_p = C_v - R$ ② $C_p = C_v + R$
③ $C_p = R - C_v$ ④ $R = C_p/C_v$

해설 정압비열(C_p)과 정적비열(C_v) 및 기체상수(R)의 관계식
$C_p - C_v = R$이므로
∴ $C_p = C_v + R$

03. 과열증기에 대한 설명으로 옳은 것은?
① 습포화증기에서 압력을 높인 것이다.
② 동일압력에서 온도를 높인 습포화증기이다.
③ 건포화증기를 가열해서 압력을 높인 것이다.
④ 건포화증기에 열을 가해 온도를 높인 것이다.

해설 과열증기 : 습포화증기를 가열하여 건조증기가 된 건증기를 다시 가열할 때 압력은 오르지 않고 온도만 상승되는 증기이다.

04. 액체연소장치의 무화연소와 가장 거리가 먼 것은?
① 액체의 운동량
② 주위 공기와의 마찰력
③ 액체와 기체의 표면장력
④ 기체의 비중

해설 액체연료의 무화(분무)를 지배하는 요소
㉮ 액체 연료의 운동량
㉯ 액체 연료와 기체의 표면적에 따른 저항력
㉰ 액체 연료와 주위의 기체와의 마찰력
㉱ 액체와 기체 사이의 표면장력

05. 회분이 연소에 미치는 영향에 대한 설명으로 틀린 것은?
① 연소실의 온도를 높인다.
② 통풍에 지장을 지어 연소효율을 저하시킨다.
③ 보일러 벽이나 내화벽돌에 부착되어 장치를 손상 시킨다.
④ 용융 온도가 낮은 회분은 클링커(clinker)를 발생시켜 통풍을 방해한다.

해설 회분(灰分)의 영향
㉮ 연료의 발열량이 감소한다.
㉯ 연소상태가 불량해 진다.
㉰ 연소 후 재(ash) 발생량이 증가한다.
㉱ 보일러 벽이나 내화벽돌에 부착되어 장치를 손상시킨다.
㉲ 용융 온도가 낮은 회분은 클링커(clinker)를 발생시켜 통풍을 방해한다.
㉳ 통풍에 지장을 주어 연소효율을 저하시킨다.

정답 1.② 2.② 3.④ 4.④ 5.①

06_ 체적 0.5[m³], 압력 2[MPa], 온도 20[℃]인 일정량의 이상기체가 압력 100[kPa], 온도 80[℃]가 되면 기체의 체적[m³]은?

① 6 ② 8 ③ 10 ④ 12

해설 $\dfrac{P_1 V_1}{T_1} = \dfrac{P_2 V_2}{T_2}$ 에서 처음 압력은 2[MPa], 변화 후의 압력은 100[kPa]이므로 처음 압력을 [kPa] 단위로 환산하여 계산하여야 함.

$$\therefore V_2 = \dfrac{P_1 V_1 T_2}{P_2 T_1} = \dfrac{(2 \times 10^3) \times 0.5 \times (273+80)}{100 \times (273+20)}$$
$$= 12.047 \,[\text{m}^3]$$

07_ 폴리트로픽 지수가 무한대($n = \infty$)인 변화는?

① 정온(등온)변화 ② 정적(등적)변화
③ 정압(등압)변화 ④ 단열변화

해설 폴리트로픽 과정의 폴리트로픽 지수(n)
㉮ $n = 0$: 정압과정
㉯ $n = 1$: 정온과정
㉰ $1 < n < k$: 폴리트로픽 과정
㉱ $n = k$: 단열과정(등엔트로피 과정)
㉲ $n = \infty$: 정적과정

08_ 어떤 물질이 온도변화 없이 상태가 변할 때 방출되거나 흡수되는 열을 무엇이라 하는가?

① 현열 ② 잠열
③ 비열 ④ 열용량

해설 현열과 잠열
㉮ 현열(감열) : 물질이 상태변화는 없이 온도변화에 총 소요된 열량
㉯ 잠열 : 물질이 온도변화는 없이 상태변화에 총 소요된 열량으로 증발열, 융해열, 승화열이 해당된다.

09_ 보일러에서 댐퍼의 설치목적으로 가장 거리가 먼 것은?

① 통풍력을 조절한다.
② 가스의 흐름을 차단한다.
③ 연료 공급량을 조절한다.
④ 주연도와 부연도가 있을 때 가스 흐름을 전환한다.

해설 연도에 댐퍼(damper)를 부착하는 이유
㉮ 통풍력 조절로 연소효율 증대
㉯ 배기가스 흐름을 조절
㉰ 주연도, 부연도의 가스흐름 전환

10_ 랭킨 사이클의 효율을 높이기 위한 방법으로 옳은 것은?

① 보일러의 가열 온도를 높인다.
② 응축기의 응축 온도를 높인다.
③ 펌프 소요 일을 증대시킨다.
④ 터빈의 출력을 줄인다.

해설 랭킨 사이클의 이론 열효율은 초압 및 초온이 높을수록, 배압(터빈 배출압력)이 낮을수록 증가한다.

11_ 파형의 강판을 다수 조합한 형태로 된 기수분리기의 형식은?

① 배플형 ② 스크러버형
③ 사이클론형 ④ 건조스크린형

해설 기수 분리기 : 수관식 보일러의 기수드럼에 부착하여 승수관을 통하여 상승하는 증기 중에 혼입된 수분을 분리하기 위한 장치로 다음의 종류가 있다.
㉮ 사이클론형 : 원심 분리기를 사용
㉯ 스크러버형 : 파형의 다수 강판을 조합한 것
㉰ 건조 스크린형 : 금속망판을 이용한 것
㉱ 배플형 : 급격한 방향 전환을 이용한 것

12_ 430[K]에서 500[kJ]의 열을 공급받아 300[K]에서 방열시키는 카르노 사이클의 열효율과 일량으로 옳은 것은?

① 30.2[%], 349[kJ]
② 30.2[%], 151[kJ]
③ 69.8[%], 151[kJ]
④ 69.8[%], 349[kJ]

해설
㉮ 열효율 계산
$$\therefore \eta = \frac{W}{Q_1} \times 100 = \frac{T_1 - T_2}{T_1} \times 100$$
$$= \frac{430 - 300}{430} \times 100 = 30.232\,[\%]$$
㉯ 일량 계산 : 열효율 계산식에서
$$\therefore W = Q_1 \times \eta = 500 \times 0.30232 = 151.16\,[kJ]$$

13. 다음 중 이상기체 상태방정식에서 체적이 절대온도에 비례하게 되는 조건은?
① 밀도가 일정할 때
② 엔탈피가 일정할 때
③ 비중량이 일정할 때
④ 압력이 일정할 때

해설 샤를의 법칙 : 압력이 일정할 때 일정량의 기체가 차지하는 체적(부피)은 절대온도에 비례한다.

14. 공기 40[kg]에 포함된 질소의 질량[kg]은 얼마인가? (단, 공기는 체적비로 질소 80[%]와 산소 [20[%]]로 구성되어 있다.)
① 25   ② 27
③ 29   ④ 31

해설 공기 중 산소가 차지하는 질량비율은 23.2[%]이므로 질소의 질량비율은 (1-0.232)이다.
∴ 질소질량 = 공기 질량 × 질소질량비
$= 40 \times (1 - 0.232) = 30.72\,[kg]$
『별해』 공기의 체적비를 이용하여 질소의 질량비 계산
㉮ 공기의 질량[kg] 계산 : 질소의 분자량 28[g/mol], 산소의 분자량 32[g/mol]이다.
$\therefore m = (28 \times 0.8) + (32 \times 0.2) = 28.8\,[g/mol]$
㉯ 질소의 질량비[%] 계산
$\therefore 질소질량비 = \frac{28 \times 0.8}{28.8} \times 100 = 77.78\,[\%]$
㉰ 질소 질량[kg] 계산
∴ 질소질량 = 공기 질량 × 질소 질량비
$= 40 \times 0.7778 = 31.112\,[kg]$

15. 다음 변화과정 중에서 엔탈피의 변화량과 열량의 변화량이 같은 경우는 어느 것인가?
① 등온변화과정   ② 정적변화과정
③ 정압변화과정   ④ 단열변화과정

해설 정압(등압)과정에서 계에 전달된 열량(가열량)은 엔탈피 변화량과 같다.
㉮ 엔탈피 변화량 : $dh = dq + vdP$
㉯ 가열량 : $dq = dh - vdP$
$\therefore dq = dh$

16. 다음 중 중유를 버너로 연소시킬 때 연소상태에 가장 적게 영향을 미치는 것은?
① 황분   ② 점도
③ 인화점   ④ 유동점

해설 중유의 연소상태에 영향을 주는 것 : 비중, 점도, 인화점, 유동점, 비열 등

17. 연료 중 유황이나 회분은 거의 포함하지 않으나 쉽게 인화하여 화재 및 폭발의 위험이 큰 연료는?
① B-C유   ② 코크스
③ 중유   ④ LPG

해설 LPG는 액화석유가스로 유황이나 회분 등 불순물을 포함하지 않으며, 상온에서 기체 상태로 존재하여 쉽게 인화하여 화재 및 폭발의 위험성이 크다.

18. 다음 중 기체연료 연소장치의 종류가 아닌 것은?
① 계단형   ② 포트형
③ 저압버너   ④ 고압버너

해설 기체연료 연소장치 종류
㉮ 유도혼합식 버너 : 적화식 버너, 분젠식 버너, 전1차 공기식, 세미분젠식
㉯ 강제혼합식 버너
　㉠ 내부혼합식 : 고압 버너, 표면연소 버너, 리본 버너 등
　㉡ 외부혼합식 : 고속 버너, 라디언드 튜브 버너, 액중연

정답 13. ④ 14. ④ 15. ③ 16. ① 17. ④ 18. ①

소 버너, 휘염 버너, 혼소 버너, 산업용 보일러 버너 등
ⓒ 부분 혼합식 버너
㉰ 확산혼합방식 : 포트형, 버너형
㉱ 예혼합방식 : 저압 버너, 고압 버너, 송풍 버너 등

19. 압력 1500[kPa], 체적 0.1[m³]의 기체가 일정 압력 하에 팽창하여 체적이 0.5[m³]가 되었다. 이 기체가 외부에 한 일[kJ]은 얼마인가?
① 150 ② 600
③ 750 ④ 900

해설 $W = P(V_2 - V_1) = 1500 \times (0.5 - 0.1) = 600$ [kJ]

20. 액체연료 공급 라인에 설치하는 여과기의 설치 방법에 대한 설명으로 틀린 것은?
① 여과기 전후에 압력계를 부착하여 일정 압력차 이상이면 청소하도록 한다.
② 여과기의 청소를 위해 여과기 2개를 직렬로 설치한다.
③ 유량계와 같이 설치하는 경우 연료가 여과기를 거쳐 유량계로 가도록 한다.
④ 여과기의 여과망은 유량계보다 버너 입구측에 더 가는 눈의 것을 사용한다.

해설 여과기의 청소를 위해 여과기를 2개 설치할 경우 병렬로 설치한다.

2과목 - 계측 및 에너지 진단

21. 계단상 입력(step input)변화에 대한 아래 그림은 어떤 제어동작의 특성을 나타낸 것인가?

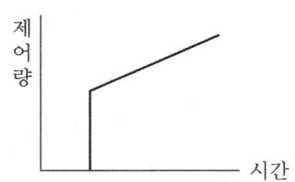

① 적분동작
② 비례, 적분, 미분동작
③ 비례, 미분동작
④ 비례, 적분동작

해설 PI 동작(비례 적분 동작) : 비례동작의 결점을 줄이기 위하여 비례동작과 적분동작을 합한 것이다.

22. 다음 중 사용온도가 가장 높은 경우에 적합한 보호관으로 급냉, 급열에 약한 것은?
① 자기관 ② 석영관
③ 황동강관 ④ 내열강관

해설 비금속 보호관의 종류 및 특징
㉮ 석영관 : 급냉, 급열에 견디고, 알칼리에는 약하지만 산에는 강하다. 환원성 가스에는 기밀성이 다소 떨어진다. 상용사용온도는 1000[℃]이다.
㉯ 자기관 : 급냉, 급열에 특히 약하며, 알칼리, 용융금속, 연소가스에 강하고 기밀성이 좋다. 고알루미나(Al₂O₃) 99[%] 이상으로 만들어지는 경우 상용사용온도가 1600[℃], 알루미나(40[%])+프라이트(40[%])의 경우 1450[℃]이다.
㉰ 카보런덤관 : 다공질로서 급냉, 급열에 강하고 방사온도계의 단망관, 2중 보호관의 외관으로 사용된다. 상용사용온도는 1600[℃]이다.

23. 보일러 효율 80[%], 실제 증발량 4[t/h], 발생 증기 엔탈피 650[kcal/kgf], 급수 엔탈피 10[kcal/kgf], 연료 저위 발열량 9500[kcal/kgf]일 때, 이 보일러의 시간당 연료 소비량은 약 몇 [kgf/h]인가?
① 193 ② 264
③ 337 ④ 394

해설 $\eta = \dfrac{G_a \times (h_2 - h_1)}{G_f \times H_l} \times 100$ 에서

$\therefore G_f = \dfrac{G_a \times (h_2 - h_1)}{H_l \times \eta}$

$= \dfrac{(4 \times 10^3) \times (650 - 10)}{9500 \times 0.8} = 336.842$ [kgf/h]

24. 측정계기의 감도가 높을 때 나타나는 특성은?
① 측정범위가 넓어지고 정도가 좋다.
② 넓은 범위에서 사용이 가능하다.
③ 측정시간이 짧아지고 측정범위가 좁아진다.
④ 측정시간이 길어지고 측정범위가 좁아진다.

해설 감도 : 계측기가 측정량의 변화에 민감한 정도를 나타내는 값으로 감도가 좋으면 측정시간이 길어지고, 측정범위는 좁아진다.
$$\therefore 감도 = \frac{지시량의\ 변화}{측정량의\ 변화}$$

25. 계측계의 특성으로 계측에 있어 변환기의 선정 또는 측정의 참값을 판단하는 계의 특성 중 정 특성에 해당하는 것은?
① 감도
② 과도특성
③ 유량특성
④ 시간지연과 동 오차

해설 계측기의 특성
㉮ 정특성 : 측정기기의 입력신호가 시간적으로 변동하지 않거나 변동이 느려서 그 영향을 무시할 수 있는 경우 입력신호와 출력신호의 관계를 의미하는 것으로 감도, 직선성, 히스테리시스 오차 등이 해당된다.
㉯ 동특성 : 계측기기를 구성하는 각종 신호 변환기 내부에는 질량, 스프링, 인덕턴스 및 용량 등 신호가 갖는 에너지를 흡수하거나 방출하는 성질의 요소인 점성 저항, 전기 저항 등이 존재한다. 이와 같이 계측기기에서 입력신호인 측정량이 시간적으로 변동할 때 출력신호인 계측기기의 지시 특성을 의미하는 것으로 시간 지연과 동오차, 과도특성 등이 해당된다.

26. 금속이나 반도체의 온도변화로 전기저항이 변하는 원리를 이용한 전기저항 온도계의 종류가 아닌 것은?
① 백금저항 온도계
② 니켈저항 온도계
③ 서미스터 온도계
④ 베크만 온도계

해설 저항온도계의 종류 및 측정범위

종류	측정범위
백금(Pt) 저항온도계	-200~500[℃]
니켈(Ni) 저항온도계	-50~150[℃]
동(Cu) 저항온도계	0~120[℃]
서미스터(thermistor)	-100~300[℃]

27. 열팽창계수가 서로 다른 박판을 사용하여 온도 변화에 따라 휘어지는 정도를 이용한 온도계는?
① 제겔콘 온도계
② 바이메탈 온도계
③ 알코올 온도계
④ 수은 온도계

해설 바이메탈 온도계 : 선팽창계수(열팽창률)가 다른 2종류의 얇은 금속판을 결합시켜 온도변화에 따라 구부러지는 정도가 다른 점을 이용한 것이다.

28. 다음 중 고체연료의 열량 측정을 위한 원소분석 성분으로 가장 거리가 먼 것은?
① 탄소
② 수소
③ 질소
④ 휘발분

해설 고체연료의 열량 측정을 위한 원소분석 성분은 탄소(C), 수소(H), 산소(O), 황(S), 질소(N), 수분 등이 해당된다.

29. 연소실 열 발생률의 단위는 어느 것인가?
① $kcal/m^3 \cdot h$
② $kcal/m \cdot h$
③ $kg/m^2 \cdot h$
④ $kg/m^3 \cdot h$

해설 연소실 열부하(열 발생률) : 1시간 동안 발생되는 열량과 연소실 체적 1[m³]의 비로 단위는 [kcal/m³·h]이다.
$$\therefore 연소실\ 열부하 = \frac{G_f(H_l + Q_1 + Q_2)}{연소실\ 체적}$$

정답 24. ④ 25. ① 26. ④ 27. ② 28. ④ 29. ①

30. 액주식 압력계 중 하나인 U자관 압력계에 사용되는 유체의 구비조건에 대한 설명으로 틀린 것은?

① 점성이 작아야 한다.
② 휘발성과 흡습성이 작아야 한다.
③ 모세관 현상 및 표면장력이 커야 한다.
④ 온도에 따른 밀도 변화가 작아야 한다.

해설 액주식 액체의 구비조건
㉠ 점성(점도)이 적을 것
㉡ 열팽창계수가 적을 것
㉢ 밀도변화가 적을 것
㉣ 모세관 현상 및 표면장력이 적을 것
㉤ 화학적으로 안정할 것
㉥ 휘발성 및 흡수성이 적을 것
㉦ 항상 액면은 수평을 만들고 높이를 정확히 읽을 수 있을 것

31. 계측기기의 구비조건으로 적절하지 않은 것은?

① 연속 측정이 가능하여야 한다.
② 유지보수가 어렵고 신뢰도가 높아야 한다.
③ 정도가 좋고 구조가 간단하여야 한다.
④ 설치장소의 주위 조건에 대하여 내구성이 있어야 한다.

해설 계측기기의 구비조건
㉠ 경년 변화가 적고, 내구성이 있을 것
㉡ 견고하고 신뢰성이 있을 것
㉢ 정도가 높고 경제적일 것
㉣ 구조가 간단하고 취급, 보수가 쉬울 것
㉤ 원격 지시 및 기록이 가능할 것
㉥ 연속측정이 가능할 것

32. 프로세스 제어계 내에 시간지연이 크거나 외란이 심한 경우에 사용하는 제어는?

① 프로세스 제어   ② 캐스케이드 제어
③ 프로그램 제어   ④ 비율 제어

해설 캐스케이드 제어 : 두 개의 제어계를 조합하여 제어량의 1차 조절계를 측정하고 그 조작 출력으로 2차 조절계의 목표값을 설정하는 방법으로 단일 루프제어에 비해 외란의 영향을 줄이고 계 전체의 지연을 적게 하는 데 유효하기 때문에 출력 측에 낭비시간이나 지연이 큰 프로세스제어에 이용되는 제어이다.

33. 보일러의 증발계수 계산공식으로 알맞은 것은? (단, h'' : 발생증기의 엔탈피[kcal/kgf], h : 급수의 엔탈피[kcal/kgf]이다.)

① 증발계수 $= (h'' + h)/539$
② 증발계수 $= (h'' - h)/539$
③ 증발계수 $= 539/(h + h'')$
④ 증발계수 $= 539/(h - h'')$

해설 증발계수 : 상당증발량(G_e)과 실제증발량(G_a)의 비

$$\therefore 증발계수 = \frac{G_e}{G_a} = \frac{h_2 - h_1}{539}$$

h_2 : 발생증기 엔탈피[kcal/kgf]
h_1 : 급수 엔탈피[kcal/kgf]

34. 안지름이 16[cm]인 관속을 흐르는 물의 유속이 24[m/s]라면 유량은 몇 [m³/s]인가?

① 0.24   ② 0.36
③ 0.48   ④ 0.60

해설 $Q = A \times V = \frac{\pi}{4} \times D^2 \times V$

$= \frac{\pi}{4} \times 0.16^2 \times 24 = 0.4825 \, [\text{m}^3/\text{s}]$

35. 다음의 가스분석법 중에서 정량범위가 가장 넓은 것은?

① 도전율법
② 자기식법
③ 열전도율법
④ 가스크로마토그래피법

해설 열전도율형 CO_2계 : CO_2는 공기보다 열전도율이 낮다는 것을 이용하여 분석하는 물리적 분석계로 특징은 다음과 같다.

정답 30. ③   31. ②   32. ②   33. ②   34. ③   35. ③

㉮ 측정실과 비교실의 온도를 동일하게 유지한다.
㉯ 원리나 장치가 간단하며 취급이 용이하다.
㉰ N_2, O_2, CO 농도 변화에 대한 CO_2 지시 오차가 거의 없다.
㉱ H_2, SO_2를 분석할 수도 있으며 H 혼입에 의한 오차가 발생한다.

해설 부르동관(bourdon tube) 압력계 : 2차 압력계 중에서 가장 대표적인 것으로 부르동관의 탄성을 이용한 것으로 곡관에 압력이 가해지면 곡률반지름이 증대되고, 압력이 낮아지면 수축하는 원리를 이용한 것이다.
부르동관의 종류는 C자형, 스파이럴형(spiral type), 헬리컬형(helical type), 버튼형 등이 있다.

36_ 한 시간 동안 연도로 배기되는 가스량이 300[kg], 배기가스 온도 240[℃], 가스의 평균비열이 0.32[kcal/kg·℃]이고, 외기온도가 -10[℃]일 때 배기가스에 의한 손실열량은 약 몇 [kcal/h]인가?
① 14100   ② 24000
③ 32500   ④ 38400

해설 $Q = G \times C \times \Delta t$
$= 300 \times 0.32 \times (240 + 10) = 24000 \, [\text{kcal/h}]$

37_ 다음 중 차압식 유량계의 종류로 압력손실이 가장 적은 유량측정 방식은?
① 터빈형   ② 플로트형
③ 벤투리관   ④ 오발기어형 유량계

해설 차압식 유량계에서 압력손실이 가장 큰 것은 오리피스미터, 가장 작은 것은 벤투리미터이다.
※ 압력손실 크기 표시 : 오리피스 > 플로 노즐 > 벤투리관

38_ 부르동관 압력계에 대한 설명으로 틀린 것은?
① 얇은 금속이나 고무 등의 탄성 변형을 이용하여 압력을 측정한다.
② 탄성식 압력계의 일종으로 고압의 증기 압력 측정이 가능하다.
③ 부르동관이 손상되는 것을 방지하기 위하여 압력계 입구 쪽에 사이폰관을 설치한다.
④ 압력계 지침을 움직이는 부분은 기어나 링의 형태로 되어 있다.

39_ 보일러 연소특성으로 어떤 조건이 충족되지 않으면 다음 동작이 중지되는 인터록(Inter lock)의 종류가 아닌 것은?
① 온오프 인터록   ② 불착화 인터록
③ 저수위 인터록   ④ 프리퍼지 인터록

해설 보일러 인터록의 종류
㉮ 압력초과 인터록 : 증기압력이 일정압력에 도달할 때 전자밸브를 닫아 보일러의 가동을 정지시키는 것으로 증기압력 제한기가 해당된다.
㉯ 저수위 인터록 : 보일러 수위가 안전 저수위에 도달할 때 전자밸브를 닫아 보일러 가동을 정지시키는 것으로 저수위 경보기가 해당된다.
㉰ 불착화 인터록 : 버너 착화 시 점화되지 않거나 운전 중 실화가 될 경우 전자밸브를 닫아 연료 공급을 중지하여 보일러 가동을 정지시키는 것으로 화염검출기가 해당된다.
㉱ 저연소 인터록 : 보일러 운전 중 연소상태가 불량하거나 저연소 상태로 유량조절밸브가 조절되지 않으면 전자밸브를 닫아 보일러 가동을 정지시킨다.
㉲ 프리퍼지 인터록 : 점화 전 일정시간 동안 송풍기가 작동되지 않으면 전자밸브가 열리지 않아 점화가 되지 않는다.

40_ 다음 중 차압을 일정하게 하고 가변 단면적을 이용하여 유량을 측정하는 유량계는?
① 노즐   ② 피토관
③ 모세관   ④ 로터미터

해설 면적식 유량계
㉮ 측정원리 : 배관 중에 있는 조리개 전후의 차압을 일정하게 유지할 수 있도록 조리개 면적의 변화로부터 유량을 측정하는 것이다.
㉯ 종류 : 부자식(플로트식), 로터미터

정답 36. ② 37. ③ 38. ① 39. ① 40. ④

3과목 - 열설비구조 및 시공

41. 철강재 가열로의 연소가스는 어떤 상태로 유지되어야 하는가?
① SO₂ 가스가 많아야 한다.
② CO 가스가 검출되어서는 안 된다.
③ 환원성 분위기이어야 한다.
④ 산성 분위기이어야 한다.

[해설] 철강재 가열로의 연소가스는 환원성 분위기를 유지시키면 철강재의 산화를 감소시킬 수 있다.

42. 에너지이용 합리화법에 따라 검사대상기기 관리자의 선임기준에 관한 설명으로 옳은 것은?
① 검사대상기기 관리자의 선임기준은 1구역마다 1명 이상으로 한다.
② 1구역은 검사대상기기 1대를 기준으로 정한다.
③ 중앙통제설비를 갖춘 시설은 관리자 선임이 면제된다.
④ 압력용기의 경우 1구역은 검사대상기기 관리자 2명이 관리할 수 있는 범위로 한다.

[해설] 검사대상기기 관리자의 선임기준 : 에너지이용 합리화법 시행규칙 제31조의27
㉮ 검사대상기기 관리자의 선임기준은 1구역마다 1명 이상으로 한다.
㉯ 1구역은 검사대상기기 관리자가 한 시야로 볼 수 있는 범위 또는 중앙통제·관리설비를 갖추어 검사대상기기 관리자 1명이 통제·관리할 수 있는 범위로 한다. 다만, 압력용기의 경우에는 검사대상기기 관리자 1명이 관리할 수 있는 범위로 한다.

43. 다음은 과열기에서 증기의 유동방향과 연소가스의 유동방향에 따른 분류이다. 고온의 연소가스와 고온의 증기가 접촉하여 열효율은 양호하나 고온에서 배열관의 손상이 큰 특징이 있는 과열기의 형식은?
① 병행류식   ② 대향류식
③ 혼류식   ④ 평행류식

[해설] 대향류식 과열기 : 증기와 열 가스 흐름의 방향이 반대인 것으로 고온의 연소가스와 고온의 증기가 접촉하여 열효율은 양호하나 고온에서 배열관의 손상이 발생할 가능성이 높다.

44. 에너지이용 합리화법에서 정한 검사대상기기의 검사 유효기간이 없는 검사의 종류는?
① 설치검사
② 구조검사
③ 계속사용검사
④ 설치장소 변경검사

[해설] 검사의 유효기간 : 에너지이용 합리화법 시행규칙 제31조의8, 별표3의5

검사의 종류		검사유효기간
설치검사		- 보일러 : 1년(운전성능부문의 경우 3년 1개월로 한다.) - 캐스케이드 보일러, 압력용기 및 철금속가열로 : 2년
개조검사		- 보일러 : 1년 - 캐스케이드 보일러, 압력용기 및 철금속가열로 : 2년
설치장소 변경검사		- 보일러 : 1년 - 캐스케이드 보일러, 압력용기 및 철금속가열로 : 2년
재사용검사		- 보일러 : 1년 - 캐스케이드 보일러, 압력용기 및 철금속가열로 : 2년
계속 사용 검사	안전 검사	- 보일러 : 1년 - 캐스케이드 보일러, 압력용기 : 2년
	운전 성능 검사	- 보일러 : 1년 - 철금속가열로 : 2년

※ 구조검사, 용접검사는 제조검사로 검사유효기간 대상에 해당되지 않는다.

45. 공업로의 조업방법 중 연속식 재료 반송방식이 아닌 것은?
① 푸셔형   ② 위킹빔형
③ 엘리베이터형 ④ 회전 노상형

정답 41. ③ 42. ① 43. ② 44. ② 45. ③

해설 조업방법에 의한 로의 분류 중 연속식 재료 반송방식은 연속 가열로에 해당하는 푸셔형, 워킹빔형, 회전 노상형 등이 해당된다.

『참고』 연속가열로
압연공장에서 강괴, 강편을 압연 직전에 가열하기 위하여 사용되는 것으로 다음과 같이 분류한다.
㉮ 회분로
㉯ 회전 노상식
㉰ 연속로 : 푸셔식(pusher type), 롤러 히어스식(roller hearse type), 워킹 빔식(walking beam type), 경사 낙하식

46. 보일러 종류에 따른 특징에 관한 설명으로 틀린 것은?
① 관류보일러는 보일러 드럼과 대형 헤더가 있어 작은 전열관을 사용할 수 있기 때문에 중량이 무거워진다.
② 수관보일러는 노통 보일러에 비하여 전열면적이 크므로 증발량이 크다.
③ 수관보일러는 증발량에 비해 수부가 적어 부하변동에 따른 압력변화가 크다.
④ 원통보일러는 보유수량이 많아 파열사고 발생 시 위험성이 크다.

해설 관류 보일러 : 급수펌프에 의해 급수를 압입하여 하나로 된 관에서 가열, 증발, 과열시켜 과열증기를 얻는 보일러로 드럼이 없는 강제 순환식 수관 보일러로 동일 용량의 다른 보일러에 비해 중량이 가볍다.

47. 검사대상기기에 대해 개조검사의 적용대상에 해당되지 않는 것은?
① 연료를 변경하는 경우
② 연소방법을 변경하는 경우
③ 온수보일러를 증기보일러로 개조하는 경우
④ 보일러 섹션의 증감에 의하여 용량을 변경하는 경우

해설 개조검사 대상 : 에너지이용 합리화법 시행규칙 제31조의7, 별표3의4
㉮ 증기보일러를 온수보일러로 개조하는 경우
㉯ 보일러 섹션의 증감에 의하여 용량을 변경하는 경우

㉰ 동체, 돔, 노통, 연소실, 경판, 천정판, 관판, 관모음 또는 스테이의 변경으로서 산업통상자원부장관이 정하여 고시하는 대수리의 경우
㉱ 연료 또는 연소방법을 변경하는 경우
㉲ 철금속 가열로로서 산업통상자원부장관이 정하여 고시하는 경우의 수리

48. 에너지이용 합리화법에 따라 검사대상기기의 계속사용검사 신청서를 검사유효기간 만료 최대 며칠 전까지 제출해야 하는가?
① 7일 전   ② 10일 전
③ 15일 전   ④ 30일 전

해설 계속사용검사신청(에너지이용 합리화법 시행규칙 제31조의19) : 검사대상기기의 계속사용검사를 받으려는 자는 검사대상기기 계속사용검사 신청서를 검사유효기간 만료 10일 전까지 공단이사장에게 제출하여야 한다.

49. 탄력을 이용하여 분출압력을 조정하는 방식으로서 보일러에 진동이 있거나 충격이 가해져도 안전하게 작동하는 안전밸브는?
① 추식 안전밸브   ② 레버식 안전밸브
③ 지렛대식 안전밸브   ④ 스프링식 안전밸브

해설 스프링식 안전밸브 : 스프링의 탄성에 의하여 내부의 압력을 분출하고 차단하는 것으로 일반적으로 가장 많이 사용되고 있다.

50. 노통보일러에서 브리징 스페이스(breathing space)의 간격을 적게 할 경우 어떤 장해가 발생하기 쉬운가?
① 불완전 연소가 되기 쉽다.
② 증기 압력이 낮아지기 쉽다.
③ 서징 현상이 발생되기 쉽다.
④ 그루빙 현상이 발생되기 쉽다.

해설 브리징 스페이스(breathing space) : 고온에 의한 노통의 신축작용으로 응력이 발생하고 이로 인하여 평형 경판이 손상되는 것을 방지하기 위하여 가셋트 스테이(gusset stay) 하단부와 노통의 상단부와의 거리로 최소 230[mm]

정답 46. ① 47. ③ 48. ② 49. ④ 50. ④

이상을 유지한다. 간격을 적게 할 경우 그루빙 현상이 발생될 가능성이 있다.

51. 염기성 내화물의 주원료가 아닌 것은?
① 마그네시아 ② 돌로마이트
③ 실리카 ④ 포스테라이트

해설 염기성 내화물의 주성분 : 마그네시아, 돌로마이트, 포스테라이트(forsterite), 마그크로
※ 실리카는 산성내화물의 주성분이다.

52. 다음 중 가스 절단에 속하지 않는 것은?
① 분말 절단
② 플라즈마 제트 절단
③ 가스 가우징
④ 스카핑

해설 가스 및 아크 절단법의 종류
㉮ 가스절단 : 보통 가스절단, 분말절단, 산소아크 절단, 가스가공(가스 가우징, 스카핑, 선삭, 구멍 가공 등)
㉯ 아크 절단 : 탄소 아크 절단, 피복 아크 절단, 불활성가스 아크 절단, 아크 에어 가우징, 산소 아크 절단, 플라즈마 제트 절단
※ 스카핑 : 가스 가공의 한 종류로 강재 표면의 결함을 깊이가 낮게 용삭 제거하는 방법이다.

53. 내벽은 내화벽돌로 두께 220[mm], 열전도율 1.1[kcal/m·h·℃], 중간벽은 단열벽돌로 두께 9[cm], 열전도율 0.12[kcal/m·h·℃], 외벽은 붉은 벽돌로 두께 20[cm], 열전도율 0.8[kcal/m·h·℃]로 되어 있는 노벽이 있다. 내벽 표면의 온도가 1000[℃]일 때 외벽의 표면 온도는? (단, 외벽 주위온도는 20[℃], 외벽 표면의 열전달률은 7[kcal/m²·h·℃]로 한다.)
① 104[℃] ② 124[℃]
③ 141[℃] ④ 267[℃]

해설 ㉮ 벽면 1[m²]당 1시간 동안 손실열량 계산
$$\therefore Q = K(t_2 - t_1)$$
$$= \left(\frac{1}{\frac{b_1}{\lambda_1} + \frac{b_2}{\lambda_2} + \frac{b_3}{\lambda_3} + \frac{1}{\alpha_o}}\right) \times (t_2 - t_1)$$
$$= \left(\frac{1}{\frac{0.22}{1.1} + \frac{0.09}{0.12} + \frac{0.2}{0.8} + \frac{1}{7}}\right) \times (1000 - 20)$$
$$= 729.787 \, [kcal/m^2 \cdot h]$$
㉯ 외벽 표면의 온도 계산
$$\therefore t_0 = t_2 - \left\{Q \times \left(\frac{b_1}{\lambda_1} + \frac{b_2}{\lambda_2} + \frac{b_3}{\lambda_3}\right)\right\}$$
$$= 1000 - \left\{729.787 \times \left(\frac{0.22}{1.1} + \frac{0.09}{0.12} + \frac{0.2}{0.8}\right)\right\}$$
$$= 124.255 \, [℃]$$

54. 아크 용접기의 구비조건으로 틀린 것은?
① 사용 중에 온도상승이 커야 한다.
② 가격이 저렴하고 사용 유지비가 적게 들어야 한다.
③ 아크 발생이 잘 되도록 무부하 전압이 유지되어야 한다.
④ 전류 조정이 용이하고 일정한 전류가 흘러야 한다.

해설 아크 용접기의 구비조건
㉮ 아크 발생이 잘 될 수 있도록 무부하 전압이 어느 정도 높게 유지되어야 한다.
㉯ 전류 조정이 쉽고, 일정한 전류가 흘러야 한다.
㉰ 용접에 필요한 외부 전원 특성곡선을 가져야 한다.
㉱ 역률과 효율이 높게 유지되어야 한다.
㉲ 취급이 쉽고 사용 유지비가 적게 소요되어야 한다.
㉳ 가격이 저렴하고 튼튼해야 한다.

55. 에너지이용 합리화법에 따라 검사를 받아야 하는 검사대상기기 검사의 종류에 해당 되지 않는 것은?
① 설치검사 ② 자체검사
③ 개조검사 ④ 설치장소 변경검사

해설 검사의 종류 : 에너지이용 합리화법 시행규칙 31조의7, 별표3의4
㉮ 제조검사 : 용접검사, 구조검사
㉯ 설치검사

정답 51. ③ 52. ② 53. ② 54. ① 55. ②

㉰ 개조검사
㉱ 설치장소 변경검사
㉲ 재사용검사
㉳ 계속사용검사 : 안전검사, 운전성능검사

56 노통보일러와 비교하여 연관보일러의 특징에 대한 설명으로 틀린 것은?

① 보일러 내부 청소가 간단하다.
② 전열면적이 크므로 중량당 증발량이 크다.
③ 증기발생에 소요시간이 짧다.
④ 보유수량이 적다.

해설 연관식 보일러 특징
㉮ 전열면적이 크고, 노통 보일러보다 효율이 좋다.
㉯ 전열면적당 보유수량이 적어 증기발생 소요시간이 짧다.
㉰ 내부 구조가 복잡하여 청소, 검사, 수리가 어렵고 고장이 많다.
㉱ 외분식일 경우 연소실 설계가 자유롭고, 연료 선택범위가 넓다.

57 에너지이용 합리화법에 따라 열사용기자재 중 소형 온수보일러는 최고사용압력 얼마 이하의 온수를 발생하는 보일러를 의미하는가?

① 0.35[MPa] 이하 ② 0.5[MPa] 이하
③ 0.65[MPa] 이하 ④ 0.85[MPa] 이하

해설 소형온수보일러의 적용범위(에너지이용 합리화법 시행규칙 제1조의2, 별표1) : 전열면적이 14[m²] 이하이며, 최고사용압력이 0.35[MPa] 이하의 온수를 발생하는 것. 다만, 구멍탄용 온수보일러, 축열식 전기보일러 및 가스사용량이 17[kg/h](도시가스는 232.6[kW]) 이하인 가스용 온수보일러를 제외한다.

58 보일러 관의 내경이 2.5[cm], 외경이 3.34[cm] 인 강관($k=54$[W/m·℃])의 외부벽면(외경)을 기준으로 한 열관류율[W/m²·℃]은? (단, 관 내부의 열전달계수는 1800[W/m²·℃]이고, 관 외부의 열전달계수는 1250[W/m²·℃]이다.)

① 612.82 ② 725.43
③ 832.52 ④ 926.75

해설 원통벽에서의 열관류율 계산

$$\therefore K = \cfrac{1}{\cfrac{1}{\alpha_2} + \cfrac{r_2}{k} \times \ln\cfrac{r_2}{r_1} + \cfrac{1}{\alpha_1} \times \cfrac{r_2}{r_1}}$$

$$= \cfrac{1}{\cfrac{1}{1250} + \cfrac{0.0167}{54} \times \ln\cfrac{0.0167}{0.0125} + \cfrac{1}{1800} \times \cfrac{0.0167}{0.0125}}$$

$$= 612.817 \,[\text{W/m}^2 \cdot ℃]$$

여기서, α_1 : 내부의 열전달계수[W/m²·℃]
α_2 : 외부의 열전달계수[W/m²·℃]
k : 관재료의 열전도율[W/m·℃]
r_1 : 내측 반지름[m]
r_2 : 외측 반지름[m]

※ 내측 반지름 $r_1 = \dfrac{2.5}{2} = 1.25$ [cm],
외측 반지름 $r_2 = \dfrac{3.34}{2} = 1.67$ [cm]이고, $\dfrac{r_2}{r_1}$의 경우 동일한 단위를 적용하므로 [cm]를 적용할 수 있다.

59 나사식 가단 주철제 관 이음쇠에서 유체의 상태가 300[℃] 이하의 증기, 공기, 가스 및 기름일 경우 최고사용압력 기준으로 옳은 것은?

① 1.4[MPa] ② 2.0[MPa]
③ 1.0[MPa] ④ 2.5[MPa]

해설 나사식 가단 주철제 관이음쇠의 사용압력

유체의 상태	최고사용압력
300[℃] 이하의 증기, 공기, 가스 및 기름	1.0[MPa]
220[℃] 이하의 증기, 공기, 가스, 기름 및 맥동수	1.4[MPa]
120[℃] 이하의 정류수	2.0[MPa]

60 원심펌프가 회전속도 600[rpm]에서 분당 6[m³]의 수량을 방출하고 있다. 이 펌프의 회전속도를 900[rpm]으로 운전하면 토출수량[m³/min]은 얼마가 되겠는가?

① 3.97 ② 9
③ 12   ④ 13.5

정답 56. ① 57. ① 58. ① 59. ③ 60. ②

해설 $Q_2 = Q_1 \times \dfrac{N_2}{N_1} = 6 \times \dfrac{900}{600} = 9\,[\text{m}^3/\text{min}]$

『참고』 원심펌프 상사의 법칙

㉮ 유량 $Q_2 = Q_1 \times \left(\dfrac{N_2}{N_1}\right) \times \left(\dfrac{D_2}{D_1}\right)^3$

㉯ 양정 $H_2 = H_1 \times \left(\dfrac{N_2}{N_1}\right)^2 \times \left(\dfrac{D_2}{D_1}\right)^2$

㉰ 동력 $L_2 = L_1 \times \left(\dfrac{N_2}{N_1}\right)^3 \times \left(\dfrac{D_2}{D_2}\right)^5$

4과목 - 열설비취급 및 안전관리

61. 다음 중 역귀환 배관방식이 사용되는 난방설비는?

① 증기난방　② 온풍난방
③ 온수난방　④ 전기난방

해설 역귀환 배관방식(reversed return system) : 역귀환 환수방식이라 하며 온수난방에서 각 방열기에 공급되는 온수의 양을 일정하게 배분하기 위하여 공급 및 환수관의 길이가 같도록 배관하는 방식으로 방열기 전, 후 온도차를 최소화시킬 수 있지만 환수관의 길이가 길어지는 단점이 있다.

62. 증기트랩을 사용하는 이유로 가장 적합한 것은?

① 증기배관 내의 수격작용을 방지한다.
② 증기의 송기량을 증가시킨다.
③ 증기배관의 강도를 증가시킨다.
④ 증기발생을 왕성하게 해준다.

해설 증기트랩의 설치목적
㉮ 증기관의 부식 방지
㉯ 수격작용 발생 억제
㉰ 유체 흐름에 대한 마찰저항 감소
㉱ 증기 건조도 저하 방지
㉲ 열 설비의 가열효과가 저해되는 것을 방지

63. 보일러의 분출밸브 크기와 개수에 대한 설명으로 틀린 것은?

① 정상 시 보유수량 400[kg] 이하의 강제순환 보일러에는 열린 상태에서 전개하는데 회전축을 적어도 3회전 이상 회전을 요하는 분출밸브 1개를 설치하여야 한다.
② 최고사용압력 0.7[MPa] 이상의 보일러의 분출관에는 분출밸브 2개 또는 분출밸브와 분출코크를 직렬로 갖추어야 한다.
③ 2개 이상의 보일러에서 분출관을 공동으로 하여서는 안 된다.
④ 전열면적이 10[m²] 이하인 보일러에서 분출밸브의 크기는 호칭지름 20[mm] 이상으로 할 수 있다.

해설 정상 시 보유수량 400[kg] 이하의 강제순환보일러에는 닫힌 상태에서 전개하는데 회전축을 적어도 5회전 이상 회전을 요하는 분출밸브 1개를 설치하여야 한다.

64. 수질의 용어 중 ppb(parts per billion)에 대한 설명으로 옳은 것은?

① 물 1[kg] 중에 함유되어 있는 불순물의 양을 [mg]으로 표시한 것이다.
② 물 1[ton] 중에 함유되어 있는 불순물의 양을 [mg]으로 표시한 것이다.
③ 물 1[kg] 중에 함유되어 있는 불순물의 양을 [g]으로 표시한 것이다.
④ 물 1[ton] 중에 함유되어 있는 불순물의 양을 [g]으로 표시한 것이다.

해설 ppb(parts per billion) : $\dfrac{1}{10^9}$ 함유량으로 물 1[ton] 중에 함유되어 있는 불순물의 양을 [mg]으로 표시한 것이다.

『참고』 농도 표시 단위
㉮ ppm : part per million(백만분의 1)
㉯ pphm : part per hundred million(일억분의 1)
㉰ ppb : part per billion(십억분의 1)
㉱ ppt : part per trillion(일조분의 1)

정답 61. ③ 62. ① 63. ① 64. ②

65. 보일러를 휴지상태로 보존할 때 부식을 방지하기 위해 채워두는 가스로 가장 적절한 것은?

① 아황산가스 ② 이산화탄소
③ 질소가스 ④ 헬륨가스

해설 건조 보존법
㉮ 보존 기간이 6개월 이상으로 보일러수를 완전히 배출한 후 동 내부를 완전히 건조시킨 후 흡습제, 산화방지제, 기화성 방청제 등을 넣고 밀폐시켜 보존하는 방법이다.
㉯ 종류 : 석회밀폐 건조 보존법, 질소가스 봉입법, 기화성 부식 억제제 투입법
㉰ 흡습제의 종류 : 생석회, 실리카겔, 염화칼슘, 활성알루미나, 오산화인 등

66. 에너지이용 합리화법에 따라 에너지다소비사업자가 산업통상자원부령으로 정하는 바에 따라 해당 시·도지사에 신고해야 할 사항이 아닌 것은?

① 전년도의 분기별 에너지사용량
② 해당 연도의 수입, 지출 예산서
③ 해당 연도의 제품생산 예정량
④ 전년도의 분기별 에너지이용 합리화 실적

해설 에너지다소비사업자의 신고 사항(에너지이용 합리화법 제31조) : 매년 1월 31일까지 시도지사에 신고
㉮ 전년도의 분기별 에너지 사용량, 제품 생산량
㉯ 해당 연도의 분기별 에너지사용 예정량, 제품생산 예정량
㉰ 에너지사용기자재의 현황
㉱ 전년도의 분기별 에너지이용 합리화 실적 및 해당 연도의 계획
㉲ 에너지관리자의 현황

67. 방열계수가 8.5[kcal/m²·h·℃]인 방열기에서 방열기 입구온도 85[℃], 실내온도 20[℃], 방열기 출구온도 65[℃]이다. 이 방열기의 방열량[kcal/m²·h]은?

① 450.8 ② 467.5
③ 386.7 ④ 432.2

해설
$$Q_r = K \times \Delta t_m$$
$$= K \times \left(\frac{방열기\ 입구온도 + 출구온도}{2} - 실내온도\right)$$
$$= 8.5 \times \left(\frac{85+65}{2} - 20\right) = 467.5\ [\text{kcal/m}^2 \cdot \text{h}]$$

68. 다음 중 공기비가 작을 경우 연소에 미치는 영향으로 틀린 것은?

① 불완전 연소가 되어 매연 발생이 심하다.
② 연소가스 중 SO_2의 함유량이 많아져 저온부식이 촉진된다.
③ 미연소에 의한 열손실이 증가한다.
④ 미연소 가스로 인한 폭발사고가 일어나기 쉽다.

해설 공기비의 영향
(1) 공기비가 클 경우(과잉공기량이 많을 때) 영향
㉮ 연소실내의 온도가 낮아진다.
㉯ 배기가스로 인한 손실열이 증가한다.
㉰ 배기가스 중 질소산화물(NO_x)이 많아져 대기오염 및 저온부식을 초래한다.
㉱ 연료소비량이 증가한다.
(2) 공기비가 작을 경우
㉮ 불완전연소가 발생하기 쉽다.
㉯ 연소효율이 감소한다.
㉰ 열손실이 증가한다.
㉱ 미연소 가스로 인한 역화의 위험이 있다.

69. 에너지법상 지역에너지계획은 5년마다 수립하여야 한다. 이 지역에너지계획에 포함되어야 할 사항은?

① 국내외 에너지수요와 공급추이 및 전망에 관한 사항
② 에너지의 안전관리를 위한 대책에 관한 사항
③ 에너지 관련 전문인력의 양성 등에 관한 사항
④ 에너지의 안정적 공급을 위한 대책에 관한 사항

해설 지역에너지계획에는 해당 지역에 대한 다음 사항이 포함되어야 한다. : 에너지법 제7조
㉮ 에너지 수급의 추이와 전망에 관한 사항

정답 65. ③ 66. ② 67. ② 68. ② 69. ④

⑭ 에너지의 안정적 공급을 위한 대책에 관한 사항
⑮ 신·재생에너지 등 환경 친화적 에너지 사용을 위한 대책에 관한 사항
⑯ 에너지 사용의 합리화와 이를 통한 온실가스의 배출감소를 위한 대책에 관한 사항
⑰ 집단에너지사업법에 따라 집단에너지공급대상지역으로 지정된 지역의 경우 그 지역의 집단에너지 공급을 위한 대책에 관한 사항
⑱ 미활용 에너지원의 개발·사용을 위한 대책에 관한 사항
⑲ 그 밖에 에너지시책 및 관련 사업을 위하여 시·도지사가 필요하다고 인정하는 사항

70_ 화학 세관에서 사용하는 유기산에 해당되지 않는 것은?
① 인산
② 초산
③ 구연산
④ 옥살산

해설 유기산 세관 : 오스테나이트계 스테인리스강이나 동 및 동합금 세관에 사용하며 유기산은 유기물이므로 보일러 운전 시 고온에서 분해하여 산이 남아 있어도 부식될 가능성이 희박하다.
㉮ 종류 : 구연산, 개미산
㉯ 구연산의 농도 : 3% 정도
㉰ 보일러수의 온도 : 90±5[℃]

71_ 에너지이용 합리화법에 따라 검사대상기기 설치자는 검사대상기기로 인한 사고가 발생한 경우 한국에너지공단에 통보하여야 한다. 그 통보를 하여야 하는 사고의 종류로 가장 거리가 먼 것은?
① 사람이 사망한 사고
② 사람이 부상당한 사고
③ 화재 또는 폭발 사고
④ 가스 누출사고

해설 검사대상기기 사고의 통보를 하여야 할 사고 종류 : 에너지이용 합리화법 제40조의2
㉮ 사람이 사망한 사고
㉯ 사람이 부상당한 사고
㉰ 화재 또는 폭발 사고
㉱ 그 밖에 검사대상기기가 파손된 사고로서 산업통상자원부령으로 정하는 사고

72_ 증기난방에서 방열기 안에서 생긴 응축수를 보일러에 환수할 때 응축수와 증기가 동일한 관을 흐르도록 하는 방식은?
① 단관식
② 혼합식
③ 복관식
④ 혼수식

해설 증기관의 배관방식에 의한 분류
㉮ 단관식 : 응축수와 증기가 동일 배관 내에서 흐르도록 하는 배관 방식이다.
㉯ 복관식 : 증기와 응축수가 각각 다른 배관에서 흐르는 배관 방식으로 규모가 큰 난방설비에 적용한다.

73_ 보일러 이상연소 중 불완전연소의 원인으로 가장 거리가 먼 것은?
① 연소용 공기량이 부족할 경우
② 연소속도가 적정하지 않을 경우
③ 버너로부터의 분무입자가 작을 경우
④ 분무연료와 연소용 공기와의 혼합이 불량할 경우

해설 불완전연소의 원인
㉮ 연소용 공기량이 부족할 경우
㉯ 연소속도가 적정하지 않을 경우
㉰ 버너로부터의 분무불량(분무입자가 큰 경우)
㉱ 분무연료와 연소용 공기와의 혼합이 불량할 경우

74_ 급수 중에 용존산소가 보일러에 주는 가장 큰 영향은?
① 포밍을 일으킨다.
② 강판, 강관을 부식시킨다.
③ 오존을 발생시킨다.
④ 습증기를 발생시킨다.

해설 용존산소의 영향 : 보일러 각부의 부식(점식)의 원인이 되는 것으로 산소(O_2), 탄산가스(CO_2) 등이 해당된다.

정답 70. ① 71. ④ 72. ① 73. ③ 74. ②

75. 보일러 산세관 시 사용하는 부식 억제제의 구비조건으로 틀린 것은?

① 점식발생이 없을 것
② 부식 억제능력이 클 것
③ 물에 대한 용해도가 작을 것
④ 세관액의 온도, 농도에 대한 영향이 적을 것

해설 부식억제제의 구비조건
㉮ 부식억제 능력이 클 것
㉯ 점식이 발생되지 않을 것
㉰ 세관액의 온도, 농도에 대한 영향이 적을 것
㉱ 물에 대한 용해도가 클 것
㉲ 화학적으로 안정할 것

76. 보일러 수처리에서 이온교환체와 관계가 있는 것은?

① 천연산 제오라이트
② 탄산소다
③ 히드라진
④ 황산마그네슘

해설 이온교환법 : 경수를 연수로 만드는 방법으로 고체의 이온교환체 입자층에 처리하여야 할 급수를 통하게 하여 이온교환체의 특정이온과 처리하여야 할 급수 중의 이온과 교환하는 방법으로 이온 교환체는 천연산 제오라이트(zeolite)나 합성수지를 사용한다.

77. 에너지이용 합리화법에 따른 특정열사용기자재 및 그 설치 · 시공범위에 속하지 않는 것은?

① 강철제 보일러의 설치
② 태양열 집열기의 세관
③ 3종 압력용기의 배관
④ 연속식 유리용융가마의 설치를 위한 시공

해설 특정열사용기자재 및 설치 · 시공범위 : 에너지이용 합리화법 시행규칙 제31조의5, 별표3의2

구분	품 목 명	설치, 시공범위
보일러 (기관)	강철제보일러, 주철제보일러, 온수보일러, 구멍탄용 온수보일러, 축열식 전기보일러, 캐스케이드 보일러, 가정용 화목보일러	해당기기의 설치, 배관 및 세관
태양열 집열기	태양열 집열기	해당기기의 설치, 배관 및 세관
압력 용기	1종 압력용기, 2종 압력용기	해당기기의 설치, 배관 및 세관
요업 요로	연속식 유리용융가마, 불연속식 유리용융가마, 유리용융도가니가마, 터널가마, 도염식 가마, 셔틀가마, 회전가마, 석회용선가마	해당기기의 설치를 위한 시공
금속 요로	용선로, 비철금속용융로, 금속 소둔로, 철금속가열로, 금속균열로	해당기기의 설치를 위한 시공

78. 보일러를 옥내에 설치하는 경우 설치 시 유의사항으로 틀린 것은? (단, 소형보일러 및 주철제 보일러는 제외한다.)

① 도시가스를 사용하는 보일러실에서는 환기구를 가능한 한 낮게 설치하여 가스가 누설되었을 때 체류하지 않는 구조이어야 한다.
② 보일러 동체 최상부로부터 천정, 배관 등 보일러 상부에 있는 구조물까지의 거리는 1.2[m] 이상이어야 한다.
③ 보일러 동체에서 벽, 배관, 기타 보일러 측부에 있는 구조물까지 거리는 0.45[m] 이상이어야 한다.
④ 보일러 및 보일러에 부설된 금속제의 굴뚝 또는 연도의 외측으로부터 0.3[m] 이내에 있는 가연성 물체에 대하여는 금속 이외의 불연성 재료로 피복하여야 한다.

해설 보일러실은 연소 및 환경을 유지하기에 충분한 급기구 및 환기구가 있어야 하며 급기구는 보일러 배기가스 덕트의 유효단면적 이상이어야 하고, 도시가스를 사용하는 경우에는 환기구를 가능한 한 높이 설치하여 가스가 누설되었을 때 체류하지 않는 구조이어야 한다.

정답 75. ③ 76. ① 77. ③ 78. ①

79_ 보일러 급수처리의 목적으로 가장 거리가 먼 것은?

① 응결수 증가 방지
② 전열면의 스케일의 생성 방지
③ 프라이밍, 포밍 등의 발생 방지
④ 점식 등의 내면 부식 방지

해설 급수처리의 목적
㉮ 스케일, 슬러지가 고착되는 것을 방지하기 위하여
㉯ 보일러수가 농축되는 것을 방지하기 위하여
㉰ 보일러 부식을 방지하기 위하여
㉱ 가성취화현상을 방지하기 위하여
㉲ 캐리오버현상을 방지하기 위하여

80_ 에너지이용 합리화법에 따라 산업통상자원부 장관에게 에너지사용계획을 제출하여야 하는 사업주관자가 실시하는 사업의 종류가 아닌 것은?

① 에너지 개발사업
② 관광단지 개발사업
③ 철도 건설사업
④ 주택 개발사업

해설 에너지사용계획의 수립 사업주관자 대상사업 : 에너지이용 합리화법 시행령 제20조
㉮ 도시개발사업
㉯ 산업단지개발사업
㉰ 에너지개발사업
㉱ 항만건설사업
㉲ 철도건설사업
㉳ 공항건설사업
㉴ 관광단지개발사업
㉵ 개발촉진지구개발사업 또는 지역종합개발사업

정답 79. ① 80. ④

2019년 4월 27일 제2회 에너지관리산업기사 필기시험

1과목 - 열역학 및 연소관리

01. 절대온도 293[K]는 섭씨온도로 얼마인가?
① -20[℃] ② 0[℃]
③ 20[℃] ④ 566[℃]

해설 $T[K] = 273 + [℃]$
∴ $[℃] = [K] - 273 = 293 - 273 = 20[℃]$

02. 굴뚝 높이가 50[m], 연소가스 평균온도가 227[℃], 대기온도가 27[℃]일 때 이 굴뚝의 이론 통풍력[mmH₂O]은? (단, 표준상태에서 공기의 비중량은 1.29[kgf/m³], 연소가스의 비중량은 1.34[kgf/m³]이며, 굴뚝 내의 각종 압력 손실은 무시한다.)
① 13.7 ② 22.1
③ 26.5 ④ 30.4

해설 $Z = 273 H \left(\dfrac{\gamma_a}{T_a} - \dfrac{\gamma_g}{T_g} \right)$
$= 273 \times 50 \times \left(\dfrac{1.29}{273+27} - \dfrac{1.34}{273+227} \right)$
$= 22.113 [mmH_2O]$

03. 공기비(m)에 대한 설명으로 옳은 것은?
① 공기비가 크면 연소실 내의 연소온도는 높아진다.
② 공기비가 작으면 불완전연소의 가능성이 있어서 매연이 발생할 수 있다.
③ 공기비가 크면 SO₂, NO₂ 등의 함량이 감소하여 장치의 부식이 줄어든다.
④ 공기비는 연료의 이론연소에 필요한 공기량을 실제연소에 사용한 공기량으로 나눈 값이다.

해설 공기비의 영향
(1) 공기비가 클 경우(과잉공기량이 많을 때) 영향
 ㉮ 연소실 내의 온도가 낮아진다.
 ㉯ 배기가스로 인한 손실열이 증가한다.
 ㉰ 배기가스 중 질소산화물(NOₓ)이 많아져 대기오염 및 저온부식을 초래한다.
 ㉱ 연료소비량이 증가한다.
(2) 공기비가 작을 경우
 ㉮ 불완전연소가 발생하기 쉽다.
 ㉯ 연소효율이 감소한다.
 ㉰ 열손실이 증가한다.
 ㉱ 미연소 가스로 인한 역화의 위험이 있다.

04. 고체연료의 일반적인 주성분은 무엇인가?
① 나트륨 ② 질소
③ 유황 ④ 탄소

해설 연료의 성분
㉮ 가연원소 : 탄소(C), 수소(H), 황(S)
㉯ 연료의 주성분 : 탄소(C), 수소(H)
㉰ 불순물 : 산소(O), 질소(N), 황(S), 수분(W), 회분(A) 등

05. 액체연료의 특징에 대한 설명으로 틀린 것은?
① 액체연료는 기체연료에 비해 밀도가 크다.
② 액체연료는 고체연료에 비해 단위 질량당 발열량이 크다.
③ 액체연료는 고체연료에 비해 완전 연소시키기가 어렵다.
④ 액체연료는 고체연료에 비해 연소장치를 작게 할 수 있다.

정답 1.③ 2.② 3.② 4.④ 5.③

해설 액체연료의 특징
(1) 장점
  ㉮ 완전연소가 가능하고 발열량이 높다.
  ㉯ 연소효율이 높고 고온을 얻기 쉽다.
  ㉰ 연소조절이 용이하고 회분이 적다.
  ㉱ 품질이 균일하고 저장, 취급이 편리하다.
  ㉲ 파이프라인을 통한 수송이 용이하다.
(2) 단점
  ㉮ 연소온도가 높아 국부과열의 위험이 크다.
  ㉯ 화재, 역화의 위험성이 높다.
  ㉰ 일반적으로 황성분을 많이 함유하고 있다.
  ㉱ 버너의 종류에 따라 연소 시 소음이 발생한다.

06_ 비중이 0.8인 액체의 압력이 2[kgf/cm²]일 때, 액체의 양정[m]은?

① 4   ② 16
③ 20   ④ 25

해설 $h = \dfrac{P}{\gamma} = \dfrac{2 \times 10^4}{0.8 \times 10^3} = 25\,[\text{m}]$

07_ 몰리에르 선도로부터 파악하기 어려운 것은?

① 포화수의 엔탈피
② 과열증기의 과열도
③ 포화증기의 엔탈피
④ 과열증기의 단열팽창 후 상대습도

해설 증기의 몰리에 선도에서는 포화수의 온도 및 건도 0.7 이상의 포화증기와 과열증기의 엔탈피, 온도, 엔트로피만 알 수 있다. 포화수 엔탈피 및 과열증기의 단열팽창 후 상대습도는 알아내기 곤란하다.
※ 최종정답은 ④번만 정답으로 처리되었음.

08_ 정압비열 5[kJ/kg·K]의 기체 10[kg]을 압력을 일정하게 유지하면서 20[℃]에서 30[℃]까지 가열하기 위해 필요한 열량[kJ]은?

① 400   ② 500
③ 600   ④ 700

해설 $Q = G \times C_p \times (T_2 - T_1)$
$= 10 \times 5 \times \{(273+30) - (273+20)\} = 500\,[\text{kJ}]$

09_ 다음 중 건식 집진장치에 해당하지 않는 것은?

① 백 필터   ② 사이클론
③ 벤투리 스크레버 ④ 멀티클론

해설 집진장치의 분류 및 종류
㉮ 건식 집진장치 : 중력식 집진장치, 관성력식 집진장치, 원심력식 집진장치, 여과 집진장치 등
㉯ 습식집진장치 : 벤투리 스크레버, 제트 스크레버, 사이클론 스크레버, 충전탑(세정탑) 등
㉰ 전기식 집진장치 : 코트렐 집진기

10_ 노 앞과 연돌하부에 송풍기를 두어 노 내압을 대기압보다 약간 낮게 조절한 통풍방식은?

① 압입통풍   ② 흡입통풍
③ 간접통풍   ④ 평형통풍

해설 통풍방법의 분류
(1) 자연통풍 : 연돌에 의한 통풍방식으로 배기가스와 외부 공기와의 비중량차(밀도차)에 의해서 통풍력이 발생되는 것
(2) 강제통풍 : 송풍기를 이용하는 것
  ㉮ 압입 통풍 : 송풍기를 연소실 앞에 두고 연소용 공기를 대기압 이상의 압력으로 연소실에 밀어 넣는 방식
  ㉯ 흡입 통풍 : 송풍기를 연도 중에 설치하여 연소 배기가스를 직접 흡입하여 강제로 배출시키는 방법
  ㉰ 평형 통풍 : 압입통풍과 흡입통풍을 병행하는 방식

11_ 증기 축열기(steam accumulator)의 부품이 아닌 것은?

① 증기 분사 노즐 ② 순환통
③ 증기 분배관   ④ 트레이

해설 증기 축열기(steam accumulator) : 보일러에서 연소량을 일정하게 하고 과잉열량을 축열기 내의 물에 저장하고 부하가 증가하면 증기를 공급하여 증기 부족을 해소하는 장치로 변압식과 정압식이 있다.
※ 증기 축열기 부품 : 증기 분사 노즐, 순환통, 증기 분배관, 수면계, 급수관, 배수관, 체크밸브 등

정답 6. ④ 7. ④ 8. ② 9. ③ 10. ④ 11. ④

12. 압력에 관한 설명으로 옳은 것은?
① 압력은 단위면적에 작용하는 수직성분과 수평성분의 모든 힘으로 나타낸다.
② 1[Pa]은 1[m²]에 1[kg]의 힘이 작용하는 압력이다.
③ 압력이 대기압보다 높을 경우 절대압력은 대기압과 게이지압력의 합이다.
④ A, B, C 기체의 압력을 각각 P_a, P_b, P_c라고 표현할 때 혼합기체의 압력은 평균값인 $\dfrac{P_a + P_b + P_c}{3}$이다.

해설 각 항목의 옳은 설명
① 수평면에 작용하는 압력은 단위면적에 작용하는 수직성분의 힘의 합으로 나타낸다.
② 1[Pa]은 1[m²]에 1[N]의 힘이 작용하는 압력이다.
④ A, B, C 기체의 압력을 각각 P_a, P_b, P_c라 하고, A, B, C 기체의 체적을 각각 V_a, V_b, V_c라 표현할 때 혼합기체의 평균압력 $P_m = \dfrac{P_a + P_b + P_c}{V_a + V_b + V_c}$이다.

13. 500[℃]와 0[℃] 사이에서 운전되는 카르노 사이클의 열효율[%]은?
① 49.9   ② 64.7
③ 85.6   ④ 99.2

해설 $\eta = \left(1 - \dfrac{T_2}{T_1}\right) \times 100 = \left(1 - \dfrac{273 + 0}{273 + 500}\right) \times 100$
$= 64.683 [\%]$

14. 증기동력 사이클의 효율을 높이는 방법이 아닌 것은?
① 과열기를 설치한다.
② 재생사이클을 사용한다.
③ 증기의 공급온도를 높인다.
④ 복수기의 압력을 높인다.

해설 증기 사이클(랭킨 사이클)의 이론 열효율은 초압 및 초온이 높을수록, 배압(터빈 배출압력)이 낮을수록 증가한다.
※ 복수기의 압력을 낮게 유지시켜야 효율이 증가한다.

15. 인화점에 대한 설명으로 틀린 것은?
① 가연성 증기발생 시 연소범위의 하한계에 이르는 최저온도이다.
② 점화원의 존재와 연관된다.
③ 연소가 지속적으로 확산될 수 있는 최저온도이다.
④ 연료의 조성, 점도, 비중에 따라 달라진다.

해설 인화점(인화온도) : 가연물질이 공기 중에서 점화원에 의하여 연소를 시작하는 최저 온도로 가연성 물질의 위험성을 판단하는 기준이다.

16. 카르노 사이클의 과정 중 그 구성이 옳은 것은?
① 2개의 가역등온과정, 2개의 가역팽창과정
② 2개의 가역정압과정, 2개의 가역단열과정
③ 2개의 가역등온과정, 2개의 가역단열과정
④ 2개의 가역정압과정, 2개의 가역등온과정

해설 카르노 사이클(Carnot cycle) : 2개의 가역등온과정과 2개의 가역단열과정으로 구성된 열기관의 이론적인 사이클이다.

17. 탱크 내에 900[kPa]의 공기 20[kg]이 충전되어 있다. 공기 1[kg]을 뺄 때 탱크 내 공기온도가 일정하다면 탱크 내 공기압력[kPa]은?
① 655   ② 755
③ 855   ④ 900

해설 ㉮ 현재 충전된 상태로 탱크 내용적 계산 : 탱크 내 온도는 일정한 상태이므로 0[℃]를 기준으로 계산하고, 공기의 분자량은 29이다.
$PV = GRT$에서
$\therefore V = \dfrac{GRT}{P} = \dfrac{20 \times \dfrac{8.314}{29} \times 273}{900} = 1.739 [m^3]$

정답 12. ③ 13. ② 14. ④ 15. ③ 16. ③ 17. ③

㉴ 공기 1[kg]을 뺄 때 탱크 내 압력 계산

$$\therefore P = \frac{GRT}{V} = \frac{19 \times \frac{8.314}{29} \times 273}{1.739} = 855.123 \, [\text{kPa}]$$

18_ 보일러의 통풍력에 영향을 미치는 인자로 가장 거리가 먼 것은?
① 공기예열기, 댐퍼, 버너 등에서 연소가스와의 마찰저항
② 보일러 본체 전열면, 절탄기, 과열기 등에서 연소가스와의 마찰저항
③ 통풍 경로에서 유로의 방향전환
④ 통풍 경로에서 유로의 단면적 변화

해설 통풍력 손실의 원인
㉮ 연도의 굴곡부가 많을 때
㉯ 연도의 단면적이 급격히 변할 때
㉰ 연돌 및 연돌 벽면에 의한 마찰저항이 증가할 때
㉱ 연도 및 연돌에 틈이 생겨서 외기가 침입할 때
※ ①번의 경우 버너 등에서 연소가스와의 마찰저항이 잘못 설명된 경우임.

19_ 열역학의 기본법칙으로 일종의 에너지보존 법칙과 관련된 것은?
① 열역학 제3법칙   ② 열역학 제2법칙
③ 열역학 제0법칙   ④ 열역학 제1법칙

해설 열역학 법칙
㉮ 열역학 제0법칙 : 열평형의 법칙
㉯ 열역학 제1법칙 : 에너지보존의 법칙
㉰ 열역학 제2법칙 : 방향성의 법칙
㉱ 열역학 제3법칙 : 어떤 계 내에서 물체의 상태변화 없이 절대온도 0도에 이르게 할 수 없다.

20_ 이상기체의 가역 단열과정에서 절대온도 T와 압력 P의 관계식으로 옳은 것은? (단, 비열비 $k = C_p/C_v$이다.)
① $TP^{k-1} = C$ ② $TP^k = C$
③ $TP^{\frac{k+1}{k}} = C$ ④ $TP^{\frac{1-k}{k}} = C$

해설 단열과정은 등엔트로피과정이므로 T, P, v의 관계는
$Pv^k = C$(일정), $Tv^{k-1} = C$(일정), $TP^{\frac{1-k}{k}} = C$(일정)이 된다.

2과목 - 계측 및 에너지 진단

21_ 유량계의 종류 중 차압식이 아닌 것은?
① 오리피스   ② 플로 노즐
③ 벤투리미터   ④ 로터미터

해설 차압식 유량계
㉮ 측정원리 : 베르누이 방정식
㉯ 종류 : 오리피스미터, 플로 노즐, 벤투리미터
㉰ 측정방법 : 조리개 전후에 연결된 액주계의 압력차를 이용하여 유량을 측정

22_ 유출량을 일정하게 유지하면 유입량이 증가됨에 따라 수위가 상승하여 평형을 이루지 못하는 요소는?
① 1차 지연요소   ② 2차 지연요소
③ 적분요소   ④ 낭비시간요소

해설 적분요소 : 물탱크에서 유출량을 일정하게 유지하며 유입량이 증가됨에 따라 수위가 상승하여 평형이 되지 않고 넘치게 되는데 이러한 요소를 적분요소라 한다.

23_ 다음 자동제어 방법 중 피드백 제어(feedback control)가 아닌 것은?
① 보일러 자동제어   ② 증기온도 제어
③ 급수 제어   ④ 연소 제어

해설 보일러에서 기본이 되는 제어는 피드백 제어(feed back control)이고, 연소제어에는 시퀀스 제어가 해당된다.

정답 18. ① 19. ④ 20. ④ 21. ④ 22. ③ 23. ④

24. 표준대기압(1[atm])과 거리가 먼 것은?

① 1.01325[bar]   ② 101325[Pa]
③ 10.332[N/m²]   ④ 1.033[kgf/cm²]

해설 1[atm] = 760[mmHg] = 76[cmHg] = 0.76[mHg]
= 29.9[inHg] = 760[torr] = 10332[kgf/m²]
= 1.0332[kgf/cm²] = 10.332[mH₂O] = 10332[mmH₂O]
= 101325[N/m²] = 101325[Pa] = 101.325[kPa]
= 0.101325[MPa] = 1013250[dyne/cm²] = 1.01325[bar]
= 1013.25[mbar] = 14.7[lb/in²] = 14.7[psi]
※ [mH₂O]와 [mAq]는 동일한 단위임

25. 다음 그림과 같이 압력계에서 개방탱크의 액면 높이(h)는 약 몇 [m]인가? (단, 액의 비중량 950[kgf/m³], 압력 2[kgf/cm²] h_0 = 10[m]이다.)

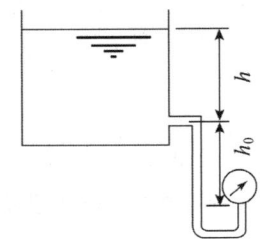

① 1.105   ② 11.05
③ 3.105   ④ 31.05

해설 그림에서 h_0와 h의 합을 H라 하면
$$\therefore H = \frac{P}{\gamma} = \frac{2 \times 10^4}{950} = 21.052 \, [\text{m}]$$
$$\therefore h = H - h_0 = 21.052 - 10 = 11.052 \, [\text{m}]$$

26. 휘도를 표준온도의 고온 물체와 비교하여 온도를 측정하는 온도계는?

① 액주온도계   ② 광고온계
③ 열전대온도계   ④ 기체팽창온도계

해설 광고온계 : 측정대상 물체에서 방사되는 빛과 표준전구에서 나오는 필라멘트의 휘도를 같게 하여 표준전구의 전류 또는 저항을 측정하여 온도를 측정하는 것으로 비접촉식 온도계이다.

27. 가스분석방법으로 세라믹식 O₂계에 대한 설명으로 옳은 것은?

① 응답이 느리다.
② 온도조절용 전기로가 필요 없다.
③ 연속측정이 가능하며 측정범위가 좁다.
④ 측정가스 중에 가연성 가스가 존재하면 사용이 불가능하다.

해설 세라믹식 O₂ 분석기(지르코니아식 O₂ 분석기) : 지르코니아(ZrO₂)를 주원료로 한 특수세라믹은 온도 850[℃] 이상에서 산소이온만 통과시키는 특수한 성질을 이용한 것으로 산소이온이 통과할 때 발생되는 기전력을 측정하여 산소농도를 측정하는 것으로 특징은 다음과 같다.
㉮ 비교적 응답이 빠르며(5~30초) 측정가스의 유량이나 설치장소의 주위온도 변화에 의한 영향이 적다.
㉯ 연속측정이 가능하며, 측정 범위가 [ppm]으로부터 [%]까지 광범위하게 측정할 수 있다.
㉰ 측정부의 온도유지를 위하여 온도조절 전기로를 필요로 한다.
㉱ 기전력을 이용하여 산소의 농도를 측정한다.
㉲ 가연성 가스 혼입은 오차를 발생시킨다.
㉳ 자동제어장치와 연결하여 사용이 가능하다.

28. 상당 증발량이 300[kg/h]이고, 급수온도가 30[℃], 증기 엔탈피가 730[kcal/kg]인 보일러의 실제 증발량은 약 몇 [kg/h]인가?

① 215.3   ② 220.5
③ 231.0   ④ 244.8

해설 $G_e = \dfrac{G_a(h_2 - h_1)}{539}$ 에서

$$\therefore G_a = \frac{539 \, G_e}{h_2 - h_1} = \frac{539 \times 300}{730 - 30} = 231 \, [\text{kg/h}]$$

29. 다음 오차의 분류 중에서 측정자의 부주의로 생기는 오차는?

① 우연오차   ② 과실오차
③ 계기오차   ④ 계통적오차

해설 과오(過誤)에 의한 오차 : 측정자의 부주의로 생기는 오차로 과실오차라 한다.

정답 24. ③ 25. ② 26. ② 27. ④ 28. ③ 29. ②

30. 다음 중 내화물의 내화도 측정에 주로 사용되는 온도계는?
① 제겔콘
② 백금저항 온도계
③ 기체압력식 온도계
④ 백금-백금·로듐 열전대 온도계

[해설] 제겔콘(Seger cone) 온도계 : 점토, 규석질 등 내연성의 금속산화물로 만든 것으로 벽돌의 내화도 측정 등에 사용한다.

31. 보일러 용량 표시에 관한 설명으로 옳은 것은?
① 단위면적 당 증기 발생량을 상당증발량이라 한다.
② 급수의 엔탈피를 h_1[kcal/kg], 증기의 엔탈피를 h_2[kcal/kg]라 할 때 증발계수 f를 계산하는 식은 $539(h_2 - h_1)$이다.
③ 1시간에 15.65[kg]의 증발량을 가진 능력을 1상당 증발량이라 한다.
④ 보일러 본체 전열면적당 단위시간에 발생하는 증발량을 증발률이라 한다.

[해설] 보일러 용량 표시
㉮ 상당 증발량 : 보일러 발생열량을 이용하여 표준대기압 하에서 100[℃]의 포화수를 100[℃]의 포화증기로 만들 수 있는 증기량을 말한다.
㉯ 증발계수 : 상당 증발량(G_e)과 실제 증발량(G_a)의 비
㉰ 보일러 마력 : 1 보일러 마력이란 1시간에 15.65[kg]의 상당 증발량을 갖는 보일러의 동력. 즉, 100[℃] 물 15.65[kg]을 1시간에 같은 온도의 증기로 변화시킬 수 있는 능력이며, 약 8435[kcal/h] 열을 흡수하여 증기를 발생할 수 있는 능력이다.

32. 아르키메데스의 부력의 원리를 이용한 액면 측정방식은?
① 차압식
② 기포식
③ 편위식
④ 초음파식

[해설] 편위식 액면계 : 측정액 중에 잠겨 있는 플로트의 부력으로 액면을 측정하는 것으로 아르키메데스의 원리를 이용한 것이다.

33. 간접 측정식 액면계가 아닌 것은?
① 유리관식
② 방사선식
③ 정전용량식
④ 압력식

[해설] 액면계의 분류 및 종류
㉮ 직접법 : 직관식, 플로트식(부자식), 검척식
㉯ 간접법 : 압력식, 초음파식, 정전용량식, 방사선식, 차압식, 다이어프램식, 편위식, 기포식, 슬립 튜브식 등

34. 보일러에서 사용하는 압력계의 최고 눈금에 대한 설명으로 옳은 것은?
① 보일러 최고사용압력의 4배 이하로 하되 2배보다 작아서는 안 된다.
② 보일러 최고사용압력의 4배 이하로 하되 최고사용압력보다 작아서는 안 된다.
③ 보일러 최고사용압력의 3배 이하로 하되 1.5배보다 작아서는 안 된다.
④ 보일러 최고사용압력의 3배 이하로 하되 최고사용압력보다 작아서는 안 된다.

[해설] 보일러용 압력계의 눈금 : 압력계의 최고눈금은 보일러의 최고사용압력의 3배 이하로 하되 1.5배보다 작아서는 안 된다.

35. 계통오차로서 계측기가 가지고 있는 고유의 오차는?
① 기차
② 감차
③ 공차
④ 정차

[해설] 기차(器差) : 계측기가 제작 당시부터 어쩔 수 없이 가지고 있는 고유의 오차이다.

정답 30. ① 31. ④ 32. ③ 33. ① 34. ③ 35. ①

36_ 보일러 본체에서 발생한 포화증기를 같은 압력 하에서 고온으로 재가열하여 수분을 증발시키고 증기의 온도를 상승시키는 장치는?

① 절탄기　　② 과열기
③ 축열기　　④ 흡수기

해설 과열기(super heater)의 역할 : 보일러에서 발생한 습포화증기를 연소가스 여열(餘熱) 등을 이용하여 압력을 일정하게 유지하면서 온도만을 높여 과열증기를 만드는 장치이다.

37_ 수소(H_2)가 연소되면 증기를 발생시킨다. 이 증기를 복수시키면 증발열이 발생한다. 만약 수소 1[kg]을 연소시켜 증기를 완전 복수시키면 얼마의 증발열을 얻을 수 있는가?

① 600[kcal]　　② 1800[kcal]
③ 5400[kcal]　　④ 10800[kcal]

해설 수소의 고위발열량은 68300[kcal/kmol] = 34150[kcal/kg]이고, 저위발열량은 57600[kcal/kmol] = 28800[kcal/kg]이다. 고위발열량과 저위발열량은 물의 증발잠열(또는 수증기의 응축잠열) 차이에 해당된다.
∴ 수증기의 증발열 = 34150 − 28800 = 5350[kcal/kg]

38_ 2개의 제어계를 조합하여 1차 제어장치가 제어량을 측정하여 제어명령을 발하고, 2차 제어장치가 이 명령을 바탕으로 제어량을 조절하는 제어방식은?

① 비율제어　　② 캐스케이드 제어
③ 추종제어　　④ 추치제어

해설 캐스케이드 제어 : 두 개의 제어계를 조합하여 제어량의 1차 조절계를 측정하고 그 조작 출력으로 2차 조절계의 목표값을 설정하는 방법으로 단일 루프제어에 비해 외란의 영향을 줄이고 계 전체의 지연을 적게 하는데 유효하기 때문에 출력 측에 낭비시간이나 지연이 큰 프로세스제어에 이용되는 제어이다.

39_ 도전성 유체에 자장을 형성시켜 기전력 측정에 의해 유량을 측정하는 것은?

① 전자 유량계　　② 칼만식 유량계
③ 델타 유량계　　④ 애뉴바 유량계

해설 전자 유량계 : 측정원리는 패러데이 법칙(전자유도법칙)으로 도전성 액체에서 발생하는 기전력을 이용하여 순간 유량을 측정한다.

40_ 자동제어방식에서 전기식 제어방식의 특징으로 옳은 것은?

① 조작력이 약하다.
② 신호의 복잡한 취급이 어렵다.
③ 신호전달 지연이 있다.
④ 배선이 용이하다.

해설 전기식 제어방식의 특징
㉮ 전송에 시간지연이 없다.
㉯ 컴퓨터와 같은 자동제어장치와 조합이 용이하다.
㉰ 조작력이 크게 요구될 때 사용된다.
㉱ 배선이 용이하고, 복잡한 신호에 적합하다.
㉲ 전송거리가 수 10[km]까지 가능하고, 무선 통신을 할 수 있다.
㉳ 폭발성 가연성 가스를 사용하는 곳에서는 방폭구조로 하여야 한다.
㉴ 고온, 다습한 주위환경에 사용하기 곤란하다.
㉵ 조절밸브 모터의 동작에 관성이 크게 작용한다.
㉶ 보수 및 취급에 기술을 요한다.
㉷ 조작속도가 빠른 비례 조작부를 만들기가 곤란하다.

3과목 - 열설비구조 및 시공

41_ 요로의 열효율을 높이는 방법으로 가장 거리가 먼 것은?

① 발열량이 높은 연료 사용
② 단열보온재 사용
③ 적정 노압 유지
④ 배기가스 회수장치 사용

정답 36. ② 37. ③ 38. ② 39. ① 40. ④ 41. ①

해설 요로의 열효율을 높이는 방법
㉮ 배기가스 회수장치를 사용하여 연소용 공기를 예열하여 연소효율을 높인다.
㉯ 단열보온재를 사용하여 방사열량을 저감시킨다.
㉰ 노내압을 적정하게 유지시킨다.
㉱ 적정 공연비를 유지시킨다.

42_ 검사대상기기인 보일러의 계속사용검사 중 안전검사 유효기간은? (단, 안전성향상계획과 공정안전보고서를 작성하는 경우는 제외한다.)
① 1년   ② 2년
③ 3년   ④ 4년

해설 계속사용검사 중 안전검사 유효기간 : 시행규칙 제31조의8, 별표3의5
㉮ 보일러 : 1년
㉯ 압력용기 : 2년

43_ 증기와 응축수와의 비중차를 이용하는 증기트랩은?
① 버킷형   ② 벨로스형
③ 디스크형 ④ 오리피스형

해설 작동원리에 의한 증기트랩의 분류

구 분	작동원리	종 류
기계식 트랩	증기와 응축수의 비중차 이용(플로트 또는 버킷의 부력 이용)	상향 버킷식, 하향 버킷식, 레버 플로트식, 자유 플로트식
온도 조절식 트랩	증기와 응축수의 온도차 이용(금속의 신축성을 이용)	바이메탈식, 벨로스식, 열동식
열역학적 트랩	증기와 응축수의 열역학적, 유체역학적 특성차 이용	오리피스식, 디스크식

44_ 보온재의 구비조건으로 틀린 것은?
① 사용온도 범위에 적합해야 한다.
② 흡습, 흡수성이 커야 한다.
③ 장시간 사용에도 견딜 수 있어야 한다.
④ 부피, 비중이 작아야 한다.

해설 보온재의 구비조건(선정 시 고려사항)
㉮ 열전도율이 작을 것
㉯ 흡습, 흡수성이 작을 것
㉰ 적당한 기계적 강도를 가질 것
㉱ 시공성이 좋고, 경제적일 것
㉲ 부피, 비중(밀도)이 작을 것
㉳ 내열, 내약품성이 있을 것
㉴ 안전 사용온도 범위에 적합할 것

45_ 맞대기 용접이음에서 인장하중이 2000[kgf], 강판의 두께가 6[mm]라 할 때 용접 길이[mm]는? (단, 용접부의 허용인장응력은 7[kgf/mm²]이다.)
① 40.1   ② 44.3
③ 47.6   ④ 52.2

해설 $\sigma = \dfrac{W}{h \times l}$ 에서

$\therefore l = \dfrac{W}{\sigma \times h} = \dfrac{2000}{7 \times 6} = 47.619 [mm]$

46_ 전기적, 화학적 성질이 우수한 편이고 비중이 0.92~0.96 정도이며 약 90[℃]에서 연화하지만 저온에 강하여 한랭지 배관으로 우수한 관은?
① 염화비닐관   ② 석면 시멘트관
③ 폴리에틸렌관 ④ 철근 콘크리트관

해설 폴리에틸렌관(Polyethylene pipe)의 특징
㉮ 염화비닐관보다 가볍다.
㉯ 염화비닐관보다 화학적, 전기적 성질이 우수하다.
㉰ 내한성이 좋아 한랭지 배관에 알맞다.
㉱ 염화비닐관에 비해 인장강도가 1/5 정도로 작다.
㉲ 화기에 극히 약하다.
㉳ 유연해서 관면에 외상을 받기 쉽다.
㉴ 장시간 직사광선(햇빛)에 노출되면 노화된다.
㉵ 폴리에틸렌관의 종류 : 수도용, 가스용, 일반용

정답 42. ① 43. ① 44. ② 45. ③ 46. ③

47. 다음 중 탄성압력계에 해당하지 않는 것은?
① 부르동관 압력계
② 벨로즈식 압력계
③ 다이어프램 압력계
④ 링밸런스식 압력계

[해설] 탄성식 압력계의 종류 : 부르동관식, 다이어프램식, 벨로즈식, 캡슐식

48. 에너지이용 합리화법에 따라 보일러 설치 검사 시 가스용 보일러의 운전성능 기준 중 부하율이 90[%]일 때 배기가스 성분기준으로 옳은 것은?
① O_2 3.7[%] 이하, CO_2 12.7[%] 이상
② O_2 4.0[%] 이하, CO_2 11.0[%] 이상
③ O_2 3.7[%] 이하, CO_2 10.0[%] 이상
④ O_2 4.0[%] 이하, CO_2 12.7[%] 이상

[해설] 운전 성능 기준 중 배기가스 성분

구분	O_2[%]		CO_2[%]	
부하율[%]	90±10	45±10	90±10	45±10
중유	3.7 이하	5 이하	12.7 이상	12 이상
경유	4 이하	5 이하	11 이상	10 이상
가스	3.7 이하	4 이하	10 이상	9 이상

49. 이음쇠 안쪽에 내장된 그래브링과 O-링에 의한 삽입식 접합으로 나사 및 용접 이음이 필요 없고 이종관과의 접합 시 커넥터 및 어댑터를 사용하여 나사이음을 하는 관은?
① 스테인리스강 이음관
② 폴리부틸렌(PB) 이음관
③ 폴리에틸렌(PE) 이음관
④ 열경화성 PVC 이음관

[해설] 에이콘 이음(acorn joint) : 폴리부틸렌관(PB관) 이음법으로 관을 연결구에 삽입하여 그래브링과 O링에 의하여 이음 하는 것으로 나사 및 용접 이음 등이 필요 없고, 재질이 다른 이종관과 접합할 때에는 커넥터 및 어댑터를 사용하여 이음한다.

50. 유량 300[L/s], 양정 10[m]인 급수펌프의 효율이 90[%]이라면 소요되는 축동력[kW]은? (단, 물의 비중량은 1000[kgf/m³]으로 한다.)
① 24.5 ② 27.1
③ 30.6 ④ 32.7

[해설] $kW = \dfrac{\gamma QH}{102\eta} = \dfrac{1000 \times (300 \times 10^{-3}) \times 10}{102 \times 0.9}$
$= 32.679 [kW]$

51. 조업방법에 따라 분류할 때 다음 중 등요(오름가마)는 어디에 속하는가?
① 불연속식요 ② 반연속식요
③ 연속식요   ④ 회전가마

[해설] 조업방법(작업진행 방법)에 의한 분류
㉮ 연속요 : 윤요, 연속식 가마, 터널가마, 반터널식 가마 등
㉯ 반연속요 : 등요, 셔틀가마 등
㉰ 불연속요 : 승염식요, 횡염식요, 도염식요, 종가마 등

52. 액체연료 연소장치 중 고압기류식 버너의 선단부에 혼합실을 설치하고 공기, 기름 등을 혼합시킨 후 노즐에서 분사하여 무화하는 방식은?
① 내부 혼합식   ② 외부 혼합식
③ 무화 혼합식   ④ 내·외부 혼합식

[해설] 고압기류식 버너의 종류
㉮ 내부혼합식 버너 : 버너 내부에 설치된 혼합실에서 기름과 분무매체를 혼합시킨 후 노즐 출구를 통해 분무시키는 형식이다. 외부혼합식에 비해 기름의 압력이 높은 편이며, 노즐을 교체하여 분무각도를 변화시켜 화염특성을 변화시킬 수 있다.
㉯ 외부혼합식 버너 : 버너의 노즐 외부에서 연료와 분무매체를 충돌시켜 기름을 분무시키는 형식의 버너이다. 기름의 압력이 저압으로 유지시킬 수 있고, 점도가 높은 기름의 분무에 적합하다.
㉰ 중간혼합식 버너 : 연료와 분무매체가 분출 직전에 Y자 형태로 혼합되기 때문에 Y-제트 버너라고도 불린다. 분무매체의 소비량이 다른 형식의 고압기류식 버너에 비해 작기 때문에 널리 이용되고 있으며, 노즐을 교체하여 분무각도를 변화시켜 화염의 형상을 변화시킬 수 있다.

정답 47. ④ 48. ③ 49. ② 50. ④ 51. ② 52. ①

53. 노통보일러에서 노통이 열응력에 의해서 신축이 일어나므로 노통의 신축 작용에 대처하기 위해 설치하는 이음방법은?

① 평형조인트 ② 브레이징 스페이스
③ 가셋 스테이 ④ 아담스 조인트

[해설] 아담슨 조인트(Adamson joint) : 평형 노통을 일체형으로 제작하면 강도가 약해지는 결점을 보완하기 위하여 노통을 여러 개로 분할 제작하여 플랜지형으로 연결한 것으로 이 이음부를 아담슨 조인트라 한다.

54. 열전도율이 0.8[kcal/m·h·℃]인 콘크리트 벽의 안쪽과 바깥쪽의 온도가 각각 25[℃]와 20[℃]이다. 벽의 두께가 5[cm]일 때 1[m²] 당 전달되어 나가는 열량[kcal/h]은?

① 0.8 ② 8
③ 80   ④ 800

[해설] $Q = K \times F \times \Delta t = \dfrac{1}{\dfrac{b}{\lambda}} \times F \times \Delta t$ 에서

벽면(F) 1[m²]당 손실열량을 구하는 것이다.

$\therefore Q = \dfrac{1}{\dfrac{b}{\lambda}} \times \Delta t$

$= \dfrac{1}{\dfrac{0.05}{0.8}} \times (25-20) = 80\,[\text{kcal/m}^2 \cdot \text{h}]$

55. 다음 보일러 중 일반적으로 효율이 가장 좋은 것은? (단, 동일한 조건을 기준으로 한다.)

① 노통 보일러   ② 연관 보일러
③ 노통연관 보일러 ④ 입형 보일러

[해설] 노통연관식 보일러의 특징
㉮ 노통 보일러에 비하여 열효율(80~90%)이 높다.
㉯ 패키지 형태로 제작, 운반, 설치, 취급이 용이하다.
㉰ 구조가 복잡하여 청소, 검사, 수리가 어렵다.
㉱ 증발속도가 빨라 스케일이 부착되기 쉽다.
㉲ 양질의 급수를 요한다.
㉳ 구조상 고압, 대용량 제작이 어렵다.
※ 동일한 조건에서 노통연관식 보일러는 예제에 주어진 보일러보다 전열면적이 커서 효율이 가장 좋다.

56. 다음 중 수관식 보일러에 해당하는 것은?

① 노통 보일러   ② 기관차형 보일러
③ 바브콕 보일러   ④ 횡연관식 보일러

[해설] 수관식 보일러의 종류
㉮ 자연 순환식 보일러 : 바브콕(babcock) 보일러, 다쿠마(dakuma) 보일러, 스털링(stirling) 보일러, 스네기찌 보일러, 야로우(yarrow) 보일러, 2동 D형 보일러 등
㉯ 강제 순환식 보일러 : 라몬트(lamont) 보일러, 벨록스(velox) 보일러 등
㉰ 관류 보일러 : 벤슨(benson) 보일러, 슐쳐(sulzer) 보일러, 소형 관류 보일러 등

57. 다음 보온재 중 안전사용온도가 가장 낮은 것은?

① 펄라이트   ② 규산칼슘
③ 탄산마그네슘   ④ 세라믹화이버

[해설] 각 보온재의 안전사용온도

명칭	안전사용온도
펄라이트	600[℃]
규산칼슘	650[℃]
탄산마그네슘	250[℃] 이하
세라믹 화이버	1300[℃]

58. 에너지이용 합리화법에 따른 보일러의 제조검사에 해당되는 것은?

① 용접검사   ② 설치검사
③ 개조검사   ④ 설치장소 변경검사

[해설] 검사의 종류 : 에너지이용 합리화법 시행규칙 31조의7, 별표3의4
㉮ 제조검사 : 용접검사, 구조검사
㉯ 설치검사
㉰ 개조검사
㉱ 설치장소 변경검사
㉲ 재사용검사
㉳ 계속사용검사 : 안전검사, 운전성능검사

정답 53.④ 54.③ 55.③ 56.③ 57.③ 58.①

59_ 보일러 사용 중 정전되었을 때 조치사항으로 적절하지 못한 것은?
① 연료공급을 멈추고 전원을 차단한다.
② 댐퍼를 열어둔다.
③ 급수는 상용수위보다 약간 많을 정도로 한다.
④ 급수탱크가 다른 시설과 공용으로 사용될 때에는 보일러용 이외의 급수관을 차단한다.

[해설] 댐퍼를 닫아두어야 한다.

60_ 내화 모르타르의 구비조건으로 틀린 것은?
① 접착성이 클 것
② 필요한 내화도를 가질 것
③ 화학조성이 사용벽돌과 같을 것
④ 건조, 소성에 의한 수축, 팽창이 클 것

[해설] 내화 모르타르의 구비조건
㉮ 필요한 내화도를 가질 것
㉯ 화학 조성이 사용 내화물(벽돌)과 동질일 것
㉰ 건조 및 소성에 의한 수축, 팽창이 적을 것
㉱ 시공성이 좋을 것
㉲ 접착성이 양호할 것

4과목 - 열설비취급 및 안전관리

61_ 다음 중 보일러 급수에 함유된 성분 중 전열면 내면 점식의 주원인이 되는 것은?
① O_2
② N_2
③ $CaSO_4$
④ $NaSO_4$

[해설] 점식(點蝕) : 보일러수가 접하는 내면에 좁쌀, 쌀알, 콩알 크기의 점 상태(點狀)로 생기는 부식으로 공식(pitting) 또는 점형부식이라 한다. 부식의 진행속도가 빨라 위험성이 크며, 급수 중에 포함되어 있는 용존산소 때문에 발생한다.

62_ 보일러에서 산 세정 작업이 끝난 후 중화처리를 한다. 다음 중 중화처리 약품으로 사용할 수 있는 것은?
① 가성소다
② 염화나트륨
③ 염화마그네슘
④ 염화칼슘

[해설] 산세정 후 중화 방청제 종류 : 가성소다(NaOH), 암모니아(NH_3), 탄산나트륨(Na_2CO_3), 인산나트륨(Na_3PO_4), 히드라진(N_2H_4)

63_ 에너지이용 합리화법에 따라 검사대상기기 적용범위에 해당하는 소형 온수보일러는?
① 전기 및 유류겸용 소형 온수보일러
② 유류 연료를 쓰는 가정용 소형 온수보일러
③ 최고사용압력이 0.1[MPa] 이하이고, 전열면적이 5[m^2] 이하인 소형 온수보일러
④ 가스 사용량이 17[kg/h]를 초과하는 소형 온수보일러

[해설] 검사대상기기 중 소형 온수보일러(시행규칙 제31조의6, 별표3의3) : 가스를 사용하는 것으로서 가스사용량이 17[kg/h](도시가스는 232.6[kW])를 초과하는 것

64_ 보일러 운전 중 취급상의 사고에 해당되지 않는 것은?
① 압력초과
② 저수위 사고
③ 급수처리 불량
④ 부속장치 미비

[해설] 사고의 원인
㉮ 제작상의 원인 : 재료불량, 강도부족, 설계불량, 구조불량, 부속기기 설비의 미비, 용접불량 등
㉯ 취급상의 원인 : 압력초과, 저수위, 급수처리 불량, 부식, 과열, 미연소가스 폭발사고, 부속기기 정비 불량 등

65_ 다음 보일러의 외부청소 방법 중 압축공기와 모래를 분사하는 방법은?
① 샌드 블라스트법
② 스틸 쇼트 크리닝법
③ 스팀 소킹법
④ 에어 소킹법

정답 59. ② 60. ④ 61. ① 62. ① 63. ④ 64. ④ 65. ①

[해설] 외부청소방법의 종류
㉮ 수공구 사용법
㉯ 그을음 불어내기(soot blower)
㉰ 샌드 블라스트(sand blast) 또는 에어소킹법
㉱ 스팀 소킹법(steam soaking)
㉲ 워터 소킹법(water soaking)
㉳ 수세(washing)법
㉴ 스틸 쇼트 크리닝법
※ 샌드 블라스트(sand blast) : 압축공기로 모래를 전열면의 그을음에 불어 날려서 제거하는 방법이다.

66_ 에너지이용 합리화법에 따라 용접검사신청서 제출 시 첨부하여야 할 서류가 아닌 것은?

① 용접 부위도
② 검사대상기기의 설계도면
③ 검사대상기기의 강도계산서
④ 비파괴시험 성적서

[해설] 용접검사 신청 서류(시행규칙 제31조의14) : 검사대상기기의 용접검사를 받으려는 자는 다음 각 호의 서류를 첨부하여야 한다.
㉮ 용접 부위도 1부
㉯ 검사대상기기의 설계도면 2부
㉰ 검사대상기기의 강도계산서 1부

67_ 에너지이용 합리화법에 따라 에너지저장의무 부과대상자로 가장 거리가 먼 것은?

① 전기사업자
② 석탄가공업자
③ 도시가스사업자
④ 원자력사업자

[해설] 에너지저장의무 부과 대상자 : 에너지이용 합리화법 시행령 제12조 1항
㉮ 전기사업법에 따른 전기사업자
㉯ 도시가스사업법에 따른 도시가스사업자
㉰ 석탄산업법에 따른 석탄가공업자
㉱ 집단에너지법에 따른 집단에너지사업자
㉲ 연간 2만 석유환산톤(TOE) 이상의 에너지를 사용하는 자

68_ 에너지이용 합리화법에 따라 산업통상자원부장관 또는 시·도지사의 업무 중 한국에너지공단에 위탁된 업무에 해당하는 것은?

① 특정열사용기자재의 시공업 등록
② 과태료의 부과·징수
③ 에너지절약 전문기업의 등록
④ 에너지관리대상자의 신고 접수

[해설] 공단에 위탁된 업무 : 에너지이용 합리화법 제69조
ⓐ 에너지사용계획의 검토
ⓑ 에너지사용계획 이행여부의 점검 및 실태파악
ⓒ 효율관리기자재의 측정 결과 신고의 접수
ⓓ 대기전력경고표지 대상제품의 측정 결과 신고의 접수
ⓔ 대기전력저감대상제품의 측정 결과 신고의 접수
ⓕ 고효율에너지기자재 인증 신청의 접수 및 인증
ⓖ 고효율에너지기자재의 인증취소 또는 인증사용 정지 명령
ⓗ 에너지절약전문기업의 등록
ⓘ 온실가스배출 감축실적의 등록 및 관리
ⓙ 에너지다소비사업 신고의 접수
ⓚ 진단기관의 관리, 감독
ⓛ 에너지관리지도
ⓜ 냉난방온도의 유지·관리 여부에 대한 점검 및 실태 파악
ⓝ 검사대상기기의 검사 및 검사증의 발급
ⓞ 검사대상기기의 폐기, 사용 중지, 설치자 변경 및 검사의 전부 또는 일부가 면제된 검사대상기기의 설치에 대한 신고의 접수
ⓟ 검사대상기기관리자의 선임, 해임 또는 퇴직신고의 접수

69_ 급수처리 방법인 기폭법에 의하여 제거되지 않는 성분은?

① 탄산가스
② 황화수소
③ 산소
④ 철

[해설] 용존가스 처리법
㉮ 기폭법(폭기법) : 헨리의 법칙을 이용한 것으로 급수 중에 포함되어 있는 탄산가스(CO_2), 황화수소(H_2S), 암모니아(NH_3) 등의 기체성분과 철(Fe), 망간(Mn) 등을 제거하는 방법으로 공기 중에서 물을 아래로 뿌려 내리는 강수방식과 급수 중에 공기를 흡입하는 방법이 있다.
㉯ 탈기법 : 탈기기(deaerator)를 이용하여 급수 중의 산소(O_2), 탄산가스(CO_2) 등의 용존가스를 제거하는 방법으로 진공 탈기법과 가열 탈기법이 있다.

정답 66. ④ 67. ④ 68. ③ 69. ③

70. 보일러 급수처리의 목적으로 가장 거리가 먼 것은?

① 스케일 생성 및 고착 방지
② 부식 발생 방지
③ 가성취화 발생 감소
④ 배관 중의 응축수 생성 방지

[해설] 급수처리의 목적
㉮ 스케일, 슬러지가 고착되는 것을 방지하기 위하여
㉯ 보일러수가 농축되는 것을 방지하기 위하여
㉰ 보일러 부식을 방지하기 위하여
㉱ 가성취화현상을 방지하기 위하여
㉲ 캐리오버현상을 방지하기 위하여

71. 증기난방의 응축수 환수방법 중 증기의 순환이 가장 빠른 것은?

① 기계환수식
② 진공환수식
③ 단관식 중력환수식
④ 복관식 중력환수식

[해설] 진공환수식의 특징
㉮ 다른 방법과 비교하여 증기의 순환이 빠르다.
㉯ 방열기 설치장소에 제한을 받지 않는다.
㉰ 환수관의 지름을 작게 할 수 있다.
㉱ 방열기 방열량 조절을 광범위하게 할 수 있다.
㉲ 배관 기울기(구배)에 큰 제한이 없다.

72. 보일러 가동 중 프라이밍과 포밍의 방지 대책으로 틀린 것은?

① 급수처리를 하여 불순물 등을 제거할 것
② 보일러수의 농축을 방지할 것
③ 과부하가 되지 않도록 운전할 것
④ 고수위로 운전할 것

[해설] 프라이밍, 포밍의 방지대책
㉮ 보일러수를 농축시키지 않는다.
㉯ 보일러수 중의 불순물을 제거한다.
㉰ 과부하가 되지 않도록 한다.
㉱ 비수방지관을 설치한다.
㉲ 주증기 밸브를 급격히 개방하지 않는다.
㉳ 수위를 고수위로 하지 않는다.
㉴ 압력을 규정압력으로 유지해야 한다.

73. 포밍과 프라이밍이 발생하였을 때 나타나는 현상으로 가장 거리가 먼 것은?

① 캐리오버 현상이 발생한다.
② 수격작용이 발생한다.
③ 수면계의 수위 확인이 곤란하다.
④ 수위가 급히 올라가고 고수위 사고의 위험이 있다.

[해설] 포밍과 프라이밍 발생 시 피해
㉮ 수위 오인으로 저수위 사고
㉯ 계기류 연락관의 막힘
㉰ 송기되는 증기의 불순
㉱ 증기의 열량 감소
㉲ 배관의 부식 초래
㉳ 배관, 기관 내에서 수격작용 발생

74. 에너지이용 합리화법에 따라 검사대상기기 관리자에 대한 교육기간은 얼마인가?

① 1일   ② 3일
③ 5일   ④ 10일

[해설] 검사대상기기 관리자에 대한 교육기간 : 시행규칙 제32조의2, 별표4의2
㉮ 교육기간 : 1일
㉯ 교육기관 : 한국에너지기술인협회

75. 에너지이용 합리화법에 따라 가스사용량이 17[kg/h]를 초과하는 가스용 소형 온수보일러에 대해 면제되는 검사는?

① 계속사용 안전검사
② 설치검사
③ 제조검사
④ 계속사용 성능검사

[해설] 검사의 면제대상 범위(시행규칙 제31조의13, 별표3의6) : 가스사용량이 17[kg/h](도시가스는 232.6[kW])를 초과하는 가스용 소형 온수보일러는 제조검사가 면제된다.

정답 70. ④ 71. ② 72. ④ 73. ④ 74. ① 75. ③

76. 온수난방에서 방열기 내 온수의 평균온도가 85[℃], 실내온도가 20[℃], 방열계수가 7.2 [kcal/m²·h·℃]이라면 이 방열기의 방열량 [kcal/m²·h]은?

① 468　　② 472
③ 496　　④ 592

해설
$Q_r = K \times \Delta t_m$
$= K \times ($방열기 평균온도 $-$ 실내온도$)$
$= 7.2 \times (85 - 20) = 468 \, [\text{kcal/m}^2 \cdot \text{h}]$

77. 에너지이용 합리화법에 따라 산업통상자원부장관이 냉·난방온도를 제한온도에 적합하게 유지관리하지 않은 기관에 시정조치를 명령할 때 포함되지 않는 사항은?

① 시정조치 명령의 대상 건물 및 대상자
② 시정결과 조치 내용 통지 사항
③ 시정조치 명령의 사유 및 내용
④ 시정기한

해설 시정조치 명령의 방법(에너지이용 합리화법 시행령 제42조의3) : 시정조치 명령은 다음 각 호의 사항을 구체적으로 밝힌 서면으로 한다.
㉮ 지정조치 명령의 대상 건물 및 대상자
㉯ 시정조치 명령의 사유 및 내용
㉰ 시정기한

78. 사고의 원인 중 간접원인에 해당되지 않는 것은?

① 기술적 원인　　② 관리적 원인
③ 인적 원인　　　④ 교육적 원인

해설 인적 원인은 보일러 관리자의 취급 부주의 등에 의하여 발생하는 것이므로 직접적인 원인에 해당된다.

79. 스케일의 영향으로 보일러 설비에 나타나는 현상으로 가장 거리가 먼 것은?

① 전열면의 국부과열
② 배기가스 온도 저하
③ 보일러의 효율 저하
④ 보일러의 순환 장애

해설 스케일의 영향
㉮ 전열면에 부착하여 전열을 방해한다.
㉯ 보일러 효율이 저하하고, 연료소비량이 증가한다.
㉰ 전열면의 국부과열로 인한 파열사고의 우려가 있다.
㉱ 보일러수의 순환을 방해하고, 수면계 등 연락관을 폐쇄시킨다.
㉲ 연료의 연소열량을 보일러수에 전달하지 못하므로 배기가스 온도가 상승된다.

80. 수관식 보일러와 비교하여 노통연관식 보일러의 특징에 대한 설명으로 옳은 것은?

① 청소가 곤란하다.
② 시동하고 나서 증기 발생시간이 짧다.
③ 연소실을 자유로운 형상으로 만들 수 있다.
④ 파열 시 더욱 위험하다.

해설 수관식과 비교한 노통연관식 보일러의 특징
㉮ 패키지 형태로 제작, 운반, 설치, 취급이 용이하다.
㉯ 구조가 복잡하여 청소, 검사, 수리가 어렵지만 수관식보다는 양호하다.
㉰ 수관식보다는 제작비가 저렴하다.
㉱ 내분식이므로 연소실을 자유로운 형상으로 만들기 어렵다.
㉲ 수관식보다 보유수량이 많아 파열 시 위험성이 크고, 증기 발생시간이 길다.
㉳ 구조상 고압, 대용량 제작이 어렵다.

2019년 9월 21일
제4회 에너지관리산업기사 필기시험

1과목 - 열역학 및 연소관리

01_ 다음 중 모리엘(Mollier) 선도를 이용할 때 가장 간단하게 계산할 수 있는 것은?
① 터빈효율 계산
② 엔탈피 변화 계산
③ 사이클에서 압축비 계산
④ 증발 시의 체적증가량 계산

해설 증기의 몰리엘 선도는 종축에 엔탈피(h), 횡축에 엔트로피(s)의 양을 표시한 것으로 증기의 엔탈피 변화를 계산하는 데 편리하다.

02_ 액체 연료의 특징에 대한 설명으로 틀린 것은?
① 수송과 저장이 편리하다.
② 단위 중량에 대한 발열량이 석탄보다 크다.
③ 인화, 역화 등 화재의 위험성이 없다.
④ 연소 시 매연이 적게 발생한다.

해설 액체연료의 특징
(1) 장점
 ㉮ 완전연소가 가능하고 발열량이 높다.
 ㉯ 연소효율이 높고 고온을 얻기 쉽다.
 ㉰ 연소조절이 용이하고 회분이 적다.
 ㉱ 품질이 균일하고 저장, 취급이 편리하다.
 ㉲ 파이프라인을 통한 수송이 용이하다.
(2) 단점
 ㉮ 연소온도가 높아 국부과열의 위험이 크다.
 ㉯ 화재, 역화의 위험성이 높다.
 ㉰ 일반적으로 황성분을 많이 함유하고 있다.
 ㉱ 버너의 종류에 따라 연소 시 소음이 발생한다.

03_ 탄소(C) 1[kg]을 완전히 연소시키는 데 요구되는 이론산소량은 몇 [Nm³]인가?
① 1.87   ② 2.81
③ 5.63   ④ 8.94

해설 ㉮ 탄소(C)의 완전연소 반응식
 $C + O_2 \rightarrow CO_2$
㉯ 이론산소량 계산
 $12[kg] : 22.4[Nm^3] = 1[kg] : x(O_0)[Nm^3]$
 $\therefore x = \dfrac{1 \times 22.4}{12} = 1.867[Nm^3]$

04_ 오토 사이클에 대한 설명으로 틀린 것은?
① 일정 체적 과정이 포함되어 있다.
② 압축비가 클수록 열효율이 감소한다.
③ 압축 및 팽창은 등엔트로피 과정으로 이루어진다.
④ 스파크 점화 내연기관의 사이클에 해당된다.

해설 오토 사이클(Otto cycle) : 전기점화기관(가솔린 기관)의 이상 사이클로 가열과정(폭발)은 정적 하에서, 동력이 발생되는 팽창과정은 단열상태에서 이루어진다. 압축비가 클수록 열효율은 증가하므로 열효율은 압축비의 함수이다.

05_ 연돌의 통풍력에 관한 설명으로 틀린 것은?
① 일반적으로 직경이 크면 통풍력도 크게 된다.
② 일반적으로 높이가 증가하면 통풍력도 증가한다.
③ 연돌의 내면에 요철이 적은 쪽이 통풍력이 크다.
④ 연돌의 벽에서 배기가스의 열방사가 많은 편이 통풍력이 크다.

정답 1.② 2.③ 3.① 4.② 5.④

| 해설 | 연돌의 통풍력이 증가되는 경우
㉮ 연돌의 높이가 높을수록
㉯ 연돌의 단면적이 클수록
㉰ 연돌의 굴곡부가 적을수록
㉱ 배기가스 온도가 높을수록
㉲ 외기온도가 낮을수록
㉳ 습도가 낮을수록
※ 연돌에서 배기가스의 열방사가 많으면 배기가스의 온도가 낮아져 통풍력은 감소된다.

06_ 용기 내부에 증기 사용처의 증기 압력 또는 열수 온도보다 높은 압력과 온도의 포화수를 저장하여 증기 부하를 조절하는 장치를 무엇이라고 하는가?

① 기수분리기 ② 스팀 어큐뮬레이터
③ 스토리지 탱크 ④ 오토 클레이브

| 해설 | 스팀 어큐뮬레이터(steam accumulator : 증기 축열기) : 보일러에서 과잉 발생한 증기를 저장하고 부하가 증가하면 증기를 공급하여 증기 부족을 해소하는 장치로 변압식과 정압식이 있다.

07_ 그림은 초기 체적이 V_i 상태에 있는 피스톤이 외부로 일을 하여 최종적으로 체적이 V_f인 상태로 된 것을 나타낸다. 외부로 가장 많은 일을 한 과정은?

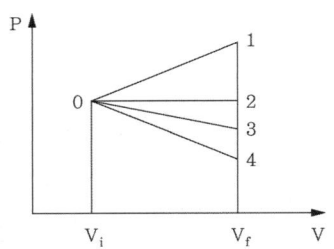

① 0 - 1 과정 ② 0 - 2 과정
③ 0 - 3 과정 ④ 0 - 4 과정

| 해설 | 피스톤의 팽창일 $W_a = P \cdot dV$ 이므로 0 - 1 과정이 외부로 가장 많은 일을 한 과정이다.

08_ 물질을 연소시켜 생긴 화합물에 대한 설명으로 옳은 것은?

① 수소가 연소했을 때는 물로 된다.
② 황이 연소했을 때는 황화수소로 된다.
③ 탄소가 불완전 연소했을 때는 이산화탄소가 된다.
④ 탄소가 완전 연소했을 때는 일산화탄소가 된다.

| 해설 | 각 물질을 연소시켜 생긴 화합물
㉮ 수소(H_2)의 완전 연소반응식 :
$H_2 + \frac{1}{2}O_2 \rightarrow H_2O$[물(수증기)]
㉯ 황(S)의 완전 연소반응식 :
$S + O_2 \rightarrow SO_2$[아황산가스]
㉰ 탄소(C)의 완전 연소반응식 :
$C + O_2 \rightarrow CO_2$[이산화탄소(탄산가스)]
㉱ 탄소(C)의 불완전 연소반응식 :
$C + \frac{1}{2}O_2 \rightarrow CO$[일산화탄소]

09_ 분사컵으로 기름을 비산시켜 무화하는 버너는?

① 유압분무식 ② 공기분무식
③ 증기분무식 ④ 회전분무식

| 해설 | 회전분무식(rotary type) 버너의 특징
㉮ 분무컵을 고속으로 회전시켜 연료를 분출하고, 1차 공기를 이용하여 무화시키는 방식이다.
㉯ 사용유압은 0.3~0.5[kgf/cm²] 정도이다.
㉰ 분무각은 30~80 정도, 유량 조절범위는 1 : 5 정도이다.
㉱ 회전수는 직결식이 3000~3500[rpm], 벨트식이 7000~10000[rpm] 정도이다.
㉲ 설비가 간단하고 자동화가 쉽다.
㉳ 점도가 작을수록 분무상태가 좋아진다.
㉴ 고점도 연료는 예열이 필요하다.
㉵ 청소, 점검, 수리가 간편하다.

10_ 랭킨 사이클에서 단열과정인 것은?

① 펌프 ② 발전기
③ 보일러 ④ 복수기

정답 6. ② 7. ① 8. ① 9. ④ 10. ①

해설 랭킨 사이클의 구성요소 과정
㉮ 급수펌프 : 단열 압축과정
㉯ 보일러 : 정압 가열과정
㉰ 터빈 : 단열 팽창과정
㉱ 복수기 : 정압 방열(냉각)과정

11_ 다음 [그림]은 물의 압력-온도 선도를 나타낸 것이다. 액체와 기체의 혼합물은 어디에 존재하는가?

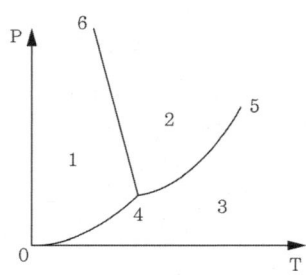

① 영역 1
② 선 4 - 6
③ 선 0 - 4
④ 선 4 - 5

해설 물의 압력-온도 선도
㉮ 영역 1 : 고체   ㉯ 영역 2 : 액체
㉰ 영역 3 : 증기   ㉱ 점 4 : 삼중점
㉲ 점 5 : 임계점   ㉳ 선 4 - 6 : 용해곡선
㉴ 선 0 - 4 : 승화곡선
㉵ 선 4 - 5 : 증발곡선
∴ 액체와 기체의 혼합물은 증발곡선에 해당하는 곳이다.

12_ 일을 할 수 있는 능력에 관한 법칙으로 기계적인 일이 없이는 스스로 저온부에서 고온부로 이동할 수 없다는 법칙은?

① 열역학 제0법칙   ② 열역학 제1법칙
③ 열역학 제2법칙   ④ 열역학 제3법칙

해설 열역학 제2법칙 : 열은 고온도의 물질로부터 저온도의 물질로 옮겨질 수 있지만, 그 자체는 저온도의 물질로부터 고온도의 물질로 옮겨갈 수 없다. 또 일이 열로 바뀌는 것은 쉽지만 반대로 열이 일로 바뀌는 것은 힘을 빌리지 않는 한 불가능한 일이다. 이와 같이 열역학 제2법칙은 에너지 변환의 방향성을 명시한 것으로 방향성의 법칙이라 한다(열효율이 100[%]인 열기관을 만들 수 없다).

13_ 보일러 매연의 발생 원인으로 틀린 것은?
① 연소 기술이 미숙할 경우
② 통풍이 많거나 부족할 경우
③ 연소실의 온도가 너무 낮을 경우
④ 연료와 공기가 충분히 혼합된 경우

해설 매연 발생의 원인
㉮ 통풍력이 과대, 과소할 때
㉯ 무리한 연소를 할 때
㉰ 연소실의 온도가 낮을 때
㉱ 연소실의 크기가 작을 때
㉲ 연료의 조성이 맞지 않을 때
㉳ 연소장치가 불량할 때
㉴ 운전 기술이 미숙할 때
㉵ 공기량이 부족하여 불완전 연소될 때

14_ 다음 연료 중 고위발열량이 가장 큰 것은? (단, 동일 조건으로 가정한다.)
① 중유   ② 프로판
③ 석탄   ④ 코크스

해설 각 연료의 발열량[kcal/kg]

연료 명칭	발열량[kcal/kg]
중유(B-C)	10000~10800
프로판	11080
석탄(무연탄)	4600
코크스	7000

15_ 엔탈피는 다음 중 어느 것으로 정의되는가?
① 과정에 따라 변하는 양
② 내부 에너지와 유동 일의 합
③ 정적하에서 가해진 열량
④ 등온하에서 가해진 열량

해설 엔탈피는 유체가 갖고 있는 내부에너지와 체적을 차지하기 위한 유동일의 합이다.

정답 11. ④ 12. ③ 13. ④ 14. ② 15. ②

16. 이상기체의 가역단열변화에 대한 식으로 틀린 것은? (단, k는 비열비이다.)

① $\dfrac{P_2}{P_1} = \left(\dfrac{V_2}{V_1}\right)^{k-1}$

② $\dfrac{T_2}{T_1} = \left(\dfrac{V_1}{V_2}\right)^{k-1}$

③ $\dfrac{T_2}{T_1} = \left(\dfrac{P_2}{P_1}\right)^{\frac{k-1}{k}}$

④ $\left(\dfrac{V_1}{V_2}\right)^{k-1} = \left(\dfrac{P_2}{P_1}\right)^{\frac{k-1}{k}}$

해설 단열과정의 온도(T), 압력(P), 부피(V)의 관계식

$\dfrac{T_2}{T_1} = \left(\dfrac{P_2}{P_1}\right)^{\frac{k-1}{k}} = \left(\dfrac{V_1}{V_2}\right)^{k-1}$ 이다.

17. 정상유동과정으로 단위시간당 50[℃]의 물 200[kg]과 100[℃] 포화증기 10[kg]을 단열된 혼합실에서 혼합할 때 출구에서 물의 온도[℃]는? (단, 100[℃] 물의 증발잠열은 2250[kJ/kg]이며, 물의 비열은 4.2[kJ/kg·K]이다.)

① 55.0 ② 77.3
③ 77.9 ④ 82.1

해설 ㉮ 물의 비열 단위에서 온도는 절대온도[K]이므로 50[℃]의 물의 절대온도는 323[K]이고, 100[℃] 포화증기의 절대온도는 373[K]가 된다.

㉯ 323[K]의 물(G_w)이 얻은 열량과 373[K]의 포화증기(G_v)가 잃은 열량(잠열+현열)은 같으므로 다음의 식이 성립된다.

$G_w \times C_w \times (T_m - T_w)$
$= (G_v \times \gamma) + \{G_v \times C_v \times (T_v - T_m)\}$
$200 \times 4.2 \times (T_m - 323)$
$= (10 \times 2250) + \{10 \times 4.2 \times (373 - T_m)\}$
$840 \times (T_m - 323) = 22500 + 42 \times (373 - T_m)$
$840 T_m - 271320 = 22500 + 15666 - 42 T_m$
$840 T_m + 42 T_m = 22500 + 15666 + 271320$
$T_m (840 + 42) = 22500 + 15666 + 271320$

$\therefore T_m = \dfrac{22500 + 15666 + 271320}{840 + 42}$
$= 350.891[\text{K}] - 273 = 77.891[℃]$

18. C(87[%]), H(12[%]), S(1[%])의 조성을 가진 중유 1[kg]을 연소시키는 데 필요한 이론공기량은 몇 [Nm³/kg]인가?

① 6.0 ② 8.5 ③ 9.4 ④ 11.0

해설 $A_0 = 8.89 C + 26.67\left(H - \dfrac{O}{8}\right) + 3.33 S$
$= (8.89 \times 0.87) + (26.67 \times 0.12) + (3.33 \times 0.01)$
$= 10.968 [\text{Nm}^3/\text{kg}]$

19. 연소 시 일반적으로 실제공기량과 이론공기량의 관계는 어떻게 설정하는가?

① 실제공기량은 이론공기량과 같아야 한다.
② 실제공기량은 이론공기량보다 작아야 한다.
③ 실제공기량은 이론공기량보다 커야 한다.
④ 아무런 관계가 없다.

해설 ⑴ 연료가 연소 시 일반적으로 실제공기량은 이론공기량보다 커야 완전 연소가 되며 실제공기량(A)과 이론공기량(A_0)의 비인 공기비(m)는 1보다 크다.
⑵ 연료에 따른 공기비(공기과잉계수)
  ㉮ 기체연료 : 1.1~1.3
  ㉯ 액체연료 : 1.2~1.4(미분탄 포함)
  ㉰ 고체연료 : 1.5~2.0(수분식), 1.4~1.7(기계식)

20. 카르노 사이클의 작동순서로 알맞은 것은?

① 등온팽창 → 단열팽창 → 등온압축 → 단열압축
② 등온팽창 → 등온압축 → 단열팽창 → 단열압축
③ 등온압축 → 등온팽창 → 단열팽창 → 단열압축
④ 단열압축 → 단열팽창 → 등온팽창 → 등온압축

정답 16. ① 17. ③ 18. ④ 19. ③ 20. ①

해설 (1) 카르노 사이클(Carnot cycle) : 2개의 등온과정과 2개의 단열과정으로 구성된 열기관의 이론적인 사이클이다.
(2) 카르노 사이클의 순환과정

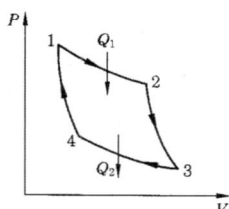

㉮ 1 → 2 과정 : 정온(등온)팽창과정(열공급)
㉯ 2 → 3 과정 : 단열팽창과정
㉰ 3 → 4 과정 : 정온(등온)압축과정(열방출)
㉱ 4 → 1 과정 : 단열압축과정

2과목 - 계측 및 에너지 진단

21_ 물 20[kg]을 포화증기로 만들려고 한다. 전열효율이 80[%]일 때, 필요한 공급 열량[kJ]은? (단, 포화증기 엔탈피는 2780[kJ/kg], 급수 엔탈피는 100[kJ/kg]이다.)
① 53600 ② 55500
③ 67000 ④ 69400

해설 전열효율(η_f)은 실제 연소된 연료의 연소열(필요한 공급열량)에 대한 전열면을 통하여 유효하게 이용된 열(증기발생에 필요한 열)과의 비율이다.

$$\therefore \eta_f = \frac{Q_e}{Q_r} \times 100 \text{에서}$$

$$\therefore Q_r = \frac{Q_e}{\eta_f} = \frac{G_a \times (h_2 - h_1)}{\eta_f}$$

$$= \frac{20 \times (2780 - 100)}{0.8} = 67000[kJ]$$

22_ 물체의 탄성 변위량을 이용한 압력계가 아닌 것은?
① 다이어프램식 압력계
② 경사관식 압력계
③ 부르동관식 압력계
④ 벨로즈식 압력계

해설 탄성식 압력계의 종류 : 부르동관식, 다이어프램식, 벨로즈식, 캡슐식

23_ 배가스 중 산소농도를 검출하여 적정 공기비를 제어하는 방식을 무엇이라 하는가?
① O_2 Trimming 제어
② 배가스 온도 제어
③ 배가스량 제어
④ CO 제어

해설 O_2 트리밍(Trimming) 제어 방식 : 배기가스 중의 산소농도를 연속적으로 분석하여 어떤 원인에 의해서 적정공기비가 유지되지 못할 경우도 이를 판단하여 적정공기비가 유지되도록 연소용 공기량을 자동 조절하는 방식이다.

24_ 잔류편차(off-set)가 있는 제어는?
① P 제어   ② I 제어
③ PI 제어 ④ PID 제어

해설 비례동작(P 동작) : 동작신호에 대하여 조작량의 출력변화가 일정한 비례관계에 있는 제어로 잔류편차(off set)가 생긴다.

25_ 배관의 열팽창에 의한 배관 이동을 구속 또는 제한하는 리스트레인트의 종류에 속하지 않는 것은?
① 스토퍼(stopper)   ② 앵커(anchor)
③ 가이드(guide)   ④ 서포트(support)

해설 리스트레인트(restraint)의 종류 및 역할
㉮ 앵커(anchor) : 이동 및 회전을 방지하기 위하여 지지부분에 완전히 고정하여 사용한다.
㉯ 스톱(stop, stoper) : 회전 및 배관 축과 직각방향의 이동을 구속하고 나머지 방향의 이동은 자유롭다.
㉰ 가이드(guide) : 신축이음(루프형, 슬리브형) 등에 설치하는 것으로 축과 직각방향의 이동은 구속하고, 축 방향의 이동은 허용 및 안내하는 역할을 한다.

※ 서포트(support) : 배관계 중량을 아래에서 위로 지지할 목적으로 사용하는 것으로 스프링 서포트, 롤러 서포트, 파이프 슈, 리지드 서포트 등으로 분류한다.

26_ 다음 중 열량의 계량단위가 아닌 것은?
① J
② kWh
③ Ws
④ kg

해설 열량의 계량단위
㉮ 절대단위 : 줄[J], 킬로줄[kJ], 와트초[Ws], 킬로와트시[kWh] 등
㉯ 공학단위 : 칼로리[cal], 킬로칼로리[kcal] 등
※ kg : 질량의 단위이다.

27_ 진동이 일어나는 장치의 진동을 억제시키는 데 가장 효과적인 제어동작은?
① on-off 동작
② 비례 동작
③ 미분 동작
④ 적분 동작

해설 미분(D) 동작 : 조작량이 동작신호의 미분치에 비례하는 동작으로 비례동작과 함께 쓰이며 일반적으로 진동이 제어되어 빨리 안정된다.

28_ 측정기로 여러 번 측정할 때 측정한 값의 흩어짐이 작으면, 즉 우연오차가 작다면 이 측정기는 어떠한가?
① 정밀도가 높다.
② 정확도가 높다.
③ 감도가 좋다.
④ 치우침이 적다.

해설 계측기의 성능을 나타내는 용어
㉮ 정도 : 계측기의 측정 결과에 대한 신뢰도를 수량적으로 표시한 척도
㉯ 감도 : 계측기가 측정량의 변화에 민감한 정도를 나타내는 값으로 감도가 좋으면 측정시간이 길어지고, 측정범위는 좁아진다.
㉰ 정밀도 : 같은 계기로서 같은 양을 몇 번이고 반복하여 측정하면 측정값은 흩어진다. 이 흩어짐이 작은 정도(程度)를 정밀도라 한다.
㉱ 정확도 : 같은 조건하에서 무한히 많은 회수의 측정을 하여 그 측정값을 평균값으로 계산하여도 참값에는 일치하지 않으며 이 평균값과 참값의 차를 쏠림(bias)이라 하고 쏠림의 작은 정도를 정확도라 한다.

29_ 가스 분석을 위한 시료채취 방법으로 틀린 것은?
① 시료채취 시 공기의 침입이 없도록 한다.
② 가능한 한 시료 가스의 배관을 짧게 한다.
③ 시료 가스는 가능한 한 벽에 가까운 가스를 채취한다.
④ 가스성분과 화학성분을 일으키는 배관재나 부품을 사용하지 않는다.

해설 시료가스 채취 시 주의사항
㉮ 시료가스 채취구 위치에 주의해야 한다.
㉯ 공기 유입방지 및 연도 중심부의 시료 채취가 필요하다.
㉰ 가스성분과 반응하는 배관은 사용을 금지해야 한다.
㉱ 장치 내에서 시료가스의 시간지연을 적게 하고 배관은 짧게 한다.
㉲ 배관에는 경사를 두고 최하단에는 드레인 장치가 필요하다.
㉳ 보수가 용이한 장소에 설치해야 한다.

30_ 보일러 효율시험 측정 위치(방법)에 대한 설명으로 틀린 것은?
① 연료 온도 – 유량계 전
② 급수 온도 – 보일러 출구
③ 배기가스 온도 – 전열면 출구
④ 연료 사용량 – 체적식 유량계

해설 각 항목의 측정위치
㉮ 급수온도 : 절탄기 입구(절탄기가 없는 경우 보일러 몸체의 입구)
㉯ 예열공기온도 : 공기예열기의 입구 및 출구
㉰ 배기가스온도 : 보일러의 최종 가열기 출구
㉱ 과열증기온도 : 과열기 출구에 근접한 위치
㉲ 연료 온도 : 유량계 전
㉳ 연료 사용량 : 체적식 유량계 이용하여 측정

31_ 비접촉식 광전관식 온도계의 특징으로 틀린 것은?
① 연속 측정이 용이하다.
② 이동하는 물체의 온도 측정이 용이하다.
③ 응답 속도가 빠르다.
④ 기록제어가 불가능하다.

정답 26. ④ 27. ③ 28. ① 29. ③ 30. ② 31. ④

해설 광전관식 온도계 : 사람 눈 대신 광전지 혹은 광전관을 사용하여 자동으로 측정(광고온도계를 자동화 시킨 것)하는 것이다.
㉮ 700[℃] 이하는 측정이 곤란하다(측정 범위 : 700~3000[℃]).
㉯ 측정온도의 자동기록, 자동제어가 가능하다.
㉰ 움직이는 물체의 온도 측정이 가능하다.
㉱ 측온체의 온도를 변화시키지 않는다.
㉲ 광고온도계에 비해 응답시간이 빠르다.
㉳ 연속측정이 가능하다.
㉴ 광고온도계보다 구조가 복잡하다.

32. 다음 중 압력의 계량 단위가 아닌 것은?
① N/m^2
② mmHg
③ mmAq
④ Pa/cm^2

해설 압력의 단위 : [mmHg], [cmHg], [mHg], [mmAq], [mAq], [kgf/m^2], [kgf/cm^2], [N/m^2], [Pa], [kPa], [MPa], [bar], [mbar], [psi]
※ [kgf]는 공학단위 힘의 단위에 해당된다.

33. 유체의 압력차를 일정하게 유지하고 유체가 흐르는 단면적을 변화시켜 유량을 측정하는 계측기는?
① 오리피스
② 플로 노즐
③ 벤투리미터
④ 로터미터

해설 면적식 유량계
㉮ 측정원리 : 배관 중에 있는 조리개 전후의 차압을 일정하게 유지할 수 있도록 조리개 면적의 변화로부터 유량을 측정하는 것이다.
㉯ 종류 : 부자식(플로트식), 로터미터

34. 보일러의 열정산 조건으로 가장 거리가 먼 것은?
① 측정 시간은 최소 30분으로 한다.
② 발열량은 연료의 총발열량으로 한다.
③ 증기의 건도는 0.98 이상으로 한다.
④ 기준 온도는 시험 시의 외기 온도를 기준으로 한다.

해설 보일러의 열정산은 원칙적으로 정격부하 이상에서 정상상태로 적어도 2시간 이상의 운전 결과에 따라 한다. 다만, 액체 또는 기체 연료를 사용하는 소형 보일러에서는 인수, 인도 당사자 간의 협정에 따라 시험시간을 1시간 이상으로 할 수 있다.

35. 모세관 상부에 수은을 고이게 하여 측정 온도에 따라 수은의 양을 조절하여 0.01[℃]까지 정도가 좋은 온도계로 열량계에 많이 사용하는 것은?
① 색온도계
② 저항온도계
③ 베크만 온도계
④ 액체 압력식 온도계

해설 베크만 온도계 : 모세관에 남은 수은의 양을 조절하여 측정하며 미소한 범위의 온도 변화를 정밀하게 측정할 수 있다.

36. 제어계가 불안정해서 제어량이 주기적으로 변화하는 좋지 못한 상태를 무엇이라고 하는가?
① 외란
② 헌팅
③ 오버슈트
④ 스텝응답

해설 헌팅(hunting) : 자동제어에서 시간 또는 신호의 지연이 큰 경우에 발생하는 것으로 제어의 지연에 의해 제어량이 주기적으로 변하여 난조상태로 되는 현상이다.

37. 비접촉식 온도계의 특성 중 잘못 짝지어진 것은?
① 광전관 온도계 : 서로 다른 금속선에서 생긴 열기전력을 측정
② 광고온계 : 한 파장의 방사에너지 측정
③ 방사온도계 : 전 파장의 방사에너지 측정
④ 색온도계 : 고온체의 색 측정

해설 ㉮ 광전관 온도계 : 사람의 눈 대신 광전지 혹은 광전관을 사용하여 자동으로 측정(광고온도계를 자동화시킨 것)하는 것이다.
㉯ 서로 다른 금속선에서 생긴 열기전력을 이용하여 온도를 측정하는 것은 열전대 온도계이다.

정답 32. ④ 33. ④ 34. ① 35. ③ 36. ② 37. ①

38_ 다음 중 유량을 나타내는 단위가 아닌 것은?
① m^3/h ② kg/min
③ L/s ④ kg/cm^2

해설 유량의 단위는 단위시간당 통과한 유체의 양을 나타내는 것이므로 체적유량([m^3/h], [L/s] 등)과 질량유량([kg/min], [g/s] 등)으로 나타낼 수 있다.

39_ 두께 144[mm]의 벽돌벽이 있다. 내면온도 250[℃], 외면온도 150[℃]일 때 이 벽면 10[m^2]에서 손실되는 열량[W]은? (단, 벽돌의 열전도율은 0.7[W/m·℃]이다.)
① 2790   ② 4860
③ 6120   ④ 7270

해설 $Q = K \times F \times \Delta t = \dfrac{1}{\dfrac{b}{\lambda}} \times F \times \Delta t$

$= \dfrac{1}{\dfrac{0.144}{0.7}} \times 10 \times (250 - 150) = 4861.111 [W]$

40_ 물의 삼중점에 해당되는 온도[℃]는?
① -273.87   ② 0
③ 0.01   ④ 4

해설 물의 삼중점 : 물, 수증기, 얼음이 공존하는 영역(평형온도)인 273.16[K](0.01[℃])이다.

3과목 - 열설비 구조 및 시공

41_ 자연 순환식 수관보일러의 종류가 아닌 것은?
① 야로우 보일러   ② 다쿠마 보일러
③ 라몬트 보일러   ④ 스털링 보일러

해설 수관식 보일러의 종류
㉮ 자연 순환식 보일러 : 바브콕(babcock) 보일러, 다쿠마(dakuma) 보일러, 스털링(stirling) 보일러, 스네기찌 보일러, 야로우(yarrow) 보일러, 2동 D형 보일러 등
㉯ 강제 순환식 보일러 : 라몬트(lamont) 보일러, 벨록스(velox) 보일러 등
㉰ 관류 보일러 : 벤슨(benson) 보일러, 슐쳐(sulzer) 보일러, 소형 관류 보일러 등

42_ 배관에 사용되는 보온재의 구비조건으로 틀린 것은?
① 물리적·화학적 강도가 커야 한다.
② 흡수성이 적고, 가공이 용이해야 한다.
③ 부피, 비중이 작아야 한다.
④ 열전도율이 가능한 한 커야 한다.

해설 보온재의 구비조건(선정 시 고려사항)
㉮ 열전도율이 작을 것
㉯ 흡습, 흡수성이 작을 것
㉰ 적당한 기계적 강도를 가질 것
㉱ 시공성이 좋고, 경제적일 것
㉲ 부피, 비중(밀도)이 작을 것
㉳ 내열, 내약품성이 있을 것
㉴ 안전 사용온도 범위에 적합할 것

43_ 보일러 노통의 구비조건으로 적절하지 않은 것은?
① 전열작용이 우수해야 한다.
② 온도 변화에 따른 신축성이 있어야 한다.
③ 증기의 압력에 견딜 수 있는 충분한 강도가 필요하다.
④ 연소가스의 유속을 크게 하기 위하여 노통의 단면적을 작게 한다.

해설 연소가스의 적절한 유속이 유지될 수 있도록 노통의 지름(단면적)을 선정한다.

44_ 에너지이용 합리화법에 따라 검사대상기기인 보일러의 계속사용검사 중 운전성능 검사의 유효기간은?
① 6개월   ② 1년
③ 2년   ④ 3년

정답 38. ④ 39. ② 40. ③ 41. ③ 42. ④ 43. ④ 44. ②

해설 검사의 유효기간 : 에너지이용 합리화법 시행규칙 제31조의8, 별표3의5

검사의 종류		검사유효기간
설치검사		– 보일러 : 1년(운전성능부문의 경우 3년 1개월로 한다.) – 캐스케이드 보일러, 압력용기 및 철금속가열로 : 2년
개조검사		– 보일러 : 1년 – 캐스케이드 보일러, 압력용기 및 철금속가열로 : 2년
설치장소 변경검사		– 보일러 : 1년 – 캐스케이드 보일러, 압력용기 및 철금속가열로 : 2년
재사용검사		– 보일러 : 1년 – 캐스케이드 보일러, 압력용기 및 철금속가열로 : 2년
계속 사용 검사	안전 검사	– 보일러 : 1년 – 캐스케이드 보일러, 압력용기 : 2년
	운전 성능 검사	– 보일러 : 1년 – 철금속가열로 : 2년

45. 감압밸브를 작동방법에 따라 분류할 때 해당되지 않는 것은?
① 솔레노이드식 ② 다이어프램식
③ 벨로즈식 ④ 피스톤식

해설 감압밸브의 분류
㉮ 작동방법에 따른 분류 : 피스톤식, 다이어프램식, 벨로즈식
㉯ 구조에 따른 분류 : 스프링식, 추식
㉰ 제어방식에 따른 분류 : 자력식(직동식과 파일럿 작동식으로 분류), 타력식

46. 상온의 물을 양수하는 펌프의 송출량이 0.7 [m³/s]이고 전양정이 40[m]인 펌프의 축동력은 약 몇 [kW]인가? (단, 펌프의 효율은 80[%]이다.)
① 327 ② 343
③ 376 ④ 443

해설 $kW = \dfrac{\gamma QH}{102\eta} = \dfrac{1000 \times 0.7 \times 40}{102 \times 0.8} = 343.137 [kW]$

47. 캐리오버(Carry over)를 방지하기 위한 대책으로 틀린 것은?
① 보일러 내에 증기 세정장치를 설치한다.
② 급격한 부하변동을 준다.
③ 운전 시에 블로 다운을 행한다.
④ 고압보일러에서는 실리카를 제거한다.

해설 캐리오버(carry-over) 방지 방법
㉮ 보일러수를 농축시키지 않는다.
㉯ 보일러수 중의 불순물을 제거한다.
㉰ 과부하가 되지 않도록 한다.(급격한 부하변동을 피한다.)
㉱ 비수방지관을 설치한다.
㉲ 주증기 밸브를 급격히 개방하지 않는다.
㉳ 수위를 고수위로 하지 않는다.
㉴ 압력을 규정압력으로 유지해야 한다.
※ 급수 중에 유지분, 알칼리분, 부유물이 함유되었을 때 캐리오버가 발생되므로 증기 세정장치를 설치하여 불순물을 제거하는 것도 방지 방법에 해당된다.

48. 보일러 내부의 전열면에 스케일이 부착되어 발생하는 현상이 아닌 것은?
① 전열면 온도 상승
② 전열량 저하
③ 수격현상 발생
④ 보일러수의 순환 방해

해설 스케일의 영향
㉮ 전열면에 부착하여 전열을 방해한다.
㉯ 보일러 효율이 저하하고, 연료소비량이 증가한다.
㉰ 전열면의 국부과열로 인한 파열사고의 우려가 있다.
㉱ 보일러수의 순환을 방해하고, 수면계 등 연락관을 폐쇄시킨다.
㉲ 연료의 연소열량을 보일러수에 전달하지 못하므로 배기가스 온도가 상승된다.

49. 급수의 성질에 대한 설명으로 틀린 것은?
① pH는 최적의 값을 유지할 때 부식방지에 유리하다.
② 유지류는 보일러 수의 포밍의 원인이 된다.
③ 용존산소는 보일러 및 부속장치의 부식의 원인이 된다.
④ 실리카는 슬러지를 만든다.

정답 45. ① 46. ② 47. ② 48. ③ 49. ④

해설 실리카(SiO$_2$)의 영향
㉮ 칼슘 및 알루미늄 등과 결합하여 스케일을 형성한다.
㉯ 저압 보일러에서는 알칼리도를 높여 스케일화를 방지할 수 있다.
㉰ 보일러수에 실리카가 다량으로 용해되어 있으면 캐리오버 등으로 터빈날개 등을 부식한다.
㉱ 실리카 함유량이 많은 스케일은 경질이기 때문에 기계적 및 화학적 방법으로 제거하기가 곤란하다.

50. 관경 50[A]인 어떤 관의 최대인장강도가 400[MPa]일 때, 허용응력[MPa]은? (단, 안전율은 4이다.)
① 100 ② 125
③ 168 ④ 200

해설 안전율 = $\dfrac{\text{인장강도}}{\text{허용응력}}$ 이다.
∴ 허용응력 = $\dfrac{\text{인장강도}}{\text{안전율}} = \dfrac{400}{4} = 100[MPa]$

51. 용해로, 소둔로, 소성로, 균열로의 분류 방식은?
① 조업방식 ② 전열방식
③ 사용목적 ④ 온도상승속도

해설 요(窯)의 분류
㉮ 작업진행 방법 : 연속요, 반연속요, 불연속요
㉯ 화염의 진행방향 : 승염식(오름 불꽃), 횡염식(옆 불꽃), 도염식(꺾임불꽃식)
㉰ 사용연료 : 장작, 석탄, 전기, 가스, 중유 등
㉱ 가열방법 : 직접 가열식(직화식), 간접 가열식(머플식), 반 머플식
㉲ 구조 및 형상 : 터널요, 회전요, 등요, 윤요, 원요, 각요, 견요, 반 터널요, 셔틀요, 연속식 가마
㉳ 소성목적 : 초벌구이, 침구이, 유약구이, 윗그림, 유리용융, 서냉 가마, 플릿 가마
㉴ 사용목적 : 용해로, 소둔로, 소성로, 균열로

52. 다음 중 관류보일러로 옳은 것은?
① 슬저(Sulzer) 보일러
② 라몬트(Lamont) 보일러
③ 벨록스(Velox) 보일러
④ 타쿠마(Takuma) 보일러

해설 관류 보일러의 종류 : 벤슨(benson) 보일러, 슬처(sulzer) 보일러, 소형 관류 보일러 등

53. 에너지이용 합리화법에서 검사의 종류 중 계속 사용검사에 해당하는 것은?
① 설치검사 ② 개조검사
③ 안전검사 ④ 재사용검사

해설 검사의 종류 : 에너지이용 합리화법 시행규칙 31조의7, 별표3의4
㉮ 제조검사 : 용접검사, 구조검사
㉯ 설치검사
㉰ 개조검사
㉱ 설치장소 변경검사
㉲ 재사용검사
㉳ 계속사용검사 : 안전검사, 운전성능검사

54. 다음 중 에너지이용 합리화법에 따라 소형 온수보일러에 해당하는 것은?
① 전열면적이 14[m^2] 이하이고 최고사용압력이 0.35[MPa] 이하의 온수를 발생하는 것
② 전열면적이 14[m^2] 이하이고 최고사용압력이 0.5[MPa] 이하의 온수를 발생하는 것
③ 전열면적이 24[m^2] 이하이고 최고사용압력이 0.35[MPa] 이하의 온수를 발생하는 것
④ 전열면적이 24[m^2] 이하이고 최고사용압력이 0.5[MPa] 이하의 온수를 발생하는 것

해설 소형온수보일러의 적용범위(에너지이용 합리화법 시행규칙 제1조의2, 별표1) : 전열면적이 14[m^2] 이하이며, 최고사용압력이 0.35[MPa] 이하의 온수를 발생하는 것. 다만, 구멍탄용 온수보일러, 축열식 전기보일러 및 가스사용량이 17[kg/h](도시가스는 232.6[kW]) 이하인 가스용 온수보일러를 제외한다.

55. 보일러 증기과열기의 종류 중 증기와 열가스의 흐름이 서로 반대 방향인 방식은?
① 병류식(병행류) ② 향류식(대향류)
③ 혼류식 ④ 분사식

정답 50. ① 51. ③ 52. ① 53. ③ 54. ① 55. ②

[해설] 향류식(대향류식) 과열기 : 증기와 열가스 흐름의 방향이 반대인 것으로 고온의 연소가스와 고온의 증기가 접촉하여 열효율은 양호하나 고온에서 배열관의 손상이 발생할 가능성이 높다.

56. 동경관을 직선으로 연결하는 부속이 아닌 것은?

① 소켓　　　　② 니플
③ 리듀서　　　④ 유니언

[해설] 사용 용도에 의한 강관 이음재 분류
㉮ 배관의 방향을 전환할 때 : 엘보(elbow), 벤드(bend), 리턴 벤드
㉯ 관을 도중에 분기할 때 : 티(tee), 와이(Y), 크로스(cross)
㉰ 동경관(동일 지름의 관)을 연결할 때 : 소켓(socket), 니플(nipple), 유니언(union), 플랜지(flange)
㉱ 이경관(지름이 다른관)을 연결할 때 : 리듀서(reducer), 부싱(bushing), 이경 엘보, 이경 티
㉲ 관 끝을 막을 때 : 플러그(plug), 캡(cap)
㉳ 관의 분해, 수리가 필요할 때 : 유니언, 플랜지

57. 가열로의 내벽 온도를 1200[℃], 외벽 온도를 200[℃]로 유지하고 매 시간당 1[m²]에 대한 열손실을 1440[kJ]로 설계할 때 필요한 노벽의 두께[cm]는? (단, 노벽 재료의 열전도율은 0.1 [W/m·℃]이다.)

① 10　　　　② 15
③ 20　　　　④ 25

[해설] ㉮ 열전도율 단위 [W]를 [kJ] 단위로 환산 :
1[W] = 1[J/s]이므로
0.1[W/m·℃] = 0.1[J/m·℃·s]
= 0.1×10⁻³×3600[kJ/m·℃·h]이다.
㉯ 노벽의 두께 계산 : 단위면적 1[m²]당 전열량
$Q = \dfrac{1}{\frac{b}{\lambda}} \times \Delta t$에서 $\dfrac{b}{\lambda} = \dfrac{\Delta t}{Q}$이다.

$\therefore b = \dfrac{\lambda \Delta t}{Q}$
$= \dfrac{(0.1 \times 10^{-3} \times 3600) \times (1200 - 200)}{1440} \times 100$
$= 25 [cm]$

58. 용해로에 대한 설명이 틀린 것은?

① 용해로는 용탕을 만들어 내는 것을 목적으로 한다.
② 전기로에는 형식에 따라 아크로, 저항로, 유도용해로가 있다.
③ 반사로는 내화벽돌로 만든 아치형의 낮은 천장으로 구성되어 있다.
④ 용선로는 자연통풍식과 강제통풍식으로 나뉘며 석탄, 중유, 가스를 열원으로 사용한다.

[해설] 용선로 : 큐폴라(cupola)라 하며 주물을 용해하기 위한 것으로 강판으로 만든 원형 내부를 내화벽돌로 쌓고 내화 점토로 만든 직접형 노로 가장 많이 사용된다. 노내에 코크스, 선철, 석회석 순으로 장입하여 바람구멍으로 공기를 불어 넣어 코크스를 연소시켜 용해한다.

59. 보일러 사고의 종류인 저수위의 원인이 아닌 것은?

① 급수계통의 이상　　② 관수의 농축
③ 분출계통의 누수　　④ 증발량의 과잉

[해설] 이상 저수위 원인
㉮ 급수장치의 능력 및 기능저하
㉯ 급수탱크 내 수량이 부족한 경우 및 급수온도가 너무 높은 경우
㉰ 수면계의 지시 불량으로 수위를 오판한 경우
㉱ 수위제어장치의 기능 불량
㉲ 분출장치 및 보일러 연결부에서 누출이 되는 경우
㉳ 급수밸브나 급수 체크밸브의 고장 등으로 보일러 수가 역류한 경우
㉴ 증기 취출량이 과대한 경우
㉵ 캐리오버 등으로 보일러수가 증기와 함께 취출되는 경우

60. 에너지이용 합리화법에 따라 검사대상기기 관리자 선임에 대한 설명으로 틀린 것은?

① 검사대상기기 설치자는 검사대상기기 관리자가 퇴직한 경우 시·도지사에게 신고하여야 한다.

정답 56. ③　57. ④　58. ④　59. ②　60. ②

② 검사대상기기 설치자는 검사대상기기 관리자가 퇴직하는 경우 퇴직 후 7일 이내에 후임자를 선임하여야 한다.
③ 검사대상기기 관리자의 선임기준은 1구역마다 1명 이상으로 한다.
④ 검사대상기기 관리자의 자격기준과 선임기준은 산업통상자원부령으로 정한다.

[해설] 검사대상기기 관리자의 선임신고(에너지이용 합리화법 시행규칙 제31조의28) : 검사대상기기의 설치자는 검사대상기기 관리자를 선임·해임하거나 검사대상기기 관리자가 퇴직한 경우에는 신고 사유가 발생한 날부터 30일 이내에 공단이사장에게 하여야 한다.

[참고] 검사대상기기 설치자는 검사대상기기 관리자를 선임 또는 해임하거나 검사대상기기 관리자가 퇴직한 경우에는 산업자원부령으로 정하는 바에 따라 시·도지사에게 신고하여야 한다. (에너지이용 합리화법 제40조 3항) → 법 69조 권한의 위임·위탁에 따라 검사대상기기 관리자의 선임·해임 또는 퇴직신고의 접수는 한국에너지공단에서 한다.

4과목 - 열설비취급 및 안전관리

61. 특정열사용기자재의 시공업을 하려는 자는 어느 법에 따라 시공업 등록을 해야 하는가?
① 건축법
② 집단에너지사업법
③ 건설산업기본법
④ 에너지이용 합리화법

[해설] 특정열사용기자재 시공업 등록(에너지이용 합리화법 제37조) : 열사용기자재 중 제조, 설치, 시공 및 사용에서의 안전관리, 위해방지 또는 에너지이용의 효율관리가 특히 필요하다고 인정되는 것으로서 산업통상자원부령으로 정하는 열사용기자재(특정열사용기자재라 한다)의 설치, 시공이나 세관을 업으로 하는 자는 건설산업기본법에 따라 시·도지사에게 등록하여야 한다.

62. 다음은 보일러 설치 시공기준에 대한 설명으로 틀린 것은?
① 전열면적 $10[m^2]$를 초과하는 보일러에서 급수밸브 및 체크밸브의 크기는 호칭 20[A] 이상이어야 한다.
② 최대증발량이 $5[t/h]$ 이하인 관류보일러의 안전밸브는 호칭지름 25[A] 이상이어야 한다.
③ 2개 이상의 원격지시 수면계를 시설하는 경우에 한하여 유리수면계는 1개 이상으로 할 수 있다.
④ 증기보일러의 압력계에는 물을 넣은 안지름 6.5[mm] 이상의 사이폰관 또는 동등한 작용을 하는 장치를 부착해야 한다.

[해설] 안전밸브 및 압력방출장치의 크기 : 호칭지름 25[A] 이상으로 하여야 한다. 다만, 다음 보일러에서는 호칭지름 20[A] 이상으로 할 수 있다.
㉮ 최고사용압력 0.1[MPa] 이하의 보일러
㉯ 최고사용압력 0.5[MPa] 이하의 보일러로 동체의 안지름이 500[mm] 이하이며 동체의 길이가 1000[mm] 이하의 것
㉰ 최고사용압력 0.5[MPa] 이하의 보일러로 전열면적 $2[m^2]$ 이하의 것
㉱ 최대증발량 $5[t/h]$ 이하의 관류보일러
㉲ 소용량 강철제 보일러, 소용량 주철제 보일러

63. 증기 발생 시 주의사항으로 틀린 것은?
① 연소 초기에는 수면계의 주시를 철저히 한다.
② 증기를 송기할 때 과열기의 드레인을 배출시킨다.
③ 급격한 압력상승이 일어나지 않도록 연소상태를 서서히 조절한다.
④ 증기를 송기할 때 증기관 내의 수격작용을 방지하기 위하여 응축수의 배출을 사후에 실시한다.

[해설] 증기를 보내기 전에 증기를 보내는 측의 주증기관, 드레인 밸브를 다 열고 응축수를 완전히 배출시켜 워터해머가 일어나지 않도록 한다.

정답 61. ③ 62. ② 63. ④

64_ 과열기가 설치된 보일러에서 안전밸브의 설치 기준에 대해 맞게 설명된 것은?

① 과열기에 설치하는 안전밸브는 고장에 대비하여 출구에 2개 이상 있어야 한다.
② 관류보일러는 과열기 출구에 최대증발량에 해당하는 안전밸브를 설치할 수 있다.
③ 과열기에 설치된 안전밸브의 분출용량 및 수는 보일러 동체의 분출용량 및 수에 포함이 안 된다.
④ 과열기에 안전밸브가 설치되면 동체에 부착되는 안전밸브는 최대증발량의 90[%] 이상 분출할 수 있어야 한다.

해설 과열기 부착 보일러의 안전밸브
㉮ 과열기에는 그 출구에 1개 이상의 안전밸브가 있어야 하며 그 분출용량은 과열기의 온도를 설계온도 이하로 유지하는 데 필요한 양(보일러의 최대증발량의 15[%] 초과하는 경우에는 15[%]) 이상이어야 한다.
㉯ 과열기에 부착되는 안전밸브의 분출용량 및 수는 보일러 동체의 안전밸브의 분출용량 및 수에 포함시킬 수 있다. 이 경우 보일러의 동체에 부착하는 안전밸브는 보일러의 최대증발량의 75[%] 이상을 분출할 수 있는 것이어야 한다. 다만, 관류보일러의 경우에는 과열기 출구에 최대증발량에 상당하는 분출용량의 안전밸브를 설치할 수 있다.

65_ 단관 중력순환식 온수난방 방열기 및 배관에 대한 설명으로 틀린 것은?

① 방열기마다 에어벤트 밸브를 설치한다.
② 방열기는 보일러보다 높은 위치에 오도록 한다.
③ 배관은 주관 쪽으로 앞 올림 구배로 하여 공기가 보일러 쪽으로 빠지도록 한다.
④ 배수밸브를 설치하여 방열기 및 관내의 물을 완전히 뺄 수 있도록 한다.

해설 공급 주관은 하향 구배로 하며 관내의 공기는 모두 팽창탱크로 모이게 하여 빠지도록 한다.

66_ 진공환수식 증기난방의 장점이 아닌 것은?

① 배관 및 방열기 내의 공기를 뽑아내므로 증기순환이 신속하다.
② 환수관의 기울기를 크게 할 수 있고 소규모 난방에 알맞다.
③ 방열기 밸브의 개폐를 조절하여 방열량의 폭 넓은 조절이 가능하다.
④ 응축수의 유속이 신속하므로 환수관의 직경이 작아도 된다.

해설 진공환수식의 특징
㉮ 다른 방법과 비교하여 증기의 순환이 빠르다.
㉯ 방열기 설치장소에 제한을 받지 않는다.
㉰ 환수관의 지름을 작게 할 수 있다.
㉱ 방열기 방열량 조절을 광범위하게 할 수 있다.
㉲ 배관 기울기(구배)에 큰 제한이 없다.
㉳ 대규모 난방에 많이 적합하다.

67_ 신설 보일러의 소다 끓이기의 주요 목적은?

① 보일러 가동 시 발생하는 열응력을 감소하기 위해서
② 보일러 동체와 관의 부식을 방지하기 위해서
③ 보일러 내면에 남아있는 유지분을 제거하기 위해서
④ 보일러 동체의 강도를 증가시키기 위해서

해설 소다 끓이기(soda boiling)
제작 시에 내부에 부착된 유지분, 페인트류, 녹 등을 제거하기 위한 것으로 저압보일러에서는 0.2~0.3[MPa]의 압력을 유지하면서 2~3일 간 끓인 다음 취출과 급수를 반복적으로 실시하면서 서서히 냉각시킨다. 완전히 냉각된 후 블로다운을 실시하면서 깨끗한 물로 내부를 충분히 세척한 후 정상수위까지 급수를 한다.

68_ 어떤 급수용 원심펌프가 800[rpm]으로 운전하여 전양정이 8[m]이고 유량이 2[m³/min]를 방출한다면 1600[rpm]으로 운전할 때는 몇 [m³/min]을 방출할 수 있는가?

① 2 ② 4 ③ 6 ④ 8

정답 64. ② 65. ③ 66. ② 67. ③ 68. ②

해설 $Q_2 = Q_1 \times \dfrac{N_2}{N_1} = 2 \times \dfrac{1600}{800} = 4 \,[\text{m}^3/\text{min}]$

『참고』 원심펌프 상사의 법칙

㉮ 유량 $Q_2 = Q_1 \times \left(\dfrac{N_2}{N_1}\right) \times \left(\dfrac{D_2}{D_1}\right)^3$

㉯ 양정 $H_2 = H_1 \times \left(\dfrac{N_2}{N_1}\right)^2 \times \left(\dfrac{D_2}{D_1}\right)^2$

㉰ 동력 $L_2 = L_1 \times \left(\dfrac{N_2}{N_1}\right)^3 \times \left(\dfrac{D_2}{D_2}\right)^5$

69. 보일러의 동판에 점식(Pitting)이 발생하는 가장 큰 원인은?

① 급수 중에 포함되어 있는 산소 때문
② 급수 중에 포함되어 있는 탄산칼슘 때문
③ 급수 중에 포함되어 있는 인산마그네슘 때문
④ 급수 중에 포함되어 있는 수산화나트륨 때문

해설 공식(pitting) : 보일러수가 접하는 내면에 좁쌀알, 쌀알, 콩알 크기의 점 상태(點狀)로 생기는 부식으로 점식(點蝕) 또는 점형부식이라 한다. 부식의 진행속도가 빨라 위험성이 크며, 급수 중에 포함되어 있는 용존산소 때문에 발생한다.

70. 수격작용을 예방하기 위한 조치사항이 아닌 것은?

① 송기할 때는 배관을 예열할 것
② 주증기 밸브를 급 개방하지 말 것
③ 송기하기 전에 드레인을 완전히 배출할 것
④ 증기관의 보온을 하지 말고 냉각을 잘 시킬 것

해설 수격작용(water hammer) 방지법(예방법)
㉮ 기수공발(carry over) 현상 발생을 방지할 것
㉯ 주증기 밸브를 서서히 개방할 것
㉰ 증기배관의 보온을 철저히 할 것
㉱ 응축수가 체류하는 곳에 증기트랩을 설치할 것
㉲ 드레인 빼기를 철저히 할 것
㉳ 송기 전에 소량의 증기로 배관을 예열할 것 → 난관(暖管)조작
㉴ 증기관은 증기가 흐르는 방향으로 경사가 지도록 한다.

71. 온도를 측정하는 원리와 온도계가 바르게 짝지어진 것은?

① 열팽창을 이용 – 유리제 온도계
② 상태변화를 이용 – 압력식 온도계
③ 전기저항을 이용 – 서모컬러 온도계
④ 열기전력을 이용 – 바이메탈식 온도계

해설 온도 측정 원리에 따른 온도계 종류
㉮ 열팽창을 이용한 것 : 유리제 온도계, 바이메탈 온도계, 압력식 온도계
㉯ 전기저항 변화를 이용한 것 : 저항 온도계, 서미스터
㉰ 열기전력을 이용한 것 : 열전대 온도계
㉱ 상태변화를 이용한 것 : 제겔콘, 서모 컬러
㉲ 전방사 에너지를 이용한 것 : 방사 온도계
㉳ 단파장(가시광선) 에너지를 이용한 것 : 광고 온도계, 광전관 온도계, 색온도계

72. 에너지법에서 에너지공급자가 아닌 자는?

① 에너지를 수입하는 사업자
② 에너지를 저장하는 사업자
③ 에너지를 전환하는 사업자
④ 에너지사용시설의 소유자

해설 용어의 정의(에너지법 제2조) : 에너지공급자라 함은 에너지를 생산, 수입, 전환, 수송, 저장, 판매하는 사업자를 말한다.

73. 보일러의 만수보존법은 어느 경우에 가장 적합한가?

① 장기간 휴지할 때
② 단기간 휴지할 때
③ N_2 가스의 봉입이 필요할 때
④ 겨울철에 동결의 위험이 있을 때

해설 만수(滿水) 보존법 : 보존 기간이 보통 2~3개월 정도인 경우에 적용하는 방법으로 보일러 구조상 건식 보존법이 곤란한 경우, 동결의 우려가 없는 경우에 보일러 내부에 관수를 충만시켜 보존하는 방법으로 가성소다(NaOH), 아황산소다(Na_2SO_4), 히드라진 등의 알칼리성 약제를 사용한다.

정답 69. ① 70. ④ 71. ① 72. ④ 73. ②

74_ 보일러를 사용하지 않고 장기간 보존할 경우 가장 적합한 보존법은?

① 건조 보존법
② 만수 보존법
③ 밀폐 만수 보존법
④ 청관제 만수 보존법

해설 건조 보존법 : 보존 기간이 6개월 이상으로 보일러수를 완전히 배출한 후 동 내부를 완전히 건조시킨 후 흡습제(실리카겔), 산화방지제, 기화성 방청제 등을 넣고 밀폐시켜 보존하는 방법이다.

75_ 에너지이용 합리화법에 따라 검사대상기기 관리자가 퇴직한 경우, 검사대상기기 관리자 퇴직 신고서에 자격증수첩과 관리할 검사대상기기 검사증을 첨부하여 누구에게 제출하여야 하는가?

① 시·도지사
② 시공업자 단체장
③ 산업통상자원부장관
④ 한국에너지공단이사장

해설 검사대상기기 관리자의 선임신고(에너지이용 합리화법 시행규칙 31조의28) : 검사대상기기 관리자가 선임·해임 또는 퇴직신고는 신고서에 자격증수첩과 검사증을 첨부하여 한국에너지공단이사장에게 제출하여야 한다.

76_ 다음 중 에너지이용 합리화법에 따라 검사대상기기의 검사유효기간이 다른 하나는?

① 보일러 설치장소 변경검사
② 철금속가열로 운전성능검사
③ 압력용기 및 철금속가열로 설치검사
④ 압력용기 및 철금속가열로 재사용검사

해설 각 항목의 검사유효기간
① 보일러 설치장소 변경검사 : 1년
② 철금속가열로 운전성능검사 : 2년
③ 압력용기 및 철금속가열로 설치검사 : 2년
④ 압력용기 및 철금속가열로 재사용검사 : 2년
※ 검사대상기기의 검사유효기간은 44번 해설을 참고하기 바랍니다.

77_ 진공환수식 증기난방에서 환수관 내의 진공도는?

① 50~75[mmHg]
② 70~125[mmHg]
③ 100~250[mmHg]
④ 250~350[mmHg]

해설 진공 환수관식 : 환수관 마지막 끝부분에 진공펌프를 설치하고, 이에 의해 방열기 및 배관 내의 공기를 흡입하여 응축수를 환수시키는 방식이다. 진공펌프는 일정한 진공도(100~250[mmHg·v])를 유지함과 동시에 탱크 속의 수위상승에 따라 자동적으로 급수펌프가 작동하여 응축수를 환수시킨다. 배관이 보일러 수위보다 낮아도 무방하고 도중에 낮은 수직관을 세워도 환수가 가능하다.

78_ 에너지이용 합리화법에 따라 효율관리기자재에 에너지소비효율 등을 표시해야 하는 업자로 옳은 것은?

① 효율관리기자재의 제조업자 또는 시공업자
② 효율관리기자재의 제조업자 또는 수입업자
③ 효율관리기자재의 시공업자 또는 판매업자
④ 효율관리기자재의 수입업자 또는 시공업자

해설 효율관리기자재에 에너지소비효율 등을 표시(에너지이용 합리화법 제15조 제2항) : 효율관리기자재의 제조업자 또는 수입업자는 산업통상자원부장관이 지정하는 시험기관(이하 '효율관리시험기관'이라 한다)에서 해당 효율관리기자재의 에너지 사용량을 측정 받아 에너지소비효율등급 또는 에너지소비효율을 해당 효율관리기자재에 표시하여야 한다.

79_ 보일러 관석(scale)의 성분이 아닌 것은?

① 황산칼슘($CaSO_4$)
② 규산칼슘($CaSiO_2$)
③ 탄산칼슘($CaCO_3$)
④ 염화칼슘($CaCl_2$)

해설 스케일의 성분(종류)
㉮ 황산칼슘($CaSO_4$) : 황산염계 스케일은 내처리를 행하지 않은 경우, 또는 행하더라도 pH 조정제 투입이 불충

정답 74. ① 75. ④ 76. ① 77. ③ 78. ② 79. ④

분하여 보일러수의 pH가 상승되지 않는 경우에 생성된다.
㉯ 규산칼슘(CaSiO₂) : 실리카(SiO₂)가 많은 급수 또는 보일러수의 경도성분 중 칼슘의 제거가 불완전한 경우에 생성된다.
㉰ 탄산칼슘(CaCO₃) : 경도성분 중 탄산염경도 성분의 제거가 불충분한 경우에 생성된다.

80. 에너지이용 합리화법에서 에너지사용계획을 제출하여야 하는 민간사업주관자가 설치하려는 시설로 옳은 것은?

① 연간 5천 티오이 이상의 연료 및 열을 사용하는 시설
② 연간 1만 티오이 이상의 연료 및 열을 생산하는 시설
③ 연간 1천만 킬로와트시 이상의 전기를 사용하는 시설
④ 연간 2천만 킬로와트시 이상의 전기를 생산하는 시설

해설 에너지사용계획 제출대상사업 : 에너지이용 합리화법 시행령 제20조
(1) 공공사업주관자
  ㉮ 연간 2천5백 티오이 이상의 연료 및 열을 사용하는 시설
  ㉯ 연간 1천만[kWh] 이상의 전력을 사용하는 시설
(2) 민간사업주관자
  ㉮ 연간 5천 티오이 이상의 연료 및 열을 사용하는 시설
  ㉯ 연간 2천만[kWh] 이상의 전력을 사용하는 시설

정답 80. ①

2020년 6월 13일
제1,2회 에너지관리산업기사 필기시험

※ 2020년 제1회 필기시험은 코로나19로 인하여 제2회 필기시험과 통합되어 시행되었습니다.

1과목 - 열역학 및 연소관리

01 1[Nm³]의 혼합가스를 6[Nm³]의 공기로 연소시킨다면 공기비는 얼마인가? (단, 이 기체의 체적비는 CH_4 = 45[%], H_2 = 30[%], CO_2 = 10[%], O_2 = 8[%], N_2 = 7[%]이다.)

① 1.2　　② 1.3
③ 1.4　　④ 3.0

해설 ㉮ 혼합가스 이론공기량 계산
∴ $A_0 = 2.38(H_2 + CO) + 9.52 CH_4 - 4.76 O_2$
$= (2.38 \times 0.3) + (9.52 \times 0.45) - (4.76 \times 0.08)$
$= 4.617 [Nm^3/Nm^3]$
㉯ 공기비 계산
∴ $m = \dfrac{A}{A_0} = \dfrac{6}{4.617} = 1.2995 ≒ 1.3$

02 보일의 법칙을 나타내는 식으로 옳은 것은? (단, C는 일정한 상수이고 P, V, T는 각각 압력, 체적, 온도를 나타낸다.)

① $\dfrac{T}{V} = C$　　② $\dfrac{V}{T} = C$
③ $PV = C$　　④ $\dfrac{PV}{T} = C$

해설 보일(boyle)의 법칙 : 일정온도 하에서 일정량의 기체가 차지하는 부피는 압력에 반비례한다.
∴ $PV = C$

03 어떤 계 내에 이상기체가 초기상태 75[kPa], 50[℃]인 조건에서 5[kg]이 들어 있다. 이 기체를 일정 압력 하에서 부피가 2배가 될 때까지 팽창시킨 다음, 일정 부피에서 압력이 2배가 될 때까지 가열하였다면 전 과정에서 이 기체에 전달된 전열량[kJ]은? (단, 이 기체의 기체상수는 0.35 [kJ/kg·K], 정압비열은 0.75[kJ/kg·K]이다.)

① 565　　② 1210
③ 1290　　④ 2503

해설 (1) 정압(일정 압력)상태에서의 전열량 계산
㉮ 정압상태에서 팽창시킨 온도계산
$\dfrac{P_1 V_1}{T_1} = \dfrac{P_2 V_2}{T_2}$ 에서 $P_1 = P_2$ 이므로
∴ $T_2 = \dfrac{V_2 T_1}{V_1} = \dfrac{2 V_1 \times (273 + 50)}{V_1} = 646 [K]$
㉯ 전열량 계산
∴ $Q_1 = m C_p \Delta T$
$= 5 \times 0.75 \times \{646 - (273 + 50)\}$
$= 1211.25 [kJ]$
(2) 정적(일정 부피)상태에서의 전열량 계산
㉮ 정적상태에서 가열한 후 온도 계산 : 정압상태에서 팽창시킨 후 온도(646K)가 처음 상태의 온도가 된다.
$\dfrac{P_1 V_1}{T_1} = \dfrac{P_2 V_2}{T_2}$ 에서 $V_1 = V_2$ 이므로
∴ $T_2 = \dfrac{P_2 T_1}{P_1} = \dfrac{2P_1 \times 646}{P_1} = 1292 [K]$
㉯ 비열비 계산
$C_p - C_v = R$ 에서
∴ $C_v = C_p - R = 0.75 - 0.35 = 0.4 [kJ/kg \cdot K]$
∴ $k = \dfrac{C_p}{C_v} = \dfrac{0.75}{0.4} = 1.875$
㉰ 전열량 계산
∴ $Q_2 = \dfrac{1}{k-1} m R (T_2 - T_1)$
$= \dfrac{1}{1.875 - 1} \times 5 \times 0.35 \times (1292 - 646)$
$= 1292 [kJ]$
(3) 합계 전열량 계산
∴ $Q_a = Q_1 + Q_2 = 1211.25 + 1292 = 2503.25 [kJ]$

정답 1. ② 2. ③ 3. ④

04. 증기의 특성에 대한 설명 중 틀린 것은?

① 습증기를 단열압축 시키면 압력과 온도가 올라가 과열 증기가 된다.
② 증기의 압력이 높아지면 포화 온도가 낮아진다.
③ 증기의 압력이 높아지면 증발잠열이 감소된다.
④ 증기의 압력이 높아지면 포화증기의 비체적[m³/kg]이 작아진다.

해설 증기 압력이 상승할 때 나타나는 현상
㉮ 포화수의 온도가 상승한다.
㉯ 포화수의 부피가 증가한다.
㉰ 포화수의 비중이 감소한다.
㉱ 물의 현열이 증가하고, 증기의 잠열이 감소한다.
㉲ 건포화증기 엔탈피가 증가한다.
㉳ 증기의 비체적이 감소한다.
※ 포화증기(습증기)를 단열과정(등엔트로피 과정)으로 압축시키면 압력과 온도가 상승하여 과열증기가 되며, 엔탈피는 증가한다.

05. 공기 과잉계수(공기비)를 옳게 나타낸 것은?

① 실제연소 공기량 ÷ 이론공기량
② 이론공기량 ÷ 실제연소 공기량
③ 실제연소 공기량 − 이론공기량
④ 공급공기량 − 이론공기량

해설 공기 과잉계수(공기비) : 실제공기량(A)과 이론공기량(A_0)의 비

$$\therefore m = \frac{실제공기량(A)}{이론공기량(A_0)} = \frac{A_0 + B}{A_0}$$

06. 이상적인 증기압축 냉동 사이클에 대한 설명 중 옳지 않은 것은?

① 팽창과정은 단열상태에서 일어나며, 대부분 등엔트로피 팽창을 한다.
② 압축과정에서는 기체상태의 냉매가 단열압축되어 고온고압의 상태가 된다.
③ 응축과정에서는 냉매의 압력이 일정하며 주위로의 열전달을 통해 냉매가 포화액으로 변한다.
④ 증발과정에서는 일정한 압력상태에서 저온부로부터 열을 공급받아 냉매가 증발한다.

해설 팽창과정은 고온, 고압의 냉매액을 증발기에서 증발하기 쉽도록 하기 위하여 저온, 저압의 액으로 교축팽창시키는 역할을 하며, 엔탈피가 일정한 등엔탈피 과정이다.

07. 중유는 A, B, C급으로 분류한다. 이는 무엇을 기준으로 분류하는가?

① 인화점   ② 발열량
③ 점도   ④ 황분

해설 중유의 분류
㉮ 정제과정에 의한 분류 : 직류 중유, 분해 중유
㉯ 점도에 의한 분류 : A중유 〈 B중유 〈 C중유
㉰ 유황분 함량에 의한 분류 : A급(1호, 2호), B급, C급(1호, 2호, 3호, 4호)의 7종으로 구분

08. 체적 20[m³]의 용기 내에 공기가 채워져 있으며, 이 때 온도는 25[℃]이고, 압력은 200[kPa]이다. 용기 내의 공기온도를 65[℃]까지 가열시키는 경우에 소요 열량은 약 몇 [kJ]인가? (단, 기체상수는 0.287[kJ/kg·K], 정적비열은 0.71[kJ/kg·K]이다.)

① 240   ② 330
③ 1330   ④ 2840

해설 ㉮ 20[m³]의 용기 속의 공기 무게 계산
$PV = GRT$ 에서
$$\therefore G = \frac{PV}{RT} = \frac{200 \times 20}{0.287 \times (273+25)} = 46.769 [kg]$$
㉯ 가열량 계산
$$\therefore Q_a = m C_v (T_2 - T_1)$$
$$= 46.769 \times 0.71 \times \{(273+65) - (273+25)\}$$
$$= 1328.239 [kJ]$$

정답 4.② 5.① 6.① 7.③ 8.③

09_ 15[℃]의 물 1[kg]을 100[℃]의 포화수로 변화시킬 때 엔트로피 변화량[kJ/K]은? (단, 물의 평균 비열은 4.2[kJ/kg·K]이다.)

① 1.1　　② 6.7
③ 8.0　　④ 85.0

해설
$$\Delta S = GC \ln \frac{T_2}{T_1}$$
$$= 1 \times 4.2 \times \ln \frac{273+100}{273+15}$$
$$= 1.086 [kJ/K]$$

10_ 액체 및 고체연료와 비교한 기체연료의 일반적인 특징에 대한 설명으로 틀린 것은?

① 점화 및 소화가 간단하다.
② 연소 시 재가 없고, 연소효율도 높다.
③ 가스가 누출되면 폭발의 위험성이 있다.
④ 저장이 용이하며, 취급에 주의를 요하지 않는다.

해설 기체연료의 특징
(1) 장점
　㉮ 연소효율이 높고 연소제어가 용이하다.
　㉯ 회분 및 황성분이 없어 전열면 오손이 없다.
　㉰ 적은 공기비로 완전연소가 가능하다.
　㉱ 저발열량의 연료로 고온을 얻을 수 있다.
　㉲ 완전연소가 가능하여 공해문제가 없다.
(2) 단점
　㉮ 저장 및 수송이 어렵다.
　㉯ 가격이 비싸고 시설비가 많이 소요된다.
　㉰ 누설 시 화재, 폭발의 위험이 크다.

11_ 다음 중 열량의 단위에 해당하지 않는 것은?

① PS　　② kcal
③ BTU　　④ kJ

해설 열량의 단위
　㉮ 1[kcal] : 순수한 물 1[kg]을 14.5[℃]에서 15.5[℃]까지 높이는 데 필요한 열량
　㉯ 1[BTU] : 순수한 물 1[lb]를 61.5[℉]에서 62.5[℉]까지 높이는 데 필요한 열량
　㉰ 1[CHU] : 순수한 물 1[lb]를 14.5[℃]에서 15.5[℃]까지 높이는 데 필요한 열량
　※ 1[kJ] = 1[kN·m] = 약 0.2389[kcal] : SI 단위에서 열량과 일의 단위로 사용된다.
　※ [PS] : 동력의 단위로 1[PS] = 75[kgf·m/s] = 632.2 [kcal/h] = 0.735[kW] = 2664[kJ/h]에 해당된다.

12_ 오일의 점도가 높아도 비교적 무화가 잘 되고 버너의 방식이 외부혼합형과 내부혼합형이 있는 것은?

① 저압기류식 버너　　② 고압기류식 버너
③ 회전분무식 버너　　④ 유압분무식 버너

해설 고압기류식 분무버너(고압공기 분무식) 특징
　㉮ 종류 : 증기분무식, 내부혼합식, 외부혼합식, 중간혼합식
　㉯ 분무매체 : 공기, 증기(2~7[kgf/cm²])
　㉰ 연료유압 : 0.3~6[kgf/cm]
　㉱ 분무각도 : 30°
　㉲ 유량 조절범위 1 : 10이다.
　㉳ 고점도 연료도 무화가 가능하다.
　㉴ 연소 시 소음발생이 심하다.
　㉵ 부하변동이 큰 곳에 적당하다.
　㉶ 분무용 공기량은 이론공기량의 7~12[%] 정도 소요된다.

13_ 자연통풍에 있어서 연도 가스의 온도가 높아졌을 경우 통풍력은?

① 변하지 않는다.
② 감소한다.
③ 증가한다.
④ 증가하다가 감소한다.

해설 연돌의 통풍력이 증가되는 경우
　㉮ 연돌의 높이가 높을수록
　㉯ 연돌의 단면적이 클수록
　㉰ 연돌의 굴곡부가 적을수록
　㉱ 배기가스 온도가 높을수록
　㉲ 외기온도가 낮을수록
　㉳ 습도가 낮을수록
　㉴ 연도의 길이가 짧을수록
　㉵ 배기가스의 비중량이 작을수록, 외기의 비중량이 클수록

정답 9. ①　10. ④　11. ①　12. ②　13. ③

14. 다음 연료의 구비조건 중 적당하지 않는 것은?
① 구입이 용이해야 한다.
② 연소 시 발열량이 낮아야 한다.
③ 수송이나 취급 등이 간편해야 한다.
④ 단위 용적당 발열량이 높아야 한다.

해설 연료(fuel)의 구비조건
㉮ 공기 중에서 연소하기 쉬울 것
㉯ 저장 및 운반, 취급이 용이할 것
㉰ 발열량이 클 것
㉱ 구입하기 쉽고 경제적일 것
㉲ 인체에 유해성이 없을 것
㉳ 휘발성이 좋고 내한성이 우수할 것
㉴ 연소 시 회분 등 배출물이 적을 것

15. 공기표준 브레이턴 사이클에 대한 설명으로 틀린 것은?
① 등엔트로피 과정과 정압과정으로 이루어진다.
② 작동유체가 기체이다.
③ 효율은 압력비와 비열비에 의해 결정된다.
④ 냉동 사이클의 일종이다.

해설 브레이턴(Brayton) 사이클
㉮ 2개의 단열과정(등엔트로피 과정)과 2개의 정압과정으로 이루어진 가스터빈의 이상 사이클이다.
㉯ 브레이턴 사이클의 열효율은 압력비(ϕ)와 비열비(k)에 의해서 결정된다.

16. 연소할 때 유효하게 자유로이 연소할 수 있는 수소, 즉 유효수소량[kg]을 구하는 식으로 옳은 것은? (단, H는 연료 속의 수소량[kg]이고, O는 연료 속에 포함된 산소량[kg]이다.)
① $H + \dfrac{O}{8}$ ② $H - \dfrac{O}{8}$
③ $H + \dfrac{O}{4}$ ④ $H - \dfrac{O}{4}$

해설 유효수소 : 연료 속에 산소가 함유되어 있을 경우에는 수소 중의 일부는 이 산소와 반응하여 결합수(H_2O)를 생성하므로 수소의 전부가 연소하지 않고 이 산소의 상당량만큼의 수소 $\left(\dfrac{1}{8}O\right)$가 연소하지 않는다. 그러므로 실제로 연소할 수 있는 수소는 $\left(H - \dfrac{O}{8}\right)$에 해당되며 이것을 유효수소라 한다.

17. 연료비가 증가할 때 일어나는 현상이 아닌 것은?
① 착화온도 상승   ② 자연발화 방지
③ 연소속도 증가   ④ 고정탄소량 증가

해설
㉮ 연료비는 고정탄소와 휘발분의 비이다.
∴ 연료비 = $\dfrac{\text{고정탄소}}{\text{휘발분}}$
㉯ 고체 연료(석탄)에서 연료비가 증가하는 것은 고정탄소가 많아지고 휘발분이 감소하는 것이다.
㉰ 연료비가 증가할 때 일어나는 현상은 인화점 및 착화온도가 상승되고, 착화온도 상승으로 자연발화가 방지되며, 연소속도가 늦어진다.

『참고』 탄화도 증가에 따라 나타나는 특성
㉮ 발열량이 증가한다.
㉯ 연료비가 증가한다.
㉰ 열전도율이 증가한다.
㉱ 비열이 감소한다.
㉲ 연소속도가 늦어진다.
㉳ 수분, 휘발분이 감소한다.
㉴ 인화점, 착화온도가 높아진다.

18. 다음 중 이상기체의 등온과정에 대하여 항상 성립하는 것은? (단, W는 일, Q는 열, U는 내부 에너지를 나타낸다.)
① $W = 0$ ② $Q = 0$
③ $|Q| \neq |W|$ ④ $\Delta U = 0$

해설 등온과정에서 내부에너지(U)와 엔탈피(h) 변화는 없다.

정답 14. ② 15. ④ 16. ② 17. ③ 18. ④

19_ 건도를 x라고 할 때 건포화증기일 경우 x의 값을 올바르게 나타낸 것은?

① $x = 0$ ② $x = 1$
③ $x < 0$ ④ $0 < x < 1$

해설 건조도[건도](x) :
증기 속에 함유되어 있는 물방울의 혼용률
㉮ 건조도(x)가 1인 경우 : 건포화증기
㉯ 건조도(x)가 0인 경우 : 포화수
㉰ 건조도(x)가 $0 < x < 1$인 경우 : 습증기

20_ LPG의 특징에 대한 설명으로 틀린 것은?

① 무색, 투명하다.
② C_3H_8와 C_4H_{10}가 주성분이다.
③ 상온·상압에서 공기보다 무겁다.
④ 상온·상압에서는 액체로 존재한다.

해설 액화석유가스(LPG, LP 가스)의 일반특징
㉮ LPG의 주성분은 프로판(C_3H_8)과 부탄(C_4H_{10})이다.
㉯ 가스는 공기보다 무겁고, 액상의 LPG는 물보다 가볍다.
㉰ 액상의 LPG는 무색, 투명하며 액화, 기화가 쉽다.
㉱ 기화열(증발잠열)이 크고, 기화하면 체적이 커진다.
㉲ 물에는 잘 녹지 않으며 무색, 무취, 무미하다.
㉳ 천연고무, 윤활유, 구리스 등에 용해성이 있다.
㉴ 정전기 발생이 쉽다.
※ 상온, 상압에서 액화석유가스는 기체 상태이다.

2과목 - 계측 및 에너지 진단

21_ 보일러의 증발량이 5[t/h]이고 보일러 본체의 전열면적이 25[m²]일 때 이 보일러의 전열면 증발률[kg/m²·h]은?

① 75 ② 150
③ 175 ④ 200

해설 $Be_1 = \dfrac{\text{매시 실제증기발생량}}{\text{전열면적}}$
$= \dfrac{5 \times 1000}{25} = 200 [kg/m^2 \cdot h]$

22_ 자동제어시스템의 종류 중 자동제어계의 시간응답특성에 대한 설명으로 틀린 것은?

① 오버슈트 $= \dfrac{\text{최대 오버슈트}}{\text{최종 목표값}}$

② 감쇠비 $= \dfrac{\text{최대 오버슈트}}{\text{제2 오버슈트}}$

③ 지연시간 = 응답이 최초로 목표값의 50[%]가 되는 데 요하는 시간

④ 상승시간 = 목표값의 10[%]에서 90[%]까지 도달하는 데 요하는 시간

해설 시간응답 특성
㉮ 지연시간(dead time) : 목표값의 50%에 도달하는 데 소요되는 시간
㉯ 상승시간(rising time) : 목표값의 10%에서 90%까지 도달하는 데 소요되는 시간
㉰ 오버슈트(over shoot) : 동작간격으로부터 벗어나 초과되는 오차를 말하며, 반대로 나타나는 오차를 언더슈트(under shoot)라 한다.
㉱ 시간정수(time constant) : 목표값의 63%에 도달하기까지의 시간을 말하며 어떤 시스템의 시정수를 알면 그 시스템에 입력을 가했을 때 언제쯤 그 반응이 목표치에 도달하는지 알 수 있으며 언제쯤 그 반응이 평형이 되는지를 알 수 있다.
※ 감쇠비(減衰比 : damped ratio) : 감쇠계수를 임계 감쇠계수로 나눈 값으로 1보다 작으면 부족 감쇠, 1이면 임계 감쇠, 1보다 크면 과감쇠라고 한다.

23_ 보일러의 증발능력을 표준상태와 비교하여 표시한 값은?

① 증발배수 ② 증발효율
③ 증발계수 ④ 증발률

해설 ㉮ 증발계수 : 상당증발량(G_e)과 실제증발량(G_a)의 비
$\therefore 증발계수 = \dfrac{G_e}{G_a} = \dfrac{h_2 - h_1}{539}$

㉯ 상당 증발량(환산 증발량) : 실제 증발량을 표준대기압(1기압) 하에서 100[℃]의 포화수를 100[℃]의 건포화증기로 발생시킬 수 있는 증발량으로 단위는 [kg/h]이다.
$\therefore G_e = \dfrac{G_a(h_2 - h_1)}{539} = G_a \times 증발계수$

정답 19. ② 20. ④ 21. ④ 22. ② 23. ③

24. 다음 중 1[N]에 대한 설명으로 옳은 것은?
① 질량 1[kg]의 물체에 가속도 $1[m/s^2]$이 작용하여 생기게 하는 힘이다.
② 질량 1[g]의 물체에 가속도 $1[cm/s^2]$이 작용하여 생기게 하는 힘이다.
③ 면적 $1[cm^2]$에 1[kg]의 무게가 작용할 때의 응력이다.
④ 면적 $1[cm^2]$에 1[g]의 무게가 작용할 때의 응력이다.

해설 힘의 단위
㉮ SI 단위
  ㉠ N(Newton) : 질량 1[kg]인 물체가 $1[m/s^2]$의 가속도를 받았을 때의 힘
  ㉡ dyne(다인) : 질량 1[g]인 물체가 $1[cm/s^2]$의 가속도를 받았을 때의 힘
㉯ 공학단위 : 질량 1[kg]인 물체가 $9.8[m/s^2]$의 중력가속도를 받았을 때의 힘으로 [kgf]로 표시한다.

25. 다음 중 유량의 단위로 옳은 것은?
① kg/m^2 ② kg/m^3
③ m^3/s ④ m^3/kg

해설 유량 계측 단위 : 단위 시간당 통과한 유체의 양으로 질량유량과 체적유량으로 구분할 수 있다.
㉮ 질량유량의 단위 : [kg/h], [kg/min], [kg/s], [g/h], [g/min], [g/s] 등
㉯ 체적유량의 단위 : $[m^3/h]$, $[m^3/min]$, $[m^3/s]$, [L/h], [L/min], [L/s] 등

26. 탄성식 압력계가 아닌 것은?
① 부르동관 압력계
② 다이어프램 압력계
③ 벨로즈 압력계
④ 환상천평식 압력계

해설 탄성식 압력계의 종류 : 부르동관식, 다이어프램식, 벨로즈식, 캡슐식

27. 측정 대상과 같은 종류이며 크기 조정이 가능한 기준량을 준비하여 기준량을 측정량에 평행시켜 계측기의 지시가 0위치를 나타낼 때의 기준량의 크기를 측정하는 방법이 있다. 정밀도가 좋은 이러한 측정방법은 무엇인가?
① 편위법   ② 영위법
③ 보상법   ④ 치환법

해설 측정방법
㉮ 편위법 : 부르동관 압력계와 같이 측정량과 관계있는 다른 양으로 변환시켜 측정하는 방법으로 정도는 낮지만 측정이 간단하다.
㉯ 영위법 : 기준량과 측정하고자 하는 상태량을 비교 평형 시켜 측정하는 것으로 천칭을 이용하여 질량을 측정하는 것이 해당된다.
㉰ 치환법 : 지시량과 미리 알고 있는 다른 양으로부터 측정량을 나타내는 방법으로 다이얼게이지를 이용하여 두께를 측정하는 것이 해당된다.
㉱ 보상법 : 측정량과 거의 같은 미리 알고 있는 양을 준비하여 측정량과 그 미리 알고 있는 양의 차이로써 측정량을 알아내는 방법이다.

28. 다음 중 잔류편차(offset)가 발생되는 결점을 제거하기 위한 제어동작으로 가장 적합한 것은?
① 비례동작   ② 미분동작
③ 적분동작   ④ on-off 동작

해설 적분동작(I 동작 : integral action) : 제어량에 편차가 생겼을 때 편차의 적분차를 가감하여 조작단의 이동 속도가 비례하는 동작으로 잔류편차가 남지 않는다. 진동하는 경향이 있어 제어의 안정성은 떨어진다. 유량제어나 관로의 압력제어와 같은 경우에 적합하다.

29. 다음 측정방식 중 물리적 가스분석계가 아닌 것은?
① 밀도식
② 세라믹식
③ 오르자트식
④ 기체 크로마토그래피

정답 24. ① 25. ③ 26. ④ 27. ② 28. ③ 29. ③

해설 가스 분석계의 분류 및 종류
(1) 화학적 가스 분석계
  ㉮ 연소열을 이용한 것
  ㉯ 용액흡수제를 이용한 것
  ㉰ 고체 흡수제를 이용한 것
(2) 물리적 가스 분석계
  ㉮ 가스의 열전도율을 이용한 것
  ㉯ 가스의 밀도, 점도차를 이용한 것
  ㉰ 가스의 광학적 성질(빛의 간섭)을 이용한 것
  ㉱ 전기전도도를 이용한 것
  ㉲ 가스의 자기적 성질을 이용한 것
  ㉳ 가스의 반응성을 이용한 것
  ㉴ 적외선 흡수를 이용한 것

30. 보일러의 열효율 향상 대책이 아닌 것은?
① 피열물을 가열한 후 불연소시킨다.
② 연소장치에 맞는 연료를 사용한다.
③ 운전조건을 양호하게 한다.
④ 연소실 내의 온도를 높인다.

해설 보일러 열효율 향상 대책
㉮ 손실열을 최대한 줄인다.
㉯ 장치에 맞는 설계조건과 운전조건을 선택한다.
㉰ 연소실 내의 온도를 고온으로 유지하여 연료를 완전 연소시킨다.
㉱ 단속 조업에 따른 열손실을 방지하기 위하여 연속조업을 실시한다.
㉲ 장치에 적당한 연료와 작동법을 채택한다.

31. 운전 조건에 따른 보일러 효율에 대한 설명으로 틀린 것은?
① 전부하 운전에 비하여 부분부하 운전 시 효율이 좋다.
② 전부하 운전에 비하여 과부하 운전에서는 효율이 낮아진다.
③ 보일러의 배기가스온도가 높아지면 열손실이 커진다.
④ 보일러의 운전효율을 최대로 유지하려면 효율-부하곡선이 평탄한 것이 좋다.

해설 전부하 운전에 비하여 부분부하 운전 시 효율이 낮아진다.

32. 보일러 수위 제어용으로 액면에서 부자가 상하로 움직이며 수위를 측정하는 방식은?
① 직관식 ② 플로트식
③ 압력식 ④ 방사선식

해설 플로트식(부자식) : 부자실(float chamber) 상부는 증기부에, 하부는 수부에 연결하고 부자가 보일러 수위의 상승, 하강에 따라 상, 하로 움직여 수은 스위치를 작동시켜 수위를 감시, 조절하며 맥도널식, 자석식 등이 있다.

33. 열전대를 보호하기 위하여 사용되는 보호관 중 내식성, 내열성, 기계적 강도가 크고 황을 함유한 산화염에서도 사용할 수 있는 것은?
① 황동관 ② 자기관
③ 카보랜덤관 ④ 내열강관

해설 내열강(SEH-5)관 열전대 보호관의 특징
㉮ 내식성, 내열성 및 강도가 좋다.
㉯ 상용온도는 1050[℃]이고 최고 사용온도는 1200[℃]까지 가능하다.
㉰ 유황가스 및 산화염에도 사용이 가능하다.
㉱ 비금속관에 비해 비교적 저온측정에 사용된다.

34. 아래 그림과 같은 경사관식 압력계에서 압력 P_1과 P_2의 압력차는 몇 [kPa]인가? (단, $\theta = 30°$, $x = 100cm$, 액체의 비중량은 8820[N/m³]이다.)

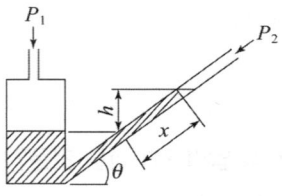

① 4.4 ② 44
③ 8.8 ④ 88

해설 액체의 비중량 단위는 [kN/m³]을 적용해야 압력차 단위 [kPa]로 계산된다.
∴ $P_1 - P_2 = \gamma \times x \times \sin\theta$
$= (8820 \times 10^{-3}) \times 1 \times \sin 30 = 4.41$[kPa]

35. 열전대 온도계의 원리를 설명한 것으로 옳은 것은?

① 두 종류의 금속선의 온도차에 따른 열기전력을 이용한다.
② 기체, 액체, 고체의 열전달계수를 이용한다.
③ 금속판의 열팽창계수를 이용한다.
④ 금속의 전기저항에 따른 온도계수를 이용한다.

해설 열전대 온도계 : 2종류의 금속선을 접속하여 하나의 회로를 만들어 2개의 접점에 온도차를 부여하면 회로에 접점의 온도에 거의 비례한 전류(열기전력)가 흐르는 현상인 제백효과(Seebeck effect)를 이용한 것으로 열기전력은 전위차계를 이용하여 측정한다.

36. 광고온계의 특징에 대한 설명으로 틀린 것은?

① 구조가 간단하고 휴대가 편리하다.
② 개인에 따라 오차가 적다.
③ 연속측정이나 제어에는 이용할 수 없다.
④ 고온측정에 적합하다.

해설 광고온계의 특징
㉮ 고온에서 방사되는 에너지 중 가시광선을 이용하여 사람이 직접 조작한다.
㉯ 700~3000[℃]의 고온도 측정에 적합하다. (700[℃] 이하는 측정이 곤란하다.)
㉰ 광전관 온도계에 비하여 구조가 간단하고 휴대가 편리하다.
㉱ 움직이는 물체의 온도 측정이 가능하고, 측온체의 온도를 변화시키지 않는다.
㉲ 비접촉식 온도계에서 가장 정확한 온도 측정을 할 수 있다.
㉳ 빛의 흡수 산란 및 반사에 따라 오차가 발생한다.
㉴ 방사온도계에 비하여 방사율에 대한 보정량이 작다.
㉵ 원거리 측정, 경보, 자동기록, 자동제어가 불가능하다.
㉶ 측정에 수동으로 조작함으로서 개인 오차가 발생할 수 있다.

37. 차압식 유량계로만 나열한 것은?

① 로터리 팬, 피스톤 유량계, 칼만식 유량계
② 칼만식 유량계, 델타 유량계, 스와르 미터
③ 전자유량계, 토마스 미터, 오벌 유량계
④ 오리피스, 벤투리, 플로-노즐

해설 차압식 유량계
㉮ 측정원리 : 베르누이 정리(방정식)
㉯ 종류 : 오리피스미터, 플로 노즐, 벤투리미터
㉰ 측정방법 : 조리개 전후에 연결된 액주계의 압력차를 이용하여 유량을 측정(베르누이 정리와 연속의 법칙에 의하여 유량을 계산)

38. 발생 원인이 운동부분의 마찰, 전기저항의 변화 및 불규칙적으로 변화하는 온도, 기압, 조명 등에 의해서 발생되는 오차는?

① 과실 오차   ② 우연 오차
③ 고유 오차   ④ 계기 오차

해설 우연 오차
㉮ 우연오차는 원인을 알 수 없기 때문에 보정이 불가능한 오차로서 측정 때마다 측정치가 일정하지 않고 산포에 의해 일어나며, 여러 번 측정하여 통계적으로 처리한다.
㉯ 원인을 찾을 수 없지만 운동부분의 마찰, 전기저항의 변화 및 불규칙적으로 변하는 온도, 습도, 먼지, 조명, 기압, 진동 등이 원인으로 생각할 수 있다.

39. 보일러의 온도를 60[℃]로 일정하게 유지시키기 위해서 연료량을 연료공급 밸브로 변화시킬 때 다음 중 틀린 것은?

① 목표량 : 60[℃]
② 제어량 : 온도
③ 조작량 : 연료량
④ 제어장치 : 보일러

해설 보일러 온도를 일정하게 유지시키는 제어장치는 연료공급 밸브, 급기 댐퍼이다.

정답 35. ① 36. ② 37. ④ 38. ② 39. ④

40. 스테판 볼츠만 법칙을 응용한 온도계로 높은 온도 및 이동물체의 온도측정에 적합한 온도계는?

① 광고온계
② 복사(방사)온도계
③ 색온도계
④ 광전관식 온도계

해설 방사(복사)온도계 특징
㉮ 단위표면적당 복사(방사)되는 에너지는 절대온도의 4제곱에 비례한다는 스테판-볼츠만 법칙이 측정원리이다.
㉯ 측정시간 지연이 적고, 연속 측정, 기록, 제어가 가능하며, 이동물체에 대한 온도측정이 가능하다.
㉰ 측정거리 제한을 받고 오차가 발생되기 쉽다.
㉱ 광로에 먼지, 연기 등이 있으면 정확한 측정이 곤란하다.
㉲ 방사율에 의한 보정량이 크고 정확한 보정이 어렵다.
㉳ 수증기, 탄산가스의 흡수에 주의하여야 한다.
㉴ 측정 범위는 50~3000[℃] 정도이다.

3과목 - 열설비구조 및 시공

41. 보일러수 내 불순물의 농도 등을 나타내는 미량 단위로서 10억분의 1을 나타내는 단위는?

① ppm
② ppc
③ ppb
④ epm

해설 농도 표시 단위
㉮ ppm : part per million(백만분의 1)
㉯ pphm : part per hundred million(일억분의 1)
㉰ ppb : part per billion(십억분의 1)
㉱ ppt : part per trillion(일조분의 1)

42. 강관 이음쇠 중 같은 직경의 관을 직선 연결할 때 사용되는 것이 아닌 것은?

① 캡
② 소켓
③ 유니언
④ 플랜지

해설 사용 용도에 의한 강관 이음재 분류
㉮ 배관의 방향을 전환할 때 : 엘보(elbow), 벤드(bend), 리턴 벤드
㉯ 관을 도중에 분기할 때 : 티(tee), 와이(Y), 크로스(cross)
㉰ 동일 지름의 관을 연결할 때 : 소켓(socket), 니플(nipple), 유니언(union), 플랜지(flange)
㉱ 지름이 다른 관(이경관)을 연결할 때 : 리듀서(reducer), 부싱(bushing), 이경 엘보, 이경 티
㉲ 관 끝을 막을 때 : 플러그(plug), 캡(cap)
㉳ 관의 분해, 수리가 필요할 때 : 유니언, 플랜지

43. 다음 중 에너지이용 합리화법에 따라 검사대상 기기에 대한 검사의 면제대상 범위에서 강철제 보일러 중 1종 관류보일러에 대하여 면제되는 검사는?

① 용접검사
② 구조검사
③ 제조검사
④ 계속사용검사

해설 강철제 보일러, 주철제 보일러에서 용접검사의 면제 대상 범위 : 에너지이용 합리화법시행규칙 별표3의6
㉮ 강철제 보일러 중 전열면적이 5[m²] 이하이고, 최고사용압력이 0.35[MPa] 이하인 것
㉯ 주철제 보일러
㉰ 1종 관류보일러
㉱ 온수보일러 중 전열면적이 18[m²] 이하이고, 최고사용압력이 0.35[MPa] 이하인 것

44. 다음 중 라몽트 노즐을 갖고 있는 보일러는 어느 형식의 보일러인가?

① 관류 보일러
② 복사 보일러
③ 간접가열 보일러
④ 강제순환식 보일러

해설 라몽트(lamont) 보일러 : 순환비를 4~10 정도로 하여 압력, 관 배열의 경사, 순서에 제한을 받지 않도록 하고 각 수관마다 동일한 유속을 얻도록 라몽트 노즐을 설치한 강제순환식 수관보일러의 대표적인 보일러이다. 펌프의 소요 동력을 보일러 출력의 1[%] 이하를 취한다.

정답 40. ② 41. ③ 42. ① 43. ① 44. ④

45. 노벽이 내화벽돌(두께 24[cm])과 절연벽돌(두께 10[cm]), 적색벽돌(두께 15[cm])로 구성되어 만들어질 때 벽 안쪽과 바깥쪽 표면 온도가 각각 900[℃], 90[℃]이라면 열손실[W/m²]은? (단, 내화벽돌, 절연벽돌 및 적색벽돌의 열전도율은 각각 1.4[W/m·℃], 0.17[W/m·℃], 1.2[W/m·℃]이다.)

① 408 ② 916
③ 1744 ④ 4715

해설 1[m²]당 손실열량 계산

$$\therefore Q = K \times \Delta t = \frac{1}{\frac{b_1}{\lambda_1} + \frac{b_2}{\lambda_2} + \frac{b_3}{\lambda_3}} \times \Delta t$$

$$= \frac{1}{\frac{0.24}{1.4} + \frac{0.1}{0.17} + \frac{0.15}{1.2}} \times (900 - 90)$$

$$= 915.601 [W/m^2]$$

46. 대향류 열교환기에서 가열유체는 80[℃]로 들어가서 30[℃]로 나오고, 수열유체는 20[℃]로 들어가서 30[℃]로 나온다. 이 열교환기의 대수평균온도차[℃]는?

① 24.9 ② 32.1
③ 35.8 ④ 40.4

해설 ㉮ 대향류이므로 고온유체와 저온유체의 흐름이 반대 방향이 된다.
$\therefore \Delta t_1$ = 가열유체 입구온도 − 수열유체 출구온도
　　　= 80 − 30 = 50 [℃]
$\therefore \Delta t_2$ = 가열유체 출구온도 − 수열유체 입구온도
　　　= 30 − 20 = 10 [℃]
㉯ 평균온도차 계산
$$\therefore \Delta t_m = \frac{\Delta t_1 - \Delta t_2}{\ln\left(\frac{\Delta t_1}{\Delta t_2}\right)} = \frac{50 - 10}{\ln\left(\frac{50}{10}\right)} = 24.853 [℃]$$

47. KS 규격에 일정 이상의 내화도를 가진 재료를 규정하는 데 공업요로, 요업요로에 사용되는 내화물의 규정 기준은?

① SK19(1520[℃]) 이상
② SK20(1530[℃]) 이상
③ SK26(1580[℃]) 이상
④ SK27(1610[℃]) 이상

해설 내화물의 정의 : 고온방법에 사용되는 불연성, 난연성 재료로 용융온도 1580[℃](SK 26) 이상의 내화도를 가진 비금속 무기재료이다.

48. 에너지이용 합리화법에 따라 보일러의 계속사용검사 중 안전검사의 검사유효기간은?

① 1년 ② 2년 ③ 3년 ④ 5년

해설 계속사용검사 중 안전검사 유효기간 : 시행규칙 제31조의 8, 별표3의5
㉮ 보일러 : 1년 ㉯ 압력용기 : 2년

49. 증기 트랩 중 고압증기의 관말 트랩이나 유닛, 히터 등에 많이 사용하는 것으로 상향식과 하향식이 있는 트랩은?

① 벨로즈 트랩 ② 플로트 트랩
③ 온도 조절식 트랩 ④ 버킷 트랩

해설 버킷(bucket) 트랩
㉮ 상향식 트랩과 하향식 트랩으로 분류되며 일반적으로 하향식을 사용한다.
㉯ 고압증기의 관말 트랩이나 유닛, 히터 등에 널리 사용된다.

50. 에너지이용 합리화법에 따라 개조검사 시 수압시험을 실시해야 하는 경우는?

① 연료를 변경하는 경우
② 버너를 개조하는 경우
③ 절탄기를 개조하는 경우
④ 내압부분을 개조하는 경우

정답 45. ②　46. ①　47. ③　48. ①　49. ④　50. ④

[해설] 개조검사 시 수압시험을 실시해야 하는 경우(열사용기자재 검사기준 제26장) : 수압시험은 내압부분의 개조에 한하여 실시한다. 다만, 관 스테이 변경에 따른 개조검사의 경우에는 최고사용압력으로 수압시험을 할 수 있다.

51_ 단열 벽돌을 요로에 사용하였을 때 나타나는 효과가 아닌 것은?
① 요로의 열용량이 커진다.
② 열전도도가 작아진다.
③ 노내 온도가 균일해진다.
④ 내화 벽돌을 배면에 사용하면 내화 벽돌의 스폴링을 방지한다.

[해설] 단열벽돌 사용 시 효과
㉮ 축열 손실이 적어진다.
㉯ 전열 손실이 적어진다.
㉰ 노내 온도가 균일해진다.
㉱ 내화물의 벼면에 사용하면 내화물의 내구력이 커진다.
㉲ 내화재의 내구력을 증가시킬 수 있다.
㉳ 열손실을 방지하여 연료사용량을 줄일 수 있다.
㉴ 노벽의 온도구배를 줄여 스폴링 현상을 방지한다.
※ 단열재는 열전도율이 작은 재료를 사용하여 가마 밖으로 방산되는 열손실을 방지하는 것이므로 요로의 열용량은 작아질 수 있다.

52_ 큐폴라에 대한 설명으로 틀린 것은?
① 규격은 매 시간당 용해할 수 있는 중량[t]으로 표시한다.
② 코크스 속의 탄소, 인, 황 등의 불순물이 들어가 용탕의 질이 저하된다.
③ 열효율이 좋고 용해시간이 빠르다.
④ Al 합금이나 가단주철 및 칠드롤 같은 대형 주물제조에 사용된다.

[해설] 큐폴라(cupola) : 용선로라 하며 주물을 용해하기 위한 것으로 강판으로 만든 원형 내부를 내화벽돌로 쌓고 내화 점토로 만든 직접형 노로 가장 많이 사용된다.
㉮ 대량의 쇳물을 얻을 수 있다.
㉯ 다른 용해로 보다 열효율이 좋다.
㉰ 용해 시간이 빠르다.
㉱ 주철이 탄소(C), 황(S), 인(P)의 성분을 흡수하면 품질이 저하된다.
㉲ 용량은 1시간당 용해량을 톤[ton]으로 표시한다.

53_ 에너지이용 합리화법에 따라 검사대상기기인 보일러의 사용연료 또는 연소방법을 변경한 경우에 받아야 하는 검사는?
① 구조검사
② 설치검사
③ 개조검사
④ 용접검사

[해설] 개조검사 대상 : 에너지이용 합리화법 시행규칙 제31조의 7, 별표3의4
㉮ 증기보일러를 온수보일러로 개조하는 경우
㉯ 보일러 섹션의 증감에 의하여 용량을 변경하는 경우
㉰ 동체, 돔, 노통, 연소실, 경판, 천정판, 관판, 관모음 또는 스테이의 변경으로서 산업통상자원부장관이 정하여 고시하는 대수리의 경우
㉱ 연료 또는 연소방법을 변경하는 경우
㉲ 철금속가열로로서 산업통상자원부장관이 정하여 고시하는 경우의 수리

54_ 어떤 물체의 보온 전과 보온 후의 발산열량이 각각 2000[kJ/m²], 400[kJ/m²]이라 할 때, 이 보온재의 보온효율[%]은?
① 20
② 50
③ 80
④ 125

[해설]
$$\eta = \frac{Q_1 - Q_2}{Q_1} \times 100$$
$$= \frac{2000 - 400}{2000} \times 100 = 80[\%]$$

55_ 보온재의 열전도율을 작게 하는 방법이 아닌 것은?
① 재질 내 수분을 줄인다.
② 재료의 온도를 높게 한다.
③ 재료의 두께를 두껍게 한다.
④ 재료 내 기공은 작고 기공률은 크게 한다.

[해설] 보온재의 열전도율을 작게 하는 방법
㉮ 온도가 상승되면 열전도율은 직선적으로 상승하므로 재료의 온도를 높게 하지 않는다.
㉯ 수분이나 습기를 함유(흡습)하면 열전도율이 상승하므로 재질 내 수분을 줄인다.

정답 51. ① 52. ④ 53. ③ 54. ③ 55. ②

㉰ 보온재의 비중(밀도)이 크면 열전도율이 증가하므로 비중을 크게 하지 않는다.
㉱ 보온재 내에 포함된 기공은 작고 기공률은 크게 한다.
㉲ 재료의 두께를 두껍게 한다.

56. 관의 지름을 바꿀 때 주로 사용되는 관 부속품은?

① 소켓 ② 엘보
③ 플러그 ④ 리듀서

해설 관의 지름을 바꿀 때 사용하는 부속품 : 리듀서(reducer), 부싱(bushing), 이경 엘보, 이경 티
※ 사용 용도에 따른 부속품 분류 및 종류는 42번 해설을 참고하기 바랍니다.

57. 보일러수에 포함된 성분 중 포밍의 발생원인 물질로 가장 거리가 먼 것은?

① 나트륨 ② 칼륨
③ 칼슘 ④ 산소

해설 (1) 포밍(foaming) 현상 : 동저부에서 작은 기포들이 수면 상으로 오르면서 물거품이 발생하여 수면에 달걀 모양의 기포가 덮이는 현상
(2) 포밍 발생원인
  ㉮ 보일러 관수의 농축
  ㉯ 유지분, 알칼리분, 부유물 함유
  ㉰ 주증기 밸브의 급격한 개방
  ㉱ 부하의 급격한 변화
  ㉲ 증기발생 속도가 빠를 때
  ㉳ 청관제 사용이 부적합
  ㉴ 보일러 수위가 높음

58. 에너지이용 합리화법에 따라 설치된 보일러의 섹션을 증감하여 용량을 변경한 경우 받아야 하는 검사는?

① 구조검사 ② 개조검사
③ 설치검사 ④ 계속사용성능검사

해설 개조검사를 받아야 할 대상은 53번 해설을 참고하기 바랍니다.

59. 원통형 보일러와 비교한 수관식 보일러의 특징에 대한 설명으로 틀린 것은?

① 전열면적에 비해 보유수량이 적어 증기발생이 빠르다.
② 보유수량이 적어 부하변동에 따른 압력변화가 작다.
③ 양질의 급수가 필요하다
④ 구조가 복잡하여 청소나 검사, 수리가 불편하다.

해설 수관식 보일러의 특징
㉮ 보유수량이 적어 증기 발생시간이 빠르며, 고압 대용량에 적합하다.
㉯ 외분식이므로 연료 선택범위가 넓고, 연소상태가 양호하다.
㉰ 전열면적이 크고, 열효율이 높다.
㉱ 수관의 배열이 용이하고, 패키지형으로 제작이 가능하다.
㉲ 관수처리에 주의에 요한다.
㉳ 구조가 복잡하여 청소, 검사, 수리가 어렵고 스케일 부착이 쉽다.
㉴ 부하변동에 따른 압력 및 수위변동이 심하다.

60. 다음 중 양이온 교환 수지의 재생에 사용되는 약품이 아닌 것은?

① HCl ② NaOH
③ H_2SO_4 ④ NaCl

해설 양이온 교환 수지의 재생 : 부하공정에서 흡착된 흡착이온을 배출시키고 부하에 맞는 이온을 흡착시키기 위하여 재생제를 사용하는 공정으로 양이온교환수지에 소금(NaCl), 염화수소(HCl), 황산(H_2SO_4)을 사용한다.

4과목 - 열설비취급 및 안전관리

61_ 에너지이용 합리화법상 검사대상기기에 대하여 받아야 할 검사를 받지 아니한 자에 해당하는 벌칙은?

① 1천만 원 이하의 벌금
② 2천만 원 이하의 벌금
③ 1년 이하의 징역 또는 1천만 원 이하의 벌금
④ 2년 이하의 징역 또는 2천만 원 이하의 벌금

해설 1년 이하의 징역 또는 1천만 원 이하의 벌금 : 에너지이용 합리화법 제73조
㉮ 검사대상기기의 검사를 받지 아니한 자
㉯ 검사에 합격되지 아니한 검사대상기기를 사용한 자
㉰ 검사에 합격되지 아니한 검사대상기기를 수입한 자

62_ 에너지이용 합리화법에 따라 에너지다소비사업자가 매년 1월 31일까지 신고해야 할 사항이 아닌 것은?

① 전년도의 수지계산서
② 전년도의 분기별 에너지이용 합리화 실적
③ 해당 연도의 분기별 에너지사용 예정량
④ 에너지사용기자재의 현황

해설 에너지다소비사업자의 신고 사항 : 에너지이용 합리화법 제31조
㉮ 전년도의 분기별 에너지 사용량, 제품 생산량
㉯ 해당 연도의 분기별 에너지사용 예정량, 제품생산 예정량
㉰ 에너지사용기자재의 현황
㉱ 전년도의 분기별 에너지이용 합리화 실적 및 해당 연도의 계획
㉲ 에너지관리자의 현황

63_ 보일러 손상 형태 중 보일러에 사용하는 연강은 보통 200[℃]~300[℃] 정도에서 최고의 항장력을 나타내는데, 750[℃]~800[℃] 이상으로 상승하면 결정립의 변화가 두드러진다. 이러한 현상을 무엇이라고 하는가?

① 압궤 ② 버닝
③ 만곡 ④ 과열

해설 버닝(burning) : 금속재료를 과열상태로 일정 온도 이상으로 가열하면 국부적으로 용해하기 시작하는 현상으로 연강의 경우 750[℃]~800[℃] 이상으로 가열되면 나타난다.

64_ 보일러에서 압력계에 연결하는 증기관(최고사용압력에 견디는 것)을 강관으로 하는 경우 안지름은 최소 몇 [mm] 이상으로 하여야 하는가?

① 6.5 ② 12.7
③ 15.6 ④ 17.5

해설 증기 보일러 압력계 부착기준 : 압력계와 연결된 증기관은 최고사용압력에 견디는 것으로서 그 크기는 황동관 또는 동관을 사용할 때는 안지름 6.5[mm] 이상, 강관을 사용할 때는 12.7[mm] 이상이어야 하며, 증기온도가 483[K] (210[℃])를 초과할 때에는 황동관 또는 동관을 사용하여서는 안 된다.

65_ 증기관 내의 수격현상이 일어 날 때 조치사항으로 틀린 것은?

① 프라이밍이 발생치 않도록 한다.
② 증기배관의 보온을 철저히 한다.
③ 주증기 밸브를 천천히 연다.
④ 증기 트랩을 닫아 둔다.

해설 수격현상(water hammer)이 일어날 때 조치사항
㉮ 기수공발(carry over : 프라이밍, 포밍) 현상이 발생하지 않도록 한다.
㉯ 주증기 밸브를 서서히 개방한다.

정답 61. ③ 62. ① 63. ② 64. ② 65. ④

㉰ 증기배관의 보온을 철저히 한다.
㉱ 응축수가 체류하는 곳에 증기트랩을 설치한다.
㉲ 드레인 빼기를 철저히 한다.
㉳ 송기 전에 소량의 증기로 배관을 예열한다.
㉴ 증기관은 증기가 흐르는 방향으로 경사가 지도록 한다.

66_ 다음 중 에너지법에 의한 에너지위원회 구성에서 대통령령으로 정하는 사람이 속하는 중앙행정기관에 해당되는 것은?

① 외교부　　　　② 보건복지부
③ 해양수산부　　④ 산업통상자원부

[해설] 에너지위원회 구성에서 중앙행정기관에 해당되는 것 : 에너지법 시행령 제2조
㉮ 기획재정부
㉯ 과학기술정보통신부
㉰ 외교부
㉱ 환경부
㉲ 국토교통부

67_ 지역난방의 장점에 대한 설명으로 틀린 것은?

① 각 건물에는 보일러가 필요 없고 인건비와 연료비가 절감된다.
② 건물 내의 유효면적이 감소되며, 열효율이 좋다.
③ 설비의 합리화에 의해 매연처리를 할 수 있다.
④ 대규모 시설을 관리할 수 있으므로 효율이 좋다.

[해설] 지역난방의 특징
㉮ 연료비와 인건비를 줄일 수 있다.
㉯ 설비의 고도화에 따른 도시 대기오염을 감소시킬 수 있다.
㉰ 각 건물에 위험물을 취급하지 않으므로 화재의 위험이 적다.
㉱ 각 건물에 보일러를 설치하는 경우에 비해 건물의 유효면적이 증대된다.

㉲ 각 건물에 보일러를 설치하는 경우에 비해 열효율이 좋다.
㉳ 온수를 사용하는 것이 관내 저항 손실이 크고, 증기를 사용하면 관내저항 손실이 작다.

68_ 보일러의 보존법 중 이상적인 건조보존법으로 보일러 내의 공기와 물을 전부 배출하고 특정 가스를 봉입해 두는 방법이 있다. 이 때 사용되는 가스는?

① 이산화탄소(CO_2)　② 질소(N_2)
③ 산소(O_2)　　　　④ 헬륨(He)

[해설] 건조 보존법
㉮ 보존 기간이 6개월 이상으로 보일러수를 완전히 배출한 후 동 내부를 완전히 건조시킨 후 흡습제, 산화방지제, 기화성 방청제 등을 넣고 밀폐시켜 보존하는 방법이다.
㉯ 종류 : 석회밀폐 건조 보존법, 질소가스 봉입법, 기화성 부식 억제제 투입법
㉰ 흡습제의 종류 : 생석회, 실리카겔, 염화칼슘, 활성 알루미나, 오산화인 등

69_ 고온(180[℃] 이상)의 보일러수에 포함되어 있는 불순물 중 보일러 강판을 가장 심하게 부식시키는 것은?

① 탄산칼슘　　　② 탄산가스
③ 염화마그네슘　④ 수산화마그네슘

[해설] 염화마그네슘($MgCl_2$)에 의한 부식
㉮ 보일러수에 포함되어 있는 염화마그네슘($MgCl_2$)은 고온의 전열면에서 염산으로 가수분해되고 이때 생성된 염산(HCl)은 강산으로 보일러 강판을 심하게 부식시킨다.
㉯ 가수분해 반응식 :
$MgCl_2 + 2H_2O \rightarrow Mg(OH)_2 + 2HCl$
㉰ 염화마그네슘($MgCl_2$)의 가수분해는 일반적으로 180[℃] 이상의 온도에서 발생하기 쉽다.

70. 다음 보일러의 부속장치에 관한 설명으로 틀린 것은?
① 재열기 : 보일러에서 발생된 증기로 급수를 예열시켜 주는 장치
② 공기예열기 : 연소가스의 여열 등으로 연소용 공기를 예열하는 장치
③ 과열기 : 포화증기를 가열하여 압력은 일정하게 유지하면서 증기의 온도를 높이는 장치
④ 절탄기 : 폐열가스를 이용하여 보일러에 급수되는 물을 예열하는 장치

해설 재열기(reheater)의 역할 : 고압 증기터빈에서 일정한 팽창을 하고 포화상태에 가까워진 증기를 모두 회수하여 재차 열을 가하여 과열증기로 만들어 저압 터빈에서 팽창하도록 하는 장치이다.

71. 에너지이용 합리화법상 자발적 협약에 포함하여야 할 내용이 아닌 것은?
① 협약 체결 전년도 에너지소비 현황
② 단위당 에너지이용효율 향상 목표
③ 온실가스배출 감축목표
④ 고효율기자재의 생산 목표

해설 자발적 협약 이행계획에 포함될 사항 : 에너지이용 합리화법 시행규칙 제26조
㉮ 협약 체결 전년도의 에너지소비 현황
㉯ 에너지를 사용하여 만드는 제품, 부가가치 등의 단위당 에너지이용효율 향상목표 또는 온실가스배출 감축목표("효율향상목표 등"이라 한다.) 및 그 이행 방법
㉰ 에너지관리체제 및 에너지관리방법
㉱ 효율향상목표 등의 이행을 위한 투자계획
㉲ 그 밖에 효율향상목표 등을 이행하기 위하여 필요한 사항

72. 전열면적 50[m²] 이하인 증기보일러에서는 과압방지를 위한 안전밸브를 최소 몇 개 이상 설치해야 하는가?

① 1개 이상　② 2개 이상
③ 3개 이상　④ 4개 이상

해설 안전밸브의 개수
㉮ 증기보일러에는 2개 이상의 안전밸브를 설치하여야 한다. 다만, 전열면적 50[m²] 이하의 증기보일러에서는 1개 이상으로 한다.
㉯ 관류보일러에서 보일러와 압력방출장치와의 사이에 체크 밸브를 설치할 경우 압력방출장치는 2개 이상이어야 한다.

73. 보일러 설치검사기준상 보일러 설치 후 수압시험을 할 때 규정된 시험수압에 도달된 후 얼마의 시간이 경과된 뒤에 검사를 실시하는가?
① 10분　② 15분
③ 20분　④ 30분

해설 수압시험 방법 : 열사용기자재 검사기준 18.2
㉮ 규정된 시험수압에 도달된 후 30분 경과한 후 검사
㉯ 검정수압시험 압력으로 시험하는 경우 다이얼게이지를 이용하여 압력 및 변형을 측정한다.
㉰ 수압시험에는 2개 이상의 압력계를 사용
㉱ 수압시험은 규정된 압력의 6[%] 이상 초과하지 않도록 조치

74. 에너지이용 합리화법에 따라 검사대상기기 설치자는 검사대상기기 관리자가 해임되거나 퇴직하는 경우 다른 검사대상기기 관리자를 언제 선임해야 하는가?
① 해임 또는 퇴직 이전
② 해임 또는 퇴직 후 10일 이내
③ 해임 또는 퇴직 후 30일 이내
④ 해임 또는 퇴직 후 3개월 이내

해설 검사대상기기 관리자의 선임(에너지이용 합리화법 제40조 4항) : 검사대상기기 설치자는 검사대상기기 관리자를 해임하거나 검사대상기기 관리자가 퇴직하는 경우에는 해임이나 퇴직 이전에 다른 검사대상기기 관리자를 선임하여야 한다.

정답 70. ①　71. ④　72. ①　73. ④　74. ①

75. 다음은 에너지이용 합리화법에 따라 산업통상 자원부장관이 에너지저장의무를 부과할 수 있는 에너지저장의무 부과대상자 중 일부이다. ( ) 안에 알맞은 것은?

연간 ( ) TOE 이상의 에너지를 사용하는 자

① 5000   ② 10000
③ 20000   ④ 50000

해설 에너지저장의무 부과 대상자 : 에너지이용 합리화법 시행령 제12조 1항
㉮ 전기사업법에 따른 전기사업자
㉯ 도시가스사업법에 따른 도시가스사업자
㉰ 석탄산업법에 따른 석탄가공업자
㉱ 집단에너지법에 따른 집단에너지사업자
㉲ 연간 2만 석유환산톤(TOE) 이상의 에너지를 사용하는 자

76. 난방부하가 18800[kJ/h]인 온수난방에서 쪽당 방열면적이 0.2[m²]인 방열기를 사용한다고 할 때 필요한 쪽수는? (방열기의 방열량은 표준방열량으로 한다.)

① 30   ② 40
③ 50   ④ 60

해설 $N_w = \dfrac{H_1}{1890 \times a}$
$= \dfrac{18800}{1890 \times 0.2} = 49.735 ≒ 50$ 쪽

『참고』 방열기의 표준방열량

구 분	공학단위 [kcal/m²·h]	SI 단위 [kJ/m²·h]
온수방열기	450	1890
증기방열기	650	2730

77. 증기 사용 중 유의사항에 해당되지 않는 것은?
① 수면계 수위가 항상 상용수위가 되도록 한다.
② 과잉공기를 많게 하여 완전연소가 되도록 한다.
③ 배기가스 온도가 갑자기 올라가는지를 확인한다.
④ 일정 압력을 유지할 수 있도록 연소량을 가감한다.

해설 과잉공기가 많게 보일러를 가동하면 배기가스로 손실되는 열량이 증가하여 효율이 감소되므로 적정공기비가 유지될 수 있도록 한다.

78. 보일러 파열사고의 원인과 가장 먼 것은?
① 안전장치 고장   ② 저수위 운전
③ 강도부족   ④ 증기 누설

해설 사고의 원인
㉮ 제작상의 원인 : 재료 불량, 강도 부족, 설계 불량, 구조 불량, 부속기기 설비의 미비, 용접 불량 등
㉯ 취급상의 원인 : 압력 초과, 저수위, 급수처리 불량, 부식, 과열, 미연소가스 폭발사고, 부속기기 정비 불량

79. 보일러 분출작업시의 주의사항으로 틀린 것은?
① 분출작업은 2명 1개조로 분출한다.
② 저수위 이하로 분출한다.
③ 분출 도중 다른 작업을 하지 않는다.
④ 분출작업을 행할 때 2대의 보일러를 동시에 해서는 안 된다.

해설 분출작업 시의 주의사항
㉮ 2인 1조가 되어 분출작업을 할 것
㉯ 분출량이 많아도 안전저수위 이하로 하지 않을 것
㉰ 2대의 보일러를 동시에 분출시키지 않을 것
㉱ 밸브 및 콕은 신속히 개방할 것
㉲ 분출량은 농도 측정에 의하여 결정할 것
㉳ 분출 도중 다른 작업을 하지 않을 것
㉴ 연속운전인 보일러는 부하가 가장 작을 때 실시한다.

정답 75. ③   76. ③   77. ②   78. ④   79. ②

80. 보일러 수면계를 시험해야 하는 시기와 무관한 것은?

① 발생증기를 송기할 때
② 수면계 유리의 교체 또는 보수 후
③ 프라이밍, 포밍이 발생할 때
④ 보일러 가동 직전

해설 보일러 수면계 기능시험 시기
㉮ 보일러를 가동하기 전
㉯ 보일러를 가동하여 압력이 상승하기 시작했을 때
㉰ 2개의 수면계의 수위에 차이를 발견했을 때
㉱ 수위의 움직임이 둔하고, 정확한 수위인지 아닌지 의문이 생길 때
㉲ 수면계 유리의 교체, 그 외의 보수를 했을 때
㉳ 프라이밍, 프밍 등이 발생할 때
㉴ 취급 담당자 교대 시 다음 인계자가 사용할 때

정답 80. ①

2020년 8월 23일
제3회 에너지관리산업기사 필기시험

※ 코로나19로 인하여 1회차 필기시험이 2회차와 통합 시행되어 제3회 필기시험은 추가로 실시하였습니다.
※ 2020년 제4회차부터 CBT로 필기시험이 시행되어 문제가 공개되지 않습니다.

1과목 - 열역학 및 연소관리

01_ 다음 온도에 대한 설명으로 잘못된 것은?

① 온수의 온도가 110[°F]로 표시되어 있다면 섭씨온도로는 43.3[℃]이다.
② 30[℃]를 화씨온도로 고치면 86[°F]이다.
③ 섭씨 30[℃]에 해당하는 절대온도는 303[K]이다.
④ 40[°F]는 절대온도로 464.4[K]이다.

해설 각 항목의 적합 여부 확인

① $t[℃] = \dfrac{5}{9}(°F - 32)$
$= \dfrac{5}{9} \times (110 - 32) = 43.333[℃]$

② $t[°F] = \dfrac{9}{5}℃ + 32$
$= \dfrac{9}{5} \times 30 + 32 = 86[°F]$

③ $T[K] = 273 + t[℃] = 273 + 30 = 303[K]$

④ $T[K] = \dfrac{460 + t[°F]}{1.8}$
$= \dfrac{460 + 40}{1.8} = 277.77[K]$

02_ 공기 중 폭발범위가 약 2.2~9.5[%]인 기체연료는?

① 수소 ② 프로판
③ 일산화탄소 ④ 아세틸렌

해설 각 가스의 공기 중 폭발범위

명칭	폭발범위
수소(H_2)	4~75[%]
프로판(C_3H_8)	2.2~9.5[%]
일산화탄소(CO)	12.5~74[%]
아세틸렌(C_2H_2)	2.5~81[%]

03_ 연돌의 상부 단면적을 구하는 식으로 옳은 것은? (단, F : 연돌의 상부 단면적[m^2], t : 배기가스 온도[℃], W : 배기가스 속도[m/s], G : 배기가스 양[Nm^3/h]이다.)

① $F = \dfrac{G(1 + 0.0037t)}{2700\,W}$

② $F = \dfrac{GW(1 + 0.0037t)}{2700}$

③ $F = \dfrac{G(1 + 0.0037t)}{3600\,W}$

④ $F = \dfrac{GW(1 + 0.0037t)}{3600}$

해설 연돌 상부의 단면적 계산식 : 표준상태의 시간당 배기가스량[Nm^3/h]을 보일-샤를의 법칙을 적용해 현재의 온도와 압력으로 초당 배기가스량[m^3/s]으로 환산하여 연속의 방정식으로 단면적을 구하는 식을 유도한 것이다.

$\therefore F = \dfrac{G(1 + 0.0037t)}{3600\,W}$

04_ 증기의 건도에 관한 설명으로 틀린 것은?

① 포화수의 건도는 0이다.
② 습증기의 건도는 0보다 크고 1보다 작다.
③ 건포화증기의 건도는 1이다.
④ 과열증기의 건도는 0보다 작다.

정답 1. ④ 2. ② 3. ③ 4. ④

해설 건조도[건도](x) : 증기 속에 함유되어 있는 물방울의 혼용률로 습증기 1[kg] 중에 포함되어 있는 건포화증기의 양을 습증기 1[kg]으로 나눈 값이다.
㉮ 건조도(x)가 1인 경우 : 건포화증기
㉯ 건조도(x)가 0인 경우 : 포화수
㉰ 건조도(x)가 $0 < x < 1$인 경우 : 습증기

05_ 15[℃]의 물로 −15[℃]의 얼음을 매시간당 100[kg]씩 제조하고자 할 때, 냉동기의 능력은 약 몇 [kW]인가? (단, 0[℃] 얼음의 응고잠열은 335[kJ/kg]이고, 물의 비열은 4.2[kJ/kg·℃], 얼음의 비열은 2[kJ/kg·℃]이다.)
① 2   ② 4
③ 12 ④ 30

해설 (1) 얼음을 100[kg/h]을 제조할 때 냉동기에서 흡수 제거해야 할 열량 계산
㉮ 15[℃] 물 → 0[℃] 물 : 현열
∴ $Q_a = GC\Delta t$
$= 100 \times 4.2 \times (15-0) = 6300 \,[\text{kJ/h}]$
㉯ 0[℃] 물 → 0[℃] 얼음 : 잠열
∴ $Q_b = G\gamma = 100 \times 335 = 33500 \,[\text{kJ/h}]$
㉰ 0[℃] 얼음 → −15[℃] 얼음 : 현열
∴ $Q_c = GC\Delta t$
$= 100 \times 2 \times \{0-(-15)\} = 3000 \,[\text{kJ/h}]$
㉱ 합계 열량 계산
∴ $Q_2 = Q_a + Q_b + Q_c$
$= 6300 + 33500 + 3000 = 42800 \,[\text{kJ/h}]$
(2) 냉동기 능력 계산 : 1[kW] = 1[kJ/s] = 3600[kJ/h]이다.
∴ 냉동기 능력 = $\dfrac{\text{제거열량}}{1[\text{kW}]\text{당 열량}}$
$= \dfrac{42800}{3600} = 11.888 \,[\text{kW}]$

06_ 온도 300[K]인 공기를 가열하여 600[K]가 되었다. 초기 상태 공기의 비체적을 1[m³/kg], 최종 상태 공기의 비체적을 2[m³/kg]이라고 할 때, 이 과정 동안 엔트로피의 변화량은 약 몇 [kJ/kg·K]인가? (단, 공기의 정적비열은 0.7[kJ/kg·K], 기체상수는 0.3[kJ/kg·K]이다.)
① 0.3   ② 0.5
③ 0.7   ④ 1.0

해설 T와 v의 함수에서 엔트로피 변화량 계산
∴ $\Delta s = C_v \ln\dfrac{T_2}{T_1} + R\ln\dfrac{v_2}{v_1}$
$= 0.7 \times \ln\dfrac{600}{300} + 0.3 \times \ln\dfrac{2}{1}$
$= 0.693 \,[\text{kJ/kg·K}]$

07_ 보일러 통풍에 대한 설명으로 틀린 것은?
① 자연통풍은 굴뚝 내의 연소가스와 대기와의 밀도차에 의해 이루어진다.
② 통풍력은 굴뚝 외부의 압력과 굴뚝하부(유입구)의 압력과의 차이이다.
③ 압입통풍을 하는 경우 연소실 내는 부압이 작용한다.
④ 강제통풍 방식 중 평형통풍 방식은 통풍력을 조절할 수 있다.

해설 통풍방법의 분류
(1) 자연 통풍 : 연돌에 의한 통풍방식으로 배기가스와 외부공기와의 비중량차(밀도차)에 의해서 통풍력이 발생되는 것
(2) 강제 통풍 : 송풍기를 이용하는 것
㉮ 압입 통풍 : 송풍기를 연소실 앞에 두고 연소용 공기를 대기압 이상의 압력으로 연소실에 밀어 넣는 방식으로 노내 압력은 정압상태를 유지한다.
㉯ 흡입 통풍 : 송풍기를 연도 중에 설치하여 연소 배기가스를 직접 흡입하여 강제로 배출시키는 방법으로 노내 압력은 부압상태를 유지한다.
㉰ 평형 통풍 : 압입 통풍과 흡입 통풍을 병행하는 방식으로 노내 압력은 정압, 부압 또는 평형상태를 유지한다.

08_ 과잉공기량이 많을 경우 발생되는 현상을 설명한 것으로 틀린 것은?
① 배기가스 중 CO_2 농도가 낮게 된다.
② 연소실 온도가 낮게 된다.
③ 배기가스에 의한 열손실이 증가한다.
④ 불완전연소를 일으키기 쉽다.

정답 5. ③ 6. ③ 7. ③ 8. ④

해설 과잉공기량이 많을 때의 영향
㉮ 연소실 내의 온도가 낮아진다.
㉯ 배기가스로 인한 손실열이 증가한다.
㉰ 배기가스 중 질소산화물(NO_x)이 많아져 대기오염 및 저온부식을 초래한다.
㉱ 연료소비량이 증가한다.
㉲ 배기가스량이 많아져 배기가스 중 CO_2 농도[%]가 낮게 된다.

09. 랭킨 사이클에서 열효율을 상승시키기 위한 방법으로 옳은 것은?

① 보일러의 온도를 높이고, 응축기의 압력을 높게 한다.
② 보일러의 온도를 높이고, 응축기의 압력을 낮게 한다.
③ 보일러의 온도를 낮추고, 응축기의 압력을 높게 한다.
④ 보일러의 온도를 낮추고, 응축기의 압력을 낮게 한다.

해설 랭킨 사이클(증기 사이클)의 이론 열효율은 초압 및 초온이 높을수록, 배압(터빈 배출압력)이 낮을수록 증가한다.

10. 기체연료의 장점에 해당하지 않는 것은?

① 저장이나 운송이 쉽고 용이하다.
② 비열이 작아서 예열이 용이하고 열효율, 화염온도 조절이 비교적 용이하다.
③ 연료의 공급량 조절이 쉽고 공기와의 혼합을 임의로 조절할 수 있다.
④ 연소 후 유해잔류 성분이 거의 없다.

해설 기체연료의 특징
(1) 장점
㉮ 연소효율이 높고 연소제어가 용이하다.
㉯ 회분 및 황성분이 없어 전열면 오손이 없다.
㉰ 적은 공기비로 완전연소가 가능하다.
㉱ 저발열량의 연료로 고온을 얻을 수 있다.
㉲ 완전연소가 가능하여 공해문제가 없다.

(2) 단점
㉮ 저장 및 수송이 어렵다.
㉯ 가격이 비싸고 시설비가 많이 소요된다.
㉰ 누설 시 화재, 폭발의 위험이 크다.

11. 원심식 통풍기에서 주로 사용하는 풍량 및 풍속 조절 방식이 아닌 것은?

① 회전수를 변화시켜 조절한다.
② 댐퍼의 개폐에 의해 조절한다.
③ 흡입 베인의 개도에 의해 조절한다.
④ 날개를 동익가변시켜 조절한다.

해설 터보형(원심식) 통풍기의 풍량 및 풍속 조절 방식
㉮ 회전수 제어에 의한 방법
㉯ 토출 베인 각도조절에 의한 방법
㉰ 흡입 베인 각도조절에 의한 방법
㉱ 베인 컨트롤에 의한 방법
㉲ 바이패스에 의한 방법(댐퍼 개폐에 의한 조절)
※ 날개를 동익가변시켜 조절하는 방법은 축류식 통풍기의 풍량조절 방법이다.

12. 액체연료 사용 시 고려해야 할 대상이 아닌 것은?

① 잔류탄소분   ② 인화점
③ 점결성   ④ 황분

해설 점결도(점결성) : 석탄을 가열하면 350[℃] 정도에서 표면이 용융되었다가 450[℃] 정도에서 굳어지는 성질로 액체연료와는 관련성이 없다.

13. 포화액의 온도를 그대로 두고 압력을 높이면 어떤 상태가 되는가?

① 압축액   ② 포화액
③ 습포화 증기   ④ 건포화 증기

해설 포화액의 포화온도를 유지하면서 압력을 높이면 비점이 높아지므로 포화액은 과냉각된 액체(압축액)가 된다.

정답 9. ② 10. ① 11. ④ 12. ③ 13. ①

14. 압력 0.1[MPa], 온도 20[℃]의 공기가 6[m]×10[m]×4[m]인 실내에 존재할 때 공기의 질량은 약 몇 [kg]인가? (단, 공기의 기체상수 R은 0.287[kJ/kg·K]이다.)

① 270.7 ② 285.4
③ 299.1 ④ 303.6

해설 $PV = GRT$에서
$$\therefore G = \frac{PV}{RT} = \frac{(0.1 \times 1000) \times (6 \times 10 \times 4)}{0.287 \times (273 + 20)} = 285.405 [kg]$$

15. 임의의 사이클에서 클라우지우스의 적분을 나타내는 식은?

① $\oint \frac{dQ}{T} < 0$ ② $\oint \frac{dQ}{T} > 0$
③ $\oint \frac{dQ}{T} = 0$ ④ $\oint \frac{dQ}{T} \leq 0$

해설 클라지우스(Clausius)의 사이클 간 적분에서 가역과정 $\oint \frac{\delta Q}{T} = 0$, 비가역과정 $\oint \frac{\delta Q}{T} < 0$이므로 이상 및 실제 사이클 과정에서 성립하는 것은 $\oint \frac{\delta Q}{T} \leq 0$이다.

16. 압축성 인자(compressibility factor)에 대한 설명으로 옳은 것은?

① 실제기체가 이상기체에 대한 거동에서 벗어나는 정도를 나타낸다.
② 실제기체는 1의 값을 갖는다.
③ 항상 1보다 작은 값을 갖는다.
④ 기체 압력이 0으로 접근할 때 0으로 접근된다.

해설 압축성 인자(compressibility factor) : 실제기체가 이상기체에 대한 거동에서 벗어나는 정도를 나타내는 것으로, 이상기체일 때는 1이나, 실제기체는 1에서 벗어나고 압력이나 온도의 변화에 따라 변한다.

17. 중유에 대한 설명으로 틀린 것은?

① 점도에 따라 A급, B급, C급으로 나눈다.
② 비중은 약 0.79~0.85이다.
③ 보일러용 연료로 많이 사용된다.
④ 인화점은 약 60~150[℃] 정도이다.

해설 중유의 성질
㉮ 중유(heavy oil)는 비점이 300[℃] 이상인 갈색 또는 암갈색의 액체로 탄소(C)가 가장 많이 함유하고 있다.
㉯ 정제과정에 의한 분류 : 직류 중유, 분해 중유
㉰ 점도에 의한 분류 : A중유 < B중유 < C중유
㉱ 유황분 함량에 의한 분류 : A급(1호, 2호), B급, C급(1호, 2호, 3호, 4호)의 7종으로 구분
㉲ 비중 : 0.856~1
㉳ 인화점 : 약 60~150[℃] 정도

18. 다음 중 CH_4 및 H_2를 주성분으로 한 기체 연료는?

① 고로가스 ② 발생로가스
③ 수성가스 ④ 석탄가스

해설 석탄가스 : 석탄을 1000[℃] 내외로 건류할 때 얻어지는 가스로 메탄(CH_4)과 수소(H_2)가 주성분이며, 발열량이 5000[kcal/m³] 정도이다.

19. 물질의 상변화 과정동안 흡수되거나 방출되는 에너지의 양을 무엇이라 하는가?

① 잠열 ② 비열
③ 현열 ④ 반응열

해설 현열과 잠열
㉮ 현열(감열) : 물질이 상태변화는 없이 온도변화에 총 소요된 열량
㉯ 잠열 : 물질이 온도변화는 없이 상태변화에 총 소요된 열량으로 증발열, 융해열, 승화열이 해당된다.

20. 수소 1[kg]을 완전연소시키는 데 필요한 이론 산소량은 약 몇 [Nm³]인가?

① 1.86 ② 2
③ 5.6 ④ 26.7

정답 14. ② 15. ④ 16. ① 17. ② 18. ④ 19. ① 20. ③

해설 ㉮ 수소(H_2)의 완전연소 반응식
$$H_2 + \frac{1}{2}O_2 \rightarrow H_2O$$
㉯ 이론산소량 계산
$$2[kg] : \frac{1}{2} \times 22.4[Nm^3] = 1[kg] : x(O_0)[Nm^3]$$
$$\therefore x = \frac{1 \times \frac{1}{2} \times 22.4}{2} = 5.6[Nm^3]$$

2과목 - 계측 및 에너지 진단

21. 오차에 대한 설명으로 틀린 것은?
① 계통오차는 발생 원인을 알고 보정에 의해 측정값을 바르게 할 수 있다.
② 계측상태의 미소변화에 의한 것은 우연오차이다.
③ 표준편차는 측정값에서 평균값을 더한 값의 제곱의 산술평균의 제곱근이다.
④ 우연오차는 정확한 원인을 찾을 수 없어 완전한 제거가 불가능하다.

해설 표준편차 : 측정값과 평균값과의 차이의 제곱합을 측정치 수로 나눈 평균치를 분산이라 하며, 이 분산의 제곱근을 표준편차라 한다. 표준편차의 값이 0이면 관측값 전체가 동일하다는 것으로 표준편차가 클수록 평균에서 떨어진 값이 많다는 것이다.

22. 보일러 열정산에서 출열 항목에 속하는 것은?
① 연료의 현열
② 연소용 공기의 현열
③ 미연분에 의한 손실열
④ 노내 분입 증기의 보유열량

해설 열정산 시 입·출열 항목
(1) 입열(入熱) 항목
  ㉮ 연료의 발열량(연료의 연소열)
  ㉯ 연료의 현열
  ㉰ 공기의 현열
  ㉱ 노내 취입 증기 또는 온수에 의한 입열
(2) 출열(出熱) 항목
  ㉮ 배기가스 보유열량
  ㉯ 증기의 보유열량
  ㉰ 불완전연소에 의한 열손실
  ㉱ 미연분에 의한 열손실
  ㉲ 노벽의 흡수열량
  ㉳ 재의 현열

23. 다음 중 전기식 제어방식의 특징으로 틀린 것은?
① 고온 다습한 주위환경에 사용하기 용이하다.
② 전송거리가 길고 전송지연이 생기지 않는다.
③ 신호처리나 컴퓨터 등과의 접속이 용이하다.
④ 배선이 용이하고 복잡한 신호에 적합하다.

해설 전기식 제어방식의 특징
㉮ 전송에 시간지연이 없다.
㉯ 컴퓨터와 같은 자동제어장치와 조합이 용이하다.
㉰ 조작력이 크게 요구될 때 사용된다.
㉱ 배선이 용이하고, 복잡한 신호에 적합하다.
㉲ 전송거리가 수 10[km]까지 가능하고, 무선 통신을 할 수 있다.
㉳ 폭발성 가연성 가스를 사용하는 곳에서는 방폭구조로 하여야 한다.
㉴ 고온, 다습한 주위환경에 사용하기 곤란하다.
㉵ 조절 밸브 모터의 동작에 관성이 크게 작용한다.
㉶ 보수 및 취급에 기술을 요한다.
㉷ 조작속도가 빠른 비례 조작부를 만들기가 곤란하다.

24. 화학적 가스분석계의 측정법에 속하는 것은?
① 도전율법   ② 세라믹법
③ 자화율법   ④ 연소열법

해설 가스 분석계의 분류 및 종류
(1) 화학적 가스 분석계
  ㉮ 연소열을 이용한 것
  ㉯ 용액흡수제를 이용한 것
  ㉰ 고체 흡수제를 이용한 것

정답 21. ③ 22. ③ 23. ① 24. ④

(2) 물리적 가스 분석계
  ㉮ 가스의 열전도율을 이용한 것
  ㉯ 가스의 밀도, 점도차를 이용한 것
  ㉰ 가스의 광학적 성질(빛의 간섭)을 이용한 것
  ㉱ 전기전도도를 이용한 것
  ㉲ 가스의 자기적 성질을 이용한 것
  ㉳ 가스의 반응성을 이용한 것
  ㉴ 적외선 흡수를 이용한 것

25. 원거리 지시 및 기록이 가능하여 1대의 계기로 여러 개소의 온도를 측정할 수 있으며, 제백(Seebeck) 효과를 이용한 온도계는?
  ① 유리 온도계   ② 압력 온도계
  ③ 열전대 온도계 ④ 방사 온도계

해설 열전대 온도계 : 2종류의 금속선을 접속하여 하나의 회로를 만들어 2개의 접점에 온도차를 부여하면 회로에 접점의 온도에 거의 비례한 전류(열기전력)가 흐르는 현상인 제백효과(Seebeck effect)를 이용한 것으로 열기전력은 전위차계를 이용하여 측정한다.

26. 서미스터(thermistor)에 관한 설명으로 틀린 것은?
  ① 온도변화에 따라 저항치가 크게 변하는 반도체로 NI, Co, Mn, Fe 및 Cu 등의 금속 산화물을 혼합하여 만든 것이다.
  ② 서미스터는 넓은 온도 범위 내에서 온도계수가 일정하다.
  ③ 25[℃]에서 서미스터 온도계수는 약 -2~6[%/℃]의 매우 큰 값으로서 백금선의 약 10배 이다.
  ④ 측정온도 범위는 -100~300[℃] 정도이며, 측온부를 작게 제작할 수 있어 시간 지연이 매우 적다.

해설 서미스터 온도계 특징 : ①, ③, ④ 외
  ㉮ 감도가 크고 응답성이 빨라 온도변화가 작은 부분 측정에 적합하다.
  ㉯ 온도 상승에 따라 저항치가 감소한다(저항온도계수가 부특성(負特性)이다).
  ㉰ 소형으로 협소한 장소의 측정에 유리하다.
  ㉱ 소자의 균일성 및 재현성이 없다.
  ㉲ 흡습에 의한 열화가 발생할 수 있다.
  ㉳ 측정범위는 -100~300[℃] 정도이다.

27. 보일러 열정산 시 보일러 최종 출구에서 측정하는 값은?
  ① 급수온도   ② 예열공기온도
  ③ 배기가스온도 ④ 과열증기온도

해설 보일러 열정산 시 배기가스 온도의 측정은 보일러의 최종 가열기 출구에서 측정한다. 가스온도는 각 통로 단면의 평균온도를 구하도록 한다.

28. 고압유체에서 레이놀즈수가 클 때 유량측정에 적합한 교축기구는?
  ① 플로노즐   ② 오리피스
  ③ 피토관   ④ 벤투리관

해설 플로노즐(flow nozzle)의 특징
  ㉮ 고속, 고압의 유량측정에 적당하다.
  ㉯ 레이놀즈수가 높을 때 사용한다.
  ㉰ 레이놀즈수가 낮아지면 유량계수가 감소한다.
  ㉱ 오리피스보다 구조가 복잡하고, 설계 및 가공이 어렵다.
  ㉲ 침전물의 영향이 오리피스보다 적은편이다.
  ㉳ 가격, 압력손실이 차압식 유량계 중 중간정도이다.

29. 적외선 가스분석계의 특징에 대한 설명으로 옳은 것은?
  ① 선택성이 뛰어나다.
  ② 대상 범위가 좁다.
  ③ 저농도의 분석에 적합하다.
  ④ 측정가스의 더스트 방지나 탈습에 충분한 주의가 필요 없다.

해설 적외선 가스분석계의 특징
  ㉮ 선택성이 뛰어나다.
  ㉯ 측정농도의 범위가 넓다.
  ㉰ 저농도의 가스분석이 가능하다.

정답 25. ③ 26. ② 27. ③ 28. ① 29. ①

㉣ 연속 분석이 가능하다.
㉤ 대기오염을 측정하는 데 사용할 수 있다.
㉥ 적외선 흡수물질에 의한 오차가 발생한다.

30. 보일러의 노내압을 제어하기 위한 조작으로 적절하지 않은 것은?
① 연소가스 배출량의 조작
② 공기량의 조작
③ 댐퍼의 조작
④ 급수량의 조작

해설 ㉮ 보일러 자동제어(A·B·C)의 종류

명 칭	제어량	조작량
자동연소제어 (ACC)	증기압력	공기량, 연소량
	노내압	연소가스량
급수제어(FWC)	보일러 수위	급수량
증기온도제어 (STC)	증기온도	전열량
증기압력제어 (SPC)	증기압력	연료공급량, 연소용 공기량

㉯ 노내압을 제어하기 위해서는 조작량이 연소 가스량이고, 연소 가스량을 조절하기 위해서는 공기량, 연소가스 배출량, 댐퍼의 조작이 필요하다.

31. 액체와 계기가 직접 접촉하지 않고 측정하는 액면계로서 산, 알칼리, 부식성 유체의 액면 측정에 사용되는 액면계는?
① 직관식 액면계
② 초음파 액면계
③ 압력식 액면계
④ 플로트식 액면계

해설 초음파식 액면계 : 초음파(超音波)가 예리한 지향성을 가지고 매질의 밀도가 변화하는 면에서는 빛과 같이 반사되는 성질을 이용한 것으로 대형 원유 저장 탱크나 산, 알칼리, 부식성 유체의 액면 측정에 사용되며, 기상형과 액상형이 있다.
㉮ 기상형은 밀폐 탱크의 천장에 초음파 발신기 및 수신기를 부착하여 수신기로 되돌아올 때까지의 시간을 펄스 카운터로 측정한다.
㉯ 액상형에서는 발신기, 수신기와 함께 탱크의 밑으로부터의 반사가 있어서 혼동하기 쉽고, 액 중의 각 부분 온도가 불균일하면 그 부분에서 음속 변화가 생겨 오차가 발생한다.

32. 차압식 유량계로서 교축기구 전·후에 탭을 설치하는 것은?
① 오리피스
② 로터미터
③ 피토관
④ 가스미터

해설 차압식 유량계
㉮ 측정원리 : 베르누이 방정식
㉯ 종류 : 오리피스미터, 플로 노즐, 벤투리미터
㉰ 측정방법 : 조리개 전후에 연결된 액주계의 압력차를 이용하여 유량을 측정

『참고』 차압을 취출하는 방법
㉮ 베나 탭(vena tap) : 유입은 배관 안지름만큼의 거리, 유출측은 가장 낮은 압력이 걸리는 부분거리(0.2~0.8D)
㉯ 플랜지 탭(flange tap) : 교축기구 25.4[mm] 전후 거리로 75[mm] 이하의 관에 사용한다.
㉰ 코너 탭(corner tap) : 교축기구 직전, 직후에 설치

33. 2000[kPa]의 압력을 [mmHg]로 나타내면 약 얼마인가?
① 10000
② 15000
③ 17000
④ 20000

해설 1[atm] = 760[mmHg] = 76[cmHg]
= 101325[N/m^2] = 101325[Pa] = 101.325[kPa]
∴ 변환압력 = $\dfrac{\text{주어진 압력}}{\text{주어진 압력 단위의 표준대기압}}$ × 구하려 하는 압력의 표준대기압
= $\dfrac{2000}{101.325}$ × 760 = 15001.233 [mmHg]

34. 공기식으로 전송하는 계장용 압력계의 공기압 신호압력[kPa] 범위는?
① 20~100
② 300~500
③ 500~1000
④ 800~2000

해설 공기압식 신호의 압력 및 전송거리
㉮ 압력 : 20~100[kPa](0.2~1.0[kgf/cm^2])
㉯ 전송거리 : 100~150[m]

정답 30. ④ 31. ② 32. ① 33. ② 34. ①

35. 증기보일러의 용량표시 방법 중 일반적으로 가장 많이 사용되는 정격용량은 무엇을 의미하는가?
① 상당증발량 ② 최고사용압력
③ 상당방열면적 ④ 시간당 발열량

해설 상당 증발량(환산 증발량) : 실제 증발량을 기준 증발량으로 환산하였을 때의 증발량. 즉, 100[℃]의 포화수를 100[℃]의 건조포화증기로 발생시킬 수 있는 증발량으로 단위는 [kg/h]이다.

36. SI 유도단위 상태량이 아닌 것은?
① 넓이 ② 부피
③ 전류 ④ 전압

해설 SI 단위
㉮ 기본단위 : 국가표준기본법 시행령 별표1

기본량	길이	질량	시간	전류	물질량	온도	광도
기본단위	m	kg	s	A	mol	K	cd

㉯ 유도단위 : 기본단위의 조합 또는 기본단위 및 다른 유도단위의 조합에 의하여 형성되는 단위(시행령 별표2)

대상	넓이	부피	전압	힘	압력
명칭	m²	m³	V	N	Pa

37. 도너츠형의 측정실이 있고, 온도변화가 적고 부식성 가스나 습기가 적은 곳에 주로 사용되며 저압기체 및 배기가스의 압력측정에 적합한 압력계는?
① 침종식 압력계 ② 환상천평식 압력계
③ 분동식 압력계 ④ 부르동관식 압력계

해설 링밸런스식(환상천평식) 압력계의 특징
㉮ 원형상의 관 상부에 2개의 구멍을 뚫고 측정압력과 대기압의 도입관으로 하고 도입관에 의해 양면에 압력이 가해져 압력이 불균형해지면 링이 회전하며, 그 회전각은 압력차에 비례한 것을 이용하여 압력차를 측정한다.
㉯ 회전력이 커서 기록이 용이하고, 원격 전송이 가능하다.
㉰ 평형추의 증감, 취부장치의 이동으로 측정범위 변경이 가능하다.
㉱ 액체 압력측정은 곤란하고 기체 압력측정에 이용된다.
㉲ 저압 가스의 압력 및 통풍계(draft gauge)로 사용된다.

38. 다음 온도계 중 가장 높은 온도를 측정할 수 있는 것은?
① 바이메탈 온도계 ② 수은 온도계
③ 백금저항 온도계 ④ PR열전대 온도계

해설 각 온도계의 측정범위

온도계	측정범위
바이메탈 온도계	-50~500[℃]
수은 온도계	-60℃~350[℃]
백금저항 온도계	-200~500[℃]
PR열전대 온도계	0~1600[℃]

39. 매시간 1600[kg]의 연료를 연소시켜 16000[kg/h]의 증기를 발생시키는 보일러의 효율[%]은 약 얼마인가? (단, 연료의 발열량 39800[kJ/kg], 발생증기의 엔탈피 3023[kJ/kg], 급수증기의 엔탈피 92[kJ/kg]이다.)
① 84.4 ② 73.6
③ 65.2 ④ 88.9

해설 $\eta = \dfrac{G_a(h_2 - h_1)}{G_f H_l} \times 100$
$= \dfrac{16000 \times (3023 - 92)}{1600 \times 39800} \times 100 = 73.643[\%]$
※ 문제에서 주어진 조건 중 '급수증기의 엔탈피'는 '급수 엔탈피'로 주어져야 옳은 내용임

40. 보일러에 있어서의 자동제어가 아닌 것은?
① 급수제어 ② 위치제어
③ 연소제어 ④ 온도제어

해설 보일러 자동제어의 종류 및 명칭
㉮ 보일러 자동제어 : A·B·C(automatic boiler control)
㉯ 연소제어 : A·C·C(automatic combustion control)
㉰ 급수제어 : F·W·C(feed water control)
㉱ 증기온도제어 : S·T·C(steam temperature control)
㉲ 증기압력제어 : S·P·C(steam pressure control)

정답 35. ① 36. ③ 37. ② 38. ④ 39. ② 40. ②

3과목 - 열설비구조 및 시공

41. 주로 보일러 전열면이나 절탄기에 고정 설치해 두며, 분사관은 다수의 작은 구멍이 뚫려 있고 이곳에서 분사되는 증기로 매연을 제거하는 것으로서 분사관은 구조상 고온가스의 접촉을 고려해야 하는 매연 분출장치는?
① 롱레트랙터블형 ② 쇼트레트랙터블형
③ 정치 회전형   ④ 공기예열기 클리너

해설 슈트 블로워의 종류
㉮ 장발형(long retractable type) 슈트 블로워 : 과열기와 같이 고온의 열가스가 통하는 부분에 사용한다.
㉯ 단발형(short retractable type) 슈트 블로워 : 분사관이 짧으며 1개의 노즐을 설치하여 연소로벽에 부착되어 있는 이물질을 제거하는데 사용한다.
㉰ 정치 회전형(로터리형) : 전열면이나 절탄기에 고정 설치하여 매연을 제거하는 것으로 정지된 상태로 회전하는 분사관에 다수의 구멍이 뚫려 있고 이곳으로 증기가 분사된다.
㉱ 공기예열기 크리너 : 관형 공기예열기에 사용하는 것으로 자동식과 수동식이 있다.
㉲ 건 타입 : 보일러의 연소로벽 등에 부착하는 타고 남은 찌꺼기를 제거하는데 적합하며 특히, 미분탄 연소 보일러 및 폐열보일러 같은 타고 남은 연재가 많이 부착하는 보일러에 사용한다.

42. 그림과 같이 노벽에 깊이 10[cm]의 구멍을 뚫고 온도를 재었더니 250[℃]이었다. 바깥표면의 온도는 200[℃]이고, 노벽 재료의 열전도율이 0.814[W/m·℃]일 때 바깥표면 1[m²]에서 전열량은 약 몇 [W]인가?

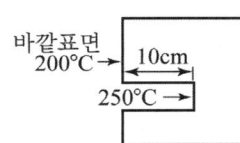

① 59   ② 147
③ 171   ④ 407

해설 $Q = K \cdot F \cdot \Delta t = \dfrac{1}{\frac{b}{\lambda}} \cdot F \cdot \Delta t$

$= \dfrac{1}{\frac{0.1}{0.814}} \times 1 \times (250 - 200) = 407[W]$

43. 보일러 설치검사기준상 전열면적이 7[m²]인 경우 급수 밸브 크기의 기준은 얼마이어야 하는가?
① 10[A] 이상 ② 15[A] 이상
③ 20[A] 이상 ④ 25[A] 이상

해설 급수 밸브의 크기 : 급수 밸브 및 체크 밸브의 크기는 전열면적 10[m²] 이하의 보일러에서는 호칭 15[A] 이상, 전열면적 10[m²]를 초과하는 보일러에서는 호칭 20[A] 이상이어야 한다.

44. 다음 중 전기로에 속하지 않는 것은?
① 전로   ② 전기 저항로
③ 아크로   ④ 유도로

해설 ㉮ 전기로(electric furnace) : 전열을 사용하여 선철과 고철을 용해하여 강을 만드는 것으로 가열방식에 의하여 저항로, 아크로, 유도로 등으로 분류한다.
㉯ 전로 : 용융 선철을 장입하고 고압의 공기나 산소를 취입하여 제련하는 것으로 산화열에 의해 불순물을 제거하므로 별도의 연료가 필요 없다.

45. 인젝터의 특징에 관한 설명으로 틀린 것은?
① 구조가 간단하고 소형이다.
② 별도의 소요 동력이 필요하다.
③ 설치장소를 적게 차지한다.
④ 시동과 정지가 용이하다.

해설 인젝터의 특징
(1) 장점
㉮ 구조가 간단하고, 가격이 저렴하다.
㉯ 급수가 예열되고, 열효율이 좋아진다.
㉰ 설치 장소가 적게 필요하다.
㉱ 별도의 동력원이 필요 없다.

(2) 단점
 ㉮ 흡입양정이 작고, 효율이 낮다.
 ㉯ 급수 온도가 높으면 급수 불량이 발생한다.
 ㉰ 증기압력이 너무 높거나 낮으면 급수 불량이 발생한다.
 ㉱ 급수량 조절이 어렵다.

46_ 에너지이용 합리화법령상 검사대상기기관리자의 선임을 하여야 하는 자는?

① 시·도지사
② 한국에너지공단이사장
③ 검사대상기기판매자
④ 검사대상기기설치자

[해설] 검사대상기기 관리자의 선임(법 제40조) : 검사대상기기 설치자는 검사대상기기의 안전관리, 위해방지 및 에너지이용의 효율을 관리하기 위하여 검사대상기기 관리자를 선임하여야 한다.

47_ 증기보일러에는 원칙적으로 2개 이상의 안전밸브를 설치하여야 하지만, 1개를 설치할 수 있는 최대 전열면적 기준은?

① $10[m^2]$ 이하　② $30[m^2]$ 이하
③ $50[m^2]$ 이하　④ $100[m^2]$ 이하

[해설] 안전 밸브의 개수
 ㉮ 증기보일러에는 2개 이상의 안전 밸브를 설치하여야 한다. 다만, 전열면적 $50[m^2]$ 이하의 증기보일러에서는 1개 이상으로 한다.
 ㉯ 관류 보일러에서 보일러와 압력방출장치와의 사이에 체크 밸브를 설치할 경우 압력방출장치는 2개 이상이어야 한다.

48_ 원통형 보일러와 비교할 때 수관식 보일러의 장점에 해당되지 않는 것은?

① 수부가 커서 부하변동에 따른 압력변화가 적다.
② 전열면적이 커서 증기발생이 빠르다.

③ 과열기, 공기예열기 설치가 용이하다.
④ 효율이 좋고 고압, 대용량에 많이 쓰인다.

[해설] 수관식 보일러의 특징
 ㉮ 보유수량이 적어 증기 발생시간이 빠르며, 고압 대용량에 적합하다.
 ㉯ 외분식이므로 연료 선택범위가 넓고, 연소상태가 양호하다.
 ㉰ 전열면적이 크고, 열효율이 높다.
 ㉱ 수관의 배열이 용이하고, 패키지형으로 제작이 가능하다.
 ㉲ 관수처리에 주의에 요한다.
 ㉳ 구조가 복잡하여 청소, 검사, 수리가 어렵고 스케일 부착이 쉽다.
 ㉴ 부하변동에 따른 압력 및 수위변동이 심하다.

49_ 연도나 매연 속에 복사광선을 통과시켜 광도변화에 따른 매연농도가 지시 기록된다. 이 농도계의 명칭은?

① 링겔만 매연농도계
② 광전관식 매연농도계
③ 전기식 매연농도계
④ 매연포집 중량계

[해설] 광전관식 매연농도계 : 연도의 한쪽에 광원을 놓고, 반대쪽에 광원으로부터의 광량의 변화를 측정하는 광전관을 놓고 매연으로 인한 광량의 변화로부터 그 농도를 기록하는 것으로 연속측정, 연속기록이 가능하다.

50_ 강판의 두께가 12[mm]이고 리벳의 직경이 20[mm]이며, 피치가 48[mm]의 1중 겹치기 리벳 조인트가 있다. 이 강판의 효율은?

① 25.9[%]　② 41.7[%]
③ 58.3[%]　④ 75.8[%]

[해설] $\eta_1 = \left(1 - \dfrac{d}{P}\right) \times 100$
$= \left(1 - \dfrac{20}{48}\right) \times 100 = 58.333[\%]$

정답 46. ④ 47. ③ 48. ① 49. ② 50. ③

51 글로브 밸브의 디스크 형상 종류에 속하지 않는 것은?

① 스윙형 ② 반구형
③ 원뿔형 ④ 반원형

해설) 글로브 밸브(globe valve) : 구조상 디스크와 시트가 원추상으로 접촉되어 폐쇄하는 밸브로서 유체는 디스크 부근에서 상하방향으로 평행하게 흐르므로 근소한 디스크의 리프트라도 예민하게 유량에 관계되므로 쵬 밸브로서 유량조절에 사용되는 밸브이다. 디스크 형상에 따라 반구형, 원뿔형, 반원형으로 분류한다.

52 스폴링(spalling)이란 내화물에 대한 어떤 현상을 의미하는가?

① 용융현상 ② 연화현상
③ 박락현상 ④ 분화현상

해설) (1) 스폴링(spalling) 현상 : 박락(剝落)현상이라 하며 내화물이 사용하는 도중에 갈라지든지, 떨어져 나가는 현상을 말한다.
(2) 스폴링(spalling) 현상의 종류 및 발생 원인
㉮ 열적 스폴링 : 온도 급변에 의한 열응력
㉯ 기계적 스폴링 : 기계적 압력 등이 고르지 않아 구조의 불균형
㉰ 조직적 스폴링 : 화학적 슬래그 등에 의한 침식 및 열적인 변질

53 에너지용 합리화법령상 검사대상기기의 계속 사용검사신청서는 검사유효기간 만료 며칠 전까지 한국에너지공단이사장에게 제출하여야 하는가?

① 7일 ② 10일
③ 15일 ④ 30일

해설) 계속사용검사신청(시행규칙 제31조의19) : 검사대상기기의 계속사용검사를 받으려는 자는 검사대상기기 계속사용검사 신청서를 검사유효기간 만료 10일 전까지 공단이사장에게 제출하여야 한다.

54 중심선의 길이가 600[mm]이 되도록 25[A]의 관에 90°와 45°의 엘보를 이음할 때 파이프의 실제 절단 길이[mm]는?

관(호칭) 지름		15	20	25	32	40
중심에서 단면까지의 거리[mm]	90°	27	32	38	46	48
중심에서 단면까지의 거리[mm]	45°	21	25	29	34	37
나사가 물리는 길이(a) [mm]		11	13	15	17	19

① 563 ② 575
③ 600 ④ 650

해설) ㉮ 배관 이음 형태

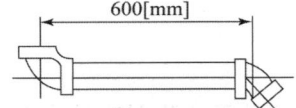

㉯ 실제 절단 길이(실제 배관 길이) 계산
∴ $l = L - \{(A-a) + (A'-a')\}$
$= 600 - \{(38-15) + (29-15)\}$
$= 563[mm]$

55 고로에 대한 설명으로 틀린 것은?

① 제철공장에서 선철을 제조하는 데 사용된다.
② 광석을 제련상 유리한 상태로 변화시키는데 목적이 있다.
③ 용광로의 하부에 배치된 송풍구로부터 고온의 열풍을 취입한다.
④ 용광로의 상부에 철광석과 환원제 그리고 원료로서 코크스를 투입한다.

해설) 고로 : 선철을 제조하는 것으로 용광로를 지칭하는 것이다.
※ ②번은 배소로의 설명이다.

정답 51. ① 52. ③ 53. ② 54. ① 55. ②

56. 캐스터블 내화물에 대한 설명으로 틀린 것은?
① 현장에서 필요한 형상으로 성형이 가능하다.
② 접촉부 없이 로체를 수축할 수 있다.
③ 잔존 수축이 크고 열팽창도 작다.
④ 내스폴링성이 작고 열전도율이 크다.

해설 캐스터블(castable) 내화물의 특징
㉮ 부정형 내화물로 소성이 불필요하다.
㉯ 사용현장에서 필요한 형상이나 치수로 자유롭게 성형할 수 있다.
㉰ 접합부 없이 축요가 가능하고 시공 후 건조, 소성 시 수축이 적다.
㉱ 내스폴링성이 크다.
㉲ 시공 후 약 24시간 후에 건조, 승온이 가능하고 경화제로 알루미나시멘트를 사용한다.
㉳ 점토질이 많이 사용되고 용도에 따라 고알루미나질이나 크롬질도 사용된다.

57. 주철관의 공구 중 소켓 접합 시 용해된 납물의 비산을 방지하는 것은?
① 클립
② 파이어 포트
③ 링크형 파이프 커터
④ 코킹 정

해설 주철관용 공구
㉮ 납 용해용 공구 세트 : 냄비, 파이어 포트(fire pot), 납물용 국자, 산화납 제거기 등
㉯ 클립(clip) : 소켓 접합할 때 용해된 납물의 비산을 방지한다.
㉰ 링크형 파이프 커터 : 주철관 전용 절단 공구이다.
㉱ 코킹 정 : 소켓 접합할 때 다지기(cocking)에 사용한다.

58. 크롬마그네시아계 내화물에 대한 설명으로 옳은 것은?
① 용융 온도가 낮다.
② 비중과 열팽창성이 작다.
③ 내화도 및 하중 연화점이 낮다.
④ 염기성 슬래그에 대한 저항이 크다.

해설 크롬마그네시아(chrome-magnesia) 내화물 : 크롬철광과 마그네시아 클링커를 원료로 한 것으로 마그네시아를 50[%] 미만 함유한 것이다.
㉮ 비중이 크고 염기성 슬래그에 대한 저항이 크다.
㉯ 내화도 및 하중연화점이 높다.
㉰ 내스폴링성이 크다.
㉱ 불소성품을 사용할 때는 메탈케이스나 접합부를 철판으로 한다.

59. 다음 중 연관식 보일러에 해당되는 것은?
① 벤슨 보일러
② 케와니 보일러
③ 라몬트 보일러
④ 코르니시 보일러

해설 수평형 보일러의 분류
㉮ 노통 보일러 : 코르니시 보일러, 랭커셔 보일러
㉯ 연관 보일러 : 기관차 보일러, 케와니 보일러
㉰ 노통 연관 보일러 : 스코치 보일러, 하우덴 존슨 보일러, 노통 연관 패키지형 보일러

60. 에너지이용 합리화법령에 따른 검사의 종류 중 개조검사 적용 대상이 아닌 것은?
① 보일러의 설치장소를 변경하는 경우
② 연료 또는 연소방법을 변경하는 경우
③ 증기보일러를 온수보일러로 개조하는 경우
④ 보일러 섹션의 증감에 의하여 용량을 변경하는 경우

해설 개조검사 대상 : 에너지이용 합리화법 시행규칙 제31조의 7, 별표3의4
㉮ 증기보일러를 온수보일러로 개조하는 경우
㉯ 보일러 섹션의 증감에 의하여 용량을 변경하는 경우
㉰ 동체, 돔, 노통, 연소실, 경판, 천정판, 관판, 관모음 또는 스테이의 변경으로서 산업통상자원부장관이 정하여 고시하는 대수리의 경우
㉱ 연료 또는 연소방법을 변경하는 경우
㉲ 철금속 가열로로서 산업통상자원부장관이 정하여 고시하는 경우의 수리

정답 56. ④ 57. ① 58. ④ 59. ② 60. ①

4과목 - 열설비취급 및 안전관리

61. 보일러 수질기준에서 순수처리 기준에 맞지 않는 것은? (단, 25[℃] 기준이다.)
① pH : 7~9
② 총 경도 : 1~2
③ 전기 전도율 : 0.5[μS/cm] 이하
④ 실리카 : 흔적이 나타나지 않음

해설 순수처리 기준
㉮ pH(25[℃]) : 7~9
㉯ 총 경도(mg CaCO₃/L) : 0
㉰ 실리카(mg SiO₂/L) : 흔적이 나타나지 않음
㉱ 전기 전도율(25[℃]) : 0.5[μS/cm] 이하

62. 고온의 응축수 흡입 시 흡입력 증가를 위해 보조로 사용하며 일반적인 펌프보다 효율은 떨어지나, 취급이 용이한 펌프의 종류는?
① 제트 펌프 ② 기어 펌프
③ 와류 펌프 ④ 축류 펌프

해설 제트 펌프 : 노즐에서 고속으로 분출된 유체에 의하여 주위의 유체를 흡입하여 토출하는 펌프로 2종류의 유체를 혼합하여 토출하므로 에너지손실이 크고 효율이 약 30[%] 정도로 낮으나 구조가 간단하고 고장이 적은 이점이 있다. 노즐, 슬롯, 디퓨저로 구성된다.

63. 보일러 청관제 중 슬러지 조정제가 아닌 것은?
① 탄닌 ② 리그린
③ 전분 ④ 수산화나트륨

해설 슬러지 조정제 : 슬러지가 보일러의 전열면에 부착하여 스케일로 되는 것을 방지하기 위하여 보일러수 중에 분산, 현탁시켜 분출에 의해 쉽게 배출할 수 있도록 하는 것으로 종류에는 탄닌($C_{76}H_{52}O_{46}$), 리그린, 전분($C_6H_{10}O_5$) 등이 있다.

64. 에너지이용 합리화법령에서 정한 효율관리기자재에 속하지 않는 것은? (단, 산업통상자원부장관이 그 효율의 향상이 특히 필요하다고 인정하여 따로 고시하는 기자재 및 설비는 제외한다.)
① 전기냉장고 ② 자동차
③ 조명기기 ④ 텔레비전

해설 효율관리기자재 : 시행규칙 제7조
㉮ 전기냉장고
㉯ 전기냉방기
㉰ 전기세탁기
㉱ 조명기기
㉲ 삼상유도전동기
㉳ 자동차
㉴ 그 밖에 산업통상자원부장관이 그 효율의 향상이 특히 필요하다고 인정하여 고시하는 기자재 및 설비

65. 연도 내에서 가스폭발이 일어나는 원인으로 가장 옳은 것은?
① 연소 초기에 통풍이 너무 강했다.
② 배기가스 중에 산소량이 과다하다.
③ 연도 중의 미연소가스를 완전히 배출하지 않고 점화하였다.
④ 댐퍼를 너무 열어 두었다.

해설 연도 내에서 가스폭발이 일어나는 원인으로 점화하기 전 프리퍼지(pre-purge)가 불충분하여 연도 중의 미연소가스를 완전히 배출하지 않은 상태에서 점화하였을 때 발생할 수 있다.

66. 다음 중 구식(grooving)이 가장 발생하기 쉬운 곳은?
① 기수 드럼
② 횡형 노통의 상반면
③ 연소실과 접하는 수관
④ 경판의 구석의 둥근 부분

정답 61. ② 62. ① 63. ④ 64. ④ 65. ③ 66. ④

해설 구식(grooving : 구상부식)
- ㉮ 부식형태 : 단면의 형상이 U자형, V자형으로 홈이 깊게 파인 것과 같이 선형으로 부식되는 현상을 말한다.
- ㉯ 발생장소 : 노통의 애덤슨 조인트의 플랜지 부분이나 평경판의 가셋트 스테이(gusset stay) 부분, 접시형 경판의 구석 원통부, 경판의 급수구멍, 스테이볼트부 등에 발생한다.

를 충만시켜 보존하는 방법으로 가성소다(NaOH), 아황산소다(Na_2SO_4), 히드라진 등의 알칼리성 약제를 사용한다.

※ 만수보존법은 장기 보존보다는 단기 보존법에 적용하는데 장기 보존으로 설명하고 있음
→ '19. 4회 73번', '14. 4회 69번'을 참고하기 바랍니다.

67. 다음 중 에너지이용 합리화법령상 매년 1월 31일까지 그 에너지사용시설이 있는 지역을 관할하는 시·도지사에게 전년도 분기별 에너지사용량을 신고를 하여야 하는 자에 대한 기준으로 옳은 것은?
① 연료·열 및 전력의 분기별 사용량의 합계가 5백 티오이 이상인 자
② 연료·열 및 전력의 연간 사용량의 합계가 2천 티오이 이상인 자
③ 연간 사용량 1천 티오이 이상의 연료 및 열을 사용하거나 연간 사용량 2백만 킬로와트시 이상의 전력을 사용하는 자
④ 연간 사용량 1천 티오이 이상의 연료 및 열을 사용하거나 계약전력 5백 킬로와트 이상으로서 연간 사용량 2백만 킬로와트 시 이상의 전력을 사용하는 자

해설 에너지사용량신고를 하여야 하는 사용량(시행령 제35조) : 연료, 열 및 전력의 연간 사용량의 합계가 2천 티오이 이상인 자

68. 보일러의 장기 보존 시 만수보존법에 사용되는 약품은?
① 생석회 ② 탄산마그네슘
③ 가성소다 ④ 염화칼슘

해설 만수(滿水) 보존법 : 보존 기간이 보통 2~3개월 정도인 경우에 적용하는 방법으로 보일러 구조상 건식 보존법이 곤란한 경우, 동결의 우려가 없는 경우에 보일러 내부에 관수

69. 온수난방에서 방열기의 평균온도 80[℃], 실내온도 18[℃], 방열계수 8.1[W/m²·℃]의 측정결과를 얻었다. 방열기의 방열량[W/m²]은 약 얼마인가?
① 146 ② 502
③ 648 ④ 794

해설
$Q_r = K \times \Delta t_m$
$= K \times$ (방열기평균온도 − 실내온도)
$= 8.1 \times (80 - 18) = 502.2 [W/m^2]$

70. 슈트 블로워를 실시할 때 주의사항으로 틀린 것은?
① 슈트 블로워 전에 반드시 드레인을 충분히 한다.
② 부하가 클 때나 소화 후에 사용해야 한다.
③ 슈트 블로워 할 때는 통풍력을 크게 한다.
④ 슈트 블로워는 한 장소에서 오래 사용하면 안 된다.

해설 슈트 블로워 사용 시 주의사항
- ㉮ 부하가 50[%] 이하일 때, 소화 후에는 사용을 금지한다.
- ㉯ 댐퍼를 완전히 열고 통풍력을 크게 한다.
- ㉰ 그을음 제거를 하기 전에 분출기 내부의 응축수(드레인)를 제거한다.
- ㉱ 그을음 불어내기 관을 동일 장소에서 오래 동안 작용시키지 않는다.
- ㉲ 흡입(유인) 통풍기가 있을 경우 흡입(유인) 통풍을 늘려서 한다.

정답 67. ② 68. ③ 69. ② 70. ②

71. 난방부하를 계산하는 경우 여러 가지 여건을 검토해야 하는데 이에 대한 사항으로 거리가 먼 것은?
① 건물의 방위
② 천장 높이
③ 건축구조
④ 실내소음, 진동

[해설] 난방부하 설계 시 고려하여야 할 사항
㉮ 건물의 위치 : 건물의 방위, 인근 건물, 지형·지물의 차폐 또는 반사에 의한 영향
㉯ 천장 높이 : 실내바닥에서 천장까지의 높이
㉰ 건축구조 : 벽, 지붕, 천장, 바닥, 칸막이벽 등의 두께 및 보온상태, 이들 상호 간의 배치관계
㉱ 주위 환경조건 : 벽, 지붕 등의 색상, 주위의 열 발생원의 존재 여부
㉲ 유리창 및 문 : 크기, 위치 및 사용재료와 사용빈도 수
㉳ 공간 : 마루, 계단 및 기타 공간의 난방유무
㉴ 온도조건 : 실내온도, 외기온도, 천장 높이에 따른 온도, 지중온도 등

72. 에너지이용 합리화법령에 따라 검사대상기기 관리자를 선임하지 아니하였을 경우에 부과되는 벌칙기준으로 옳은 것은?
① 100만 원 이하의 벌금
② 500만 원 이하의 벌금
③ 1천만 원 이하의 벌금
④ 2천만 원 이하의 벌금

[해설] 벌칙(에너지이용 합리화법 제75조) : 검사대상기기 조종자를 선임하지 아니한 자는 1천만 원 이하의 벌금에 처한다.

73. 에너지이용 합리화법령에 따라 산업통상자원부장관이 에너지저장의무를 부과할 수 있는 대상자는? (단, 연간 2만 티오이 이상의 에너지를 사용하는 자는 제외한다.)
① 시장·군수
② 시·도지사
③ 전기사업법에 따른 전기사업자
④ 석유사업법에 따른 석유정제업자

[해설] 에너지저장의무 부과 대상자 : 시행령 제12조
㉮ 전기사업법에 따른 전기사업자
㉯ 도시가스사업법에 따른 도시가스사업자
㉰ 석탄산업법에 따른 석탄가공업자
㉱ 집단에너지법에 따른 집단에너지사업자
㉲ 연간 2만 석유환산톤(TOE) 이상의 에너지를 사용하는 자

74. 에너지이용 합리화법령에 따라 제조업자 또는 수입업자가 효율관리기자재의 에너지 사용량을 측정 받아야 하는 시험 기관은 누가 지정하는가?
① 산업통상자원부장관
② 시·도지사
③ 한국에너지공단이사장
④ 국토교통부장관

[해설] 고효율에너지기자재의 인증 등(법 제22조) : 고효율시험기관으로 지정받으려는 자는 산업통상자원부령으로 정하는 바에 따라 산업통상자원부장관에게 지정 신청을 하여야 한다.

75. 환수관이 고장을 일으켰을 때 보일러의 물이 유출하는 것을 막기 위하여 하는 배관방법은?
① 리프트 이음 배관법
② 하트 포드 연결법
③ 이경관 접속법
④ 증기 주관 관말 트랩 배관법

[해설] 하트 포드(hartford) 연결법 : 저압증기 난방에서 환수관을 보일러에 직접 연결할 경우 보일러 수의 역류현상을 방지하기 위해서 사용하는 방식으로 증기관과 환수관 사이에 밸런스관(균형관)을 설치하여 안전저수면 보다 높은 위치에 환수관을 접속하는 배관방법을 말한다. 환수주관과 균형관(balance pipe)의 연결 위치는 보일러 사용수위(표준수위)에서 50[mm] 아래에 위치한다.

76. 가마울림 현상의 방지 대책이 아닌 것은?
① 수분이 많은 연료를 사용한다.
② 연소실과 연도를 개조한다.
③ 연소실 내에서 완전연소 시킨다.
④ 2차 공기의 가열, 통풍 조절을 개선한다.

해설 가마울림 현상 방지 대책
㉮ 연료 속에 함유된 수분이나 공기는 제거한다.
㉯ 연료량과 공급되는 공기량의 밸런스를 맞춘다.
㉰ 무리한 연소와 연소량의 급격한 변동은 피한다.
㉱ 연도의 단면이 급격히 변화하지 않도록 한다.
㉲ 노 내와 연도 내에 불필요한 공기가 누입되지 않도록 한다.
㉳ 2차 연소를 방지한다.
㉴ 2차 공기를 가열하여 통풍조절을 적정하게 한다.
㉵ 연소실 내에서 완전 연소시킨다.
㉶ 연소실이나 연도를 연소가스가 원활하게 흐르도록 개량한다.

77. 다음 중 온수난방용 밀폐식 팽창탱크에 설치되지 않는 것은?
① 압축공기 공급관
② 수위계
③ 일수관(over flow관)
④ 안전 밸브

해설 팽창 탱크에 연결되는 관 및 계기의 종류
㉮ 개방식 : 팽창관, 급수관, 통기관, 일수관(溢水管 : over flow관), 배수관, 방출관
㉯ 밀폐식 : 팽창관, 급수관, 배수관, 압축공기관, 압력계, 수면계(수위계), 안전밸브

78. 프라이밍, 포밍의 방지대책 중 맞지 않는 것은?
① 주증기 밸브를 천천히 개방할 것
② 가급적 안전고수위 상태로 지속 운전할 것
③ 보일러수의 농축을 방지할 것
④ 급수처리를 하여 부유물을 제거할 것

해설 프라이밍, 포밍(캐리오버)의 방지대책
㉮ 보일러수를 농축시키지 않는다.
㉯ 보일러수 중의 불순물을 제거한다.
㉰ 과부하가 되지 않도록 한다(급격한 부하변동을 피한다).
㉱ 비수방지관을 설치한다.
㉲ 주증기 밸브를 급격히 개방하지 않는다.
㉳ 수위를 고수위로 하지 않는다.
㉴ 압력을 규정압력으로 유지해야 한다.

79. 다음 보일러 운전 중 압력초과의 직접적인 원인이 아닌 것은?
① 압력계의 기능에 이상이 생겼을 때
② 안전 밸브의 분출압력 조정이 불확실할 때
③ 연료공급을 다량으로 했을 때
④ 연소장치의 용량이 보일러 용량에 비해 너무 클 때

해설 압력초과의 원인
㉮ 안전 밸브나 압력제한기 등 안전장치의 기능이 불량 또는 불능인 경우
㉯ 압력계의 고장이나 기능불량으로 압력계의 표시압력과 보일러의 압력이 상이한 경우
㉰ 안전장치의 능력 불량 또는 능력이 전혀 없는 경우
㉱ 연소장치의 용량이 보일러 용량에 비해 현저히 과대한 경우

80. 노통이나 화실 등과 같이 외압을 받는 원통 또는 구체의 부분이 과열이나 좌굴에 의해 외압에 견디지 못하고 내부로 들어가는 현상은?
① 팽출   ② 압궤
③ 균열   ④ 블리스터

해설 보일러 손상의 종류
㉮ 팽출(bulge) : 동체, 수관, 겔로웨이관 등과 같이 인장응력을 받는 부분이 압력에 견디지 못하고 바깥쪽으로 부풀어 나오는 현상이다.
㉯ 압궤(collapse) : 노통, 연소실, 연관, 관판 등과 같이 압축응력을 받는 부분이 압력에 견디지 못하고 안쪽으로 들어가는 현상이다.
㉰ 라미네이션(lamination) : 압연 강판이나 관의 두께 내부에 가스가 존재한 상태로 가공을 하였을 때 판이나 관이 2장의 층을 형성하며 분리되는 현상이다.
㉱ 블리스터(blister) : 라미네이션 부분이 가열로 인하여 부풀어 오르는 현상이다.
㉲ 응력부식균열 : 특수한 부식환경에 있는 금속재료가 정적 인장응력인 부하응력, 잔류응력 등이 지속적으로 작용할 때 나타나는 균열발생 및 부식현상이다.

정답 76. ① 77. ③ 78. ② 79. ③ 80. ②

Part 03

에너지관리산업기사
CBT 필기시험 복원문제

- 2020년 제4회 필기시험부터 산업기사 전 종목 필기시험이 CBT로 시행되어 문제가 공개되고 있지 않습니다.
- CBT 시험은 문제은행에서 랜덤으로 문제가 제시되고, 응시자 및 시험시간에 따라 다른 문제가 제시되고 있습니다.
- CBT 필기시험 복원문제는 수험자의 기억에 의하여 복원한 것이므로 실제 출제문제와는 차이가 있습니다.

2021년도 CBT 필기시험 / **547**
2022년도 CBT 필기시험 / **580**
2023년도 CBT 필기시험 / **612**
2024년도 CBT 필기시험 / **644**
2025년도 CBT 필기시험 / **676**

2021년 에너지관리산업기사
CBT 필기시험 복원문제 01

1과목 - 열역학 및 연소관리

01_ 열역학 제1법칙을 설명한 것 중 옳은 것은?
① 에너지 보존의 법칙이다.
② 열은 온도가 높은 곳에서 낮은 곳으로 흐른다.
③ 한계에 있어서 유한수의 조작으로 절대 0도에 도달할 수는 없다.
④ 얻은 열을 완전히 일로 변환시킬 수 있는 장치는 없다.

해설 열역학 제1법칙 : 에너지 보존의 법칙이라 하며 기계적 일이 열로 변하거나, 열이 기계적 일로 변할 때 이들의 비는 일정한 관계가 성립된다.

02_ 다음 식은 어느 에너지를 나타내는 식인가? (단, P : 압력, V : 비용적이다.)

$$PV = C$$

① 내부 에너지   ② 일
③ 유동 에너지   ④ 위치 에너지

해설 유체가 체적을 차지하기 위한 유동 에너지는 압력(P)과 비체적(V)의 곱으로 표시하며, 그 값은 일정(C)하다.

03_ 다음 중 석탄의 공업분석 항목이 아닌 것은?
① 고정탄소   ② 휘발분
③ 질소분   ④ 수분

해설 석탄의 공업분석 시 측정항목
㉮ 수분 : 107±2[℃]에서 1시간 건조시켜 시료무게에 대한 건조감량의 비[%]로 표시

$$\therefore 수분[\%] = \frac{건조감량}{시료무게} \times 100$$

㉯ 회분 : 공기 중에서 800±10[℃] 가열 회화하여 시료무게에 대한 회량의 비[%]로 표시

$$\therefore 회분[\%] = \frac{회량}{시료무게} \times 100$$

㉰ 휘발분 : 925±20[℃]에서 7분간 가열하여 시료무게에 대한 가열감량의 비[%]를 구하고 여기에 정량한 수분[%]을 감한 것으로 표시

$$\therefore 휘발분[\%] = \frac{가열감량}{시료무게} \times 100 - 수분[\%]$$

04_ 물을 압축시키는 펌프가 가역단열과정으로 작동된다. 펌프의 입구상태는 100[kPa], 30[℃]이고 출구상태는 5000[kPa]일 때 펌프의 단위 질량당 소요압축 일은 얼마인가? (단, 운동에너지와 위치에너지의 변화는 무시되며, 펌프 입출구에서의 물에 대한 밀도는 996.016[kg/m³]로 일정하다.)
① 0.0049[kJ/kg]   ② 4.92[kJ/kg]
③ 2.56[kJ/kg]   ④ 0.0026[kJ/kg]

해설
$$W_t = v \times dP$$
$$= \frac{1}{996.016} \times (5000 - 100) = 4.919[kJ/kg]$$

05_ 증기원동소 내 보일러의 평균온도는 165[℃]이고, 입출구에서의 단위 질량당 엔탈피 차이는 2066.3[kJ/kg]이며, 응축기의 평균온도는 54[℃], 입출구에서의 단위 질량당 엔탈피 차이는 1898.4[kJ/kg]이다. 펌프 및 터빈에서의 열전달율을 무시할 때 단순 증기원동소 내 엔트로피 변화율은 얼마인가?

정답 01. ① 02. ③ 03. ③ 04. ② 05. ③

① $-22.63[\text{kJ/kg} \cdot \text{K}]$
② $47.68[\text{kJ/kg} \cdot \text{K}]$
③ $-1.09[\text{kJ/kg} \cdot \text{K}]$
④ $1.52[\text{kJ/kg} \cdot \text{K}]$

해설 ㉮ 보일러에서의 엔트로피 변화
$$\therefore s_1 = \frac{dQ}{T} = \frac{2066.3}{273+165} = 4.717 [\text{kJ/kg} \cdot \text{K}]$$
㉯ 응축기에서의 엔트로피 변화
$$\therefore s_2 = \frac{dQ}{T} = \frac{1898.4}{273+54} = 5.805 [\text{kJ/kg} \cdot \text{K}]$$
㉰ 증기원동소 내 엔트로피 변화율 계산
$$\therefore \Delta s = s_1 - s_2$$
$$= 4.717 - 5.805 = -1.088 [\text{kJ/kg} \cdot \text{K}]$$

06_ 탄소 72.0[%], 수소 5.3[%], 황 0.4[%], 산소 8.9[%], 질소 1.5[%], 수분 0.9[%]의 조성을 갖는 석탄의 저위발열량은 약 몇 [kcal/kg]인가?
① 4983　② 5983
③ 6983　④ 7983

해설 $H_l = 8100\text{C} + 28800\left(\text{H} - \frac{\text{O}}{8}\right) + 2500\text{S}$
$\quad\quad - 600\left(\frac{9}{8}\text{O} + \text{W}\right)$
$= 8100 \times 0.72 + 28800 \times \left(0.053 - \frac{0.089}{8}\right)$
$\quad + 2500 \times 0.004 - 600 \times \left(\frac{9}{8} \times 0.089 + 0.009\right)$
$= 6982.525 [\text{kcal/kg}]$

07_ $\Delta E = Q = C_v \Delta T$ 가 의미하는 것 중 가장 타당한 설명은?
① 내부에너지의 미분은 열량과 같다.
② 이상기체의 열량은 곧 내부에너지와 같다.
③ 실제기체와의 에너지 차이인 ΔE 가 곧 열량이다.
④ 이상기체의 내부에너지 변화는 온도만의 함수이다.

해설 이상기체의 내부에너지 변화는 체적에 관계없이 온도에 의해서만 결정된다. (내부에너지 변화는 온도만의 함수이다.)

08_ 연돌의 높이가 50[m]이고, 0[℃], 1[atm]에서 배기가스와 외기의 비중량이 각각 1.2[kgf/m³], 1.05[kgf/m³]이고 배기가스의 평균온도가 130[℃]이라면 이 굴뚝의 이론 통풍력은 얼마인가?
① 73.5[Pa]　② 116.2[Pa]
③ 191.1[Pa]　④ 232.3[Pa]

해설 $Z = 273H\left(\frac{\gamma_a}{T_a} - \frac{\gamma_g}{T_g}\right)g$
$= 273 \times 50 \times \left(\frac{1.05}{273+0} - \frac{1.2}{273+130}\right) \times 9.8$
$= 116.177 [\text{Pa}]$

『**참고**』 통풍력의 공학단위[mmH₂O, mmAq, kgf/m²]에 중력가속도(g) 9.8[m/s²]을 곱하면 SI단위 [Pa]로 변환된다.

09_ 기준 증발량 5000[kg/h]의 보일러 효율이 88[%]일 때에 벙커C유 공급량은 약 [L/h]인가? (단, 벙커C유의 저위발열량은 40595[kJ/kg]이고 비중은 0.96이다.)
① 450[L/h]　② 400[L/h]
③ 380[L/h]　④ 330[L/h]

해설 ㉮ 물의 증발잠열은 2255[kJ/kg]이고, 연료무게[kg]를 액비중으로 나누면 연료의 체적(L)이 된다.
㉯ 벙커C유 공급량[L/h] 계산 :
보일러 효율 $\eta = \frac{2255\,G_e}{G_f H_l} \times 100$
에서 연료 공급량 G_f를 구한다.
$\therefore G_f = \frac{2255\,G_e}{H_l \eta s} = \frac{2255 \times 5000}{40595 \times 0.88 \times 0.96}$
$= 328.768 [\text{L/h}]$

10. 압력 200[kPa], 체적 0.5[m³]인 공기가 일정 압력 하에서 체적이 0.7[m³]으로 팽창 시 내부 에너지가 25[kJ]만큼 증가하였다면 이 때 소요 열량은 몇 [kJ]인가?

① 15　　② 40
③ 55　　④ 65

해설
㉮ 정압과정의 팽창일 계산
∴ $W_a = P(V_2 - V_1)$
$= 200 \times (0.7 - 0.5) = 40$ [kJ]
㉯ 팽창 소요 열량 계산
∴ 소요열량 $= du + W_a = 25 + 40 = 65$ [kJ]

11. 보일러 연도에 댐퍼(damper)를 설치하는 목적에 관한 설명 중 거리가 먼 것은?

① 통풍력을 조절한다.
② 가스의 흐름을 교체한다.
③ 가스의 흐름을 차단한다.
④ 가스가 누출되는 것을 방지한다.

해설 연도에 댐퍼(damper)를 설치하는 목적
㉮ 통풍력 조절로 연소효율 증대
㉯ 배기가스 흐름을 조절
㉰ 주연도, 부연도의 가스흐름 전환

12. 다음 가스 중에서 기체상수(gas constant)가 제일 작은 것은?

① N_2　　② CO
③ CO_2　　④ CH_4

해설
㉮ 이상기체 상태방정식 $PV = GRT$에서 기체상수 $R = \dfrac{8.314}{M}$ [kJ/kg·K]이므로 분자량(M)이 큰 가스가 기체상수가 작다.
㉯ 각 가스의 분자량

명칭	분자량
질소(N_2)	28
일산화탄소(CO)	28
이산화탄소(CO_2)	44
메탄(CH_4)	16

13. 석탄의 열전도율은 극히 작아서 내화벽돌의 그것과 같은 정도에서 절반 정도이다. 석탄의 열전도율은 약 몇 [kcal/m·h·℃]인가?

① 0.012~0.029
② 0.12~0.29
③ 0.030~0.045
④ 0.03~0.45

해설 석탄의 열전도율은 내화벽돌의 절반 정도인 0.12~0.15 [kcal/m·h·℃]이고 탄화도가 높아질수록 열전도율은 증가한다.

14. 열역학 제1법칙은 다음 중 어떠한 것과 관련이 있는가?

① 시스템의 열역학적 반응속도
② 시스템의 에너지 보존
③ 시스템의 반응방향
④ 시스템의 온도효과

해설 열역학 법칙
㉮ 열역학 제0법칙 : 열평형의 법칙
㉯ 열역학 제1법칙 : 에너지보존의 법칙
㉰ 열역학 제2법칙 : 방향성의 법칙
㉱ 열역학 제3법칙 : 어떤 계 내에서 물체의 상태변화 없이 절대온도 0도에 이르게 할 수 없다.

15. 몰리엘(Mollier) 선도를 이용할 때 가장 간단하게 계산할 수 있는 것은?

① 터빈효율 계산
② 엔탈피 변화 계산
③ 사이클에서 압축비 계산
④ 증발 시의 체적증가량 계산

해설 증기의 몰리엘 선도는 종축에 엔탈피(h), 횡축에 엔트로피(s)의 양을 표시한 것으로 증기의 엔탈피 변화를 계산하는 데 편리하다.

정답 10. ④　11. ④　12. ③　13. ②　14. ②　15. ②

16. 그림과 같이 교축밸브(throttling valve)를 통과하는 공기가 있을 때 T_0는 몇 도인가? (단, 공기는 이상기체로 가정하고, 교축밸브는 단열이라고 가정한다.)

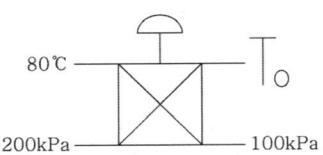

① 0[℃]　② 40[℃]
③ 80[℃]　④ 160[℃]

해설 교축밸브를 통과하면 실제기체인 경우 압력과 온도가 강하되지만 이상기체인 경우 압력은 감소되지만 엔탈피와 온도의 변화는 없다. 그러므로 문제에서 공기를 이상기체로 가정하였으므로 교축밸브 통과 후의 온도(T_0)는 80[℃]로 변함이 없다.

17. 다음 중 연료비가 가장 큰 것에 해당되는 것은?
① 토탄　② 갈탄
③ 역청탄　④ 무연탄

해설 ㉮ 연료비는 고정탄소와 휘발분의 비이다.
∴ 연료비 = 고정탄소/휘발분
㉯ 각 연료의 연료비

종류	연료비
무연탄	12 이상
역청탄(유연탄)	1~7
갈탄	1 이하

18. 다음 중 열의 일당량[kgf·m/kcal]으로서 적당한 것은?
① 1/427　② 427
③ 632　④ 860

해설 ㉮ J : 열의 일당량(427[kgf·m/kcal])
㉯ A : 일의 열당량($\frac{1}{427}$[kcal/kgf·m])

19. 고위발열량과 저위발열량의 차이는?
① 수분의 증발잠열
② 연료의 증발 잠열
③ 수분의 비열
④ 연료의 비열

해설 고위발열량과 저위발열량의 차이는 연소 시 생성된 물의 증발잠열에 의한 것이고, 증발잠열이 포함된 것이 고위발열량, 증발잠열을 포함하지 않은 것이 저위발열량이다.

20. 위험성을 나타내는 성질에 관한 설명으로 옳지 않은 것은?
① 착화온도와 위험성은 반비례한다.
② 비등점이 낮으면 인화 위험성이 높아진다.
③ 인화점이 낮은 연료는 대체로 착화온도가 낮다.
④ 물과 혼합하기 쉬운 가연성 액체는 물과의 혼합에 의해 증기압이 높아져 인화점이 낮아진다.

해설 물과 혼합하기 쉬운 가연성 액체는 물과의 혼합에 의해 증기압이 높아지고, 인화점도 높아진다.

2과목 - 계측 및 에너지진단

21. 열전대 중 가장 높은 온도를 측정할 수 있는 것은?
① 백금-백금로듐(PR)
② 크로멜-알루멜(CA)
③ 철-콘스탄탄(IC)
④ 동-콘스탄탄(CC)

해설 열전대 온도계의 종류 및 측정온도 범위

정답 16. ③ 17. ④ 18. ② 19. ① 20. ④ 21. ①

열전대 종류	측정온도 범위
R형(백금-백금로듐)	0~1600[℃]
K형(크로멜-알루멜)	-20~1200[℃]
J형(철-콘스탄탄)	-20~800[℃]
T형(동-콘스탄탄)	-180~350[℃]

22_ 화씨온도 77[℉]는 절대온도로 약 몇 [K]인가?

① 25 ② 262
③ 314 ④ 298

해설 $K = \dfrac{°R}{1.8} = \dfrac{t°F + 460}{1.8} = \dfrac{77 + 460}{1.8} = 298.333[K]$

23_ 측정기의 감도(感度)가 너무 좋을 때의 설명으로 옳은 것은?

① 측정범위가 넓어진다.
② 정밀도가 좋지 않다.
③ 정확도가 좋지 않다.
④ 측정시간이 길어진다.

해설 감도 : 계측기가 측정량의 변화에 민감한 정도를 나타내는 값으로 감도가 좋으면 측정시간이 길어지고, 측정범위는 좁아진다.

∴ 감도 = $\dfrac{\text{지시량의 변화}}{\text{측정량의 변화}}$

24_ 용적식 유량계 설치 또는 보수 시 주의사항을 설명한 것으로 틀린 것은?

① 가동부가 있기 때문에 분해점검을 정기적으로 할 것
② 고형물이나 불순물 제거를 위해 스트레이너를 반드시 설치할 것
③ 상온에서 정도가 높은 액체(B-C유)를 측정할 때에는 관을 보온할 것
④ 보수를 위하여 바이패스 관을 설치하지 아니할 것

해설 고장이나 보수를 대비하여 바이패스 관을 설치한다.

25_ 보일러의 자동 급수제어 방식 중 3요소식 제어방식의 검출대상이 아닌 것은?

① 연소온도 ② 증기량
③ 수위 ④ 급수량

해설 급수제어방법의 종류 및 검출대상(요소)

명 칭	검출대상
1요소식	수위
2요소식	수위, 증기량
3요소식	수위, 증기량, 급수유량

26_ 오리피스 유량계에 대한 설명으로 틀린 것은?

① 베르누이의 정리를 응용한 계기이다.
② 기체와 액체에 모두 사용이 가능하다.
③ 유량계수 C는 유체의 흐름이 층류이거나 와류의 경우 모두 같고 일정하며 레이놀즈수와 무관하다.
④ 제작과 설치가 쉬우며, 경제적인 교축기구이다.

해설 유량계수는 층류, 와류 등의 영향을 받고, 레이놀즈수와 직접 관계가 있다.

27_ 저항온도계의 일종으로 온도변화에 따른 저항치가 변화하는 반도체의 성질을 이용, 온도계수가 크고 응답속도가 빠르며, 국부적인 온도 측정이 가능한 온도계는?

① 열전대 온도계
② 서미스터(thermistor) 온도계
③ 베크만 온도계
④ 바이메탈 온도계

[해설] 서미스터 온도계 특징
㉮ 감도가 크고 응답성이 빨라 온도변화가 작은 부분 측정에 적합하다.
㉯ 온도 상승에 따라 저항치가 감소한다.(저항온도계수가 부특성(負特性)이다.)
㉰ 소형으로 협소한 장소의 측정에 유리하다.
㉱ 소자의 균일성 및 재현성이 없다.
㉲ 흡습에 의한 열화가 발생할 수 있다.
㉳ 측정범위는 $-100 \sim 300[℃]$ 정도이다.

28. 자동화학식 CO_2 분석계의 특징으로 잘못 설명된 것은?
① 선택성이 좋지 않다.
② 구조에 유리부분이 많아 파손되기 쉽다.
③ 점검과 소모품의 보수에 시간이 걸린다.
④ 조성가스가 여러 종류인 경우도 높은 정도(精度)로 측정할 수 있다.

[해설] 자동화학식 CO_2 분석계 : 오르사트 가스 분석계의 조작을 자동화한 것으로 CO_2를 흡수액에 흡수시켜 이것에 시료가스의 용적감소를 측정하여 CO_2 농도를 지시하는 것으로 특징은 다음과 같다.
㉮ 조작은 모두 자동화되어 있다.
㉯ 선택성이 좋고 정도가 높다.
㉰ 구조가 유리부품이어서 파손이 많다.
㉱ 흡수액 선정에 따라 O_2 및 CO 의 분석계로도 사용할 수 있다.
㉲ 점검과 소모품 보수가 필요하다.

29. 다음 중 접촉식 온도계에 속하는 것은?
① 방사온도계
② 광전관식 온도계
③ 베크만 온도계
④ 광고온도계

[해설] 온도계의 분류 및 종류
㉮ 접촉식 온도계 : 유리제 봉입식 온도계, 바이메탈 온도계, 압력식 온도계, 열전대 온도계, 저항 온도계, 서미스터, 제겔콘, 서머컬러
㉯ 비접촉식 온도계 : 광고온도계, 광전관 온도계, 색온도계, 방사온도계

30. 절대단위계 및 중력 단위계에 대한 설명으로 옳은 것은?
① MKS단위계는 길이[m], 질량[kg], 시간[s]을 기준으로 한다.
② 절대단위계는 질량(F), 길이(L), 시간(T)을 기준으로 한다.
③ 중력단위계는 힘(F), 길이(k), 시간(s)을 기준으로 한다.
④ 기계공학 분야에는 중력단위를 사용해서는 안 된다.

[해설] 절대단위계와 중력단위계
㉮ 절대단위계 : 질량(M), 길이(L), 시간(T)을 기준으로 하는 단위로 MKS 단위계에서는 길이[m], 질량[kg], 시간[s]을, CGS 단위계에서는 길이[cm], 질량[g], 시간[s]을 기준으로 한다.
㉯ 공학단위계 : 힘(F), 길이(L), 시간(T)을 기준으로 하는 단위로 MKS 단위계에서는 길이[m], 중량[kgf], 시간[s]을, CGS 단위계에서는 길이[cm], 중량[gf], 시간[s]을 기준으로 한다.

31. 차압식 유량계에서 차압이 18972[Pa]일 때 유량이 22[m³/h]이었다. 차압이 10035[Pa]일 때의 유량은 약 몇 [m³/h]인가?
① 12
② 16
③ 20
④ 24

[해설] 차압식 유량계에서 유량은 차압의 평방근에 비례한다.
$$\therefore Q_2 = \sqrt{\frac{\Delta P_2}{\Delta P_1}} \times Q_1 = \sqrt{\frac{10035}{18972}} \times 22 = 16 \, [m^3/h]$$

32. 다음 중 진공계의 종류에 해당하지 않는 것은?
① 맥라우드(Mcloed)형 진공계
② 전리(電離) 진공계
③ 열전도형 진공계
④ 음향식 진공계

정답 28. ① 29. ③ 30. ① 31. ② 32. ④

해설 진공계의 종류 및 측정범위

명 칭		측정범위
맥로이드(Mcloed)형 진공계		10^{-4} torr
전리 진공계		10^{-10} torr
열전도형	피라니 진공계	$10 \sim 10^{-5}$ torr
	서미스터 진공계	–
	열전대 진공계	$1 \sim 10^{-3}$ torr

33_ 제어계의 상태를 교란시키는 외란의 원인으로 가장 거리가 먼 것은?

① 가스 유출량　　② 탱크 주위의 온도
③ 탱크의 외관　　④ 가스 공급압력

해설 ㉮ 외란(disturbance) : 제어계의 상태를 혼란시키는 외적 작용(잡음)으로 제어량이 변화해서 목표치와 어긋나게 되고 제어 편차가 발생한다.
㉯ 외란의 종류 : 가스 유출량, 탱크 주위의 온도, 가스 공급압력, 가스 공급온도, 목표값 변경 등

34_ 가스의 자기성(磁氣性)을 이용한 분석계는?

① CO_2 계
② SO_2 계
③ O_2 계
④ 가스크로마토그래피

해설 자기식 O_2계(분석기) : 일반적인 가스는 반자성체에 속하지만 O_2는 자장에 흡입되는 강력한 상자성(常磁性)체인 것을 이용한 산소 분석기이다.

35_ $3.5[kgf/cm^2]$의 압력을 물기둥 높이로 나타내면 몇 [m]가 되는가?

① 3.5　　② 35
③ 350　　④ 3500

해설 ㉮ 물의 비중량은 $1000[kgf/m^3]$이다.
㉯ 물기둥 높이 계산
$$\therefore h = \frac{P}{\gamma} = \frac{3.5 \times 10^4}{1000} = 35[m]$$

36_ U자관 압력계에 관한 설명으로 틀린 것은?

① 차압을 측정할 경우에는 한 쪽 끝에만 압력을 가한다.
② 관 속에 수은, 물 등을 넣고 한 쪽 끝에 측정압력을 도입하여 압력을 측정한다.
③ 측정 시 메니스커스, 모세관현상 등의 영향을 받으므로 이에 대한 보정이 필요하다.
④ U자관의 크기는 특수한 용도를 제외하고는 보통 2[m] 정도의 것이 한도이다.

해설 차압을 측정할 경우에는 U자관 양 쪽 끝에 압력을 도입하여 측정한다.

37_ 부르동관식 압력계에 대한 설명 중 잘못된 것은?

① 고압 측정용으로 사용한다.
② 유입측에는 사이펀관을 사용한다.
③ 내부의 온도가 200℃ 이상이 되지 않도록 한다.
④ 부르동관식의 재질은 인청동, 황동, 강 등을 사용한다.

해설 부르동관 압력계의 일반적인 작동온도범위는 $-20[℃] \sim 60[℃]$ 정도이며, 온도가 80[℃] 이상 올라가지 않도록 한다.

38_ 비례동작 제어장치에서 비례대(帶)가 40[%]일 경우 비례감도는 얼마인가?

① 0.5　　② 1
③ 2.5　　④ 4

해설 비례감도 $= \dfrac{1}{\text{비례대}} = \dfrac{1}{0.4} = 2.5$

39_ 다음 중 열전도율이 가장 큰 것은?

① 공기　　② 수소
③ 질소　　④ 이산화탄소

정답 33. ③　34. ③　35. ②　36. ①　37. ③　38. ③　39. ②

해설: 기체의 경우 분자량이 작을수록 열전도율은 크게 된다. 그러므로 수소는 분자량이 2로 기체 중에서 분자량이 가장 작으로 다른 기체와 비교해서 열전도율이 큰 가스이다.

40. 25[℃]에서 포화수증기압은 23.8[mmHg]이다. 이 온도에서의 절대습도는?
① 0.015 ② 0.020
③ 0.040 ④ 0.238

해설:
$$X = 0.622 \times \frac{P_w}{760 - P_w} = 0.622 \times \frac{23.8}{760 - 23.8}$$
$$= 0.0201 \,[\text{kg/kg·DA}]$$

3과목 - 열설비구조 및 시공

41. 증기난방 배관용으로 쓰이는 증기트랩에 관한 설명으로 옳은 것은?
① 방열기의 송수구 또는 배관의 윗부분에 증기가 모이는 곳에 설치한다.
② 증기트랩을 설치하는 주목적은 고압의 증기와 공기를 배출하는 것이다.
③ 방열기나 증기관 속에 생긴 응축수를 환수관으로 배출한다.
④ 증기트랩은 마찰 저항이 커야 하며, 내마모성 및 내식성 등이 작아야 한다.

해설: 증기트랩(steam trap)의 기능 : 증기 사용설비 및 배관내의 응축수를 제거하여 증기의 잠열을 유효하게 이용할 수 있도록 하고, 수격작용을 방지하는 역할을 한다.

42. 슬리브형 신축 이음쇠의 특성 설명 중 틀린 것은?
① 압력 15[kgf/cm²] 이상의 고압 증기 배관에 적합하다.
② 루프형에 비해 설치 장소를 적게 차지한다.
③ 신축으로 인한 응력이 생기지 않는다.
④ 장기간 사용하면 패킹이 마모되어 유체가 누설된다.

해설: 슬리브형(sleeve type) 신축 이음쇠 : 압력 8[kgf/cm²] 이하의 물, 기름 등의 배관에 사용되며 직선으로 이용하므로 설치공간이 루프형에 비해 적으며, 신축량이 크고 신축으로 인한 응력이 생기지 않는다.

43. 내화 골재에 주로 알루미나 시멘트를 섞어 만든 부정형 내화물은 어느 것인가?
① 내화 모르타르 ② 돌로마이트
③ 캐스터블 내화물 ④ 플라스틱 내화물

해설: 캐스터블(castable) 내화물의 특징
㉮ 부정형 내화물로 소성이 불필요하다.
㉯ 사용현장에서 필요한 형상이나 치수로 자유롭게 성형할 수 있다.
㉰ 접합부 없이 축요가 가능하고 시공 후 건조, 소성 시 수축이 적다.
㉱ 내스폴링성이 크다.
㉲ 시공 후 약 24시간 후에 건조, 승온이 가능하고 경화제로 알루미나시멘트를 사용한다.
㉳ 점토질이 많이 사용되고 용도에 따라 고알루미나질이나 크롬질도 사용된다.

44. 보일러 설비에서 감압밸브를 사용하는 목적으로 거리가 먼 것은?
① 증발배수 증대 ② 증기건도의 향상
③ 배관비용의 절감 ④ 안전성 확보

해설: (1) 감압밸브의 기능
㉮ 고압의 증기를 저압의 증기로 만들기 위하여
㉯ 부하측의 압력을 일정하게 유지하기 위하여
㉰ 부하 변동에 따른 증기의 소비량을 절감하기 위하여
(2) 감압밸브 사용 목적 : 저압증기 이용 시 이점
㉮ 생산성 향상
㉯ 에너지 절약
㉰ 증기의 건도 향상
㉱ 배관설비 비용의 절감
㉲ 특정 온도를 정확히 유지

정답 40. ② 41. ③ 42. ① 43. ③ 44. ①

45. 동관의 압축이음 시 동관의 끝을 나팔형으로 만드는데 사용되는 공구는?

① 사이징 툴   ② 플레어링 툴
③ 튜브 벤더   ④ 익스팬더

해설 동관 작업용 공구
㉮ 튜브 커터(tube cutter) : 동관을 절단할 때 사용
㉯ 튜브 벤더(tube bender) : 동관의 구부릴 때 사용
㉰ 플레어링 툴 : 압축이음하기 위하여 관끝을 나팔관 모양으로 넓힐 때 사용
㉱ 리머(reamer) : 관 내면의 거스러미를 제거하는 데 사용
㉲ 사이징 툴(sizing tools) : 동관 끝부분을 원형으로 교정할 때 사용
㉳ 확관기(expander) : 관 끝을 넓혀 소켓으로 만들 때 사용
㉴ 티 뽑기(extractor) : 직관에서 분기관 성형 시 사용

46. 다음 중 무기질 보온재에 속하는 것은?

① 규산칼슘 보온재
② 양모 펠트 보온재
③ 탄화 코르크 보온재
④ 기포성 수지 보온재

해설 재질에 의한 보온재 분류
㉮ 유기질 보온재 : 펠트, 코르크, 기포성 수지(우레탄폼)
㉯ 무기질 보온재 : 석면, 암면, 규조토, 탄산마그네슘, 유리섬유
㉰ 금속질 보온재 : 알루미늄 박(泊)

47. 동관 이음쇠 중 C×M 어댑터에 대한 설명으로 맞는 것은?

① 한쪽은 이음쇠 외측으로 관이 들어가고, 한쪽은 관형나사가 안으로 난 이음쇠
② 한쪽은 이음쇠 외측으로 관이 들어가고, 한쪽은 관형나사가 밖으로 난 이음쇠
③ 한쪽은 이음쇠 내측으로 관이 들어가고, 한쪽은 관형나사가 밖으로 난 이음쇠
④ 양쪽이 이음쇠 내로 관이 들어가는 소켓 이음쇠

해설 동관 및 황동 주물재 이음쇠
㉮ C(female solder cup) : 이음재 내로 관이 들어가 접합되는 형태이다.
㉯ M(male NPT thread) : ANSI 규격 관형나사가 밖으로 난 나사이음용 이음재이다. (예 : C×M 어댑터)
㉰ F(female NPT thread) : ANSI 규격 관형나사가 안으로 난 나사음용 이음재이다. (예 : C×F 어댑터)
㉱ Ftg(male solder cup) : 이음쇠 바깥쪽으로 관이 들어가 접합되는 형태이다. (예 : Ftg×M 어댑터)

48. 다음 ( ) 안에 들어갈 경판의 두께 기준에 대한 설명으로 바르게 짝지어진 것은?

> 경판의 최소두께는 전반구형인 것을 제외하고 계산상 필요한 이음매 없는 동체판의 두께 이상이어야 한다. 다만, 어떠한 경우도 (ⓐ) 이상으로 하고, 스테이를 부착하는 경우에는 (ⓑ) 이상으로 한다.

① ⓐ : 6[mm], ⓑ : 10[mm]
② ⓐ : 4[mm], ⓑ : 8[mm]
③ ⓐ : 4[mm], ⓑ : 10[mm]
④ ⓐ : 6[mm], ⓑ : 8[mm]

해설 경판의 두께 제한(열사용기자재 검사기준 5.1) : 경판의 최소두께는 전반구형인 것을 제외하고 계산상 필요한 이음매 없는 동체판의 두께 이상이어야 한다. 다만, 어떠한 경우도 6[mm] 이상으로 하고, 스테이를 부착하는 경우에는 8[mm] 이상으로 한다.

49. 에너지이용 합리화법령에 따라 에너지의 효율관리 기자재 지정에 대한 설명으로 적절한 것은?

① 상당량의 에너지를 사용하는 기자재로써 특정지역에 보급되어 있는 기자재로서 대통령이 정하는 것에 한한다.
② 전기냉장고, 전기냉방기, 전열기, 에너지생산설비 등이 있다.
③ 에너지의 소비효율, 사용량, 소비효율등급 등을 표시하여야 한다.
④ 산업통상자원부장관이 최저사용량과 최대소비효율기준을 정하여 고시한다.

정답 45. ② 46. ① 47. ③ 48. ④ 49. ③

해설 각 항목의 옳은 설명
① 효율관리 기자재(법 제15조)는 일반적으로 널리 보급되어 있는 상당량의 에너지를 소비하는 에너지사용기자재로 산업통상자원부령으로 정하는 기자재에 한한다.
② 효율관리기자재 종류(규칙 제7조)에는 전기냉장고, 전기냉방기, 전기세탁기, 조명기기, 삼상유도전동기, 자동차. 그 밖에 산업통상자원부장관이 그 효율의 향상이 특히 필요하다고 인정하여 고시하는 기자재 및 설비이다.
④ 산업통상자원부장관이 에너지의 최저소비효율 또는 최대사용량의 기준을 정하여 고시한다.

해설 강제혼합식 가스 버너 종류
㉮ 내부혼합식 : 가스와 공기를 미리 혼합하여 버너로 공급되는 방식으로 역화의 위험성이 있고, 예혼합 화염의 형성으로 고부하 연소에 적합하고, 화염의 크기가 작아지는 장점이 있다.
㉯ 외부혼합식 : 공기와 가스가 버너 출구에서 혼합을 시작하는 방식으로 고부하 연소를 하기 곤란하지만 역화의 위험이 없고, 광범위한 연소제어가 가능하고 연소용 공기를 예열하여 사용할 수 있다.
㉰ 부분혼합식 : 연소용 공기의 일부를 혼합하여 버너에서 분출하고 나머지는 노즐 출구에서 혼합하는 방식이다.

50. 강제순환 보일러의 특징이 아닌 것은?
① 고압 보일러에 대하여서도 효율이 좋고 증기 발생이 양호하다.
② 작동 시 보일러수(水)가 적어서 동력소비나 설비가 적게 든다.
③ 순환속도를 빠르게 설계할 수 있고 소형 경량으로 만들 수 있다.
④ 순환속도를 빨리하면 일정한 증발량에 대해서 보일러수(水)를 적게 할 수 있다.

해설 강제순환식 수관보일러의 특징
㉮ 물의 순환력을 자유로이 조절할 수 있다.
㉯ 관경을 작게 하고 두께를 얇게 할 수 있다.
㉰ 관의 배치를 자유로이 할 수 있다.
㉱ 자유로운 구조의 선택이 가능하다.
㉲ 열전달이 빨라 증기발생 소요시간이 짧다.
㉳ 고압보일러에 대해서도 효율이 양호하다.
㉴ 동력소비가 커서 유지비가 비교적 많이 소요된다.
㉵ 관의 마찰저항이 크다.
㉶ 보일러수의 순환이 균일하지 못할 경우 과열의 우려가 있다.

52. 보일러에서 댐퍼(damper)의 설치목적으로 가장 거리가 먼 것은?
① 통풍력을 조절한다.
② 가스의 흐름을 차단한다.
③ 연료 공급량을 조절한다.
④ 주연도와 부연도 있을 때 가스 흐름을 전환한다.

해설 댐퍼(damper)의 설치목적
㉮ 통풍력을 조절하여 연소효율을 상승시킨다.
㉯ 배기가스의 흐름을 조절한다.
㉰ 배기가스의 흐름방향을 전환한다.

53. 에너지이용 합리화법에서 정한 특정열사용기자재 시공업을 할 경우에는 시·도지사에게 등록하여야 한다. 이때 특정열사용기자재 시공업의 범주에 포함되지 않는 것은?
① 기자재의 설치   ② 기자재의 제조
③ 기자재의 시공   ④ 기자재의 세관

해설 특정열사용기자재 및 설치·시공범위 : 에너지이용 합리화법 시행규칙 제31조의5, 별표3의2

구분	품목명	설치, 시공범위
보일러 (기관)	강철제보일러, 주철제보일러, 온수보일러, 구멍탄용 온수보일러, 축열식 전기보일러, 캐스케이드 보일러, 가정용 화목보일러	해당기기의 설치, 배관 및 세관
태양열 집열기	태양열 집열기	해당기기의 설치, 배관 및 세관

51. 산업용 중소형 보일러에 널리 이용되고 있는 강제혼합식 버너의 한 형식으로 역화의 위험이 있으나 고부하 연소에 적합하고 화염의 크기도 작아지는 장점이 있는 형식은?
① 적화식   ② 분젠식
③ 내부 혼합식   ④ 외부 혼합식

정답 50. ② 51. ③ 52. ③ 53. ②

구분	품목명	설치, 시공범위
압력용기	1종 압력용기, 2종 압력용기	해당기기의 설치, 배관 및 세관
요업요로	연속식 유리용융가마, 불연속식 유리용융가마, 유리용융도가니가마, 터널가마, 도염식 각가마, 셔틀가마, 회전가마, 석회용선가마	해당기기의 설치를 위한 시공
금속요로	용선로, 비철금속용융로, 금속 소둔로, 철금속가열로, 금속균열로	해당기기 설치를 위한 시공

54_ 보일러 열정산을 하는 목적으로 거리가 먼 것은?

① 열설비 성능을 파악할 수 있다.
② 연료의 성분을 알 수 있다.
③ 열의 손실을 파악하여 조업 방법을 개설할 수 있다.
④ 열의 행방을 파악할 수 있다.

해설 보일러 열정산 목적
㉮ 열의 이동 상태를 파악하기 위하여
㉯ 열의 손실을 파악하기 위하여
㉰ 열설비의 성능을 파악하기 위하여
㉱ 보일러의 성능 개선 자료를 얻기 위하여
㉲ 보일러의 효율을 파악하기 위하여
㉳ 조업 방법을 개선하기 위하여

55_ 최고사용압력이 0.5[MPa]의 강제압력용기에 대해 수압시험을 하고자 할 때 몇 [MPa]로 수압시험을 해야 하는가? (단, 온도보정 전과 온도보정 후의 수압시험압력은 같다고 본다.)

① 0.25   ② 0.5
③ 0.75   ④ 1.0

해설 압력용기의 수압시험 압력 기준
㉮ 강제 또는 비철금속제의 압력용기는 최고사용압력의 1.5배의 압력에 온도보정을 한 압력
㉯ 최고사용압력이 0.1[MPa] 이하인 주철제 압력용기는 0.2[MPa]의 압력
㉰ 최고사용압력이 0.1[MPa]를 초과하는 주철제 압력용기는 최고사용압력의 2배의 압력
㉱ 법랑 또는 유리 라이닝한 압력용기는 최고사용압력에 온도보정을 한 압력
㉲ 기밀시험압력은 최고사용압력의 1.25배의 압력에 온

도보정을 한 압력
㉳ 특수한 형상 등으로 강도를 계산하기 어려운 부분은 계산식에 의하여 계산한 검정수압 시험압력으로 한다.
∴ 수압시험 압력 = 최고사용압력×1.5
= 0.5×1.5 = 0.75[MPa]

56_ 신·재생에너지의 기술개발 및 이용·보급을 촉진하기 위한 기본계획에 포함되어야 하는 사항 중 거리가 먼 것은?

① 총에너지사용량 중 신·재생에너지 사용량이 차지하는 비율의 목표
② 신·재생에너지원별 기술개발 및 이용·보급의 목표
③ 기본계획의 목표 및 기간
④ 기본계획의 추진방법

해설 기본계획에 포함되어야 하는 사항 : 신에너지 및 재생에너지 개발 이용 보급 촉진법 제5조
㉮ 기본계획의 목표 및 기간
㉯ 신·재생에너지원별 기술개발 및 이용·보급의 목표
㉰ 총전력생산 중 신·재생에너지 발전량이 차지하는 비율의 목표
㉱ 에너지법에 따른 온실가스의 배출 감소 목표
㉲ 기본계획의 추진방법
㉳ 신·재생에너지 기술수준의 평가와 보급전망 및 기대효과
㉴ 신·재생에너지 기술개발 및 이용·보급에 관한 지원방안
㉵ 신·재생에너지 분야 전문인력 양성계획
㉶ 직전 기본계획에 대한 평가
㉷ 그 밖에 기본계획의 목표달성을 위하여 산업통상자원부장관이 필요하다고 인정하는 사항

57_ 다음 중 개조검사를 받아야 하는 경우로 거리가 먼 것은?

① 설치 장소를 변경하는 경우
② 증기보일러를 온수보일러로 개조한 경우
③ 보일러 섹션의 증감에 의하여 용량을 변경하는 경우
④ 철금속가열로로서 산업통상자원부장관이 정하여 고시하는 경우의 수리

정답 54. ② 55. ③ 56. ① 57. ①

해설 개조검사 대상 : 에너지이용 합리화법 시행규칙 제31조의 7, 별표3의4
㉮ 증기보일러를 온수보일러로 개조하는 경우
㉯ 보일러 섹션의 증감에 의하여 용량을 변경하는 경우
㉰ 동체, 돔, 노통, 연소실, 경판, 천정판, 관판, 관모음 또는 스테이의 변경으로서 산업통상자원부장관이 정하여 고시하는 대수리의 경우
㉱ 연료 또는 연소방법을 변경하는 경우
㉲ 철금속가열로로서 산업통상자원부장관이 정하여 고시하는 경우의 수리

58. 에너지이용 합리화법 및 동법 시행령에서 위임된 사항과 그 시행에 관하여 필요한 사항을 규정한 것은?

① 에너지이용 합리화법 대통령령
② 에너지이용 합리화법 시행령
③ 집단 에너지사업법
④ 에너지이용 합리화법 시행규칙

해설 에너지이용 합리화법 시행규칙 제1조 목적 : 이 규칙은 에너지이용 합리화법 및 같은 법 시행령에서 위임된 사항과 그 시행에 필요한 사항을 규정함을 목적으로 한다.

59. 산업통상자원부장관이 정하는 바에 따라 수수료를 납부하여야 하는 경우는?

① 제조업의 허가를 신청하는 경우
② 검사대상기기의 검사를 받고자 하는 경우
③ 에너지관리대상자의 지정을 받고자 하는 경우
④ 열사용기자재의 형식 승인을 얻고자 하는 경우

해설 수수료(에너지이용 합리화법 제67조) 납부 대상
㉮ 고효율에너지기자재의 인증을 신청하려는 자
㉯ 에너지진단을 받으려는 자
㉰ 검사대상기기의 검사를 받으려는 자

60. 특수 열매체 보일러에서 사용하는 특수 열매체로 적합하지 않은 것은?

① 다우섬 ② 카네크롤
③ 수은   ④ 암모니아

해설 특수 열매체 보일러 : 특수한 열매체를 사용하여 낮은 압력에서 고온의 증기를 얻을 수 있도록 한 보일러로 사용하는 액체는 다우섬 A, E 및 수은, 서큐리티 53, 모빌섬, 카네크롤 등을 사용한다.

4과목 - 열설비취급 및 안전관리

61. 화염 검출기의 종류 중 화염의 이온화에 의한 전기 전도성을 이용하여 화염을 검출하는 것은?

① 플레임 아이   ② 플레임 로드
③ 스택 스위치   ④ 아쿠아 스탯

해설 화염 검출기의 종류
㉮ 플레임 아이(flame eye) : 화염이 발광체임을 이용하여 화염의 방사선을 감지하여 화염의 유무를 검출한다.
㉯ 플레임 로드(flame rod) : 화염의 이온화 현상에 의한 전기 전도성을 이용하여 화염의 유무를 검출한다.
㉰ 스택 스위치(stack switch) : 연도에 바이메탈을 설치하여 연소가스의 발열체를 이용하여 화염유무를 검출한다.

62. 보일러에서 과열증기를 사용할 경우의 단점에 해당하지 않는 것은?

① 장거리 수송 시 방열에 의한 열손실이 커질 수 있다.
② 피가열물의 온도분포가 달라지므로 제품의 질이 저하될 수 있다.
③ 불균일한 온도분포에 따른 열응력이 발생될 수 있다.
④ 대기 중에 분사 시 잠열 방출 전에 증기가 손실되어 열손실이 발생될 수 있다.

정답 58. ④ 59. ② 60. ④ 61. ② 62. ①

과열증기의 특징
㉮ 증기의 마찰손실이 적다.
㉯ 같은 압력의 포화증기에 비해 보유열량이 많다.
㉰ 증기 소비량이 적어도 된다.
㉱ 가열 표면의 온도가 불균일해진다.
　(과열증기와 포화증기가 열전달을 하기 때문에)
㉲ 가열장치에 큰 열응력이 발생한다.
㉳ 대기나 공간에 분사가 이루어지면 과열증기가 잠열을 방출하기 전에 대기로 달아나므로 증기의 열손실이 발생할 수 있다.
※ 장거리 수송 시 방열에 의한 열손실은 단열재(또는 보온재)의 성능과 관계있다.

63_ 신설 보일러에 대하여 실시하는 소다 끓이기에 사용되는 약품의 종류가 아닌 것은?
① 인산소다　　　② 가성소다
③ 제3인산소다　④ 탄산마그네슘

 소다 끓이기(soda boiling) 약액
㉮ 제3 인산나트륨(Na_3PO_4, 제3인산소다)
㉯ 탄산나트륨(Na_2CO_3, 탄산소다)
㉰ 수산화나트륨(NaOH, 가성소다)

64_ 원심 펌프가 회전속도 600[rpm]에서 분당 6[m³]의 수량을 방출하고 있다. 이 펌프의 회전속도를 900[rpm]으로 운전하면 토출수량 [m³/min]은 얼마가 되겠는가?
① 3.97　　② 9
③ 12　　　④ 13.5

해설 $Q_2 = Q_1 \times \dfrac{N_2}{N_1} = 6 \times \dfrac{900}{600} = 9\,[\text{m}^3/\text{min}]$

『참고』 원심펌프 상사의 법칙
㉮ 유량 $Q_2 = Q_1 \times \left(\dfrac{N_2}{N_1}\right) \times \left(\dfrac{D_2}{D_1}\right)^3$
㉯ 양정 $H_2 = H_1 \times \left(\dfrac{N_2}{N_1}\right)^2 \times \left(\dfrac{D_2}{D_1}\right)^2$
㉰ 동력 $L_2 = L_1 \times \left(\dfrac{N_2}{N_1}\right)^3 \times \left(\dfrac{D_2}{D_2}\right)^5$

65_ 증기난방 배관 설계 시 주의할 점에 관한 설명으로 틀린 것은?
① 증기관을 축소하고자 할 때는 반드시 편심 리듀서를 사용한다.
② 증기관에서 증기지관을 분기하고자 할 때는 증기관에서 거의 수평으로 분기를 해야 응축수로 인한 방해를 막을 수 있다.
③ 증기의 공급과 정지 시 온도차에 의한 열팽창과 열응력이 발생되므로 이를 고려하여 적당한 신축이음을 설치한다.
④ 증기관의 보온은 증기의 온도에 충분히 견딜 수 있도록 유리섬유 보온재 등을 사용한다.

해설 증기관에서 증기지관을 분기할 때는 수직 또는 45°이상으로 분기해야 응축수로 인한 방해를 막을 수 있다.

66_ 보일러 연소실 내의 폭발에 대비한 안전관리 사항으로 가장 적합한 것은?
① 연도를 가열한다.
② 방폭문을 설치한다.
③ 배관을 굵게 한다.
④ 스케일을 제거한다.

해설 방폭문(폭발문) : 연소실 내의 미연소 가스의 폭발 및 역화 시 그 내부압력을 외부로 방출시켜 동체의 파열사고를 방지하는 장치로 개방식(스윙식)과 밀폐식(스프링식)이 있다.

67_ 보일러 안전장치로 볼 수 없는 것은?
① 안전밸브
② 가용전
③ 고저수위 경보기
④ 급수내관

해설 보일러 안전장치의 종류 : 안전밸브 및 방출밸브, 가용전, 방폭문, 고저수위 경보장치, 화염검출기, 압력제한기 및 압력조절기 등

정답 63. ④　64. ②　65. ②　66. ②　67. ④

68_ 보일러를 옥내에 설치하는 규정으로 옳지 않은 것은? (단, 예외사항이 아닌 일반적인 보일러를 기준으로 본다.)
① 도시가스를 사용하는 보일러실에서는 환기구를 가능한 한 낮게 설치하여 가스가 누설되었을 때 체류하지 않는 구조이어야 한다.
② 보일러 동체 최상부로부터 천장, 배관 등 보일러 상부에 있는 구조물까지의 거리는 1.2[m] 이상이어야 한다.
③ 보일러 동체에서 벽, 배관, 기타 보일러 측부에 있는 구조물까지 거리는 0.45[m] 이상이어야 한다.
④ 보일러 및 보일러에 부설된 금속제의 굴뚝 또는 연도의 외측으로부터 0.3[m] 이내에 있는 가연성 물체에 대하여는 금속 이외의 불연성 재료로 피복하여야 한다.

해설 보일러실은 연소 및 환경을 유지하기에 충분한 급기구 및 환기구가 있어야 하며 급기구는 보일러 배기가스 닥트의 유효단면적 이상이어야 하고 도시가스를 사용하는 경우에는 환기구를 가능한 높이 설치하여 가스가 누설되었을 때 체류하지 않는 구조이어야 한다.

69_ 보일러 압력계 취급에 대한 설명으로 틀린 것은?
① 온도가 약 353[K] (80[℃]) 이상 올라가지 않도록 한다.
② 압력계를 부착할 때에는 사이폰관의 상태에 이상이 없는지를 확인하여야 한다.
③ 압력계 사이펀관의 수직부에 콕크를 설치하고, 콕크의 핸들이 축방향과 일치할 때에 닫힌 것이어야 한다.
④ 한냉기에 장기간 사용하지 않을 경우에는 동결로 인하여 고장이 발생하므로 압력계를 떼어내어 보관하고 연락관, 사이폰관을 비워둔다.

해설 압력계의 콕크는 그 핸들을 수직인 증기관과 동일방향에 놓은 경우에 열려 있는 것이어야 하며 콕크 대신에 밸브를 사용할 경우에는 한눈으로 개·폐 여부를 알 수가 있는 구조로 하여야 한다.

70_ 다음 중 연소의 유지 및 조절의 방법으로 맞지 않은 것은?
① 연소량을 증가할 때는 통풍량을 먼저 증가시킨다.
② 연소량은 신속히 증감한다.
③ 불필요한 공기의 노내 침입을 방지한다.
④ 연소량을 감소할 때는 연료량을 먼저 감소시킨다.

해설 연소량 증감은 서서히 하여야 한다.

71_ 스프링 안전밸브의 누설 원인으로 가장 거리가 먼 것은?
① 밸브와 밸브 시트의 가공이 불량한 경우
② 밸브 시트에 이물질이 부착된 경우
③ 스프링 조정압력이 높게 설정된 경우
④ 밸브 시트에 가해지는 힘이 불균일한 경우

해설 안전밸브 누설원인
㉮ 작동압력이 낮게 조정되었을 때
㉯ 스프링의 장력이 약할 때
㉰ 밸브 디스크와 밸브 시트에 이물질이 있을 때
㉱ 밸브 시트가 불량일 때
㉲ 밸브 축이 이완되었을 때

72_ 보일러 파열사고 원인 중 구조물의 강도 부족에 의한 원인이 아닌 것은?
① 재료의 불량   ② 용접 불량
③ 용수관리의 불량 ④ 동체의 구조 불량

해설 사고의 원인
㉮ 제작상의 원인 : 재료불량, 강도부족, 설계불량, 구조불량, 부속기기 설비의 미비, 용접불량 등

정답 68. ① 69. ③ 70. ② 71. ③ 72. ③

㉰ 취급상의 원인 : 압력초과, 저수위, 급수처리 불량, 부식, 과열, 미연소가스 폭발사고, 부속기기 정비불량 등
※ 구조물의 강도 부족은 제작상의 원인에 해당된다.

73. 보일러 노통 안에 겔로웨이관(galloway tube)을 2~4개 설치하는 이유로 가장 적합한 것은?
① 증기가 새는 것을 방지하기 위함
② 전열면적을 증대시키기 위함
③ 스케일의 부착방지를 위함
④ 소형으로 제작하기 위함

[해설] 겔로웨이 관(galloway tube)의 설치 목적
㉮ 전열면적 증가
㉯ 보일러 수(水)의 순환 양호
㉰ 노통을 보강

74. 저압 증기보일러 주변의 하트포드 접속법과 직접적인 관계가 없는 것은?
① 증기관
② 균형(balance)관
③ 환수관
④ 냉각 레그(cooling leg)

[해설] ㉮ 하트포드(hartford) 접속법 : 저압증기 난방에서 환수관을 보일러에 직접 연결할 경우 보일러 수의 역류현상을 방지하기 위해서 사용하는 방식으로 증기관과 환수관사이에 밸런스관(균형관)을 설치하여 안전저수면 보다 높은 위치에 환수관을 접속하는 배관방법을 말한다.
㉯ 냉각레그(cooling leg) : 증기 공급관의 마지막 부분에서 방열기로 분기된 이후부터 트랩에 이르는 배관에 여분의 증기가 충분히 냉각되어 응축수가 될 수 있도록 보온을 하지 않는 배관으로 1.5m 이상 설치하는 부분이다.

75. 진공환수식 증기난방법에서 리프트 피팅의 1단의 최고 흡상 높이는 몇 [m] 이하로 하는 것이 좋은가?
① 0.5[m]   ② 1.5[m]
③ 3[m]   ④ 10[m]

[해설] 리프트 피팅(lift fitting)으로 흡상할 수 있는 1단의 최고 흡상 높이는 1.5[m] 이내로 한다. 흡상 높이가 높은 경우에는 여러 개를 조합하여 설치할 수 있다.

76. 증기 발생을 위해 쓰인 열량과 노에 공급된 연료가 완전연소에 의하여 발생하는 열량과의 비는?
① 보일러 마력   ② 보일러의 용량
③ 보일러 효율   ④ 전열면의 열부하

[해설] 증기 보일러 효율 : 증기발생에 사용된 열량과 공급열량과의 비이다.

$$\therefore \eta = \frac{\text{사용된 열량}}{\text{공급열량}} \times 100$$
$$= \frac{G_a \cdot (h_2 - h_1)}{G_f \cdot H_l} \times 100$$
$$= \frac{539 \cdot G_e}{G_f \cdot H_l} \times 100$$
$$= \text{연소효율} \times \text{전열효율}$$

77. 가성취화 현상의 특징 설명으로 틀린 것은?
① 고압보일러에서 보일러수의 알칼리 농도가 높은 경우에 발생한다.
② 외견상 부식성이 없고, 극히 미세한 불규칙적인 방사상 형태를 하고 있다.
③ 발생하는 장소로는 반드시 수면위의 리벳부나 관구멍 등 응력이 분산하는 곳의 틈이 많은 곳이다.
④ 저압보일러에서도 열부하가 매우 클 때에는 발생할 가능성이 있다.

[해설] 가성취화의 특징
㉮ 균열의 방향이 불규칙적인 방사상 형태를 하고 있다.
㉯ 고압보일러에서 보일러수의 알칼리 농도가 높은 경우에도 발생한다.
㉰ 주로 인장응력을 받는 이음부에서 발생한다.
㉱ 발생하는 장소는 반드시 수면아래의 리벳부(용접부의 경우 틈이 있는 경우)에서 발생한다.
㉲ 관 구멍 등 응력이 집중되는 곳의 틈이 많은 곳에서 발생한다.
㉳ 외견상 부식성이 없다.

정답 73. ② 74. ④ 75. ② 76. ③ 77. ③

78_ 일반 원통 보일러에서 급수의 pH 기준으로 옳은 것은? (단, 25[℃] 기준으로 최고사용압력은 1[MPa] 이하이며, 보급수는 연화수를 사용한다.)

① 1~3 ② 4~6
③ 7~9 ④ 11~13

해설 원통보일러의 pH(수소이온농도 지수) 기준
㉮ 급수 : 7.0~9.0
㉯ 보일러수 : 11.0~11.8

79_ 다음 중 보일러 부하율[%]을 바르게 나타낸 것은?

① $\dfrac{\text{최대연속증기발생량}}{\text{상당증기발생량}} \times 100$

② $\dfrac{\text{상당증기발생량}}{\text{최대연속증기발생량}} \times 100$

③ $\dfrac{\text{실제증기발생량}}{\text{최대연속증기발생량}} \times 100$

④ $\dfrac{\text{최대연속증기발생량}}{\text{실제증기발생량}} \times 100$

해설 보일러 부하율 : 1시간 동안 연료의 연소에 의해서 실제로 발생되는 증발량과 최대 연속 증발량과의 비이다.

∴ 보일러 부하율[%] = $\dfrac{\text{실제증발량}}{\text{최대연속증발량}} \times 100$

80_ 펌프에서 공동현상(cavitation)이 발생되는 경우로 거리가 먼 것은?

① 펌프의 임펠러 속도가 너무 클 경우
② 관내 유체가 고온일 경우
③ 흡입관의 관경이 펌프의 구경보다 클 경우
④ 흡입양정이 클 경우

해설 공동현상(cavitation) 발생원인
㉮ 흡입양정이 지나치게 클 경우
㉯ 흡입관의 저항이 증대될 경우
㉰ 과속으로 유량이 증대될 경우
㉱ 관로내의 온도가 상승될 경우

정답 78. ③ 79. ③ 80. ③

2021년 에너지관리산업기사 CBT 필기시험 복원문제 02

1과목 - 열역학 및 연소관리

01. 내용적 20[m³]의 용기에 공기가 들어 있다. 처음에 그 압력 및 온도를 측정하였더니 600[kPa], 20[℃]이었는데 열을 공급하고 1시간 후에 측정하였더니 압력이 700[kPa]이었다. 이 사이에 용기 내에 있는 공기에 전해진 열량은 얼마인가? (단, 공기 정적비열 0.715[kJ/kg·K], 용기 변형은 없다.)

① 7533[kJ] ② 5231[kJ]
③ 4976[kJ] ④ 4988[kJ]

해설 ㉮ 20[m³]의 용기 속의 공기 무게 계산 :
공기의 분자량은 29이고 이상기체 상태방정식 $PV = GRT$에서 G를 계산한다.

$$\therefore G = \frac{PV}{RT} = \frac{600 \times 20}{\frac{8.314}{29} \times (273+20)}$$

$$= 142.857 [\text{kg}]$$

㉯ 열을 공급한 후 온도 계산 :

$\frac{P_1 V_1}{T_1} = \frac{P_2 V_2}{T_2}$ 에서 $V_1 = V_2$ 이다.

$$\therefore T_2 = \frac{P_2 T_1}{P_1} = \frac{700 \times (273+20)}{600} = 341.833[\text{K}]$$

㉰ 정적과정 가열량 계산
$\therefore Q_a = GC_v(T_2 - T_1)$
$= 142.857 \times 0.715 \times \{341.833 - (273+20)\}$
$= 4987.937 [\text{kJ}]$

02. 출력 30[kW]인 열기관이 1시간 동안 하는 일의 열상당량은 약 몇 [kcal/h]인가?

① 18900 ② 23800
③ 25800 ④ 28900

해설 1[kW] = 102[kgf·m/s] = 860[kcal/h]이다.
$\therefore Q = 30 \times 860 = 25800 [\text{kcal/h}]$

03. 액체연료를 분석한 결과 그 성분이 다음과 같았다. 이 연료의 연소에 필요한 이론공기량은? (단, 탄소 80[%], 수소 15[%], 산소 5[%]이다.)

① 10.95[Nm³/kg] ② 12.33[Nm³/kg]
③ 13.56[Nm³/kg] ④ 15.64[Nm³/kg]

해설 $A_0 = 8.89C + 26.67\left(H - \frac{O}{8}\right) + 3.33S$

$= 8.89 \times 0.80 + 26.67 \times \left(0.15 - \frac{0.05}{8}\right)$

$= 10.945 [\text{Nm}^3/\text{kg}]$

04. 연도가스를 분석한 결과 CO_2 12.0[%], O_2 6.0[%]일 때 $(CO_2)_{max}$은 몇 [%]인가?

① 16.8 ② 18.8
③ 20.8 ④ 22.8

해설 배기가스 중 일산화탄소(CO)가 없으므로 완전연소가 된 것이다.

$\therefore [CO_2]_{max} = \frac{21 CO_2}{21 - O_2} = \frac{21 \times 12.0}{21 - 6.0} = 16.8 [\%]$

05. 연소실 내 가스를 완전연소 시키기 위한 조건으로 잘못된 것은?

① 연소실 온도를 착화온도 이상으로 충분히 높게 한다.
② 연소실의 크기를 연소에 필요한 크기 이상으로 한다.
③ 연소실은 기밀을 유지하는 구조로 한다.
④ 이론공기량으로 공급한다.

정답 01. ④ 02. ③ 03. ① 04. ① 05. ④

해설 완전연소의 조건
㉮ 적절한 공기 공급과 혼합을 잘 시킬 것
㉯ 연소실 온도를 착화온도 이상으로 유지할 것
㉰ 연소실을 고온으로 유지할 것
㉱ 연소에 충분한 연소실과 시간을 유지할 것
※ 연료를 완전연소시키기 위해서는 과잉공기량이 최소인 실제공기량으로 공급한다.

06. 표준압력(1[atm])하에서 순수한 물의 빙점은 랭킨(Rankine) 온도로 몇 [°R]이 되는가?

① 0
② 100
③ 273.15
④ 491.67

해설 표준압력 [1atm]하에서 순수한 물의 빙점 :
0[℃], 273[K], 32[°F], 492[°R]이다.

07. 다음 중 인화점 측정기와 관계없는 것은?

① 펜스키-마르텐
② 태그
③ 클리브랜드
④ 헴펠

해설 인화점 시험방법의 종류

구 분		인화점
개방식	클리브렌드식	80[℃] 이상
	태그법	80[℃] 이하
밀폐식	태그법	80[℃] 이하
	아벨펜스키식	50[℃] 이하
	펜스키마르텐스식	50[℃] 이상

※ 태그 개방식은 휘발성 가연물질에 해당

08. 비열에 대한 설명으로 틀린 것은?

① 비열은 1[℃]의 온도를 변화시키는데 필요한 단위 질량당의 열량이다.
② 정압비열은 압력이 일정할 때 온도변화에 따른 엔탈피의 변화이다.
③ 기체에 대한 정압비열과 정적비열은 일반적으로 같지 않다.
④ 정압비열은 정적비열보다 클 수도, 작을 수도 있다.

해설 정압비열은 정적비열보다 항상 크다.

09. 액체 연료의 저장방법으로 적절치 못한 것은?

① 통기관을 설치하여야 한다.
② 증발 소모가 적어야 한다.
③ 사각기둥형의 탱크를 사용하여야 한다.
④ 탱크의 강판두께는 3.2[mm] 이상이어야 한다.

해설 일반적으로 액체 연료를 저장하는 저장탱크는 지상형의 경우 입형 원통형이, 지하형의 경우 횡형 원통형이 사용된다.

10. 노즐에서 이론적으로는 외부에 대해 열의 수수가 없고 또 외부에 대한 일을 하지도 않는다. 유입속도를 무시할 때 유출속도 V는 어떻게 표시되는가? (단, 노즐 입구에서의 엔탈피[J/kg] h_1, 노즐 출구에서의 엔탈피[J/kg] h_2 이다.)

① $\sqrt{2(h_1 + h_2)}$
② $2\sqrt{h_1 - h_2}$
③ $\sqrt{2(h_1 - h_2)}$
④ $91.5\sqrt{h_1 + h_2}$

해설 단열유동에서의 증기 유출속도 계산식
㉮ SI단위
$$\therefore V_2 = \sqrt{2(h_1 - h_2)}$$
V_2 : 노즐 출구에서 유속[m/s]
h_1 : 노즐 입구에서의 엔탈피[J/kg]
h_2 : 노즐 출구에서의 엔탈피[J/kg]
㉯ 공학단위
$$\therefore V_2 = \sqrt{\frac{2g}{A}(h_1 - h_2)} = \sqrt{2gJ(h_1 - h_2)}$$
V_2 : 노즐 출구에서 유속[m/s]
g : 중력가속도(9.8[m/s²])
A : 일의 열당량[kcal/kgf·m]
J : 열의 일당량[kgf·m/kcal]
h_1 : 노즐 입구에서의 엔탈피[kcal/kgf]
h_2 : 노즐 출구에서의 엔탈피[kcal/kgf]

정답 06. ④ 07. ④ 08. ④ 09. ③ 10. ③

11. 다음 중 고위발열량(H_h[MJ/kg]) 계산식을 바르게 나타낸 것은?

① $H_h = H_l + 2.5 - (9H + W)$
② $H_h = H_l + 2.5 - (6H - W)$
③ $H_h = H_l - 2.5 + (9H + W)$
④ $H_h = H_l + 2.5 \times (9H + W)$

해설 고위발열량 및 저위발열량 계산식
(1) 고위발열량 계산식
  ㉮ SI단위: $H_h = H_l + 2.5(9H + W)$ [MJ/kg]
  ㉯ 공학단위: $H_h = H_l + 600(9H + W)$ [kcal/kg]
(2) 저위발열량 계산식
  ㉮ SI단위: $H_l = H_h - 2.5(9H + W)$ [MJ/kg]
  ㉯ 공학단위: $H_l = H_h - 600(9H + W)$ [kcal/kg]

12. 다음 중 압축비에 대한 정의로서 옳은 것은?

① $\dfrac{격간체적}{실린더체적}$ ② $\dfrac{실린더체적}{격간체적}$
③ $\dfrac{격간체적}{행정체적}$ ④ $\dfrac{행정체적}{격간체적}$

해설 ㉮ 왕복식 압축기에서 압축비는 실린더 체적과 격간체적(통극체적, 간극체적)과의 비를 말한다.
∴ 압축비 = $\dfrac{실린더체적}{격간체적}$
㉯ 실린더체적: 행정체적과 격간체적을 합산한 체적이다.
㉰ 행정체적: 피스톤이 상사점과 하사점을 왕복할 때의 체적이다.
㉱ 격간체적: 피스톤이 상사점에 있을 때 가스가 차지하는 체적으로 통극체적, 간극체적이라 한다.

13. 이상기체의 비열에는 정적비열(C_v)과 정압비열(C_p)이 있다. 이들 사이의 관계 중 올바른 것은?

① 정적비열과 정압비열은 서로 아무런 관계가 없다.
② 정적비열은 정압비열보다 항상 크다.
③ 정적비열은 정압비열보다 항상 작다.
④ 정적비열은 정압비열과 항상 같다.

해설 ㉮ 비열비: 정압비열과 정적비열의 비로 항상 1보다 크다.
∴ $k = \dfrac{C_p}{C_v} > 1$
㉯ 정압비열은 정적비열보다 항상 크다.
(정적비열은 정압비열보다 항상 적다.)

14. 카르노(Carnot) 사이클에 대한 설명으로 옳은 것은?

① 가역사이클의 열효율은 어떠한 사이클의 열효율보다 낮다.
② 동일한 두 열원에서 작동하는 가역사이클의 열효율은 동일하다.
③ 동일한 두 열원에서 작동하는 비가역 사이클과 가역사이클의 열효율은 동일하다.
④ 고열원이 동일하면 저열원이 다르더라도 가역사이클의 열효율이 비가역 사이클보다 항상 크다.

해설 카르노(Carnot) 사이클의 원리(정리)
㉮ 열기관의 이상 사이클로 효율이 최대를 갖는다.
㉯ 고온부에서 열을 받아 저온부로 열을 방출하면서 일을 한다.
㉰ 동작물질의 온도를 열원의 온도와 같게 한다.
㉱ 동일한 두 열원에서 작동하는 가역사이클의 열효율은 동일하다.

15. 기체연료의 관리에 대한 문제점을 설명한 내용 중 잘못된 것은?

① 저장이나 수송에 어려움이 있다.
② 누설 시 화재, 폭발의 위험이 크다.
③ 연소효율이 낮고 연소제어가 어렵다.
④ 시설비가 많이 들고 설비공사에 기술을 요한다.

해설 기체연료의 특징
(1) 장점
  ㉮ 연소효율이 높고 연소제어가 용이하다.
  ㉯ 회분 및 황성분이 없어 전열면 오손이 없다.
  ㉰ 적은 공기비로 완전연소가 가능하다.

정답 11. ④ 12. ② 13. ③ 14. ② 15. ③

㉣ 저발열량의 연료로 고온을 얻을 수 있다.
㉤ 완전연소가 가능하여 공해문제가 없다.
(2) 단점
  ㉮ 저장 및 수송이 어렵다.
  ㉯ 가격이 비싸고 시설비가 많이 소요된다.
  ㉰ 누설 시 화재, 폭발의 위험이 크다.

16_ 탄소를 완전 연소시키면 다음 반응식과 같이 탄산가스와 함께 높은 열이 발생한다. 이를 참고하여 탄소(C) 1[kg]을 완전연소 시켰을 때 발생하는 열량은 얼마인가?

$$C + O_2 \rightarrow CO_2 + 97200[kcal/kmol]$$

① 2550[kcal/kg]
② 8100[kcal/kg]
③ 12720[kcal/kg]
④ 16200[kcal/kg]

해설 탄소 1[kmol]의 질량은 12[kg]이다.
$$\therefore H = \frac{97200\,[kcal/kmol]}{12\,[kg/kmol]} = 8100\,[kcal/kg]$$

17_ 피스톤이 설치된 실린더에 압력 0.3[MPa], 체적 0.8[m³]인 습증기 4[kg]이 들어있다. 압력이 일정한 상태에서 가열하여 체적이 1.6[m³]이 되었을 때 습증기의 건도는 얼마인가? (단, 0.3[MPa]에서 포화액 비체적은 0.001[m³/kg], 건포화증기 비체적은 0.60[m³/kg]이다.)

① 0.334
② 0.425
③ 0.575
④ 0.666

해설 ㉮ 비체적(v)은 단위질량당 체적이므로 습증기의 비체적을 구하는 공식 $v = v' + x(v'' - v')$에 $v = \frac{V}{G}$를 대입하면 $\frac{V}{G} = v' + x(v'' - v')$이 된다.

㉯ 습증기의 건도 계산
$$\therefore x = \frac{\frac{V}{G} - v'}{v'' - v'} = \frac{\frac{1.6}{4} - 0.001}{0.60 - 0.001} = 0.666$$

18_ 연소가스와 외부공기의 밀도차에 의해서 생기는 압력차를 이용한 통풍방식은?

① 자연통풍
② 흡인통풍
③ 압입통풍
④ 평형통풍

해설 통풍방법의 분류
(1) 자연통풍 : 연돌에 의한 통풍방식으로 배기가스와 외부공기와의 비중량차(밀도차)에 의해서 통풍력이 발생되는 것
(2) 강제통풍 : 송풍기를 이용하는 것
  ㉮ 압입 통풍 : 송풍기를 연소실 앞에 두고 연소용 공기를 대기압 이상의 압력으로 연소실에 밀어 넣는 방식
  ㉯ 흡입 통풍 : 송풍기를 연도 중에 설치하여 연소 배기가스를 직접 흡입하여 강제로 배출시키는 방법
  ㉰ 평형 통풍 : 압입통풍과 흡입통풍을 병행하는 방식

19_ 프로판(C_3H_8) 11[kg]을 이론공기량으로 완전연소 시켰을 때의 습연소가스의 부피[m³]는 얼마인가?

① 115.8
② 127.9
③ 133.2
④ 144.5

해설 ㉮ 이론공기량에 의한 프로판(C_3H_8)의 완전연소 반응식
$$C_3H_8 + 5O_2 + (N_2) \rightarrow 3CO_2 + 4H_2O + (N_2)$$
㉯ 이론 습연소가스량 계산 : 이론공기량으로 연소 시 연소가스 중 H_2O가 포함된 가스량이고, 질소량은 산소량의 3.76배이다. (3.76배는 공기 중 질소와 산소의 체적비 $\frac{79}{21}$에서 나온 것이다.)

C_3H_8 : $3CO_2$: $4H_2O$: (N_2)
44[kg] : 3×22.4[Nm³] : 4×22.4[Nm³] : $5 \times 22.4 \times 3.76$[Nm³]
11[kg] : CO_2[Nm³] : H_2O[Nm³] : (N_2)[Nm³]

$$\therefore G_{0w} = CO_2 + H_2O + N_2$$
$$= \frac{(11 \times 3 \times 22.4) + (11 \times 4 \times 22.4) + (11 \times 5 \times 22.4 \times 3.76)}{44}$$
$$= 144.48\,[Nm^3/kg]$$

20_ 가연성 혼합기의 폭발방지를 위한 방법으로 가장 거리가 먼 것은?

① 산소농도의 최소화
② 불활성 가스의 치환

③ 불활성 가스의 첨가
④ 이중용기 사용

해설 가연성 혼합기의 폭발방지를 위한 방법
㉮ 산소농도의 최소화
㉯ 불활성 가스의 치환
㉰ 불활성 가스의 첨가
㉱ 전기기기를 방폭구조 사용
㉲ 정전기 제거

2과목 - 계측 및 에너지진단

21_ 인터록(Interlock) 제어 중 하나로 대형 보일러 등에서 송풍기가 작동되지 않으면 전자밸브가 열리지 않고 점화를 저지하는 것은?
① 불착화 인터록 ② 저수위 인터록
③ 프리퍼지 인터록 ④ 저연소 인터록

해설 보일러 인터록의 종류
㉮ 압력초과 인터록 : 증기압력이 일정압력에 도달할 때 전자밸브를 닫아 보일러의 가동을 정지시키는 것으로 증기압력 제한기가 해당된다.
㉯ 저수위 인터록 : 보일러 수위가 안전 저수위에 도달할 때 전자밸브를 닫아 보일러 가동을 정지시키는 것으로 저수위 경보기가 해당된다.
㉰ 불착화 인터록 : 버너 착화 시 점화되지 않거나 운전 중 실화가 될 경우 전자밸브를 닫아 연료 공급을 중지하여 보일러 가동을 정지시키는 것으로 화염검출기가 해당된다.
㉱ 저연소 인터록 : 보일러 운전 중 연소상태가 불량하거나 저연소 상태로 유량조절밸브가 조절되지 않으면 전자밸브를 닫아 보일러 가동을 정지시킨다.
㉲ 프리퍼지 인터록 : 점화 전 일정시간 동안 송풍기가 작동되지 않으면 전자밸브가 열리지 않아 점화가 되지 않는다.

22_ 다음 중 용적식 유량계의 종류에 속하지 않는 것은?
① 벤투리식 유량계 ② 오벌기어식 유량계
③ 루츠식 유량계 ④ 가스미터식 유량계

해설 유량계의 구분 및 종류
㉮ 용적식 : 오벌기어식, 루츠(roots)식, 로터리 피스톤식, 로터리 베인식, 습식가스미터, 막식 가스미터 등
㉯ 간접식 : 차압식, 유속식, 면적식, 전자식, 와류식 등
※ 벤투리식 유량계 : 간접식 중 차압식 유량계에 해당된다.

23_ 온수 보일러의 제어장치에 속하지 않는 것은?
① 아쿠아 스태트
② 프로텍터 릴레이
③ 콤비네이션 릴레이
④ 코프식 수위조절기

해설 온수 보일러의 제어장치 종류
㉮ 프로텍터 릴레이(protector relay) : 오일 버너 주안전 제어장치로 버너에 설치한다.
㉯ 아쿠아 스태트(aqua stat) : 온수보일러에서 스택릴레이와 프로텍터 릴레이와 함께 사용되는 자동온도 조절기로 고온차단용, 저온차단용, 순환펌프 작동용으로 사용되며 하이리미트 콘트롤이라 한다.
㉰ 콤비네이션 릴레이(combination relay) : 버너 주 안전 제어장치로 프로텍터 릴레이와 아쿠아 스태트 기능을 합한 제어장치이다.
㉱ 스택 릴레이(stack relay) : 보일러 연소가스 배출구 300[mm] 상단의 연도에 부착되어 연소가스 열에 의하여 신축되는 바이메탈의 접점을 이용하여 버너의 작동 및 정지를 시킨다.
※ 코프스식 수위조절기 : 금속관 온도의 변화에 의한 신축(열팽창)을 이용한 것으로 열팽창식 수위조절기의 한 종류이다. 전기 등 동력을 사용하지 않아 자력식 제어장치라 한다.

24_ 가스 분석에서 시료가스 채취시의 주의사항으로 잘못된 것은?
① 고온 가스의 채취관은 석영관, 자기관을 사용한다.
② 저온 가스의 채취관은 동관, 황동관을 사용한다.
③ 시료가스의 채취구 위치에 주의하여야 채취한다.
④ 채취배관은 되도록 깊게 하고 기울어지지 않게 수평으로 배관한다.

정답 21. ③ 22. ① 23. ④ 24. ④

해설 시료가스 채취시의 주의사항
㉮ 시료가스 채취구 위치에 주의해야 한다.
㉯ 공기 유입방지 및 연도 중심부의 시료 채취가 필요하다.
㉰ 가스성분과 반응하는 배관은 사용을 금지해야 한다.
㉱ 장치 내에서 시료가스의 시간지연을 적게 하고 배관은 짧게 한다.
㉲ 배관에는 경사를 두고 최하단에는 드레인 장치가 필요하다.
㉳ 보수가 용이한 장소에 설치해야 한다.

25. 측정기로 여러 번 측정할 때 측정한 값의 흩어짐이 작으면, 즉 우연오차가 작다면 이 측정기는 어떠한가?

① 정밀도가 높다. ② 정확도가 높다.
③ 감도가 좋다. ④ 치우침이 적다.

해설 계측기의 성능을 나타내는 용어
㉮ 정도 : 계측기의 측정 결과에 대한 신뢰도를 수량적으로 표시한 척도
㉯ 감도 : 계측기가 측정량의 변화에 민감한 정도를 나타내는 값으로 감도가 좋으면 측정시간이 길어지고, 측정범위는 좁아진다.
㉰ 정밀도 : 같은 계기로서 같은 양을 몇 번이고 반복하여 측정하면 측정값은 흩어진다. 이 흩어짐이 작은 정도(程度)를 정밀도라 한다.
㉱ 정확도 : 같은 조건하에서 무한히 많은 회수의 측정을 하여 그 측정값을 평균값으로 계산하여도 참값에는 일치하지 않으며 이 평균값과 참값의 차를 쏠림(bias)이라 하고 쏠림의 작은 정도를 정확도라 한다.

26. 배기가스 분석 방법 중 물리적 가스분석 방법에 속하지 않는 것은?

① 밀도법
② 용해도전율법
③ 가스크로마토그래피법
④ 자동 오르사트법

해설 가스 분석계의 분류 및 종류
(1) 화학적 가스 분석계
 ㉮ 연소열을 이용한 것
 ㉯ 용액흡수제를 이용한 것
 ㉰ 고체 흡수제를 이용한 것

(2) 물리적 가스 분석계
 ㉮ 가스의 열전도율을 이용한 것
 ㉯ 가스의 밀도, 점도차를 이용한 것
 ㉰ 가스의 광학적 성질(빛의 간섭)을 이용한 것
 ㉱ 전기전도도를 이용한 것
 ㉲ 가스의 자기적 성질을 이용한 것
 ㉳ 가스의 반응성을 이용한 것
 ㉴ 적외선 흡수를 이용한 것

27. 다음 중 탄성식 압력계가 아닌 것은?

① 부르동관식 압력계
② 링 밸런스식 압력계
③ 벨로즈식 압력계
④ 다이어프램식 압력계

해설 탄성식 압력계의 종류 : 부르동관식, 다이어프램식, 벨로즈식, 캡슐식

28. 열전대 온도계의 취급 시 주의사항으로 잘못된 것은?

① 계기는 고정시켜 놓고 습기, 직사광선, 먼지 등에 주의한다.
② 사용온도한계에 주의하고 알맞은 보호관을 선택한다.
③ 열전대 단자와 보상도선의 극성을 일치시켜 배선한다.
④ 도선을 접속 후에 지시 눈금의 영점을 조정한다.

해설 열전대 온도계 취급 시 주의사항
㉮ 충격을 피하고 습기, 먼지, 직사광선 등에 노출되지 않도록 할 것
㉯ 온도계 사용 한계를 넘지 않을 것
㉰ 측정 전에 지시계로 도선 접촉선에 영점 보정을 할 것
㉱ 표준계기와 정기적으로 비교 검정하여 지시차를 교정할 것
㉲ 단자와 보상도선의 (+), (−)가 바뀌지 않도록 연결한다.
㉳ 측정할 장소에 열전대를 바르게 설치한다.
㉴ 열전대를 삽입하는 구멍으로 찬 공기가 유입되지 않게 한다.
㉵ 열전대를 배선할 때에는 접속에 의한 절연 불량을 고려하여야 한다.

정답 25. ① 26. ④ 27. ② 28. ④

29. 어떤 측정대상의 참값이 2.15인데, 측정값이 2.19이었다면 오차율은 약 몇 [%]인가?
① 1.63　　② 18.6
③ 1.86　　④ 16.3

해설
$$오차율 = \frac{측정값 - 참값}{참값} \times 100$$
$$= \frac{2.19 - 2.15}{2.15} \times 100 = 1.86\,[\%]$$

30. 벤투리미터 유량계는 어떤 유량계에 속하는가?
① 체적식 유량계　　② 속도식 유량계
③ 차압식 유량계　　④ 면적식 유량계

해설 차압식 유량계
㉮ 종류 : 오리피스미터, 플로 노즐, 벤투리미터
㉯ 측정원리 : 베르누이 방정식
㉰ 측정방법 : 조리개 전후에 연결된 액주계의 압력차를 이용하여 유량을 측정

31. 계측기기의 구비조건으로 잘못된 것은?
① 연속 측정이 되어야 한다.
② 견고하고 신뢰성이 낮아야 한다.
③ 정도가 높고 구조가 간단하여야 한다.
④ 설치장소 및 주위 조건에 내구성이 있어야 한다.

해설 계측기기의 구비조건
㉮ 경년 변화가 적고, 내구성이 있을 것
㉯ 견고하고 신뢰성이 있을 것
㉰ 정도가 높고 경제적일 것
㉱ 구조가 간단하고 취급, 보수가 쉬울 것
㉲ 원격 지시 및 기록이 가능할 것
㉳ 연속측정이 가능할 것

32. 다음 중 람베르트-비어의 법칙을 이용한 분석법은?
① 분광광도법
② 분별연소법
③ 전위차적정법
④ 가스크로마토그래피법

해설 분광 광도법(흡광 광도법) : 시료가스를 반응시켜 발색을 광전 광도계 또는 광전 분광 광도계를 사용하여 흡광도의 측정으로 분석하는 방법으로 미량분석에 사용된다.

33. 다음 중 표준 대기압이 아닌 것은?
① 760[mmHg]
② 76[Torr]
③ 1.0332[kgf/cm^2]
④ 1013.25[mbar]

해설 1[atm] = 760[mmHg] = 76[cmHg]
= 0.76[mHg] = 29.9[inHg] = 760[torr]
= 10332[kgf/m^2] = 1.0332[kgf/cm^2]
= 10.332[mH$_2$O] = 10332[mmH$_2$O]
= 101325[N/m^2] = 101325[Pa]
= 101.325[kPa] = 0.101325[MPa]
= 1013250[dyne/cm^2] = 1.01325[bar]
= 1013.25[mbar] = 14.7[lb/in^2] = 14.7[psi]
※ [mH$_2$O]와 [mAq]는 동일한 단위임

34. 휘발유 100[리터]에서 발생하는 이산화탄소 배출량은 약 몇 [tCO$_2$]인가? (단, 휘발유의 석유환산계수는 0.740[TOE/kL]이며, 탄소배출계수는 0.783[TC/TOE]이다.)
① 0.06　　② 0.21
③ 0.3　　④ 0.7

해설 ㉮ 발생 탄소량 계산
∴ 탄소량 = 휘발유 사용량(kL) × 휘발유의 석유환산계수 × 휘발유의 탄소 배출계수
= 0.1 × 0.740 × 0.783
= 0.0579[TC]
㉯ 이산화탄소(CO$_2$) 배출량 계산
∴ CO$_2$ 배출량 = 발생탄소량 × $\dfrac{CO_2\ 분자량}{탄소(C)\ 분자량}$
= $0.0579 \times \dfrac{44}{12}$ = 0.2123[tCO$_2$]

35. 분동식 압력계에서 300[MPa] 이상 측정할 수 있는 것에 사용되는 액체로 가장 적합한 것은?
① 경유　　② 스핀들유
③ 피마자유　　④ 모빌유

정답 29. ③　30. ③　31. ②　32. ①　33. ②　34. ②　35. ④

해설 분동식 압력계의 사용유체에 따른 측정범위
㉮ 경유 : 4~10[MPa]
㉯ 스핀들유, 피마자유 : 10~100[MPa]
㉰ 모빌유 : 300[MPa] 이상
㉱ 점도가 큰 오일을 사용하면 500[MPa]까지도 측정이 가능하다.

36. 금속의 전기 저항값이 변화되는 것을 이용하여 압력을 측정하는 전기저항압력계의 특성으로 맞는 것은?
① 응답속도가 빠르고 초고압에서 미압까지 측정한다.
② 구조가 간단하여 압력검출용으로 사용한다.
③ 먼지의 영향이 적고 변동에 대한 적응성이 적다.
④ 가스폭발 등 급속한 압력변화를 측정하는데 사용한다.

해설 전기저항 압력계 : 도선에 압력이 가해지면 지름과 길이가 변하며 이 때 도선 전체의 전기저항이 변화하는 현상을 이용한 것이다. 응답속도가 빠르고, 초고압에서 미압까지 측정할 수 있다.
※ 가스폭발 등 급속한 압력변화를 측정하는데 사용하는 것은 피에조(압전기식) 전기압력계이다.

37. 배관시공 시 적당한 온도계의 설치 높이는 약 몇 [m]인가?
① 4.5
② 3.5
③ 2.5
④ 1.5

해설 배관에 온도계 설치 높이는 1.5[m] 정도이며 삽입 또는 빼내기를 쉽게 할 수 있는 장소에 설치한다.

38. 유속 측정을 위해 피토관을 사용하는 경우 양쪽 관 높이의 차(Δh)를 측정하여 유속(V)를 구하는데 이때 V는 Δh와 어떤 관계가 있는가?

① Δh에 비례한다.
② Δh 제곱에 비례한다.
③ $\sqrt{\Delta h}$에 비례한다.
④ $\dfrac{1}{\Delta h}$에 비례한다.

해설 피토관에서 유속 계산식 $V = C\sqrt{2g\Delta h}$ 이므로 V는 $\sqrt{\Delta h}$에 비례한다.

39. 다음 중 유량의 단위로 옳은 것은?
① kg/m^2
② kg/m^3
③ m^3/s
④ m^3/kg

해설 유량 계측 단위 : 단위 시간당 통과한 유체의 양으로 질량유량과 체적유량으로 구분할 수 있다.
㉮ 질량유량의 단위 : [kg/h], [kg/min], [kg/s], [g/h], [g/min], [g/s] 등
㉯ 체적유량의 단위 : [m³/h], [m³/min], [m³/s], [L/h], [L/min], [L/s] 등

40. 정전 용량식 액면계의 특징에 대한 설명 중 틀린 것은?
① 측정범위가 넓다.
② 구조가 간단하고 보수가 용이하다.
③ 유전율이 온도에 따라 변화되는 곳에도 사용할 수 있다.
④ 습기가 있거나 전극에 피측정체를 부착하는 곳에는 부적당하다.

해설 정전 용량식 액면계 : 정전 용량 검출 탐사침(probe)을 액중에 넣어 검출되는 물질의 유전율을 이용하여 액면을 측정하는 것으로 온도에 따라 유전율이 변화되는 곳에서는 사용이 부적합하다.

정답 36. ① 37. ④ 38. ③ 39. ③ 40. ③

3과목 - 열설비구조 및 시공

41. 어떤 보일러의 효율이 85[%]이고, 연료소비량이 50[kg/h]일 때 4시간 연속운전으로 인한 손실열량은 약 몇 [kcal]인가? (단, 연료의 발열량은 10000[kcal/kg]이다.)
① 500000
② 300000
③ 400000
④ 150000

해설
$\eta = \left(1 - \dfrac{손실열량}{입열량}\right) \times 100$ 에서
∴ 손실열량 = 입열량 × (1 − η)
= {(50 × 10000) × (1 − 0.85)} × 4
= 300000 [kcal]

42. 수관식 보일러에서 다수의 수관을 지그재그 형식으로 중첩되게 설치하는 주된 이유는?
① 수관 외부의 청소가 용이하기 때문에
② 통풍손실을 줄일 수 있기 때문에
③ 수관을 설치할 구멍을 뚫기 쉽기 때문에
④ 전열에 유리하기 때문에

해설 연관 및 수관의 배열
㉮ 연관 : 바둑판 모양으로 배열하여 관수의 순환을 양호하게 한다.
㉯ 수관 : 마름모꼴(다이어몬드형)로 배열하여 열가스의 접촉을 양호하게 하여 전열을 증가시킨다.

43. 증기보일러에서 압력계 부착에 대한 설명 중 옳지 않은 것은?
① 압력계와 연결된 증기관은 최고사용압력에 견딜 수 있어야 한다.
② 압력계는 원칙적으로 보일러 증기실에 눈금판의 눈금이 잘 보이는 위치에 부착한다.
③ 압력계의 콕크는 그 핸들을 수직인 증기관과 동일 방향에 놓은 경우 닫혀 있는 상태이어야 한다.
④ 압력계의 증기관이 길어서 압력계의 위치에 따라 수두압에 따른 영향을 고려할 필요가 있을 경우 눈금을 보정하여야 한다.

해설 압력계의 콕크는 그 핸들을 수직인 증기관과 동일방향에 놓은 경우에 열려 있는 것이어야 하며 콕크 대신에 밸브를 사용할 경우에는 한눈으로 개·폐 여부를 알 수가 있는 구조로 하여야 한다.

44. 노통의 약한 단점을 보완하고, 열에 의한 신축 흡수, 노통의 강도 보강을 위해 약 1[m] 정도의 노통 이음을 한 것을 무엇이라고 하는가?
① 튜브 스테이
② 거더 스테이
③ 케와니 조인트
④ 아담슨 조인트

해설 아담슨 조인트(Adamson joint) : 평형 노통을 일체형으로 제작하면 강도가 약해지는 결점을 보완하기 위하여 노통을 여러 개로 분할 제작하여 플랜지형으로 연결한 것으로 이 이음부를 아담슨 조인트라 한다.

45. 주철제 보일러의 장점 설명으로 틀린 것은?
① 용량을 적절히 조절할 수 있다.
② 조립, 해체, 운반이 편리하다.
③ 내열성 및 내식성이 좋다.
④ 고압 및 대용량에 적당하다.

해설 주철제 보일러의 특징
㉮ 주물로 제작하기 때문에 복잡한 구조도 제작이 가능하다.
㉯ 전열면적이 크고, 효율이 좋다.
㉰ 내식성, 내열성이 우수하다.
㉱ 섹션의 증감으로 용량조절이 가능하다.
㉲ 조립식이므로 반입 및 해체작업이 용이하다.
㉳ 내압강도가 떨어진다.
㉴ 구조가 복잡하여 청소, 검사, 수리가 어렵다.
㉵ 부동팽창이 발생하기 쉽다.
㉶ 대용량, 고압에는 부적합하다.

정답 41. ② 42. ④ 43. ③ 44. ④ 45. ④

46 기수분리기의 종류 중 파형의 다수의 강판을 조합하여 만든 것은?
① 사이크론형
② 스크레버형
③ 건조 스크린형
④ 배플형

해설 기수 분리기 : 수관식 보일러의 기수드럼에 부착하여 승수관을 통하여 상승하는 증기 중에 혼입된 수분을 분리하기 위한 장치로 다음의 종류가 있다.
㉮ 사이클론형 : 원심 분리기를 사용
㉯ 스크레버형 : 파형의 다수 강판을 조합한 것
㉰ 건조 스크린형 : 금속망판을 이용한 것
㉱ 배플형 : 급격한 방향 전환을 이용한 것

47 강철제 또는 주철제 보일러의 외벽온도는 주위 온도보다 몇 [℃]를 초과해서는 안 되는가?
① 30[℃]   ② 50[℃]
③ 90[℃]   ④ 100[℃]

해설 보일러의 외벽온도는 주위온도보다 30[℃]를 초과하여서는 안된다.

48 에너지이용 합리화법령에 따라 에너지절약 전문기업의 등록이 취소된 에너지절약 전문기업은 등록 취소일로부터 최소 몇 년이 지나면 다시 등록을 할 수 있는가?
① 1년   ② 2년
③ 3년   ④ 5년

해설 에너지절약전문기업의 등록제한(에너지이용 합리화법 제27조) : 등록이 취소된 에너지절약 전문기업은 등록 취소일부터 2년이 지나지 아니하면 등록을 할 수 없다.

49 에너지이용 합리화법에 따라 강철제 보일러 및 주철제 보일러에서 계속사용검사가 면제되는 범위의 기준으로 틀린 것은?

① 전열면적 5[m^2] 이하의 증기보일러로서 수두압(水頭壓)이 5[m] 이하이며 안지름이 25[mm] 이상인 대기에 개방된 U자형 입관이 보일러의 증기부에 부착된 것
② 전열면적 5[m^2] 이하의 증기보일러로서 대기에 개방된 안지름이 25[mm] 이상인 증기관이 부착된 것
③ 온수보일러로서 유류, 가스 외의 연료를 사용하는 것으로서 전열면적이 30[m^2] 이상인 것
④ 온수보일러로서 가스 외의 연료를 사용하는 주철제 보일러

해설 강철제 보일러 및 주철제 보일러의 계속사용검사 면제 범위 : 에너지이용 합리화법 시행규칙 제31조의13, 별표3의6
(1) 전열면적 5[m^2] 이하의 증기보일러로서 다음 어느 하나에 해당하는 것
  ㉮ 대기에 개방된 안지름 25[mm] 이상인 증기관이 부착된 것
  ㉯ 수두압이 5[m] 이하이며, 안지름이 25[mm] 이상이 대기에 개방된 U자형 입관이 보일러의 증기부에 부착된 것
(2) 온수보일러로서 다음 어느 하나에 해당하는 것
  ㉮ 유류, 가스 외의 연료를 사용하는 것으로서 전열면적이 30[m^2] 이하인 것
  ㉯ 가스 외의 연료를 사용하는 주철제 보일러

50 검사대상기기가 용접검사를 받으려 할 경우 용접검사 신청서와 함께 몇 가지 서류를 제출해야 하는데 다음 중 그 서류에 해당하지 않는 것은?
① 용접 부위도
② 연간 판매 실적
③ 검사대상기기의 설계도면
④ 검사대상기기의 강도계산서

해설 검사대상기기 용접검사 신청서 : 에너지이용 합리화법 시행규칙 제31조의14
㉮ 용접 부위도 1부
㉯ 검사대상기기의 설계도면 2부
㉰ 검사대상기기의 강도계산서 1부

정답 46. ② 47. ① 48. ② 49. ③ 50. ②

51. 강도와 유연성이 커서 곡률반경에 대해 관경의 8배까지 굽힘이 가능하고, 내한·내열성이 강하며 PB관이라고 불리는 배관재료는?

① 염화비닐관 ② 폴리부틸렌관
③ 폴리에틸렌관 ④ XL관

해설 폴리부틸렌관(PB관)의 특징
㉮ 가볍고 시공이 간편하며 재사용이 가능하다.
㉯ 강한 충격, 강도, 유연성, 온도, 화학작용 등에 대한 저항성이 크다.
㉰ 유해물질의 용출이나 적녹, 청녹의 발생에 의한 수질오염이 없어 위생적이다.
㉱ 사용가능 온도로는 −30~110[℃] 정도로 내한성과 내열성이 우수하며 고온에서도 강도가 유지된다.
㉲ 나사 및 용접이음을 하지 않고 관을 연결구에 삽입하여 그랩링과 오링에 의한 에이콘이음으로 한다.
㉳ 온수온돌의 난방배관, 음용수 및 온수배관, 농업 및 원예용 배관, 화학배관 등에 사용된다.
㉴ 강도와 유연성이 커서 곡률반경에 대해 관경의 8배까지 굽힘이 가능하다.
㉵ 관의 굽힘 시 굽힘거리는 80[cm], 최소굽힘지름은 20[cm] 이상으로 하여야 한다.

52. 다음 중 주철관의 이음 방법이 아닌 것은?

① 기계식 이음
② 타이톤(tyton) 이음
③ 노-허브(no-hub) 이음
④ 몰코(molco) 이음

해설 ㉮ 주철관 접합법 종류 : 소켓 접합, 기계식 접합, 타이톤 접합, 빅토리 접합, 플랜지 접합
㉯ 몰코(molco) 이음 : 스테인리스관의 이음(접합) 방법

53. 호칭지름 15[A] 강관을 곡률반경 150[mm]로 90° 구부림을 할 경우 곡선길이는 약 몇 [mm]인가?

① 150 ② 236
③ 300 ④ 436

해설 $L = \dfrac{\theta}{360} \times \pi \times D = \dfrac{\theta}{360} \times \pi \times (2 \times R)$
$= \dfrac{90}{360} \times \pi \times (2 \times 150) = 235.619 \,[\text{mm}]$

54. 검사대상기기 관리자는 에너지이용 합리화법에 따라 중·대형 보일러 관리자 교육과정이나 소형보일러·압력용기 관리자 교육과정을 받아야 하는데 여기서 중·대형 보일러 관리자 교육과정을 받아야 하는 기준으로 옳은 것은?

① 검사대상기기 관리자 중 용량이 1[t/h](난방용의 경우에는 5[t/h])를 초과하는 강철제 보일러 및 주철제 보일러의 관리자
② 검사대상기기 관리자 중 용량이 3[t/h](난방용의 경우에는 5[t/h])를 초과하는 강철제 보일러 및 주철제 보일러의 관리자
③ 검사대상기기 관리자 중 용량이 1[t/h](난방용의 경우에는 10[t/h])를 초과하는 강철제 보일러 및 주철제 보일러의 관리자
④ 검사대상기기 관리자 중 용량이 3[t/h](난방용의 경우에는 10[t/h])를 초과하는 강철제 보일러 및 주철제 보일러의 관리자

해설 시공업 기술인력 및 검사대상기기 관리자에 대한 교육 : 에너지이용 합리화법 시행규칙 제32조의2, 별표4의2
(1) 시공업의 기술인력
  ㉮ 난방시공업 제1종 기술자 과정
    ㉠ 교육기간 : 1일
    ㉡ 교육대상자 : 난방시공업 제1종의 기술자로 등록된 사람
  ㉯ 난방시공업 제2종, 제3종 기술자과정
    ㉠ 교육기간 : 1일
    ㉡ 난방시공업 제2종 또는 난방시공업 제3종의 기술자로 등록된 사람
(2) 검사대상기기 관리자 교육과정
  ㉮ 중·대형 보일러 관리자과정
    ㉠ 교육기간 : 1일
    ㉡ 교육대상자 : 검사대상기기 관리자로 선임된 사람으로서 용량이 1[t/h](난방용의 경우에는 5[t/h])를 초과하는 강철제 보일러 및 주철제 보일러의 관리자
  ㉯ 소형보일러·압력용기 관리자 과정
    ㉠ 교육기간 : 1일
    ㉡ 교육대상자 : 검사대상기기 관리자로 선임된 사람으로서 중·대형 보일러 관리자 과정의 대상이 되는 보일러 외의 보일러 및 압력용기 관리자

정답 51. ② 52. ④ 53. ② 54. ①

55_ 내열범위는 −100~260[℃] 정도이며, 탄성이 부족하기 때문에 석면, 고무, 파형 금속관 등으로 표면처리하여 사용하는 합성수지류의 패킹에 속하는 것은?

① 네오프렌
② 펠트
③ 유리섬유
④ 테프론

해설 합성수지 패킹 : 플랜지 패킹에 사용되는 것은 테프론으로서 내열 범위가 −260~260[℃]이며 기름에도 침식되지 않는다.

56_ 에너지다소비사업자가 연간 에너지사용량이 20만 티오이 미만일 경우 에너지진단주기로 맞는 것은?

① 1년　② 2년
③ 4년　④ 5년

해설 에너지진단주기 : 에너지이용 합리화법 시행령 제36조, 별표3

연간 에너지사용량	에너지진단주기
20만 티오이 이상	1. 전체진단 : 5년 2. 부분진단 : 3년
20만 티오이 미만	5년

57_ 에너지이용 합리화법에 따라 검사대상기기의 설치자가 사용 중인 검사대상기기를 폐기한 경우에는 폐기한 날부터 며칠 이내에 폐기신고서를 제출해야 하는가?

① 10일　② 15일
③ 20일　④ 30일

해설 검사대상기기의 폐기신고(에너지이용 합리화법 시행규칙 제31조의23) : 검사대상기기의 설치자가 사용 중인 검사대상기기를 폐기한 경우에는 폐기한 날부터 15일 이내에 폐기신고서를 공단이사장에게 제출하여야 한다.

58_ 보일러 안전밸브가 2개 이상 설치된 경우 그 중 1개는 최고사용압력 이하에서 작동해야 하고, 다른 하나는 최고사용압력의 몇 배 이하에서 작동해야 하는가?

① 0.95배　② 0.97배
③ 1.03배　④ 1.06배

해설 안전밸브의 분출압력은 1개일 경우 최고사용압력 이하, 안전밸브가 2개 이상인 경우 그중 1개는 최고사용압력 이하 기타는 최고사용압력의 1.03배 이하일 것

59_ 보일러 계속사용검사 시 준비사항으로 틀린 것은?

① 내용물을 배출하고 충분히 냉각시킨다.
② 맨홀, 검사구멍 또는 청소구멍을 닫아 놓아야 한다.
③ 안전밸브 및 방출밸브는 분해, 정비하여야 한다.
④ 다른 부분과의 연락관은 차단시켜 놓아야 한다.

해설 모든 맨홀과 선택된 청소구멍 또는 검사구멍의 뚜껑세척, 플러그 및 수주 연결관을 열고 보일러 장치 안에 들어가기 전에 체크밸브와 증기 스톱밸브는 반드시 잠그고 개폐여부를 표시하여 고정시키며 두 밸브사이의 배수밸브 또는 콕은 열어야 한다.

60_ 슈트 블로워의 종류 중 보일러의 고온가스부, 과열기 등 고온의 배기가스의 통로 부분에 대해서 사용시만 슈트 블로워를 통로 속에 놓고 사용하며, 사용하지 않는 때는 벽외로 끌어 내 놓는 형식인 것은?

① 건타입 슈트 블로워
② 정치회전형 슈트 블로워
③ 장발형 슈트 블로워
④ 단발형 슈트 블로워

정답 55. ④　56. ④　57. ②　58. ③　59. ②　60. ③

해설 슈트 블로워의 종류
㉮ 장발형(long retractable type) 슈트 블로워 : 과열기와 같이 고온의 열가스가 통하는 부분에 사용한다.
㉯ 단발형(short retractable type) 슈트 블로워 : 분사관이 짧으며 1개의 노즐을 설치하여 연소로벽에 부착되어 있는 이물질을 제거하는데 사용한다.
㉰ 정치 회전형(로터리형) : 전열면이나 절탄기에 고정 설치하여 매연을 제거하는 것으로 정지된 상태로 회전하는 분사관에 다수의 구멍이 뚫려 있고 이곳으로 증기가 분사된다.
㉱ 공기예열기 크리너 : 관형 공기예열기에 사용하는 것으로 자동식과 수동식이 있다.
㉲ 건타입 : 보일러의 연소로벽 등에 부착하는 타고 남은 찌꺼기를 제거하는데 적합하며 특히, 미분탄 연소 보일러 및 폐열보일러 같은 타고 남은 연재가 많이 부착하는 보일러에 사용한다.

4과목 - 열설비취급 및 안전관리

61. 10[bar]의 포화증기를 4.2[kg/s]로 생산하는 보일러가 있다. 연료소비량이 0.4[kg/s]이고, 연료의 저위발열량이 40[MJ/kg]일 때 보일러의 효율은 약 몇 [%]인가? (단, 급수온도는 15[℃](엔탈피 62.97[kJ/kg])이고, 10[bar] 포화증기의 엔탈피는 2778[kJ/kg]이다.)

① 61[%]   ② 66[%]
③ 71[%]   ④ 76[%]

해설 ㉮ 연료의 저위발열량 단위를 [MJ/kg]에서 [kJ/kg]으로 변환하여 적용하며, 1[MJ] = 1000[kJ]이다.
㉯ 보일러 효율[%] 계산

$$\therefore \eta = \frac{G_a \times (h_2 - h_1)}{G_f \times H_l} \times 100$$

$$= \frac{4.2 \times (2778 - 62.97)}{0.4 \times (40 \times 1000)} \times 100 = 71.269[\%]$$

62. 엔탈피가 25[kcal/kg]인 급수를 받아서 1시간당 10000[kg]의 증기를 발생할 때 상당증발량은 약 몇 [kg/h]인가? (단, 발생증기의 엔탈피는 725[kcal/kg]이다.)

① 10987   ② 12987
③ 14287   ④ 15287

해설 $G_e = \dfrac{G_a \times (h_2 - h_1)}{539} = \dfrac{10000 \times (725 - 25)}{539}$
$= 12987.012 [kg/h]$

63. 중유를 사용하는 보일러의 자동점화 시 기동(가동) 스위치를 ON에 넣은 후 시퀀스 제어의 진행 순서로 옳은 것은?

① 송풍기 모터 작동 → 프리퍼지 → 1, 2차 공기 댐퍼 작동 → 버너 모터 작동 → 점화용 버너 착화 → 주버너 착화
② 버너 모터 작동 → 점화용 버너 착화 → 송풍기 모터 작동 → 1, 2차 공기 댐퍼 작동 → 프리퍼지 → 주버너 착화
③ 버너 모터 작동 → 송풍기 모터 작동 → 1, 2차 공기 댐퍼 작동 → 프리퍼지 → 점화용 버너 착화 → 주버너 착화
④ 송풍기 모터 작동 → 1, 2차 공기 댐퍼 작동 → 프리퍼지 → 버너 모터 작동 → 점화용 버너 착화 → 주버너 착화

해설 유류 보일러의 자동점화 진행 순서 : 기동 스위치 작동 → 버너 모터 작동 → 송풍기 모터 작동 → 1, 2차 공기 댐퍼 작동 → 프리퍼지(노 내부 환기) → 점화용 버너 착화 → 화염 검출 → 전자밸브 열림 → 주버너 착화 → 공기 댐퍼 작동 → 저 연소 → 고 연소

64. 증발관이나 본체 드럼 등 탄소강제 기기의 비등전열이 심한 곳에 수처리 약품 등으로 인해 생기는 수산화나트륨 성분이 농축되어 발생하는 부식을 무엇이라고 하는가?

① 황산노점 부식   ② 알칼리 부식
③ 입계 부식   ④ 갈바닉 부식

해설 알칼리 부식 : 수산화나트륨(NaOH) 성분이 농축되어 발생하는 경우로 증발관, 본체드럼 등 국부적 과열이나 보일러수가 정체하는 곳에서 발생한다.

정답 61. ③ 62. ② 63. ③ 64. ②

65. 급수처리방법 중 기폭법의 주 제거 대상이 아닌 것은?
① O_2 ② CO_2 ③ Fe ④ Mn

해설 용존가스 처리법
㉮ 기폭법(폭기법) : 헨리의 법칙을 이용한 것으로 급수 중에 포함되어 있는 탄산가스(CO_2), 황화수소(H_2S), 암모니아(NH_3) 등의 기체성분과 철(Fe), 망간(Mn) 등을 제거하는 방법으로 공기 중에서 물을 아래로 뿌려 내리는 강수방식과 급수 중에 공기를 흡입하는 방법이 있다.
㉯ 탈기법 : 탈기기(deaerator)를 이용하여 급수 중의 산소(O_2), 탄산가스(CO_2) 등의 용존가스를 제거하는 방법으로 진공 탈기법과 가열 탈기법이 있다.

66. 보일러 수(水)의 청관제로서 슬러지 조정을 목적으로 사용되는 약품이 아닌 것은?
① 탄닌 ② 탄산칼슘
③ 전분 ④ 리그린

해설 슬러지 조정제 : 슬러지가 보일러의 전열면에 부착하여 스케일로 되는 것을 방지하기 위하여 보일러수 중에 분산, 현탁시켜 분출에 의해 쉽게 배출할 수 있도록 하는 것으로 종류에는 탄닌($C_{76}H_{52}O_{46}$), 리그린, 전분($C_6H_{10}O_5$) 등이 있다.

67. 보일러에서 수격작용을 예방하기 위한 조치로 적합하지 않은 것은?
① 송기에 앞서서 증기관의 드레인 빼기장치로 관내의 드레인을 완전히 배출한다.
② 송기할 때에는 주증기 밸브는 절대로 급히 열지 않아야 한다.
③ 송기에 앞서서 배관의 온도가 상승하지 않도록 주의한다.
④ 증기관은 증기가 흐르는 방향으로 경사가 지도록 한다.

해설 수격작용(water hammer) 예방법
㉮ 기수공발(carry over) 현상 발생을 방지할 것
㉯ 주증기 밸브를 서서히 개방할 것
㉰ 증기배관의 보온을 철저히 할 것
㉱ 응축수가 체류하는 곳에 증기트랩을 설치할 것
㉲ 드레인 빼기를 철저히 할 것
㉳ 송기 전에 소량의 증기로 배관을 예열할 것
→ 난관(暖管)조작
㉴ 증기관은 증기가 흐르는 방향으로 경사가 지도록 한다.

68. 보일러 수(水) 중에 포함되어 있는 성분 중에서 포밍 발생의 가장 큰 원인이 되는 것은?
① 산소 ② 탄산칼슘
③ 유지분 ④ 황산칼슘

해설 포밍(foaming) 발생 원인
㉮ 보일러 관수의 농축
㉯ 유지분, 알칼리분, 부유물 함유
㉰ 주증기 밸브의 급격한 개방
㉱ 부하의 급격한 변화
㉲ 증기발생 속도가 빠를 때
㉳ 청관제 사용이 부적합
㉴ 보일러 수위가 높음

69. 온수보일러의 개방형 팽창탱크의 설치목적과 거리가 먼 것은?
① 난방수의 순환력을 크게 한다.
② 온수의 체적팽창을 흡수한다.
③ 장치 내의 압력을 일정하게 유지한다.
④ 팽창한 물의 배출을 방지하여 장치의 열손실을 방지한다.

해설 팽창탱크 설치목적(팽창탱크 역할)
㉮ 운전 중 장치 내의 온도상승에 의한 체적팽창 및 그 압력을 흡수한다.
㉯ 팽창된 온수의 넘침을 방지하여 열손실을 방지한다.
㉰ 운전 중 장치 내의 압력을 소정의 압력으로 유지하고, 온수온도를 유지한다.
㉱ 장치 내 보충수 공급 및 공기침입을 방지한다.

70. 사무실에서 증기난방을 할 때 필요한 전체 방열량이 20000[kcal/h]이라면 5세주 650[mm] 주철제 방열기로 난방을 할 때 필요한 방열기의 쪽수는? (단, 5세주 650[mm] 주철제 방열기의 쪽당 방열면적은 0.26[m^2]이다.)
① 119[쪽] ② 129[쪽]
③ 139[쪽] ④ 150[쪽]

정답 65. ① 66. ② 67. ③ 68. ③ 69. ① 70. ①

해설
$$N_s = \frac{H_1}{650 \times a} = \frac{20000}{650 \times 0.26}$$
$$= 118.343 = 119 \, [쪽]$$

71. 사용 중인 보일러의 점화 전 준비사항으로 잘못된 것은?

① 수면계의 수위를 확인한다.
② 연도의 댐퍼를 열어놓고 환기시킨다.
③ 공기빼기 밸브는 증기가 발생하기 전까지 달아 놓는다.
④ 분출밸브를 조작하여 기능이 정상인지 확인하고 누수되지 않도록 한다.

해설 사용 중인 보일러 점화전 준비사항
㉮ 수면계 수위를 점검한다.
㉯ 수면계, 압력계 및 각종 계기류와 자동제어장치를 점검한다.
㉰ 연료 계통 및 급수 계통을 점검한다.
㉱ 중유 연소의 경우 연료 펌프 및 유예열기를 작동시킨다.
㉲ 각 밸브의 개폐상태를 확인 점검한다.
㉳ 댐퍼를 완전히 개방하고 프리퍼지를 행한다.

72. 진공환수식 증기난방법에서 진공펌프로 응축수와 공기를 흡인하는데, 환수관 내의 진공도는 어느 정도로 유지시켜야 하는가?

① 5~10[mmHg]
② 40~80[mmHg]
③ 100~250[mmHg]
④ 500~1000[mmHg]

해설 진공 환수관식 : 환수관 마지막 끝부분에 진공펌프를 설치하고, 이에 의해 방열기 및 배관 내의 공기를 흡입하여 응축수를 환수시키는 방식이다. 진공펌프는 일정한 진공도(100~250[mmHg·V])를 유지함과 동시에 탱크 속의 수위상승에 따라 자동적으로 펌프가 작동하여 응축수를 환수시킨다. 배관이 보일러 수위보다 낮아도 무방하고 도중에 낮은 수직관을 세워도 환수가 가능하다.

73. 보일러 사용 시 이상저수위의 원인 설명으로 틀린 것은?

① 분출밸브에서 누수가 생겼을 때
② 급수펌프 흡입관에 여과기를 설치하였을 때
③ 급수장치가 증발능력에 비해 과소(過少)하였을 때
④ 급수내관에 스케일이 쌓여 급수가 되지 않았을 때

해설 저수위 사고 원인
㉮ 급수탱크 내 급수량이 부족한 경우
㉯ 증기 취출량이 과대한 경우
㉰ 급수장치의 고장이나 이상으로 급수능력의 저하 또는 급수가 되지 않을 때
㉱ 급수밸브나 급수 역지밸브의 고장 등으로 보일러 수가 급수 배관이나 급수탱크로 역류한 경우
㉲ 수면계 지시불량으로 수위를 오인한 경우
㉳ 자동급수제어장치의 고장이나 오동작이 생긴 경우
㉴ 캐리오버 현상 등으로 보일러수가 증기와 함께 취출되는 경우
㉵ 급수탱크 내 급수온도가 너무 높은 경우
㉶ 보일러 연결부에서 누출이 되는 경우
㉷ 급수장치가 증발능력에 비해 과소한 경우

74. 보일러 판의 파열에 대한 구조적 결함(직접적 원인)의 종류에 해당되지 않는 것은?

① 설계 불량
② 제작 불량
③ 재료 불량
④ 급수처리 불량

해설 사고의 원인
㉮ 직접적 원인(구조적 결함) : 재료불량, 강도부족, 설계불량, 제작 불량, 부속기기 설비의 미비, 용접불량, 제작불량 등
㉯ 간접적 원인(취급상의 원인) : 압력초과, 저수위, 급수처리 불량, 부식, 과열, 미연소가스 폭발사고, 부속기기 정비 불량 등

정답 71. ③ 72. ③ 73. ② 74. ④

75_ 보일러의 손상에서 압궤(collapse)란?

① 고압보일러 드럼 이음부에 주로 생기는 응력에 의한 부식균열의 일종
② 보일러의 본체가 화염에 접촉하여 외부로 블록하게 튀어나오는 현상
③ 과열된 노통이나 화실의 천정부가 외측의 압력에 의해 내부로 짓눌리는 현상
④ 가스를 포함한 강판이 화염의 접촉으로 양쪽으로 부풀려지는 현상

[해설] 보일러 손상의 종류
㉮ 팽출(bulge) : 동체, 수관, 겔로웨이관 등과 같이 인장응력을 받는 부분이 압력에 견디지 못하고 바깥쪽으로 부풀어 나오는 현상이다.
㉯ 압궤(collapse) : 노통, 연소실, 연관, 관판 등과 같이 압축응력을 받는 부분이 압력에 견디지 못하고 안쪽으로 들어가는 현상이다.
㉰ 라미네이션(lamination) : 압연 강판이나 관의 두께 내부에 가스가 존재한 상태로 가공을 하였을 때 판이나 관이 2장의 층을 형성하며 분리되는 현상이다.
㉱ 블리스터(blister) : 라미네이션 부분이 가열로 인하여 부풀어 오르는 현상이다.
㉲ 응력부식균열 : 특수한 부식환경에 있는 금속재료가 정적 인장응력인 부하응력, 잔류응력 등이 지속적으로 작용할 때 나타나는 균열발생 및 부식현상이다.

76_ 보일러 내에 들어가서 작업(청소, 정비 등)할 때의 주의사항으로 가장 거리가 먼 것은?

① 다른 보일러와 연결되는 주증기 밸브, 급수 밸브 등은 반드시 개방하여 둔다.
② 보일러 내에 공기가 유통될 수 있도록 모든 구멍 등은 개방하여 둔다.
③ 보일러 외부에 감시인을 두고, 각종 밸브 등에는 조작 금지의 표시를 한다.
④ 보일러 내부에 가지고 들어가는 전등은 안전망이 부착된 것을 사용토록 한다.

[해설] 다른 보일러와 연결된 배관의 밸브 등은 확실히 폐쇄시킨 후 작업을 하여야 한다.

77_ 연소조절 시 주의사항에 관한 설명으로 틀린 것은?

① 보일러를 무리하게 가동하지 않아야 한다.
② 연소량을 급격하게 증감하지 않아야 한다.
③ 불필요한 공기의 연소실내 침입을 방지하고, 연소실내를 저온으로 유지한다.
④ 연소량을 증가시킬 경우에는 먼저 통풍량을 증가시킨 후에 연료량을 증가시킨다.

[해설] 불필요한 공기의 연소실내 침입을 방지하고, 연소실내를 고온으로 유지한다.

78_ 산성 내화물의 중요 화학성분의 형은?

① R_2O형
② RO형
③ RO_2형
④ R_2O_3형

[해설] 내화물의 화학성분의 형
㉮ 산성 내화물 : RO_2형
㉯ 중성 내화물 : R_2O_3형
㉰ 염기성 내화물 : RO형

79_ 방사율이 0.8, 물체의 표면온도가 300[℃], 물체 벽면체 온도가 25[℃]일 때 공간에 방출하는 단위 면적당 방사에너지는 약 몇 [W/m²]인가?

① 2300
② 3781
③ 4550
④ 5760

[해설] ㉮ 스테판-볼츠만 상수(C_b) 4.88[kcal/h·m²·K⁴] = 5.693 [W/m²·K⁴]을 적용하고 면적 1[m²]에 대하여 계산한다.
㉯ 방사에너지 계산

$$\therefore Q = \epsilon C_b \left\{ \left(\frac{T_1}{100}\right)^4 - \left(\frac{T_2}{100}\right)^4 \right\}$$
$$= 0.8 \times 5.693 \times \left\{ \left(\frac{273+300}{100}\right)^4 - \left(\frac{273+25}{100}\right)^4 \right\}$$
$$= 4550.473 \, [W/m^2]$$

정답 75. ③ 76. ① 77. ③ 78. ③ 79. ③

80. 다음 중 사용목적에 따라 요로를 분류한 것은?

① 도염식요로   ② 연소요로
③ 소둔요로   ④ 중유요로

해설 요(窯)의 분류
㉮ 작업진행 방법(조업 방식) : 연속요, 반연속요, 불연속요
㉯ 화염의 진행방향 : 승염식(오름 불꽃), 횡염식(옆 불꽃), 도염식(꺾임불꽃식)
㉰ 사용연료 : 장작, 석탄, 전기, 가스, 중유 등
㉱ 가열방법 : 직접 가열식(직화식), 간접 가열식(머플식), 반 머플식
㉲ 구조 및 형상 : 터널요, 회전요, 등요, 윤요, 원요, 각요, 견요, 반 터널요, 셔틀요, 연속식 가마
㉳ 소성목적 : 초벌구이, 침구이, 유약구이, 윗그림, 유리 용융, 서냉 가마, 플릿 가마
㉴ 사용목적 : 용해로, 소둔로, 소성로, 균열로

정답 80. ③

2022년 에너지관리산업기사 CBT 필기시험 복원문제 01

1과목 - 열역학 및 연소관리

01. 열과 일에 대한 설명으로 틀린 것은?
① 모두 경로함수이다.
② 모두 양수의 값을 갖는다.
③ 모두 불완전 미분형을 갖는다.
④ 모두 경계를 통해 일어나는 현상이다.

[해설] 열역학 제1법칙에서 열과 일은 서로 전환이 가능한 것으로 모두 양수의 값을 갖지 않는다.

02. 열병합 발전소에서 배기가스를 사이클론에서 전처리하고 전기 집진장치에서 먼지를 제거하고 있다. 사이클론 입구, 전기집진기 입구와 출구에서의 먼지농도가 각각 95, 10, 0.5[g/Nm³]일 때 종합 집진율은?
① 85.7[%] ② 90.8[%]
③ 95.0[%] ④ 99.5[%]

[해설] $\eta = \left(\dfrac{입구농도 - 출구농도}{입구농도}\right) \times 100$
$= \left(\dfrac{95 - 0.5}{95}\right) \times 100 = 99.473\,[\%]$

03. 보일러 내의 압력을 대기압 이하로 낮추어 운전하는 경우 가장 적절한 통풍 방법은?
① 압입통풍 ② 흡입통풍
③ 평형통풍 ④ 자유통풍

[해설] 통풍방법의 분류
(1) 자연통풍 : 연돌에 의한 통풍방식으로 배기가스와 외부공기와의 비중량차(밀도차)에 의해서 통풍력이 발생되는 것
(2) 강제통풍 : 송풍기를 이용하는 것
　㉮ 압입 통풍 : 송풍기를 연소실 앞에 두고 연소용 공기를 대기압 이상의 압력으로 연소실에 밀어 넣는 방식
　㉯ 흡입 통풍 : 송풍기를 연도 중에 설치하여 연소 배기가스를 직접 흡입하여 강제로 배출시키는 방법으로 연소실의 압력이 대기압 이하로 유지된다.
　㉰ 평형 통풍 : 압입통풍과 흡입통풍을 병행하는 방식

04. 터빈의 복수기(응축기) 압력이 낮으면 열효율은 어떻게 되는가?
① 증가한다. ② 감소한다.
③ 불변이다. ④ 알 수 없다.

[해설] 응축기의 압력을 낮출 때 나타나는 현상
㉮ 배출열량이 작아지고, 이론 열효율이 높아진다.
㉯ 응축기의 포화온도가 낮아진다.
㉰ 터빈 출구의 증기건도가 낮아지며, 습기가 증가한다.
㉱ 터빈에서의 엔탈피 낙차가 커진다.

05. $(CO_2)max\ 18.8[\%]$, $CO_2\ 14.2[\%]$, $CO\ 3.0[\%]$일 때 연소가스 중의 O_2는 약 몇 [%]인가?
① 2.97 ② 3.63
③ 4.53 ④ 5.83

[해설] $[CO_2]_{max} = \dfrac{21(CO_2 + CO)}{21 - O_2 + 0.395\,CO}$에서 산소의 비율 O_2를 구한다.
$\therefore O_2 = (21 + 0.395\,CO) - \dfrac{21(CO_2 + CO)}{[CO_2]_{max}}$
$= (21 + 0.395 \times 3) - \dfrac{21 \times (14.2 + 3)}{18.8}$
$= 2.972\,[\%]$

정답 01. ② 02. ④ 03. ② 04. ① 05. ①

06_ 매연 방지조치로서 부적당한 것은?
① 보일러에 적합한 연료를 선택한다.
② 무리하게 불을 피우지 않도록 한다.
③ 통풍을 많게 하여 충분한 공기를 주입한다.
④ 연소실 내의 온도가 내려가지 않도록 공기를 적정하게 보낸다.

해설 매연의 방지조치
㉮ 통풍력 및 통풍량을 적절히 조절할 것
㉯ 무리한 연소를 하지 않을 것
㉰ 연소장치, 연소실을 개선시킬 것
㉱ 품질이 좋은 연료를 선택할 것
㉲ 연소실의 온도를 적절히 유지할 것
㉳ 집진장치를 설치하여 매연을 제거할 것

07_ 황(S) 4[kg]을 이론공기량으로 완전연소 시켰을 때 발생하는 연소가스량은 약 몇 [Nm³]인가?
① 3.33
② 6.66
③ 11.66
④ 13.33

해설
㉮ 이론공기량에 의한 황(S)의 완전연소 반응식
$S + O_2 + (N_2) \rightarrow SO_2 + (N_2)$
㉯ 연소 가스량[Nm³] 계산 : 연소 가스량은 SO_2량과 공기 중 함유된 질소량(N_2)이 되며, 황(S)의 분자량은 32이다.
∴ SO_2량 계산 → 황(S) 32[kg]이 연소하면 이산화황(SO_2)은 1[kmol]이 발생하고, 1[kmol]의 체적은 22.4[Nm³]이다.
32[kg] : 22.4[Nm³] = 4[kg] : $x(SO_2)$[Nm³]
∴ N_2량 → 질소(N_2)는 불연성가스이므로 공기 중에 포함된 질소는 아무런 역할을 못하고 그대로 배기가스로 배출되며 질소량은 산소량의 $\frac{79}{21}$배가 된다.
32[kg] : 22.4[Nm³] = 4[kg] : $y(N_2)$[Nm³]
∴ $G_{0d} = SO_2 + N_2$
$= \left(\frac{4 \times 22.4}{32}\right) + \left(\frac{4 \times 22.4}{32} \times \frac{79}{21}\right)$
$= 13.333$ [Nm³/kg]

08_ 석탄을 분류하는 방법으로 거리가 먼 것은?
① 입도
② 점결성
③ 발열량
④ 형상

해설 석탄을 분류하는 방법 : 점결성, 발열량, 입도, 산지별, 연료비, 용도 등

『참고』 점결성(粘結性) : 석탄을 가열하면 연화, 용융하고 굳으면 괴상의 코크스가 되는 성질이다.

09_ 액체 연소장치 중 회전식 버너의 일반적인 특징으로 옳은 것은?
① 분사각은 20~50° 정도이다.
② 유량조절범위는 1 : 3 정도이다.
③ 사용 유압은 30~50[kPa] 정도이다.
④ 화염이 길어 연소가 불안정하다.

해설 회전식(rotary type) 버너의 특징
㉮ 분무컵을 고속으로 회전시켜 연료를 분출하고, 1차 공기를 이용하여 무화시키는 방식이다.
㉯ 사용유압은 30~50[kPa](0.3~0.5[kgf/cm²])정도이다.
㉰ 분무각은 30~80° 정도, 유량 조절범위는 1 : 5 정도이다.
㉱ 회전수는 직결식이 3000~3500rpm, 벨트식이 7000~10000rpm 정도이다.
㉲ 설비가 간단하고 자동화가 쉽다.
㉳ 점도가 작을수록 분무상태가 좋아진다.
㉴ 고점도 연료는 예열이 필요하다.
㉵ 청소, 점검, 수리가 간편하다.

10_ 프로판 가스 1[Nm³]를 공기비 1.1로 완전연소 시키는데 필요한 공기량은 약 몇 [Nm³]인가?
① 26.2
② 29.0
③ 32.2
④ 35.4

해설
㉮ 프로판(C_3H_8)의 완전연소 반응식
$C_3H_8 + 5O_2 \rightarrow 3CO_2 + 4H_2O$
㉯ 실제공기량 계산 : 프로판 1[Nm³]가 연소할 때 필요한 산소량은 연소반응식에서 산소몰[mol]수와 같다.
∴ $A = m \times A_0 = m \times \frac{O_0}{0.21}$
$= 1.1 \times \frac{5}{0.21} = 26.1904$[Nm³]

정답 06. ③ 07. ④ 08. ④ 09. ③ 10. ①

11. 단열과정에 있어서 엔트로피의 변화로서 가장 알맞은 내용은? (단, 완전기체이며, 단열에는 가역, 비가역이 있다.)

① 증가한다.
② 일정하다.
③ 감소한다.
④ 증가할 수도 일정할 수도 있다.

[해설] 엔트로피 변화
㉮ 가역과정 : 엔트로피 변화가 없기 때문에 일정하다.
㉯ 비가역과정 : 자유팽창 종류가 다른 가스의 혼합, 액체 내의 분자의 확산 등의 비가역과정일 때는 엔트로피가 증가한다.

12. 이론연소온도(화염온도) $t[℃]$를 구하는 식으로 옳은 것은? (단, H_h : 고위발열량, H_l : 저위발열량, G_r : 연소가스량, C_p : 연소가스 비열이다.)

① $t = \dfrac{H_l}{G_r C_p}$ ② $t = \dfrac{G_r C_p}{H_l}$

③ $t = \dfrac{H_h}{G_r C_p}$ ④ $t = \dfrac{G_r C_p}{H_h}$

[해설] 이론연소온도(t)는 연료의 저위발열량(H_l)을 연소가스의 열용량[연소가스량(G_r)×연소가스 비열(C_p)]으로 나눈 값이다.

∴ $t = \dfrac{H_l}{G_r C_p}$

13. 기체가 가역 단열팽창할 때와 가역 등온팽창할 때 이들 중에서 내부에너지의 감소는?

① 같다. (변화가 없다.)
② 알 수 없다.
③ 등온팽창 때가 크다.
④ 단열팽창 때가 크다.

[해설] 내부에너지 변화량
㉮ 단열팽창 : $du = C_v(T_2 - T_1) = -W_a$
㉯ 등온팽창 : $du = C_v dT = 0$
※ 등온변화 시에는 내부에너지 변화가 없으므로 단열팽창할 때 내부에너지의 감소가 크다.

14. 단열변화에서 P, V, T의 상관 관계식이 아닌 것은? (단, $k = C_p/C_v$이다.)

① $\dfrac{P_2}{P_1} = \left(\dfrac{V_2}{V_1}\right)^{-k}$

② $\dfrac{T_2}{T_1} = \left(\dfrac{P_2}{P_1}\right)^{\frac{k-1}{k}}$

③ $PV^k = $ 일정

④ $\dfrac{T_2}{T_1} = \left(\dfrac{V_2}{V_1}\right)^{k-1}$

[해설] 단열과정의 온도(T), 압력(P), 부피(V)의 관계식
㉮ $PV^k = C$(일정), $TV^{k-1} = C$(일정), $TP^{\frac{1-k}{k}} = C$(일정)이 된다.

㉯ $\dfrac{T_2}{T_1} = \left(\dfrac{P_2}{P_1}\right)^{\frac{k-1}{k}} = \left(\dfrac{V_1}{V_2}\right)^{k-1}$ 이고,

$\dfrac{P_2}{P_1} = \left(\dfrac{V_2}{V_1}\right)^{-k}$ 이다.

15. 다음 가스 중 기체상수[kJ/kg · K]가 가장 작은 것은?

① O_2 ② N_2
③ CO_2 ④ H_2

[해설] ㉮ 이상기체 상태방정식 $PV = GRT$에서 기체상수 $R = \dfrac{8.314}{M}$[kJ/kg · K]이므로 분자량(M)이 큰 가스가 기체상수는 작다.

㉯ 각 가스의 분자량

명칭	분자량
산소(O_2)	32
질소(N_2)	28
이산화탄소(CO_2)	44
수소(H_2)	2

[정답] 11. ④ 12. ① 13. ④ 14. ④ 15. ③

16_ 이상기체에 대하여 절대일과 공업일(개방계의 일)에 대한 설명으로 틀린 것은?

① 절대일은 $\int PdV$ 이다.
② 공업일은 $\int VdP$ 이다.
③ 절대일과 공업일은 항시 다른 값을 갖는다.
④ 절대일에서 공업일을 뺀 값은 엔탈피 변화에서 내부에너지 변화를 뺀 값과 같다.

해설 정온변화일 때 절대일(W_a)과 공업일(W_t)은 같고, 나머지 과정에서는 다른 값을 갖는다.

17_ 공기 표준 사이클에 대한 가정에 해당되지 않는 것은?

① 공기는 이상기체이고 대부분의 경우 비열은 일정한 것으로 간주한다.
② 공기는 밀폐시스템을 이루거나 정상상태 유동에 의해 사이클로 구성한다.
③ 각 과정은 가역 또는 비가역 과정이며 운동에너지와 위치에너지는 무시된다.
④ 연소과정은 고온 열원에서의 열전달과정으로, 배기과정은 저온열원으로의 열전달로 대치된다.

해설 공기 표준 사이클의 가정
㉮ 동작물질은 완전가스(이상기체)로 취급하는 공기로 되어 있고 비열은 항상 일정하다.
㉯ 공기는 밀폐 시스템에서 외부로 열을 받고, 외부로 배출된다.
㉰ 압축과 팽창과정은 등엔트로피과정(단열과정)이다.
㉱ 연소과정 중 열해리 현상은 발생하지 않는다.
㉲ 각 과정은 모두 가역과정이며, 운동에너지와 위치에너지는 무시된다.

18_ 다음 가스 중 저위발열량[MJ/kg]이 가장 낮은 것은?

① 수소   ② 메탄
③ 일산화탄소   ④ 에탄

해설 각 가스의 저위발열량[MJ/kg]

연료 명칭	저위발열량[MJ/kg]
수소(H_2)	8.160
메탄(CH_4)	2.85
일산화탄소(CO)	0.580
에탄(C_2H_6)	2.712

19_ 과열증기에 대한 설명으로 올바른 것은?

① 압력은 일정하고, 온도만이 증가된 상태의 증기
② 온도는 일정하고, 압력만이 증가된 상태의 증기
③ 온도와 압력이 모두 증가된 상태의 증기
④ 주어진 온도에서 증발이 일어났을 때의 증기

해설 과열증기 : 습포화증기를 가열하여 건조증기가 된 건증기를 다시 가열할 때 압력은 오르지 않고 온도만 상승되는 증기이다.

20_ 디젤 사이클로 작동되는 디젤 기관의 각 행정의 순서를 옳게 나타낸 것은?

① 단열압축 – 정적급열 – 단열팽창 – 정적방열
② 단열압축 – 정압급열 – 단열팽창 – 정압방열
③ 등온압축 – 정적급열 – 등온팽창 – 정적방열
④ 단열압축 – 정압급열 – 단열팽창 – 정적방열

해설 디젤 사이클(diesel cycle) : 압축착화기관인 저속디젤기관의 기본 사이클로 정적과정 1개, 정압과정 1개, 단열과정 2개로 이루어진 사이클이다. 각 행정 순서는 단열압축 – 정압급열 – 단열팽창 – 정적방열의 순서로 이루어진다.

정답 16. ③ 17. ③ 18. ③ 19. ① 20. ④

2과목 - 계측 및 에너지진단

21. P동작의 비례이득이 4일 경우 비례대는 몇 [%]인가?

① 20　② 25
③ 30　④ 40

해설
비례대 = $\dfrac{1}{\text{비례이득(비례감도)}} \times 100$
= $\dfrac{1}{4} \times 100 = 25\,[\%]$

22. 증기보일러에서 압력계 부착 시 증기가 압력계에 들어가지 않도록 부착하는 장치는?

① 약품냉매관　② 부압관
③ 플렉시블관　④ 사이폰관

해설
증기보일러에 부착하는 압력계에는 물을 넣은 안지름 6.5[mm] 이상의 사이폰관을 부착하여 고온의 증기가 부르동관에 작용하여 변형 및 파손되는 것을 방지하기 위하여 설치한다.

23. 노 내의 온도측정이나 내화물의 내화도 측정용으로 사용되는 것은?

① 제겔콘　② 서미스터 온도계
③ 색 온도계　④ 복사 온도계

해설
제겔콘(Seger cone) : 점토, 규석질 등 내연성의 금속산화물로 만든 것으로 내화물의 내화도 측정 등에 사용한다.

24. 상당증발량(G_e[kg/h])을 구하는 공식으로 맞는 것은? (단, G는 실제 증발량[kg/h], h_2는 발생증기 엔탈피[kJ/kg], h_1는 급수 엔탈피[kJ/kg]이다.)

① $G_e = \dfrac{G(h_1 - h_2)}{2256}$

② $G_e = \dfrac{G(h_2 - h_1)}{2256}$

③ $G_e = \dfrac{G(h_1 - h_2)}{226}$

④ $G_e = \dfrac{G(h_2 - h_1)}{226}$

해설
상당 증발량(환산 증발량) : 실제 증발량을 기준 증발량으로 환산하였을 때의 증발량. 즉, 100[℃]의 포화수를 100[℃]의 건조포화증기로 발생시킬 수 있는 증발량으로 단위는 [kg/h]이다.
㉮ 공학단위 : 1기압 100[℃]에서 물의 증발잠열은 539[kcal/kg]이고 엔탈피 단위는 [kcal/kg]이다.
$\therefore G_e = \dfrac{G_a(h_2 - h_1)}{539}$
㉯ SI단위 : 1[kcal]는 약 4.1868[kJ]이므로 1기압 100[℃]에서 물의 증발잠열은 약 2256[kJ/kg]이다.
$\therefore G_e = \dfrac{G_a(h_2 - h_1)}{2256}$

25. 액면에 부자를 띄워 부자가 상하로 움직이는 위치로써 액면을 측정하는 것으로 주로 저장탱크, 개방탱크 및 고압 밀폐탱크 등의 액위 측정에 사용되는 액면계는?

① 직관식 액면계　② 플로트식 액면계
③ 방사성 액면계　④ 압력식 액면계

해설
부자(float)식 액면계는 액면 위에 떠 있는 부자(float)의 움직이는 변위를 이용하여 액면을 측정하는 것이다.

26. 오리피스 유량계의 특징을 잘못 설명한 것은?

① 구조가 간단하며 많이 사용된다.
② 침전물이 생성될 우려가 있다.
③ 제작비가 싸며 교환이 용이하다.
④ 차압식 유량계 중 압력 손실이 가장 적다.

해설
오리피스 미터의 특징
㉮ 구조가 간단하고 제작이 쉬워 가격이 저렴하다.

정답 21. ②　22. ④　23. ①　24. ②　25. ②　26. ④

㉰ 협소한 장소에 설치가 가능하다.
㉱ 유량계수의 신뢰가 크다.
㉲ 오리피스 교환이 용이하다.
㉳ 차압식 유량계에서 압력손실이 제일 크다.
㉴ 침전물의 생성 우려가 많다.
㉵ 동심 오리피스와 편심 오리피스가 있다.
㉶ 유량계 전후에 동일한 지름의 직관이 필요하다.

27_ 제어동작 중 제어량에 편차가 생겼을 때 편차의 적분차를 가감하여 조작단의 이동속도가 비례하는 동작으로 잔류편차가 남지 않으나 제어의 안정성이 떨어지는 것은?
① 2위치 동작 ② 비례 동작
③ 미분 동작 ④ 적분 동작

해설 적분동작(I동작 : integral action) : 제어량에 편차가 생겼을 때 편차의 적분차를 가감하여 조작단의 이동 속도가 비례하는 동작으로 잔류편차가 남지 않는다. 진동하는 경향이 있어 제어의 안정성은 떨어진다. 유량제어나 관로의 압력제어와 같은 경우에 적합하다.

28_ 1차 제어장치가 제어명령을 하고 2차 제어장치가 1차 명령을 바탕으로 제어량을 조절하는 측정제어는?
① 캐스케이드제어 ② 추종제어
③ 프로그램제어 ④ 비율제어

해설 캐스케이드 제어 : 두 개의 제어계를 조합하여 제어량의 1차 조절계를 측정하고 그 조작 출력으로 2차 조절계의 목표값을 설정하는 방법으로 단일 루프제어에 비해 외란의 영향을 줄이고 계 전체의 지연을 적게 하는데 유효하기 때문에 출력 측에 낭비시간이나 지연이 큰 프로세스제어에 이용되는 제어이다.

29_ 발열량이 9600[kcal/kg]인 연료 180[kg]을 연소시켜 엔탈피 630[kcal/kg]인 증기 2000 [kg]을 발생시켰다면 열손실은 약 몇 [kcal]인가? (단, 급수엔탈피는 12[kcal/kg]이다.)
① 444000 ② 468000
③ 492000 ④ 524000

해설 열손실은 공급열량에서 유효하게 사용된 열량의 차이에 해당된다.
∴ 열손실 = 공급열량 − 유효하게 사용된 열량
= $(G_f \times H_l) - \{G \times (h_2 - h_1)\}$
= $(180 \times 9600) - \{2000 \times (630 - 12)\}$
= 492000 [kcal]

30_ 어떤 보일러의 증발량이 20[t/h]이고, 보일러 본체의 전열면적이 500[m²]일 때 이 보일러의 증발율[kg/m² · h]은?
① 10 ② 25 ③ 30 ④ 40

해설 $Be_1 = \dfrac{G}{F} = \dfrac{20 \times 1000}{500} = 40\,[\text{kg/m}^2 \cdot \text{h}]$

31_ 접촉식 온도계와 비교하여 비접촉식 온도계의 특징에 관한 설명으로 틀린 것은?
① 주로 표면온도를 측정한다.
② 접촉식 온도계 보다는 정확도가 나쁜 편이다.
③ 온도 측정 시 응답속도가 빠른 편이다.
④ 100[℃] 이상의 고온측정은 힘들다.

해설 비접촉식 온도계의 특징
㉮ 접촉에 의한 열손실이 없고 측정물체의 열적 조건을 건드리지 않는다.
㉯ 내구성에서 유리하다.
㉰ 이동물체와 고온 측정이 가능하다.
㉱ 방사율 보정이 필요하다.
㉲ 700[℃] 이하의 온도 측정이 곤란하다. (단, 방사온도계의 측정범위는 50~3000[℃])
㉳ 측정온도의 오차가 크다.
㉴ 표면온도 측정에 사용된다. (내부온도 측정이 불가능하다.)

32_ 활성탄, 실리카겔, 활성 알루미나 등의 흡착제와 N_2, H_2, He 등의 캐리어 가스를 이용하여 가스를 분석하는 것은?
① 오르사트분석법
② 연소열법
③ 가스 크로마토그래피법
④ 헴펠분석법

해설 가스 크로마토그래피(gas chromatography) : 흡착제를 충전한 관속에 혼합시료를 넣고, 용제를 유동시켜 흡수력 차이에 따라 성분의 분리가 일어나는 것을 이용한 것으로 캐리어가스, 압력조정기, 유량조절밸브, 압력계, 분리관(컬럼), 검출기, 기록계 등으로 구성된다.

33_ 1[kcal]는 약 몇 J(Joule)의 열량에 해당되는가?
① 4.2[J]
② 0.24[J]
③ 2400[J]
④ 4185[J]

해설 kcal와 J(Joule)의 관계
㉮ 1[kcal] ≒ 4.1868[kJ] ≒ 41868[J]
㉯ 1[kJ] ≒ 0.2389[kcal]

34_ 연소가스의 현장 분석기에 시료가스 채취 시스템을 사용할 경우 고려할 사항이 아닌 것은?
① 가스 온도를 될 수 있는 대로 낮추어서 분석하기 좋게 한다.
② 시료 채취 시스템이 막히지 않게 한다.
③ 시료 채취 시스템으로 인한 시간 지연을 고려한다.
④ 가스 채취는 중심부에서 하고 벽에 가까운 가스는 희피한다.

해설 가스분석에 적합한 온도는 20[℃] 정도이다.

35_ 다음 압력계 중에서 정도가 가장 낮은 것은?
① 부르동관 압력계
② 분동식 압력계
③ 경사식 액주 압력계
④ 전기식 압력계

해설 부르동관(bourdon tube) 압력계 : 2차 압력계중 대표적인 것으로 측정범위가 0~3000[kgf/cm^2]으로 고압측정이 가능하지만, 정도는 ±1~3[%]로 낮다.

36_ 고점도 유체나 작은 유량도 측정할 수 있으며, 슬러리나 부식성 액체의 유량 측정이 가능하나 압력손실이 커 정밀 측정에는 부적당하고 구경이 100[mm] 이상의 대형은 값이 매우 비싼 이 유량계는?
① 유속식 유량계
② 속도수두 측정식 유량계
③ 면적식 유량계
④ 와류식 유량계

해설 면적식 유량계(플로트식, 로터미터)의 특징
㉮ 유량에 따라 직선 눈금이 얻어진다.
㉯ 유량계수는 레이놀즈수가 낮은 범위까지 일정하다.
㉰ 고점도 유체나 작은 유체에 대해서도 측정할 수 있다.
㉱ 차압이 일정하면 오차의 발생이 적다.
㉲ 측정하려는 유체의 밀도를 미리 알아야 한다.
㉳ 압력손실이 적고 균등 유량을 얻을 수 있다.
㉴ 슬러리나 부식성 액체의 측정이 가능하다.
㉵ 정도는 ±1~2[%] 정도로 정밀측정에는 부적당하다.

37_ 측정온도 범위가 약 0~700[℃] 정도이며, (-) 측이 콘스탄탄으로 구성된 열전대는?
① J형
② R형
③ K형
④ S형

해설 열전대에 따른 사용금속 및 측정온도범위

종류 및 약호	사용금속		측정온도 범위
	+극	-극	
R형[백금-백금로듐] (P-R)	백금로듐	Pt(백금)	0~1600[℃]
K형[크로멜-알루멜] (C-A)	크로멜	알루멜	-20~1200[℃]
J형[철-콘스탄탄] (I-C)	순철(Fe)	콘스탄탄	-20~800[℃]
T형[동-콘스탄탄] (C-C)	순구리	콘스탄탄	-180~350[℃]

38_ 압력측정 범위가 약 0.1~15[kPa]인 탄성식 압력계는?
① 캡슐식 압력계
② 부르동관식 압력계
③ 벨로스식 압력계
④ 다이어프램식 압력계

정답 33. ④ 34. ① 35. ① 36. ③ 37. ① 38. ①

해설 캡슐식 압력계 : 탄성이 있는 파형 격막 2개를 붙인 것으로 측정범위가 약 0.1~15[kPa] 정도로 기압계 등에 사용된다.

39. 세라믹식 O_2 분석기에 사용된 주성분은?
① Zr ② ZrO_2
③ Cr_2O ④ P_2O_5

해설 세라믹식 O_2 분석기(지르코니아식 O_2 분석기) : 지르코니아(ZrO_2)를 주원료로 한 특수세라믹은 온도 850[℃] 이상에서 산소이온만 통과시키는 특수한 성질을 이용한 것으로 산소이온이 통과할 때 발생되는 기전력을 측정하여 산소농도를 측정한다.

40. 기체 압력식 온도계에 쓰이는 기체만으로 이루어진 것은?
① 헬륨, 네온, 수소, 질소
② 산소, 질소, 염소, 프레온
③ 수소, 펜탄, 에틸에테르, 네온
④ 질소, 펜탄, 헬륨, 에틸에테르

해설 압력식 온도계의 종류 및 사용물질
㉮ 액체 압력(팽창)식 온도계 : 수은, 알코올, 아닐린
㉯ 기체 압력식 온도계 : 질소, 헬륨, 네온, 수소
㉰ 증기 압력식 온도계 : 프레온, 에틸에테르, 염화메틸, 염화에틸, 톨루엔, 아닐린

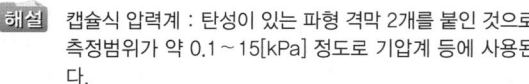

41. 화염검출기와 가장 거리가 먼 것은?
① 플레임 아이 ② 보염기
③ 플레임 로드 ④ 스택 스위치

해설 화염 검출기의 종류
㉮ 플레임 아이(flame eye) : 화염이 발광체임을 이용하여 화염의 방사선을 감지하여 화염의 유무를 검출한다.
㉯ 플레임 로드(flame rod) : 화염의 이온화 현상에 의한 전기 전도성을 이용하여 화염의 유무를 검출한다.

㉰ 스택 스위치(stack switch) : 연도에 바이메탈을 설치하여 연소가스의 발열체를 이용하여 화염유무를 검출한다.

42. 관류보일러의 일반적인 특징 설명으로 옳은 것은?
① 열용량이 크기 때문에 추종성이 느리다.
② 증기압력이 고압이므로 급수펌프가 필요 없다.
③ 전열면적에 대한 보유수량이 많아 가동시간이 길다.
④ 보일러 드럼이 필요 없고 지름이 작은 전열관을 사용하여 증발속도가 빠르다.

해설 관류보일러의 특징
㉮ 전열면적에 비하여 보유수량이 적으므로 가동시간이 짧다.
㉯ 고압 보일러에 적합하다.
㉰ 관을 자유로이 배치할 수 있어 구조가 콤팩트하다.
㉱ 완벽한 급수처리를 요한다.
㉲ 정확한 자동제어 장치를 설치하여야 한다.
㉳ 순환비가 1이므로 드럼이 필요 없다.
㉴ 발생증기 중에 포함된 수분을 분리하기 위하여 기수분리기를 설치한다.
㉵ 부하변동에 대한 적응성이 적어 압력변화가 크다.
㉶ 관류 보일러 종류는 벤슨(benson) 보일러, 슬저(sulzer) 보일러, 소형 관류 보일러 등이다.

43. 어떤 강철제 증기보일러의 최고사용압력이 0.5[MPa]일 때 수압시험 압력은?
① 0.5[MPa] ② 0.75[MPa]
③ 0.95[MPa] ④ 1.0[MPa]

해설 강철제 보일러의 수압시험 압력
㉮ 보일러의 최고사용압력이 0.43[MPa] 이하일 때에는 그 최고사용압력의 2배의 압력으로 한다. 다만, 그 시험압력이 0.2[MPa] 미만인 경우에는 0.2[MPa]로 한다.
㉯ 보일러의 최고 사용압력이 0.43[MPa] 초과 1.5[MPa] 이하일 때에는 그 최고사용압력의 1.3배에 0.3[MPa]를 더한 압력으로 한다.
㉰ 보일러의 최고사용압력이 1.5[MPa]를 초과할 때에는 그 최고사용압력의 1.5배의 압력으로 한다.

∴ 수압시험 압력 = (최고사용압력×1.3배) + 0.3[MPa]
= (0.5×1.3) + 0.3 = 0.95[MPa]

44. 고온에서 염기성 슬래그와 접촉되는 곳에 사용할 수 있는 내화물은?

① 규석질 내화물
② 크롬질 내화물
③ 마그네시아 내화물
④ 샤모트질 내화물

해설 마그네시아 내화물(벽돌)의 특징
㉮ 마그네사이트 또는 수산화마그네슘을 주원료로 한다.
㉯ 염기성 벽돌이며 내화도가 SK36 이상이다.
㉰ 열팽창성이 크며 하중 연화점이 높다.
㉱ 염기성 슬래그나 용융금속에 대하여 저항성이 크다.
㉲ 1500[℃] 이상으로 가열하여 소성한다.
㉳ 열전도율 및 내스폴링성이 작고, 슬래킹 현상이 발생한다.

45. 댐퍼에서 형상에 따른 분류가 아닌 것은?

① 터보형 댐퍼
② 버터플라이 댐퍼
③ 시로코형 댐퍼
④ 스플리트 댐퍼

해설 (1) 연도에 댐퍼(damper)를 설치하는 목적
㉮ 통풍력조절로 연소효율 증대
㉯ 배기가스 흐름을 조절
㉰ 주연도, 부연도의 가스흐름 전환
(2) 종류
㉮ 작동상태에 의한 분류 : 회전식 댐퍼, 승강식 댐퍼
㉯ 형상에 의한 분류 : 버터플라이 댐퍼, 다익(시로코형) 댐퍼, 스플릿 댐퍼

46. 공기예열기는 금속판을 일정시간 동안 연소가스에 접촉시켜 열을 흡수시키고 또 일정시간 공기를 접촉시켜 흡수한 열을 방출하는 재생식이 있는데 이러한 재생식의 방법이 아닌 것은?

① 전도식
② 회전식
③ 고정식
④ 이동식

해설 공기예열기의 종류
㉮ 증기식 : 연소가스 대신 증기를 이용하여 2차 공기를 예열하는 것으로 부식의 우려가 없다.
㉮ 전열식 : 열교환기를 이용한 것으로 관형(管形) 공기예열기와 판형(板形) 공기예열기가 있다.
㉯ 재생식 : 축열식이라 불리며 연소가스를 통과시켜 열을 축적한 후 이곳에 2차 공기를 통과시켜 공기를 예열하는 방식으로 회전식, 고정식, 이동식으로 분류된다.
㉰ 히트파이프식 : 배관 표면에 알루미늄 핀튜브를 부착시키고 진공으로 된 배관 내부에 열매체인 증류수를 넣어 봉입한 것을 경사지게 설치한 것이다. 히트파이프 내의 증류수는 배기가스의 열을 흡수하여 증발되어 경사면을 따라 응축부로 이동되고 송풍기에서 공급되는 연소용 공기와 열교환하여 응축되어 증발부로 되돌아오는 과정을 반복하여 배기가스 온도를 낮추고 연소용 공기를 예열하는 장치이다.

47. 에너지이용 합리화법에서 규정하는 열사용기자재 범위에서 소형온수보일러의 적용범위 기준으로 옳은 것은?

① 전열면적이 7제곱미터 이하이고, 최고사용압력이 0.35[MPa] 이하의 온수를 발생하는 것
② 전열면적이 7제곱미터 이하이고, 최고사용압력이 0.7[MPa] 이하의 온수를 발생하는 것
③ 전열면적이 14제곱미터 이하이고, 최고사용압력이 0.35[MPa] 이하의 온수를 발생하는 것
④ 전열면적이 14제곱미터 이하이고 최고사용압력이 0.7[MPa] 이하의 온수를 발생하는 것

해설 소형온수보일러의 적용범위(에너지이용 합리화법 시행규칙 제1조의2, 별표1) : 전열면적이 14[m²] 이하이며, 최고사용압력이 0.35[MPa] 이하의 온수를 발생하는 것. 다만, 구멍탄용 온수보일러, 축열식 전기보일러 및 가스사용량이 17[kg/h](도시가스는 232.6[kW]) 이하인 가스용 온수보일러를 제외한다.

48. 가셋트 스테이(guest stay)를 가장 필요로 하는 경판은?

① 접시형 경판
② 구형 경판
③ 오목접시형 경판
④ 평형 경판

정답 44. ③ 45. ① 46. ① 47. ③ 48. ④

해설 가셋트 버팀(gusset stay) : 보강판(gusset)으로 경판을 보강하기 위하여 경판에서 동판에 비스듬히 부착시킨 버팀(stay)으로 보통 노통보일러의 평형 경판을 보강시키는데 사용한다.

49_ 보일러 그을음 제거 장치인 슈트 블로워의 분사형식이 아닌 것은?
① 모래분사   ② 물분사
③ 공기분사   ④ 증기분사

해설 슈트 블로워(soot blower) : 증기나 공기 및 물을 이용하여 전열면 외측 또는 수관 주위의 그을음이나 재를 불어 제거하는 장치이다.

50_ 보일러 설치·검사기준상 급수장치를 필요로 하는 보일러에는 주펌프 및 보조펌프세트를 갖춘 급수장치가 있어야 하는데 다음 중 보조펌프세트를 생략할 수 있는 보일러는?
① 전열면적 50[m²] 인 관류보일러
② 전열면적 30[m²] 인 강철제 증기보일러
③ 전열면적 20[m²] 인 가스용 온수보일러
④ 전열면적 40[m²] 인 주철제 증기보일러

해설 급수장치를 필요로 하는 보일러에는 주펌프(인젝터를 포함) 세트 및 보조펌프세트를 갖춘 급수장치가 있어야 한다. 다만, 전열 면적 12[m²] 이하의 보일러, 전열면적 14[m²] 이하의 가스용 온수보일러 및 전열면적 100[m²] 이하의 관류보일러에는 보조펌프를 생략할 수 있다.

51_ 배관시공 시 보온재로 사용되는 석면에 대한 설명으로 가장 옳은 것은?
① 다른 보온재에 비해 단열효과가 낮으며, 800[℃] 이하의 파이프나 탱크 등에 사용한다.
② 400[℃] 이하의 파이프나 탱크, 노벽 등의 보온재로 적합하며, 400[℃]를 초과하면 탈수 분해된다.
③ 열전도율이 작고 300~320[℃]에서 열분해 되고, 방습 가공한 것은 습기가 많은 곳의 옥외배관에 사용한다.
④ 석회석을 주원료로 사용하며 화학적으로 결합시켜 만든 것으로 사용온도는 650[℃]까지 이다.

해설 석면의 특징
㉮ 무기질 보온재로 아스베스토질 섬유로 되어 있다.
㉯ 진동을 받는 장치의 보온재로 사용된다.
㉰ 400[℃] 이하의 관이나 탱크, 노벽 등의 보온재로 적합하다.
㉱ 800[℃]에서는 강도와 보온성을 상실할 수 있다.
㉲ 열전도율이 0.048~0.065[kcal/h·m·℃]이다.
㉳ 안전 사용온도는 350~550[℃](최고 안전사용 온도 : 600[℃])이다.

52_ 가마 내의 온도가 비교적 균일한 것은?
① 직염식 가마   ② 승염식 가마
③ 횡염식 가마   ④ 도염식 가마

해설 도염식 가마(down draft kiln) : 꺾임 불꽃 가마로 아궁이쪽에서 발생한 불꽃이 측벽과 화교사이를 거쳐 올라가서 소성실 천정에 부딪혀 가마바닥의 흡입공으로 빠지면서 피가열체를 소성하는 것으로 가마 내의 온도분포가 균일하다.

53_ 보온재의 시공 시 주의사항으로 옳은 것은?
① 보온재와 보온재 사이는 되도록 적게 하며 겹침부 이음새는 동일 선상에 오도록 한다.
② 철선 감기는 피치를 약 50[mm]로 나선감기를 하며 접착테이프로 맞춤부와 이음부를 모두 붙인다.
③ 테이프 감기는 위에서 아래쪽으로 감아 내리며 미끄러질 염려가 있으면 접착테이프를 사용하여 방지한다.
④ 냉·온수 수평배관의 현수 밴드는 보온을 내부에서 한다.

정답   49. ①   50. ①   51. ②   52. ④   53. ②

해설 잘못된 각 항목의 옳은 내용
① 보온재 이음부분은 틈새가 없도록 시공하고, 관축방향의 이음선이 동일선상에 있지 않도록 한다.
③ 외장용 테이프류의 겹쳐 감는 폭은 15[mm] 이상으로 하고 수직관일 때에는 아래에서 위쪽으로 감아 올라간다.
④ 냉온수 수평배관의 현수 밴드는 보온을 외부에서 한다.

54_ 배관에 나사가공을 하는 동력 나사 절삭기의 형식에 해당되지 않는 것은?
① 오스터식　　② 호브식
③ 로터리식　　④ 다이헤드식

해설 동력나사 절삭기의 종류 : 오스터식, 호브식, 다이헤드식

55_ 내화물의 제조공정의 순서로 옳은 것은?
① 혼련 → 성형 → 분쇄 → 소성 → 건조
② 분쇄 → 성형 → 혼련 → 건조 → 소성
③ 혼련 → 분쇄 → 성형 → 소성 → 건조
④ 분쇄 → 혼련 → 성형 → 건조 → 소성

해설 내화물의 제조 공정
(1) 제조순서 : 분쇄 → 혼련(混練) → 성형 → 건조 → 소성
(2) 각 공정의 특징
㉮ 분쇄 : 표면적 증가, 이물질 분리, 균일한 혼합을 위하여 분쇄
㉯ 혼련 : 물이나 기타 첨가제를 배합하여 고루 분포가 되도록 잘 섞고 이기는 과정
㉰ 성형 : 혼련 된 배토를 일정한 형상을 가질 수 있도록 만드는 과정
㉱ 건조 : 수분을 제거하는 과정
㉲ 소성 : 원료에 열화학적 변화를 일으켜 내화물로서 필요한 모양과 강도를 가지게 하는 과정

56_ 에너지이용 합리화법에 따라 특정열사용기자재 및 그 설치·시공범위에 속하지 않는 것은?
① 강철제 보일러의 설치
② 태양열 집열기의 세관
③ 3종 압력용기의 배관
④ 연속식 유리용융가마의 설치를 위한 시공

해설 특정열사용기자재 및 설치·시공범위 : 에너지이용 합리화법 시행규칙 제31조의5, 별표3의2

구분	품목명	설치, 시공범위
보일러 (기관)	강철제보일러, 주철제보일러, 온수보일러, 구멍탄용 온수보일러, 축열식 전기보일러, 캐스케이드 보일러, 가정용 화목보일러	해당기기의 설치, 배관 및 세관
태양열 집열기	태양열 집열기	해당기기의 설치, 배관 및 세관
압력 용기	1종 압력용기, 2종 압력용기	해당기기의 설치, 배관 및 세관
요업 요로	연속식 유리용융가마, 불연속식 유리용융가마, 유리용융도가니가마, 터널가마, 도염식 가마, 셔틀가마, 회전가마, 석회용선가마	해당기기의 설치를 위한 시공
금속 요로	용선로, 비철금속용융로, 금속 소둔로, 철금속가열로, 금속균열로	해당기기의 설치를 위한 시공

57_ 도염식 단요의 구조 부분과 관계가 먼 것은?
① 화교　　② 흡입구
③ 연도　　④ 발열체

해설 도염식 가마(down draft kiln) : 꺽임 불꽃 가마로 아궁이쪽에서 발생한 불꽃이 측벽과 화교사이를 거쳐 올라가서 소성실 천정에 부딪혀 가마바닥의 흡입공으로 빠지면서 피가열체를 소성하는 요로 화교, 흡입공(구), 연도 등으로 구성된다.

58_ 내경 1[m], 압력 1.0[MPa], 판의 허용인장응력 90[N/mm^2], η = 0.80, 부식에 대한 정수 1[mm]의 보일러 두께는?
① 6.94[mm]　　② 7.94[mm]
③ 8.94[mm]　　④ 9.94[mm]

해설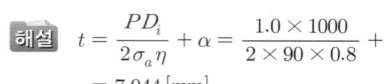
$$t = \frac{PD_i}{2\sigma_a \eta} + \alpha = \frac{1.0 \times 1000}{2 \times 90 \times 0.8} + 1 = 7.944 \text{[mm]}$$

59. 1100[℃] 내외에 가열하는 일반 가열 가마의 내벽용 벽돌로 일반적으로 가장 타당하다고 인정되는 벽돌은?
① 납석 벽돌
② 규석 벽돌
③ 크로마그 벽돌
④ 지르콘 벽돌

해설 납석질 내화물 : 천연 납석(Al_2O_3-$4SiO_2$-H_2O)을 분쇄하고, 질이 비슷한 점토를 10~20[%] 섞어 가소성을 부여한 것이다.
㉮ 내화도가 SK26~34 정도이다.
㉯ 압축강도와 고온강도가 크다.
㉰ 슬래그나 용융 철강에 내침성이 우수하다.
㉱ 일산화탄소에 대한 안정도가 크다.
㉲ 열팽창, 열전도도, 잔존 수축이 적다.
㉳ 하중 연화점이 낮다.

60. 어느 가열로에 단열재 두께가 20[cm], 단열재 벽 내부온도는 100[℃]이며, 외부는 0[℃]이다. 또 이 단열재의 열전도도는 0.05[W/m·℃]이며, 단열벽의 면적은 10[m²]라 할 때 단열벽을 통해 손실되는 열은 몇 [W](Watt)인가?
① 150 ② 200 ③ 250 ④ 300

해설 $Q = K \times F \times \Delta t = \dfrac{1}{\dfrac{b}{\lambda}} \times F \times \Delta t$

$= \dfrac{1}{\dfrac{0.2}{0.05}} \times 10 \times (100-0) = 250\,[W]$

4과목 - 열설비취급 및 안전관리

61. 자동제어 보일러가 가동 중 실화가 된 경우에도 연료 및 연소용 공기가 멈추지 않고 계속 공급된다면 일차적으로 어떤 부품에 고장이 있다고 생각할 수 있는가?
① 화염검출기
② 연료분무노즐
③ 통풍장치
④ 연료예열기

해설 화염검출기 : 버너 착화 시 점화되지 않거나 운전 중 실화가 될 경우 전자밸브를 닫아 연료 공급을 중지하여 보일러 가동을 정지시키는 것으로 불착화 인터록에 해당된다.

62. 보일러 수 100[cc] 중에 CaO이 2[mg], MgO이 2[mg] 존재할 경우 독일경도는 얼마인가?
① 2.2[°dH] ② 3.7[°dH]
③ 4.8[°dH] ④ 5.4[°dH]

해설 독일경도[°dH] : 수중의 칼슘(Ca)과 마그네슘(Mg) 이온의 양을 산화칼슘(CaO)의 양으로 환산해서 나타내는 것으로, 산화마그네슘(MgO)을 산화칼슘(CaO)으로 환산할 때는 1.4를 하여 계산한다.
∴ 독일경도[°dH]
= 산화칼슘(CaO) + 산화마그네슘(MgO)×1.4
= 2 + 2 × 1.4 = 4.8 [°dH]

63. 보일러의 손상 중 팽출이 발생하기 쉬운 장소가 아닌 곳은?
① 수관 보일러의 기수드럼 아래 부분
② 노통연관 보일러의 노통 위(上) 부분
③ 연소실과 접하고 있는 수관
④ 외연소 횡연관 보일러의 드럼 아래 부분

해설 팽출 및 압궤
㉮ 팽출(bulge) : 동체, 수관, 겔로웨이관 등과 같이 인장응력을 받는 부분이 압력에 견디지 못하고 바깥쪽으로 부풀어 나오는 현상이다.
㉯ 압궤(collapse) : 노통, 연소실, 연관, 관판 등과 같이 압축응력을 받는 부분이 압력에 견디지 못하고 안쪽으로 들어가는 현상이다.

64. 보일러의 일상점검 계획에 해당하지 않는 것은?
① 급수배관 점검
② 압력계 상태점검
③ 자동제어장치 점검
④ 연료의 수요량 점검

[해설] 보일러의 일상점검 항목(계획)
㉮ 보일러 본체 : 압력계, 수면계, 급수경보장치, 주증기밸브, 블로다운 밸브, 안전밸브 상태점검
㉯ 연소계통 : 연료 유량계, 버너, 예열기, 여과기, 송풍기 상태점검
㉰ 급수계통 : 배기, 수처리장치, 약액주입장치, 급수펌프, 급수유량계, 급수여과기 상태 점검
㉱ 기타 : 주변 정리정돈, 보일러실 환기, 보일러수 분출상태, 청소구 및 맨홀 등으로부터 누출 상태점검

65. 온수난방 배관시공 시 배관의 구배에 관한 설명 중 틀린 것은?

① 온수배관은 공기빼기밸브나 팽창탱크를 향하여 상향구배로 한다.
② 복관중력 환수식의 상향공급식에서는 공급관은 선단 상향 구배로, 복귀관은 선단 하향 구배를 준다.
③ 일반적으로 배관의 구배는 1/250로 한다.
④ 단관중력 환수식의 온수주관은 상향구배를 준다.

[해설] 단관중력 환수식의 온수주관은 하향구배를 준다.

66. 보일러 및 압력용기가 부식되는 원인과 가장 거리가 먼 것은?

① 증기발생이 과다할 때
② 급수에 불순물이 포함되었을 때
④ 폐수나 오염된 물을 사용할 때
④ 급수처리가 잘 되지 않았을 때

[해설] (1) 내부부식의 원인
㉮ 급수 중에 유지류, 산류, 탄산가스, 염류 등의 불순물을 함유하는 경우
㉯ 일반 전기배선에서의 누전으로 인하여 전류가 장시간 흐르는 경우
㉰ 강재의 수측 표면에 녹이 생겨서 국부적으로 전위차가 발생하여 전류가 흐르는 경우
㉱ 강재 속에 함유된 유황(S)성분이나 인(P)성분이 온도상승과 함께 산화되거나 녹이 생긴 경우
㉲ 국부적으로 전위차가 발생하여 전류가 흐르는 경우
㉳ 보일러 재료에 부분적인 온도차로 고열부가 양극이 되어 열전류가 발생하는 경우
(2) 외부부식 원인
㉮ 연소가스 속의 부식성 가스(아황산가스) 및 수증기에 의한 경우
㉯ 증기나 보일러수 등의 누출로 인한 습기나 수분에 의한 경우
㉰ 재나 회분 속에 있는 부식성 물질(바나듐)에 의한 경우
㉱ 빗물, 지하수 등에 의한 습기나 수분에 의한 경우

67. 보일러의 점화조작 시 주의사항에 대한 설명으로 틀린 것은?

① 연료가스의 유출속도가 너무 빠르면 실화 등이 일어난다.
② 연소실의 온도가 낮으면 연료의 확산이 양호해서 착화가 잘 된다.
③ 연료의 예열온도가 낮으면 무화불량, 그을음, 분진 등이 발생한다.
④ 점화시간이 늦으면 연소실 내로 연료가 유입되어 역화의 원인이 된다.

[해설] 점화조작 시 주의사항
㉮ 연료가스의 유출속도가 너무 빠르면 실화 등이 일어나고, 너무 늦으면 역화가 발생한다.
㉯ 연소실의 온도가 낮으면 연료의 확산이 불량해지며 착화가 잘 안 된다.
㉰ 연료의 예열온도가 낮으면 무화불향, 화염의 편류, 그을음, 분진이 발생한다.
㉱ 연료의 예열온도가 높으면 기름이 분해되고, 분사각도가 흐트러져 분무상태가 불량해지며, 탄화물이 생성한다.
㉲ 유압이 낮으면 점화 및 분사가 불량하고, 높으면 그을음이 축적된다.
㉳ 무화용 매체가 과다하면 연소실 온도가 떨어지고 점화가 불량해지고, 과소일 경우는 불꽃이 발생하고 역화 발생의 원인이 된다.
㉴ 점화시간이 늦으면 연소실 내로 연료가 유입되어 역화의 원인이 된다.
㉵ 프리퍼지 시간(30초~3분 정도)이 너무 길면 연소실의 냉각을 초래하고, 너무 짧으면 역화를 일으킨다.

정답 65. ④ 66. ① 67. ②

68. 보일러의 화학세정 시 사용될 수 있는 약품이 아닌 것은?
① 염산
② 수산화나트륨
③ 구연산
④ 염화나트륨

해설 화학적 세관법의 종류
㉮ 산세관(acid cleaning) : 내면의 스케일과 산과의 화학반응에 의해 스케일을 용해 제거하는 방법으로 일반적으로 5~10[%] 염산 수용액을 사용한다. 부식을 방지하기 위해 부식억제제(inhibiter)를 적당량(0.2~0.6[%]) 첨가한다.
㉯ 알칼리 세관 : 보일러 제조 후 내면의 유지류, 규산계 스케일(실리카) 제거에 사용하는 방법이다.
㉰ 유기산 세관 : 오스테나이트계 스테인리스강이나 동 및 동합금 세관에 사용하며 유기산은 유기물이므로 보일러 운전 시 고온에서 분해하여 산이 남아 있어도 부식될 가능성이 희박하다.

69. 보일러 취급상의 부주의에 의해 발생하는 사고가 아닌 것은?
① 압력초과
② 저수위
③ 급수처리 불량
④ 구조불량

해설 사고의 원인
㉮ 직접적 원인(구조적 결함) : 재료불량, 강도부족, 설계불량, 제작 불량, 부속기기 설비의 미비, 용접불량 등
㉯ 간접적 원인(취급상의 원인) : 압력초과, 저수위, 급수처리 불량, 부식, 과열, 미연소가스 폭발사고, 부속기기 정비 불량 등

70. 보일러를 비상정지 시킬 때의 순서가 올바르게 된 것은?

> ㉠ 연소용 공기를 멈춘다.
> ㉡ 버너와 송풍기 모터를 정지시킨다.
> ㉢ 이상유무 확인 및 비상사태 원인조사 후 조치한다.
> ㉣ 압력을 서서히 자연적으로 하강시키며 보일러를 식힌다.
> ㉤ 연료공급밸브를 잠근다.

① ㉡ → ㉤ → ㉠ → ㉢ → ㉣
② ㉡ → ㉤ → ㉠ → ㉣ → ㉢
③ ㉤ → ㉠ → ㉡ → ㉣ → ㉢
④ ㉤ → ㉣ → ㉠ → ㉡ → ㉢

해설 비상정지 순서
㉮ 연료 공급을 정지한다.
㉯ 공기 공급을 정지한다.
㉰ 버너와 송풍기 모터를 정지시킨다.
㉱ 서서히 급수를 행한다.
㉲ 다른 보일러와 연락을 차단한다.
㉳ 자연적으로 냉각된 후 사고 원인을 조사한다.
㉴ 전열면을 확인하여 변형 유무를 조사한다.
㉵ 이상이 있는 부분을 조치하며, 이상이 없으면 급수 후 재 점화하여 사용한다.

71. 수질에 관한 용어 중 보일러 수용액 1[L] 중에 함유하는 불순물의 양을 [mg]으로 표시하는 것은?
① ppt
② ppm
③ ppg
④ pps

해설 농도단위
㉮ ppm(parts per million) : $\frac{1}{10^6}$ 함유량으로 [mg/L], [mg/kg]로 나타낸다.
㉯ ppb(parts per billion) : $\frac{1}{10^9}$ 함유량으로 [mg/m³], [mg/t]로 나타낸다.
㉰ epm(equivalents per million) : 물 1[L](또는 1[kg]) 중에 용존 되어 있는 물질의 [mg]당량수로 표시한다.

『참고』 농도 표시 단위
㉮ ppm : part per million(백만분의 1)
㉯ pphm : part per hundred million(일억분의 1)
㉰ ppb : part per billion(십억분의 1)
㉱ ppt : part per trillion(일조분의 1)

72. 보일러 수에 포함된 성분 중 포밍(foaming)발생 원인과 가장 거리가 먼 것은?
① 나트륨(Na)
② 칼륨(K)
③ 칼슘(Ca)
④ 산소(O_2)

정답 68. ④ 69. ④ 70. ③ 71. ② 72. ④

해설
(1) 포밍(foaming) 현상 : 동저부에서 작은 기포들이 수면 상으로 오르면서 물거품이 발생하여 수면에 달걀 모양의 기포가 덮이는 현상
(2) 포밍 발생원인
  ㉮ 보일러 관수의 농축
  ㉯ 유지분, 알칼리분, 부유물 함유
  ㉰ 주증기 밸브의 급격한 개방
  ㉱ 부하의 급격한 변화
  ㉲ 증기발생 속도가 빠를 때
  ㉳ 청관제 사용이 부적합
  ㉴ 보일러 수위가 높음
(3) 포밍(foaming)발생 원인 성분 : 나트륨(Na), 칼륨(K), 칼슘(Ca)

73 보일러 수질기준에서 순수처리 기준에 맞지 않는 것은? (단, 25[℃] 기준이다.)
① pH : 7~9
② 총경도 : 1~2
③ 전기 전도율 : $0.5[\mu S/cm]$ 이하
④ 실리카 : 흔적이 나타나지 않음

해설
순수처리 기준
㉮ pH(25[℃]) : 7~9
㉯ 총경도(mg $CaCO_3$/L) : 0
㉰ 실리카(mg SiO_2/L) : 흔적이 나타나지 않음
㉱ 전기 전도율(25[℃]) : $0.5[\mu S/cm]$ 이하

74 보일러수면에서 증발이 격심하여 기포가 비산해서 수적이 증기부에 심하게 튀어 오르는 현상은?
① 프라이밍(priming)
② 포밍(foaming)
③ 캐리오버(carry over)
④ 워터해머(water hammer)

해설
프라이밍(priming) 현상 : 급격한 증발현상으로 동수면에서 작은 입자의 물방울이 증기와 혼입하여 튀어 오르는 현상이다.

75 에너지이용 합리화법에 따라 용접검사를 면제받을 수 있는 보일러의 기준으로 틀린 것은?
① 강철제 보일러 중 전열면적이 $10[m^2]$ 이하이고, 최고사용압력이 0.7[MPa] 이하인 것
② 주철제 보일러
③ 1종 관류보일러
④ 온수보일러 중 전열면적이 $18[m^2]$ 이하이고, 최고사용압력이 0.35[MPa] 이하인 것

해설
용접검사의 면제 대상 범위 : 에너지이용 합리화법 시행규칙 31조의13, 별표3의6
(1) 강철제 보일러, 주철제 보일러
  ㉮ 강철제 보일러 중 전열면적이 $5[m^2]$ 이하이고, 최고사용압력이 0.35[MPa] 이하인 것
  ㉯ 주철제 보일러
  ㉰ 1종 관류보일러
  ㉱ 온수보일러 중 전열면적이 $18[m^2]$ 이하이고, 최고사용압력이 0.35[MPa] 이하인 것
(2) 1종 압력용기, 2종 압력용기
  ㉮ 용접이음(동체와 플랜지와의 용접이음은 제외)이 없는 강관을 동체로 한 헤더
  ㉯ 압력용기 중 동체의 두께가 6[mm] 미만인 것으로서 최고사용압력[MPa]과 내부 부피[m^3]를 곱한 수치가 0.02 이하(난방용의 경우에는 0.05 이하)인 것
  ㉰ 전열교환식인 것으로서 최고사용압력이 0.35[MPa] 이하이고, 동체의 안지름이 600[mm] 이하인 것

76 급수처리에서 양질의 급수를 얻을 수 있으나 비용이 많이 들어 보급수의 양이 적은 보일러 또는 선박보일러에서 해수로부터 청수(pure water)를 얻고자 할 때 주로 사용하는 급수처리 방법은?
① 증류법
② 여과법
③ 석회소다법
④ 이온교환법

해설
증류법 : 물을 가열하여 발생된 수증기를 냉각시켜 응축수로 만드는 방법으로 경제성이 높지 않아 일반적인 보일러에서는 사용되지 않고, 선박용 보일러에 사용되는 방법이다.

정답 73. ② 74. ① 75. ① 76. ①

77. 에너지이용 합리화법에 따라 검사대상기기의 계속사용검사를 받으려는 자는 검사대상기기 계속사용검사 신청서를 검사유효기간 만료 며칠 전까지 제출해야 하는가?

① 10일　　② 15일
③ 20일　　④ 30일

해설 계속사용검사신청(에너지이용 합리화법 시행규칙 제31조의 19) : 검사대상기기 계속사용검사를 받으려는 자는 검사대상기기 계속사용검사신청서를 검사유효기간 만료 10일 전까지 공단 이사장에게 제출하여야 한다.

78. 에너지이용 합리화법에 따라 에너지다소비사업자가 산업통상자원부령으로 정하는 바에 따라 해당 시·도지사에 신고해야 할 사항이 아닌 것은?

① 전년도의 분기별 에너지사용량
② 해당 연도의 수입, 지출 예산서
③ 해당 연도의 제품생산 예정량
④ 전년도의 분기별 에너지이용 합리화 실적

해설 에너지다소비사업자의 신고 사항(에너지이용 합리화법 제31조) : 매년 1월 31일까지 시도지사에 신고
㉮ 전년도의 분기별 에너지 사용량, 제품 생산량
㉯ 해당 연도의 분기별 에너지사용 예정량, 제품생산 예정량
㉰ 에너지사용기자재의 현황
㉱ 전년도의 분기별 에너지이용 합리화 실적 및 해당 연도의 계획
㉲ 에너지관리자의 현황

79. 보일러에서 스케일 및 슬러지의 생성 시 나타나는 현상에 대한 설명으로 가장 거리가 먼 것은?

① 보일러 전열 성능을 감소시킨다.
② 스케일이 부착되면 배기가스 온도가 떨어진다.
③ 스케일이 부착되면 보일러 전열면을 과열시킨다.
④ 보일러에 연결한 코크, 밸브, 그 외의 구멍을 막히게 한다.

해설 스케일 및 슬러지의 영향
㉮ 전열면에 부착하여 전열을 방해한다.
㉯ 보일러 효율이 저하하고, 연료소비량이 증가한다.
㉰ 전열면의 국부과열로 인한 파열사고의 우려가 있다.
㉱ 보일러수의 순환을 방해하고, 수면계 등 연락관을 폐쇄시킨다.
㉲ 연료의 연소열량을 보일러수에 전달하지 못하므로 배기가스 온도가 상승된다.

80. 보일러 취급 시 화재 예방조치로서 거리가 먼 것은?

① 화기는 정해진 장소에서 취급한다.
② 유류 취급장소에는 방화수를 준비한다.
③ 흡연은 정해진 장소에서만 한다.
④ 기름걸레 등은 정해진 용기에 보관한다.

해설 유류 취급장소에는 소화기를 준비한다.

정답 77. ①　78. ②　79. ②　80. ②

2022년 에너지관리산업기사 CBT 필기시험 복원문제 02

1과목 - 열역학 및 연소관리

01 전기 에너지 1[kW]를 [kcal/h]로 환산하면 약 얼마인가?

① 632 ② 427
③ 860 ④ 539

해설 동력 단위의 관계
㉮ 1[PS] = 75[kgf·m/s] = 632.2[kcal/h]
    = 0.735[kW] = 2646[kJ/h]
㉯ 1[kW] = 102[kgf·m/s] = 860[kcal/h]
    = 1.36[PS] = 3600[kJ/h]
㉰ 1[HP] = 76[kgf·m/s] = 640.75[kcal/h]
    = 0.745[kW] = 2682[kJ/h]

02 연소 시 발생하는 배기가스 중의 질소산화물의 함유량을 감소시키는 방법으로 틀린 것은?

① 연돌을 높게 한다.
② 연소 온도를 낮게 한다.
③ 질소함량이 적은 연료를 사용한다.
④ 연소가스가 고온으로 유지되는 시간을 짧게 한다.

해설 질소산화물을 경감시키는 방법
㉮ 연소온도를 낮게 유지한다.
㉯ 노내압을 낮게 유지한다.
㉰ 연소가스 중 산소농도를 저하시킨다.
㉱ 노내가스의 잔류시간을 감소시킨다.
㉲ 과잉공기량을 감소시킨다.
㉳ 질소성분 함유량이 적은 연료를 사용한다.

03 다음 가스 연료 중에서 가장 가벼운 것은?

① 일산화탄소 ② 프로판
③ 아세틸렌   ④ 메탄

해설 ㉮ 각 가스의 분자량 및 비중

명칭	분자량	비중
일산화탄소(CO)	28	0.966
프로판(C_3H_8)	44	1.52
아세틸렌(C_2H_2)	28	0.966
메탄(CH_4)	16	0.55

㉯ 가스 비중 = $\dfrac{\text{분자량}}{\text{공기의 평균분자량}(29)}$ 이므로 분자량이 작은 것이 가벼운 것이다.

04 공기 표준 브레이턴 사이클에 대한 설명으로 틀린 것은?

① 등엔트로피 과정과 정압과정으로 이루어진다.
② 일이 최대가 되는 압력비를 구할 수 없다.
③ 가스터빈에 대한 이상적인 사이클이다.
④ 효율은 압력비에 의해 결정된다.

해설 ㉮ 브레이턴(Brayton) 사이클 : 2개의 단열과정(등엔트로피 과정)과 2개의 정압과정으로 이루어진 가스터빈의 이상 사이클이다.
㉯ 이론 열효율 : 브레이턴 사이클의 열효율은 압력비(ϕ) 만의 함수이다.

$$\therefore \eta = 1 - \frac{Q_{out}}{Q_{In}} = 1 - \frac{T_D - T_A}{T_C - T_B} = 1 - \left(\frac{1}{\phi}\right)^{\frac{k-1}{k}}$$

05 중유 버너 연소에서 무화방법으로 잘못된 것은?

① 금속판에 연료를 고속으로 충돌시키는 방법
② 가열에 의해 가스화하는 방법
③ 압축공기를 사용하는 방법
④ 원심력을 사용하는 방법

해설 무화 방법의 종류
㉮ 유압 무화식 : 연료 자체에 압력을 주어 무화시키는 방법

정답 01. ③ 02. ① 03. ④ 04. ② 05. ②

㉯ 이류체 무화식 : 증기, 공기를 이용하여 무화시키는 방법
㉰ 회전 이류체 무화식 : 원심력을 이용하여 무화시키는 방법
㉱ 충돌 무화식 : 연료끼리 혹은 금속판에 충돌시켜 무화시키는 방법
㉲ 진동 무화식 : 초음파에 의하여 무화시키는 방법
㉳ 정전기 무화식 : 고압 정전기를 이용하여 무화시키는 방법

해설 각 연료의 저위발열량

구분	저위발열량[MJ/kg]
가솔린	약 47.7
등유	약 46 내외
경유	약 46 내외
중유	약 44 내외

06_ 다음 연료 중에서 연소 중에 매연이 가장 잘 생기는 것은?
① 석유 ② 프로판
③ 중유 ④ 타르

해설 타르는 석탄, 석유 등에서 나오는 점성이 있는 검은색의 액체로 서로 다른 여러 가지 물질로 이루어져 타 연료에 비해서 연소 시에 매연이 발생될 가능성이 높다.

07_ 공기 1[kg]이 온도 27[℃]로부터 300[℃]까지 가열되며, 이때 압력이 400[kPa]에서 300[kPa]로 강하시키는 경우의 엔트로피 변화량은 약 몇 [kJ/kg·K]인가? (단, 공기의 정압비열은 1.005[kJ/kg·K]이며, 공기에 대한 가스상수는 0.287[kJ/kg·K]이다.)
① 0.362 ② 0.533
③ 0.733 ④ 0.957

해설 온도(T)와 압력(P)이 변화하였으므로 T와 P의 함수로부터 엔트로피 변화량을 계산한다.

$$\therefore \Delta s = C_p \ln \frac{T_2}{T_1} - R \ln \frac{P_2}{P_1}$$
$$= 1.005 \times \ln \frac{273+300}{273+27} - 0.287 \times \ln \frac{300}{400}$$
$$= 0.7329 \, [\text{kJ/kg} \cdot \text{K}]$$

08_ 다음 액체 연료 중 저위발열량[MJ/kg]이 가장 높은 것은?
① 가솔린 ② 등유
③ 경유 ④ 중유

09_ 27[℃]에서 내용적 600[L]의 용기에 산소(O_2)가 40[atm]으로 충전되어 있을 때 산소는 약 몇 [kg]인가? (단, 산소는 이상기체라고 가정한다.)
① 15.61 ② 31.22
③ 34.31 ④ 40.72

해설 이상기체 상태방정식 $PV = \frac{W}{M}RT$에서 질량 W를 구하며, 산소(O_2)의 분자량(M)은 32이다.

$$\therefore W = \frac{PVM}{RT} = \frac{40 \times 600 \times 32}{0.082 \times (273+27)}$$
$$= 31219.512 \, [\text{g}] = 31.219512 \, [\text{kg}]$$

10_ 이상기체 5[kg]이 350[℃]에서 150[℃]까지 "$PV^{1.3} = 상수$"에 따라 변화하였다. 엔트로피의 변화는 약 몇 [kJ/K]인가? (단, 가스의 정적비열은 0.653[kJ/kg·K]이고, 비열비(k)는 1.4이다.)
① 1.69 ② 1.52
③ 0.85 ④ 0.42

해설 "$PV^{1.3} = 상수$"는 폴리트로픽 과정이다.

$$\therefore \Delta s = GC_v \frac{n-k}{n-1} \ln \frac{T_2}{T_1}$$
$$= 5 \times 0.653 \times \frac{1.3-1.4}{1.3-1} \times \ln \frac{273+150}{273+350}$$
$$= 0.4213 \, [\text{kJ/K}]$$

정답 06. ④ 07. ③ 08. ① 09. ② 10. ④

11. 중유에 수분이 혼입되는 경우와 거리가 먼 것은?

① 정제과정에 ② 사용 중에
③ 수송 중에 ④ 저장 중에

[해설] 중유에 수분이 혼입되는 경우는 정제과정, 수송하는 과정, 저장 중에 혼입될 수 있고, 사용 중에는 수분리기를 설치하여 수분을 제거하므로 혼입될 가능성이 낮다.

12. 물의 기화열은 1기압에서 539[cal/g]이다. 1기압 하에서 포화수 1[g]을 포화수증기로 만들 때 엔트로피의 변화는 약 몇 [cal/K]인가?

① 0 ② 1.45
③ 3.97 ④ 5.39

[해설] 물이 1기압(대기압) 상태에서 기화되는 온도는 100[℃]이다.
$$\therefore \Delta s = \frac{dQ}{T} = \frac{539}{273+100} = 1.445 \, [\text{cal/K}]$$

13. 다음 중 공기비가 가장 적은 연료는?

① 무연탄 ② 갈탄
③ 가스류 ④ 유류

[해설] 연료에 따른 공기비(공기과잉계수)
㉮ 기체연료 : 1.1~1.3
㉯ 액체연료 : 1.2~1.4 (미분탄 포함)
㉰ 고체연료 : 1.5~2.0(수분식), 1.4~1.7(기계식)

14. 연도가스의 분석결과 탄산가스(CO_2)가 14.2[%], 산소(O_2)가 5.4[%]로 측정될 때 최고 탄산가스량(CO_2 max [%])은 약 몇 [%]인가?

① 18.0 ② 19.1
③ 12.5 ④ 14.2

[해설] 배기가스 중 일산화탄소(CO)가 없으므로 완전연소가 된 것이다.
$$\therefore [CO_2]_{max} = \frac{21 \, CO_2}{21-O_2} = \frac{21 \times 14.2}{21-5.4} = 19.115 \, [\%]$$

15. 그림과 같은 사이클에 대한 이론 열효율의 표현식으로 옳은 것은? (단, k는 비열비로서 C_p/C_v 이다.)

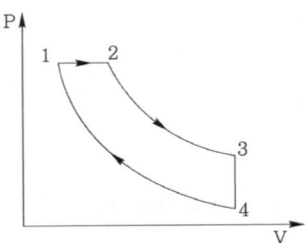

① $1 - \dfrac{k(T_2-T_1)}{(T_3-T_4)}$

② $1 - \dfrac{(T_2-T_1)}{k(T_3-T_4)}$

③ $1 - \dfrac{k(T_3-T_4)}{(T_2-T_1)}$

④ $1 - \dfrac{(T_3-T_4)}{k(T_2-T_1)}$

[해설] ㉮ 디젤 사이클 효율 계산식
$$\therefore \eta_d = \frac{W}{q_1} = 1 - \frac{q_2}{q_1} = 1 - \frac{1}{k} \times \frac{T_3-T_4}{T_2-T_1}$$
$$= \left\{1 - \left(\frac{1}{\epsilon}\right)^{k-1} \times \left(\frac{\sigma^k-1}{k(\sigma-1)}\right)\right\}$$
㉯ 디젤 사이클에서 효율은 압축비(ϵ)와 차단비(σ)의 함수이므로 압축비가 크고 차단비(체절비)가 작을수록 효율이 증가한다.

16. 습증기를 단열 압축시키는 경우에 대한 설명으로 가장 적당한 것은?

① 압력과 온도는 변화하지 않는다.
② 압력은 상승하며 온도는 변화하지 않는다.
③ 압력과 온도가 상승하여 과열증기가 된다.
④ 압력은 상승하고 온도는 강하되어 압축 액체가 된다.

[해설] 습증기를 단열 압축시키면 압력과 온도가 상승하여 과열증기가 되며, 엔탈피는 증가한다.

정답 11. ② 12. ② 13. ③ 14. ② 15. ④ 16. ③

17. 고열원의 온도가 400[℃], 저열원의 온도가 15[℃]인 두 열원 사이에서 작동하는 카르노 사이클이 있다. 사이클에 가해지는 열량이 120[kJ]이면 사이클 일은 약 몇 [kJ]인가?

① 68.6　　② 73.1
③ 81.5　　④ 87.3

해설 $\eta = \dfrac{W}{Q_1} = \left(1 - \dfrac{T_2}{T_1}\right)$ 에서 일량(W)을 구한다.

$\therefore W = Q_1 \times \left(1 - \dfrac{T_2}{T_1}\right)$
$= 120 \times \left(1 - \dfrac{273+15}{273+400}\right) = 68.647 \,[\text{kJ}]$

18. 연소할 때 유효하게 자유로이 연소할 수 있는 수소, 즉 유효수소량[kg]을 구하는 식으로 옳은 것은? (단, H는 연료 속의 수소량[kg]이고, O는 연료 속에 포함된 산소량[kg]이다.)

① $H + \dfrac{O}{8}$　　② $H - \dfrac{O}{8}$
③ $H + \dfrac{O}{4}$　　④ $H - \dfrac{O}{4}$

해설 유효수소량 $\left(H - \dfrac{O}{8}\right)$: 연료 속에 산소가 함유되어 있을 경우에는 수소 중의 일부는 이 산소와 반응하여 결합수(H_2O)를 생성하므로 수소의 전부가 연소하지 않고 이 산소의 상당량만큼의 수소$\left(\dfrac{1}{8}O\right)$가 연소하지 않는다. 그러므로 실제로 연소할 수 있는 수소는 $\left(H - \dfrac{O}{8}\right)$에 해당되며 이것을 유효수소량이라 한다.

19. 탄소 C[kg]을 완전연소 시키는데 필요한 공기량[Nm³/kg]을 옳게 나타낸 것은?

① $\dfrac{1}{0.21} \times 22.4 \times C$
② $\dfrac{1}{0.21} \times \dfrac{22.4}{12} \times C$
③ $\dfrac{1}{0.21} \times \dfrac{22.4}{6} \times C$
④ $\dfrac{1}{0.21} \times \dfrac{22.4}{24} \times C$

해설 ㉮ 탄소의 완전 연소반응식
$C + O_2 \rightarrow CO_2$
㉯ 이론공기량[Nm³/kg] 계산
12[kg] : 22.4[Nm³] = C[kg] : $x\,(O_0)$[Nm³]
$\therefore A_0 = \dfrac{O_0}{0.21} = \dfrac{C \times 22.4}{0.21 \times 12} = \dfrac{1}{0.21} \times \dfrac{22.4}{12} \times C$

20. 열효율이 압축비만으로 결정되며 동력사이클이라고도 하는 사이클은? (단, 비열비는 일정하다.)

① 오토 사이클　　② 에릭슨 사이클
③ 스털링 사이클　　④ 브레이턴 사이클

해설 오토 사이클(Otto cycle) : 전기점화기관의 이상 사이클로 일정체적 상태에서 열공급과 방출이 이루어지는 동력 사이클이다.

2과목 - 계측 및 에너지진단

21. 보일러 수면이 위험수위보다 낮아지면 신호를 발신하여 버너를 정지시켜주는 장치는?

① 노내압 조절장치
② 저수위 차단장치
③ 압력 조절장치
④ 증기트랩

해설 ㉮ 저수위 차단장치 : 보일러 수위가 안전 저수위에 도달할 때 연료 전자밸브를 차단하여 보일러 가동을 정지시키고, 경보를 울리는 장치이다.
㉯ 저수위경보장치 종류 : 플로트식(부자식), 전극식, 열팽창관식

22_ 보일러 수위를 측정하는 유리관식 수면계 종류 중 가장 높은 압력범위에서 사용할 수 있는 것은?

① 멀티포트식　② 2색식 수면계
③ 평형 반사식　④ 원형 유리관식

해설 수면계의 종류 및 압력범위
㉮ 원형 유리수면계 : 최고사용압력 1[MPa] 이하에 사용한다.
㉯ 평형 반사식 수면계 : 최고사용압력 2.5[MPa] 이하에 사용한다.
㉰ 평형 투시식 수면계 : 최고사용압력 4.5[MPa]용, 7.5[MPa]용이 있고 원형과 타원형이 있다.
㉱ 2색식 수면계 : 평형 투시식과 같으며 증기부는 적색, 수부는 녹색을 나타낸다.
㉲ 멀티 포트식 : 21[MPa]까지 초고압용에 사용한다.

23_ 보일러에 사용하는 압력계의 최고눈금에 대해서 바르게 설명한 것은?

① 보일러 최고사용압력의 4배 이하로 하되 2배 보다 작아서는 안 된다.
② 보일러 최고사용압력의 4배 이하로 하되 최고사용압력보다 작아서는 안 된다.
③ 보일러 최고사용압력의 3배 이하로 하되 1.5배 보다 작아서는 안 된다.
④ 보일러 최고사용압력의 3배 이하로 하되 최고사용압력보다 작아서는 안 된다.

해설 보일러용 압력계의 눈금 : 압력계의 최고눈금은 보일러의 최고사용압력의 3배 이하로 하되 1.5배보다 작아서는 안 된다.

24_ 다음 중 방전을 이용한 진공계는?

① 피라니　② 가이슬러관
③ 휘스톤 브리지　④ 서미스터

해설 가이슬러(Geissler)관 진공계 : 2개의 전극 사이에 수천~수만 볼트(V)의 전압을 걸면 관속의 기체의 압력에 의해 방전의 형과 색의 변화가 생기며 이것을 이용하여 진공압력을 측정하는 계기이다.

25_ 베크만 온도계에 대한 설명으로 옳은 것은?

① 빠른 응답성의 온도를 얻을 수 있다.
② 저온용으로 적합하여 약 -100[℃]까지 측정할 수 있다.
③ -60~350[℃] 정도의 측정온도 범위인 것이 보통이다.
④ 모세관의 상부에 수은을 봉입한 부분에 대해 측정온도에 따라 남은 수은의 양을 가감하여 그 온도부분의 온도차를 0.01[℃]까지 측정할 수 있다.

해설 베크만 온도계 : 모세관에 남은 수은의 양을 조절하여 측정하며 미소한 범위의 온도 변화를 정밀하게 측정할 수 있다.

26_ 어떤 보일러에서 사용하는 과열기의 과열증기 발생량, 과열증기 엔탈피, 포화증기 엔탈피, 과열기의 전열면적이 다음과 같을 때 과열기 열부하는 약 몇 [kcal/m² · h]인가?

- 과열증기 발생량 : 840[kg/h]
- 과열기 전열면적 : 19[m²]
- 과열증기 엔탈피 : 689.1[kcal/kg]
- 포화증기 엔탈피 : 651.0[kcal/kg]

① 1684　② 1735
③ 1863　④ 1918

해설 과열기 열부하 $= \dfrac{G_3 \times (h_3 - h_2)}{F}$
$= \dfrac{840 \times (689.1 - 651.0)}{19}$
$= 1684.421 \,[\text{kcal/m}^2 \cdot \text{h}]$

27_ 측정오차의 종류 중 계통적 오차에 해당하지 않는 것은?

① 우연 오차　② 환경 오차
③ 기기 오차　④ 개인 오차

정답 22. ①　23. ③　24. ②　25. ④　26. ①　27. ①

해설 계통오차 및 우연오차
(1) 계통오차(systematic error) : 측정값에 어떤 일정한 영향을 주는 원인에 의하여 생기는 오차로 원인을 알 수 있기 때문에 제거할 수 있다.
(2) 계통오차의 종류
 ㉮ 계기오차(고유오차) : 측정기가 불완전하거나 내부적 요인의 영향, 사용상의 제한 등으로 생기는 오차
 ㉯ 환경오차 : 온도, 압력, 습도 등에 의한 오차
 ㉰ 개인오차 : 개인의 버릇에 의한 오차
 ㉱ 이론오차 : 공식, 계산 등으로 생기는 오차
(3) 우연오차 : 오차의 원인을 모르기 때문에 보정이 불가능하며, 여러 번 측정하여 통계적으로 처리한다.

28 보일러의 증발량이 37400[kg/h]이고, 보일러 전열 면적이 550[m²]일 때, 이 보일러의 증발율은 몇 [kg/m²·h]인가?
① 44.4　　② 54.5
③ 63.8　　④ 68.0

해설 $Be_1 = \dfrac{G_a}{F} = \dfrac{37400}{550} = 68.0 \, [\text{kg/m}^2 \cdot \text{h}]$

29 적외선 가스분석계로 분석할 수 없는 것은?
① CO_2　　② CH_4
③ CO　　④ Cl_2

해설 적외선 가스분석계(적외선 분광 분석법) : He, Ne, Ar 등 단원자 분자 및 H_2, O_2, N_2, Cl_2 등 대칭 2원자 분자는 적외선을 흡수하지 않으므로 분석할 수 없다.

30 전기저항 온도계의 종류 중 일종의 반도체 소자로서 니켈, 망간, 코발트, 철, 구리 등의 금속 산화물을 혼합하여 압축 소결시켜 만든 것은?
① 동 저항 온도계　　② 니켈 저항 온도계
③ 백금 저항 온도계　　④ 서미스터

해설 서미스터 온도계 특징
 ㉮ 감도가 크고 응답성이 빨라 온도변화가 작은 부분 측정에 적합하다.
 ㉯ 온도 상승에 따라 저항치가 감소한다.(저항온도계수가 부특성(負特性)이다.)
 ㉰ 소형으로 협소한 장소의 측정에 유리하다.
 ㉱ 소자의 균일성 및 재현성이 없다.
 ㉲ 흡습에 의한 열화가 발생할 수 있다.
 ㉳ 측정범위는 −100〜300[℃] 정도이다.

31 유체의 흐름 중에 터빈이나 프로펠러를 설치하여 이것의 회전수로 유량을 측정하는 유량계는?
① 로터미터　　② 전자 유량계
③ 오리피스　　④ 수도미터

해설 임펠러식 유량계 : 유속식 유량계로 유체가 흐르는 배관 중에 임펠러를 설치하여 유속 변화에 따른 임펠러의 회전수를 이용하여 유량을 측정하는 것이다.
 ㉮ 접선식 : 수도미터와 같이 임펠러의 축이 유체의 흐르는 방향과 직각으로 되어 있다.
 ㉯ 축류식 : 터빈 미터와 같이 임펠러의 축이 유체의 흐르는 방향과 일치되어 있다.

32 보일러 자동제어의 수위제어방식 3요소식에서 검출하지 않는 것은?
① 수위　　② 노내압
③ 증기유량　　④ 급수유량

해설 급수제어방법의 종류 및 검출대상(요소)

명칭	검출대상
1요소식	수위
2요소식	수위, 증기유량
3요소식	수위, 증기유량, 급수유량

33 보일러 효율 80[%], 실제 증발량 4[t/h], 발생 증기 엔탈피 650[kcal/kg], 급수 엔탈피 10[kcal/kg], 연료 저위발열량 9500[kcal/kg]일 때, 이 보일러의 시간당 연료 소비량은 약 몇 [kg/h]인가?
① 193　　② 264
③ 337　　④ 394

정답 28. ④　29. ④　30. ④　31. ④　32. ②　33. ③

[해설] $\eta = \dfrac{G_a \times (h_2 - h_1)}{G_f \times H_l} \times 100$ 에서

$\therefore G_f = \dfrac{G_a \times (h_2 - h_1)}{H_l \times \eta}$

$= \dfrac{(4 \times 10^3) \times (650 - 10)}{9500 \times 0.8}$

$= 336.842 \,[\text{kgf/h}]$

34. 계측기의 보전관리 사항에 해당되지 않는 것은?

① 정기 점검과 일상 점검
② 정기적인 계측기의 교체
③ 보전 요원의 교육
④ 계측기의 시험 및 교정

[해설] 계측기기의 보전관리 사항
㉮ 정기점검 및 일상점검
㉯ 검사 및 수리
㉰ 시험 및 교정
㉱ 예비부품, 예비 계측기기의 상비
㉲ 보전요원의 교육
㉳ 관련 자료의 기록, 유지

35. 미리 정해진 순서에 따라 순차적으로 진행하는 제어방식은?

① 시퀀스 제어(Sequence control)
② 피드백 제어(Feedback control)
③ 피드포워드 제어(Feed forward control)
④ 적분 제어(Integral control)

[해설] 시퀀스 제어(sequence control : 개[開]회로) : 미리 순서에 입각해서 다음 동작이 연속 이루어지는 제어로 보일러의 점화, 자동판매기 등이 해당된다.

36. 제어시스템에서 응답이 계단변화가 도입된 후에 얻게 될 최종적인 값을 얼마나 초과하게 되는지를 나타내는 척도는?

① 오프셋
② 쇠퇴비
③ 오버슈트
④ 응답시간

[해설] 오버슈트(over shoot) : 동작간격으로부터 벗어나 초과되는 오차를 말하며, 반대로 나타나는 오차를 언더슈트(under shoot)라 한다.

37. 아르키메데스의 부력 원리를 이용한 액면측정기기는?

① 차압식 액면계
② 퍼지식 액면계
③ 기포식 액면계
④ 편위식 액면계

[해설] 편위식 액면계 : 측정액 중에 잠겨 있는 플로트의 부력으로 액면을 측정하는 것으로 아르키메데스의 원리를 이용한 것이다.

38. 보일러 연도에서 가스를 채취하여 분석할 때 분석계 입구에서 2차 필터로 주로 사용되는 것은?

① 아런덤
② 유리솜
③ 소결금속
④ 카보런덤

[해설] 여과제의 종류
㉮ 1차 필터용(고온 접촉부) : 소결금속, 카보런덤
㉯ 2차 필터용(분석계 입구) : 유리솜, 솜

39. 다음은 가스분석계인 자동화학식 CO_2 계에 대한 설명이다. 틀린 것은?

① 오르사트(Orsat)식 가스분석계와 같이 CO_2를 흡수액에 흡수시켜서 이것에 의한 시료 가스 용액의 감소를 측정하고 CO_2 농도를 지시한다.
② 피스톤의 운동으로 일정한 용적의 시료 가스가 KOH 용액 중에 분출되며 CO_2는 여기서 용액에 흡수되지 않는다.
③ 조작은 모두 자동화되어 있다.
④ 흡수액에 따라서는 O_2 및 CO의 분석계로도 사용할 수 있다.

[해설] 자동화학식 CO_2 계는 오르사트식의 원리와 같은 방법으로 측정하는 것으로 유리 실린더를 이용하여 시료가스를 연

정답 34. ② 35. ① 36. ③ 37. ④ 38. ② 39. ②

속적을 흡수제에 흡수시켜 시료가스의 체적변화로부터 연속적으로 측정할 수 있다.

40. 액체와 고체연료의 열량을 측정하는 열량계는?

① 봄브식   ② 융커스식
③ 클리브랜드식   ④ 타그식

[해설] 봄브(bomb)열량계 : 고체 및 고점도인 액체 연료의 발열량 측정에 사용되며 단열식과 비단열식으로 구분된다.

3과목 - 열설비구조 및 시공

41. 보일러에서 착화와 화염안정을 위한 보염장치에 해당하지 않는 것은?

① 윈드 박스   ② 스테빌라이저
③ 버너 타일   ④ 플레임 아이

[해설] 보염장치의 종류 및 역할
㉮ 윈드박스(wind box) : 풍도(風道)에서 공기를 흡입하여 동압의 대부분을 정압으로 노내에 유입시키는 역할을 하는 것이다.
㉯ 보염기(stabilizer) : 버너 팁 선단에 부착하여 착화를 원활하게 하고, 화염의 안정된 연소를 도모하는 장치로 선회기를 설치하여 연소용 공기에 선회운동을 주어 원추상으로 분사시켜 내측에 저압부분의 형성으로 저속영역을 만들어 착화를 쉽게 하는 것으로 선회기 방식, 스태빌라이저(stabilizer), 콤버스터(combuster)가 있다.
㉰ 버너타일(burner tile) : 연료와 공기를 노내에 분사하기 위하여 노벽에 설치한 목(burner throat)을 구성하는 내화재로 착화와 화염이 안정되도록 한다.

42. 열관류율이 5[W/m²·K]인 구조물에서 전열면적이 10[m²]이고 구조물 안쪽 온도와 바깥쪽 온도를 각각 500[℃], 100[℃]라고 하면 손실열량은 약 몇 [kW]인가?

① 10   ② 15   ③ 20   ④ 25

[해설] $Q = K \times F \times \Delta T$
$= 5 \times 10 \times \{(273 + 500) - (273 + 100)\}$
$= 20000 \, [W] = 20 \, [kW]$

43. 보일러가 개발된 초기에 사용한 형식이었지만, 근래에는 일반 보일러에 거의 사용되지 않고 폐열보일러에는 많이 적용되는 보일러 형식은?

① 연관식 보일러
② 원통 보일러
③ 다관식 관류 보일러
④ 자연순환식 수관보일러

[해설] 연관식(smoke tube type) 보일러 : 보일러 동 수부에 다수의 연관을 설치하여 연소가스를 통과시켜 전열면적을 증가시킨 것으로 수평식과 수직형, 연소실 위치에 따라 외분식과 내분식이 있다.

44. 호칭지름 20[A]인 강관을 곡률 반지름 100[mm]로 90° 구부릴 때 곡선부의 길이는 약 몇 [mm]인가?

① 217   ② 197
③ 157   ④ 87

[해설] $L = \dfrac{\theta}{360} \times \pi \times D = \dfrac{\theta}{360} \times \pi \times 2 \times R$
$= \dfrac{90}{360} \times \pi \times 2 \times 100 = 157.079 \, [mm]$

45. 관을 구부렸다가 힘을 제거하면 탄성이 작용하여 다시 퍼지는 현상을 무엇이라 하는가?

① 스프링백   ② 브레이스
③ 플렉시블   ④ 벨로즈

[해설] 스프링 백(spring back) : 강관의 탄성 때문에 관을 벤딩(bending) 후에 힘을 제거하면 벤딩이 약간 펴지는 현상이 발생하였다. 이를 고려하여 굽힘 각도 보다 조금 더 구부려 작업을 한다.

정답 40. ①   41. ④   42. ③   43. ①   44. ③   45. ①

46. 전기적, 화학적 성질이 우수한 편이고 비중이 0.92~0.96 정도이며, 약 90[℃]에서 연화하지만 저온에 강하여 한냉지 배관으로 우수한 관은?

① 염화비닐관
② 석면 시멘트관
③ 폴리에틸렌관
④ 철근 콘크리트관

해설 폴리에틸렌관(Polyethylene pipe)의 특징
㉮ 염화비닐관보다 가볍다.
㉯ 염화비닐관보다 화학적, 전기적 성질이 우수하다.
㉰ 내한성이 좋아 한랭지 배관에 알맞다.
㉱ 염화비닐관에 비해 인장강도가 1/5 정도로 작다.
㉲ 화기에 극히 약하다.
㉳ 유연해서 관면에 외상을 받기 쉽다.
㉴ 장시간 직사광선(햇빛)에 노출되면 노화된다.
㉵ 폴리에틸렌관의 종류 : 수도용, 가스용, 일반용

47. 매연분출장치 중에서 롱 레트랙터블(long retractable)형의 주요 사용 장소에 대해 올바르게 설명한 것은?

① 보일러의 고온부인 과열기나 고온의 열가스 통로 부분에 사용한다.
② 보일러의 연소실 노벽 등에 부착하여 타고 남은 찌꺼기를 제거한다.
③ 보일러 전열면, 절탄기 등에 사용하며 자동식과 수동식이 있다.
④ 관형의 공기예열기에 사용되며 원격조작이 가능하다.

해설 슈트 블로워의 종류
㉮ 장발형(long retractable type) 슈트 블로워 : 과열기와 같이 고온의 열가스가 통하는 부분에 사용한다.
㉯ 단발형(short retractable type) 슈트 블로워 : 분사관이 짧으며 1개의 노즐을 설치하여 연소로벽에 부착되어 있는 이물질을 제거하는데 사용한다.
㉰ 정치 회전형(로터리형) : 전열면이나 절탄기에 고정 설치하여 매연을 제거하는 것으로 정지된 상태로 회전하는 분사관에 다수의 구멍이 뚫려 있고 이곳으로 증기가 분사된다.
㉱ 공기예열기 크리너 : 관형 공기예열기에 사용하는 것으로 자동식과 수동식이 있다.

㉲ 건타입 : 보일러의 연소로벽 등에 부착하는 타고 남은 찌꺼기를 제거하는데 적합하며 특히, 미분탄 연소 보일러 및 폐열보일러 같은 타고 남은 연재가 많이 부착하는 보일러에 사용한다.

48. 관지지장치 중 통상 배관의 이동을 구속 또는 제한하는 역할을 하는 것으로 앵커, 스토퍼, 가이드 등이 속하는 장치를 무엇이라 하는가?

① 서포트
② 리스트 레인트
③ 행거
④ 브레이스

해설 리스트 레인트(restraint)의 종류 및 역할
㉮ 앵커(anchor) : 이동 및 회전을 방지하기 위하여 지지 부분에 완전히 고정하여 사용한다.
㉯ 스톱(stop) : 회전 및 배관 축과 직각방향의 이동을 구속하고 나머지 방향의 이동은 자유롭다.
㉰ 가이드(guide) : 신축이음(루프형, 슬리브형) 등에 설치하는 것으로 축과 직각방향의 이동은 구속하고, 축 방향의 이동은 허용 및 안내하는 역할을 한다.

49. 다음 중 동관 이음의 종류가 아닌 것은?

① 몰코 이음
② 플랜지 이음
③ 납땜 이음
④ 압축 이음

해설 동관 이음 방법의 종류 : 플랜지 이음, 플레어 이음(압축이음), 납땜 이음(용접이음)
※ 몰코 이음 : 스테인리스관의 이음 방법

50. 가스절단은 산소와 철과의 화학반응을 이용하는 절단방법으로 다음 중 가스 절단을 사용하는데 가장 적합한 소재는?

① 주철
② 저탄소강
③ 스테인리스강
④ 아연도금강관

해설 가스절단은 탄소강 또는 합금강의 절단에 사용되며 강재의 절단 부분을 산소-아세틸렌 화염으로 800~900[℃] 정도로 예열한 후 고압의 산소로 불어내면 절단된다.

정답 46. ③ 47. ① 48. ② 49. ① 50. ②

51. 노통보일러의 특징을 설명한 것으로 틀린 것은?

① 급수처리가 비교적 복잡하다.
② 구조가 간단하고 제작이 쉽다.
③ 수부가 커서 부하변동에 영향을 적게 받는다.
④ 전열면적이 다른 형식에 비해 적어 효율이 낮다.

해설 노통보일러의 특징
㉮ 내분식 보일러의 대표적인 보일러이다.
㉯ 구조가 간단하고, 제작 및 수리가 용이하다.
㉰ 내부청소, 점검이 간단하다.
㉱ 급수처리가 까다롭지 않다.
㉲ 부하변동에 대한 압력 변화가 적다.
㉳ 전열면적이 작아서 증발이 늦고, 열효율이 낮다.
㉴ 보유수량이 많아 폭발 시 피해가 크다.
㉵ 고압 대용량에 부적당하다.

52. 급유장치 중 하나인 서비스 탱크의 부속설비에 해당하지 않는 것은?

① 가열장치   ② 유면계
③ 솔레노이드 밸브 ④ 오버플로우 관

해설 서비스 탱크의 부속설비 : ①, ②, ④ 외 유입구관, 통기관(공기 배출구관), 송유관, 드레인관, 응축수 배출관 등

53. 보일러에서 사용하는 분출관 및 분출밸브 등에 대한 설명으로 틀린 것은?

① 보일러 아랫부분에는 분출관과 분출밸브 또는 분출코크를 설치해야 한다.(관류보일러는 제외)
② 일반적으로 2개 이상의 보일러를 같이 사용할 경우 분출관은 공동으로 사용해야 한다.
③ 분출밸브의 크기는 호칭지름 25[mm] 이상의 것이어야 한다.(전열면적 10[m²] 이하의 보일러는 호칭지름 20[mm] 이상 가능)
④ 최고사용압력 0.7[MPa] 이상의 보일러의 분출관에는 분출밸브 2개 또는 분출밸브와 분출코크를 직렬로 갖추어야 한다.

해설 2개 이상의 보일러에서 분출관을 공동으로 하여서는 안 된다. 다만, 개별보일러마다 분출관에 체크밸브를 설치할 경우에는 예외로 한다.

54. 보일러 설치규격에서 보일러 가스누설 경보기의 구조에 대한 기준 설명으로 틀린 것은?

① 충분한 강도를 가지며 취급과 정비가 용이할 것
② 경보기의 경보부와 검지부는 반드시 일체형일 것
③ 경보는 램프의 점등 또는 점멸과 동시에 경보를 울리는 것일 것
④ 검지부가 다점식인 경우에는 경보가 울릴 때 경보부에서 가스의 검지 장소를 알 수 있는 구조이어야 할 것

해설 가스누설 경보기 구조
㉮ 가스누설 경보기는 분리형 공업용으로 한다.
㉯ 가스누설 경보기는 충분한 강도를 가지며, 취급과 정비(특히 엘리먼트의 교체)가 용이한 것으로 한다.
㉰ 경보부와 검지부는 분리하여 설치할 수 있는 것으로 한다.
㉱ 검지부가 다점식인 경우에는 경보가 울릴 때 경보부에서 가스의 검지 장소를 알 수 있는 구조로 한다.
㉲ 경보는 램프의 점등 또는 점멸과 동시에 경보가 울리는 것이어야 한다.

55. 주철제 보일러의 일반적인 특징에 관한 설명으로 틀린 것은?

① 조립 및 분해나 운반이 편리하다.
② 쪽수의 증감에 따라 용량 조절에 유리하다.
③ 내부구조가 간단하여 청소가 쉽다.
④ 고압용 보일러로는 적합하지 않다.

해설 주철제 보일러의 특징
㉮ 주물로 제작하기 때문에 복잡한 구조도 제작이 가능하다.
㉯ 전열면적이 크고, 효율이 좋다.
㉰ 내식성, 내열성이 우수하다.

정답 51. ① 52. ③ 53. ② 54. ② 55. ③

㉑ 섹션의 증감으로 용량조절이 가능하다.
㉒ 조립식이므로 반입 및 해체작업이 용이하다.
㉓ 내압강도가 떨어진다.
㉔ 구조가 복잡하여 청소, 검사, 수리가 어렵다.
㉕ 부동팽창이 발생하기 쉽다.
㉖ 대용량, 고압에는 부적합하다.

56_ 에너지이용 합리화법에 따라 에너지다소비사업자는 전년도의 분기별 에너지사용량 및 제품생산량, 해당 연도의 분기별 에너지사용 예정량 및 제품생산 예정량, 에너지사용기자재의 현황 등을 산업통상자원부령으로 정하는 바에 따라 매년 1월 31일까지 신고해야 하는데, 누구에게 신고해야 하는가?

① 산업통상자원부장관
② 시·도지사
③ 한국에너지공단이사장
④ 환경부장관

해설 에너지다소비사업자의 신고(에너지이용 합리화법 제31조) : 매년 1월 31일까지 시·도지사에게 신고

57_ 에너지이용 합리화법에 따라 검사대상기기의 검사를 받지 않고 사용한 자에 대한 벌칙으로 맞는 것은?

① 1년 이하의 징역 또는 1천만원 이하의 벌금
② 2년 이하의 징역 또는 2천만원 이하의 벌금
③ 3년 이하의 징역 또는 3천만원 이하의 벌금
④ 6개월 이하의 징역 또는 5백만원 이하의 벌금

해설 1년 이하의 징역 또는 1천만원 이하의 벌금 : 에너지이용 합리화법 제73조
㉮ 검사대상기기의 검사를 받지 아니한 자
㉯ 검사에 합격되지 아니한 검사대상기기를 사용한 자
㉰ 검사에 합격되지 아니한 검사대상기기를 수입한 자

58_ 에너지이용 합리화법에 따라 검사대상기기의 검사 종류 중 운전성능검사 대상이 아닌 것은?

① 철금속가열로
② 용량이 1[t/h]인 산업용 강철제 보일러
③ 용량이 5[t/h]인 난방용 주철제 보일러
④ 용량이 3[t/h]인 난방용 강철제 보일러

해설 계속사용검사 중 운전성능검사 대상 : 에너지이용 합리화법 시행규칙 별표3의4
㉮ 용량이 1[t/h](난방용의 경우에는 5[t/h]) 이상인 강철제 보일러 및 주철제 보일러
㉯ 철금속가열로

59_ 에너지이용 합리화법령에서 정하는 특정열사용기자재에 해당하지 않는 것은?

① 축열식 전기보일러
② 태양열 온수기
③ 금속 소둔로
④ 1종 압력용기

해설 특정열사용 기자재 : 에너지이용 합리화법 시행규칙 별표3의2

구분	품목명
보일러 (기관)	강철제 보일러, 주철제 보일러, 온수 보일러, 구멍탄용 온수보일러, 축열식 전기보일러, 캐스케이드 보일러, 가정용 화목보일러
태양열 집열기	태양열 집열기
압력용기	1종 압력용기, 2종 압력용기
요업요로	연속식 유리용융가마, 불연속식 유리용융가마, 유리용융도가니가마, 터널가마, 도염식 가마, 셔틀가마, 회전가마, 석회용선가마
금속요로	용선로, 비철금속용융로, 금속 소둔로, 철금속가열로, 금속균열로

60_ 에너지이용 합리화법에 따라 국가, 지방자치단체 등이 추진하여야 하는 에너지의 효율적인 이용과 온실가스의 배출저감을 위하여 필요한 조치의 구체적인 내용은 무엇으로 정하는가?

① 고용노동부령
② 산업통상자원부령
③ 대통령령
④ 환경부령

정답 56. ② 57. ① 58. ④ 59. ② 60. ③

해설 국가, 지방자치단체 등의 에너지이용효율화 조치(에너지이용 합리화법 제8조) : 국가, 지방자치단체 등이 추진하여야 하는 에너지의 효율적 이용과 온실가스의 배출 저감을 위하여 필요한 조치의 구체적인 내용은 대통령령으로 정한다.

4과목 - 열설비취급 및 안전관리

61. 과열기에 부착되는 안전밸브의 분출용량 및 수는 보일러 동체의 안전밸브의 분출용량 및 수에 포함시킬 수 있다. 이 경우 보일러의 동체에 부착하는 안전밸브는 보일러의 최대증발량의 몇 [%] 이상을 분출할 수 있는 것이어야 하는가?

① 55 ② 65
③ 75 ④ 85

해설 과열기에 부착되는 안전밸브의 분출용량 및 수는 보일러 동체의 안전밸브의 분출용량 및 수에 포함시킬 수 있다. 이 경우 보일러의 동체에 부착하는 안전밸브는 보일러의 최대증발량의 75[%] 이상을 분출할 수 있는 것이어야 한다. 다만, 관류보일러의 경우에는 과열기 출구에 최대증발량에 상당하는 분출용량의 안전밸브를 설치할 수 있다.

62. 보일러 안전 저수면에 대한 설명으로 맞는 것은?

① 보일러 정지 중 항상 유지되는 수면
② 보일러 사용 중 유지해야 할 최저의 수면
③ 보일러 사용 중 항상 유지되는 수면
④ 보일러 사용 중 유지하여 할 최고의 수면

해설 보일러 안전 저수면(저수위) : 점화가 이루어져 가동 중인 보일러가 유지하여야 할 최저의 수면(수위)으로 어떠한 경우라도 안전 저수면(수위) 이하로 내려가지 않도록 관리하여야 한다.

63. 보일러 수중의 용존산소에 의한 국부전지가 구성되어 생기는 전기화학적 부식에 해당되는 것은?

① 알칼리 부식
② 가성취화
③ 구식(grooving)
④ 점식(pitting)

해설 점식(點蝕 : pitting) : 보일러 수중의 용존산소에 의해 국부전지작용으로 발생되는 것으로 보일러수가 접하는 내면에 좁쌀, 쌀알, 콩알 크기의 점 상태(點狀)로 생기는 부식으로 공식 또는 점형부식이라 한다.

64. 다음 중 스케일의 생성형태를 맞게 설명한 것은?

① 규산칼슘 스케일은 실리카가 많은 급수 또는 칼슘의 제거가 불완전한 경우 생성된다.
② 황산칼슘 스케일은 pH 조정제의 투입으로 pH가 상승되는 경우 생성된다.
③ 탄산칼슘 스케일은 경도성분 중 Mg 성분의 제거가 불충분한 경우 생성된다.
④ 중탄산칼슘은 저온에서 탄산가스를 분리하여 황산칼슘 등과 결합하면 경질의 스케일이 생성된다.

해설 스케일의 생성형태
㉮ 규산칼슘($CaSiO_3$) 스케일은 실리카(SiO_2)가 많은 급수 또는 보일러수의 경도성분 중 칼슘의 제거가 불완전한 경우에 생성된다.
㉯ 황산칼슘($CaSO_4$) 스케일은 pH 조정제의 투입이 불충분하여 보일러수의 pH가 상승되지 않는 경우에 생성된다.
㉰ 탄산칼슘 스케일은 경도성분 중 탄산염경도 성분의 제거가 불충분한 급수를 사용한 경우 생성된다.
㉱ 중탄산칼슘[$Ca(HCO_3)_2$]은 급수에 용존되어 있는 염류 중 슬러지를 생성하는 성분으로 온도가 낮은 부분에서 생성되며, 연질스케일에 해당된다.

정답 61. ③ 62. ② 63. ④ 64. ①

65. 증기난방에서 증기 공급관의 관말부의 최종 분기 이후에서 트랩에 이르는 배관은 여분의 증기가 충분히 냉각되어 응축될 수 있도록 냉각레그(cooling leg)를 설치하는데 일반적으로 냉각레그의 길이는 몇 [m] 이상으로 하는가?

① 1.0 ② 1.5
③ 2.0 ④ 2.5

해설 ㉮ 냉각레그(cooling leg) : 증기 공급관의 마지막 부분에서 방열기로 분기된 이후부터 트랩에 이르는 배관에 여분의 증기가 충분히 냉각되어 응축수가 될 수 있도록 보온을 하지 않는 배관으로 1.5[m] 이상 설치하는 부분이다.
㉯ 냉각레그 설치도

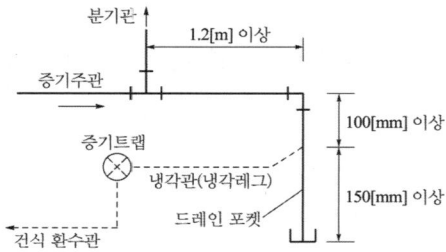

66. 점화 후 보일러를 급격히 가동하면 좋지 못하다. 그 주된 이유로 가장 적합한 것은?

① 염류가 많아진다.
② 증기의 질이 나빠진다.
③ 보일러 수의 순환이 느려진다.
④ 이음부의 파손이나 누설위험이 발생한다.

해설 급격한 연소는 보일러 본체의 부동팽창을 일으키고, 연관 및 수관의 부착부분이나 이음부 누설원인이 되므로 어떠한 경우에도 급격한 연소를 하여서는 안 된다.

67. 보일러 안전장치에 속하지 않는 것은?

① 증기압력 제한기 ② 방폭문
③ 화염검출기 ④ 스테빌라이저

해설 보일러 안전장치의 종류 : 안전밸브 및 방출밸브, 가용전, 방폭문, 고저수위 경보장치, 화염검출기, 압력제한기 및 압력조절기 등

68. 관로 속을 가득차 흐르는 물 등의 유체속도를 급격히 변화시킬 때에 생기는 압력변화로 인해 관에 타격을 주는 작용으로 밸브의 급격한 개폐, 기체의 혼입 등에 의하여 발생하는 이상 현상은?

① 수격작용 ② 캐비테이션
③ 맥동 현상 ④ 포밍

해설 수격작용(water hammering) : 펌프에서 물을 압송하고 있을 때 정전 등으로 펌프가 급히 멈춘 경우 관내의 유속이 급변하면 물에 심한 압력변화가 생기는 현상이다.

69. 어떤 강철제 증기보일러의 최고사용압력이 2.0 [MPa]일 때 수압시험 압력은 몇 [MPa]로 해야 하는가?

① 2.0 ② 2.5 ③ 3.0 ④ 3.5

해설 강철제 보일러의 수압시험 압력
㉮ 보일러의 최고사용압력이 0.43[MPa] 이하일 때에는 그 최고사용압력의 2배의 압력으로 한다. 다만, 그 시험압력이 0.2[MPa] 미만인 경우에는 0.2[MPa]로 한다.
㉯ 보일러의 최고 사용압력이 0.43[MPa] 초과 1.5[MPa] 이하일 때에는 그 최고사용압력의 1.3배에 0.3[MPa]를 더한 압력으로 한다.
㉰ 보일러의 최고사용압력이 1.5[MPa]를 초과할 때에는 그 최고사용압력의 1.5배의 압력으로 한다.
∴ 수압시험 압력 = 최고사용압력 × 1.5배
= 2.0 × 1.5 = 3.0[MPa]

70. 증기난방의 응축수 환수방법 중 증기의 순환속도가 제일 빠른 환수방식은?

① 진공 환수식 ② 기계 환수식
③ 중력 환수식 ④ 강제 환수식

정답 65. ② 66. ④ 67. ④ 68. ① 69. ③ 70. ①

[해설] 진공환수식의 특징
㉮ 다른 방법과 비교하여 증기의 순환이 빠르다.
㉯ 방열기 설치장소에 제한을 받지 않는다.
㉰ 환수관의 지름을 작게 할 수 있다.
㉱ 방열기 방열량 조절을 광범위하게 할 수 있다.
㉲ 배관 기울기(구배)에 큰 제한이 없다.

71. 보일러의 부속장치 중 폐열회수장치에 대한 설명이 잘못된 것은?
① 재열기 : 보일러에서 발생된 증기로 급수를 예열시켜 주는 장치
② 공기예열기 : 연소가스의 여열 등으로 연소용 공기를 예열하는 장치
③ 과열기 : 포화증기를 가열하여 압력은 일정하게 유지하면서 증기의 온도를 높이는 장치
④ 절탄기 : 폐열가스를 이용하여 보일러에 급수되는 물을 예열하는 장치

[해설] 재열기(reheater) : 고압 증기터빈에서 일정한 팽창을 하고 포화상태에 가까워진 증기를 모두 회수하여 재차 열을 가하여 과열증기로 만들어 저압 터빈에서 팽창하도록 하는 장치이다.

72. 집진장치의 선정 시 고려할 사항으로 가장 거리가 먼 것은?
① 연료의 연소방법
② 배기가스 중의 O_2 농도
③ 사용연료의 종류
④ 처리해야 할 입자의 크기

[해설] 집진장치 선정 시 고려사항 : ①, ③, ④외
㉮ 분진의 입도 및 분포
㉯ 집진기의 처리효율
㉰ 집진장치에 의한 압력손실
㉱ 제거하여야 할 분진의 양
㉲ 집진시설 관리 및 유지비
㉳ 집진 후 폐기물의 처리문제

73. 보일러에서 발생하는 부식을 내면에 발생하는 부식과 외면에 발생하는 부식으로 구분할 때 내면에 발생하는 부식의 일반적인 원인에 해당하는 것은?
① 연소가스
② 수처리 불량
③ 연료 속의 부식성 물질
④ 내화벽돌의 습기가 있는 장소

[해설] 내부부식의 원인
㉮ 급수 중에 유지류, 산류, 탄산가스, 염류 등의 불순물을 함유하는 경우
㉯ 일반 전기배선에서의 누전으로 인하여 전류가 장시간 흐르는 경우
㉰ 강재의 수측 표면에 녹이 생겨서 국부적으로 전위차가 발생하여 전류가 흐르는 경우
㉱ 강재 속에 함유된 유황(S) 성분이나 인(P) 성분이 온도 상승과 함께 산화되거나 녹이 생긴 경우
㉲ 국부적으로 전위차가 발생하여 전류가 흐르는 경우
㉳ 보일러 재료에 부분적인 온도차로 고열부가 양극이 되어 열전류가 발생하는 경우

74. 강철제 증기보일러의 수압시험 방법에 대한 설명으로 틀린 것은?
① 공기를 빼고 물을 채운 후 천천히 압력을 가한다.
② 수압시험 중 또는 시험 후에도 물이 얼지 않도록 하여야 한다.
③ 규정된 시험 수압에 도달한 수 10분이 경과한 뒤 검사를 실시한다.
④ 수압시험은 규정된 압력의 6[%] 이상을 초과하지 않도록 적절한 제어를 마련한다.

[해설] 수압시험 방법
㉮ 공기를 빼고 물을 채운 후에 천천히 압력을 가하여 규정된 시험 수압에 도달된 후 30분이 경과된 뒤에 검사를 실시하며, 검사가 끝날 때까지 그 상태를 유지한다.
㉯ 검정수압시험 압력으로 시험하는 경우에는 다이얼게이지 등을 이용하여 압력-변형곡선을 작성한다.
㉰ 수압시험에는 2개 이상의 압력계를 사용하여야 하고, 시험 중 또는 시험 후에도 물이 얼지 않도록 하여야 한다.
㉱ 수압시험은 규정된 압력의 6[%] 이상 초과하지 않도록 모든 경우에 대한 적절한 제어를 마련하여야 한다.

정답 71. ① 72. ② 73. ② 74. ③

75_ 보일러 급수의 탈기법 가운데 화학적 방법을 설명한 것 중 관계없는 것은?

① 히드라진을 보일러 급수에 첨가하면 탈산소가 이루어진다.
② 아황산나트륨을 보일러 급수에 첨가하면 탈산소가 행하여진다.
③ 기체 분압의 감소 및 가열에 의한 용해도 감소, 비등과 확산 등이 발생한다.
④ 탄닌은 저압보일러용의 탈산소제로서 사용되고 있다.

[해설] 탈산소제의 종류 및 특징
㉮ 아황산나트륨(Na_2SO_3) : 취급하기 쉽고 가격이 비교적 저렴하며 물리적인 탈기 후나 급수 중에 남아있는 용존산소에 대하여 사용된다.
㉯ 히드라진(N_2H_4) : 용존산소와 반응하여 생성되는 반응 생성물은 질소와 물로 이루어져 보일러수의 용해고형물 농도를 상승시키지 않아 고압보일러 및 관류보일러에 사용된다.
  ※ 탈산소 반응 : $N_2H_4 + O_2 \rightarrow N_2 + 2H_2O$
㉰ 탄닌($C_{76}H_{52}O_{46}$) : 저압보일러 탈산소제 및 슬러리 조정제로도 사용된다.

『참고』 ③번 항목은 물리적인 방법에 해당된다.

76_ 장기 휴지 보일러를 사용하기 위해 연소계통을 점검해야 할 때의 설명으로 틀린 것은?

① 기름탱크의 유량, 가스압력을 확인하여 연료공급에 차질이 생기지 않도록 한다.
② 연료배관은 연료가 누설되지 않는지 점검하고 연료밸브는 열어 놓는다.
③ 연도 댐퍼가 열려있는지 확인하고 이를 잠궈 놓는다.
④ 화염검출기의 오염여부를 확인하고 유리면을 깨끗이 닦는다.

[해설] 장기 휴지 보일러를 사용하기 전 연소계통 점검사항
㉮ 기름탱크의 유량, 가스압력을 확인하여 연료공급에 차질이 생기지 않도록 한다.
㉯ 연료배관은 연료가 누설되지 않는지 점검하고 연료밸브는 열어 놓는다.
㉰ 연료 스트레이너의 오염상태를 확인하고 청소한다.
㉱ 연료펌프의 에어 콕크를 열어 공기를 제거하여 펌프의 공회전에 의한 메커니컬실의 파손 및 기어 마모에 의한 성능저하를 방지한다.
㉲ 화염검출기의 오염여부를 확인하고 유리면을 깨끗이 닦는다.
㉳ 연도 댐퍼가 잠겨 있는지 확인하고 열어 놓는다.

77_ 보일러를 옥내에 설치하는 경우의 설명으로 잘못된 것은?

① 보일러에 설치된 계기들을 육안으로 관찰하는데 지장이 없도록 충분한 조명시설이 있어야 한다.
② 보일러 및 보일러에 부설된 금속제의 굴뚝 또는 연도의 외측으로부터 0.3[m] 이내에 있는 가연성 물체에 대하여는 금속 이외의 불연성 재료로 피복하여야 한다.
③ 보일러 동체에서 벽, 배관, 기타 보일러 측부에 있는 구조물(검사 및 청소에 지장이 없는 것은 제외)까지 거리는 0.2[m] 이상이어야 한다.
④ 보일러실은 연소 및 환경을 유지하기에 충분한 급기구 및 환기구가 있어야 한다.

[해설] 보일러 동체에서 벽, 배관, 기타 보일러 측부에 있는 구조물(검사 및 청소에 지장이 없는 것은 제외)까지 거리는 0.45[m] 이상이어야 한다. 다만, 소형보일러는 0.3[m] 이상으로 할 수 있다.

78_ 증기보일러에 부착하는 압력계 눈금판의 바깥지름은 100[mm] 이상으로 해야 하나 특수한 경우 눈금판의 바깥지름을 60[mm] 이상으로 할 수 있다. 이 경우에 해당하지 않는 것은?

① 소용량 보일러
② 최대증발량 5[t/h] 이하인 관류보일러
③ 최고사용압력 1.0[MPa] 이하로서 전열면적 2[m^2] 이하인 보일러
④ 최고사용압력 0.5[MPa] 이하이고, 동체의 안지름 500[mm] 이하 동체의 길이 1000[mm] 이하인 보일러

정답 75. ③ 76. ③ 77. ③ 78. ③

해설 증기보일러에 부착하는 압력계 눈금판의 바깥지름은 100[mm] 이상으로 하고 그 부착높이에 따라 용이하게 지침이 보이도록 하여야 한다. 다만, 다음의 보일러에 부착하는 압력계에 대하여는 눈금판의 바깥지름을 60[mm] 이상으로 할 수 있다.
㉮ 최고사용압력 0.5[MPa] 이하이고, 동체의 안지름 500[mm] 이하 동체의 길이 1000[mm] 이하인 보일러
㉯ 최고사용압력 0.5[MPa] 이하로서 전열면적 2[m²] 이하인 보일러
㉰ 최대증발량 5[t/h] 이하인 관류보일러
㉱ 소용량 보일러

79. 다음 중 보일러 구성의 3대 요소에 해당되지 않는 것은?
① 본체 ② 분출장치
③ 연소장치 ④ 부속장치

해설 보일러의 3대 구성요소 : 본체, 연소장치, 부속설비(장치)

80. 다음 출열 항목 중 열손실이 가장 큰 것은?
① 방산에 의한 손실
② 배기가스에 의한 손실
③ 불완전 연소에 의한 손실
④ 노 내 분입 증기에 의한 손실

해설 배기가스에 의한 손실이 보일러 출열 항목 중 가장 큰 비중을 차지한다.

정답 79. ② 80. ②

2023년 에너지관리산업기사
CBT 필기시험 복원문제 01

※2023년부터 적용되는 출제기준에 따라 필기시험 과목명이 변경되었습니다.

1과목 - 열 및 연소설비

01 어떤 중유 연소로의 연소 배기가스의 조성은 CO_2(SO_2를 포함) 11.6[%], CO 0[%], O_2 6.0[%], N_2 82.4[%]이고, 중유의 분석결과는 탄소 84.6[%], 수소 12.9[%], 황 1.6[%], 산소 0.9[%]이며, 비중은 0.924 이다. 이 때 연소용 공기의 공기비(m)는?

① 1.000　　② 1.377
③ 1.972　　④ 2.524

해설 배기가스 성분에 의한 공기비 계산

$$\therefore m = \frac{N_2}{N_2 - 3.76\,O_2} = \frac{82.4}{82.4 - 3.76 \times 6} = 1.377$$

02 1[MPa], 400[℃]인 큰 용기 속의 공기가 노즐을 통하여 100[kPa]까지 등엔트로피 팽창을 한다. 출구속도는 약 몇 [m/s]인가? (단, 비열비는 1.4이고 정압비열은 1.0[kJ/kg·K]이며 노즐 입구에서의 속도는 무시한다.)

① 569　　② 805
③ 910　　④ 1107

해설 ㉮ 기체상수(R) 계산 : 정압비열
$C_p = \dfrac{k}{k-1}R$ 에서 기체상수 R을 구하며, 정압비열 단위는 [kJ/kg·K]에서 [J/kg·K]으로 적용한다.

$$\therefore R = \frac{C_p}{\frac{k}{k-1}} = \frac{1.0 \times 10^3}{\frac{1.4}{1.4-1}} = 285.714\,[\text{J/kg·K}]$$

㉯ 노즐 출구속도 계산
$$\therefore w_2 = \sqrt{2 \times \frac{k}{k-1} \times RT_1 \times \left\{1 - \left(\frac{P_2}{P_1}\right)^{\frac{k-1}{k}}\right\}}$$

$$= \sqrt{2 \times \frac{1.4}{1.4-1} \times 285.714 \times (273+400) \times \left\{1 - \left(\frac{100}{1000}\right)^{\frac{1.4-1}{1.4}}\right\}}$$
$$= 805.507\,[\text{m/s}]$$

03 1[kg]의 메탄을 20[kg]의 공기와 연소시킬 때 과잉공기율은 약 몇 [%]인가?

① 5[%]　　② 14[%]
③ 17[%]　　④ 21[%]

해설 ㉮ 메탄(CH_4)의 완전연소 반응식
$CH_4 + 2O_2 \rightarrow CO_2 + 2H_2O$

㉯ 메탄(CH_4) 1[kg] 연소 시 이론공기량 계산 : 공기 중 산소의 체적비는 21[vol%], 질량비는 23.2[wt%]이다.

[CH_4]　　　[O_2]
16[kg]　　　2×32[kg]

1[kg]　　　$x\,(O_0)$[kg]

$$\therefore A_0 = \frac{O_0}{0.232} = \frac{1 \times 2 \times 32}{16 \times 0.232} = 17.2\,[\text{kg}]$$

㉰ 과잉공기율 계산
$$\therefore \text{과잉공기율} = \frac{A - A_0}{A_0} \times 100$$
$$= \frac{20 - 17.2}{17.2} \times 100 = 16.279\,[\%]$$

04 고체 및 액체연료에서의 이론 공기량을 체적 [Nm^3/kg]으로 구하는 식을 바르게 표기한 것은? (단, C, H, O, S 는 원자기호이다.)

① $8.89\,C + 26.7\left(H - \dfrac{O}{8}\right) + 3.33\,S$

② $11.49\,C + 34.5\left(H - \dfrac{O}{8}\right) + 4.31\,S$

③ $1.867\,C + 5.6\left(H - \dfrac{O}{8}\right) + 0.7\,S$

④ $2.67\,C + 8\left(H - \dfrac{O}{8}\right) + S$

정답 01. ②　02. ②　03. ③　04. ①

해설 각 공식의 구하는 양
① 이론공기량[Nm³/kg] 계산식
② 이론공기량[kg/kg] 계산식
③ 이론산소량[Nm³/kg] 계산식
④ 이론산소량[kg/kg] 계산식

05 카르노 사이클로 작동되는 효율 28[%]인 기관이 고온체에서 100[kJ]의 열을 받아들일 때 방출열량은 몇 [kJ] 인가?

① 17　　　　② 28
③ 44　　　　④ 72

해설 $\eta = \dfrac{W}{Q_1} = \dfrac{Q_1 - Q_2}{Q_1} = 1 - \dfrac{Q_2}{Q_1}$
에서 방출열량 Q_2를 구한다.
$\therefore Q_2 = (1 - \eta) \times Q_1$
$= (1 - 0.28) \times 100 = 72\,[\mathrm{kJ}]$

06 중유를 연소시키는 버너 중 예열온도를 가장 높게 유지해야 하는 버너는?

① 회전식　　　　② 고압기류식
③ 저압기류식　　④ 유압식

해설 유압식 버너는 연료를 가압하여 연료자체의 압력으로 노즐에서 분출시켜 미립화시키는 형식으로 다른 분무매체를 사용하지 않으므로 중유의 예열온도가 다른 형식에 비해 높게 유지하여야 한다.

07 100[kPa], 100[℃]에서의 물의 증발잠열은 2260[kJ/kg]이다. 100[kPa], 80[℃]에서의 증발잠열을 구하면 약 몇 [kJ/kg]인가?
(단, 80[℃]에서 100[℃] 사이의 물과 수증기의 평균비열은 각각 4.18[kJ/kg·℃]와 1.92[kJ/kg·℃]이다.)

① 335　　　　② 2060
③ 2305　　　④ 3464

해설 수증기의 증발잠열은 포화온도가 감소하면 증가하고, 이때 증가하는 증발잠열은 습포화증기와 포화액의 내부에너지 차이므로 물과 수증기의 평균비열차(ΔC_m)와 온도차(Δt)를 곱한 값과 같게 된다.
$\therefore \gamma' = \gamma + (\Delta C_m \times \Delta t)$
$= 2260 + \{(4.18 - 1.92) \times (100 - 80)\}$
$= 2305.2\,[\mathrm{kJ/kg}]$

08 이상기체의 등온변화를 설명한 것으로 옳은 것은?

① 열 이동이 없다.
② 엔탈피 변화가 없다.
③ 엔트로피 변화가 없다.
④ 외부에 대하여 일을 하지 못한다.

해설 등온변화는 온도 변화가 없는 일정한 상태($dT = 0$)이므로 $dh = C_p dT = 0$이 되므로 엔탈피 변화량(dh)은 없다.

09 중유 연소에 있어서 화염 중에 불꽃이 발생하는 원인으로서 잘못된 것은?

① 버너가 조절 불량일 때
② 버너가 고장 나 있을 때
③ 통풍이 지나치게 강할 때
④ 중유에 잔류 탄소가 많은 경우

해설 화염 중에 불꽃이 발생하는 원인
㉮ 중유의 온도가 낮거나 연소실의 온도가 낮을 때
㉯ 버너 내부에 카본이 붙었을 때
㉰ 분무 공기압이 낮을 때
㉱ 중유에 잔류 탄소가 많을 때
㉲ 버너의 능력보다 연소량이 많을 때
㉳ 버너타일이 맞지 않을 때
㉴ 노즐의 분무특성이 불량할 때

10 공기로 작동되는 브레이턴 사이클에서 최고 및 최저 압력이 각각 6[atm], 1[atm] 일 때의 이론 열효율은?

① 0.401　　　② 0.541
③ 0.681　　　④ 0.791

정답 05. ④　06. ④　07. ③　08. ②　09. ③　10. ①

해설 ㉮ 압력비(ϕ) 계산

$$\therefore \phi = \frac{P_2}{P_1} = \frac{6}{1} = 6$$

㉯ 이론 열효율 계산 : 공기로 작동되므로 공기의 비열비(k)는 1.4를 적용하여 계산

$$\therefore \eta = 1 - \left(\frac{1}{\phi}\right)^{\frac{k-1}{k}} = 1 - \left(\frac{1}{6}\right)^{\frac{1.4-1}{1.4}} = 0.4006$$

11. 연소 생성물(CO_2, N_2, H_2O) 등의 농도가 높아지면 연소속도에 미치는 영향은?

① 연소속도가 빨라진다.
② 연소속도가 저하된다.
③ 연소속도가 변화 없다.
④ 처음에는 저하되나, 나중에는 빨라진다.

해설 연소 생성물(CO_2, N_2)은 불연성 기체로 농도가 높아지면 상대적으로 혼합기의 농도가 낮아져 연소속도가 저하된다.

12. 열역학 제2법칙에 대한 설명 중 잘못된 것은?

① 제2종 영구기관은 불가능하다.
② 자발적 변화는 엔트로피가 증가한다.
③ 열을 완전히 일로 바꾸는 열기관은 만들 수 없다.
④ 반응과정은 엔트로피가 감소하는 쪽으로 진행된다.

해설 열역학 제2법칙을 방향성의 법칙이라 하며, 반응과정의 엔트로피는 같거나 증가하는 쪽으로 진행된다.

13. 탄소 72.0[%], 수소 5.3[%], 황 0.4[%], 산소 8.9[%], 질소 1.5[%], 수분 0.9[%], 회분 11.0[%]인 석탄의 저위발열량은 약 몇 [MJ/kg]인가?

① 16.78
② 22.24
③ 25.68
④ 29.19

해설
$$H_l = 33.9C + 119.6\left(H - \frac{O}{8}\right) + 10.5S - 2.5\left(\frac{9}{8}O + W\right)$$
$$= 33.9 \times 0.72 + 119.6 \times \left(0.053 - \frac{0.089}{8}\right)$$
$$+ 10.5 \times 0.004 - 2.5 \times \left(\frac{9}{8} \times 0.089 + 0.009\right)$$
$$= 29.185 \, [MJ/kg]$$

14. 재생 랭킨 사이클을 사용하는 주된 목적으로 가장 타당한 것은?

① 펌프일의 감소
② 공급열량 감소
③ 터빈출구 건도 향상
④ 터빈일의 증가

해설 재생 사이클 : 팽창 도중의 증기를 터빈에서 추출하여 급수의 가열에 사용하는 사이클로 공급열량을 감소하여 열효율이 랭킨사이클에 비해 증가한다.

15. 매연발생의 원인으로 틀린 것은?

① 연소실 용적이 작을 때
② 연소실 온도가 높을 때
③ 질이 낮은 연료를 사용하였을 때
④ 통풍력이 부족하거나 과대할 때

해설 매연 발생의 원인
㉮ 통풍력이 과대, 과소할 때
㉯ 무리한 연소를 할 때
㉰ 연소실의 온도가 낮을 때
㉱ 연소실의 크기가 작을 때
㉲ 연료의 조성이 맞지 않을 때
㉳ 연소장치가 불량할 때
㉴ 운전 기술이 미숙할 때

16. 어떤 상태에서 질량이 반으로 줄면 강도성질(intensive property) 상태량의 값은?

① 반으로 줄어든다.
② 2배로 증가한다.
③ 4배로 증가한다.
④ 변하지 않는다.

정답 11. ② 12. ④ 13. ④ 14. ② 15. ② 16. ④

해설 강도성질 : 물질의 양(질량)에 관계없는 성질로 물질의 강도(세기)만을 고려한 것으로 온도, 압력, 전압, 높이, 점도, 몰분율 등으로 시강변수, 강도변수라 한다.

17_ 물 1[kg]이 100[℃]에서 증발할 때 엔트로피의 증가량은 약 몇 [kJ/kg·K]인가?
(단, 이 때 증발열은 2257[kJ/kg]이다.)
① 0.01 ② 1.4
③ 6.1   ④ 22.5

해설 $\Delta s = \dfrac{dQ}{T} = \dfrac{2257}{273+100} = 6.050 \,[\text{kJ/kg}\cdot\text{K}]$

18_ 공업분석법에 따라 성분을 정량할 때 순서로 옳은 것은?
① 수분 → 휘발분 → 회분 → 고정탄소
② 수분 → 회분 → 휘발분 → 고정탄소
③ 휘발분 → 수분 → 고정탄소 → 회분
④ 수분 → 휘발분 → 고정탄소 → 회분

해설 공업분석 순서 및 방법
㉮ 수분 : 107±2[℃]에서 1시간 건조시켜 시료무게에 대한 건조감량의 비[%]로 표시
∴ 수분[%] = $\dfrac{\text{건조감량}}{\text{시료무게}} \times 100$
㉯ 회분 : 공기 중에서 800±10[℃] 가열 회화하여 시료무게에 대한 회량의 비[%]로 표시
∴ 회분[%] = $\dfrac{\text{회량}}{\text{시료무게}} \times 100$
㉰ 휘발분 : 925±20[℃]에서 7분간 가열하여 시료무게에 대한 가열감량의 비[%]를 구하고 여기에 정량한 수분[%]을 감한 것으로 표시
∴ 휘발분[%] = $\dfrac{\text{가열감량}}{\text{시료무게}} \times 100 -$ 수분[%]
㉱ 고정탄소 : 시료무게 100[%]에서 수분[%], 회분[%], 휘발분[%]을 제외한 값으로 표시
∴ 고정탄소[%] = 100 − (수분[%] + 회분[%] + 휘발분[%])

19_ 완전가스의 내부에너지(U)에 대한 사항 중에서 옳은 것은?
① 내부에너지(U)는 압력만의 함수이다.
② 내부에너지(U)는 온도만의 함수이다.
③ 내부에너지(U)는 압력과 온도의 함수이다.
④ 내부에너지(U)는 체적과 압력의 함수이다.

해설 내부에너지 : 물체 내부에 저장되어 있는 에너지로 내부에너지 변화 $dU = C_v dT$ 이다. 그러므로 내부에너지는 온도만의 함수이다.

20_ 액체연료의 연소방식이 아닌 것은?
① 심지식   ② 포트식
③ 회전컵식 ④ 유동층식

해설 액체 연료의 연소방식
㉮ 기화연소방식 : 포트식, 심지식, 증발식
㉯ 무화연소방식 : 유압식 버너, 기류식 버너, 회전분무식 (회전컵식), 건타입 버너
※ 유동층식은 고체연료(석탄)의 연소방식이다.

2과목 - 열설비 설치

21_ 보일러 급수펌프 중 왕복동 펌프가 아닌 것은?
① 워싱턴 펌프 ② 플런저 펌프
③ 웨어 펌프   ④ 터빈 펌프

해설 급수펌프의 종류
① 왕복펌프 : 피스톤 펌프, 플런저 펌프, 워싱턴 펌프, 웨어펌프 등
② 원심펌프 : 볼류트 펌프, 터빈 펌프
③ 특수펌프 : 제트펌프, 와류펌프, 에어리프트 펌프 등

22_ 불연속동작 제어방식으로 조절요소의 위치가 제어변수의 순간값에 의하여 정해지는 동작방식은?
① 비례동작 ② 2위치동작
③ 적분동작 ④ 미분동작

[해설] 2위치 동작(ON-OFF 동작) : 제어량이 설정치에서 벗어났을 때 조작부를 ON(개[開]) 또는 OFF(폐[閉])의 동작 중 하나로 동작시키는 것으로 조작신호가 최대, 최소가 되며 전자밸브(solenoid valve)의 동작이 대표적이다.

23. 연도 등의 저온의 전열면에 주로 사용되는 슈트 블로워의 종류는?
① 삽입형
② 예열기 클리너형
③ 로터리형
④ 건형(gun type)

[해설] 슈트 블로워의 종류
㉮ 장발형(long retractable type) 슈트 블로워 : 과열기와 같이 고온의 열가스가 통하는 부분에 사용한다.
㉯ 단발형(short retractable type) 슈트 블로워 : 분사관이 짧으며 1개의 노즐을 설치하여 연소로벽에 부착되어 있는 이물질을 제거하는데 사용한다.
㉰ 정치 회전형(로터리형) : 전열면이나 절탄기에 고정 설치하여 매연을 제거하는 것으로 정지된 상태로 회전하는 분사관에 다수의 구멍이 뚫려 있고 이곳으로 증기가 분사된다.
㉱ 공기예열기 크리너 : 관형 공기예열기에 사용하는 것으로 자동식과 수동식이 있다.
㉲ 건타입 : 보일러의 연소로벽 등에 부착하는 타고 남은 찌꺼기를 제거하는데 적합하며 특히, 미분탄 연소 보일러 및 폐열보일러 같은 타고 남은 연재가 많이 부착하는 보일러에 사용한다.

24. 증기의 순환이 가장 빠르며 방열기 설치장소에 제한을 받지 않는 환수방식으로 증기와 응축수를 진공펌프로 흡입 순환시키는 난방법은?
① 중력환수식
② 기계환수식
③ 진공환수식
④ 자연환수식

[해설] (1) 응축수 환수방법에 의한 분류
㉮ 중력 환수식 : 환수관 내의 응축수를 중력에 의해 환수시키는 방식으로 저압 보일러에 사용한다.
㉯ 기계 환수식 : 응축수를 일단 탱크에 모아서 펌프로 보일러에 보내는 방식
㉰ 진공 환수식 : 환수관내 유속이 타 방식에 비하여 빠르고 방열기 내의 공기도 배제할 수 있을 뿐만 아니라 방열량을 광범위하게 조절할 수 있어서 대규모 난방에 많이 채택되는 방식이다.
(2) 진공환수식의 특징
㉮ 다른 방법과 비교하여 증기의 순환이 빠르다.
㉯ 방열기 설치장소에 제한을 받지 않는다.
㉰ 환수관의 지름을 작게 할 수 있다.
㉱ 방열기 방열량 조절을 광범위하게 할 수 있다.
㉲ 배관 기울기(구배)에 큰 제한이 없다.

25. 스프링식 안전밸브에 속하지 않는 것은?
① 전량식 안전밸브
② 고양정식 안전밸브
③ 전양정식 안전밸브
④ 기체용식 안전밸브

[해설] 밸브 양정에 따른 스프링식 안전밸브 종류
㉮ 저양정식 : 양정이 밸브시트 지름의 1/40 이상 1/15 미만인 것
㉯ 고양정식 : 양정이 밸브시트 지름의 1/15 이상 1/7 미만인 것
㉰ 전양정식 : 양정이 밸브시트 지름의 1/7 이상인 것
㉱ 전량식 : 밸브시트 증기통로 면적은 목부분 면적의 1.05배 이상인 것

26. 보일러의 부식에서 가성취화와 가장 관계있는 것은?
① 산에 의한 부식
② 알칼리에 의한 부식
③ 용존산소에 의한 부식
④ 약한 전류에 의한 부식

[해설] 가성취화 : 보일러 수중에서 분해되어 생긴 가성소다(NaOH)가 과도하게 농축되면 수산이온(OH^-)이 많아져서 알칼리도가 높아진다. 이것이 강재와 작용해서 생기는 나트륨(Na)이 강재의 결정입계를 침해하여 재질을 열화, 취화시키는 것으로 보일러판의 국부 리벳 연결부 등에서 발생하며, 균열이 발생하는 것으로 알 수 있다.

27. 지역난방의 특징에 관한 설명으로 옳지 않은 것은?
① 증기가 열매체인 경우 0.1~1.5[MPa] 까지 사용된다.
② 온수가 열매체의 경우 85[℃] 수준의 온수가 사용된다.

정답 23. ③ 24. ③ 25. ④ 26. ② 27. ②

③ 각 건물에 보일러실이나 굴뚝이 필요 없으므로 건물의 유효면적이 증대된다.
④ 온수 열매체를 사용하는 경우 지형의 고저가 있어도 온수 순환펌프에 의해 순환이 가능하다.

해설 지역난방의 특징
㉮ 연료비와 인건비를 줄일 수 있다.
㉯ 설비의 고도화에 따른 도시 대기오염을 감소시킬 수 있다.
㉰ 각 건물에 위험물을 취급하지 않으므로 화재의 위험이 적다.
㉱ 각 건물에 보일러를 설치하는 경우에 비해 건물의 유효면적이 증대된다.
㉲ 각 건물에 보일러를 설치하는 경우에 비해 열효율이 좋다.
㉳ 온수를 사용하는 것이 관내 저항 손실이 크고, 증기를 사용하면 관내저항 손실이 작다.
㉴ 온수를 열매체로 사용하는 경우 지형의 고저가 있어도 온수 순환펌프에 의해 순환이 가능하다.
㉵ 증기가 열매체인 경우 0.1~1.5[MPa] 까지 사용된다.
㉶ 온수가 열매체인 경우 100[℃] 이상의 고온수가 사용된다.

28. 보일러에 방폭문을 설치하는 목적으로 옳은 것은?
① 보일러 역화의 방지
② 급수장치의 파손 방지
③ 미연가스의 폭발 방지
④ 폭발가스의 안전한 방출

해설 방폭문(폭발문) : 연소실 내의 미연소 가스의 폭발 및 역화 시 그 내부압력을 외부로 방출시켜 동체의 파열사고를 방지하는 장치로 개방식(스윙식)과 밀폐식(스프링식)이 있다.

29. 온수보일러에 사용되는 팽창탱크에 대한 설명으로 틀린 것은?
① 개방식과 밀폐식이 있다.
② 팽창한 물을 배출하여 장치의 열경제성 저하를 막는다.
③ 장치 내를 운전 중 소정의 압력으로 유지하고 온수온도를 유지한다.
④ 운전 중 장치 내의 온도상승에 의한 팽창에 대해 그 압력을 흡수한다.

해설 팽창탱크 설치 목적(팽창탱크 역할)
㉮ 운전 중 장치 내의 온도상승에 의한 체적팽창 및 그 압력을 흡수한다.
㉯ 팽창된 온수의 넘침을 방지하여 열손실을 방지한다.
㉰ 운전 중 장치 내의 압력을 소정의 압력으로 유지하고, 온수온도를 유지한다.
㉱ 장치 내 보충수 공급 및 공기침입을 방지한다.

30. 진공환수 방식에서 방열기의 설치 위치가 보일러보다 아래쪽에 설치된 경우 적용되는 이음 방식은?
① 플래시 레그
② 저압 트랩
③ 리프트 피팅
④ 니플

해설 리프트 피팅(lift fitting) : 진공환수식에서 환수관 도중에 입상관이 있는 경우 물을 흡상하기 위해 설치하는 배관 방법이다. 리프트 피팅(lift fitting)으로 흡상할 수 있는 1단의 최고 흡상 높이는 1.5[m] 이내로 한다. 흡상 높이가 높은 경우에는 여러 개를 조합하여 설치할 수 있다.

31. 보일러 급수장치인 인젝터의 작동불량 원인이 아닌 것은?
① 급수온도가 너무 낮을 때
② 흡입관로에 공기가 혼입될 때
③ 증기에 수분이 많이 포함되었을 때
④ 증기압력이 너무 낮을(2[kgf/cm^2] 이하) 때

해설 인젝터 작동불량(급수불량) 원인
㉮ 급수온도가 너무 높은 경우(50[℃] 이상)
㉯ 증기압력이 0.2[MPa] 이하로 낮은 경우
㉰ 부품이 마모되어 있는 경우
㉱ 내부노즐에 이물질이 부착되어 있는 경우
㉲ 흡입관로 및 밸브로부터 공기유입이 있는 경우
㉳ 체크밸브가 고장 난 경우
㉴ 증기가 너무 건조하거나, 수분이 많은 경우
㉵ 인젝터 자체가 과열되었을 때

정답 28. ④ 29. ② 30. ③ 31. ①

32 모세관 상부에 보조 구부를 설치하고 사용온도에 따라 수은량을 조절할 수 있으며 0.01~0.005[℃] 정도까지 미세한 온도차를 측정할 수 있는 온도계는?

① 열전온도계   ② 전기저항온도계
③ 베크만온도계   ④ 광고온도계

해설) 베크만 온도계 : 모세관에 남은 수은의 양을 조절하여 측정하며 미소한 범위의 온도 변화를 정밀하게 측정할 수 있다.

33 연소가스의 폐열을 이용하여 급수를 예열하는 장치는?

① 절탄기(Economizer)
② 재열기(Reheater)
③ 공기예열기(Air preheater)
④ 과열기(Super heater)

해설) 절탄기(節炭器) : 보일러 급수를 연소가스 여열(餘熱)을 이용하여 예열시키는 장치로 급수예열기(economizer)라 한다.

34 열전대 온도계의 원리를 설명한 것으로 맞는 것은?

① 금속판의 열팽창 계수를 이용하고 있다.
② 기체, 액체, 고체의 열전달계수를 이용하고 있다.
③ 금속의 전기저항에 따른 온도계수를 이용하고 있다.
④ 두 종류의 금속선 온도차에 따른 열기전력을 이용하고 있다.

해설) 열전대 온도계 : 2종류의 금속선을 접속하여 하나의 회로를 만들어 2개의 접점에 온도차를 부여하면 회로에 접점의 온도에 거의 비례한 전류(열기전력)가 흐르는 현상인 제베크(Seebeck) 효과를 이용한 것으로 열전대, 보상도선, 측온접점(열접점, 감온접점), 기준접점(냉접점), 보호관 등으로 구성된다.

35 부르동관 압력계의 교정용 또는 검정용 표준압력계로 사용되는 분동식 압력계 구성요소가 아닌 것은?

① 수은통   ② 기름탱크
③ 가압 펌프   ④ 램과 실린더

해설) 분동식 압력계 : 탄성식 압력계의 교정에 사용되는 1차 압력계로 램, 실린더, 기름탱크, 가압펌프 등으로 구성되며 사용유체에 따라 측정범위가 다르게 적용된다.

36 강관 이음 방법이 아닌 것은?

① 나사이음   ② 용접이음
③ 플랜지이음   ④ 플레어이음

해설) 강관의 이음방법 : 나사이음, 용접이음, 플랜지이음, 턱걸이 이음
※ 플레어이음(flare joint) : 용접이음이 곤란한 곳이나, 분리 결합이 요구될 때 동관의 끝부분을 접시모양으로 가공하여 이음 하는 방식으로 압축이음이라 한다.

37 측온 저항체의 구비조건으로 틀린 것은?

① 호환성이 있을 것
② 저항의 온도계수가 작을 것
③ 온도와 저항의 관계가 연속적일 것
④ 저항 값이 온도 이외의 조건에서 변하지 않을 것

해설) 측온 저항체의 구비조건
㉮ 온도에 의한 저항 온도계수가 클 것
㉯ 기계적, 물리적, 화학적으로 안정할 것
㉰ 교환하여 쓸 수 있는 저항요소가 많을 것
㉱ 온도저항 곡선이 연속적으로 되어 있을 것
㉲ 구입하기 쉽고, 내식성이 클 것

38 길이 7[m], 외경 200[mm], 내경 190[mm]의 탄소강관에 360[℃] 과열증기를 통과시키면 이 때 늘어나는 관의 길이는 몇 [mm]인가? (단, 주위온도는 20[℃]이고, 관의 선팽창계수는 0.000013[mm/mm·℃]이다.)

정답 32. ③ 33. ① 34. ④ 35. ① 36. ④ 37. ② 38. ③

① 21.15　② 25.71
③ 30.94　④ 36.48

해설
$\Delta L = L \times \alpha \times \Delta t$
$= 7 \times 1000 \times 0.000013 \times (360-20)$
$= 30.94 \, [mm]$

39 배관의 열팽창에 의한 배관 이동을 구속 또는 제한하는 리스트레인트의 종류에 속하지 않는 것은?

① 스토퍼(stopper)　② 앵커(anchor)
③ 가이드(guide)　④ 서포트(support)

해설 리스트레인트(restraint)의 종류 및 역할
㉮ 앵커(anchor) : 이동 및 회전을 방지하기 위하여 지지 부분에 완전히 고정하여 사용한다.
㉯ 스톱(stop, stoper) : 회전 및 배관 축과 직각방향의 이동을 구속하고 나머지 방향의 이동은 자유롭다.
㉰ 가이드(guide) : 신축이음(루프형, 슬리브형) 등에 설치하는 것으로 축과 직각방향의 이동은 구속하고, 축 방향의 이동은 허용 및 안내하는 역할을 한다.
※ 서포트(support) : 배관계 중량을 아래에서 위로 지지할 목적으로 사용하는 것으로 스프링 서포트, 롤러 서포트, 파이프 슈, 리지드 서포트 등으로 분류한다.

40 산소농도를 측정하는 분석계 중 기전력을 측정하여 산소를 분석하는 계측기기는?

① 자기식 산소 분석계
② 세라믹 산소 분석계
③ 밀도식 산소 분석계
④ 연소식 산소 분석계

해설 세라믹식 O_2 분석기(지르코니아식 O_2 분석기) : 지르코니아(ZrO_2)를 주원료로 한 특수세라믹은 온도 850[℃] 이상에서 산소이온만 통과시키는 특수한 성질을 이용한 것으로 산소이온이 통과할 때 발생되는 기전력을 측정하여 산소농도를 측정한다.

3과목 - 열설비 운전

41 20[℃]의 물을 공급받아 시간당 2000[kg]의 증기를 발생하는 보일러의 상당증발량은 약 몇 [kg/h]인가? (단, 발생증기의 엔탈피는 2995 [kJ/kg]이고, 급수의 엔탈피는 84[kJ/kg]이다.)

① 2653　② 2000
③ 1857　④ 2579

해설
㉮ 물의 증발잠열은 공학단위로 539[kcal/kg]이므로 SI단위로 2257[kJ/kg]을 적용한다.
㉯ 상당증발량 계산
$\therefore G_e = \dfrac{G_a(h_2-h_1)}{2257} = \dfrac{2000 \times (2995-84)}{2257}$
$= 2579.530 \, [kg/h]$
※ 공학단위 [kcal]를 SI단위 [kJ]로 변환할 때에는 4.1868을 곱한다.

42 자동제어 보일러가 가동 중 실화가 된 경우에도 연료 및 연소용 공기가 멈추지 않고 계속 공급된다면 일차적으로 어떤 부품에 고장이 있다고 생각할 수 있는가?

① 화염검출기　② 연료분무노즐
③ 통풍장치　④ 연료예열기

해설 화염검출기 : 버너 착화 시 점화되지 않거나 운전 중 실화가 되는 경우 전자밸브를 닫아 연료공급을 중지하여 보일러 가동을 정지시키는 것으로 불착화 인터록에 해당된다.

43 주철제 보일러의 특징 설명으로 잘못된 것은?

① 내식성, 내열성이 좋다.
② 전열 면적이 크고, 효율이 좋다.
③ 저압으로 운전되므로 파열 시 피해가 적다.
④ 구조가 간단하고, 충격이나 열응력에 강하다.

해설 주철제 보일러의 특징
㉮ 주물로 제작하기 때문에 복잡한 구조도 제작이 가능하다.

정답 39. ④　40. ②　41. ④　42. ①　43. ④

㉯ 전열면적이 크고, 효율이 좋다.
㉰ 내식성, 내열성이 우수하다.
㉱ 섹션의 증감으로 용량조절이 가능하다.
㉲ 조립식이므로 반입 및 해체작업이 용이하다.
㉳ 내압강도가 떨어진다.
㉴ 구조가 복잡하여 청소, 검사, 수리가 어렵다.
㉵ 부동팽창이 발생하기 쉽다.
㉮ 대용량, 고압에는 부적합하다.

44_ 청관제 효과가 아닌 것은?
① 스케일 생성 방지 ② 슬러지 배출
③ 보일러수 경화   ④ 보일러수의 탈산소

해설 청관제의 역할(사용 효과)
㉮ 보일러수의 pH 조정
㉯ 보일러수의 연화
㉰ 슬러지의 조정
㉱ 보일러수의 탈산소
㉲ 가성취화 방지
㉳ 포밍(foaming) 방지

45_ 보일러에 스케일이 1[mm] 두께로 부착되었을 때 연료의 손실은 몇 [%]인가?
① 0.5   ② 1.1
③ 2.2   ④ 4.7

해설 스케일 두께에 따른 연료손실

스케일 두께[mm]	연료 손실 [%]	스케일 두께[mm]	연료 손실 [%]
0.5	1.1	4	6.3
1	2.2	5	6.8
2	4	6	8.2
3	4.7		

46_ 전열면적 240[m²], 급수온도 35[℃]인 보일러를 5시간 가동하여 증발량 400000[kg], 총연료 사용량 4600[kg]일 때 전열면적당 매시간 증발율은 약 몇 [kg/m² · h]인가?
① 225   ② 288
③ 333   ④ 370

해설 ㉮ 보일러를 5시간 가동하여 발생한 증발량이 400000[kg]이다.
㉯ 전열면적당 증발율 계산 : 시간당 증발율을 구해야 하므로 5시간 동안 발생한 증발량을 가동시간으로 나눠주어야 한다.

$$\therefore \text{전열면 증발율} = \frac{\text{시간당 실제 증기발생량}}{\text{전열면적}}$$
$$= \frac{400000}{240 \times 5}$$
$$= 333.333 [kg/m^2 \cdot h]$$

47_ 보일러 가동을 정지하고자 할 때 정지 순서로 가장 먼저 해야 하는 것은?
① 댐퍼를 닫는다.
② 공기 공급을 정지한다.
③ 연료 공급을 정지한다.
④ 증기밸브를 닫고 드레인 밸브를 연다.

해설 일반적인 보일러 운전정지 순서
㉮ 연료 공급을 정지한다.
㉯ 공기 공급을 정지한다.
㉰ 급수를 행하고, 압력을 떨어뜨리며 급수밸브를 닫고 급수펌프를 정지시킨다.
㉱ 주증기 밸브를 닫고 드레인(배수) 밸브를 개방시킨다.
㉲ 댐퍼를 닫는다.

48_ 보일러 급수처리의 목적으로 틀린 것은?
① 보일러수 배출 방지
② 가성 취화의 발생을 방지
③ 점식 등의 내면 부식 방지
④ 전열면의 스케일의 생성 방지

해설 급수처리의 목적
㉮ 스케일, 슬러지가 고착되는 것을 방지하기 위하여
㉯ 보일러수가 농축되는 것을 방지하기 위하여
㉰ 보일러 부식을 방지하기 위하여
㉱ 가성취화현상을 방지하기 위하여
㉲ 캐리오버현상을 방지하기 위하여

정답 44. ③ 45. ③ 46. ③ 47. ③ 48. ①

49 보일러 종류와 형식을 짝지은 것으로 틀린 것은?

① 벤슨 보일러 – 관류 보일러
② 랭커셔 보일러 – 노통 보일러
③ 라몽트 보일러 – 노통 연관식 보일러
④ 케와니 보일러 – 연관 보일러

해설
(1) 원통형 보일러의 종류
  ㉮ 직립형 보일러 : 직립 수평관식 보일러, 직립 연관식 보일러, 코크란 보일러 등
  ㉯ 수평형 보일러
    ⓐ 노통 보일러 : 코르니쉬 보일러, 랭커셔 보일러
    ⓑ 연관 보일러 : 기관차 보일러, 케와니 보일러
    ⓒ 노통 연관 보일러 : 스코치 보일러, 하우덴 존슨 보일러, 노통 연관 패키지형 보일러
(2) 수관식 보일러의 종류
  ㉮ 자연 순환식 보일러 : 바브콕(babcock) 보일러, 다쿠마(dakuma) 보일러, 스털링(stirling) 보일러, 스네기찌 보일러, 야로우(yarrow) 보일러, 2동 D형 보일러 등
  ㉯ 강제 순환식 보일러 : 라몽트(lamont) 보일러, 벨록스(velox) 보일러 등
  ㉰ 관류 보일러 : 벤슨(benson) 보일러, 슐쳐(sulzer) 보일러, 소형 관류 보일러 등

50 국제단위계(SI)를 분류한 것으로 옳지 않은 것은?

① 기본단위   ② 유도단위
③ 보조단위   ④ 응용단위

해설 법정단위 : 계량에 관한 법률 제4조
  ㉮ 기본단위 : 국가표준기본법 제10조에 의한 길이 m(미터), 질량 kg(킬로그램), 시간 s(초), 전류 A(암페어), 온도 K(켈빈), 물질량 mol(몰), 광도 cd(칸델라)
  ㉯ 유도단위 : 기본단위의 조합 또는 기본단위 및 다른 유도단위의 조합에 의하여 형성되는 단위
  ㉰ 특수단위 : 특수한 계량의 용도에 쓰이는 단위
  ※ 보조단위 : 국제단위계(SI)의 보조단위는 라디안(rad : 평면각)과 스테라디안(sr : 입체각)의 2개로 기하학적인 양이고 무차원에 해당된다.

51 표준증기압축 냉동시스템에 비교하여 흡수식 냉동시스템의 주된 장점은 무엇인가?

① 장치의 크기가 줄어든다.
② 시스템의 효율이 상승한다.
③ 열교환기의 수가 줄어든다.
④ 압축에 소요되는 일이 줄어든다.

해설
㉮ 흡수식 냉동시스템에서는 압축기가 없기 때문에 압축일이 없다.
㉯ 흡수식 냉동시스템 구성 기기 : 발생기, 흡수기, 응축기, 증발기

52 보일러의 압력을 급격하게 올려서는 안 되는 이유는?

① 보일러의 순환을 방해한다.
② 보일러의 효율을 저하시킨다.
③ 압력계, 수면계의 파손원인이 된다.
④ 보일러나 벽돌에 손상을 가져온다.

해설 보일러에서 급격히 연소를 하여 압력을 급격하게 올리면 보일러 본체의 부동팽창을 일으키고, 연관 및 수관의 부착부분이나 이음부 누설원인이 되고 연소실벽의 벽돌에 손상을 가져오므로 어떠한 경우에도 급격한 연소를 하여서는 안 된다.

53 자동제어계의 동작 순서를 바르게 나열한 것은?

① 비교 → 판단 → 검출 → 조작
② 조작 → 비교 → 검출 → 판단
③ 검출 → 비교 → 판단 → 조작
④ 검출 → 판단 → 비교 → 조작

해설 자동제어계의 동작 순서
㉮ 검출 : 제어대상을 계측기를 사용하여 측정하는 부분
㉯ 비교 : 목표값(기준입력)과 주피드백량과의 차를 구하는 부분
㉰ 판단 : 제어량의 현재값이 목표치와 얼마만큼 차이가 나는가를 판단하는 부분
㉱ 조작 : 판단된 조작량을 제어하여 제어량을 목표값과 같도록 유지하는 부분

54. 신설 보일러에 행하는 소다 끓임에 대한 설명으로 옳은 것은?

① 보일러 본체의 누수 여부를 확인하는 작업
② 보일러 부속장치의 누수 여부를 확인하는 작업
③ 보일러수의 순환상태 및 증발력을 점검하는 작업
④ 보일러 내부에 부착된 철분, 유지분 등을 제거하는 작업

참고 소다 끓이기(soda boiling) : 제작 시에 내부에 부착된 유지분, 페인트류, 녹 등을 제거하기 위한 것으로 저압보일러에서는 0.2~0.3[MPa]의 압력을 유지하면서 2~3일간 끓인 다음 취출과 급수를 반복적으로 실시하면서 서서히 냉각시킨다. 완전히 냉각된 후 블로다운을 실시하면서 깨끗한 물로 내부를 충분히 세척한 후 정상수위까지 급수를 한다.

55. 분젠 버너의 가스유속을 빠르게 했을 때 불꽃이 짧아지는 이유는?

① 층류 현상이 생기기 때문에
② 난류 현상으로 연소가 빨라지기 때문에
③ 가스와 공기의 혼합이 잘 안되기 때문에
④ 유속이 빨라서 미처 연소를 못하기 때문에

해설 가스의 유출속도를 점차 빠르게 하면 난류현상으로 연소속도가 빨라지며 불꽃은 엉클어지면서 짧아진다.

56. 증기 엔탈피가 2800[kJ/kg] 이고, 급수 엔탈피가 125[kJ/kg]일 때 증발계수는 약 얼마인가? (단, 100[℃] 포화수가 증발하여 100[℃]의 건포화증기로 되는데 필요한 열량은 2256.9 [kJ/kg] 이다.)

① 1.0
② 1.2
③ 1.4
④ 1.6

해설 증발계수 $= \dfrac{G_e}{G_a} = \dfrac{h_2 - h_1}{2256.9} = \dfrac{2800 - 125}{2256.9} = 1.185$

57. 미분탄연소의 일반적인 특징에 대한 설명 중 틀린 것은?

① 사용연료의 범위가 좁다.
② 부하변동에 대한 적응성이 좋다.
③ 회(灰), 먼지 등이 많이 발생하여 집진장치가 필요하다.
④ 소량의 과잉공기로 단시간에 완전연소가 되므로 연소효율이 높다.

해설 미분탄 연소의 특징
㉮ 적은 공기비로 완전연소가 가능하다.
㉯ 점화, 소화가 쉽고 부하변동에 대응하기 쉽다.
㉰ 대용량에 적당하고, 사용연료 범위가 넓다.
㉱ 연소실 공간을 유효하게 이용할 수 있다.
㉲ 설비비, 유지비가 많이 소요된다.
㉳ 회(灰), 먼지 등이 많이 발생하여 집진장치가 필요하다.
㉴ 연소실 면적이 크고, 폭발의 위험성이 있다.

58. 보일러수 5[ton] 중에 불순물이 40[g] 검출되었다. 함유량은 몇 [ppm]인가?

① 0.008
② 0.08
③ 8
④ 80

해설 ppm(parts per million) : $\dfrac{1}{10^6}$ 함유량으로 [mg/L], [mg/kg], [g/ton]으로 나타낸다.

∴ ppm $= \dfrac{40}{5} = 8$ [ppm]

59. 점화에 대한 설명으로 틀린 것은?

① 연료의 예열온도가 낮으면 무화불량이 발생한다.
② 점화시간이 늦으면 연소실 내로 역화가 발생한다.
③ 연소실의 온도가 낮으면 연료의 확산이 불량해진다.
④ 연료가스의 유출속도가 너무 느리면 실화가 발생한다.

정답 54. ④ 55. ② 56. ② 57. ① 58. ③ 59. ④

해설 점화조작 시 주의사항
㉮ 연료가스의 유출속도가 너무 빠르면 실화 등이 일어나고, 너무 늦으면 역화가 발생한다.
㉯ 연소실의 온도가 낮으면 연료의 확산이 불량지며 착화가 잘 안 된다.
㉰ 연료의 예열온도가 낮으면 무화불량, 화염의 편류, 그을음, 분진이 발생한다.
㉱ 연료의 예열온도가 높으면 기름이 분해되고, 분사각도가 흐트러져 분무상태가 불량해지며, 탄화물이 생성한다.
㉲ 유압이 낮으면 점화 및 분사가 불량하고, 높으면 그을음이 축적된다.
㉳ 무화용 매체가 과다하면 연소실 온도가 떨어지고 점화가 불량해지고, 과소일 경우는 불꽃이 발생하고 역화 발생의 원인이 된다.
㉴ 점화시간이 늦으면 연소실 내로 연료가 유입되어 역화의 원인이 된다.
㉵ 프리퍼지 시간(30초~3분 정도)이 너무 길면 연소실의 냉각을 초래하고, 너무 짧으면 역화를 일으킨다.

60. 보일러에서 가장 기본이 되는 제어는?
① 추종 제어 ② 시퀀스 제어
③ 피드백 제어 ④ 수동 제어

해설 시퀀스 제어(sequence control : 개[開]회로) : 미리 순서에 입각해서 다음 동작이 연속 이루어지는 제어로 자동판매기, 보일러의 점화 등이 있다.

4과목 - 열설비 안전관리 및 검사기준

61. 증기보일러에서 안전밸브는 2개 이상 설치하여야 하지만 전열면적이 몇 [m²] 이하이면 1개 이상으로 해도 되는가?
① 10[m²] 이하 ② 30[m²] 이하
③ 50[m²] 이하 ④ 100[m²] 이하

해설 안전밸브의 개수
㉮ 증기보일러에는 2개 이상의 안전밸브를 설치하여야 한다. 다만, 전열면적 50[m²] 이하의 증기보일러에서는 1개 이상으로 한다.
㉯ 관류보일러에서 보일러와 압력방출장치와의 사이에 체크밸브를 설치할 경우 압력방출장치는 2개 이상이어야 한다.

62. 주철제 보일러의 최고사용압력이 0.43[MPa]를 초과할 때 수압시험 압력은?
① 최고사용압력의 2배의 압력
② 최고사용압력의 3배의 압력
③ 최고사용압력의 1.5배에 0.2[MPa]를 더한 압력
④ 최고사용압력의 1.3배에 0.3[MPa]를 더한 압력

해설 주철제 보일러 수압시험 압력
㉮ 보일러의 최고사용압력이 0.43[MPa] 이하 일 때는 그 최고사용압력의 2배의 압력으로 한다. 다만, 시험압력이 0.2[MPa] 미만인 경우에는 0.2[MPa]로 한다.
㉯ 보일러의 최고사용압력이 0.43[MPa]를 초과 할 때는 그 최고사용압력의 1.3배에 0.3[MPa]을 더한 압력으로 한다.

63. 이상(異狀) 소화현상이 발생하는 경우의 원인 설명으로 틀린 것은?
① 적정량의 연소용 공기가 공급될 때
② 중유의 예열온도가 낮아 압력이 낮아지는 경우
③ 중유의 공급 온도저하와 급격한 연소량의 변동이 있을 경우
④ 오일스트레이너가 막히거나 펌프 흡입구에서 급유온도가 저하하는 경우

해설 이상(異狀) 소화현상 발생원인
㉮ 버너의 팁, 노즐 등이 카본이나 소손에 의하여 막혀 있는 경우
㉯ 연료 속에 수분이나 공기가 많이 함유되어 있는 경우
㉰ 분사용 증기 및 공기의 공급량이 연료량에 비해 과대 또는 과소한 경우
㉱ 분사용 증기 및 공기에 응축수가 많이 혼합되어 있는 경우
㉲ 중유를 과열하여 중유가 유관 내나 가열기 내에서 가스화하여 중유의 흐름이 중단되는 경우
㉳ 중유의 예열온도가 너무 낮아 분무상태가 불량한 경우
㉴ 연료 배관 중의 스트레이너가 막혀 있는 경우
㉵ 급유펌프의 고장 또는 이상이 있는 경우

정답 60. ② 61. ③ 62. ④ 63. ①

64_ 보일러의 저수위 사고의 원인이 아닌 것은?

① 상용수위 유지
② 수면계의 수위 오판
③ 분출장치의 누수
④ 급수펌프의 고장

해설 저수위 사고 원인
㉮ 급수탱크 내 급수량이 부족한 경우
㉯ 증기 취출량이 과대한 경우
㉰ 급수장치의 고장이나 이상으로 급수능력의 저하 또는 급수가 되지 않을 때
㉱ 급수밸브나 급수 역지밸브의 고장 등으로 보일러 수가 급수 배관이나 급수탱크로 역류한 경우
㉲ 수면계 지시불량으로 수위를 오인한 경우
㉳ 자동급수제어장치의 고장이나 오동작이 생긴 경우
㉴ 캐리오버 현상 등으로 보일러수가 증기와 함께 취출되는 경우
㉵ 급수탱크 내 급수온도가 너무 높은 경우
㉶ 보일러 연결부에서 누출이 되는 경우
㉷ 급수장치가 증발능력에 비해 과소한 경우

65_ 보일러의 과열에 의한 압궤(collapse)의 발생 부분이 아닌 것은?

① 노통 상부
② 화실 천장
③ 연관
④ 거짓스테이

해설 압궤 및 팽출
㉮ 압궤(collapse) : 노통, 연소실, 연관, 관판 등과 같이 압축응력을 받는 부분이 압력에 견디지 못하고 안쪽으로 들어가는 현상이다.
㉯ 팽출(bulge) : 동체, 수관, 겔로웨이관 등과 같이 인장응력을 받는 부분이 압력에 견디지 못하고 바깥쪽으로 부풀어 나오는 현상이다.

66_ 에너지법에서 정한 용어의 정의에 대한 설명으로 틀린 것은?

① 에너지란 연료·열 및 전기를 말한다.
② 연료란 석유·가스·석탄, 그 밖에 열을 발생하는 열원을 말한다.
③ 에너지사용자란 에너지를 전환하여 사용하는 자를 말한다.
④ 에너지사용기자재란 열사용기자재나 그 밖에 에너지를 사용하는 기자재를 말한다.

해설 용어의 정의 : 에너지법 제2조
㉮ "에너지"란 연료, 열 및 전기를 말한다.
㉯ "연료"란 석유, 가스, 석탄 그 밖에 열을 발생하는 열원을 말한다. 다만, 제품의 원료로 사용하는 것을 제외한다.
㉰ "에너지사용시설"이란 에너지를 사용하는 공장, 사업장 등의 시설이나 에너지를 전환하여 사용하는 시설을 말한다.
㉱ "에너지사용자"란 에너지사용시설의 소유자 또는 관리자를 말한다.
㉲ "에너지공급설비"란 에너지를 생산, 전환, 수송 또는 저장하기 위하여 설치하는 설비를 말한다.
㉳ "에너지공급자"란 에너지를 생산, 수입, 전환, 수송, 저장 또는 판매하는 사업자를 말한다.
㉴ "에너지사용기자재"란 열사용기자재나 그 밖에 에너지를 사용하는 기자재를 말한다.
㉵ "열사용기자재"란 연료 및 열을 사용하는 기기, 축열식 전기기기와 단열성 자재로서 산업통상자원부령으로 정하는 것을 말한다.

67_ 에너지이용 합리화법에 따라 에너지이용 합리화 기본계획에 대한 설명으로 틀린 것은?

① 기본계획에는 에너지이용효율의 증대에 관한 사항이 포함되어야 한다.
② 기본계획에는 에너지절약형 경제구조로의 전환에 관한 사항이 포함되어야 한다.
③ 시·도지사는 기본계획을 수립하려면 관계 행정기관의 장과 협의한 후 산업통상자원부장관의 심의를 거쳐야 한다.
④ 산업통상자원부장관은 기본계획을 수립하기 위하여 필요하다고 인정하는 경우 관계 행정기관의 장에게 필요 자료 제출을 요청할 수 있다.

해설 에너지이용 합리화 기본계획 : 에너지이용 합리화법 제4조
⑴ 기본계획에 포함되어야 할 사항
㉮ 에너지절약형 경제구조로의 전환
㉯ 에너지이용효율의 증대
㉰ 에너지이용 합리화를 위한 기술개발
㉱ 에너지이용 합리화를 위한 홍보 및 교육
㉲ 에너지원간 대체(代替)
㉳ 열사용기자재의 안전관리
㉴ 에너지이용합리화를 위한 가격예시제의 시행에 관한 사항

정답 64. ① 65. ④ 66. ③ 67. ③

㉮ 에너지의 합리적인 이용을 통한 온실가스의 배출을 줄이기 위한 대책
㉯ 그 밖에 에너지이용 합리화를 추진하기 위하여 필요한 사항으로서 산업통상자원부령으로 정하는 사항
(2) 산업통상자원부장관이 기본계획을 수립하려면 관계 행정기관의 장과 협의한 후 에너지법 제9조에 따른 에너지위원회의 심의를 거쳐야 한다.
(3) 산업통상자원부 장관은 기본계획을 수립하기 위하여 필요하다고 인정하는 경우 관계 행정기관의 장에게 필요한 자료를 요청할 수 있다.

68_ 보일러 파열사고의 원인과 거리가 먼 것은?

① 과열 ② 부식
③ 고수위 ④ 압력초과

해설 사고의 원인
㉮ 제작상의 원인 : 재료불량, 강도부족, 설계불량, 구조불량, 부속기기 설비의 미비, 용접불량 등
㉯ 취급상의 원인 : 압력초과, 저수위, 급수처리 불량, 부식, 과열, 미연소가스 폭발사고, 부속기기 정비불량 등

69_ 검사대상기기 설치자는 검사대상기기 관리자를 해임하거나 관리자가 퇴직하는 경우 다른 검사대상기기 관리자를 언제까지 선임해야 하는가?

① 해임 또는 퇴직 후 5일 이내
② 해임 또는 퇴직 후 10일 이내
③ 해임 또는 퇴직 후 20일 이내
④ 해임 또는 퇴직 이전

해설 검사대상기기 관리자의 선임(에너지이용 합리화법 제40조 4항) : 검사대상기기 설치자는 검사대상기기 관리자를 해임하거나 검사대상기기 관리자가 퇴직하는 경우에는 해임이나 퇴직 이전에 다른 검사대상기기 관리자를 선임하여야 한다.

70_ 다음 중 에너지원별 에너지열량 환산기준으로 틀린 것은? (단, 총발열량기준이다.)

① 원유 : 45[MJ/kg]
② 도시가스(LNG) : 43.1[MJ/Nm³]
③ 등유 : 36.7[MJ/L]
④ 전기(소비기준) : 860[kcal/kWh]

해설 에너지원별 에너지열량 환산기준 : 에너지법 시행규칙 별표

구분	총발열량	순발열량
원유	45.0[MJ/kg]	42.2[MJ/kg]
도시가스(LNG)	43.1[MJ/Nm³]	38.9[MJ/Nm³]
등유	36.7[MJ/L]	34.2[MJ/L]
전기(발전기준)	8.9[MJ/kWh]	8.9[MJ/kWh]
전기(소비기준)	9.6[MJ/kWh]	9.6[MJ/kWh]

※ ④번 항목은 '최종 에너지사용자가 사용하는 전력량 값을 열량 값으로 환산할 경우에 1[kWh] = 860[kcal]를 적용'하는 값이다.

71_ 에너지다소비사업자는 전년도의 에너지사용량, 제품생산량 등의 사항을 언제까지 신고하여야 하는가?

① 매년 1월 31일 ② 매년 3월 31일
③ 매년 6월 30일 ④ 매년 12월 31일

해설 에너지다소비사업자의 신고(에너지이용 합리화법 제31조) : 에너지사용량이 대통령령으로 정하는 기준량 이상인 자("에너지다소비사업자"라 한다)는 다음 각 호의 사항을 산업통상자원부령이 정하는 바에 따라 매년 1월 31일까지 그 에너지사용시설이 있는 지역을 관할하는 시·도지사에게 신고하여야 한다.
㉮ 전년도의 분기별 에너지사용량·제품생산량
㉯ 해당 연도의 분기별 에너지사용량·제품생산예정량
㉰ 에너지사용기자재의 현황
㉱ 전년도의 분기별 에너지이용 합리화 실적 및 해당 연도의 분기별 계획
㉲ 에너지관리자의 현황

72_ 보일러의 만수보존법에 대한 설명으로 틀린 것은?

① 밀폐 보존방식이다.
② 겨울철 동결에 주의하여야 한다.
③ 보통 2~3개월의 단기보존에 사용된다.
④ 보일러 수는 pH6 정도 유지되도록 한다.

해설 만수(滿水) 보존법 특징
㉮ 보일러 내부에 관수를 충만시켜 보존하는 밀폐식 보존 방식이다.
㉯ 보존 기간이 보통 2~3개월 정도인 경우에 적합하다.
㉰ 보일러 구조상 건식 보존법이 곤란한 경우에 적용한다.
㉱ 겨울철 동결에 주의하여야 한다.
㉲ 가성소다(NaOH), 아황산소다(Na_2SO_4), 히드라진 등의 알칼리성 약제를 사용한다.
㉳ 보일러수는 pH11 정도로 유지되도록 한다.

73_ 에너지이용 합리화법령상 열사용기자재에 해당하는 것은?
① 금속요로
② 선박용 보일러
③ 고압가스 압력용기
④ 철도차량용 보일러

해설 열사용 기자재
(1) 종류 : 에너지이용 합리화법 시행규칙 별표1

구분	품목명
보일러	강철제 보일러, 주철제 보일러, 소형 온수보일러, 구멍탄용 온수보일러, 축열식 전기보일러
태양열 집열기	태양열 집열기
압력용기	1종 압력용기, 2종 압력용기
요로	요업요로, 금속요로

(2) 열사용 기자재에서 제외되는 것
㉮ 전기사업자가 설치하는 발전소의 발전(發電) 전용 보일러 및 압력용기
㉯ 철도사업을 하기 위하여 설치하는 기관차 및 철도차량용 보일러
㉰ 고압가스 안전관리법, 액화석유가스의 안전관리 및 사업법에 따라 검사를 받는 보일러 및 압력용기
㉱ 선박용 보일러 및 압력용기
㉲ 전기용품 및 생활용품 안전관리법 및 의료기기법의 적용을 받는 2종 압력용기
㉳ 산업통상자원부장관이 인정하는 수출용 열사용기자재

74_ 에너지이용 합리화법령에 따라 사용연료를 변경함으로써 검사대상이 아닌 보일러가 검사대상으로 되었을 경우에 해당되는 검사는?
① 구조검사
② 설치검사
③ 개조검사
④ 재사용검사

해설 설치검사의 적용대상(에너지이용 합리화법 시행규칙 별표 3의4) : 신설한 경우의 검사(사용연료의 변경에 의하여 검사대상이 아닌 보일러가 검사대상으로 되는 경우의 검사를 포함한다.)

75_ 온수발생 보일러의 전열면적이 25[m^2]일 경우 방출관의 안지름은?
① 25[mm] 이상
② 30[mm] 이상
③ 40[mm] 이상
④ 50[mm] 이상

해설 온수발생 보일러의 방출관 크기

전열면적[m^2]	방출관의 안지름[mm]
10 미만	25 이상
10 이상 15 미만	30 이상
15 이상 20 미만	40 이상
20 이상	50 이상

76_ 에너지이용 합리화법에 따라 가스를 사용하는 소형온수보일러인 경우 검사대상기기의 적용기준은?
① 가스사용량이 시간당 17[kg]을 초과하는 것
② 가스사용량이 시간당 20[kg]을 초과하는 것
③ 가스사용량이 시간당 27[kg]을 초과하는 것
④ 가스사용량이 시간당 30[kg]을 초과하는 것

해설 검사대상기기 중 소형 온수보일러 적용범위(에너지이용 합리화법 시행규칙 별표3의3) : 가스를 사용하는 것으로서 가스사용량이 17[kg/h](도시가스는 232.6[kW])를 초과하는 것

77_ 에너지이용 합리화법에 따라 용접검사신청서 제출 시 첨부하여야 할 서류가 아닌 것은?
① 용접 부위도
② 비파괴시험 성적서
③ 검사대상기기의 설계도면
④ 검사대상기기의 강도계산서

정답 73. ① 74. ② 75. ④ 76. ① 77. ②

[해설] 용접검사 신청 서류(에너지이용 합리화법 시행규칙 제31조의14) : 검사대상기기의 용접검사를 받으려는 자는 다음 각 호의 서류를 첨부하여야 한다.
㉮ 용접 부위도 1부
㉯ 검사대상기기의 설계도면 2부
㉰ 검사대상기기의 강도계산서 1부

78. 에너지법에 따라 지역에너지계획은 몇 년 이상을 계획 기간으로 하여 수립·시행하는가?

① 3년 ② 5년
③ 7년 ④ 10년

[해설] 지역에너지계획의 수립(에너지법 제7조) : 특별시장, 광역시장, 도지사 또는 특별자치도지사는 관할 구역의 지역적 특성을 고려하여 에너지기본계획의 효율적인 달성과 지역 경제의 발전을 위한 지역에너지계획을 5년마다 5년 이상을 계획기간으로 하여 수립, 시행하여야 한다.

79. 에너지이용 합리화법에 따라 효율관리기자재의 제조업자는 해당 효율관리기자재의 에너지 사용량을 어느 기관으로부터 측정 받아야 하는가?

① 검사기관 ② 시험기관
③ 확인기관 ④ 진단기관

[해설] 효율관리기자재 에너지 사용량 측정(에너지이용 합리화법 제15조 제2항) : 효율관리기자재의 제조업자 또는 수입업자는 산업통상자원부장관이 지정하는 시험기관("효율관리시험기관"이라 한다)에서 해당 효율관리기자재의 에너지 사용량을 측정 받아 에너지소비효율등급 또는 에너지소비효율을 해당 효율관리기자재에 표시하여야 한다.

80. 보일러의 외부청소 방법 중 압축공기와 모래를 분사하는 방법은?

① 샌드 브라스트법
② 스틸 쇼트 크리닝법
③ 스팀 소킹법
④ 에어 소킹법

[해설] 외부청소방법의 종류
㉮ 수공구 사용법
㉯ 그을음 불어내기(soot blower)
㉰ 샌드 브라스트(sand blast) 또는 에어소킹법
㉱ 스팀 소킹법(steam soaking)
㉲ 워터 소킹법(water soaking)
㉳ 수세(washing)법
㉴ 스틸 쇼트 크리닝법
※ 샌드 브라스트(sand blast) : 압축공기로 모래를 전열면의 그을음에 불어 날려서 제거하는 방법이다.

정답 78. ② 79. ② 80. ①

2023년 에너지관리산업기사
CBT 필기시험 복원문제 02

1과목 - 열 및 연소설비

01_ 연료 중 유황이나 회분은 거의 포함하지 않으나 쉽게 인화하여 화재 및 폭발의 위험이 큰 연료는?
① B-C 유　　② 코크스
③ 중유　　　④ LPG

해설 LPG : 액화석유가스로 제조 시 불순물이 제거되므로 유황이나 회분 등이 포함되지 않으며 상온에서 기체 상태로 존재하여 화재 및 폭발의 위험이 크다.

02_ 다음 중 기체연료의 연소 형태로서 옳은 것은?
① 확산연소　　② 증발연소
③ 표면연소　　④ 분해연소

해설 연소의 형태 분류
㉮ 표면연소 : 목탄(숯), 코크스 등의 연소
㉯ 분해연소 : 휘발분이 있는 고체연료(종이, 석탄, 목재 등) 또는 증발이 일어나기 어려운 액체연료(중유 등)의 연소
㉰ 증발연소 : 가솔린, 등유, 경유, 알코올, 양초 등의 연소
㉱ 확산연소 : 기체연료의 연소
㉲ 자기연소 : 셀룰로이드류, 질산에스테르류, 히드라진 등 제5류 위험물의 연소

03_ 열역학 제1법칙을 설명한 것으로 옳은 것은?
① 에너지 보존의 법칙이다.
② 열은 온도가 높은 곳에서 낮은 곳으로 흐른다.
③ 얻은 열을 완전히 일로 변환시킬 수 있는 장치는 없다.
④ 한계에 있어서 유한수의 조작으로 절대 0도에 도달할 수는 없다.

해설 열역학 제1법칙 : 에너지 보존의 법칙이라 하며 기계적 일이 열로 변하거나, 열이 기계적 일로 변할 때 이들의 비는 일정한 관계가 성립된다.

04_ 보일러 연소장치인 보염장치의 설치 목적이 아닌 것은?
① 연료의 분무를 돕는다.
② 안정된 착화를 도모한다.
③ 화염의 형상을 조절한다.
④ 공기와 연료의 혼합을 방지한다.

해설 보염장치의 설치 목적
㉮ 화염의 형상 조절
㉯ 안정된 착화도모
㉰ 전열효율 촉진
㉱ 공기와 연료의 혼합 촉진

05_ 내용적 20[m³]의 용기에 공기가 들어 있다. 처음에 그 압력 및 온도를 측정하였더니 6[kPa], 20[℃]이었는데 열을 공급하고 1시간 후에 측정하였더니 압력이 7[kPa]이었다. 이 사이에 용기 내에 있는 공기에 전해진 열량은 약 몇 [kJ]인가? (단, 공기 정적비열 0.17[kJ/kg·K], 용기 변형은 없다.)
① 11.58　　② 11.85
③ 12.50　　④ 18.00

해설 ㉮ 용기 속의 공기 무게 계산 : SI단위 이상기체 상태방정식 $PV = GRT$를 이용하여 질량 G를 구하며, 공기의 분자량은 29를 적용한다.

$$\therefore G = \frac{PV}{RT} = \frac{6 \times 20}{\frac{8.314}{29} \times (273+20)} = 1.428 \text{[kg]}$$

※ 이상기체 상태방정식 3가지 공식의 각 기호의 의미와 그 단위는 교재 9쪽~10쪽에 수록된 내용을 참고하여 숙지하길 바랍니다.

으답 01. ④　02. ①　03. ①　04. ④　05. ②

㉯ 열을 공급한 후 온도 계산 : 보일-샤를의 법칙

$\dfrac{P_1 V_1}{T_1} = \dfrac{P_2 V_2}{T_2}$ 에서 T_2를 구하며, 용기 변형은 없으므로 $V_1 = V_2$ 이다.

$\therefore T_2 = \dfrac{P_2 T_1}{P_1} = \dfrac{7 \times (273+20)}{6} = 341.833 \, [\text{K}]$

㉰ 가열량 계산 : 현열식을 이용하여 구한다.

$\therefore Q = G \times C_v \times (T_2 - T_1)$
$= 1.428 \times 0.17 \times \{341.833 - (273+20)\}$
$= 11.854 \, [\text{kJ}]$

06_ 30[℃]의 연료 10[kg]을 520[℃]까지 가열하는데 필요한 열량은 몇 [kJ] 인가? (단, 이 연료의 비열은 0.3[kJ/kg·℃] 이다.)

① 1060
② 1470
③ 1670
④ 2560

해설 30[℃]에서 520[℃]까지 가열하는데 필요한 열량은 현열이다.

$\therefore Q = G \times C \times \Delta t$
$= 10 \times 0.3 \times (520-30) = 1470 \, [\text{kJ}]$

07_ 이론공기량을 설명한 것으로 옳은 것은?

① 완전 연소에 필요한 1차 공기량
② 완전 연소에 필요한 2차 공기량
③ 완전 연소에 필요한 최소 공기량
④ 완전 연소에 필요한 최대 공기량

해설 이론공기량 : 단위량의 연료가 완전 연소할 때 필요로 하는 최소 공기량이다.

08_ 액체 연료 연소방식에서 연료를 무화시키는 목적이 아닌 것은?

① 연소효율을 높이기 위하여
② 연소실의 열부하를 낮게 하기 위하여
③ 연료 단위 중량당 표면적을 크게 하기 위하여
④ 연료와 연소용 공기의 혼합을 고르게 하기 위하여

해설 무화의 목적
㉮ 단위 중량당 표면적을 크게 한다.
㉯ 주위 공기와 혼합을 양호하게 한다.
㉰ 연소효율을 향상시킨다.
㉱ 연소실을 고부하로 유지한다.

09_ 압력이 200[kPa]로 일정한 상태로 유지되는 실린더 내의 이상기체가 체적 0.3[m³]에서 0.4[m³]로 팽창될 때 이상기체가 한 일의 양은 몇 [kJ]인가?

① 20
② 40
③ 60
④ 80

해설 $W = P(V_2 - V_1) = 200 \times (0.4-0.3) = 20 \, [\text{kJ}]$

10_ 이상기체의 비열에는 정적비열(C_v)과 정압비열(C_p)이 있다. 이들 사이의 관계 중 올바른 것은?

① 정적비열은 정압비열과 항상 같다.
② 정적비열은 정압비열보다 항상 크다.
③ 정적비열은 정압비열보다 항상 작다.
④ 정적비열과 정압비열은 서로 아무런 관계가 없다.

해설 비열비
㉮ 비열비 : 정압비열과 정적비열의 비로 항상 1보다 크다.

$\therefore k = \dfrac{C_p}{C_v} > 1$

㉯ 정압비열은 정적비열보다 항상 크다. (정적비열은 정압비열보다 항상 적다.)

11_ 여과 집진장치를 설명한 것으로 틀린 것은?

① 건식 집진장치의 한 종류이다.
② 집진효율이 좋고, 설비비용이 적게 든다.
③ 100[℃] 이상의 고온가스, 습가스의 처리에 적합하다.
④ 외형상의 여과속도가 느릴수록 미세한 입자를 포집할 수 있다.

정답 06. ② 07. ③ 08. ② 09. ① 10. ③ 11. ③

해설 여과 집진장치 : 함진가스를 여과재(filter)에 통과시켜 분진입자를 분리, 포착시키는 집진장치로 백필터(bag filter)가 대표적이다. 집진효율이 양호하지만 고온가스, 습가스 처리에는 부적합하다.

12_ 엔탈피가 3140[kJ/kg]인 과열증기가 노즐에서 저속상태로 들어와 출구에서 엔탈피가 3010[kJ/kg]인 상태로 나갈 때 출구에서의 수증기 속도는 약 몇 [m/s]인가?

① 16 ② 25
③ 160 ④ 510

해설 노즐 출구에서의 속도 계산 시 단위 정리가 될 수 있도록 엔탈피 단위는 [J/kg]을 적용한다.

$$\therefore w_2 = \sqrt{2 \times (h_1 - h_2)}$$
$$= \sqrt{2 \times (3140 - 3010) \times 1000}$$
$$= 509.901 \text{ [m/s]}$$

※ 단열유동에서 증기 유출속도를 계산할 때 입구를 '1'번, 출구를 '2'번으로 구분한다.

13_ 연소용 공기를 송풍기로 노입구에서 대기압보다 높은 압력으로 보내는 통풍방식은?

① 자연통풍 ② 압입통풍
③ 흡입통풍 ④ 평형통풍

해설 통풍방법의 분류
(1) 자연통풍 : 연돌에 의한 통풍방식으로 배기가스와 외부공기와의 비중량차에 의해서 통풍력이 발생되는 것
(2) 강제통풍 : 송풍기를 이용하는 것
  ㉮ 압입 통풍 : 송풍기를 연소실 앞에 두고 연소용 공기를 대기압 이상의 압력으로 연소실에 밀어 넣는 방식
  ㉯ 흡입 통풍 : 송풍기를 연도 중에 설치하여 연소 배기가스를 직접 흡입하여 강제로 배출시키는 방법
  ㉰ 평형 통풍 : 압입통풍과 흡입통풍을 병행하는 방식

14_ 압력 0.2[MPa], 온도 200[℃]의 이상기체 2[kg]이 가역단열과정으로 팽창하여 압력이 0.1[MPa]로 변화하였다. 이 기체의 최종온도는? (단, 이 기체의 비열비는 1.4 이다.)

① 92[℃] ② 115[℃]
③ 365[℃] ④ 388[℃]

해설 단열과정의 온도(T)와 압력(P)의 관계식
$$\frac{T_2}{T_1} = \left(\frac{P_2}{P_1}\right)^{\frac{k-1}{k}}$$ 에서 최종온도 T_2를 구한다.

$$\therefore T_2 = T_1 \times \left(\frac{P_2}{P_1}\right)^{\frac{k-1}{k}}$$
$$= (273+200) \times \left(\frac{0.1}{0.2}\right)^{\frac{1.4-1}{1.4}}$$
$$= 388.018 \text{[K]} - 273 = 115.018 \text{[℃]}$$

15_ 압력 120[kPa], 온도 40[℃]인 배기가스 분석결과 N_2 70[vol%], CO_2 15[vol%], O_2 11[vol%], CO 4[vol%]일 때 배기가스 0.2[m³]의 질량은 약 몇 [kg]인가?

① 0.11 ② 0.13
③ 0.25 ④ 0.28

해설 ㉮ 배기가스 평균분자량 계산 : 배기가스 성분의 고유분자량에 체적비를 곱한 값을 합산한 것이 평균분자량이며, 각 성분의 분자량은 질소(N_2) 28, 이산화탄소(CO_2) 44, 산소(O_2) 32, 일산화탄소(CO) 28이다.
$$\therefore M = (28 \times 0.7) + (44 \times 0.15)$$
$$+ (32 \times 0.11) + (28 \times 0.04) = 30.84$$
㉯ 배기가스 0.2[m³]의 질량 계산 : SI단위 이상기체 상태방정식 $PV = GRT$를 이용하여 질량 G를 구한다.
$$\therefore G = \frac{PV}{RT} = \frac{120 \times 0.2}{\frac{8.314}{30.84} \times (273+40)} = 0.284 \text{ [kg]}$$

※ 이상기체 상태방정식 3가지 공식의 각 기호의 의미와 그 단위는 교재 9쪽~10쪽에 수록된 내용을 참고하여 숙지하길 바랍니다.

16_ 열전달에 대한 설명으로 틀린 것은?
① 열전달에는 전도, 대류, 복사의 3방식이 있다.
② 대류 전열에는 자연대류와 강제대류 방식이 있다.
③ 중간 열매체를 통하지 않고 열이 이동되는 형태는 복사이다.

정답 12. ④ 13. ② 14. ② 15. ④ 16. ④

④ 유체의 밀도차에 의한 유동에 의해 열이 전달되는 형태는 전도이다.

해설 열의 이동방법
㉮ 전도(conduction) : 고체를 매개체로 하여 열이 고온에서 저온으로 이동하는 현상으로 퓨리에의 법칙이 적용된다.
㉯ 대류(convection) : 고체 벽이 온도가 다른 유체와 접촉하고 있을 때 유체에 유동이 생기면서 열이 유동하는 현상으로 뉴턴의 냉각법칙이 적용된다.
㉰ 복사(radiation) : 중간의 매개물 없이 한 물체에서 다른 물체로 열 에너지가 이동하는 현상으로 스테판 볼츠만의 법칙이 성립한다.

17. 다음 연료 중 총(고위)발열량과 진(저위)발열량이 같은 것은?
① 수소
② 메탄
③ 프로판
④ 일산화탄소

해설 고위발열량과 저위발열량의 차이는 연소 시 생성된 물의 증발잠열에 의한 것이고, 물은 수소와 산소로 이루어진 것이므로 연료 성분 중 수소 원소가 없는 일산화탄소가 고위발열량과 저위발열량이 같아지는 경우이다.

18. 냉동 사이클의 작업 유체(working fluid)인 냉매(refrigerant)의 구비조건으로 가장 거리가 먼 것은?
① 증발잠열이 클 것
② 임계온도가 낮을 것
③ 응축압력이 낮을 것
④ 열전달 특성이 좋을 것

해설 냉매의 구비조건
㉮ 응고점이 낮고 임계온도가 높으며 응축, 액화가 쉬울 것
㉯ 응축압력이 높지 않을 것
㉰ 증발잠열이 크고 기체의 비체적이 적을 것
㉱ 오일과 냉매가 작용하여 냉동장치에 악영향을 미치지 않을 것
㉲ 화학적으로 안정하고 분해하지 않을 것
㉳ 금속에 대한 부식성 및 패킹재료에 악영향이 없을 것
㉴ 인화 및 폭발성이 없을 것
㉵ 인체에 무해할 것(비독성가스일 것)
㉶ 액체의 비열은 작고, 기체의 비열은 클 것
㉷ 경제적일 것(가격이 저렴할 것)

19. 대도시의 광화학 스모그(smog) 발생의 원인 물질로 문제가 되는 것은?
① NOx
② He
③ CO
④ CO_2

해설 질소산화물(NOx)은 연료가 연소할 때 공기중의 질소와 산소가 반응하여 발생되는 것으로 연소온도가 높고, 과잉공기량이 많을 때 발생량이 증가하며 대도시의 광화학적 스모그(smog)의 발생 원인이 된다.

20. 외부로부터 열을 받지도 않고 외부로 열을 방출하지도 않는 상태에서 가스를 압축 또는 팽창시킬 때의 변화는?
① 정압변화
② 정적변화
③ 단열변화
④ 폴리트로픽 변화

해설 이상기체 상태변화의 종류
㉮ 정온(등온)변화 : 온도가 일정한 상태에서의 변화
㉯ 정압(등압)변화 : 압력이 일정한 상태에서의 변화
㉰ 정적(등적)변화 : 체적이 일정한 상태에서의 변화
㉱ 단열변화(등엔트로피 변화) : 열 출입이 없는 상태에서의 변화
㉲ 폴리트로픽 변화 : 변화 중의 압력과 비체적이 $Pv^n = C$(일정)한 상태의 변화

2과목 - 열설비 설치

21. 입형(수직)보일러에서 전열면적을 증대시키고, 물의 순환을 좋게 하고 노통을 보강시키는 역할을 하는 것은?
① 겔로웨이관
② 압력관
③ 액면관
④ 스테이관

해설 겔로웨이 관(galloway tube) : 노통에 직각으로 2~3개 정도 설치한 관으로 전열면적을 증가시키며 보일러 수(水)의 순환을 좋게 하고 노통을 보강하는 역할을 한다.

22. 보일러에 공기예열기를 설치했을 때의 특징 설명으로 틀린 것은?

① 연소상태가 좋아진다.
② 보일러의 열효율이 증가된다.
③ 노 내의 연소속도가 빨라진다.
④ 질이 나쁜 연료는 연소가 불가능하다.

[해설] 공기예열기 사용 시 특징
(1) 장점
  ㉮ 전열효율, 연소효율이 향상된다.
  ㉯ 예열공기의 공급으로 불완전 연소가 감소된다.
  ㉰ 보일러 열효율이 향상된다.
  ㉱ 품질이 낮은 연료도 사용할 수 있다.
(2) 단점
  ㉮ 통풍저항이 증가한다.
  ㉯ 연돌의 통풍력이 저하된다.
  ㉰ 저온부식의 원인이 된다.
  ㉱ 연도의 청소, 검사, 점검이 곤란하다.

23. 용해로, 소둔로, 소성로, 균열로의 분류 방식은?

① 조업방식   ② 전열방식
③ 사용목적   ④ 온도상승속도

[해설] 요(窯)의 분류
  ㉮ 작업진행 방법 : 연속요, 반연속요, 불연속요
  ㉯ 화염의 진행방향 : 승염식(오름 불꽃), 횡염식(옆 불꽃), 도염식(꺽임불꽃식)
  ㉰ 사용연료 : 장작, 석탄, 전기, 가스, 중유 등
  ㉱ 가열방법 : 직접 가열식(직화식), 간접 가열식(머플식), 반 머플식
  ㉲ 구조 및 형상 : 터널요, 회전요, 등요, 윤요, 원요, 각요, 견요, 반 터널요, 셔틀요, 연속식 가마
  ㉳ 소성목적 : 초벌구이, 침구이, 유약구이, 윗그림, 유리용융, 서냉 가마, 플릿 가마
  ㉴ 사용목적 : 용해로, 소둔로, 소성로, 균열로

24. 지역난방 배관시공법에 대한 설명으로 틀린 것은?

① 배관 중 가장 낮은 위치에는 드레인 밸브를 설치하여 드레인을 제거 시킨다.
② 옥외 온수배관은 공기가 정류하도록 1/250 이상의 상향 또는 하향구배를 한다.
③ 감압밸브는 가급적 난방부하의 중앙지점에 설치하며 펌프실은 지역 중 가장 낮은 장소 또는 지역 중앙이 되는 장소가 바람직하다.
④ 지역난방 옥외배관의 접합은 접합개소에 누설을 확실히 방지할 수 있는 방법을 채택하는데 최근 용접에 의한 경우가 많다.

[해설] 옥외 온수배관을 하향구배로 시공하였을 때 공기가 체류하여 온수 순환에 악영향을 미친다.

25. 액면에 부자를 띄워 그것이 상하로 움직이는 위치로써 액면을 측정하는 것은?

① 직관식 액면계   ② 초음파 액면계
③ 플로트식 액면계   ④ 압력식 액면계

[해설] 플로트(float)식 액면계 : 액면 위에 떠 있는 부자(float)의 움직이는 변위를 이용하여 액면을 측정하는 것으로 주로 저장 탱크, 개방 탱크 및 고압 밀폐탱크 등의 액위 측정에 사용된다.

26. 진공 환수식 증기난방 시공에서 증기주관의 선하(先下)구배로 가장 적절한 것은?

① 1/10~1/20   ② 1/200~1/300
③ 1/50~1/75   ④ 1/500~1/600

[해설] 증기난방 배관 구배 및 시공
  ㉮ 단관 중력 환수관식에서 상향 공급식은 1/100~1/200, 하향 공급식은 1/50~1/100 정도의 하향 구배로 한다.
  ㉯ 복관 중력 환수관식에서 건식은 1/200 정도의 하향 구배로 보일러까지 배관한다.
  ㉰ 진공 환수 방식의 증기 주관은 1/200~1/300 정도의 하향 구배로 한다.
  ㉱ 증기지관을 분기할 때는 수직 또는 45° 이상으로 분기한다.
  ㉲ 지름이 다른 관 접합 시에는 편심리듀서를 사용하여 응축수가 고이는 것을 방지한다.
  ※ 선하(先下)구배 : 증기의 응축수가 흐르는 방향을 기준으로 아래쪽으로 기울어져 있는 정도를 나타낸 것으로 '하향 구배'라 한다.

정답 22. ④ 23. ③ 24. ② 25. ③ 26. ②

27. 이음쇠 한쪽에 내장된 그라프링과 O-링에 의한 삽입식 접합으로 나사 및 용접이음이 필요 없고 이음관과의 접합 시 커넥터 및 어댑터를 사용하여 나사 이음을 하는 관은?

① 스테인리스강 이음관
② 열경화성 PVC 이음관
③ 폴리부틸렌관(PB) 이음관
④ 폴리에틸렌관(PE) 이음관

[해설] 폴리부틸렌관(PB) 이음관 : 에이콘 이음이라 하며 본체, 그라프링(grab ring), 오링(O-ring), 캡, 서포트슬리브로 구성되며 관을 연결구에 삽입하여 그라프링과 오링에 의한 이음방법이다.

28. 증기난방 설비에서 고압증기의 관말트랩이나 유닛히터 등에 많이 사용되고 상향식과 하향식이 있는 트랩은?

① 열동식 트랩   ② 버킷 트랩
③ 충동 트랩   ④ 플로트 트랩

[해설] 버킷(bucket) 트랩
㉮ 버킷의 부력을 이용하여 밸브를 개폐하여 응축수를 배출하는 기계식 트랩이다.
㉯ 상향식 트랩과 하향식 트랩으로 분류되며 일반적으로 하향식을 사용한다.
㉰ 고압증기의 관말 트랩이나 유닛, 히터 등에 널리 사용된다.

29. 열전도율이 극히 낮고, 사용온도는 초저온에서 약 80[℃] 전후까지는 보온재로 사용되고, 현장 발포 시 두 가지 액의 화학반응에 의해 생성되므로 숙련된 시공기술 등을 충분히 고려한 후 시공해야 하는 보온재는?

① 블로울
② 경질 폴리우레탄 폼
③ 세라믹울
④ 글라스 폼

[해설] 경질 폴리우레탄 폼 : 폴리올(polyol)과 이소시아네이트(isocyanate)를 주재료로 해서 발포제와 촉매제, 안정제, 난연제 등을 혼합하여 만든 발포 생성물을 지칭하는 것으로 현장 발포 및 다른 재료와의 접착성능이 좋기 때문에 철판 패널 등에 접착시켜 사용하는 경우도 있다. 냉장고, 건축물 단열재, 냉동선, LNG 탱커, 석유 플랜트 등 다양한 분야에 사용되고 있다.

30. 터널 형식의 요로서 작업이 1회씩 단절되는 것으로 고온도기 및 자기제품에 쓰이는 요는?

① 셔틀요(shuttle kiln)
② 터널요(tunnel kiln)
③ 회전요
④ 윤요(ring kiln)

[해설] 셔틀요(shuttle kiln) : 단가마의 단점을 줄이기 위하여 이용되는 것으로 가마 1개당 2대 이상의 대차를 준비하여 1개 대차에서 소성작업을 한 후 냉각파가 생기지 않는 한 대차를 끌어내고, 다른 대차를 밀어 넣어 소성작업을 한다.

31. 보일러나 고압 유체를 취급하는 배관 및 압력용기에 설치하는 안전밸브의 종류가 아닌 것은?

① 리프트식   ② 중추식
③ 지렛대식   ④ 스프링식

[해설] 보일러 및 압력용기 안전밸브 종류
㉮ 스프링식 : 스프링의 탄성(신축)에 의하여 취출압력을 조정하는 것으로 일반적으로 가장 많이 사용하고 있다.
㉯ 중추식 : 주철제 원반을 겹쳐 올린 다음 이것의 무게에 의하여 취출압력을 조정한다.
㉰ 지렛대식 : 추와 지렛대를 이용하며 추의 위치에 따라 취출압력을 조절한다.

32. 증기과열기의 종류를 열가스의 흐름 방향에 따라 분류할 때 해당되지 않는 것은?

① 병류형   ② 직류형
③ 향류형   ④ 혼류형

[해설] 과열기의 분류
㉮ 열가스 접촉에 의한 분류(전열방식, 설치장소) : 접촉 과열기(대류형), 복사 과열기(방사형), 복사 접촉 과열기(방사 대류형)

정답 27. ③ 28. ② 29. ② 30. ① 31. ① 32. ②

㉴ 증기와 열가스의 흐름에 의한 분류 : 병류식, 향류식, 혼류식

33. 최고 사용압력 8.0[MPa], 사용온도 200[℃]인 열매체를 압력 배관용 탄소강관 50[A]로 배관하고자 할 때 스케줄 번호로 가장 적합한 규격은? (단, 관의 인장강도는 420[MPa]이고, 안전율은 4이다.)

① Sch No 60 ② Sch No 80
③ Sch No 100 ④ Sch No 120

[해설] ㉮ 스케줄 번호 계산
∴ $SchNo = 1000 \times \dfrac{P}{S} = 1000 \times \dfrac{8}{\frac{420}{4}} = 76.190$

㉯ 예제에서 스케줄 번호 선택은 76.19보다 큰 80번을 선택한다.

[참고] ㉮ 1[MPa]은 약 10[kgf/cm²]이고, 인장강도 단위 [MPa]은 [N/mm²]과 같다.
㉯ SI단위 [N/mm²]을 공학단위 [kgf/mm²]으로 변환할려면 중력가속도(g) 9.8[m/s²]으로 나눠준다.
㉰ 공학단위 압력 [kgf/cm²], 허용응력 [kgf/mm²]일 때 스케줄 번호 구하는 공식 $SchNo = 10 \times \dfrac{P}{S}$이 SI단위 압력 [MPa], 허용응력 [MPa] 또는 [N/mm²]이면 스케줄 번호 구하는 공식을 $SchNo = 1000 \times \dfrac{P}{S}$으로 적용할 수 있다.

34. 열팽창계수가 다른 2종의 금속 박판을 밀착시켜 만든 것으로 구조가 간단하고 취급이 용이하며 온도 변화에 대한 응답이 늦은 온도계는?

① 열전대 온도계 ② 바이메탈 온도계
③ 침지식 온도계 ④ 고체 팽창식 온도계

[해설] 바이메탈 온도계의 특징
㉮ 유리온도계보다 견고하다.
㉯ 구조가 간단하고, 보수가 용이하다.
㉰ 온도 변화에 대한 응답이 늦다.
㉱ 히스테리시스(hysteresis) 오차가 발생되기 쉽다.
㉲ 온도조절 스위치나 자동기록 장치에 사용된다.
㉳ 작용하는 힘이 크다.
㉴ 측정범위는 -50~500[℃] 이다.

35. 용해로에 대한 설명이 틀린 것은?

① 용해로는 용탕을 만들어 내는 것을 목적으로 한다.
② 전기로에는 형식에 따라 아크로, 저항로, 유도용해로가 있다.
③ 반사로는 내화벽돌로 만든 아치형의 낮은 천장으로 구성되어 있다.
④ 용선로는 자연통풍식과 강제통풍식으로 나뉘며 석탄, 중유, 가스를 열원으로 사용한다.

[해설] 용선로 : 큐폴라(cupola)라 하며 주물을 용해하기 위한 것으로 강판으로 만든 원형 내부를 내화벽돌로 쌓고 내화 점토로 만든 직접형 노로 가장 많이 사용된다. 노내에 코크스, 선철, 석회석 순으로 장입하여 바람구멍으로 공기를 불어 넣어 코크스를 연소시켜 용해한다.

36. 가스와 흡수액의 접촉이 양호한 구조의 피펫을 사용하여 신속하고 간편하게 가스를 분석하는 것으로 가스의 분석순서는 $CO_2 \rightarrow O_2 \rightarrow CO$ 이며, 구조가 간단하고 취급이 용이한 분석법은?

① 오르사트 분석법 ② 열전도율 분석법
③ 헴펠 분석법 ④ 자화율 분석법

[해설] 오르사트식 가스분석 순서 및 흡수제

순서	분석가스	흡수제
1	CO_2	KOH 30[%] 수용액
2	O_2	알칼리성 피로갈롤용액
3	CO	암모니아성 염화 제1구리 용액

37. 보일러 압력계의 검사 시기로 가장 적절하지 않은 것은?

① 점화전이나 교체 후에 검사한다.
② 프라이밍이나 포밍이 일어날 때 검사한다.
③ 부르동관이 높은 열을 접촉한 경우에 검사한다.
④ 신설 보일러의 경우 압력이 오른 후에 검사한다.

[해설] 압력계 검사 시기
㉮ 2개의 압력계가 서로 다르게 지시될 때
㉯ 보일러 운전 중에 포밍, 프라이밍 현상이 발생하는 때
㉰ 압력계의 지시가 정확하지 않다고 판단될 때
㉱ 점화전이나 압력계 교체 후
㉲ 신설 보일러인 경우 압력이 상승하기 전에
㉳ 부르동관이 높은 열을 받았을 때

38. 방열기 입구온도가 90[℃], 출구온도가 70[℃], 실내온도가 20[℃]일 때 방열기의 방열량은 약 몇 [W/m²]인가? (단, 방열기의 방열계수는 8.14[W/m²·℃]이다.)
① 162.8
② 286.8
③ 368.4
④ 488.4

[해설]
$Q_r = K \times \Delta t_m$
$= K \times \left(\dfrac{방열기입구온도 + 출구온도}{2} - 실내온도 \right)$
$= 8.14 \times \left(\dfrac{90+70}{2} - 20 \right) = 488.4 \, [W/m^2]$

39. 관로에 가열된 전열선을 두고 유속에 의한 온도 변화로 유량을 측정하는 것은?
① 용적식 유량계
② 차압식 유량계
③ 면적식 유량계
④ 열선식 유량계

[해설] 열선식 유량계 : 관로에 전열선을 설치하여 유체의 유속변화에 따른 온도 변화로 순간유량을 측정하는 유량계로 유체의 압력손실은 크지 않다. 미풍계, 토마스 유량계, 서멀(thermal) 유량계 등이 있다.

40. 금속 공업로의 에너지 절감대책으로 가장 거리가 먼 것은?
① 처리 재료 보유열을 유효하게 이용한다.
② 배열을 유효하게 이용하고 방사열량의 저감 대책을 마련한다.
③ 연소용 공기의 여열은 연소과정에서 나쁜 영향을 미치므로 곧 바로 방열시킨다.
④ 공연비의 개선 및 노 설비의 유기적 결합에 의한 배열의 효율적인 이용을 기한다.

[해설] 연소용 공기의 여열은 방열시키지 말고 배열 등을 이용하여 예열시켜 공급하여 완전연소가 이루어지도록 한다.

3과목 - 열설비 운전

41. 다우섬, 수은 등을 사용하여 저압에서 고온의 증기를 발생시키는 보일러는?
① 열매체 보일러
② 슐쳐(Sulzer) 보일러
③ 벤슨(Benson) 보일러
④ 라몬트(Lamont) 보일러

[해설] 열매체 보일러 : 특수한 열매체를 사용하여 낮은 압력에서 고온의 증기를 얻을 수 있도록 한 보일러로 사용하는 액체는 다우섬 A·E, 수은, 서큐리티 53, 모빌섬, 카네크롤 등을 사용한다.

42. 자동피드백 제어의 회로 구성에서 조절부에 해당 되는 것은?
① 제어 편차량을 산출하는 부분
② 제어를 하기 위해 제어대상에 가해지는 부분
③ 압력이나 온도, 유량 등의 제어량을 측정하는 부분
④ 제어동작의 신호를 만들어서 조작부로 보내는 부분

[해설] 제어계의 구성
㉮ 검출부 : 제어대상을 계측기를 사용하여 검출하는 과정이다.
㉯ 조절부 : 동작신호를 받아서 제어계가 정해진 동작을 하는데 필요한 신호를 만들어 조작부에 보내는 부분으로 2차 변환기, 비교기, 조절기 등의 기능 및 지시기록 기구를 구비한 계기이다.
㉰ 비교부 : 기준입력과 주피드백량과의 차를 구하는 부분으로서 제어량의 현재값이 목표치와 얼마만큼 차이가 나는가를 판단하는 기구
㉱ 조작부 : 조작량을 제어하여 제어량을 설정치와 같도록 유지하는 기구이다.

정답 38. ④ 39. ④ 40. ③ 41. ① 42. ④

43_ 보일러의 증기압력이 오르기 시작할 때 해야 할 사항이 아닌 것은?

① 급수장치의 기능을 확인한다.
② 공기 배제 후 공기빼기 밸브를 닫는다.
③ 급격한 압력상승이 일어나지 않도록 연소상태를 천천히 조정한다.
④ 증기압이 75[%] 정도 올랐을 때 안전밸브를 닫고 분출시험을 한다.

해설 증기압이 오르기 시작할 때의 취급
㉮ 공기빼기 밸브에서 증기가 나오기 시작하면 공기빼기 밸브를 닫는다.
㉯ 수면계, 압력계, 분출장치, 부속품 연결부에서 누설을 확인한 후 누설되는 곳은 가볍게 조이는 등 점검을 한다.
㉰ 정비한 후 처음 사용하는 보일러는 맨홀, 청소구, 검사구 등 뚜껑 설치부분은 누설유무에 관계없이 완벽하게 더 조인다.
㉱ 압력계의 감시와 압력상승 정도에 따라 연소상태를 조정한다.
㉲ 보일러 수위가 정상수위를 유지하는지 확인한다.
㉳ 급수장치, 급수밸브, 급수체크밸브의 기능을 확인한다.
㉴ 분출은 압력이 상승하는 시점에서 실시하고 분출밸브, 분출콕의 조작이 원활히 될 수 있는지 확인한 후 잠근다.

44_ 보일러 수중의 용존산소에 의해 국부전지작용으로 발생되는 것을 무엇이라 하나?

① 가성 취화
② 점식(pitting)
③ 전면 부식
④ 그루우빙(grooving)

해설 점식(點触 : pitting) : 보일러수가 접하는 내면에 좁쌀알, 쌀알, 콩알 크기의 점 상태(點狀)로 생기는 부식으로 공식 또는 점형부식이라 한다. 부식의 진행속도가 빨라 위험성이 크며, 급수 중에 포함되어 있는 용존산소 때문에 발생한다.

45_ 수질이 산성인지 알칼리성인지를 판단할 수 있는 값을 나타내는 기호는?

① °dH
② pH
③ ppm
④ ppb

해설 pH(수소이온농도지수) : pH1~pH14로 나타내며 값이 작을수록 강산성의 물질이고, 클수록 강알칼리성을 갖는다. (pH7이 중성, pH7 미만이 산성, pH7 초과가 알칼리성이다.)

46_ 보일러의 3요소식 수위제어장치에서 검출 대상에 해당되지 않는 것은?

① 수위
② 증기유량
③ 급수유량
④ 연료량

해설 급수제어방법의 종류 및 검출대상(요소)

명칭	검출대상
1요소식	수위
2요소식	수위, 증기량
3요소식	수위, 증기량, 급수유량

47_ 보일러 액체연료 연소장치인 버너의 공기 조절장치의 구성요소가 아닌 것은?

① 윈드박스
② 호퍼
③ 버너타일
④ 보염기

해설 공기 조절장치(보염장치)의 구성(종류) : 윈드박스(바람상자), 보염기, 버너타일
※ 호퍼(hopper) : 고체연료(석탄) 연소장치에 사용하는 것이다.

48_ 흡수식 냉동기에서 냉매와 흡수제로 사용되는 것을 옳게 나타낸 것은?

① 암모니아 - 물
② 물 - 염화메틸
③ 물 - 프레온22
④ 물 - 메틸클로라이드

해설 흡수식 냉동기의 냉매 및 흡수제

냉매	흡수제
암모니아(NH_3)	물(H_2O)
물(H_2O)	리튬브로마이드(LiBr)
염화메틸(CH_3Cl)	사염화에탄
톨루엔	파라핀유

정답 43. ④ 44. ② 45. ② 46. ④ 47. ② 48. ①

49. 난방부하를 H_1, 급탕부하를 H_2, 배관부하를 H_3, 예열부하를 H_4, 배관부하계수를 α, 예열부하계수를 β 라고 할 때 보일러 용량 Q를 구하는 식으로 맞는 것은?

① $Q = \alpha(H_1 + H_2)$
② $Q = H_1 + H_2 + H_3 + H_4$
③ $Q = \beta(H_1 + H_2)$
④ $Q = H_1 + H_2 + \alpha H_3 + \beta H_4$

해설 ㉮ 온수보일러의 용량은 난방부하(H_1), 급탕부하(H_2), 배관부하(H_3), 예열부하(H_4)를 합산한 것이고, 난방부하와 급탕부하를 합산한 값에는 배관부하계수(α)와 예열부하계수(β)를 적용한 값을 보일러 출력저하계수(k)로 나눈 값이다.
㉯ 온수보일러 용량 계산식
$$\therefore Q = H_1 + H_2 + H_3 + H_4$$
$$= \frac{(H_1 + H_2)(1+\alpha)\beta}{k}$$

50. 보일러수로서 가장 적절한 pH는?
① 5 전후   ② 7 전후
③ 11 전후   ④ 14 이상

해설 원통보일러의 pH(수소이온농도 지수) 값
㉮ 급수 : 7.0~9.0
㉯ 보일러수(水) : 11.0~11.5

51. 자연순환식 수관보일러의 종류가 아닌 것은?
① 야로우 보일러   ② 다쿠마 보일러
③ 스털링 보일러   ④ 라몽트 보일러

해설 수관식 보일러의 종류
㉮ 자연 순환식 보일러 : 바브콕(babcock) 보일러, 다쿠마(dakuma) 보일러, 스털링(stirling) 보일러, 스네기찌 보일러, 야로우(yarrow) 보일러, 2동 D형 보일러 등
㉯ 강제 순환식 보일러 : 라몬트(lamont) 보일러, 벨록스(velox) 보일러 등
㉰ 관류 보일러 : 벤슨(benson) 보일러, 슐쳐(sulzer) 보일러, 소형 관류 보일러 등

52. 급수처리에 있어서 양질의 급수를 얻을 수 있으나 비용이 많이 들어 보급수의 양이 적은 보일러에 주로 사용하는 급수처리 방법은?
① 증류법   ② 여과법
③ 탈기법   ④ 이온교환법

해설 증류법 : 물을 가열하여 발생된 수증기를 냉각시켜 응축수로 만들어 보일러 급수로 사용하는 방법으로 경제성이 높지 않아 일반적인 보일러에서는 사용되지 않고, 선박용 보일러에 사용되는 방법이다.

53. 보일러의 전열면적이 25[m²]이고, 시간당 실제증발량이 1600[kg/h], 발생증기의 엔탈피가 2793[kJ/kg], 급수의 엔탈피가 84[kJ/kg]인 경우 전열면 열부하는 약 몇 [MJ/m²·h]인가?
① 173.4   ② 178.7
③ 184.1   ④ 191.2

해설 $H_b = \dfrac{G_a(h_2-h_1)}{F} = \dfrac{1600 \times (2793-84)}{25}$
$= 173376\,[\text{kJ/m}^2\cdot\text{h}] = 173.376\,[\text{MJ/m}^2\cdot\text{h}]$

54. 다음 중 SI 기본 단위에 속하지 않는 것은?
① 길이   ② 시간
③ 열량   ④ 광도

해설 기본단위의 종류

기본량	길이	질량	시간	전류	물질량	온도	광도
기본단위	m	kg	s	A	mol	K	cd

55. 보일러 수의 불순물 농도가 400[ppm]이고, 1일 급수량이 5000[L]일 때, 이 보일러의 1일 분출량[L/day]은 얼마인가? (단, 급수 중의 불순물 농도는 50[ppm]이고, 응축수는 회수하지 않는다.)
① 688   ② 714
③ 785   ④ 828

해설 응축수는 회수하지 않으므로 응축수 회수율(R)은 0 이다.

$$\therefore X = \frac{W(1-R)d}{r-d} = \frac{5000 \times (1-0.0) \times 50}{400-50} = 714.285 \, [\text{L/day}]$$

56. 보일러 열정산에서 입열항목에 해당되는 것은?

① 발생증기의 흡수열
② 블로다운수의 흡수열
③ 사용 시 연료의 발열량
④ 불완전 연소가스에 의한 열손실

해설 열정산 시 입열 및 출열 항목
(1) 입열(入熱) 항목
  ㉮ 연료의 발열량(연료의 연소열)
  ㉯ 연료의 현열
  ㉰ 공기의 현열
  ㉱ 노내 취입 증기 또는 온수에 의한 입열
(2) 출열(出熱) 항목
  ㉮ 배기가스 보유열량
  ㉯ 증기의 보유열량
  ㉰ 불완전연소에 의한 열손실
  ㉱ 미연분에 의한 열손실
  ㉲ 노벽의 흡수열량
  ㉳ 재의 현열

57. 보일러 급수 내처리제 중 슬러지 조정제이면서 가성취화 방지제 역할을 하는 것은?

① 수산화나트륨, 탄산나트륨
② 아황산나트륨, 히드라진
③ 탄닌, 리그린
④ 황산나트륨, 수산화나트륨

해설 청관제(내처리제)의 종류와 약품
  ㉮ pH 및 알칼리 조정제 : 수산화나트륨(가성소다 : NaOH), 탄산나트륨(Na_2CO_3), 인산나트륨(Na_3PO_4), 인산(H_3PO_4), 암모니아(NH_3)
  ㉯ 연화제 : 수산화나트륨(NaOH), 탄산나트륨(Na_2CO_3), 인산나트륨(Na_3PO_4)
  ㉰ 슬러지 조정제 : 탄닌($C_{76}H_{52}O_{46}$), 리그린, 전분($C_6H_{10}O_5$)
  ㉱ 탈산소제 : 아황산나트륨($Na2SO_3$), 히드라진(N_2H_4), 탄닌
  ㉲ 가성취화 방지제 : 황산나트륨(Na_2SO_4), 인산나트륨(Na_3PO_4), 질산나트륨, 탄닌, 리그린
  ㉳ 기포방지제 : 고급 지방산 폴리아민, 고급 지방산 폴리알콜

58. 목표값이 시간에 따라 미리 결정된 일정한 제어는?

① 추종제어
② 비율제어
③ 프로그램제어
④ 캐스케이드제어

해설 프로그램 제어 : 목표값이 미리 정해진 계측에 따라 시간적 변화를 할 경우 목표값에 따라 변화하도록 하는 제어로 추치제어에 해당된다.

59. 보일러 정지 후 다시 사용에 대비한 조치사항으로 가장 거리가 먼 것은?

① 각종밸브의 누설 유무를 확인한다.
② 기름연소의 경우 버너 팁은 청소를 안 해도 된다.
③ 압력계의 지시압력과 수면계의 표준 수위를 확인한다.
④ 연소실 내의 잔류 여열로 인한 압력 상승은 없는지 확인한다.

해설 버너를 분리하여 팁은 청소를 하고 기름이 누설되는지 확인한다.

60. 매시간 1600[kg]의 연료를 연소시켜 16000[kg/h]의 증기를 발생시키는 보일러의 효율[%]은 약 얼마인가? (단, 연료의 발열량 39800[kJ/kg], 발생증기의 엔탈피 3023[kJ/kg], 급수의 엔탈피 92[kJ/kg]이다.)

① 84.4
② 73.6
③ 65.2
④ 88.9

해설
$$\eta = \frac{G_a \times (h_2 - h_1)}{G_f \times H_l} \times 100$$
$$= \frac{16000 \times (3023 - 92)}{1600 \times 39800} \times 100 = 73.643 \, [\%]$$

정답 56. ③ 57. ③ 58. ③ 59. ② 60. ②

4과목 - 열설비 안전관리 및 검사기준

61. 연소 조작 중의 역화의 원인 설명으로 가장 거리가 먼 것은?

① 불완전한 연소상태가 두드러진 경우
② 연도 댐퍼의 개도를 너무 좁힌 경우
③ 연도 댐퍼가 고장이 나서 닫혀진 경우
④ 압입통풍이 약하거나 흡입통풍이 많은 경우

해설 연소 조작 중의 역화 원인
㉮ 연도 댐퍼의 개도를 너무 좁힌 경우
㉯ 연도 댐퍼가 고장이 나서 닫혀진 경우
㉰ 연소량을 증가시킬 때 공기보다 연료를 먼저 공급한 경우
㉱ 통풍압력이 부적합한 경우(압입통풍의 경우 너무 강한 경우, 흡입통풍의 경우 부족한 경우)
㉲ 평형통풍의 경우 통풍 밸런스가 유지되지 못하는 경우
㉳ 불완전한 연소상태가 두드러진 경우
㉴ 무리한 연소(보일러의 용량 이상으로 연소량을 증가시킨 것)를 한 경우
㉵ 연료 공급량(분무량)이 급격히 증가하는 경우
㉶ 연소 중에 슈트블로워를 할 때 급격히 하여 다량의 그을음이 한꺼번에 노내나 연도에 산란하거나 퇴적한 경우
㉷ 연소실 벽이나 버너타일에 카본이 다량으로 부착된 경우

62. 전열면적이 15[m^2]인 보일러에서 급수밸브 및 체크밸브의 크기는 몇 [A] 이상이어야 하는가?

① 10[A] 이상
② 15[A] 이상
③ 20[A] 이상
④ 25[A] 이상

해설 급수밸브의 크기 : 급수밸브 및 체크밸브의 크기는 전열면적 10[m^2] 이하의 보일러에서는 호칭 15[A] 이상, 전열면적 10[m^2]를 초과하는 보일러에서는 호칭 20[A] 이상이어야 한다.

63. 에너지이용 합리화법상 "소형 온수보일러"라 함은 전열면적과 최고사용압력이 얼마인 온수를 발생하는 보일러인가?

① 전열면적 10[m^2] 이하, 최고사용압력 0.2[MPa] 이하
② 전열면적 15[m^2] 이하, 최고사용압력 0.25[MPa] 이하
③ 전열면적 13[m^2] 이하, 최고사용압력 0.4[MPa] 이하
④ 전열면적 14[m^2] 이하, 최고사용압력 0.35[MPa] 이하

해설 소형온수보일러의 적용범위(에너지이용 합리화법 시행규칙 별표 1) : 전열면적이 14[m^2] 이하이며, 최고사용압력이 0.35[MPa] 이하의 온수를 발생하는 것. 다만, 구멍탄용 온수보일러, 축열식 전기보일러, 가정용 화목보일러 및 가스사용량이 17[kg/h](도시가스는 232.6[kW]) 이하인 가스용 온수보일러를 제외한다.

64. 에너지이용 합리화법상 검사를 받아야 하는 검사대상기기 검사의 종류에 해당 되지 않는 것은?

① 설치검사
② 자체검사
③ 개조검사
④ 설치장소 변경검사

해설 검사의 종류 : 에너지이용 합리화법 시행규칙 별표 3의4
㉮ 제조검사 : 용접검사, 구조검사
㉯ 설치검사
㉰ 개조검사
㉱ 설치장소 변경검사
㉲ 재사용검사
㉳ 계속사용검사 : 안전검사, 운전성능검사

65. 보일러에 2개의 안전밸브가 부착되는 경우 먼저 작동되어야 할 1개는 분출압력을 어떻게 조정하는 것이 가장 적당한가?

① 최고사용압력 이하
② 최고사용압력의 1/2 이상
③ 최고사용압력과 동일하게
④ 최고사용압력보다 5[%] 이상 높게

정답 61. ④ 62. ③ 63. ④ 64. ② 65. ①

해설 안전밸브 작동시험
㉮ 안전밸브의 분출압력은 1개일 경우 최고사용압력 이하, 안전밸브가 2개 이상인 경우 그중 1개는 최고사용압력 이하 기타는 최고사용압력의 1.03배 이하일 것
㉯ 과열기의 안전밸브 분출압력은 증발부 안전밸브의 분출압력 이하일 것
㉰ 재열기 및 독립과열기에 있어서는 안전밸브가 하나인 경우 최고사용압력 이하, 2개인 경우 하나는 최고사용압력 이하이고 다른 하나는 최고사용압력의 1.03배 이하에서 분출하여야 한다. 다만, 출구에 설치하는 안전밸브의 분출압력은 입구에 설치하는 안전밸브의 설정압력보다 낮게 조정되어야 한다.
㉱ 발전용 보일러에 부착하는 안전밸브의 분출정지 압력은 분출압력의 0.93배 이상이어야 한다.

66. 에너지법에서 정한 "에너지공급설비"에 해당되지 않는 것은?
① 에너지 생산설비　② 에너지 전환설비
③ 에너지 판매설비　④ 에너지 저장설비

해설 에너지 공급설비(에너지법 제2조) : 에너지를 생산, 전환, 수송 또는 저장하기 위하여 설치하는 설비를 말한다.

67. 검사대상기기의 설치자가 사용 중인 검사대상기기를 폐기한 경우에는 그 폐기한 날부터 며칠 이내에 신고하여야 하는가?
① 7일　② 10일
③ 15일　④ 20일

해설 검사대상기기의 폐기신고(에너지이용 합리화법 시행규칙 제31조의23) : 검사대상기기의 설치자가 사용 중인 검사대상기기를 폐기한 경우에는 폐기한 날부터 15일 이내에 폐기신고서를 공단이사장에게 제출하여야 한다.

68. 에너지이용 합리화법에 따라 시공업의 기술인력에 대한 교육을 실시할 수 있는 기관 및 교육기간으로 맞는 것은?
① 국토교통부장관의 허가를 받은 전국 보일러 설비협회 : 1일
② 한국에너지공단 이사장의 허가를 받은 전국 보일러 설비협회 : 5일
③ 한국산업인력공단 이사장의 허가를 받은 한국 열관리 시공협회 : 5일
④ 시·도지사에서 허가를 받은 한국 열관리 시공협회 : 3일

해설 시공업의 기술인력 교육 : 에너지이용 합리화법 시행규칙 별표 4의2

교육과정	기간	교육대상자	교육기관
난방시공업 제1종 기술자과정	1일	난방시공업 제1종의 기술자로 등록된 사람	법 41조에 따라 설립된 한국열관리시공협회 및 국토교통부장관의 허가를 받아 설립된 전국 보일러 설비협회
난방시공업 제2종, 제3종 기술자과정	1일	난방시공업 제2종 또는 제3종 기술자로 등록된 사람	

69. 보일러의 안전밸브에 대한 설명 중 옳지 않은 것은?
① 안전밸브는 가능한 한 동체에 직접 부착시켜야 한다.
② 전열면적 $50[m^2]$ 이하의 증기보일러에는 1개 이상의 안전밸브를 설치한다.
③ 안전밸브 및 압력 방출장치의 크기는 호칭지름 25[A] 이상으로 하여야 한다.
④ 안전밸브와 안전밸브가 부착된 동체 사이에는 차단밸브를 1개 이상 설치하여야 한다.

해설 안전밸브의 부착 : 안전밸브는 쉽게 검사할 수 있는 장소에 밸브 축을 수직으로 하여 가능한 한 보일러의 동체에 직접 부착시켜야 하며, 안전밸브와 안전밸브가 부착된 보일러 동체 등의 사이에는 어떠한 차단밸브도 있어서는 안 된다.

70. 제3자로부터 위탁을 받아 에너지사용시설의 에너지절약을 위한 관리, 용역과 에너지절약형 시설투자에 관한 사업을 하는 기업은?
① 에너지관리공단
② 수요관리전문기관
③ 에너지절약전문기업
④ 에너지관리진단기업

정답 66. ③　67. ③　68. ①　69. ④　70. ③

해설 에너지절약 전문기업의 사업 : 에너지이용 합리화법 제25조
㉮ 에너지사용시설의 에너지절약을 위한 관리, 용역사업
㉯ 에너지절약형 시설투자에 관한 사업
㉰ 대통령령으로 정하는 에너지절약을 위한 사업

71. 에너지이용 합리화법상 검사대상기기에 대하여 받아야 할 검사를 받지 아니한 자에 해당하는 벌칙은?

① 1천만원 이하의 벌금
② 2천만원 이하의 벌금
③ 1년 이하의 징역 또는 1천만원 이하의 벌금
④ 2년 이하의 징역 또는 2천만원 이하의 벌금

해설 1년 이하의 징역 또는 1천만원 이하의 벌금 : 에너지이용 합리화법 제73조
㉮ 검사대상기기의 검사를 받지 아니한 자
㉯ 검사에 합격되지 아니한 검사대상기기를 사용한 자
㉰ 검사에 합격되지 아니한 검사대상기기를 수입한 자

72. 다음 A, B에 들어갈 안지름 크기로 맞는 것은?

> 압력계와 연결된 증기관은 최고사용압력에 견디는 것으로서 그 크기는 황동관 또는 동관을 사용할 때는 안지름이 (A)[mm] 이상, 강관을 사용할 때는 (B)[mm] 이상 이어야 한다.

① A = 6.5, B = 12.7
② A = 8.5, B = 13.7
③ A = 5.5, B = 11.8
④ A = 4.8, B = 10.7

해설 증기 보일러 압력계 부착기준 : 압력계와 연결된 증기관은 최고사용압력에 견디는 것으로서 그 크기는 황동관 또는 동관을 사용할 때는 안지름 6.5[mm] 이상, 강관을 사용할 때는 12.7[mm] 이상이어야 하며, 증기온도가 483[K](210[℃])를 초과할 때에는 황동관 또는 동관을 사용하여서는 안 된다.

73. 검사대상기기관리자의 선임기준에 관한 설명으로 틀린 것은?

① 1구역마다 1인 이상을 선임하여야 한다.
② 에너지관리기사 자격증 소지자는 모든 검사대상기기 관리자로 선임될 수 있다.
③ 압력용기의 경우 한 시야로 볼 수 있는 범위마다 2인 이상의 관리자를 선임하여야 한다.
④ 중앙통제, 관리설비를 갖춘 경우는 1인이 통제, 관리할 수 있는 범위마다 1인 이상을 선임하여야 한다.

해설 검사대상기기 관리자의 선임기준 : 에너지이용 합리화법 시행규칙 제31조의27
㉮ 검사대상기기 관리자의 선임기준은 1구역마다 1명 이상으로 한다.
㉯ 1구역은 검사대상기기 관리자가 한 시야로 볼 수 있는 범위 또는 중앙통제, 관리설비를 갖추어 검사대상기기 관리자 1명이 통제, 관리할 수 있는 범위로 한다. 다만, 압력용기의 경우에는 검사대상기기 관리자 1명이 관리할 수 있는 범위로 한다.

74. 보일러 손상 중 팽출(bulge)에 대한 설명으로 맞는 것은?

① 온도의 상승에 따라 2개의 층으로 되어 있던 강관이나 강판이 파열되는 현상
② 전열면의 과열이 지나치면 내부 압력을 견디지 못하여 바깥쪽으로 부풀어 오르는 현상
③ 강판이나 강관이 파열되어 함유탄소의 일부가 소실되고 강재로서의 원래 성질을 잃는 현상
④ 보일러 노통이나 화실과 같은 부분이 외측의 압력에 견디지 못하고 눌려 찌그러지는 현상

해설 보일러 손상의 종류
㉮ 팽출(bulge) : 동체, 수관, 겔로웨이관 등과 같이 인장응력을 받는 부분이 압력에 견디지 못하고 바깥쪽으로 부풀어 나오는 현상이다.
㉯ 압궤(collapse) : 노통, 연소실, 연관, 관판 등과 같이 압축응력을 받는 부분이 압력에 견디지 못하고 안쪽으로 들어가는 현상이다.

정답 71. ③ 72. ① 73. ③ 74. ②

㉰ 라미네이션(lamination) : 압연 강판이나 관의 두께 내부에 가스가 존재한 상태로 가공을 하였을 때 판이나 관이 2장의 층을 형성하며 분리되는 현상이다.
㉱ 블리스터(blister) : 라미네이션 부분이 가열로 인하여 부풀어 오르는 현상이다.

75. 보일러의 보존을 위한 보일러 청소에 관한 설명으로 틀린 것은?

① 보일러 청소의 목적은 사용 수명을 연장하고 사고를 방지하며 열효율을 향상시키기 위함이다.
② 보일러 청소 횟수를 결정하는 요소에는 보일러 부하, 보일러의 종류, 급수의 성질 등을 들 수 있다.
③ 외부 청소법의 종류에는 증기 청소법, 워터쇼킹법, 샌드블라스트법, 스틸쇼트 세정법 등을 들 수 있다.
④ 내부 청소법은 수세법과 물리적 방법으로 나뉘어 진다.

[해설] 청소 방법의 분류
㉮ 내부 청소방법 : 보일러수 및 증기가 접촉되는 부분의 스케일 등을 청소하는 방법으로 기계적인 방법과 화학적인 방법이 있다.
㉯ 외부 청소방법 : 화염 및 연소가스가 접촉되는 노통이나 연관을 청소하는 방법이다.

76. 소형보일러 압력계의 최고눈금은 보일러의 최고사용압력의 3배 이하로 하되, 몇 배 보다 작아서는 안 되는가?

① 1.5   ② 2
③ 2.5   ④ 3

[해설] 압력계의 최고눈금은 보일러의 최고사용압력의 3배 이하로 하되 1.5배보다 작아서는 안 된다.

77. 보일러 동내부와 수관 내에 부착된 스케일을 제거하기 위해 화학적인 방법 중 염산을 이용한 산세관법을 많이 쓰고 있다. 염산을 많이 쓰는 이유로 가장 거리가 먼 것은?

① 스케일의 용해능력이 우수하여
② 위험성이 적고 취급이 용이하여
③ 가격이 저렴하여 경제적이어서
④ 세관 후 물과 분리가 쉬워서

[해설] 염산의 특징
㉮ 위험성이 적고 취급이 용이하다.
㉯ 스케일 용해 능력이 크다.
㉰ 가격이 저렴하다.
㉱ 물에 대한 용해도가 크기 때문에 세척이 용이하다.
㉲ 부식억제제의 종류가 다양하다.

78. 에너지이용 합리화법에 따라 에너지 수급안정을 위해 에너지 공급을 제한 조치하고자 할 경우, 산업통상자원부장관은 조치 예정일 며칠 전에 이를 에너지공급자 및 에너지 사용자에게 예고하여야 하는가?

① 3일   ② 7일
③ 10일 ④ 15일

[해설] 수급 안정을 위한 조치(에너지이용 합리화법 시행령 제13조) : 산업통상자원부장관은 에너지수급의 안정을 위한 조치를 하려는 경우에는 그 사유, 기간 및 대상자 등을 정하여 조치 예정일 7일 이전에 에너지사용자, 에너지공급자 또는 에너지사용기자재의 소유자와 관리자에게 예고하여야 한다.

79. 보일러 운전이 끝난 후 노내 및 연도에 체류하고 있는 가연성가스를 취출시키는 작업은?

① 분출작업   ② 댐퍼작동
③ 프리퍼지   ④ 포스트퍼지

[해설] 가스 배출작업
㉮ 프리 퍼지(pre-purge) : 보일러를 가동하기 전에 노내와 연도에 체류하고 있는 가연성 가스를 배출시키는 작업

정답 75. ④ 76. ① 77. ④ 78. ② 79. ④

㉰ 포스트 퍼지(post-purge) : 보일러 운전이 끝난 후, 노 내와 연도에 체류하고 있는 가연성 가스를 배출시키는 작업

80. 보일러의 만수보존법은 어느 경우에 가장 적합한가?

① 장기간 휴지할 때
② 단기간 휴지할 때
③ N_2 가스의 봉입이 필요할 때
④ 겨울철에 동결의 위험이 있을 때

해설 만수(滿水) 보존법 : 보존 기간이 보통 2~3개월 정도인 경우에 적용하는 방법으로 보일러 구조상 건식 보존법이 곤란한 경우, 동결의 우려가 없는 경우에 보일러 내부에 관수를 충만시켜 보존하는 방법으로 가성소다(NaOH), 아황산소다(Na_2SO_4), 히드라진 등의 알칼리성 약제를 사용한다.

참고 보일러 휴지 보존법 분류
㉮ 단기보존법 : 가열건조법, 보통 만수보존법
㉯ 장기보존법 : 석회밀폐건조법, 질소가스봉입법, 소다 만수보존법, 기화성 부식억제제(VCI) 투입법

정답 80. ②

2024년 에너지관리산업기사 CBT 필기시험 복원문제 01

1과목 - 열 및 연소설비

01. 연소용 공기 송풍기와 배기가스 흡입 통풍기를 병용한 통풍 방식은?
① 평형통풍 ② 압입통풍
③ 흡인통풍 ④ 흡입통풍

해설 통풍방법의 분류
(1) 자연통풍 : 연돌에 의한 통풍방식으로 배기가스와 외부 공기와의 비중량차(밀도차)에 의해서 통풍력이 발생되는 것
(2) 강제통풍 : 송풍기(통풍기)를 이용하는 것
  ㉮ 압입 통풍 : 송풍기를 연소실 앞에 두고 연소용 공기를 대기압 이상의 압력으로 연소실에 밀어 넣는 방식
  ㉯ 흡입 통풍 : 송풍기를 연도 중에 설치하여 연소 배기 가스를 직접 흡입하여 강제로 배출시키는 방식
  ㉰ 평형 통풍 : 압입통풍과 흡입통풍을 병행하는 방식

02. 재생 가스터빈 사이클에 대한 설명으로 틀린 것은?
① 사이클 효율은 압력비가 증가함에 따라 감소한다.
② 효율과 일량은 압력비가 최대일 때 최대치가 나타난다.
③ 효율은 사이클 내 최대 온도에 대한 최저 온도의 비와 압력비의 함수이다.
④ 가스터빈 사이클에 재생기를 사용하여 압축기 출구온도를 상승시킨 사이클이다.

해설 재생 사이클
팽창 도중의 증기를 터빈에서 추출하여 급수의 가열에 사용하는 사이클로 공급열량을 감소하여 열효율이 랭킨사이클에 비해 증가한다. 압력비가 증가함에 따라 사이클 효율은 감소한다.

03. 메탄가스를 과잉공기를 사용하여 연소시켰을 때 생성된 H_2O는 흡수탑에서 흡수 제거시키고 나온 가스를 분석하였더니 그 조성(용적)이 CO_2 9.6[%], O_2 3.8[%], N_2 86.6[%]이었을 때 과잉공기율은 약 몇 [%]인가?
① 10 ② 20
③ 30 ④ 40

해설 ㉮ 공기비 계산
$$\therefore m = \frac{N_2}{N_2 - 3.76 O_2}$$
$$= \frac{86.6}{86.6 - 3.76 \times 3.8}$$
$$= 1.1975$$
㉯ 과잉공기율[%] 계산
$$\therefore 과잉공기율 = \frac{B}{A_0} \times 100$$
$$= (m-1) \times 100$$
$$= (1.1975 - 1) \times 100$$
$$= 19.75[\%]$$

04. 어떤 이상기체가 체적 V_1, 압력 P_1로부터 체적 V_2, 압력 P_2까지 등온팽창하였다. 이 과정 중에 일어난 내부에너지의 변화량 $\Delta U = U_2 - U_1$과 엔탈피 변화량 $\Delta H = H_2 - H_1$을 옳게 나타낸 것은?
① $\Delta U = 0$, $\Delta H = 0$
② $\Delta U < 0$, $\Delta H = 0$
③ $\Delta U = 0$, $\Delta H < 0$
④ $\Delta U > 0$, $\Delta H > 0$

해설 등온과정에서는 내부에너지(ΔU)와 엔탈피(ΔH) 변화는 없다.

정답 01. ① 02. ② 03. ② 04. ①

05_ 기체연료의 연소에는 층류확산연소, 난류확산연소 및 예혼합연소가 있는데 이 중 가장 고부하 연소가 가능한 연소방식은?

① 예혼합연소
② 층류확산연소
③ 난류확산연소
④ 가스 및 연소장치의 설계에 따라 달라진다.

해설 예혼합연소(내부혼합식)의 특징
㉮ 가스와 공기의 사전 혼합형이다.
㉯ 화염이 짧으며, 고온의 화염을 얻을 수 있다.
㉰ 공기와 가스를 예열하여 사용할 수 없다.
㉱ 연소부하가 크고, 역화의 위험성이 크다.

06_ 열관리의 기대효과와 거리가 먼 것은?

① 매연 방지
② 에너지 소비절약
③ 환경 개선으로 인한 제품 생산 감소
④ 연료 및 열의 미이용 자원의 이용수단

해설 환경 개선으로 인한 제품의 생산량 증대 및 품질이 개선될 수 있다.

07_ 압력과 온도가 각각 300[kPa], 300[℃]인 공기 3[kg]이 단열변화하여 체적이 5배로 되었을 때 외부에 대한 일은 약 몇 [kJ]인가?
(단, 비열비는 1.4이고, 기체상수 R은 0.287 [kJ/kg·K]이다.)

① 476   ② 584
③ 638   ④ 933

해설 ㉮ 단열변화 후의 온도 계산 :
$\frac{T_2}{T_1} = \left(\frac{V_1}{V_2}\right)^{k-1}$ 에서 변화 후의 온도 T_2를 구한다.

∴ $T_2 = T_1 \times \left(\frac{V_1}{V_2}\right)^{k-1}$
$= (273+300) \times \left(\frac{1}{5}\right)^{1.4-1}$
$= 301[K]$

㉯ 외부에 대한 일 계산 : 외부에 한 일이므로 절대일로 계산한다.

∴ $W_a = \frac{1}{k-1}mR(T_1 - T_2)$
$= \frac{1}{1.4-1} \times 3 \times 0.287 \times \{(273+300) - 301\}$
$= 585.48[kJ]$

08_ 고체연료와 비교한 액체연료의 단점 내용이 틀린 것은?

① 화재, 역화 등의 위험이 크다.
② 국내 자원이 없어 수입에 모두 의존하고 있다.
③ 연소온도가 낮기 때문에 국부과열을 일으키기 쉽다.
④ 사용하는 버너의 종류에 따라 연소할 때 소음이 발생한다.

해설 액체연료의 특징
(1) 장점
㉮ 완전연소가 가능하고 발열량이 높다.
㉯ 연소효율이 높고 고온을 얻기 쉽다.
㉰ 연소조절이 용이하고 회분이 적다.
㉱ 품질이 균일하고 저장, 취급이 편리하다.
㉲ 파이프라인을 통한 수송이 용이하다.
(2) 단점
㉮ 연소온도가 높아 국부과열의 위험이 크다.
㉯ 화재, 역화의 위험성이 높다.
㉰ 일반적으로 황성분을 많이 함유하고 있다.
㉱ 버너의 종류에 따라 연소 시 소음이 발생한다.

09_ 카르노 사이클에 있어서 열이 1200[K]에서 작업 유체로 전달되고 300[K]에서 방출된다. 1200[K]의 작업유체로 전달되는 열량은 100 [kJ/kg]이다. 이 사이클의 효율은?

① 0.25   ② 0.52
③ 0.75   ④ 0.97

해설 $\eta = \frac{W}{Q_1} = \frac{Q_1 - Q_2}{Q_1} = \frac{T_1 - T_2}{T_1}$
$= \frac{1200 - 300}{1200} = 0.75$

정답 05. ① 06. ③ 07. ② 08. ③ 09. ③

10. 공기 표준 오토사이클에서 공급되는 열량은 어떤 식으로 표시되는가? (단, m은 질량, C_v는 정적비열, C_p는 정압비열, T는 온도이다.)

① $Q_{12} = m C_v (T_2 - T_1)$
② $Q_{12} = m C_p (T_2 - T_1)$
③ $Q_{12} = m C_v \ln \dfrac{T_2}{T_1}$
④ $Q_{12} = m C_p \ln \dfrac{T_2}{T_1}$

해설 오토 사이클에서 공급되는 열량은 정적가열과정에서 이루어지며, 공기의 질량에 정적비열과 온도차를 곱한 값과 같다.
∴ $Q_{12} = m C_v (T_2 - T_1)$
※ Q_{12}는 오토 사이클 선도에서 1번과 2번 지점에 해당하는 과정에서 공급되는 열량을 나타내는 것을 표시하는 것이다.

11. 고체연료의 연소가스를 오르사트 분석기로 분석한 결과 CO_2 14.5[%], O_2 5.0[%]이었다. 공기비(m)는 얼마인가?

① 1.11   ② 1.21
③ 1.31   ④ 1.41

해설 $m = \dfrac{21}{21 - O_2} = \dfrac{21}{21 - 5.0} = 1.312$

12. 다음 사이클 중 효율이 가장 높은 것은?

① Otto 사이클
② Carnot 사이클
③ Diesel 사이클
④ Rankine 사이클

해설 카르노 사이클(Carnot cycle) : 2개의 단열과정과 2개의 등온과정으로 구성된 열기관의 이론적인 사이클이다.

13. $T-S$ 선도에서 곡선 abcd 가 정압선($P=$ const)일 때 증발열을 표시하는 면적은?

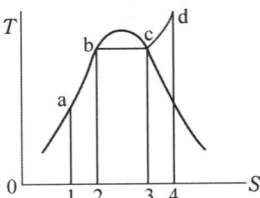

① ab21   ② bc32
③ abc31 ④ cd43

해설 증발열은 좌측의 포화액선(a-b)과 우측의 포화증기선(c) 사이에 해당되므로 증발열을 표시하는 면적은 b-c-3-2이다.

14. 기체의 가역 단열 압축에서 엔트로피는 어떻게 되는가?

① 감소한다.
② 증가한다.
③ 변하지 않는다.
④ 증가하다 감소한다.

해설 가역 단열과정에서 엔트로피는 변화가 없다. (등엔트로피 과정)

15. 버너 타일 및 에어 레지스터(air register)와 같은 보염장치의 가장 큰 목적은?

① 화염을 촉진
② 역화를 방지
③ 연료의 무화를 촉진
④ 연속적인 연소 안정을 촉진

해설 보염장치의 설치 목적
㉮ 화염의 형상 조절
㉯ 안정된 착화도모
㉰ 전열효율 촉진
㉱ 공기와 연료의 혼합 촉진

정답 10. ① 11. ③ 12. ② 13. ② 14. ③ 15. ④

16. 중유의 수송 및 저장 시 관리비용에 가장 큰 영향을 미치는 석유제품의 성질은?

① 점도 ② 비중
③ 황함유량 ④ 착화온도

해설) 중유는 상온에서 점도가 높아 유동성이 없으므로 수송, 저장 시에 가열하여 점도를 낮춰 주어야 하며, 점도를 낮추기 위하여 가열하는 에너지원으로 전기, 증기 등을 사용하므로 비용이 많이 소요된다.

17. 부하 변동에 따라 연료량의 조절이 가장 잘되는 버너의 형식은?

① 유압식 버너
② 회전식 버너
③ 고압공기 분무식 버너
④ 저압증기 분무식 버너

해설) 고압 기류식 분무버너(고압공기 분무식버너) 특징
㉮ 종류 : 증기분무식, 내부혼합식, 외부혼합식, 중간혼합식
㉯ 분무매체 : 공기, 증기($2 \sim 7[kgf/cm^2]$)
㉰ 연료유압 : $0.3 \sim 6[kgf/cm^2]$
㉱ 분무각도 : $30°$
㉲ 유량 조절범위 1 : 10 이다.
㉳ 고점도 연료도 무화가 가능하다.
㉴ 연소 시 소음발생이 심하다.
㉵ 부하변동이 큰 곳에 적당하다.
㉶ 분무용 공기량은 이론공기량의 $7 \sim 12[\%]$ 정도 소요된다.

18. 압력용기에 메탄가스 10[kmol]이 0[℃], 5[atm]으로 저장되었다. 만약 이 용기로부터 1[kmol]의 가스를 빼낸 뒤 용기의 온도가 30 [℃]가 되도록 했을 때 이 때 용기의 압력은 약 몇 [atm]인가?

① 3.30 ② 4.17
③ 4.51 ④ 4.99

해설) ㉮ 압력용기의 내용적이 주어지지 않았으므로 이상기체 상태방정식 $PV = nRT$를 처음의 상태와 나중의 상태에 각각 적용하여 계산한다.

㉯ 처음의 상태를 $P_1 V_1 = n_1 R_1 T_1$으로, 나중의 상태를 $P_2 V_2 = n_2 R_2 T_2$으로 놓고 식을 정리하면 다음과 같다.

$\dfrac{P_2 V_2}{P_1 V_1} = \dfrac{n_2 R_2 T_2}{n_1 R_1 T_1}$ 에서 용기 내용적은 변함이 없으므로 $V_1 = V_2$이고, 메탄가스의 기체상수도 변함이 없으므로 $R_1 = R_2$이므로 생략하고 압력 P_2를 구한다.

$\therefore P_2 = \dfrac{n_2 \, T_2}{n_1 \, T_1} \times P_1$

$= \dfrac{(9 \times 10^3) \times (273 + 30)}{(10 \times 10^3) \times 273} \times 5$

$= 4.994[atm]$

19. 다음 중 전체 일(W)을 면적으로 나타낼 수 있는 선도로서 가장 적합한 것은?

① $T-S$ 선도 ② $P-V$ 선도
③ $h-S$ 선도 ④ $T-V$ 선도

해설) $P-V$ 선도 : 세로축에 압력(P)을, 가로축에 비체적(V)을 표시하여 유체가 팽창 및 압축할 때의 상태량을 표시하는 선도이다.

20. 탄소 72[%], 수소 5.3[%], 황 0.4[%], 산소 8.9[%], 질소 1.5[%], 수분 0.9[%], 회분 11.0[%] 의 조성을 갖는 석탄의 고위발열량은 약 몇 [MJ/kg]인가?

① 20.9 ② 24.7
③ 28.2 ④ 30.5

해설) $H_h = 33.9\,\mathrm{C} + 144\left(\mathrm{H} - \dfrac{\mathrm{O}}{8}\right) + 10.5\,\mathrm{S}$

$= 33.9 \times 0.72 + 144 \times \left(0.053 - \dfrac{0.089}{8}\right) + 10.5 \times 0.004$

$= 30.48[MJ/kg]$

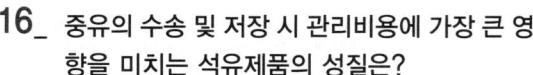
16. ① 17. ③ 18. ④ 19. ② 20. ④

2과목 - 열설비 설치

21. 증기의 압력에너지를 이용하여 피스톤을 작동시켜 급수를 행하는 비동력 펌프는?
① 볼류트 펌프   ② 터빈 펌프
③ 워싱턴 펌프   ④ 프로펠러 펌프

해설 워싱턴 펌프(worthington pump) :
보일러 증기압을 이용하여 증기 피스톤을 작동시켜 물쪽 실린더의 피스톤을 왕복 운동시켜 급수하는 비동력 펌프로 왕복펌프에 해당된다.

22. 보일러에 공기 예열기를 설치할 때의 장점 설명으로 틀린 것은?
① 보일러 효율이 향상된다.
② 연료의 연소효율이 증대된다.
③ 노내 온도가 상승하므로 연소가 순조롭다.
④ 배기가스의 저항이 감소하여 통풍이 잘 된다.

해설 공기예열기 사용 시 특징
(1) 장점
  ㉮ 전열효율, 연소효율 향상
  ㉯ 예열공기의 공급으로 불완전 연소가 감소된다.
  ㉰ 보일러 열효율 향상
  ㉱ 품질이 낮은 연료도 사용할 수 있다.
(2) 단점
  ㉮ 통풍저항 증가
  ㉯ 연돌의 통풍력 저하
  ㉰ 저온부식의 원인
  ㉱ 연도의 청소, 검사, 점검 곤란

23. 보일러 배관 내에서 물의 팽창에 따른 위험을 방지하기 위해 설치하는 탱크는?
① 순환탱크   ② 팽창탱크
③ 압력탱크   ④ 서지탱크

해설 팽창탱크 설치목적(팽창탱크 역할)
  ㉮ 운전 중 장치 내의 온도상승에 의한 체적팽창 및 그 압력을 흡수한다.
  ㉯ 팽창된 온수의 넘침을 방지하여 열손실을 방지한다.
  ㉰ 운전 중 장치내의 압력을 소정의 압력으로 유지하고, 온수온도를 유지한다.
  ㉱ 장치 내 보충수 공급 및 공기침입을 방지한다.

24. 트랩이나 스트레이너 등의 고장, 수리, 교환 등에 대비하여 설치하는 것은?
① 바이패스 배관   ② 드레인 포켓
③ 냉각 레그   ④ 체크 밸브

해설 바이패스 배관 : 트랩, 감압밸브 등과 같이 주요 부품이나 기기 등의 고장, 수리, 교환 등에 대비하여 설치하는 것으로 유량조절이 가능한 스톱밸브를 부착한다.

25. 마그네시아(magnesia) 벽돌을 사용하는 경우로서 옳은 것은?
① 혼선로의 내벽
② 전기로의 천정
③ 코크스로의 탄화실벽
④ 평로의 천정

해설 마그네시아 내화물(벽돌)의 특징
  ㉮ 마그네사이트 또는 수산화마그네슘을 주원료로 한다.
  ㉯ 염기성 벽돌이며 내화도가 SK36 이상이다.
  ㉰ 열팽창성이 크며 하중 연화점이 높다.
  ㉱ 염기성 슬래그나 용융금속에 대하여 저항성이 크다.
  ㉲ 1500[℃] 이상으로 가열하여 소성한다.
  ㉳ 열전도율 및 내스폴링성이 작고, 슬래킹 현상이 발생한다.

26. 보온재의 보온효율을 바르게 나타낸 것은?
(단, Q_0 : 보온을 하지 않았을 때 표면으로부터의 방열량, Q : 보온을 하였을 때 표면으로부터의 방열량이다.)
① $\dfrac{Q_0}{Q}$ ② $\dfrac{Q}{Q_0}$
③ $\dfrac{Q_0 - Q}{Q}$ ④ $\dfrac{Q_0 - Q}{Q_0}$

정답 21. ③ 22. ④ 23. ② 24. ① 25. ① 26. ④

[해설] 보온효율 : 보온으로 차단되는 열량($Q_0 - Q$)과 보온 전 나관(裸管)에서 방산열량(Q_0)의 비율이다.

$$\therefore \eta [\%] = \frac{Q_0 - Q}{Q_0} \times 100 = \left(1 - \frac{Q}{Q_0}\right) \times 100$$

27. 금속 용해로 중 주물 용해로로 쓸 수 없는 것은?
① 반사로　② 큐폴라
③ 회전로　④ 전로

[해설] ㉮ 주물 용해로 : 주물을 용해하기 위한 것으로 큐폴라(용선로), 반사로, 회전로 등이 사용된다.
㉯ 전로 : 용융 선철을 장입하고 고압의 공기나 산소를 취입하여 제련하는 것으로 산화열에 의해 불순물을 제거하므로 별도의 연료가 필요 없다.

28. 가마의 축열 손실 산출식은? (단, W : 가마재료의 무게, C : 재료의 평균비열, Δt : 재료의 평균온도와 기준온도와의 차이다.)
① $WC\Delta t$　② $\frac{W}{C}\Delta t$
③ $WC(\Delta t)^2$　④ $\frac{W}{C(\Delta t)^2}$

[해설] 가마에서 손실열(축열 손실) 계산은 가마재료의 무게(W)와 재료의 평균비열(C), 온도차(Δt)의 곱으로 표시한다.
∴ 손실열 = $W \times C \times \Delta t$

29. 증기난방의 건식 환수관에서 증기관 내의 응축수를 환수관에 배출할 때는 응축수가 체류하기 쉬운 곳에 무엇을 설치하여야 하는가?
① 안전밸브　② 드레인 포켓
③ 열동식 트랩　④ 공기빼기 밸브

[해설] 건식 환수관식 : 환수주관의 위치가 보일러 수면보다 높게 배관하는 방식으로 생증기의 유출을 방지하기 위하여 반드시 증기트랩을 설치하여야 하며, 응축수가 체류하기 쉬운 곳에는 드레인 포켓을 설치한다.

30. 가마 바닥에 여러 개의 흡입공(吸入孔)이 마련되어 있는 가마는?
① 승염식 가마　② 횡염식 가마
③ 도염식 가마　④ 고리 가마

[해설] 도염식 가마(down draft kiln) :
꺾임 불꽃 가마로 아궁이쪽에서 발생한 불꽃이 측벽과 화교사이를 거쳐 올라가서 소성실 천정에 부딪혀 가마바닥의 흡입공으로 빠지면서 피가열체를 소성하는 것으로 가마 내의 온도분포가 균일하다.

31. 관경 50[A]인 어떤 관의 최대인장강도가 400[MPa]일 때, 허용응력[MPa]은? (단, 안전율은 4이다.)
① 100　② 125
③ 168　④ 200

[해설] 안전율 = $\frac{인장강도}{허용응력}$ 이다.

∴ 허용응력 = $\frac{인장강도}{안전율} = \frac{400}{4} = 100$[MPa]

32. 주철관의 접합법으로 적절하지 않은 것은?
① 소켓 접합　② 플랜지 접합
③ 메커니컬 접합　④ 용접 접합

[해설] ㉮ 주철관 접합법 종류 : 소켓 접합, 기계식 접합, 타이톤 접합, 빅토리 접합, 플랜지 접합
㉯ 주철관은 용접에 의한 접합은 부적당하다.

33. 배소로의 역할을 가장 알맞게 설명한 것은?
① 괴상의 광석을 미분화시킨다.
② 분말광석을 괴상으로 소결시킨다.
③ 광석을 용융시켜 화학적 변화를 일으킨다.
④ 광석이 용해되지 않을 정도로 가열하여서 화학적, 물리적 변화를 일으킨다.

[해설] 배소로의 사용목적
㉮ 화합수(化合水) 및 탄산염의 분해를 촉진

정답 27. ④　28. ①　29. ②　30. ③　31. ①　32. ④　33. ④

㉰ 산화도를 변화시켜 제련을 용이하게 함
㉱ 유해성분(S, P, As 등)을 제거
㉲ 균열 등 물리적인 변화

34. 액주에 의한 압력측정에서 정밀측정을 위해 필요하지 않는 보정은?

① 중력의 보정
② 높이의 보정
③ 모세관 현상의 보정
④ 온도의 보정

해설 액주에 의한 압력측정은 액주계의 높이차를 직접 확인하여 압력을 측정하는 것이므로 높이의 보정은 필요로 하지 않는다.

35. 니켈, 망간, 코발트 등의 금속 산화물의 분말을 혼합, 소결시켜 만든 반도체로서 전기저항이 온도에 따라 크게 변화하므로 응답이 빠른 감열소자로 이용할 수 있는 온도계는?

① 광온도계
② 서미스터
③ P-R 열전온도계
④ 서모컬러

해설 서미스터 온도계 특징
㉮ 감도가 크고 응답성이 빨라 온도변화가 작은 부분 측정에 적합하다.
㉯ 온도 상승에 따라 저항치가 감소한다.(저항온도계수가 부특성(負特性)이다.)
㉰ 소형으로 협소한 장소의 측정에 유리하다.
㉱ 소자의 균일성 및 재현성이 없다.
㉲ 흡습에 의한 열화가 발생할 수 있다.
㉳ 측정범위는 -100~300[℃] 정도이다.

36. 도자기를 소성하는 터널요의 주요부가 아닌 것은?

① 예열대
② 과열대
③ 소성대
④ 냉각대

해설 터널요(tunnel kiln)는 예열, 소성, 냉각이 연속적으로 이루어지며 대차의 진행방향과 반대 방향으로 연소가스가 진행된다.

37. 물체의 형상 변화를 이용하여 온도를 측정하는 것은?

① 제겔콘
② 방사온도계
③ 광고온도계
④ 색온도계

해설 제겔콘(Seger cone) 온도계 : 점토, 규석질 등 내연성의 금속산화물로 만든 것으로 내화물의 내화도 측정 등에 사용한다.

38. 수관식 보일러의 수질을 측정한 결과, 급수 중 불순물의 농도가 60[mg/L], 관수 중 불순물의 농도가 2500[mg/L]로 나타났다. 시간당 급수량이 2400[L]이고 응축수 회수율이 50[%]일 때 분출량은 약 몇 [L/h]인가?

① 25.4
② 27.3
③ 29.5
④ 32.2

해설 $X = \dfrac{W(1-R)d}{r-d}$
$= \dfrac{2400 \times (1-0.5) \times 60}{2500 - 60} = 29.508[L/h]$

39. 탄화실, 연소실, 축열실로 구성되어 있는 노는?

① LD 전로
② Coke 로
③ 배소로
④ 도가니로

해설 코크스로(Coke kiln) : 역청탄을 고온에서 건류하여 제철공업용 등에 사용하는 코크스를 제조하는 것으로 탄화실, 연소실, 축열실로 구성된다.

40. 내화 모르타르의 구비 조건에 맞지 않는 것은?

① 시공성이 좋아야 한다.
② 필요한 내화도를 가져야 한다.
③ 화학 조성이 사용 벽돌과 동질이어야 한다.
④ 건조, 소성에 의한 수축 또는 팽창이 커야 접합강도가 커진다.

정답 34. ② 35. ② 36. ② 37. ① 38. ③ 39. ② 40. ④

해설 내화 모르타르의 구비조건
㉮ 필요한 내화도를 가질 것
㉯ 화학 조성이 사용 내화물(벽돌)과 동질일 것
㉰ 건조 및 소성에 의한 수축, 팽창이 적을 것
㉱ 시공성이 좋을 것
㉲ 접착성이 양호할 것

3과목 - 열설비 운전

41. 보일러 전열량을 크게 하는 방법으로 틀린 것은?

① 연소율을 높인다.
② 열가스의 유동을 느리게 한다.
③ 보일러수의 순환을 잘 시킨다.
④ 전열면에 부착된 스케일을 제거한다.

해설 열가스의 유동을 빠르게 하여야 한다.

42. 보일러 열정산 시의 측정사항이 아닌 것은?

① 배기가스 온도
② 급수압력
③ 연료사용량 및 발열량
④ 외기온도 및 기압

해설 보일러 열정산 시 측정 항목
㉮ 기준온도
㉯ 연료 사용량
㉰ 급수량 및 급수온도
㉱ 연소용 공기량, 예열 공기의 온도, 공기의 습도
㉲ 연료 가열용 또는 노 내 취입 증기
㉳ 발생증기량, 증기압력, 포화증기 건도
㉴ 배기가스의 온도, 성분분석, 공기비, 배기가스 중의 응축수량
㉵ 송풍압, 배기가스 압력
㉶ 연소 잔재물의 양, 온도
㉷ 소요 전력
㉮ 소음

43. 보일러 관석(scale)에 대한 설명 중 틀린 것은?

① 관석이 부착하면 열전도율이 상승한다.
② 수관 내에 관석이 부착하면 관수 순환을 방해한다.
③ 관석이 부착하면 국부적인 과열로 산화, 팽창 파열의 원인이 된다.
④ 관석의 주성분은 크게 나누어 황산칼슘, 규산칼슘, 탄산칼슘 등이 있다.

해설 스케일의 영향
㉮ 전열면에 부착하여 전열을 방해한다.
㉯ 보일러 효율이 저하하고, 연료소비량이 증가한다.
㉰ 전열면의 국부과열로 인한 파열사고의 우려가 있다.
㉱ 보일러수의 순환을 방해하고, 수면계 등 연락관을 폐쇄시킨다.
㉲ 연료의 연소열량을 보일러수에 전달하지 못하므로 배기가스 온도가 상승된다.

44. 보일러 연소실의 화염상태를 검출할 때 열적 검출방식으로 화염의 발열 현상을 이용한 것으로 연소온도에 의해 화염의 유무를 검출하는 것은?

① 플레임 아이
② 플레임 로드
③ 스택 스위치
④ 스테빌라이저

해설 화염 검출기의 종류
㉮ 플레임 아이(flame eye) : 화염이 발광체임을 이용하여 화염의 방사선을 감지하여 화염의 유무를 검출한다.
㉯ 플레임 로드(flame rod) : 화염의 이온화 현상에 의한 전기 전도성을 이용하여 화염의 유무를 검출한다.
㉰ 스택 스위치(stack switch) : 연도에 바이메탈을 설치하여 연소가스의 발열체를 이용하여 화염유무를 검출한다.

45. 보일러의 형식을 보일러 본체의 구조에 따라 분류할 때 원통형 보일러에 해당하지 않는 것은?

① 노통 보일러
② 연관 보일러
③ 노통연관 보일러
④ 관류 보일러

정답 41. ② 42. ② 43. ① 44. ③ 45. ④

[해설] 원통형 보일러의 종류
(1) 직립형 보일러 : 직립 수평관식 보일러, 직립 연관식 보일러, 코크란 보일러 등
(2) 수평형 보일러
   ㉮ 노통 보일러 : 코르니쉬 보일러, 랭커셔 보일러
   ㉯ 연관 보일러 : 기관차 보일러, 케와니 보일러
   ㉰ 노통 연관 보일러 : 스코치 보일러, 하우덴 존슨 보일러, 노통 연관 패키지형 보일러

46_ 보일러 자동제어인 연소제어(A.C.C)에서 조작량에 해당되지 않는 것은?
① 연소가스량 ② 공기량
③ 연료량   ④ 전열량

[해설] 보일러 자동제어(A·B·C)

명 칭	제 어 량	조 작 량
자동연소제어(ACC)	증기압력	공기량, 연료량
	노내압	연소가스량
급수제어(FWC)	보일러 수위	급수량
증기온도제어(STC)	증기온도	전열량
증기압력제어(SPC)	증기압력	연료공급량, 연소용 공기량

47_ 매시간 2000[kg]의 포화수증기를 발생하는 보일러가 있다. 보일러 내의 압력은 200[kPa]이고, 이 보일러에는 매시간 150[kg]의 연료가 공급된다. 이 보일러의 효율은 약 얼마인가? (단, 보일러에 공급되는 물의 엔탈피는 84[kJ/kg]이고, 200[kPa]에서의 포화증기의 엔탈피는 2700[kJ/kg]이며, 연료의 발열량은 42000[kJ/kg]이다.)
① 77[%]   ② 80[%]
③ 83[%]   ④ 86[%]

[해설] $\eta = \dfrac{G_a(h_2 - h_1)}{G_f H_l} \times 100$
$= \dfrac{2000 \times (2700 - 84)}{150 \times 42000} \times 100 = 83.047[\%]$

48_ 보일러에서 물과 연소가스가 접촉하는 부분 중 연소가스가 접하는 부분을 무엇이라고 하는가?
① 전열면   ② 동체
③ 노   ④ 연도

[해설] ㉮ 전열면 : 한쪽면이 물, 증기 등의 피가열 유체에 의하여 접촉되고, 다른 한쪽이 연소가스 등의 가열유체에 접촉되는 면
㉯ 전열면적 : 한쪽면이 연소가스 등에 접촉하고, 다른 면이 물(기수 혼합물을 포함)에 접촉하는 부분의 면을 연소가스 등의 쪽에서 측정한 면적
㉰ 전열면 기준은 수관은 외경, 연관은 내경이다.

49_ 노통이나 화실(火室) 등과 같이 외압을 받는 원통 또는 구체(球體)의 부분이 과열이나 좌굴에 의해 외압에 견디지 못하고 내부로 들어가는 현상은?
① 팽출(bilge)   ② 압궤(collapse)
③ 균열(crack)   ④ 블리스터(blister)

[해설] 보일러 손상의 종류
㉮ 팽출(bulge) : 동체, 수관, 겔로웨이관 등과 같이 인장응력을 받는 부분이 압력에 견디지 못하고 바깥쪽으로 부풀어 나오는 현상이다.
㉯ 압궤(collapse) : 노통, 연소실, 연관, 관판 등과 같이 압축응력을 받는 부분이 압력에 견디지 못하고 안쪽으로 들어가는 현상이다.
㉰ 라미네이션(lamination) : 압연 강판이나 관의 두께 내부에 가스가 존재한 상태로 가공을 하였을 때 판이나 관이 2장의 층을 형성하며 분리되는 현상이다.
㉱ 블리스터(blister) : 라미네이션 부분이 가열로 인하여 부풀어 오르는 현상이다.

『참고』 ㉮ 구체(球體) : 구형 저장탱크와 같은 형태
㉯ 좌굴 : 구조 부재의 면내 압축 응력이 한계값에 도달하면 압축방향으로 힘 변위와 같은 직각인 변화가 급격히 증대하는 현상

50_ 보일러 관수의 청관제 중 슬러지 조성을 방지할 목적으로 사용되는 것이 아닌 것은?
① 탄닌   ② 암모니아
③ 리그린   ④ 전분

해설 슬러리 조정제 : 슬러리가 보일러의 전열면에 부착하여 스케일로 되는 것을 방지하기 위하여 보일러수 중에 분산, 현탁시켜 분출에 의해 쉽게 배출할 수 있도록 하는 것으로 종류에는 탄닌($C_{76}H_{52}O_{46}$), 리그린, 전분($C_6H_{10}O_5$) 등이 있다.

51_ 보일러 증기배관에서 발생하는 수격작용의 예방조치로 틀린 것은?

① 증기배관에는 충분한 보온을 취한다.
② 증기관에는 중간을 낮게 하는 배관방법을 사용한다.
③ 증기관은 증기가 흐르는 방향으로 경사가 지도록 한다.
④ 송기에 앞서 증기관의 드레인 빼기장치로 관내의 드레인을 완전히 배출한다.

해설 수격작용(water hammer) 방지법
㉮ 기수공발(carry over) 현상 발생을 방지할 것
㉯ 주증기 밸브를 서서히 개방할 것
㉰ 증기배관의 보온을 철저히 할 것
㉱ 응축수가 체류하는 곳에 증기트랩을 설치할 것
㉲ 드레인 빼기를 철저히 할 것
㉳ 송기 전에 소량의 증기로 배관을 예열할 것
 → 난관(暖管) 조작이라 한다.
※ 증기관 중간을 낮게 하는 배관방법은 드레인이 고이기 쉬우므로 피해야 한다.

52_ 보일러 내부에 들어가서 작업(청소, 정비 등)할 때의 주의사항으로 가장 거리가 먼 것은?

① 보일러 내에 공기가 유동될 수 있도록 모든 구멍 등은 개방하여 둔다.
② 다른 보일러와 연결되는 주증기 밸브, 급수 밸브 등은 반드시 개방하여 둔다.
③ 보일러 외부에 감시인을 두고, 각종 밸브 등에는 조작 금지의 표시를 한다.
④ 보일러 내부에 가지고 들어가는 전등은 안전망이 부착된 것을 사용토록 한다.

해설 다른 보일러와 연결된 배관의 밸브 등은 확실히 폐쇄시킨 후 작업을 하여야 한다.

53_ 보일러 안전장치와 관계 없는 것은?

① 안전밸브
② 가용전
③ 고저수위 경보기
④ 급수내관

해설 보일러 안전장치의 종류 :
안전밸브 및 방출밸브, 가용전, 방폭문, 고저수위 경보장치, 화염검출기, 압력제한기 및 압력조절기 등

54_ 수관식 보일러의 구조와 특징에 관한 설명으로 옳은 것은?

① 수관보일러는 수관으로만 구성되고, 기수(氣水) 드럼(drum)이 없다.
② 단위 전열면적당 보유수량이 적어서 부하변동에 따른 압력변화가 크다.
③ 구조가 비교적 간단하고, 청소가 용이하며, 급수의 질에 큰 영향을 받지 않는다.
④ 자연 순환 보일러에서 승수관과 강수관 사이의 순환은 강제순환펌프를 이용한다.

해설 (1) 수관식 보일러의 특징
㉮ 보유수량이 적어 증기 발생시간이 빠르며, 고압 대용량에 적합하다.
㉯ 외분식이므로 연료 선택범위가 넓고, 연소상태가 양호하다.
㉰ 전열면적이 크고, 열효율이 높다.
㉱ 수관의 배열이 용이하고, 패키지형으로 제작이 가능하다.
㉲ 관수처리에 주의에 요한다.
㉳ 구조가 복잡하여 청소, 검사, 수리가 어렵고 스케일 부착이 쉽다.
㉴ 부하변동에 따른 압력 및 수위변동이 심하다.
(2) 자연순환과 강제순환식 수관보일러
㉮ 자연순환식 수관 보일러 : 가열에 따른 포화수와 포화증기의 비중량차에 의하여 관수가 자연순환되는 보일러이다.
㉯ 강제순환식 수관보일러 : 보일러의 압력이 임계압력에 가까워지면 관수의 비중량과 증기의 비중량 차이가 감소하여 자연 순환이 어렵게 되므로 순환펌프를 설치하여 관수를 강제로 순환시키는 보일러이다.

정답 51. ② 52. ② 53. ④ 54. ②

55_ 보일러 및 압력용기가 부식되는 원인과 가장 거리가 먼 것은?

① 증기 발생이 과다할 때
② 급수처리가 잘되지 않았을 때
③ 폐수나 오염된 물을 사용할 때
④ 급수에 불순물이 포함되었을 때

해설
(1) 내부부식의 원인
 ㉮ 급수 중에 유지류, 산류, 탄산가스, 염류 등의 불순물을 함유하는 경우
 ㉯ 일반 전기배선에서의 누전으로 인하여 전류가 장시간 흐르는 경우
 ㉰ 강재의 수측 표면에 녹이 생겨서 국부적으로 전위차가 발생하여 전류가 흐르는 경우
 ㉱ 강재 속에 함유된 유황(S) 성분이나 인(P) 성분이 온도상승과 함께 산화되거나 녹이 생긴 경우
 ㉲ 국부적으로 전위차가 발생하여 전류가 흐르는 경우
 ㉳ 보일러 재료에 부분적인 온도차로 고열부가 양극이 되어 열전류가 발생하는 경우
 ㉴ 급수의 수질처리가 잘 되어 있지 않을 때
 ㉵ 보일러수의 순환불량으로 국부적 과열을 일으킬 때
 ㉶ 보일러 휴지 중 보존법이 좋지 않을 때
(2) 외부부식 원인
 ㉮ 연소가스 속의 부식성 가스(아황산가스) 및 수증기에 의한 경우
 ㉯ 증기나 보일러수 등의 누출로 인한 습기나 수분에 의한 경우
 ㉰ 재나 회분 속에 있는 부식성 물질(바나듐)에 의한 경우
 ㉱ 빗물, 지하수 등에 의한 습기나 수분에 의한 경우

56_ 가스보일러 연소장치의 점화 시 주의사항으로 틀린 것은?

① 점화전에 연소실 용적의 약 4배 이상 공기량을 보내어 충분히 환기를 한다.
② 착화실패나 갑작스런 실화 시 연료공급을 중단하고 환기 후 그 원인을 조사한다.
③ 가스연소의 점화순서는 기름 연소와 정반대이지만 가스누설 시 위험이 크므로 세심한 주의가 필요하다.
④ 가스압력이 소정의 압력을 유지하는지 확인한 후에 1회 착화가 이루어지도록 점화버너의 스파크 상태나 카본부착 상태를 점검한다.

해설 가스보일러의 점화 전의 준비, 점화방법, 점화순서는 유류보일러와 같다.

57_ 보일러에서 연소온도를 높일 수 있는 조건에 해당 되지 않는 것은?

① 발열량이 높은 연료를 사용할 것
② 연료 또는 공기를 예열해서 공급할 것
③ 과잉공기량을 될 수 있는 한 많게 할 것
④ 연료를 될 수 있는 대로 완전 연소시킬 것

해설 연소온도를 높이는 방법
 ㉮ 발열량이 높은 연료를 사용한다.
 ㉯ 연료를 완전 연소시킨다.
 ㉰ 가능한 한 적은 과잉공기를 사용한다.
 ㉱ 연료, 공기를 예열하여 사용한다.
 ㉲ 복사 전열을 감소시키기 위해 연소속도를 빨리 할 것

58_ 일반적인 가스 연료용 버너의 종류가 아닌 것은?

① 링형 버너
② 통형 버너
③ 다분기관형 버너
④ 고압 기류형 버너

해설 보일러용 가스버너의 종류
 ㉮ 외부혼합방식(확산연소방식) : 센터파이어형(center fire type : 통형), 링타입(ring type) 버너, 스크롤형(scroll type) 버너, 다분기관형(multi spot type) 버너
 ㉯ 내부혼합방식(예혼합방식) : 저압버너(분젠식 버너), 고압버너, 송풍버너, 리텐션(retention) 가스버너, 링 리텐션(ring retention) 가스버너

59_ 보일러 수면계의 파손 시에 취급자가 가장 먼저 할 일은?

① 물밸브를 잠근다.
② 유리를 제거한다.
③ 증기밸브를 잠근다.
④ 안전밸브를 잠근다.

정답 55. ① 56. ③ 57. ③ 58. ④ 59. ①

해설 보일러 수면계가 파손되었을 때 고온, 고압의 보일러수(水)에 의해 피해가 발생할 수 있으므로 가장 먼저 물밸브를 폐쇄하여야 한다.

60. 신설 보일러의 소다 끓이기에 관한 설명으로 틀린 것은?

① 과열기 부착인 경우는 과열기 내부에 약액이 들어가도록 처리한다.
② 보일러를 제조하는 과정에서 부착된 페인트, 유지, 녹 등을 제거하기 위하여 하는 작업이다.
③ 수산화나트륨, 탄산나트륨 등을 약액으로 사용하며, 보일러수에 약액이 균일하게 분포토록 한다.
④ 드럼의 맨홀을 열고 물이 넘치지 않게 급수하여 약액을 투입한 후 맨홀을 닫고 수면계 하부까지 급수한다.

해설 배수할 수 없는 구조의 과열기는 내부에 약액이 들어가지 않도록 조치한다.

4과목 - 열설비 안전관리 및 검사기준

61. 보일러 가스누설 경보기의 구조에 대한 기준 설명으로 틀린 것은?

① 충분한 강도를 가지며 취급과 정비가 용이할 것
② 경보기의 경보부와 검지부는 분리 설치가 불가능한 것일 것
③ 경보는 램프의 점등 또는 점멸과 동시에 경보를 울리는 것일 것
④ 검지부가 다점식인 경우에는 경보가 울릴 때 경보부에서 가스의 검지장소를 알 수 있는 구조이어야 할 것

해설 가스누설 경보기 구조
㉮ 충분한 강도를 가지며 취급과 정비(특히 엘리먼트의 교체)가 용이할 것
㉯ 경보기의 경보부와 검지부는 분리하여 설치할 수 있는 것일 것
㉰ 검지부가 다점식인 경우에는 경보가 울릴 때 경보부에서 가스의 검지장소를 알 수 있는 구조이어야 할 것
㉱ 경보는 램프의 점등 또는 점멸과 동시에 경보를 울리는 것일 것

62. 보일러 설치 시공기준상 가스용 보일러의 연료 배관 고정장치에 대한 설명 중 틀린 것은?

① 관지름 13[mm] 미만은 1[m] 마다 고정장치를 설치한다.
② 관지름 13[mm] 이상 33[mm] 미만은 2[m] 마다 고정장치를 설치한다.
③ 관지름 33[mm] 이상은 3[m] 마다 고정장치를 설치한다.
④ 관지름 50[mm] 이상은 5[m] 마다 고정장치를 설치한다.

해설 배관 고정장치 설치 간격
㉮ 관지름 13[mm] 미만 : 1[m] 마다
㉯ 관지름 13[mm] 이상 33[mm] 미만 : 2[m] 마다
㉰ 관지름 33[mm] 이상 : 3[m] 마다

63. 에너지이용 합리화 기본계획 사항에 포함되지 않는 것은?

① 에너지원간 대체(代替)
② 열사용기자재의 안전관리
③ 에너지 소비형 경제구조로의 전환
④ 에너지의 합리적인 이용을 통한 온실가스의 배출을 줄이기 위한 대책

해설 에너지이용 합리화 기본계획 사항 : 에너지이용 합리화법 제4조
㉮ 에너지 절약형 경제구조로의 전환
㉯ 에너지이용효율의 증대
㉰ 에너지이용 합리화를 위한 기술개발
㉱ 에너지이용 합리화를 위한 홍보 및 교육
㉲ 에너지원간 대체(代替)

㉱ 열사용기자재의 안전관리
㉮ 에너지이용 합리화를 위한 가격예시제의 시행에 관한 사항
㉯ 에너지의 합리적인 이용을 통한 온실가스의 배출을 줄이기 위한 대책
㉰ 그 밖에 에너지이용 합리화를 추진하기 위하여 필요한 사항으로서 산업통상자원부령으로 정하는 사항

64. 증기보일러의 증기압을 측정하는 압력계로 가장 적합한 것은?
① 분동식 압력계   ② 진공 압력계
③ 공기 압력계   ④ 부르동관 압력계

[해설] 보일러에는 KS B 5305(부르동관 압력계)에 따른 압력계 또는 이와 동등 이상의 성능을 갖춘 압력계를 부착하여야 한다.

65. 보일러 설치 시공기준에 대한 설명으로 틀린 것은?
① 최대증발량이 5[t/h] 이하인 관류보일러의 안전밸브는 호칭지름 25[A] 이상이어야 한다.
② 2개 이상의 원격지시 수면계를 시설하는 경우에 한하여 유리수면계는 1개 이상으로 할 수 있다.
③ 전열면적 10[m²]를 초과하는 보일러에서 급수밸브 및 체크밸브의 크기는 호칭 20[A] 이상이어야 한다.
④ 증기보일러의 압력계에는 물을 넣은 안지름 6.5[mm] 이상의 사이폰관 또는 동등한 작용을 하는 장치를 부착해야 한다.

[해설] 안전밸브 및 압력방출장치의 크기 : 호칭지름 25[A] 이상으로 하여야 한다. 다만, 다음 보일러에서는 호칭지름 20[A] 이상으로 할 수 있다.
㉮ 최고사용압력 0.1[MPa] 이하의 보일러
㉯ 최고사용압력 0.5[MPa] 이하의 보일러로 동체의 안지름이 500[mm] 이하이며 동체의 길이가 1000[mm] 이하의 것
㉰ 최고사용압력 0.5[MPa] 이하의 보일러로 전열면적 2[m²] 이하의 것
㉱ 최대증발량 5[t/h] 이하의 관류보일러
㉲ 소용량 강철제 보일러, 소용량 주철제 보일러

66. 압력계와 연결된 증기관은 증기온도가 몇 [℃]를 초과할 때에는 동관을 사용해서는 안 되는가?
① 110   ② 210
③ 310   ④ 410

[해설] 증기 보일러 압력계 부착기준 :
압력계와 연결된 증기관은 최고사용압력에 견디는 것으로서 그 크기는 황동관 또는 동관을 사용할 때는 안지름 6.5[mm] 이상, 강관을 사용할 때는 12.7[mm] 이상이어야 하며, 증기온도가 483[K](210[℃])를 초과할 때에는 황동관 또는 동관을 사용하여서는 안 된다.

67. 가스용 보일러의 배기가스 중 일산화탄소의 이산화탄소에 대한 비는 얼마 이하이어야 하는가?
① 0.001   ② 0.002
③ 0.003   ④ 0.005

[해설] 계속사용검사 중 운전성능검사 기준 : 가스용보일러의 배기가스 중 일산화탄소(CO)의 이산화탄소(CO_2)에 대한 비는 0.002 이하이고, 그 성분은 『설치검사 기준』 배기가스 성분 표에 적합하여야 하며, 출구에서의 배기가스온도와 주위 온도차는 배기가스 온도차 표에서 정한 것을 만족하여야 한다.

68. 에너지다소비업자에게 에너지손실 요인의 개선을 명하는 자는?
① 대통령
② 한국에너지공단 이사장
③ 산업통상자원부장관
④ 시·도지사

[해설] 개선명령(에너지이용 합리화법 제34조) : 산업통상자원부장관은 에너지관리지도 결과 에너지가 손실되는 요인을 줄이기 위하여 필요하다고 인정하면 에너지다소비사업자에게 에너지손실요인의 개선을 명할 수 있다.

정답 64. ④ 65. ① 66. ② 67. ② 68. ③

69. 보일러 설치검사기준에 대한 사항 중 틀린 것은?
① 수입 보일러의 설치검사의 경우 수압시험은 필요하다.
② 저수위 안전장치는 사고를 방지하기 위해 먼저 연료를 차단한 후 경보를 울리게 해야 한다.
③ 5[t/h] 이하의 유류 보일러의 배기가스 온도는 정격 부하에서 상온과의 차가 300[℃] 이하이어야 한다.
④ 수압시험 시 공기를 빼고 물을 채운 후 천천히 압력을 가하여 규정된 시험 수압에 도달된 후 30분이 경과된 뒤에 검사를 실시하여 검사가 끝날 때까지 그 상태를 유지한다.

해설 저수위 안전장치는 사고를 방지하기 위해 연료를 차단하기 전에 경보를 울리게 해야 한다.

70. 에너지이용 합리화법에서 검사의 종류 중 계속사용검사에 해당하는 것은?
① 설치검사   ② 개조검사
③ 안전검사   ④ 재사용검사

해설 검사의 종류 : 에너지이용 합리화법 시행규칙 별표 3의4
㉮ 제조검사 : 용접검사, 구조검사
㉯ 설치검사
㉰ 개조검사
㉱ 설치장소 변경검사
㉲ 재사용검사
㉳ 계속사용검사 : 안전검사, 운전성능검사

71. 에너지법에서 정한 에너지에 해당하지 않는 것은?
① 열   ② 연료
③ 전기   ④ 원자력

해설 용어의 정의(에너지법 제2조) : 에너지란 연료, 열 및 전기를 말한다.

72. 에너지이용 합리화법에 따라 국가, 지방자치단체 등이 추진하여야 하는 에너지의 효율적 이용과 온실가스의 배출 저감을 위하여 필요한 조치의 구체적인 내용은 무엇으로 정하는가?
① 산업통상자원부령
② 고용노동부령
③ 대통령령
④ 환경부령

해설 국가, 지방자치단체 등의 에너지이용효율화 조치(에너지이용 합리화법 제8조) : 국가, 지방자치단체 등이 추진하여야 하는 에너지의 효율적 이용과 온실가스의 배출 저감을 위하여 필요한 조치의 구체적인 내용은 대통령령으로 정한다.

73. 노통연관 보일러에서 노통에 돌기가 설치되어 있는 경우에 노통의 바깥면과 연관 사이의 거리는 몇 [mm] 이상으로 하여야 하는가?
① 30   ② 40
③ 50   ④ 60

해설 노통과 연관의 틈새(열사용기자재 검사기준 7.8) :
노통연관 보일러의 노통 바깥면과 이것에 가장 가까운 연관의 면과는 50[mm] 이상의 틈새를 두어야 한다. 다만, 노통에 파형 또는 보강링 등의 돌기를 설비할 때에는 이들 돌기물의 바깥면과 이것에 가장 가까운 연관의 틈새는 30[mm] 이상으로 하여도 지장이 없다.

74. 안전밸브의 증기누설이나 작동불능의 원인으로 가장 거리가 먼 것은?
① 밸브 축이 이완될 때
② 스프링의 장력이 감소될 때
③ 밸브 구경이 사용압력에 비해 클 때
④ 밸브 시트 사이에 이물질이 부착될 때

해설 안전밸브 누설원인
㉮ 작동압력이 낮게 조정되었을 때
㉯ 스프링의 장력이 약할 때
㉰ 밸브 디스크와 밸브 시트에 이물질이 있을 때
㉱ 밸브 시트가 불량일 때
㉲ 밸브 축이 이완되었을 때

정답 69. ② 70. ③ 71. ④ 72. ③ 73. ① 74. ③

75. 관류보일러에서 보일러와 압력방출장치와의 사이에 체크밸브를 설치할 경우 압력방출장치는 몇 개 이상 이어야 하는가?

① 1개　　② 2개
③ 3개　　④ 4개

[해설] 안전밸브의 개수
㉮ 증기보일러에는 2개 이상의 안전밸브를 설치하여야 한다. 다만, 전열면적 50[m²] 이하의 증기보일러에서는 1개 이상으로 한다.
㉯ 관류보일러에서 보일러와 압력방출장치와의 사이에 체크밸브를 설치할 경우 압력방출장치는 2개 이상이어야 한다.

76. 보일러의 안전밸브 또는 압력 릴리프밸브에 요구되는 기능에 관한 설명으로 틀린 것은?

① 적절한 정지압력으로 닫힐 것
② 밸브의 개폐동작이 안정적일 것
③ 설정된 압력 이하에서 방출할 것
④ 방출할 때는 규정의 리프트가 얻어질 것

[해설] 안전밸브 또는 압력릴리프밸브에 요구되는 기능
㉮ 설정된 압력에서 방출할 것
㉯ 적절한 정지압력으로 닫힐 것
㉰ 방출 때는 규정의 리프트가 얻어질 것
㉱ 밸브의 개폐동작이 안정적일 것
㉲ 동작하고 있지 않을 때 밸브의 누설이 없을 것

77. 강철제 보일러의 최고 사용압력이 1.6[MPa]일 때 수압시험 압력은 최고 사용압력의 몇 배로 계산하는가?

① 최고 사용압력의 1.3배
② 최고 사용압력의 1.5배
③ 최고 사용압력의 2배
④ 최고 사용압력의 3배

[해설] 강철제 보일러의 수압시험 압력
㉮ 보일러의 최고사용압력이 0.43[MPa] 이하일 때에는 그 최고사용압력의 2배의 압력으로 한다. 다만, 그 시험압력이 0.2[MPa] 미만인 경우에는 0.2[MPa]로 한다.
㉯ 보일러의 최고 사용압력이 0.43[MPa] 초과 1.5[MPa] 이하일 때에는 그 최고사용압력의 1.3배에 0.3[MPa]를 더한 압력으로 한다.
㉰ 보일러의 최고사용압력이 1.5[MPa]를 초과할 때에는 그 최고사용압력의 1.5배의 압력으로 한다.

78. 보일러 화염검출장치의 보수나 점검에 대한 설명 중 틀린 것은?

① 플레임 아이 장치의 주위온도는 50℃ 이상이 되지 않게 한다.
② 광전관식은 유리나 렌즈를 매주 1회 이상 청소하고 감도 유지에 유의한다.
③ 플레임 로드는 검출부가 불꽃에 직접 접하므로 소손에 유의하고 자주 청소해 준다.
④ 플레임 아이는 불꽃의 직사광이 들어가면 오동작 하므로 불꽃의 중심을 향하지 않도록 설치한다.

[해설] 플레임 아이는 발광체를 이용하여 화염을 검출하므로 불꽃에서 직사광이 들어오도록 불꽃의 중심을 향하도록 설치하여야 한다.

79. 검사대상기기 관리자의 선임, 해임 또는 퇴직에 관한 신고는 신고 사유가 발생한 날부터 며칠 이내에 해야 하는가?

① 15일 이내
② 30일 이내
③ 20일 이내
④ 2개월 이내

[해설] 검사대상기기관리자의 선임신고 등 : 에너지이용 합리화법 시행규칙 제31조의 28
㉮ 검사대상기기 설치자는 검사대상기기 관리자를 선임·해임하거나 검사대상기기 관리자가 퇴직한 경우에는 검사대상기기 관리자 선임(해임, 퇴직) 신고서에 자격증 수첩과 관리할 검사대상기기 검사증을 첨부하여 공단이사장에게 제출하여야 한다. 다만 국방부장관이 관장하고 있는 검사대상기기 관리자의 경우에는 국방부장관이 정하는 바에 따른다.
㉯ 신고는 신고사유가 발생한 날부터 30일 이내에 하여야 한다.

정답 75. ②　76. ③　77. ②　78. ④　79. ②

80. 플로트식 수위검출기 보수 및 점검에 관한 내용으로 가장 거리가 먼 것은?

① 1년에 2회 정도 플로트실을 분해 정비한다.
② 3일마다 1회 정도 플로트실의 분출을 실시한다.
③ 계전기의 커버를 벗겨내고 이상 유무를 점검한다.
④ 연결배관의 점검 및 정비, 기기의 수평, 수직 부착위치를 확인한다.

해설 플로트식 수위검출기 보수 및 점검
㉮ 1일 1회 이상 플로트실의 분출을 실시한다.
㉯ 1일 1회 이상 보일러수의 분출을 겸하여 실제의 수위를 저하시켜 수면계의 설정위치에서 작동하는지 확인한다.
㉰ 1년에 2회 정도 플로트실을 분해 정비한다.
㉱ 계전기의 커버를 벗겨내고 이상유무를 점검한다.
㉲ 지지점, 볼트, 너트, 나사 등의 헐거움을 확인하고 헐거운 것은 조여준다.
㉳ 연결배관의 점검 및 정비, 기기의 수평, 수직 부착위치를 확인한다.

80. ②

2024년 에너지관리산업기사 CBT 필기시험 복원문제 02

1과목 - 열 및 연소설비

01. 어느 열역학적 계(system)가 외계(surroundings)로부터 10[kJ]의 열을 받고 7[kJ]의 일(work)을 하였다면, 이 계의 에너지 증가는 몇 [kJ]인가?

① -17   ② +3
③ -3   ④ +17

해설 $dq = du + dW$에서 du를 구한다.
∴ $du = dq - dW = 10 - 7 = 3$[kJ]

02. 다음 식 중 이상기체 상태에서의 가역 단열과정을 나타내는 식으로 옳지 않은 것은? (단, P, T, V, k는 각각 압력, 온도, 부피, 비열비이고, 아래 첨자 1, 2는 과정 전·후를 나타낸다.)

① $\dfrac{T_2}{T_1} = \left(\dfrac{V_1}{V_2}\right)^{k-1}$

② $\dfrac{V_1}{V_2} = \left(\dfrac{P_2}{P_1}\right)^{\frac{1}{k}}$

③ $P_1 V_1^{\,k} = P_2 V_2^{\,k}$

④ $\dfrac{T_2}{T_1} = \left(\dfrac{P_2}{P_1}\right)^{\frac{1-k}{k}}$

해설 가역 단열과정의 온도(T), 압력(P), 부피(V)의 관계식

㉮ $\dfrac{T_2}{T_1} = \left(\dfrac{P_2}{P_1}\right)^{\frac{k-1}{k}} = \left(\dfrac{V_1}{V_2}\right)^{k-1}$

㉯ $Pv^k = C$, $Tv^{k-1} = C$, $TP^{\frac{1-k}{k}} = C$이므로 $P_1 V_1^{\,k} = P_2 V_2^{\,k}$이다.

㉰ $\dfrac{V_1}{V_2} = \left(\dfrac{P_2}{P_1}\right)^{\frac{1}{k}}$

03. "$W_t = -\int V dP$"가 성립되는 경우는? (단, W_t는 유동일, V는 체적이다.)

① 정상류계, 정적과정
② 정상류계, 가역과정
③ 밀폐계, 정적과정
④ 밀폐계, 가역과정

해설 유동일(공업일)은 터빈과 같은 개방계의 일에서 일정한 체적을 유지하고 압력이 변화함으로써 작동유체가 개방계를 통과할 때 생기는 계의 외부의 일로서 정상류계, 가역과정일 때 성립한다. 유동일을 압축일, 공업일(technical work), 개방계의 일이라 하며, 일반적으로 W_t로 표시한다.

『참고』 절대일(absolute work) : 피스톤과 같은 밀폐계에서 주위와 열역학 평형을 유지하고 팽창하면서 실린더 내의 기체가 외부에 한 일로서 밀폐계의 일, 비유동일, 팽창일이라 하고 W_a로 표시한다.

04. 다음 기체연료를 1[m³]씩 완전 연소시켰을 때 연소가스가 가장 많이 발생하는 것은?

① 일산화탄소   ② 프로판
③ 수소   ④ 부탄

해설 각 가스의 완전연소 반응식

㉮ 일산화탄소 : $CO + \dfrac{1}{2}O_2 \rightarrow CO_2$

㉯ 프로판 : $C_3H_8 + 5O_2 \rightarrow 3CO_2 + 4H_2O$

㉰ 수소 : $H_2 + \dfrac{1}{2}O_2 \rightarrow H_2O$

㉱ 부탄 : $C_4H_{10} + 6.5O_2 \rightarrow 4CO_2 + 5H_2O$

※ 연소반응 후 몰수가 많은 것이 연소가스가 많이 발생되는 것이다.

정답 01. ② 02. ④ 03. ② 04. ④

05_ 15[℃]인 공기 4[kg]이 일정한 체적을 유지하며 400[kJ]의 열을 받는 경우 엔트로피 증가량은 약 몇 [kJ/K]인가? (단, 공기의 정적비열은 0.71[kJ/kg·K] 이다.)

① 1.13　　② 26.7
③ 100　　④ 400

해설 ㉮ 400[kJ]의 열의 받았을 때 온도 계산 :
$Q = m \times C_v \times (T_2 - T_1)$에서 T_2를 구한다.

$$\therefore T_2 = \frac{Q}{m \times C_v} + T_1$$

$$= \frac{400}{4 \times 0.71} + (273+15)$$

$$= 428.845 [K]$$

㉯ 정적과정의 엔트로피 변화량 계산

$$\therefore \Delta S = m C_v \ln \frac{T_2}{T_1}$$

$$= 4 \times 0.71 \times \ln \frac{428.845}{273+15}$$

$$= 1.1307 [kJ/K]$$

06_ 연료의 발열량을 측정하는 방법으로 가장 부적당한 것은?

① 열량계에 의한 방법
② 연소가스에 의한 방법
③ 원소분석치에 의한 방법
④ 공업분석치에 의한 방법

해설 연료의 발열량 측정 방법
㉮ 열량계에 의한 방법
㉯ 원소분석치에 의한 방법
㉰ 공업분석치에 의한 방법

07_ 어떤 물질이 온도변화 없이 상태가 변할 때 방출되거나 흡수되는 열을 무엇이라 하는가?

① 현열　　② 잠열
③ 비열　　④ 열용량

해설 현열과 잠열
㉮ 현열(감열) : 물질이 상태변화는 없이 온도변화에 총 소요된 열량
㉯ 잠열 : 물질이 온도변화는 없이 상태변화에 총 소요된 열량으로 증발열, 융해열, 승화열이 해당된다.

08_ 두 개의 단열과정과 두 개의 등온과정으로 이루어진 사이클은?

① 오토 사이클
② 디젤 사이클
③ 카르노 사이클
④ 브레이턴 사이클

해설 카르노 사이클 : 2개의 단열과정과 2개의 등온과정으로 구성된 열기관의 이론적인 사이클이다.

09_ 연소가스 중의 산소가 6[%]일 때 공기비의 수치로서 가장 가까운 것은?

① 1.1　　② 1.2
③ 1.4　　④ 1.6

해설 $m = \frac{21}{21-O_2} = \frac{21}{21-6} = 1.4$

10_ 벙커 C유의 황분이 3.6[%]이다. 공기비 1.4로 연소시켰을 때 연소가스 중의 SO_2 함유량은 약 몇 [%]인가? (단, 이론 연소가스량 11.0[Nm³/kg-연료], 이론공기량은 10.5[Nm³/kg-연료], S의 원자량은 32 이다.)

① 0.05　　② 0.16
③ 0.27　　④ 0.38

해설 ㉮ 벙커 C유 중 황성분(3.6[%])이 연소할 때 생성되는 SO_2의 체적 계산
황(S)의 연소반응식 : $S + O \rightarrow SO_2$
32[kg] : 22.4[Nm³] = 1×0.036[kg] : x [Nm³]
$\therefore x = \frac{(1 \times 0.036) \times 22.4}{32} = 0.0252 [Nm^3]$

㉯ 실제연소가스 중 과잉공기량 계산
$\therefore B = (m-1)A_0 = (1.4-1) \times 10.5$
$= 4.2 [Nm^3]$

㉰ 연소가스 중 SO_2 함유량 계산 : 이론연소가스량은 제시된 값을 그대로 적용한다.

정답 05. ①　06. ②　07. ②　08. ③　09. ③　10. ②

$$\therefore SO_2 = \frac{연소가스 중 SO_2량}{이론연소가스량 + 과잉공기량} \times 100$$
$$= \frac{0.0252}{11.0 + 4.2} \times 100 = 0.165[\%]$$

11_ 오토 사이클에 대한 설명으로 틀린 것은?
① 일정 체적 과정이 포함되어 있다.
② 압축비가 클수록 열효율이 감소한다.
③ 스파크 점화 내연기관의 사이클에 해당된다.
④ 압축 및 팽창은 등엔트로피 과정으로 이루어진다.

해설 오토 사이클(Otto cycle) : 전기점화기관(가솔린 기관)의 이상 사이클로 가열과정(폭발)은 정적 하에서, 동력이 발생되는 팽창과정은 단열상태에서 이루어진다. 압축비가 클수록 열효율은 증가하므로 열효율은 압축비의 함수이다.

12_ 0.4[kmol]의 CO_2가 온도 150[℃], 압력 80[kPa]일 때의 체적은 약 몇 [m³]인가? (단, 기체상수 $\overline{R}$은 8.314[kJ/kmol·K] 이다.)
① 2.7
② 17.5
③ 20.7
④ 30.5

해설 이상기체 상태방정식 $PV = G\overline{R}T$에서 체적 V를 구하며, 기체상수가 1[kmol]에 대한 값이 제시되었으므로 CO_2 0.4[kmol]을 그대로 적용한다.
$$\therefore V = \frac{G\overline{R}T}{P} = \frac{0.4 \times 8.314 \times (273 + 150)}{80}$$
$$= 17.584[m^3]$$

13_ 회전 분무식 버너의 설명 중 틀린 것은?
① 원심력을 이용한다.
② 분무각도 40~80° 정도이다.
③ 연료유의 점도가 높으면 무화가 어렵다.
④ 연료소비량이 10[L/h] 이하에서 주로 사용된다.

해설 회전식(rotary type) 버너의 특징
㉮ 분무컵을 고속으로 회전시켜 연료를 분출하고, 1차 공기를 이용하여 무화시키는 방식이다.
㉯ 사용유압은 30~50[kPa](0.3~0.5[kgf/cm²]) 정도이다.
㉰ 분무각은 30~80° 정도, 유량 조절범위는 1 : 5 정도이다.
㉱ 회전수는 직결식이 3000~3500[rpm], 벨트식이 7000~10000[rpm] 정도이다.
㉲ 설비가 간단하고 자동화가 쉽다.
㉳ 점도가 작을수록 분무상태가 좋아진다.
㉴ 고점도 연료는 예열이 필요하다.
㉵ 청소, 점검, 수리가 간편하다.

14_ 증기의 Mollier chart는 종축과 횡축을 무슨 양으로 표시하는가?
① 압력과 비체적
② 온도와 비체적
③ 엔탈피와 엔트로피
④ 온도와 엔트로피

해설 증기의 Mollier chart(몰리엘 선도)는 종축에 엔탈피(h), 횡축에 엔트로피(s)의 양을 표시한다.

15_ 아세틸렌(C_2H_2) 1[Nm³]를 공기비 1.1로 완전 연소시켰을 때의 건연소 가스량은 약 몇 [Nm³]인가?
① 10.4
② 11.4
③ 12.6
④ 13.6

해설 ㉮ 실제공기량에 의한 아세틸렌(C_2H_2)의 완전연소 반응식 : $C_2H_2 + 2.5O_2 + (N_2) + B \rightarrow 2CO_2 + H_2O + (N_2) + B$
㉯ 실제 건연소 가스량 계산 : 연소가스 중 H_2O량은 제외한다.
$$\therefore G_d = G_{0d} + B$$
$$= CO_2 + N_2 + \left\{(m-1) \times \frac{O_0}{0.21}\right\}$$
$$= 2 + (2.5 \times 3.76) + \left\{(1.1-1) \times \frac{2.5}{0.21}\right\}$$
$$= 12.59[Nm^3]$$

정답 11. ② 12. ② 13. ④ 14. ③ 15. ③

16. 세정식 집진장치 중에서 가장 미세한 입자의 집진과 높은 집진효율을 가진 것은 어떤 장치인가?

① 충전탑(packed tower)
② 분무탑식(spray tower)
③ 벤투리 스크러버식(Venturi scrubber)
④ 사이크론 스크러버식(cyclone scrubber)

해설 벤투리 스크러버식(Venturi scrubber) : 세정식 중 가압수식(벤투리 스크러버식, 제트 스크러버식, 사이크론 스크러버식)에서 집진효율이 가장 높아서 사용범위가 넓다.

17 고열원의 온도 800[K], 저열원의 온도 300[K]인 두 열원 사이에서 작동하는 이상적인 카르노 사이클이 있다. 고열원에서 사이클에 가해지는 열량이 120[kJ]이면 사이클 일은 몇 [kJ]인가?

① 60   ② 75
③ 85   ④ 120

해설 카르노 사이클 효율

$\eta = \dfrac{W}{Q_1} = \left(1 - \dfrac{T_2}{T_1}\right)$ 에서 일량 W를 구한다.

$\therefore W = Q_1 \times \left(1 - \dfrac{T_2}{T_1}\right)$
$= 120 \times \left(1 - \dfrac{300}{800}\right) = 75 \, [\text{kJ}]$

18. 냉동능력을 나타내는 단위로 0[℃]의 물 1000[kg]을 24시간 동안에 0[℃]의 얼음으로 만드는 능력을 무엇이라 하는가?

① 냉동계수
② 냉동마력
③ 냉동톤
④ 냉동률

해설 냉동톤 : 0[℃] 물 1톤(1000[kg])을 0[℃] 얼음으로 만드는데 1일(24시간) 동안 제거하여야 할 열량으로 3320[kcal/h]에 해당된다.

19. 기체연료를 가스 홀더(gas holder)에 저장하는 이유로 옳은 것은?

① 가스의 온도상승을 미연에 방지하기 위하여
② 연료의 품질과 압력을 일정하게 유지하기 위하여
③ 취급과 사용이 간편하고, 저장을 손쉽게 하기 위하여
④ 누기를 방지하여 인화폭발의 위험성을 줄이기 위하여

해설 도시가스 공급용 가스홀더의 기능(역할)
㉮ 가스수요의 시간적 변동에 대하여 공급가스량을 확보한다.
㉯ 공급설비의 일시적 중단에 대하여 어느 정도 공급량을 확보한다.
㉰ 공급가스의 성분, 열량, 연소성 등의 성질을 균일화 한다.
㉱ 소비지역 근처에 설치하여 피크시의 공급, 수송효과를 얻는다.
※ 누기(漏氣)란 누설되는 기체를 의미한다.

20. 일반적인 중유의 인화점은?

① 60~150[℃]
② 300~350[℃]
③ 520~580[℃]
④ 730~780[℃]

해설 중유의 성질
㉮ 중유(heavy oil)는 비점이 300[℃] 이상인 갈색 또는 암갈색의 액체로 탄소(C)가 가장 많이 함유하고 있다.
㉯ 정제과정에 의한 분류 : 직류 중유, 분해 중유
㉰ 점도에 의한 분류 : A중유 < B중유 < C중유
㉱ 유황분 함량에 의한 분류 : A급(1호, 2호), B급, C급(1호, 2호, 3호, 4호)의 7종으로 구분
㉲ 비중 : 0.856~1
㉳ 인화점 : 약 60~150[℃] 정도

정답 16. ③ 17. ② 18. ③ 19. ② 20. ①

2과목 - 열설비 설치

21. 유체의 압력차를 일정하게 유지하고 유체가 흐르는 단면적을 변화시켜 유량을 측정하는 계측기는?
① 오리피스 ② 플로 노즐
③ 벤투리미터 ④ 로터미터

해설 면적식 유량계
㉮ 측정원리 : 배관 중에 있는 조리개 전후의 차압을 일정하게 유지할 수 있도록 조리개 면적의 변화로부터 유량을 측정하는 것이다.
㉯ 종류 : 부자식(플로트식), 로터미터

22. 루프형 신축이음의 곡관부의 굽힘 반지름은 보통 관지름의 몇 배 이상인가?
① 2 ② 4
③ 6 ④ 8

해설 루프형(loop type) 신축이음 : 곡관으로 만들어진 관의 가요성(可撓性)을 이용한 것으로 구조가 간단하고 내구성이 좋아 고온, 고압배관이나 옥외배관에 주로 사용한다. 곡률(굽힘) 반지름은 관지름의 6배 이상으로 한다.

23. 오르사트 가스분석기로 배기가스를 분석할 때 가스분석 순서로 옳은 것은?
① O_2 → CO → CO_2
② CO_2 → O_2 → CO
③ CO → O_2 → CO_2
④ CO_2 → CO → O_2

해설 오르사트식 가스분석 순서 및 흡수제

순서	분석가스	흡수제
1	CO_2	KOH 30[%] 수용액
2	O_2	알칼리성 피로갈롤용액
3	CO	암모니아성 염화 제1구리 용액

24. 보온재 중 안전사용(최고)온도가 가장 높은 것은?
① 우모펠트
② 탄화코르크
③ 규산칼슘 보온판
④ 석면판

해설 각 보온재의 안전사용온도

구분	보온재 종류	안전사용온도
유기질	펠트	100[℃] 이하
	코르크	130[℃] 이하
	텍스류	120[℃] 이하
무기질	석면	350~550[℃]
	암면	400~600[℃]
	규조토	석면사용(500[℃]) 삼여물사용(250[℃])
	유리섬유	350[℃] 이하
	탄산마그네슘	250[℃] 이하
	규산칼슘	650[℃]
	스티로폼	85[℃]
	실리카 파이버	1100[℃]
	세라믹 파이버	1300[℃]

25. 열교환기 설계에서 열교환 유체의 압력강하는 중요한 설계인자이다. 관의 내경, 길이 및 평균 유속을 D_i, L, U라 할 때 압력강하량 ΔP와 이들 사이의 관계식으로 옳은 것은?
① $\Delta P \propto L \cdot D_i / \dfrac{1}{2g} U^2$
② $\Delta P \propto \dfrac{D_i}{L} \dfrac{1}{2g} U^2$
③ $\Delta P \propto \dfrac{L}{D_i} \dfrac{1}{2g} U^2$
④ $\Delta P \propto \dfrac{1}{2g} U^2 \cdot L \cdot D_i$

해설 열교환기 유체의 압력강하(ΔP)는 관의 길이(L)에 비례하고, 유속(U)의 제곱에 비례하며 관 안지름(D_i)에 반비례한다.
∴ $\Delta P \propto \dfrac{L}{D_i} \times \dfrac{1}{2g} \times U^2$

정답 21. ④ 22. ③ 23. ② 24. ③ 25. ③

26. 내식성, 내열성을 지니며 고온용, 저온용 배관에 쓰이는 강관은?

① 일반구조용 탄소강관
② 배관용 도복장 강관
③ 저온 배관용 강관
④ 배관용 스테인리스 강관

해설 배관용 스테인리스강(STS×T):
내식용, 내열용 및 고온 배관용, 저온 배관용 사용한다. 두께는 스케줄 번호에 따르며, 호칭지름 6~300[A]까지이다.

27. 보일러에서 그을음 불어내기(슈트블로우) 작업을 할 때의 주의사항으로 틀린 것은?

① 한 장소에 장시간 불어대지 않도록 한다.
② 댐퍼의 개도를 줄이고 통풍력을 적게 한다.
③ 슈트 블로우를 하기 전에 충분히 드레인을 실시한다.
④ 소화한 직후의 고온 연소실 내에서는 하여서는 안 된다.

해설 슈트 블로워 사용 시 주의사항
㉮ 부하가 50[%] 이하일 때, 소화 후에는 사용을 금지한다.
㉯ 댐퍼를 완전히 열고 통풍력을 크게 한다.
㉰ 그을음 제거를 하기 전에 분출기 내부의 응축수(드레인)를 제거한다.
㉱ 그을음 불어내기 관을 동일 장소에서 오래 동안 작용시키지 않는다.
㉲ 흡입(유인)통풍기가 있을 경우 흡입(유인)통풍을 늘려서 한다.

28. 다음 중 비접촉식 온도계가 아닌 것은?

① 색(色)온도계 ② 광(光)고온도계
③ 방사온도계   ④ 저항온도계

해설 온도계의 분류 및 종류
㉮ 접촉식 온도계 : 유리제 봉입식 온도계, 바이메탈 온도계, 압력식 온도계, 열전대 온도계, 저항 온도계, 서미스터, 제겔콘, 서머컬러
㉯ 비접촉식 온도계 : 광고온도계, 광전관 온도계, 색온도계, 방사온도계

29. 보일러 분출장치의 설치 목적으로 가장 거리가 먼 것은?

① 보일러수의 농축을 방지한다.
② 전열면에 스케일 생성을 방지한다.
③ 보일러의 저수위 운전을 방지한다.
④ 프라이밍이나 포밍의 발생을 방지한다.

해설 보일러 분출장치의 설치 목적
㉮ 슬러지 생성 및 스케일 방지
㉯ 보일러수의 pH 조절
㉰ 프라이밍, 포밍 현상을 방지
㉱ 보일러수의 농축방지 및 순환을 양호하게 유지
㉲ 보일러 고수위 방지
㉳ 세관작업 후 폐액을 배출시키기 위하여

30. 25[A] 강관을 곡률 반지름 120[mm]로 열간 굽힘 할 때 굽힘부의 내측을 측정하는 형판(R게이지)의 반지름은 몇 [mm]인가? (단, 강관의 바깥지름은 34[mm]이다.)

① 86   ② 103
③ 120   ④ 154

해설 강관의 곡률 반지름은 중심부까지의 치수이므로 굽힘부의 내측을 측정하는 형판(R게이지)의 반지름은 곡률 반지름에서 강관의 바깥지름의 1/2에 해당하는 길이를 뺀 수치이다.

$$\therefore R' = R - \frac{바깥지름}{2} = 120 - \frac{34}{2} = 103[mm]$$

31. 온수난방의 경우 방열기 표준 방열량은 약 몇 [kJ/m²·h]인가?

① 1840   ② 1884
③ 2300   ④ 2720

해설 방열기 표준방열량

구 분	표준방열량	
	[kcal/m²·h]	[kJ/m²·h]
증기	650	2721.4
온수	450	1884.1

※ 1[kcal]는 약 4.2[kJ](또는 4.18[kJ], 4.1868[kJ])에 해당되어 공학단위에서 SI단위로 변환할 때 적용하는 값에 따라 오차가 발생할 수 있음

『참고』 ㉮ [kcal/m²·h]단위를 [W/m²]단위로 환산하는 방법 : [W]는 [J/s]이므로 1[kW]는 1[kJ/s]이고 3600[kJ/h]이다. 그러므로 [kcal/h]에 4186.8을 곱한값을 3600으로 나눠주면 [W/m²]단위로 환산된다.
㉯ 증기 방열기의 표준 방열량 : 약 755.95[W/m²]
㉰ 온수 방열기의 표준 방열량 : 약 523.35[W/m²]

32_ 비중 1.2의 유체를 4[m³/min] 유량으로 높이 12[m]까지 올리려면 펌프의 수동력은 몇 [kW]인가? (단, 물의 비중량은 1000[kgf/m³]이다.)
① 9.41   ② 10.14
③ 11.2   ④ 15.01

해설 ㉮ 유량(Q)은 초당 유량[m³/s]으로 환산하여 적용한다.
㉯ 수동력 계산 : 수동력은 이론적인 동력으로 효율이 100[%]인 것이므로 풀이과정에는 적용하지 않는다.
$$\therefore kW = \frac{\gamma \times Q \times H}{102}$$
$$= \frac{(1.2 \times 1000) \times 4 \times 12}{102 \times 60} = 9.41 [kW]$$

33_ 박스 트랩(box trap) 중 하나로 주로 아파트 및 건물의 발코니 등의 바닥 배수에 사용하여 상층의 배수 침투 및 악취 분출 방지역할을 하는 트랩은?
① 벨 트랩   ② S 트랩
③ 관 트랩   ④ 그리스 트랩

해설 배수 트랩 중 박스 트랩의 종류
㉮ 드럼 트랩 : 요리장의 개숫물 속의 찌꺼기를 트랩 바닥에 모이게 하고 찌꺼기가 하수관으로 흐르지 않게 방지하는 트랩
㉯ 벨 트랩 : 바닥면의 배수에 사용하는 트랩으로 벨(bell)을 씌우지 않고 사용하면 트랩 작용이 안 된다.
㉰ 가솔린 트랩 : 자동차의 차고나 공장 등의 바닥 배수에 사용되는 것으로 배수 중의 가솔린, 기계유, 모래 등을 분리해서 모래는 주철제의 버킷 밑에 침전시키고 기름 등은 수면위에 띄워서 제거할 수 있도록 한 것이다.
㉱ 그리스 트랩 : 유입되는 배수의 유속이 트랩 속에서 감소하므로 배수 중에 섞여 있는 지방이 식어서 트랩 위에 떠오르도록 한 구조로 호텔, 식당 등 요리장에서 사용한다.

34_ 급탕법 중 보일러에서 나온 증기를 물탱크 속에 불어 넣어 물을 가열하는 것으로 소음을 방지하기 위하여 스팀 사이렌서를 사용하는 급탕방식은?
① 기수 혼합식
② 보일러 간접 가열식
③ 가스 직접식
④ 석탄 가열 증기 분무식

해설 기수혼합법의 특징
㉮ 증기가 물에 주는 열효율은 100[%] 이다.
㉯ 소음을 내는 단점이 있어 스팀 사이렌서를 설치하여 소음을 감소시킨다.
㉰ 사용 증기압은 0.1~0.4[MPa] 정도이다.

35_ 차압식 유량계의 압력손실의 크기를 표시한 것으로 옳은 것은?
① 플로 노즐 > 오리피스 > 벤투리관
② 오리피스 > 플로 노즐 > 벤투리관
③ 벤투리관 > 플로 노즐 > 오리피스
④ 오리피스 > 벤투리관 > 플로 노즐

해설 차압식 유량계에서 압력손실이 가장 큰 것은 오리피스미터, 가장 작은 것은 벤투리미터이다.

36_ 파이프 내에 흐르는 유체의 종류별 표시기호로 틀린 것은?
① 공기 : A   ② 연료 가스 : K
③ 연료유 : O   ④ 증기 : S

해설 유체의 종류 및 표시

유체의 종류	문자기호	색상
공기	A	백색
가스	G	황색
기름	O	황적색
수증기	S	암적색
물	W	청색

정답 32. ① 33. ① 34. ① 35. ② 36. ②

37. 세라믹식 O₂계의 특징에 대한 설명으로 틀린 것은?

① 연속측정이 가능하며, 측정범위가 넓다.
② 측정부의 온도유지를 위해 온도 조절용 전기로가 필요하다.
③ 측정가스의 유량이나 설치장소 주위의 온도 변화에 의한 영향이 적다.
④ 저농도의 가연성가스의 분석에 적합하고 대기오염관리 등에서 사용된다.

[해설] 세라믹식 O₂계의 특징
㉮ 비교적 응답이 빠르며(5~30초) 측정가스의 유량이나 설치장소의 주위온도 변화에 의한 영향이 적다.
㉯ 연속측정이 가능하며, 측정 범위가 [ppm]으로부터 [%]까지 광범위하게 측정할 수 있다.
㉰ 측정부의 온도유지를 위하여 온도조절 전기로를 필요로 한다.
㉱ 기전력을 이용하여 산소의 농도를 측정한다.
㉲ 가연성 가스 혼입은 오차를 발생시킨다.
㉳ 자동제어장치와 연결하여 사용이 가능하다.

38. 열전대의 보호관 단자에서 냉접점까지 사용되는 도선으로 열전대와 동일 특성을 가진 도선은?

① 입력 도선   ② 출력 도선
③ 보상 도선   ④ 절연 도선

[해설] 보상도선(補償導線)은 열전대의 단자 부분이 온도변화에 따라 생기는 오차를 보상하기 위하여 사용되는 선으로 구리(Cu), 니켈(Ni) 합금의 저항선으로 열전대와 동일 특성을 가진 것을 사용한다.

39. 25[℃]에서 포화수증기압은 23.8[mmHg]이다. 이 온도에서의 절대습도는?

① 0.015   ② 0.020
③ 0.040   ④ 0.238

[해설] $X = 0.622 \times \dfrac{P_w}{760 - P_w} = 0.622 \times \dfrac{23.8}{760 - 23.8}$
$= 0.0201 \, [kg/kg \cdot DA]$

40. 기준 수위에서의 압력과 측정 액면계에서의 압력의 차이로부터 액위를 측정하는 방식으로 고압 밀폐형 탱크의 측정에 적합한 액면계는?

① 차압식 액면계
② 편위식 액면계
③ 부자식 액면계
④ 유리관식 액면계

[해설] 차압식 액면계 : 액화산소와 같은 극저온의 저장조의 상·하부를 U자관에 연결하여 차압에 의하여 액면을 측정하는 방식으로 햄프슨식 액면계라 한다.

3과목 - 열설비 운전

41. 보일러의 자동제어에 관한 설명으로 틀린 것은?

① 수위제어의 1요소식은 급수유량만을 검출하고 주로 중·소형 보일러에서 이용되고 있다.
② 수위와 증기유량을 검출하여 보일러 드럼내부의 급수량을 조절하는 수위제어 방식은 2요소식이다.
③ 수위제어의 3요소식은 급수유량, 수위, 증기유량을 검출해서 조작부로 신호를 전하는 것이다.
④ 코프식 자동급수 조정장치는 금속관의 열팽창을 이용한 장치이다.

[해설] 1 요소식 : 가장 간단한 수위제어 방식으로 보일러 드럼 내의 수위만을 검출하고 그 변화에 대하여 급수량을 조절하는 방식으로 잔류편차(off set)가 발생된다.

42. 급수처리 시 화학적 방법에 속하는 것은?

① 침전법   ② 가열연화법
③ 이온교환법   ④ 여과법

[해설] 급수처리 외처리 방법 분류
㉮ 물리적 방법 : 여과법, 침강법, 기폭법, 탈기법
㉯ 화학적 방법 : 약제 첨가법, 이온교환법, 응집법

43. 프로세스(process)계 내에 시간지연이 크거나 외란이 심할 경우 조절계를 이용하여 설정점을 작동시키게 하는 제어방식은?
① 프로그램제어 ② 캐스케이드제어
③ 피드백 제어   ④ 시퀀스 제어

[해설] 캐스케이드 제어 : 두 개의 제어계를 조합하여 제어량의 1차 조절계를 측정하고 그 조작 출력으로 2차 조절계의 목표값을 설정하는 방법으로 단일 루프제어에 비해 외란의 영향을 줄이고 계 전체의 지연을 적게 하는데 유효하기 때문에 출력 측에 낭비시간이나 지연이 큰 프로세스제어에 이용되는 제어이다.

44. 상당 증발량이 300[kg/h] 이고, 급수온도가 30[℃], 발생증기 엔탈피가 3056.3[kJ/kg]인 보일러의 실제 증발량은 약 몇 [kg/h]인가? (단, 급수엔탈피는 125.6[kJ/kg]이다.)
① 215.3   ② 220.5
③ 231.0   ④ 244.8

[해설] SI단위 상당증발량 계산식 $G_e = \dfrac{G_a(h_2 - h_1)}{2257}$ 에서 실제 증발량 G_a를 구하며 증발잠열은 2257[kJ/kg]을 적용한다.
$$\therefore G_a = \dfrac{2257\,G_e}{h_2 - h_1} = \dfrac{2257 \times 300}{3056.3 - 125.6}$$
$$= 231.036 \,[kg/h]$$

45. 보일러 연소장치 중 보염장치에 해당 되지 않는 것은?
① 윈드박스   ② 보염기
③ 버너타일   ④ 플레임아이

[해설] 보염장치의 종류 : 윈드박스(바람상자), 보염기, 버너타일

46. 보일러 내부부식의 한 종류인 점식(pitting)을 유발시키는 성분은?
① 연료 중의 황 성분
② 급수 중의 알칼리 성분
③ 연료 중의 염류
④ 급수 중의 용존산소

[해설] 점식(點蝕 : pitting) : 보일러 수중의 용존산소에 의해 국부전지작용으로 발생되는 것으로 보일러수가 접하는 내면에 좁쌀, 쌀알, 콩알 크기의 점 상태(點狀)로 생기는 부식으로 공식 또는 점형부식이라 한다.

47. 액체연료 공급 라인에 여과기 설치 및 취급에 관한 설명으로 틀린 것은?
① 여과기 전, 후에 압력계를 설치한다.
② 여과기는 청소가 용이해야 한다.
③ 여과기는 사용압력의 0.5배 이상의 압력에 견딜 수 있는 것이어야 한다.
④ 여과기 출입구의 압력차가 20[kPa] 이상일 때 청소를 해주어야 한다.

[해설] 여과기는 사용압력의 1.5배 이상의 압력에 견딜 수 있는 것이어야 한다.

48. 자연순환식 수관보일러가 아닌 것은?
① 다쿠마 보일러
② 야로우 보일러
③ 스털링 보일러
④ 코르니시 보일러

[해설] 수관식 보일러의 종류
㉮ 자연 순환식 보일러 : 바브콕(babcock) 보일러, 다쿠마(dakuma) 보일러, 스털링(stirling) 보일러, 스네기찌 보일러, 야로우(yarrow) 보일러, 2동 D형 보일러 등
㉯ 강제 순환식 보일러 : 라몽트(lamont) 보일러, 벨록스(velox) 보일러 등
㉰ 관류 보일러 : 벤슨(benson) 보일러, 슐쳐(sulzer) 보일러, 소형 관류 보일러 등

정답 43. ② 44. ③ 45. ④ 46. ④ 47. ③ 48. ④

49. 보일러 연소 조작 중의 역화(逆火)의 원인과 관계가 없는 것은?
① 연도에 가스포켓이 없는 경우
② 연도댐퍼의 개도를 너무 좁힌 경우
③ 연도댐퍼가 고장이 나서 닫혀진 경우
④ 불완전 연소의 상태가 두드러진 경우

[해설] 연소 조작 중의 역화 원인
㉮ 연도 댐퍼의 고장으로 닫힌 경우 및 개도가 너무 적은 경우
㉯ 연소량을 증가시킬 때 공기보다 연료를 먼저 공급한 경우
㉰ 통풍압력이 부적합한 경우(압입통풍의 경우 너무 강한 경우, 흡입통풍의 경우 부족한 경우)
㉱ 평형통풍의 경우 통풍 밸런스가 유지되지 못하는 경우
㉲ 무리한 연소를 하는 경우
㉳ 연료 분무량이 급격히 증가하는 경우

50. 주증기 밸브를 급격히 열었을 때 보일러 시스템에 가장 나쁜 영향을 주는 것은?
① 수위 저하 ② 보일러 신축
③ 워터해머 발생 ④ 압력 강하

[해설] 수격작용(water hammer) 발생원인
㉮ 기수공발(carry over) 현상 발생 시
㉯ 주증기 밸브를 급개(急開)할 때
㉰ 배관에서의 손실열량이 과대할 때
㉱ 배관 구배(기울기) 선정이 잘못되었을 때
㉲ 부하변동이 심할 때

51. 급수처리법을 설명한 내용 중 옳지 않은 것은?
① 용존 산소처리 : 침강법
② 용존 고형물처리 : 증류법
③ 용존 탄산가스처리 : 기폭법
④ 현탁질 고형물처리 : 여과법

[해설] 용존가스 처리법
㉮ 용존산소 처리 : 진공 탈기법, 가열 탈기법
㉯ 용존 탄산가스 처리 : 기폭법(폭기법)

52. 초임계압력 이상의 고압증기를 얻을 수 있는 보일러는?
① 노통연관보일러 ② 노통보일러
③ 연관보일러 ④ 관류보일러

[해설] 관류(단관식) 보일러 : 급수펌프에 의해 급수를 압입하여 하나로 된 관에서 가열, 증발, 과열시켜 과열증기를 얻는 보일러로 드럼 없이 초임계 압력 이상에서 고압증기를 발생시키는 강제 순환식 보일러이다.

53. 보일러 열정산에서 출열 항목인 것은?
① 연료의 현열
② 공기의 현열
③ 배기가스의 보유열
④ 사용 시 연료의 발열량

[해설] 열정산 시 입·출열 항목
(1) 입열(入熱) 항목
   ㉮ 연료의 발열량(연료의 연소열)
   ㉯ 연료의 현열
   ㉰ 공기의 현열
   ㉱ 노내 취입 증기 또는 온수에 의한 입열
(2) 출열(出熱) 항목
   ㉮ 배기가스 보유열량
   ㉯ 증기의 보유열량
   ㉰ 불완전연소에 의한 열손실
   ㉱ 미연분에 의한 열손실
   ㉲ 노벽의 흡수열량
   ㉳ 재의 현열

54. 보일러에서 내부부식의 주요 원인에 해당되지 않는 것은?
① 급수 중에 유지류, 산류, 탄산가스 등의 불순물을 함유하는 경우
② 강재 속에 함유된 유황분이나 인분이 온도상승과 더불어 산화되었을 경우
③ 증기나 보일러수 등의 누출로 인한 습기나 수분에 의한 작용이 발생한 경우
④ 강재의 수측 표면에 녹이 생겨서 국부적으로 전위차가 발생하여 전류가 흐르는 경우

정답 49. ① 50. ③ 51. ① 52. ④ 53. ③ 54. ③

[해설] 내부부식의 원인
㉮ 급수 중에 유지류, 산류, 탄산가스, 염류 등의 불순물을 함유하는 경우
㉯ 일반 전기배선에서의 누전으로 인하여 전류가 장시간 흐르는 경우
㉰ 강재의 수측 표면에 녹이 생겨서 국부적으로 전위차가 발생하여 전류가 흐르는 경우
㉱ 강재 속에 함유된 유황(S) 성분이나 인(P) 성분이 온도 상승과 함께 산화되거나 녹이 생긴 경우
㉲ 국부적으로 전위차가 발생하여 전류가 흐르는 경우
㉳ 보일러 재료에 부분적인 온도차로 고열부가 양극이 되어 열전류가 발생하는 경우
㉴ 급수의 수질처리가 잘 되어 있지 않을 때
㉵ 보일러수의 순환불량으로 국부적 과열을 일으킬 때
㉶ 보일러 휴지 중 보존법이 좋지 않을 때
※ ③항은 외부부식 발생 원인에 해당된다.

55_ 이온교환수지의 이온교환 능력이 소진되었을 때 재생 처리를 하는데, 이온교환처리장치의 운전공정 순서로 옳은 것은?

| ㉠ 압출 ㉡ 부하 ㉢ 역세 ㉣ 수세 ㉤ 통약 |

① ㉠ → ㉣ → ㉢ → ㉡ → ㉤
② ㉢ → ㉤ → ㉠ → ㉣ → ㉡
③ ㉠ → ㉡ → ㉢ → ㉣ → ㉤
④ ㉢ → ㉤ → ㉠ → ㉣ → ㉡

[해설] 이온교환처리장치의 운전 공정(수지의 재생 공정) :
역세 → 통약(재생) → 압출 → 수세 → 부하(통수)

『참고』 이온교환처리장치 운전공정
㉮ 역세 : 수지탑의 아래에서 위로 물을 흐르게 하여 압축된 수지를 느슨하게 해주고 수지층에 괴여있는 현탁물을 제거하여 주는 공정
㉯ 통약 : 부하공정에서 흡착한 흡착이온을 용출시키고 부하목에 맞는 이온을 흡착시키기 위하여 재생액을 수지탑의 위에서 아래로 흘러내리는 공정으로 좁은 의미의 재생이라 함
㉰ 압출(치환) : 통약 후 수지층에 남아 있는 재생액을 통약공정과 같은 방향으로 천천히 압출시키는 공정
㉱ 수세(세정) : 수지층에 남아 있는 재생제를 완전히 씻어내리는 공정
㉲ 부하 : 재생탑에 원수를 통과시켜 수중의 일부 또는 전부의 이온을 이온교환 또는 제거시키는 공정

56_ 수관식 보일러를 원통형 보일러와 비교한 특징 중 틀린 것은?
① 과열기, 공기예열기 설치가 용이하다.
② 용량에 비해 소요면적이 적으며 효율이 좋다.
③ 초고압에서는 밀도차가 적어지므로 순환이 좋다.
④ 수관의 관경이 적어 고압에 잘 견디며 전열면적이 넓다.

[해설] 수관식 보일러의 특징
㉮ 보유수량이 적어 증기 발생시간이 빠르며, 고압 대용량에 적합하다.
㉯ 외분식이므로 연료 선택범위가 넓고, 연소상태가 양호하다.
㉰ 전열면적이 크고, 열효율이 높다.
㉱ 수관의 배열이 용이하고, 패키지형으로 제작이 가능하다.
㉲ 관수처리에 주의에 요한다.
㉳ 구조가 복잡하여 청소, 검사, 수리가 어렵고 스케일 부착이 쉽다.
㉴ 부하변동에 따른 압력 및 수위변동이 심하다.
㉵ 고압에서는 포화수와 포화증기의 비중량(밀도)차가 작기 때문에 강제순환식으로 하여야 한다.

57_ 보일러의 보존을 위한 내부청소법이 아닌 것은?
① 산 세관법
② 스팀 소킹법
③ 알칼리 세관법
④ 와이어브러시에 의한 스케일 제거법

[해설] (1) 내부청소법의 종류
㉮ 기계적 청소법 : 청소용 공구를 사용하여 수(手)작업으로 하는 방법과 튜브 클리너 등 기계를 사용하여 내면의 부착물을 제거하는 청소방법
㉯ 화학적 세관법 : 산세관, 알칼리세관, 유기산 세관
(2) 외부청소방법의 종류
㉮ 수공구 사용법
㉯ 그을음 불어내기(soot blower)
㉰ 샌드 브라스트(sand blast) 또는 에어 쇼킹법
㉱ 스팀 소킹법(steam soaking)
㉲ 워터 소킹법(water soaking)
㉳ 수세(washing)법
㉴ 스틸 숏 클리닝법

정답 55. ④ 56. ③ 57. ②

58. 제어동작에 따른 분류 시 연속동작의 종류가 아닌 것은?
① 다위치 동작   ② 비례 동작
③ 미분 동작   ④ 복합 동작

해설 제어동작에 의한 분류
㉮ 연속동작 : 비례동작, 적분동작, 미분동작, 비례 적분동작, 비례 미분동작, 비례 적분 미분 동작
㉯ 불연속 동작 : 2위치 동작(on-off 동작), 다위치 동작, 불연속 속도 동작(단속도 제어 동작)
※ 복합 동작은 연속동작의 비례, 적분, 미분 동작을 2가지 이상 조합한 것을 지칭하는 것이다.

59. 보일러의 안전저수위란 무엇인가?
① 사용 중 유지해야 할 최저의 수위
② 사용 중 유지해야 할 최고의 수위
③ 최고사용압력에 상응하는 적정수위
④ 최대증발량에 상응하는 적정수위

해설 ㉮ 안전저수위 : 보일러 운전 중 유지해야 할 최저의 수위
㉯ 보일러 종류별 안전저수위

보일러의 종류	안 전 저 수 위
직립형 보일러	연소실 천장판 최고부 위 75[mm]
직립 연관 보일러	연소실 천장판 최고부 위에서 연관길이의 1/3 지점
수평 연관 보일러	연관 최고부 위 75[mm]
노통 보일러	노통 최고부 위 100[mm]
노통 연관 보일러	• 연관이 노통보다 높을 경우 : 연관 최고부 위 75[mm] • 노통이 연관보다 높을 경우 : 노통 최고부 위 100[mm]

60. 조절기가 50~100[℉] 범위에서 온도를 비례 제어하고 있을 때 측정온도가 66[℉]와 70[℉]에 대응할 때의 비례대는 몇 [%]인가?
① 8   ② 10
③ 12   ④ 14

해설 비례대 = $\dfrac{측정\ 온도차}{조절\ 온도차} \times 100$
= $\dfrac{70-66}{100-50} \times 100 = 8\,[\%]$

4과목 - 열설비 안전관리 및 검사기준

61. 보일러 사용 전의 내부점검에 대한 주의사항으로 틀린 것은?
① 수압시험이 끝난 후 보일러 물을 배수시켜 상용수위에 오도록 조정한다.
② 기수분리기, 기타 부품의 부착상황을 확인하고, 이물질이나 공구가 보일러에 남아 있는지 확인한다.
③ 내부의 공기를 빼고 밸브를 닫아 놓은 상태로 급수하고 수위가 내려갈 때 저수위경보기 등이 정확하게 작동하는지 확인한다.
④ 내부에 이상이 없는지 확인하고 맨홀, 청소구 등에 수압시험에 사용한 명판 등이 제거되어 있는지 각 구멍을 점검한 후 뚜껑을 전부 닫고 밀폐시킨다.

해설 내부의 공기를 빼고 밸브를 열어 놓은 상태로 급수하고 수위가 상승할 때 저수위 경보기 또는 연료차단장치 등의 인터록이 정확하게 작동하는지 확인한다.

62. 어떤 강철제 증기보일러의 최고사용압력이 2.0[MPa]일 때 수압시험 압력은?
① 2.0[MPa]   ② 2.5[MPa]
③ 3.0[MPa]   ④ 3.5[MPa]

해설 보일러의 최고사용압력이 1.5[MPa]를 초과할 때에는 그 최고사용압력의 1.5배의 압력으로 한다.
∴ 수압시험 압력 = 최고사용압력×1.5배
= 2.0×1.5 = 3.0[MPa]

『참고』 강철제 보일러의 수압시험 압력
㉮ 보일러의 최고사용압력이 0.43[MPa] 이하일 때에는 그

정답 58. ① 59. ① 60. ① 61. ③ 62. ③

최고사용압력의 2배의 압력으로 한다. 다만, 그 시험압력이 0.2[MPa] 미만인 경우에는 0.2[MPa]로 한다.
㉯ 보일러의 최고 사용압력이 0.43[MPa] 초과 1.5[MPa] 이하일 때에는 그 최고사용압력의 1.3배에 0.3[MPa]를 더한 압력으로 한다.
㉰ 보일러의 최고사용압력이 1.5[MPa]를 초과할 때에는 그 최고사용압력의 1.5배의 압력으로 한다.

63. 검사대상기기의 계속사용검사 중 철금속 가열로에 대한 운전성능 검사에 대한 검사 유효기간으로 맞는 것은?

① 1년　　② 2년
③ 3년　　④ 4년

해설 검사의 유효기간 : 에너지이용 합리화법 시행규칙 별표 3의5

검사의 종류		검사유효기간
설치검사		- 보일러:1년 (운전성능부문의 경우 3년 1개월로 한다.) - 압력용기 및 철금속가열로:2년
개조검사		- 보일러:1년 - 압력용기 및 철금속가열로:2년
설치장소 변경검사		- 보일러:1년 - 압력용기 및 철금속가열로:2년
재사용검사		- 보일러:1년 - 압력용기 및 철금속가열로:2년
계속 사용검사	안전검사	- 보일러:1년 - 압력용기:2년
	운전성능 검사	- 보일러:1년 - 철금속가열로:2년

64. 에너지이용 합리화법에 의한 검사대상기기의 개조검사 대상이 아닌 것은?

① 보일러의 증설 또는 개체하는 경우
② 연료 또는 연소방법을 변경하는 경우
③ 증기보일러를 온수보일러로 개조하는 경우
④ 보일러 섹션의 증감에 의하여 용량을 변경하는 경우

해설 개조검사 적용대상 : 에너지이용 합리화법 시행규칙 별표 3의4
㉮ 증기보일러를 온수보일러로 개조하는 경우
㉯ 보일러 섹션의 증감에 의하여 용량을 변경하는 경우
㉰ 동체, 돔, 노통, 연소실, 경판, 천정판, 관판, 관모음 또는 스테이의 변경으로서 산업통상자원부장관이 정하여 고시하는 대수리의 경우
㉱ 연료 또는 연소방법을 변경하는 경우
㉲ 철금속가열로로서 산업통상자원부장관이 정하여 고시하는 경우의 수리

65. 에너지이용 합리화법의 목적으로 틀린 것은?

① 에너지의 수급(需給)을 안정시킴
② 에너지의 소비로 인한 환경피해를 줄임
③ 에너지의 합리적이고 효율적인 이용을 증진함
④ 국민복지의 증진과 지구온난화의 최대화에 이바지

해설 에너지이용 합리화법의 목적(법 제1조) : 에너지의 수급을 안정시키고 에너지의 합리적이고 효율적인 이용을 증진하며 에너지소비로 인한 환경피해를 줄임으로써 국민경제의 건전한 발전 및 국민복지의 증진과 지구온난화의 최소화에 이바지함을 목적으로 한다.

66. 보일러 운전 중 증기압력이 높을 때 발생하는 현상으로 틀린 것은?

① 포화온도가 상승한다.
② 증발잠열이 증가된다.
③ 포화수가 엔탈피가 증가된다.
④ 보일러 통이나 배관에 무리가 온다.

해설 증기 압력이 상승할 때 나타나는 현상
㉮ 포화수의 온도가 상승한다.
㉯ 포화수의 부피가 증가한다.
㉰ 포화수의 비중이 감소한다.
㉱ 물의 현열이 증가하고, 증기의 잠열이 감소한다.
㉲ 건포화증기 엔탈피가 증가한다.
㉳ 증기의 비체적이 감소한다.

정답 63. ② 64. ① 65. ④ 66. ②

67. 보일러 설치검사기준상 전열면적이 7[m²]인 경우 급수밸브 크기의 기준은 얼마이어야 하는가?

① 10[A] 이상 ② 15[A] 이상
③ 20[A] 이상 ④ 25[A] 이상

해설 급수밸브의 크기 : 급수밸브 및 체크밸브의 크기는 전열면적 10[m²] 이하의 보일러에서는 호칭 15[A] 이상, 전열면적 10[m²]를 초과하는 보일러에서는 호칭 20[A] 이상이어야 한다.

68. 안전밸브의 작동시험에 대한 설명 중 틀린 것은?

① 안전밸브의 분출압력은 1개일 경우 최고사용압력 이하이어야 한다.
② 과열기의 안전밸브 분출압력은 증발부 안전밸브의 분출압력 이하이어야 한다.
③ 발전용 보일러에 부착하는 안전밸브의 분출정지압력은 최고사용압력 이하이어야 한다.
④ 재열기 및 독립과열기에 있어서는 안전밸브가 하나인 경우 최고사용압력 이하이어야 한다.

해설 안전밸브의 작동시험(열사용기자재 검사기준 23.2.5.1) : 발전용 보일러에 부착하는 안전밸브의 분출정지 압력은 분출압력의 0.93배 이상이어야 한다.

69. 보일러의 내부 압력이 0.8[MPa]이고, 안전밸브의 단면적이 25[cm²]라면 이때 안전밸브에 작용하는 힘은 약 몇 [N]인가?

① 1400 ② 1600
③ 1800 ④ 2000

해설 ㉮ 압력(P)은 단위면적(A)에 작용하는 힘(F) 이므로 $P = \dfrac{F}{A}$ 이다.
㉯ 작용하는 힘 계산 : 1[MPa]은 10^6[Pa]이고, [Pa]은 [N/m²]이고, 1[m²]는 10^4[cm²]다.
∴ $F = P \times A = (0.8 \times 10^6) \times (25 \times 10^{-4})$
    $= 2000$ [N]

70. 열매체를 가열하는 보일러의 용량은 몇 [kW]를 1[t/h]로 계산하는가?

① 477.8 ② 581.5
③ 697.8 ④ 789.5

해설 보일러 계속사용검사 중 운전성능검사 기준 : 보일러 용량이 [MW]로 표시되었을 때에는 0.6978[MW]를 1[t/h]로 환산한다.
∴ 열매체 보일러 1[t/h] = 697.8[kW]

71. 유류보일러의 수동조작 점화방법 설명으로 틀린 것은?

① 연소실 내의 통풍압을 조절한다.
② 증기분사식은 응축수를 배출한다.
③ 버너의 기동스위치를 넣거나 분무용 증기 또는 공기를 분사시킨다.
④ 점화봉에 불을 붙여 연소실 내 버너 끝의 전방하부 1[m] 정도에 둔다.

해설 점화봉에 불을 붙여 연소실 내 버너 끝의 전방하부 10[cm] 정도에 둔다.

72. 증기 보일러에서 안전밸브 부착에 대한 설명으로 옳은 것은?

① 밸브 축을 수직으로 하여 부착한다.
② 보일러 몸체에 직접 부착시키지 않는다.
③ 안전밸브는 항상 3개 이상 부착해야 한다.
④ 안전을 고려하여 쉽게 보이는 곳에 설치하지 않는다.

해설 증기보일러 안전밸브(과압방지 안전장치) 설치
㉮ 증기보일러에는 2개 이상의 안전밸브를 설치하여야 한다. 다만, 전열면적 50[m²] 이하의 증기보일러에서는 1개 이상으로 한다.
㉯ 안전밸브는 쉽게 검사할 수 있는 장소에 밸브축을 수직으로 하여 가능한 한 보일러의 동체에 직접 부착시켜야 한다.
㉰ 안전밸브의 부착은 플랜지, 용접 또는 나사 접합식으로 한다.
㉱ 안전밸브의 분출용량은 보일러 최대증발량을 분출하도록 그 크기와 수를 결정하여야 한다.

정답 67. ② 68. ③ 69. ④ 70. ③ 71. ④ 72. ①

73. 에너지이용 합리화법에 따른 용접검사가 면제될 수 있는 보일러의 대상 범위로 틀린 것은?

① 주철제 보일러
② 제2종 관류보일러
③ 온수보일러 중 전열면적이 18[m²] 이하이고, 최고사용압력이 0.35[MPa] 이하인 것
④ 강철제 보일러 중 전열면적이 5[m²] 이하이고, 최고사용압력이 0.35[MPa] 이하인 것

해설 용접검사의 면제 대상 범위 : 에너지이용 합리화법 시행규칙 별표 3의6
(1) 강철제 보일러, 주철제 보일러
 ㉮ 강철제 보일러 중 전열면적이 5[m²] 이하이고, 최고사용압력이 0.35[MPa] 이하인 것
 ㉯ 주철제 보일러
 ㉰ 1종 관류보일러
 ㉱ 온수보일러 중 전열면적이 18[m²] 이하이고, 최고사용압력이 0.35[MPa] 이하인 것
(2) 1종 압력용기, 2종 압력용기
 ㉮ 용접이음(동체와 플랜지와의 용접이음은 제외)이 없는 강관을 동체로 한 헤더
 ㉯ 압력용기 중 동체의 두께가 6[mm] 미만인 것으로서 최고사용압력[MPa]과 내부 부피[m³]를 곱한 수치가 0.02 이하(난방용의 경우에는 0.05 이하)인 것
 ㉰ 전열교환식인 것으로서 최고사용압력이 0.35[MPa] 이하이고, 동체의 안지름이 600[mm] 이하인 것

74. 압력용기의 설치상태에 대한 설명으로 틀린 것은?

① 압력용기는 1개소 이상 접지되어야 한다.
② 압력용기의 화상 위험이 있는 고온배관은 보온되어야 한다.
③ 압력용기의 기초는 약하여 내려앉거나 갈라짐이 없어야 한다.
④ 압력용기의 본체는 바닥에서 30[mm] 이상 높이 설치되어야 한다.

해설 압력용기의 설치상태
㉮ 기초가 약하여 내려앉거나 갈라짐이 없어야 한다.
㉯ 압력용기 본체는 바닥보다 100[mm] 이상 높이 설치되어 있어야 한다.
㉰ 압력용기와 접속된 배관은 팽창과 수축의 장애가 없어야 한다.
㉱ 압력용기 본체는 보온되어야 한다. 다만, 공정상 냉각을 필요로 하는 등 부득이한 경우에는 예외로 한다.
㉲ 압력용기의 본체는 충격 등에 의하여 흔들리지 않도록 충분히 지지되어야 한다.
㉳ 횡형식 압력용기의 지지대는 본체 원둘레의 1/3 이상을 받쳐야 한다.
㉴ 압력용기의 사용압력이 어떠한 경우에도 최고사용압력을 초과할 수 없도록 설치되어야 한다.
㉵ 압력용기를 바닥에 설치하는 경우에는 바닥 지지물에 반드시 고정시켜야 한다.
㉶ 압력용기는 1개소 이상 접지되어야 한다.
㉷ 압력용기의 화상 위험이 있는 고온배관은 보온되어야 한다.

75. 검사대상기기 설치자는 검사대상기기의 관리자를 선임 또는 해임할 경우 누구에게 신고하는가?

① 한국에너지공단이사장
② 고용노동부장관
③ 국무총리
④ 시·군·구청장

해설 에너지이용 합리화법 시행령 제51조에 따라 시·도지사에 신고하는 사항을 한국에너지공단이사장에게 신고하도록 업무가 위탁된 사항임

76. 에너지이용 합리화법에서 에너지의 절약을 위해 정한 "자발적 협약"의 평가 기준이 아닌 것은?

① 계획대비 달성률 및 투자실적
② 자원 및 에너지의 재활용 노력
③ 에너지 절약을 위한 연구개발 및 보급촉진
④ 에너지 절감량 또는 에너지의 합리적인 이용을 통한 온실가스배출 감축량

해설 자발적협약의 평가기준 : 에너지이용 합리화법 시행규칙 제26조
㉮ 에너지절감량 또는 에너지의 합리적인 이용을 통한 온실가스배출 감축량
㉯ 계획 대비 달성률 및 투자실적
㉰ 자원 및 에너지의 재활용 노력
㉱ 그 밖에 에너지절감 또는 에너지의 합리적인 이용을 통한 온실가스배출 감축에 관한 사항

정답 73. ② 74. ④ 75. ① 76. ③

77_ 공기와 혼합 시 가연범위(폭발범위)가 가장 넓은 것은?
① 메탄
② 프로판
③ 메틸알코올
④ 아세틸렌

해설 공기 중에서 폭발범위

명칭	폭발범위[%]
메탄(CH_4)	5~15
프로판(C_3H_8)	2.2~9.5
메틸알코올(CH_3OH)	7.3~36
아세틸렌(C_2H_2)	2.5~81

※ 가연성 가스 중 공기 중에서 폭발범위가 가장 넓은 것은 아세틸렌이다.

78_ 주철관 접속방법 중 직관을 임의의 길이로 절단하고, 고무로 된 슬리브 커플링을 절단면 양쪽에 끼우고 스테인리스강 커플링 조임 밴드로 조임하는 방법을 사용하는 접속법은?
① 주철관 소켓(socket)이음
② 주철관 타이톤(Tyton)이음
③ 주철관 노허브(No-hub)이음
④ 주철관 기계적(mechanical)이음

해설 노허브 이음(no-hub joint) : 주철관 이음에서 종래 사용하여 오던 소켓이음을 개량한 것으로 스테인리스강 커플링과 고무링만으로 쉽게 이음 할 수 있는 방법이다.

79_ 로터리 버너를 사용할 때 로벽에 카본이 붙는 주원인으로 옳은 것은?
① 공기비가 너무 크다.
② 화염이 닿는 곳이 있다.
③ 중유의 예열온도가 높다.
④ 연소실 온도가 너무 높다.

해설 연소실 내벽(로벽)에 카본이 생성되는 원인
㉮ 분무의 직접 충돌 및 화염의 접촉
㉯ 기름 점도의 과소 및 압력의 과대
㉰ 버너 팁의 모양 및 위치가 불량할 때
㉱ 노내 가스가 단락되는 곳이 발생하고 있을 때
㉲ 공기 부족으로 인한 불완전 연소

80_ 다음 중 벌칙이 가장 무거운 것은?
① 검사대상기기 검사를 받지 아니한 자
② 검사대상기기 관리자를 선임하지 아니한 자
③ 에너지 저장의무의 부과 시 정당한 이용 없이 거부한 자
④ 효율관리기자재에 대한 에너지사용량의 측정결과를 신고하지 아니한 자

해설 각 항목의 벌칙 내용
① 1년 이하의 징역 또는 1천만원 이하의 벌금 : 법 제73조
② 1천만원 이하의 벌금 : 법 제75조
③ 2년 이하의 징역 또는 2천만원 이하의 벌금 : 법 제72조
④ 5백만원 이하의 벌금 : 법 제76조

정답 77. ④ 78. ③ 79. ② 80. ③

2025년 에너지관리산업기사
CBT 필기시험 복원문제 01

1과목 - 열 및 연소설비

01. 액체연료는 고체연료 등에 비하여 연료로는 우수하지만 다음과 같은 단점도 있다. 단점 내용이 틀린 것은?

① 화재, 역화 등의 위험이 크다.
② 국내 자원이 없고, 모두 수입에 의존한다.
③ 사용버너의 종류에 따라 연소할 때 소음이 난다.
④ 연소온도가 낮기 때문에 국부과열을 일으키기 쉽다.

해설 액체연료의 특징
㉮ 장점
  ㉠ 완전연소가 가능하고 발열량이 높다.
  ㉡ 연소효율이 높고 고온을 얻기 쉽다.
  ㉢ 연소조절이 용이하고 회분이 적다.
  ㉣ 품질이 균일하고 저장, 취급이 편리하다.
  ㉤ 파이프라인을 통한 수송이 용이하다.
㉯ 단점
  ㉠ 연소온도가 높아 국부과열의 위험이 크다.
  ㉡ 화재, 역화의 위험성이 높다.
  ㉢ 일반적으로 황성분을 많이 함유하고 있다.
  ㉣ 버너의 종류에 따라 연소 시 소음이 발생한다.

02. 카르노 사이클(Carnot cycle)의 특징이 아닌 것은?

① 가역 사이클이다.
② $P-v$ 선도에서는 직사각형의 사이클이 된다.
③ 열효율이 고온열원 및 저온열원의 온도만으로 표시된다.
④ 수열량과 방열량의 비가 수열 시의 온도와 방열 시의 온도의 비와 같다.

해설 카르노 사이클 선도에서 직사각형의 사이클이 되는 것은 $T-s$(온도-엔트로피) 선도이다.

03. 1[Nm³]의 메탄가스(CH_4)를 공기로 연소시킬 때 이론공기량은 약 몇 [Nm³]인가?

① 2.3   ② 4.2
③ 7.35   ④ 9.52

해설 ㉮ 메탄(CH_4)의 완전연소 반응식
$CH_4 + 2O_2 \rightarrow CO_2 + 2H_2O$
㉯ 단위부피[Nm³]당 이론공기량[Nm³] 계산

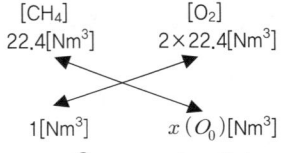

$\therefore A_0 = \dfrac{O_0}{0.21} = \dfrac{1 \times 2 \times 22.4}{22.4 \times 0.21} = 9.523 [Nm^3]$

04. 통풍력이 수주 25[mm]일 때의 풍압은 약 몇 [Pa]인가?

① 24.52   ② 245.2
③ 34.52   ④ 345.2

해설 표준대기압
1[atm] = 10332[mmAq] = 10332[kgf/m²]
      = 101325[N/m²] = 101325[Pa]
      = 101.325[kPa] 이다.

$\therefore$ 변환압력 = $\dfrac{\text{주어진 압력}}{\text{주어진 압력의 표준대기압}} \times \text{구하는 압력의 표준대기압}$

$= \dfrac{25}{10332} \times 101325$
$= 245.172[Pa]$

정답 01. ④ 02. ② 03. ④ 04. ②

05. 코크스의 적정 고온 건류온도는 몇 [℃]인가?

① 1000~1200[℃]
② 1500~1700[℃]
③ 2000~2200[℃]
④ 2500~2700[℃]

해설 코크스로 건류온도
㉮ 고온건류 : 1000~1200[℃]
㉯ 저온건류 : 500~600[℃]

06. 공기분무식 버너에서 고압식과 저압식을 구분할 때 필요한 공기량은?

① 고압식 : 7~12[%], 저압식 : 30~50[%]
② 고압식 : 15~25[%], 저압식 : 50~70[%]
③ 고압식 : 30~50[%], 저압식 : 7~12[%]
④ 고압식 : 50~70[%], 저압식 : 15~25[%]

해설 기류식 버너 중 공기분무식 버너에서 연료를 분무할 때 소요되는 공기량은 이론공기량에 대하여 고압식이 7~12[%], 저압식이 30~50[%] 소요된다.

07. 랭킨 사이클에서 단열팽창 과정이 발생되는 장치는?

① 펌프
② 터빈
③ 복수기
④ 보일러

해설 ㉮ 랭킨 사이클 : 2개의 정압변화와 2개의 단열변화로 구성된 증기원동소의 이상 사이클이다.
㉯ $T-S$ 선도

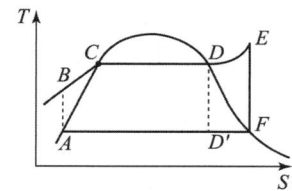

㉠ A → B 과정 : 급수펌프의 단열 압축과정
㉡ B → E 과정 : 보일러에서 정압가열과정
㉢ E → F 과정 : 터빈에서 단열 팽창과정
㉣ F → A 과정 : 복수기에서 정압 방열(냉각)과정

08. 다음 설명 중에서 틀린 것은?

① 탄화도가 작을수록 연소속도가 빨라진다.
② 탄화도가 클수록 연료비가 증가하고 발열량이 증가한다.
③ 탄화도가 클수록 휘발분이 감소하고 착화온도가 높아진다.
④ 탄화도가 작을수록 고정 탄소량이 증가하고 연소속도가 감소한다.

해설 석탄의 탄화도
① 탄화도 : 석탄의 성분이 변화되는 진행정도를 말한다.
② 탄화도 증가에 따라 나타나는 특징
 ㉮ 발열량이 증가한다.
 ㉯ 연료비가 증가한다.
 ㉰ 열전도율이 증가한다.
 ㉱ 비열이 감소한다.
 ㉲ 연소속도가 늦어진다.
 ㉳ 수분, 휘발분이 감소한다.
 ㉴ 인화점, 착화온도가 높아진다.
③ 연료비 : 고정탄소와 휘발분의 비율

$$\therefore 연료비 = \frac{고정탄소}{휘발분}$$

09. 메탄가스를 과잉공기를 사용하여 연소시켰다. 생성된 H_2O는 흡수탑에서 흡수 제거시키고, 나온 가스를 분석하였더니 그 조성(용적)은 아래와 같았다. 사용된 공기의 과잉율은 약 몇 [%]인가? (단, CO_2 : 9.6[%], O_2 : 3.8[%], N_2 : 86.6[%]이다.)

① 10
② 20
③ 30
④ 40

해설 ㉮ 공기비 계산

$$\therefore m = \frac{N_2}{N_2 - 3.76 O_2}$$

$$= \frac{86.6}{86.6 - 3.76 \times 3.8} = 1.1975$$

㉯ 과잉공기 백분율[%] 계산

$$\therefore 과잉공기율[\%] = \frac{B}{A_0} \times 100$$
$$= (m-1) \times 100$$
$$= (1.1975 - 1) \times 100$$
$$= 19.75[\%]$$

정답 05. ① 06. ① 07. ② 08. ④ 09. ②

10. 비열 4.184[kJ/kg·K]인 물 15[kg]을 0[℃]에서 80[℃]까지 가열할 때 물의 엔트로피 상승은 약 몇 [kJ/K]인가?

① 9.5 ② 16.1
③ 21.9 ④ 30.8

해설
$$\Delta S = GC\ln\frac{T_2}{T_1}$$
$$= 15 \times 4.184 \times \ln\frac{(273+80)}{273}$$
$$= 16.129 [kJ/K]$$

11. 연소 시 질소산화물의 억제대책 중 틀린 것은?

① 노내압을 강하시킬 것
② 과잉공기량을 감소시킬 것
③ 노내가스의 잔류시간을 감소시킬 것
④ 연소가스 중 산소농도를 상승시킬 것

해설
㉮ 질소산화물을 경감시키는 방법
 ㉠ 연소온도를 낮게 유지한다.
 ㉡ 노내압을 낮게 유지한다.
 ㉢ 연소가스 중 산소농도를 저하시킨다.
 ㉣ 노내가스의 잔류시간을 감소시킨다.
 ㉤ 과잉공기량을 감소시킨다.
 ㉥ 질소성분 함유량이 적은 연료를 사용한다.
㉯ 질소산화물의 생성을 억제하는 방법
 ㉠ 저공기비로 연소한다.
 ㉡ 열부하를 감소시킨다.
 ㉢ 공기온도를 저하시킨다.
 ㉣ 2단 연소법을 사용한다.
 ㉤ 배기가스를 재순환시킨다.
 ㉥ 물이나 증기를 분사한다.
 ㉦ 저NOx 버너를 사용한다.
 ㉧ 연료를 전처리하여 사용한다.

12. 1[atm], 15[℃]의 공기 3[kg]을 5[atm]까지 가역 폴리트로픽과정으로 압축시킬 때 엔트로피의 변화는 약 몇 [kJ/K]인가? (단, 공기에 대한 C_v = 0.711[kJ/kg·K], k = 1.4, n = 1.3 이다.)

① 0.264 감소 ② 0.264 증가
③ 0.687 감소 ④ 0.687 증가

해설
$$\Delta s = GC_v \frac{n-k}{n} \ln\frac{P_2}{P_1}$$
$$= 3 \times 0.711 \times \frac{1.3-1.4}{1.3} \times \ln\frac{5}{1}$$
$$= -0.2640 [kJ/K]$$
∴ 엔트로피 변화는 0.2640[kJ/K] 감소한다.

13. 실린더의 압축비에 대한 정의로서 옳은 것은?

① $\dfrac{격간\ 체적}{실린더\ 체적}$ ② $\dfrac{실린더\ 체적}{격간\ 체적}$

③ $\dfrac{격간\ 체적}{행정\ 체적}$ ④ $\dfrac{행정\ 체적}{격간\ 체적}$

해설 왕복식 압축기에서 압축비는 실린더 체적과 격간체적(통극체적, 간극체적)과의 비를 말한다.
∴ 압축비 = $\dfrac{실린더\ 체적}{격간\ 체적(통극\ 체적)}$

14. 연소가스 분석결과 CO_2가 12.6[%]일 때 예상되는 O_2 농도는 약 몇 [%]인가? (단, 연료의 CO_{2max} = 16.5[%] 이다.)

① 3.5 ② 6.0
③ 5.0 ④ 7.0

해설 $[CO_2]_{max} = \dfrac{21\,CO_2}{21-O_2}$ 에서 산소 농도 O_2를 구한다.
$$\therefore O_2 = 21 - \frac{21\,CO_2}{CO_{2max}} = 21 - \frac{21 \times 12.6}{16.5}$$
$$= 4.963 [\%]$$

15. 정적과정, 정압과정 및 단열과정으로 구성된 사이클은?

① 오토 사이클
② 디젤 사이클
③ 카르노 사이클
④ 브레이턴 사이클

해설 디젤 사이클(diesel cycle) : 압축착화기관인 저속디젤기관의 기본 사이클로 정적과정 1개, 정압과정 1개, 단열과정 2개로 이루어진 사이클이다.

정답 10. ② 11. ④ 12. ① 13. ② 14. ③ 15. ②

16_ 수소 1[Nm³]의 연소열은 약 몇 [MJ]인가?
(단, $2H_2 + O_2 \rightleftarrows 2H_2O$(액체) + 571.92[MJ]이다.)

① 12.77　　　② 25.54
③ 142.98　　　④ 285.96

해설 문제에서 주어진 연소 반응식에서 수소(H_2) 2[kmol]이 연소할 때 발열량이 571.92[MJ]로 하고, 1[kmol]은 22.4[Nm³]이다.
∴ 2×22.4[Nm³] : 571.92[MJ] = 1[Nm³] : x[MJ]
∴ $x = \dfrac{1 \times 571.92}{2 \times 22.4} = 12.766$ [MJ]

17_ 물질을 연소시켜 생긴 화합물에 대한 설명으로 옳은 것은?

① 수소가 연소했을 때는 물로 된다.
② 황이 연소했을 때는 황화수소로 된다.
③ 탄소가 완전 연소했을 때는 일산화탄소가 된다.
④ 탄소가 불완전 연소했을 때는 이산화탄소가 된다.

해설 각 물질을 연소시켜 생긴 화합물
㉮ 수소(H_2)의 완전 연소반응식 :
　$H_2 + \dfrac{1}{2}O_2 \rightarrow H_2O$[물(수증기)]
㉯ 황(S)의 완전 연소반응식 :
　$S + O_2 \rightarrow SO_2$[아황산가스]
㉰ 탄소(C)의 완전 연소반응식 :
　$C + O_2 \rightarrow CO_2$[이산화탄소(탄산가스)]
㉱ 탄소(C)의 불완전 연소반응식 :
　$C + \dfrac{1}{2}O_2 \rightarrow CO$[일산화탄소]

18_ 공기 냉동 cycle은 어느 열기관의 역 cycle인가?

① Otto　　　② Diesel
③ Sabathe　　　④ Brayton

해설 역브레이턴 사이클(Brayton cycle) : 가스 터빈의 이론 사이클인 브레이턴 사이클을 반대방향으로 작동되도록 한 것으로 공기압축 냉동 사이클에 적용된다.

19_ 열역학 제2법칙에 대한 설명 중 가장 옳은 것은?

① 엔트로피의 절대치를 정의하는 법칙을 말한다.
② 온도계의 원리 원칙을 제공하는 법칙을 말한다.
③ 성능계수가 무한대인 냉동기를 제작할 수 있다.
④ 일을 소비하지 않고는 열을 저온체에서 고온체로 이동시키는 것은 불가능하다.

해설 열역학 제2법칙을 방향성의 법칙이라 하며 학자들에 따라 다음과 같이 설명하였다.
㉮ 켈빈 플랑크 : 자연계에 아무런 변화를 남기지 않고 어느 열원의 열을 계속해서 일로 바꿀 수 없다. 고온물체의 열을 일로 계속 바꾸려면 저온물체로 열을 방출하여야 한다. (열효율이 100[%]인 열기관을 만들 수 없다.)
㉯ 클라시우스 : 열은 스스로 다른 물체에 아무런 변화도 주지 않고 저온물체에서 고온물체로 이동하지 않는다. (성적계수가 무한대인 냉동기를 만드는 것은 불가능하다.)

20_ 폭발범위가 2.2~9.5[%]인 기체연료는?

① 수소　　　② 프로판
③ 아세틸렌　　　④ 일산화탄소

해설 각 기체의 공기 중에서 폭발범위

명칭	폭발범위
수소(H_2)	4~75[%]
프로판(C_3H_8)	2.2~9.5[%]
아세틸렌(C_2H_2)	2.5~81[%]
일산화탄소(CO)	12.5~74[%]

2과목 - 열설비 설치

21. 측정기의 우연오차와 가장 관련이 깊은 것은?
① 감도 ② 부주의
③ 보정 ④ 산포

해설 우연오차 : 원인을 알 수 없기 때문에 보정이 불가능한 오차로서 측정 때마다 측정치가 일정하지 않고 산포에 의해 일어나며, 여러 번 측정하여 통계적으로 처리한다.

22. 열전대 온도계의 특징 설명 중 틀린 것은?
① 원격측정이 용이하다.
② 자동제어, 자동기록이 가능하다.
③ 장기간 사용해도 재질의 변화가 없다.
④ 접촉식 온도계 중 가장 높은 온도를 측정할 수 있다.

해설 열전대 온도계의 특징
㉮ 고온 및 원격 측정이 가능하다.
㉯ 냉접점이나 보상도선으로 인한 오차가 발생되기 쉽다.
㉰ 전원이 필요하지 않으며 원격지시 및 기록이 용이하다.
㉱ 온도계 사용한계에 주의하고, 영점보정을 하여야 한다.
㉲ 온도에 대한 열기전력이 크며 내구성이 좋다.
㉳ 장기간 사용하면 재질이 변화한다.
㉴ 측정범위와 사용 분위기 등을 고려하여야 한다.

23. 관의 지름을 바꿀 때 주로 사용되는 관 부속품은?
① 엘보(elbow)
② 밸브(valve)
③ 플러그(plug)
④ 리듀서(reducer)

해설 사용 용도에 의한 강관 이음재 분류
㉮ 배관의 방향을 전환할 때 : 엘보(elbow), 벤드(bend), 리턴 벤드
㉯ 관을 도중에 분기할 때 : 티(tee), 와이(Y), 크로스(cross)
㉰ 동일 지름의 관을 연결할 때 : 소켓(socket), 니플(nipple), 유니언(union), 플랜지(flange)
㉱ 지름이 다른관(이경관)을 연결할 때 : 리듀서(reducer), 부싱(bushing), 이경 엘보, 이경 티
㉲ 관 끝을 막을 때 : 플러그(plug), 캡(cap)
㉳ 관의 분해, 수리가 필요할 때 : 유니언, 플랜지

24. 요로의 배가스열을 회수, 이용하는데 관계 없는 것은?
① 온수 발생기
② 폐열 보일러
③ 축열기(regenarator)
④ 디어레이터(脫氣器)

해설 디어레이터(deaerator) : 탈기기(脫氣器)라 하며, 급수 중의 산소(O_2), 탄산가스(CO_2) 등의 용존가스를 제거하는 방법에 사용되는 기기이다.

25. 판상보온재를 사용하는 경우 소정의 두께의 보온판을 철사로 묶어서 밀착시킨다. 보온재의 두께가 몇 [mm]를 넘을 경우 가능한 한 2층으로 나누어 시공하는가?
① 25 ② 50
③ 75 ④ 100

해설 보온재 시공 방법
㉮ 물 반죽 시공을 할 경우 보호망을 25[mm] 마다 설치하고, 70[%] 이상 건조되었을 때 2차 시공을 한다.
㉯ 관이나 판상의 보온재를 시공할 경우 75[mm]를 넘으면 2층으로 시공한다.
㉰ 고온에 접촉하는 부분에는 보온재를 2층으로 시공한다.
㉱ 고온부에는 내열성이 우수한 재료를 사용하고, 다음에는 보냉 효과가 우수한 보온재를 사용한다.

26. 판두께가 12[mm], 용접길이가 30[cm]인 판을 맞대기 용접을 했을 때 44100[N]의 인장하중이 작용한다면 인장응력은 약 몇 [N/mm²]인가?
① 12.25 ② 15.19
③ 18.13 ④ 19.11

정답 21. ④ 22. ③ 23. ④ 24. ④ 25. ③ 26. ①

해설 $\sigma = \dfrac{W}{h \times l} = \dfrac{44100}{12 \times 300} = 12.25 \,[\text{N/mm}^2]$

27. 다음 유량계 중에서 유체의 압력손실이 가장 큰 것은?

① 차압식 유량계
② 용적식 유량계
③ 면적식 유량계
④ 임펠러식 유량계

해설 차압식 유량계 : 관로 중에 교축기구(조리개 기구)를 설치하여 교축기구 전후에 발생하는 압력차를 이용하여 유량을 측정하는 것으로 압력손실이 가장 크게 발생한다.

28. 주철관의 접합방법으로 사용되지 않는 것은?

① 소켓 접합
② 용접 접합
③ 플랜지 접합
④ 메커니컬 접합

해설 주철관 접합법 종류 : 소켓 접합, 기계식 접합, 타이톤 접합, 빅토리 접합, 플랜지 접합
※ 주철관은 용접에 의한 접합은 부적당하다.

29. 염기성 내화물의 주성분이 아닌 것은?

① 실리카
② 마그네시아
③ 돌로마이트
④ 펄스테라이트(forsterite)

해설 염기성 내화물의 주성분 : 마그네시아, 돌로마이트, 펄스테라이트, 마그크로
※ 실리카는 산성내화물의 주성분이다.

30. 대기압 750[mmHg]에서 계기압력이 325 [kPa]일 때 절대압력은 약 몇 [kPa]인가?

① 223
② 327
③ 425
④ 501

해설 1[atm] = 760[mmHg] = 101.325[kPa] 이다.
∴ 절대압력 = 대기압 + 계기(gauge)압력
$= \left(\dfrac{750}{760} \times 101.325\right) + 325$
$= 424.991 \,[\text{kPa}]$

31. 다음 중 비중이 가장 작은 보온재는?

① 우레탄폼
② 우모펠트
② 탄화콜크
④ 폼 글라스

해설 우레탄폼(urethane foam) : 폴리올과 이소시아네이트를 주제로 하여 얻어지는 발포 제품으로 밀도가 30~40 [kg/m³] 정도로 가볍다.

32. 불연속식 가마로서 바닥은 직사각형이며 여러 개의 흡입구멍이 연도에 연결되어 있고 화교가 버너 포트의 앞쪽에 설치되어 있는 것은?

① 도염식가마
② 터널가마
③ 둥근가마
④ 호프만가마

해설 도염식 가마(down draft kiln) : 꺽임 불꽃 가마로 아궁이쪽에서 발생한 불꽃이 측벽과 화교사이를 거쳐 올라가서 소성실 천정에 부딪혀 가마바닥의 흡입공으로 빠지면서 피가열체를 소성하는 것으로 가마 내의 온도분포가 균일하다.

33. 보온벽의 온도가 안쪽 20[℃], 바깥쪽 0[℃]이다. 벽 두께가 20[cm], 벽 재료의 열전도율이 0.2326[W/m·℃]일 때, 벽 1[m²]당, 매 시간의 열손실량은 약 몇 [W]인가?

① 11.63
② 23.26
③ 34.89
④ 58.15

해설 $Q = KF\Delta t = \dfrac{1}{\dfrac{b}{\lambda}} F\Delta t$
$= \dfrac{1}{\dfrac{0.2}{0.2326}} \times 1 \times (20-0)$
$= 23.26 \,[\text{W}]$

정답 27. ① 28. ② 29. ① 30. ③ 31. ① 32. ① 33. ②

34. 광석을 용해되지 않을 정도로 가열하는 배소(roasting)의 목적이 아닌 것은?
① 물리적 변화의 방지
② 탄산염의 분해를 촉진
③ 황(S), 인(P) 등의 성분을 제거
④ 산화도를 변화시켜 제련을 용이하게 함

해설 배소(roasting)의 목적
㉮ 화합수(化合水) 및 탄산염의 분해를 촉진
㉯ 산화도를 변화시켜 제련을 용이하게 함
㉰ 유해성분(S, P, As 등)을 제거
㉱ 균열 등 물리적인 변화

35. 터빈 펌프의 양수량이 8[m/min]이고, 전양정이 7[m]이며, 효율이 80[%]일 경우 소요동력은 약 몇 [PS]인가?
① 10.4
② 13.5
③ 15.6
④ 20.0

해설 ㉮ 물의 비중량(γ)은 1000[kgf/m³]을, 유량은 초(sec)당 유량[m³/s]을 적용한다.
㉯ 소요동력(축동력) 계산

$$\therefore PS = \frac{\gamma QH}{75\eta} = \frac{1000 \times 8 \times 7}{75 \times 0.8 \times 60} = 15.555 [PS]$$

36. 보온재의 보온효율을 가장 합리적으로 나타낸 것은? (단, Q_0 : 보온을 하지 않았을 때 표면으로부터의 방열량, Q : 보온을 하였을 때 표면으로부터의 방열량이다.)
① $\dfrac{Q_0}{Q}$
② $\dfrac{Q}{Q_0}$
③ $\dfrac{Q_0 - Q}{Q_0}$
④ $\dfrac{Q_0 - Q}{Q}$

해설 보온효율 : 보온으로 차단되는 열량과 나관(裸管)으로부터 방열량의 비율이다.
$$\therefore \eta[\%] = \frac{Q_0 - Q}{Q_0} \times 100 = \left(1 - \frac{Q}{Q_0}\right) \times 100$$

37. 비접촉식 온도계에 속하는 것은?
① 유리 온도계
② 광고 온도계
③ 압력 온도계
④ 열전 온도계

해설 온도계의 분류 및 종류
㉮ 접촉식 온도계 : 유리제 봉입식 온도계, 바이메탈 온도계, 압력식 온도계, 열전대 온도계, 저항 온도계, 서미스터, 제겔콘, 서머컬러
㉯ 비접촉식 온도계 : 광고온도계(광고온계), 광전관 온도계, 색온도계, 방사온도계

38. 증기 난방법의 종류를 중력, 기계, 진공 환수방식으로 구분한다면 무엇에 따른 분류인가?
① 증기 공급 방식
② 증기 압력 방식
③ 응축수 환수 방식
④ 환수관 배관 방식

해설 증기난방의 분류
㉮ 증기압력에 의한 분류 : 저압식, 고압식
㉯ 증기관의 배관방식에 의한 분류 : 단관식, 복관식
㉰ 공급방식에 의한 분류 : 상향 공급식, 하향 공급식
㉱ 환수관의 배관방식에 의한 분류 : 건식 환수관식, 습식 환수관식
㉲ 응축수 환수방식에 의한 분류 : 중력 환수식, 기계 환수식, 진공 환수관식

39. 연료를 사용하지 않고 용선의 보유열과 용선속의 불순물의 산화열에 의해서 노내 온도를 유지하면서 용강을 얻는 것은?
① 평로
② 고로
③ 반사로
④ 전로

해설 전로 : 용융 선철을 장입하고 고압의 공기나 산소를 취입하여 제련하는 것으로 산화열에 의해 불순물을 제거하므로 별도의 연료가 필요 없다.

정답 34. ① 35. ③ 36. ③ 37. ② 38. ③ 39. ④

40_ 열팽창계수가 다른 두 금속 박판을 밀착시켜 만든 것으로 고압용기 내부온도를 측정할 수 있어 산업설비용으로 많이 사용하는 온도계는?

① 열전 온도계
② 저항 온도계
③ 압력식 온도계
④ 바이메탈 온도계

해설 바이메탈 온도계 : 선팽창계수(열팽창률)가 다른 2종류의 얇은 금속판을 결합시켜 온도변화에 따라 구부러지는 정도가 다른 점을 이용한 것이다.

3과목 - 열설비 운전

41_ 곡관식 수관보일러에 해당하는 것은?

① 야로우 보일러
② 다쿠마 보일러
③ 가르베 보일러
④ 스털링 보일러

해설 스털링(stirling) 보일러 : 자연순환식 수관보일러로 기수드럼 2~3개와 수(水)드럼 1~2개를 갖고 있으며, 곡관이므로 열팽창에 대한 신축이 자유롭고 기수드럼과 수(水)드럼이 거의 수직으로 설치되는 보일러로 물의 순환이 양호하다.

42_ 증기트랩 중에서 관말트랩으로 적합한 것은?

① 버킷 트랩
② 벨로즈 트랩
③ 플로트 트랩
④ 온도조절식 트랩

해설 버킷(bucket) 트랩
㉮ 버킷의 부력을 이용하여 밸브를 개폐하여 응축수를 배출하는 기계식 트랩이다.
㉯ 상향식 트랩과 하향식 트랩으로 분류되며 일반적으로 하향식을 사용한다.
㉰ 고압증기의 관말 트랩이나 유닛, 히터 등에 널리 사용된다.

43_ 보일러 효율을 산출하는 식으로 옳은 것은? (단, G : 증발량, G_f : 연료 소비량, H_l : 연료의 저위발열량, h_2 : 발생증기 엔탈피, h_1 : 급수 엔탈피이다.)

① $\eta = \dfrac{G(h_2 - h_1)}{G_f H_l} \times 100$

② $\eta = \dfrac{G}{G_f H_l} \times 100$

③ $\eta = \dfrac{G G_f}{H_l (h_2 - h_1)} \times 100$

④ $\eta = \dfrac{H_l (h_2 - h_1)}{G G_f} \times 100$

해설 보일러 효율 : 증기 발생에 이용된 열량과 보일러에 공급한 연료가 완전 연소할 때의 열량과의 비

$$\therefore \eta = \dfrac{\text{유효하게 사용된 열량}}{\text{공급된 열량}} \times 100$$

$$= \dfrac{G(h_2 - h_1)}{G_f H_l} \times 100$$

44_ 보일러 가동 시 송풍기가 작동되지 않으면 전자밸브가 열리지 않아 점화를 저지하는 인터록은?

① 불착화 인터록
② 저연소 인터록
③ 프리퍼지 인터록
④ 압력초과 인터록

해설 보일러 인터록의 종류
㉮ 압력초과 인터록 : 증기압력이 일정압력에 도달할 때 전자밸브를 닫아 보일러의 가동을 정지시키는 것으로 증기압력 제한기가 해당된다.
㉯ 저수위 인터록 : 보일러 수위가 안전 저수위에 도달할 때 전자밸브를 닫아 보일러 가동을 정지시키는 것으로 저수위 경보기가 해당된다.
㉰ 불착화 인터록 : 버너 착화 시 점화되지 않거나 운전 중 실화가 될 경우 전자밸브를 닫아 연료 공급을 중지하여 보일러 가동을 정지시키는 것으로 화염검출기가 해당된다.
㉱ 저연소 인터록 : 보일러 운전 중 연소상태가 불량하거나 저연소 상태로 유량조절밸브가 조절되지 않으면 전자밸브를 닫아 보일러 가동을 정지시킨다.

정답 40. ④ 41. ④ 42. ① 43. ① 44. ③

㉯ 프리퍼지 인터록 : 점화 전 일정시간 동안 송풍기가 작동되지 않으면 전자밸브가 열리지 않아 점화가 되지 않는다.

45_ 유속을 일정하게 하고 관경을 2배로 하면 유량은 처음보다 어떻게 변화하는가?
① 2배 증가
② 4배 증가
③ 8배 증가
④ 변화가 없다.

해설 체적유량 $Q = \dfrac{\pi}{4} \times D^2 \times V$ 에서 관경(D)만 2배로 증가($2D_1$)시켰을 경우 처음유량(Q_1)과 변경 후 유량(Q_2)을 비례식으로 식을 정리하면

$$\dfrac{Q_2}{Q_1} = \dfrac{\dfrac{\pi}{4} \times D_2^2 \times V}{\dfrac{\pi}{4} \times D_1^2 \times V} \text{ 이고,}$$

여기서 변경된 유량 Q_2를 구한다.

$$\therefore Q_2 = \dfrac{\dfrac{\pi}{4} \times D_2^2 \times V}{\dfrac{\pi}{4} \times D_1^2 \times V} \times Q_1$$

$$= \dfrac{\dfrac{\pi}{4} \times (2D_1)^2 \times V}{\dfrac{\pi}{4} \times D_1^2 \times V} \times Q_1 = 4Q_1$$

46_ 발열량이 40200[kJ/kg]인 연료 180[kg]을 연소시켜 엔탈피 2637.68[kJ/kg]인 증기 2000[kg]을 발생시켰다면 열손실량은 약 몇 [kJ]인가? (단, 급수온도는 12[℃]이고, 급수엔탈피는 50.24[kJ/kg]이다.)
① 1858900
② 1960600
③ 2061100
④ 2193800

해설 열손실량은 연료를 완전연소시켰을 때 발생되는 열량과 증기를 발생하는데 소요된 열량과의 차이다.
∴ 열손실량 = 발생열량 − 증기발생 소요열량
$= (G_f \times H) - \{G_a(h_2 - h_1)\}$
$= (40200 \times 180)$
  $- \{2000 \times (2637.68 - 50.24)\}$
$= 2061120 \text{ [kJ]}$

47_ 보일러 급수에 포함된 불순물 중 경질 스케일을 만드는 물질은?
① $CaSO_4$
② $CaCO_3$
③ $MgCO_3$
④ $Ca(OH)_2$

해설 스케일의 분류 및 원인 성분
㉮ 연질스케일 : 탄산칼슘[$Ca(HCO_3)_2$], 탄산마그네슘 [$Mg(HCO_3)_2$], 산화철 등
㉯ 경질스케일 : 황산칼슘($CaSO_4$), 황산마그네슘 ($MgSO_4$), 규산칼슘($CaSiO_3$), 실리카(SiO_2) 등
※ 일반적으로 탄산염은 연질스케일, 황산염, 규산염은 경질스케일이 된다.

48_ 집진장치의 형식을 선정할 때 제일 먼저 고려하여야 할 사항은?
① 배기가스의 온도
② 배기가스의 속도
③ 입자성 물질의 농도
④ 입자성 물질의 입경

해설 집진장치 선정 시 고려사항
㉮ 분진의 입도 및 분포
㉯ 집진기의 처리효율
㉰ 집진장치에 의한 압력손실
㉱ 제거하여야 할 분진의 양
㉲ 집진시설 설치장소 및 관리 유지비
㉳ 집진 후 폐기물의 처리문제

49_ 인젝터로 보일러에 급수할 때 급수불량 원인으로 옳은 것은?
① 증기의 압력이 높다.
② 급수의 온도가 낮다.
③ 인젝터의 온도가 낮다.
④ 흡입측에 공기가 누입된다.

해설 인젝터 작동불량(급수불량) 원인
㉮ 급수온도가 너무 높은 경우(50[℃] 이상)
㉯ 증기압력이 0.2[MPa] 이하로 낮은 경우
㉰ 부품이 마모되어 있는 경우
㉱ 내부노즐에 이물질이 부착되어 있는 경우
㉲ 흡입관로 및 밸브로부터 공기유입이 있는 경우
㉳ 체크밸브가 고장 난 경우

정답 45. ② 46. ③ 47. ① 48. ④ 49. ④

㉮ 증기가 너무 건조하거나, 수분이 많은 경우
㉯ 인젝터 자체가 과열되었을 때

50. 보일러 급수에 관계되는 P(phenolphthalein) 알칼리도를 설명한 것으로 틀린 것은?

① 물속의 알칼리분을 표시한 지수이다.
② 물속의 Ca^{2+}, Mg^{2+}의 양을 표시한 지수이다.
③ 수중의 중탄산염, 탄산염, 수산화물, 인산염, 규산염 등의 알칼리도 일부로서 pH9.0 보다도 높은 pH 부분의 알칼리분 농도이다.
④ 페놀프탈레인과 치몰본의 혼합지시약을 사용해서 유산으로 측정하여 그 소비량을 이에 상당한 $CaCO_3$ ppm로 표시한 것이다.

해설 ②번 항목은 경도에 대한 설명이다.

51. 보일러 안전밸브의 작동시험 방법 중 틀린 것은?

① 안전밸브가 1개일 경우 분출압력은 최고사용압력 이하이어야 한다.
② 과열기 안전밸브 분출압력은 증발부 안전밸브의 분출압력 이하이어야 한다.
③ 재열기 및 독립과열기에 있어서는 안전밸브가 1개인 경우 분출압력은 최고사용압력 이하이어야 한다.
④ 안전밸브가 2개 이상인 경우 그 중 1개는 최고사용압력 이하, 기타는 최고사용압력의 1.3배 이하에서 작동해야 한다.

해설 안전밸브 작동시험
㉮ 안전밸브 분출압력은 1개일 경우 최고사용압력 이하, 안전밸브가 2개 이상인 경우 그중 1개는 최고사용압력 이하 기타는 최고사용압력의 1.03배 이하일 것
㉯ 과열기의 안전밸브 분출압력은 증발부 안전밸브의 분출압력 이하일 것
㉰ 재열기 및 독립과열기의 경우 안전밸브가 하나인 경우 최고사용압력 이하, 2개인 경우 하나는 최고사용압력 이하이고 다른 하나는 최고사용압력의 1.03배 이하에

서 분출하여야 한다. 다만, 출구에 설치하는 안전밸브의 분출압력은 입구에 설치하는 안전밸브의 설정압력보다 낮게 조정되어야 한다.
㉱ 발전용 보일러에 부착하는 안전밸브의 분출정지 압력은 분출압력의 0.93배 이상이어야 한다.

52. 중유의 자동점화 시 기동(가동) 스위치를 ON에 넣은 후 시퀀스 제어의 올바른 진행 순서는?

① 송풍기 모터 작동 → 프리퍼지 → 1, 2차 공기 댐퍼 작동 → 버너 모터 작동 → 점화용 버너 착화 → 주버너 착화
② 버너 모터 작동 → 점화용 버너 착화 → 송풍기 모터 작동 → 1, 2차 공기 댐퍼 작동 → 프리퍼지 → 주버너 착화
③ 버너 모터 작동 → 송풍기 모터 작동 → 1, 2차 공기 댐퍼 작동 → 프리퍼지 → 점화용 버너 착화 → 주버너 착화
④ 송풍기 모터 작동 → 1, 2차 공기 댐퍼 작동 → 프리퍼지 → 버너 모터 작동 → 점화용 버너 착화 → 주버너 착화

해설 유류 보일러의 자동점화 진행 순서 :
기동 스위치 작동 → 버너 모터 작동 → 송풍기 모터 작동 → 1, 2차 공기 댐퍼 작동 → 프리퍼지(노 내부 환기) → 점화용 버너 착화 → 화염 검출 → 전자밸브 열림 → 주버너 착화 → 공기 댐퍼 작동 → 저 연소 → 고 연소

53. 발생 원인이 운동부분의 마찰, 전기저항의 변화 및 불규칙적으로 변화하는 온도, 기압, 조명 등에 의해서 발생되는 오차는?

① 과실 오차 ② 우연 오차
③ 고유 오차 ④ 계기 오차

해설 우연 오차
㉮ 우연오차는 원인을 알 수 없기 때문에 보정이 불가능한 오차로서 측정 때마다 측정치가 일정하지 않고 산포에 의해 일어나며, 여러 번 측정하여 통계적으로 처리한다.
㉯ 원인을 찾을 수 없지만 운동부분의 마찰, 전기저항의 변화 및 불규칙적으로 변하는 온도, 습도, 먼지, 조명, 기압, 진동 등이 원인으로 생각할 수 있다.

정답 50. ② 51. ④ 52. ③ 53. ②

54_ 보일러 급수의 외처리 방법 중 기폭법과 탈기법으로 공통으로 제거할 수 있는 가스는?

① 수소 ② 질소
③ 탄산가스 ④ 황화질소

해설 용존가스 처리법
㉮ 기폭법(폭기법) : 헨리의 법칙을 이용한 것으로 급수 중에 포함되어 있는 탄산가스(CO_2), 황화수소(H_2S), 암모니아(NH_3) 등의 기체성분과 철(Fe), 망간(Mn) 등을 제거하는 방법으로 공기 중에서 물을 아래로 뿌려 내리는 강수방식과 급수 중에 공기를 흡입하는 방법이 있다.
㉯ 탈기법 : 탈기기(deaerator)를 이용하여 급수 중의 산소(O_2), 탄산가스(CO_2) 등의 용존가스를 제거하는 방법으로 진공 탈기법과 가열 탈기법이 있다.

55_ 보일러의 외부 청소방법이 아닌 것은?

① 산세법 ② 수세법
③ 스팀 소킹법 ④ 워터 소킹법

해설 외부청소방법의 종류
㉮ 수공구 사용법
㉯ 그을음 불어내기(soot blower)
㉰ 샌드 브라스트(sand blast) 또는 에어소킹법
㉱ 스팀 소킹법(steam soaking)
㉲ 워터 소킹법(water soaking)
㉳ 수세(washing)법
㉴ 스틸 쇼트 크리닝법

『참고』 산세법(acid cleaning) : 보일러 내부청소방법 중 화학적 세관법으로 내면의 스케일과 산과의 화학반응에 의해 스케일을 용해 제거하는 방법으로 일반적으로 5~10[%] 염산 수용액을 사용한다. 부식을 방지하기 위해 부식억제제(inhibiter)를 적당량(0.2~0.6[%]) 첨가한다.

56_ 보일러 산세관 시 사용하는 부식억제제의 구비조건으로 틀린 것은?

① 점식 발생이 없을 것
② 부식 억제능력이 클 것
③ 물에 대한 용해도가 작을 것
④ 세관액의 온도, 농도에 대한 영향이 적을 것

해설 부식억제제의 구비조건
㉮ 부식억제 능력이 클 것
㉯ 점식이 발생되지 않을 것
㉰ 세관액의 온도, 농도에 대한 영향이 적을 것
㉱ 물에 대한 용해도가 클 것
㉲ 화학적으로 안정할 것

57_ 보일러를 건조보존 방법으로 보존할 때의 설명으로 틀린 것은?

① 모든 뚜껑, 밸브, 콕 등은 전부 개방하여 둔다.
② 습기를 제거하기 위하여 생석회를 보일러 안에 둔다.
③ 연도는 습기가 없게 항상 건조한 상태가 되도록 한다.
④ 보일러수를 전부 빼고 스케일 제거 후 보일러 내에 열풍을 통과시켜 완전 건조 시킨다.

해설 건조보존 방법 시 유의사항 : ②, ③, ④외
㉮ 보일러 내에 다른 보일러로부터 증기나 물이 스며들지 않도록 증기관이나 급수관 또는 분출관 등 관의 연결을 완전히 차단한다.
㉯ 휴지기간이 장기적인 경우 보일러 내면에는 페인트도장을, 외면에는 적당한 방법으로 방청도장을 한다.
㉰ 맨홀 등을 완전히 덮어서 보일러 내를 밀폐한다.

58_ 사용 중인 보일러의 점화 전 준비사항과 가장 거리가 먼 것은?

① 수면계의 수위를 확인한다.
② 연료, 연소장치를 점검한다.
③ 압력계의 지시압력 감시 등 증기압력을 관리한다.
④ 미연소가스의 배출을 위해 댐퍼를 완전히 열고 노와 연도 내를 충분히 통풍시킨다.

해설 사용 중인 보일러 점화전 준비사항
㉮ 수면계 수위를 점검한다.
㉯ 수면계, 압력계 및 각종 계기류와 자동제어장치를 점검한다.
㉰ 연료 계통 및 급수 계통을 점검한다.
㉱ 중유 연소의 경우 연료 펌프 및 유예열기를 작동시킨다.
㉲ 각 밸브의 개폐상태를 확인 점검한다.
㉳ 댐퍼를 완전히 개방하고 프리퍼지를 행한다.

59. 연소 시 점화 전에 연소실가스를 몰아내는 환기를 무엇이라 하는가?
① 프리퍼지   ② 가압퍼지
③ 불착화퍼지 ④ 포스트퍼지

해설 가스 배출작업
㉮ 프리 퍼지(pre-purge) : 보일러를 가동하기 전에 노 내와 연도에 체류하고 있는 가연성 가스를 배출시키는 작업
㉰ 포스트 퍼지(post-purge) : 보일러 운전이 끝난 후, 노 내와 연도에 체류하고 있는 가연성 가스를 배출시키는 작업

60. 증기보일러 급수용으로 고양정을 얻는데 가장 많이 사용되는 펌프는?
① 축류 펌프   ② 기어 펌프
③ 터빈 펌프   ④ 워싱턴 펌프

해설 원심펌프(centrifugal pump) : 한 개 또는 여러 개의 임펠러를 밀폐된 케이싱 내에서 회전시켜 발생하는 원심력을 이용하여 액체를 이송하거나 압력을 상승시켜 축과 직각 방향으로 토출된다. 용량에 비하여 소형이고 설치면적이 작으며, 기동 시 펌프 내부에 유체를 충분히 채워야 하는 프라이밍 작업이 필요하다. 볼류트 펌프(volute pump)와 터빈 펌프(turbine pump)로 분류한다.

4과목 - 열설비 안전관리 및 검사기준

61. 운전 중인 보일러에서 튜브 내면이 수처리 불량으로 부식이 발생한 경우 일반적인 원인을 열거한 것으로 관련성이 없는 것은?
① 용존산소
② 질소가스
③ 보일러 물의 pH 저하
④ 보일러 물 속의 알칼리도 상승

해설 보일러 튜브 내면 내면의 부식을 초래하는 인자(원인) : 용존 산소, pH, 용존 탄산가스, 부식생성물의 성질, 농담전지, 유속, 온도 등

62. 증기배관에서 수격작용의 방지대책이 될 수 없는 것은?
① 드레인 배출을 잘 한다.
② 배관 구배를 작게 한다.
③ 응축수가 고인 곳에는 트랩을 설치한다.
④ 관을 직선 이음할 때 관이 어긋나지 않게 내면이 같도록 용접한다.

해설 수격작용(water hammer) 방지법
㉮ 기수공발(carry over) 현상 발생을 방지할 것
㉯ 주증기 밸브를 서서히 개방할 것
㉰ 증기배관의 보온을 철저히 할 것
㉱ 응축수가 체류하는 곳에 증기트랩을 설치할 것
㉲ 드레인 빼기를 철저히 할 것
㉳ 송기 전에 소량의 증기로 배관을 예열할 것
→ 난관(暖管)조작
㉴ 증기관은 증기가 흐르는 방향으로 경사가 지도록 한다.

63. 보일러 분출작업 시의 주의사항으로 틀린 것은?
① 분출 도중 다른 작업을 하지 않는다.
② 분출작업을 행할 때 2대의 보일러를 동시에 해서는 안된다.
③ 수저분출은 보일러 가동 시부터 정지 시까지 연속적으로 행한다.
④ 연속 사용인 보일러에서는 부하가 가장 가벼운 시기를 택하여 행한다.

해설 분출작업 시의 주의사항
㉮ 2인 1조가 되어 분출작업을 할 것
㉯ 분출량이 많아도 안전저수위 이하로 하지 않을 것
㉰ 2대의 보일러를 동시에 분출시키지 않을 것
㉱ 밸브 및 콕은 신속히 개방할 것
㉲ 분출량은 농도 측정에 의하여 결정할 것
㉳ 분출 도중 다른 작업을 하지 않을 것
㉴ 연속운전인 보일러는 부하가 가장 작을 때 실시한다.
※ 보일러 하부에서 분출(수저분출)하는 간헐 분출(blow down)은 보일러를 운전하기 전, 운전을 정지하였을 때, 연소가 가장 가볍고 증기압력이 낮을 때 실시한다.

64. 보일러 운전 중의 수시 점검사항이 아닌 것은?
① 수위
② 화염상태
③ 발생증기 압력
④ 화염검출기 오손 상태

[해설] 보일러 운전 중에 압력, 수위, 온도, 화염상태 등을 수시로 점검하여 정상가동될 수 있도록 관리한다.

65. 입형 횡관 보일러의 안전저수위로 가장 적당한 것은?
① 하부에서 75[mm] 지점
② 횡관 전길이의 1/3 높이
③ 화격자 하부에서 100[mm] 지점
④ 화실 천장판에서 상부 75[mm] 지점

[해설] 보일러 종류별 안전저수위

보일러의 종류	안 전 저 수 위
직립형 보일러	연소실 천장판 최고부 위 75[mm] 상방
직립 연관 보일러	연소실 천장판 최고부 위 연관길이의 1/3 지점
수평 연관 보일러	연관 최고부 위 75[mm]
노통 보일러	노통 최고부 위 100[mm]
노통 연관 보일러	• 연관이 노통보다 높을 경우 : 연관 최고부 위 75[mm] • 노통이 연관보다 높을 경우 : 노통 최고부 위 100[mm]

66. 보일러 각부에 발생하는 주요한 응력에 관한 내용으로 틀린 것은?
① 수관에 발생하는 응력 : 인장응력
② 노통에 발생하는 응력 : 압축응력
③ 평경판에 발생하는 응력 : 압축응력
④ 화실판에 발생하는 응력 : 압축응력

[해설] 보일러에 작용하는 응력
㉮ 압축응력을 받는 부분 : 노통, 연소실, 연관, 관판 등이며 압축응력을 받는 부분이 압력에 견디지 못하면 안쪽으로 들어가는 압궤(collapse) 현상이 발생한다.
㉯ 인장응력을 받는 부분 : 동체 및 경판, 수관, 겔로웨이관 등이며 인장응력을 받는 부분이 압력에 견디지 못하면 바깥쪽으로 부풀어 나오는 팽출(bulge) 현상이 발생한다.

67. 보일러가 과열되는 경우와 가장 거리가 먼 것은?
① 보일러수가 농축되었을 때
② 보일러수의 순환이 빠를 때
③ 보일러의 수위가 너무 저하되었을 때
④ 전열면에 관석(scale)이 부착되었을 때

[해설] 과열의 원인
㉮ 이상 감수 현상이 발생하였을 때
㉯ 동 내면에 스케일이 생성되어 전열이 불량한 경우
㉰ 보일러 수가 농축되어 순환이 불량한 때
㉱ 전열면에 국부적으로 심한 열을 받았을 때
㉲ 연소실 열부하가 지나치게 큰 경우

68. 보일러 점화 시 역화(逆火)의 원인으로 가장 거리가 먼 것은?
① 유압이 과대했다.
② 프리퍼지가 부족했다.
③ 연도 댐퍼가 열려 있었다.
④ 연료 중에 물 또는 협잡물이 섞여 있었다.

[해설] 보일러 유류 연소장치 역화의 원인
㉮ 프리퍼지가 불충분한 경우
㉯ 점화 시 착화시간이 지연된 경우
㉰ 댐퍼의 개도가 너무 적은 경우
㉱ 공기보다 연료가 먼저 공급된 경우
㉲ 연료의 인화점이 낮은 경우
㉳ 통풍압력이 부적합한 경우(압입통풍의 경우 너무 강한 경우, 흡입통풍의 경우 부족한 경우)
㉴ 유압이 과대하게 공급되는 경우
㉵ 연료에 수분 등 불순물이 많은 경우 및 공기가 포함되어 있는 경우

정답 64. ④ 65. ④ 66. ③ 67. ② 68. ③

69. 고온부식의 방지대책이 아닌 것은?
① 연소가스의 온도를 낮게 한다.
② 중유 중의 황 성분을 제거한다.
③ 고온의 전열면에 내식재료를 사용한다.
④ 연료에 첨가제를 사용하여 바나듐의 융점을 높인다.

[해설] 고온부식 방지대책
㉠ 연료를 전처리하여 바나듐 성분을 제거할 것
㉡ 전열면의 온도가 높아지지 않도록 설계할 것
㉢ 전열면의 표면에 보호피막 형성 또는 내식성 재료를 사용한다.
㉣ 연료에 첨가제를 사용하여 바나듐의 융점을 높인다.
㉤ 부착물의 성상을 바꾸어 전열면에 부착하지 못하도록 한다.
※ 중유 중의 황성분을 제거하는 것은 저온부식 방지대책에 해당된다.

70. 보일러 운전 중 압력초과의 직접적인 원인이 아닌 것은?
① 연료공급을 다량으로 했을 때
② 압력계의 기능에 이상이 생겼을 때
③ 안전밸의 분출압력 조정이 불확실할 때
④ 연소장치의 용량이 보일러 용량에 비해 너무 클 때

[해설] 압력초과의 원인
㉠ 안전밸브나 압력제한기 등 안전장치의 기능이 불량 또는 불능인 경우
㉡ 압력계의 고장이나 기능불량으로 압력계의 표시압력과 보일러의 압력이 상이한 경우
㉢ 안전장치의 능력불량 또는 능력이 전혀 없는 경우
㉣ 연소장치의 용량이 보일러 용량에 비해 현저히 과대한 경우

71. 보일러 사고 중 취급상의 원인으로 가장 거리가 먼 것은?
① 공작시공 및 사용재료의 불량
② 저수위로 인한 보일러의 과열
③ 보일러수의 처리 불량 등으로 인한 내부 부식

④ 보일러수의 농축이나 스케일 부착으로 인한 과열

[해설] 사고의 원인
㉠ 제작상의 원인 : 재료불량, 강도부족, 설계불량, 구조불량, 부속기기 설비의 미비, 용접불량 등
㉡ 취급상의 원인 : 압력초과, 저수위, 급수처리 불량, 부식, 과열, 미연소가스 폭발사고, 부속기기 정비불량 등

72. 로터리 버너를 장시간 사용하였더니 노벽에 카본이 많이 붙어 있었다. 다음 중 주된 원인은?
① 공기비가 너무 컸다.
② 화염이 닿는 곳이 있었다.
③ 연소실 온도가 너무 높았다.
④ 중유의 예열온도가 너무 높았다.

[해설] 노벽에 카본이 생성되는 원인
㉠ 유류의 분무상태 또는 공기와의 혼합이 불량한 경우
㉡ 1차 공기 공급량이 부족한 경우
㉢ 버너 타일이나 노와 버너가 부적합한 경우
㉣ 운전과 정지가 빈번히 되풀이 되는 단속적인 운전인 경우
㉤ 잔류탄소분이 많은 중유를 사용하는 경우
㉥ 기름의 점도가 과소하거나 기름의 압력이 과대할 때
㉦ 노내(연소실) 온도가 낮을 때
㉧ 화염각도가 큰 버너로 인해 화염이 노벽에 닿을 때

73. 보일러수의 이상증발 예방대책이 아닌 것은?
① 송기에 있어서 증기밸브를 빠르게 연다.
② 보일러수의 블로우 다운을 적절히 하여 보일러수의 농축을 막는다.
③ 보일러의 수위를 너무 높이지 않고 표준수위를 유지하도록 제어한다.
④ 보일러수의 유지분이나 불순물을 제거하고 청관제를 넣어 보일러수 처리를 한다.

[해설] 보일러수의 이상증발 예방대책
㉠ 증기밸브를 급개하지 않는다.
㉡ 보일러수의 블로다운을 적절히 한다.
㉢ 보일러수의 급수처리를 엄격히 한다.
㉣ 보일러의 수위를 표준수위를 유지한다.

정답 69. ② 70. ① 71. ① 72. ② 73. ①

74_ 에너지이용 합리화법에 따라 효율관리기자재의 제조업자가 광고매체를 이용하여 효율관리기자재의 광고를 하는 경우에 그 광고내용에 포함시켜야 할 사항은?

① 에너지 최고효율
② 에너지 사용량
③ 에너지 소비효율
④ 에너지 평균소비량

해설 효율관리기자재의 광고내용(에너지이용 합리화법 제15조 4항) : 효율관리기자재의 제조업자, 수입업자 또는 판매업자가 하는 광고내용에는 에너지소비효율등급 또는 에너지 소비효율을 포함하여야 한다.

75_ 에너지법에서 정의하는 용어의 정의로 틀린 것은?

① 에너지사용자란 에너지사용시설의 소유자 또는 관리자를 말한다.
② 에너지사용기자재란 열사용기자재나 그 밖에 에너지를 사용하는 기자재를 말한다.
③ 에너지공급자란 에너지를 생산, 수입, 전환, 수송, 저장 또는 판매하는 사업자를 말한다.
④ 에너지공급설비란 에너지를 생산, 전환, 수송, 저장, 판매하기 위하여 설치하는 설비를 말한다.

해설 에너지관련 용어의 정의(에너지법 제2조) : "에너지공급설비"란 에너지를 생산, 전환, 수송 또는 저장하기 위하여 설치하는 설비를 말한다.

76_ 최저효율기준에 미달하는 효율관리기자재의 생산 또는 판매금지 명령에 위반한 경우의 벌칙은?

① 5백만원 이하의 벌금
② 1천만원 이하의 벌금
③ 2천만원 이하의 벌금
④ 1년 이하의 징역 또는 1천만원 이하의 벌금

해설 2천만원 이하의 벌금(에너지이용 합리화법 제74조) : 산업통상자원부장관은 효율관리기자재가 최저소비효율기준에 미달하거나 최대사용량기준을 초과하는 경우에 해당 효율관리기자재의 제조업자·수입업자 또는 판매업자에게 그 생산이나 판매의 금지명령을 위반한 자는 2천만원 이하의 벌금에 처한다.

77_ 에너지절약 전문기업의 등록 시 등록신청서에 첨부하여야 하는 서류가 아닌 것은?

① 사업계획서
② 에너지조달 계획서
③ 보유장비 명세서 및 기술인력 명세서
④ 감정평가법인 등이 평가한 자산에 대한 감정평가서(개인인 경우만 해당)

해설 에너지절약 전문기업 등록 신청서 : 시행규칙 제24조
㉮ 사업계획서
㉯ 보유장비 명세서 및 기술인력 명세서(자격증명서 사본을 포함한다)
㉰ 감정평가법인 등이 평가한 자산에 대한 감정평가서(개인인 경우만 해당한다)
㉱ 공인회계사가 검증한 최근 1년 이내의 재무상태표(법인인 경우만 해당한다)
※ '법인 등기부등본'은 2011년 1월 19일 삭제되었고, 신청을 받은 공단은 행정정보의 공동이용을 통하여 법인 등기사항 증명서(신청인이 법인인 경우만 해당한다)를 확인하여야 한다.

78_ 에너지사용량 등을 신고해야 하는 경우는 연료·열및 전력의 연간 사용량 합계가 몇 TOE 이상인가?

① 500
② 1000
③ 2000
④ 3000

해설 ㉮ 에너지다소비사업자의 신고 등(에너지이용 합리화법 제31조) : 에너지사용량이 대통령령으로 정하는 기준량 이상인 자(이하 "에너지다소비사업자"라 한다)는 산업통상자원부령으로 정하는 바에 따라 매년 1월 31일까지 그 에너지사용시설이 있는 지역을 관할하는 시·도지사에게 신고하여야 한다.
㉯ 에너지다소비사업자(에너지이용 합리화법 시행령 제35조) : 연료, 열 및 전력의 연간 사용량의 합계가 2천티오이 이상인 자(이하 "에너지다소비사업자"라 한다)를 말한다.

정답 74. ③ 75. ④ 76. ③ 77. ② 78. ③

79. 에너지이용 합리화법에 규정된 특정열사용기자재에 포함되지만 검사대상기기가 아닌 것은?

① 1종 압력용기
② 철금속 가열로
③ 주철제 보일러
④ 태양열 집열기

해설 ㉮ 특정 열사용 기자재 종류 : 에너지이용 합리화법 시행규칙 별표 3의2

구분	품목명
보일러	강철제 보일러, 주철제 보일러, 온수 보일러, 구멍탄용 온수보일러, 축열식 전기보일러, 캐스케이드 보일러, 가정용 화목보일러
태양열 집열기	태양열 집열기
압력용기	1종 압력용기, 2종 압력용기
요업요로	연속식 유리용융가마, 불연속식 유리용융가마, 유리용융도가니가마, 터널가마, 도염식가마, 셔틀가마, 회전가마, 석회용선가마
금속요로	용선로, 비철금속용융로, 금속소둔로, 철금속가열로, 금속균열로

㉯ 검사대상기기 : 에너지이용 합리화법 시행규칙 별표 3의3

구분	검사대상기기	적용범위
보일러	강철제보일러 주철제보일러	다음 각호의 어느 하나에 해당하는 것을 제외한다. 1. 최고사용압력이 0.1[MPa] 이하이고, 동체의 안지름이 300[mm] 이하이며, 길이가 600[mm] 이하인 것 2. 최고사용압력이 0.1[MPa] 이하이고, 전열면적이 5[m2] 이하인 것 3. 2종 관류보일러 4. 온수를 발생시키는 보일러로서 대기개방형인 것
	소형온수보일러	가스를 사용하는 것으로서 가스사용량이 17[kg/h](도시가스는 232.6[kW])를 초과하는 것
	캐스케이드 보일러	별표 1에 따른 캐스케이드 보일러의 적용범위에 따른다.
압력용기	1종압력용기 2종압력용기	별표 1에 따른 압력용기의 적용범위에 따른다.
요로	철금속가열로	정격용량이 0.58[MW]를 초과하는 것

80. 사용 중인 검사대상기기를 폐기한 경우 폐기한 날부터 며칠 이내에 신고해야 하는가?

① 7일 ② 10일
③ 15일 ④ 30일

해설 검사대상기기의 폐기신고(에너지이용 합리화법 시행규칙 제31조의23) : 검사대상기기의 설치자가 사용 중인 검사대상기기를 폐기한 경우에는 폐기한 날부터 15일 이내에 폐기신고서를 공단이사장에게 제출하여야 한다.

정답 79. ④ 80. ③

2025년 에너지관리산업기사
CBT 필기시험 복원문제 02

1과목 - 열 및 연소설비

01_ 연소배기가스를 분석한 결과 O_2의 측정치가 4%일 때 공기비(m)는 약 얼마인가?
① 1.10 ② 1.24
③ 1.30 ④ 1.34

해설 $m = \dfrac{21}{21 - O_2} = \dfrac{21}{21-4} = 1.235$

02_ 다음 연료 중 고위발열량이 가장 큰 것은?
① 중유 ② 석탄
③ 코크스 ④ 프로판가스

해설 각 연료의 발열량[kcal/kg]

연료 명칭	발열량
중유(B-C)	10000~10800
석탄(무연탄)	4600
코크스	7000
프로판	11080

03_ 완전가스에 대한 설명으로 틀린 것은?
① 완전가스 법칙은 저온, 고압에서 성립한다.
② 완전가스는 분자 상호간의 인력을 무시한다.
③ 완전가스는 분자 자신이 차지하는 부피를 무시한다.
④ H_2, CO_2 등은 20[℃], 1[atm]에서 완전가스로 보아도 큰 무리가 없다.

해설 완전가스(이상기체)의 성질
㉮ 보일-샤를의 법칙을 만족한다.
㉯ 아보가드로의 법칙에 따른다.
㉰ 내부에너지는 온도만의 함수이다.
㉱ 온도에 관계없이 비열비는 일정하다.
㉲ 기체의 분자력과 크기도 무시되며 분자간의 충돌은 완전 탄성체이다.
㉳ 분자와 분자 사이의 거리가 매우 멀다.
㉴ 분자 사이의 인력이 없다.
㉵ 압축성인자가 1 이다.
※ 완전가스 법칙은 고온, 저압에서 성립한다.

04_ 교축과정(throttling process)를 거친 기체는 다음 중 어느 양이 일정하게 유지되는가?
① 압력 ② 엔탈피
③ 비체적 ④ 엔트로피

해설 교축과정(throttling process)동안 온도와 압력은 감소하고, 엔탈피는 일정하고, 엔트로피는 증가한다.

05_ 단열 비가역 변화를 할 때 전체 엔트로피는 어떻게 변하는가?
① 감소한다.
② 증가한다.
③ 변화가 없다.
④ 주어진 조건으로는 알 수 없다.

해설 가역과정일 경우 엔트로피변화는 없지만, 자유팽창 종류가 다른 가스의 혼합, 액체 내의 분자의 확산 등의 비가역과정일 때는 엔트로피가 증가한다.

06_ 공기 중에서 수소의 연소반응식이 $H_2 + \dfrac{1}{2}O_2$ ⇌ H_2O일 때 건연소 가스량[Sm^3/Sm^3]은?
① 1.88 ② 2.38
③ 2.88 ④ 3.33

정답 01. ② 02. ④ 03. ① 04. ② 05. ② 06. ①

해설
㉮ 이론공기량에 의한 완전연소 반응식
$$H_2 + \frac{1}{2}O_2 + (N_2) \rightarrow H_2O + (N_2)$$
㉯ 건연소 가스량[Sm³] 계산 : 수분(H_2O)이 포함되지 않은 것으로 공기 중의 질소성분이 해당되며, 질소량은 산소량의 $\frac{79}{21}$배가 된다.

$\therefore 22.4[\text{Sm}^3] : \frac{1}{2} \times 22.4 \times \frac{79}{21}[\text{Sm}^3]$
$= 1[\text{Sm}^3] : x [\text{Sm}^3]$
$\therefore x = \dfrac{1 \times \frac{1}{2} \times 22.4 \times \frac{79}{21}}{22.4} = 1.8809 [\text{Sm}^3/\text{Sm}^3]$

07_ 연도가스 분석에서 CO가 전연 검출되지 않았고, 산소와 질소가 각각 $O_2[\text{Nm}^3/\text{kg-연료}]$, $N_2[\text{Nm}^3/\text{kg-연료}]$일 때 공기비(과잉공기율)는 어떻게 표시되는가?

① $m = \dfrac{1}{1 - 0.79\{(N_2)/(O_2)\}}$

② $m = \dfrac{1}{1 - 0.21\{(O_2)/(N_2)\}}$

③ $m = \dfrac{0.21}{0.21 - 0.79\{(O_2)/(N_2)\}}$

④ $m = \dfrac{0.79}{0.79 - 0.21\{(O_2)/(N_2)\}}$

해설 완전연소 시 배기가스에 의한 공기비 계산
$\therefore m = \dfrac{0.21}{0.21 - 0.79\left(\dfrac{O_2}{N_2}\right)} = \dfrac{N_2}{N_2 - 3.76 O_2}$

08_ 일정한 압력하에서 25[℃]의 공기에 의해 100[℃]의 포화수증기 1[kg]이 100[℃]의 포화액으로 변화되었다면 이 과정에 대한 전체 엔트로피 변화는 약 몇 [kJ/K]인가? (단, 100[℃]의 수증기에 대한 증발잠열(h_{fg})은 2257[kJ/kg]이고, 공기의 온도 변화는 없다.)

① 6.048 ② -6.048
③ 1.522 ④ 7.570

해설 100[℃] 포화수증기가 25[℃]의 공기에 의해 냉각되어 100[℃]의 포화액으로 변화된 것이므로 고열원(T_1)의 엔트로피는 감소되고, 저열원(T_2)의 엔트로피는 증가된다.
$\therefore \Delta s = \dfrac{Q}{T_2} - \dfrac{Q}{T_1} = \dfrac{2257}{273 + 25} - \dfrac{2257}{273 + 100}$
$= 1.5228 [\text{kJ/K}]$

09_ 석탄의 풍화작용에 의한 현상으로 틀린 것은?
① 휘발분이 감소한다.
② 발열량이 감소한다.
③ 석탄 표면이 변색된다.
④ 분탄으로 되기 어렵다.

해설 ㉮ 석탄의 풍화작용 : 연료 중의 휘발분이 공기 중의 산소와 화합하여 탄의 질이 저하되는 현상
㉯ 풍화작용에 의하여 나타나는 현상
  ㉠ 휘발분이 감소한다.
  ㉡ 발열량이 감소한다.
  ㉢ 석탄 표면이 변색된다.
  ㉣ 석탄의 질이 저하되며, 분탄이 되기 쉽다.

10_ 가스가 40[kJ]의 열량을 받음과 동시에 외부에 30[kJ]의 일을 했을 때 가스의 내부에너지 변화량은?
① 10[kJ] 증가 ② 10[kJ] 감소
③ 30[kJ] 증가 ④ 30[kJ] 감소

해설 엔탈피(dh)=내부에너지(U)+외부에너지(PV)에서 내부에너지 변화량(dU)을 구한다.
$\therefore dU = dh - PV = 40 - 30 = 10 [\text{kJ}]$
$\therefore$ 내부에너지 변화량은 10[kJ] 증가이다.

11_ 연료를 상태에 따라 분류한 것으로 옳은 것은?
① 도시가스, 석유 및 석탄
② 무연탄, 중유, 경유 및 휘발유
③ 고체연료, 액체연료 및 기체연료
④ 천연가스, 석유, 무연탄 및 유연탄

정답 07. ③ 08. ③ 09. ④ 10. ① 11. ③

[해설] 연료의 분류
㉮ 상태 : 고체연료, 액체연료, 기체연료
㉯ 생산형태 : 1차 연료(천연산), 2차 연료(인공연료)
㉰ 용도 : 산업용, 운수용, 가정용

12. 노즐은 이론적으로 외부에 대해 열의 수수가 없고 또 외부에 대하여 일도 하지 않는다. 유입 속도를 무시할 때 유출속도 V는 어떻게 표시 되는가? (단, h_1는 노즐 입구에서의 엔탈피, h_2는 노즐 출구에서의 엔탈피를 나타낸다.)

① $\sqrt{2(h_1+h_2)}$
② $2\sqrt{h_1-h_2}$
③ $\sqrt{2(h_1-h_2)}$
④ $2\sqrt{(h_1+h_2)}$

[해설] 단열유동에서의 증기 유출속도 계산식
$$\therefore w_2 = \sqrt{2\times(h_1-h_2)}$$
w_2 : 노즐 출구에서 유속[m/s]
h_1 : 노즐 입구에서의 엔탈피[J/kg]
h_2 : 노즐 출구에서의 엔탈피[J/kg]
※ 유출속도, 엔탈피 기호는 다르게 표시될 수 있다.

13. 체적 0.5[m³], 압력 2[MPa], 온도 20[℃]인 일정량의 이상기체가 압력 100[kPa], 온도 80[℃]가 되면 기체의 체적은 약 몇 [m³]인가?

① 6 ② 8
③ 10 ④ 12

[해설] 보일-샤를의 법칙
$$\frac{P_1V_1}{T_1}=\frac{P_2V_2}{T_2}$$
에서 처음 압력은 2[MPa], 변화 후의 압력은 100[kPa]이므로 처음 압력을 [kPa] 단위로 환산하여 계산한다.
$$\therefore V_2 = \frac{P_1V_1T_2}{P_2T_1}$$
$$= \frac{(2\times10^3)\times0.5\times(273+80)}{100\times(273+20)}$$
$$= 12.047\,[\text{m}^3]$$

14. 냉동기에서의 성능계수 COP_R과 열펌프에서의 성능계수 COP_H와의 관계식으로 옳은 것은?

① $COP_R = COP_H$
② $COP_R = COP_H + 1$
③ $COP_R = COP_H - 1$
④ $COP_R = 1 - COP_H$

[해설] ㉮ 냉동기의 성능계수 $COP_R = \dfrac{Q_2}{W}$ 와
열펌프의 성능계수 $COP_H = \dfrac{Q_1}{W}$에서
$W = Q_1 - Q_2$ 이므로 $Q_2 = Q_1 - W$이다.
㉯ 냉동기 성능계수를 구하는 식 Q_2에 Q_1-W를 대입하여 정리한다.
$$\therefore COP_R = \frac{Q_2}{W} = \frac{Q_1-W}{W} = \frac{Q_1}{W} - \frac{W}{W}$$
$$= \frac{Q_1}{W} - 1 = COP_H - 1$$

15. CH_4와 C_3H_8를 각각 용적으로 50[%]씩의 혼합 기체 연료 1[Nm³]을 완전 연소시키는데 필요한 이론공기량은 약 몇 [Nm³]인가?
(단, 반응식은 다음과 같다.)

$$CH_4 + 2O_2 \rightarrow CO_2 + 2H_2O$$
$$C_3H_8 + 5O_2 \rightarrow 3CO_2 + 4H_2O$$

① 13.7 ② 14.7
③ 15.7 ④ 16.7

[해설] 단위 용적[Nm³]당 이론공기량[Nm³] 계산
㉮ 메탄 → 22.4[Nm³] : 2×22.4[Nm³]
　　　 = 1×0.5[Nm³] : $x(O_0)$[Nm³]
㉯ 프로판 → 22.4[Nm³] : 5×22.4[Nm³]
　　　 = 1×0.5[Nm³] : $y(O_0)$[Nm³]
$$\therefore A_0 = \frac{O_0}{0.21} = \frac{x+y}{0.21}$$
$$= \left(\frac{1\times0.5\times2\times22.4}{22.4\times0.21}\right) + \left(\frac{1\times0.5\times5\times22.4}{22.4\times0.21}\right)$$
$$= 16.666\,[\text{Nm}^3]$$

정답 12. ③ 13. ④ 14. ③ 15. ④

16_ 이론연소온도(화염온도) $t[℃]$를 구하는 식으로 옳은 것은? (단, H_h : 고발열량, H_l : 저발열량, G_r : 연소가스, C_p : 비열이다.)

① $t = \dfrac{H_l}{G_r C_p}$ ② $t = \dfrac{H_h}{G_r C_p}$

③ $t = \dfrac{G_r C_p}{H_l}$ ④ $t = \dfrac{G_r C_p}{H_h}$

해설 이론연소온도(t)는 연료의 저위발열량(H_l)을 연소가스의 열용량[연소가스량(G_r)×연소가스 비열(C_p)]으로 나눈 값이다.

∴ $t = \dfrac{H_l}{G_r C_p}$

17_ 압력이 1200[kPa]인 탱크에 저장된 건포화 증기가 노즐로부터 100[kPa]로 분출되고 있을 때 임계압력(P_c)은 약 몇 [kPa]인가?
(단, 비열비는 1.135이다.)

① 525 ② 582
③ 643 ④ 693

해설 $P_c = P_1 \left(\dfrac{2}{k+1}\right)^{\frac{k}{k-1}}$

$= 1200 \times \left(\dfrac{2}{1.135+1}\right)^{\frac{1.135}{1.135-1}}$

$= 692.916 \, [\text{kPa}]$

18_ 질소산화물(NOx)의 발생 원인에 직접 관계되는 것은?

① 연료의 불완전 연소
② 연료 중의 질소분 연소
③ 연료 중의 회분이 많다.
④ 연소실의 연소온도가 높다.

해설 질소산화물(NOx)은 연료가 연소할 때 공기 중의 질소와 산소가 반응하여 발생되는 것으로 연소온도가 높고, 과잉공기량이 많을 때 발생량이 증가한다.

19_ 포화온도가 263[℃]인 건포화증기를 정압하에서 77[℃]만큼 과열시키고자 한다면 약 몇 [kJ/kg]의 열을 가하여야 하는가? (단, 평균 정압비열은 3.35[kJ/kg·℃]로 한다.)

① 246 ② 258
③ 287 ④ 303

해설 건포화증기 1[kg]에 대하여 77[℃] 온도를 상승시키는 것이므로 현열(감열)에 해당된다.

∴ $Q = C_p \cdot \Delta t = 3.35 \times 77 = 257.95 \, [\text{kJ/kg}]$

20_ 메탄-공기 혼합기체의 연소에 있어서 메탄의 가연범위로 가장 적정한 체적농도 범위는?

① 5~15[%] ② 2~9.5[%]
③ 4~75[%] ④ 2~31[%]

해설 공기 중에서 메탄(CH_4)의 폭발범위(연소범위)는 5~15[vol%] 이다.

2과목 - 열설비 설치

21_ 배관의 신축을 흡수하기 위한 이음쇠가 아닌 것은?

① 루프형 이음쇠
② 벨로즈 이음쇠
③ 슬리브 이음쇠
④ 부르동관 이음쇠

해설 신축 이음쇠 종류 : 루프형, 슬리브형, 벨로즈형, 스위블형, 볼조인트

22_ 다음 보온재 중 최고사용 안전온도가 가장 높은 것은?

① 유리섬유 ② 규산칼슘
③ 탄화코르크 ④ 탄산마그네슘

정답 16. ① 17. ④ 18. ④ 19. ② 20. ① 21. ④ 22. ②

해설 각 보온재의 안전사용온도

구분	보온재 종류	안전사용온도
유기질	펠트	100[℃] 이하
	코르크	130[℃] 이하
	텍스류	120[℃] 이하
무기질	석면	350~550[℃]
	암면	400~600[℃]
	규조토	석면사용(500[℃]) 삼여물사용(250[℃])
	유리섬유	350[℃] 이하
	탄산마그네슘	250[℃] 이하
	규산칼슘	650[℃]
	스티로폼	85[℃]
	실리카 파이버	1100[℃]
	세라믹 파이버	1300[℃]

23. 설비 장치에 가장 적합한 계측기를 설치하고자 한다. 계측기 선택 시 고려사항이 아닌 것은?
① 정밀도
② 측정 범위
③ 측정 대상
④ 측정 횟수

해설 계측기기 선정 시 고려사항
㉮ 측정범위, 정확도 및 정밀도
㉯ 정도 및 감도
㉰ 측정대상 및 사용조건
㉱ 설치장소의 주위여건
㉲ 견고성 및 내구성

24. 교축식 유량계의 압력손실의 크기를 표시한 것으로 옳은 것은?
① 벤투리유량계 < 오리피스유량계 < 플로노즐유량계
② 벤투리유량계 < 플로노즐유량계 < 오리피스유량계
③ 플로노즐유량계 < 벤투리유량계 < 오리피스유량계
④ 오리피스유량계 < 플로노즐유량계 < 벤투리유량계

해설 차압식(교축식) 유량계에서 압력손실이 가장 큰 것은 오리피스미터, 가장 작은 것은 벤투리미터이다.

25. 동관의 끝 부분 직경을 확대하는데 사용하는 공구는?
① 익스팬더
② 사이징 툴
③ 튜브 벤더
④ 익스트렉트

해설 동관 작업용 공구
㉮ 튜브 커터(tube cutter) : 동관을 절단할 때 사용
㉯ 튜브 벤더(tube bender) : 동관의 구부릴 때 사용
㉰ 플레어링 툴 : 압축이음하기 위하여 관끝을 나팔관 모양으로 넓힐 때 사용
㉱ 리머(reamer) : 관 내면의 거스러미를 제거하는 데 사용
㉲ 사이징 툴(sizing tools) : 동관 끝부분을 원형으로 교정할 때 사용
㉳ 확관기(expander) : 관 끝을 넓혀 소켓으로 만들 때 사용
㉴ 티 뽑기(extractor) : 직관에서 분기관 성형 시 사용

26. 연소실 내의 온도를 측정할 때 가장 적합한 온도계는?
① 금속 온도계
② 수은 온도계
③ 알코올 온도계
④ 열전대 온도계

해설 열전대 온도계 : 제베크(Seebeck) 효과를 이용한 접촉식 온도계로 P-R(백금-백금로듐)열전대의 경우 측정범위가 0~1600[℃]로 연소실 내의 온도를 관리할 때 적합한 온도계이다.

27. 터널요의 구성 부분이 아닌 것은?
① 예열대
② 소성대
③ 소둔대
④ 냉각대

해설 터널요(tunnel kiln)는 예열, 소성, 냉각이 연속적으로 이루어지며 대차의 진행방향과 반대 방향으로 연소가스가 진행된다.

정답 23. ④ 24. ② 25. ① 26. ④ 27. ③

28. 다음 기체 중 열전도율이 가장 큰 것은?

① 공기   ② 수소
③ 산소   ④ 이산화탄소

해설 각 기체의 열전도율

명칭	분자량	열전도율[W/m·℃]
공기	29	0.025
수소(H_2)	2	0.1805
산소(O_2)	32	0.025
이산화탄소(CO_2)	44	0.016

※ 일반적으로 기체의 경우 분자량이 작을수록 열전도율은 크게 된다.

29. 용광로에 장입하는 코크스의 역할이 아닌 것은?

① 철광석 중의 황분을 제거
② 가스 상태로 선철 중에 흡수
③ 선철을 제조하는데 필요한 열원을 공급
④ 연소 시 환원성가스를 발생시켜 철의 환원을 도모

해설 코크스의 역할
㉠ 선철을 제조하는 열원으로 사용
㉡ 연소 시 환원성 가스 생성에 의해서 광석을 가스환원하는 동시에 직접 그 탄소에 의해서 광석을 환원
 → 흡탄작용
㉢ 일부 탄소는 가스 상태로 선철 중에 흡수되어 선철 성분이 된다.

30. 배관 시공계획 시 관 재료를 선택할 때 고려해야 할 조건과 무관한 것은?

① 관의 설치 높이와 조정 방법
② 수송 유체에 의한 관의 내식성
③ 유체가 관 속에서 동결될 때 미치는 영향
④ 지중 매설 배관일 때 토질과의 화학적 반응

해설 배관재료 선택 시 고려해야 할 사항
㉠ 화학적 성질
 ㉠ 수송 유체에 따른 관의 내식성
 ㉡ 수송 유체와 관의 화학반응으로 유체의 변질 여부
 ㉢ 지중 매설 배관할 때 토질과의 화학 변화
 ㉣ 유체의 온도 및 농도변화에 따른 화학변화
㉡ 물리적 성질
 ㉠ 관내 유체의 압력 및 관의 내마모성
 ㉡ 유체의 온도변화에 따른 물리적 성질의 변화
 ㉢ 맥동 및 수격작용이 발생할 때의 내압강도
 ㉣ 지중 매설 배관할 때 외압으로 인한 강도
㉢ 기타 성질
 ㉠ 지리적 조건에 따른 수송 문제
 ㉡ 진동을 흡수할 수 있는 이음법의 가능 여부
 ㉢ 사용 기간

31. 큐폴라의 구성품이 아닌 것은?

① 우구(tuyere)
② 트란이언(trunnion)
③ 윈드박스(wind box)
④ 코크스 배드(cokes bad)

해설 ㉮ 큐폴라(cupola) : 용선로라 하며 주물을 용해하기 위한 것으로 강판으로 만든 원형 내부를 내화벽돌로 쌓고 내화 점토로 만든 직접형 노로 가장 많이 사용된다.
㉯ 구성
 ㉠ 코크스 배드(cokes bad) : 노 바닥에서부터 일정 높이까지 연료용 코크스를 장입하는 부분
 ㉡ 우구(tuyere) : 풍공(風孔)이라 하며 내부에 공기가 유입될 수 있는 공간
 ㉢ 윈드박스(wind box) : 연료용 코크스를 연소시키기 위한 연소용 공기가 유입되는 바람상자(風口)
 ㉣ 장입구 : 연료용 코크스, 선철, 석회석 등 원료를 집어넣는 부분

32. 탄성압력계의 일반교정에 쓰이는 정도(精度)가 높은 시험기는?

① 격막식 압력계
② 정밀식 압력계
③ 침종식 압력계
④ 기준 분동식 압력계

해설 ㉮ 기준 분동식 압력계 : 탄성식 압력계의 교정에 사용되는 1차 압력계로 램, 실린더, 기름탱크, 가압펌프 등으로 구성되며 사용유체에 따라 측정범위가 다르게 적용된다.
㉯ 사용유체에 따른 측정범위
 ㉠ 경유 : 4~10[MPa]
 ㉡ 스핀들유, 피마자유 : 10~100[MPa]

정답 28. ② 29. ① 30. ① 31. ② 32. ④

ⓒ 모빌유 : 300[MPa] 이상
ⓓ 점도가 큰 오일을 사용하면 500[MPa]까지도 측정이 가능하다.

33_ 증기난방에서 증기관의 하단에 증기를 냉각 응축시키기 위한 냉각 레그의 길이는 몇 [m] 이상으로 하는가?

① 1　　② 1.5
③ 2　　④ 3

해설 냉각레그 설치 : 방열기에서 열교환후 발생된 응축수를 배출하기 위하여 설치되는 것으로 증기 공급관의 마지막 부분에서 분기된 이후부터 트랩에 이르는 배관에는 여분의 증기가 충분히 냉각되어 응축수가 될 수 있도록 보온을 하지 않는 냉각레그(cooling leg)를 1.5[m] 이상 설치하여야 한다.

『참고』 냉각레그 설치도

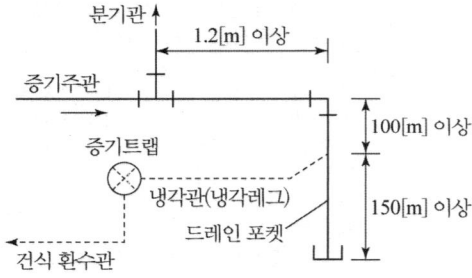

34_ 단관 중력식 온수난방 방열기 및 배관에 대한 설명으로 틀린 것은?

① 방열기마다 에어벤트 밸브를 설치한다.
② 방열기는 보일러보다 높은 위치에 오도록 한다.
③ 배관은 주관 쪽으로 앞 올림 구배로 하여 공기가 보일러 쪽으로 빠지도록 한다.
④ 배수밸브를 설치하여 방열기 및 관내의 물을 완전히 뺄 수 있도록 한다.

해설 공급 주관은 하향 구배로 하며 관내의 공기는 모두 팽창탱크로 모이게 하여 빠지도록 한다.

35_ 열전도형 CO_2계에 대한 특징으로 거리가 가장 먼 것은?

① CO_2 측정오차가 거의 없다.
② 저농도 가스분석에 적합하다.
③ 원리와 장치가 비교적 간단하다.
④ H_2가 혼입되면 측정오차가 발생한다.

해설 열전도형 CO_2계 특징
㉮ CO_2는 공기보다 열전도율이 낮다는 것을 이용하여 분석하는 것이다.
㉯ 측정실과 비교실의 온도를 동일하게 유지하여야 한다.
㉰ 원리나 장치가 간단하며 취급이 용이하다.
㉱ N_2, O_2, CO 농도 변화에 대한 CO_2 지시 오차가 거의 없다.
㉲ H_2, SO_2를 분석할 수도 있으며 H_2 혼입에 의한 오차가 발생한다.
㉳ 1차 여기기 막힘에 주의하고, 0점 조절을 철저히 한다.
㉴ 셀의 주위 온도와 측정가스 온도는 거의 일정하게 유지시키고 온도의 과도한 상승을 피한다.
㉵ 가스의 유속을 일정하게 유지하고, 브리지의 공급 전류의 점검을 확실하게 하여야 한다.

36_ 복사 난방의 특징에 대한 설명으로 틀린 것은?

① 난방의 쾌감도가 좋다.
② 실내의 온도분포가 거의 균등하다.
③ 실내에 방열기가 없으므로 바닥의 이용도가 높다.
④ 열용량이 크므로 외기온도가 급변할 경우 방열량 조절이 쉽다.

해설 복사난방의 특징
㉮ 장점
　㉠ 실내온도 분포가 균등하여 쾌감도가 높다.
　㉡ 바닥의 이용도가 높다.
　㉢ 방열기가 필요하지 않다.
　㉣ 방이 개방상태에서도 난방효과가 있다.
　㉤ 손실열량이 비교적 적다.
　㉥ 공기대류가 적으므로 바닥면 먼지 상승이 없다.
㉯ 단점
　㉠ 외기온도 급변에 따른 방열량 조절이 어렵다.
　㉡ 초기 시설비가 많이 소요된다.
　㉢ 시공, 수리, 방의 모양을 변경하기가 어렵다.
　㉣ 고장(누수 등)을 발견하기가 어렵다.
　㉤ 열손실을 차단하기 위한 단열층이 필요하다.

정답 33. ② 34. ③ 35. ② 36. ④

37. 보일러 노재(내화물)가 갖추어야 할 구비조건으로 잘못된 것은?
① 스폴링이 잘 될 것
② 팽창, 수축이 적을 것
③ 사용온도에 연화, 변형되지 않을 것
④ 상온 및 사용온도에서 압축강도가 클 것

[해설] 노재(내화물)가 갖추어야 할 조건
㉮ 상온 및 사용온도에서 충분한 압축강도를 가질 것
㉯ 고온에서 수축, 팽창이 적을 것
㉰ 사용 용도에 맞는 열전도율을 가질 것
㉱ 스폴링(spalling) 현상이 적을 것
㉲ 온도급변에서도 충분히 견딜 것
㉳ 내마모성 및 내침식성을 가질 것
㉴ 재가열 시 수축이 적을 것
㉵ 사용온도에서 연화, 변형하지 않을 것
㉶ 화학적으로 침식되지 않을 것

38. 보일러 과열기의 설명으로 옳은 것은?
① 공기를 가열하기 위한 장치이다.
② 급수를 가열하기 위한 장치이다.
③ 포화증기의 온도를 높이기 위한 장치이다.
④ 포화증기의 압력과 온도를 높이기 위한 장치이다.

[해설] 과열기(super heater)의 역할 : 보일러에서 발생한 습포화증기를 연소가스 여열(餘熱) 등을 이용하여 압력을 일정하게 유지하면서 온도만을 높여 과열증기를 만드는 장치이다.

39. 파이프 벤딩기의 종류가 아닌 것은?
① 램식   ② 압축식
③ 로터리식   ④ 수동 롤러식

[해설] 파이프 벤딩기 종류
㉮ 램식 벤딩 머신(ram type pipe bending machine) : 상온에서 배관을 90°까지 구부리는데 사용하며 지름이 작은 관을 구부리는데 편리하다.
㉯ 로터리식 파이프 벤딩 머신(rotary type pipe bending machine) : 동일 치수의 모양을 대량 생산할 수 있으며 구부림 각도는 180°까지 가능하다. 굽힘형(bending die), 압력형(pressure die), 클램프형(clamp post), 심봉(mandrel) 등으로 구성된다.
㉰ 수동 롤러식

40. 어떤 내화벽돌의 무게를 측정한 결과가 아래와 같을 때 겉보기비중, 부피비중, 겉보기 기공율, 흡수율의 순서로 옳게 배열되어 있는 것은?

[측정결과]
W_1 : 괴상의 벽돌(표준형 벽돌의 절반크기)을 105~120[℃]에서 건조 평량한 무게 = 200[g]
W_2 : W_1의 벽돌을 수중에서 3시간 끓인 후 상온까지 냉각하고 수중에서 매달아 평량한 무게 = 150[g]
W_3 : W_2의 시료를 수중에서 꺼내 표면의 물을 습포(濕布)로 닦은 다음 평량한 무게 = 300[g]

① 4, 1.333, 66.67[%], 50[%]
② 3, 1.444, 64.52[%], 48[%]
③ 4, 1.444, 66.67[%], 50[%]
④ 3, 1.333, 64.52[%], 48[%]

[해설] ㉮ 겉보기비중 계산
∴ 겉보기비중 = $\dfrac{W_1}{W_1 - W_2} = \dfrac{200}{200 - 150} = 4$

㉯ 부피비중 계산
∴ 부피비중 = $\dfrac{W_1}{W_3 - W_2} = \dfrac{200}{300 - 150} = 1.333$

㉰ 겉보기 기공율 계산
∴ 겉보기 기공율 = $\dfrac{W_3 - W_1}{W_3 - W_2} \times 100$
$= \dfrac{300 - 200}{300 - 150} \times 100$
$= 66.666[\%]$

㉱ 흡수율 계산
∴ 흡수율 = $\dfrac{W_3 - W_1}{W_1} \times 100$
$= \dfrac{300 - 200}{200} \times 100 = 50[\%]$

정답 37. ① 38. ③ 39. ② 40. ①

3과목 - 열설비 운전

41. 1차 지연요소에서 시정수(timeconstant)란 최대 출력의 몇 [%]에 이를 때까지의 시간인가?
① 54　② 63
③ 95　④ 99

[해설]
㉮ dead time(L) : 낭비시간, 지연시간으로 실내 난방의 경우 공조기가 가동되어도 일정시간이 경과 되어야만 실내온도가 상승되기 시작하는 시간이다.
㉯ time constant(T) : 시간정수라 하며 최종값의 63[%]에 도달하기까지 시간이다.

42. 연소 매연성분 중 질소산화물을 경감시키는 방법의 설명으로 잘못된 것은?
① 노내압을 강하한다.
② 연소온도를 높게 유지한다.
③ 노내가스의 잔류시간을 감소시킨다.
④ 연소가스 중 산소농도를 저하시킨다.

[해설] 질소산화물을 경감시키는 방법
㉮ 연소온도를 낮게 유지한다.
㉯ 노내압을 낮게 유지한다.
㉰ 연소가스 중 산소농도를 저하시킨다.
㉱ 노내가스의 잔류시간을 감소시킨다.
㉲ 과잉공기량을 감소시킨다.
㉳ 질소성분 함유량이 적은 연료를 사용한다.

43. 용존 고형물이 증가하면 전기 전도도는 어떻게 되는가?
① 커진다.
② 작아진다.
③ 작아지다 커진다.
④ 커지다 작아진다.

[해설] 보일러수 중에 용존 고형물이 증가하면 전기 전도도는 커진다.

44. 보일러 연도에 설치하는 댐퍼(damper)의 형상에 따른 종류에 속하지 않는 것은?
① 다익형　② 글로브형
③ 스플릿형　④ 버터플라이형

[해설] 연도 댐퍼 종류
㉮ 작동상태에 의한 분류 : 회전식 댐퍼, 승강식 댐퍼
㉯ 형상에 의한 분류 : 버터플라이 댐퍼, 다익(시로코형) 댐퍼, 스플릿 댐퍼

45. 보일러 수위제어장치에서 조작량은?
① 연료량　② 증기량
③ 공기량　④ 급수량

[해설] 보일러 자동제어(A·B·C)의 종류

명 칭	제 어 량	조 작 량
자동연소제어(ACC)	증기압력	공기량, 연료량
	노내압	연소가스량
급수제어(FWC)	보일러 수위	급수량
증기온도제어(STC)	증기온도	전열량
증기압력제어(SPC)	증기압력	연료공급량, 연소용 공기량

46. 열매체 보일러의 특징에 관한 설명으로 틀린 것은?
① 열매체는 동파의 위험이 없다.
② 저압에서 고온을 얻을 수 있다.
③ 안전밸브는 개방식을 사용한다.
④ 부식이 잘 되지 않으므로 내용 년수가 길다.

[해설] 열매체 보일러(특수 유체보일러)의 특징
㉮ 열매체의 종류에는 다우삼, 모빌섬, 카네크롤 등이 해당한다.
㉯ 저압에서 고온의 증기를 얻기 위하여 사용되는 보일러이다
㉰ 타 보일러에 비해 부식의 정도가 적다.
㉱ 겨울철에도 동결의 우려가 적다.
㉲ 인화성증기를 발생하는 열매체 보일러에서는 안전밸브를 밀폐식구조로 하든가 또는 안전밸브로부터의 배기를 보일러실 밖의 안전한 장소에 방출시키도록 한다.

정답 41. ②　42. ②　43. ①　44. ②　45. ④　46. ③

47. 한시간 동안 연도로 배기되는 가스량이 300 [kg], 배기가스 온도 240[℃], 가스의 평균비열 1.34[kJ/kg·℃]이며 외기온도가 -10[℃]이면 배기가스에 의한 손실열량은 약 몇 [kJ/kg]인가?

① 59033　② 100500
③ 136000　④ 160700

해설 배기가스에 의한 손실열량은 현열이다.
∴ $Q = GC\Delta t$
$= 300 \times 1.34 \times \{240 - (-10)\}$
$= 100500 \, [kJ/h]$

48. 보일러 산세관 후 중화방청처리 약품으로 사용되는 것은?

① 히드라진　② 염화칼슘
③ 탄산칼슘　④ 탄산마그네슘

해설 산세정 후 중화 방청제 종류: 가성소다(NaOH), 암모니아(NH_3), 탄산나트륨(Na_2CO_3), 인산나트륨(Na_3PO_4), 히드라진(N_2H_4)

49. 신설 보일러의 소다 끓이기에 관한 설명으로 잘못된 것은?

① 보일러수는 상용수위를 유지하여 가볍게 연소시키면서 관수를 순환시킨다.
② 소다 끓이기 작업이 끝나면 산액을 투입하여 중화시키고, 보일러가 냉각되면 모두 배출한다.
③ 보일러를 제조하는 과정에서 부착된 페인트, 유지, 녹 등을 제거하기 위하여 하는 작업이다.
④ 탄산소다, 가성소다, 삼인산소다 등을 약액으로 사용하며, 보일러수에 약액이 균일하게 분포하도록 한다.

해설 ㉮ 소다 끓이기(soda boiling): 제작 시에 내부에 부착된 유지분, 페인트류, 녹 등을 제거하기 위한 것으로 저압 보일러에서는 0.2~0.3[MPa]의 압력을 유지하면서 2~3일간 끓인 다음 취출과 급수를 반복적으로 실시하면서 서서히 냉각시킨다. 완전히 냉각된 후 블로운을 실시하면서 깨끗한 물로 내부를 충분히 세척한 후 정상수위까지 급수를 한다.
㉯ 소다 끓이기(soda boiling) 약액
　㉠ 제3 인산나트륨(Na_3PO_4, 제3인산소다)
　㉡ 탄산나트륨(Na_2CO_3, 탄산소다)
　㉢ 수산화나트륨(NaOH, 가성소다)

50. 보일러 운전 중에 항상 보유할 일반적인 수위로서 적당한 것은?

① $\frac{1}{3} \sim \frac{3}{5}$　② $\frac{1}{4} \sim \frac{1}{2}$
③ $\frac{1}{2} \sim \frac{3}{5}$　④ $\frac{2}{3} \sim \frac{3}{4}$

해설 일반적으로 보일러 동(드럼) 내부에는 물을 $\frac{2}{3} \sim \frac{4}{5}$ 정도 보유하여야 하므로 운전 중에 보유하는 수위는 $\frac{2}{3} \sim \frac{3}{4}$ 정도가 적당하다.

51. 수관식 보일러 중 강제순환식에 해당하는 것은?

① 야로우 보일러　② 라몽트 보일러
③ 스털링 보일러　④ 코르니쉬 보일러

해설 수관식 보일러의 종류
㉮ 자연 순환식 보일러: 바브콕(babcock) 보일러, 다쿠마(dakuma) 보일러, 스털링(stirling) 보일러, 스네기찌 보일러, 야로우(yarrow) 보일러, 2동 D형 보일러 등
㉯ 강제 순환식 보일러: 라몽트(lamont) 보일러, 벨록스(velox) 보일러 등
㉰ 관류 보일러: 벤슨(benson) 보일러, 슐쳐(sulzer) 보일러, 소형 관류 보일러 등

52. 노에서 발생한 연소가스를 굴뚝에 유입시킬 때까지의 통로 명칭은?

① 연돌　② 절탄기
③ 연도　④ 노통

정답 47. ②　48. ①　49. ②　50. ④　51. ②　52. ③

해설 연도와 연돌
- ㉮ 연도 : 보일러 연소실에서 발생한 연소가스가 굴뚝까지 이르는 통로
- ㉯ 연돌 : 연소가스가 외부로 배출되는 굴뚝

53. 어떤 급수용 원심펌프가 800[rpm]으로 운전하여 전양정이 8[m]이고 유량이 2[m³/min]를 방출한다면 1600[rpm]으로 운전할 때는 몇 [m³/min]을 방출할 수 있는가?

① 2　　② 4
③ 6　　④ 8

해설
㉮ 원심펌프의 상사법칙에서 유량(Q)은 회전수(N) 변화에 비례한다.
㉯ 변경된 유량 계산

$$\therefore Q_2 = Q_1 \times \left(\frac{N_2}{N_1}\right) = 2 \times \left(\frac{1600}{800}\right) = 4\,[\text{m}^3/\text{min}]$$

54. 보일러 관수의 pH 값이 산성인 것은?

① 4　　② 7
③ 9　　④ 12

해설 pH(수소이온농도지수 : pH1 ~ pH14)값이 작을수록 강산성의 물질이고, 클수록 강알칼리성을 갖는다.(pH7이 중성, pH7 미만이 산성, pH7 초과가 알칼리성이다.)

55. 드레인의 열역학 및 유체역학적 성질을 이용한 증기트랩은?

① 디스크식　　② 플로트식
③ 바이메탈식　　④ 서머스탯트식

해설 작동원리에 의한 증기트랩의 분류

구분	작동원리	종류
기계식 트랩	증기와 응축수의 비중차 이용 (플로트 또는 버킷의 부력 이용)	상향 버킷식, 하향 버킷식, 레버 플로트식, 자유 플로트식
온도조절식 트랩	증기와 응축수의 온도차 이용 (금속의 신축성을 이용)	바이메탈식, 벨로스식, 열동식
열역학적 트랩	증기와 응축수의 열역학적, 유체역학적 특성차 이용	오리피스식, 디스크식

56. 보일러(관류식은 제외)에 사용되고 있는 보일러 물의 pH 조정 방식을 열거한 것으로 관계가 없는 것은?

① 알칼리 처리방식
② 인산염 처리방식
③ 급수의 탈기방식
④ 휘발성 물질 처리방식

해설 보일러 물의 pH 조정 내처리 방식
- ㉮ 알칼리 처리방식 : 압력 6[MPa] 정도의 보일러에 수산화나트륨, 제3인산나트륨을 사용하여 pH10.5~11.8 범위로 조정한다.
- ㉯ 인산염 처리방식 : 압력 6~12.5[MPa] 정도의 보일러에 제2인산나트륨, 제3인산나트륨을 사용하여 pH9.0~10.5 범위로 조정한다.
- ㉰ 휘발성 물질 처리방식 : 압력 12.5[MPa] 이상의 보일러에 암모니아, 히드라진을 사용하여 pH8.5~9.0 범위로 조정한다.

57. 화염의 발광특성을 이용하여 화염을 검출할 수 있는 계측센서는?

① 바이메탈
② 플레임로드
③ 스택스위치
④ 황화카드뮴(CdS) 셀

해설 플레임아이(flame eye) 검출소자 종류
- ㉮ 황화카드뮴(CdS) 셀 : 경유 버너에 사용
- ㉯ 황화납(PbS) 셀 : 오일, 가스에 사용
- ㉰ 적외선 광전관 : 적외선을 이용
- ㉱ 자외선 광전관 : 오일, 가스에 사용

58. 보일러의 만수보존을 실시하고자 할 때 사용되는 약제가 아닌 것은?

① 생석회　　② 가성소다
③ 히드라진　　④ 아황산소다

해설 만수(滿水) 보존법 : 보존 기간이 보통 2~3개월 정도인 경우에 적용하는 방법으로 보일러 구조상 건식 보존법이 곤란한 경우, 동결의 우려가 없는 경우에 보일러 내부에 관수를 충만시켜 보존하는 방법으로 가성소다(NaOH), 아황산소다(Na_2SO_4), 히드라진 등의 알칼리성 약제를 사용한다.

정답 53. ②　54. ①　55. ①　56. ③　57. ④　58. ①

59. 어떤 보일러수의 불순물 허용농도가 500[ppm]이고, 급수량이 1일 50[톤]이며, 급수 중의 고형물 농도가 20[ppm]일 때 분출률은 약 몇 [%]인가?

① 2.4 ② 3.2
③ 4.2 ④ 5.4

해설 분출률 $= \dfrac{d}{\gamma - d} \times 100 = \dfrac{20}{500 - 20} \times 100$
$= 4.166[\%]$

60. 횡연관식 보일러에서 연관의 배열을 바둑판 모양으로 하는 주된 이유는?

① 보일러 강도상 유리하므로
② 관의 배치를 많게 하기 위하여
③ 물의 순환을 양호하게 하기 위하여
④ 연소가스의 흐름을 원활하게 하기 위하여

해설 연관 및 수관의 배열
㉮ 연관 : 바둑판 모양으로 배열하여 관수의 순환을 양호하게 한다.
㉯ 수관 : 마름모꼴(다이어몬드형)로 배열하여 열가스의 접촉을 양호하게 한다.

4과목 - 열설비 안전관리 및 검사기준

61. 보일러 운전 시 압력을 급격히 상승시켜서는 안 되는 이유로 가장 옳은 것은?

① 압력계에 고장이 발생하므로
② 보일러의 효율이 저하하므로
③ 보일러수의 순환을 해치므로
④ 보일러나 벽돌 쌓음부의 부동팽창으로 틈새나 균열이 발생하므로

해설 보일러에서 급격히 연소를 하여 압력을 급격히 올리면 보일러 본체의 부동팽창을 일으키고, 연관 및 수관의 부착부분이나 이음부 누설원인이 되고 연소실벽의 벽돌에 손상을 가져오므로 어떠한 경우에도 급격한 연소를 하여서는 안 된다.

62. 보일러 급수에 포함된 성분 중 동내부에 점식(pitting)을 유발하는 물질은?

① 산소 ② 탄산칼슘
③ 황산칼슘 ④ 인산마그네슘

해설 점식(點蝕 : pitting) : 보일러 수중의 용존산소에 의해 국부 전지작용으로 발생되는 것으로 보일러수가 접하는 내면에 좁쌀알, 쌀알, 콩알 크기의 점 상태로 생기는 부식으로 공식(孔蝕) 또는 점형부식이라 한다.

63. 보일러에서 저수위로 인한 사고의 원인으로 가장 거리가 먼 것은?

① 증기 발생량의 부족
② 수저 분출장치의 누수
③ 저수위 제어장치의 고장
④ 보일러 급수장치의 고장

해설 이상 저수위 원인
㉮ 급수장치의 능력 및 기능저하
㉯ 급수탱크 내 수량이 부족한 경우 및 급수온도가 너무 높은 경우
㉰ 수면계의 지시 불량으로 수위를 오판한 경우
㉱ 수위제어장치의 기능 불량
㉲ 분출장치 및 보일러 연결부에서 누출이 되는 경우
㉳ 급수밸브나 급수 체크밸브의 고장 등으로 보일러 수가 역류한 경우
㉴ 증기 취출량이 과대한 경우
㉵ 캐리오버 등으로 보일러수가 증기와 함께 취출되는 경우

64. 보일러의 과열 방지대책으로 가장 거리가 먼 것은?

① 보일러 수를 농축하지 말 것
② 보일러 수위를 낮게 유지할 것
③ 보일러 수의 순환을 좋게 할 것
④ 고열부분에 스케일 슬러지 부착을 방지할 것

해설 과열방지 대책
㉮ 적정 보일러수위를 유지한다.
㉯ 동 내면에 스케일 생성을 방지하고 고착되지 않도록 한다.
㉰ 보일러 수가 농축되지 않도록 하고, 순환을 교란시키지 않도록 한다.

㉣ 전열면에 국부적인 과열을 방지한다.
㉤ 연소실 열부하가 너무 높지 않도록 한다.

㉣ 항상 일정한 압력을 유지하고, 부하측의 압력이 정상적으로 유지되고 있는지 확인한다.
㉤ 연소상태를 확인하여 정상적인 연소가 이루어지도록 한다.

65. 보일러 점화 시 역화의 원인에 해당되지 않는 것은?
① 프리퍼지가 불충분 하였을 경우
② 연료의 공급밸브를 필요이상 급개 하였을 경우
③ 점화원(점화봉, 점화용 전극)을 사용하였을 경우
④ 착화가 지연되거나 혹은 불착화를 발견하지 못하고 연료를 노내에 분무한 경우

해설 점화 시의 역화의 원인
㉮ 프리퍼지의 불충분이나 잊어버린 경우
㉯ 착화가 지연되거나 혹은 불착화를 발견하지 못하고 연료를 노내에 분무한 경우
㉰ 점화원(점화봉, 점화용 전극 또는 점화용 버너)을 사용하지 않고 노의 잔열로 점화한 경우
㉱ 연료 공급밸브를 필요 이상 급개하여 다량으로 분무한 경우
㉲ 점화원을 가동하기 전에 연료를 분무해 버린 경우

67. 보일러 슬러지 중에 염화마그네슘이 용존되어 있을 경우 180[℃] 이상에서 강의 부식을 방지하기 위한 적정 pH는?
① 5.2 ± 0.7 ② 7.2 ± 0.7
③ 9.2 ± 0.7 ④ 11.2 ± 0.7

해설 염화마그네슘($MgCl_2$)에 의한 부식
㉮ 염화마그네슘은 고온의 전열면에서 가수분해되고 이때 생성된 염산(HCl)에 의해 전열면을 부식시킨다.
$MgCl_2 + 2H_2O \rightarrow Mg(OH)_2 + 2HCl$
㉯ 염화마그네슘의 가수분해는 일반적으로 180[℃] 이상의 온도에서 일어나기 쉽고 보일러 수의 pH를 적당히 높혀두면(pH 11.2 ± 0.7) 염화마그네슘이 불용성의 수산화마그네슘[$Mg(OH)_2$]로 변화되어 강을 부식시키는 염산의 생성을 방지할 수 있다.

66. 보일러에서 증기를 송기할 때의 조작방법으로 틀린 것은?
① 주증기 밸브의 열림 정도를 단계적으로 한다.
② 주증기 밸브를 완전히 연 다음 약간 되돌려 놓는다.
③ 증기헤더의 드레인 밸브를 열어 응축수를 배출한다.
④ 주증기관 내에 관을 따뜻하게 하기 위해 다량의 증기를 급격히 보낸다.

해설 증기를 송기할 때의 주의사항(조작방법)
㉮ 캐리오버, 수격작용이 발생하지 않도록 한다.
㉯ 송기하기 전 주증기 밸브 등의 드레인을 제거한다.
㉰ 주증기관 내에 소량의 증기를 보내어 관을 따뜻하게 예열한다.
㉱ 주증기 밸브는 3분 이상 단계적으로 서서히 개방하여 완전히 열었다가 다시 조금 되돌려 놓는다.

68. 보일러실 내의 유류화재 시 소화설비로 가장 적합한 것은?
① 연결살수 설비
② 분말소화 설비
③ 스프링클러 설비
④ 옥내소화전 설비

해설 유류화재 소화설비(약제) : 분말, 포말, CO_2, 할로겐 화합물 등이 사용된다.

69. 바나듐어택이란 바나듐 산화물에 의한 어떤 부식을 말하는가?
① 산화부식   ② 저온부식
③ 고온부식   ④ 알칼리부식

해설 외부부식의 원인 성분
㉮ 고온부식 : 바나듐(V)
㉯ 저온부식 : 황(S) 및 황산화물

정답 65. ③ 66. ④ 67. ④ 68. ② 69. ③

70. 점화에 대한 설명으로 틀린 것은?
① 연료의 예열온도가 낮으면 무화불량이 발생한다.
② 점화시간이 늦으면 연소실 내로 역화가 발생한다.
③ 연소실의 온도가 낮으면 연료의 확산이 불량해진다.
④ 연료가스의 유출속도가 너무 느리면 실화가 발생한다.

해설 점화조작 시 주의사항
㉮ 연료가스의 유출속도가 너무 빠르면 실화 등이 일어나고, 너무 늦으면 역화가 발생한다.
㉯ 연소실의 온도가 낮으면 연료의 확산이 불량해지며 착화가 잘 안 된다.
㉰ 연료의 예열온도가 낮으면 무화불량, 화염의 편류, 그을음, 분진이 발생한다.
㉱ 연료의 예열온도가 높으면 기름이 분해되고, 분사각도가 흐트러져 분무상태가 불량해지며, 탄화물이 생성된다.
㉲ 유압이 낮으면 점화 및 분사가 불량하고, 높으면 그을음이 축적된다.
㉳ 무화용 매체가 과다하면 연소실 온도가 떨어지고 점화가 불량해지며, 과소일 경우는 불꽃이 발생하고 역화 발생의 원인이 된다.
㉴ 점화시간이 늦으면 연소실 내로 연료가 유입되어 역화의 원인이 된다.
㉵ 프리퍼지 시간(30초~3분 정도)이 너무 길면 연소실의 냉각을 초래하고, 너무 짧으면 역화를 일으킨다.

71. 보일러를 구성하는 강판이 강한 열을 받아 판 두께의 일부분이 그림과 같이 부풀어 오르는 현상을 무엇이라 하는가?

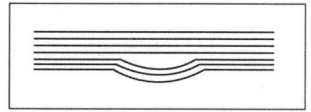

① 피팅　　　② 그루빙
③ 블리스터　　④ 라미네이션

해설 보일러 손상의 종류
㉮ 팽출(bulge) : 동체, 수관, 겔로웨이관 등과 같이 인장응력을 받는 부분이 압력에 견디지 못하고 바깥쪽으로 부풀어 나오는 현상이다.
㉯ 압궤(collapse) : 노통, 연소실, 연관, 관판 등과 같이 압축응력을 받는 부분이 압력에 견디지 못하고 안쪽으로 들어가는 현상이다.
㉰ 라미네이션(lamination) : 압연 강판이나 관의 두께 내부에 가스가 존재한 상태로 가공을 하였을 때 판이나 관이 2장의 층을 형성하며 분리되는 현상이다.
㉱ 블리스터(blister) : 라미네이션 부분이 가열로 인하여 부풀어 오르는 현상이다.
㉲ 응력부식균열 : 특수한 부식환경에 있는 금속재료가 정적 인장응력인 부하응력, 잔류응력 등이 지속적으로 작용할 때 나타나는 균열발생 및 부식현상이다.

72. 보일러 사용 중 정전되었을 때 조치사항으로 적절하지 못한 것은?
① 댐퍼를 열어둔다.
② 연료공급을 멈추고 전원을 차단한다.
③ 급수는 상용수위보다 약간 많을 정도로 한다.
④ 급수탱크가 다른 시설과 공용으로 사용될 때에는 보일러용 이외의 급수관을 차단한다.

해설 댐퍼를 닫아두어야 한다.

73. 산업통상자원부장관이 에너지관리지도결과 에너지다소비사업자에게 개선명령을 할 수 있는 경우는?
① 3[%] 이상의 효율개선이 기대되고 투자경제성이 인정되는 경우
② 5[%] 이상의 효율개선이 기대되고 투자경제성이 인정되는 경우
③ 7[%] 이상의 효율개선이 기대되고 투자경제성이 인정되는 경우
④ 10[%] 이상의 효율개선이 기대되고 투자경제성이 인정되는 경우

해설 개선명령의 요건(에너지이용 합리화법 시행령 제40조 1항) : 산업통상자원부장관이 에너지다소비사업자에게 개선명령을 할 수 있는 경우는 에너지관리지도 결과 10[%] 이상의 에너지효율 개선이 기대되고 효율 개선을 위한 투자의 경제성이 있다고 인정되는 경우로 한다.

정답 70. ④　71. ③　72. ①　73. ④

74. 에너지이용합리화 기본계획을 수립하는 기관의 장은?

① 행정안전부장관
② 국토교통부장관
③ 산업통상자원부장관
④ 고용노동부장관

해설 에너지이용 합리화 기본계획(에너지이용 합리화법 제4조) : 산업통상자원부장관은 에너지를 합리적으로 이용하기 위하여 에너지이용 합리화에 관한 기본계획(이하 "기본계획"이라 한다.)을 수립하여야 한다.

75. 에너지이용 합리화법 시행규칙에서 정한 효율관리기자재가 아닌 것은?

① 보일러
② 자동차
③ 조명기기
④ 전기냉장고

해설 효율관리 기자재의 종류(에너지이용 합리화법 시행규칙 제7조) : 전기냉장고, 전기냉방기, 전기세탁기, 조명기기, 삼상유도전동기, 자동차, 그 밖에 산업통상자원부장관이 그 효율의 향상이 특히 필요하다고 인정하여 고시하는 기자재 및 설비

76. 에너지이용 합리화법상 정부가 금융, 세제상의 지원 또는 보조금의 지급, 기타 행정 지원을 할 수 있는 경우가 아닌 것은?

① 열사용기자재 수입
② 에너지 절약형 시설투자
③ 에너지 절약형 기자재의 설치
④ 에너지 절약형 기자재의 제조

해설 금융·세제상의 지원(에너지이용 합리화법 제14조) : 정부는 에너지이용을 합리화하고 이를 통하여 온실가스의 배출을 줄이기 위하여 대통령령으로 정하는 에너지절약형 시설투자, 에너지절약형 기자재의 제조·설치·시공, 그 밖에 에너지이용 합리화와 이를 통한 온실가스배출의 감축에 관한 사업과 우수한 에너지절약 활동 및 성과에 대하여 금융상·세제상의 지원, 경제적 인센티브 제공 또는 보조금의 지급, 그 밖에 필요한 지원을 할 수 있다.

77. 에너지이용 합리화법에 따른 개조검사에 해당되지 않는 것은?

① 연료 또는 연소방법의 변경
② 온수보일러를 증기보일러로 개조
③ 보일러 섹션의 증감에 의한 용량의 변경
④ 철금속가열로로서 산업통상자원부장관이 정하여 고시하는 경우의 수리

해설 개조검사 대상 : 에너지이용 합리화법 시행규칙 별표3의 4
㉮ 증기보일러를 온수보일러로 개조하는 경우
㉯ 보일러 섹션의 증감에 의하여 용량을 변경하는 경우
㉰ 동체, 돔, 노통, 연소실, 경판, 천정판, 관판, 관모음 또는 스테이의 변경으로서 산업통상자원부장관이 정하여 고시하는 대수리의 경우
㉱ 연료 또는 연소방법을 변경하는 경우
㉲ 철금속가열로로서 산업통상자원부장관이 정하여 고시하는 경우의 수리

78. 에너지이용 합리화법에 의한 목표에너지원단위(原單位)란?

① 제품의 단위당 에너지사용 목표량
② 건축물의 연간 가동 에너지사용 목표량
③ 에너지사용자가 정한 1년 연간 목표 사용량
④ 에너지관리공단 이사장이 정한 사용 에너지의 단위

해설 목표에너지원단위(에너지이용 합리화법 제35조) : 에너지를 사용하여 만드는 제품의 단위당 에너지사용 목표량 또는 건축물의 단위면적당 에너지사용 목표량

79. 냉난방온도의 제한대상인 건물에 해당하는 것은?

① 연간 에너지사용량이 5백 티오이 이상인 건물
② 연간 에너지사용량이 1천 티오이 이상인 건물
③ 연간 에너지사용량이 1천5백 티오이 이상인 건물
④ 연간 에너지사용량이 2천 티오이 이상인 건물

정답 74. ③ 75. ① 76. ① 77. ② 78. ① 79. ④

해설 냉난방온도의 제한 대상 건물(에너지이용 합리화법 시행령 제42조의2) : 연간 에너지사용량이 2천 티오이 이상인 건물

80_ 에너지법에 따라 국가에너지 기본계획 및 에너지 관련 시책의 효과적인 수립, 시행을 위한 에너지 총조사는 몇 년을 주기로 하여 실시하는가?

① 1년마다 ② 2년마다
③ 3년마다 ④ 5년마다

해설 에너지 총조사(에너지법 시행령 제15조) : 에너지 총조사는 3년마다 실시하되, 산업통상자원부장관이 필요하다고 인정할 때에는 간이조사를 실시할 수 있다.

정답 80. ③

memo

최근 17년간 과년도풀이
에너지관리산업기사 필기

발 행 / 2025년 10월 30일

저 자 / 서 상 희
펴 낸 이 / 정 창 희
펴 낸 곳 / 동일출판사
주 소 / 서울시 강서구 곰달래로31길7 (2층)
전 화 / 02) 2608-8250
팩 스 / 02) 2608-8265
등록번호 / 제109-90-92166호

ISBN 978-89-381-1716-8 13570
값 / 25,000원

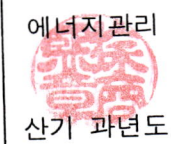

이 책은 저작권법에 의해 저작권이 보호됩니다.
동일출판사 발행인의 승인자료 없이 무단 전재하거나 복제하는 행위는 저작권법 제136조에 의해 5년 이하의 징역 또는 5,000만원 이하의 벌금에 처하거나 이를 병과(併科)할 수 있습니다.